수학의 바이블

KB056925

모든 유형으로 실력을 **밝혀라!**

확률과 통계

유형

1권

ON

온 [모두의] 모든 유형을 담다. ON [켜다] 실력의 불을 켜다.

이투스북

| STAFF |

발행인 정선욱
퍼블리싱 총괄 남형주
개발 김태원 김한길 이유미 김윤희 권오은 이희진
기획·디자인·마케팅 조비호 김정인 강윤정 차혜린
유통·제작 서준성 신성철

수학의 바이블 유형 ON 확률과 통계 | 202310 초판 1쇄
펴낸곳 이투스에듀㈜ 서울시 서초구 남부순환로 2547
고객센터 1599-3225 **등록번호** 제2007-000035호 **ISBN** 979-11-389-1778-0 [53410]

유봉영	류선생 수학 교습소	이주희	고덕엠수학	정유진	전문과외	한승우	같이상승수학학원
유승우	중계탑클래스학원	이준석	목동로드맵수학학원	정은경	제이수학	한승환	반포 짱솔학원
유자현	목동매쓰원수학학원	이지애	다비수수학교습소	정재윤	성덕고등학교	한유리	강북청솔
유재현	일신학원	이지연	단디수학학원	정진아	정선생수학	한정우	휘문고등학교
윤상문	청어람수학원	이지우	제이 앤 수 학원	정찬민	목동매쓰원수학학원	한태인	메가스터디 러셀
윤석원	공감수학	이지혜	세레나영어수학학원	정하윤		한헌주	PMG학원
윤수현	조이학원	이지혜	대치파인만	정화진	진화수학학원	허윤정	미래탐구 대치
윤여균	전문과외	이진	수박에듀학원	정환동	씨앤씨0.1%의대수학	홍상민	수학도서관
윤영숙	윤영숙수학전문학원	이진덕	카이스트	정효석	서초 최상위하다 학원	홍성윤	전문과외
윤형중	씨알학당	이진희	서준학원	조경미	레벨업수학(feat.과학)	홍성주	굿매쓰수학교습소
은현	목동CMS 입시센터 과고반	이창석	핵수학 전문학원	조병훈	꿈을담는수학	홍성진	대치 김앤홍 수학전문학원
이건우	송파이지엠수학학원	이충훈	QANDA	조수경	이투스수학학원 방학1동점	홍성현	서초TOT학원
이경용	열공학원	이태경	엑시엄수학학원	조아라	유일수학학원	홍재화	티다른수학교습소
이경주	생각하는 황소수학 서초학원	이학송	뷰티풀마인드 수학학원	조아람	로드맵	홍정아	홍정아수학
이규만	SUPERMATH학원	이한결	밸류인수학학원	조원해	연세YT학원	홍준기	서초CMS 영재관
이동훈	감성수학 중계점	이현주	방배 스카이에듀 학원	조은경	아이파크해법수학	홍지윤	대치수과모
이루마	김샘학원 성북캠퍼스	이현환	21세기 연세 단과 학원	조은우	한솔플러스수학학원	홍지현	목동매쓰원수학학원
이민아	정수학	이혜림	대동세무고등학교	조의상	서초메가스터디 기숙학원,	황의숙	The나은학원
이민호	강안교육	이혜림	다오른수학교습소		강북메가, 분당메가	황정미	카이스트수학학원
이상문	P&S학원	이혜수	대치 수 학원	조재묵	천광학원		
이상영	대치명인학원 백마	이효준	다원교육	조정은	전문과외		
이상훈	골든벨 수학학원	이효진	올토수학	조한진	새미기픈수학	◇— 인천 —◇	
이서영	개념폴리아	임규철	원수학	조현탁	전문가집단학원	강동인	전문과외
이서은	송림학원	임다혜	시대인재 수학스쿨	주병준	남다른 이해	강원우	수학을 탐하다 학원
이성용	전문과외	임민정	전문과외	주용호	아찬수학교습소	고준호	베스트교육(마전직영점)
이성훈	SMC수학	임상혁	양파아카데미	주은재	주은재 수학학원	곽나래	일등수학
이세복	일타수학학원	임성국	전문과외	주정미	수학의꽃	곽현실	두꺼비수학
이소윤	목동선수학학원	임소영	123수학	지명훈	선덕고등학교	권경원	강수학학원
이수지	전문과외	임영주	세빛학원	지민경	고래수학	권기우	하늘스터디 수학학원
이수진	깡수학과학학원	임은희	세종학원	차민준	이투스수학학원 중계점	금상원	수미다
이수호	준토에듀수학학원	임정수	시그마수학 고등관 (성북구)	차용우	서울외국어고등학교	기미나	기쌤수학
이슬기	예친에듀	임지우	전문과외	채미옥	최강성지학원	기혜선	체리온탑 수학영어학원
이승현	신도림케이투학원	임현우	선덕고등학교	채성진	수학에빠진학원	김강현	송도강수학학원
이승호	동작 미래탐구	임현정	전문과외	채종원	대치의 새벽	김건우	G1230 학원
이시현	SKY미래연수학학원	장석진	이덕재수학이미선국어학원	최경민	배움틀수학학원	김남신	클라비스학원
이영하	서울 신길뉴타운 래미안	장성훈	미독수학	최관석	열매교육학원	김도영	태풍학원
	프레비뷰 키움수학 공부방	장세영	스펀지 영어수학 학원	최동욱	숭의여자고등학교	김미진	미진수학 전문과외
이용우	올림피아드 학원	장승희	명품이앤엠학원	최문석	압구정파인만	김미희	희수학
이용준	수학의비밀로고스학원	장영신	위례솔중학교	최백화	주은재 수학학원	김보경	오아수학공부방
이원용	필과수 학원	장지식	피큐브아카데미	최병옥	최코치수학학원	김연주	하나M수학
이원희	대치동 수학공작소	장혜윤	수리원수학교육	최서훈	피큐브 아카데미	김유미	꼼꼼수학교습소
이유강	조재필수학학원 고등부	전기열	유니크학원	최성용	봉쌤수학교습소	김윤경	SALT학원
이유예	스카이플러스학원	전상현	뉴클리어수학	최성재	수학공감학원	김응수	메타수학학원
이유원	뉴파인 안국중고등관	전성식	맥스수학수리논술학원	최성희	최쌤수학학원	김준	쭌에듀학원
이유진	명덕외국어고등학교	전은나	상상수학학원	최세남	엑시엄수학학원	김진완	성일 올림학원
이윤주	와이제이수학교습소	전지수	전문과외	최엄견	차수학학원	김하은	전문과외
이은숙	포르테수학	전진남	지니어스 수리논술 교습소	최영준	문일고등학교	김현우	더원스터디수학학원
이은영	은수학교습소	전혜인	송파구주이배	최용희	명인학원	김현호	온풀이 수학 1관 학원
이은주	제이플러스수학	정광조	로드맵수학	최정언	진화수학학원	김형진	형진수학학원
이재용	이재용 THE쉬운 수학학원	정다운	정다운수학교습소	최종석	수재학원	김혜린	밀턴수학
이재환	조재필수학학원	정다운	해내다수학교습소	최주혜	구주이배	김혜영	김혜영 수학
이정석	CMS 서초영재관	정대영	대치파인만	최지나	목동PGA전문가집단	김혜지	한양학원
이정섭	은지호영감수학	정문정	연세수학원	최지선	직독직해 수학연구소	김효선	코다에듀학원
이정한	전문과외	정민경	바른마테마티카학원	최찬희	CMS서초 영재관	남덕우	Fun수학 클리닉
이정호	정샘수학교습소	정민준	명인학원	최희서	최상위권수학교습소	노기성	노기성개인과외교습
이제현	압구정 막강수학	정소흔	대치명인sky수학학원	편순창	알면쉽다연세수학학원	문초롱	클리어수학
이종운	알바트로스학원	정슬기	티포인트에듀학원	하태성	은평G1230	박용석	절대학원
이종혁	강남N플러스	정영아	정이수학교습소	한명석	아드폰테스	박재섭	구월스카이수학과학전문학원
이종호	MathOne 수학	정원선	McB614	한선아	짱솔학원 중계점	박정우	청라디에이블

박창수 온풀이 수학 1관 학원
박치문 제일고등학교
박해석 효성 비상영수학원
박효성 지코스수학학원
변은경 델타수학
서대원 구름주전자
서미란 파이데이아학원
석동방 송도GLA학원
손선진 (주) 일품수학과학학원
송대익 청라 ATOZ수학과학학원
송세진 부평페르마
안서아 Sun math
안예원 ME수학전문학원
안지훈 인천주안 수학의힘
양소영 양쌤수학전문학원
오상원 종로엠스쿨 불로분원
오선아 시나브로수학
오정민 갈루아수학학원
오지연 수학의힘 용현캠퍼스
왕건일 토모수학학원
유미선 전문과외
유상현 한국외대HS어학원 / 가우스
　　　 수학학원 원당아라캠퍼스
유성규 현수학전문학원
윤지훈 두드림하이학원
이루다 이루다 교육학원
이명희 클수있는학원
이선미 이수수학
이애희 부평해법수학교실
이재섭 903ACADEMY
이준영 민트수학학원
이진민 전문과외
이필규 신현엠베스트SE학원
이혜경 이혜경고등수학학원
이혜선 우리공부
임정혁 위리더스 학원
장태식 인천자유자재학원
장혜림 와플수학
장효근 유레카수학학원
전우진 인사이트 수학학원
정대웅 와이드수학
조민관 이앤에스 수학학원
조민기 더배움보습학원 조쓰매쓰
조현숙 부일클래스
지경일 팁탑학원
차승민 황제수학학원
채선영 전문과외
채수현 밀턴학원
최덕호 엠스퀘어 수학교습소
최문경 영웅아카데미
최웅철 큰샘수학학원
최은진 동춘수학
최지인 윙글즈영어학원
최진 절대학원
한성윤 카일하우교육원
한영진 라야스케이브
허진선 수학나무
현미선 써니수학
현진명 에임학원

홍미영 연세영어수학
홍종우 인명여자고등학교
황면식 늘품과학수학학원

◇— 경기 —◇

강민정 한진홈스쿨
강민종 필에듀학원
강성인 인재와고수
강수정 노마드 수학 학원
강신충 원리탐구학원
강영미 쌤과통하는학원
강예슬 수학의품격
강정희 쏙보고 싹푼다
강태희 한민고등학교
경지현 화서 이지수학
고동국 고동국수학학원
고명지 고쌤수학 학원
고상준 준수학교습소
고안나 기찬에듀 기찬수학
고지윤 고수학전문학원
고진희 지니Go수학
곽진영 전문과외
구창숙 이룸학원
권영미 에스이마고수학학원
권은주 나만 수학
권주현 메이드학원
김강현 뉴파인 동탄고등관
김강희 수학전문 일비충천
김경민 평촌 바른길수학학원
김경진 경진수학학원 다산점
김경호 호수학
김경훈 행복한학생학원
김규철 콕수학오드리영어보습학원
김덕락 준수학 학원
김도완 프라매쓰 수학 학원
김도현 홍성문수학2학원
김동수 김동수학원
김동은 수학의힘 지제동삭캠퍼스
김동현 수학의 아침
김동현 JK영어수학전문학원
김미선 예일영수학원
김미옥 공부방
김민겸 더퍼스트수학교습소
김민경 더원수학
김민경 경화여자중학교
김민진 부천중동프라임영수학원
김보경 새로운 희망 수학학원
김보람 효성 스마트 해법수학
김복현 시온고등학교
김상오 리더포스학원
김상욱 WookMath
김상윤 막강한 수학
김상현 노블수학스터디
김새로미 스터디온학원
김서영 다인수학교습소
김석원 강의하는아이들김석원수학학원
김선정 수공감학원
김선혜 수학의 아침(영재관)

김성민 수학을 권하다
김성은 블랙박스수학과학전문학원
김소영 예스셈올림피아드(호매실)
김소희 도촌동 멘토해법수학
김수림 전문과외
김수진 대림 수학의 달인
김수진 수매쓰학원
김슬기 클래스가다른학원
김승현 대치매쓰포유 동탄캠퍼스
김영아 브레인캐슬 사고력학원
김영옥 서원고등학교
김영준 청솔 교육
김영진 수학의 아침
김용덕 (주)매쓰토리수학학원
김용환 수학의아침_영통
김용희 솔로몬 학원
김원욱 아이픽수학학원
김유리 페르마수학
김윤경 국빈학원
김윤재 코스매쓰 수학학원
김은미 탑브레인수학과학학원
김은향 하이클래스
김재욱 수원영신여자고등학교
김정수 매쓰클루학원
김정연 신양영어수학학원
김정현 채움스쿨
김정환 필립스아카데미
　　　 -Math Center
김종균 케이수학학원
김종남 제너스학원
김종화 퍼스널개별지도학원
김주용 스타수학
김준성 Imps학원
김지선 고산원탑학원
김지영 위너스영어수학학원
김지윤 광교오드수학
김지현 엠코드수학
김지효 로고스에이수학학원
김진국 스터디MK
김진록 지금수학학원
김진만 엄마영어아빠수학학원
김진민 에듀스템수학전문학원
김창영 에듀포스학원
김태익 설봉중학교
김태진 프라임리만수학학원
김태학 평택드림에듀
김하나 로지플수학
김학준 수담수학학원
김해청 에듀엠수학 학원
김현겸 성공학원
김현경 소사스카이보습학원
김현정 생각하는Y.와이수학
김현정 퍼스트
김현주 서부세종학원
김현지 프라임대치수학
김혜정 수학을 말하다
김호숙 호수학원
김호원 분당 원수학학원
김희성 멘토수학교습소

김희주 생각하는수학공간학원
나영우 평촌에듀플렉스
나혜림 마녀수학
나혜원 청북고등학교
남선규 윌러스영수학원
남세희 남세희수학학원
노상명 s4
도건민 목동LEN
류종인 공부의정석수학과학관학원
마소영 스터디MK
마정이 정이 수학
마지희 이안의학원 화정캠퍼스
맹우영 쎈수학러닝센터 수지su
맹찬영 입실론수학전문학원
모리 이젠수학과학학원
문다영 에듀플렉스
문성진 일킴훈련소입시학원
문장원 에스원 영수학원
문재웅 수학의공간
문지현 문쌤수학
문혜연 입실론수학전문학원
민동건 전문과외
민윤기 배곧 알파수학
박가빈 박가빈 수학공부방
박가을 SMC수학학원
박규진 김포하이스트
박도솔 도솔샘수학
박도현 진성고등학교
박민정 지트에듀케이션
박민정 셈수학교습소
박민주 카라Math
박상일 수학의아침 이매중등관
박성찬 성찬쌤's 수학의공간
박소연 강남청솔기숙학원
박수민 유레카영수학원
박수현 용인 능원 씨앗학원
박수현 리더가되는수학 교습소
박여진 수학의아침
박연지 상승에듀
박영주 일산 후곡 쉬운수학
박우희 푸른보습학원
박원용 동탄트리즈나루수학학원
박유승 스터디모드
박윤호 이룸학원
박은주 은주짱샘 수학공부방
박은주 스마일수학교습소
박은진 지오수학학원
박은희 수학에빠지다
박재연 아이셀프수학교습소
박재현 렛츠(LETS)
박재홍 열린학원
박정현 서울삼육고등학교
박정화 우리들의 수학원
박종모 신갈고등학교
박종선 뮤엠영어차수학가남학원
박종필 정석수학학원
박주리 수학에반하다
박지혜 수이학원
박진한 엡실론학원

박찬현 박종호수학학원	용다혜 동백에듀플렉스학원	이유림 광교 성빈학원	정동실 수학의아침
박하늘 일산 후곡 쉬운수학	우선혜 HSP수학학원	이재민 원탑학원	정문영 올타수학
박한솔 SnP수학학원	위경진 한수학	이재민 제이엠학원	정미숙 쑥쑥수학교실
박현숙 전문과외	유남기 의치한학원	이재욱 고려대학교	정민정 S4국영수학원 소사벌점
박현정 탑수학 공부방	유대호 플랜지에듀	이정빈 폴라리스학원	정보람 후곡분석수학
박현정 빡꼼수학학원	유현종 SMT수학전문학원	이정희 JH영수학원	정승호 이프수학학원
박혜림 림스터디 고등수학	유호애 지윤수학	이종문 전문과외	정양현 9회말2아웃 학원
방미영 JMI 수학학원	윤덕환 여주 비상에듀기숙학원	이종익 분당파인만학원 고등부SKY	정연순 탑클래스영수학원
방상웅 동탄성지학원	윤도형 피에스티 캠프입시학원	대입센터	정영일 해윰수학영어학원
배재준 연세영어고려수학 학원	윤문성 평촌 수학의봄날 입시학원	이주혁 수학의 아침	정영진 공부의자신감학원
백경주 수학의 아침	윤미영 수주고등학교	이준 준수학학원	정영채 평촌 페르마
백미라 신흥유투엠 수학학원	윤여태 103수학	이지연 브레인리그	정옥경 전문과외
백현규 전문과외	윤지혜 천개의바람영수	이지예 최강탑 학원	정용석 수학마녀학원
백흥룡 성공학원	윤채린 전문과외	이지은 과천 리쌤앤탑 경시수학 학원	정유정 수학VS영어학원
변상선 바른샘수학	윤현웅 수학을 수학하다	이지혜 이자경수학	정은선 아이원 수학
봉우리 하이클래스수학학원	윤희 희쌤 수학과학학원	이진주 분당 원수학	정인영 제이스터디
서정환 아이디학원	이건도 아론에듀학원	이창수 와이즈만 영재교육 일산화정센터	정장선 생각하는황소 수학 동탄점
서지은 전문과외	이경민 차앤국 수학국어전문학원	이창훈 나인에듀학원	정재경 산돌수학학원
서한울 수학의품격	이경수 수학의아침	이채열 하제입시학원	정지영 SJ대치수학학원
서효언 아이콘수학	이경희 임수학교습소	이철호 파스칼수학학원	정지훈 최상위권수학영어학원 수지관
서희원 함께하는수학 학원	이광후 수학의 아침 중등입시센터	이태희 펜타수학학원	정진욱 수원메가스터디
설성환 설샘수학학원	특목자사관	이한솔 더바른수학전문학원	정태준 구주이배수학학원
설성희 설쌤수학	이규상 유클리드수학	이현희 폴리아에듀	정필규 명품수학
성계형 맨투맨학원 옥정센터	이규태 이규태수학 1,2,3관,	이형강 HK 수학	정하준 2H수학학원
성인영 정석공부방	이규태수학연구소	이혜령 프로젝트매쓰	정한울 한울스터디
성지희 SNT 수학학원	이나경 수학발전소	이혜민 대감학원	정해도 목동혜윰수학교습소
손경선 업앤업보습학원	이나래 토리103수학학원	이혜수 송산고등학교	정현주 삼성영어쎈수학은계학원
손솔아 ELA수학	이나현 엠브릿지수학	이혜진 S4국영수학원고덕국제점	정황우 운정정석수학학원
손승태 와부고등학교	이대훈 밀알두레학교	이호형 광명 고수학학원	조기민 일산동고등학교
손종규 수학의 아침	이명환 다산 더원 수학학원	이화원 탑수학학원	조민석 마이엠수학학원
손지영 엠베스트에스이프라임학원	이무송 U2m수학학원주엽점	이희정 희정쌤수학	조병욱 신영동수학학원
송민건 수학대가+	이민우 제공학원	임명진 서연고 수학	조상숙 수학의 아침 영통
송빛나 원수학학원	이민정 전문과외	임우빈 리얼수학학원	조상희 에이블수학학원
송숙미 써밋학원	이보형 매쓰코드1학원	임율인 탑수학교습소	조성화 SH수학
송치호 대치명인학원(미금캠퍼스)	이봉주 분당성지 수학전문학원	임은정 마테마티카 수학학원	조영곤 휴브레인수학전문학원
송태원 송태원1프로수학학원	이상윤 엘에스수학전문학원	임지영 하이레벨학원	조욱 청산유수 수학
송혜빈 인재와 고수 본관	이상일 캔디학원	임지원 누나수학	조은 전문과외
송호석 수학세상	이상준 E&T수학전문학원	임찬혁 차수학동삭캠퍼스	조태현 경화여자고등학교
수아 열린학원	이상호 양명고등학교	임채중 와이즈만 영재교육센터	조현웅 추담교육컨설팅
신경성 한수학전문학원	이상훈 lsht	임현주 온수학교습소	조현정 깨단수학
신동휘 KDH수학	이서령 더바른수학전문학원	임현지 위너스 에듀	주설호 SLB입시학원
신수연 신수연 수학과학 전문학원	이서영 수학의아침	임형석 전문과외	주소연 알고리즘 수학연구소
신일호 바른수학교육 한학원	이성환 주선생 영수학원	임홍석 엔터스카이 학원	지슬기 지수학학원
신정화 SnP수학학원	이성희 피타고라스 셀파수학교실	장미희 스터디모드학원	진동준 필탑학원
신준효 열정과의지 수학학원	이소미 공부의 정석학원	장민수 신미주수학	진민하 인스카이학원
안영균 생각하는수학공간학원	이소진 수학의 아침	장서아 한뜻학원	차동희 수학전문공감학원
안하선 안쌤수학학원	이수동 부천E&T수학전문학원	장종민 열정수학학원	차무근 차원이다른수학학원
안현경 매쓰온에듀케이션	이수정 매쓰투미수학학원	장지훈 예일학원	차슬기 브레인리그
안현우 옥길일등급수학	이슬기 대치깊은생각 동탄본원	장혜민 수학의아침	차일훈 대치엠에스학원
안효상 더오름영어수학학원	이승우 제이앤드블유학원	전경진 뉴파인 동탄특목관	채준혁 후곡분석수학학원
안효진 진수학	이승주 입실론수학학원	전미영 영재수학	최경석 TMC수학영재 고등관
양은서 입실론수학학원	이승진 안중 호연수학	전일 생각하는수학공간학원	최경희 최강수학학원
양은진 수플러스수학	이승철 철이수학	전지원 원프로교육	최근정 SKY영수학원
어성웅 어쌤수학학원	이아현 전문과외	전진우 플랜지에듀	최다혜 싹수학학원
엄은희 엄은희스터디	이영현 대치명인학원	전희나 대치명인학원이매점	최대원 수학의아침
염민식 일로드수학학원	이영훈 펜타수학학원	정경주 광교 공감수학	최동훈 고수학전문학원
염승호 전문과외	이예빈 아이콘수학	정금재 혜윰수학전문학원	최문채 이앞수학
염철호 하비투스학원	이우선 효성고등학교	정다운 수학의품격	최범균 전문과외
오성원 전문과외	이원녕 대치명인학원	정다해 대치깊은생각동탄본원	최병희 원탑영어수학입시전문학원

최성필 서진수학
최수지 싹수학학원
최수진 재밌는수학
최승권 스터디올킬학원
최영성 에이블수학영어학원
최영식 수학의신학원
최용재 와이솔루션수학학원
최웅용 유타스 수학학원
최유미 분당파인만교육
최윤수 동탄김샘 신수연수학과학
최윤형 청운수학전문학원
최은경 목동학원, 입시는이쌤학원
최정윤 송탄중학교
최종찬 초당필탑학원
최지윤 전문과외
최지형 남양 뉴탑학원
최한나 수학의 아침
최효원 레벨업수학
표광수 수지 풀무질 수학전문학원
하정훈 하쌤학원
한경태 한경태수학전문학원
한규욱 알찬교육학원
한기언 한스수학전문학원
한미정 한쌤수학
한상훈 1등급 수학
한성필 더프라임
한수민 SM수학
한원규 스터디모드
한유호 에듀셀파 독학기숙학원
한은기 참선생 수학(동탄호수)
한인화 전문과외
한준희 매스탑수학전문사동분원학원
한지희 이음수학학원
한진규 SOS학원
함영호 함영호 고등수학클럽
허란 the배움수학학원
현승평 화성고등학교
홍규성 전문과외
홍성문 홍성문 수학학원
홍성미 홍수학
홍세정 전문과외
홍유진 평촌 지수학학원
홍의찬 원수학
홍재욱 셈마루수학학원
홍정욱 광교김샘수학 3.14고등수학
홍지윤 HONGSSAM창의수학
황두연 딜라이트 영어수학
황민지 수학하는날 수학교습소
황삼철 멘토수학
황선아 서나수학
황애리 애리수학
황영미 오산일신학원
황은지 멘토수학과학학원
황인영 더올림수학학원
황재철 성빈학원
황지훈 명문JS입시학원
황희찬 아이엘에스 학원

◇ 부산 ◇
고경희 대연고등학교
권병국 케이스학원
권영린 과사람학원
김경희 해운대 수학 와이스터디
김나현 MI수학학원
김대현 연제고등학교
김명선 김쌤 수학
김민 금정미래탐구
김민규 다비드수학학원
김민지 블랙박스수학전문학원
김유상 끝장교육
김정은 피엠수학학원
김지연 김지연수학교습소
김태경 Be수학학원
김태영 뉴스터디종합학원
김태진 한빛단과학원
김현경 플러스민샘수학교습소
김효상 코스터디학원
나기열 프로매스수학교습소
노하영 확실한수학학원
류형수 연제한샘학원
문서현 명품수학
민상희 민상희수학
박대성 키움수학교습소
박성칠 프라임학원
박연주 매쓰메이트 수학학원
박재용 해운대 수학 와이스터디
박주형 삼성에듀학원
배진욱 전문과외
배철우 명지 명성학원
백용일 과사람학원
서자현 과사람학원
서평승 신의학원
손희옥 매쓰폴수학전문학원(부암동)
송유림 한수연하이매쓰학원
신동훈 과사람학원
안남희 실력을키우수학
안찬종 전문과외
오인혜 하단초 수학교실
원옥영 괴정스타삼성수학학원
유소영 파플수학
이경덕 수학으로 물들어 가다
이동건 PME수학학원
이상욱 MI수학학원
이아름누리 청어람학원
이연희 부산 해운대 오른수학
이영민 MI수학학원
이은련 더플러스수학교습소
이정화 수학의 힘 가야캠퍼스
이지영 오늘도, 영어 그리고 수학
이지은 한수연하이매쓰
이철 과사람학원
이효정 해 수학
전완재 강앤전수학학원
정운용 정쌤수학교습소
정의진 남천다수인
정휘수 제이매쓰수학방
정희정 정쌤수학

조아영 플레이팩토오션시티교육원
조우영 위드유수학학원
조은영 MIT수학교습소
조훈 캔필학원
채송화 채송화 수학
최수정 이루다수학
최준승 주감학원
한주환 과사람학원(해운센터)
한혜경 한수학교습소
허영재 정관 자하연
허윤정 올림수학전문학원
허정인 삼정고등학교
황성필 다원KNR
황영찬 이룸수학
황진영 진심수학
황하남 과학수학의봄날학원

◇ 울산 ◇
강규리 퍼스트클래스 수학영어전문학원
고규라 고수학
고영준 비엠더블유수학전문학원
권상수 호크마수학전문학원
권희선 전문과외
김민정 전문과외
김봉조 퍼스트클래스 수학영어전문학원
김수영 학명수학학원
김영배 화정김쌤수학과학학원
김제득 퍼스트클래스수학전문학원
김현조 깊은생각수학전문학원
나순현 물푸레수학교습소
박국진 강한수학전문학원
박민식 위더스수학전문학원
박원기 에듀프레소종합학원
반려진 우정 수학의달인
성수경 위룰수학영어전문학원
안지환 전문과외
오종민 수학공작소학원
유아름 더쌤수학전문학원
이승목 울산 옥동 위너수학
이윤희 제이앤에스영어수학
이은수 삼산차수학학원
이한나 꿈꾸는고래학원
정경래 로고스영어수학학원
최규종 울산뉴토모수학전문학원
최영희 재미진최쌤수학
최이영 한양수학전문학원
한창희 한선생&최선생 studyclass
허다민 대치동허쌤수학

◇ 경남 ◇
강경희 티오피에듀
강도윤 강도윤수학컨설팅학원
강지혜 강선생수학학원
고민정 고민정 수학교습소
고병옥 옥쌤수학과학학원
고성대 Math911
고은정 수학은고쌤학원

권영애 전문과외
김경문 참진학원
김가령 킴스아카데미
김기현 수과람학원
김미양 오렌지클래스학원
김민석 한수위수학학원
김민정 창원스키마수학
김병철 CL학숙
김선희 책벌레국영수학원
김양준 이룸학원
김연지 CL학숙
김옥경 다온수학전문학원
김인덕 성지여자고등학교
김정두 해성고등학교
김지니 수학의달인
김진형 수풀림 수학학원
김치남 수나무학원
김해성 AHHA수학
김형균 칠원채움수학
김혜영 프라임수학
노경희 전문과외
노현석 비코즈수학전문학원
문소영 문소영수학관리학원
민동록 민쌤수학
박규태 에듀탑영수학원
박소현 오름수학전문학원
박영진 대치스터디 수학학원
박우열 앤즈스터디메이트
박임수 고탑(GO TOP)수학학원
박진길 아쿰수학학원
박주연 마산무학여자고등학교
박진수 펠릭스수학학원
박혜인 참좋은학원
배미나 이루다 학원
배종우 매쓰팩토리수학학원
백은애 매쓰플랜수학학원 양산물금지점
백장태 창원중앙LNC학원
백지현 백지현수학교습소
서주량 한입수학
송상윤 비상한수학학원
신욱희 창익학원
안지영 모두의수학학원
어다혜 전문과외
유인영 마산중앙고등학교
유준성 시퀀스영수학원
윤영진 유클리드수학과학학원
이근영 매스마스터수학전문학원
이아름 애시앙 수학맛집
이유진 멘토수학교습소
이정훈 장정미수학학원
이지수 수과람영재에듀
이진우 전문과외
이현주 진해 즐거운 수학
전창근 수과원학원
정승엽 해냄학원
조소현 스카이하이영수학원
주기호 비상한수학국어학원
진경선 탑앤탑수학학원
최소현 펠릭스수학학원

하수미 진동삼성영수학학원
하윤석 거제 정금학원
한광록 대치퍼스트학원
한희광 양산성신학원
황진호 타임수학학원

◇─ 대구 ─◇
강민영 매씨지수학학원
고민정 전문과외
곽미선 좀다른수학
곽병무 다원MDS
구정모 제니스
구현태 나인쌤 수학전문학원
권기현 이렇게좋은수학교습소
권보경 수% 수학교습소
김기연 스텝업수학
김대운 중앙sky학원
김동규 폴리아수학학원
김동영 통쾌한 수학
김득현 차수학(사월보성점)
김명서 샘수학
김미소 에스엠과학수학학원
김미정 일등수학학원
김상우 에이치투수학 교습소
김수영 봉덕김쌤수학학원
김수진 지니수학
김영진 더퍼스트 김진학원
김우진 종로학원하늘교육 사월학원
김재홍 경일여자중학교
김정우 이룸수학학원
김종희 학문당입시학원
김지연 찐수학
김지영 더이룸국어수학
김지은 정화여자고등학교
김진수 수학의진수수학교습소
김창섭 섭수학과학학원
김태진 구정남수학전문학원
김태환 로고스 수학학원(침산원)
김해은 한상철수학학원
김현숙 METAMATH
김효선 매쓰업
노경희 전문과외
문소연 연쌤 수학비법
문윤정 전문과외
민병문 엠플수학
박경득 파란수학
박도희 전문과외
박민정 빡쎈수학교습소
박산성 Venn수학
박선희 전문과외
박옥기 매쓰플랜수학학원
박정욱 연세(SKY)스카이수학학원
박지훈 더엠수학학원
박철진 전문과외
박태호 프라임수학교습소
박현주 매쓰플래너
방소연 나인쌤수학학원
배한국 굿쌤수학교습소

백승대 백박사학원
백태민 학문당입시학원
백현식 바른입시학원
변용기 라온수학학원
서경도 보승수학study
서재은 절대등급수학
성웅경 더빡쎈수학학원
손승연 스카이수학
손태수 트루매쓰 학원
송영배 수학의정원
신광섭 광 수학학원
신수진 폴리아수학학원
신은경 황금라온수학교습소
양강일 양쌤수학과학학원
오세욱 IP수학과학학원
유화진 진수학
윤기호 샤인수학
윤석창 수학의창학원
윤혜정 채움수학학원
이규철 좋은수학
이나경 대구지성학원
이남희 이남희수학
이동환 동환수학
이명희 잇츠생각수학 학원
이원경 엠제이통수학영어학원
이은주 전문과외
이인호 본투비수학교습소
이일균 수학의달인 수학교습소
이종환 이꼼수학
이준우 깊을준수학
이진욱 시지이룸수학학원
이창우 강철에프엠수학학원
이태형 가토수학과학학원
이효진 진선생수학학원
임신옥 KS수학학원
임유진 박진수학
장두영 바움수학학원
장세완 장선생수학학원
장현정 전문과외
전동형 땡큐수학학원
전수민 전문과외
전지영 전지영수학
정민호 스테듀입시학원
정은숙 페르마학원
정재현 율사학원
조성애 조성애세움영어수학학원
조익제 MVP수학학원
조인혁 루트원수학과학학원
      범어시매쓰영재교육
조지연 연쌤영·수학원
주기헌 송현여자고등학교
최대진 엠프로학원
최시연 이룸수학 교습소
최정이 탑수학교습소(국우동)
최현정 MQ멘토수학
하태호 팀하이퍼 수학학원
한원기 한쌤수학
현혜수 현혜수 수학
황가영 루나수학

황지현 위드제스트수학학원

◇─ 경북 ─◇
강경훈 예천여자고등학교
강혜연 BK 영수전문학원
권수지 에임(AIM)수학교습소
권오준 필수학영어학원
권호준 인투학원
김대훈 이상렬입시학원
김동수 문화고등학교
김동욱 구미정보고등학교
김득락 우석여자고등학교
김보아 매쓰킹공부방
김성용 경북 영천 이리풀수학
김수현 꿈꾸는 아이
김영희 라온수학
김윤정 더채움영수학원
김은미 매쓰그로우 수학학원
김이슬 포항제철고등학교
김재경 필즈수학영어학원
김정현 현일고등학교
김형진 닥터박수학전문학원
남영준 아르베수학전문학원
문소연 조쌤보습학원
박명훈 메디컬수학학원
박윤신 한국수학교습소
박진성 포항제철중학교
방성훈 유성여자고등학교
배재현 수학만영어도학원
백기남 수학만영어도학원
성세현 이투스수학두호장량학원
소효진 전문과외
손나래 이든샘영수학원
손주희 이루다수학과학
송종진 김천중앙고등학교
신승규 영남삼육고등학교
신승용 유신수학전문학원
신지현 문영어수학 학원
신채윤 포항제철고등학교
염성군 근화여고
오선민 수학만영어도
오세현 칠곡수학여우공부방
오윤경 닥터박수학학원
윤장영 윤쌤아카데미
이경하 안동 풍산고등학교
이다례 문매쓰달쌤수학
이민선 공감수학학원
이상원 전문가집단 영수학원
이상현 인투학원
이성국 포스카이학원
이영성 영주여자고등학교
이재광 생존학원
이재억 안동고등학교
이혜은 김천고등학교
장아름 아름수학 학원
전정현 YB일등급수학학원
정은주 정스터디
조진우 늘품수학학원

조현정 올댓수학
채원석 영남삼육고등학교
최민 엠베스트 옥계점
최수영 수학만영어도학원
최이광 혜움플러스학원
추민지 닥터박 수학학원
표현석 안동풍산고등학교
홍영준 하이맵수학학원
홍현기 비상아이비츠학원

◇─ 광주 ─◇
강민결 광주수피아여자중학교
강승완 블루마인드아카데미
공민지 심미선수학학원
곽웅수 카르페영수학원
김국진 김국진짜학원
김국철 풍암필즈수학학원
김대균 김대균수학학원
김미경 임팩트학원
김안나 풍암필즈수학학원
김원진 메이블수학전문학원
김은석 만문제수학전문학원
김재광 디투엠 영수전문보습학원
김종민 퍼스트수학학원
김태성 일곡지구 김태성 수학
김현진 에이블수학학원
나혜경 고수학학원
박용우 광주 더샘수학학원
박주홍 KS수학
박충현 본수학과학학원
박현영 KS수학
변석주 153유클리드수학전문학원
빈선욱 빈선욱수학전문학원
서세은 피타과학수학학원
손광일 송원고등학교
송승용 송승용수학학원
신예준 광주 JS영재학원
신현석 프라임아카데미
양귀제 양선생수학전문학원
양동식 A+수리수학학원
이만재 매쓰로드수학 학원
이상혁 감성수학
이승현 본영수학원
이주헌 리얼매쓰수학전문학원
이창현 알파수학학원
이채연 알파수학학원
이충현 전문과외
이헌기 보문고등학교
어흥범 매쓰피아
임태관 매쓰멘토수학전문학원
장민경 일대일코칭수학학원
장성태 장성태수학학원
전주현 이창길수학학원
정다원 광주인성고등학교
정다희 다희쌤수학
정미연 신샘수학학원
정수인 더최선학원
정원섭 수리수학학원

정인용 일품수학학원	성영재 성영재수학전문학원	박지성 엠아이큐수학학원	이현아 다정 현수학
정재윤 대성여자중학교	성준우 광양제철고등학교	배용제 굿티쳐강남학원	장준영 백년대계입시학원
정태규 가우스수학전문학원	손주형 전주토피아학원	서동원 수학의 중심학원	조은애 전문과외
정형진 BMA롱맨영수학원	송시영 블루오션수학학원	서영준 힐탑학원	최성실 샤위너스학원
조은주 조은수학교습소	신영진 유나이츠 학원	선진규 로하스학원	최시안 고운동 최쌤수학
조일양 서안수학	심우성 오늘은수학학원	손일형 손일형수학	황성관 전문과외
조현진 조현진수학학원	양옥희 쎈수학 전주혁신학원	송규성 하이클래스학원	
조형서 전문과외	양은지 군산중앙고등학교	송다인 일인주의학원	
천지선 고수학학원	양재호 양재호카이스트학원	송정은 바른수학	◇— 충북 —◇
최성호 광주동신여자고등학교	양형준 대들보 수학	심훈흠 일인주의 학원	고정균 엠스터디수학학원
최승원 더풀수학학원	오윤하 오늘도신이나효자학원	오세준 오엠수학교습소	구강서 상류수학 전문학원
최지웅 미라클학원	유현수 수학당 학원	오우진 양영학원	구태우 전문과외
	윤병오 이투스247학원 익산	우현석 EBS 수학우수학원	김경희 점프업수학
	이가영 마루수학국어학원	유수림 이앤유수학학원	김대호 온수학전문학원
◇— 전남 —◇	이은지 리젠입시학원	유준호 더브레인코어 수학	김미화 참수학공간학원
김광현 한수위수학학원	이인성 전주우림중학교	윤석주 윤석주수학전문학원	김병용 동남 수학하는 사람들 학원
김도희 가람수학전문과외	이정현 로드맵수학학원	이규영 쉐마수학학원	김영은 연세고려E&M
김성문 창평고등학교	이지원 전문과외	이봉환 메이저	김용구 용프로수학학원
김은경 목포덕인고	이한나 알파스터디영어수학전문학원	이성재 알파수학학원	김재광 노블가온수학학원
김은지 나주혁신위즈수학영어학원	이혜상 S수학전문학원	이수진 대전관저중학교	김정호 생생수학
박미옥 목포폴리아학원	임승진 이터널수학영어학원	이인욱 양영학원	김주회 매쓰프라임수학학원
박유정 해봄학원	정용재 성영재수학전문학원	이일녕 양영학원	김하나 하나수학
박진성 해남한가람학원	정혜승 샤인학원	이준희 전문과외	김현주 루트수학학원
백지하 M&m	정환희 릿지수학학원	이채윤 대전대신고등학교	문지혁 수학의 문 학원
유혜정 전문과외	조세진 수학의 길	인승열 신성수학나무 공부방	박영경 전문과외
이강화 강승학원	채승희 윤영권수학전문학원	임병수 모티브에듀학원	박준 오늘수학 및 전문과외
임정원 순천매산고등학교	최성훈 최성훈수학학원	임율리 더브레인코어 수학	안진아 전문과외
정현옥 Jk영수전문	최영준 최영준수학학원	임현호 전문과외	윤성길 엑스클래스 수학학원
조두희	최윤 엠투엠수학학원	장용훈 프라임수학교습소	윤성희 윤성수학
조예은 스페셜매쓰	최형진 수학본부중고등수학전문학원	전하윤 전문과외	이경미 행복한수학 공부방
진양수 목포덕인고등학교		전혜진 일인주의학원	이예찬 입실론수학학원
한지선 전문과외		정재현 양영수학학원	이지수 일신여자고등학교
	◇— 대전 —◇	조영선 대전 관저중학교	전병호 이루다 수학
	강유식 연세제일학원	조용호 오르고 수학학원	정수연 모두의 수학
◇— 전북 —◇	강홍규 최강학원	조충현 로하스학원	조병교 에르매쓰수학학원
강원택 탑시드 영수학원	강희규 최성수학학원	진상욱 양영학원 특목관	조현우 와이파이수학학원
권정욱 권정욱 수학과외	고지훈 고지훈수학 지적공감학원	차영진 연세언더우드수학	최윤아 피티엠수학학원
김석진 영스타트학원	권은향 권샘수학	최지영 둔산마스터학원	한상호 한매쓰수학전문학원
김선호 혜명학원	김근아 닥터매쓰205	홍진국 저스트수학	홍병관 서울학원
김성혁 S수학전문학원	김근하 MCstudy 학원	황성필 일인주의학원	
김수연 전선생 수학학원	김남홍 대전 종로학원	황은실 나린학원	
김재순 김재순수학학원	김덕한 더칸수학전문학원		◇— 충남 —◇
김혜정 차수학	김도혜 더브레인코어 수학		강범수 전문과외
나승현 나승현전유나수학전문학원	김복응 더브레인코어 수학	◇— 세종 —◇	고영지 전문과외
문승혜 이일여자고등학교	김상현 세종입시학원	강태원 원수학	권순필 에이커리어학원
민태홍 전주한일고	김수빈 제타수학학원	고창균 더올림입시학원	권오운 광풍중학교
박광수 박선생수학학원	김승환 청운학원	권현수 권현수 수학전문학원	김경민 수학다이닝학원
박미숙 매쓰트리 수학전문 (공부방)	김영우 뉴샘학원	김기평 바른길수학전문학원	김명은 더하다 수학
박미화 엄쌤수학전문학원	김윤혜 슬기로운수학	김서현 봄날영어수학학원	김태화 김태화수학학원
박선미 박선생수학학원	김은지 더브레인코어 수학	김수경 김수경수학교실	김한빛 한빛수학학원
박세희 멘토이젠수학	김일화 대전 엘트	김영웅 반곡고등학교	김현영 마루공부방
박소영 황규종수학전문학원	김주성 대전 양영학원	김혜림 너희가꽃이다	남구현 내포 강의하는 아이들
박영진 필즈수학학원	김지현 파스칼 대덕학원	류바른 세종 YH영수학원(중고등관)	노서윤 스터디멘토학원
박은미 박은미수학교습소	김진 발상의전환 수학전문학원	배명욱 GTM수학전문학원	박유진 제이홈스쿨
박재성 올림수학학원	김진수 김진수학교실	배지후 해밀수학과학학원	박재혁 명성학원
박지유 박지유수학전문학원	김태형 청명대입학원	윤여민 전문과외	박혜정
박철우 청운학원	김하은 고려바움수학학원	이경미 매쓰 히어로(공부방)	서봉원 서산SM수학교습소
배태익 스키마아카데미 수학교실	나효명 열린아카데미	이민호 세종과학예술영재학교	서승우 전문과외
서현수 수학귀신	류재원 양영학원	이지희 수학의강자학원	서유리 더배움영수학원

서정기 시너지S클래스 불당학원
성유림 Jns오름학원
송명준 JNS오름학원
송은선 전문과외
송재호 불당한일학원
신경미 Honeytip
신유미 무한수학학원
유정수 천안고등학교
유창훈 전문과외
윤보희 충남삼성고등학교
윤재웅 베테랑수학전문학원
윤지영 더올림
이근영 홍주중학교
이봉이 더수학 교습소
이승훈 탑씨크리트
이아람 퍼펙트브레인학원
이은아 한다수학학원
이재장 깊은수학학원
이현주 수학다방
장정수 G.O.A.T수학
전성호 시너지S클래스학원
전혜영 타임수학학원
조현정 J.J수학전문학원
채영미 미매쓰
최문근 천안중앙고등학교
최소영 빛나는수학
최원석 명사특강
한상훈 신불당 한일학원
한호선 두드림영어수학학원
허영재 와이즈만 영재교육학원

이민호 하이탑 수학학원
이우성 이코수학
이태현 하이탑 수학학원
장윤의 수학의부활 이코수학
정복인 하이탑 수학학원
정인혁 수학과통하다학원
최수남 강릉 영 · 수배움교실
최재현 KU고대학원
최정현 최강수학전문학원

◇— 제주 —◇

강경혜 강경혜수학
고진우 전문과외
김기정 저청중학교
김대환 The원 수학
김보라 라딕스수학
김시운 전문과외
김지영 생각틔움수학교실
김홍남 셀파우등생학원
류혜선 진정성 영어수학학원
박승우 남녕고등학교
박찬 찬수학학원
오동조 에임하이학원
오재일
이민경 공부의마침표
이상민 서이현아카데미
이선혜 더쎈 MATH
이현우 루트원플러스입시학원
장영환 제로링수학교실
편미경 편쌤수학
하혜림 제일아카데미
현수진 학고제 입시학원

◇— 강원 —◇

고민정 로이스물맷돌수학
강선아 펀&FUN수학학원
김명동 이코수학
김서인 세모가꿈꾸는수학당학원
김성영 빨리강해지는 수학 과학 학원
김성진 원주이루다수학과학학원
김수지 이코수학
김호동 하이탑 수학학원
남정훈 으뜸장원학원
노명훈 노명훈쌤의 알수학학원
노명희 탑클래스
박미경 수올림수학전문학원
박병석 이코수학
박상윤 박상윤수학
박수지 이코수학학원
배형진 화천학습관
백경수 춘천 이코수학
손선나 전문과외
손영숙 이코수학
신동혁 수학의 부활 이코수학
신현정 hj study
심상용 동해 과수원 학원
안현지 전문과외
오준환 수학다움학원
윤소연 이코수학
이경복 전문과외

수학의 바이블

유형 ON

1 권

확률과 통계

Always Here For You

수학 공부의 왕도는 '문제를 많이' 풀어 보는 것입니다.

백번 설명을 듣는 것보다 한 문제라도 더 풀어 보는 것이

실력 향상의 지름길입니다.

그렇다고 무작정 푸는 것만이 옳은 길은 아닙니다.

체계적으로 분류된 '유형별로' 풀어 보고,

적당한 텀을 두어 '의미 있게 반복'하는 것.

이것이 바로 옳은 길입니다.

옳은 길로 갈 수 있도록 총력을 기울여 만들었습니다.

온(모든) 유형으로 100점을 켜(on)세요!

모든 유형을 싹 담은

수학의 바이블 유형 ON

1 꼭 풀어봐야 할 문제를 알잘딱깔센 있게 구성하여 학교시험 완벽 대비

- 내신 시험을 완벽히 준비할 수 있도록 시험에 나오는 모든 문제를 한 권에 담았습니다.
- 1권의 PART A의 문제를 한 번 더 풀고 싶다면 2권의 PART A′의 문제로 유형 집중 훈련을 할 수 있습니다.

2 유형 집중 학습 구성으로 수학의 자신감 up!

- 최신 기출 문제를 철저히 분석 / 유형별, 난이도별로 세분화하여 체계적으로 수학 실력을 키울 수 있습니다.
- 부족한 부분의 파악이 쉽고 집중 학습하기 편리한 구성으로 효과적인 학습이 가능합니다.

3 수능을 담은 문제로 문제 해결 능력 강화

- 사고력을 요하는 문제를 통해 문제 해결 능력을 강화하여 상위권으로 도약할 수 있습니다.
- 최신 출제 경향을 담은 기출 문제, 기출변형 문제로 수능은 물론 변별력 높은 내신 문제들에 대비할 수 있습니다.

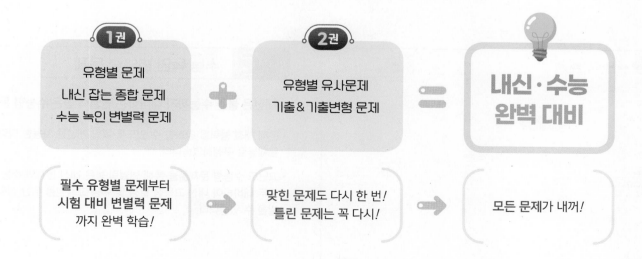

이 책의 구성과 특장

1권 모든 유형을 싹 쓸어 담아 이 한 권에!

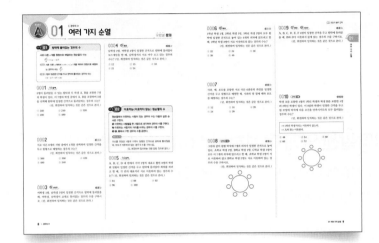

PART A 유형별 문제

》학교 시험에서 자주 출제되는 핵심 기출 유형

- 교과서 및 각종 시험 기출 문제와 출제 가능성 높은 예상 문제를 싹 쓸어 담아 개념, 풀이 방법에 따라 유형화하였습니다.

- 학교 시험에서 출제되는 수능형 문제를 대비할 수 있도록 수능 기출 , 평가원 기출 , 교육청 기출 문제를 엄선하여 수록하였습니다.

- 확인문제 각 유형의 기본 개념 익힘 문제

- 대표문제 유형을 대표하는 필수 문제

- 중요 중요 빈출 문제, 서술형 서술형 문제

- 난이도 하, 중, 상

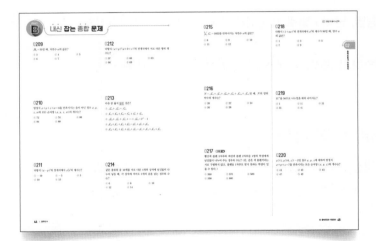

PART B 내신 잡는 종합 문제

》핵심 기출 유형을 잘 익혔는지 확인할 수 있는 중단원별 내신 대비 종합 문제

- 각 중단원별로 반드시 풀어야 하는 문제를 수록하여 학교 시험에 대비할 수 있도록 하였습니다.

- 중단원 학습을 마무리하고 자신의 실력을 점검할 수 있습니다.

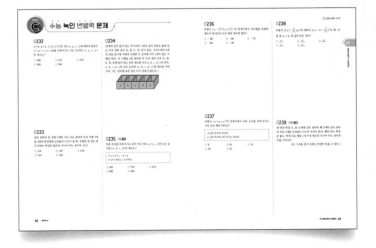

PART C 수능 녹인 변별력 문제

》내신은 물론 수능까지 대비하는 변별력 높은 수능형 문제

- 문제 해결 능력을 강화할 수 있도록 복합 개념을 사용한 다양한 문제들로 구성하였습니다.

- 고난도 수능형 문제들을 통해 변별력 높은 내신 문제와 수능을 모두 대비하여 내신 고득점 달성 및 수능 고득점을 위한 실력을 쌓을 수 있습니다.

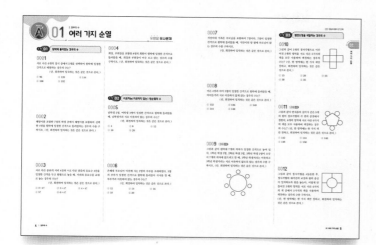

PART A' 유형별 유사문제

≫ 핵심 기출 유형을 완벽히 내 것으로 만드는 유형별 연습 문제

- 1권 PART A의 동일한 유형을 기준으로 각 문제의 유사, 변형 문제로 구성하여 충분한 유제를 통해 유형별 완전 학습이 가능하도록 하였습니다. 맞힌 문제는 더 완벽하게 학습하고, 틀린 문제는 반복 학습으로 약점을 줄여나갈 수 있습니다.

- 수능 변형, 평가원 변형, 교육청 변형 문제로 기출 문제를 이해하고 비슷한 유형이 출제되는 경우에 대비할 수 있습니다.

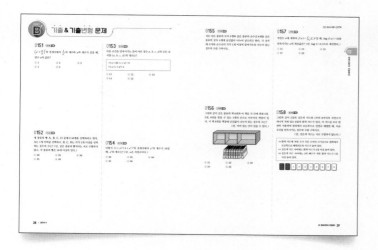

PART B' 기출 & 기출변형 문제

≫ 최신 출제 경향을 담은 기출 문제와 우수 기출 문제의 변형 문제

- 기출 문제를 통해 최신 출제 경향을 파악하고 우수 기출 문제의 변형 문제를 풀어 보면서 수능 실전 감각을 키울 수 있습니다.

3권 풀이의 흐름을 한 눈에!

해설 정답과 풀이

≫ 완벽한 이해를 돕는 친절하고 명쾌한 풀이

- 문제 해결 과정을 꼼꼼하게 체크하고 이해할 수 있도록 친절하고 자세한 풀이를 실었습니다.

- Bible Says 문제 해결에 도움이 되는 학습 비법, 반드시 알아야 할 필수 개념, 공식, 원리

- 참고 해설 이해를 돕기 위한 부가적 설명

이 책의 차례

경우의 수

01 여러 가지 순열

I. 경우의 수

유형 01 원탁에 둘러앉는 경우의 수

서로 다른 n개를 원형으로 배열하는 원순열의 수는
$$\frac{n!}{n}=(n-1)!$$

Tip 서로 다른 n개에서 $r\,(0<r\le n)$개를 택하여 원형으로 배열하는 경우의 수는 $\dfrac{{}_n\mathrm{P}_r}{r}$

예 5명이 일정한 간격을 두고 원탁에 둘러앉는 경우의 수는
$(5-1)!=4!=24$

0001 대표문제

5명이 둘러앉을 수 있는 원탁과 두 학생 A, B를 포함한 7명의 학생이 있다. 이 7명의 학생 중에서 A, B를 포함하여 5명을 선택해 원탁에 일정한 간격으로 둘러앉히는 경우의 수는?
(단, 회전하여 일치하는 것은 같은 것으로 본다.)

① 160 　　② 240 　　③ 320
④ 400 　　⑤ 480

0002

서로 다른 8개의 사탕 중에서 4개를 선택하여 일정한 간격을 두고 원형으로 배열하는 경우의 수는?
(단, 회전하여 일치하는 것은 같은 것으로 본다.)

① 300 　　② 360 　　③ 420
④ 480 　　⑤ 540

0003 서술형

여학생 3명, 남학생 3명이 일정한 간격으로 원탁에 둘러앉을 때, 여학생, 남학생이 교대로 둘러앉는 경우의 수를 구하시오. (단, 회전하여 일치하는 것은 같은 것으로 본다.)

0004 중요

남학생 2명, 여학생 4명이 일정한 간격으로 원탁에 둘러앉아 보드게임을 할 때, 남학생끼리 서로 마주 보고 앉는 경우의 수는? (단, 회전하여 일치하는 것은 같은 것으로 본다.)

① 12 　　② 15 　　③ 18
④ 21 　　⑤ 24

유형 02 이웃하는(이웃하지 않는) 원순열의 수

원순열에서 이웃하는 사람이 있는 경우의 수는 다음과 같은 순서로 구한다.
❶ 이웃하는 사람들을 한 사람으로 생각하여 경우의 수를 구한다.
❷ 이웃하는 사람끼리 자리를 바꾸는 경우의 수를 구한다.
❸ ❶, ❷에서 구한 경우의 수를 곱한다.

확인 문제

부모를 포함한 5명의 가족이 일정한 간격으로 원탁에 둘러앉을 때, 부모가 이웃하여 앉는 경우의 수를 구하시오.
(단, 회전하여 일치하는 것은 같은 것으로 본다.)

0005 대표문제

A, B, C, D 네 반에서 각각 2명씩 대표로 뽑힌 8명의 학생회 임원이 일정한 간격을 두고 원탁에 둘러앉아 회의를 하려고 할 때, 각 반의 대표끼리 서로 이웃하여 앉는 경우의 수는? (단, 회전하여 일치하는 것은 같은 것으로 본다.)

① 84 　　② 88 　　③ 92
④ 96 　　⑤ 100

0006 ✅중요

1학년 학생 1명, 2학년 학생 3명, 3학년 학생 2명이 모두 원탁에 일정한 간격으로 놓여 있는 6개의 의자에 앉으려고 할 때, 2학년 학생 3명이 서로 이웃하도록 앉는 경우의 수는?

(단, 회전하여 일치하는 것은 같은 것으로 본다.)

① 32   ② 34   ③ 36

④ 38   ⑤ 40

0007

사과, 배, 포도를 포함한 서로 다른 6종류의 과일을 일정한 간격을 두고 원형으로 배열할 때, 사과의 양 옆에 배와 포도를 배열하는 경우의 수는?

(단, 회전하여 일치하는 것은 같은 것으로 본다.)

① 12   ② 16   ③ 20

④ 24   ⑤ 28

0008 교육청 기출

그림과 같이 원형 탁자에 7개의 의자가 일정한 간격으로 놓여 있다. A학교 학생 2명, B학교 학생 2명, C학교 학생 3명이 모두 이 7개의 의자에 앉으려고 할 때, A학교 학생 2명이 서로 이웃하여 앉고 B학교 학생 2명도 서로 이웃하여 앉는 경우의 수를 구하시오.

(단, 회전하여 일치하는 것은 같은 것으로 본다.)

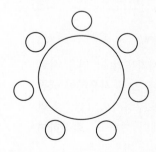

0009 ✅중요 ✏서술형

A, B, C, D, E, F 6명이 일정한 간격을 두고 원탁에 둘러앉을 때, B와 D가 이웃하지 않게 앉는 경우의 수를 구하시오.

(단, 회전하여 일치하는 것은 같은 것으로 본다.)

0010 교육청 기출

학생 A를 포함한 4명의 1학년 학생과 학생 B를 포함한 4명의 2학년 학생이 있다. 이 8명의 학생이 일정한 간격을 두고 원 모양의 탁자에 다음 조건을 만족시키도록 모두 둘러앉는 경우의 수는?

(단, 회전하여 일치하는 것은 같은 것으로 본다.)

(가) 1학년 학생끼리는 이웃하지 않는다.
(나) A와 B는 이웃한다.

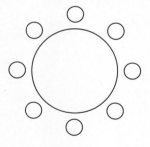

① 48   ② 54   ③ 60

④ 66   ⑤ 72

회전하면 모양이 일치하는 평면도형을 색칠하는 경우의 수는
다음과 같은 순서로 구한다.
❶ 먼저 기준이 되는 영역에 색칠하는 경우의 수를 구한다.
❷ 원순열을 이용하여 나머지 영역을 색칠하는 경우의 수를 구
한다.
❸ ❶, ❷에서 구한 경우의 수를 곱한다.

0011 대표문제

그림과 같이 원 안에 정오각형이 내접
해 있다. 이 도형의 6개의 영역에 서로
다른 6가지의 색을 모두 사용하여 색칠
하는 경우의 수는? (단, 한 영역에는
한 가지 색만 칠하고, 회전하여 일치하
는 것은 같은 것으로 본다.)

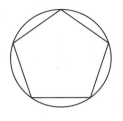

① 132   ② 136   ③ 140
④ 144   ⑤ 148

0012 교육청 기출

그림과 같이 반지름의 길이가 같은 7개
의 원이 있다. 7개의 원에 서로 다른 7
개의 색을 모두 사용하여 색칠하는 경
우의 수를 구하시오. (단, 한 원에는 한
가지 색만 칠하고, 회전하여 일치하는
것은 같은 것으로 본다.)

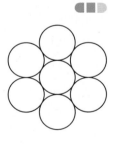

0013

그림과 같이 원을 6등분한 6개의 영역
을 노란색과 파란색을 포함한 서로 다
른 6가지의 색을 모두 사용하여 칠하려
고 한다. 노란색과 파란색을 이웃하게
색칠하는 경우의 수를 구하시오.
(단, 한 영역에는 한 가지 색만 칠하고,
회전하여 일치하는 것은 같은 것으로 본다.)

0014

그림과 같이 4개의 정삼각형으로 이
루어진 도형이 있다. 이 도형을 서로
다른 6가지의 색 중에서 4가지의 색을
사용하여 색칠하는 경우의 수는?
(단, 한 영역에는 한 가지 색만 칠하
고, 회전하여 일치하는 것은 같은 것으로 본다.)

① 96   ② 108   ③ 120
④ 132   ⑤ 144

0015 중요 서술형

그림과 같이 중심이 같은 두 원을 원의
중심을 지나면서 수직인 두 개의 선분
을 그어 8개의 영역으로 나눌 때, 이 영
역을 서로 다른 8가지의 색을 모두 사
용하여 색칠하는 경우의 수는 $a \times 7!$이
다. a의 값을 구하시오. (단, 한 영역에
는 한 가지 색만 칠하고, 회전하여 일치하는 것은 같은 것으
로 본다.)

회전하여 일치하는 것이 나오는 입체도형을 색칠하는 경우의
수를 구할 때에는 밑면이나 평행한 면 등을 색칠하는 경우를 먼
저 생각한다.

0016 대표문제

그림과 같은 정사각뿔의 각 면을 서로
다른 5가지의 색을 모두 사용하여 색칠
하는 경우의 수를 구하시오. (단, 각 면
에는 한 가지 색만 칠하고, 회전하여
일치하는 것은 같은 것으로 본다.)

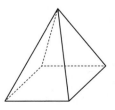

0017 ✅중요

그림과 같은 정오각뿔대의 각 면을 서로 다른 7가지의 색을 모두 사용하여 색칠하는 경우의 수는? (단, 각 면에는 한 가지 색만 칠하고, 회전하여 일치하는 것은 같은 것으로 본다.)

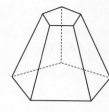

① 992
② 996
③ 1000
④ 1004
⑤ 1008

0018 ✅중요

그림과 같은 정육각기둥의 각 면을 서로 다른 8가지의 색을 모두 사용하여 색칠하는 경우의 수는? (단, 각 면에는 한 가지 색만 칠하고, 회전하여 일치하는 것은 같은 것으로 본다.)

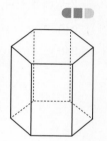

① $28 \times 4!$
② $56 \times 4!$
③ $14 \times 5!$
④ $28 \times 5!$
⑤ $56 \times 5!$

0019

그림과 같은 정육면체의 각 면을 서로 다른 6가지의 색을 모두 사용하여 색칠하는 경우의 수는? (단, 각 면에는 한 가지 색만 칠하고, 회전하여 일치하는 것은 같은 것으로 본다.)

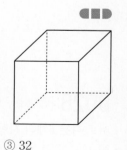

① 28
② 30
③ 32
④ 34
⑤ 36

유형 05 여러 가지 모양의 탁자에 둘러앉는 경우의 수

n명이 여러 가지 모양의 탁자에 둘러앉는 경우의 수는 다음과 같은 순서로 구한다.

❶ n명이 원탁에 둘러앉는 경우의 수를 구한다.
❷ 원탁에 둘러앉는 한 가지 방법에 대하여 기준이 되는 자리의 위치에 따라 서로 다른 경우의 수를 구한다.
❸ ❶, ❷에서 구한 경우의 수를 곱한다.

Tip 다각형 모양의 탁자에 둘러앉는 경우의 수
➡ (원순열의 수) × (서로 다른 기준에 있는 위치의 수)

0020 대표문제

그림과 같은 직사각형 모양의 탁자에 8명이 둘러앉는 경우의 수는 $a \times 7!$이다. a의 값은? (단, 회전하여 일치하는 것은 같은 것으로 본다.)

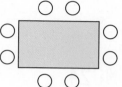

① 2
② 4
③ 6
④ 8
⑤ 10

0021 ✅중요

그림과 같은 정사각형 모양의 탁자에 8명이 둘러앉는 경우의 수는? (단, 회전하여 일치하는 것은 같은 것으로 본다.)

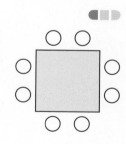

① $2 \times 6!$
② $3 \times 6!$
③ $2 \times 7!$
④ $3 \times 7!$
⑤ $2 \times 8!$

0022

그림과 같은 정삼각형 모양의 탁자에 9명이 둘러앉는 경우의 수가 $a \times n!$일 때, 자연수 a, n에 대하여 $a+n$의 값을 구하시오. (단, a는 한 자리 자연수이고, 회전하여 일치하는 것은 같은 것으로 본다.)

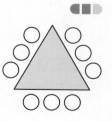

0023 *서술형*

그림과 같은 정오각형 모양의 탁자에 10명이 둘러앉는 경우의 수가 $a \times n!$ 일 때, 자연수 a, n에 대하여 $a \times n$의 값을 구하시오. (단, a는 한 자리 자연수이고, 회전하여 일치하는 것은 같은 것으로 본다.)

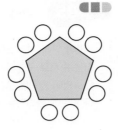

0024

그림과 같은 부채꼴 모양의 탁자에 5명이 둘러앉는 경우의 수는? (단, 회전하여 일치하는 것은 같은 것으로 본다.)

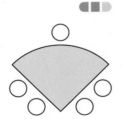

① 24   ② 48
③ 72   ④ 96
⑤ 120

유형 06   중복순열

(1) 서로 다른 n개에서 중복을 허락하여 r개를 택하는 순열을 중복순열이라 하고, 이것을 기호로 $_n\Pi_r$와 같이 나타낸다.

(2) 서로 다른 n개에서 r개를 택하는 중복순열의 수는
$$_n\Pi_r = n^r$$

참고 $_n\mathrm{P}_r$에서는 $n \geq r$이어야 하지만 $_n\Pi_r$에서는 $n < r$인 경우도 있다.

예 ① $_4\Pi_2 = 4^2 = 16$ ② $_2\Pi_3 = 2^3 = 8$

확인 문제

다음을 구하시오.

(1) 5명의 유권자가 3명의 후보에게 기명 투표하는 경우의 수
(단, 기권이나 무효표는 없는 것으로 한다.)

(2) 서로 다른 2통의 편지를 서로 다른 3개의 우체통에 넣는 경우의 수 (단, 편지를 하나도 넣지 않은 우체통이 있을 수 있다.)

0025 *대표문제*

서로 다른 종류의 음료수 5개를 A, B, C, D 4명에게 남김없이 나누어 줄 때, A에게는 2개의 음료수를 나누어 주는 경우의 수를 구하시오.

(단, 음료수를 하나도 받지 못하는 사람이 있을 수 있다.)

0026

어느 고등학교 학생 5명이 독서 토론회, 농구부, 축구부의 3개의 동아리에 가입하는 경우의 수는? (단, 한 명도 가입하지 않은 동아리가 있을 수 있고, 학생 1명은 1개의 동아리만을 가입해야 한다.)

① 240   ② 243   ③ 246
④ 249   ⑤ 252

0027 *평가원 기출*

서로 다른 종류의 연필 5자루를 4명의 학생 A, B, C, D에게 남김없이 나누어 주는 경우의 수는?

(단, 연필을 받지 못하는 학생이 있을 수 있다.)

① 1024   ② 1034   ③ 1044
④ 1054   ⑤ 1064

0028 *중요* *서술형*

서로 다른 6개의 사탕을 4명의 학생 A, B, C, D에게 남김없이 나누어 줄 때, A, B에게는 사탕을 1개씩만 나누어 주는 경우의 수를 구하시오.

(단, 사탕을 하나도 받지 못하는 학생이 있을 수 있다.)

0029

전체집합 $U=\{a, b, c, d, e\}$에 대하여 서로소인 두 부분집합 A, B의 순서쌍 (A, B)의 개수는?

① 234 ② 237 ③ 240

④ 243 ⑤ 246

0030 평가원 기출

네 문자 a, b, X, Y 중에서 중복을 허락하여 6개를 택해 일렬로 나열하려고 한다. 다음 조건이 성립하도록 나열하는 경우의 수는?

> (가) 양 끝 모두에 대문자가 나온다.
> (나) a는 한 번만 나온다.

① 384 ② 408 ③ 432

④ 456 ⑤ 480

0031

서로 다른 8자루의 필기구를 서로 다른 3개의 필통에 나누어 넣을 때, 빈 필통이 있도록 나누어 넣는 경우의 수는?

① 735 ② 750 ③ 765

④ 780 ⑤ 795

유형 07 중복순열 – 자연수의 개수

(1) 1, 2, 3, $\cdots$, n $(1 \le n \le 9)$의 n개의 숫자에서 중복을 허락하여 m개를 택해 만들 수 있는 m자리 자연수의 개수

➡ $_n\Pi_m$

(2) 0, 1, 2, 3, $\cdots$, n $(1 \le n \le 9)$의 $(n+1)$개의 숫자에서 중복을 허락하여 m개를 택해 만들 수 있는 m자리 자연수의 개수

➡ $n \times {}_{n+1}\Pi_{m-1}$

주의 맨 앞자리에 숫자 0이 올 수 없음에 주의한다.

확인 문제

다음을 구하시오.

(1) 네 개의 숫자 1, 2, 3, 4 중에서 중복을 허락하여 3개를 택해 만들 수 있는 세 자리 자연수의 개수

(2) 네 개의 숫자 0, 1, 2, 3 중에서 중복을 허락하여 3개를 택해 만들 수 있는 세 자리 자연수의 개수

0032 대표문제

여섯 개의 숫자 1, 2, 3, 4, 5, 6 중에서 중복을 허락하여 4개를 택해 네 자리 자연수를 만들 때, 짝수의 개수는?

① 616 ② 624 ③ 632

④ 640 ⑤ 648

0033 중요

다섯 개의 숫자 0, 1, 2, 3, 4 중에서 중복을 허락하여 4개를 택해 네 자리 자연수를 만들 때, 홀수의 개수를 구하시오.

0034 중요 서술형

다섯 개의 숫자 1, 2, 3, 4, 5 중에서 중복을 허락하여 4개를 택해 네 자리 자연수를 만들 때, 2200보다 작은 수의 개수를 구하시오.

0035

다섯 개의 숫자 0, 2, 4, 6, 8에서 중복을 허락하여 만들 수 있는 자연수를 크기가 작은 것부터 순서대로 나열할 때, 4000은 몇 번째 수인가?

① 247번째   ② 248번째   ③ 249번째
④ 250번째   ⑤ 251번째

0036

세 개의 숫자 1, 3, 5 중에서 중복을 허락하여 4개를 택해 네 자리 자연수를 만들 때, 3이 포함되어 있는 자연수의 개수는?

① 65   ② 70   ③ 75
④ 80   ⑤ 85

유형 08   **중복순열 – 신호의 개수**

> 서로 다른 n개에서 1개부터 r개까지 택하는 중복순열의 수는
> $$_n\Pi_1 + {}_n\Pi_2 + {}_n\Pi_3 + \cdots + {}_n\Pi_r$$

0037 대표문제

흰색 깃발과 검은색 깃발이 각각 한 개씩 있다. 깃발을 한 번에 한 개씩 들어올려 신호를 만들 때, 두 깃발을 합하여 한 번 이상 네 번 이하로 들어올려서 만들 수 있는 서로 다른 신호의 개수는?

① 16   ② 20   ③ 24
④ 30   ⑤ 36

0038

세 기호 ◎, ※, ◆를 일렬로 나열하여 암호를 만들려고 한다. 세 기호 ◎, ※, ◆를 합하여 2개 이상 4개 이하로 사용하여 만들 수 있는 서로 다른 암호의 개수는?

① 115   ② 117   ③ 119
④ 121   ⑤ 123

0039 중요

모스 부호 '•'과 '—'를 사용하여 신호를 만들려고 한다. 100개의 서로 다른 신호를 만들려면 모스 부호를 최소한 몇 개 사용해야 하는가?

① 2개   ② 4개   ③ 6개
④ 8개   ⑤ 10개

0040

일렬로 나열된 전구 n개를 켜거나 꺼서 만들 수 있는 서로 다른 신호가 200개 이하가 되도록 하는 자연수 n의 최댓값을 구하시오. (단, 모든 전구는 동시에 작동되고, 전구가 모두 꺼진 경우는 신호에서 제외한다.)

유형 **09** 중복순열 - 함수의 개수

두 집합 $X=\{a_1, a_2, a_3, \cdots, a_n\}$, $Y=\{b_1, b_2, b_3, \cdots, b_m\}$에 대하여 X에서 Y로의 함수의 개수는
$$_m\Pi_n$$

확인 문제

집합 $X=\{a, b, c\}$에서 집합 $Y=\{2, 4, 6, 8\}$로의 함수의 개수를 구하시오.

0041 대표문제

집합 $X=\{-1, 0, 1\}$에서 집합 $Y=\{-4, -2, 0, 2, 4\}$로의 함수 f 중에서 $f(0)=2$인 함수의 개수는?

① 25   ② 27   ③ 29

④ 31   ⑤ 33

0042 ✅중요

두 집합 $X=\{1, 2, 3\}$, $Y=\{1, 2, 3, 4\}$에 대하여 함수 $f: X \longrightarrow Y$ 중에서 $f(2)\neq 2$인 함수의 개수를 구하시오.

0043

두 집합 $X=\{1, 2, 3, 4\}$, $Y=\{1, 2\}$에 대하여 X에서 Y로의 함수 중에서 치역과 공역이 같은 것의 개수는?

① 12   ② 14   ③ 16

④ 18   ⑤ 20

0044

집합 $X=\{1, 2, 3, 4\}$에 대하여 함수 $f: X \longrightarrow X$가 $f(2)\leq 3$을 만족시킬 때, 함수 f의 개수는?

① 180   ② 184   ③ 188

④ 192   ⑤ 196

0045 ✏️서술형

집합 $X=\{0, 1, 2, 3, 4\}$에 대하여 함수 $f: X \longrightarrow X$는 다음 조건을 만족시킨다.

> (가) $f(3)$의 값은 홀수이다.
> (나) $x<3$이면 $f(x)<f(3)$이다.
> (다) $x>3$이면 $f(x)>f(3)$이다.

함수 f의 개수를 구하시오.

0046 교육청 기출

두 집합
$$X=\{1, 2, 3, 4, 5\}, \quad Y=\{2, 4, 6, 8, 10, 12\}$$
에 대하여 X에서 Y로의 함수 f 중에서 다음 조건을 만족시키는 함수의 개수는?

> (가) $f(2)<f(3)<f(4)$
> (나) $f(1)>f(3)>f(5)$

① 100   ② 102   ③ 104

④ 106   ⑤ 108

n개 중에서 서로 같은 것이 각각 p개, q개, $\cdots$, r개씩 있을 때, n개를 일렬로 나열하는 순열의 수는

$$\frac{n!}{p! \times q! \times \cdots \times r!} \quad (단, p+q+\cdots+r=n)$$

확인 문제

다섯 개의 문자 a, a, b, b, c를 일렬로 나열하는 경우의 수를 구하시오.

0047 대표문제

minimum에 있는 7개의 문자를 일렬로 나열할 때, 양 끝에 n과 u를 나열하는 경우의 수는?

① 20   ② 25   ③ 30

④ 35   ⑤ 40

0048 중요

lasagna에 있는 7개의 문자를 일렬로 나열할 때, s와 g가 이웃하도록 나열하는 경우의 수는?

① 180   ② 200   ③ 220

④ 240   ⑤ 260

0049 서술형

internet에 있는 8개의 문자를 일렬로 나열할 때, 모음끼리 이웃하도록 나열하는 경우의 수를 구하시오.

0050 교육청 기출

6개의 문자 a, a, b, b, c, c를 일렬로 나열할 때, a끼리는 이웃하지 않도록 나열하는 경우의 수는?

① 50   ② 55   ③ 60

④ 65   ⑤ 70

0051 중요

7개의 문자 a, a, b, b, b, c, d를 일렬로 나열할 때, 양 끝에 서로 다른 문자가 오는 경우의 수는?

① 280   ② 300   ③ 320

④ 340   ⑤ 360

유형 **11** 같은 것이 있는 순열 – 자연수의 개수

여러 개의 같은 숫자를 사용하여 자연수를 만들 때, 특정한 자리에 대한 조건이 주어진 경우에는 주어진 조건에 맞는 숫자를 먼저 나열한 후, 나머지 자리에 남은 숫자를 나열한다.

0052 대표문제

6개의 숫자 0, 1, 2, 2, 3, 3을 모두 사용하여 만들 수 있는 여섯 자리 자연수 중에서 짝수의 개수는?

① 72   ② 74   ③ 76

④ 78   ⑤ 80

0053

5개의 숫자 1, 1, 2, 2, 3 중에서 4개를 택하여 만들 수 있는
네 자리 자연수의 개수는?

① 24   ② 30   ③ 36

④ 42   ⑤ 48

0054

세 개의 숫자 1, 2, 3 중에서 중복을 허락하여 4개를 택해 네
자리 자연수를 만들 때, 각 자리의 숫자의 합이 8인 자연수의
개수를 구하시오.

0055 ✏️ 서술형

6개의 숫자 1, 2, 3, 3, 4, 4를 일렬로 나열하여 여섯 자리 자
연수를 만들 때, 300000보다 큰 자연수의 개수를 구하시오.

0056 교육청 기출

숫자 1, 2, 3 중에서 모든 숫자가 한 개 이상씩 포함되도록 중
복을 허락하여 6개를 선택한 후, 일렬로 나열하여 만들 수 있
는 여섯 자리의 자연수 중 일의 자리의 수와 백의 자리의 수
가 같은 자연수의 개수를 구하시오.

유형 **12** **순서가 정해진 순열**

> 서로 다른 n개를 나열할 때, 특정한 $r\ (0 < r \leq n)$개의 순서가
> 정해져 있는 경우에는 r개를 같은 것으로 보고 같은 것이 있는
> 순열의 수를 이용한다.

0057 대표문제

cucumber에 있는 8개의 문자를 일렬로 나열할 때, r, b, m
을 이 순서대로 나열하는 경우의 수는?

① 640   ② 880   ③ 960

④ 1240   ⑤ 1680

0058 ✅ 중요

7개의 숫자 1, 1, 2, 3, 4, 4, 5를 일렬로 나열할 때, 2, 3, 5
를 이 순서대로 나열하는 경우의 수는?

① 120   ② 150   ③ 180

④ 210   ⑤ 240

0059

animation에 있는 9개의 문자를 일렬로 나열할 때, 모음이
자음보다 앞에 오도록 나열하는 경우의 수를 구하시오.

0060 평가원 기출

1부터 6까지의 자연수가 하나씩 적혀 있는 6장의 카드가 있다. 이 카드를 모두 한 번씩 사용하여 일렬로 나열할 때, 2가 적혀 있는 카드는 4가 적혀 있는 카드보다 왼쪽에 나열하고 홀수가 적혀 있는 카드는 작은 수부터 크기 순서로 왼쪽부터 나열하는 경우의 수는?

① 56   ② 60   ③ 64
④ 68   ⑤ 72

0061 중요 서술형

metaverse에 있는 9개의 문자를 일렬로 나열할 때, m은 t보다 앞에 오고 r는 v보다 앞에 오도록 나열하는 경우의 수는 $a \times 7!$이다. a의 값을 구하시오.

유형 13   같은 것이 있는 순열의 활용

주어진 조건을 만족시키는 모든 경우를 나눈 후, 같은 것이 있는 순열을 이용하여 자연수나 순서쌍의 개수를 구한다.

0062 대표문제

노란 공 2개, 빨간 공 3개, 파란 공 2개를 일렬로 나열할 때, 노란 공은 서로 이웃하지 않게 나열하는 경우의 수는?

(단, 같은 색의 공끼리는 서로 구별하지 않는다.)

① 145   ② 150   ③ 155
④ 160   ⑤ 165

0063

흰색 깃발 4개, 파란색 깃발 3개를 일렬로 모두 나열할 때, 양 끝에 흰색 깃발이 놓이는 경우의 수는?

(단, 같은 색의 깃발끼리는 서로 구별하지 않는다.)

① 8   ② 10   ③ 12
④ 14   ⑤ 16

0064

한 개의 주사위를 세 번 던져 나온 눈의 수를 차례로 a, b, c라 할 때, 방정식 $a+b+c=6$을 만족시키는 a, b, c의 모든 순서쌍 (a, b, c)의 개수는?

① 9   ② 10   ③ 11
④ 12   ⑤ 13

0065 중요

두 집합 $X=\{1, 2, 3\}$, $Y=\{2, 3, 4, 5\}$에 대하여 X에서 Y로의 함수 f 중에서 $f(1)+f(2)+f(3)=10$을 만족시키는 함수 f의 개수를 구하시오.

0066

다음 조건을 만족시키는 네 자연수 a, b, c, d의 모든 순서쌍 (a, b, c, d)의 개수를 구하시오.

(가) $a+b+c+d=7$
(나) $a \times b \times c \times d$는 12의 약수이다.

0067

그림과 같이 국어 교과서 3권, 영어 교과서 2권, 수학 교과서 3권과 책을 꽂을 수 있는 책장이 있다. 다음 조건을 만족시키도록 교과서 5권을 책장에 꽂는 경우의 수를 구하시오.

(단, 같은 과목의 교과서끼리는 구분하지 않는다.)

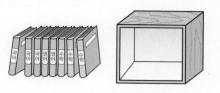

(가) 수학 교과서는 적어도 2권 꽂아야 한다.
(나) 국어 교과서, 영어 교과서를 1권 이상 꽂아야 한다.

0069 평가원 기출

그림과 같이 마름모 모양으로 연결된 도로망이 있다. 이 도로망을 따라 A지점에서 출발하여 B지점까지 최단거리로 가는 경우의 수는?

① 24　　② 28　　③ 32
④ 36　　⑤ 40

유형 14 최단거리로 가는 경우의 수

그림과 같은 도로망을 따라 A지점에서 출발하여 B지점까지 최단거리로 갈 때

(1) P지점을 거쳐 가는 경우의 수는
　(A → P로 최단거리로 가는 경우의 수)
　× (P → B로 최단거리로 가는 경우의 수)

(2) P지점을 거치지 않고 가는 경우의 수는
　(A → B로 최단거리로 가는 경우의 수)
　−(A → P → B로 최단거리로 가는 경우의 수)

0070 ✔중요

그림과 같은 도로망이 있다. 이 도로망을 따라 A지점에서 출발하여 B지점까지 최단거리로 갈 때, P지점을 거치지 않고 가는 경우의 수는?

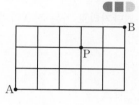

① 26　　② 28　　③ 30
④ 32　　⑤ 34

0068 대표문제

그림과 같은 도로망이 있다. 이 도로망을 따라 A지점에서 출발하여 P지점을 거쳐 B지점까지 최단거리로 가는 경우의 수는?

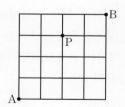

① 20　　② 30
③ 40　　④ 50
⑤ 60

0071

그림과 같은 도로망이 있다. 이 도로망을 따라 A지점에서 출발하여 B지점까지 최단거리로 갈 때, 두 지점 P, Q를 모두 지나는 경우의 수를 구하시오.

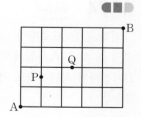

0072 ✐서술형

그림과 같은 도로망이 있다. 이 도로망을 따라 A지점에서 출발하여 P지점은 반드시 지나지만 Q지점은 지나지 않고 B지점까지 최단거리로 가는 경우의 수를 구하시오.

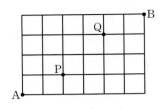

0073

그림과 같이 크기가 같은 정육면체 8개를 쌓아올려서 직육면체를 만들었다. 정육면체의 모서리를 따라 꼭짓점 A에서 출발하여 꼭짓점 B까지 최단거리로 가는 경우의 수를 구하시오.

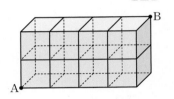

유형 15 최단거리로 가는 경우의 수
– 도로망이 복잡하거나 장애물이 있는 경우

최단거리로 갈 때 도로망이 복잡하거나 장애물이 있는 경우의 수는 다음과 같은 순서로 구한다.
❶ 최단거리로 가기 위하여 반드시 거쳐야 하는 중간 지점들을 찾는다.
❷ 각 중간 지점을 거쳐 최단거리로 가는 경우의 수를 구한다.
❸ ❷에서 구한 각 경우의 수를 더한다.

0074 대표문제

그림과 같은 도로망이 있다. 이 도로망을 따라 A지점에서 출발하여 B지점까지 최단거리로 가는 경우의 수는?

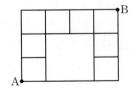

① 13 ② 14
③ 15 ④ 16
⑤ 17

0075

그림과 같은 도로망이 있다. 이 도로망을 따라 A지점에서 출발하여 B지점까지 최단거리로 가는 경우의 수는?

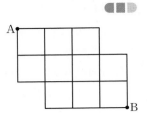

① 31 ② 33
③ 35 ④ 37
⑤ 39

0076 ✐서술형

그림과 같은 도로망이 있다. 이 도로망을 따라 A지점에서 출발하여 B지점까지 최단거리로 가는 경우의 수를 구하시오.

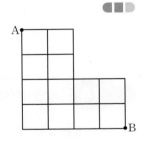

0077 ✓중요

그림과 같은 도로망이 있다. 이 도로망을 따라 A지점에서 출발하여 B지점까지 최단거리로 가는 경우의 수는?

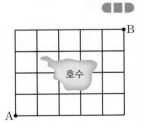

① 26 ② 30
③ 34 ④ 38
⑤ 42

내신 잡는 종합 문제

0078

서로 다른 초콜릿 4개를 2명의 학생에게 남김없이 나누어 주는 경우의 수는?

(단, 초콜릿을 하나도 받지 못하는 학생이 있을 수 있다.)

① 8　　　　　② 12　　　　　③ 16
④ 20　　　　　⑤ 24

0079

cookie에 있는 6개의 문자를 일렬로 나열할 때, c와 e가 이웃하도록 나열하는 경우의 수는?

① 90　　　　　② 100　　　　　③ 110
④ 120　　　　　⑤ 130

0080

여섯 개의 숫자 0, 1, 2, 3, 4, 5 중에서 중복을 허락하여 4개를 택해 네 자리 자연수를 만들 때, 짝수의 개수는?

① 540　　　　　② 630　　　　　③ 720
④ 810　　　　　⑤ 900

0081 교육청 기출

흰 공 2개, 빨간 공 2개, 검은 공 4개를 일렬로 나열할 때, 흰 공은 서로 이웃하지 않게 나열하는 경우의 수는?

(단, 같은 색의 공끼리는 서로 구별하지 않는다.)

① 295　　　　　② 300　　　　　③ 305
④ 310　　　　　⑤ 315

0082

세 개의 숫자 1, 2, 3 중에서 중복을 허락하여 4개를 택해 네 자리 자연수를 만들 때, 2313보다 작은 수의 개수를 구하시오.

0083

두 집합 $X=\{a, b, c, d\}$, $Y=\{1, 2, 3, 4, 5\}$에 대하여 X에서 Y로의 함수 f 중에서 $f(c)-f(d)=3$을 만족시키는 함수 f의 개수는?

① 30　　　　　② 40　　　　　③ 50
④ 60　　　　　⑤ 70

0084

그림과 같이 직사각형 모양의 탁자 A와 부채꼴 모양의 탁자 B에 각각 6개의 좌석이 놓여 있다.

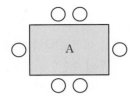 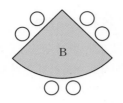

6명의 학생이 두 탁자 A, B에 각각 둘러앉는 경우의 수를 차례로 a, b라 할 때, $\dfrac{b}{a}$의 값은?

(단, 회전하여 일치하는 것은 같은 것으로 본다.)

① 1   ② 2   ③ 3
④ 4   ⑤ 5

0085

그림과 같은 정오각기둥의 각 면을 서로 다른 7가지의 색을 모두 사용하여 색칠하는 경우의 수를 구하시오. (단, 각 면에는 한 가지 색만 칠하고, 회전하여 일치하는 것은 같은 것으로 본다.)

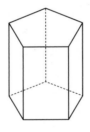

0086

5개의 숫자 1, 2, 3, 4, 5를 일렬로 나열할 때, 짝수는 짝수끼리, 홀수는 홀수끼리 크기가 작은 것부터 순서대로 나열하는 경우의 수를 구하시오.

0087

7개의 숫자 1, 3, 3, 4, 4, 5, 6을 일렬로 나열할 때, 짝수 번째 자리에는 짝수를 나열하는 경우의 수는?

① 24   ② 30   ③ 36
④ 42   ⑤ 48

0088

4개의 숫자 1, 2, 3, 4 중에서 중복을 허락하여 5개를 택해 일렬로 나열할 때, 숫자 1이 세 번 나오는 경우의 수는?

① 70   ② 80   ③ 90
④ 100   ⑤ 110

0089 교육청 기출

숫자 1, 2, 3, 3, 4, 4, 4가 하나씩 적힌 7장의 카드를 모두 한 번씩 사용하여 일렬로 나열할 때, 1이 적힌 카드와 2가 적힌 카드 사이에 두 장 이상의 카드가 있도록 나열하는 경우의 수는?

① 180   ② 185   ③ 190
④ 195   ⑤ 200

0090

전체집합 $U=\{1, 2, 3, 4, 5, 6\}$에 대하여 두 집합 A, B가 다음을 만족시킬 때, 두 집합 A, B의 모든 순서쌍 (A, B)의 개수는?

> (가) $A \subset U$, $B \subset U$
> (나) $A \cap B = \varnothing$, $A \cup B = U$

① 8   ② 16   ③ 32
④ 64   ⑤ 128

0091

그림과 같은 도로망이 있다. 이 도로망을 따라 A지점에서 출발하여 B지점까지 최단거리로 갈 때, P지점은 지나고 Q지점은 지나지 않는 경우의 수를 구하시오.

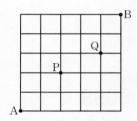

0092

집합 $X=\{1, 2, 3, 4\}$에서 집합 $Y=\{6, 7, 8\}$로의 함수 f 중에서 $\{f(x) \mid x \in X\}=Y$를 만족시키는 함수 f의 개수는?

① 28   ② 32   ③ 36
④ 40   ⑤ 44

0093 수능 기출

세 학생 A, B, C를 포함한 6명의 학생이 있다. 이 6명의 학생이 일정한 간격을 두고 원 모양의 탁자에 다음 조건을 만족시키도록 모두 둘러앉는 경우의 수는?

(단, 회전하여 일치하는 것은 같은 것으로 본다.)

> (가) A와 B는 이웃한다.
> (나) B와 C는 이웃하지 않는다.

① 32   ② 34   ③ 36
④ 38   ⑤ 40

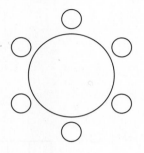

0094

그림과 같이 합동인 9개의 정사각형으로 이루어진 판에 9가지의 색을 모두 사용하여 색칠하는 경우의 수는 $a \times 7!$이다. a의 값은? (단, 한 영역에는 한 가지 색만 칠하고, 회전하여 일치하는 것은 같은 것으로 본다.)

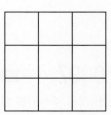

① 12   ② 14   ③ 16
④ 18   ⑤ 20

0095

7개의 문자 a, a, b, b, c, c, c를 모두 사용하여 일렬로 나열할 때, 다음 조건을 만족시키도록 나열하는 경우의 수는?

> (가) 양 끝에 모두 a가 오지 않는다.
> (나) b는 서로 이웃하지 않는다.

① 76 ② 78 ③ 80
④ 82 ⑤ 84

0096

그림과 같이 정사각형 12개로 구성된 바둑판 모양의 도로망이 있다. 가은이는 A지점을 출발하여 B지점까지 최단거리로 이동하고, 서후는 B지점을 출발하여 A지점까지 최단거리로 이동한다. 가은이와 서후가 동시에 출발하여 같은 속력으로 이동할 때, 가은이와 서후가 만나는 경우의 수를 구하시오.

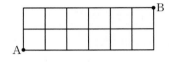

0097 평가원 기출

한 개의 주사위를 한 번 던져 나온 눈의 수가 3 이하이면 나온 눈의 수를 점수로 얻고, 나온 눈의 수가 4 이상이면 0점을 얻는다. 이 주사위를 네 번 던져 나온 눈의 수를 차례로 a, b, c, d라 할 때, 얻은 네 점수의 합이 4가 되는 모든 순서쌍 (a, b, c, d)의 개수는?

① 187 ② 190 ③ 193
④ 196 ⑤ 199

서술형 대비하기

0098

dismiss에 있는 7개의 문자를 일렬로 나열할 때, d와 m이 이웃하지 않도록 나열하는 경우의 수를 구하시오.

0099

3명의 학생 A, B, C가 1층에서 엘리베이터를 타고 위층으로 출발하였다. 이들은 2층부터 7층까지 어느 한 층에서 내리며, 7층에서 엘리베이터에 남은 학생이 있다면 남은 학생은 모두 내린다. 이때 B와 C가 같은 층에서 내릴 수 없을 때, 3명이 각 층에 내리는 모든 경우의 수를 구하시오.

(단, 어느 한 층에서 2명이 내릴 수도 있다.)

수능 녹인 변별력 문제

0100

건물의 한 층에 15계단의 층계가 있다. 이것을 9걸음에 올라가는 경우의 수는?

(단, 한 걸음에 1계단 또는 2계단 밖에 올라갈 수 없다.)

① 72   ② 76   ③ 80
④ 84   ⑤ 88

0101

네 개의 숫자 1, 2, 3, 4 중에서 중복을 허락하여 3개를 택해 세 자리 자연수를 만들 때, 3의 배수의 개수는?

① 22   ② 24   ③ 26
④ 28   ⑤ 30

0102

다섯 개의 숫자 1, 2, 3, 4, 5 중에서 중복을 허락하여 4개를 택해 네 자리 자연수를 만들 때, 천의 자리의 수와 십의 자리의 수의 합이 짝수인 것의 개수는?

① 305   ② 310   ③ 315
④ 320   ⑤ 325

0103

두 집합 $X=\{1, 2, 3, 4, 5\}$, $Y=\{-1, 0, 1, 2\}$에 대하여 함수 $f : X \longrightarrow Y$ 중에서 $f(1)+f(2)+f(3)+f(4)=0$ 을 만족시키는 함수 f의 개수는?

① 100   ② 124   ③ 148
④ 172   ⑤ 196

0104

1부터 9까지의 자연수 중에서 서로 다른 2개의 숫자를 선택한 후, 이 2개의 숫자를 모두 사용하여 현관문의 비밀번호를 설정하려고 한다. 현관문의 비밀번호가 네 자리 자연수일 때, 만들 수 있는 비밀번호의 개수를 구하시오.

0105 교육청 기출

그림과 같이 A, B, B, C, D, D의 문자가 각각 하나씩 적힌 6개의 공과 1, 2, 3, 4, 5, 6의 숫자가 각각 하나씩 적힌 6개의 빈 상자가 있다.

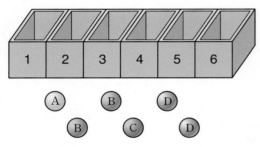

각 상자에 한 개의 공만 들어가도록 6개의 공을 나누어 넣을 때, 다음 조건을 만족시키는 경우의 수는?
(단, 같은 문자가 적힌 공끼리는 서로 구별하지 않는다.)

(가) 숫자 1이 적힌 상자에 넣는 공은 문자 A 또는 문자 B가 적힌 공이다.
(나) 문자 B가 적힌 공을 넣는 상자에 적힌 수 중 적어도 하나는 문자 C가 적힌 공을 넣는 상자에 적힌 수보다 작다.

① 80   ② 85   ③ 90
④ 95   ⑤ 100

0106

전체집합 $U = \{1, 2, 3, 4, 5, 6, 7, 8\}$의 공집합이 아닌 서로 다른 세 부분집합 A, B, C가 다음 조건을 만족시킬 때, 세 집합 A, B, C의 모든 순서쌍 (A, B, C)의 개수를 구하시오.

(가) $A \cap C = \{2, 3\}$
(나) $(A \cup C) \cap B = \varnothing$
(다) $A^C \cap B^C \cap C^C = \{7, 8\}$

0107 교육청 기출

원 모양의 식탁에 같은 종류의 비어 있는 4개의 접시가 일정한 간격을 두고 원형으로 놓여 있다. 이 4개의 접시에 서로 다른 종류의 빵 5개와 같은 종류의 사탕 5개를 다음 조건을 만족시키도록 남김없이 나누어 담는 경우의 수는?
(단, 회전하여 일치하는 것은 같은 것으로 본다.)

(가) 각 접시에는 1개 이상의 빵을 담는다.
(나) 각 접시에 담는 빵의 개수와 사탕의 개수의 합은 3 이하이다.

① 420   ② 450   ③ 480
④ 510   ⑤ 540

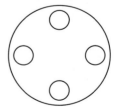

0108 교육청 기출

그림과 같이 직사각형 모양으로 연결된 도로망이 있다. 이 도로망을 따라 A지점에서 출발하여 P지점을 지나 B지점으로 갈 때, 한 번 지난 도로는 다시 지나지 않으면서 최단거리로 가는 경우의 수는?

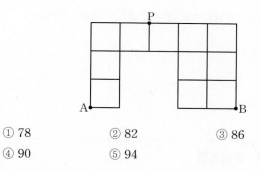

① 78
② 82
③ 86
④ 90
⑤ 94

0109 평가원 기출

집합 $X=\{1, 2, 3, 4, 5, 6\}$에 대하여 다음 조건을 만족시키는 함수 $f : X \longrightarrow X$의 개수는?

> ㈎ $f(3)+f(4)$는 5의 배수이다.
> ㈏ $f(1)<f(3)$이고 $f(2)<f(3)$이다.
> ㈐ $f(4)<f(5)$이고 $f(4)<f(6)$이다.

① 384
② 394
③ 404
④ 414
⑤ 424

0110

1부터 7까지의 자연수가 각각 하나씩 적혀 있는 7개의 공 중 임의로 5개의 공을 골라 일정한 간격을 두고 원형으로 배열할 때, 짝수가 적힌 공끼리는 서로 이웃하지 않는 경우의 수를 구하시오. (단, 회전하여 일치하는 것은 같은 것으로 본다.)

0111

세 개의 상자 A, B, C에 서로 다른 종류의 마카롱 6개를 다음 규칙에 따라 남김없이 나누어 넣는 경우의 수는?

(단, 마카롱을 하나도 넣지 않은 상자가 있을 수 있다.)

> ㈎ 상자 A에는 적어도 하나의 마카롱을 넣는다.
> ㈏ 상자 B에 넣는 마카롱의 개수는 2 이상 4 이하이다.

① 410
② 420
③ 430
④ 440
⑤ 450

02 중복조합과 이항정리

I. 경우의 수

유형 01 중복조합의 계산

(1) 서로 다른 n개에서 중복을 허락하여 r개를 택하는 조합을 중복조합이라 하고, 이것을 기호로 $_nH_r$와 같이 나타낸다.

(2) 서로 다른 n개에서 r개를 택하는 중복조합의 수는
$$_nH_r = {}_{n+r-1}C_r$$

참고 $_nC_r$에서는 $n \geq r$이어야 하지만 $_nH_r$에서는 $n < r$인 경우도 있다.

확인 문제

다음 값을 구하시오.

(1) $_5H_2$ (2) $_4H_5$

0112 대표문제

$_nH_4 = 15$일 때, 자연수 n의 값은?

① 3 ② 4 ③ 5
④ 6 ⑤ 7

0113 중요

자연수 n, r에 대하여 $_7H_3 = {}_nC_r$일 때, $n+r$의 값은?
(단, $r < 4$)

① 8 ② 10 ③ 12
④ 14 ⑤ 16

0114 교육청 기출

$_nH_2 = {}_9C_2$일 때, 자연수 n의 값은?

① 2 ② 4 ③ 6
④ 8 ⑤ 10

0115 서술형

자연수 r에 대하여 $_4H_r = {}_7C_3$일 때, $_2H_r$의 값을 구하시오.

유형 02 중복조합

서로 다른 n개에서 r개를 택하는 중복조합의 수는
$$_nH_r = {}_{n+r-1}C_r$$

확인 문제

다음을 구하시오.

(1) 숫자 1, 2, 3, 4에서 중복을 허락하여 3개를 택하는 경우의 수

(2) 같은 종류의 구슬 4개를 세 학생에게 남김없이 나누어 주는 경우의 수 (단, 구슬을 하나도 받지 못하는 학생이 있을 수 있다.)

0116 대표문제

같은 종류의 케이크 4조각과 같은 종류의 귤 3개를 서로 다른 3개의 접시에 모두 나누어 담는 경우의 수는?
(단, 비어 있는 접시가 있을 수 있다.)

① 110 ② 120 ③ 130
④ 140 ⑤ 150

0117

오렌지 주스, 포도 주스, 딸기 주스 중에서 5개의 주스를 구매하는 경우의 수는? (단, 같은 종류의 주스끼리는 서로 구별하지 않고, 주스는 각각 5개 이상씩 있다.)

① 15 ② 21 ③ 27
④ 33 ⑤ 39

0118 ✅중요

3명의 후보가 출마한 선거에서 10명의 유권자가 각각 한 명의 후보에게 무기명으로 투표하는 경우의 수는?

(단, 기권이나 무효표는 없는 것으로 한다.)

① 62   ② 64   ③ 66
④ 68   ⑤ 70

0119 수능 기출

숫자 1, 2, 3, 4에서 중복을 허락하여 5개를 택할 때, 숫자 4가 한 개 이하가 되는 경우의 수는?

① 45   ② 42   ③ 39
④ 36   ⑤ 33

0120 ✅중요 ✏️서술형

같은 종류의 연필 3자루, 같은 종류의 볼펜 5자루, 사인펜 1자루를 3명의 학생에게 남김없이 나누어 주는 경우의 수를 구하시오. (단, 연필, 볼펜, 사인펜 중 어느 하나도 받지 못하는 학생이 있을 수 있다.)

유형 03 중복조합
– 다항식의 전개식에서 서로 다른 항의 개수

다항식 $(x_1+x_2+x_3+\cdots+x_n)^r$ (n, r는 자연수)의 전개식에서 서로 다른 항의 개수는

$$_n\mathrm{H}_r$$

0121 대표문제

다항식 $(a+b+c+d)^3$의 전개식에서 서로 다른 항의 개수는?

① 12   ② 14   ③ 16
④ 18   ⑤ 20

0122 평가원 기출

$(a+b+c)^4(x+y)^3$의 전개식에서 서로 다른 항의 개수를 구하시오.

0123

다항식 $(a+b+c)^r$의 전개식에서 서로 다른 항의 개수가 21일 때, 자연수 r의 값은?

① 3   ② 4   ③ 5
④ 6   ⑤ 7

서로 다른 n개에서 중복을 허락하여 r $(n \le r)$개를 택할 때, 서로 다른 n개가 적어도 한 개씩 포함되도록 택하는 경우의 수는
$$_n\mathrm{H}_{r-n}$$

0124 대표문제

세 종류의 필기구 중에서 7자루를 선택하려고 한다. 각 종류의 필기구를 각각 1자루 이상씩 선택하는 경우의 수는?
(단, 같은 종류의 필기구끼리는 서로 구별하지 않고, 필기구는 각각 7자루 이상씩 있다.)

① 15 ② 17 ③ 19
④ 21 ⑤ 23

0125 중요

4명의 학생에게 같은 종류의 꽃 10송이를 남김없이 나누어 줄 때, 각 학생에게 적어도 1송이를 나누어 주는 경우의 수는?

① 72 ② 76 ③ 80
④ 84 ⑤ 88

0126

모양과 크기가 같은 탁구공 12개를 A, B, C 3명에게 남김없이 나누어 줄 때, 한 명당 적어도 2개의 탁구공을 받도록 나누어 주는 경우의 수는?

① 20 ② 24 ③ 28
④ 32 ⑤ 36

0127 중요 서술형

불고기 피자 6조각과 치즈 피자 5조각을 3명의 학생에게 남김없이 나누어 주려고 한다. 각 학생에게 불고기 피자와 치즈 피자를 각각 한 조각 이상씩 나누어 주는 경우의 수를 구하시오. (단, 같은 종류의 피자끼리는 서로 구별하지 않는다.)

0128

사과, 자두, 복숭아 세 종류의 과일 중에서 8개를 선택하려고 한다. 사과는 1개 이하를 선택하고, 자두, 복숭아는 각각 1개 이상을 선택하는 경우의 수를 구하시오. (단, 같은 종류의 과일끼리는 서로 구별하지 않고, 각 종류의 과일은 8개 이상씩 있다.)

0129 평가원 기출

빨간색 카드 4장, 파란색 카드 2장, 노란색 카드 1장이 있다. 이 7장의 카드를 세 명의 학생에게 남김없이 나누어 줄 때, 3가지 색의 카드를 각각 한 장 이상 받는 학생이 있도록 나누어 주는 경우의 수는? (단, 같은 색 카드끼리는 서로 구별하지 않고, 카드를 받지 못하는 학생이 있을 수 있다.)

① 78 ② 84 ③ 90
④ 96 ⑤ 102

유형 05 중복조합 – 방정식의 해의 개수

방정식 $x_1+x_2+x_3+\cdots+x_n=r$ (n, r는 자연수)에 대하여

(1) 음이 아닌 정수해의 개수

➡ $_nH_r$

(2) 양의 정수해의 개수

➡ 방정식 $x_1+x_2+x_3+\cdots+x_n=r-n$의 음이 아닌 정수해의 개수

➡ $_nH_{r-n}$ (단, $r \ge n$)

0130 대표문제

방정식 $x+y+z=7$을 만족시키는 음이 아닌 정수 x, y, z의 모든 순서쌍 (x, y, z)의 개수를 m, 양의 정수 x, y, z의 모든 순서쌍 (x, y, z)의 개수를 n이라 할 때, $m+n$의 값은?

① 49 ② 51 ③ 53
④ 55 ⑤ 57

0131

방정식 $x+y+z+w=4$를 만족시키는 음이 아닌 정수 x, y, z, w의 모든 순서쌍 (x, y, z, w)의 개수를 구하시오.

0132 중요

$x \ge -1$, $y \ge 1$, $z \ge 2$인 정수 x, y, z에 대하여 방정식 $x+y+z=8$을 만족시키는 모든 순서쌍 (x, y, z)의 개수는?

① 26 ② 28 ③ 30
④ 32 ⑤ 34

0133 서술형

방정식 $x+y+z+3w=9$를 만족시키는 양의 정수 x, y, z, w의 모든 순서쌍 (x, y, z, w)의 개수를 구하시오.

0134 수능 기출

다음 조건을 만족시키는 자연수 a, b, c, d, e의 모든 순서쌍 (a, b, c, d, e)의 개수는?

> (가) $a+b+c+d+e=12$
> (나) $|a^2-b^2|=5$

① 30 ② 32 ③ 34
④ 36 ⑤ 38

0135

다음 조건을 만족시키는 자연수 a, b, c, d의 모든 순서쌍 (a, b, c, d)의 개수를 구하시오.

> (가) a, b, c, d 중에서 짝수의 개수는 2이다.
> (나) $a+b+c+d=14$

중복조합 - 부등식의 해의 개수

> 부등식 $x_1+x_2+x_3+\cdots+x_n \leq r$ (n, r는 자연수)에 대하여
> (1) 음이 아닌 정수해의 개수
> ➡ 방정식 $x_1+x_2+x_3+\cdots+x_n+x_{n+1}=r$의 음이 아닌 정수해의 개수
> ➡ $_{n+1}H_r$
> (2) 양의 정수해의 개수
> ➡ 부등식 $x_1+x_2+x_3+\cdots+x_n \leq r-n$의 음이 아닌 정수해의 개수
> ➡ 방정식 $x_1+x_2+x_3+\cdots+x_n+x_{n+1}=r-n$의 음이 아닌 정수해의 개수
> ➡ $_{n+1}H_{r-n}$ (단, $r \geq n$)

0136 대표문제

부등식 $x+y+z \leq 8$을 만족시키는 음이 아닌 정수 x, y, z의 모든 순서쌍 (x, y, z)의 개수는?

① 150　　　② 155　　　③ 160
④ 165　　　⑤ 170

0137 중요

부등식 $a+b+c+d \leq 6$을 만족시키는 양의 정수 a, b, c, d의 모든 순서쌍 (a, b, c, d)의 개수를 구하시오.

0138

부등식 $x+y \leq n$을 만족시키는 음이 아닌 정수 x, y의 모든 순서쌍 (x, y)의 개수가 36일 때, 자연수 n의 값은?

① 5　　　② 6　　　③ 7
④ 8　　　⑤ 9

0139 평가원 기출

다음 조건을 만족시키는 음이 아닌 정수 x, y, z의 모든 순서쌍 (x, y, z)의 개수는?

> ㈎ $x+y+z=10$
> ㈏ $0 < y+z < 10$

① 39　　　② 44　　　③ 49
④ 54　　　⑤ 59

중복조합 - 대소가 정해진 경우

> a, b, c, m, n이 정수일 때
> (1) $m \leq a \leq b \leq n$을 만족시키는 순서쌍 (a, b)의 개수
> ➡ $_{n-m+1}H_2$
> (2) $m \leq a \leq b \leq c \leq n$을 만족시키는 순서쌍 (a, b, c)의 개수
> ➡ $_{n-m+1}H_3$

0140 대표문제

$2 < a \leq b \leq c < 9$를 만족시키는 자연수 a, b, c의 모든 순서쌍 (a, b, c)의 개수는?

① 52　　　② 56　　　③ 60
④ 64　　　⑤ 68

0141 중요

$3 \leq a \leq b \leq 7$을 만족시키는 자연수 a, b의 모든 순서쌍 (a, b)의 개수를 구하시오.

0142

$1 < a \le b \le c < 15$를 만족시키는 짝수 a, b, c의 모든 순서쌍 (a, b, c)의 개수는?

① 80   ② 82   ③ 84

④ 86   ⑤ 88

0143 ✏️서술형

$3 \le a \le b < c \le 9$를 만족시키는 자연수 a, b, c의 모든 순서쌍 (a, b, c)의 개수를 구하시오.

0144 ✅중요

$2 \le |a| \le |b| \le |c| \le 5$를 만족시키는 정수 a, b, c의 모든 순서쌍 (a, b, c)의 개수는?

① 160   ② 170   ③ 180

④ 190   ⑤ 200

0145 수능 기출

다음 조건을 만족시키는 자연수 a, b, c의 모든 순서쌍 (a, b, c)의 개수를 구하시오.

> (가) $a \times b \times c$는 홀수이다.
> (나) $a \le b \le c \le 20$

유형 08   **중복조합의 활용**

방정식을 세운 후 중복조합을 이용하여 푼다.

0146 대표문제

다음 조건을 만족시키는 자연수 N의 개수는?

> (가) $1000 \le N < 2000$
> (나) N의 각 자리의 수의 합은 10이다.

① 40   ② 45   ③ 50

④ 55   ⑤ 60

0147 평가원 기출

각 자리의 수가 0이 아닌 네 자리의 자연수 중 각 자리의 수의 합이 7인 모든 자연수의 개수는?

① 11   ② 14   ③ 17

④ 20   ⑤ 23

0148

등식 $abc=2^8$을 만족시키는 자연수 a, b, c의 모든 순서쌍 (a, b, c)의 개수는?

① 45   ② 48   ③ 51

④ 54   ⑤ 57

0149

등식 $abc=2^4 \times 3^6$을 만족시키는 자연수 a, b, c의 모든 순서쌍 (a, b, c)의 개수는?

① 360   ② 380   ③ 400

④ 420   ⑤ 440

유형 09   중복조합 – 함수의 개수

두 집합 X, Y의 원소의 개수가 각각 m, n일 때, 함수 $f : X \longrightarrow Y$ 중에서 집합 X의 임의의 두 원소 x_1, x_2에 대하여 $x_1 < x_2$이면 $f(x_1) \leq f(x_2)$를 만족시키는 함수 f의 개수는
$${}_n\mathrm{H}_m$$

0150 대표문제

집합 $X=\{1, 2, 3, 4, 5\}$에서 집합 $Y=\{-1, 0, 1, 2\}$로의 함수 f 중에서 집합 X의 임의의 두 원소 x_1, x_2에 대하여 $x_1 < x_2$이면 $f(x_1) \leq f(x_2)$를 만족시키는 함수의 개수는?

① 40   ② 44   ③ 48

④ 52   ⑤ 56

0151 중요

집합 $X=\{a, b, c, d\}$에서 집합 $Y=\{1, 2, 3, 4, 5, 6\}$으로의 함수 f 중에서 $f(a) \geq f(b) \geq f(c) \geq f(d)$를 만족시키는 함수의 개수는?

① 124   ② 126   ③ 128

④ 130   ⑤ 132

0152

집합 $X=\{1, 2, 3, 4\}$에서 집합 $Y=\{-1, 0, 1, 2, 3\}$으로의 함수 f 중에서 $f(1)=f(2) \leq f(3) \leq f(4)$를 만족시키는 함수의 개수를 구하시오.

0153 수능 기출

집합 $X=\{1, 2, 3, 4\}$에 대하여 다음 조건을 만족시키는 함수 $f : X \longrightarrow X$의 개수는?

$$f(2) \leq f(3) \leq f(4)$$

① 64   ② 68   ③ 72

④ 76   ⑤ 80

0154

두 집합 $X=\{1, 2, 3, 4\}$, $Y=\{1, 2, 3, 4, 5, 6\}$에 대하여 X에서 Y로의 함수 f 중에서 $f(1) \le f(2) < f(3) \le f(4)$를 만족시키는 함수의 개수는?

① 66　　　　　② 70　　　　　③ 74

④ 78　　　　　⑤ 82

0155 ✓중요 ✐서술형

집합 $X=\{1, 2, 3, 4, 5\}$에서 집합 $Y=\{4, 5, 6, 7\}$로의 함수 f 중에서 다음 조건을 만족시키는 함수의 개수를 구하시오.

(개) $f(3)=5$
(내) 집합 X의 임의의 두 원소 i, j에 대하여
　　$i<j$이면 $f(i) \le f(j)$이다.

0156 교육청기출

집합 $X=\{1, 2, 3, 4, 5, 6, 7\}$에 대하여 다음 조건을 만족시키는 함수 $f:X \longrightarrow X$의 개수를 구하시오.

(개) 함수 f의 치역의 원소의 개수는 3이다.
(내) 집합 X의 임의의 두 원소 x_1, x_2에 대하여
　　$x_1<x_2$이면 $f(x_1) \le f(x_2)$이다.

유형 10 $(a+b)^n$의 전개식

(1) $(a+b)^n$의 전개식의 일반항은
　　$_nC_r a^{n-r} b^r$ (단, $r=0, 1, 2, \cdots, n$)
(2) $(a+x)^n$의 전개식에서 x^r의 계수는
　　$_nC_r a^{n-r}$ (단, $r=0, 1, 2, \cdots, n$)

Tip ① $a \ne 0$일 때, $a^0=1$
　　② $_nC_r = {}_nC_{n-r}$ $(r=0, 1, 2, \cdots, n)$이므로 $(a+b)^n$의 전개식에서 $a^{n-r}b^r$의 계수와 $a^r b^{n-r}$의 계수는 같다.

확인 문제

1. 이항정리를 이용하여 다음 식을 전개하시오.
　　(1) $(x+1)^5$
　　(2) $(x-y)^4$

2. 다음을 구하시오.
　　(1) $(1+x)^8$의 전개식에서 x^4의 계수
　　(2) $(1+2x)^4$의 전개식에서 x^3의 계수

0157 대표문제

다항식 $(1+ax)^5$의 전개식에서 x^3의 계수가 80일 때, 실수 a의 값은?

① 2　　　　　② 3　　　　　③ 4

④ 5　　　　　⑤ 6

0158 ✓중요

다항식 $(2x+y)^4$의 전개식에서 x^2y^2의 계수는?

① 24　　　　　② 26　　　　　③ 28

④ 30　　　　　⑤ 32

0159

다항식 $(x^2+3)^6$의 전개식에서 x^6의 계수는?

① 480   ② 500   ③ 520

④ 540   ⑤ 560

0160 ✓중요

$\left(x^2-\dfrac{2}{x}\right)^6$의 전개식에서 x^3의 계수는?

① -140 ② -150 ③ -160

④ -170 ⑤ -180

0161 평가원 기출

$\left(ax+\dfrac{1}{x}\right)^4$의 전개식에서 상수항이 54일 때, 양수 a의 값을 구하시오.

0162 교육청 기출

3 이상의 자연수 n에 대하여 다항식 $(x+2)^n$의 전개식에서 x^2의 계수와 x^3의 계수가 같을 때, n의 값은?

① 7   ② 8   ③ 9

④ 10   ⑤ 11

0163 ✏서술형

$\left(ax^2+\dfrac{2}{x}\right)^5$의 전개식에서 $\dfrac{1}{x^2}$의 계수가 80일 때, x^4의 계수를 구하시오. (단, a는 상수이다.)

0164

$\left(x^n+\dfrac{1}{x}\right)^8$의 전개식에서 상수항이 존재하도록 하는 모든 자연수 n의 값의 합을 구하시오.

유형 11 $(a+b)(c+d)^n$의 전개식

$(a+b)(c+d)^n$의 전개식의 일반항은
$$(a+b)(c+d)^n=a(c+d)^n+b(c+d)^n$$
으로 변형하여 구한다.

0165 대표문제

다항식 $(x+2)(x+3)^5$의 전개식에서 x^3의 계수는?

① 430   ② 440   ③ 450

④ 460   ⑤ 470

0166 [교육청 기출]

다항식 $(x^2+1)(x-2)^5$의 전개식에서 x^6의 계수는?

① -10 ② -8 ③ -6
④ -4 ⑤ -2

0167 ✅중요

다항식 $(1+2x)(1-3x)^6$의 전개식에서 x^5의 계수는?

① 966 ② 968 ③ 970
④ 972 ⑤ 974

0168 ✏️서술형

$(x^2-x)\left(x+\dfrac{1}{x}\right)^5$의 전개식에서 상수항을 구하시오.

0169 ✅중요

다항식 $(1+x)(ax+2)^5$의 전개식에서 x^3의 계수가 40일 때, 정수 a의 값은?

① -3 ② -2 ③ -1
④ 1 ⑤ 2

유형 **12** $(a+b)^m(c+d)^n$의 전개식

$(a+b)^m(c+d)^n$의 전개식의 일반항은
$(a+b)^m$의 전개식의 일반항 ${}_m\mathrm{C}_r a^{m-r}b^r$과 $(c+d)^n$의 전개식의 일반항 ${}_n\mathrm{C}_s c^{n-s}d^s$의 곱이다.

(단, $r=0, 1, 2, \cdots, m$, $s=0, 1, 2, \cdots, n$)

➡️ ${}_m\mathrm{C}_r a^{m-r}b^r \times {}_n\mathrm{C}_s c^{n-s}d^s$

0170 대표문제

다항식 $(2+x)^3(1-x)^4$의 전개식에서 x^2의 계수는?

① 3 ② 6 ③ 9
④ 12 ⑤ 15

0171 [평가원 기출]

다항식 $(2+x)^4(1+3x)^3$의 전개식에서 x의 계수는?

① 174 ② 176 ③ 178
④ 180 ⑤ 182

0172 ✅중요

$(2+x)^3\left(x+\dfrac{1}{x}\right)^5$의 전개식에서 x^3의 계수는?

① 60　　　　② 70　　　　③ 80

④ 90　　　　⑤ 100

0173 ✅중요 ✏서술형

다항식 $(a+x)^3(1+x)^5$의 전개식에서 x^6의 계수가 52일 때, 양수 a의 값을 구하시오.

0174

$(a+x)^3\left(x-\dfrac{1}{x^2}\right)^4$의 전개식에서 x^4의 계수가 60일 때, 실수 a의 값은?

① 2　　　　② 4　　　　③ 6

④ 8　　　　⑤ 10

유형 13 $(1+x)^n$의 전개식의 활용

주어진 식을 $(1+x)^n$의 꼴로 변형하거나 주어진 조건을 이용하여 $(1+x)^n$의 전개식 꼴의 식을 세운다.

0175 대표문제

11^{20}을 100으로 나누었을 때의 나머지는?

① 1　　　　② 11　　　　③ 21

④ 31　　　　⑤ 41

0176 교육청 기출

$_4C_0+_4C_1\times3+_4C_2\times3^2+_4C_3\times3^3+_4C_4\times3^4$의 값은?

① 240　　　　② 244　　　　③ 248

④ 252　　　　⑤ 256

0177 ✅중요

$_{10}C_9\times6+_{10}C_8\times6^2+_{10}C_7\times6^3+\cdots+_{10}C_0\times6^{10}$의 값은?

① $6^{10}-2$　　　　② $6^{10}-1$　　　　③ $7^{10}-2$

④ $7^{10}-1$　　　　⑤ 7^{10}

0178 ✏️서술형

오늘부터 13^7일째 되는 날이 일요일일 때, 오늘부터 $(1+13)^7$일째 되는 날은 무슨 요일인지 구하시오.

0181

$_7C_0 + _7C_1 + _7C_2 + _7C_3 + _7C_4 + _7C_5 + _7C_6 + _7C_7$의 값을 구하시오.

0179

101^8의 백의 자리, 십의 자리, 일의 자리 숫자를 각각 a, b, c라 할 때, $a-b+c$의 값은?

① 5   ② 6   ③ 7
④ 8   ⑤ 9

0182 ✅중요

$_{20}C_2 + _{20}C_4 + _{20}C_6 + \cdots + _{20}C_{18}$의 값은?

① $2^{19}-2$ ② $2^{19}-1$ ③ 2^{19}
④ $2^{20}-2$ ⑤ $2^{20}-1$

0183

$_{11}C_1 - _{11}C_2 + _{11}C_3 - _{11}C_4 + \cdots - _{11}C_{10}$의 값은?

① -2 ② -1 ③ 0
④ 1   ⑤ 2

유형 14 이항계수의 성질

n이 자연수일 때
(1) $_nC_0 + _nC_1 + _nC_2 + \cdots + _nC_n = 2^n$
(2) $_nC_0 - _nC_1 + _nC_2 - \cdots + (-1)^n {}_nC_n = 0$
(3) $_nC_0 + _nC_2 + _nC_4 + \cdots + _nC_{n-1} = _nC_1 + _nC_3 + _nC_5 + \cdots + _nC_n$
$= 2^{n-1}$ (단, n은 홀수이다.)
$_nC_0 + _nC_2 + _nC_4 + \cdots + _nC_n = _nC_1 + _nC_3 + _nC_5 + \cdots + _nC_{n-1}$
$= 2^{n-1}$ (단, n은 짝수이다.)

Tip $(1+x)^n$의 전개식에 $x=1$, $x=-1$을 각각 대입하면 (1), (2)의 등식을 얻을 수 있다.

0180 대표문제

$_nC_0 + _nC_1 + _nC_2 + _nC_3 + \cdots + _nC_n = 1024$를 만족시키는 자연수 n의 값은?

① 8   ② 9   ③ 10
④ 11   ⑤ 12

0184 ✅중요

$_{17}C_9 + _{17}C_{10} + _{17}C_{11} + \cdots + _{17}C_{17}$의 값은?

① 2^{14} ② 2^{15} ③ 2^{16}
④ 2^{17} ⑤ 2^{18}

0185

$\dfrac{_{25}\mathrm{C}_{13}+_{25}\mathrm{C}_{14}+_{25}\mathrm{C}_{15}+\cdots+_{25}\mathrm{C}_{25}}{_{20}\mathrm{C}_0+_{20}\mathrm{C}_1+_{20}\mathrm{C}_2+\cdots+_{20}\mathrm{C}_{20}}$의 값은?

① 12   ② 16   ③ 20

④ 24   ⑤ 28

0186 중요 서술형

$300<{}_n\mathrm{C}_1+{}_n\mathrm{C}_2+{}_n\mathrm{C}_3+\cdots+{}_n\mathrm{C}_{n-1}<1000$을 만족시키는 자연수 n의 값을 구하시오.

유형 15 이항계수의 성질의 활용

이항계수의 성질 ${}_n\mathrm{C}_0+{}_n\mathrm{C}_1+{}_n\mathrm{C}_2+\cdots+{}_n\mathrm{C}_n=2^n$과 ${}_n\mathrm{C}_0=1$, ${}_n\mathrm{C}_n=1$, ${}_n\mathrm{C}_r={}_n\mathrm{C}_{n-r}$ $(r=0,1,2,\cdots,n)$임을 이용한다.

0187 대표문제

집합 $A=\{1, 2, 3, 4, 5, 6, 7, 8\}$의 부분집합 중 원소의 개수가 짝수인 집합의 개수는? (단, 공집합은 제외한다.)

① 124   ② 125   ③ 126

④ 127   ⑤ 128

0188 중요

서로 다른 15개의 구슬 중에서 8개 이상의 구슬을 택하는 경우의 수는? (단, 구슬을 택하는 순서는 고려하지 않는다.)

① 2^{12} ② 2^{13} ③ 2^{14}

④ 2^{15} ⑤ 2^{16}

0189 교육청 기출

집합 $A=\{x\,|\,x$는 25 이하의 자연수$\}$의 부분집합 중 두 원소 1, 2를 모두 포함하고 원소의 개수가 홀수인 부분집합의 개수는?

① 2^{18} ② 2^{19} ③ 2^{20}

④ 2^{21} ⑤ 2^{22}

0190

10개의 숫자 1, 1, 1, 1, 1, 2, 3, 4, 5, 6 중에서 5개의 숫자를 선택하는 경우의 수를 구하시오.

(단, 숫자를 배열하는 순서는 고려하지 않는다.)

유형 16 파스칼의 삼각형

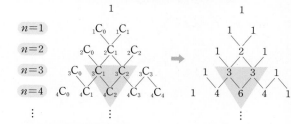

(1) n이 자연수일 때, $(a+b)^n$의 전개식에서 이항계수를 다음과 같이 배열한 것을 파스칼의 삼각형이라 한다.

(2) 파스칼의 삼각형에서
$$_nC_r=\,_{n-1}C_{r-1}+\,_{n-1}C_r \ (단, r=1, 2, 3, \cdots, n-1)$$

0191 대표문제

$_3C_0+\,_4C_1+\,_5C_2+\,_6C_3+\cdots+\,_{10}C_7$의 값은?

① 310
② 330
③ 350
④ 370
⑤ 390

0192

다음 중 $_2C_0+\,_2C_1+\,_3C_2+\,_4C_3+\cdots+\,_8C_7$의 값과 같은 것은?

① $_9C_6$
② $_9C_7$
③ $_{10}C_6$
④ $_{10}C_7$
⑤ $_{10}C_8$

0193 중요

$_4C_1+\,_5C_2+\,_6C_3+\,_7C_4+\,_8C_5+\,_9C_6$의 값은?

① 205
② 207
③ 209
④ 211
⑤ 213

0194

그림과 같은 파스칼의 삼각형에서 색칠한 부분의 모든 수의 합은?

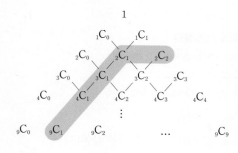

① $_9C_2$
② $_{10}C_2$
③ $_{11}C_2$
④ $_{12}C_2$
⑤ $_{13}C_2$

0195 중요 서술형

$_2C_2+\,_3C_2+\,_4C_2+\,_5C_2+\cdots+\,_{20}C_2=\,_nC_3$이 성립할 때, 자연수 n의 값을 구하시오.

0196

$(x+1)+(x+1)^2+(x+1)^3+\cdots+(x+1)^{10}$의 전개식에서 x^3의 계수는?

① 322
② 324
③ 326
④ 328
⑤ 330

02
중복조합과 이항정리

(1) 합의 기호 $\sum$

$$\sum_{k=1}^{n} a_k = a_1 + a_2 + a_3 + \cdots + a_n$$

(2) **로그의 기본 성질**

$a>0$, $a \neq 1$, $x>0$, $y>0$일 때

① $\log_a a = 1$, $\log_a 1 = 0$

② $\log_a xy = \log_a x + \log_a y$

③ $\log_a \dfrac{x}{y} = \log_a x - \log_a y$

④ $\log_a x^n = n \log_a x$ (단, n은 실수이다.)

(3) **등차중항**

세 수 a, b, c가 이 순서대로 등차수열을 이루면

$$b = \frac{a+c}{2}, \text{ 즉 } 2b = a+c$$

(4) **등비중항**

0이 아닌 세 수 a, b, c가 이 순서대로 등비수열을 이루면

$$b^2 = ac$$

(5) **등비수열의 합**

첫째항이 a, 공비가 r인 등비수열의 첫째항부터 제n항까지의 합 S_n은

$$S_n = \frac{a(r^n - 1)}{r - 1} = \frac{a(1 - r^n)}{1 - r} \text{ (단, } r \neq 1)$$

0197 대표문제

$\sum\limits_{k=1}^{9} ({}_k C_0 + {}_k C_1 + {}_k C_2 + \cdots + {}_k C_k)$의 값은?

① 1022   ② 1024   ③ 1026

④ 1028   ⑤ 1030

0198 중요

$\log_2 ({}_{10}C_0 + {}_{10}C_1 + {}_{10}C_2 + \cdots + {}_{10}C_{10})$의 값은?

① 10   ② 12   ③ 14

④ 16   ⑤ 18

0199

$\log_4 ({}_{13}C_0 + {}_{13}C_1 + {}_{13}C_2 + \cdots + {}_{13}C_6)$의 값을 구하시오.

0200

$\sum\limits_{k=0}^{6} {}_6 C_k \left(\dfrac{3}{4}\right)^{6-k} \left(\dfrac{5}{4}\right)^k$의 값은?

① 64   ② 68   ③ 72

④ 76   ⑤ 82

0201 중요 서술형

$\log_3 ({}_{20}C_0 + 2 \times {}_{20}C_1 + 2^2 \times {}_{20}C_2 + \cdots + 2^{20} \times {}_{20}C_{20})$의 값을 구하시오.

0202

$\log_2 \left(\sum\limits_{k=0}^{20} {}_{20}C_k \times 3^{20-k}\right)$의 값은?

① 32   ② 34   ③ 36

④ 38   ⑤ 40

0203 ✅중요 교육청 기출

자연수 n에 대하여 $f(n)=\sum\limits_{k=1}^{n}{}_{2n+1}\mathrm{C}_{2k}$일 때, $f(n)=1023$을 만족시키는 n의 값은?

① 3   ② 4   ③ 5
④ 6   ⑤ 7

0204

자연수 n에 대하여

$$f(n)=\sum_{k=1}^{n}\left({}_{2k}\mathrm{C}_0+{}_{2k}\mathrm{C}_2+{}_{2k}\mathrm{C}_4+{}_{2k}\mathrm{C}_6+\cdots+{}_{2k}\mathrm{C}_{2k}\right)$$

일 때, $f(5)$의 값을 구하시오.

0205

다항식 $(x+a)^6$의 전개식에서 x^2, x^4, x^5의 계수가 이 순서대로 등비수열을 이룰 때, $6a$의 값을 구하시오.

(단, a는 0이 아닌 상수이다.)

0206

다항식 $(2+x)^n$의 전개식에서 x^3, x^4, x^5의 계수가 이 순서대로 등차수열을 이룰 때, n의 값은?

(단, n은 10 이상의 자연수이다.)

① 17   ② 19   ③ 21
④ 23   ⑤ 25

0207 ✅중요 ✏서술형

자연수 n에 대하여 $\left(x+\dfrac{1}{x}\right)^{n+1}$의 전개식에서 x^{n-3}의 계수를 a_n이라 할 때, $\sum\limits_{k=1}^{10}\dfrac{1}{a_k}$의 값을 구하시오.

0208

$\sum\limits_{n=1}^{10}(1+x^2)^n$의 전개식에서 x^4의 계수는?

① 145   ② 150   ③ 155
④ 160   ⑤ 165

0209

$_4H_n=35$일 때, 자연수 n의 값은?

① 3 　　　　② 4 　　　　③ 5

④ 6 　　　　⑤ 7

0210

방정식 $x+y+z+w=6$을 만족시키는 음이 아닌 정수 x, y, z, w의 모든 순서쌍 (x, y, z, w)의 개수는?

① 72 　　　　② 76 　　　　③ 80

④ 84 　　　　⑤ 88

0211

다항식 $(x-y)^5$의 전개식에서 x^3y^2의 계수는?

① -10 　　　　② -5 　　　　③ 5

④ 10 　　　　⑤ 15

0212

다항식 $(x+y)^5(a+b+c)^3$의 전개식에서 서로 다른 항의 개수는?

① 57 　　　　② 60 　　　　③ 63

④ 66 　　　　⑤ 69

0213

다음 중 옳지 <u>않은</u> 것은?

① $_{10}C_5+_{10}C_4=_{11}C_5$

② $_7C_1+_7C_3+_7C_5=_7C_2+_7C_4+_7C_6$

③ $_{10}C_0+_{10}C_1+_{10}C_2+\cdots+_{10}C_9=2^{10}-1$

④ $_6C_0+_6C_1+_6C_2+_6C_3=_6C_4+_6C_5+_6C_6$

⑤ $_8C_0+_8C_2+_8C_4+_8C_6+_8C_8=_8C_1+_8C_3+_8C_5+_8C_7$

0214

같은 종류의 공 10개를 서로 다른 4개의 상자에 남김없이 나누어 넣을 때, 각 상자에 적어도 2개의 공을 넣는 경우의 수는?

① 6 　　　　② 8 　　　　③ 10

④ 12 　　　　⑤ 14

0215

$\sum_{r=1}^{n-1} {}_n\mathrm{C}_r = 1022$를 만족시키는 자연수 n의 값은?

① 8   ② 9   ③ 10

④ 11   ⑤ 12

0216

$N = {}_{13}\mathrm{C}_2 + {}_{13}\mathrm{C}_4 + {}_{13}\mathrm{C}_6 + {}_{13}\mathrm{C}_8 + {}_{13}\mathrm{C}_{10} + {}_{13}\mathrm{C}_{12}$일 때, N의 양의 약수의 개수는?

① 20   ② 22   ③ 24

④ 26   ⑤ 28

0217 교육청 기출

빨간색 볼펜 5자루와 파란색 볼펜 2자루를 4명의 학생에게 남김없이 나누어 주는 경우의 수는? (단, 같은 색 볼펜끼리는 서로 구별하지 않고, 볼펜을 1자루도 받지 못하는 학생이 있을 수 있다.)

① 560   ② 570   ③ 580

④ 590   ⑤ 600

0218

다항식 $(1+ax)^5$의 전개식에서 x^2의 계수가 90일 때, 양수 a의 값은?

① 1   ② 3   ③ 5

④ 7   ⑤ 9

0219

11^{10}을 50으로 나누었을 때의 나머지는?

① 1   ② 11   ③ 21

④ 31   ⑤ 41

0220

$x \geq 1$, $y \geq 0$, $z \geq -2$인 정수 x, y, z에 대하여 방정식 $x+y+z=7$을 만족시키는 모든 순서쌍 (x, y, z)의 개수는?

① 41   ② 43   ③ 45

④ 47   ⑤ 49

0221

$(x^2+ax)\left(x+\dfrac{1}{x}\right)^5$의 전개식에서 상수항이 20일 때, 상수 a 의 값은?

① -2 ② -1 ③ 1

④ 2   ⑤ 3

0222

$A=\{(x,\,y,\,z)\,|\,|x|+|y|+|z|=7,\,xyz\neq0,\,x,\,y,\,z$는 정수$\}$ 일 때, 집합 A의 원소의 개수는?

① 40   ② 60   ③ 80

④ 100   ⑤ 120

0223

다항식 $(x^2-1)^3(2x+y)^5$의 전개식에서 xy^4의 계수를 a, x^4y^5의 계수를 b라 할 때, $a+b$의 값을 구하시오.

0224

집합 $X=\{1,\,2,\,3,\,4,\,5\}$에서 집합 $Y=\{1,\,2,\,3,\,4,\,5,\,6,\,7\}$ 로의 함수 f 중에서 다음 조건을 만족시키는 함수의 개수는?

> (개) $f(2)\times f(3)=6$
> (내) 집합 X의 임의의 두 원소 a, b에 대하여
> $\quad a<b$이면 $f(a)\leq f(b)$이다.

① 31   ② 33   ③ 35

④ 37   ⑤ 39

0225 평가원 기출

자연수 n에 대하여 $abc=2^n$을 만족시키는 1보다 큰 자연수 a, b, c의 순서쌍 $(a,\,b,\,c)$의 개수가 28일 때, n의 값을 구하시오.

0226

다음 조건을 만족시키는 자연수 a, b, c의 모든 순서쌍 $(a,\,b,\,c)$ 의 개수는?

> (개) $a+b+c$는 짝수이다.
> (내) $a\leq b\leq c\leq10$

① 108   ② 110   ③ 112

④ 114   ⑤ 116

0227

다음 조건을 만족시키는 음이 아닌 정수 x, y, z, w의 모든 순서쌍 (x, y, z, w)의 개수는?

> (가) $x+y+z+w=10$
> (나) $x+y<8$

① 228   ② 230   ③ 232
④ 234   ⑤ 236

0228

빨간색, 파란색, 노란색 색연필이 있다. 각 색의 색연필을 적어도 하나씩 포함하여 10자루 이하의 색연필을 선택하는 경우의 수를 구하시오. (단, 같은 색의 색연필은 서로 구별하지 않고, 각 색의 색연필은 10자루 이상씩 있다.)

0229   교육청 기출

다음 조건을 만족시키는 네 자리 자연수의 개수는?

> (가) 각 자리의 수의 합은 14이다.
> (나) 각 자리의 수는 모두 홀수이다.

① 51   ② 52   ③ 53
④ 54   ⑤ 55

서술형 대비하기

0230

같은 종류의 사탕 7개와 서로 다른 종류의 초콜릿 4개를 3명의 학생에게 다음 조건을 만족시키도록 남김없이 나누어 주는 경우의 수를 N이라 할 때, $\dfrac{N}{5}$의 값을 구하시오.

> (가) 각 학생은 적어도 1개의 사탕을 받는다.
> (나) 초콜릿을 받지 못하는 학생이 있을 수 있다.

0231

$(1+3x)+(1+3x)^2+(1+3x)^3+\cdots+(1+3x)^{10}$의 전개식에서 x^2의 계수를 구하시오.

0232

$x \neq 0$, $y \geq 1$, $z \geq 2$, $w \geq 3$인 정수 x, y, z, w에 대하여 방정식 $x^2+y+z+w=20$을 만족시키는 모든 순서쌍 (x, y, z, w)의 개수는?

① 368   ② 372   ③ 376

④ 380   ⑤ 384

0233

같은 종류의 곰 인형 5개와 서로 다른 종류의 토끼 인형 2개를 3명의 학생에게 남김없이 나누어 줄 때, 인형을 한 개도 받지 못하는 학생이 없도록 나누어 주는 경우의 수는?

① 110   ② 120   ③ 130

④ 140   ⑤ 150

0234

10개의 공이 들어 있는 주머니와 그림과 같이 일렬로 놓여 있는 다섯 개의 상자 A, B, C, D, E가 있다. 주머니에서 2개의 공을 동시에 꺼내어 이웃한 두 상자에 각각 1개씩 넣는 시행을 한다. 이 시행을 5번 반복한 후 다섯 개의 상자 A, B, C, D, E에 들어 있는 공의 개수를 각각 a, b, c, d, e라 하자. a, b, c, d, e의 모든 순서쌍 (a, b, c, d, e)의 개수를 구하시오. (단, 상자에 넣은 공은 다시 꺼내지 않는다.)

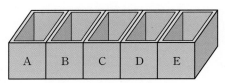

0235 수능 기출

다음 조건을 만족시키는 음이 아닌 정수 a, b, c, d의 모든 순서쌍 (a, b, c, d)의 개수는?

> (가) $a+b+c-d=9$
> (나) $d \leq 4$이고 $c \geq d$이다.

① 265   ② 270   ③ 275

④ 280   ⑤ 285

0236

다항식 $(x-\sqrt{2})^3(x+\sqrt{2})^9$의 전개식에서 상수항을 포함한 계수가 유리수인 모든 항의 계수의 합은?

① -99 ② -89 ③ -79

④ -69 ⑤ -59

0238

다항식 $f(x)=\sum\limits_{k=0}^{20} a_k x^k$에 대하여 $f(x-1)=\sum\limits_{k=0}^{20} x^k$일 때, 다음 중 $a_{10}+a_{11}$의 값과 같은 것은?

① $_{21}C_{11}$ ② $_{21}C_{12}$ ③ $_{22}C_9$

④ $_{22}C_{10}$ ⑤ $_{22}C_{11}$

0237

다항식 $(x+y+z)^6$의 전개식에서 다음 조건을 만족시키는 서로 다른 항의 개수는?

> (가) y를 인수로 갖는다.
> (나) y의 차수와 z의 차수는 다르다.

① 6   ② 10   ③ 14

④ 18   ⑤ 22

0239 교육청 기출

세 명의 학생 A, B, C에게 같은 종류의 빵 3개와 같은 종류의 우유 4개를 남김없이 나누어 주려고 한다. 빵만 받는 학생은 없고, 학생 A는 빵을 1개 이상 받도록 나누어 주는 경우의 수를 구하시오.

(단, 우유를 받지 못하는 학생이 있을 수 있다.)

0240

다음 조건을 이용하여
$$({}_{10}C_0)^2 - ({}_{10}C_1)^2 + ({}_{10}C_2)^2 - \cdots - ({}_{10}C_9)^2 + ({}_{10}C_{10})^2$$
을 간단히 한 것은?

> (가) $(1-x^2)^{10} = (1+x)^{10}(1-x)^{10}$
>
> (나) ${}_nC_r = {}_nC_{n-r}$
> (단, n은 자연수이고 $r = 0, 1, 2, \cdots, n$이다.)

① $-{}_{10}C_6$ ② $-{}_{10}C_5$ ③ ${}_{10}C_5$

④ ${}_{10}C_6$ ⑤ $({}_{10}C_5)^2$

0241 평가원 기출

다음 조건을 만족시키는 음이 아닌 정수 x_1, x_2, x_3의 모든 순서쌍 (x_1, x_2, x_3)의 개수를 구하시오.

> (가) $n = 1, 2$일 때, $x_{n+1} - x_n \geq 2$이다.
>
> (나) $x_3 \leq 10$

0242 평가원 기출

집합 $X = \{1, 2, 3, 4, 5\}$에 대하여 다음 조건을 만족시키는 함수 $f : X \longrightarrow X$의 개수를 구하시오.

> (가) $f(f(1)) = 4$
>
> (나) $f(1) \leq f(3) \leq f(5)$

0243

전체집합 $U = \{x \mid x$는 25 이하의 자연수$\}$의 부분집합 X에 대하여 다음 조건을 만족시키는 모든 집합 X의 개수는 $k \times 2^{12}$이다. 자연수 k의 값을 구하시오.

> (가) 집합 X의 원소 중 홀수의 개수는 7 이상이다.
>
> (나) 집합 X의 원소 중 짝수의 개수는 3 이하이다.

확률

유형 **01** 시행과 사건

표본공간 S의 두 사건 A, B에 대하여

(1) 합사건: A 또는 B가 일어나는 사건 ➡ $A \cup B$

(2) 곱사건: A와 B가 동시에 일어나는 사건 ➡ $A \cap B$

(3) 배반사건: 동시에 일어나지 않는 두 사건 A, B
　　➡ $A \cap B = \varnothing$

(4) 여사건: A가 일어나지 않는 사건 ➡ A^C

　합사건　　　곱사건　　　배반사건　　　여사건

Tip ① 두 사건 A와 B가 배반사건이면 $A \subset B^C$, $B \subset A^C$이다.
　　② $A \cap A^C = \varnothing$이므로 A와 A^C은 서로 배반사건이다.

확인 문제

1부터 8까지의 자연수가 하나씩 적혀 있는 8장의 카드 중에서 임의로 한 장의 카드를 뽑는 시행에서 4의 약수가 적혀 있는 카드를 뽑는 사건을 A, 7의 약수가 적혀 있는 카드를 뽑는 사건을 B라 할 때, 다음을 구하시오.

(1) $A \cup B$ 　　　　　　(2) $A \cap B$
(3) A^C 　　　　　　　(4) B^C

0244 대표문제

1부터 20까지의 자연수가 하나씩 적혀 있는 20장의 카드 중에서 임의로 한 장의 카드를 뽑을 때, 3의 배수가 적혀 있는 카드를 뽑는 사건을 A, 소수가 적혀 있는 카드를 뽑는 사건을 B, 7의 배수가 적혀 있는 카드를 뽑는 사건을 C라 하자. 보기에서 서로 배반사건인 것만을 있는 대로 고른 것은?

보기
ㄱ. A와 B　　　ㄴ. B와 C　　　ㄷ. C와 A

① ㄱ 　　　　② ㄴ 　　　　③ ㄷ
④ ㄱ, ㄴ 　　　⑤ ㄴ, ㄷ

0245

한 개의 동전을 세 번 던지는 시행에서 표본공간을 S, 뒷면이 두 번 나오는 사건을 A라 할 때, $n(S \cap A^C)$의 값은?

① 4 　　　　　② 5 　　　　　③ 6
④ 7 　　　　　⑤ 8

0246

각 면에 1부터 12까지의 자연수가 하나씩 적혀 있는 정십이면체 모양의 주사위를 던지는 시행에서 바닥에 닿은 면에 적혀 있는 수가 6의 약수인 사건을 A, 10의 약수인 사건을 B라 할 때, 다음 중 옳지 <u>않은</u> 것은? (단, S는 표본공간이다.)

① $A = \{1, 2, 3, 6\}$
② $A \cup B = \{1, 2, 3, 5, 6, 10\}$
③ $A^C \cap B = \{5, 10\}$
④ $n(S) - n(B^C) = 3$
⑤ $n(A^C \cup B^C) = 10$

0247 중요 서술형

1부터 10까지의 자연수가 하나씩 적혀 있는 10개의 공이 들어 있는 주머니가 있다. 이 주머니에서 임의로 한 개의 공을 꺼내는 시행에서 표본공간을 S, 4의 배수가 적혀 있는 공이 나오는 사건을 A, 홀수가 적혀 있는 공이 나오는 사건을 B라 할 때, 표본공간 S의 사건 중에서 두 사건 A, B와 모두 배반사건인 사건 C의 개수를 구하시오.

0248

한 개의 주사위를 두 번 던지는 시행에서 네 사건 A, B, C, D가 각각 다음과 같다.

A: 첫 번째에 나오는 눈의 수가 두 번째에 나오는 눈의 수의 약수가 되는 사건

B: 두 눈의 수의 합이 8이 되는 사건

C: 두 눈의 수의 차가 3이 되는 사건

D: 두 번째에 나오는 눈의 수가 첫 번째에 나오는 눈의 수의 2배가 되는 사건

다음 중 서로 배반사건인 것끼리 짝 지어진 것은?

① A와 B ② A와 C ③ A와 D

④ B와 C ⑤ C와 D

유형 02 수학적 확률

어떤 시행에서 표본공간 S의 근원사건이 일어날 가능성이 모두 같은 정도로 기대될 때, 사건 A가 일어날 수학적 확률은

$$P(A) = \frac{n(A)}{n(S)} = \frac{(\text{사건 } A\text{가 일어나는 경우의 수})}{(\text{일어날 수 있는 모든 경우의 수})}$$

확인 문제

서로 다른 세 개의 동전을 동시에 던질 때, 다음을 구하시오.

⑴ 모두 앞면이 나올 확률

⑵ 앞면이 2개 나올 확률

0249 대표문제

서로 다른 두 개의 주사위를 동시에 던질 때 나오는 두 눈의 수의 합이 4의 배수가 될 확률은?

① $\frac{7}{36}$ ② $\frac{2}{9}$ ③ $\frac{1}{4}$

④ $\frac{5}{18}$ ⑤ $\frac{11}{36}$

0250

각 면에 숫자 2, 3, 5, 7이 하나씩 적혀 있는 정사면체 모양의 주사위가 있다. 이 주사위를 두 번 던질 때, 바닥에 닿은 면에 적혀 있는 두 수의 곱이 홀수가 될 확률은?

① $\frac{5}{16}$ ② $\frac{3}{8}$ ③ $\frac{7}{16}$

④ $\frac{1}{2}$ ⑤ $\frac{9}{16}$

0251 평가원 기출

네 개의 수 1, 3, 5, 7 중에서 임의로 선택한 한 개의 수를 a라 하고, 네 개의 수 2, 4, 6, 8 중에서 임의로 선택한 한 개의 수를 b라 하자. $a \times b > 31$일 확률은?

① $\frac{1}{16}$ ② $\frac{1}{8}$ ③ $\frac{3}{16}$

④ $\frac{1}{4}$ ⑤ $\frac{5}{16}$

0252

집합 $A = \{-1, 0, 1, 2, 3\}$의 부분집합 중에서 임의로 한 집합을 선택할 때, 선택한 집합이 원소 0, 2는 모두 포함하고 원소 -1은 포함하지 않을 확률은?

① $\frac{1}{32}$ ② $\frac{1}{16}$ ③ $\frac{3}{32}$

④ $\frac{1}{8}$ ⑤ $\frac{5}{32}$

0253 ✓중요 ✏서술형 ◀▮▮▮

서로 다른 두 개의 주사위 A, B를 동시에 던질 때 나오는 눈의 수를 각각 a, b라 하자. 이차방정식 $x^2-2ax+3b=0$이 서로 다른 두 실근을 가질 확률을 구하시오.

0254 ◀▮▮▮

24의 모든 양의 약수가 하나씩 적혀 있는 카드 중에서 임의로 선택한 카드에 적혀 있는 수를 a라 하고, 50의 모든 양의 약수가 하나씩 적혀 있는 카드 중에서 임의로 선택한 카드에 적혀 있는 수를 b라 하자. $i^a+i^b=0$일 확률은? (단, $i=\sqrt{-1}$)

① $\dfrac{1}{4}$　　　　② $\dfrac{5}{16}$　　　　③ $\dfrac{3}{8}$

④ $\dfrac{7}{16}$　　　　⑤ $\dfrac{1}{2}$

0255 교육청 기출 ◀▮▮▮

한 개의 주사위를 세 번 던져서 나오는 눈의 수를 차례로 a, b, c라 할 때, $(a-2)^2+(b-3)^2+(c-4)^2=2$가 성립할 확률은?

① $\dfrac{1}{18}$　　　　② $\dfrac{1}{9}$　　　　③ $\dfrac{1}{6}$

④ $\dfrac{2}{9}$　　　　⑤ $\dfrac{5}{18}$

유형 03 순열을 이용하는 확률

서로 다른 것을 일렬로 나열하는 경우의 확률은 순열을 이용한다.
➡ 서로 다른 n개에서 r개를 택하여 일렬로 나열하는 순열의 수는
$$_n\mathrm{P}_r=n(n-1)(n-2)\cdots(n-r+1)$$
$$=\frac{n!}{(n-r)!} \text{ (단, } 0<r\le n)$$

확인 문제

A, B를 포함한 5명을 일렬로 임의로 세울 때, 다음을 구하시오.

(1) A가 맨 앞에 서게 될 확률

(2) A, B가 이웃하여 서게 될 확률

0256 대표문제

선생님 2명과 학생 5명이 일렬로 임의로 서서 기념사진을 찍을 때, 2명의 선생님이 양 끝에 서서 사진을 찍을 확률은?

① $\dfrac{1}{42}$　　　　② $\dfrac{1}{21}$　　　　③ $\dfrac{1}{14}$

④ $\dfrac{2}{21}$　　　　⑤ $\dfrac{5}{42}$

0257 ◀▮▮▮

남학생 3명과 여학생 4명을 일렬로 임의로 세울 때, 남학생과 여학생이 교대로 서게 될 확률을 구하시오.

0258 ✓중요 ◀▮▮▮

7개의 문자 g, r, a, t, i, f, y를 일렬로 임의로 나열할 때, g와 a 사이에 3개의 문자가 있을 확률은?

① $\dfrac{1}{21}$　　　　② $\dfrac{2}{21}$　　　　③ $\dfrac{1}{7}$

④ $\dfrac{4}{21}$　　　　⑤ $\dfrac{5}{21}$

0259

3종류의 색연필, 2종류의 형광펜, 3종류의 볼펜을 일렬로 임의로 나열할 때, 색연필은 색연필끼리, 형광펜은 형광펜끼리, 볼펜은 볼펜끼리 이웃하도록 나열될 확률은?

① $\dfrac{1}{280}$ ② $\dfrac{1}{140}$ ③ $\dfrac{3}{280}$

④ $\dfrac{1}{70}$ ⑤ $\dfrac{1}{56}$

0260 ✏️서술형

6개의 숫자 0, 1, 2, 3, 4, 5 중에서 임의로 서로 다른 4개의 숫자를 택하여 네 자리 자연수를 만들 때, 그 수가 짝수일 확률을 구하시오.

0261 ✅중요 수능 기출

문자 A, B, C, D, E가 하나씩 적혀 있는 5장의 카드와 숫자 1, 2, 3, 4가 하나씩 적혀 있는 4장의 카드가 있다. 이 9장의 카드를 모두 한 번씩 사용하여 일렬로 임의로 나열할 때, 문자 A가 적혀 있는 카드의 바로 양옆에 각각 숫자가 적혀 있는 카드가 놓일 확률은?

① $\dfrac{5}{12}$ ② $\dfrac{1}{3}$ ③ $\dfrac{1}{4}$

④ $\dfrac{1}{6}$ ⑤ $\dfrac{1}{12}$

0262 ✏️서술형

키가 서로 다른 다섯 사람을 일렬로 임의로 세울 때, 앞에서 두 번째에 서 있는 사람이 자신과 이웃한 두 사람보다 키가 클 확률을 구하시오.

유형 04 원순열을 이용하는 확률

서로 다른 것을 원형으로 배열하는 경우의 확률은 원순열을 이용한다.

➡ 서로 다른 n개를 원형으로 배열하는 원순열의 수는
$$\dfrac{n!}{n}=(n-1)!$$

0263 대표문제

네 쌍의 부부가 원탁에 일정한 간격을 두고 임의로 둘러앉을 때, 부부끼리 이웃하게 앉을 확률은?

(단, 회전하여 일치하는 것은 같은 것으로 본다.)

① $\dfrac{1}{105}$ ② $\dfrac{2}{105}$ ③ $\dfrac{1}{35}$

④ $\dfrac{4}{105}$ ⑤ $\dfrac{1}{21}$

0264 ✅중요 교육청 기출

A, B를 포함한 6명이 원형의 탁자에 일정한 간격을 두고 앉을 때, A, B가 이웃하여 앉을 확률은?

(단, 회전하여 일치하는 것은 같은 것으로 본다.)

① $\dfrac{1}{5}$ ② $\dfrac{3}{10}$ ③ $\dfrac{2}{5}$

④ $\dfrac{1}{2}$ ⑤ $\dfrac{3}{5}$

0265 ✏️ 서술형 ◀◼▯

1학년 대표 3명, 2학년 대표 4명이 원탁에 일정한 간격을 두고 임의로 둘러앉을 때, 1학년 대표 3명은 어떤 두 사람도 이웃하지 않게 앉을 확률을 구하시오.

(단, 회전하여 일치하는 것은 같은 것으로 본다.)

0266 ✅ 중요 ◀◼▯

그림과 같이 10등분한 원판의 각 영역을 빨간색과 파란색을 포함한 서로 다른 10가지 색을 모두 사용하여 임의로 칠할 때, 빨간색을 칠한 영역의 맞은편에 파란색을 칠할 확률은? (단, 각 영역에는 한 가지 색만 칠하고, 회전하여 일치하는 것은 같은 것으로 본다.)

① $\dfrac{1}{18}$ ② $\dfrac{1}{9}$ ③ $\dfrac{1}{6}$

④ $\dfrac{2}{9}$ ⑤ $\dfrac{5}{18}$

0267 ◀◼▯

원 모양의 접시에 시금치나물, 고사리나물, 숙주나물, 취나물을 포함하여 서로 다른 8가지 나물을 일정한 간격을 두고 원형으로 임의로 놓으려고 한다. 시금치나물과 고사리나물은 서로 마주 보게 놓고, 숙주나물과 취나물은 서로 이웃하게 놓을 확률은? (단, 회전하여 일치하는 것은 같은 것으로 본다.)

① $\dfrac{4}{105}$ ② $\dfrac{1}{21}$ ③ $\dfrac{2}{35}$

④ $\dfrac{7}{105}$ ⑤ $\dfrac{8}{105}$

0268 ◀◼▯

그림과 같은 정삼각형 모양의 탁자에 A, B를 포함한 9명이 임의로 둘러앉을 때, A, B가 탁자의 같은 모서리에 앉을 확률은? (단, 회전하여 일치하는 것은 같은 것으로 본다.)

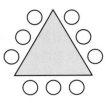

① $\dfrac{1}{12}$ ② $\dfrac{1}{6}$ ③ $\dfrac{1}{4}$

④ $\dfrac{1}{3}$ ⑤ $\dfrac{5}{12}$

유형 05 중복순열을 이용하는 확률

중복을 허락하여 일렬로 나열하는 경우의 확률은 중복순열을 이용한다.

➡ 서로 다른 n개에서 r개를 택하는 중복순열의 수는

$$_n\Pi_r = n^r$$

0269 대표문제

1부터 7까지의 자연수 중에서 중복을 허락하여 4개의 수를 임의로 뽑아 네 자리 자연수를 만들 때, 그 수가 5의 배수일 확률은?

① $\dfrac{1}{14}$ ② $\dfrac{1}{7}$ ③ $\dfrac{3}{14}$

④ $\dfrac{2}{7}$ ⑤ $\dfrac{5}{14}$

0270 ◀◼▯

3명의 등산객이 A, B, C, D의 4개의 등산 코스 중에서 임의로 각각 한 등산 코스를 선택할 때, 3명이 모두 같은 등산 코스를 선택할 확률을 구하시오.

0271 ✅중요

3명이 5편의 영화 중에서 임의로 각각 한 편의 영화를 선택할 때, 3명이 서로 다른 영화를 선택할 확률은?

① $\dfrac{2}{5}$ ② $\dfrac{11}{25}$ ③ $\dfrac{12}{25}$

④ $\dfrac{13}{25}$ ⑤ $\dfrac{14}{25}$

0272

1부터 6까지의 자연수 중에서 중복을 허락하여 3개의 수를 임의로 택해 세 자리 자연수를 만들 때, 각 자리의 숫자의 곱이 홀수일 확률은?

① $\dfrac{1}{32}$ ② $\dfrac{1}{16}$ ③ $\dfrac{3}{32}$

④ $\dfrac{1}{8}$ ⑤ $\dfrac{5}{32}$

0273 ✏️서술형

5명이 가위바위보를 동시에 한 번 할 때, 4명이 이길 확률을 구하시오.

0274 ✅중요 평가원 기출

숫자 1, 2, 3, 4, 5 중에서 중복을 허락하여 4개를 택해 일렬로 나열하여 만들 수 있는 모든 네 자리의 자연수 중에서 임의로 하나의 수를 선택할 때, 선택한 수가 3500보다 클 확률은?

① $\dfrac{9}{25}$ ② $\dfrac{2}{5}$ ③ $\dfrac{11}{25}$

④ $\dfrac{12}{25}$ ⑤ $\dfrac{13}{25}$

0275

다섯 개의 숫자 2, 3, 4, 5, 6 중에서 중복을 허락하여 임의로 택한 세 수를 각각 a, b, c라 할 때, $ab+c$의 값이 홀수일 확률을 구하시오.

유형 06 같은 것이 있는 순열을 이용하는 확률

같은 것을 포함한 것을 일렬로 나열하는 경우의 확률은 같은 것이 있는 순열을 이용한다.

➡ n개 중에서 같은 것이 각각 p개, q개, $\cdots$, r개씩 있을 때, n개를 일렬로 나열하는 경우의 수는

$$\dfrac{n!}{p! \times q! \times \cdots \times r!} \ (\text{단}, p+q+\cdots+r=n)$$

0276 대표문제

9개의 문자 h, a, p, p, i, n, e, s, s를 일렬로 임의로 나열할 때, 양 끝에 같은 문자가 올 확률은?

① $\dfrac{1}{18}$ ② $\dfrac{1}{9}$ ③ $\dfrac{1}{6}$

④ $\dfrac{2}{9}$ ⑤ $\dfrac{5}{18}$

0277 중요 평가원 기출

A, A, A, B, B, C의 문자가 하나씩 적혀 있는 6장의 카드가 있다. 이 카드를 모두 한 번씩 사용하여 일렬로 임의로 나열할 때, 양 끝 모두에 A가 적힌 카드가 나오게 나열될 확률은?

① $\dfrac{3}{20}$　　② $\dfrac{1}{5}$　　③ $\dfrac{1}{4}$

④ $\dfrac{3}{10}$　　⑤ $\dfrac{7}{20}$

0278 서술형

7개의 숫자 1, 1, 2, 2, 2, 3, 4를 일렬로 임의로 나열할 때, 짝수끼리 모두 이웃할 확률을 구하시오.

0279

그림과 같은 도로망이 있다. 이 도로망을 따라 A지점에서 B지점까지 가는 최단경로 중 임의로 하나를 택할 때, P지점을 지나갈 확률은?

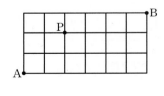

① $\dfrac{25}{84}$　　② $\dfrac{13}{42}$　　③ $\dfrac{9}{28}$

④ $\dfrac{1}{3}$　　⑤ $\dfrac{5}{14}$

0280 중요

종민, 성주, 수아를 포함한 6명의 학생이 전국 영어 말하기 대회에 참여하였다. 이 학생들의 발표 순서를 임의로 정할 때, 수아가 종민이와 성주보다 먼저 발표할 확률은?

① $\dfrac{1}{6}$　　② $\dfrac{1}{3}$　　③ $\dfrac{1}{2}$

④ $\dfrac{2}{3}$　　⑤ $\dfrac{5}{6}$

0281

한 개의 주사위를 세 번 던져서 나오는 눈의 수를 차례로 a, b, c라 할 때, $abc=16$일 확률은 $\dfrac{q}{p}$이다. $p+q$의 값을 구하시오. (단, p와 q는 서로소인 자연수이다.)

0282 중요

challenging에 있는 11개의 문자를 일렬로 임의로 나열할 때, e가 a보다 앞에 오고, g가 n보다 뒤에 올 확률은?

① $\dfrac{1}{24}$　　② $\dfrac{5}{96}$　　③ $\dfrac{1}{16}$

④ $\dfrac{7}{96}$　　⑤ $\dfrac{1}{12}$

유형 07 조합을 이용하는 확률

순서를 생각하지 않고 택하는 경우의 확률은 조합을 이용한다.

➡ 서로 다른 n개에서 순서를 생각하지 않고 r개를 택하는 경우의 수는

$$_nC_r = \frac{_nP_r}{r!} = \frac{n!}{r!(n-r)!} \ (\text{단, } 0 \le r \le n)$$

확인 문제

당첨 제비 2개를 포함하여 8개의 제비가 들어 있는 상자에서 임의로 2개의 제비를 동시에 뽑을 때, 다음을 구하시오.

(1) 뽑은 2개가 모두 당첨 제비일 확률

(2) 당첨 제비를 1개만 뽑을 확률

0283 대표문제

1부터 9까지의 자연수가 하나씩 적혀 있는 9장의 카드가 들어 있는 주머니에서 임의로 3장의 카드를 동시에 꺼낼 때, 카드에 적혀 있는 수의 합이 홀수일 확률은?

① $\dfrac{19}{42}$
② $\dfrac{10}{21}$

③ $\dfrac{1}{2}$
④ $\dfrac{11}{21}$

⑤ $\dfrac{23}{42}$

0284 중요 수능 기출

흰 공 3개, 검은 공 4개가 들어 있는 주머니가 있다. 이 주머니에서 임의로 네 개의 공을 동시에 꺼낼 때, 흰 공 2개와 검은 공 2개가 나올 확률은?

① $\dfrac{2}{5}$
② $\dfrac{16}{35}$
③ $\dfrac{18}{35}$

④ $\dfrac{4}{7}$
⑤ $\dfrac{22}{35}$

0285 서술형

수민이와 규미를 포함한 10명의 학생 중에서 임의로 대표 3명을 뽑을 때, 수민이는 포함되고 규미는 포함되지 않을 확률을 구하시오.

0286

탁자 위에 7개의 동전이 앞면 또는 뒷면이 보이도록 놓여 있다. 이 동전 중에서 임의로 2개를 택하여 뒤집었을 때, 앞면과 뒷면의 개수가 처음과 같을 확률이 $\dfrac{4}{7}$이다. 처음에 앞면이 보이도록 놓여 있는 동전과 뒷면이 보이도록 놓여 있는 동전의 개수의 차는?

① 1
② 2
③ 3

④ 4
⑤ 5

0287 평가원 기출

1부터 7까지의 자연수 중에서 임의로 서로 다른 3개의 수를 선택한다. 선택된 3개의 수의 곱을 a, 선택되지 않은 4개의 수의 곱을 b라 할 때, a와 b가 모두 짝수일 확률은?

① $\dfrac{4}{7}$
② $\dfrac{9}{14}$
③ $\dfrac{5}{7}$

④ $\dfrac{11}{14}$
⑤ $\dfrac{6}{7}$

0288 ✓중요 ✎서술형 ◀▮▮

그림과 같이 원 위에 같은 간격으로 놓인 10개의 점 중에서 임의로 3개를 택하여 그 3개의 점을 꼭짓점으로 하는 삼각형을 만들려고 한다. 만들어진 삼각형이 직각삼각형일 확률을 구하시오.

0289 ✓중요 ◀▮▮

집합 $X=\{2, 4, 6, 8\}$의 부분집합 중에서 임의로 서로 다른 두 집합 A, B를 택할 때, $A \subset B$일 확률은?

① $\dfrac{5}{12}$　　　② $\dfrac{11}{24}$　　　③ $\dfrac{1}{2}$

④ $\dfrac{13}{24}$　　　⑤ $\dfrac{7}{12}$

유형 **08** **조합을 이용하는 확률 - 묶음으로 나누는 경우**

> 서로 다른 n개를 p개, q개, r개의 세 묶음으로 나누는 경우의 수는 다음을 이용한다. (단, $p+q+r=n$)
>
> (1) p, q, r가 모두 다른 수일 때 ➡ $_{n}C_{p} \times _{n-p}C_{q} \times _{r}C_{r}$
>
> (2) p, q, r 중 어느 두 수가 같을 때 ➡ $_{n}C_{p} \times _{n-p}C_{q} \times _{r}C_{r} \times \dfrac{1}{2!}$
>
> (3) p, q, r가 모두 같은 수일 때 ➡ $_{n}C_{p} \times _{n-p}C_{q} \times _{r}C_{r} \times \dfrac{1}{3!}$

0290 대표문제

1학년 6명과 2학년 6명으로 구성된 봉사활동반이 있다. 이 12명의 학생을 임의로 4명씩 3팀으로 나누어 봉사활동을 나갈 때, 1학년 학생으로만 구성된 팀이 생길 확률은?

① $\dfrac{1}{11}$　　　② $\dfrac{3}{22}$　　　③ $\dfrac{2}{11}$

④ $\dfrac{5}{22}$　　　⑤ $\dfrac{3}{11}$

0291 ✓중요 ◀▮▮

남학생 7명, 여학생 3명을 임의로 5명씩 두 개의 조로 나눌 때, 여학생 3명이 같은 조가 될 확률은?

① $\dfrac{1}{18}$　　　② $\dfrac{1}{6}$　　　③ $\dfrac{5}{18}$

④ $\dfrac{7}{18}$　　　⑤ $\dfrac{1}{2}$

0292 ◀▮▮

남학생 3명과 여학생 3명을 임의로 2명씩 3개의 조로 나눌 때, 남학생 1명과 여학생 1명으로 이루어진 조가 1개일 확률은?

① $\dfrac{7}{15}$　　　② $\dfrac{8}{15}$　　　③ $\dfrac{3}{5}$

④ $\dfrac{2}{3}$　　　⑤ $\dfrac{11}{15}$

0293 ◀▮▮

A, B, C, D를 포함한 14명의 학생을 임의로 7명씩 두 팀으로 나누어 이어달리기 시합을 하려고 한다. A와 D는 같은 팀에 속하고, B와 C는 다른 팀에 속할 확률은 $\dfrac{q}{p}$이다. $p+q$의 값을 구하시오. (단, p와 q는 서로소인 자연수이다.)

유형 09 중복조합을 이용하는 확률

중복을 허락하여 순서를 생각하지 않고 택하는 경우의 확률은 중복조합을 이용한다.
➡ 서로 다른 n개에서 r개를 택하는 중복조합의 수는
$$_n\mathrm{H}_r = {}_{n+r-1}\mathrm{C}_r$$

0294 대표문제

4개의 문자 A, B, C, D에서 중복을 허락하여 임의로 7개를 택할 때, A를 2개 이하로 택할 확률은?

① $\dfrac{7}{12}$ ② $\dfrac{5}{8}$ ③ $\dfrac{2}{3}$

④ $\dfrac{17}{24}$ ⑤ $\dfrac{3}{4}$

0295 서술형

방정식 $x+y+z=10$을 만족시키는 음이 아닌 정수 x, y, z의 순서쌍 (x, y, z) 중에서 임의로 하나를 택할 때, x의 값이 5 또는 7일 확률을 구하시오.

0296 중요

모든 네 자리 자연수 중에서 임의로 한 개를 택할 때, 각 자리의 수의 합이 10일 확률은?

① $\dfrac{43}{1800}$ ② $\dfrac{3}{125}$ ③ $\dfrac{217}{9000}$

④ $\dfrac{109}{4500}$ ⑤ $\dfrac{73}{3000}$

유형 10 함수의 개수와 확률

집합 $X=\{x_1, x_2, x_3, \cdots, x_m\}$에서 집합 $Y=\{y_1, y_2, y_3, \cdots, y_n\}$으로의 함수의 개수는 다음과 같다.
(1) 함수의 개수
 ➡ 서로 다른 n개에서 m개를 택하는 중복순열의 수
 ➡ $_n\Pi_m = n^m$
(2) 일대일함수의 개수
 ➡ 서로 다른 n개에서 m개를 택하는 순열의 수
 ➡ $_n\mathrm{P}_m$ (단, $n \geq m$)
(3) 일대일대응의 개수 ➡ $_m\mathrm{P}_m = m!$ (단, $m=n$)
(4) $x_1 < x_2$일 때 $f(x_1) < f(x_2)$를 만족시키는 함수의 개수
 ➡ 서로 다른 n개에서 m개를 택하는 조합의 수
 ➡ $_n\mathrm{C}_m$ (단, $n \geq m$)
(5) $x_1 < x_2$일 때 $f(x_1) \leq f(x_2)$를 만족시키는 함수의 개수
 ➡ 서로 다른 n개에서 m개를 택하는 중복조합의 수
 ➡ $_n\mathrm{H}_m$

0297 대표문제

두 집합 $X=\{3, 4, 5, 6, 7\}$, $Y=\{1, 2, 3\}$에 대하여 X에서 Y로의 모든 함수 f 중에서 임의로 하나를 택할 때, f가 다음 조건을 만족시킬 확률은?

> (가) 집합 X의 임의의 두 원소 x_1, x_2에 대하여
> $x_1 < x_2$이면 $f(x_1) \leq f(x_2)$이다.
> (나) 공역과 치역이 같다.

① $\dfrac{2}{81}$ ② $\dfrac{7}{243}$ ③ $\dfrac{8}{243}$

④ $\dfrac{1}{27}$ ⑤ $\dfrac{10}{243}$

0298 중요

두 집합 $X=\{1, 2, 3, 4\}$, $Y=\{-2, -1, 0, 1\}$에 대하여 X에서 Y로의 모든 함수 f 중에서 임의로 하나를 택할 때, f가 일대일대응일 확률은?

① $\dfrac{3}{32}$ ② $\dfrac{1}{8}$ ③ $\dfrac{5}{32}$

④ $\dfrac{3}{16}$ ⑤ $\dfrac{7}{32}$

0299 📎 서술형 ◀■■

두 집합 $X = \{a, b, c\}$, $Y = \{1, 2, 3, 4\}$에 대하여 X에서 Y로의 모든 함수 f 중에서 임의로 하나를 택할 때, f의 치역이 $\{1, 3\}$일 확률을 구하시오.

0300 ✅ 중요 ◀■■

두 집합 $X = \{a, b, c\}$, $Y = \{1, 2, 3\}$에 대하여 X에서 Y로의 모든 함수 f 중에서 임의로 하나를 택할 때, 이 함수가
$$f(a) + f(b) + f(c) = 7$$
을 만족시킬 확률은?

① $\dfrac{1}{18}$ ② $\dfrac{1}{9}$ ③ $\dfrac{1}{6}$

④ $\dfrac{2}{9}$ ⑤ $\dfrac{5}{18}$

0301 ◀■■

두 집합 $X = \{-1, 0, 1\}$, $Y = \{1, 2, 3, 4\}$에 대하여 X에서 Y로의 모든 함수 f 중에서 임의로 하나를 택할 때, f가 $f(-1) < f(0) < f(1)$을 만족시킬 확률은 p이고, $f(-1) \leq f(0) \leq f(1)$을 만족시킬 확률은 q이다. $\dfrac{q}{p}$의 값을 구하시오.

0302 ✅ 중요 ◀■■

집합 $X = \{1, 2, 3, 4, 5\}$에 대하여 X에서 X로의 모든 함수 f 중에서 임의로 하나를 택할 때, f가 다음 조건을 만족시킬 확률을 구하시오.

(개) $f(2) = 3$
(내) $f(1) < f(2) \leq f(3) \leq f(4) \leq f(5)$

유형 11   통계적 확률

같은 시행을 n번 반복할 때 사건 A가 일어난 횟수를 r_n이라 하면 n이 충분히 커짐에 따라 상대도수 $\dfrac{r_n}{n}$이 일정한 값 p에 가까워진다고 한다. 이때 p를 사건 A의 통계적 확률이라 한다.

(참고) 일반적으로 시행 횟수 n이 충분히 클 때 통계적 확률은 수학적 확률에 가까워진다.

(확인 문제)

독감 환자 500명을 대상으로 새로 개발한 독감 백신을 투여하였더니 350명이 치료되었다. 어떤 독감 환자에게 이 백신을 투여했을 때, 독감이 치료될 확률을 구하시오.

0303 대표문제

다음 표는 폐렴에 걸린 실험용 쥐 100마리에게 같은 치료제를 매일 일정량씩 투여하였을 때, 치료제를 투여한 기간에 따라 완치된 쥐의 수를 나타낸 것이다. 치료제를 투여한 쥐 중에서 임의로 한 마리를 택하였을 때, 이 쥐가 치료제를 투여하기 시작하여 완치되기까지 걸린 기간이 6일 이하인 쥐일 확률은?

기간 (일)	2	4	6	8	10	12	14
쥐의 수 (마리)	5	18	32	22	6	10	7

① $\dfrac{11}{50}$ ② $\dfrac{33}{100}$ ③ $\dfrac{11}{25}$

④ $\dfrac{11}{20}$ ⑤ $\dfrac{33}{50}$

0304

어느 회사에서 생산하는 로봇 장난감은 6000개당 16개의 꼴로 불량품이 나오고, 소방차 장난감은 2000개당 8개의 꼴로 불량품이 나온다고 한다. 이 회사에서 생산한 로봇 장난감과 소방차 장난감 중에서 임의로 한 개씩 뽑아 검사할 때, 불량품이 나올 확률은 각각 p, q이다. $3000(p+q)$의 값을 구하시오.

0305 ✅중요 ✏️서술형

상자 속에 흰 공 4개, 빨간 공 5개, 노란 공 n개가 들어 있다. 이 상자에서 임의로 한 개의 공을 꺼내어 색을 확인하고 다시 넣는 시행을 1000번 하였더니 그중 흰 공이 200번 나왔다. 이때 n의 값으로 생각할 수 있는 수는?

① 7   ② 8   ③ 9
④ 10   ⑤ 11

0306 ✅중요

현재까지 40번의 자유투 시도에서 성공률이 0.6인 어떤 농구 선수가 20번의 자유투를 더 시도하여 성공률을 0.7 이상으로 올리려고 한다. 최소한 몇 번 자유투를 성공해야 하는가?

① 15번   ② 16번   ③ 17번
④ 18번   ⑤ 19번

0307

12개의 제비가 들어 있는 주머니에서 임의로 3개의 제비를 동시에 꺼내어 당첨 제비인지 확인하고 다시 넣는 시행을 여러 번 반복하였더니 22번에 1번 꼴로 3개 모두 당첨 제비이었다. 주머니 속에는 몇 개의 당첨 제비가 들어 있다고 볼 수 있는가?

① 2개   ② 3개   ③ 4개
④ 5개   ⑤ 6개

유형 12 기하적 확률

길이, 넓이, 부피, 시간 등 연속적으로 변하여 그 개수를 구할 수 없는 경우의 확률은 길이, 넓이, 부피, 시간 등의 비율로 구한다.
➡ 영역 S에 포함되어 있는 영역 A에 대하여 영역 S에서 임의로 택한 점이 영역 A에 속할 확률 $\mathrm{P}(A)$는

$$\mathrm{P}(A) = \frac{(영역\ A의\ 크기)}{(영역\ S의\ 크기)}$$

확인 문제

그림과 같이 16등분된 정사각형 모양의 과녁에 화살을 쏠 때, 파란색이 칠해진 칸에 화살이 꽂힐 확률을 구하시오. (단, 화살은 경계선에 꽂히거나 과녁을 벗어나지 않는다.)

0308 대표문제

그림과 같이 한 변의 길이가 3인 정사각형 ABCD의 내부에 임의로 점 P를 잡을 때, 삼각형 ABP가 둔각삼각형일 확률은?

① $1 - \dfrac{\pi}{4}$ ② $\dfrac{\pi}{8}$

③ $1 - \dfrac{\pi}{6}$ ④ $\dfrac{\pi}{6}$

⑤ $1 - \dfrac{\pi}{8}$

0309

그림과 같이 8등분된 각 영역에 1부터 8까지의 자연수가 하나씩 적혀 있는 다트판이 있다. 이 다트판에 다트를 던졌을 때, 8의 약수가 적혀 있는 영역에 꽂힐 확률을 구하시오. (단, 다트가 경계선에 꽂히거나 다트판을 벗어나는 경우는 없다.)

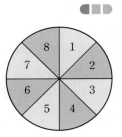

0310

그림과 같이 한 변의 길이가 4인 정사각형에 내접하는 원과 외접하는 원이 있다. 정사각형에 외접하는 원의 내부에 임의로 점 P를 잡을 때, 점 P가 색칠한 부분에 있게 될 확률은?

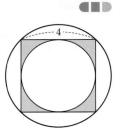

① $\dfrac{2}{\pi}$ ② $\dfrac{4}{\pi}-\dfrac{3}{4}$

③ $1-\dfrac{2}{\pi}$ ④ $\dfrac{4}{\pi}-1$

⑤ $\dfrac{2}{\pi}-\dfrac{1}{2}$

0311 ✔중요 ✎서술형

$-1\le k\le 4$인 실수 k에 대하여 이차방정식 $x^2-2kx+3k=0$이 실근을 가질 확률을 구하시오.

0312

좌표평면 위의 네 점 $A(4, 4)$, $B(4, 0)$, $C(7, 0)$, $D(7, 4)$를 꼭짓점으로 하는 사각형 ABCD가 있다. 원점을 지나고 기울기가 양수인 직선을 임의로 그릴 때, 이 직선이 사각형 ABCD와 만날 확률은?

① $\dfrac{1}{6}$ ② $\dfrac{1}{3}$ ③ $\dfrac{1}{2}$

④ $\dfrac{2}{3}$ ⑤ $\dfrac{5}{6}$

유형 13 확률의 기본 성질

(1) 임의의 사건 A에 대하여 $0\le P(A)\le 1$
(2) 반드시 일어나는 사건 S에 대하여 $P(S)=1$
(3) 절대로 일어나지 않는 사건 $\varnothing$에 대하여 $P(\varnothing)=0$

확인 문제

빨간 구슬 5개, 파란 구슬 3개가 들어 있는 주머니에서 임의로 한 개의 구슬을 꺼낼 때, 다음을 구하시오.

(1) 흰 구슬이 나올 확률
(2) 빨간 구슬이 나올 확률
(3) 빨간 구슬 또는 파란 구슬이 나올 확률

0313 대표문제

표본공간을 S, 절대로 일어나지 않는 사건을 $\varnothing$이라 할 때, 임의의 두 사건 A, B에 대하여 보기에서 옳은 것만을 있는 대로 고른 것은?

보기
ㄱ. $P(S)+P(\varnothing)=1$
ㄴ. $P(S)<P(A)+P(B)$
ㄷ. $A\subset B$이면 $P(A)\le P(B)$이다.

① ㄱ   ② ㄴ   ③ ㄷ
④ ㄱ, ㄷ   ⑤ ㄴ, ㄷ

0314

각 면에 1부터 8까지의 자연수가 하나씩 적혀 있는 정팔면체 모양의 주사위를 던져 바닥에 닿은 면에 적혀 있는 수를 읽는 시행에 대하여 보기에서 절대로 일어나지 않는 사건인 것만을 있는 대로 고른 것은?

▶ 보기 ◀
ㄱ. 6의 약수가 나오는 사건 A
ㄴ. 9의 배수가 나오는 사건 B
ㄷ. $i^{3n+1}=-1$을 만족시키는 n의 값이 나오는 사건 C
　　　　　　　　　　　　　　　　(단, $i=\sqrt{-1}$)
ㄹ. 이차방정식 $x^2+4x+3=0$의 해가 나오는 사건 D

① ㄱ, ㄴ　　　　② ㄱ, ㄷ　　　　③ ㄴ, ㄷ
④ ㄴ, ㄹ　　　　⑤ ㄴ, ㄷ, ㄹ

0315

표본공간 S의 임의의 두 사건 A, B에 대하여 보기에서 옳은 것만을 있는 대로 고른 것은?

▶ 보기 ◀
ㄱ. $P(A)+P(A^C)=1$
ㄴ. $0 \leq P(A)P(B) \leq 1$
ㄷ. $P(A \cup B)=1$이면 $B=A^C$이다.

① ㄱ　　　　② ㄷ　　　　③ ㄱ, ㄴ
④ ㄱ, ㄷ　　　　⑤ ㄴ, ㄷ

0316

표본공간 S의 임의의 두 사건 A, B에 대하여 보기에서 옳은 것만을 있는 대로 고른 것은?

▶ 보기 ◀
ㄱ. $0 \leq P(A \cap B) \leq 1$
ㄴ. $A \cup B=S$이면 $P(A)+P(B)=1$이다.
ㄷ. $P(A)+P(B)=1$이면 A, B는 서로 배반사건이다.

① ㄱ　　　　② ㄴ　　　　③ ㄱ, ㄴ
④ ㄱ, ㄷ　　　　⑤ ㄴ, ㄷ

유형 14 확률의 덧셈정리와 여사건의 확률의 계산

표본공간 S의 두 사건 A, B에 대하여
(1) $P(A \cup B)=P(A)+P(B)-P(A \cap B)$
　이때 두 사건 A, B가 서로 배반사건이면
　　　$P(A \cup B)=P(A)+P(B)$
(2) $P(A^C)=1-P(A)$

0317 대표문제

두 사건 A, B에 대하여 A^C과 B는 서로 배반사건이고,
$$P(A)=\frac{2}{3}, \ P(A \cap B^C)=\frac{3}{8}$$
일 때, $P(B)$의 값은?

① $\frac{1}{4}$　　　　② $\frac{7}{24}$　　　　③ $\frac{1}{3}$
④ $\frac{3}{8}$　　　　⑤ $\frac{5}{12}$

0318 중요 교육청 기출

두 사건 A와 B는 서로 배반사건이고
$$P(A)=\frac{1}{12}, \ P(A \cup B)=\frac{11}{12}$$
일 때, $P(B)$의 값은?

① $\frac{1}{2}$　　　　② $\frac{7}{12}$　　　　③ $\frac{2}{3}$
④ $\frac{3}{4}$　　　　⑤ $\frac{5}{6}$

0319

두 사건 A, B에 대하여

$$P(A)=0.3, \ P(B)=0.6, \ P(A \cup B)=0.75$$

일 때, $P(A^c \cap B)$의 값을 구하시오.

0320 ✅중요

두 사건 A, B에 대하여

$$P(A \cap B)=\frac{3}{4}P(A)=\frac{1}{7}P(B)$$

일 때, $\dfrac{P(A \cap B)}{P(A \cup B)}$의 값은? (단, $P(A \cap B) \neq 0$)

① $\dfrac{3}{22}$　　② $\dfrac{2}{11}$　　③ $\dfrac{5}{22}$

④ $\dfrac{3}{11}$　　⑤ $\dfrac{7}{22}$

0321

두 사건 A, B에 대하여

$$P(A \cup B)=\frac{2}{3}, \ P(A \cap B^c)=\frac{5}{8}$$

일 때, $P(B)$의 값은?

① $\dfrac{1}{48}$　　② $\dfrac{1}{24}$　　③ $\dfrac{1}{16}$

④ $\dfrac{1}{12}$　　⑤ $\dfrac{5}{48}$

0322 ✏️서술형

두 사건 A, B에 대하여

$$P(A \cap B^c)=P(A^c \cap B)=\frac{1}{12}, \ P(A \cup B)=\frac{3}{4}$$

일 때, $P(A \cap B)$의 값을 구하시오.

0323

두 사건 A, B에 대하여 $P(A)=\dfrac{5}{7}$, $P(B)=\dfrac{3}{5}$일 때, $P(A \cap B)$의 최댓값을 M, 최솟값을 m이라 하자. $M-m$의 값은?

① $\dfrac{1}{14}$　　② $\dfrac{1}{7}$　　③ $\dfrac{3}{14}$

④ $\dfrac{2}{7}$　　⑤ $\dfrac{5}{14}$

유형 **15** **확률의 덧셈정리 – 배반사건이 아닌 경우**

'이거나', '또는' 등의 표현이 있는 경우의 확률은 확률의 덧셈정리를 이용하여 구한다. 이때 표본공간 S의 두 사건 A, B에 대하여 두 사건 A, B가 서로 배반사건이 아니면

$$P(A \cup B)=P(A)+P(B)-P(A \cap B)$$

를 이용한다.

0324 대표문제

서로 다른 두 개의 주사위를 동시에 던질 때, 두 눈의 수의 합이 4의 배수이거나 12의 약수일 확률은?

① $\dfrac{17}{36}$　　② $\dfrac{1}{2}$　　③ $\dfrac{19}{36}$

④ $\dfrac{5}{9}$　　⑤ $\dfrac{7}{12}$

0325 ✅중요

어느 반 학생 35명 중에서 뮤지컬을 관람한 경험이 있는 학생은 20명이고, 오페라를 관람한 경험이 있는 학생은 8명, 뮤지컬과 오페라를 모두 관람한 경험이 있는 학생은 2명이다. 이 반 학생 중에서 임의로 한 명을 선택할 때, 그 학생이 뮤지컬 또는 오페라를 관람한 경험이 있는 학생일 확률은?

① $\dfrac{5}{7}$ ② $\dfrac{26}{35}$ ③ $\dfrac{27}{35}$

④ $\dfrac{4}{5}$ ⑤ $\dfrac{29}{35}$

0326 교육청 기출

A, B를 포함한 8명의 요리 동아리 회원 중에서 요리 박람회에 참가할 5명의 회원을 임의로 뽑을 때, A 또는 B가 뽑힐 확률은?

① $\dfrac{17}{28}$ ② $\dfrac{19}{28}$ ③ $\dfrac{3}{4}$

④ $\dfrac{23}{28}$ ⑤ $\dfrac{25}{28}$

0327 ✅중요 ✏️서술형

n이 40 이하의 자연수일 때, x에 대한 이차방정식 $14x^2 - 9nx + n^2 = 0$의 정수인 해가 존재할 확률을 구하시오.

0328 수능 기출

주머니에 1이 적힌 흰 공 1개, 2가 적힌 흰 공 1개, 1이 적힌 검은 공 1개, 2가 적힌 검은 공 3개가 들어 있다. 이 주머니에서 임의로 3개의 공을 동시에 꺼내는 시행을 한다. 이 시행에서 꺼낸 3개의 공 중에서 흰 공이 1개이고 검은 공이 2개인 사건을 A, 꺼낸 3개의 공에 적혀 있는 수를 모두 곱한 값이 8인 사건을 B라 할 때, $\mathrm{P}(A \cup B)$의 값은?

① $\dfrac{11}{20}$ ② $\dfrac{3}{5}$ ③ $\dfrac{13}{20}$

④ $\dfrac{7}{10}$ ⑤ $\dfrac{3}{4}$

0329

4개의 숫자 1, 2, 3, 4를 일렬로 임의로 나열하여 네 자리 자연수를 만들 때, 만든 자연수가 홀수이거나 4000 이상일 확률은?

① $\dfrac{7}{12}$ ② $\dfrac{2}{3}$ ③ $\dfrac{3}{4}$

④ $\dfrac{5}{6}$ ⑤ $\dfrac{11}{12}$

0330

두 집합 $X = \{a, b, c, d, e\}$, $Y = \{1, 2, 3, 4\}$에 대하여 X에서 Y로의 모든 함수 f 중에서 임의로 하나를 택할 때, f가 다음 조건을 만족시킬 확률을 구하시오.

$$f(a) \leq 3 \text{이거나 } f(b) \geq 3 \text{이다.}$$

'이거나', '또는' 등의 표현이 있는 경우의 확률은 확률의 덧셈정리를 이용하여 구한다. 이때 표본공간 S의 두 사건 A, B에 대하여 두 사건 A, B가 서로 배반사건이면 $P(A \cap B) = 0$이므로
$$P(A \cup B) = P(A) + P(B)$$
를 이용한다.

0331 대표문제

여학생 5명과 남학생 4명 중에서 임의로 3명의 학생을 뽑을 때, 3명 모두 여학생이거나 남학생일 확률은?

① $\dfrac{1}{14}$ ② $\dfrac{1}{6}$ ③ $\dfrac{11}{42}$

④ $\dfrac{5}{14}$ ⑤ $\dfrac{19}{42}$

0332 중요

서로 다른 두 개의 주사위를 동시에 던질 때, 두 눈의 수의 합이 5이거나 두 눈의 수의 차가 4일 확률을 구하시오.

0333 교육청 기출

흰 공 6개와 빨간 공 4개가 들어 있는 주머니가 있다. 이 주머니에서 임의로 4개의 공을 동시에 꺼낼 때, 꺼낸 4개의 공 중 흰 공의 개수가 3 이상일 확률은?

① $\dfrac{17}{42}$ ② $\dfrac{19}{42}$ ③ $\dfrac{1}{2}$

④ $\dfrac{23}{42}$ ⑤ $\dfrac{25}{42}$

0334

1학년 학생 5명과 2학년 학생 6명 중에서 임의로 6명의 대표를 뽑으려고 할 때, 1학년 학생이 2학년 학생보다 더 많이 뽑힐 확률은?

① $\dfrac{15}{154}$ ② $\dfrac{9}{77}$ ③ $\dfrac{3}{22}$

④ $\dfrac{12}{77}$ ⑤ $\dfrac{27}{154}$

0335 중요 서술형

A, B, C, D, E의 5명을 일렬로 임의로 세울 때, A가 맨 앞에 서거나 A가 B보다 뒤에 서게 될 확률을 구하시오.

0336

숫자 1, 2, 3, 4, 5, 6, 7이 하나씩 적혀 있는 7장의 카드가 들어 있는 주머니에서 임의로 2장의 카드를 동시에 꺼낼 때, 꺼낸 2장의 카드에 적혀 있는 수의 합이 홀수이거나 곱이 홀수일 확률은?

① $\dfrac{23}{28}$ ② $\dfrac{6}{7}$ ③ $\dfrac{25}{28}$

④ $\dfrac{13}{14}$ ⑤ $\dfrac{27}{28}$

0337

숫자 1, 2, 2, 2, 3, 4, 4, 5가 하나씩 적혀 있는 8개의 공이 들어 있는 주머니에서 임의로 4개의 공을 동시에 꺼낼 때, 꺼낸 4개의 공에 적혀 있는 수의 최댓값이 4일 확률은?

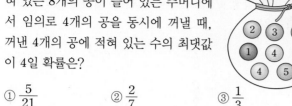

① $\dfrac{5}{21}$ ② $\dfrac{2}{7}$ ③ $\dfrac{1}{3}$

④ $\dfrac{8}{21}$ ⑤ $\dfrac{3}{7}$

유형 17 여사건의 확률 – '적어도'의 조건이 있는 경우

적어도 한 개가 ~인 사건은 모두 ~가 아닌 사건의 여사건이므로
(적어도 한 개가 ~일 확률)=1-(모두 ~가 아닐 확률)

0338 대표문제

1부터 15까지의 자연수가 하나씩 적혀 있는 15장의 카드가 들어 있는 상자에서 임의로 3장의 카드를 동시에 꺼낼 때, 적어도 한 장은 소수가 적혀 있는 카드일 확률은?

① $\dfrac{47}{65}$ ② $\dfrac{49}{65}$ ③ $\dfrac{51}{65}$

④ $\dfrac{53}{65}$ ⑤ $\dfrac{11}{13}$

0339 중요

A, B를 포함한 10명의 학생 중에서 임의로 2명의 학생을 뽑을 때, A, B 중 적어도 한 명이 뽑힐 확률은?

① $\dfrac{1}{3}$ ② $\dfrac{16}{45}$ ③ $\dfrac{17}{45}$

④ $\dfrac{2}{5}$ ⑤ $\dfrac{19}{45}$

0340 중요 수능 기출

흰색 마스크 5개, 검은색 마스크 9개가 들어 있는 상자가 있다. 이 상자에서 임의로 3개의 마스크를 동시에 꺼낼 때, 꺼낸 3개의 마스크 중에서 적어도 한 개가 흰색 마스크일 확률은?

① $\dfrac{8}{13}$ ② $\dfrac{17}{26}$ ③ $\dfrac{9}{13}$

④ $\dfrac{19}{26}$ ⑤ $\dfrac{10}{13}$

0341 서술형

부모를 포함한 7명의 가족이 일렬로 임의로 서서 가족사진을 찍으려고 한다. 부모 중 적어도 한 사람이 한쪽 끝에 서서 사진을 찍을 확률을 구하시오.

0342

하준이네 반에서는 한 달에 한 번 그달에 생일인 사람들의 생일잔치를 한다. 9월에 생일인 사람이 3명이었을 때, 적어도 두 사람의 생일이 같을 확률은?

① $\dfrac{4}{45}$ ② $\dfrac{7}{75}$ ③ $\dfrac{22}{225}$

④ $\dfrac{23}{225}$ ⑤ $\dfrac{8}{75}$

0343 ✅중요

여학생 3명과 남학생 4명을 일렬로 임의로 세울 때, 여학생 3명 중 적어도 2명이 이웃하여 서게 될 확률은 $\dfrac{q}{p}$이다. $p+q$의 값을 구하시오. (단, p와 q는 서로소인 자연수이다.)

0344 ✏️서술형

흰 공과 검은 공을 합하여 10개의 공이 들어 있는 주머니에서 임의로 3개의 공을 동시에 꺼낼 때, 검은 공을 적어도 한 개 꺼낼 확률이 $\dfrac{29}{30}$이다. 이 주머니 속에 들어 있는 검은 공의 개수를 구하시오.

유형 18 **여사건의 확률**
– '이상', '이하'의 조건이 있는 경우

(1) ~ 이상인 사건은 ~ 미만인 사건의 여사건이므로
(~ 이상일 확률)$=1-$(~ 미만일 확률)
(2) ~ 이하인 사건은 ~ 초과인 사건의 여사건이므로
(~ 이하일 확률)$=1-$(~ 초과일 확률)

0345 대표문제

5개의 당첨 제비를 포함하여 15개의 제비가 들어 있는 주머니에서 임의로 3개의 제비를 동시에 꺼낼 때, 당첨 제비가 2개 이하일 확률은?

① $\dfrac{86}{91}$ ② $\dfrac{87}{91}$ ③ $\dfrac{88}{91}$

④ $\dfrac{89}{91}$ ⑤ $\dfrac{90}{91}$

0346

남학생 5명과 여학생 4명으로 구성된 독서 동아리에서 독후감을 발표할 학생 4명을 뽑으려고 한다. 남학생이 2명 이상 뽑힐 확률은?

① $\dfrac{1}{6}$ ② $\dfrac{1}{3}$ ③ $\dfrac{1}{2}$

④ $\dfrac{2}{3}$ ⑤ $\dfrac{5}{6}$

0347 ✅중요

5개의 불량품을 포함한 20개의 제품 중에서 임의로 3개의 제품을 동시에 꺼낼 때, 불량품이 1개 이상 나올 확률은 $\dfrac{b}{a}$이다. $a+b$의 값을 구하시오. (단, a와 b는 서로소인 자연수이다.)

0348 ✅중요

1부터 12까지의 자연수가 하나씩 적혀 있는 12장의 카드가 들어 있는 상자에서 임의로 4장의 카드를 동시에 꺼낼 때, 꺼낸 카드에 적혀 있는 네 수의 최솟값이 7 이하일 확률은?

① $\dfrac{94}{99}$ ② $\dfrac{95}{99}$ ③ $\dfrac{32}{33}$

④ $\dfrac{97}{99}$ ⑤ $\dfrac{98}{99}$

0349 수능 기출

1부터 10까지 자연수가 하나씩 적혀 있는 10장의 카드가 들어 있는 주머니가 있다. 이 주머니에서 임의로 카드 3장을 동시에 꺼낼 때, 꺼낸 카드에 적혀 있는 세 자연수 중에서 가장 작은 수가 4 이하이거나 7 이상일 확률은?

① $\dfrac{4}{5}$　　② $\dfrac{5}{6}$　　③ $\dfrac{13}{15}$

④ $\dfrac{9}{10}$　　⑤ $\dfrac{14}{15}$

0350 중요 서술형

다섯 개의 숫자 0, 1, 2, 3, 4 중에서 서로 다른 네 개의 숫자를 사용하여 네 자리 자연수를 만들 때, 3240 이하일 확률을 구하시오.

0351 평가원 기출

그림과 같이 1, 2, 3, 4의 숫자가 하나씩 적혀 있는 카드가 각각 3장씩 12장이 있다. 이 12장의 카드 중에서 임의로 3장의 카드를 선택할 때, 선택한 카드 중에서 같은 숫자가 적혀 있는 카드가 2장 이상일 확률은?

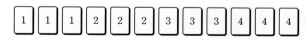

① $\dfrac{12}{55}$　　② $\dfrac{16}{55}$　　③ $\dfrac{4}{11}$

④ $\dfrac{24}{55}$　　⑤ $\dfrac{28}{55}$

유형 19 여사건의 확률 - '아닌'의 조건이 있는 경우

~가 아닌 사건은 ~인 사건의 여사건이므로
(~가 아닐 확률)=1-(~일 확률)

0352 대표문제

진우와 하은이를 포함한 8명의 학생을 일렬로 세울 때, 진우와 하은이가 이웃하지 않을 확률은?

① $\dfrac{3}{8}$　　② $\dfrac{1}{2}$　　③ $\dfrac{5}{8}$

④ $\dfrac{3}{4}$　　⑤ $\dfrac{7}{8}$

0353

A, B를 포함한 6명의 학생이 원탁에 일정한 간격을 두고 임의로 둘러앉을 때, A, B가 서로 이웃하지 않게 앉을 확률은?
(단, 회전하여 일치하는 것은 같은 것으로 본다.)

① $\dfrac{3}{10}$　　② $\dfrac{2}{5}$　　③ $\dfrac{1}{2}$

④ $\dfrac{3}{5}$　　⑤ $\dfrac{7}{10}$

0354 중요

1부터 10까지의 자연수가 하나씩 적혀 있는 10개의 공이 들어 있는 주머니에서 임의로 3개의 공을 동시에 꺼낼 때, 꺼낸 세 개의 공에 적혀 있는 세 수의 곱이 홀수가 아닐 확률은?

① $\dfrac{1}{4}$　　② $\dfrac{5}{12}$　　③ $\dfrac{7}{12}$

④ $\dfrac{3}{4}$　　⑤ $\dfrac{11}{12}$

0355 수능 기출

숫자 1, 2, 3, 4가 하나씩 적혀 있는 흰 공 4개와 숫자 4, 5, 6이 하나씩 적혀 있는 검은 공 3개가 있다. 이 7개의 공을 임의로 일렬로 나열할 때, 같은 숫자가 적혀 있는 공이 서로 이웃하지 않게 나열될 확률은 $\frac{q}{p}$이다. $p+q$의 값을 구하시오.

(단, p와 q는 서로소인 자연수이다.)

유형 20 여사건의 확률 – 여사건이 더 간단한 경우

구하는 사건의 경우의 수가 많거나 복잡한 경우에는 여사건의 확률을 이용하면 보다 편리하게 문제를 해결할 수 있다.

0356 대표문제

어느 학교의 미술부는 1학년 학생 5명과 2학년 학생 6명으로 구성되어 있다. 이 미술부에서 학교 대표로 전국 사생대회에 나갈 5명의 학생을 임의로 뽑으려고 한다. 이때 뽑을 5명의 학생 중에 1학년 학생과 2학년 학생이 모두 있을 확률은?

① $\frac{61}{66}$ ② $\frac{31}{33}$ ③ $\frac{21}{22}$

④ $\frac{32}{33}$ ⑤ $\frac{65}{66}$

0357 중요 교육청 기출

한 개의 주사위를 두 번 던져서 나오는 눈의 수를 차례로 a, b라 할 때, 두 수 a, b의 최대공약수가 홀수일 확률은?

① $\frac{5}{12}$ ② $\frac{1}{2}$ ③ $\frac{7}{12}$

④ $\frac{2}{3}$ ⑤ $\frac{3}{4}$

0358 서술형

1부터 7까지의 자연수가 하나씩 적혀 있는 7개의 공이 들어 있는 주머니에서 임의로 한 개의 공을 꺼내어 숫자를 확인하고 다시 넣는 시행을 3번 반복한다. 이때 나온 수를 차례로 x, y, z라 할 때, $(x-y)(y-z)(z-x)=0$일 확률은 $\frac{q}{p}$이다. $p+q$의 값을 구하시오. (단, p와 q는 서로소인 자연수이다.)

0359

7개의 문자 E, A, R, N, E, S, T를 일렬로 임의로 나열할 때, R가 N보다 왼쪽에 오거나 N이 S보다 왼쪽에 오도록 나열될 확률은?

① $\frac{4}{5}$ ② $\frac{5}{6}$ ③ $\frac{13}{15}$

④ $\frac{9}{10}$ ⑤ $\frac{14}{15}$

0360 평가원 기출

다음 조건을 만족시키는 좌표평면 위의 점 (a, b) 중에서 임의로 서로 다른 두 점을 선택할 때, 선택된 두 점 사이의 거리가 1보다 클 확률은?

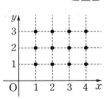

(가) a, b는 자연수이다.
(나) $1 \le a \le 4$, $1 \le b \le 3$

① $\frac{41}{66}$ ② $\frac{43}{66}$ ③ $\frac{15}{22}$

④ $\frac{47}{66}$ ⑤ $\frac{49}{66}$

정답과 풀이 75쪽

0361

두 사건 A, B에 대하여

$$P(A)=\frac{11}{18}, \ P(A \cap B^c)=\frac{1}{3}$$

일 때, $P(A \cap B)$의 값은?

① $\frac{1}{18}$ ② $\frac{1}{6}$ ③ $\frac{5}{18}$

④ $\frac{7}{18}$ ⑤ $\frac{1}{2}$

0362

각 면에 2, 3, 5, 6, 7, 8, 9, 10이 하나씩 적혀 있는 정팔면체 모양의 주사위를 던지는 시행에서 바닥에 닿은 면에 적혀 있는 수가 6의 약수인 사건을 A, 5의 배수인 사건을 B, 10의 약수인 사건을 C라 할 때, 보기에서 서로 배반사건인 것만을 있는 대로 고른 것은?

보기
ㄱ. A와 B ㄴ. B와 C ㄷ. C와 A

① ㄱ   ② ㄴ   ③ ㄷ

④ ㄱ, ㄴ   ⑤ ㄴ, ㄷ

0363

서로 다른 두 개의 주사위를 동시에 던져 나오는 두 눈의 수의 합이 8의 배수이거나 두 눈의 수의 차가 5의 약수일 확률은?

① $\frac{4}{9}$ ② $\frac{17}{36}$ ③ $\frac{1}{2}$

④ $\frac{19}{36}$ ⑤ $\frac{5}{9}$

0364

그림과 같은 삼각기둥에서 서로 다른 두 꼭짓점을 임의로 택할 때, 이 두 꼭짓점이 서로 다른 모서리 위에 있을 확률은?

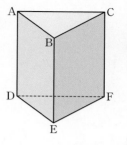

① $\frac{2}{15}$ ② $\frac{1}{5}$

③ $\frac{4}{15}$ ④ $\frac{1}{3}$

⑤ $\frac{2}{5}$

0365

240의 모든 양의 약수가 하나씩 적혀 있는 카드가 들어 있는 주머니에서 임의로 한 장의 카드를 꺼낼 때, 카드에 적혀 있는 수가 36의 약수일 확률은?

① $\frac{1}{10}$ ② $\frac{1}{5}$ ③ $\frac{3}{10}$

④ $\frac{2}{5}$ ⑤ $\frac{1}{2}$

0366 평가원 기출

네 개의 수 1, 3, 5, 7 중에서 임의로 선택한 한 개의 수를 a라 하고, 네 개의 수 4, 6, 8, 10 중에서 임의로 선택한 한 개의 수를 b라 하자. $1<\frac{b}{a}<4$일 확률은?

① $\frac{1}{2}$ ② $\frac{9}{16}$ ③ $\frac{5}{8}$

④ $\frac{11}{16}$ ⑤ $\frac{3}{4}$

0367 교육청 기출

일렬로 나열된 6개의 좌석에 세 쌍의 부부가 임의로 앉을 때, 부부끼리 서로 이웃하여 앉을 확률은?

① $\dfrac{1}{15}$ ② $\dfrac{2}{15}$ ③ $\dfrac{1}{5}$

④ $\dfrac{4}{15}$ ⑤ $\dfrac{1}{3}$

0368

현이를 포함한 7명의 학생 중에서 5명이 그림과 같이 일렬로 놓여진 5개의 의자에 임의로 앉을 때, 현이가 한가운데에 앉을 확률은?

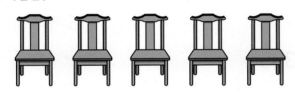

① $\dfrac{1}{14}$ ② $\dfrac{1}{7}$ ③ $\dfrac{3}{14}$

④ $\dfrac{2}{7}$ ⑤ $\dfrac{5}{14}$

0369

수영 선수 3명, 체조 선수 4명, 태권도 선수 2명이 원탁에 일정한 간격을 두고 임의로 둘러앉아 식사를 하려고 한다. 같은 종목의 선수끼리 이웃하게 앉을 확률은?

(단, 회전하여 일치하는 것은 같은 것으로 본다.)

① $\dfrac{1}{70}$ ② $\dfrac{1}{35}$ ③ $\dfrac{3}{70}$

④ $\dfrac{2}{35}$ ⑤ $\dfrac{1}{14}$

0370

5개의 숫자 1, 2, 3, 4, 5 중에서 중복을 허락하여 4개를 임의로 택해 네 자리 자연수를 만들 때, 4의 배수일 확률은?

① $\dfrac{3}{5}$ ② $\dfrac{1}{2}$ ③ $\dfrac{2}{5}$

④ $\dfrac{3}{10}$ ⑤ $\dfrac{1}{5}$

0371

영신, 혜리, 지훈이를 포함한 6명의 학생이 발표 수업을 하려고 한다. 이 학생들의 발표 순서를 임의로 정할 때, 영신이가 혜리보다 먼저 발표하고 지훈이보다 뒤에 발표할 확률은?

① $\dfrac{1}{12}$ ② $\dfrac{1}{6}$ ③ $\dfrac{1}{4}$

④ $\dfrac{1}{3}$ ⑤ $\dfrac{5}{12}$

0372 수능 기출

주머니 속에 2부터 8까지의 자연수가 각각 하나씩 적힌 구슬 7개가 들어 있다. 이 주머니에서 임의로 2개의 구슬을 동시에 꺼낼 때, 꺼낸 구슬에 적힌 두 자연수가 서로소일 확률은?

① $\dfrac{8}{21}$ ② $\dfrac{10}{21}$ ③ $\dfrac{4}{7}$

④ $\dfrac{2}{3}$ ⑤ $\dfrac{16}{21}$

0373

그림과 같이 한 변의 길이가 1인 정사각형 10개를 연결하여 만든 도형이 있다. 18개의 점 중에서 임의로 서로 다른 두 점을 택할 때, 두 점 사이의 거리가 $\sqrt{2}$일 확률을 p, $2\sqrt{2}$일 확률을 q라 하자. $p-q$의 값은?

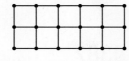

① $\dfrac{1}{51}$ ② $\dfrac{2}{51}$ ③ $\dfrac{1}{17}$

④ $\dfrac{4}{51}$ ⑤ $\dfrac{5}{51}$

0374

한 개의 주사위를 3번 던져서 나오는 눈의 수를 차례로 a, b, c라 할 때, $a\le b\le c$일 확률은?

① $\dfrac{1}{9}$ ② $\dfrac{5}{27}$ ③ $\dfrac{7}{27}$

④ $\dfrac{1}{3}$ ⑤ $\dfrac{11}{27}$

0375

두 집합 $X=\{a,\ b,\ c,\ d\}$, $Y=\{1,\ 3,\ 9,\ 27\}$에 대하여 치역과 공역이 같은 함수 $f:X\longrightarrow Y$ 중에서 임의로 하나를 택할 때, f가
$$f(a)\times f(b)\times f(c)=f(d)$$
를 만족시킬 확률은?

① $\dfrac{1}{12}$ ② $\dfrac{1}{6}$ ③ $\dfrac{1}{4}$

④ $\dfrac{1}{3}$ ⑤ $\dfrac{5}{12}$

0376 평가원 기출

어느 지구대에서는 학생들의 안전한 통학을 위한 귀가도우미 프로그램에 참여하기로 하였다. 이 지구대의 경찰관은 모두 9명이고, 각 경찰관은 두 개의 근무조 A, B 중 한 조에 속해 있다. 이 지구대의 근무조 A는 5명, 근무조 B는 4명의 경찰관으로 구성되어 있다. 이 지구대의 경찰관 9명 중에서 임의로 3명을 동시에 귀가도우미로 선택할 때, 근무조 A와 근무조 B에서 적어도 1명씩 선택될 확률은?

① $\dfrac{1}{2}$ ② $\dfrac{7}{12}$ ③ $\dfrac{2}{3}$

④ $\dfrac{3}{4}$ ⑤ $\dfrac{5}{6}$

0377

선주와 민지를 포함한 6명의 학생을 일렬로 임의로 세울 때, 선주와 민지 사이에 적어도 한 명의 학생이 서게 될 확률은?

① $\dfrac{5}{12}$ ② $\dfrac{1}{2}$ ③ $\dfrac{7}{12}$

④ $\dfrac{2}{3}$ ⑤ $\dfrac{3}{4}$

0378

오른쪽 표는 어느 농구 선수가 20경기를 뛰고 나서 얻은 득점에 대한 기록이다. 이 선수가 20경기에서 던진 2점 슛의 개수를 a, 3점 슛의 개수를 b라 할 때, $a-b$의 값을 구하시오.

	2점 슛	3점 슛
득점 (점)	180	69
슛 성공률 (%)	75	46

0379 평가원 기출

한 개의 주사위를 두 번 던져서 나오는 눈의 수를 차례로 a, b 라 할 때, $|a-3|+|b-3|=2$이거나 $a=b$일 확률은?

① $\dfrac{1}{4}$　　　　② $\dfrac{1}{3}$　　　　③ $\dfrac{5}{12}$

④ $\dfrac{1}{2}$　　　　⑤ $\dfrac{7}{12}$

0380

어떤 축구 경기에서 승부를 결정짓기 위해 승부차기를 하려고 한다. 한 팀에서 A, B를 포함한 5명의 선수의 승부차기 순서를 임의로 정하려고 할 때, B가 A보다 먼저 차거나 A, B가 처음과 끝에 찰 확률은?

① $\dfrac{2}{5}$　　　　② $\dfrac{9}{20}$　　　　③ $\dfrac{1}{2}$

④ $\dfrac{11}{20}$　　　　⑤ $\dfrac{3}{5}$

0381

승객 6명이 타고 있는 버스가 네 정류장 A, B, C, D에 정차한다. 네 정류장 A, B, C, D 중 3개의 정류장에서 모든 승객이 내릴 확률이 $\dfrac{q}{p}$일 때, $p+q$의 값을 구하시오. (단, 새로 타는 승객은 없고, 승객 6명은 네 정류장 A, B, C, D 중 한 정류장에서 반드시 내린다.)

서술형 대비하기

0382

1부터 9까지의 자연수 중에서 임의로 서로 다른 5개의 수를 택하여 다섯 자리 자연수를 만들 때, 천의 자리의 수와 십의 자리의 수의 합이 짝수가 될 확률을 구하시오.

0383

한 개의 주사위를 세 번 던져서 나오는 눈의 수를 차례로 a, b, c라 할 때, $a+b+c=9$일 확률을 구하시오.

수능 녹인 변별력 문제

0384

A, B, C, D, E, F의 6명의 학생이 연극을 보기 위해 예매한 좌석이 그림과 같이 통로를 사이에 둔 네 자리, 두 자리이다. 6명의 학생이 임의로 표를 받아 해당하는 좌석에 앉을 때, A 와 C가 이웃하게 앉을 확률은?

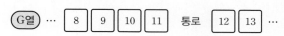

(G열) ⋯ | 8 | 9 | 10 | 11 | 통로 | 12 | 13 | ⋯

① $\dfrac{1}{15}$ ② $\dfrac{2}{15}$ ③ $\dfrac{1}{5}$

④ $\dfrac{4}{15}$ ⑤ $\dfrac{1}{3}$

0385

표본공간 $S=\{1, 2, 3, 4, 5, 6, 7\}$의 두 사건 A, B가 서로 배반사건이고

$$0<\mathrm{P}(A)<\mathrm{P}(B)$$

가 되도록 두 사건 A, B를 선택하는 방법의 수는?

① 755   ② 760   ③ 765

④ 770   ⑤ 775

0386 교육청 기출

1부터 10까지의 자연수가 하나씩 적혀 있는 10장의 카드가 들어 있는 주머니가 있다. 이 주머니에서 임의로 카드 4장을 동시에 꺼내어 카드에 적혀 있는 수를 작은 수부터 크기 순서 대로 a_1, a_2, a_3, a_4라 하자. $a_1 \times a_2$의 값이 홀수이고, $a_3+a_4 \geq 16$일 확률은?

① $\dfrac{1}{14}$ ② $\dfrac{3}{35}$ ③ $\dfrac{1}{10}$

④ $\dfrac{4}{35}$ ⑤ $\dfrac{9}{70}$

0387

한 개의 주사위를 두 번 던져서 나오는 눈의 수를 차례로 a, b 라 할 때, 함수 $y=a\cos x-3$의 그래프와 직선 $y=-2b$가 만날 확률은?

① $\dfrac{1}{3}$ ② $\dfrac{7}{18}$ ③ $\dfrac{1}{2}$

④ $\dfrac{5}{9}$ ⑤ $\dfrac{11}{18}$

0388

1부터 12까지의 자연수가 하나씩 적혀 있는 12개의 공이 들어 있는 주머니에서 임의로 5개의 공을 동시에 꺼낼 때, 꺼낸 공에 적혀 있는 자연수 중 연속된 자연수의 최대 개수가 4인 사건을 A라 하자. 사건 A가 일어날 확률이 $\dfrac{b}{a}$일 때, $a+b$의 값을 구하시오. (단, a와 b는 서로소인 자연수이다.)

0389 평가원 기출

숫자 1, 2, 3, 4, 5, 6, 7이 하나씩 적혀 있는 7장의 카드가 있다. 이 7장의 카드를 모두 한 번씩 사용하여 일렬로 임의로 나열할 때, 다음 조건을 만족시킬 확률은?

> (가) 4가 적혀 있는 카드의 바로 양 옆에는 각각 4보다 큰 수가 적혀 있는 카드가 있다.
> (나) 5가 적혀 있는 카드의 바로 양 옆에는 각각 5보다 작은 수가 적혀 있는 카드가 있다.

① $\dfrac{1}{28}$ ② $\dfrac{1}{14}$ ③ $\dfrac{3}{28}$

④ $\dfrac{1}{7}$ ⑤ $\dfrac{5}{28}$

0390

어느 대학교 축제에서는 네 팀의 댄스 공연과 A, B, C 세 팀의 노래 공연을 계획하고 있다. 이 일곱 팀의 공연 순서를 임의로 정할 때, A, B 두 팀의 공연 사이에 세 팀의 댄스 공연만 들어가거나 C팀이 A, B 두 팀보다 먼저 공연할 확률은?

① $\dfrac{32}{105}$ ② $\dfrac{1}{3}$ ③ $\dfrac{38}{105}$

④ $\dfrac{41}{105}$ ⑤ $\dfrac{44}{105}$

0391

그림과 같이 $\overline{AB}=3\sqrt{2}$, $\overline{AD}=6$인 직사각형 ABCD의 내부에 임의로 점 P를 잡으려고 한다. 점 P에서 사각형 ABCD의 가장 가까운 꼭짓점까지의 거리가 3 이하일 확률은?

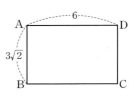

① $\left(\dfrac{\pi}{16}+\dfrac{1}{8}\right)\sqrt{2}$ ② $\left(\dfrac{\pi}{8}+\dfrac{1}{8}\right)\sqrt{2}$

③ $\left(\dfrac{\pi}{16}+\dfrac{1}{4}\right)\sqrt{2}$ ④ $\left(\dfrac{\pi}{8}+\dfrac{1}{4}\right)\sqrt{2}$

⑤ $\left(\dfrac{\pi}{16}+\dfrac{1}{2}\right)\sqrt{2}$

0392 평가원 기출

숫자 1, 2, 3이 하나씩 적혀 있는 3개의 공이 들어 있는 주머니가 있다. 이 주머니에서 임의로 한 개의 공을 꺼내어 공에 적혀 있는 수를 확인한 후 다시 넣는 시행을 한다. 이 시행을 5번 반복하여 확인한 5개의 수의 곱이 6의 배수일 확률이 $\dfrac{q}{p}$ 일 때, $p+q$의 값을 구하시오.

(단, p와 q는 서로소인 자연수이다.)

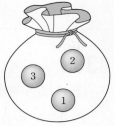

0393

두 집합 $X=\{x_1, x_2, x_3, x_4, x_5, x_6\}$, $Y=\{1, 3, 5, 6, 10\}$ 에 대하여 치역과 공역이 같은 함수 $f : X \longrightarrow Y$ 중에서 임의로 하나를 택할 때, f가 다음 조건을 만족시킬 확률은?

$$f(x_1) \times f(x_2) \times f(x_3) = f(x_4) \times f(x_5) \times f(x_6)$$

① $\dfrac{1}{100}$ ② $\dfrac{1}{50}$ ③ $\dfrac{3}{100}$

④ $\dfrac{1}{25}$ ⑤ $\dfrac{1}{20}$

0394

흰 구슬 8개, 검은 구슬 5개가 있다. 이 구슬 13개를 일렬로 임의로 나열할 때, 구슬의 색이 5번 바뀔 확률은? (단, 같은 색의 구슬은 서로 구별하지 않고, 다음은 구슬의 색이 5번 바뀐 하나의 예이다.)

① $\dfrac{27}{143}$ ② $\dfrac{28}{143}$ ③ $\dfrac{29}{143}$

④ $\dfrac{30}{143}$ ⑤ $\dfrac{31}{143}$

0395 평가원 기출

주머니에 숫자 1, 2, 3, 4가 하나씩 적혀 있는 흰 공 4개와 숫자 4, 5, 6, 7이 하나씩 적혀 있는 검은 공 4개가 들어 있다. 이 주머니를 사용하여 다음 규칙에 따라 점수를 얻는 시행을 한다.

> 주머니에서 임의로 2개의 공을 동시에 꺼내어
> 꺼낸 공이 서로 다른 색이면 12를 점수로 얻고,
> 꺼낸 공이 서로 같은 색이면 꺼낸 두 공에 적힌 수의 곱을
> 점수로 얻는다.

이 시행을 한 번 하여 얻은 점수가 24 이하의 짝수일 확률이 $\dfrac{q}{p}$ 일 때, $p+q$의 값을 구하시오.

(단, p와 q는 서로소인 자연수이다.)

PART **A**

04

Ⅱ. 확률

조건부확률

유형별 **문제**

유형 **01** 조건부확률의 계산

확률이 0이 아닌 사건 A가 일어났다고 가정할 때 사건 B가 일어날 확률을 사건 A가 일어났을 때의 사건 B의 조건부확률이라 하고, 기호 $P(B|A)$로 나타낸다.

➡ $P(B|A) = \dfrac{P(A \cap B)}{P(A)}$ (단, $P(A) > 0$)

Tip $P(A \cap B)$는 표본공간 S에서 사건 $A \cap B$가 일어날 확률이고, $P(B|A)$는 A를 새로운 표본공간으로 생각할 때 사건 $A \cap B$가 일어날 확률이다.

확인 문제

두 사건 A, B에 대하여
$$P(A) = \frac{4}{7}, \ P(B) = \frac{1}{4}, \ P(A \cap B) = \frac{1}{14}$$
일 때, 다음 값을 구하시오.

(1) $P(B|A)$ (2) $P(A|B)$

0396 대표문제

두 사건 A, B가 서로 배반사건이고
$$P(A) = \frac{2}{5}, \ P(B) = \frac{8}{15}$$
일 때, $P(B|A^c)$의 값은?

① $\dfrac{4}{9}$ ② $\dfrac{5}{9}$ ③ $\dfrac{2}{3}$

④ $\dfrac{7}{9}$ ⑤ $\dfrac{8}{9}$

0397 중요

두 사건 A, B에 대하여
$$P(A) = \frac{3}{7}, \ P(B|A) = \frac{7}{9}$$
일 때, $P(A \cap B)$의 값은?

① $\dfrac{1}{9}$ ② $\dfrac{2}{9}$ ③ $\dfrac{1}{3}$

④ $\dfrac{4}{9}$ ⑤ $\dfrac{5}{9}$

0398

두 사건 A, B에 대하여
$$P(A \cap B) = \frac{1}{12}, \ P(B^c|A) = 2P(B|A)$$
일 때, $P(A \cap B^c)$의 값을 구하시오.

0399 평가원 기출

두 사건 A, B에 대하여
$$P(A \cup B) = 1, \ P(A \cap B) = \frac{1}{4}, \ P(A|B) = P(B|A)$$
일 때, $P(A)$의 값은?

① $\dfrac{1}{2}$ ② $\dfrac{9}{16}$ ③ $\dfrac{5}{8}$

④ $\dfrac{11}{16}$ ⑤ $\dfrac{3}{4}$

0400 중요 서술형

두 사건 A, B에 대하여
$$P(A) = \frac{1}{2}, \ P(B^c) = \frac{1}{3}, \ P(A \cap B) = \frac{1}{4}$$
일 때, $P(A^c|B^c)$의 값을 구하시오.

유형 02 조건부확률 - 표가 주어진 경우

주어진 표의 가로, 세로 항목을 보고, 문제에서 구하고자 하는
사건 A, B를 파악한다.

구분	A	A^C	합계
B	a	b	$a+b$
B^C	c	d	$c+d$
합계	$a+c$	$b+d$	$a+b+c+d$

➡ $P(B|A) = \dfrac{P(A \cap B)}{P(A)} = \dfrac{\dfrac{a}{a+b+c+d}}{\dfrac{a+c}{a+b+c+d}} = \dfrac{a}{a+c}$

Tip $P(B|A)$는 A를 새로운 표본공간으로 생각할 때 사건 $A \cap B$
가 일어날 확률이므로 $P(B|A) = \dfrac{n(A \cap B)}{n(A)} = \dfrac{a}{a+c}$로 구
할 수 있다.

0401 대표문제

주말 등산에 참여한 어느
등산 동호회 회원 90명이
입은 재킷의 색을 조사한
결과는 오른쪽과 같다. 주
말 등산에 참여한 회원 90

(단위: 명)

구분	빨간색	노란색
남성	20	25
여성	30	15
합계	50	40

명 중 임의로 선택한 한 명이 빨간색 재킷을 입은 사람이었을
때, 그 사람이 여성일 확률은?

① $\dfrac{1}{3}$ ② $\dfrac{2}{5}$ ③ $\dfrac{7}{15}$

④ $\dfrac{8}{15}$ ⑤ $\dfrac{3}{5}$

0402

어느 고등학교의 두 학급 A, B의 학생 55명을 대상으로 안경
을 쓴 학생 수와 안경을 쓰지 않은 학생 수를 조사한 결과는
다음과 같다.

(단위: 명)

구분	A 학급	B 학급	합계
안경을 씀	15	15	30
안경을 쓰지 않음	13	12	25
합계	28	27	55

두 학급 A, B의 학생 중 임의로 선택한 한 명이 안경을 쓴 학
생일 때, 그 학생이 B 학급의 학생일 확률을 구하시오.

0403 ✅ 중요 평가원 기출

어느 동아리의 학생 20명을 대상으로 진로활동 A와 진로활
동 B에 대한 선호도를 조사하였다. 이 조사에 참여한 학생은
진로활동 A와 진로활동 B 중 하나를 선택하였고, 각각의 진
로활동을 선택한 학생 수는 다음과 같다.

(단위: 명)

구분	진로활동 A	진로활동 B	합계
1학년	7	5	12
2학년	4	4	8
합계	11	9	20

이 조사에 참여한 학생 20명 중에서 임의로 선택한 한 명이
진로활동 B를 선택한 학생일 때, 이 학생이 1학년일 확률은?

① $\dfrac{1}{2}$ ② $\dfrac{5}{9}$ ③ $\dfrac{3}{5}$

④ $\dfrac{7}{11}$ ⑤ $\dfrac{2}{3}$

0404 ✏️ 서술형

두 인터넷 쇼핑몰 A, B를 이용한 경험이 있는 사람을 대상으
로 각 인터넷 쇼핑몰에 대한 선호도를 조사하였다. 이 조사에
참여한 사람은 두 인터넷 쇼핑몰 A, B 중 하나를 선택하였
고, 그 결과는 다음과 같다.

(단위: 명)

구분	A 인터넷 쇼핑몰	B 인터넷 쇼핑몰
남성	36	22
여성	28	x

조사 대상 중 임의로 선택한 한 명이 여성일 때, 이 사람이 B
인터넷 쇼핑몰을 선호하는 사람일 확률이 $\dfrac{5}{9}$이다. x의 값을
구하시오.

0405 ✅중요

어느 마라톤 동호회 회원 중 K마라톤 대회에 참가한 50명을 대상으로 K마라톤 대회에서 완주한 회원 수와 중도 포기한 회원 수를 조사한 결과는 다음과 같다.

(단위: 명)

구분	남성	여성
완주	26	12
중도 포기	a	b

K마라톤 대회에 참가한 회원 50명 중 임의로 선택한 한 명이 중도 포기한 사람일 때, 이 사람이 남성일 확률은 $\dfrac{5}{6}$이다.

$a-b$의 값을 구하시오.

유형 03 조건부확률 – 표로 나타내는 경우

표가 주어지지 않은 경우에는 주어진 상황을 표로 정리한 후 **유형 02**와 같은 방법으로 조건부확률을 구한다.

0406 대표문제

수민이네 반에서는 학교 축제의 반 대항 장기자랑에 댄스 종목으로 출전하는 것에 대한 찬반투표를 하였다. 투표한 결과 전체 학생의 70 %가 찬성하였고, 30 %가 반대하였다. 수민이네 반 전체 학생의 40 %가 여학생이었고, 댄스 종목으로 출전하는 것에 찬성한 학생의 80 %가 남학생이었다. 수민이네 반 학생 중 임의로 선택한 한 명이 여학생일 때, 이 학생이 댄스 종목으로 출전하는 것에 반대하였을 확률은?

① $\dfrac{1}{2}$ ② $\dfrac{11}{20}$ ③ $\dfrac{3}{5}$

④ $\dfrac{13}{20}$ ⑤ $\dfrac{7}{10}$

0407

어느 고등학교의 전체 학생은 남학생 220명, 여학생 180명이다. 이 고등학교의 모든 학생에게 문화 체험 활동으로 뮤지컬 관람과 미술관 방문 중 반드시 하나를 선택하게 하였더니 남학생 중 뮤지컬 관람을 선택한 학생은 150명이고, 여학생 중 미술관 방문을 선택한 학생은 80명이었다. 이 고등학교 학생 중 임의로 뽑은 한 명이 뮤지컬 관람을 선택한 학생일 때, 이 학생이 여학생일 확률을 구하시오.

0408 ✅중요

남학생 20명, 여학생 16명으로 이루어진 어느 마술 동아리에서 모든 학생은 이번 주 토요일과 일요일 중 하루만 선택하여 마술쇼를 관람하러 가려고 한다. 이 마술 동아리 학생 중 토요일을 선택한 남학생은 12명이고, 토요일을 선택한 학생 수와 일요일을 선택한 학생 수는 같다. 이 마술 동아리 학생 36명 중 임의로 뽑은 한 명이 여학생일 때, 이 학생이 일요일을 선택한 학생일 확률은?

① $\dfrac{3}{8}$ ② $\dfrac{1}{2}$ ③ $\dfrac{5}{8}$

④ $\dfrac{3}{4}$ ⑤ $\dfrac{7}{8}$

0409 ✅중요 ✏서술형

직원이 35명인 어느 회사에서는 각 직원에게 연말 선물로 상품권과 화장품 선물 세트 중 반드시 하나를 선택하게 하였다. 화장품 선물 세트를 선택한 직원은 여성 12명, 남성 8명이다. 이 회사의 직원 중 임의로 뽑은 한 명이 상품권을 선택한 사람일 때, 이 사람이 남성일 확률은 $\dfrac{3}{5}$이다. 이 회사의 여성 직원의 수를 구하시오.

0410 평가원 기출

여학생이 40명이고 남학생이 60명인 어느 학교 전체 학생을 대상으로 축구와 야구에 대한 선호도를 조사하였다. 이 학교 학생의 70 %가 축구를 선택하였으며, 나머지 30 %는 야구를 선택하였다. 이 학교의 학생 중 임의로 뽑은 1명이 축구를 선택한 남학생일 확률은 $\frac{2}{5}$이다. 이 학교의 학생 중 임의로 뽑은 1명이 야구를 선택한 학생일 때, 이 학생이 여학생일 확률은? (단, 조사에서 모든 학생들은 축구와 야구 중 한 가지만 선택하였다.)

① $\frac{1}{4}$ 　② $\frac{1}{3}$ 　③ $\frac{5}{12}$

④ $\frac{1}{2}$ 　⑤ $\frac{7}{12}$

0411

어느 스포츠 센터의 남성 회원 120명, 여성 회원 80명을 대상으로 이용하는 프로그램에 대하여 조사하였더니 모든 회원은 헬스와 수영 중에서 적어도 하나의 프로그램을 이용하고, 헬스 프로그램을 이용하는 150명의 회원 중 남성 회원은 90명, 수영 프로그램을 이용하는 130명의 회원 중 남성 회원은 85명이었다. 조사 대상자 중 임의로 선택한 한 명이 헬스 프로그램과 수영 프로그램을 모두 이용하는 회원일 때, 이 회원이 여성 회원일 확률은?

① $\frac{3}{16}$ 　② $\frac{1}{4}$ 　③ $\frac{5}{16}$

④ $\frac{3}{8}$ 　⑤ $\frac{7}{16}$

유형 **04** 조건부확률 – 경우의 수를 이용하는 경우

●일 때 ■일 확률은 조건부확률을 이용하여 다음과 같은 순서로 구한다.
❶ 구하는 확률이 $P(B|A)$가 되도록 ●인 사건을 A, ■인 사건을 B로 나타낸다.
❷ 모든 경우의 수와 사건 A, $A \cap B$가 일어나는 경우의 수를 구하여 $P(A)$, $P(A \cap B)$의 값을 각각 구한다.
❸ 조건부확률 $P(B|A) = \dfrac{P(A \cap B)}{P(A)}$의 값을 구한다.

확인 문제

1부터 10까지의 자연수가 하나씩 적혀 있는 10장의 카드 중 임의로 한 장의 카드를 뽑을 때, 홀수가 적혀 있는 카드를 뽑는 사건을 A, 소수가 적혀 있는 카드를 뽑는 사건을 B라 하자. 다음 값을 구하시오.

(1) $P(A)$ 　(2) $P(B)$ 　(3) $P(A \cap B)$
(4) $P(B|A)$ 　(5) $P(A|B)$

0412 대표문제

숫자 1, 2, 3, 4, 5, 6이 하나씩 적혀 있는 흰 공 6개와 숫자 3, 4, 5, 6이 하나씩 적혀 있는 빨간 공 4개가 들어 있는 주머니에서 임의로 꺼낸 한 개의 공에 적혀 있는 수가 6의 약수일 때, 그 공이 흰 공일 확률은?

① $\frac{1}{3}$ 　② $\frac{5}{12}$ 　③ $\frac{1}{2}$

④ $\frac{7}{12}$ 　⑤ $\frac{2}{3}$

0413 서술형

1부터 12까지의 자연수가 하나씩 적혀 있는 12장의 카드 중에서 임의로 뽑은 한 장의 카드에 적혀 있는 수가 홀수일 때, 그 카드에 적혀 있는 수가 3의 배수일 확률을 구하시오.

0414 ✓중요 [교육청 기출]

서로 다른 두 개의 주사위를 동시에 한 번 던져서 나온 두 눈의 수의 곱이 짝수일 때, 나온 두 눈의 수의 합이 짝수일 확률은?

① $\dfrac{1}{12}$ ② $\dfrac{1}{6}$ ③ $\dfrac{1}{4}$

④ $\dfrac{1}{3}$ ⑤ $\dfrac{5}{12}$

0415 ✎서술형

한 개의 주사위를 두 번 던져서 나오는 눈의 수를 차례로 a, b라 하자. $ab \geq 18$일 때, $|a-b|=1$일 확률을 구하시오.

0416 ✓중요

주머니 A에는 1부터 6까지의 자연수가 하나씩 적혀 있는 6장의 카드가 들어 있고, 주머니 B에는 3부터 7까지의 자연수가 하나씩 적혀 있는 5장의 카드가 들어 있다. 두 주머니 A, B에서 각각 임의로 한 장의 카드를 꺼낼 때, 카드에 적혀 있는 수를 각각 a, b라 하자. $a+b$가 짝수일 때, b가 홀수일 확률은?

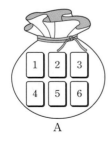
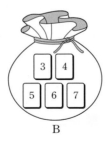

A B

① $\dfrac{1}{5}$ ② $\dfrac{3}{10}$ ③ $\dfrac{2}{5}$

④ $\dfrac{1}{2}$ ⑤ $\dfrac{3}{5}$

0417

1부터 7까지의 자연수가 하나씩 적혀 있는 카드 7장이 들어 있는 주머니가 있다. 주호가 이 주머니에서 임의로 카드 한 장을 꺼내 숫자를 확인하고 다시 넣은 후 연수가 같은 주머니에서 임의로 카드 한 장을 꺼낼 때, 더 큰 수가 적혀 있는 카드를 꺼낸 사람이 이긴다. 주호가 꺼낸 카드에 적혀 있는 수가 짝수일 때, 주호가 이길 확률은 $\dfrac{q}{p}$이다. $p+q$의 값을 구하시오. (단, 같은 수가 적혀 있는 카드를 꺼내면 이기는 사람은 없고, p와 q는 서로소인 자연수이다.)

유형 05 **조건부확률 – 순열과 조합을 이용하는 경우**

사건 A가 일어났을 때의 사건 B의 조건부확률 $\mathrm{P}(B|A)$를 구할 때, 서로 다른 것을 일렬로 나열하는 경우의 확률은 순열을 이용하고, 순서를 생각하지 않고 택하는 경우의 확률은 조합을 이용한다.

0418 [대표문제]

빨간 공 5개, 파란 공 7개가 들어 있는 주머니에서 임의로 4개의 공을 동시에 꺼낼 때, 꺼낸 4개의 공 중 빨간 공과 파란 공의 개수를 각각 a, b라 하자. $a \leq b$일 때, $a=1$일 확률은?

① $\dfrac{1}{3}$ ② $\dfrac{5}{12}$ ③ $\dfrac{1}{2}$

④ $\dfrac{7}{12}$ ⑤ $\dfrac{2}{3}$

0419 _{교육청 기출}

그림과 같이 어느 카페의 메뉴에는 서로 다른 3가지의 주스와 서로 다른 2가지의 아이스크림이 있다. 두 학생 A, B가 이 5가지 중 1가지씩을 임의로 주문했다고 한다. A, B가 주문한 것이 서로 다를 때, A, B가 주문한 것이 모두 아이스크림일 확률은?

MENU
주스(Fresh Juice)
• 딸기 주스
• 오렌지 주스
• 키위 주스

아이스크림(Ice-Cream)
• 바닐라 아이스크림
• 초코 아이스크림

① $\dfrac{1}{6}$ ② $\dfrac{1}{7}$ ③ $\dfrac{1}{8}$

④ $\dfrac{1}{9}$ ⑤ $\dfrac{1}{10}$

0420 _{중요} _{서술형}

문자 A, B가 하나씩 적혀 있는 2장의 카드와 숫자 1, 2, 3, 4, 5가 하나씩 적혀 있는 5장의 카드가 있다. 이 7장의 카드를 일렬로 임의로 나열한다. 양 끝에 문자가 적혀 있는 카드가 나열되었을 때, 홀수가 적혀 있는 카드가 모두 이웃하여 나열될 확률을 구하시오.

0421 _{중요}

1부터 10까지의 자연수가 하나씩 적혀 있는 공 10개가 들어 있는 주머니에서 임의로 동시에 꺼낸 3개의 공에 적혀 있는 세 수의 합이 홀수일 때, 3개의 공에 적혀 있는 수가 모두 홀수일 확률은?

① $\dfrac{1}{9}$ ② $\dfrac{5}{36}$ ③ $\dfrac{1}{6}$

④ $\dfrac{7}{36}$ ⑤ $\dfrac{2}{9}$

0422

active에 있는 6개의 문자와 1, 2, 3, 4의 4개의 숫자를 일렬로 임의로 나열한다. 모음인 문자가 모두 이웃하도록 나열되었을 때, 숫자는 작은 수부터 순서대로 나열될 확률은?

① $\dfrac{1}{24}$ ② $\dfrac{1}{12}$ ③ $\dfrac{1}{8}$

④ $\dfrac{1}{6}$ ⑤ $\dfrac{5}{24}$

0423

집합 $A=\{1, 2, 3, 4, 5, 6\}$의 모든 부분집합 중 임의로 택한 한 집합의 원소의 개수가 3 이상일 때, 이 집합의 원소의 최댓값이 5일 확률을 구하시오.

유형 **06** **확률의 곱셈정리**

두 사건 A, B에 대하여
(1) $P(A \cap B) = P(A)P(B|A)$ (단, $P(A) \neq 0$)
(2) $P(A \cap B) = P(B)P(A|B)$ (단, $P(B) \neq 0$)

0424 _{대표문제}

8개의 당첨 제비를 포함하여 21개의 제비가 들어 있는 주머니에서 수진이와 경수가 차례로 제비를 임의로 한 개씩 뽑을 때, 두 사람 모두 당첨 제비를 뽑을 확률은?
(단, 뽑은 제비는 다시 넣지 않는다.)

① $\dfrac{1}{30}$ ② $\dfrac{1}{15}$ ③ $\dfrac{1}{10}$

④ $\dfrac{2}{15}$ ⑤ $\dfrac{1}{6}$

0425 ✅중요

노란 공 5개와 파란 공 4개가 들어 있는 주머니에서 두 사람 A, B가 차례대로 공을 임의로 한 개씩 꺼낼 때, 두 명 모두 파란 공을 꺼낼 확률은? (단, 꺼낸 공은 다시 넣지 않는다.)

① $\frac{1}{18}$　　　② $\frac{1}{12}$　　　③ $\frac{1}{9}$

④ $\frac{5}{36}$　　　⑤ $\frac{1}{6}$

0426 교육청 기출

상자에는 딸기 맛 사탕 6개와 포도 맛 사탕 9개가 들어 있다. 두 사람 A와 B가 이 순서대로 이 상자에서 임의로 1개의 사탕을 각각 1번 꺼낼 때, A가 꺼낸 사탕이 딸기 맛 사탕이고, B가 꺼낸 사탕이 포도 맛 사탕일 확률을 p라 하자. $70p$의 값을 구하시오. (단, 꺼낸 사탕은 상자에 다시 넣지 않는다.)

0427 ✅중요

n개의 불량품을 포함하여 20개의 제품이 들어 있는 상자에서 제품을 임의로 한 개씩 두 번 꺼낼 때, 두 번 모두 불량품을 꺼낼 확률은 $\frac{1}{19}$이다. 자연수 n의 값은?

(단, 꺼낸 제품은 다시 넣지 않는다.)

① 3　　　② 4　　　③ 5

④ 6　　　⑤ 7

0428 ✏️서술형

흰 공 3개를 포함하여 12개의 공이 들어 있는 주머니가 있다. 이 주머니에서 공을 임의로 한 개씩 꺼내어 색을 확인하여 흰 공 3개를 모두 꺼내면 꺼내는 일을 중단한다. 여섯 번째에서 꺼내는 것을 중단할 확률을 구하시오.

(단, 꺼낸 공은 다시 넣지 않는다.)

유형 07 확률의 곱셈정리의 활용

표본공간 S의 확률이 0이 아닌 두 사건 A, B에 대하여 두 사건 $A \cap B$와 $A^c \cap B$는 서로 배반사건이므로

$$B = (A \cap B) \cup (A^c \cap B)$$

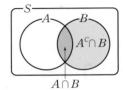

따라서 확률의 덧셈정리와 확률의 곱셈정리에 의하여

$$P(B) = P(A \cap B) + P(A^c \cap B)$$
$$= P(A)P(B|A) + P(A^c)P(B|A^c)$$

확인 문제

당첨 제비 3개를 포함하여 8개의 제비가 들어 있는 주머니에서 임의로 제비를 한 개씩 두 번 뽑을 때, 다음을 구하시오.

(단, 뽑은 제비는 다시 넣지 않는다.)

(1) 두 번 모두 당첨 제비를 뽑을 확률
(2) 두 번째에만 당첨 제비를 뽑을 확률
(3) 두 번째에 당첨 제비를 뽑을 확률

0429 대표문제

흰 공 2개와 검은 공 8개가 들어 있는 주머니에서 지수와 선빈이가 차례대로 공을 임의로 한 개씩 꺼낼 때, 선빈이가 흰 공을 꺼낼 확률은? (단, 꺼낸 공은 다시 넣지 않는다.)

① $\frac{1}{45}$　　　② $\frac{2}{45}$　　　③ $\frac{1}{15}$

④ $\frac{4}{45}$　　　⑤ $\frac{1}{5}$

0430 ✅중요 ✏️서술형

어느 고등학교의 방과 후 수업에서 A반 28명 중 25 %, B반 24명 중 50 %가 방송 댄스 수업을 신청하였다. 두 반 A, B의 학생 중 임의로 한 명을 택할 때, 이 학생이 방송 댄스 수업을 신청한 학생일 확률을 구하시오.

0431

유도선수 A가 전국체전에 출전하여 우승할 확률은 라이벌 유도선수 B의 출전 여부에 따라 달라진다고 한다. 유도선수 A의 우승 확률은 유도선수 B가 출전하는 경우는 $\frac{1}{2}$, 출전하지 않는 경우는 $\frac{4}{5}$이다. 유도선수 B가 이번 대회에 출전할 확률이 $\frac{7}{10}$일 때, 유도선수 A가 이번 전국체전에서 우승할 확률은?

① $\frac{29}{50}$ ② $\frac{59}{100}$ ③ $\frac{3}{5}$

④ $\frac{61}{100}$ ⑤ $\frac{31}{50}$

0432

어떤 의사가 독감에 걸린 사람을 독감에 걸렸다고 진단할 확률은 p %이고 독감에 걸리지 않은 사람을 독감에 걸렸다고 진단할 확률은 4 %이다. 독감에 걸린 사람의 비율이 25 %인 집단에서 임의로 한 사람을 택하여 이 의사가 진단했을 때, 그 사람을 독감에 걸렸다고 진단할 확률은 27 %이다. p의 값을 구하시오.

0433 교육청 기출

주머니 A에는 숫자 1, 1, 2, 2, 3, 3이 하나씩 적혀 있는 6장의 카드가 들어 있고, 주머니 B에는 3, 3, 4, 4, 5, 5가 하나씩 적혀 있는 6장의 카드가 들어 있다. 두 주머니 A, B와 3개의 동전을 사용하여 다음 시행을 한다.

> 3개의 동전을 동시에 던져
> 앞면이 나오는 동전의 개수가 3이면
> 주머니 A에서 임의로 2장의 카드를 동시에 꺼내고,
> 앞면이 나오는 동전의 개수가 2 이하이면
> 주머니 B에서 임의로 2장의 카드를 동시에 꺼낸다.

이 시행을 한 번 하여 주머니에서 꺼낸 2장의 카드에 적혀 있는 두 수의 합이 소수일 확률은?

① $\frac{5}{24}$ ② $\frac{7}{30}$ ③ $\frac{31}{120}$

④ $\frac{17}{60}$ ⑤ $\frac{37}{120}$

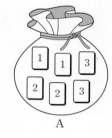 

A   B

0434

주머니 A에는 흰 바둑돌이 2개, 검은 바둑돌이 8개 들어 있고, 주머니 B에는 흰 바둑돌과 검은 바둑돌을 합하여 9개가 들어 있다. 주머니 A에서 임의로 한 개의 바둑돌을 꺼내어 주머니 B에 넣고 잘 섞은 후, 주머니 B에서 임의로 한 개의 바둑돌을 꺼낼 때, 그것이 흰 바둑돌일 확률은 $\frac{13}{25}$이다. 처음에 주머니 B에 들어 있던 흰 바둑돌의 개수를 구하시오.

유형 08 **확률의 곱셈정리를 이용한 조건부확률**

> 사건 B가 일어났을 때 사건 A가 일어날 확률은
> $$P(A|B)=\frac{P(A\cap B)}{P(B)}=\frac{P(A\cap B)}{P(A\cap B)+P(A^c\cap B)}$$

0435 대표문제

어느 회사에서 판매하는 로봇 장난감은 두 공장 A, B에서 생산한다. A 공장과 B 공장의 생산량은 각각 전체 생산량의 40 %, 60 %이고, 불량품은 각각 3 %, 6 %라 한다. 두 공장에서 생산된 로봇 장난감 중 임의로 택한 한 개가 불량품일 때, 이것이 A 공장에서 생산되었을 확률은?

① $\frac{3}{20}$　　② $\frac{1}{5}$　　③ $\frac{1}{4}$

④ $\frac{3}{10}$　　⑤ $\frac{7}{20}$

0436 교육청 기출

표와 같이 두 주머니 A, B에 흰 공과 검은 공이 섞여서 각각 50개씩 들어 있다.

(단위: 개)

구분	주머니 A	주머니 B
흰 공	21	14
검은 공	29	36
합계	50	50

두 주머니 A, B 중 임의로 택한 1개의 주머니에서 임의로 1개의 공을 꺼내는 시행을 한다. 이 시행에서 꺼낸 공이 흰 공일 때, 이 공이 주머니 A에서 꺼낸 공일 확률은?

① $\frac{3}{10}$　　② $\frac{2}{5}$　　③ $\frac{1}{2}$

④ $\frac{3}{5}$　　⑤ $\frac{7}{10}$

0437 중요 서술형

A 접시에는 팥앙금이 들어간 찹쌀떡 3개, 크림이 들어간 찹쌀떡 6개가 담겨 있고, B 접시에는 팥앙금이 들어간 찹쌀떡 4개, 크림이 들어간 찹쌀떡 4개가 담겨 있다. 두 접시 A, B 중에서 임의로 한 접시를 택하여 먹은 찹쌀떡이 팥앙금이 들어간 찹쌀떡이었을 때, 택한 접시가 A일 확률을 구하시오.

0438 중요

A팀에 소속된 축구 선수 K는 4번에 3번 꼴로 경기에 출전한다. K 선수가 출전한 경기에서 A팀이 승리할 확률은 $\frac{4}{5}$이고, K 선수가 출전하지 않은 경기에서 A팀이 승리할 확률은 $\frac{2}{3}$이다. A팀이 치른 전체 경기에서 임의로 택한 한 경기가 A팀이 승리한 경기일 때, 이 경기가 K 선수가 출전한 경기일 확률은 $\frac{q}{p}$이다. $p+q$의 값을 구하시오.

(단, p와 q는 서로소인 자연수이다.)

0439

주머니 A에는 흰 공 2개, 검은 공 3개가 들어 있고, 주머니 B에는 흰 공 3개, 검은 공 4개가 들어 있다. 주머니 A에서 임의로 1개의 공을 꺼내어 주머니 B에 넣은 후 주머니 B에서 임의로 3개의 공을 동시에 꺼낸다. 꺼낸 공이 모두 검은 공일 때, 주머니 A에서 꺼낸 공이 흰 공일 확률은?

① $\frac{3}{19}$　　② $\frac{4}{19}$　　③ $\frac{5}{19}$

④ $\frac{6}{19}$　　⑤ $\frac{7}{19}$

유형 **09** 사건의 독립과 종속의 판정

두 사건 A, B에 대하여
(1) $P(A \cap B) = P(A)P(B)$ ➡ 두 사건 A, B는 독립이다.
(2) $P(A \cap B) \neq P(A)P(B)$ ➡ 두 사건 A, B는 종속이다.

참고 세 사건 A, B, C가 서로 독립이다.
$\Longleftrightarrow P(A \cap B \cap C) = P(A)P(B)P(C)$

0440 대표문제

1부터 8까지의 자연수가 하나씩 적혀 있는 8개의 공이 들어 있는 주머니에서 임의로 한 개의 공을 꺼낼 때, 8의 약수가 적혀 있는 공이 나오는 사건을 A, 소수가 적혀 있는 공이 나오는 사건을 B, 3의 배수가 적혀 있는 공이 나오는 사건을 C라 하자. 보기에서 서로 독립인 것만을 있는 대로 고른 것은?

보기
ㄱ. A와 B　　ㄴ. A와 C　　ㄷ. B와 C

① ㄱ　　　② ㄴ　　　③ ㄷ
④ ㄱ, ㄴ　　⑤ ㄴ, ㄷ

0441 중요

한 개의 동전을 3번 던질 때, 모두 같은 면이 나오는 사건을 A, 앞면이 2번 이상 나오는 사건을 B, 모두 뒷면이 나오는 사건을 C, 뒷면이 2번 이상 나오는 사건을 D라 하자. 다음 중 옳지 않은 것은?

① 두 사건 A, B는 서로 독립이다.
② 두 사건 A, C는 서로 독립이다.
③ 두 사건 B, C는 서로 배반사건이다.
④ 두 사건 B, D는 서로 종속이다.
⑤ 두 사건 C, D는 서로 종속이다.

0442 중요 서술형

두 사건 A, B에 대하여

$$P(A^C) = \frac{2}{3}, \quad P(B) = \frac{3}{4}, \quad P(A \cup B) = \frac{5}{6}$$

일 때, 두 사건 A, B가 서로 독립인지 종속인지 말하시오.

0443

1부터 12까지의 자연수가 하나씩 적혀 있는 12개의 공이 들어 있는 주머니에서 임의로 한 개의 공을 꺼낼 때, k의 배수가 적혀 있는 공을 꺼내는 사건을 A_k라 하자. 보기에서 옳은 것만을 있는 대로 고른 것은?

보기
ㄱ. 두 사건 A_3과 A_5는 서로 배반사건이다.
ㄴ. 두 사건 A_3과 A_4는 서로 독립이다.
ㄷ. 두 사건 A_2와 A_6은 서로 독립이다.
ㄹ. $P(A_2 | A_5) = \frac{1}{2}$

① ㄱ, ㄷ　　　② ㄴ, ㄹ　　　③ ㄱ, ㄴ, ㄷ
④ ㄱ, ㄴ, ㄹ　　⑤ ㄴ, ㄷ, ㄹ

0444

숫자 1, 2, 2, 3, 4가 하나씩 적혀 있는 흰색 카드 5장과 숫자 1, 2, 3, 3이 하나씩 적혀 있는 노란색 카드 4장이 들어 있는 주머니에서 임의로 2장의 카드를 동시에 꺼낼 때, 같은 색의 카드를 꺼내는 사건을 A, 적혀 있는 두 수의 합이 4의 배수가 되는 카드를 꺼내는 사건을 B라 하자. 이때 두 사건 A, B가 서로 독립인지 종속인지 말하시오.

04 조건부확률

유형 10 사건의 독립과 종속의 성질

두 사건 A, B가 서로
(1) 독립이면 ➡ $P(B|A)=P(B|A^c)=P(B)$
  $P(A|B)=P(A|B^c)=P(A)$
(2) 종속이면 ➡ $P(B|A)\neq P(B|A^c)$
  $P(A|B)\neq P(A|B^c)$

Tip 두 사건 A와 B가 서로 독립이면 A^c과 B, A와 B^c, A^c과 B^c도 각각 서로 독립이다.

0445 대표문제

확률이 0이 아닌 두 사건 A, B에 대하여 보기에서 옳은 것만을 있는 대로 고른 것은?

┌ 보기 ┐
ㄱ. 두 사건 A, B가 서로 독립이면 $P(B|A)=P(B|A^c)$
  이다.
ㄴ. 두 사건 A, B가 서로 배반사건이면 두 사건 A, B는 서로 독립이다.
ㄷ. 두 사건 A, B^c이 서로 독립이면 두 사건 A, B는 서로 종속이다.
└────────┘

① ㄱ ② ㄴ ③ ㄷ
④ ㄱ, ㄴ ⑤ ㄴ, ㄷ

0446 중요

두 사건 A, B에 대하여 보기에서 옳은 것만을 있는 대로 고른 것은? (단, $0<P(A)<1$, $0<P(B)<1$)

┌ 보기 ┐
ㄱ. 두 사건 A, B가 서로 종속이면
  $P(A|B)=P(A|B^c)$이다.
ㄴ. 두 사건 A, B가 서로 독립이면
  $P(A\cup B)=P(A)+P(B)-P(A)P(B)$이다.
ㄷ. 두 사건 A, B가 서로 배반사건이면
  $P(B|A)=P(A|B)$이다.
ㄹ. 두 사건 A, B가 서로 독립이면
  $P((A\cap B)^c)=1+P(A)P(B)$이다.
└────────┘

① ㄱ ② ㄴ ③ ㄷ
④ ㄱ, ㄹ ⑤ ㄴ, ㄷ

0447

다음은 두 사건 A^c, B가 서로 독립일 때, 두 사건 A, B^c도 서로 독립임을 보이는 과정이다.
(단, $0<P(A)<1$, $0<P(B)<1$)

┌─────────────────────────┐
두 사건 A^c, B가 서로 독립이므로
$P(A^c\cap B)=P(A^c)P(B)$
이때 $A=\left(\boxed{\text{(가)}}\right)\cup(A\cap B)$이고 $\boxed{\text{(가)}}$와 $A\cap B$는
서로 $\boxed{\text{(나)}}$ 사건이므로
$P(A)=P\left(\boxed{\text{(가)}}\right)+P(A\cap B)$
같은 방법으로 $P(B)=P\left(\boxed{\text{(다)}}\right)+P(A\cap B)$이므로
$P(A\cap B)=P(A)-P\left(\boxed{\text{(가)}}\right)=P(B)-P\left(\boxed{\text{(다)}}\right)$
$\therefore P\left(\boxed{\text{(가)}}\right)=P(A)P\left(\boxed{\text{(라)}}\right)$
따라서 두 사건 A, B^c은 서로 독립이다.
└─────────────────────────┘

위의 과정에서 (가)~(라)에 알맞은 것을 써넣으시오.

유형 11 독립인 사건의 확률의 계산

두 사건 A, B가 서로 독립이고,
(1) 곱사건의 확률이 주어지면 $P(A\cap B)=P(A)P(B)$를 이용한다.
(2) 조건부확률이 주어지면 $P(B|A)=P(B|A^c)=P(B)$,
  $P(A|B)=P(A|B^c)=P(A)$를 이용한다.
(3) 여사건의 확률이 주어지면 A^c과 B, A와 B^c, A^c과 B^c도 각각 서로 독립임을 이용한다.

확인 문제

두 사건 A, B가 서로 독립이고 $P(A)=0.2$, $P(B)=0.4$일 때, 다음 값을 구하시오.
(1) $P(A\cap B)$ (2) $P(A\cup B)$
(3) $P(A^c\cap B)$ (4) $P(A^c|B^c)$

0448 대표문제

두 사건 A, B가 서로 독립이고
  $P(B)=\dfrac{3}{5}$, $P(A\cup B)=\dfrac{11}{15}$
일 때, $P(A)$의 값은?

① $\dfrac{1}{6}$ ② $\dfrac{1}{3}$ ③ $\dfrac{1}{2}$
④ $\dfrac{2}{3}$ ⑤ $\dfrac{5}{6}$

0449 ✅중요

두 사건 A, B가 서로 독립이고

$$P(A) = \frac{3}{8}, \ P(B) = \frac{2}{9}$$

일 때, $P(B^c | A)$의 값은?

① $\frac{1}{3}$　　　② $\frac{4}{9}$　　　③ $\frac{5}{9}$

④ $\frac{2}{3}$　　　⑤ $\frac{7}{9}$

0450 수능기출

두 사건 A와 B가 서로 독립이고

$$P(A|B) = P(B), \ P(A \cap B) = \frac{1}{9}$$

일 때, $P(A)$의 값은?

① $\frac{7}{18}$　　　② $\frac{1}{3}$　　　③ $\frac{5}{18}$

④ $\frac{2}{9}$　　　⑤ $\frac{1}{6}$

0451 ✅중요 교육청기출

두 사건 A, B가 서로 독립이고

$$P(A) = \frac{1}{3}, \ P(A^c) = 7P(A \cap B)$$

일 때, $P(B)$의 값은? (단, A^c은 A의 여사건이다.)

① $\frac{1}{7}$　　　② $\frac{2}{7}$　　　③ $\frac{3}{7}$

④ $\frac{4}{7}$　　　⑤ $\frac{5}{7}$

0452 ✏서술형

두 사건 A, B가 서로 독립이고 $P(A \cap B^c) = \frac{1}{16}$일 때, $P(A^c \cap B)$의 최댓값을 구하시오.

유형 12 독립인 사건의 확률 - 미지수 구하기

두 사건 A, B가 서로 독립일 때,
$$P(A \cap B) = P(A)P(B)$$
를 이용하여 미지수를 구한다.

0453 대표문제

어느 회사의 전체 직원 300명을 대상으로 근속연수가 5년 이상인 직원들에게 포상으로 해외여행을 보내 주는 것에 대한 남성 직원과 여성 직원의 찬반 여부를 조사한 결과는 다음과 같다.

(단위: 명)

구분	찬성	반대	합계
남성	a	b	160
여성	c	d	140
합계	120	180	300

이 회사의 직원 중에서 임의로 한 명을 선택할 때, 남성 직원을 선택하는 사건과 해외여행 포상에 대하여 찬성하는 직원을 선택하는 사건이 서로 독립이 되도록 하는 a의 값은?

① 61　　　② 62　　　③ 63

④ 64　　　⑤ 65

0454

표본공간 $S=\{1, 2, 3, \cdots, n\}$의 두 사건
$$A=\{1, 2, 3, 6\},\ B=\{2, 3, 5, 7\}$$
이 서로 독립일 때, 자연수 n의 값은? (단, $n\geq 7$)

① 7   ② 8   ③ 9
④ 10   ⑤ 11

0455 중요 서술형

두 사건 A와 B^C이 서로 독립이고
$$\mathrm{P}(A\cup B)=\frac{11}{21},\ 7\mathrm{P}(A)=6\mathrm{P}(B)=k$$
일 때, 실수 k의 값을 구하시오.

0456 중요

남학생 15명, 여학생 10명으로 이루어진 과학 동아리에서 주말에 과학관 체험을 신청한 학생이 남학생은 n명, 여학생은 8명이다. 이 과학 동아리 학생 중에서 임의로 한 명을 선택할 때, 남학생을 선택하는 사건을 A, 과학관 체험을 신청한 학생을 선택하는 사건을 B라 하자. 두 사건 A, B가 서로 독립일 때, n의 값은?

① 8   ② 9   ③ 10
④ 11   ⑤ 12

0457

어느 출판사에서는 전체 직원을 대상으로 새로 출간하는 책의 표지 디자인 A, B 중 반드시 하나만을 선택하도록 하였다. 남성 직원 15명과 여성 직원 25명이 디자인 A를 선택하였고, 한 명 이상의 남성 직원과 여성 직원 30명이 디자인 B를 선택하였다. 이 출판사의 직원 중 임의로 한 명을 뽑을 때, 여성 직원을 뽑는 사건과 디자인 A를 선택한 직원을 뽑는 사건이 서로 독립이다. 디자인 B를 선택한 남성 직원의 수는?

① 12   ② 14   ③ 16
④ 18   ⑤ 20

0458

주머니 속에 흰 공 n개를 포함하여 10개의 공이 들어 있다. 흰 공에는 1부터 n까지의 자연수가 하나씩 적혀 있고, 색칠된 나머지 공에는 $n+1$부터 10까지의 자연수가 하나씩 적혀 있다. 이 주머니에서 임의로 한 개의 공을 꺼낼 때, 흰 공을 꺼내는 사건을 A, 짝수가 적혀 있는 공을 꺼내는 사건을 B라 하자. 두 사건 A, B가 서로 독립이 되도록 하는 모든 자연수 n의 값의 합을 구하시오. (단, $1\leq n\leq 9$)

0459 수능 기출

한 개의 주사위를 한 번 던진다. 홀수의 눈이 나오는 사건을 A, 6 이하의 자연수 m에 대하여 m의 약수의 눈이 나오는 사건을 B라 하자. 두 사건 A와 B가 서로 독립이 되도록 하는 모든 m의 값의 합을 구하시오.

유형 13 독립인 사건의 확률 – 확률 구하기

독립인 사건의 확률은 다음과 같은 순서로 구한다.
❶ 두 사건 A, B를 각각 정한다.
❷ 구하는 확률을 A, B로 나타낸다.
❸ 두 사건 A, B가 서로 독립이면 $\mathrm{P}(A \cap B) = \mathrm{P}(A)\mathrm{P}(B)$ 임을 이용한다.

확인 문제

자유투 성공률이 각각 $\dfrac{3}{4}$, $\dfrac{2}{3}$인 두 농구 선수 A, B가 각각 한 번씩 자유투를 던질 때, 다음을 구하시오.

(1) A, B가 모두 성공할 확률
(2) A 또는 B가 성공할 확률

0460 대표문제

주머니 A에는 흰 공 3개, 검은 공 4개가 들어 있고, 주머니 B에는 흰 공 4개, 검은 공 2개가 들어 있다. 영주는 주머니 A에서 임의로 한 개의 공을 꺼내고, 준수는 주머니 B에서 임의로 한 개의 공을 꺼낼 때, 영주와 준수가 모두 검은 공을 꺼낼 확률은?

① $\dfrac{1}{21}$ ② $\dfrac{2}{21}$ ③ $\dfrac{1}{7}$

④ $\dfrac{4}{21}$ ⑤ $\dfrac{5}{21}$

0461 중요

승부차기에 성공할 확률이 각각 $\dfrac{5}{6}$, $\dfrac{4}{5}$인 두 축구 선수 A, B가 한 번씩 승부차기를 할 때, 두 사람 중 한 사람만 성공할 확률은?

① $\dfrac{1}{6}$ ② $\dfrac{1}{5}$ ③ $\dfrac{7}{30}$

④ $\dfrac{4}{15}$ ⑤ $\dfrac{3}{10}$

0462 서술형

각 면에 1부터 8까지의 자연수가 하나씩 적혀 있는 정팔면체 모양의 주사위를 세 번 던질 때, 바닥에 닿은 면에 적혀 있는 수를 차례로 a, b, c라 하자. abc의 값이 홀수일 확률을 구하시오.

0463 중요

1부터 7까지의 자연수가 하나씩 적혀 있는 공 7개가 들어 있는 주머니에서 승혜가 임의로 한 개의 공을 꺼내어 적혀 있는 숫자를 확인하고 주머니에 다시 공을 넣은 후 민수가 임의로 한 개의 공을 꺼내어 적혀 있는 숫자를 확인하고 주머니에 다시 공을 넣는 시행을 반복한다. 첫 번째 시행에서는 승혜가 꺼낸 공에 적혀 있는 수가 민수가 꺼낸 공에 적혀 있는 수보다 크고, 두 번째 시행에서는 승혜가 꺼낸 공에 적혀 있는 수와 민수가 꺼낸 공에 적혀 있는 수가 서로 같을 확률은?

① $\dfrac{3}{49}$ ② $\dfrac{4}{49}$ ③ $\dfrac{5}{49}$

④ $\dfrac{6}{49}$ ⑤ $\dfrac{1}{7}$

0464

그림과 같은 회로에서 독립적으로 작동하는 세 스위치 A, B, C가 닫힐 확률과 열릴 확률은 각각 같다. 전구에 불이 들어올 확률은?

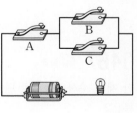

① $\dfrac{1}{8}$ ② $\dfrac{1}{4}$ ③ $\dfrac{3}{8}$

④ $\dfrac{1}{2}$ ⑤ $\dfrac{5}{8}$

0465

서로 다른 두 개의 주사위를 동시에 던져서 나오는 두 눈의 수의 합이 8의 약수이면 이기는 게임이 있다. 수현이와 진아가 1회에는 수현, 2회에는 진아, 3회에는 수현, …의 순서로 번갈아가며 이 게임을 할 때, 6회 이내에 수현이가 이길 확률은?

① $\dfrac{481}{1024}$　　② $\dfrac{483}{1024}$　　③ $\dfrac{485}{1024}$

④ $\dfrac{487}{1024}$　　⑤ $\dfrac{489}{1024}$

유형 14 독립시행의 확률 – 한 종류의 시행

어떤 시행에서 사건 A가 일어날 확률이 $p\,(0<p<1)$일 때, 이 시행을 n회 반복하는 독립시행에서 사건 A가 r회 일어날 확률은
$$_n\mathrm{C}_r\,p^r(1-p)^{n-r}\ (\text{단},\ r=0,\ 1,\ 2,\ \cdots,\ n)$$

0466 대표문제

한 개의 동전을 6번 던질 때, 앞면이 뒷면보다 더 많이 나올 확률은?

① $\dfrac{5}{16}$　　② $\dfrac{21}{64}$　　③ $\dfrac{11}{32}$

④ $\dfrac{23}{64}$　　⑤ $\dfrac{3}{8}$

0467 중요

한 개의 주사위를 3번 던질 때, 6의 약수의 눈이 2번 나올 확률은?

① $\dfrac{1}{9}$　　② $\dfrac{2}{9}$　　③ $\dfrac{1}{3}$

④ $\dfrac{4}{9}$　　⑤ $\dfrac{5}{9}$

0468 중요 서술형

한 개의 동전을 8번 던질 때, 앞면이 뒷면보다 2번 더 많이 나올 확률을 구하시오.

0469 교육청 기출

한 개의 주사위를 5번 던져서 나오는 다섯 눈의 수의 곱이 짝수일 확률은?

① $\dfrac{23}{32}$　　② $\dfrac{25}{32}$　　③ $\dfrac{27}{32}$

④ $\dfrac{29}{32}$　　⑤ $\dfrac{31}{32}$

0470 중요

1부터 7까지의 자연수가 하나씩 적혀 있는 7개의 공이 들어 있는 주머니에서 임의로 한 개의 공을 꺼내어 숫자를 확인하고 주머니에 다시 넣는 시행을 3번 반복할 때, 꺼낸 공에 적혀 있는 세 수의 합이 홀수일 확률은 $\dfrac{q}{p}$이다. $p+q$의 값을 구하시오. (단, p와 q는 서로소인 자연수이다.)

0471

빨간 공 6개와 파란 공 2개가 들어 있는 주머니에서 임의로 한 개의 공을 꺼내어 색을 확인하고 다시 넣는 시행을 반복한다. 파란 공이 3번 나오면 멈추기로 할 때, 이 시행을 5번 반복한 후 멈출 확률을 구하시오.

0472 평가원 기출

각 면에 1, 2, 3, 4의 숫자가 하나씩 적혀 있는 정사면체 모양의 상자를 던져 밑면에 적힌 숫자를 읽기로 한다. 이 상자를 3번 던져 2가 나오는 횟수를 m, 2가 아닌 숫자가 나오는 횟수를 n이라 할 때, $i^{|m-n|}=-i$일 확률은? (단, $i=\sqrt{-1}$)

① $\dfrac{3}{8}$ ② $\dfrac{7}{16}$ ③ $\dfrac{1}{2}$

④ $\dfrac{9}{16}$ ⑤ $\dfrac{5}{8}$

유형 **15** **독립시행의 확률 – 두 종류의 시행**

> 한 번의 시행에서 두 사건 A, B가 일어날 확률이 각각 p, q $(0<p<1, 0<q<1)$일 때, m회의 독립시행에서 사건 A가 a회, n회의 독립시행에서 사건 B가 b회 일어날 확률은
> $${}_m\mathrm{C}_a p^a(1-p)^{m-a}\times {}_n\mathrm{C}_b q^b(1-q)^{n-b}$$
> (단, $a=0, 1, 2, \cdots, m$, $b=0, 1, 2, \cdots, n$)

0473 대표문제

흰 공 4개, 검은 공 5개가 들어 있는 주머니에서 임의로 한 개의 공을 꺼낼 때, 흰 공이 나오면 한 개의 동전을 2번 던지고 검은 공이 나오면 한 개의 동전을 4번 던진다. 동전의 앞면이 1번 나올 확률은?

① $\dfrac{5}{18}$ ② $\dfrac{11}{36}$ ③ $\dfrac{1}{3}$

④ $\dfrac{13}{36}$ ⑤ $\dfrac{7}{18}$

0474 ✅ 중요

한 개의 주사위를 던져서 나온 눈의 수가 5의 약수이면 3개의 동전을 동시에 던지고, 5의 약수가 아니면 4개의 동전을 동시에 던지는 시행을 할 때, 동전의 앞면이 2번 나올 확률을 구하시오.

0475

1부터 10까지의 자연수가 하나씩 적혀 있는 10개의 공이 들어 있는 주머니에서 임의로 한 개의 공을 꺼낼 때, 10의 약수가 적혀 있는 공을 꺼내면 자유투를 3번 던지고, 10의 약수가 아닌 숫자가 적혀 있는 공을 꺼내면 자유투를 2번 던지는 게임을 한다. 자유투를 4번에 1번 꼴로 성공시키는 어떤 농구 선수가 이 게임을 할 때, 자유투를 2번 성공시킬 확률은?

① $\dfrac{1}{16}$ ② $\dfrac{3}{32}$ ③ $\dfrac{1}{8}$

④ $\dfrac{5}{32}$ ⑤ $\dfrac{3}{16}$

0476

한 개의 동전을 던져서 앞면이 나오면 2개의 주사위를 동시에 던지고, 뒷면이 나오면 3개의 주사위를 동시에 던진다. 주사위의 눈의 수의 합이 짝수일 확률은?

① $\dfrac{5}{16}$ ② $\dfrac{3}{8}$ ③ $\dfrac{7}{16}$

④ $\dfrac{1}{2}$ ⑤ $\dfrac{9}{16}$

0477 수능 기출

한 개의 주사위를 5번 던질 때 홀수의 눈이 나오는 횟수를 a 라 하고, 한 개의 동전을 4번 던질 때 앞면이 나오는 횟수를 b 라 하자. $a-b$의 값이 3일 확률을 $\dfrac{q}{p}$라 할 때, $p+q$의 값을 구하시오. (단, p와 q는 서로소인 자연수이다.)

0478 중요

주사위 2개와 동전 4개를 동시에 던질 때, 주사위의 두 눈의 수의 합과 앞면이 나온 동전의 개수가 같을 확률은?

① $\dfrac{17}{576}$ ② $\dfrac{1}{32}$ ③ $\dfrac{19}{576}$

④ $\dfrac{5}{144}$ ⑤ $\dfrac{7}{192}$

유형 16 독립시행의 확률 - 점수

> 주어진 점수를 획득하기 위한 사건이 일어날 횟수를 구한 후 독립시행의 확률을 이용한다.

0479 대표문제

흰 공 3개, 검은 공 6개가 들어 있는 주머니에서 임의로 한 개의 공을 꺼내어 색을 확인하고 다시 넣는 시행을 반복한다. 흰 공을 꺼내면 2점, 검은 공을 꺼내면 4점을 얻을 때, 이 시행을 10번 반복하여 32점을 얻을 확률은 $k \times \left(\dfrac{2}{3}\right)^6$이다. $27k$의 값을 구하시오.

0480 중요

한 개의 주사위를 한 번 던져 나온 눈의 수가 4의 약수이면 50점을 얻고, 4의 약수가 아니면 10점을 잃는다. 한 개의 주사위를 6번 던질 때, 120점을 얻을 확률은?

① $\dfrac{1}{8}$ ② $\dfrac{3}{16}$ ③ $\dfrac{1}{4}$

④ $\dfrac{5}{16}$ ⑤ $\dfrac{3}{8}$

0481 교육청 기출

한 개의 동전을 사용하여 다음 규칙에 따라 점수를 얻는 시행을 한다.

> 한 번 던져 앞면이 나오면 2점, 뒷면이 나오면 1점을 얻는다.

이 시행을 5번 반복하여 얻은 점수의 합이 6 이하일 확률은?

① $\dfrac{3}{32}$ ② $\dfrac{1}{8}$ ③ $\dfrac{5}{32}$

④ $\dfrac{3}{16}$ ⑤ $\dfrac{7}{32}$

0482 중요 서술형

숫자 1, 1, 2, 2, 2, 2, 2, 2가 하나씩 적혀 있는 8개의 공이 들어 있는 주머니에서 임의로 한 개의 공을 꺼내어 적혀 있는 숫자를 확인하고 다시 넣는 시행을 반복한다. 공을 꺼내어 그 공에 적혀 있는 수만큼의 점수를 얻을 때, 이 시행을 5번 반복하여 얻은 점수의 합이 9점 이상일 확률을 구하시오.

0483

한 개의 주사위를 10번 던질 때, n번째 던진 주사위에서 나온 눈의 수가 소수이면 $a_n=3$, 소수가 아니면 $a_n=-2$라 정의하자. $a_1+a_2+a_3+\cdots+a_{10}=15$일 확률이 $\dfrac{q}{p}$일 때, $p+q$의 값을 구하시오. (단, p와 q는 서로소인 자연수이다.)

유형 **17**　**독립시행의 확률 – 점의 위치**

주어진 점의 위치에 도달하기 위한 사건이 일어날 횟수를 구한 후 독립시행의 확률을 이용한다.

0484 대표문제

수직선 위의 원점에 점 P가 있을 때, 한 개의 주사위를 던져 나온 눈의 수가 3의 배수이면 점 P를 양의 방향으로 1만큼 움직이고, 3의 배수가 아니면 점 P를 음의 방향으로 1만큼 움직인다. 한 개의 주사위를 4번 던졌을 때, 점 P의 좌표가 -2일 확률은?

① $\dfrac{8}{27}$　　② $\dfrac{28}{81}$　　③ $\dfrac{32}{81}$

④ $\dfrac{4}{9}$　　⑤ $\dfrac{40}{81}$

0485

수직선 위의 원점에 점 P가 있다. 한 개의 동전을 던져 앞면이 나오면 점 P를 양의 방향으로 2만큼, 뒷면이 나오면 음의 방향으로 1만큼 이동시킨다. 한 개의 동전을 6번 던졌을 때, 점 P가 원점에 위치할 확률을 구하시오.

0486 중요 평가원 기출

수직선 위의 원점에 점 P가 있다. 한 개의 주사위를 사용하여 다음 시행을 한다.

> 주사위를 한 번 던져 나온 눈의 수가
> 6의 약수이면 점 P를 양의 방향으로 1만큼 이동시키고,
> 6의 약수가 아니면 점 P를 이동시키지 않는다.

이 시행을 4번 반복할 때, 4번째 시행 후 점 P의 좌표가 2 이상일 확률은?

① $\dfrac{13}{18}$　　② $\dfrac{7}{9}$　　③ $\dfrac{5}{6}$

④ $\dfrac{8}{9}$　　⑤ $\dfrac{17}{18}$

0487 중요 서술형

좌표평면 위의 원점에 점 P가 있다. 한 개의 동전을 사용하여 다음 시행을 한다.

> 한 개의 동전을 던져
> 앞면이 나오면 점 P를 x축의 방향으로 1만큼 평행이동시키고,
> 뒷면이 나오면 점 P를 y축의 방향으로 2만큼 평행이동시킨다.

이 시행을 7번 반복할 때, 점 P가 직선 $y=x+5$ 위에 있을 확률은 p이다. $128p$의 값을 구하시오.

0488

그림과 같이 한 변의 길이가 1인 정오각형 ABCDE의 꼭짓점 A에서 출발하여 변을 따라 시계 반대 방향으로 움직이는 점 P가 있다. 점 P는 한 개의 주사위를 던져서 나온 눈의 수가 짝수이면 2만큼, 홀수이면 1만큼 움직인다. 한 개의 주사위를 4번 던졌을 때, 점 P가 꼭짓점 C 또는 D에 위치할 확률은?

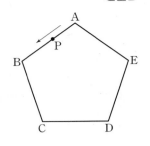

① $\dfrac{1}{8}$ ② $\dfrac{3}{16}$ ③ $\dfrac{1}{4}$

④ $\dfrac{5}{16}$ ⑤ $\dfrac{3}{8}$

유형 18 **독립시행을 이용한 조건부확률**

~일 때 ~일 확률은 조건부확률이므로 사건 A, B를 정하여 구하는 확률을 $P(B|A)$로 나타낸다.

➡ $P(B|A) = \dfrac{P(A \cap B)}{P(A)}$ (단, $P(A) > 0$)

0489 대표문제

서준이가 동전 3개를 동시에 던져서 나온 앞면의 개수만큼 찬영이가 동전을 동시에 던진다. 찬영이가 동전을 던져서 나온 앞면의 개수가 2일 때, 서준이가 동전을 던져서 나온 앞면의 개수가 3일 확률은?

① $\dfrac{1}{9}$ ② $\dfrac{2}{9}$ ③ $\dfrac{1}{3}$

④ $\dfrac{4}{9}$ ⑤ $\dfrac{5}{9}$

0490 중요

서로 다른 두 개의 주사위를 동시에 던져서 같은 눈의 수가 나오면 한 개의 동전을 4번 던지고, 다른 눈의 수가 나오면 한 개의 동전을 2번 던진다. 이 시행에서 동전의 앞면과 뒷면이 나온 횟수가 같을 때, 동전을 2번 던졌을 확률을 구하시오.

0491 교육청 기출

주머니에 1, 2, 3, 4의 숫자가 하나씩 적혀 있는 4개의 공이 들어 있다. 이 주머니에서 임의로 2개의 공을 동시에 꺼낼 때, 꺼낸 공에 적혀 있는 숫자의 합이 소수이면 1개의 동전을 2번 던지고, 소수가 아니면 1개의 동전을 3번 던진다. 동전의 앞면이 2번 나왔을 때, 꺼낸 2개의 공에 적혀 있는 숫자의 합이 소수일 확률은?

① $\dfrac{2}{7}$ ② $\dfrac{5}{14}$ ③ $\dfrac{3}{7}$

④ $\dfrac{1}{2}$ ⑤ $\dfrac{4}{7}$

0492 서술형

한 개의 주사위를 사용하여 다음 규칙에 따라 점수를 얻는 시행을 한다.

> 한 개의 주사위를 던져 나온 눈의 수가
> 5의 약수이면 1점을 얻고, 5의 약수가 아니면 0점을 얻는다.

이 시행을 n회 반복하여 얻은 점수를 a_n이라 하자. $a_7 = 4$일 때, $a_4 = 1$일 확률은 $\dfrac{q}{p}$이다. $p + q$의 값을 구하시오.

(단, p와 q는 서로소인 자연수이다.)

유형 19 독립시행의 확률의 활용

실생활의 상황이 주어진 독립시행의 확률은 다음과 같은 순서로 구한다.

❶ 조건을 만족시키는 사건 A가 일어날 횟수를 구한다.

❷ 독립시행의 확률을 이용한다.

➡ 사건 A가 일어날 확률이 $p\,(0<p<1)$일 때, 이 시행을 n회 반복하는 독립시행에서 사건 A가 r회 일어날 확률은
$${}_n\mathrm{C}_r p^r (1-p)^{n-r} \;(단, r=0, 1, 2, \cdots, n)$$

0493 대표문제

정답이 1개인 오지선다형 문제 5개에 임의로 답을 적을 때, 4개 이상의 문제를 맞힐 확률은 $\dfrac{k}{5^5}$이다. k의 값은?

(단, 각 문제에 답하는 시행은 독립시행이다.)

① 20   ② 21   ③ 22
④ 23   ⑤ 24

0494 중요

10점 과녁을 맞출 확률이 $\dfrac{2}{3}$인 어떤 양궁 선수가 화살을 4번 쏠 때, 한 번 이상 10점 과녁을 맞출 확률은?

① $\dfrac{76}{81}$ ② $\dfrac{77}{81}$ ③ $\dfrac{26}{27}$
④ $\dfrac{79}{81}$ ⑤ $\dfrac{80}{81}$

0495 서술형

두 탁구 선수 A, B가 4번의 경기를 할 때, A 선수가 4번 모두 이길 확률은 $\dfrac{16}{81}$이다. 두 선수 A, B가 3번의 경기를 할 때, B 선수가 2번 이길 확률을 구하시오. (단, 비기는 경우는 없고, 각 경기에서 A 선수가 B 선수를 이길 가능성은 모두 같은 정도로 기대된다.)

0496

주미와 현솔이가 가위바위보를 하여 이기면 세 계단을 올라가고 지거나 비기면 한 계단을 내려가는 게임을 하기로 하였다. 가위바위보를 4번 하여 주미가 네 계단을 올라가게 될 확률이 p, 현솔이가 처음 자리에 있게 될 확률이 q일 때, $81(p+q)$의 값을 구하시오.

0497

두 축구팀 A, B가 경기를 하여 먼저 4번 이기는 팀이 상금을 모두 갖기로 하였다. 한 번의 경기에서 A팀이 이길 확률이 $\dfrac{1}{3}$이고 3번의 경기에서 A팀이 2번, B팀이 1번 이겼을 때, A팀이 상금을 모두 가질 확률은 p이다. $27p$의 값을 구하시오. (단, 비기는 경우는 없고, 각 경기에서 A팀이 B팀을 이길 가능성은 모두 같은 정도로 기대된다.)

0498 수능 기출

두 사건 A, B에 대하여

$$P(B|A)=\frac{1}{4},\ P(A|B)=\frac{1}{3},\ P(A)+P(B)=\frac{7}{10}$$

일 때, $P(A\cap B)$의 값은?

① $\frac{1}{7}$

② $\frac{1}{8}$

③ $\frac{1}{9}$

④ $\frac{1}{10}$

⑤ $\frac{1}{11}$

0499

15개의 공에 빨간색과 파란색 중 한 가지 색이 칠해져 있고, 자연수가 하나씩 적혀 있다. 다음 표는 각각의 공에 칠해져 있는 색과 적혀 있는 수를 분류하여 그 개수를 정리한 것이다.

(단위: 개)

구분	빨간색	파란색	합계
홀수	5	4	9
짝수	3	3	6
합계	8	7	15

15개의 공 중 임의로 선택한 한 개의 공이 빨간색일 때, 이 공에 적혀 있는 수가 홀수일 확률을 구하시오.

0500

1부터 12까지의 자연수가 하나씩 적혀 있는 공 12개가 들어 있는 주머니에서 임의로 꺼낸 한 개의 공에 적혀 있는 수가 12의 약수일 때, 그 수가 짝수일 확률은?

① $\frac{1}{6}$

② $\frac{1}{3}$

③ $\frac{1}{2}$

④ $\frac{2}{3}$

⑤ $\frac{5}{6}$

0501

두 사건 A와 B는 서로 독립이고

$$P(A^C)=P(B)=\frac{3}{8}$$

일 때, $P(A\cup B)$의 값은?

① $\frac{3}{4}$

② $\frac{49}{64}$

③ $\frac{25}{32}$

④ $\frac{51}{64}$

⑤ $\frac{13}{16}$

0502

어린이 동요 대회에 남자 어린이 5명과 여자 어린이 4명이 참가하였다. 노래하는 순서를 임의로 정할 때, 두 번째로 노래하는 어린이가 여자일 확률은?

① $\frac{5}{18}$

② $\frac{1}{3}$

③ $\frac{7}{18}$

④ $\frac{4}{9}$

⑤ $\frac{1}{2}$

0503 수능 기출

한 개의 주사위를 3번 던질 때, 4의 눈이 한 번만 나올 확률은?

① $\frac{25}{72}$

② $\frac{13}{36}$

③ $\frac{3}{8}$

④ $\frac{7}{18}$

⑤ $\frac{29}{72}$

0504

남성 14명과 여성 10명으로 이루어진 어느 독서 동호회에서 이번 주에 토론하기로 한 책을 읽은 회원은 남성 n명, 여성 5명이다. 이 동호회의 회원 중 임의로 한 명을 뽑을 때, 뽑힌 회원이 남성인 사건을 A, 이번 주에 토론하기로 한 책을 읽은 회원인 사건을 B라 하자. 두 사건 A와 B가 서로 독립이 되도록 하는 n의 값을 구하시오.

0505

현서와 은찬이가 탁구 경기를 할 때, 현서가 이길 확률은 $\dfrac{3}{4}$이다. 현서와 은찬이가 5전 3선승제의 경기를 할 때, 현서가 3승 2패로 이길 확률은 $\dfrac{q}{p}$이다. $p+q$의 값을 구하시오.

(단, 비기는 경우는 없고, p와 q는 서로소인 자연수이다.)

0506 교육청 기출

어느 고등학교 학생 200명을 대상으로 휴대폰 요금제에 대한 선호도를 조사하였다. 이 조사에 참여한 200명의 학생은 휴대폰 요금제 A와 B 중 하나를 선택하였고, 각각의 휴대폰 요금제를 선택한 학생 수는 다음과 같다.

(단위: 명)

구분	휴대폰 요금제 A	휴대폰 요금제 B
남학생	$10a$	b
여학생	$48-2a$	$b-8$

이 조사에 참여한 학생 중에서 임의로 선택한 1명이 남학생일 때, 이 학생이 휴대폰 요금제 A를 선택한 학생일 확률은 $\dfrac{5}{8}$이다. $b-a$의 값은? (단, a, b는 상수이다.)

① 32 ② 36 ③ 40
④ 44 ⑤ 48

0507

1부터 10까지의 자연수가 하나씩 적혀 있는 카드 10장 중 임의로 한 장의 카드를 선택할 때, 짝수가 적혀 있는 카드를 선택하는 사건을 A, 홀수가 적혀 있는 카드를 선택하는 사건을 B, 4의 배수가 적혀 있는 카드를 선택하는 사건을 C, 10의 약수가 적혀 있는 카드를 선택하는 사건을 D라 하자. 다음 중 옳지 않은 것은?

① 두 사건 A, B는 서로 배반사건이다.
② 두 사건 A, D는 서로 독립이다.
③ 두 사건 B, C는 서로 독립이다.
④ $P(B|D)=P(B|D^C)$이다.
⑤ 두 사건 C, D는 서로 종속이다.

0508

비가 온 다음 날 비가 올 확률은 $\dfrac{2}{3}$이고, 비가 오지 않은 다음 날 비가 올 확률은 $\dfrac{1}{6}$이라 한다. 이번 주 월요일에 비가 왔을 때, 이번 주 목요일에도 비가 올 확률은?

① $\dfrac{1}{12}$ ② $\dfrac{1}{6}$ ③ $\dfrac{1}{4}$
④ $\dfrac{1}{3}$ ⑤ $\dfrac{5}{12}$

0509

자유투 성공률이 각각 $\dfrac{3}{4}$, $\dfrac{1}{3}$, p인 세 농구 선수 A, B, C가 자유투를 한 번씩 던져 적어도 한 선수가 성공할 확률이 $\dfrac{13}{14}$이다. p의 값을 구하시오.

0510

어느 여행 동호회의 남성 회원과 여성 회원의 비율은 5 : 4이다. 동호회 창립 10주년을 맞아 기획한 여행의 참가 여부를 조사하였더니 다음과 같았다.

> (개) 남성 회원의 $\frac{2}{3}$가 참가를 희망하였다.
>
> (내) 참가를 희망하지 않은 회원의 $\frac{1}{3}$은 여성 회원이었다.

이 여행 동호회의 회원 중 임의로 선택한 한 명이 여행 참가를 희망한 회원일 때, 그 회원이 남성 회원일 확률은?

① $\frac{17}{39}$ ② $\frac{6}{13}$ ③ $\frac{19}{39}$

④ $\frac{20}{39}$ ⑤ $\frac{7}{13}$

0511

주머니 A에는 흰 공 2개, 검은 공 3개가 들어 있고, 주머니 B에는 흰 공 3개, 검은 공 4개가 들어 있다. 두 주머니 A, B와 한 개의 주사위를 사용하여 다음 시행을 한다.

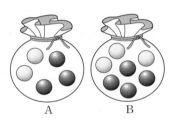

> 주사위를 한 번 던져
> 나온 눈의 수가 2 이하이면
> 주머니 A에서 임의로 2개의 공을 동시에 꺼내고,
> 나온 눈의 수가 3 이상이면
> 주머니 B에서 임의로 2개의 공을 동시에 꺼낸다.

이 시행을 한 번 하여 주머니에서 꺼낸 2개의 공이 흰 공 1개, 검은 공 1개일 때, 주사위에서 나온 눈의 수가 2 이하일 확률은 $\frac{q}{p}$이다. $p+q$의 값을 구하시오.

(단, p와 q는 서로소인 자연수이다.)

0512

남학생 5명과 여학생 4명을 일렬로 임의로 세우려고 한다. 양 끝에 남학생이 설 때, 남학생과 여학생이 교대로 설 확률은?

① $\frac{1}{70}$ ② $\frac{1}{35}$ ③ $\frac{3}{70}$

④ $\frac{2}{35}$ ⑤ $\frac{1}{14}$

0513

다음 조건을 만족시키는 좌표평면 위의 점 (a, b) 중 임의로 서로 다른 두 점을 선택하려고 한다.

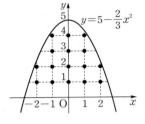

> (개) a, b는 정수이다.
>
> (내) $0 < b < 5 - \frac{2}{3}a^2$

선택된 두 점의 y좌표가 같을 때, 이 두 점의 y좌표가 3일 확률은?

① $\frac{1}{26}$ ② $\frac{1}{13}$ ③ $\frac{3}{26}$

④ $\frac{2}{13}$ ⑤ $\frac{5}{26}$

0514

승하는 4번에 1번 꼴로 방문한 곳에 물건을 놓고 오는 버릇이 있다. 어느 날 우산을 들고 나간 승하가 학교, 서점, 도서관을 차례대로 들러 집에 돌아왔다. 이날 승하가 방문한 곳에 우산을 놓고 왔을 때, 서점에 놓고 왔을 확률은?

① $\frac{9}{37}$ ② $\frac{12}{37}$ ③ $\frac{15}{37}$

④ $\frac{18}{37}$ ⑤ $\frac{21}{37}$

0515

숫자 1, 2, 3이 하나씩 적혀 있는 흰 공 3개와 숫자 2, 3, 5, 6이 하나씩 적혀 있는 검은 공 4개가 들어 있는 주머니에서 임의로 3개의 공을 꺼낸다. 꺼낸 3개의 공이 흰 공 2개, 검은 공 1개일 때, 흰 공 2개에 적혀 있는 수의 합이 검은 공에 적혀 있는 수보다 작을 확률은?

① $\dfrac{1}{4}$ ② $\dfrac{7}{24}$ ③ $\dfrac{1}{3}$

④ $\dfrac{3}{8}$ ⑤ $\dfrac{5}{12}$

0516 교육청 기출

A, B, C 세 사람이 한 개의 주사위를 각각 5번씩 던진 후 다음 규칙에 따라 승자를 정한다.

> (가) 1의 눈이 나온 횟수가 세 사람 모두 다르면, 1의 눈이 가장 많이 나온 사람이 승자가 된다.
> (나) 1의 눈이 나온 횟수가 두 사람만 같다면, 횟수가 다른 나머지 한 사람이 승자가 된다.
> (다) 1의 눈이 나온 횟수가 세 사람 모두 같다면, 모두 승자가 된다.

A와 B가 각각 주사위를 5번씩 던진 후, A는 1의 눈이 2번, B는 1의 눈이 1번 나왔다. C가 주사위를 3번째 던졌을 때 처음으로 1의 눈이 나왔다. A 또는 C가 승자가 될 확률은?

① $\dfrac{2}{3}$ ② $\dfrac{13}{18}$ ③ $\dfrac{7}{9}$

④ $\dfrac{5}{6}$ ⑤ $\dfrac{8}{9}$

 ## 서술형 대비하기

0517

두 사건 A, B에 대하여

$$P(A)=\frac{8}{15},\ P(A\,|\,B)=\frac{2}{3},\ P(A^c\,|\,B^c)=\frac{3}{5}$$

일 때, $P(B)$의 값을 구하시오.

0518

1부터 8까지의 자연수가 하나씩 적혀 있는 8개의 공이 들어 있는 주머니에서 임의로 한 개의 공을 꺼내어 적혀 있는 숫자를 확인하고 다시 넣는 시행을 반복한다. 이 시행을 3번 반복할 때, 꺼낸 공에 적혀 있는 수의 최댓값이 8일 확률은 $\dfrac{q}{p}$이다. $p+q$의 값을 구하시오. (단, p와 q는 서로소인 자연수이다.)

0519

어느 미술관의 관람객 200명을 대상으로 연령대와 성별을 조사한 결과는 다음과 같다.

(단위: 명)

구분	19세 이하	20대	30대	40세 이상	합계
남성	30	a	20	$30-a$	80
여성	35	$40-b$	45	b	120

관람객 200명 중 임의로 택한 한 명이 남성일 때 그 관람객이 20대일 확률을 p라 하고, 관람객 200명 중 임의로 택한 한 명이 여성일 때 그 관람객이 40세 이상일 확률을 q라 하자. $2p=q$이고, 관람객 200명 중 40세 이상의 비율이 20 %일 때, $a+b$의 값을 구하시오.

0520

현진이와 우림이가 탁구 시합을 하여 먼저 세 세트를 이기거나 연속하여 두 세트를 이기는 사람이 우승하기로 하였다. 각 세트에서 현진이가 이길 확률은 $\dfrac{3}{5}$이고, 우림이가 이길 확률은 $\dfrac{2}{5}$이다. 첫 세트에서 현진이가 이겼을 때, 이 시합에서 현진이가 우승할 확률은?

① $\dfrac{501}{625}$ ② $\dfrac{506}{625}$ ③ $\dfrac{511}{625}$

④ $\dfrac{516}{625}$ ⑤ $\dfrac{521}{625}$

0521

좌표평면 위의 원점에 점 P가 있다. 흰 공 3개, 검은 공 3개가 들어 있는 주머니에서 임의로 2개의 공을 동시에 꺼내어 다음 시행을 한다.

> 꺼낸 2개의 공의 색이 같으면 점 P를
> x축의 방향으로 1만큼, y축의 방향으로 2만큼 이동시키고,
> 꺼낸 2개의 공의 색이 다르면 점 P를
> x축의 방향으로 -1만큼, y축의 방향으로 -2만큼 이동시킨다.

이 시행을 4번 반복하여 점 P를 이동시킨 점을 점 P′이라 할 때, 원점 O에 대하여 $\overline{OP'}<2\sqrt{5}$일 확률은?

① $\dfrac{43}{125}$ ② $\dfrac{216}{625}$ ③ $\dfrac{217}{625}$

④ $\dfrac{218}{625}$ ⑤ $\dfrac{219}{625}$

0522

두 상자 A와 B에 각각 5개의 공이 들어 있다. 주사위 한 개를 사용하여 다음 시행을 한다.

> 주사위를 한 번 던져
> 6의 약수의 눈이 나오면
> 상자 A에서 공 한 개를 꺼내어 상자 B에 넣고,
> 6의 약수가 아닌 눈이 나오면
> 상자 B에서 공 한 개를 꺼내어 상자 A에 넣는다.

이 시행을 4번 반복할 때, 상자 B에 들어 있는 공의 개수가 4번째 시행 후 처음으로 7이 될 확률은?

① $\dfrac{5}{27}$ ② $\dfrac{16}{81}$ ③ $\dfrac{17}{81}$

④ $\dfrac{2}{9}$ ⑤ $\dfrac{19}{81}$

0523

1부터 9까지의 자연수가 하나씩 적혀 있는 9장의 카드 중 임의로 3장의 카드를 동시에 선택한다. 선택한 3장의 카드에 적혀 있는 세 수의 곱이 짝수일 때, 그 세 수의 합이 9의 배수일 확률은?

① $\dfrac{3}{37}$ 　 ② $\dfrac{9}{74}$ 　 ③ $\dfrac{6}{37}$

④ $\dfrac{15}{74}$ 　 ⑤ $\dfrac{9}{37}$

0524

그림과 같이 직사각형 모양으로 연결된 도로망을 따라 A지점에서 B지점까지 최단거리로 가는 경로를 임의로 하나 택한다. 임의로 택한 한 경로가 P지점을 지나는 경로일 때, 그 경로가 Q지점을 지날 확률은?

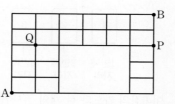

① $\dfrac{1}{14}$ 　 ② $\dfrac{1}{7}$ 　 ③ $\dfrac{3}{14}$

④ $\dfrac{2}{7}$ 　 ⑤ $\dfrac{5}{14}$

0525 평가원 기출

그림과 같이 주머니 A에는 1부터 6까지의 자연수가 하나씩 적힌 6장의 카드가 들어 있고 주머니 B와 C에는 1부터 3까지의 자연수가 하나씩 적힌 3장의 카드가 각각 들어 있다. 갑은 주머니 A에서, 을은 주머니 B에서, 병은 주머니 C에서 각자 임의로 1장의 카드를 꺼낸다. 이 시행에서 갑이 꺼낸 카드에 적힌 수가 을이 꺼낸 카드에 적힌 수보다 클 때, 갑이 꺼낸 카드에 적힌 수가 을과 병이 꺼낸 카드에 적힌 수의 합보다 클 확률이 k이다. $100k$의 값을 구하시오.

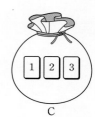

A　　　　　B　　　　　C

0526

A, B 두 사람이 각각 3장씩 상품권을 가지고 다음 시행을 한다.

> A, B 두 사람이 각각 한 개의 동전을 한 번씩 던져서 앞면이 나온 사람은 상대방으로부터 상품권을 한 장 받는다.

각 시행 후 A가 가진 상품권의 장수를 세었을 때, 세 번째 시행 후 센 상품권의 장수가 처음으로 5가 될 확률은?

① $\dfrac{1}{32}$ 　 ② $\dfrac{1}{16}$ 　 ③ $\dfrac{3}{32}$

④ $\dfrac{1}{8}$ 　 ⑤ $\dfrac{5}{32}$

0527

흰 공 5개와 검은 공 3개가 들어 있는 주머니에서 임의로 2개의 공을 동시에 꺼내려고 한다. 각각의 공에는 짝수 또는 홀수가 적혀 있고, 흰 공의 60 %에는 짝수가 적혀 있다. 꺼낸 두 개의 공에 적혀 있는 두 수의 합이 짝수일 때, 두 개의 공이 모두 검은 공일 확률은 $\frac{1}{13}$이다. 이 주머니에 들어 있는 공 중 홀수가 적혀 있는 공의 개수를 구하시오.

(단, 홀수가 적혀 있는 검은 공은 한 개 이상이다.)

0528 교육청 기출

그림과 같이 주머니에 ★ 모양의 스티커가 각각 1개씩 붙어 있는 카드 2장과 스티커가 붙어 있지 않은 카드 3장이 들어 있다. 이 주머니를 사용하여 다음의 시행을 한다.

주머니에서 임의로 2장의 카드를 동시에 꺼낸 다음, 꺼낸 카드에 ★ 모양의 스티커를 각각 1개씩 붙인 후 다시 주머니에 넣는다.

위의 시행을 2번 반복한 뒤 주머니 속에 ★ 모양의 스티커가 3개 붙어 있는 카드가 들어 있을 확률은 $\frac{q}{p}$이다. $p+q$의 값을 구하시오. (단, p와 q는 서로소인 자연수이다.)

0529

○, ×로 답하는 20문제가 있다. 임의로 이 20문제에 답을 체크할 때, 10문제 이상을 맞힐 확률은 $\frac{1}{2}+\left(\frac{1}{2}\right)^{k}{}_{20}C_{10}$이다. 자연수 k의 값은?

① 18   ② 19   ③ 20
④ 21   ⑤ 22

0530 수능 기출

앞면에는 1부터 6까지의 자연수가 하나씩 적혀 있고 뒷면에는 모두 0이 하나씩 적혀 있는 6장의 카드가 있다. 이 6장의 카드가 그림과 같이 6 이하의 자연수 k에 대하여 k번째 자리에 자연수 k가 보이도록 놓여 있다.

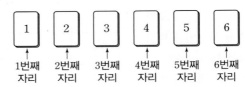

이 6장의 카드와 한 개의 주사위를 사용하여 다음 시행을 한다.

주사위를 한 번 던져 나온 눈의 수가 k이면 k번째 자리에 놓여 있는 카드를 한 번 뒤집어 제자리에 놓는다.

위의 시행을 3번 반복한 후 6장의 카드에 보이는 모든 수의 합이 짝수일 때, 주사위의 1의 눈이 한 번만 나왔을 확률은 $\frac{q}{p}$이다. $p+q$의 값을 구하시오.

(단, p와 q는 서로소인 자연수이다.)

통계

이산확률변수의 확률분포

유형 01 이산확률변수의 확률 – 확률분포가 주어진 경우

이산확률변수 X의 확률질량함수가
$\mathrm{P}(X=x_i)=p_i\ (i=1, 2, 3, \cdots, n)$일 때
(1) $0 \le p_i \le 1$
(2) $p_1+p_2+p_3+\cdots+p_n=1$
(3) $\mathrm{P}(x_i \le X \le x_j)=\mathrm{P}(X=x_i)+\mathrm{P}(X=x_{i+1})$
$\qquad\qquad\qquad\qquad +\mathrm{P}(X=x_{i+2})+\cdots+\mathrm{P}(X=x_j)$
$\qquad\qquad\qquad =p_i+p_{i+1}+p_{i+2}+\cdots+p_j$
$\qquad\qquad\qquad\quad (j=1, 2, 3, \cdots, n$이고 $i \le j)$

확인 문제

확률변수 X의 확률분포를 표로 나타내면 다음과 같을 때, 물음에 답하시오.

X	1	2	3	4	합계
$\mathrm{P}(X=x)$	$\frac{1}{6}$	$\frac{1}{3}$	a	$\frac{1}{6}$	1

(1) 상수 a의 값을 구하시오.
(2) $\mathrm{P}(X=1$ 또는 $X=3)$의 값을 구하시오.

0531 대표문제

확률변수 X의 확률분포를 표로 나타내면 다음과 같다.

X	1	2	3	4	합계
$\mathrm{P}(X=x)$	$\frac{1}{8}$	$k+\frac{1}{8}$	k	k	1

$\mathrm{P}(X^2-6X+8=0)$의 값은?

① $\frac{1}{4}$ ② $\frac{3}{8}$ ③ $\frac{1}{2}$

④ $\frac{5}{8}$ ⑤ $\frac{3}{4}$

0532

확률변수 X가 갖는 값이 1, 2, 3, 4이고 X의 확률질량함수가
$$\mathrm{P}(X=x)=\frac{x^2}{2k}\ (x=1, 2, 3, 4)$$
일 때, 상수 k의 값을 구하시오.

0533 서술형

확률변수 X의 확률분포를 표로 나타내면 다음과 같을 때, 상수 a의 값을 구하시오.

X	-1	1	3	5	합계
$\mathrm{P}(X=x)$	a^2	$\frac{5}{3}a$	$a-\frac{1}{9}$	a^2	1

0534 중요

확률변수 X가 갖는 값이 0, 1, 2, 3이고 X의 확률질량함수가
$$\mathrm{P}(X=x)=\begin{cases} k+\dfrac{x}{16} & (x=0, 1, 2) \\ k-\dfrac{x}{16} & (x=3) \end{cases}$$
일 때, $\mathrm{P}(X=2$ 또는 $X=3)$의 값은? (단, k는 상수이다.)

① $\frac{3}{8}$ ② $\frac{7}{16}$ ③ $\frac{1}{2}$

④ $\frac{9}{16}$ ⑤ $\frac{5}{8}$

0535 교육청 기출

이산확률변수 X의 확률분포를 표로 나타내면 다음과 같다.

X	1	2	3	합계
$\mathrm{P}(X=x)$	a	$a+\frac{1}{4}$	$a+\frac{1}{2}$	1

$\mathrm{P}(X \le 2)$의 값은?

① $\frac{1}{4}$ ② $\frac{7}{24}$ ③ $\frac{1}{3}$

④ $\frac{3}{8}$ ⑤ $\frac{5}{12}$

0536

확률변수 X가 갖는 값이 -1, 1, 2, 4이고

$$P(1 \le X \le 4) = \frac{5}{6}, \ P(-1 \le X \le 2) = \frac{2}{3}$$

일 때, $P(X=1) + P(X=2)$의 값은?

① $\dfrac{1}{6}$ ② $\dfrac{1}{3}$ ③ $\dfrac{1}{2}$

④ $\dfrac{2}{3}$ ⑤ $\dfrac{5}{6}$

0537 ✅중요

확률변수 X의 확률분포를 표로 나타내면 다음과 같다.

X	2	3	4	5	합계
$P(X=x)$	a	$3a$	$a+b$	b	1

$P(X=3) = \dfrac{1}{2} P(X=5)$일 때, $P(2 \le X \le 4)$의 값은?

① $\dfrac{7}{17}$ ② $\dfrac{9}{17}$ ③ $\dfrac{11}{17}$

④ $\dfrac{13}{17}$ ⑤ $\dfrac{15}{17}$

유형 02 **이산확률변수의 확률 – 확률분포가 주어지지 않은 경우**

확률변수가 가질 수 있는 값을 모두 찾아 확률변수가 그 값을 가질 확률을 각각 구한 후 확률질량함수의 성질을 이용한다.

확인 문제

한 개의 동전을 2번 던질 때, 앞면이 나오는 횟수를 확률변수 X라 하자. 다음 물음에 답하시오.

(1) 확률변수 X가 가질 수 있는 값을 모두 구하시오.

(2) 확률변수 X의 확률분포를 나타내는 다음 표를 완성하시오.

X	0			합계
$P(X=x)$	$\dfrac{1}{4}$			1

0538 대표문제

남학생 4명과 여학생 4명 중에서 임의로 3명을 뽑을 때, 뽑힌 여학생의 수를 확률변수 X라 하자. $P(X \le 2)$의 값은?

① $\dfrac{9}{14}$ ② $\dfrac{5}{7}$ ③ $\dfrac{11}{14}$

④ $\dfrac{6}{7}$ ⑤ $\dfrac{13}{14}$

0539

한 개의 주사위를 던져서 나오는 눈의 수의 양의 약수의 개수를 확률변수 X라 할 때, $P(X=2) - P(X=4)$의 값은?

① 0 ② $\dfrac{1}{6}$ ③ $\dfrac{1}{3}$

④ $\dfrac{1}{2}$ ⑤ $\dfrac{2}{3}$

0540 ✅중요

5가 적힌 공이 3개, 10이 적힌 공이 2개 들어 있는 상자가 있다. 이 상자에서 임의로 2개의 공을 동시에 꺼낼 때, 꺼낸 공에 적힌 수의 합을 확률변수 X라 하자. $P(X \ge 15)$의 값은?

① $\dfrac{2}{5}$ ② $\dfrac{1}{2}$ ③ $\dfrac{3}{5}$

④ $\dfrac{7}{10}$ ⑤ $\dfrac{4}{5}$

0541 ✅중요 ✏️서술형 ◀■■

불량품 3개가 포함된 8개의 제품 중에서 임의로 3개의 제품을 동시에 뽑을 때, 나오는 불량품의 개수를 확률변수 X라 하자. 다음 물음에 답하시오.

(1) 확률변수 X의 확률분포를 표로 나타내시오.
(2) 불량품이 2개 이상 나올 확률을 구하시오.

0542 ◀■■

흰 공 2개, 검은 공 4개가 들어 있는 주머니에서 임의로 3개의 공을 동시에 꺼낼 때, 나오는 흰 공의 개수를 확률변수 X라 하자.

$$P(X \geq a) = \frac{1}{5}$$

일 때, 정수 a의 값을 구하시오.

0543 ◀■■

1부터 7까지의 자연수가 하나씩 적혀 있는 7장의 카드가 들어 있는 주머니에서 임의로 2장의 카드를 동시에 꺼낼 때, 꺼낸 카드에 적혀 있는 두 수 중 큰 수를 확률변수 X라 하자. $P(|X-1| \geq 5)$의 값은?

① $\frac{3}{7}$ ② $\frac{11}{21}$ ③ $\frac{4}{7}$

④ $\frac{13}{21}$ ⑤ $\frac{2}{3}$

0544 ◀■■

숫자 1, 2, 2, 3, 3, 3이 하나씩 적혀 있는 6장의 카드가 있다. 이 6장의 카드를 임의로 일렬로 나열할 때, 양 끝에 나열된 카드에 적혀 있는 두 수의 합을 확률변수 X라 하자. $P(X^2 - 7X + 12 \leq 0)$의 값은?

① $\frac{3}{10}$ ② $\frac{1}{3}$ ③ $\frac{11}{30}$

④ $\frac{2}{5}$ ⑤ $\frac{13}{30}$

유형 03 이산확률변수의 평균, 분산, 표준편차 – 확률분포가 주어진 경우

이산확률변수 X의 확률질량함수가
$P(X=x_i) = p_i$ $(i=1, 2, 3, \cdots, n)$일 때

(1) 평균(기댓값): $E(X) = x_1 p_1 + x_2 p_2 + x_3 p_3 + \cdots + x_n p_n$

(2) 분산: $V(X) = E((X-m)^2)$
$= (x_1 - m)^2 p_1 + (x_2 - m)^2 p_2 + (x_3 - m)^2 p_3 + \cdots + (x_n - m)^2 p_n$
$= E(X^2) - \{E(X)\}^2$ (단, $m = E(X)$)

(3) 표준편차: $\sigma(X) = \sqrt{V(X)}$

확인 문제

확률변수 X의 확률분포를 표로 나타내면 아래와 같을 때, 다음을 구하시오.

X	1	2	3	합계
$P(X=x)$	$\frac{1}{6}$	$\frac{1}{3}$	$\frac{1}{2}$	1

(1) $E(X)$ (2) $V(X)$ (3) $\sigma(X)$

0545 대표문제

확률변수 X의 확률분포를 표로 나타내면 다음과 같다.

X	-1	0	1	2	합계
$P(X=x)$	$\frac{1}{8}$	a	b	$\frac{1}{4}$	1

$E(X) = \frac{13}{24}$일 때, $\frac{4a}{b}$의 값을 구하시오.

0546

확률변수 X가 갖는 값이 1, 2, 3이고 X의 확률질량함수가

$$P(X=x)=k(x+2) \ (x=1, 2, 3)$$

일 때, X의 평균은? (단, k는 상수이다.)

① $\dfrac{5}{3}$ ② $\dfrac{11}{6}$ ③ 2

④ $\dfrac{13}{6}$ ⑤ $\dfrac{7}{3}$

0547 ✏️ 서술형

확률변수 X의 확률분포를 표로 나타내면 다음과 같다.

X	1	3	5	7	합계
$P(X=x)$	a	$\dfrac{3}{8}$	b	$\dfrac{1}{8}$	1

$E(X)=\dfrac{7}{2}$일 때, $\dfrac{V(X)}{ab}$의 값을 구하시오.

0548 ✅ 중요

확률변수 X가 갖는 값이 1, 2, 3, 4이고

$$P(X=k+1)=\dfrac{1}{2}P(X=k) \ (k=1, 2, 3)$$

일 때, $E(X)$의 값은?

① $\dfrac{26}{15}$ ② $\dfrac{28}{15}$ ③ 2

④ $\dfrac{32}{15}$ ⑤ $\dfrac{34}{15}$

0549

확률변수 X의 확률분포를 표로 나타내면 다음과 같다.

X	a	$2a$	b	$2b$	합계
$P(X=x)$	$\dfrac{1}{3}$	$\dfrac{1}{6}$	$\dfrac{1}{3}$	$\dfrac{1}{6}$	1

$E(X)=4$, $V(X)=10$일 때, ab의 값을 구하시오.

(단, a, b는 $2a<b$인 양의 실수이다.)

0550 평가원 기출

이산확률변수 X의 확률분포를 표로 나타내면 다음과 같다.

X	0	1	a	합계
$P(X=x)$	$\dfrac{1}{10}$	$\dfrac{1}{2}$	$\dfrac{2}{5}$	1

$\sigma(X)=E(X)$일 때, $E(X^2)+E(X)$의 값은? (단, $a>1$)

① 29 ② 33 ③ 37

④ 41 ⑤ 45

유형 04 이산확률변수의 평균, 분산, 표준편차 – 확률분포가 주어지지 않은 경우

확률변수 X의 확률분포가 주어지지 않은 경우 평균, 분산, 표준편차는 다음과 같은 순서로 구한다.

❶ 확률변수 X가 가질 수 있는 모든 값에 대하여 그 값을 가질 확률을 각각 구한다.

❷ 확률변수 X의 확률분포를 표로 나타낸다.

❸ 확률변수 X의 평균, 분산, 표준편차를 구한다.

0551 대표문제

흰 공 3개, 검은 공 3개가 들어 있는 상자에서 임의로 2개의 공을 동시에 꺼낼 때, 꺼낸 공 중 검은 공의 개수를 확률변수 X라 하자. $V(X)$의 값은?

① $\dfrac{2}{5}$ ② $\dfrac{3}{5}$ ③ $\dfrac{4}{5}$

④ 1 ⑤ $\dfrac{6}{5}$

0552

한 개의 주사위를 던져 나오는 눈의 수를 5로 나눈 나머지를 확률변수 X라 할 때, X의 평균은?

① $\dfrac{3}{2}$ ② $\dfrac{5}{3}$ ③ $\dfrac{11}{6}$

④ 2 ⑤ $\dfrac{13}{6}$

0553 중요

불량품 2개가 포함된 7개의 제품 중에서 임의로 3개의 제품을 동시에 뽑을 때, 나오는 불량품의 개수를 확률변수 X라 하자. $\sigma(X)$의 값은?

① $\dfrac{4}{7}$ ② $\dfrac{2\sqrt{5}}{7}$ ③ $\dfrac{5}{7}$

④ $\dfrac{2\sqrt{7}}{7}$ ⑤ $\dfrac{6}{7}$

0554 서술형

숫자 1, 2, 3, 4, 5가 하나씩 적혀 있는 5개의 공이 들어 있는 주머니가 있다. 이 주머니에서 임의로 3개의 공을 동시에 꺼낼 때, 꺼낸 공에 적혀 있는 수의 최솟값을 확률변수 X라 하자. $E(X)$의 값을 구하시오.

0555 중요

상자 안에 흰 공 2개, 검은 공 4개가 들어 있다. 이 상자에서 임의로 1개씩 공을 꺼낼 때, 처음으로 흰 공이 나올 때까지 공을 꺼낸 횟수를 확률변수 X라 하자. $V(X)$의 값을 구하시오. (단, 꺼낸 공은 상자에 다시 넣지 않는다.)

0556 교육청 기출

함수 $y=f(x)$의 그래프가 그림과 같다.

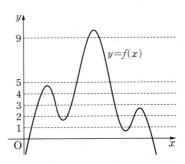

한 개의 주사위를 한 번 던져서 나온 눈의 수를 a라 할 때, 곡선 $y=f(x)$와 직선 $y=a$의 교점의 개수를 확률변수 X라 하자. $E(X)=\dfrac{q}{p}$라 할 때, $p+q$의 값을 구하시오.

(단, p와 q는 서로소인 자연수이다.)

0557

흰 바둑돌 2개와 검은 바둑돌 4개가 들어 있는 주머니에서 임의로 바둑돌 4개를 동시에 꺼낼 때, 꺼낸 흰 바둑돌의 개수와 검은 바둑돌의 개수의 곱을 확률변수 X라 하면 $V(X)=\dfrac{q}{p}$이다. $p+q$의 값을 구하시오.

(단, p와 q는 서로소인 자연수이다.)

유형 05 기댓값

이산확률변수 X의 확률질량함수가
$P(X=x_i)=p_i$ $(i=1, 2, 3, \cdots, n)$일 때, X의 기댓값은
$$E(X)=x_1p_1+x_2p_2+x_3p_3+\cdots+x_np_n$$

확인 문제

100원짜리 동전 2개를 동시에 던져서 앞면이 나오면 앞면이 나온 동전을 받는다고 할 때, 물음에 답하시오.

(1) 받을 수 있는 서로 다른 금액의 종류를 모두 구하시오.
(2) 받을 수 있는 금액의 기댓값을 구하시오.

0558 대표문제

100원짜리 동전 3개, 500원짜리 동전 2개가 들어 있는 상자에서 임의로 3개의 동전을 동시에 꺼낼 때, 나오는 동전을 모두 받기로 하였다. 받을 수 있는 금액의 기댓값은?

① 760원 ② 780원 ③ 800원
④ 820원 ⑤ 840원

0559 서술형

어느 대형마트에서 적립 포인트를 받을 수 있는 복권을 증정하는 행사를 실시하였다. 당첨 등수에 따른 적립 포인트와 당첨 복권의 개수가 오른쪽 표와 같고 복권 1개로 받을 수 있는 적립 포인트의 기댓값이 50점일 때, 전체 복권의 개수를 구하시오.

등수	포인트	개수
1등	3000점	1
2등	900점	10
3등	30점	100
등외	0점	

0560 중요

흰 공 2개, 검은 공 4개가 들어 있는 주머니에서 임의로 2개의 공을 동시에 꺼낼 때 나오는 공의 색에 따른 상금이 다음과 같은 게임이 있다. 이 게임을 한 번 해서 받을 수 있는 상금의 기댓값을 구하시오.

㈎ 꺼낸 공이 모두 흰 공이면 600원을 받는다.
㈏ 꺼낸 공이 모두 검은 공이면 1200원을 받는다.
㈐ 꺼낸 공의 색이 서로 다르면 1500원을 받는다.

0561

서로 구별이 되지 않는 열쇠 6개 중 자물쇠에 맞는 열쇠는 오직 1개 있다. 자물쇠에 맞는 열쇠를 찾기 위해 6개의 열쇠를 하나씩 차례대로 사용하여 자물쇠를 여는 시도를 할 때, 자물쇠가 열릴 때까지 시도하는 횟수의 기댓값은?

(단, 한 번 시도한 열쇠로는 다시 시도하지 않는다.)

① 2회 ② 2.5회 ③ 3회
④ 3.5회 ⑤ 4회

0562

한 개의 동전을 3번 던질 때 다음 조건에 따라 점수를 얻는 게임이 있다. 처음 던지는 동전의 결과에 대해서는 점수를 얻지 못할 때, 이 규칙에 따라 얻는 점수의 합의 기댓값은?

㈎ 앞면이 나온 다음에 앞면이 나오면 1점을 얻는다.
㈏ 뒷면이 나온 다음에 뒷면이 나오면 2점을 얻는다.
㈐ 앞면이 나온 다음에 뒷면이 나오거나 뒷면이 나온 다음에 앞면이 나오면 3점을 얻는다.

① 4.5점 ② 5점 ③ 5.5점
④ 6점 ⑤ 6.5점

확률변수 X와 상수 a, b ($a \neq 0$)에 대하여
(1) $\mathrm{E}(aX+b)=a\mathrm{E}(X)+b$
(2) $\mathrm{V}(aX+b)=a^2\mathrm{V}(X)$
(3) $\sigma(aX+b)=|a|\sigma(X)$

확인 문제

확률변수 X에 대하여 $\mathrm{E}(X)=5$, $\mathrm{V}(X)=4$일 때, 다음을 구하시오.

(1) $\mathrm{E}(3X-2)$ (2) $\mathrm{V}(3X-2)$ (3) $\sigma(3X-2)$

0563 대표문제

확률변수 X에 대하여 $\mathrm{E}(X)=3$, $\mathrm{E}(X^2)=15$이고 확률변수 $Y=aX+b$에 대하여 $\mathrm{E}(Y)=7$, $\mathrm{V}(Y)=54$일 때, ab의 최댓값은? (단, a, b는 실수이다.)

① -6 ② -3 ③ 3
④ 9 ⑤ 12

0564

확률변수 X에 대하여 $\mathrm{E}(2X+5)=10$일 때, $\mathrm{E}(3-4X)+\mathrm{E}(10+2X)$의 값은?

① 6 ② 7 ③ 8
④ 9 ⑤ 10

0565 서술형

확률변수 X에 대하여
$$\mathrm{E}(2X+5)=13,\ \mathrm{V}(3X)=27$$
일 때, $\mathrm{E}(X^2)$의 값을 구하시오.

0566 중요

확률변수 X, Y에 대하여
$$\mathrm{E}(X)=40,\ \mathrm{V}(X)=45,\ X=3Y+10$$
일 때, $\mathrm{E}(Y)+\mathrm{E}(Y^2)$의 값은?

① 15 ② 65 ③ 115
④ 165 ⑤ 215

0567

어느 농장에서 생산하는 파프리카의 가격은 매일 정오에 오전 수확량에 따라 결정되고 파프리카 $1\,\mathrm{kg}$당 도매가격을 X원이라 하면 X의 평균은 5500원, 표준편차는 100원이다. 이 농장에서 생산한 파프리카 $1\,\mathrm{kg}$당 소매가격을 Y원이라 하면 $Y=1.6X-200$일 때, Y의 평균과 표준편차의 합은?

① 8640원   ② 8680원   ③ 8720원
④ 8760원   ⑤ 8800원

0568

확률변수 X에 대하여 $\mathrm{E}(X^2)=2\mathrm{E}(X)+5$가 성립할 때, $\mathrm{V}(3X-4)$의 최댓값은?

① 36 ② 42 ③ 45
④ 50 ⑤ 54

유형 07 확률변수 $aX+b$의 평균, 분산, 표준편차
- 확률분포가 주어진 경우

먼저 주어진 X의 확률분포로부터 $E(X)$, $V(X)$, $\sigma(X)$의 값을 구한 후 다음을 이용한다.
➡ $E(aX+b)=aE(X)+b$, $V(aX+b)=a^2V(X)$,
$\sigma(aX+b)=|a|\sigma(X)$ (단, a, b는 상수, $a\neq0$)

0569 대표문제

확률변수 X의 확률분포를 표로 나타내면 다음과 같다.

X	1	2	3	4	합계
$P(X=x)$	a	$\frac{3}{2}a$	$2a$	$\frac{a}{2}$	1

$E(10X-3)$의 값은?

① 19   ② 20   ③ 21

④ 22   ⑤ 23

0570

확률변수 X의 확률분포를 표로 나타내면 다음과 같다.

X	2	3	4	합계
$P(X=x)$	$\frac{1}{2}$	$\frac{1}{3}$	$\frac{1}{6}$	1

$E(6X-1)$의 값을 구하시오.

0571

확률변수 X가 갖는 값이 1, 2, 3이고 X의 확률질량함수가

$$P(X=x)=\frac{k}{2^{x+1}} \ (x=1, 2, 3)$$

일 때, $\sigma(\sqrt{26}X+7)$의 값을 구하시오. (단, k는 상수이다.)

0572 교육청 기출

이산확률변수 X의 확률분포를 표로 나타내면 다음과 같다.

X	-3	0	a	합계
$P(X=x)$	$\frac{1}{2}$	$\frac{1}{4}$	$\frac{1}{4}$	1

$E(X)=-1$일 때, $V(aX)$의 값은? (단, $a>0$)

① 12   ② 15   ③ 18

④ 21   ⑤ 24

0573 중요

확률변수 X의 확률분포를 표로 나타내면 다음과 같다.

X	1	2	3	4	합계
$P(X=x)$	$\frac{3}{8}$	a	$\frac{1}{8}$	b	1

$E(X)=2$일 때, $V(3-2X)$의 값은?

① 1   ② 2   ③ 4

④ 8   ⑤ 16

0574 서술형

확률변수 X의 확률분포를 표로 나타내면 다음과 같다.

X	-2	0	1	2	합계
$P(X=x)$	$\frac{1}{4}$	$\frac{1}{12}$	$\frac{1}{6}$	$\frac{1}{2}$	1

확률변수 $Y=aX+b$에 대하여 $E(Y)=3$, $V(Y)=98$일 때, 상수 a, b에 대하여 a^2+b^2의 값을 구하시오. (단, $a>0$)

0575

확률변수 X의 확률분포를 표로 나타내면 다음과 같다.

X	2	4	8	16	합계
$P(X=x)$	$\dfrac{{}_4C_1}{k}$	$\dfrac{{}_4C_2}{k}$	$\dfrac{{}_4C_3}{k}$	$\dfrac{{}_4C_4}{k}$	1

$E(3X+1)$의 값은? (단, k는 상수이다.)

① 13   ② 14   ③ 15

④ 16   ⑤ 17

유형 08 **확률변수 $aX+b$의 평균, 분산, 표준편차 – 확률분포가 주어지지 않은 경우**

먼저 확률변수 X의 확률분포를 표로 나타내어 $E(X)$, $V(X)$, $\sigma(X)$의 값을 구한 후 다음을 이용한다.
➡ $E(aX+b)=aE(X)+b$, $V(aX+b)=a^2V(X)$,
$\sigma(aX+b)=|a|\sigma(X)$ (단, a, b는 상수, $a\neq0$)

0576

흰 공 2개와 검은 공 3개가 들어 있는 주머니에서 임의로 2개의 공을 동시에 꺼낼 때, 꺼낸 공 중 흰 공의 개수를 확률변수 X라 하자. $E(10X+1)$의 값은?

① 7   ② 8   ③ 9

④ 10   ⑤ 11

0577

각 면에 숫자 2, 2, 4, 4, 4, 6이 하나씩 적혀 있는 정육면체 모양의 상자가 있다. 이 상자를 던졌을 때, 윗면에 적힌 수를 확률변수 X라 하자. 확률변수 $6X+3$의 평균을 구하시오.

0578

서로 다른 주사위 2개를 동시에 한 번 던질 때, 6의 눈이 나오는 주사위의 개수를 확률변수 X라 하자. 확률변수 $6X-3$의 분산을 구하시오.

0579

어떤 제품 보관 상자 안에 들어 있는 6개의 제품 중에는 품질 검사를 통과하지 못한 불량품이 3개 포함되어 있다. 이 상자에서 임의로 2개의 제품을 동시에 꺼낼 때, 꺼낸 제품 중 불량품의 개수를 확률변수 X라 하자. $V(5X-7)$의 값은?

① 3   ② 6   ③ 7

④ 10   ⑤ 12

0580

1부터 5까지의 자연수가 각각 하나씩 적혀 있는 5개의 서랍이 있다. 5개의 서랍 중 영희에게 임의로 2개를 배정해 주려고 한다. 영희에게 배정되는 서랍에 적혀 있는 자연수 중 작은 수를 확률변수 X라 할 때, $E(10X)$의 값을 구하시오.

0581 ✅중요

동전 한 개를 4번 던져서 앞면이 나올 때마다 3점을 받고 뒷면이 나올 때마다 1점을 잃는 게임이 있다. 이 게임에서 받을 수 있는 점수를 확률변수 X라 하자. $\sigma(4X+3)$의 값은?

① 2   ② 4   ③ 8

④ 12   ⑤ 16

0582

번호 1, 2, 3, 4, 5가 하나씩 붙어 있는 의자 5개가 나란히 놓여 있다. 이 의자에 남학생 2명, 여학생 3명을 한 명씩 앉히려고 한다. 여학생이 앉은 의자에 붙어 있는 번호 중에서 가장 작은 수를 확률변수 X라 할 때, $V(10X+3)$의 값은?

① 45   ② 46   ③ 47

④ 48   ⑤ 49

0583 ✅중요

한 모서리의 길이가 1인 정육면체의 꼭짓점 중에서 임의로 서로 다른 세 개의 꼭짓점을 택하여 만든 삼각형의 넓이를 확률변수 X라 하자. $E(49X^2+1)$의 값을 구하시오.

유형 09 이항분포에서의 확률 구하기

이항분포 $B(n, p)$를 따르는 확률변수 X의 확률질량함수는
$$P(X=x)={}_nC_x p^x q^{n-x} \ (x=0, 1, 2, \cdots, n\text{이고 } q=1-p)$$

확인문제

한 개의 동전을 5번 던질 때, 앞면이 나오는 동전의 개수를 확률변수 X라 하자. 다음 물음에 답하시오.

(1) 확률변수 X의 확률질량함수를 구하시오.

(2) 확률변수 X가 이항분포를 따르는지 확인하고, 이항분포를 따르면 $B(n, p)$의 꼴로 나타내시오.

0584 대표문제

어느 사격 선수가 총을 한 번 쏘아 과녁에 명중시킬 확률이 0.4이다. 이 선수가 총을 10번 쏘아 과녁에 명중시키는 횟수를 확률변수 X라 할 때, $P(X \geq 1)$의 값은?

① $1 - \dfrac{3^{10}}{5^{10}}$ ② $1 - \dfrac{2^{10}}{5^{10}}$ ③ $1 - \dfrac{1}{5^{10}}$

④ $\dfrac{2^{10}}{5^{10}}$ ⑤ $\dfrac{3^{10}}{5^{10}}$

0585

확률변수 X가 이항분포 $B\left(4, \dfrac{1}{2}\right)$을 따를 때, $P(X \geq 3)$의 값은?

① $\dfrac{3}{16}$ ② $\dfrac{1}{4}$ ③ $\dfrac{5}{16}$

④ $\dfrac{3}{8}$ ⑤ $\dfrac{7}{16}$

0586 ✅중요

확률변수 X가 이항분포 $B\left(n, \dfrac{1}{3}\right)$을 따르고
$$2P(X=2)=35P(X=1)$$
을 만족시킬 때, 자연수 n의 값을 구하시오.

0587 서술형

어느 공장에서 생산되는 배터리의 불량률은 20 %라 한다. 이 공장에서 생산된 8개의 배터리 중 불량품이 2개 미만일 확률은

$$m \times \left(\frac{4}{5}\right)^n \ (m, \ n \text{은 자연수})$$

이다. $m+n$의 값을 구하시오.

0588

한 개의 주사위를 15번 던질 때, 홀수인 눈이 8번 이상 나올 확률은?

① $\frac{1}{6}$ ② $\frac{1}{4}$ ③ $\frac{1}{3}$

④ $\frac{1}{2}$ ⑤ $\frac{2}{3}$

0589 중요

객실이 총 28개인 어느 호텔의 예약 취소율은 20 %이다. 이 호텔에서 같은 날 30명의 예약을 받은 경우, 이날 실제로 객실이 부족할 확률은? (단, 한 명의 예약자는 한 개의 객실을 예약하고, $(0.8)^{29}=0.0015$로 계산한다.)

① 0.0027   ② 0.0057   ③ 0.0072

④ 0.0087   ⑤ 0.0102

유형 10 이항분포의 평균, 분산, 표준편차 – 이항분포가 주어진 경우

확률변수 X가 이항분포 $\mathrm{B}(n, p)$를 따를 때
(1) $\mathrm{E}(X)=np$
(2) $\mathrm{V}(X)=npq$ (단, $q=1-p$)
(3) $\sigma(X)=\sqrt{npq}$ (단, $q=1-p$)

확인 문제

확률변수 X가 다음과 같은 이항분포를 따를 때, X의 평균 $\mathrm{E}(X)$, 분산 $\mathrm{V}(X)$, 표준편차 $\sigma(X)$의 값을 구하시오.

(1) $\mathrm{B}\left(100, \frac{1}{2}\right)$ (2) $\mathrm{B}\left(360, \frac{1}{3}\right)$

0590 대표문제

확률변수 X가 이항분포 $\mathrm{B}(4, p)$를 따르고 $\mathrm{E}(X^2)=5$일 때, $\sigma(X)$의 값은? (단, $0<p<1$)

① $\frac{1}{2}$ ② $\frac{\sqrt{2}}{2}$ ③ $\frac{\sqrt{3}}{2}$

④ 1 ⑤ $\sqrt{2}$

0591

확률변수 X가 이항분포 $\mathrm{B}\left(n, \frac{2}{3}\right)$를 따르고 $\mathrm{V}(X)=20$일 때, $\mathrm{E}(X)$의 값을 구하시오.

0592 교육청 기출

확률변수 X가 이항분포 $\mathrm{B}\left(n, \frac{1}{3}\right)$을 따르고 $\mathrm{E}(3X-1)=17$일 때, $\mathrm{V}(X)$의 값은?

① 2 ② $\frac{8}{3}$ ③ $\frac{10}{3}$

④ 4 ⑤ $\frac{14}{3}$

0593

이항분포 $B\left(48, \dfrac{1}{4}\right)$을 따르는 확률변수 X에 대하여 $E(X)$, $\sigma(X)$를 두 근으로 갖는 이차방정식이 $x^2+ax+b=0$일 때, $a+b$의 값은? (단, a, b는 상수이다.)

① 16   ② 18   ③ 21
④ 24   ⑤ 25

0594 ✅중요

이항분포 $B(n, p)$를 따르는 확률변수 X의 평균이 12, 분산이 3일 때, 자연수 n의 값은?

① 10   ② 12   ③ 14
④ 16   ⑤ 18

0595 수능 기출

확률변수 X가 이항분포 $B\left(n, \dfrac{1}{2}\right)$을 따르고 $E(X^2)=V(X)+25$를 만족시킬 때, n의 값은?

① 10   ② 12   ③ 14
④ 16   ⑤ 18

0596 ✏️서술형

이항분포 $B(n, p)$를 따르는 확률변수 X에 대하여 $E(X)=12$, $E(X^2)=152$일 때, $\dfrac{P(X=2)}{P(X=1)}$의 값을 구하시오.

유형 11 · 이항분포의 평균, 분산, 표준편차 – 확률질량함수가 주어진 경우

주어진 확률질량함수를 $P(X=x)={}_nC_x p^x q^{n-x}$의 꼴로 변형하여 확률변수 X가 따르는 이항분포 $B(n, p)$를 구한 후 다음을 이용한다.

➡ $E(X)=np$, $V(X)=npq$, $\sigma(X)=\sqrt{npq}$

(단, $q=1-p$)

0597 대표문제

확률변수 X가 갖는 값이 0, 1, 2, $\cdots$, 18이고 X의 확률질량함수가

$$P(X=x)={}_{18}C_x \dfrac{2^x}{3^{18}} \ (x=0, 1, 2, \cdots, 18)$$

일 때, $E(X^2)$의 값은?

① 132   ② 136   ③ 140
④ 148   ⑤ 152

0598 ✅중요

확률변수 X가 갖는 값이 $0, 1, 2, \cdots, 50$이고 X의 확률질량 함수가

$$P(X=x)={}_{50}C_x\left(\frac{2}{5}\right)^x\left(\frac{3}{5}\right)^{50-x} \ (x=0, 1, 2, \cdots, 50)$$

일 때, $E(3X-4)+V(2X-1)$의 값은?

① 104   ② 106   ③ 108

④ 110   ⑤ 112

0599 ✏서술형

확률변수 X가 갖는 값이 $0, 1, 2, \cdots, n$이고 X의 확률질량 함수가

$$P(X=x)={}_nC_x\times\frac{2^x}{3^n} \ (x=0, 1, 2, \cdots, n)$$

이다. $E(X)=24$일 때, $V(X)$의 값을 구하시오.

0600

확률변수 X가 갖는 값이 $0, 1, 2, \cdots, n$이고 X의 확률질량 함수가

$$P(X=x)={}_nC_xp^x(1-p)^{n-x}$$
$$(x=0, 1, 2, \cdots, n이고 \ 0<p<1)$$

이다. $E(X)=9$, $V(X)=\dfrac{9}{4}$일 때, $P(X<2)=\dfrac{k}{2^{24}}$이다. 자연수 k의 값을 구하시오.

0601 ✅중요

등식

$$_{100}C_1\left(\frac{1}{4}\right)^1\left(\frac{3}{4}\right)^{99}+2\times{}_{100}C_2\left(\frac{1}{4}\right)^2\left(\frac{3}{4}\right)^{98}+3\times{}_{100}C_3\left(\frac{1}{4}\right)^3\left(\frac{3}{4}\right)^{97}$$
$$+\cdots+99\times{}_{100}C_{99}\left(\frac{1}{4}\right)^{99}\left(\frac{3}{4}\right)^1=n-\frac{n}{4^{99}}$$

을 만족시키는 자연수 n의 값을 구하시오.

유형 **12** **이항분포의 평균, 분산, 표준편차**
– 확률분포가 주어지지 않은 경우

여러 번의 독립시행에서 특정한 사건이 일어날 횟수를 확률변수 X로 정의한 경우 시행횟수 n, 한 번의 시행에서 해당 사건이 일어날 확률 p를 구하여 확률변수 X가 따르는 이항분포 $B(n, p)$를 구한 후 다음을 이용한다.

➡ $E(X)=np$, $V(X)=npq$, $\sigma(X)=\sqrt{npq}$

(단, $q=1-p$)

0602 대표문제

한 개의 주사위를 두 번 던져서 나오는 눈의 수를 차례로 a, b라 할 때, $a+b\geq10$인 사건을 A라 하고, 한 개의 주사위를 두 번 던지는 시행을 72번 반복할 때, 사건 A가 일어나는 횟수를 확률변수 X라 하자. $V(X)$의 값은?

① 8   ② 9   ③ 10

④ 11   ⑤ 12

0603

다음은 한 대형 마트에서 판매하고 있는 우유의 제조회사별 판매 비율을 조사한 표이다.

우유 제조회사	A	B	C	D	합계
판매 비율(%)	20	33	18	29	100

어느날 이 마트에서 우유를 구매한 고객 400명을 대상으로 구매한 우유의 제조회사를 조사할 때, A회사의 제품을 선택한 고객의 수를 확률변수 X라 하자. X의 표준편차를 구하시오.

0604 ✓중요

흰 공 x개, 검은 공 4개가 들어 있는 주머니에서 임의로 한 개의 공을 꺼내어 색을 확인하고 다시 넣는 시행을 n회 반복할 때, 흰 공이 나오는 횟수를 확률변수 X라 하자. X의 평균이 30, 분산이 12일 때, $n+x$의 값은?

① 55   ② 56   ③ 57
④ 58   ⑤ 59

0605

두 학생 A, B가 가위바위보를 n번 하였을 때, A가 이긴 횟수를 확률변수 X라 하자. X의 분산이 8일 때, X^2의 평균은?

① 148   ② 149   ③ 150
④ 151   ⑤ 152

0606 ✓중요

한 개의 주사위를 n번 던질 때 6의 약수의 눈이 나오는 횟수를 확률변수 X라 하고, 두 개의 동전을 동시에 40번 던질 때 두 동전이 같은 면이 나오는 횟수를 확률변수 Y라 하자. 부등식 $V(X) > V(Y)$를 만족시키는 자연수 n의 최솟값은?

① 43   ② 44   ③ 45
④ 46   ⑤ 47

0607 ✏서술형

어느 공장에서 생산한 비누의 불량률은 $\frac{1}{12}$이고, 이 비누를 포장할 때 사용하는 상자의 불량률은 $\frac{1}{7}$이다. 비누 하나를 상자 하나에 넣어 포장한 196개의 상품 중 비누와 상자가 모두 정상인 상품의 개수를 확률변수 X라 할 때, $E(X) - V(X)$의 값을 구하시오.

0608

수직선 위의 원점에 점 P가 있다. 주사위 한 개를 던져 나오는 눈의 수에 따라 다음과 같이 점 P를 이동시키는 시행을 40번 반복할 때, 점 P의 최종 위치의 좌표를 확률변수 X라 하자. $V\left(\frac{2X-1}{3}\right)$의 값을 구하시오.

> ㈎ 4의 약수의 눈이 나오면 양의 방향으로 2만큼 이동한다.
> ㈏ 4의 약수가 아닌 눈이 나오면 음의 방향으로 1만큼 이동한다.

0609

확률변수 X가 이항분포 $B(32, p)$를 따르고 $E(X)=8$일 때, $V(X)$의 값은?

① 6   ② 7   ③ 8

④ 9   ⑤ 10

0610

확률변수 X에 대하여 $E(X)=4$, $\sigma(X)=2$일 때, $E(X^2)$의 값은?

① 14   ② 16   ③ 18

④ 20   ⑤ 22

0611 교육청 기출

확률변수 X의 확률분포를 표로 나타내면 다음과 같다.

X	-1	0	1	합계
$P(X=x)$	a	$\frac{1}{2}a$	$\frac{3}{2}a$	1

$E(X)$의 값은?

① $\frac{1}{12}$ ② $\frac{1}{6}$ ③ $\frac{1}{4}$

④ $\frac{1}{3}$ ⑤ $\frac{5}{12}$

0612

당첨 제비 4개가 들어 있는 9개의 제비 중에서 임의로 3개의 제비를 동시에 뽑을 때, 나오는 당첨 제비의 개수를 확률변수 X라 하자. $P(X \leq 1)$의 값은?

① $\frac{1}{2}$ ② $\frac{23}{42}$ ③ $\frac{25}{42}$

④ $\frac{9}{14}$ ⑤ $\frac{29}{42}$

0613

확률변수 X가 갖는 값이 1, 2, 3, 4, 5이고 X의 확률질량함수가

$$P(X=x)=\frac{|x-4|}{7} \ (x=1,\ 2,\ 3,\ 4,\ 5)$$

일 때, $E(7X+2)$의 값을 구하시오.

0614

확률변수 X의 확률분포를 표로 나타내면 다음과 같다.

X	1	2	3	합계
$P(X=x)$	a	b	$\frac{2}{5}$	1

$P(X^2-5X+6 \leq 0)=\frac{1}{2}$일 때, $a-b$의 값은?

① $\frac{1}{5}$ ② $\frac{3}{10}$ ③ $\frac{2}{5}$

④ $\frac{1}{2}$ ⑤ $\frac{3}{5}$

0615

평균이 1, 분산이 4인 확률변수 X에 대하여 확률변수 $Y=aX+b$의 평균이 3, 분산이 16이다. 상수 a, b에 대하여 $b-a$의 값은? (단, $a<0$)

① 4   ② 5   ③ 6
④ 7   ⑤ 8

0616

숫자 1, 2, 3, 4, 5, 6이 하나씩 적힌 6장의 카드 중에서 임의로 2장의 카드를 동시에 뽑을 때, 카드에 적힌 두 수의 차를 확률변수 X라 하자. $\sigma(X)$의 값은?

① $\dfrac{2\sqrt{3}}{3}$ ② $\dfrac{\sqrt{14}}{3}$ ③ $\dfrac{4}{3}$
④ $\sqrt{2}$ ⑤ $\dfrac{2\sqrt{5}}{3}$

0617

어느 바둑 동아리는 1학년 학생 3명, 2학년 학생 4명으로 구성되어 있다. 이 동아리 학생 중에서 임의로 바둑 대회에 참가할 3명의 학생을 뽑을 때, 뽑힌 1학년 학생 수를 확률변수 X라 하자. 확률변수 $49X-20$의 평균을 구하시오.

0618

숫자 2, 2, 3, 3, a가 하나씩 적혀 있는 5개의 공이 들어 있는 상자에서 임의로 공을 하나 꺼낼 때, 꺼낸 공에 적혀 있는 수를 확률변수 X라 하자. X의 평균이 3일 때, 확률변수 $5X-2$의 분산은? (단, $a\neq 2$, $a\neq 3$)

① 6   ② 12   ③ 18
④ 24   ⑤ 30

0619 평가원 기출

그림과 같이 8개의 지점 A, B, C, D, E, F, G, H를 잇는 도로망이 있다. 8개의 지점 중에서 한 지점을 임의로 선택할 때, 선택된 지점에 연결된 도로의 개수를 확률변수 X라 하자. 확률변수 $3X+1$의 평균 $E(3X+1)$의 값은?

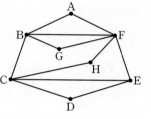

① 8   ② 9   ③ 10
④ 11   ⑤ 12

0620

발아율이 80 %인 씨앗 20개를 심었다. 이 중 발아하는 씨앗이 19개 이상일 확률이 $k\times\dfrac{4^{20}}{5^{20}}$일 때, 상수 k의 값을 구하시오.

0621

확률변수 X의 확률분포를 표로 나타내면 다음과 같다.

X	-1	0	1	3	합계
$P(X=x)$	$\dfrac{1}{12}$	a	$\dfrac{1}{3}$	$\dfrac{5}{12}$	1

$E(bX+2c)=5$, $V(bX+c)=69$일 때, $\dfrac{b-c}{a}$의 값을 구하시오. (단, a, b, c는 실수이고 $b>0$이다.)

0622

확률변수 X가 갖는 값이 0부터 16까지의 정수이고 $\dfrac{1}{2}<p<1$인 실수 p에 대하여 X의 확률질량함수가

$$P(X=x)={}_{16}C_x p^x (1-p)^{16-x} \ (x=0, 1, 2, \cdots, 16)$$

이다. $V(X)=3$일 때, $E(X^2)$의 값은?

① 147   ② 148   ③ 149
④ 150   ⑤ 151

0623

한 개의 주사위를 던져서 6의 약수의 눈이 나오면 3점을 얻고, 6의 약수가 아닌 눈이 나오면 1점을 잃는 게임이 있다. 이 게임을 180번 반복할 때, 얻을 수 있는 총 점수의 기댓값은?

① 240점   ② 300점   ③ 320점
④ 360점   ⑤ 400점

0624

확률변수 X가 갖는 값이 1, 2, 3, $\cdots$, 24이고 X의 확률질량함수가

$$P(X=x)=\dfrac{k}{\sqrt{x}+\sqrt{x+1}} \ (x=1, 2, 3, \cdots, 24)$$

일 때, $P(|X-14|=10)=\dfrac{a+\sqrt{5}+b\sqrt{6}}{4}$이다. 두 정수 a, b에 대하여 $a-b$의 값을 구하시오. (단, k는 상수이다.)

0625

확률변수 X의 확률분포를 표로 나타내면 다음과 같다.

X	-2	0	3	합계
$P(X=x)$	$3a$	b	$2a$	1

$V(X)=\sigma(X)$일 때, $\dfrac{b}{a}$의 값은? (단, $V(X)\neq0$)

① 1   ② 4   ③ 9
④ 16   ⑤ 25

0626

서로 다른 주사위 두 개를 동시에 던져 나오는 눈의 수를 각각 a, b라 할 때, 함수 $y=x^2+ax+b$의 그래프가 x축과 만나는 사건을 A라 하자. 주사위 두 개를 동시에 던지는 시행을 144번 반복하여 사건 A가 일어나는 횟수를 확률변수 X라 할 때, $V(cX)=323$을 만족시키는 양수 c의 값을 구하시오.

0627

어느 상점에서 판매하는 행운권은 구입한 사람이 1부터 10까지의 자연수 중 서로 다른 자연수 3개를 적어 내고 매달 말일에 상점에서 발표하는 3개의 수를 맞힌 개수에 따라 다음과 같이 상금을 지급한다.

> ㈎ 3개의 수를 모두 맞히면 6000원을 지급한다.
> ㈏ 2개의 수만 맞히면 1000원을 지급한다.
> ㈐ 1개의 수만 맞히면 600원을 지급한다.
> ㈑ 하나도 맞히지 못하면 상금을 지급하지 않는다.

이 상점이 손해를 보지 않도록 행운권의 가격을 결정하려 할 때, 행운권 1장의 최소 가격은?

① 500원   ② 520원   ③ 540원

④ 560원   ⑤ 580원

0628

한 개의 주사위를 세 번 던질 때, 다음 규칙에 따라 얻은 점수를 확률변수 X라 하자.

> ㈎ 짝수의 눈이 연속하여 나오지 않으면 0점으로 한다.
> ㈏ 짝수의 눈이 연속하여 두 번만 나오면 1점으로 한다.
> ㈐ 짝수의 눈이 연속하여 세 번 나오면 2점으로 한다.

$V(X)$의 값은?

① $\dfrac{1}{4}$ ② $\dfrac{1}{2}$ ③ $\dfrac{3}{4}$

④ 1   ⑤ $\dfrac{5}{4}$

서술형 대비하기

0629

흰 공 3개, 검은 공 5개가 들어 있는 주머니에서 임의로 2개의 공을 동시에 꺼낼 때, 나오는 공이 모두 흰 공이면 700원, 모두 검은 공이면 1260원, 서로 다른 색의 공이면 2100원을 상금으로 받는 게임이 있다. 이 게임을 한 번 해서 받을 수 있는 상금의 기댓값을 구하시오.

0630

확률변수 X가 갖는 값이 0, 1, 2, …, 100이고 X의 확률질량함수가

$$P(X=x)=\frac{{}_{100}C_x \times 4^x}{5^{100}} \ (x=0,\ 1,\ 2,\ \cdots,\ 100)$$

일 때, $E\left(\dfrac{X-4}{2}\right)+\sigma(12-3X)$의 값을 구하시오.

0631

한 개의 주사위를 던져서 나오는 눈의 수가 6의 약수이면 동전 3개를 동시에 던지고, 6의 약수가 아니면 동전 2개를 동시에 던질 때, 앞면이 나오는 동전의 개수를 확률변수 X라 하자. $\mathrm{P}(X^2-5X+6\le 0)$의 값은?

① $\dfrac{1}{4}$ ② $\dfrac{1}{3}$ ③ $\dfrac{5}{12}$

④ $\dfrac{1}{2}$ ⑤ $\dfrac{7}{12}$

0632

확률변수 X의 확률분포를 표로 나타내면 다음과 같다.

X	-2	0	1	2	합계
$\mathrm{P}(X=x)$	a	$\dfrac{1}{12}$	$\dfrac{1}{6}$	b	1

보기에서 옳은 것만을 있는 대로 고른 것은?

보기
ㄱ. $a+b=\dfrac{3}{4}$

ㄴ. $\mathrm{P}(X\ge 0)=\dfrac{7}{12}$이면 $\mathrm{E}(X)=1$이다.

ㄷ. $\mathrm{V}(X)$의 최댓값은 $\dfrac{19}{6}$이다.

① ㄱ ② ㄱ, ㄴ ③ ㄱ, ㄷ

④ ㄴ, ㄷ ⑤ ㄱ, ㄴ, ㄷ

0633

확률변수 X의 확률분포를 표로 나타내면 다음과 같다.

X	3	4	5	6	10	합계
$\mathrm{P}(X=x)$	$\dfrac{1}{3}$	a	$\dfrac{1}{5}$	b	a	1

확률변수 X가 12의 약수인 사건을 A, 확률변수 X가 짝수인 사건을 B라 하면 $\mathrm{P}(B|A)=\dfrac{4}{9}$일 때, $30(a-b)$의 값을 구하시오.

0634

자연수 n에 대하여 이항분포 $\mathrm{B}(2n,\ p)$를 따르는 확률변수 X가 다음 조건을 만족시킬 때, $\sigma(X)$의 값은?

(단, $0<p<1$)

(가) $\mathrm{P}(X=n-1)=9\mathrm{P}(X=n+1)$
(나) $\mathrm{E}(X)=4$

① 1 ② $\sqrt{2}$ ③ $\sqrt{3}$

④ 2 ⑤ $\sqrt{6}$

📖 정답과 풀이 143쪽

0635 평가원 기출

그림과 같이 중심이 O, 반지름의 길이가 1이고 중심각의 크기가 $\frac{\pi}{2}$인 부채꼴 OAB가 있다. 자연수 n에 대하여 호 AB를 $2n$등분한 각 분점(양 끝점도 포함)을 차례로 $P_0(=A)$, P_1, P_2, $\cdots$, P_{2n-1}, $P_{2n}(=B)$라 하자.

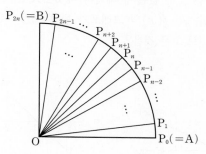

$n=3$일 때, 점 P_1, P_2, P_3, P_4, P_5 중에서 임의로 선택한 한 개의 점을 P라 하자. 부채꼴 OPA의 넓이와 부채꼴 OPB의 넓이의 차를 확률변수 X라 할 때, $E(X)$의 값은?

① $\frac{\pi}{11}$ ② $\frac{\pi}{10}$ ③ $\frac{\pi}{9}$

④ $\frac{\pi}{8}$ ⑤ $\frac{\pi}{7}$

0636

좌표평면 위의 원점에 점 P가 있다. 흰 공 2개, 검은 공 2개가 들어 있는 주머니에서 임의로 2개의 공을 동시에 꺼내어 같은 색의 공이 나오면 점 P를 x축의 방향으로 3만큼, 서로 다른 색의 공이 나오면 점 P를 y축의 방향으로 1만큼 평행이동시키는 시행을 9번 반복한 후, 점 P의 x좌표와 y좌표의 곱을 확률변수 X라 하자. $E(X)$의 값은?

(단, 꺼낸 공은 다시 주머니에 넣는다.)

① 48 ② 51 ③ 54

④ 57 ⑤ 60

0637

그림과 같이 좌표평면 위에 중심이 점 $(0, 4)$이고 반지름의 길이가 2인 원 C가 있다. 주사위 한 개를 던져 나오는 눈의 수 n에 대하여 원 C와 x축에 동시에 접하면서 반지름의 길이가 n인 원의 개수를 확률변수 X라 할 때, $E(9X+1)$의 값을 구하시오.

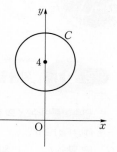

0638

1부터 5까지의 자연수가 하나씩 적힌 5개의 공이 들어 있는 주머니에서 임의로 1개씩 공을 꺼내어 공에 적힌 수를 더하는 시행을 반복한다. 한 번 꺼낸 공은 다시 넣지 않으며 다음 규칙에 따라 시행을 멈출 때까지 꺼낸 공의 개수를 확률변수 X라 할 때, $V(10X)$의 값을 구하시오.

> (가) 제일 처음 꺼낸 공에 적힌 수가 홀수이면 시행을 멈춘다.
> (나) 꺼낸 공에 적힌 수를 차례로 더하다가 그 합이 홀수가 되면 시행을 멈춘다.

06 연속확률변수의 확률분포

유형별 문제

유형 01 확률밀도함수의 성질

연속확률변수 X의 확률밀도함수 $f(x)$ $(a \le x \le b)$에 대하여
(1) $f(x) \ge 0$
(2) 함수 $y=f(x)$의 그래프와 x축 및 두 직선 $x=a$, $x=b$로 둘러싸인 부분의 넓이는 1이다.

확인 문제

연속확률변수 X가 갖는 값의 범위는 $0 \le X \le 4$이고 X의 확률밀도함수가 $f(x)=a$ $(0 \le x \le 4)$일 때, 상수 a의 값을 구하시오.

0639 대표문제

연속확률변수 X가 갖는 값의 범위는 $-1 \le X \le 2$이고 X의 확률밀도함수가
$$f(x)=2a(x+2) \quad (-1 \le x \le 2)$$
일 때, 상수 a의 값은?

① $\dfrac{1}{20}$　　　② $\dfrac{1}{15}$　　　③ $\dfrac{1}{12}$

④ $\dfrac{1}{10}$　　　⑤ $\dfrac{1}{5}$

0640 평가원 기출

연속확률변수 X가 갖는 값의 범위는 $0 \le X \le 1$이고, X의 확률밀도함수의 그래프는 그림과 같다. 상수 a의 값은?

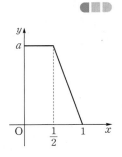

① $\dfrac{10}{9}$　　　② $\dfrac{11}{9}$

③ $\dfrac{4}{3}$　　　④ $\dfrac{13}{9}$

⑤ $\dfrac{14}{9}$

0641 중요

연속확률변수 X가 갖는 값의 범위가 $0 \le X \le 2$일 때, X의 확률밀도함수 $y=f(x)$의 그래프가 될 수 있는 것만을 보기에서 있는 대로 고른 것은?

보기

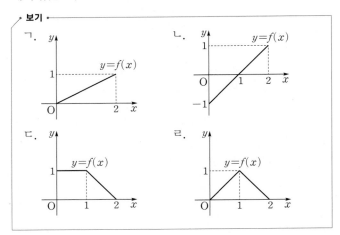

① ㄱ, ㄴ　　　② ㄱ, ㄹ　　　③ ㄴ, ㄷ
④ ㄷ, ㄹ　　　⑤ ㄱ, ㄷ, ㄹ

0642 서술형

연속확률변수 X가 갖는 값의 범위는 $0 \le X \le 4$이고 X의 확률밀도함수가
$$f(x)=\begin{cases} a(3-x) & (0 \le x \le 3) \\ \dfrac{a}{3}(x-3) & (3 < x \le 4) \end{cases}$$
일 때, 상수 a의 값을 구하시오.

0643

연속확률변수 X가 갖는 값의 범위는 $-2 \le X \le 1$이고 X의 확률밀도함수가

$$f(x) = \begin{cases} ax + \dfrac{1}{2} & (-2 \le x \le 0) \\ bx + \dfrac{1}{2} & (0 < x \le 1) \end{cases}$$

일 때, 다음 중 옳은 것은? (단, a, b는 $ab < 0$인 상수이다.)

① $4a - b = 1$ ② $2a - b = 1$ ③ $a - b = 1$
④ $4a + b = 1$ ⑤ $2a + b = 1$

0645

연속확률변수 X가 갖는 값의 범위는 $-1 \le X \le 3$이고 X의 확률밀도함수 $y = f(x)$의 그래프가 그림과 같을 때, $P(1 \le X \le 3)$의 값은? (단, a는 상수이다.)

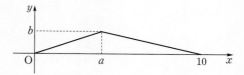

① $\dfrac{1}{2}$ ② $\dfrac{11}{20}$ ③ $\dfrac{3}{5}$
④ $\dfrac{13}{20}$ ⑤ $\dfrac{7}{10}$

유형 **02** **연속확률변수의 확률**

연속확률변수 X의 확률밀도함수 $f(x)$ $(a \le x \le b)$에 대하여 $a \le \alpha \le \beta \le b$일 때

(1) $P(\alpha \le X \le \beta)$의 값은 함수 $y = f(x)$의 그래프와 x축 및 두 직선 $x = \alpha$, $x = \beta$로 둘러싸인 부분의 넓이와 같다.

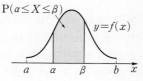

(2) $P(\alpha \le X \le \beta) = P(a \le X \le \beta) - P(a \le X \le \alpha)$

확인 문제

$0 \le x \le 4$에서 정의된 연속확률변수 X의 확률밀도함수 $y = f(x)$의 그래프가 그림과 같을 때, 다음을 구하시오.

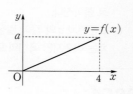

(1) 상수 a의 값
(2) $P(2 \le X \le 4)$

0644 대표문제

연속확률변수 X가 갖는 값의 범위는 $0 \le X \le 4$이고 X의 확률밀도함수가 $f(x) = \dfrac{a}{2}|x - 2|$ $(0 \le x \le 4)$일 때, $P(1 \le X \le 3)$의 값은? (단, a는 상수이다.)

① $\dfrac{1}{8}$ ② $\dfrac{1}{4}$ ③ $\dfrac{3}{8}$
④ $\dfrac{1}{2}$ ⑤ $\dfrac{5}{8}$

0646 평가원 기출

연속확률변수 X가 갖는 값의 범위는 $0 \le X \le 10$이고, X의 확률밀도함수의 그래프는 그림과 같다.

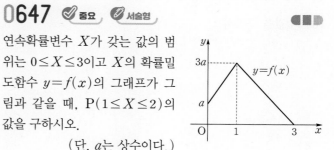

$P(0 \le X \le a) = \dfrac{2}{5}$일 때, 두 상수 a, b의 합 $a + b$의 값은?

① $\dfrac{21}{5}$ ② $\dfrac{22}{5}$ ③ $\dfrac{23}{5}$
④ $\dfrac{24}{5}$ ⑤ 5

0647 ✅중요 ✏️서술형

연속확률변수 X가 갖는 값의 범위는 $0 \le X \le 3$이고 X의 확률밀도함수 $y = f(x)$의 그래프가 그림과 같을 때, $P(1 \le X \le 2)$의 값을 구하시오. (단, a는 상수이다.)

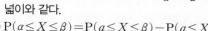

0648

바게트로 유명한 어느 빵집에서는 정해진 시각에 바게트를 판매하는데 상황에 따라 실제로 판매를 시작하는 시각은 조금씩 달라진다고 한다. 이 빵집의 바게트 판매 예정 시각과 실제 판매 시작 시각의 차를 X분이라 할 때, 확률변수 X의 확률밀도함수는

$$f(x) = \begin{cases} \dfrac{1}{8}x & (0 \leq x \leq 2) \\ \dfrac{1}{24}(8-x) & (2 < x \leq 8) \end{cases}$$

이다. 이 빵집의 바게트 판매 예정 시각과 실제 판매 시작 시각의 차가 5분 이상일 확률은?

① $\dfrac{3}{32}$ ② $\dfrac{1}{8}$ ③ $\dfrac{5}{32}$

④ $\dfrac{3}{16}$ ⑤ $\dfrac{7}{32}$

0649

연속확률변수 X가 갖는 값의 범위는 $0 \leq X \leq 5$이고 X의 확률밀도함수가

$$f(x) = \begin{cases} \dfrac{2}{21}x & (0 \leq x \leq 3) \\ \dfrac{2}{7} & (3 < x \leq 5) \end{cases}$$

일 때, $P(a \leq X \leq 4) = \dfrac{1}{2}$을 만족시키는 상수 a에 대하여 $10a^2$의 값을 구하시오.

0650 ✅중요

$0 \leq X \leq 10$인 모든 실수 값을 가지는 연속확률변수 X와 X의 확률밀도함수 $f(x)$가 다음 조건을 만족시킨다.

> ㈎ $0 \leq x \leq 5$인 모든 실수 x에 대하여 $f(5-x) = f(5+x)$
>
> ㈏ $P(5 \leq X \leq 6) = \dfrac{1}{12}$
>
> ㈐ $P(3 \leq X \leq 5) = 3P(0 \leq X \leq 3)$

$P(3 \leq X \leq 4) = \dfrac{q}{p}$일 때, $p+q$의 값을 구하시오.

(단, p와 q는 서로소인 자연수이다.)

유형 03 정규분포곡선의 성질

정규분포 $N(m, \sigma^2)$을 따르는 확률변수 X의 정규분포곡선은
(1) 직선 $x = m$에 대하여 대칭인 종 모양의 곡선이다.
(2) x축을 점근선으로 하며, $x = m$일 때 최댓값을 갖는다.
(3) 곡선과 x축 사이의 넓이는 1이다.
(4) 평균 m의 값이 일정할 때, 대칭축의 위치는 같으며 σ의 값이 클수록 곡선의 가운데 부분이 낮아지면서 옆으로 퍼지고, σ의 값이 작을수록 곡선의 가운데 부분이 높아지면서 옆으로 좁아진다.
(5) 표준편차 σ의 값이 일정할 때, m의 값에 따라 대칭축의 위치는 바뀌지만 곡선의 모양은 같다.

0651 대표문제

확률변수 X가 정규분포 $N(m, \sigma^2)$을 따를 때, 보기에서 옳은 것만을 있는 대로 고른 것은?

> **보기**
>
> ㄱ. $P(X \leq m) = 0.5$
>
> ㄴ. $a > m$일 때, $P(X \leq a) = 0.5 - P(m \leq X \leq a)$
>
> ㄷ. $a < b$일 때, $P(a \leq X \leq b) = P(X \leq b) - P(X \leq a)$

① ㄱ   ② ㄱ, ㄴ   ③ ㄱ, ㄷ

④ ㄴ, ㄷ   ⑤ ㄱ, ㄴ, ㄷ

0652

정규분포를 따르는 확률변수 X의 확률밀도함수가 $f(x)$일 때, 모든 실수 x에 대하여 $f(6-x)=f(6+x)$가 성립한다. X의 평균은?

① 3   ② 6   ③ 9
④ 12   ⑤ 15

0653 ✔중요

정규분포를 따르는 세 확률변수 X_1, X_2, X_3의 확률밀도함수를 각각 $f(x)$, $g(x)$, $h(x)$라 할 때, 그림과 같이 두 함수 $y=f(x)$, $y=h(x)$의 그래프는 평행이동에 의하여 서로 겹칠 수 있고, 두 함수 $y=g(x)$, $y=h(x)$의 그래프의 대칭축은 일치한다. X_1, X_2, X_3의 평균은 각각 m_1, m_2, m_3이고 표준편차는 각각 σ_1, σ_2, σ_3일 때, 보기에서 옳은 것의 개수는?

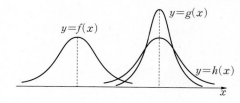

┌ 보기 ┐
ㄱ. $m_1=m_2$ ㄴ. $\sigma_1=\sigma_2$
ㄷ. $m_2=m_3$ ㄹ. $\sigma_2=\sigma_3$
ㅁ. $m_1<m_3$ ㅂ. $\sigma_1<\sigma_3$

① 1   ② 2   ③ 3
④ 4   ⑤ 5

0654 교육청 기출

정규분포 $N(m, 4)$를 따르는 확률변수 X에 대하여 함수
$$g(k)=P(k-8\leq X\leq k)$$
는 $k=12$일 때 최댓값을 갖는다. 상수 m의 값을 구하시오.

0655 ✎서술형

정규분포 $N(m, \sigma^2)$을 따르는 확률변수 X에 대하여
$$P(X\leq 32)=P(X\geq 48)$$
이고 $\dfrac{1}{3}X+2$의 분산이 1일 때, $m+\sigma^2$의 값을 구하시오.

0656 ✔중요

확률변수 X는 정규분포 $N(4, 3^2)$, 확률변수 Y는 정규분포 $N(10, 3^2)$을 따르고 두 확률변수 X, Y의 확률밀도함수가 각각 $f(x)$, $g(x)$일 때, $f(x)=g(13)$을 만족시키는 서로 다른 모든 실수 x의 제곱의 합을 구하시오.

0657

정규분포 $N(10, \sigma^2)$을 따르는 확률변수 X에 대하여
$$f(n)=P(n-2\leq X\leq n+4) \ (n\text{은 실수})$$
라 할 때, 보기에서 옳은 것만을 있는 대로 고른 것은?

┌ 보기 ┐
ㄱ. $f(8)=f(10)$
ㄴ. 임의의 실수 a에 대하여 $f(a)\leq f(9)$
ㄷ. 임의의 실수 a에 대하여 $f(a)=f(18-a)$

① ㄱ   ② ㄱ, ㄴ   ③ ㄱ, ㄷ
④ ㄴ, ㄷ   ⑤ ㄱ, ㄴ, ㄷ

정규분포 $N(m, \sigma^2)$을 따르는 확률변수 X의 정규분포곡선은 직선 $x=m$에 대하여 대칭인 종 모양의 곡선이므로 다음 성질을 이용하여 확률을 구할 수 있다.

➡ ① $P(X \geq m) = P(X \leq m) = 0.5$
② $a > 0$일 때, $P(m \leq X \leq m+a) = P(m-a \leq X \leq m)$

확인 문제

정규분포 $N(m, \sigma^2)$을 따르는 확률변수 X에 대하여
$$P(m \leq X \leq m+\sigma) = 0.34,$$
$$P(m \leq X \leq m+2\sigma) = 0.48$$
일 때, 다음 값을 구하시오.

(1) $P(m-\sigma \leq X \leq m+\sigma)$ (2) $P(X \leq m+2\sigma)$
(3) $P(X \geq m-\sigma)$ (4) $P(X \geq m+\sigma)$

0658 대표문제

정규분포 $N(m, \sigma^2)$을 따르는 확률변수 X에 대하여 $P(m \leq X \leq x)$의 값은 오른쪽 표와 같다. 이 표를 이용하여
$$P(m+\sigma \leq X \leq m+3\sigma)$$
의 값을 구한 것은?

x	$P(m \leq X \leq x)$
$m+\sigma$	0.3413
$m+2\sigma$	0.4772
$m+3\sigma$	0.4987

① 0.1359   ② 0.1574   ③ 0.2718
④ 0.2785   ⑤ 0.3148

0659

확률변수 X가 정규분포 $N(m, \sigma^2)$을 따르고
$$P(m-\sigma \leq X \leq m+\sigma) = a,$$
$$P(m-2\sigma \leq X \leq m+2\sigma) = b$$
일 때, 다음 중 $P(m-\sigma \leq X \leq m+2\sigma)$의 값으로 옳은 것은?

① $\dfrac{a+b}{2}$ ② $\dfrac{b-a}{2}$ ③ $b-a$
④ $\dfrac{a}{2}+b$ ⑤ $a+\dfrac{b}{2}$

0660 서술형

정규분포 $N(m, \sigma^2)$을 따르는 확률변수 X에 대하여
$$P(X \geq m-\sigma) = 0.8413$$
일 때, $P(m-\sigma \leq X \leq m+\sigma)$의 값을 구하시오.

0661 중요

정규분포 $N(m, \sigma^2)$을 따르는 확률변수 X에 대하여 $P(m \leq X \leq x)$의 값은 오른쪽 표와 같다. 확률변수 X가 정규분포 $N(10, 2^2)$을 따를 때, 이 표를 이용하여
$$P(X \leq k) = 0.0062$$
를 만족시키는 상수 k의 값을 구하시오.

x	$P(m \leq X \leq x)$
$m+\sigma$	0.3413
$m+1.5\sigma$	0.4332
$m+2\sigma$	0.4772
$m+2.5\sigma$	0.4938
$m+3\sigma$	0.4987

0662 수능 기출

확률변수 X가 정규분포 $N(m, \sigma^2)$을 따르고 다음 조건을 만족시킨다.

> ㈎ $P(X \geq 64) = P(X \leq 56)$
> ㈏ $E(X^2) = 3616$

$P(X \leq 68)$의 값을 오른쪽 표를 이용하여 구한 것은?

x	$P(m \leq X \leq x)$
$m+1.5\sigma$	0.4332
$m+2\sigma$	0.4772
$m+2.5\sigma$	0.4938

① 0.9104   ② 0.9332
③ 0.9544   ④ 0.9772
⑤ 0.9938

0663

확률변수 X가 정규분포 $N(m, \sigma^2)$을 따를 때, 다음 조건을 만족시키는 네 양수 a, b, c, d의 대소 관계로 옳은 것은?

(개) $P(X \leq m+a) = 0.66$
(내) $P(X \leq m-b) = 0.15$
(대) $P(X \geq m-c) = 0.76$
(래) $P(m-d \leq X \leq m+d) = 0.88$

---

① $a < b < c < d$ ② $a < c < b < d$
③ $b < c < a < d$ ④ $c < a < b < d$
⑤ $d < b < c < a$

유형 05   정규분포의 표준화

확률변수 X가 정규분포 $N(m, \sigma^2)$을 따를 때

(1) 확률변수 $Z = \dfrac{X-m}{\sigma}$은 표준정규분포 $N(0, 1)$을 따른다.

(2) $P(a \leq X \leq b) = P\left(\dfrac{a-m}{\sigma} \leq Z \leq \dfrac{b-m}{\sigma} \right)$

확인 문제

확률변수 X가 다음과 같은 정규분포를 따를 때, X를 표준정규분포 $N(0, 1)$을 따르는 확률변수 Z로 표준화하시오.

(1) $N(10, 2^2)$ (2) $N(9, 3^2)$

(3) $N(100, 10^2)$ (4) $N\left(6, \left(\dfrac{1}{2}\right)^2\right)$

0664   대표문제

두 확률변수 X, Y가 각각 정규분포 $N(10, 2^2)$, $N(12, 4^2)$을 따를 때,

$$P(8 \leq X \leq 13) = P(k \leq Y \leq 16)$$

을 만족시키는 상수 k의 값을 구하시오.

0665

확률변수 X가 정규분포 $N(20, \sigma^2)$을 따를 때, 확률변수 $Z = \dfrac{X-m}{3}$은 표준정규분포 $N(0, 1)$을 따른다. $m+\sigma$의 값을 구하시오. (단, $\sigma > 0$)

0666

정규분포 $N(100, 5^2)$을 따르는 확률변수 X가

$$P(X \leq 120) = P(Z \leq a) = P(Z \geq b)$$

를 만족시킬 때, 상수 a, b에 대하여 a^2+b^2의 값은?

(단, Z는 표준정규분포를 따르는 확률변수이다.)

① 8   ② 13   ③ 18
④ 25   ⑤ 32

0667   중요

두 확률변수 X, Y가 각각 정규분포 $N(12, 2^2)$, $N(30, 4^2)$을 따르고

$$P(X \leq k) = P(Y \geq k)$$

일 때, 상수 k의 값은?

① 16   ② 17   ③ 18
④ 19   ⑤ 20

0668 ✏️서술형 ◀◀▶

확률변수 X는 정규분포 $N(10, 2^2)$, 확률변수 Y는 정규분포 $N(m, 3^2)$을 따를 때,

$$P(6 \leq X \leq 14) = 2P(m \leq Y \leq 2m-8)$$

을 만족시키는 상수 m의 값을 구하시오.

0669 ◀◀▶

확률변수 X는 정규분포 $N(m, 3^2)$, 확률변수 Y는 정규분포 $N(m+12, 4^2)$을 따른다. 실수 n에 대하여 $P(X \leq n) = P(Y \geq n+5)$일 때, $m-n$의 값은?

① -1 ② -2 ③ -3
④ -4 ⑤ -5

0670 ✅중요 ◀◀▶

정규분포 $N(6, 2^2)$을 따르는 확률변수 X와 정규분포 $N(18, \sigma^2)$을 따르는 확률변수 Y가 다음 조건을 만족시킬 때, 모든 실수 a의 값의 합은?

(가) $P(5 \leq X \leq 7) = P(16 \leq Y \leq 20)$	
(나) $P(10 \leq X \leq 12) = P(a-4 \leq Y \leq a)$	

① 24 ② 28 ③ 32
④ 36 ⑤ 40

유형 06 표준화하여 확률 구하기

정규분포 $N(m, \sigma^2)$을 따르는 확률변수 X에 대한 확률은 표준정규분포 $N(0, 1)$을 따르는 확률변수 $Z = \dfrac{X-m}{\sigma}$에 대한 확률로 나타낸 후 표준정규분포표를 이용하여 구한다.

Tip 확률변수 Z가 표준정규분포 $N(0, 1)$을 따를 때, 다음이 성립한다. (단, $0 < a < b$)

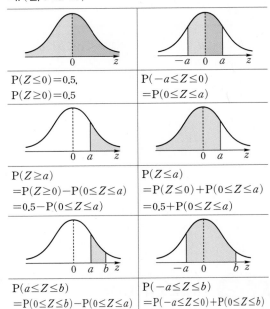

$P(Z \leq 0) = 0.5$, $P(Z \geq 0) = 0.5$	$P(-a \leq Z \leq 0)$ $= P(0 \leq Z \leq a)$
$P(Z \geq a)$ $= P(Z \geq 0) - P(0 \leq Z \leq a)$ $= 0.5 - P(0 \leq Z \leq a)$	$P(Z \leq a)$ $= P(Z \leq 0) + P(0 \leq Z \leq a)$ $= 0.5 + P(0 \leq Z \leq a)$
$P(a \leq Z \leq b)$ $= P(0 \leq Z \leq b) - P(0 \leq Z \leq a)$	$P(-a \leq Z \leq b)$ $= P(-a \leq Z \leq 0) + P(0 \leq Z \leq b)$ $= P(0 \leq Z \leq a) + P(0 \leq Z \leq b)$

확인 문제

확률변수 Z가 표준정규분포 $N(0, 1)$을 따를 때, 오른쪽 표준정규분포표를 이용하여 다음 값을 구하시오.

(1) $P(-1 \leq Z \leq 0)$
(2) $P(1 \leq Z \leq 2.5)$
(3) $P(-2 \leq Z \leq 1.5)$
(4) $P(Z \leq 2)$
(5) $P(Z \geq 3)$

z	$P(0 \leq Z \leq z)$
1.0	0.3413
1.5	0.4332
2.0	0.4772
2.5	0.4938
3.0	0.4987

0671 대표문제

확률변수 X가 정규분포 $N(50, 4^2)$을 따를 때, $P(48 \leq X \leq 58)$의 값을 오른쪽 표준정규분포표를 이용하여 구한 것은?

z	$P(0 \leq Z \leq z)$
0.5	0.1915
1.0	0.3413
1.5	0.4332
2.0	0.4772

① 0.5328 ② 0.6687
③ 0.7745 ④ 0.8185
⑤ 0.9759

0672

확률변수 X가 정규분포 $N(10, 2^2)$을 따를 때, 다음 중 그 값이 가장 작은 것은? (단, Z가 표준정규분포를 따르는 확률변수일 때, $P(0 \le Z \le 1) = 0.34$, $P(0 \le Z \le 2) = 0.48$로 계산한다.)

① $P(6 \le X \le 12)$ ② $P(X \ge 8)$
③ $P(8 \le X \le 12)$ ④ $P(X \le 14)$
⑤ $P(6 \le X \le 14)$

0673 ✎서술형

확률변수 X가 정규분포 $N(40, 5^2)$을 따르고
$$P(36 \le X \le 44) = 0.5762$$
일 때, $P(X \le 36)$의 값을 구하시오.

0674 ✓중요

확률변수 X가 평균이 16, 표준편차가 5인 정규분포를 따를 때, 확률변수 $Y = 3X + 2$에 대하여
$$P(41 \le Y \le 68)$$
의 값을 오른쪽 표준정규분포표를 이용하여 구한 것은?

z	$P(0 \le Z \le z)$
0.3	0.1179
0.6	0.2257
0.9	0.3159
1.2	0.3849
1.5	0.4332

① 0.4668   ② 0.5416   ③ 0.6106
④ 0.7008   ⑤ 0.7491

0675

정규분포 $N(8, 5^2)$을 따르는 확률변수 X에 대하여
$P(X \le 6) + P(X \le 7) + P(X \le 8) + P(X \le 9) + P(X \le 10)$
의 값은?

① 1.5   ② 2   ③ 2.5
④ 3   ⑤ 3.5

유형 07 표준화하여 미지수 구하기

정규분포 $N(m, \sigma^2)$을 따르는 확률변수 X에 대하여 $P(m \le X \le a) = k$가 주어질 때, 미지수 a의 값은 다음과 같은 순서로 구한다.

❶ 표준정규분포 $N(0, 1)$을 따르는 확률변수 $Z = \dfrac{X-m}{\sigma}$에 대한 확률로 나타낸다.
➡ $P(m \le X \le a) = P\left(0 \le Z \le \dfrac{a-m}{\sigma}\right) = k$

❷ 표준정규분포표에서 $P\left(0 \le Z \le \dfrac{a-m}{\sigma}\right) = k$를 만족시키는 $\dfrac{a-m}{\sigma}$을 찾아 미지수 a의 값을 구한다.

확인 문제

오른쪽 표준정규분포표를 이용하여 실수 k의 값을 구하시오.
(1) $P(Z \le k) = 0.8413$
(2) $P(-k \le Z \le k) = 0.8664$
(3) $P(Z \ge k) = 0.0228$

z	$P(0 \le Z \le z)$
1.0	0.3413
1.5	0.4332
2.0	0.4772
2.5	0.4938

0676 대표문제

확률변수 X가 정규분포 $N(20, 4^2)$을 따를 때,
$$P(18 \le X \le k) = 0.6247$$
을 만족시키는 상수 k의 값을 오른쪽 표준정규분포표를 이용하여 구하시오.

z	$P(0 \le Z \le z)$
0.5	0.1915
1.0	0.3413
1.5	0.4332
2.0	0.4772

0677 평가원 기출

확률변수 X가 평균이 m, 표준편차가 $\dfrac{m}{3}$인 정규분포를 따르고

$$P\left(X \le \dfrac{9}{2}\right) = 0.9987$$

일 때, 오른쪽 표준정규분포표를 이용하여 m의 값을 구한 것은?

z	$P(0 \le Z \le z)$
1.5	0.4332
2.0	0.4772
2.5	0.4938
3.0	0.4987

① $\dfrac{3}{2}$ ② $\dfrac{7}{4}$ ③ 2

④ $\dfrac{9}{4}$ ⑤ $\dfrac{5}{2}$

0678 중요

확률변수 X가 정규분포 $N(65,\ 3^2)$을 따르고

$$P(X \le k) = 0.0062$$

일 때, 오른쪽 표준정규분포표를 이용하여 상수 k의 값을 구한 것은?

z	$P(0 \le Z \le z)$
1.5	0.4332
2.0	0.4772
2.5	0.4938
3.0	0.4987

① 57.5   ② 59   ③ 60.5

④ 62   ⑤ 63.5

0679 서술형

확률변수 X가 정규분포 $N(m,\ \sigma^2)$을 따를 때,

$$P(|X-m| \le k\sigma) = 0.9282$$

를 만족시키는 양수 k의 값을 오른쪽 표준정규분포표를 이용하여 구하시오. (단, $\sigma > 0$)

z	$P(0 \le Z \le z)$
0.6	0.2257
1.2	0.3849
1.8	0.4641
2.4	0.4918

0680

평균이 m, 표준편차가 σ인 정규분포를 따르는 확률변수 X가

$$P(m-10 \le X \le m) - P(X \ge m+10) = 0.4544$$

를 만족시킨다. 오른쪽 표준정규분포표를 이용하여 σ의 값을 구하시오.

z	$P(0 \le Z \le z)$
1.0	0.3413
1.5	0.4332
2.0	0.4772
2.5	0.4938

0681 수능 기출

확률변수 X는 평균이 8, 표준편차가 3인 정규분포를 따르고, 확률변수 Y는 평균이 m, 표준편차가 σ인 정규분포를 따른다. 두 확률변수 X, Y가

$$P(4 \le X \le 8) + P(Y \ge 8) = \dfrac{1}{2}$$

을 만족시킬 때, $P\left(Y \le 8 + \dfrac{2\sigma}{3}\right)$의 값을 오른쪽 표준정규분포표를 이용하여 구한 것은?

z	$P(0 \le Z \le z)$
1.0	0.3413
1.5	0.4332
2.0	0.4772
2.5	0.4938

① 0.8351   ② 0.8413   ③ 0.9332

④ 0.9772   ⑤ 0.9938

유형 08 표준화하여 미지수 구하기
– 정규분포곡선의 성질 이용

정규분포 $N(m, \sigma^2)$을 따르는 확률변수 X의 정규분포곡선은
직선 $x=m$에 대하여 대칭인 종 모양의 곡선이므로 다음 성질
을 이용하여 필요한 정보를 찾는다.
➡ ① $P(X \leq a)=P(X \geq b)$이면
$$m=\frac{a+b}{2}$$
② $P(X \leq a)+P(X \leq b)=1$이면
$$m=\frac{a+b}{2}$$
③ X의 확률밀도함수 $f(x)$에 대하여 $f(a-x)=f(a+x)$
이면 $m=a$

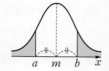

0682 대표문제

정규분포 $N(m, 2^2)$을 따르는 확률변
수 X에 대하여
$$P(X \leq 8)=P(X \geq 12)$$
일 때, $P(X \geq 14)$의 값을 오른쪽 표
준정규분포표를 이용하여 구한 것은?

z	$P(0 \leq Z \leq z)$
0.5	0.1915
1.0	0.3413
1.5	0.4332
2.0	0.4772

① 0.0228 　　② 0.0668 　　③ 0.1587

④ 0.3085 　　⑤ 0.3413

0683 교육청 기출

확률변수 X가 정규분포 $N(5, 2^2)$을 따를 때, 등식
$P(X \leq 9-2a)=P(X \geq 3a-3)$을
만족시키는 상수 a에 대하여
$P(9-2a \leq X \leq 3a-3)$의 값을 오른
쪽 표준정규분포표를 이용하여 구한
것은?

z	$P(0 \leq Z \leq z)$
1.0	0.3413
1.5	0.4332
2.0	0.4772
2.5	0.4938

① 0.7745 　　② 0.8664 　　③ 0.9104

④ 0.9544 　　⑤ 0.9876

0684 중요

정규분포 $N(m, \sigma^2)$을 따르는 확률변수 X의 확률밀도함수
가 $f(x)$이고, 모든 실수 x에 대하여
$$f(24+x)=f(24-x)$$
이다. $P(X \leq m+2)=0.8413$일 때,
$P(X \geq 30)$의 값을 오른쪽 표준정규
분포표를 이용하여 구한 것은?

z	$P(0 \leq Z \leq z)$
1	0.3413
2	0.4772
3	0.4987

① 0.0013 　　② 0.0668 　　③ 0.1587

④ 0.9772 　　⑤ 0.9987

0685 서술형

두 확률변수 X, Y는 각각 정규분포 $N(20, \sigma^2)$, $N(35, 4\sigma^2)$
을 따르고
$$P(X \leq k)=P(Y \geq k)=0.9938$$
을 만족시킨다. 오른쪽 표준정규분포표
를 이용하여 $k+\sigma$의 값을 구하시오.
　　　　　　　　　（단, $\sigma > 0$）

z	$P(0 \leq Z \leq z)$
1.0	0.3413
1.5	0.4332
2.0	0.4772
2.5	0.4938

0686 중요

정규분포 $N(m, 4^2)$을 따르는 확률변수 X의 확률밀도함수
$f(x)$에 대하여
$$f(6) < f(16) < f(10)$$
이고 m이 자연수일 때,
$P(14 \leq X \leq 16)$의 값을 오른쪽 표준
정규분포표를 이용하여 구한 것은?

z	$P(0 \leq Z \leq z)$
0.5	0.1915
1.0	0.3413
1.5	0.4332
2.0	0.4772

① 0.0668 　　② 0.1359 　　③ 0.1498

④ 0.1525 　　⑤ 0.2417

0687

정규분포 $N(100, 6^2)$을 따르는 확률변수 X의 확률밀도함수 $f(x)$에 대하여 $y=f(x)$의 그래프가 직선 $y=k$와 두 점 A, B에서 만난다.

두 점 A, B의 x좌표를 각각 a, b $(a<b)$라 할 때,
$$P(a\leq X\leq b)=0.9544$$
이다. 오른쪽 표준정규분포표를 이용하여 $a+2b$의 값을 구하시오.

(단, k는 상수이다.)

z	$P(0\leq Z\leq z)$
1.0	0.3413
1.5	0.4332
2.0	0.4772
2.5	0.4938

0688 평가원 기출

확률변수 X는 정규분포 $N(10, 4^2)$, 확률변수 Y는 정규분포 $N(m, 4^2)$을 따르고, 확률변수 X와 Y의 확률밀도함수는 각각 $f(x)$와 $g(x)$이다.
$$f(12)=g(26),$$
$$P(Y\geq 26)\geq 0.5$$
일 때, $P(Y\leq 20)$의 값을 오른쪽 표준정규분포표를 이용하여 구한 것은?

z	$P(0\leq Z\leq z)$
1.0	0.3413
1.5	0.4332
2.0	0.4772
2.5	0.4938

① 0.0062 ② 0.0228 ③ 0.0896
④ 0.1587 ⑤ 0.2255

유형 09 정규분포의 활용 - 확률 구하기

정규분포의 실생활 문제에서 확률변수가 특정 조건을 만족시킬 확률은 다음과 같은 순서로 구한다.
❶ 확률변수 X를 정하고 X가 따르는 정규분포 $N(m, \sigma^2)$을 구한다.
❷ X에 대한 확률을 표준정규분포 $N(0, 1)$을 따르는 확률변수 $Z=\dfrac{X-m}{\sigma}$에 대한 확률로 나타낸다.
❸ 표준정규분포표를 이용하여 확률을 계산한다.

0689 대표문제

어느 공장에서 생산하는 비누 한 개의 무게는 평균이 150 g, 표준편차가 4 g인 정규분포를 따른다고 한다. 이 공장에서 생산한 비누 중에서 임의로 선택한 비누 한 개의 무게가 146 g 이상이고 156 g 이하일 확률을 오른쪽 표준정규분포표를 이용하여 구한 것은?

z	$P(0\leq Z\leq z)$
1.0	0.3413
1.5	0.4332
2.0	0.4772
2.5	0.4938

① 0.7745 ② 0.8185 ③ 0.8351
④ 0.9104 ⑤ 0.9270

0690 수능 기출

어느 농장에서 수확하는 파프리카 1개의 무게는 평균이 180 g, 표준편차가 20 g인 정규분포를 따른다고 한다. 이 농장에서 수확한 파프리카 중에서 임의로 선택한 파프리카 1개의 무게가 190 g 이상이고 210 g 이하일 확률을 오른쪽 표준정규분포표를 이용하여 구한 것은?

z	$P(0\leq Z\leq z)$
0.5	0.1915
1.0	0.3413
1.5	0.4332
2.0	0.4772

① 0.0440 ② 0.0919 ③ 0.1359
④ 0.1498 ⑤ 0.2417

0691 ✏️서술형 ◀◀▮

어느 전기 자동차 A의 연비는 평균이 4 km/kWh, 표준편차가 0.2 km/kWh인 정규분포를 따른다고 한다. 이 전기 자동차 A 중에서 임의로 선택한 자동차 한 대의 연비가 4.4 km/kWh 이상일 확률을 오른쪽 표준정규분포표를 이용하여 구하시오.

z	$P(0 \leq Z \leq z)$
1	0.3413
2	0.4772
3	0.4987

0692 ✅중요 ◀◀▮

연수네 학교 전교생의 기말고사 점수는 평균이 74점, 표준편차가 4점인 정규분포를 따르고 점수가 70점 이하인 학생은 방학 보충수업을 받아야 한다. 연수네 학교 학생 중 임의로 한 명을 선택할 때, 이 학생이 보충수업을 받아야 하는 학생일 확률을 오른쪽 표준정규분포표를 이용하여 구한 것은?

z	$P(0 \leq Z \leq z)$
0.5	0.1915
1.0	0.3413
1.5	0.4332
2.0	0.4772

① 0.0228 ② 0.0668 ③ 0.1587
④ 0.2417 ⑤ 0.3085

0693 ◀◀▮

어느 회사원이 회사에 출근하는 데 걸리는 시간은 평균이 40분, 표준편차가 5분인 정규분포를 따른다고 한다. 출근 시각은 오전 9시이고 이 회사원이 집에서 출발한 시각이 오전 8시 25분일 때, 이 회사원이 회사에 지각할 확률을 오른쪽 표준정규분포표를 이용하여 구한 것은?

z	$P(0 \leq Z \leq z)$
0.5	0.1915
1.0	0.3413
1.5	0.4332
2.0	0.4772

① 0.8185 ② 0.8413 ③ 0.8664
④ 0.9332 ⑤ 0.9772

0694 ✅중요 ◀◀▮

어느 공장에서는 생산한 양초의 길이가 기준 길이와 비교하여 1 cm 이상 차이가 나면 그 양초를 불량품으로 판정한다. 양초의 기준 길이는 32 cm이고 이 공장에서 생산하는 양초의 길이는 평균이 32.2 cm, 표준편차가 0.4 cm인 정규분포를 따른다고 한다. 이 공장에서 생산한 양초 중에서 임의로 한 개를 선택할 때, 이 양초가 불량품일 확률을 오른쪽 표준정규분포표를 이용하여 구한 것은?

z	$P(0 \leq Z \leq z)$
1	0.3413
2	0.4772
3	0.4987

① 0.0013 ② 0.0029 ③ 0.0062
④ 0.0228 ⑤ 0.0241

0695 ◀◀▮

어느 양계장에서 생산한 달걀 한 개의 무게는 평균이 60 g, 표준편차가 8 g인 정규분포를 따른다고 한다. 이 양계장에서 생산한 달걀 한 개의 무게가 44 g 이상이면 판매 가능한 상품으로 분류되며, 68 g 이상이면 특상품으로 분류된다. 이 양계장에서 생산한 달걀 중에서 임의로 선택한 달걀 한 개가 판매 가능한 상품일 때, 이 달걀이 특상품일 확률을 오른쪽 표준정규분포표를 이용하여 구하면 $\dfrac{q}{p}$ 이다. $p+q$의 값을 구하시오.

z	$P(0 \leq Z \leq z)$
1.0	0.34
1.5	0.43
2.0	0.48
2.5	0.49

(단, p와 q는 서로소인 자연수이다.)

정규분포의 실생활 문제에서 전체 자료 중에서 특정 범위에 속하는 자료의 개수는 다음과 같은 순서로 구한다.

❶ 확률변수 X를 정하고 X가 따르는 정규분포 $N(m, \sigma^2)$을 구한다.

❷ X에 대한 확률을 표준정규분포 $N(0, 1)$을 따르는 확률변수 $Z = \dfrac{X-m}{\sigma}$에 대한 확률로 나타낸다.

❸ 표준정규분포표를 이용하여 확률을 계산한다.

❹ (전체 자료의 수) × (❸의 확률)을 구한다.

0696 대표문제

어느 전자회사가 자사의 식기세척기를 구입한 소비자 1000명을 대상으로 식기세척기의 사용 기간을 조사하였더니 평균이 60개월, 표준편차가 12개월인 정규분포를 따르는 것으로 나타났다. 조사 대상인 소비자 중에서 식기세척기의 사용 기간이 78개월 이상이고 84개월 이하인 소비자의 수를 오른쪽 표준정규분포표를 이용하여 구한 것은?

z	$P(0 \leq Z \leq z)$
0.5	0.19
1.0	0.34
1.5	0.43
2.0	0.48

① 50   ② 90   ③ 140
④ 150   ⑤ 240

0697

어느 고등학교 학생 800명을 대상으로 키를 조사하였더니 평균이 164 cm, 표준편차가 5 cm인 정규분포를 따르는 것으로 나타났다. 조사 대상인 이 고등학교 학생 중 키가 172 cm 이상인 학생 수를 구하시오. (단, Z가 표준정규분포를 따르는 확률변수일 때, $P(0 \leq Z \leq 1.6) = 0.445$로 계산한다.)

0698 서술형

어느 도시에서 6세 아동 1000명의 몸무게를 조사하였더니 평균이 21.4 kg, 표준편차가 0.5 kg인 정규분포를 따르는 것으로 나타났다. 이 도시에서 몸무게가 21 kg 이상이고 22 kg 이하인 6세 아동의 수를 오른쪽 표준정규분포표를 이용하여 구하시오.

z	$P(0 \leq Z \leq z)$
0.6	0.2257
0.8	0.2881
1.0	0.3413
1.2	0.3849

0699 중요

어느 공장에서 생산하는 음료수 한 병의 무게는 평균이 120 g, 표준편차가 10 g인 정규분포를 따른다고 한다. 이 공장에서 생산하는 음료수는 한 병의 무게가 105 g 이하이거나 130 g 이상일 때, 불량품으로 판정된다. 이 공장에서 생산한 음료수 10000병 중 불량품의 개수를 오른쪽 표준정규분포표를 이용하여 구한 것은?

z	$P(0 \leq Z \leq z)$
0.5	0.1915
1.0	0.3413
1.5	0.4332
2.0	0.4772

① 1336   ② 1915   ③ 2255
④ 3174   ⑤ 3085

0700

어느 농장에서 수확한 수박 n개의 개당 무게는 평균이 12 kg, 표준편차가 2 kg인 정규분포를 따르고, 개당 무게가 10 kg 이하인 수박은 192개로 조사되었다. 이 농장에서 수확한 수박 n개 중 무게가 15 kg 이상이고 16 kg 이하인 수박의 개수를 오른쪽 표준정규분포표를 이용하여 구하시오.

z	$P(0 \leq Z \leq z)$
1.0	0.34
1.5	0.43
2.0	0.48
2.5	0.49

유형 11 정규분포의 활용 - 미지수 구하기

정규분포의 실생활 문제에서 미지수가 포함된 특정 범위에 대한 확률이 주어질 때, 미지수의 값은 다음과 같은 순서로 구한다.
❶ 확률변수 X를 정하고 X가 따르는 정규분포 $N(m, \sigma^2)$을 구한다.
❷ X에 대한 확률을 표준정규분포 $N(0, 1)$을 따르는 확률변수 $Z = \dfrac{X-m}{\sigma}$에 대한 확률로 나타낸다.
❸ 표준정규분포표에서 ❷의 식을 만족시키는 z의 값을 찾는다.
❹ 방정식을 세워 미지수의 값을 구한다.

0701 대표문제

어느 농장에서 키우는 닭 한 마리의 무게는 평균이 m g, 표준편차가 10 g인 정규분포를 따른다고 한다. 이 농장에서 키우는 닭 중에서 임의로 선택한 닭 한 마리의 무게가 1 kg 이상일 확률이 0.1587일 때, 오른쪽 표준정규분포표를 이용하여 m의 값을 구한 것은?

z	$P(0 \le Z \le z)$
1	0.3413
2	0.4772
3	0.4987

① 900 ② 990 ③ 1000
④ 1010 ⑤ 1100

0702 평가원 기출

어느 인스턴트 커피 제조 회사에서 생산하는 A 제품 1개의 중량은 평균이 9, 표준편차가 0.4인 정규분포를 따르고, B 제품 1개의 중량은 평균이 20, 표준편차가 1인 정규분포를 따른다고 한다. 이 회사에서 생산한 A 제품 중에서 임의로 선택한 1개의 중량이 8.9 이상 9.4 이하일 확률과 B 제품 중에서 임의로 선택한 1개의 중량이 19 이상 k 이하일 확률이 서로 같다. 상수 k의 값은? (단, 중량의 단위는 g이다.)

① 19.5 ② 19.75 ③ 20
④ 20.25 ⑤ 20.5

0703

어느 고등학교 학생들의 하루 물 섭취량은 평균이 2 L, 표준편차가 0.5 L인 정규분포를 따른다고 한다. 이 고등학교에서 임의로 선택한 한 학생의 하루 물 섭취량이 k L 이상일 확률이 0.9772일 때, 오른쪽 표준정규분포표를 이용하여 상수 k의 값을 구하시오.

z	$P(0 \le Z \le z)$
1	0.3413
2	0.4772
3	0.4987

0704 중요

어느 공장에서 생산하는 LED 전구 1개의 수명은 평균이 40000시간, 표준편차가 σ시간인 정규분포를 따른다고 한다. 이 공장에서 생산한 LED 전구 1개의 수명을 확률변수 X라 하면

$$P(X \ge 37000) = 0.9332$$

이다. 이 공장에서 생산한 LED 전구 중에서 임의로 선택한 LED 전구 1개의 수명이 42000시간 이상일 확률을 오른쪽 표준정규분포표를 이용하여 구한 것은?

z	$P(0 \le Z \le z)$
0.5	0.1915
1.0	0.3413
1.5	0.4332
2.0	0.4772

① 0.0228 ② 0.0668 ③ 0.1587
④ 0.3085 ⑤ 0.3413

0705

어느 기계로 생산한 제품 한 개의 무게는 평균이 25.5 kg, 표준편차가 0.2 kg인 정규분포를 따르고 제품 한 개의 무게가 a kg 이하이거나 25.9 kg 이상이면 불량품으로 판단한다고 한다. 이 기계로 생산한 제품 중 임의로 한 개를 선택하여 무게를 확인할 때, 이 제품이 불량품으로 판단될 확률이 0.3313이다. 오른쪽 표준정규분포표를 이용하여 $10a$의 값을 구하시오. (단, $a < 25.9$)

z	$P(0 \le Z \le z)$
0.5	0.1915
1.0	0.3413
1.5	0.4332
2.0	0.4772

0706 평가원 기출

어느 학교 3학년 학생의 A 과목 시험 점수는 평균이 m, 표준편차가 σ인 정규분포를 따르고, B 과목 시험 점수는 평균이 $m+3$, 표준편차가 σ인 정규분포를 따른다고 한다. 이 학교 3학년 학생 중에서 A 과목 시험 점수가 80점 이상인 학생의 비율이 9 %이고, B 과목 시험 점수가 80점 이상인 학생의 비율이 15 %일 때, $m+\sigma$의 값은? (단, Z가 표준정규분포를 따르는 확률변수일 때, $P(0 \le Z \le 1.04)=0.35$, $P(0 \le Z \le 1.34)=0.41$로 계산한다.)

① 68.6   ② 70.6   ③ 72.6
④ 74.6   ⑤ 76.6

유형 12   정규분포의 활용 – 최솟값 구하기

확률변수 X가 정규분포 $N(m, \sigma^2)$을 따를 때, 상위 α % 안에 들어가는 X의 최솟값을 구하려면 최솟값을 k로 놓고, 표준정규분포표를 이용하여

$$P(X \ge k)=P\left(Z \ge \frac{k-m}{\sigma}\right)=\frac{\alpha}{100}$$

를 만족시키는 k의 값을 구한다.

0707 대표문제

모집 인원이 40명인 어느 회사의 입사 시험에 500명이 지원하였다. 지원자 500명의 점수가 평균이 76점, 표준편차가 10점인 정규분포를 따른다고 할 때, 이 회사의 입사 시험에 합격하기 위한 최저 점수를 오른쪽 표준정규분포표를 이용하여 구한 것은?

z	$P(0 \le Z \le z)$
1.2	0.38
1.3	0.40
1.4	0.42
1.5	0.43

① 88점   ② 89점   ③ 90점
④ 91점   ⑤ 92점

0708 서술형

어느 반 학생들의 중간고사 성적은 평균이 75점, 표준편차가 5점인 정규분포를 따른다고 한다. 오른쪽 표준정규분포표를 이용하여 상위 5 %에 속하는 학생의 최저 점수는 몇 점인지 구하시오.

z	$P(0 \le Z \le z)$
1.6	0.45
1.8	0.46
2.0	0.48
2.2	0.49

0709

어느 회사에서는 사내 직원을 대상으로 한 달 동안의 해외 연수에 참가할 10명을 선발하기 위한 영어 시험을 실시하였다. 이 시험에 지원한 직원 400명의 1차 시험 점수는 평균이 88점, 표준편차가 6점인 정규분포를 따른다고 한다. 모집 인원의 2배를 1차 시험 합격자로 분류할 때, 1차 시험 합격자가 되기 위한 최저 점수는? (단, Z가 표준정규분포를 따르는 확률변수일 때, $P(0 \le Z \le 1.65)=0.45$로 계산한다.)

① 97.6점   ② 97.7점   ③ 97.8점
④ 97.9점   ⑤ 98.0점

0710 중요

어느 대학의 육상팀 선수 100명의 단거리 달리기 기록은 평균이 13초, 표준편차가 1초인 정규분포를 따른다고 한다. 달리기 기록이 좋은 쪽에서 15번째인 선수의 달리기 기록을 오른쪽 표준정규분포표를 이용하여 구한 것은?

z	$P(0 \le Z \le z)$
0.39	0.15
0.67	0.25
1.04	0.35
1.65	0.45

① 11.35초   ② 11.96초   ③ 12.14초
④ 12.33초   ⑤ 12.61초

유형 13 표준화하여 확률 비교하기

서로 다른 정규분포를 따르는 두 자료를 각각 표준정규분포 $N(0, 1)$을 따르는 확률변수로 변환하여 확률 또는 자료의 위치 등을 비교할 수 있다.

0711 대표문제

다음은 어느 시험에서 경은이가 받은 국어, 수학, 영어 성적 및 각 과목별 평균과 표준편차를 나타낸 표이고, 국어, 수학, 영어 성적은 모두 정규분포를 따른다고 한다.

(단위: 점)

구분	국어	수학	영어
경은이의 성적	92	94	92
평균	88	74	80
표준편차	6	5	8

경은이가 다른 학생에 비해 상대적으로 우수한 과목부터 차례 대로 나열한 것은?

① 국어, 수학, 영어 ② 국어, 영어, 수학
③ 수학, 국어, 영어 ④ 수학, 영어, 국어
⑤ 영어, 수학, 국어

0712 중요

세 확률변수 X_a, X_b, X_c가 각각 정규분포

$$N(50, a^2), \ N(60, b^2), \ N(70, c^2) \ (0<a<b<c)$$

을 따를 때, 다음 세 확률 p, q, r의 대소 관계로 옳은 것은?

$$p=P(X_a \leq 55), \ q=P(X_b \leq 65), \ r=P(X_c \geq 75)$$

① $p<r<q$ ② $q<p<r$ ③ $q<r<p$
④ $r<p<q$ ⑤ $r<q<p$

0713 서술형

어느 공장에서 생산한 세 종류의 과자 A, B, C 한 봉지의 무게는 평균이 각각 100 g, 98 g, 102 g이고 표준편차가 각각 4 g, 2 g, 2 g인 정규분포를 따른다고 한다. 과자 한 봉지의 무게가 94 g 이하이면 판매 불가 상품으로 분류한다. 세 과자 A, B, C를 임의로 한 봉지씩 선택했을 때, 판매 불가 상품일 확률이 가장 높은 과자 종류와 가장 낮은 과자 종류를 차례대로 나열하시오.

0714

다음은 범수네 반 전체 학생의 국어, 수학, 영어, 과학 성적의 평균, 표준편차 및 범수의 각 과목 성적을 나타낸 표이고, 각 과목의 성적은 정규분포를 따른다고 한다.

(단위: 점)

구분	평균	표준편차	범수의 성적
국어	82	2	86
수학	70	3	85
영어	76	1	74
과학	78	4	74

범수의 성적을 반 전체의 성적과 비교할 때, 보기에서 옳은 것만을 있는 대로 고른 것은?

┌ 보기 ┐
ㄱ. 영어 성적이 과학 성적보다 상대적으로 좋다.
ㄴ. 국어 성적이 가장 높게 나왔으나 수학 성적이 국어 성적보다는 상대적으로 좋다.
ㄷ. 수학 성적이 상대적으로 가장 좋고, 영어 성적이 상대적으로 가장 나쁘다.
└────┘

① ㄴ ② ㄷ ③ ㄱ, ㄴ
④ ㄴ, ㄷ ⑤ ㄱ, ㄴ, ㄷ

이항분포를 따르는 확률변수의 확률을 확률질량함수를 이용하여 구하기 힘들 때, 근사적으로 따르는 정규분포를 이용하여 확률을 구할 수 있다.

➡ 확률변수 X가 이항분포 $B(n, p)$를 따를 때, n이 충분히 크면 X는 근사적으로 정규분포 $N(np, npq)$를 따른다.

(단, $q=1-p$)

참고 일반적으로 $np \geq 5$, $nq \geq 5$이면 n이 충분히 큰 것으로 생각한다.

확인문제

확률변수 X가 다음과 같은 이항분포를 따를 때, X는 근사적으로 정규분포를 따른다. 이때 X가 근사적으로 따르는 정규분포를 기호로 나타내시오.

(1) $B\left(100, \dfrac{1}{2}\right)$ 　　　　(2) $B\left(48, \dfrac{3}{4}\right)$

0715 대표문제

확률변수 X가 이항분포 $B\left(72, \dfrac{1}{3}\right)$을 따를 때, $P(20 \leq X \leq 30)$의 값을 오른쪽 표준정규분포표를 이용하여 구한 것은?

z	$P(0 \leq Z \leq z)$
0.5	0.1915
1.0	0.3413
1.5	0.4332
2.0	0.4772

① 0.6247 　　② 0.6687 　　③ 0.7745
④ 0.8185 　　⑤ 0.9104

0716

이항분포 $B\left(144, \dfrac{1}{2}\right)$을 따르는 확률변수 X가 근사적으로 정규분포 $N(a, b)$를 따른다고 할 때, 표준정규분포를 따르는 확률변수 Z에 대하여

$$P(78 \leq X \leq 90) = P(c \leq Z \leq 3)$$

이다. 상수 a, b, c에 대하여 $a+b+c$의 값을 구하시오.

0717 서술형

확률변수 X가 이항분포 $B(48, p)$를 따를 때, X는 근사적으로 정규분포 $N(m, 9)$를 따른다. $0<p<\dfrac{1}{2}$일 때, $m \times p$의 값을 구하시오.

0718 중요

확률변수 X가 이항분포 $B(150, p)$를 따르고 $E(X)=60$일 때, $P(51 \leq X \leq 63)$의 값을 오른쪽 표준정규분포표를 이용하여 구한 것은?

z	$P(0 \leq Z \leq z)$
0.5	0.1915
1.0	0.3413
1.5	0.4332
2.0	0.4772

① 0.6247 　　② 0.6687
③ 0.7745 　　④ 0.8185
⑤ 0.9104

0719

확률변수 X의 확률질량함수가

$$P(X=x) = {}_{100}C_x \left(\dfrac{1}{5}\right)^x \left(\dfrac{4}{5}\right)^{100-x} \ (x=0, 1, 2, \cdots, 100)$$

일 때, $P(15 \leq X \leq 27)$의 값은? (단, Z가 표준정규분포를 따르는 확률변수일 때, $P(0 \leq Z \leq 1.25)=0.3944$, $P(0 \leq Z \leq 1.75)=0.4599$로 계산한다.)

① 0.7888 　　② 0.8543 　　③ 0.8944
④ 0.9198 　　⑤ 0.9599

0720

확률변수 X가 이항분포 $B\left(100, \dfrac{1}{2}\right)$을 따를 때, 부등식

$$P(43 \leq X \leq 48) < P(n \leq X \leq 57)$$

을 만족시키는 자연수 n의 최댓값은?

① 49   ② 50   ③ 51

④ 52   ⑤ 53

0721 ✅중요 🖊서술형

확률변수 X가 이항분포 $B\left(n, \dfrac{1}{3}\right)$을 따를 때, 오른쪽 표준정규분포표를 이용하여 $P(X \leq 165)$의 값을 구하면 0.9332이다. 자연수 n의 값을 구하시오. (단, $n > 100$)

z	$P(0 \leq Z \leq z)$
1.0	0.3413
1.5	0.4332
2.0	0.4772
2.5	0.4938

0722

$\displaystyle\sum_{k=84}^{96} {}_{100}C_k \left(\dfrac{9}{10}\right)^k \left(\dfrac{1}{10}\right)^{100-k}$ 의 값을 오른쪽 표준정규분포표를 이용하여 구한 것은?

z	$P(0 \leq Z \leq z)$
0.5	0.1915
1.0	0.3413
1.5	0.4332
2.0	0.4772

① 0.1587   ② 0.3085

③ 0.6826   ④ 0.8664

⑤ 0.9544

이항분포의 실생활 문제에서 확률변수가 특정 조건을 만족시킬 확률은 다음과 같은 순서로 구한다.

❶ 확률변수 X를 정하고 X가 따르는 이항분포 $B(n, p)$를 구한다.

❷ $E(X) = np$, $V(X) = npq$ $(q = 1-p)$임을 이용하여 X가 근사적으로 따르는 정규분포 $N(m, \sigma^2)$을 구한다.

❸ X에 대한 확률을 표준정규분포 $N(0, 1)$을 따르는 확률변수 $Z = \dfrac{X-m}{\sigma}$에 대한 확률로 나타낸다.

❹ 표준정규분포표를 이용하여 확률을 계산한다.

0723 대표문제

한 개의 주사위를 180번 던질 때, 3의 눈이 나오는 횟수가 35번 이상이고 40번 이하일 확률을 오른쪽 표준정규분포표를 이용하여 구한 것은?

z	$P(0 \leq Z \leq z)$
0.5	0.1915
1.0	0.3413
1.5	0.4332
2.0	0.4772

① 0.0440   ② 0.0919

③ 0.1359   ④ 0.1498

⑤ 0.2417

0724

어느 대형 마트에서 판매하는 라면 중 A 라면의 비율은 25 %라고 한다. 이 마트에서 임의로 라면 48봉지를 구입할 때, A 라면이 18봉지 이상 포함될 확률을 오른쪽 표준정규분포표를 이용하여 구한 것은?

z	$P(0 \leq Z \leq z)$
1	0.3413
2	0.4772
3	0.4987

① 0.0228   ② 0.0668   ③ 0.1359

④ 0.1574   ⑤ 0.1587

0725

다음은 어느 고등학교 학생을 대상으로 지난 해 읽은 책의 수를 조사한 결과를 나타낸 표이다.

책 수	비율
1권 이하	18 %
2권 이상 4권 이하	22 %
5권 이상 7권 이하	43 %
8권 이상	17 %
합계	100 %

이 고등학교 학생 중 150명을 임의로 선택하여 지난 해 읽은 책의 수를 조사할 때, 5권 이상 읽은 학생이 72명 이상일 확률을 오른쪽 표준정규분포표를 이용하여 구한 것은?

z	$P(0 \le Z \le z)$
1	0.3413
2	0.4772
3	0.4987

① 0.7745   ② 0.8185   ③ 0.8413

④ 0.9772   ⑤ 0.9987

0726 ✅중요

서로 다른 두 개의 주사위를 동시에 던졌을 때, 두 눈의 수의 곱이 홀수인 사건을 A라 하자. 이 시행을 192번 하였을 때, 사건 A가 일어나는 횟수가 45회 이하일 확률을 오른쪽 표준정규분포표를 이용하여 구한 것은?

z	$P(0 \le Z \le z)$
0.5	0.1915
1.0	0.3413
1.5	0.4332
2.0	0.4772

① 0.1587   ② 0.3085   ③ 0.6826

④ 0.8664   ⑤ 0.9544

0727 🖊서술형

어느 뮤지컬의 무료 관람권을 받은 사람은 10명 중 8명의 비율로 뮤지컬을 보러 온다고 한다. 관람석이 84석인 공연장에서 이 뮤지컬을 하는 날 100명에게 무료 관람권을 나누어 주었을 때, 관람석이 부족하지 않을 확률을 오른쪽 표준정규분포표를 이용하여 구하시오.

z	$P(0 \le Z \le z)$
1.0	0.34
1.5	0.43
2.0	0.48
2.5	0.49

0728 ✅중요

동전 3개를 동시에 던져 2개만 같은 면이 나오면 5점을 얻고, 그렇지 않으면 2점을 잃는 게임이 있다. 0점에서 시작하여 이 게임을 432번 반복한 후의 점수가 1341점 이상일 확률을 오른쪽 표준정규분포표를 이용하여 구한 것은? (단, 매 게임의 결과는 서로 독립이다.)

z	$P(0 \le Z \le z)$
1	0.3413
2	0.4772
3	0.4987

① 0.7745   ② 0.8185   ③ 0.8413

④ 0.9772   ⑤ 0.9987

0729

어느 공장에서 생산하는 음료수 A 한 개의 중량은 평균이 450 g, 표준편차가 15 g인 정규분포를 따르고 이 음료수 A 중에서 중량이 420 g 이하인 것은 불량품으로 판정한다. 이 공장에서 생산한 음료수 A 중에서 임의로 2500개를 선택할 때, 불량품이 43개 이하일 확률을 오른쪽 표준정규분포표를 이용하여 구한 것은?

z	$P(0 \le Z \le z)$
1.0	0.34
1.5	0.43
2.0	0.48
2.5	0.49

① 0.01   ② 0.02   ③ 0.04

④ 0.08   ⑤ 0.16

유형 16 이항분포와 정규분포의 관계의 활용 – 미지수 구하기

이항분포의 실생활 문제에서 미지수가 포함된 특정 범위에 대한 확률이 주어질 때, 미지수의 값은 다음과 같은 순서로 구한다.

❶ 확률변수 X가 이항분포 $B(n, p)$를 따를 때, X가 근사적으로 따르는 정규분포 $N(m, \sigma^2)$을 구한다.

❷ X에 대한 확률을 표준정규분포 $N(0, 1)$을 따르는 확률변수 $Z = \dfrac{X-m}{\sigma}$에 대한 확률로 나타낸다.

❸ 표준정규분포표에서 ❷의 식을 만족시키는 z의 값을 찾는다.

❹ 방정식을 세워 미지수의 값을 구한다.

0730 대표문제

어떤 학생이 정답이 한 개인 오지선다형 문제 400개에 임의로 답을 할 때, k개 이상의 문제를 맞힐 확률이 0.01이다. 오른쪽 표준정규분포표를 이용하여 k의 값을 구한 것은?

z	$P(0 \le Z \le z)$
1.0	0.34
1.5	0.43
2.0	0.48
2.5	0.49

① 60   ② 80   ③ 100
④ 120   ⑤ 140

0731

한 개의 동전을 100번 던질 때, 앞면이 나오는 횟수를 확률변수 X라 하자. $P(X \le k) = 0.8413$을 만족시키는 상수 k의 값을 오른쪽 표준정규분포표를 이용하여 구하시오.

z	$P(0 \le Z \le z)$
1	0.3413
2	0.4772
3	0.4987

0732 서술형

어느 농구팀에 3점 슛 성공률이 25 %인 선수가 있다. 이 선수가 3점 슛을 1200번 시도하여 성공시키는 횟수를 확률변수 X라 할 때,
$$P(285 \le X \le a) = 0.8185$$
를 만족시키는 상수 a의 값을 오른쪽 표준정규분포표를 이용하여 구하시오.

z	$P(0 \le Z \le z)$
0.5	0.1915
1.0	0.3413
1.5	0.4332
2.0	0.4772

0733 중요

어느 도시의 자동차 보유자 중 전기 자동차를 가진 사람의 비율을 조사하였더니 40 %이었다. 이 도시의 자동차 보유자 150명 중 전기 자동차를 가진 사람이 k명 이하일 확률이 0.9332일 때, 오른쪽 표준정규분포표를 이용하여 k의 값을 구한 것은?

z	$P(0 \le Z \le z)$
1.0	0.3413
1.5	0.4332
2.0	0.4772
2.5	0.4938

① 63   ② 66   ③ 69
④ 72   ⑤ 75

0734

어느 회사에서 판매하는 제품 중 12.5 %가 불량품이라고 한다. 이 회사에서 판매한 제품 n개 중에서 불량품의 개수를 확률변수 X라 할 때, 부등식
$$P\left(\left|X - \frac{n}{8}\right| \le 5\right) \ge 0.6826$$
을 만족시키는 자연수 n의 최댓값을 오른쪽 표준정규분포표를 이용하여 구하시오. (단, $n \ge 200$)

z	$P(0 \le Z \le z)$
1	0.3413
2	0.4772
3	0.4987

0735 수능 기출

연속확률변수 X가 갖는 값의 범위는 $0 \le X \le 2$이고, X의 확률밀도함수의 그래프가 그림과 같을 때, $P\left(\dfrac{1}{3} \le X \le a\right)$의 값은? (단, a는 상수이다.)

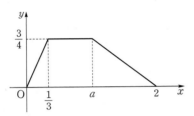

① $\dfrac{11}{16}$ ② $\dfrac{5}{8}$ ③ $\dfrac{9}{16}$

④ $\dfrac{1}{2}$ ⑤ $\dfrac{7}{16}$

0736

연속확률변수 X가 갖는 값의 범위가 $-1 \le X \le 1$일 때, X의 확률밀도함수 $f(x)$가 될 수 있는 것만을 보기에서 있는 대로 고른 것은?

> 보기
> ㄱ. $f(x)=1$ ㄴ. $f(x)=x$
> ㄷ. $f(x)=\dfrac{x+1}{2}$ ㄹ. $f(x)=|x|$

① ㄱ, ㄴ   ② ㄱ, ㄷ   ③ ㄴ, ㄷ

④ ㄷ, ㄹ   ⑤ ㄱ, ㄷ, ㄹ

0737

두 확률변수 X, Y가 각각 정규분포 $N(15, 2^2)$, $N(20, 4^2)$을 따를 때, $P(14 \le X \le k)=P(18 \le Y \le 26)$을 만족시키는 상수 k의 값을 구하시오.

0738 교육청 기출

어느 공장에서 생산하는 전기 자동차 배터리 1개의 용량은 평균이 64.2, 표준편차가 0.4인 정규분포를 따른다고 한다.

이 공장에서 생산한 전기 자동차 배터리 중 임의로 1개를 선택할 때, 이 배터리의 용량이 65 이상일 확률을 오른쪽 표준정규분포표를 이용하여 구한 것은? (단, 전기 자동차 배터리 용량의 단위는 kWh이다.)

z	$P(0 \le Z \le z)$
1.0	0.3413
1.5	0.4332
2.0	0.4772
2.5	0.4938

① 0.0062   ② 0.0228   ③ 0.0668

④ 0.1587   ⑤ 0.3085

0739

연속확률변수 X가 정규분포 $N(m, \sigma^2)$을 따를 때, 보기에서 옳은 것만을 있는 대로 고른 것은?

> 보기
> ㄱ. 임의의 실수 a에 대하여 $P(X \ge a)+P(X \le a)=1$
> ㄴ. 임의의 실수 a에 대하여 $P(X \ge m+a)=P(X \le m-a)$
> ㄷ. $a > m$일 때, $P(X \le a)=0.5+P(m \le X \le a)$

① ㄱ   ② ㄴ   ③ ㄱ, ㄷ

④ ㄴ, ㄷ   ⑤ ㄱ, ㄴ, ㄷ

0740

어느 반 학생들의 수학 점수는 평균이 72점, 표준편차가 16점인 정규분포를 따르고, 점수가 96점 이상인 학생에게는 수학 우등상을 수여한다고 한다. 이 반 학생 중 임의로 한 명을 선택할 때, 이 학생이 수학우등상을 받을 확률을 오른쪽 표준정규분포표를 이용하여 구한 것은?

z	$P(0 \leq Z \leq z)$
0.5	0.1915
1.0	0.3413
1.5	0.4332
2.0	0.4772

① 0.0228 ② 0.0668 ③ 0.1587
④ 0.3085 ⑤ 0.3413

0741

버스 정류장에서 배차 간격이 15분인 좌석버스를 임의의 시각에 도착하여 기다리는 시간을 확률변수 X라 할 때, X의 확률밀도함수는 $f(x) = a$ $(0 \leq x \leq 15)$이다. 한 사람이 이 버스를 타기 위해 10분 이상 기다릴 확률을 구하시오.

0742

한 개의 주사위를 162번 던질 때, 3의 배수의 눈이 나오는 횟수를 확률변수 X라 하자. 오른쪽 표준정규분포표를 이용하여 보기에서 옳은 것만을 있는 대로 고른 것은?

z	$P(0 \leq Z \leq z)$
1.0	0.3413
1.5	0.4332
2.0	0.4772
2.5	0.4938

┌ 보기 ┐
ㄱ. 확률변수 X의 평균은 54, 분산은 36이다.
ㄴ. $P(X=0) = P(X=162)$
ㄷ. $P(X \leq 60) < P(X \geq 45)$

① ㄱ ② ㄱ, ㄴ ③ ㄱ, ㄷ
④ ㄴ, ㄷ ⑤ ㄱ, ㄴ, ㄷ

0743

다음은 어느 지역 고등학교 2학년 학생이 응시한 학력평가에서 주희가 받은 국어, 수학, 영어 성적 및 각 과목별 평균과 표준편차를 나타낸 표이고 국어, 수학, 영어 성적은 모두 정규분포를 따른다고 한다.

(단위: 점)

구분	국어	수학	영어
주희의 성적	80	80	80
평균	72	74	62
표준편차	16	10	18

이 지역 고등학교 2학년 학생 중에서 주희의 등수가 높은 과목부터 낮은 과목 순으로 나열한 것은?

(단, 등수는 1등이 2등보다 높고, 과목별 동점자는 없다.)

① 국어, 수학, 영어 ② 국어, 영어, 수학
③ 수학, 국어, 영어 ④ 수학, 영어, 국어
⑤ 영어, 수학, 국어

0744

자연수 n에 대하여 이산확률변수 X의 확률질량함수가

$$P(X=x) = \frac{{}_n C_x}{2^n}$$

$$(x = 0, 1, 2, \cdots, n)$$

이고 $\sigma(X) = 6$일 때, 오른쪽 표준정규분포표를 이용하여 보기에서 옳은 것만을 있는 대로 고른 것은?

z	$P(0 \leq Z \leq z)$
0.5	0.19
1.0	0.34
1.5	0.43
2.0	0.48

┌ 보기 ┐
ㄱ. 확률변수 X는 이항분포 $B\left(72, \frac{1}{2}\right)$을 따른다.
ㄴ. 확률변수 X는 근사적으로 정규분포 $N(72, 6^2)$을 따른다.
ㄷ. $P(78 \leq X \leq 81) = 0.09$

① ㄱ ② ㄴ ③ ㄱ, ㄴ
④ ㄱ, ㄷ ⑤ ㄴ, ㄷ

0745

어느 도시 성인 중에서 지난 해에 시립체육관을 이용한 경험이 있는 사람의 비율이 80%라고 한다. 이 도시 성인 100명을 임의로 선택하여 지난 해에 시립체육관을 이용한 경험이 있는지를 조사할 때, 이용한 경험이 있는 사람이 n명 이하일 확률을 오른쪽 표준정규분포표를 이용하여 구한 값이 0.3085이다. 자연수 n의 값을 구하시오.

z	$P(0 \leq Z \leq z)$
0.5	0.1915
1.0	0.3413
1.5	0.4332
2.0	0.4772

0746 평가원 기출

A 과수원에서 생산하는 귤의 무게는 평균이 86, 표준편차가 15인 정규분포를 따르고, B 과수원에서 생산하는 귤의 무게는 평균이 88, 표준편차가 10인 정규분포를 따른다고 한다. A 과수원에서 임의로 선택한 귤의 무게가 98 이하일 확률과 B 과수원에서 임의로 선택한 귤의 무게가 a 이하일 확률이 같을 때, a의 값을 구하시오. (단, 귤의 무게의 단위는 g이다.)

0747

정규분포 $N(m, \sigma^2)$을 따르는 확률변수 X에 대하여 $P(m \leq X \leq x)$의 값은 오른쪽 표와 같다. 확률변수 X가 정규분포 $N(4, 2^2)$을 따를 때, 이 표를 이용하여 t에 대한 이차방정식 $t^2 - Xt + X = 0$이 실근을 가질 확률을 구한 것은?

x	$P(m \leq X \leq x)$
$m+\sigma$	0.3413
$m+1.5\sigma$	0.4332
$m+2\sigma$	0.4772
$m+2.5\sigma$	0.4938
$m+3\sigma$	0.4987

① 0.5013   ② 0.5062   ③ 0.5228
④ 0.5668   ⑤ 0.6587

0748

정규분포 $N(m, \sigma^2)$을 따르는 확률변수 X의 확률밀도함수가 $f(x)$이고, 모든 실수 x에 대하여
$$f(8+x) = f(8-x)$$
이다. $P(X \leq m+3) = 0.9332$일 때, $P(X \leq 14)$의 값을 오른쪽 표준정규분포표를 이용하여 구한 것은?

z	$P(0 \leq Z \leq z)$
1.5	0.4332
2.0	0.4772
2.5	0.4938
3.0	0.4987

① 0.0013   ② 0.0668   ③ 0.1587
④ 0.9772   ⑤ 0.9987

0749

어느 농장에서 생산하는 달걀 n개의 개당 무게는 평균이 $50\,\text{g}$, 표준편차가 $2\,\text{g}$인 정규분포를 따르고, 개당 무게가 $47\,\text{g}$ 이하인 달걀은 35개로 조사되었다. 이 농장에서 생산한 달걀 n개 중 무게가 $48\,\text{g}$ 이상이고 $51\,\text{g}$ 이하인 달걀의 개수를 오른쪽 표준정규분포표를 이용하여 구하시오.

z	$P(0 \leq Z \leq z)$
0.5	0.19
1.0	0.34
1.5	0.43
2.0	0.48

0750

어느 고등학교에서는 상위 4% 이내의 성적은 1등급, 상위 4% 초과 11% 이내의 성적은 2등급의 내신을 부여한다. 이 고등학교 3학년 학생들의 중간고사 수학 시험 성적은 평균이 80점, 표준편차가 10점인 정규분포를 따른다고 할 때, 내신 2등급을 받기 위한 최저 점수를 오른쪽 표준정규분포표를 이용하여 구한 것은?

z	$P(0 \leq Z \leq z)$
0.28	0.11
0.67	0.25
1.23	0.39

① 82.8점   ② 83.9점   ③ 86.7점
④ 90.1점   ⑤ 92.3점

0751 교육청 기출

확률변수 X는 평균이 m, 표준편차가 4인 정규분포를 따르고, 확률변수 X의 확률밀도함수 $f(x)$가

$$f(8)>f(14),\ f(2)<f(16)$$

을 만족시킨다. m이 자연수일 때, $P(X\leq 6)$의 값을 오른쪽 표준정규분포표를 이용하여 구한 것은?

z	$P(0\leq Z\leq z)$
1.0	0.3413
1.5	0.4332
2.0	0.4772
2.5	0.4938

① 0.0062　　② 0.0228　　③ 0.0668

④ 0.1525　　⑤ 0.1587

0752

정규분포를 따르는 두 확률변수 X, Y의 확률밀도함수를 각각 $f(x)$, $g(x)$라 하면 $f(x)$, $g(x)$는 다음 조건을 만족시킨다.

㉮ 함수 $f(x)$는 $x=20$일 때 최댓값을 갖는다.
㉯ 모든 실수 x에 대하여 $g(x)=f(x+10)$

$P(18\leq X\leq 22)=0.9544$일 때, $P(9\leq Y\leq 12)$의 값을 오른쪽 표준정규분포표를 이용하여 구한 것은?

z	$P(0\leq Z\leq z)$
1	0.3413
2	0.4772
3	0.4987

① 0.1359　　② 0.1574

③ 0.8185　　④ 0.8400

⑤ 0.9759

서술형 대비하기

0753

정규분포 $N(m,\ \sigma^2)$을 따르는 확률변수 X가 다음 조건을 만족시킬 때, $m+\sigma$의 값을 구하시오. (단, $\sigma>0$)

㉮ $P(X\leq 14)=P(X\geq 26)$
㉯ $V(2X-3)=144$

0754

어느 제과점에서 만든 팥빵 한 개의 무게는 평균이 m g, 표준편차가 4 g인 정규분포를 따른다고 한다. 이 제과점에서 만든 팥빵 중에서 임의로 선택한 팥빵 한 개의 무게가 110 g 이상일 확률이 0.9938일 때, 오른쪽 표준정규분포표를 이용하여 m의 값을 구하시오.

z	$P(0\leq Z\leq z)$
1.5	0.4332
2.0	0.4772
2.5	0.4938
3.0	0.4987

수능 녹인 변별력 문제

0755

연속확률변수 X가 갖는 값의 범위는 $0 \leq X \leq 4a$이고, X의 확률밀도함수 $f(x)$가 다음 조건을 만족시킨다.

> (가) $0 \leq x \leq 2a$일 때, $f(x) = -|x-a| + a$
>
> (나) $0 \leq x \leq 4a$인 모든 실수 x에 대하여 $f(x) = f(4a-x)$

$\mathrm{P}\left(a \leq X \leq \dfrac{5}{2}a\right)$의 값은? (단, $a>0$)

① $\dfrac{3}{16}$ ② $\dfrac{1}{4}$ ③ $\dfrac{5}{16}$

④ $\dfrac{3}{8}$ ⑤ $\dfrac{7}{16}$

0756

한 개의 주사위를 던져 나온 눈의 수가 6의 약수이면 동전 3개를 동시에 던지고, 6의 약수가 아니면 동전 2개를 동시에 던지는 시행을 한다. 이 시행을 72번 반복할 때, 모든 동전이 같은 면이 나오는 횟수가 20번 이상일 확률을 오른쪽 표준정규분포표를 이용하여 구한 것은?

z	$\mathrm{P}(0 \leq Z \leq z)$
0.5	0.1915
1.0	0.3413
1.5	0.4332
2.0	0.4772

① 0.6915 ② 0.8085 ③ 0.8413

④ 0.9332 ⑤ 0.9772

0757

어느 국가 공인 자격증 시험에 남성 4000명, 여성 2000명이 응시하였는데 남성 응시자의 점수는 평균이 80점, 표준편차가 10점인 정규분포를 따르고, 여성 응시자의 점수는 표준편차가 5점인 정규분포를 따르는 것으로 확인되었다. 점수가 90점 이상인 남성 응시자의 수가 점수가 90점 이상인 여성 응시자의 수의 4배일 때, 여성 응시자의 점수의 평균을 오른쪽 표준정규분포표를 이용하여 구한 것은?

z	$\mathrm{P}(0 \leq Z \leq z)$
0.6	0.23
1.0	0.34
1.4	0.42
1.8	0.46

① 81점 ② 82점 ③ 83점

④ 84점 ⑤ 85점

0758 수능 기출

두 연속확률변수 X와 Y가 갖는 값의 범위는 $0 \leq X \leq 6$, $0 \leq Y \leq 6$이고, X와 Y의 확률밀도함수는 각각 $f(x)$, $g(x)$이다. 확률변수 X의 확률밀도함수 $f(x)$의 그래프는 그림과 같다.

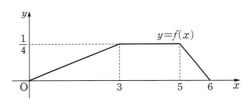

$0 \leq x \leq 6$인 모든 x에 대하여

$$f(x) + g(x) = k \ (k는 \ 상수)$$

를 만족시킬 때, $\mathrm{P}(6k \leq Y \leq 15k) = \dfrac{q}{p}$이다. $p+q$의 값을 구하시오. (단, p와 q는 서로소인 자연수이다.)

0759 교육청 기출

정규분포를 따르는 두 확률변수 X, Y의 확률밀도함수를 각각 $f(x)$, $g(x)$라 할 때, 모든 실수 x에 대하여

$$g(x)=f(x+6)$$

이다. 두 확률변수 X, Y와 상수 k가 다음 조건을 만족시킨다.

	z	$P(0 \le Z \le z)$
(가) $P(X \le 11)=P(Y \ge 23)$	0.5	0.1915
(나) $P(X \le k)+P(Y \le k)=1$	1.0	0.3413
	1.5	0.4332
	2.0	0.4772

오른쪽 표준정규분포표를 이용하여 구한 $P(X \le k)+P(Y \ge k)$의 값이 0.1336일 때, $E(X)+\sigma(Y)$의 값은?

① $\dfrac{41}{2}$　　　② 21　　　③ $\dfrac{43}{2}$

④ 22　　　⑤ $\dfrac{45}{2}$

0760

어느 회사에서는 입사 시험을 통해 210명의 신입사원을 뽑으려고 하는데 총 1000명이 응시하였다. 전체 지원자의 점수는 평균이 280점, 표준편차가 30점인 정규분포를 따르고, 합격자의 최저 점수보다 30점 이상 높은 점수를 받은 지원자에게는 이 회사에서 최근 출시한 신제품을 무료로 체험해 볼 수 있는 기회를 제공한다고 한다. 이 회사의 입사 시험에 응시한 지원자 중에서 임의로 선택한 2명 중 1명이 신제품 무료 체험의 기회를 얻을 확률은 $\dfrac{a}{10000}$이다. 오른쪽 표준정규분포표를 이용하여 a의 값을 구하시오.

z	$P(0 \le Z \le z)$
0.8	0.29
1.3	0.40
1.8	0.46
2.3	0.49

0761

다정이가 등교하는 교통수단은 버스, 지하철, 자가용 중 하나이다. 각 교통수단으로 등교하는 데 걸리는 시간은 평균과 표준편차가 다음 표와 같은 정규분포를 따른다.

(단위: 분)

구분	버스	지하철	자가용
평균	30	25	20
표준편차	3	2	4

등교 시각은 오전 8시이고, 다정이가 다음과 같이 이동할 때, 지각하지 않을 확률이 높은 것부터 차례대로 나열한 것은?

(가) 오전 7시 36분에 출발하여 버스로 등교한다.
(나) 오전 7시 40분에 출발하여 지하철로 등교한다.
(다) 오전 7시 45분에 출발하여 자가용으로 등교한다.

① (가), (나), (다)　　② (가), (다), (나)　　③ (나), (다), (가)
④ (다), (가), (나)　　⑤ (다), (나), (가)

0762

어느 농장에서 생산하는 수박 한 통의 무게는 평균이 9 kg, 표준편차가 0.5 kg인 정규분포를 따르고, 당도는 평균이 12 Brix, 표준편차가 2 Brix인 정규분포를 따른다고 한다. 이 농장에서 생산한 수박은 다음과 같이 세 등급 중 하나로 나누어 해당 가격으로 판매된다.

구분	무게	당도	한 통당 가격
특	9.5 kg 이상	13 Brix 이상	15000원
상	9.5 kg 이상	13 Brix 미만	12000원
	9.5 kg 미만	13 Brix 이상	
보통	9.5 kg 미만	13 Brix 미만	10000원

이 농장에서 생산하는 수박 한 통당 판매 금액의 기댓값은? (단, 수박의 무게와 당도는 서로 독립이며, Z가 표준정규분포를 따르는 확률변수일 때, $P(0 \le Z \le 0.5)=0.2$, $P(0 \le Z \le 1)=0.3$으로 계산한다.)

① 10880원　　② 10940원　　③ 11000원
④ 11060원　　⑤ 11120원

유형 01 모평균과 표본평균

(1) 모평균: 모집단에서 조사하고자 하는 특성을 나타낸 확률변수를 X라 할 때, X의 평균을 모평균이라 하고, 기호로 m과 같이 나타낸다.

(2) 표본평균: 모집단에서 임의추출한 크기가 n인 표본을 X_1, X_2, X_3, $\cdots$, X_n이라 할 때, 이 표본의 평균을 표본평균이라 하고 기호로 $\overline{X}$와 같이 나타낸다.

$$\overline{X} = \frac{X_1 + X_2 + X_3 + \cdots + X_n}{n}$$

참고 모평균 m은 고정된 상수이지만 표본평균 $\overline{X}$는 추출된 표본에 따라 여러 가지 값을 가질 수 있으므로 확률변수이다.

따라서 $\overline{X}$의 확률분포를 구할 수 있다.

확인 문제

숫자 1, 2, 3이 하나씩 적힌 3개의 공이 들어 있는 주머니에서 2개의 공을 임의추출할 때, 공에 적힌 수의 평균을 $\overline{X}$라 하자. 다음 물음에 답하시오.

(1) 확률변수 $\overline{X}$의 값으로 가능한 것을 모두 구하시오.

(2) 다음 표를 완성하시오.

$\overline{X}$	1	$\frac{3}{2}$			3	합계
$P(\overline{X}=\overline{x})$	$\frac{1}{9}$				$\frac{1}{9}$	1

0763 대표문제

모집단의 확률변수 X의 확률분포를 표로 나타내면 다음과 같다.

X	2	3	4	합계
$P(X=x)$	$\frac{1}{2}$	$\frac{1}{6}$	$\frac{1}{3}$	1

이 모집단에서 크기가 2인 표본을 임의추출하여 구한 표본평균을 $\overline{X}$라 할 때, $P(2<\overline{X}\leq 3)$의 값은?

① $\frac{4}{9}$ ② $\frac{17}{36}$ ③ $\frac{1}{2}$

④ $\frac{19}{36}$ ⑤ $\frac{5}{9}$

0764 서술형

모집단의 확률변수 X의 확률분포를 표로 나타내면 다음과 같다.

X	0	1	2	합계
$P(X=x)$	$\frac{1}{4}$	$\frac{1}{2}$	a	1

이 모집단에서 크기가 2인 표본을 임의추출하여 구한 표본평균을 $\overline{X}$라 할 때, $a+P(\overline{X}=1)$의 값을 구하시오.

0765

모집단의 확률변수 X의 확률질량함수가

$$P(X=x) = \frac{x+1}{16} \ (x=0, 2, 4, 6)$$

일 때, 이 모집단에서 크기가 2인 표본을 임의추출하여 구한 표본평균을 $\overline{X}$라 하자. $P(\overline{X}\leq 2)$의 값은?

① $\frac{13}{128}$ ② $\frac{7}{64}$ ③ $\frac{15}{128}$

④ $\frac{1}{8}$ ⑤ $\frac{17}{128}$

0766 중요

모집단의 확률변수 X의 확률분포를 표로 나타내면 다음과 같다.

X	1	3	5	7	합계
$P(X=x)$	$\frac{1}{4}$	a	$\frac{1}{8}$	b	1

이 모집단에서 크기가 2인 표본을 임의추출하여 구한 표본평균을 $\overline{X}$라 하면 $P(\overline{X}=4)=\frac{3}{16}$일 때, $\frac{a}{b}$의 값을 구하시오.

0767 _{수능 기출}

주머니 속에 1의 숫자가 적혀 있는 공 1개, 2의 숫자가 적혀 있는 공 2개, 3의 숫자가 적혀 있는 공 5개가 들어 있다. 이 주머니에서 임의로 1개의 공을 꺼내어 공에 적혀 있는 수를 확인한 후 다시 넣는다. 이와 같은 시행을 2번 반복할 때, 꺼낸 공에 적혀 있는 수의 평균을 $\overline{X}$라 하자. $P(\overline{X}=2)$의 값은?

① $\dfrac{5}{32}$ ② $\dfrac{11}{64}$ ③ $\dfrac{3}{16}$

④ $\dfrac{13}{64}$ ⑤ $\dfrac{7}{32}$

0768

숫자 2가 적힌 공 2개, 숫자 4가 적힌 공 n개가 들어 있는 주머니에서 임의로 1개의 공을 꺼내어 공에 적힌 수를 확인한 후 다시 넣는 시행을 2회 반복한다. 꺼낸 공에 적힌 수의 평균을 $\overline{X}$라 하면 $P(\overline{X}=3)=\dfrac{3}{8}$일 때, 자연수 n의 값을 구하시오.

유형 02 **표본평균의 평균, 분산, 표준편차**
- 모평균, 모표준편차가 주어진 경우

모평균이 m이고 모표준편차가 σ인 모집단에서 크기가 n인 표본을 임의추출할 때, 표본평균 $\overline{X}$의 평균, 분산, 표준편차는

$$\mathrm{E}(\overline{X})=m,\ \mathrm{V}(\overline{X})=\frac{\sigma^2}{n},\ \sigma(\overline{X})=\frac{\sigma}{\sqrt{n}}$$

확인 문제

모평균이 100, 모분산이 36인 모집단에서 크기가 9인 표본을 임의추출할 때, 표본평균 $\overline{X}$에 대하여 다음 값을 구하시오.

(1) $\mathrm{E}(\overline{X})$ (2) $\mathrm{V}(\overline{X})$ (3) $\sigma(\overline{X})$

0769 _{대표문제}

정규분포 $\mathrm{N}(60, 12^2)$을 따르는 모집단에서 크기가 16인 표본을 임의추출하여 구한 표본평균 $\overline{X}$에 대하여 $\mathrm{E}(\overline{X}^2)$의 값은?

① 3609 ② 3616 ③ 3636
④ 3664 ⑤ 3744

0770 _{수능 기출}

정규분포 $\mathrm{N}(20, 5^2)$을 따르는 모집단에서 크기가 16인 표본을 임의추출하여 구한 표본평균을 $\overline{X}$라 할 때, $\mathrm{E}(\overline{X})+\sigma(\overline{X})$의 값은?

① $\dfrac{91}{4}$ ② $\dfrac{89}{4}$ ③ $\dfrac{87}{4}$

④ $\dfrac{85}{4}$ ⑤ $\dfrac{83}{4}$

0771 _{서술형}

모평균이 33, 모표준편차가 6인 모집단에서 크기가 144인 표본을 임의추출하여 구한 표본평균을 $\overline{X}$라 할 때, $\mathrm{E}(2\overline{X}+1)+\mathrm{V}(4\overline{X}-3)$의 값을 구하시오.

0772

정규분포 $N(m, \sigma^2)$을 따르는 모집단에서 크기가 n_1인 표본을 임의추출하여 얻은 표본평균을 $\overline{X}$, 크기가 n_2인 표본을 임의추출하여 얻은 표본평균을 $\overline{Y}$라 할 때, 보기에서 옳은 것만을 있는 대로 고른 것은? (단, n_1, n_2는 2 이상의 자연수이다.)

보기
ㄱ. $E(\overline{X}) = E(\overline{Y})$
ㄴ. $n_1 > n_2$이면 $V(\overline{X}) < V(\overline{Y})$
ㄷ. $n_1 = 4n_2$이면 $\sigma(\overline{X}) = 2\sigma(\overline{Y})$

① ㄱ   ② ㄱ, ㄴ   ③ ㄱ, ㄷ
④ ㄴ, ㄷ   ⑤ ㄱ, ㄴ, ㄷ

0773

모표준편차가 12인 모집단에서 크기가 n인 표본을 임의추출하여 구한 표본평균 $\overline{X}$에 대하여 $V(\overline{X}) \le 36$을 만족시키는 n의 최솟값을 구하시오.

0774 중요

모집단의 확률변수 X에 대하여 $E(X) = 10$, $E(X^2) = 136$일 때, 이 모집단에서 크기가 n인 표본을 임의추출하여 구한 표본평균을 $\overline{X}$라 하자. $103 < E(\overline{X}^2) < 105$를 만족시키는 n의 개수는?

① 2   ② 3   ③ 4
④ 5   ⑤ 6

유형 03 표본평균의 평균, 분산, 표준편차 – 모집단의 확률분포가 주어진 경우

모집단의 확률분포가 주어진 경우, 표본평균의 평균, 분산, 표준편차는 다음과 같은 순서로 구한다.

❶ 주어진 모집단의 확률분포로부터 모평균, 모분산(또는 모표준편차)을 먼저 구한다.
➡ 모집단의 확률변수 X의 확률질량함수가
$P(X = x_i) = p_i$ $(i = 1, 2, 3, \cdots, k)$일 때
모평균: $m = x_1 p_1 + x_2 p_2 + x_3 p_3 + \cdots + x_k p_k$
모분산: $\sigma^2 = E(X^2) - m^2$

❷ 모평균 m, 모분산 σ^2(또는 모표준편차 σ) 및 표본의 크기 n을 이용하여 표본평균 $\overline{X}$의 평균, 분산, 표준편차를 구한다.
➡ $E(\overline{X}) = m$, $V(\overline{X}) = \dfrac{\sigma^2}{n}$, $\sigma(\overline{X}) = \dfrac{\sigma}{\sqrt{n}}$

0775 대표문제

모집단의 확률변수 X의 확률분포를 표로 나타내면 다음과 같다.

X	2	4	6	합계
$P(X=x)$	a	$2a$	$\dfrac{1}{4}$	1

이 모집단에서 크기가 2인 표본을 임의추출하여 구한 표본평균 $\overline{X}$에 대하여 $E(\overline{X}) + V(\overline{X})$의 값을 구하시오.

0776 중요

모집단의 확률변수 X의 확률분포를 표로 나타내면 다음과 같다.

X	-3	0	2	합계
$P(X=x)$	$\dfrac{1}{2}$	$\dfrac{1}{4}$	$\dfrac{1}{4}$	1

이 모집단에서 크기가 9인 표본을 임의추출하여 구한 표본평균 $\overline{X}$에 대하여 $E(\overline{X}^2)$의 값은?

① $\dfrac{1}{2}$ ② 1   ③ $\dfrac{3}{2}$
④ 2   ⑤ $\dfrac{5}{2}$

0777 ✎서술형

모집단의 확률변수 X의 확률분포를 표로 나타내면 다음과 같다.

X	-1	0	1	2	합계
$P(X=x)$	$\dfrac{1}{5}$	$\dfrac{1}{10}$	$\dfrac{1}{5}$	$\dfrac{1}{2}$	1

이 모집단에서 임의추출한 크기가 n인 표본의 표본평균 $\overline{X}$에 대하여 $\dfrac{\mathrm{E}(\overline{X})}{\mathrm{V}(\overline{X})}=5$일 때, n의 값을 구하시오.

0778 평가원 기출

어느 모집단의 확률변수 X의 확률분포가 다음 표와 같다.

X	0	2	4	합계
$P(X=x)$	$\dfrac{1}{6}$	a	b	1

$\mathrm{E}(X^2)=\dfrac{16}{3}$일 때, 이 모집단에서 임의추출한 크기가 20인 표본의 표본평균 $\overline{X}$에 대하여 $\mathrm{V}(\overline{X})$의 값은?

① $\dfrac{1}{60}$　　　② $\dfrac{1}{30}$　　　③ $\dfrac{1}{20}$

④ $\dfrac{1}{15}$　　　⑤ $\dfrac{1}{12}$

0779

모집단의 확률변수 X의 확률질량함수가

$$P(X=x)=\frac{x-k}{10}\ (x=2,\ 3,\ 4,\ 5)$$

이다. 이 모집단에서 크기가 4인 표본을 임의추출하여 구한 표본평균 $\overline{X}$에 대하여 $\sigma(100\overline{X})$의 값을 구하시오.

0780

모집단의 확률변수 X의 확률질량함수가

$$P(X=x)={}_nC_x\frac{2^x}{3^n}\ (x=0,\ 1,\ 2,\ \cdots,\ n)$$

이다. 이 모집단에서 크기가 8인 표본을 임의추출하여 구한 표본평균을 $\overline{X}$라 하면 $\mathrm{E}(\overline{X})+\mathrm{V}(\overline{X})=50$일 때, n의 값은?

① 36　　　② 48　　　③ 60

④ 72　　　⑤ 84

유형 04　표본평균의 평균, 분산, 표준편차 – 모집단이 주어진 경우

모집단이 주어진 경우, 표본평균의 평균, 분산, 표준편차는 다음과 같은 순서로 구한다.
❶ 주어진 모집단의 확률분포를 표로 나타낸다.
❷ 모평균 m, 모분산 σ^2(또는 모표준편차 σ)을 구한다.
❸ 임의추출한 크기가 n인 표본의 표본평균 $\overline{X}$의 평균, 분산, 표준편차를 구한다.
　➡ $\mathrm{E}(\overline{X})=m$, $\mathrm{V}(\overline{X})=\dfrac{\sigma^2}{n}$, $\sigma(\overline{X})=\dfrac{\sigma}{\sqrt{n}}$

0781 대표문제

숫자 1, 1, 2, 2, 2, 3이 하나씩 적힌 6개의 공이 들어 있는 상자에서 2개의 공을 임의추출할 때, 공에 적힌 수의 평균을 $\overline{X}$라 하자. $\mathrm{E}(\overline{X})+\mathrm{V}(\overline{X})$의 값은?

① $\dfrac{149}{72}$　　　② $\dfrac{25}{12}$　　　③ $\dfrac{151}{72}$

④ $\dfrac{19}{9}$　　　⑤ $\dfrac{17}{8}$

0782 ✅중요

숫자 0, 1, 2, 3이 하나씩 적힌 4장의 카드가 들어 있는 주머니가 있다. 이 주머니에서 임의로 1장의 카드를 꺼내어 카드에 적힌 수를 확인한 후 다시 넣는다. 이와 같은 시행을 5번 반복할 때, 카드에 적힌 수의 평균을 $\overline{X}$라 하자. $E(6\overline{X}-3)+V(4\overline{X}-1)$의 값은?

① 8 　　　　② 10 　　　　③ 12
④ 14 　　　　⑤ 16

0783 ✏서술형

5보다 큰 실수 a에 대하여 숫자 1, 3, 5, a가 하나씩 적혀 있는 4개의 구슬이 들어 있는 상자가 있다. 이 상자에서 4개의 구슬을 임의추출할 때, 구슬에 적혀 있는 수의 평균을 $\overline{X}$라 하자. $E(\overline{X})=5$일 때, $V(\overline{X})$의 값을 구하시오.

0784

숫자 1이 적힌 공 10개, 숫자 2가 적힌 공 10개, 숫자 3이 적힌 공 20개가 들어 있는 상자에서 임의로 한 개의 공을 꺼내어 공에 적힌 수를 확인한 후 다시 넣는다. 이와 같은 시행을 n번 반복할 때, 꺼낸 공에 적힌 수의 평균을 $\overline{X}$라 하자. $\overline{X}$의 분산이 $\dfrac{1}{32}$이 되도록 하는 n의 값을 구하시오.

0785 ✅중요

숫자 1이 적힌 카드 n장, 숫자 2가 적힌 카드 2장, 숫자 3이 적힌 카드 3장이 들어 있는 상자가 있다. 이 상자에서 3장의 카드를 임의추출하여 카드에 적힌 수를 차례로 a, b, c라 할 때, $\overline{X}=\dfrac{a+b+c}{3}$라 하자. $\overline{X}$의 평균이 2일 때, $\overline{X}$의 표준편차는?

① $\dfrac{1}{4}$ 　　　② $\dfrac{1}{2}$ 　　　③ 1
④ 2 　　　⑤ 4

0786 교육청 기출

주머니 속에 1의 숫자가 적혀 있는 공 1개, 3의 숫자가 적혀 있는 공 n개가 들어 있다. 이 주머니에서 임의로 1개의 공을 꺼내어 공에 적혀 있는 수를 확인한 후 다시 넣는다. 이와 같은 시행을 2번 반복하여 얻은 두 수의 평균을 $\overline{X}$라 하자. $P(\overline{X}=1)=\dfrac{1}{49}$일 때, $E(\overline{X})=\dfrac{q}{p}$이다. $p+q$의 값을 구하시오. (단, p와 q는 서로소인 자연수이다.)

유형 05 표본평균의 확률

정규분포 $N(m, \sigma^2)$을 따르는 모집단에서 임의추출한 크기가 n인 표본의 표본평균 $\overline{X}$의 확률은 다음과 같은 순서로 구한다.

❶ 표본평균 $\overline{X}$가 따르는 정규분포 $N\left(m, \dfrac{\sigma^2}{n}\right)$을 구한다.

❷ $\overline{X}$에 대한 확률을 표준정규분포 $N(0, 1)$을 따르는 확률변수 $Z=\dfrac{\overline{X}-m}{\dfrac{\sigma}{\sqrt{n}}}$에 대한 확률로 나타낸다.

❸ 표준정규분포표를 이용하여 확률을 계산한다.

Tip 표본의 크기 n이 충분히 크면 모집단의 분포에 관계없이 표본평균 $\overline{X}$는 근사적으로 정규분포 $N\left(m, \dfrac{\sigma^2}{n}\right)$을 따른다.

확인문제

정규분포 $N(100, 12^2)$을 따르는 모집단에서 크기가 9인 표본을 임의추출할 때, 표본평균 $\overline{X}$에 대하여 다음 물음에 답하시오.

(1) $\overline{X}$가 따르는 정규분포를 기호로 나타내시오.

(2) $P(\overline{X} \leq 104)$의 값을 구하시오. (단, Z가 표준정규분포를 따르는 확률변수일 때, $P(0 \leq Z \leq 1)=0.34$로 계산한다.)

0787 대표문제

어느 고등학교 학생들의 키는 평균이 166 cm, 표준편차가 6 cm인 정규분포를 따른다고 한다. 이 고등학교 학생 중에서 9명을 임의추출하여 조사한 키의 평균이 165 cm 이상이고 170 cm 이하일 확률을 오른쪽 표준정규분포표를 이용하여 구한 것은?

z	$P(0 \leq Z \leq z)$
0.5	0.1915
1.0	0.3413
1.5	0.4332
2.0	0.4772

① 0.5328 ② 0.6687 ③ 0.7745
④ 0.8185 ⑤ 0.9759

0788

정규분포 $N(20, 4^2)$을 따르는 모집단에서 크기가 4인 표본을 임의추출하여 구한 표본평균 $\overline{X}$가 22 이상이고 24 이하일 확률을 오른쪽 표준정규분포표를 이용하여 구한 것은?

z	$P(0 \leq Z \leq z)$
1	0.3413
2	0.4772
3	0.4987

① 0.0215 ② 0.1359 ③ 0.1574
④ 0.8185 ⑤ 0.8400

0789 평가원 기출

어느 지역의 1인 가구의 월 식료품 구입비는 평균이 45만 원, 표준편차가 8만 원인 정규분포를 따른다고 한다. 이 지역의 1인 가구 중에서 임의로 추출한 16가구의 월 식료품 구입비의 표본평균이 44만 원 이상이고 47만 원 이하일 확률을 오른쪽 표준정규분포표를 이용하여 구한 것은?

z	$P(0 \leq Z \leq z)$
0.5	0.1915
1.0	0.3413
1.5	0.4332
2.0	0.4772

① 0.3830 ② 0.5328 ③ 0.6915
④ 0.8185 ⑤ 0.8413

0790 중요

어느 고등학교 학생들의 몸무게는 평균이 58 kg, 표준편차가 4 kg인 정규분포를 따른다고 한다. 무게가 960 kg 이상이 되면 경고음이 울리는 엘리베이터에 이 고등학교 학생 중에서 임의추출한 16명이 탑승하였을 때, 엘리베이터의 경고음이 울릴 확률을 오른쪽 표준정규분포표를 이용하여 구한 것은?

z	$P(0 \leq Z \leq z)$
0.5	0.1915
1.0	0.3413
1.5	0.4332
2.0	0.4772

① 0.0228 ② 0.0668 ③ 0.1587
④ 0.3085 ⑤ 0.6915

0791 서술형

이항분포 $B\left(150, \dfrac{2}{5}\right)$를 따르는 모집단에서 크기가 9인 표본을 임의추출하여 구한 표본평균을 $\overline{X}$라 할 때, $P(57 \leq \overline{X} \leq 64)$의 값을 오른쪽 표준정규분포표를 이용하여 구하시오.

z	$P(0 \leq Z \leq z)$
0.5	0.1915
1.0	0.3413
1.5	0.4332
2.0	0.4772

0792

정규분포 $N(m, 10^2)$을 따르는 모집단에서 크기가 25인 표본을 임의추출하여 구한 표본평균 $\overline{X}$에 대하여

$$P(|\overline{X}-m| \geq 1)$$

의 값을 오른쪽 표준정규분포표를 이용하여 구한 것은?

z	$P(0 \leq Z \leq z)$
0.5	0.1915
1.0	0.3413
1.5	0.4332
2.0	0.4772

① 0.1336 ② 0.3174 ③ 0.6170

④ 0.6687 ⑤ 0.8664

0793 중요

어느 공장에서 생산하는 화장품 한 병의 무게는 평균이 200 g, 표준편차가 12 g인 정규분포를 따른다고 한다. 이 화장품을 4병씩 한 세트로 상자에 포장하여 판매한다고 할 때, 화장품 한 세트의 무게가 776 g 이상이고 836 g 이하이면 정상 제품으로 판정한다고 한다. 2000개의 세트 중 정상 제품으로 판정되는 것의 개수를 오른쪽 표준정규분포표를 이용하여 구한 것은? (단, 상자와 포장 재료의 무게는 생각하지 않는다.)

z	$P(0 \leq Z \leq z)$
0.5	0.1915
1.0	0.3413
1.5	0.4332
2.0	0.4772

① 1275 ② 1335 ③ 1498

④ 1549 ⑤ 1664

유형 06 표본평균의 확률 – 표본의 크기 구하기

표본평균 $\overline{X}$에 대한 확률이 주어질 때, 표본의 크기 n의 값은 다음과 같은 순서로 구한다.

❶ 모집단이 따르는 정규분포 $N(m, \sigma^2)$, 표본의 크기 n을 이용하여 표본평균 $\overline{X}$가 따르는 정규분포 $N\left(m, \dfrac{\sigma^2}{n}\right)$을 구한다.

❷ $\overline{X}$에 대한 확률을 표준정규분포 $N(0, 1)$을 따르는 확률변수 $Z = \dfrac{\overline{X}-m}{\dfrac{\sigma}{\sqrt{n}}}$에 대한 확률로 나타낸다.

❸ 표준정규분포표를 이용하여 n의 값을 구한다.

0794 대표문제

정규분포 $N(12, 4^2)$을 따르는 모집단에서 크기가 n인 표본을 임의추출하여 구한 표본평균 $\overline{X}$에 대하여 $P(\overline{X} \geq 13) = 0.1587$을 만족시키는 n의 값을 오른쪽 표준정규분포표를 이용하여 구한 것은?

z	$P(0 \leq Z \leq z)$
0.5	0.1915
1.0	0.3413
1.5	0.4332
2.0	0.4772

① 4 ② 8 ③ 16

④ 64 ⑤ 256

0795 서술형

정규분포 $N(60, 10^2)$을 따르는 모집단에서 크기가 n인 표본을 임의추출하여 구한 표본평균을 $\overline{X}$라 하자.

$$P(\overline{X} \leq 58) = 0.3446$$

일 때, n의 값을 구하시오. (단, Z가 표준정규분포를 따르는 확률변수일 때, $P(0 \leq Z \leq 0.4) = 0.1554$로 계산한다.)

0796

모평균이 245, 모표준편차가 20인 정규분포를 따르는 모집단에서 크기가 n인 표본을 임의추출하여 구한 표본평균 $\overline{X}$가 240 이상이고 250 이하일 확률이 0.9544이다. n의 값을 오른쪽 표준정규분포표를 이용하여 구하시오.

z	$P(0 \leq Z \leq z)$
0.5	0.1915
1.0	0.3413
1.5	0.4332
2.0	0.4772

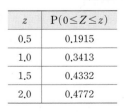

0797 ✅중요

어느 도시의 시립도서관을 이용하는 시민 1명의 이용 시간은 평균이 50분, 표준편차가 9분인 정규분포를 따른다고 한다. 이 시립도서관을 이용한 시민 중에서 임의추출한 n명의 이용 시간의 표본평균을 $\overline{X}$라 하면

$$P(\overline{X} \geq 56) = 0.0228$$

일 때, n의 값을 오른쪽 표준정규분포표를 이용하여 구한 것은?

z	$P(0 \leq Z \leq z)$
1.0	0.3413
1.5	0.4332
2.0	0.4772
2.5	0.4938

① 4
② 9
③ 16
④ 25
⑤ 36

0798 [평가원 기출]

대중교통을 이용하여 출근하는 어느 지역 직장인의 월 교통비는 평균이 8이고 표준편차가 1.2인 정규분포를 따른다고 한다. 대중교통을 이용하여 출근하는 이 지역 직장인 중 임의추출한 n명의 월 교통비의 표본평균을 $\overline{X}$라 할 때,

$$P(7.76 \leq \overline{X} \leq 8.24) \geq 0.6826$$

이 되기 위한 n의 최솟값을 오른쪽 표준정규분포표를 이용하여 구하시오.

(단, 교통비의 단위는 만 원이다.)

z	$P(0 \leq Z \leq z)$
0.5	0.1915
1.0	0.3413
1.5	0.4332
2.0	0.4772

0799

모평균이 140, 모표준편차가 45인 정규분포를 따르는 모집단에서 크기가 n^2인 표본을 임의추출하여 구한 표본평균을 $\overline{X}$라 하자.

$$P(|\overline{X} - 140| \leq n^2 + 6) = 0.6826$$

일 때, 자연수 n의 값을 오른쪽 표준정규분포표를 이용하여 구하시오.

z	$P(0 \leq Z \leq z)$
0.5	0.1915
1.0	0.3413
1.5	0.4332
2.0	0.4772

유형 07 표본평균의 확률 - 미지수 구하기

표본평균 $\overline{X}$에 대한 확률이 주어질 때, 미지수의 값은 다음과 같은 순서로 구한다.

❶ 모집단이 따르는 정규분포 $N(m, \sigma^2)$, 표본의 크기 n을 이용하여 표본평균 $\overline{X}$가 따르는 정규분포 $N\left(m, \dfrac{\sigma^2}{n}\right)$을 구한다.

❷ $\overline{X}$에 대한 확률을 표준정규분포 $N(0, 1)$을 따르는 확률변수 $Z = \dfrac{\overline{X} - m}{\dfrac{\sigma}{\sqrt{n}}}$에 대한 확률로 나타낸다.

❸ 표준정규분포표를 이용하여 미지수의 값을 구한다.

0800 [대표문제]

어느 고등학교 2학년 학생들의 모의고사 수학 영역 성적은 평균이 66점, 표준편차가 12점인 정규분포를 따른다고 한다. 이 고등학교 2학년 학생 중에서 임의추출한 36명의 모의고사 수학 영역 성적의 표본평균을 $\overline{X}$라 하자.

$$P(\overline{X} \leq k) = 0.3085$$

를 만족시키는 상수 k의 값을 오른쪽 표준정규분포표를 이용하여 구한 것은?

z	$P(0 \leq Z \leq z)$
0.5	0.1915
1.0	0.3413
1.5	0.4332
2.0	0.4772

① 61
② 62
③ 63
④ 64
⑤ 65

0801

정규분포 $N(20, 4^2)$을 따르는 모집단에서 크기가 4인 표본을 임의추출하여 구한 표본평균을 $\overline{X}$, 정규분포 $N(30, 2^2)$을 따르는 모집단에서 크기가 16인 표본을 임의추출하여 구한 표본평균을 $\overline{Y}$라 하자.

$$P(\overline{X} \geq 28) = P(\overline{Y} \leq a)$$

를 만족시키는 상수 a의 값은?

① 25
② 26
③ 27
④ 28
⑤ 29

0802 교육청 기출

어느 제과점에서 판매되는 찹쌀 도넛의 무게는 평균이 70, 표준편차가 2.5인 정규분포를 따른다고 한다. 이 제과점에서 판매되는 찹쌀 도넛 중 16개를 임의추출하여 조사한 무게의 표본평균을 $\overline{X}$라 하자.

$$P(|\overline{X}-70|\leq a)=0.9544$$

를 만족시키는 상수 a의 값을 오른쪽 표준정규분포표를 이용하여 구한 것은? (단, 무게의 단위는 g이다.)

z	$P(0\leq Z\leq z)$
1.0	0.3413
1.5	0.4332
2.0	0.4772
2.5	0.4938

① 1.00   ② 1.25   ③ 1.50

④ 2.00   ⑤ 2.25

0803

어느 공장에서 생산하는 오렌지주스 한 병의 용량은 평균이 m mL이고 표준편차가 8 mL인 정규분포를 따른다고 한다. 이 공장에서 생산하는 오렌지주스 중에서 임의추출한 4병의 용량의 표본평균이 234 g 이상일 확률이 0.8413일 때, m의 값을 오른쪽 표준정규분포표를 이용하여 구하시오.

z	$P(0\leq Z\leq z)$
0.5	0.1915
1.0	0.3413
1.5	0.4332
2.0	0.4772

0804 중요

어느 고등학교 학생들이 등교하는 데 걸리는 시간은 평균이 40분, 표준편차가 σ분인 정규분포를 따른다고 한다. 이 고등학교 학생 중에서 임의추출한 25명이 등교하는 데 걸리는 시간의 표본평균을 $\overline{X}$라 할 때,

$$P(37\leq \overline{X}\leq 43)=0.8664$$

를 만족시키는 σ의 값을 오른쪽 표준정규분포표를 이용하여 구하시오.

z	$P(0\leq Z\leq z)$
0.5	0.1915
1.0	0.3413
1.5	0.4332
2.0	0.4772

0805 서술형

정규분포 $N(100, 9^2)$을 따르는 모집단에서 크기가 9인 표본을 임의추출하여 구한 표본평균 $\overline{X}$에 대하여

$$P(\overline{X}\geq k)\leq 0.1587$$

을 만족시키는 실수 k의 최솟값을 오른쪽 표준정규분포표를 이용하여 구하시오.

z	$P(0\leq Z\leq z)$
0.5	0.1915
1.0	0.3413
1.5	0.4332
2.0	0.4772

0806

어느 빵집에서 판매하는 통밀식빵 한 봉지의 무게는 평균이 m g이고 표준편차가 12 g인 정규분포를 따른다고 한다. 이 빵집에서 판매하는 통밀식빵 중에서 임의추출한 16봉지의 무게의 표본평균을 $\overline{X}$라 할 때,

$$P(|m-\overline{X}|\geq k)=0.1$$

을 만족시키는 양수 k의 값을 오른쪽 표준정규분포표를 이용하여 구한 것은?

z	$P(0\leq Z\leq z)$
1.4	0.42
1.6	0.45
1.8	0.46
2.0	0.48

① 3.6   ② 4.2   ③ 4.8

④ 5.4   ⑤ 6

유형 08 모평균의 추정 - 모표준편차가 주어진 경우

정규분포 $N(m, \sigma^2)$을 따르는 모집단에서 크기가 n인 표본을 임의추출하여 구한 표본평균 $\overline{X}$의 값이 $\overline{x}$일 때, 모평균 m에 대한 신뢰구간은

(1) 신뢰도 95 %의 신뢰구간

➡ $\overline{x} - 1.96 \times \dfrac{\sigma}{\sqrt{n}} \leq m \leq \overline{x} + 1.96 \times \dfrac{\sigma}{\sqrt{n}}$

(2) 신뢰도 99 %의 신뢰구간

➡ $\overline{x} - 2.58 \times \dfrac{\sigma}{\sqrt{n}} \leq m \leq \overline{x} + 2.58 \times \dfrac{\sigma}{\sqrt{n}}$

확인 문제

모평균이 m, 모표준편차가 10인 정규분포를 따르는 모집단에서 크기가 25인 표본을 임의추출하였더니 표본평균이 100이었다. 신뢰도가 다음과 같을 때, 모평균 m에 대한 신뢰구간을 구하시오. (단, Z가 표준정규분포를 따르는 확률변수일 때, $P(|Z| \leq 1.96) = 0.95$, $P(|Z| \leq 2.58) = 0.99$로 계산한다.)

(1) 신뢰도 95 %

(2) 신뢰도 99 %

0807 대표문제

어느 회사에서 생산하는 고무장갑 한 쌍의 수명은 평균이 m시간, 표준편차가 4시간인 정규분포를 따른다고 한다. 이 회사에서 생산한 고무장갑 중에서 64쌍을 임의추출하여 얻은 표본평균이 630시간이었을 때, 모평균 m에 대한 신뢰도 95 %의 신뢰구간은? (단, Z가 표준정규분포를 따르는 확률변수일 때, $P(0 \leq Z \leq 1.96) = 0.475$로 계산한다.)

① $629.51 \leq m \leq 630.49$ ② $629.02 \leq m \leq 630.98$

③ $628.14 \leq m \leq 631.86$ ④ $625.10 \leq m \leq 634.90$

⑤ $620.20 \leq m \leq 639.80$

0808 수능 기출

어느 마을에서 수확하는 수박의 무게는 평균이 m kg, 표준편차가 1.4 kg인 정규분포를 따른다고 한다. 이 마을에서 수확한 수박 중에서 49개를 임의추출하여 얻은 표본평균을 이용하여, 이 마을에서 수확하는 수박의 무게의 평균 m에 대한 신뢰도 95 %의 신뢰구간을 구하면 $a \leq m \leq 7.992$이다. a의 값은? (단, Z가 표준정규분포를 따르는 확률변수일 때, $P(|Z| \leq 1.96) = 0.95$로 계산한다.)

① 7.198   ② 7.208   ③ 7.218

④ 7.228   ⑤ 7.238

0809 중요

어느 고등학교 1학년 학생이 한 달 동안 교내 도서관을 이용하는 시간은 평균이 m시간, 표준편차가 6시간인 정규분포를 따른다고 한다. 이 고등학교 1학년 학생 중에서 81명을 임의추출하여 얻은 표본평균을 이용하여 이 고등학교 1학년 학생의 한 달 동안 교내 도서관 이용 시간의 평균 m에 대한 신뢰도 99 %의 신뢰구간을 구하면 $a \leq m \leq b$이다. $a + b = 36$일 때, a의 값은? (단, Z가 표준정규분포를 따르는 확률변수일 때, $P(|Z| \leq 2.58) = 0.99$로 계산한다.)

① 16.08   ② 16.18   ③ 16.28

④ 16.38   ⑤ 16.48

0810 서술형

어느 농장에서 생산하는 달걀의 무게는 평균이 m, 표준편차가 5인 정규분포를 따른다고 한다. 이 농장에서 생산한 달걀 중에서 9개를 임의추출하여 무게를 측정한 결과가 다음 표와 같았다.

달걀의 무게	50	51	52	53	합계
개수	1	2	2	4	9

이 결과를 이용하여 이 농장에서 생산하는 달걀의 무게의 평균 m에 대한 신뢰도 95 %의 신뢰구간에 속하는 정수의 개수를 구하시오. (단, 무게의 단위는 g이고, Z가 표준정규분포를 따르는 확률변수일 때, $P(|Z| \leq 2) = 0.95$로 계산한다.)

0811 ✅중요

표준편차가 σ로 알려져 있는 정규분포를 따르는 모집단에서 크기가 n인 표본을 임의추출하여 얻은 모평균 m에 대한 신뢰도 95 %의 신뢰구간이 $133.2 \leq m \leq 152.8$이었다. 같은 표본을 이용하여 얻은 모평균 m에 대한 신뢰도 99 %의 신뢰구간에 속하는 정수의 최댓값을 p, 최솟값을 q라 할 때, $p-q$의 값을 구하시오. (단, Z가 표준정규분포를 따르는 확률변수일 때, $P(0 \leq Z \leq 1.96) = 0.475$, $P(0 \leq Z \leq 2.58) = 0.495$로 계산한다.)

유형 09 — 모평균의 추정 - 표본표준편차가 주어진 경우

모평균의 신뢰구간을 구할 때 모표준편차 σ의 값을 알 수 없는 경우, 표본의 크기 n이 30 이상으로 충분히 크면 모표준편차 σ 대신 표본표준편차 s를 이용할 수 있다.

확인 문제

정규분포를 따르는 모집단에서 크기가 100인 표본을 임의추출하였더니 표본평균이 100, 표본표준편차가 10이었다. 신뢰도가 다음과 같을 때, 모평균 m에 대한 신뢰구간을 구하시오.(단, Z가 표준정규분포를 따르는 확률변수일 때, $P(|Z| \leq 1.96) = 0.95$, $P(|Z| \leq 2.58) = 0.99$로 계산한다.)

(1) 신뢰도 95 %
(2) 신뢰도 99 %

0812 대표문제

어느 농장에서 생산하는 사과 1개의 무게는 평균이 m g인 정규분포를 따른다고 한다. 이 농장에서 생산한 사과 중에서 100개를 임의추출하여 구한 사과의 무게의 평균이 107 g, 표준편차가 10 g이었다. 이 결과를 이용하여 이 농장에서 생산한 사과 1개의 무게의 평균 m에 대한 신뢰도 95 %의 신뢰구간을 구한 것은? (단, Z가 표준정규분포를 따르는 확률변수일 때, $P(|Z| \leq 1.96) = 0.95$로 계산한다.)

① $106.02 \leq m \leq 107.98$
② $105.04 \leq m \leq 108.96$
③ $104.06 \leq m \leq 109.94$
④ $103.08 \leq m \leq 110.92$
⑤ $102.10 \leq m \leq 111.90$

0813 수능 기출

어느 회사에서 생산된 모니터의 수명은 정규분포를 따른다고 한다. 이 회사에서 생산된 모니터 중 임의추출한 100대의 수명의 표본평균이 $\bar{x}$, 표본표준편차가 500이었다. 이 결과를 이용하여 이 회사에서 생산된 모니터의 수명의 평균을 신뢰도 95 %로 추정한 신뢰구간이 $\bar{x}-c$ 이상 $\bar{x}+c$ 이하이다. c의 값을 구하시오. (단, Z가 표준정규분포를 따르는 확률변수일 때, $P(0 \leq Z \leq 1.96) = 0.4750$이다.)

0814 ✏서술형

정규분포를 따르는 모집단에서 크기가 400인 표본을 임의추출하였더니 평균이 283, 표준편차가 36이었을 때, 모평균 m에 대한 신뢰도 99 %의 신뢰구간에 속하는 자연수의 개수를 구하시오. (단, Z가 표준정규분포를 따르는 확률변수일 때, $P(0 \leq Z \leq 2.58) = 0.495$로 계산한다.)

0815 ✅중요

어느 회사에서 생산하는 음료수 1병의 용량은 평균이 m mL인 정규분포를 따른다고 한다. 이 공장에서 생산한 음료수 중에서 64병을 임의추출하여 용량을 조사하였더니 평균이 240 mL, 표준편차가 4 mL이었다. 이 결과를 이용하여 이 회사에서 생산하는 음료수 1병의 용량의 평균 m을 신뢰도 95 %로 추정한 신뢰구간이 $a \leq m \leq b$, 신뢰도 99 %로 추정한 신뢰구간이 $c \leq m \leq d$일 때, $d-a$의 값은? (단, Z가 표준정규분포를 따르는 확률변수일 때, $P(0 \leq Z \leq 1.96) = 0.475$, $P(0 \leq Z \leq 2.58) = 0.495$로 계산한다.)

① 2.23
② 2.25
③ 2.27
④ 2.29
⑤ 2.31

유형 **10** 모평균의 추정 - 표본의 크기 구하기

정규분포 $N(m, \sigma^2)$을 따르는 모집단에서 크기가 n인 표본을 임의추출하여 구한 표본평균 $\overline{X}$의 값이 $\overline{x}$이고

$$P(-k \le Z \le k) = \frac{a}{100} \quad (k > 0)$$

일 때, 신뢰도 a %로 추정한 모평균 m에 대한 신뢰구간은

$$\overline{x} - k \times \frac{\sigma}{\sqrt{n}} \le m \le \overline{x} + k \times \frac{\sigma}{\sqrt{n}}$$

임을 이용하여 표본의 크기를 구한다.

0816 대표문제

어느 운송회사의 배송 직원 한 명이 하루 동안 처리하는 택배 상자의 개수는 평균이 m개, 표준편차가 15개인 정규분포를 따른다고 한다. 이 운송회사의 직원 중에서 n명을 임의추출하여 하루 동안 처리하는 택배 상자의 개수를 조사하였더니 평균이 220개이었다. 모평균 m을 신뢰도 95 %로 추정한 신뢰구간이 $210.2 \le m \le 229.8$일 때, n의 값은? (단, Z가 표준정규분포를 따르는 확률변수일 때, $P(|Z| \le 1.96) = 0.95$로 계산한다.)

① 3   ② 5   ③ 9
④ 10   ⑤ 16

0817 교육청 기출

어느 밭에서 수확한 딸기의 무게는 정규분포를 따른다고 한다. 이 딸기 중에서 임의추출한 n개의 무게를 조사하였더니 평균이 20 g, 표준편차가 5 g이었다. 이 결과를 이용하여 이 밭에서 수확한 딸기 무게의 평균 m g을 신뢰도 95 %로 추정한 신뢰구간이 $19.02 \le m \le a$이다. $n+a$의 값은?
(단, 표준정규분포를 따르는 확률변수 Z에 대하여 $P(0 \le Z \le 1.96) = 0.4750$이다.)

① 84.98   ② 85.96   ③ 101.02
④ 120.98   ⑤ 121.96

0818 서술형

어느 마트에서 판매하는 수제 소시지 1개의 무게는 평균이 m g, 표준편차가 2 g인 정규분포를 따른다고 한다. 이 마트에서 판매하는 수제 소시지 중에서 n개를 임의추출하여 구한 소시지 무게의 평균이 $\overline{x}$ g이었다. 이 마트에서 판매하는 수제 소시지 1개의 무게의 평균 m에 대한 신뢰도 99 %의 신뢰구간이 $77.77 \le m \le 78.63$일 때, $\overline{x} + n$의 값을 구하시오.
(단, Z가 표준정규분포를 따르는 확률변수일 때, $P(|Z| \le 2.58) = 0.99$로 계산한다.)

0819 중요

정규분포 $N(m, 12^2)$을 따르는 모집단에서 크기가 n인 표본을 임의추출하여 모평균 m에 대한 신뢰도 95 %의 신뢰구간을 구하였더니 $k \le m \le k + 11.76$이었을 때, n의 값을 구하시오. (단, Z가 표준정규분포를 따르는 확률변수일 때, $P(|Z| \le 1.96) = 0.95$로 계산한다.)

0820

평균이 m이고 표준편차가 20인 정규분포를 따르는 모집단에서 크기가 n인 표본을 임의추출하여 표본평균 $\overline{x}$를 얻었다. 이를 이용하여 구한 모평균 m에 대한 신뢰구간이 신뢰도에 따라 다음과 같을 때, $n + a + \beta$의 값은? (단, Z가 표준정규분포를 따르는 확률변수일 때, $P(0 \le Z \le 2) = 0.475$, $P(0 \le Z \le 3) = 0.495$로 계산한다.)

| ㈎ 신뢰도가 95 %일 때의 신뢰구간은 $115 \le m \le a$ |
| ㈏ 신뢰도가 99 %일 때의 신뢰구간은 $\beta \le m \le 135$ |

① 261   ② 263   ③ 265
④ 267   ⑤ 269

07

통계적 추정

0821

어느 고등학교 2학년 학생들의 중간고사 수학 성적은 평균이 m점, 표준편차가 8점인 정규분포를 따른다고 한다. 이 고등학교 2학년 학생 중에서 임의추출한 n명의 중간고사 수학 성적의 평균을 구했더니 66점이었다. 이 고등학교 2학년 학생 전체의 중간고사 수학 성적의 평균 m에 대한 신뢰도 99 %의 신뢰구간에 속하는 정수의 개수가 9가 되도록 하는 모든 n의 개수는? (단, Z가 표준정규분포를 따르는 확률변수일 때, $P(0 \le Z \le 3) = 0.495$로 계산한다.)

① 9　　　　② 10　　　　③ 11
④ 12　　　　⑤ 13

유형 **11** **모평균의 추정 – 미지수 구하기**

정규분포 $N(m, \sigma^2)$을 따르는 모집단에서 크기가 n인 표본을 임의추출하여 구한 표본평균 $\overline{X}$의 값이 $\overline{x}$일 때, 모평균 m에 대한 신뢰구간이 $a \le m \le b$이면 a, b의 값은 다음과 같다.

(1) 신뢰도가 95 %, 즉 $P(|Z| \le 1.96) = 0.95$인 경우

$$a = \overline{x} - 1.96 \times \frac{\sigma}{\sqrt{n}}, \ b = \overline{x} + 1.96 \times \frac{\sigma}{\sqrt{n}}$$

(2) 신뢰도가 99 %, 즉 $P(|Z| \le 2.58) = 0.99$인 경우

$$a = \overline{x} - 2.58 \times \frac{\sigma}{\sqrt{n}}, \ b = \overline{x} + 2.58 \times \frac{\sigma}{\sqrt{n}}$$

0822　대표문제

정규분포 $N(m, \sigma^2)$을 따르는 모집단에서 크기가 16인 표본을 임의추출하여 구한 표본평균이 $\overline{x}$이었다. 모평균 m에 대한 신뢰도 95 %의 신뢰구간이 $21.06 \le m \le 26.94$일 때, $\overline{x} + \sigma$의 값은? (단, $\sigma > 0$이고, Z가 표준정규분포를 따르는 확률변수일 때, $P(|Z| \le 1.96) = 0.95$로 계산한다.)

① 26　　　　② 27　　　　③ 28
④ 29　　　　⑤ 30

0823　평가원 기출

어느 회사에서 생산하는 초콜릿 한 개의 무게는 평균이 m, 표준편차가 σ인 정규분포를 따른다고 한다. 이 회사에서 생산하는 초콜릿 중에서 임의추출한, 크기가 49인 표본을 조사하였더니 초콜릿 무게의 표본평균의 값이 $\overline{x}$이었다. 이 결과를 이용하여, 이 회사에서 생산하는 초콜릿 한 개의 무게의 평균 m에 대한 신뢰도 95 %의 신뢰구간을 구하면

$1.73 \le m \le 1.87$이다. $\dfrac{\sigma}{\overline{x}} = k$일 때, $180k$의 값을 구하시오.

(단, 무게의 단위는 g이고, Z가 표준정규분포를 따르는 확률변수일 때 $P(0 \le Z \le 1.96) = 0.475$로 계산한다.)

0824　서술형

모평균이 m인 정규분포를 따르는 모집단에서 크기가 36인 표본을 임의추출하여 구한 표본평균이 $\overline{x}$, 표본표준편차가 s이었다. 이를 이용하여 모평균 m에 대한 신뢰도 99 %의 신뢰구간을 구하면 $83.7 \le m \le 92.3$일 때, $\overline{x} + s$의 값을 구하시오. (단, Z가 표준정규분포를 따르는 확률변수일 때, $P(0 \le Z \le 2.58) = 0.495$로 계산한다.)

0825　중요

어느 회사에서 생산하는 1 L짜리 우유 한 팩에 들어 있는 나트륨 함유량은 평균이 m mg, 표준편차가 σ mg인 정규분포를 따른다고 한다. 이 회사에서 생산한 1 L짜리 우유 4팩을 임의추출하여 나트륨 함유량을 측정한 결과, 표본평균이 505 mg이었다. 이 회사에서 생산한 1 L짜리 우유 한 팩에 들어 있는 나트륨 함유량의 평균 m에 대한 신뢰도 95 %의 신뢰구간이 $485.4 \le m \le k$일 때, $k + \sigma$의 값은? (단, Z가 표준정규분포를 따르는 확률변수일 때, $P(|Z| \le 1.96) = 0.95$로 계산한다.)

① 504.6　　　② 524.6　　　③ 544.6
④ 564.6　　　⑤ 584.6

0826

모평균이 m이고 모표준편차가 σ인 정규분포를 따르는 모집단에서 크기가 100인 표본을 임의추출하여 표본평균 $\overline{x}$를 얻고, 이를 이용하여 모평균 m에 대한 신뢰도 99 %의 신뢰구간을 구하였더니 $a \le m \le 66$이었다. 같은 모집단에서 크기가 25인 표본을 임의추출하여 표본평균 $\overline{x} - 2$를 얻고, 이를 이용하여 모평균 m에 대한 신뢰도 99 %의 신뢰구간을 구하였더니 $b \le m \le 70$이었다. $\sigma + a + b$의 값을 구하시오.
(단, Z가 표준정규분포를 따르는 확률변수일 때, $P(0 \le Z \le 3) = 0.495$로 계산한다.)

0828

평균이 m, 표준편차가 4인 정규분포를 따르는 모집단에서 크기가 36인 표본을 임의추출하여 추정한 모평균 m에 대한 신뢰도 99 %의 신뢰구간이 $a \le m \le b$일 때, $b - a$의 값을 구하시오. (단, Z가 표준정규분포를 따르는 확률변수일 때, $P(0 \le Z \le 3) = 0.495$로 계산한다.)

0829 ✏️ 서술형

모표준편차가 40인 정규분포를 따르는 모집단에서 크기가 100인 표본을 임의추출하여 추정한 모평균 m에 대한 신뢰도 95 %의 신뢰구간의 길이를 l_1, 신뢰도 99 %의 신뢰구간의 길이를 l_2라 할 때, $l_2 = k l_1$이다. 상수 k의 값을 구하시오.
(단, Z가 표준정규분포를 따르는 확률변수일 때, $P(|Z| \le 2) = 0.95$, $P(|Z| \le 3) = 0.99$로 계산한다.)

유형 12 신뢰구간의 길이

정규분포 $N(m, \sigma^2)$을 따르는 모집단에서 크기가 n인 표본을 임의추출할 때, 모평균 m에 대한 신뢰구간의 길이는

(1) 신뢰도가 95 %일 때 ➡ $2 \times 1.96 \times \dfrac{\sigma}{\sqrt{n}}$

(2) 신뢰도가 99 %일 때 ➡ $2 \times 2.58 \times \dfrac{\sigma}{\sqrt{n}}$

0827 대표문제

어느 회사에서 생산하는 제품 한 개의 무게는 표준편차가 15 g인 정규분포를 따른다고 한다. 이 회사에서 생산한 제품 중에서 900개를 임의추출하여 제품의 무게의 모평균을 신뢰도 95 %로 추정할 때, 신뢰구간의 길이는? (단, Z가 표준정규분포를 따르는 확률변수일 때, $P(|Z| \le 1.96) = 0.95$로 계산한다.)

① 0.49   ② 0.98   ③ 1.96

④ 2.94   ⑤ 3.92

0830 ✓ 중요

어느 고등학교 학생들이 등교하는 데 걸리는 시간은 평균이 m분인 정규분포를 따른다고 한다. 이 고등학교 학생 중 64명을 임의추출하여 등교하는 데 걸리는 시간의 모평균 m에 대한 신뢰도 95 %의 신뢰구간을 구하였더니 $40.04 \le m \le 43.96$이었다. 이 고등학교 학생 중 16명을 다시 임의추출하여 모평균 m을 신뢰도 99 %로 추정할 때, 신뢰구간의 길이는?
(단, Z가 표준정규분포를 따르는 확률변수일 때, $P(|Z| \le 1.96) = 0.95$, $P(|Z| \le 2.58) = 0.99$로 계산한다.)

① 2.58   ② 3.92   ③ 5.16

④ 7.84   ⑤ 10.32

0831

평균이 m이고 표준편차가 12인 정규분포를 따르는 모집단에서 크기가 n인 표본을 임의추출할 때, 모평균 m에 대한 신뢰도 α %의 신뢰구간이 $a \leq m \leq b$이면 $f(n, \alpha) = b - a$라 하자.

$$A = f(16, 90), \quad B = f(64, 95), \quad C = f(36, 99)$$

일 때, A, B, C 사이의 대소 관계를 오른쪽 표준정규분포표를 이용하여 구한 것은?

z	$P(0 \leq Z \leq z)$
1.65	0.450
1.96	0.475
2.58	0.495

① $A < B < C$ ② $A < C < B$

③ $B < A < C$ ④ $B < C < A$

⑤ $C < A < B$

유형 **13**   **신뢰구간의 길이**
– 표본의 크기 또는 미지수 구하기

신뢰구간의 길이가 주어지고 표본의 크기 또는 미지수의 값을 구할 때는 다음과 같은 순서로 한다.

❶ 표본의 크기 또는 미지수의 값을 문자로 둔 상태로 신뢰도에 맞는 신뢰구간의 길이를 구한다.

  ➡ 정규분포 $N(m, \sigma^2)$을 따르는 모집단에서 크기가 n인 표본을 임의추출할 때, 모평균 m의 신뢰구간의 길이는

    ① 신뢰도가 95 %일 때: $2 \times 1.96 \times \dfrac{\sigma}{\sqrt{n}}$

    ② 신뢰도가 99 %일 때: $2 \times 2.58 \times \dfrac{\sigma}{\sqrt{n}}$

❷ 주어진 신뢰구간의 길이와 ❶을 비교하여 표본의 크기 또는 미지수의 값을 구한다.

0832 대표문제

정규분포 $N(m, 10^2)$을 따르는 모집단에서 크기가 n인 표본을 임의추출하여 구한 모평균 m에 대한 신뢰도 95 %의 신뢰구간의 길이가 2보다 작도록 하는 n의 최솟값은? (단, Z가 표준정규분포를 따르는 확률변수일 때, $P(|Z| \leq 1.96) = 0.95$로 계산한다.)

① 381   ② 383   ③ 385

④ 387   ⑤ 389

0833 중요

어느 회사에서 생산하는 과일 맛 음료수에 들어 있는 비타민 C의 양은 평균이 m mg, 표준편차가 4 mg인 정규분포를 따른다고 한다. 이 회사에서 생산하는 과일 맛 음료수 중에서 n병을 임의추출하여 구한 비타민 C의 양의 평균 m에 대한 신뢰도 99 %의 신뢰구간이 $a \leq m \leq b$이다. $b - a = 1.29$일 때, n의 값은? (단, Z가 표준정규분포를 따르는 확률변수일 때, $P(|Z| \leq 2.58) = 0.99$로 계산한다.)

① 196   ② 256   ③ 324

④ 400   ⑤ 484

0834 평가원 기출

어느 음식점을 방문한 고객의 주문 대기 시간은 평균이 m분, 표준편차가 σ분인 정규분포를 따른다고 한다. 이 음식점을 방문한 고객 중 64명을 임의추출하여 얻은 표본평균을 이용하여, 이 음식점을 방문한 고객의 주문 대기 시간의 평균 m에 대한 신뢰도 95 %의 신뢰구간을 구하면 $a \leq m \leq b$이다. $b - a = 4.9$일 때, σ의 값을 구하시오. (단, Z가 표준정규분포를 따르는 확률변수일 때, $P(|Z| \leq 1.96) = 0.95$로 계산한다.)

0835 서술형

표준편차가 90인 정규분포를 따르는 모집단에서 크기가 900인 표본을 임의추출하여 구한 모평균에 대한 신뢰도 99 %의 신뢰구간의 길이와 크기가 n인 표본을 임의추출하여 구한 모평균에 대한 신뢰도 95 %의 신뢰구간의 길이가 서로 같을 때, n의 값을 구하시오. (단, Z가 표준정규분포를 따르는 확률변수일 때, $P(|Z| \leq 2) = 0.95$, $P(|Z| \leq 3) = 0.99$로 계산한다.)

0836

정규분포 $N(m, \sigma^2)$을 따르는 모집단에서 크기가 324인 표본을 임의추출하여 구한 모평균 m에 대한 신뢰구간이 $a \leq m \leq b$이다. 이 모집단에서 크기가 n인 표본을 임의추출하여 동일한 신뢰도로 모평균 m에 대한 신뢰구간을 구하면 $c \leq m \leq d$일 때, $d-c=3(b-a)$를 만족시키는 n의 값은?

① 36   ② 64   ③ 100

④ 144   ⑤ 196

0838

평균이 m이고 표준편차가 8인 정규분포를 따르는 모집단에서 크기가 4인 표본을 임의추출하였다. 이 표본의 표본평균을 이용하여 추정한 모평균 m에 대한 신뢰도 $\alpha \%$의 신뢰구간의 길이가 12일 때, α의 값을 오른쪽 표준정규분포표를 이용하여 구하시오.

z	$P(0 \leq Z \leq z)$
0.5	0.19
1.0	0.34
1.5	0.43
2.0	0.48
2.5	0.49

유형 14 신뢰구간의 길이 - 신뢰도 구하기

정규분포 $N(m, \sigma^2)$을 따르는 모집단에서 크기가 n인 표본을 임의추출하여 신뢰도 $\alpha \%$로 추정한 모평균 m에 대한 신뢰구간의 길이가 $2 \times k \times \dfrac{\sigma}{\sqrt{n}}$ $(k>0)$일 때,

$$P(-k \leq Z \leq k) = \frac{\alpha}{100}$$

를 만족시키는 α의 값을 표준정규분포표를 이용하여 구한다.

0837 대표문제

어느 고등학교 2학년 학생들의 중간고사 국어 성적은 평균이 m점, 표준편차가 6점인 정규분포를 따른다고 한다. 이 고등학교 2학년 학생 중에서 임의추출한 16명의 중간고사 국어 성적의 평균을 이용하여 추정한 2학년 학생 전체의 중간고사 국어 성적의 평균 m에 대한 신뢰도 $\alpha \%$의 신뢰구간이 $77.84 \leq m \leq 82.16$일 때, α의 값을 오른쪽 표준정규분포표를 이용하여 구한 것은?

z	$P(0 \leq Z \leq z)$
1.28	0.400
1.44	0.425
1.65	0.450
1.96	0.475
2.58	0.495

① 80   ② 85   ③ 90

④ 95   ⑤ 99

0839 중요

어느 농장에서 생산하는 수박의 당도는 평균이 m, 표준편차가 3인 정규분포를 따른다고 한다. 이 농장에서 생산하는 수박 중에서 144개를 임의추출하여 구한 모평균 m에 대한 신뢰도 $\alpha \%$의 신뢰구간의 길이가 0.98이었다. 같은 표본을 이용할 때, 모평균 m에 대한 신뢰도 $\dfrac{1}{2}\alpha \%$의 신뢰구간의 길이를 오른쪽 표준정규분포표를 이용하여 구한 것은? (단, 당도의 단위는 Brix이다.)

z	$P(0 \leq Z \leq z)$
0.15	0.06
0.31	0.12
0.64	0.24
1.08	0.36
1.96	0.48

① 0.24   ② 0.28   ③ 0.32

④ 0.44   ⑤ 0.49

0840

표준편차가 σ인 정규분포를 따르는 모집단에서 크기가 n인 표본을 임의추출하여 모평균 m에 대한 신뢰구간의 길이를 구하려고 한다. 오른쪽 표준정규분포표를 이용하여 구한 모평균 m에 대한 신뢰도 68 %의 신뢰구간의 길이가 l이고, 모평균 m에 대한 신뢰도 α %의 신뢰구간의 길이가 $\dfrac{5}{2}l$일 때, α의 값은?

z	$P(0 \leq Z \leq z)$
0.5	0.19
1.0	0.34
1.5	0.43
2.0	0.48
2.5	0.49

① 95 ② 96 ③ 97
④ 98 ⑤ 99

0841

정규분포 $N(m, \sigma^2)$을 따르는 모집단에서 크기가 n인 표본을 임의추출하여 구한 모평균 m에 대한 신뢰도 α %의 신뢰구간의 길이를 $f(n, \alpha)$라 하면

$$f(96, 89) = f(216, x)$$

일 때, x의 값을 오른쪽 표준정규분포표를 이용하여 구한 것은?

z	$P(0 \leq Z \leq z)$
0.8	0.288
1.2	0.385
1.6	0.445
2.0	0.477
2.4	0.492

① 57.6 ② 77.0 ③ 89.0
④ 95.4 ⑤ 98.4

정규분포 $N(m, \sigma^2)$을 따르는 모집단에서 크기가 n인 표본을 임의추출하여 구한 표본평균 $\overline{X}$의 값이 $\overline{x}$일 때, 신뢰도 α %로 추정한 모평균 m과 표본평균 $\overline{x}$의 차는

$$|m - \overline{x}| \leq k \times \dfrac{\sigma}{\sqrt{n}} \left(\text{단, } P(-k \leq Z \leq k) = \dfrac{\alpha}{100}, k > 0\right)$$

0842 대표문제

어느 인터넷 중고거래 사이트에 가입된 회원의 연간 중고거래 횟수는 표준편차가 15회인 정규분포를 따른다고 한다. 이 사이트에 가입된 회원 중에서 n명을 임의추출하여 연간 중고거래 횟수를 조사하였더니 평균이 $\overline{x}$회이었다. 이를 이용하여 이 사이트에 가입된 회원 전체의 연간 중고거래 횟수의 평균 m을 신뢰도 95 %로 추정할 때, $|m - \overline{x}| \leq 1.47$을 만족시키는 n의 최솟값은? (단, Z가 표준정규분포를 따르는 확률변수일 때, $P(|Z| \leq 1.96) = 0.95$로 계산한다.)

① 100 ② 200 ③ 300
④ 400 ⑤ 500

0843

어느 고등학교 학생들의 교내 매점 이용 횟수는 표준편차가 6회인 정규분포를 따른다고 한다. 이 고등학교 학생 중에서 81명을 임의추출하여 모평균을 신뢰도 99 %로 추정할 때, 모평균과 표본평균의 차의 최댓값을 구하시오. (단, Z가 표준정규분포를 따르는 확률변수일 때, $P(|Z| \leq 3) = 0.99$로 계산한다.)

0844 서술형

표준편차가 12인 정규분포를 따르는 모집단에서 크기가 n인 표본을 임의추출하여 모평균을 신뢰도 95 %로 추정할 때, 모평균과 표본평균의 차가 3 이하가 되도록 하는 n의 최솟값을 구하시오. (단, Z가 표준정규분포를 따르는 확률변수일 때, $P(0 \leq Z \leq 2) = 0.475$로 계산한다.)

0845 ✅중요

어느 농장에서 생산하는 포도 한 송이의 무게는 정규분포를 따른다고 한다. 이 농장에서 생산하는 포도 n송이를 임의추출하여 모평균을 신뢰도 99 %로 추정할 때, 모평균과 표본평균의 차가 모표준편차의 $\dfrac{3}{5}$ 이하가 되도록 하는 n의 최솟값은? (단, Z가 표준정규분포를 따르는 확률변수일 때, $\mathrm{P}(|Z|\leq2.58)=0.99$로 계산한다.)

① 18 ② 19 ③ 20
④ 21 ⑤ 22

0846

어느 도시에 거주하는 성인 1명의 하루 운동 시간은 평균이 m분, 표준편차가 σ분인 정규분포를 따른다고 한다. 이 도시에 거주하는 성인 중 임의추출한 n명의 하루 운동 시간의 평균이 50분이고, 이를 이용하여 이 도시에 거주하는 성인 전체의 하루 운동 시간의 평균 m에 대한 신뢰도 95 %의 신뢰구간을 구하면 $49.02\leq m\leq50.98$이다.

이 도시에 거주하는 성인 중 다시 임의추출한 n^3명의 하루 운동 시간의 평균이 $\bar{x}$분이고, 이를 이용하여 이 도시에 거주하는 성인 전체의 하루 운동 시간의 평균 m을 신뢰도 99 %로 추정할 때, $|m-\bar{x}|\leq\dfrac{1}{30}$이 되도록 하는 n의 최솟값을 구하시오. (단, Z가 표준정규분포를 따르는 확률변수일 때, $\mathrm{P}(|Z|\leq1.96)=0.95$, $\mathrm{P}(|Z|\leq2.58)=0.99$로 계산한다.)

유형 16 신뢰구간의 성질

(1) 표본의 크기가 일정할 때
 ➡ 신뢰도가 높아지면 신뢰구간의 길이는 길어진다.
(2) 신뢰도가 일정할 때
 ➡ 표본의 크기가 커지면 신뢰구간의 길이는 짧아진다.

0847 대표문제

모표준편차가 σ인 정규분포를 따르는 모집단에서 크기가 n인 표본을 임의추출하여 구한 표본평균이 $\bar{x}$이고, 이를 이용하여 모평균 m을 신뢰도 α %로 추정한 신뢰구간이 $a\leq m\leq b$일 때, 보기에서 옳은 것만을 있는 대로 고른 것은?

┌ 보기 ────────────────────────────────
 ㄱ. n의 값이 일정할 때, α의 값이 커지면 $b-a$의 값도 커진다.
 ㄴ. α의 값이 일정할 때, n의 값이 커지면 $b-a$의 값은 작아진다.
 ㄷ. n, α의 값이 일정할 때, $\bar{x}$의 값이 커지면 $b-a$의 값도 커진다.
└──────────────────────────────────────

① ㄱ ② ㄱ, ㄴ ③ ㄱ, ㄷ
④ ㄴ, ㄷ ⑤ ㄱ, ㄴ, ㄷ

0848

정규분포 $\mathrm{N}(m, \sigma^2)$을 따르는 모집단에서 크기가 각각 n, $4n$인 표본을 임의추출하여 구한 신뢰구간의 길이를 l_n, l_{4n}이라 하자. 신뢰도가 일정할 때, $\dfrac{l_{4n}}{l_n}$의 값은?

① $\dfrac{1}{4}$ ② $\dfrac{1}{2}$ ③ 1
④ 2 ⑤ 4

0849 ✅중요

정규분포를 따르는 모집단에서 표본을 임의추출하여 모평균을 추정할 때, 신뢰구간의 길이에 대하여 보기에서 옳은 것만을 있는 대로 고른 것은?

┌─ 보기 ──────────────────────────────────
│ ㄱ. 신뢰도가 일정할 때, 표본의 크기가 커지면 신뢰구간의 길이는 길어진다.
│ ㄴ. 표본의 크기는 커지고 신뢰도가 낮아지면 신뢰구간의 길이는 짧아진다.
│ ㄷ. 신뢰구간의 길이가 일정할 때, 표본의 크기가 커지면 신뢰도는 높아진다.
└──

① ㄱ   ② ㄴ   ③ ㄷ
④ ㄱ, ㄴ   ⑤ ㄴ, ㄷ

0850

정규분포 $N(m, \sigma^2)$을 따르는 모집단에서 크기가 n인 표본을 임의추출하여 모평균 m을 신뢰도 α %로 추정한 신뢰구간이 $a \leq m \leq b$일 때, 다음 중 $b-a$의 값이 가장 큰 것은?
(단, Z가 표준정규분포를 따르는 확률변수일 때,
$P(|Z| \leq 1.65) = 0.90$, $P(|Z| \leq 1.96) = 0.95$,
$P(|Z| \leq 2.58) = 0.99$로 계산한다.)

① $n=100$, $\alpha=95$ ② $n=100$, $\alpha=99$
③ $n=400$, $\alpha=90$ ④ $n=400$, $\alpha=95$
⑤ $n=400$, $\alpha=99$

0851 교육청 기출

어떤 두 직업에 종사하는 전체 근로자 중 한 직업에서 표본 A를, 또 다른 직업에서 표본 B를 추출하여 월급을 조사하였더니 다음과 같은 결과를 얻었다.

표본	표본의 크기	평균	표준편차	신뢰도 (%)	모평균의 추정
A	n_1	240	12	α	$237 \leq m \leq 243$
B	n_2	230	10	α	$228 \leq m \leq 232$

(단위는 만 원이고, 표본 A, B의 월급의 분포는 정규분포를 이룬다.)

위의 자료에 대한 옳은 설명만을 보기에서 있는 대로 고른 것은?

┌─ 보기 ──────────────────────────────────
│ ㄱ. 표본 A보다 표본 B의 분포가 더 고르다.
│ ㄴ. 표본 A의 크기가 표본 B의 크기보다 작다.
│ ㄷ. 신뢰도를 α보다 크게 하면 신뢰구간의 길이도 커진다.
└──

① ㄱ   ② ㄱ, ㄴ   ③ ㄱ, ㄷ
④ ㄴ, ㄷ   ⑤ ㄱ, ㄴ, ㄷ

0852

정규분포 $N(m, \sigma^2)$을 따르는 모집단에서 크기가 n인 표본을 임의추출하여 모평균 m을 신뢰도 α %로 추정한 신뢰구간이 $a \leq m \leq b$일 때, $f(n, \alpha) = b-a$라 하자. 보기에서 옳은 것만을 있는 대로 고른 것은?

┌─ 보기 ──────────────────────────────────
│ ㄱ. $f(100n, \alpha) = 10f(n, \alpha)$
│ ㄴ. $f(n_1, \alpha) < f(n_2, \alpha)$이면 $n_1 > n_2$이다.
│ ㄷ. $n_1 < n_2$이고 $f(n_1, \alpha) = f(n_2, \beta)$이면 $\alpha < \beta$이다.
└──

① ㄴ   ② ㄷ   ③ ㄱ, ㄴ
④ ㄱ, ㄷ   ⑤ ㄴ, ㄷ

0853

모표준편차가 12인 모집단에서 크기가 n인 표본을 임의추출하여 구한 표본평균을 $\overline{X}$라 하자. $\sigma(\overline{X})=2$일 때, n의 값은?

① 9　　　　② 16　　　　③ 25

④ 36　　　　⑤ 49

0854

정규분포 $N(m, 24^2)$을 따르는 모집단에서 크기가 256인 표본을 임의추출하여 구한 표본평균이 117일 때, 모평균 m에 대한 신뢰도 95 %의 신뢰구간은? (단, Z가 표준정규분포를 따르는 확률변수일 때, $P(0 \le Z \le 1.96)=0.475$로 계산한다.)

① $116.02 \le m \le 117.98$　　② $115.04 \le m \le 118.96$

③ $114.06 \le m \le 119.94$　　④ $113.08 \le m \le 120.92$

⑤ $112.10 \le m \le 121.90$

0855 교육청 기출

어느 모집단의 확률분포를 표로 나타내면 다음과 같다.

X	0	1	2	합계
$P(X=x)$	$\frac{1}{3}$	a	b	1

이 모집단에서 크기가 4인 표본을 임의추출하여 구한 표본평균을 $\overline{X}$라 하자. $E(\overline{X})=\frac{5}{6}$일 때, $a+2b$의 값은?

① $\frac{1}{6}$　　　　② $\frac{1}{3}$　　　　③ $\frac{1}{2}$

④ $\frac{2}{3}$　　　　⑤ $\frac{5}{6}$

0856

모집단의 확률변수 X에 대하여 $E(X)=6$, $E(X^2)=85$이다. 이 모집단에서 크기가 n인 표본을 임의추출하여 구한 표본평균을 $\overline{X}$라 할 때, $E(\overline{X}^2)=43$을 만족시키는 n의 값은?

① 6　　　　② 7　　　　③ 8

④ 9　　　　⑤ 10

0857

상자 안에 숫자 1이 적힌 카드 3장, 숫자 2가 적힌 카드 6장, 숫자 3이 적힌 카드 9장이 들어 있다. 이 상자에서 임의로 카드 한 장을 꺼내어 카드에 적힌 수를 확인하고 다시 넣는 시행을 10번 반복할 때, 카드에 적힌 수의 평균을 $\overline{X}$라 하자. $E(6\overline{X}-1)+V(12\overline{X}+7)$의 값을 구하시오.

0858

숫자 2가 적힌 공이 2개, 숫자 4가 적힌 공이 4개, 숫자 6이 적힌 공이 2개 들어 있는 주머니에서 임의로 1개의 공을 꺼내어 공에 적힌 수를 확인한 후 다시 넣는 시행을 2회 반복한다. 꺼낸 공에 적힌 수의 평균을 $\overline{X}$라 할 때, $\overline{X}$의 확률분포를 표로 나타내면 다음과 같다.

$\overline{X}$	2	3	4	5	6	합계
$P(\overline{X}=\overline{x})$	$\frac{1}{16}$	$\frac{1}{4}$	a	b	$\frac{1}{16}$	1

$2a+b$의 값을 구하시오.

0859

어느 회사에서 생산하는 전구 1개의 수명은 평균이 m시간, 표준편차가 20시간인 정규분포를 따른다고 한다. 이 회사에서 생산한 전구 중에서 임의추출한 전구 64개의 평균 수명이 $\bar{x}$시간이었을 때, 이 회사에서 생산한 전구의 평균 수명 m에 대한 신뢰도 99 %의 신뢰구간은 $\bar{x}-c \leq m \leq \bar{x}+c$이다. c의 값은? (단, Z가 표준정규분포를 따르는 확률변수일 때, $P(|Z| \leq 2.58)=0.99$로 계산한다.)

① 1.29　　　② 2.58　　　③ 3.87

④ 5.16　　　⑤ 6.45

0860

어느 농장에서 생산하는 한라봉 1개의 무게는 평균이 423 g, 표준편차가 12 g인 정규분포를 따른다고 한다. 이 농장에서 생산한 한라봉 중에서 임의추출한 9개의 무게의 표본평균이 425 g 이상이고 431 g 이하일 확률을 오른쪽 표준정규분포표를 이용하여 구한 것은?

z	$P(0 \leq Z \leq z)$
0.5	0.1915
1.0	0.3413
1.5	0.4332
2.0	0.4772

① 0.1336　　　② 0.2857　　　③ 0.3174

④ 0.5328　　　⑤ 0.6687

0861

정규분포 $N(m, 3^2)$을 따르는 모집단에서 크기가 n인 표본을 임의추출하여 구한 모평균 m에 대한 신뢰도 99 %의 신뢰구간의 길이를 l이라 하면 $25l=43$일 때, n의 값을 구하시오. (단, Z가 표준정규분포를 따르는 확률변수일 때, $P(|Z| \leq 2.58)=0.99$로 계산한다.)

0862

어느 회사에서 일하는 플랫폼 근로자의 일주일 근무 시간은 평균이 m시간, 표준편차가 5시간인 정규분포를 따른다고 한다. 이 회사에서 일하는 플랫폼 근로자 중에서 임의추출한 36명의 일주일 근무 시간의 표본평균이 38시간 이상일 확률을 오른쪽 표준정규분포표를 이용하여 구한 값이 0.9332일 때, m의 값은?

z	$P(0 \leq Z \leq z)$
0.5	0.1915
1.0	0.3413
1.5	0.4332
2.0	0.4772

① 38.25　　　② 38.75　　　③ 39.25

④ 39.75　　　⑤ 40.25

0863

어느 도시 성인들이 한 달 동안 운동을 하는 횟수는 평균이 m회인 정규분포를 따른다고 한다. 이 도시 성인 중에서 100명을 임의추출하여 한 달 동안의 운동 횟수를 조사하였더니 평균이 17회, 표준편차가 8회이었다. 이 도시 성인들의 한 달 동안의 운동 횟수의 평균 m에 대한 신뢰도 95 %의 신뢰구간에 속하는 모든 자연수의 합을 구하시오. (단, Z가 표준정규분포를 따르는 확률변수일 때, $P(0 \leq Z \leq 1.96)=0.475$로 계산한다.)

0864

어느 지역 미취학 아동들의 키는 평균이 m cm, 표준편차가 10 cm인 정규분포를 따른다고 한다. 이 지역 미취학 아동 n명을 임의추출하여 키를 조사하였더니 평균이 $\bar{x}$ cm이었다. 이를 이용하여 모평균 m을 신뢰도 95 %로 추정할 때, $|m-\bar{x}| \leq 2$를 만족시키는 n의 최솟값을 구하시오. (단, Z가 표준정규분포를 따르는 확률변수일 때, $P(|Z| \leq 1.96)=0.95$로 계산한다.)

0865

어느 고등학교 3학년 학생들의 학력평가 수학 점수는 평균이 m점, 표준편차가 12점인 정규분포를 따른다고 한다. 이 고등학교 3학년 학생 중에서 임의추출한 16명의 학력평가 수학 점수의 평균이 71점이었다. 이 고등학교 3학년 학생들의 학력평가 수학 점수의 평균 m을 신뢰도 α %로 추정한 신뢰구간이

$$67.16 \leq m \leq 74.84$$

일 때, 오른쪽 표준정규분포표를 이용하여 α의 값을 구하시오.

z	$P(0 \leq Z \leq z)$
1.28	0.400
1.44	0.425
1.65	0.450
1.96	0.475
2.58	0.495

0866

정규분포 $N(m, \sigma^2)$을 따르는 모집단에서 크기가 n인 표본을 임의추출하여 모평균 m을 신뢰도 α %로 추정한 신뢰구간이 $a \leq m \leq b$일 때, 보기에서 옳은 것만을 있는 대로 고른 것은?

> **보기**
> ㄱ. n의 값이 일정할 때, α의 값이 작아지면 $b-a$의 값도 작아진다.
> ㄴ. α의 값이 일정할 때, n의 값이 커지면 $b-a$의 값도 커진다.
> ㄷ. n의 값이 작아지고 α의 값이 커지면 $b-a$의 값은 커진다.

① ㄱ   ② ㄱ, ㄴ   ③ ㄱ, ㄷ
④ ㄴ, ㄷ   ⑤ ㄱ, ㄴ, ㄷ

0867

평균이 m이고 표준편차가 σ인 정규분포를 따르는 모집단에서 크기가 49인 표본을 임의추출하여 구한 표본평균이 60이었다. 이를 이용하여 구한 모평균 m에 대한 신뢰도 95 %의 신뢰구간이 $58.32 \leq m \leq k$일 때, $k+\sigma$의 값은?
(단, Z가 표준정규분포를 따르는 확률변수일 때, $P(|Z| \leq 1.96) = 0.95$로 계산한다.)

① 66.56   ② 66.84   ③ 67.12
④ 67.68   ⑤ 67.96

0868

어느 지역의 반려동물을 키우는 가구의 월 양육비는 평균이 16만 원, 표준편차가 4만 원인 정규분포를 따른다고 한다. 이 지역의 반려동물을 키우는 가구 중 임의추출한 n가구의 월 양육비의 표본평균을 $\overline{X}$라 할 때,

$$P(14 \leq \overline{X} \leq 18) \geq 0.9544$$

를 만족시키는 n의 최솟값을 오른쪽 표준정규분포표를 이용하여 구하시오.

z	$P(0 \leq Z \leq z)$
1.0	0.3413
1.5	0.4332
2.0	0.4772
2.5	0.4938

0869

자연수 n에 대하여 정규분포 $N(m, \sigma^2)$을 따르는 모집단에서 임의추출한 크기가 $(4n^2 - 1)$인 표본을 이용하여 모평균 m을 신뢰도 95 %로 추정한 신뢰구간의 길이를 l_n이라 할 때,

$$l_1^2 + l_2^2 + l_3^2 + \cdots + l_{10}^2 = \frac{q}{p} \times \sigma^2$$

이다. 서로소인 두 자연수 p, q에 대하여 $p+q$의 값을 구하시오. (단, Z가 표준정규분포를 따르는 확률변수일 때, $P(|Z| \leq 2) = 0.95$로 계산한다.)

0870 (평가원 기출)

지역 A에 살고 있는 성인들의 1인 하루 물 사용량을 확률변수 X, 지역 B에 살고 있는 성인들의 1인 하루 물 사용량을 확률변수 Y라 하자. 두 확률변수 X, Y는 정규분포를 따르고 다음 조건을 만족시킨다.

> (가) 두 확률변수 X, Y의 평균은 각각 220과 240이다.
> (나) 확률변수 Y의 표준편차는 확률변수 X의 표준편차의 1.5배이다.

지역 A에 살고 있는 성인 중 임의추출한 n명의 1인 하루 물 사용량의 표본평균을 $\overline{X}$, 지역 B에 살고 있는 성인 중 임의추출한 $9n$명의 1인 하루 물 사용량의 표본평균을 $\overline{Y}$라 하자.

$$P(\overline{X} \leq 215) = 0.1587$$

일 때, $P(\overline{Y} \geq 235)$의 값을 오른쪽 표준정규분포표를 이용하여 구한 것은?

(단, 물 사용량의 단위는 L이다.)

z	$P(0 \leq Z \leq z)$
0.5	0.1915
1.0	0.3413
1.5	0.4332
2.0	0.4772

① 0.6915　　② 0.7745　　③ 0.8185

④ 0.8413　　⑤ 0.9772

0871 (평가원 기출)

어느 고등학교 학생들의 1개월 자율학습실 이용 시간은 평균이 m, 표준편차가 5인 정규분포를 따른다고 한다. 이 고등학교 학생 25명을 임의추출하여 1개월 자율학습실 이용 시간을 조사한 표본평균이 $\overline{x_1}$일 때, 모평균 m에 대한 신뢰도 95 %의 신뢰구간이 $80 - a \leq m \leq 80 + a$이었다. 또 이 고등학교 학생 n명을 임의추출하여 1개월 자율학습실 이용 시간을 조사한 표본평균이 $\overline{x_2}$일 때, 모평균 m에 대한 신뢰도 95 %의 신뢰구간이 다음과 같다.

$$\frac{15}{16}\overline{x_1} - \frac{5}{7}a \leq m \leq \frac{15}{16}\overline{x_1} + \frac{5}{7}a$$

$n + \overline{x_2}$의 값은? (단, 이용 시간의 단위는 시간이고, Z가 표준정규분포를 따르는 확률변수일 때, $P(0 \leq Z \leq 1.96) = 0.475$로 계산한다.)

① 121　　② 124　　③ 127

④ 130　　⑤ 133

서술형 대비하기

0872

숫자 0이 적힌 공 5개, 숫자 1이 적힌 공 10개, 숫자 2가 적힌 공 10개, 숫자 3이 적힌 공 15개가 들어 있는 상자에서 임의로 한 개의 공을 꺼내어 공에 적힌 수를 확인한 후 다시 넣는다. 이와 같은 시행을 n번 반복할 때, 꺼낸 공에 적힌 수의 평균을 $\overline{X}$라 하자. $\overline{X}$의 분산이 $\dfrac{1}{128}$이 되도록 하는 n의 값을 구하시오.

0873

모표준편차가 18인 정규분포를 따르는 모집단에서 크기가 900인 표본을 임의추출하여 추정한 모평균 m에 대한 신뢰도 95 %의 신뢰구간의 길이를 l_1, 신뢰도 99 %의 신뢰구간의 길이를 l_2라 할 때, $100 \times |l_1 - l_2|$의 값을 구하시오. (단, Z가 표준정규분포를 따르는 확률변수일 때, $P(|Z| \leq 2) = 0.95$, $P(|Z| \leq 3) = 0.99$로 계산한다.)

수능 녹인 변별력 문제

0874

$2 < a < b$인 두 자연수 a, b에 대하여 숫자 1이 적혀 있는 공 1개, 숫자 2가 적혀 있는 공 2개, 숫자 a, b가 적혀 있는 공이 1개씩 들어 있는 주머니가 있다. 이 주머니에서 임의로 한 개의 공을 꺼내어 공에 적혀 있는 수를 확인한 후 다시 넣는 시행을 4번 반복할 때, 네 수의 평균을 $\overline{X}$라 하자.

$\mathrm{E}(\overline{X}) = 3$, $\mathrm{E}(\overline{X}^2) = \dfrac{49}{5}$일 때, $10a + b$의 값을 구하시오.

0875

두 모집단 A, B가 각각 정규분포 $\mathrm{N}(m_1, 8^2)$, $\mathrm{N}(m_2, 8^2)$을 따른다고 한다. 모집단 A에서 크기가 16인 표본 x_1, x_2, x_3, $\cdots$, x_{16}을 임의추출하여 모평균 m_1에 대한 신뢰도 95 %의 신뢰구간을 구하면 $8.56 \leq m_1 \leq 16.40$이다. 모집단 B에서 크기가 16인 표본 y_1, y_2, y_3, $\cdots$, y_{16}을 임의추출하여 조사하였더니

$$5(x_1 + x_2 + x_3 + \cdots + x_{16}) = 4(y_1 + y_2 + y_3 + \cdots + y_{16})$$

일 때, 모집단 B의 모평균 m_2에 대한 신뢰도 99 %의 신뢰구간은? (단, Z가 표준정규분포를 따르는 확률변수일 때, $\mathrm{P}(|Z| \leq 1.96) = 0.95$, $\mathrm{P}(|Z| \leq 2.58) = 0.99$로 계산한다.)

① $7.32 \leq m_2 \leq 17.64$　　② $9.90 \leq m_2 \leq 15.06$

③ $10.44 \leq m_2 \leq 20.76$　　④ $13.08 \leq m_2 \leq 19.64$

⑤ $18.18 \leq m_2 \leq 23.34$

0876 평가원 기출

어느 지역 신생아의 출생 시 몸무게 X가 정규분포를 따르고

$$\mathrm{P}(X \geq 3.4) = \frac{1}{2}, \ \mathrm{P}(X \leq 3.9) + \mathrm{P}(Z \leq -1) = 1$$

이다. 이 지역 신생아 중에서 임의추출한 25명의 출생 시 몸무게의 표본평균을 $\overline{X}$라 할 때, $\mathrm{P}(\overline{X} \geq 3.55)$의 값을 오른쪽 표준정규분포표를 이용하여 구한 것은? (단, 몸무게의 단위는 kg이고, Z는 표준정규분포를 따르는 확률변수이다.)

z	$\mathrm{P}(0 \leq Z \leq z)$
1.0	0.3413
1.5	0.4332
2.0	0.4772
2.5	0.4938

① 0.0062　　② 0.0228　　③ 0.0668

④ 0.1587　　⑤ 0.3413

0877

어느 공장에서 생산되는 과자의 무게 X는 평균이 60 g, 표준편차가 5 g인 정규분포를 따른다고 한다. 이 공장에서는 과자의 무게가 50 g 이하인 것을 불량품으로 판정한다. 이 공장에서 생산된 과자 중에서 2500개를 임의추출할 때, 과자의 무게의 평균을 $\overline{X}$, 불량품의 개수를 Y라 하자. $\mathrm{P}(Y \leq k) = \mathrm{P}(\overline{X} \geq 60.1)$을 만족시키는 상수 k의 값을 오른쪽 표준정규분포표를 이용하여 구하시오.

z	$\mathrm{P}(0 \leq Z \leq z)$
0.5	0.19
1.0	0.34
1.5	0.43
2.0	0.48
2.5	0.49

📖 정답과 풀이 208쪽

0878

평균이 m이고 표준편차가 σ인 정규분포를 따르는 모집단의 확률변수를 X라 하고 이 모집단에서 임의추출한 크기가 n^2인 표본의 표본평균을 $\overline{X}$라 하자. 모든 실수 a에 대하여

$$P(X \geq a) + P\left(\overline{X} \geq \frac{30-a}{5}\right) = 1$$

이 성립할 때, $m \times n$의 값을 구하시오. (단, n은 자연수이다.)

0879 평가원 기출

주머니 A에는 숫자 1, 2가 하나씩 적혀 있는 2개의 공이 들어 있고, 주머니 B에는 숫자 3, 4, 5가 하나씩 적혀 있는 3개의 공이 들어 있다. 다음의 시행을 3번 반복하여 확인한 세 개의 수의 평균을 $\overline{X}$라 하자.

> 두 주머니 A, B 중 임의로 선택한 하나의 주머니에서 임의로 한 개의 공을 꺼내어 공에 적혀 있는 수를 확인한 후 꺼낸 주머니에 다시 넣는다.

$P(\overline{X}=2) = \dfrac{q}{p}$일 때, $p+q$의 값을 구하시오.

(단, p와 q는 서로소인 자연수이다.)

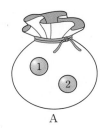 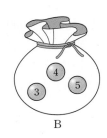

A   B

0880

자연수 m에 대하여 모집단의 확률변수 X가 정규분포 $N(m, \sigma^2)$을 따른다. 이 모집단에서 임의추출한 크기가 100인 표본의 표본평균을 $\overline{X}$라 할 때, $\overline{X}$는 다음 조건을 만족시킨다. $m+\sigma$의 값을 오른쪽 표준정규분포표를 이용하여 구한 것은?

(단, $\sigma > 0$)

z	$P(0 \leq Z \leq z)$
0.5	0.1915
1.0	0.3413
1.5	0.4332
2.0	0.4772

> (가) $0.1587 < P(\overline{X} \geq 54.5) < 0.3085$
> (나) $P(\overline{X} \geq 50) = 0.9332$

① 72   ② 73   ③ 74
④ 75   ⑤ 76

0881

30보다 큰 자연수 n에 대하여 평균이 m인 정규분포를 따르는 모집단에서 임의추출한 크기가 n인 표본을 각각 x_1, x_2, x_3, $\cdots$, x_n이라 하고 표본평균을 $\overline{x}$라 할 때, 다음 조건을 만족시킨다.

> (가) $x_1 + x_2 + x_3 + \cdots + x_n = 144$
> (나) $(x_1-\overline{x})^2 + (x_2-\overline{x})^2 + (x_3-\overline{x})^2 + \cdots + (x_n-\overline{x})^2$
> $= 8n+27$
> (다) 모평균 m의 신뢰도 95 %의 신뢰구간의 길이는 2이다.

동일한 표본을 이용하여 모평균 m을 신뢰도 99 %로 추정할 때, 신뢰구간에 속하는 정수의 개수를 구하시오. (단, Z가 표준정규분포를 따르는 확률변수일 때, $P(|Z| \leq 2) = 0.95$, $P(|Z| \leq 2.6) = 0.99$로 계산한다.)

표·준·정·규·분·포·표

P$(0 \leq Z \leq z)$는 오른쪽 그림에서 색칠한 부분의 넓이이다.

z	0.00	0.01	0.02	0.03	0.04	0.05	0.06	0.07	0.08	0.09
0.0	.0000	.0040	.0080	.0120	.0160	.0199	.0239	.0279	.0319	.0359
0.1	.0398	.0438	.0478	.0517	.0557	.0596	.0636	.0675	.0714	.0753
0.2	.0793	.0832	.0871	.0910	.0948	.0987	.1026	.1064	.1103	.1141
0.3	.1179	.1217	.1255	.1293	.1331	.1368	.1406	.1443	.1480	.1517
0.4	.1554	.1591	.1628	.1664	.1700	.1736	.1772	.1808	.1844	.1879
0.5	.1915	.1950	.1985	.2019	.2054	.2088	.2123	.2157	.2190	.2224
0.6	.2257	.2291	.2324	.2357	.2389	.2422	.2454	.2486	.2517	.2549
0.7	.2580	.2611	.2642	.2673	.2704	.2734	.2764	.2794	.2823	.2852
0.8	.2881	.2910	.2939	.2967	.2995	.3023	.3051	.3078	.3106	.3133
0.9	.3159	.3186	.3212	.3238	.3264	.3289	.3315	.3340	.3365	.3389
1.0	.3413	.3438	.3461	.3485	.3508	.3531	.3554	.3577	.3599	.3621
1.1	.3643	.3665	.3686	.3708	.3729	.3749	.3770	.3790	.3810	.3830
1.2	.3849	.3869	.3888	.3907	.3925	.3944	.3962	.3980	.3997	.4015
1.3	.4032	.4049	.4066	.4082	.4099	.4115	.4131	.4147	.4162	.4177
1.4	.4192	.4207	.4222	.4236	.4251	.4265	.4279	.4292	.4306	.4319
1.5	.4332	.4345	.4357	.4370	.4382	.4394	.4406	.4418	.4429	.4441
1.6	.4452	.4463	.4474	.4484	.4495	.4505	.4515	.4525	.4535	.4545
1.7	.4554	.4564	.4573	.4582	.4591	.4599	.4608	.4616	.4625	.4633
1.8	.4641	.4649	.4656	.4664	.4671	.4678	.4686	.4693	.4699	.4706
1.9	.4713	.4719	.4726	.4732	.4738	.4744	.4750	.4756	.4761	.4767
2.0	.4772	.4778	.4783	.4788	.4793	.4798	.4803	.4808	.4812	.4817
2.1	.4821	.4826	.4830	.4834	.4838	.4842	.4846	.4850	.4854	.4857
2.2	.4861	.4864	.4868	.4871	.4875	.4878	.4881	.4884	.4887	.4890
2.3	.4893	.4896	.4898	.4901	.4904	.4906	.4909	.4911	.4913	.4916
2.4	.4918	.4920	.4922	.4925	.4927	.4929	.4931	.4932	.4934	.4936
2.5	.4938	.4940	.4941	.4943	.4945	.4946	.4948	.4949	.4951	.4952
2.6	.4953	.4955	.4956	.4957	.4959	.4960	.4961	.4962	.4963	.4964
2.7	.4965	.4966	.4967	.4968	.4969	.4970	.4971	.4972	.4973	.4974
2.8	.4974	.4975	.4976	.4977	.4977	.4978	.4979	.4979	.4980	.4981
2.9	.4981	.4982	.4982	.4983	.4984	.4984	.4985	.4985	.4986	.4986
3.0	.4987	.4987	.4987	.4988	.4988	.4989	.4989	.4989	.4990	.4990
3.1	.4990	.4991	.4991	.4991	.4992	.4992	.4992	.4992	.4993	.4993
3.2	.4993	.4993	.4994	.4994	.4994	.4994	.4994	.4995	.4995	.4995
3.3	.4995	.4995	.4995	.4996	.4996	.4996	.4996	.4996	.4996	.4997

I 경우의 수

01 여러 가지 순열

확인 문제

- 유형 02 12
- 유형 06 (1) 243　　(2) 9
- 유형 07 (1) 64　　(2) 48
- 유형 09 64
- 유형 10 30

0001 ②	0002 ③	0003 12	0004 ⑤
0005 ④	0006 ③	0007 ①	0008 96
0009 72	0010 ⑤	0011 ④	0012 840
0013 48	0014 ③	0015 2	0016 30
0017 ⑤	0018 ④	0019 ②	0020 ②
0021 ③	0022 11	0023 18	0024 ⑤
0025 270	0026 ②	0027 ①	0028 480
0029 ④	0030 ③	0031 ③	0032 ⑤
0033 200	0034 150	0035 ④	0036 ①
0037 ④	0038 ②	0039 ③	0040 7
0041 ①	0042 48	0043 ②	0044 ④
0045 30	0046 ③	0047 ①	0048 ④
0049 540	0050 ③	0051 ④	0052 ④
0053 ②	0054 19	0055 120	0056 150
0057 ⑤	0058 ④	0059 360	0060 ②
0061 3	0062 ②	0063 ②	0064 ②
0065 12	0066 16	0067 80	0068 ②
0069 ④	0070 ①	0071 12	0072 51
0073 105	0074 ⑤	0075 ②	0076 53
0077 ⑤			

PART B 내신 잡는 종합 문제

0078 ③	0079 ④	0080 ①	0081 ⑤
0082 47	0083 ③	0084 ②	0085 504
0086 10	0087 ③	0088 ③	0089 ⑤
0090 ④	0091 66	0092 ③	0093 ③
0094 ④	0095 ①	0096 328	0097 ⑤
0098 300	0099 180		

PART C 수능 녹인 변별력 문제

0100 ④	0101 ①	0102 ⑤	0103 ②
0104 504	0105 ①	0106 64	0107 ⑤
0108 ⑤	0109 ④	0110 216	0111 ①

02 중복조합과 이항정리

확인 문제

- 유형 01 (1) 15　　(2) 56
- 유형 02 (1) 20　　(2) 15
- 유형 10 1. (1) $x^5+5x^4+10x^3+10x^2+5x+1$
　　　　(2) $x^4-4x^3y+6x^2y^2-4xy^3+y^4$
　　　 2. (1) 70　　(2) 32

PART A 유형별 문제

0112 ①	0113 ③	0114 ④	0115 5
0116 ⑤	0117 ②	0118 ③	0119 ④
0120 630	0121 ⑤	0122 60	0123 ③
0124 ①	0125 ⑤	0126 ②	0127 60
0128 13	0129 ③	0130 ②	0131 35
0132 ②	0133 11	0134 ①	0135 210
0136 ④	0137 15	0138 ②	0139 ④
0140 ②	0141 15	0142 ③	0143 56
0144 ①	0145 220	0146 ④	0147 ④
0148 ①	0149 ④	0150 ⑤	0151 ②
0152 35	0153 ⑤	0154 ②	0155 18
0156 525	0157 ①	0158 ①	0159 ④
0160 ③	0161 3	0162 ②	0163 40
0164 11	0165 ③	0166 ①	0167 ④
0168 −10	0169 ③	0170 ②	0171 ②
0172 ⑤	0173 2	0174 ②	0175 ①
0176 ⑤	0177 ④	0178 월요일	0179 ⑤
0180 ③	0181 128	0182 ①	0183 ③
0184 ③	0185 ②	0186 9	0187 ④
0188 ③	0189 ⑤	0190 32	0191 ②
0192 ②	0193 ③	0194 ②	0195 21
0196 ⑤	0197 ①	0198 ①	0199 6
0200 ①	0201 20	0202 ⑤	0203 ③
0204 682	0205 15	0206 ②	0207 $\frac{20}{11}$
0208 ⑤			

PART B 내신 잡는 종합 문제

0209 ②　0210 ④　0211 ④　0212 ②
0213 ④　0214 ③　0215 ③　0216 ③
0217 ①　0218 ②　0219 ①　0220 ②
0221 ④　0222 ⑤　0223 -13　0224 ②
0225 9　0226 ②　0227 ①　0228 120
0229 ②　0230 243　0231 1485

PART C 수능 녹인 변별력 문제

0232 ⑤　0233 ②　0234 56　0235 ③
0236 ①　0237 ④　0238 ④　0239 37
0240 ②　0241 84　0242 115　0243 299

II 확률

03 확률의 뜻과 활용

확인 문제

유형 01 (1) $\{1, 2, 4, 7\}$　(2) $\{1\}$
(3) $\{3, 5, 6, 7, 8\}$　(4) $\{2, 3, 4, 5, 6, 8\}$

유형 02 (1) $\dfrac{1}{8}$　(2) $\dfrac{3}{8}$

유형 03 (1) $\dfrac{1}{5}$　(2) $\dfrac{2}{5}$

유형 07 (1) $\dfrac{1}{28}$　(2) $\dfrac{3}{7}$

유형 11 $\dfrac{7}{10}$

유형 12 $\dfrac{3}{8}$

유형 13 (1) 0　(2) $\dfrac{5}{8}$　(3) 1

PART A 유형별 문제

0244 ③　0245 ②　0246 ④　0247 8
0248 ④　0249 ③　0250 ⑤　0251 ③
0252 ④　0253 $\dfrac{5}{9}$　0254 ②　0255 ①
0256 ②　0257 $\dfrac{1}{35}$　0258 ③　0259 ③
0260 $\dfrac{13}{25}$　0261 ④　0262 $\dfrac{1}{3}$　0263 ②
0264 ③　0265 $\dfrac{1}{5}$　0266 ②　0267 ①

0268 ③　0269 ②　0270 $\dfrac{1}{16}$　0271 ③
0272 ④　0273 $\dfrac{5}{81}$　0274 ③　0275 $\dfrac{54}{125}$
0276 ①　0277 ②　0278 $\dfrac{4}{35}$　0279 ⑤
0280 ②　0281 37　0282 ⑤　0283 ②
0284 ③　0285 $\dfrac{7}{30}$　0286 ①　0287 ⑤
0288 $\dfrac{1}{3}$　0289 ④　0290 ①　0291 ②
0292 ②　0293 178　0294 ④　0295 $\dfrac{5}{33}$
0296 ⑤　0297 ①　0298 ①　0299 $\dfrac{3}{32}$
0300 ④　0301 5　0302 $\dfrac{4}{625}$　0303 ④
0304 20　0305 ⑤　0306 ④　0307 ④
0308 ②　0309 $\dfrac{1}{2}$　0310 ⑤　0311 $\dfrac{2}{5}$
0312 ③　0313 ④　0314 ④　0315 ⑤
0316 ①　0317 ②　0318 ⑤　0319 0.45
0320 ①　0321 ②　0322 $\dfrac{7}{12}$　0323 ④
0324 ①　0325 ②　0326 ⑤　0327 $\dfrac{23}{40}$
0328 ③　0329 ①　0330 $\dfrac{7}{8}$　0331 ②
0332 $\dfrac{2}{9}$　0333 ②　0334 ⑤　0335 $\dfrac{7}{10}$
0336 ②　0337 ⑤　0338 ④　0339 ③
0340 ⑤　0341 $\dfrac{11}{21}$　0342 ③　0343 12
0344 6　0345 ④　0346 ⑤　0347 365
0348 ⑤　0349 ③　0350 $\dfrac{65}{96}$　0351 ⑤
0352 ④　0353 ④　0354 ⑤　0355 12
0356 ⑤　0357 ⑤　0358 68　0359 ②
0360 ⑤

PART B 내신 잡는 종합 문제

0361 ③　0362 ①　0363 ②　0364 ⑤
0365 ③　0366 ②　0367 ①　0368 ②
0369 ①　0370 ⑤　0371 ②　0372 ④
0373 ④　0374 ③　0375 ③　0376 ⑤
0377 ④　0378 70　0379 ②　0380 ④
0381 391　0382 $\dfrac{4}{9}$　0383 $\dfrac{25}{216}$

PART C 수능 녹인 변별력 문제

0384 ④　0385 ④　0386 ⑤　0387 ③
0388 106　0389 ②　0390 ③　0391 ④
0392 47　0393 ④　0394 ②　0395 51

04 조건부확률

확인 문제

유형 01 (1) $\dfrac{1}{8}$ (2) $\dfrac{2}{7}$

유형 04 (1) $\dfrac{1}{2}$ (2) $\dfrac{2}{5}$ (3) $\dfrac{3}{10}$ (4) $\dfrac{3}{5}$

        (5) $\dfrac{3}{4}$

유형 07 (1) $\dfrac{3}{28}$ (2) $\dfrac{15}{56}$ (3) $\dfrac{3}{8}$

유형 11 (1) 0.08   (2) 0.52   (3) 0.32   (4) 0.8

유형 13 (1) $\dfrac{1}{2}$ (2) $\dfrac{11}{12}$

PART A 유형별 문제

0396 ⑤   0397 ③   0398 $\dfrac{1}{6}$ 0399 ③

0400 $\dfrac{1}{4}$ 0401 ⑤   0402 $\dfrac{1}{2}$ 0403 ②

0404 35   0405 8   0406 ④   0407 $\dfrac{2}{5}$

0408 ③   0409 18   0410 ②   0411 ③

0412 ⑤   0413 $\dfrac{1}{3}$ 0414 ④   0415 $\dfrac{2}{5}$

0416 ⑤   0417 10   0418 ②   0419 ⑤

0420 $\dfrac{3}{10}$ 0421 ③   0422 ①   0423 $\dfrac{11}{42}$

0424 ④   0425 ⑤   0426 18   0427 ③

0428 $\dfrac{1}{22}$ 0429 ⑤   0430 $\dfrac{19}{52}$ 0431 ②

0432 96   0433 ⑤   0434 5   0435 ③

0436 ④   0437 $\dfrac{2}{5}$ 0438 41   0439 ②

0440 ③   0441 ②   0442 서로 독립이다.

0443 ④   0444 서로 독립이다.   0445 ①

0446 ⑤   0447 (개) $A \cap B^C$ (내) 배반 (대) $A^C \cap B$ (래) B^C

0448 ②   0449 ⑤   0450 ②   0451 ②

0452 $\dfrac{9}{16}$ 0453 ④   0454 ②   0455 2

0456 ⑤   0457 ④   0458 20   0459 8

0460 ④   0461 ⑤   0462 $\dfrac{1}{8}$ 0463 ①

0464 ③   0465 ①   0466 ③   0467 ④

0468 $\dfrac{7}{32}$ 0469 ⑤   0470 515   0471 $\dfrac{27}{512}$

0472 ②   0473 ④   0474 $\dfrac{3}{8}$ 0475 ②

0476 ④   0477 137   0478 ①   0479 70

0480 ④   0481 ④   0482 $\dfrac{81}{128}$ 0483 143

0484 ③   0485 $\dfrac{15}{64}$ 0486 ④   0487 35

0488 ④   0489 ③   0490 $\dfrac{20}{23}$ 0491 ⑤

0492 39   0493 ②   0494 ⑤   0495 $\dfrac{2}{9}$

0496 56   0497 11

PART B 내신 잡는 종합 문제

0498 ④   0499 $\dfrac{5}{8}$ 0500 ④   0501 ②

0502 ④   0503 ①   0504 7   0505 593

0506 ③   0507 ③   0508 ⑤   0509 $\dfrac{4}{7}$

0510 ④   0511 82   0512 ②   0513 ③

0514 ②   0515 ⑤   0516 ②   0517 $\dfrac{1}{2}$

0518 681

PART C 수능 녹인 변별력 문제

0519 20   0520 ①   0521 ②   0522 ②

0523 ②   0524 ④   0525 50   0526 ②

0527 3   0528 131   0529 ④   0530 49

III 통계

05 이산확률변수의 확률분포

확인 문제

유형 01 (1) $\dfrac{1}{3}$ (2) $\dfrac{1}{2}$

유형 02 (1) 0, 1, 2   (2) 풀이 참조

유형 03 (1) $\dfrac{7}{3}$ (2) $\dfrac{5}{9}$ (3) $\dfrac{\sqrt{5}}{3}$

유형 05 (1) 0원, 100원, 200원   (2) 100원

유형 06 (1) 13   (2) 36   (3) 6

유형 09 (1) $P(X=x) = {}_5C_x \left(\dfrac{1}{2}\right)^5$ $(x=0, 1, 2, \cdots, 5)$

        (2) $B\left(5, \dfrac{1}{2}\right)$

유형 10 (1) $E(X)=50$, $V(X)=25$, $\sigma(X)=5$

        (2) $E(X)=120$, $V(X)=80$, $\sigma(X)=4\sqrt{5}$

PART A 유형별 문제

0531 ④	0532 15	0533 $\frac{1}{3}$	0534 ②
0535 ⑤	0536 ③	0537 ③	0538 ⑤
0539 ③	0540 ④	0541 (1) 풀이 참조 (2) $\frac{2}{7}$	
0542 2	0543 ②	0544 ④	0545 11
0546 ④	0547 60	0548 ①	0549 5
0550 ⑤	0551 ①	0552 ③	0553 ②
0554 $\frac{3}{2}$	0555 $\frac{14}{9}$	0556 14	0557 49
0558 ②	0559 300	0560 1320원	0561 ④
0562 ①	0563 ①	0564 ③	0565 19
0566 ③	0567 ④	0568 ⑤	0569 ③
0570 15	0571 $\frac{26}{7}$	0572 ③	0573 ③
0574 37	0575 ⑤	0576 ③	0577 25
0578 10	0579 ④	0580 20	0581 ⑤
0582 ①	0583 22	0584 ①	0585 ③
0586 71	0587 11	0588 ④	0589 ③
0590 ④	0591 60	0592 ④	0593 ③
0594 ④	0595 ①	0596 $\frac{35}{4}$	0597 ④
0598 ①	0599 8	0600 37	0601 25
0602 ③	0603 8	0604 ②	0605 ⑤
0606 ④	0607 121	0608 40	

PART B 내신 잡는 종합 문제

0609 ①	0610 ④	0611 ②	0612 ③
0613 17	0614 ③	0615 ④	0616 ②
0617 43	0618 ⑤	0619 ③	0620 6
0621 48	0622 ①	0623 ②	0624 5
0625 ⑤	0626 3	0627 ③	0628 ②
0629 1650원	0630 50		

PART C 수능 녹인 변별력 문제

0631 ③	0632 ③	0633 4	0634 ③
0635 ②	0636 ①	0637 28	0638 45

06 연속확률변수의 확률분포

확인 문제

유형 01 $\frac{1}{4}$

유형 02 (1) $\frac{1}{2}$ (2) $\frac{3}{4}$

유형 04 (1) 0.68 (2) 0.98 (3) 0.84 (4) 0.16

유형 05 (1) $Z=\dfrac{X-10}{2}$ (2) $Z=\dfrac{X-9}{3}$ (3) $Z=\dfrac{X-100}{10}$ (4) $Z=\dfrac{X-6}{\frac{1}{2}}$

유형 06 (1) 0.3413 (2) 0.1525 (3) 0.9104 (4) 0.9772 (5) 0.0013

유형 07 (1) 1 (2) 1.5 (3) 2

유형 14 (1) $N(50, 5^2)$ (2) $N(36, 3^2)$

PART A 유형별 문제

0639 ②	0640 ③	0641 ②	0642 $\frac{3}{14}$
0643 ①	0644 ②	0645 ③	0646 ①
0647 $\frac{9}{20}$	0648 ④	0649 45	0650 31
0651 ③	0652 ②	0653 ②	0654 8
0655 49	0656 50	0657 ⑤	0658 ②
0659 ①	0660 0.6826	0661 5	0662 ④
0663 ②	0664 6	0665 23	0666 ⑤
0667 ③	0668 14	0669 ③	0670 ⑤
0671 ②	0672 ③	0673 0.2119	0674 ④
0675 ③	0676 26	0677 ④	0678 ①
0679 1.8	0680 5	0681 ④	0682 ①
0683 ④	0684 ①	0685 27	0686 ④
0687 312	0688 ②	0689 ①	0690 ④
0691 0.0228	0692 ③	0693 ②	0694 ⑤
0695 57	0696 ①	0697 44	0698 673
0699 ③	0700 60	0701 ②	0702 ④
0703 1	0704 ③	0705 254	0706 ⑤
0707 ③	0708 83점	0709 ④	0710 ②
0711 ④	0712 ⑤	0713 A, C	0714 ④
0715 ③	0716 109	0717 3	0718 ①
0719 ②	0720 ③	0721 450	0722 ⑤
0723 ③	0724 ①	0725 ⑤	0726 ②
0727 0.84	0728 ③	0729 ⑤	0730 ③
0731 55	0732 330	0733 ③	0734 228

PART B 내신 잡는 종합 문제

0735 ④	0736 ④	0737 18	0738 ②
0739 ⑤	0740 ②	0741 $\frac{1}{3}$	0742 ③

0743 ⑤	0744 ⑤	0745 78	0746 96
0747 ③	0748 ⑤	0749 265	0750 ⑤
0751 ⑤	0752 ③	0753 26	0754 120

PART C 수능 녹인 변별력 문제

0755 ③	0756 ③	0757 ③	0758 31
0759 ④	0760 768	0761 ④	0762 ④

07 통계적 추정

확인 문제

유형 01 (1) $1, \frac{3}{2}, 2, \frac{5}{2}, 3$ (2) 풀이 참조

유형 02 (1) 100   (2) 4   (3) 2

유형 05 (1) $N(100, 4^2)$ (2) 0.84

유형 08 (1) $96.08 \le m \le 103.92$ (2) $94.84 \le m \le 105.16$

유형 09 (1) $98.04 \le m \le 101.96$ (2) $97.42 \le m \le 102.58$

PART A 유형별 문제

0763 ④	0764 $\frac{5}{8}$	0765 ①	0766 4
0767 ⑤	0768 6	0769 ①	0770 ④
0771 71	0772 ②	0773 4	0774 ③
0775 5	0776 ③	0777 7	0778 ④
0779 50	0780 ④	0781 ①	0782 ②
0783 $\frac{7}{2}$	0784 22	0785 ②	0786 26
0787 ②	0788 ②	0789 ②	0790 ①
0791 0.9104	0792 ③	0793 ④	0794 ③
0795 4	0796 64	0797 ②	0798 25
0799 3	0800 ⑤	0801 ④	0802 ②
0803 238	0804 10	0805 103	0806 ③
0807 ②	0808 ②	0809 ③	0810 7
0811 24	0812 ②	0813 98	0814 9
0815 ③	0816 ③	0817 ④	0818 222.2
0819 16	0820 ④	0821 ⑤	0822 ⑤
0823 25	0824 98	0825 ③	0826 120
0827 ③	0828 4	0829 $\frac{3}{2}$	0830 ⑤
0831 ③	0832 ③	0833 ②	0834 10
0835 400	0836 ①	0837 ③	0838 86
0839 ③	0840 ④	0841 ⑤	0842 ④
0843 2	0844 64	0845 ②	0846 39
0847 ②	0848 ②	0849 ⑤	0850 ②
0851 ⑤	0852 ⑤		

PART B 내신 잡는 종합 문제

0853 ④	0854 ③	0855 ⑤	0856 ②
0857 21	0858 1	0859 ⑤	0860 ②
0861 81	0862 ③	0863 51	0864 97
0865 80	0866 ③	0867 ④	0868 16
0869 181	0870 ⑤	0871 ②	0872 142
0873 120			

PART C 수능 녹인 변별력 문제

0874 46	0875 ③	0876 ③	0877 43
0878 25	0879 71	0880 ②	0881 3

유형ON

수학의 바이블

모든 유형으로 실력을 **밝혀라!**

유형 ON

가르치기 쉽고 빠르게 배울 수 있는 **이투스북**

www.etoosbook.com

○ **도서 내용 문의**
홈페이지 > 이투스북 고객센터 > 1:1 문의

○ **도서 정답 및 해설**
홈페이지 > 도서자료실 > 정답/해설

○ **도서 정오표**
홈페이지 > 도서자료실 > 정오표

○ **선생님을 위한 강의 지원 서비스 T폴더**
홈페이지 > 교강사 T폴더

수학의 바이블

학교 시험에
자주 나오는
115유형
1461제 수록

1권 유형편
881제로
완벽한
필수 유형 학습

2권 변형편
580제로
복습 및 학교 시험
완벽 대비

모든 유형으로 실력을 **밝혀라!**

확률과 통계

유형

ON

2권

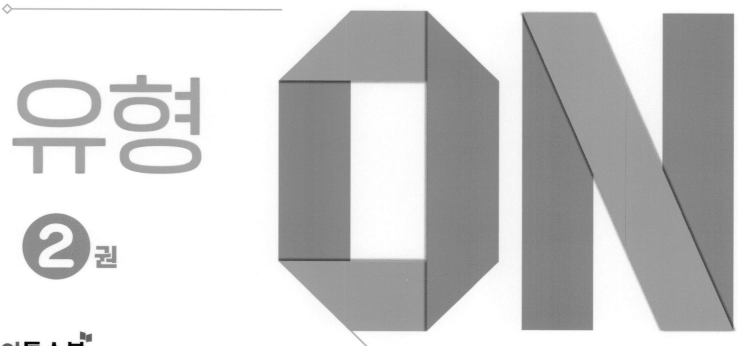

이투스북

온 [모두의] 모든 유형을 담다.   ON [켜다] 실력의 불을 켜다.

수학의 바이블 유형 ON

2권

확률과 통계

이 책의 차례

Ⅰ

경우의 수

여러 가지 순열

유형 01 원탁에 둘러앉는 경우의 수

0001

서로 다른 6개의 접시 중에서 5개를 선택하여 원탁에 일정한 간격으로 배열하는 경우의 수는?

(단, 회전하여 일치하는 것은 같은 것으로 본다.)

① 96 ② 120 ③ 144
④ 168 ⑤ 192

0002

해영이를 포함한 7명의 학생 중에서 해영이를 포함하여 선택한 4명을 원탁에 일정한 간격으로 둘러앉히는 경우의 수를 구하시오. (단, 회전하여 일치하는 것은 같은 것으로 본다.)

0003

서로 다른 종류의 커피 4잔과 서로 다른 종류의 음료수 4잔을 일정한 간격을 두고 원형으로 놓을 때, 커피와 음료수를 교대로 놓는 경우의 수는?

(단, 회전하여 일치하는 것은 같은 것으로 본다.)

① $2 \times 4!$ ② $3 \times 4!$ ③ $4 \times 4!$
④ $5!$ ⑤ $6 \times 4!$

0004

회장, 부회장을 포함한 8명의 회원이 원탁에 일정한 간격으로 둘러앉을 때, 회장과 부회장이 마주 보고 앉는 경우의 수를 구하시오. (단, 회전하여 일치하는 것은 같은 것으로 본다.)

유형 02 이웃하는(이웃하지 않는) 원순열의 수

0005

남학생 2명, 여학생 3명이 일정한 간격으로 원탁에 둘러앉을 때, 남학생끼리 서로 이웃하여 앉는 경우의 수는?

(단, 회전하여 일치하는 것은 같은 것으로 본다.)

① 4 ② 8 ③ 12
④ 16 ⑤ 20

0006

은혜네 부모님이 이웃에 사는 2쌍의 부부를 초대하였다. 3쌍의 부부가 일정한 간격으로 원탁에 둘러앉아 식사를 할 때, 부부끼리 이웃하여 앉는 경우의 수는?

(단, 회전하여 일치하는 것은 같은 것으로 본다.)

① 12 ② 14 ③ 16
④ 18 ⑤ 20

0007

지민이네 가족은 부모님을 포함하여 7명이다. 7명이 일정한 간격으로 원탁에 둘러앉을 때, 지민이의 양 옆에 부모님이 앉는 경우의 수를 구하시오.

(단, 회전하여 일치하는 것은 같은 것으로 본다.)

0008

어른 4명과 아이 3명이 일정한 간격으로 원탁에 둘러앉을 때, 아이들끼리 서로 이웃하지 않게 앉는 경우의 수는?

(단, 회전하여 일치하는 것은 같은 것으로 본다.)

① 132   ② 136   ③ 140
④ 144   ⑤ 148

0009 교육청 변형

그림과 같이 원탁에 7개의 의자가 일정한 간격으로 놓여 있다. 1학년 학생 2명, 2학년 학생 3명, 3학년 학생 2명이 모두 이 7개의 의자에 앉으려고 할 때, 1학년 학생끼리는 이웃하고 3학년 학생끼리는 서로 이웃하지 않도록 앉는 경우의 수를 구하시오. (단, 회전하여 일치하는 것은 같은 것으로 본다.)

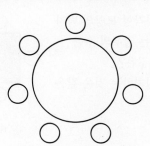

유형 03 평면도형을 색칠하는 경우의 수

0010

그림과 같이 5개의 정사각형으로 이루어진 5개의 영역을 서로 다른 5가지의 색을 모두 사용하여 색칠하는 경우의 수는? (단, 한 영역에는 한 가지 색만 칠하고, 회전하여 일치하는 것은 같은 것으로 본다.)

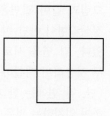

① 15   ② 20   ③ 25
④ 30   ⑤ 35

0011 교육청 변형

그림과 같이 반지름의 길이가 같은 5개의 원이 정오각형의 각 변의 중점에서 접한다. 6개의 영역에 서로 다른 6가지의 색을 모두 사용하여 색칠하는 경우의 수는? (단, 한 영역에는 한 가지 색만 칠하고, 회전하여 일치하는 것은 같은 것으로 본다.)

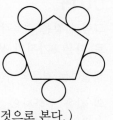

① 142   ② 144   ③ 146
④ 148   ⑤ 150

0012

그림과 같이 정사각형을 4등분한 후, 정사각형의 대각선의 교점과 원의 중심이 일치하도록 원을 놓는다. 이렇게 만들어진 5개의 영역을 서로 다른 6가지의 색 중에서 5가지의 색을 사용하여 색칠하는 경우의 수를 구하시오.
(단, 한 영역에는 한 가지 색만 칠하고, 회전하여 일치하는 것은 같은 것으로 본다.)

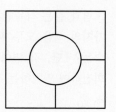

0013

그림과 같이 밑면은 정삼각형이고 옆면은 정삼각형이 아닌 이등변삼각형인 삼각뿔이 있다. 각 면을 서로 다른 4가지의 색을 모두 사용하여 색칠하는 경우의 수는?
(단, 각 면에는 한 가지 색만 칠하고, 회전하여 일치하는 것은 같은 것으로 본다.)

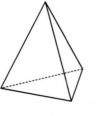

① 4   ② 8   ③ 12
④ 16   ⑤ 20

0014

그림과 같은 정육각뿔대의 각 면을 서로 다른 8가지의 색을 모두 사용하여 색칠하는 경우의 수가 $\dfrac{1}{n} \times 8!$일 때, n의 값을 구하시오. (단, 각 면에는 한 가지 색만 칠하고, 회전하여 일치하는 것은 같은 것으로 본다.)

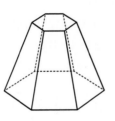

0015

그림과 같은 직육면체의 각 면을 서로 다른 6가지의 색을 모두 사용하여 색칠하는 경우의 수는? (단, 각 면에는 한 가지 색만 칠하고, 회전하여 일치하는 것은 같은 것으로 본다.)

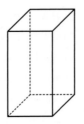

① 80   ② 90
③ 100   ④ 110
⑤ 120

0016

그림과 같은 정사면체의 각 면을 서로 다른 4가지의 색을 모두 사용하여 색칠하는 경우의 수는? (단, 각 면에는 한 가지 색만 칠하고, 회전하여 일치하는 것은 같은 것으로 본다.)

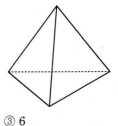

① 2   ② 4   ③ 6
④ 8   ⑤ 10

0017

그림과 같은 정삼각형 모양의 탁자에 6명이 둘러앉는 경우의 수는? (단, 회전하여 일치하는 것은 같은 것으로 본다.)

① 240   ② 260
③ 280   ④ 300
⑤ 320

0018

그림과 같은 직사각형 모양의 탁자에 8명이 둘러앉는 경우의 수는 $a \times 7!$이다. a의 값은?
(단, 회전하여 일치하는 것은 같은 것으로 본다.)

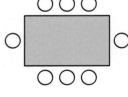

① 2   ② 4   ③ 6
④ 8   ⑤ 10

0019

그림과 같은 반원 모양의 탁자에 5명이
둘러앉는 경우의 수를 구하시오.
(단, 회전하여 일치하는 것은 같은 것으
로 본다.)

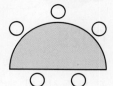

유형 06 중복순열

0020 평가원 변형

서로 다른 공 4개를 3개의 상자 A, B, C에 남김없이 나누어
넣는 경우의 수는?

(단, 공을 하나도 넣지 않은 상자가 있을 수 있다.)

① 9   ② 27   ③ 81

④ 243   ⑤ 729

0021

서로 다른 형광펜 5자루를 A, B, C 3명의 학생에게 남김없
이 나누어 줄 때, A에게는 형광펜 2자루를 나누어 주는 경우
의 수는?

(단, 형광펜을 하나도 받지 못하는 학생이 있을 수 있다.)

① 76   ② 80   ③ 84

④ 88   ⑤ 92

0022

서로 다른 종류의 과일 5개를 5개의 접시 A, B, C, D, E에
나누어 담을 때, 접시 A, B에 과일을 1개씩만 담는 경우의
수를 구하시오.

(단, 과일을 하나도 담지 않은 접시가 있을 수 있다.)

0023

전체집합 $U = \{1, 2, 3, 4\}$의 두 부분집합 A, B에 대하여
$A \subset B$를 만족시키는 모든 순서쌍 (A, B)의 개수는?

① 73   ② 75   ③ 77

④ 79   ⑤ 81

0024 평가원 변형

5개의 문자 A, B, C, D, E 중에서 중복을 허락하여 6개를
택해 일렬로 나열하려고 한다. 다음 조건을 만족시키도록 나
열하는 경우의 수는?

> (개) 양 끝 모두에 모음이 나온다.
> (내) 문자 B는 한 번만 나온다.

① 1018   ② 1024   ③ 1030

④ 1036   ⑤ 1042

0025

다섯 개의 숫자 1, 2, 3, 4, 5 중에서 중복을 허락하여 4개를 택해 네 자리 자연수를 만들 때, 홀수의 개수는?

① 370 ② 375 ③ 380
④ 385 ⑤ 390

0026

여섯 개의 숫자 0, 1, 2, 3, 4, 5 중에서 중복을 허락하여 4개를 택해 네 자리 자연수를 만들 때, 5의 배수의 개수는?

① 360 ② 380 ③ 400
④ 420 ⑤ 440

0027

다섯 개의 숫자 1, 2, 3, 4, 5 중에서 중복을 허락하여 4개를 택해 네 자리 자연수를 만들 때, 4400보다 큰 수의 개수를 구하시오.

0028

세 개의 숫자 2, 4, 6 중에서 중복을 허락하여 4개를 택해 네 자리 자연수를 만들 때, 2와 6이 모두 포함되어 있는 자연수의 개수를 구하시오.

0029

일렬로 나열된 전구 6개를 각각 켜거나 꺼서 만들 수 있는 서로 다른 신호의 개수를 구하시오. (단, 모든 전구는 동시에 작동되고, 전구가 모두 꺼진 경우는 신호에서 제외한다.)

0030

빨간색 깃발, 파란색 깃발, 노란색 깃발이 각각 한 개씩 있다. 깃발을 한 번에 한 개씩 들어올려 신호를 만들 때, 세 깃발을 합하여 한 번 이상 다섯 번 이하로 들어올려서 만들 수 있는 서로 다른 신호의 개수는?

① 361 ② 363 ③ 365
④ 367 ⑤ 369

0031

중복을 허락하여 기호 ●, ─를 일렬로 나열하여 신호를 만들 때, 500개의 서로 다른 신호를 만들려면 기호 ●, ─를 최소한 몇 개 사용해야 하는가?

① 4개 ② 8개 ③ 12개
④ 16개 ⑤ 20개

유형 09 중복순열 – 함수의 개수

0032

집합 $X=\{1, 2, 3, 4\}$에서 집합 $Y=\{-1, 0, 1, 2\}$로의 함수 f 중에서 $f(3)=0$인 함수의 개수는?

① 52　　　　② 56　　　　③ 60
④ 64　　　　⑤ 68

0033

집합 $X=\{1, 2, 3, 4\}$에 대하여 함수 $f : X \longrightarrow X$ 중에서 $f(2) \neq 4$인 함수의 개수를 구하시오.

0034

두 집합 $X=\{1, 3, 5, 7, 9\}$, $Y=\{-1, 1\}$에 대하여 X에서 Y로의 함수 f 중에서 $f(1)=1$이고 치역과 공역이 같은 함수의 개수를 구하시오.

0035

두 집합 $X=\{0, 1, 2, 3, 4\}$, $Y=\{1, 2, 3, 4, 5\}$에 대하여 함수 $f : X \longrightarrow Y$는 다음 조건을 만족시킨다.

> (가) $f(2)$의 값은 짝수이다.
> (나) $x<2$이면 $f(x)<f(2)$이다.
> (다) $x>2$이면 $f(x)>f(2)$이다.

함수 f의 개수를 구하시오.

유형 10 같은 것이 있는 순열 – 문자의 나열

0036

attitude에 있는 8개의 문자를 일렬로 나열할 때, a와 d가 이웃하도록 나열하는 경우의 수는?

① 1520　　　② 1560　　　③ 1600
④ 1640　　　⑤ 1680

0037

football에 있는 8개의 문자를 일렬로 나열할 때, 양 끝에 a와 b를 나열하는 경우의 수는?

① 340　　　　② 350　　　　③ 360
④ 370　　　　⑤ 380

0038

6개의 문자 a, b, b, b, c, c를 일렬로 나열할 때, 양 끝에 서로 다른 문자가 오는 경우의 수는?

① 38　　　　② 40　　　　③ 42
④ 44　　　　⑤ 46

0039 교육청 변형

5개의 문자 a, a, b, c, c를 일렬로 나열할 때, 같은 문자는 서로 이웃하지 않도록 나열하는 경우의 수를 구하시오.

0043 교육청 변형

3개의 숫자 1, 2, 3 중에서 중복을 허락하여 5개를 선택한 후, 일렬로 나열하여 다섯 자리 자연수를 만들 때, 다음 조건을 만족시키는 자연수의 개수를 구하시오.

> (가) 모든 숫자는 1개 이상 3개 이하 포함된다.
> (나) 각 자리의 수의 합은 짝수이다.

유형 11 같은 것이 있는 순열 - 자연수의 개수

0040

6개의 숫자 1, 1, 2, 2, 2, 3을 모두 사용하여 만들 수 있는 6자리의 자연수 중에서 홀수의 개수는?

① 24 ② 30 ③ 36
④ 42 ⑤ 48

유형 12 순서가 정해진 순열

0044

emotion에 있는 7개의 문자를 일렬로 나열할 때, e, m, i를 이 순서대로 나열하는 경우의 수는?

① 400 ② 410 ③ 420
④ 430 ⑤ 440

0041

6개의 숫자 0, 1, 1, 2, 2, 3을 모두 사용하여 만들 수 있는 여섯 자리 자연수의 개수를 구하시오.

0045

engineer에 있는 8개의 문자를 일렬로 나열할 때, 자음이 모음보다 앞에 오도록 나열하는 경우의 수는?

① 32 ② 36 ③ 40
④ 44 ⑤ 48

0042

6개의 숫자 2, 3, 4, 4, 5, 5를 일렬로 나열하여 여섯 자리 자연수를 만들 때, 350000보다 작은 자연수의 개수는?

① 30 ② 36 ③ 42
④ 48 ⑤ 54

0046

broccoli에 있는 8개의 문자를 일렬로 나열할 때, r는 l보다 앞에 오고 b는 i보다 앞에 오도록 나열하는 경우의 수는?

① 1260   ② 1680   ③ 2100

④ 2520   ⑤ 2940

0047 평가원 변형

1부터 7까지의 자연수가 각각 하나씩 적혀 있는 7장의 카드가 있다. 이 카드를 모두 한 번씩 사용하여 일렬로 나열할 때, 4가 적혀 있는 카드는 6이 적혀 있는 카드보다 왼쪽에 나열하고 소수가 적혀 있는 카드는 작은 수부터 크기 순서대로 왼쪽부터 나열하는 경우의 수를 구하시오.

유형 13   같은 것이 있는 순열의 활용

0048

흰 바둑돌 4개, 검은 바둑돌 4개를 일렬로 나열할 때, 양 끝에 검은 바둑돌이 놓이는 경우의 수는?

(단, 같은 색의 바둑돌끼리는 서로 구별하지 않는다.)

① 5   ② 10   ③ 15

④ 20   ⑤ 25

0049

두 집합 $X=\{a, b, c\}$, $Y=\{1, 2, 3, 4, 5, 6\}$에 대하여 X에서 Y로의 함수 f 중에서 $f(a)+f(b)+f(c)=7$을 만족시키는 함수 f의 개수는?

① 7   ② 9   ③ 11

④ 13   ⑤ 15

0050

흰 공 3개, 파란 공 2개, 노란 공 1개를 일렬로 나열할 때, 흰 공이 2개만 이웃하도록 나열하는 경우의 수는?

(단, 같은 색의 공끼리는 서로 구별하지 않는다.)

① 36   ② 40   ③ 44

④ 48   ⑤ 52

0051

다음 조건을 만족시키는 네 자연수 a, b, c, d의 모든 순서쌍 (a, b, c, d)의 개수를 구하시오.

(가) $a+b+c+d=8$
(나) $a \times b \times c \times d$는 8의 배수이다.

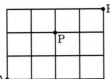 **14** 최단거리로 가는 경우의 수

0052

그림과 같은 도로망이 있다. 이 도로망을 따라 A지점에서 출발하여 B지점까지 최단거리로 갈 때, P지점을 거치지 않고 가는 경우의 수는?

① 15　　② 17　　③ 19
④ 21　　⑤ 23

0053

그림과 같은 도로망이 있다. 이 도로망을 따라 A지점에서 출발하여 B지점까지 최단거리로 갈 때, 두 지점 P, Q를 이은 도로 PQ를 거쳐 가는 경우의 수를 구하시오.

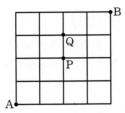

0054

그림과 같은 도로망이 있다. 이 도로망을 따라 A지점에서 출발하여 P지점은 반드시 지나지만 Q지점은 지나지 않고 B지점까지 최단거리로 가는 경우의 수를 구하시오.

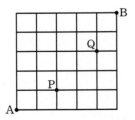

0055

그림과 같이 크기가 같은 정육면체 12개를 쌓아올려 만든 직육면체가 있다. 정육면체의 모서리를 따라 꼭짓점 A에서 출발하여 꼭짓점 B까지 최단거리로 가는 경우의 수를 구하시오.

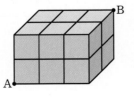

15 최단거리로 가는 경우의 수
– 도로망이 복잡하거나 장애물이 있는 경우

0056

그림과 같은 도로망이 있다. 이 도로망을 따라 A지점에서 출발하여 B지점까지 최단거리로 가는 경우의 수는?

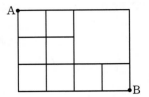

① 21　　② 23
③ 25　　④ 27
⑤ 29

0057

그림과 같은 도로망이 있다. 이 도로망을 따라 A지점에서 출발하여 B지점까지 최단거리로 가는 경우의 수를 구하시오.

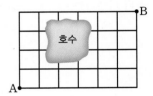

0058

그림과 같은 도로망이 있다. 이 도로망을 따라 A지점에서 출발하여 B지점까지 최단거리로 가는 경우의 수는?

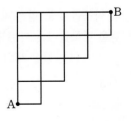

① 24　　② 30
③ 36　　④ 42
⑤ 48

0059 (수능 변형)

숫자 1, 2, 3, 4, 5 중에서 중복을 허락하여 5개를 택해 일렬로 나열하여 만들 수 있는 다섯 자리 자연수 중에서 30000 이하인 짝수의 개수는?

① 500　　　　② 625　　　　③ 750

④ 875　　　　⑤ 1000

0061 (교육청 변형)

다음 조건을 만족시키는 한 자리 자연수 a, b, c, d의 모든 순서쌍 (a, b, c, d)의 개수는?

> (가) $a \times b \times c \times d = 16$
> (나) $a + b + c + d \geq 10$

① 10　　　　② 12　　　　③ 14

④ 16　　　　⑤ 18

0060 (교육청 기출)

그림과 같이 직사각형 모양으로 연결된 도로망이 있다. 이 도로망을 따라 A지점에서 출발하여 P지점을 지나 B지점까지 최단거리로 가는 경우의 수는?

(단, 한 번 지난 도로를 다시 지날 수 있다.)

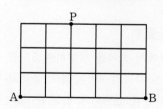

① 200　　　　② 210　　　　③ 220

④ 230　　　　⑤ 240

0062 (교육청 기출)

3개의 문자 A, B, C를 포함한 서로 다른 6개의 문자를 모두 한 번씩 사용하여 일렬로 나열할 때, 두 문자 B와 C 사이에 문자 A를 포함하여 1개 이상의 문자가 있도록 나열하는 경우의 수는?

① 180　　　　② 200　　　　③ 220

④ 240　　　　⑤ 260

0063 교육청 기출

A, B, B, C, C, C의 문자가 하나씩 적혀 있는 6장의 카드가 있다. 이 6장의 카드 중에서 5장의 카드를 택하여 이 5장의 카드를 왼쪽부터 모두 일렬로 나열할 때, C가 적힌 카드가 왼쪽에서 두 번째의 위치에 놓이도록 나열하는 경우의 수는?

(단, 같은 문자가 적힌 카드끼리는 서로 구별하지 않는다.)

① 24   ② 26   ③ 28

④ 30   ⑤ 32

0064 평가원 변형

네 문자 a, b, c, d 중에서 중복을 허락하여 4개를 택해 일렬로 나열할 때, 문자 d가 2번 이하로 나오는 경우의 수는?

① 234   ② 237   ③ 240

④ 243   ⑤ 246

0065 교육청 변형

남학생 4명, 여학생 4명이 그림과 같이 12개의 자리가 있는 원탁에 다음 두 조건에 따라 앉으려고 할 때, 앉을 수 있는 모든 경우의 수를 구하시오.

(단, 회전하여 일치하는 것은 같은 것으로 본다.)

> ㈎ 남학생, 여학생 모두 같은 성별끼리 2명씩 조를 만든다.
> ㈏ 서로 다른 두 개의 조 사이에 반드시 한 자리를 비워둔다.

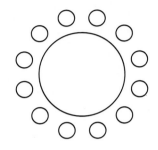

0066 교육청 기출

숫자 0, 1, 2 중에서 중복을 허락하여 5개를 선택한 후 일렬로 나열하여 다섯 자리의 자연수를 만들려고 한다. 숫자 0과 1을 각각 1개 이상씩 선택하여 만들 수 있는 모든 자연수의 개수를 구하시오.

0067 교육청 변형

1학년 학생 4명과 2학년 학생 10명이 원탁에 일정한 간격으로 둘러앉으려고 한다. 1학년 학생 사이에는 2학년 학생이 1명 이상 앉고 1학년 학생 사이사이에 앉은 2학년 학생 수는 모두 다를 때, 14명이 원탁에 둘러앉는 경우의 수는 $n \times 10!$이다. 자연수 n의 값을 구하시오.

(단, 회전하여 일치하는 것은 같은 것으로 본다.)

0068 교육청 기출

세 명의 학생 A, B, C에게 서로 다른 종류의 사탕 5개를 다음 규칙에 따라 남김없이 나누어 주는 경우의 수는?

(단, 사탕을 받지 못하는 학생이 있을 수 있다.)

㉮ 학생 A는 적어도 하나의 사탕을 받는다.
㉯ 학생 B가 받는 사탕의 개수는 2 이하이다.

① 167　　　② 170　　　③ 173
④ 176　　　⑤ 179

0069 수능 변형

5개의 숫자 2, 3, 4, 5, 6 중에서 중복을 허락하여 다섯 개를 다음 조건을 만족시키도록 선택한 후, 일렬로 나열하여 만들 수 있는 모든 다섯 자리 자연수의 개수는?

㉮ 각각의 짝수는 선택하지 않거나 한 번만 선택한다.
㉯ 각각의 홀수는 선택하지 않거나 두 번만 선택한다.

① 150　　　② 180　　　③ 210
④ 240　　　⑤ 270

0070 수능 기출

두 집합 $X = \{1, 2, 3, 4, 5\}$, $Y = \{1, 2, 3, 4\}$에 대하여 다음 조건을 만족시키는 X에서 Y로의 함수 f의 개수는?

㉮ 집합 X의 모든 원소 x에 대하여 $f(x) \geq \sqrt{x}$이다.
㉯ 함수 f의 치역의 원소의 개수는 3이다.

① 128　　　② 138　　　③ 148
④ 158　　　⑤ 168

중복조합과 이항정리

유형 **01** 중복조합의 계산

0071

자연수 n, r에 대하여 $_2H_7 = _nC_r$일 때, $n+r$의 값은?

(단, $r < 3$)

① 3   ② 6   ③ 9
④ 12   ⑤ 15

0072 교육청 변형

$_nH_2 = _8C_6$일 때, 자연수 n의 값은?

① 4   ② 5   ③ 6
④ 7   ⑤ 8

0073

$_nH_3 = 20$일 때, 자연수 n의 값은?

① 2   ② 4   ③ 6
④ 8   ⑤ 10

0074

자연수 r에 대하여 $_6H_r = _9C_4$일 때, $_5H_r$의 값을 구하시오.

유형 **02** 중복조합

0075

장미, 튤립, 백합 중에서 6송이의 꽃을 선택하는 경우의 수는? (단, 같은 종류의 꽃끼리는 서로 구별하지 않고, 꽃은 각각 6송이 이상씩 있다.)

① 24   ② 28   ③ 32
④ 36   ⑤ 40

0076

같은 종류의 볼펜 4자루와 같은 종류의 공책 5권을 3명의 학생에게 남김없이 나누어 주는 경우의 수를 구하시오.
(단, 볼펜, 공책 중 어느 하나도 받지 못하는 학생이 있을 수 있다.)

0077 수능 변형

다섯 개의 숫자 1, 2, 3, 4, 5에서 중복을 허락하여 4개를 선택할 때, 숫자 1이 1개 이하가 되는 경우의 수는?

① 45   ② 50   ③ 55
④ 60   ⑤ 65

유형 03 중복조합
– 다항식의 전개식에서 서로 다른 항의 개수

0078

다항식 $(x+y+z)^6$의 전개식에서 서로 다른 항의 개수는?

① 20   ② 22   ③ 24
④ 26   ⑤ 28

0079 평가원 변형

다항식 $(a+b)^6(x+y+z+w)^2$의 전개식에서 서로 다른 항의 개수는?

① 55   ② 60   ③ 65
④ 70   ⑤ 75

0080

다항식 $(a+b+c)^n$의 전개식에서 서로 다른 항의 개수가 45일 때, 자연수 n의 값을 구하시오.

유형 04 중복조합 – '적어도'의 조건이 있는 경우

0081

3명의 학생에게 같은 종류의 연필 10자루를 남김없이 나누어 줄 때, 각 학생에게 1자루 이상씩 나누어 주는 경우의 수를 구하시오.

0082

이온음료, 탄산음료, 주스 세 종류의 음료 중에서 8개를 선택하려고 한다. 이온음료, 탄산음료, 주스를 각각 적어도 1개씩 선택하는 경우의 수는? (단, 같은 종류의 음료끼리는 서로 구별하지 않고, 이온음료, 탄산음료, 주스는 각각 8개 이상씩 있다.)

① 19   ② 21   ③ 23
④ 25   ⑤ 27

0083

같은 종류의 케이크 6개와 같은 종류의 빵 4개를 2명의 학생에게 남김없이 나누어 주려고 한다. 각 학생에게 케이크와 빵을 각각 1개 이상씩 나누어 주는 경우의 수는?

① 15   ② 20   ③ 25
④ 30   ⑤ 35

0084

같은 종류의 우유 5개를 4명의 학생에게 남김없이 나누어 줄 때, 2명의 학생만 우유를 받는 경우의 수는?

① 24   ② 26   ③ 28
④ 30   ⑤ 32

0085

같은 종류의 공책 14권을 A, B, C 3명에게 남김없이 나누어 줄 때, A, B가 각각 적어도 2권의 공책을 받도록 나누어 주는 경우의 수를 구하시오.

(단, 공책을 받지 못하는 사람이 있을 수 있다.)

유형 **05** 중복조합 – 방정식의 해의 개수

0086

방정식 $x+y+z=10$을 만족시키는 음이 아닌 정수 x, y, z의 모든 순서쌍 (x, y, z)의 개수는?

① 64   ② 66   ③ 68
④ 70   ⑤ 72

0087

방정식 $x+y+z+w=9$를 만족시키는 양의 정수 x, y, z, w의 모든 순서쌍 (x, y, z, w)의 개수를 구하시오.

0088

방정식 $x+y+z=8$을 만족시키는 -1 이상의 정수 x, y, z의 모든 순서쌍 (x, y, z)의 개수는?

① 70   ② 72   ③ 74
④ 76   ⑤ 78

0089

방정식 $x+y+5z+w=13$을 만족시키는 양의 정수 x, y, z, w의 모든 순서쌍 (x, y, z, w)의 개수는?

① 18   ② 20   ③ 22
④ 24   ⑤ 26

0090

다음 조건을 만족시키는 자연수 a, b, c, d의 모든 순서쌍 (a, b, c, d)의 개수를 구하시오.

> (가) a, b, c, d 중에서 홀수의 개수는 2이다.
> (나) $a+b+c+d=16$

유형 **06** 중복조합 – 부등식의 해의 개수

0091

부등식 $x+y+z \le 9$를 만족시키는 음이 아닌 정수 x, y, z의 모든 순서쌍 (x, y, z)의 개수는?

① 190   ② 200   ③ 210
④ 220   ⑤ 230

0092

부등식 $x+y+z \leq 5$를 만족시키는 양의 정수 x, y, z의 모든 순서쌍 (x, y, z)의 개수를 구하시오.

0093

부등식 $x+y \leq n$을 만족시키는 음이 아닌 정수 x, y의 모든 순서쌍 (x, y)의 개수가 45일 때, 자연수 n의 값은?

① 5   ② 6   ③ 7
④ 8   ⑤ 9

0094 평가원 변형

다음 조건을 만족시키는 음이 아닌 정수 x, y, z의 모든 순서쌍 (x, y, z)의 개수는?

(가) $x+y+z=8$
(나) $0 < x+y < 8$

① 20   ② 25   ③ 30
④ 35   ⑤ 40

0095

$3 \leq a \leq b \leq c \leq 7$을 만족시키는 자연수 a, b, c의 모든 순서쌍 (a, b, c)의 개수는?

① 33   ② 35   ③ 37
④ 39   ⑤ 41

0096

$1 \leq a \leq b \leq c \leq 10$을 만족시키는 홀수 a, b, c의 모든 순서쌍 (a, b, c)의 개수는?

① 25   ② 30   ③ 35
④ 40   ⑤ 45

0097

$3 < a \leq b \leq 6 \leq c \leq d \leq 9$를 만족시키는 자연수 a, b, c, d의 모든 순서쌍 (a, b, c, d)의 개수를 구하시오.

0098

$1 \leq |a| \leq |b| \leq |c| \leq 3$을 만족시키는 정수 a, b, c의 모든 순서쌍 (a, b, c)의 개수를 구하시오.

0099

한 개의 주사위를 네 번 던질 때, k번째 나오는 눈의 수를 a_k ($k=1, 2, 3, 4$)라 하자. $a_1 \le a_2 \le a_3 < a_4$를 만족시키는 경우의 수는?

① 60   ② 65   ③ 70

④ 75   ⑤ 80

유형 08 중복조합의 활용

0100 평가원 변형

각 자리의 수가 0이 아닌 세 자리 자연수 중 각 자리의 수의 합이 8인 모든 자연수의 개수는?

① 21   ② 24   ③ 27

④ 30   ⑤ 33

0101

등식 $abc=1024$를 만족시키는 자연수 a, b, c의 모든 순서쌍 (a, b, c)의 개수는?

① 64   ② 66   ③ 68

④ 70   ⑤ 72

0102

다음 조건을 만족시키는 네 자리 자연수의 개수를 구하시오.

> (가) 각 자리의 수의 합은 12이다.
> (나) 각 자리의 수는 모두 홀수이다.

유형 09 중복조합 - 함수의 개수

0103

집합 $X=\{1, 2, 3\}$에서 집합 $Y=\{1, 2, 3, 4\}$로의 함수 f 중에서 $f(1) \le f(2) \le f(3)$을 만족시키는 함수의 개수는?

① 20   ② 22   ③ 24

④ 26   ⑤ 28

0104

집합 $X=\{1, 2, 3, 4\}$에서 집합 $Y=\{4, 5, 6, 7\}$로의 함수 f 중에서 다음 조건을 만족시키는 함수의 개수를 구하시오.

> 집합 X의 임의의 두 원소 i, j에 대하여
> $i < j$이면 $f(i) \ge f(j)$이다.

0105

두 집합 $X=\{a, b, c, d\}$, $Y=\{-2, -1, 0, 1, 2\}$에 대하여 X에서 Y로의 함수 f 중에서 $f(a)<f(b)\leq f(c)\leq f(d)$를 만족시키는 함수의 개수는?

① 31　　　　② 33　　　　③ 35
④ 37　　　　⑤ 39

0106

집합 $X=\{1, 2, 3, 4, 5\}$에 대하여 다음 조건을 만족시키는 함수 $f:X \longrightarrow X$의 개수는?

> (가) $f(2)$는 2의 배수이다.
> (나) 집합 X의 임의의 두 원소 i, j에 대하여
> 　　$i<j$이면 $f(i)\leq f(j)$이다.

① 52　　　　② 53　　　　③ 54
④ 55　　　　⑤ 56

0107 교육청 변형

두 집합 $X=\{1, 2, 3, 4, 5, 6\}$, $Y=\{0, 1, 2, 3, 4, 5\}$에 대하여 다음 조건을 만족시키는 함수 $f:X \longrightarrow Y$의 개수를 구하시오.

> (가) 함수 f의 치역의 원소의 개수는 4이다.
> (나) 집합 X의 임의의 두 원소 x_1, x_2에 대하여
> 　　$x_1<x_2$이면 $f(x_1)\leq f(x_2)$이다.

유형 10 $(a+b)^n$의 전개식

0108

다항식 $(2x-5y)^4$의 전개식에서 x^3y의 계수는?

① -80　　　② -100　　　③ -120
④ -140　　　⑤ -160

0109

$\left(x-\dfrac{3}{x}\right)^6$의 전개식에서 x^2의 계수는?

① 130　　　　② 135　　　　③ 140
④ 145　　　　⑤ 150

0110

$\left(x+\dfrac{1}{x^2}\right)^6$의 전개식에서 상수항은?

① 10　　　　② 12　　　　③ 15
④ 18　　　　⑤ 20

0111

다항식 $(x+ay)^5$의 전개식에서 x^3y^2의 계수가 40일 때, 양수 a의 값은?

① 2   ② 3   ③ 4

④ 5   ⑤ 6

0112

$\left(x+\dfrac{a}{x}\right)^6$의 전개식에서 $\dfrac{1}{x^2}$의 계수가 15일 때, x^4의 계수를 구하시오. (단, $a>0$)

0113

다항식 $(a+x)^5$의 전개식에서 x^3의 계수와 x^4의 계수가 같을 때, 양수 a의 값은?

① $\dfrac{1}{8}$ ② $\dfrac{1}{4}$ ③ $\dfrac{3}{8}$

④ $\dfrac{1}{2}$ ⑤ $\dfrac{5}{8}$

0114 교육청 변형

다항식 $(x^2+1)^n$의 전개식에서 x^6의 계수가 35일 때, 자연수 n의 값을 구하시오.

0115

$\left(x^2+\dfrac{3}{x^5}\right)^n$의 전개식에서 상수항이 존재하도록 하는 자연수 n의 최솟값을 구하시오.

유형 11 $(a+b)(c+d)^n$의 전개식

0116

다항식 $(x-3)(x+2)^5$의 전개식에서 x^4의 계수는?

① 10   ② 12   ③ 14

④ 16   ⑤ 18

0117 교육청 변형

다항식 $(1+2x)(1+x^2)^6$의 전개식에서 x^8의 계수는?

① 10   ② 12   ③ 15

④ 18   ⑤ 20

0118

$(x^2+1)\left(x+\dfrac{1}{x}\right)^7$의 전개식에서 x^3의 계수를 구하시오.

0119

다항식 $(1+ax^2)(x+2)^4$의 전개식에서 x^4의 계수가 49일 때, 상수 a의 값은?

① -4 ② -2 ③ 2
④ 4 ⑤ 6

유형 12 $(a+b)^m(c+d)^n$**의 전개식**

0120 평가원 변형

다항식 $(1+x)^3(2-x)^4$의 전개식에서 x^6의 계수는?

① -5 ② -3 ③ -1
④ 1 ⑤ 3

0121

$(1+x)^4\left(x^2-\dfrac{2}{x}\right)^5$의 전개식에서 $\dfrac{1}{x^2}$의 계수는?

① -46 ② -48 ③ -50
④ -52 ⑤ -54

0122

다항식 $(a-x)^4(1+2x)^3$의 전개식에서 x^5의 계수가 6일 때, 양수 a의 값은?

① 1 ② 3 ③ 5
④ 7 ⑤ 9

0123

$(a+x)^3\left(x+\dfrac{1}{x}\right)^5$의 전개식에서 상수항이 125일 때, 양수 a의 값은?

① 2 ② 3 ③ 4
④ 5 ⑤ 6

0124 교육청 변형

$_{10}C_0+_{10}C_1\times8+_{10}C_2\times8^2+\cdots+_{10}C_{10}\times8^{10}$의 값은?

① $3^{20}-2$ ② $3^{20}-1$ ③ 3^{20}

④ $2^{60}-1$ ⑤ 2^{60}

0125

$N=_8C_7\times2+_8C_6\times2^2+_8C_5\times2^3+\cdots+_8C_0\times2^8$일 때, N의 양의 약수의 개수는?

① 20   ② 22   ③ 24

④ 26   ⑤ 28

0126

11^{41}을 100으로 나누었을 때의 나머지는?

① 11   ② 31   ③ 51

④ 71   ⑤ 91

0127

21^{15}의 백의 자리 숫자를 a, 십의 자리 숫자를 b, 일의 자리 숫자를 c라 할 때, $3a+2b+c$의 값을 구하시오.

0128

$_{10}C_0+_{10}C_1+_{10}C_2+\cdots+_{10}C_{10}$의 값은?

① 128   ② 256   ③ 512

④ 1024   ⑤ 2048

0129

$_nC_0+_nC_1+_nC_2+_nC_3+\cdots+_nC_n=256$을 만족시키는 자연수 n의 값을 구하시오.

0130

$_{15}C_1-_{15}C_2+_{15}C_3-_{15}C_4+\cdots-_{15}C_{14}$의 값은?

① -2 ② -1 ③ 0

④ 1   ⑤ 2

0131

$_{23}C_{12}+_{23}C_{13}+_{23}C_{14}+\cdots+_{23}C_{23}$의 값은?

① 2^{14} ② 2^{16} ③ 2^{18}

④ 2^{20} ⑤ 2^{22}

0132

$_{15}C_1 + _{15}C_3 + _{15}C_5 + \cdots + _{15}C_{13}$의 값은?

① $2^{14} - 2$　　　② $2^{14} - 1$　　　③ 2^{14}

④ $2^{14} + 1$　　　⑤ $2^{14} + 2$

0133

$200 < _nC_1 + _nC_2 + _nC_3 + \cdots + _nC_n < 400$을 만족시키는 자연수 n의 값은?

① 6　　　② 7　　　③ 8

④ 9　　　⑤ 10

유형 **15** **이항계수의 성질의 활용**

0134

서로 다른 13개의 사탕 중에서 7개 이상의 사탕을 택하는 경우의 수는? (단, 사탕을 택하는 순서는 고려하지 않는다.)

① 2^{12}　　　② 2^{13}　　　③ 2^{14}

④ 2^{15}　　　⑤ 2^{16}

0135

원소의 개수가 n인 집합의 부분집합 중 원소의 개수가 홀수인 부분집합의 개수를 $f(n)$이라 할 때, $\dfrac{f(10)}{f(6)}$의 값을 구하시오.

0136 〔교육청 변형〕

집합 $A = \{x \mid x$는 15 이하의 자연수$\}$의 부분집합 중 두 원소 1, 2를 모두 포함하고 원소의 개수가 짝수인 부분집합의 개수는?

① 2^{10}　　　② 2^{12}　　　③ 2^{14}

④ 2^{16}　　　⑤ 2^{18}

유형 **16** **파스칼의 삼각형**

0137

$_4C_0 + _4C_1 + _5C_2 + _6C_3 + \cdots + _9C_6$의 값은?

① 200　　　② 205　　　③ 210

④ 215　　　⑤ 220

0138

다음 중 $_3C_1 + _4C_2 + _5C_3 + _6C_4 + _7C_5 + _8C_6$의 값과 같은 것은?

① $_9C_6 - 1$　　　② $_{10}C_7 - 1$　　　③ $_{10}C_8 + 1$

④ $_{11}C_7 - 1$　　　⑤ $_{11}C_8 + 1$

0139

$_3C_3+_4C_3+_5C_3+\cdots+_{30}C_3=_nC_r$가 성립할 때, $n+r$의 값은?

(단, n, r는 자연수이고 $r<15$이다.)

① 30   ② 35   ③ 40

④ 45   ⑤ 50

0140

그림과 같은 파스칼의 삼각형에서 색칠한 부분의 모든 수의 합은?

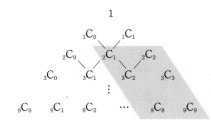

① 40   ② 44   ③ 48

④ 52   ⑤ 56

0141

$(x+1)+(x+1)^2+(x+1)^3+\cdots+(x+1)^8$의 전개식에서 x^2의 계수는?

① 68   ② 72   ③ 76

④ 80   ⑤ 84

0142

$\log_2(_{19}C_0+_{19}C_1+_{19}C_2+\cdots+_{19}C_{19})$의 값은?

① 17   ② 18   ③ 19

④ 20   ⑤ 21

0143

$\log_2(_{15}C_8+_{15}C_9+_{15}C_{10}+\cdots+_{15}C_{15})$의 값은?

① 11   ② 12   ③ 13

④ 14   ⑤ 15

0144

$\displaystyle\sum_{k=0}^{180}{}_{180}C_k\left(\frac{1}{6}\right)^{180-k}\left(\frac{5}{6}\right)^k$의 값을 구하시오.

0145

자연수 n에 대하여

$$a_n = {}_nC_0 + 3 \times {}_nC_1 + 3^2 \times {}_nC_2 + \cdots + 3^n \times {}_nC_n$$

일 때, $\log_2 a_{10}$의 값은?

① 12   ② 16   ③ 20
④ 24   ⑤ 28

0146 교육청 변형

자연수 n에 대하여 $f(n) = \sum\limits_{r=0}^{n-1} {}_{2n-1}C_r$일 때, $\sum\limits_{k=1}^{5} f(k)$의 값을 구하시오.

0147

다항식 $(a+2x)^6$의 전개식에서 x, x^2, x^4의 계수가 이 순서대로 등비수열을 이룰 때, $100a$의 값을 구하시오.

(단, a는 0이 아닌 상수이다.)

0148

자연수 n에 대하여 다항식 $(x+2y)^{n+1}$의 전개식에서 $x^{n-1}y^2$의 계수를 $f(n)$이라 할 때, $\sum\limits_{k=1}^{10} \dfrac{1}{f(k)}$의 값은?

① $\dfrac{3}{11}$ ② $\dfrac{5}{11}$ ③ $\dfrac{7}{11}$
④ $\dfrac{9}{11}$ ⑤ 1

0149

$\sum\limits_{n=1}^{10} \left(x^2 + \dfrac{1}{x}\right)^n$의 전개식에서 상수항을 구하시오.

0150

$\sum\limits_{n=1}^{10} (1+x)^n$의 전개식에서 x^4의 계수는?

① 458   ② 460   ③ 462
④ 464   ⑤ 466

0151 평가원 기출

$\left(x^2+\dfrac{a}{x}\right)^5$의 전개식에서 $\dfrac{1}{x^2}$의 계수와 x의 계수가 같을 때, 양수 a의 값은?

① 1   ② 2   ③ 3
④ 4   ⑤ 5

0152 평가원 변형

네 종류의 빵 A, B, C, D 중에서 10개를 선택하려고 한다. A는 1개 이하를 선택하고, B, C, D는 각각 2개 이상을 선택하는 경우의 수는? (단, 같은 종류의 빵끼리는 서로 구별하지 않고, 각 종류의 빵은 10개 이상씩 있다.)

① 20   ② 25   ③ 30
④ 35   ⑤ 40

0153 평가원 변형

다음 조건을 만족시키는 음이 아닌 정수 a, b, c, d의 모든 순서쌍 (a, b, c, d)의 개수는?

(가) $a+2b+c+d=9$
(나) $a+c+d\leq4$

① 11   ② 12   ③ 13
④ 14   ⑤ 15

0154 평가원 변형

다항식 $(1+x)^n(1+x^2)^6$의 전개식에서 x^2의 계수가 16일 때, x^3의 계수는? (단, n은 자연수이다.)

① 30   ② 35   ③ 40
④ 45   ⑤ 50

0155 [평가원] [변형]

서로 다른 종류의 모자 4개와 같은 종류의 손수건 8개를 같은 종류의 상자 4개에 남김없이 나누어 넣으려고 한다. 각 상자에 모자와 손수건이 각각 1개 이상씩 들어가도록 나누어 넣는 경우의 수를 구하시오.

0156 [교육청] [기출]

그림과 같이 같은 종류의 책 8권과 이 책을 각 칸에 최대 5권, 5권, 8권을 꽂을 수 있는 3개의 칸으로 이루어진 책장이 있다. 이 책 8권을 책장에 남김없이 나누어 꽂는 경우의 수는?

(단, 비어 있는 칸이 있을 수 있다.)

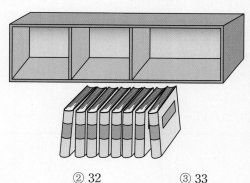

① 31   ② 32   ③ 33
④ 34   ⑤ 35

0157 [교육청] [변형]

자연수 n에 대하여 $f(n)=\sum_{r=0}^{n} {}_nC_r 3^r$일 때, $\log f(n)>10$을 만족시키는 n의 최솟값은? (단, $\log 2=0.3$으로 계산한다.)

① 11   ② 13   ③ 15
④ 17   ⑤ 19

0158 [평가원] [기출]

그림과 같이 2장의 검은색 카드와 1부터 8까지의 자연수가 하나씩 적혀 있는 8장의 흰색 카드가 있다. 이 카드를 모두 한 번씩 사용하여 왼쪽에서 오른쪽으로 일렬로 배열할 때, 다음 조건을 만족시키는 경우의 수를 구하시오.

(단, 검은색 카드는 서로 구별하지 않는다.)

> ⑺ 흰색 카드에 적힌 수가 작은 수부터 크기순으로 왼쪽에서 오른쪽으로 배열되도록 카드가 놓여 있다.
> ⑻ 검은색 카드 사이에는 흰색 카드가 2장 이상 놓여 있다.
> ⑼ 검은색 카드 사이에는 3의 배수가 적힌 흰색 카드가 1장 이상 놓여 있다.

0159 수능 기출

네 명의 학생 A, B, C, D에게 같은 종류의 초콜릿 8개를 다음 규칙에 따라 남김없이 나누어 주는 경우의 수는?

> (가) 각 학생은 적어도 1개의 초콜릿을 받는다.
> (나) 학생 A는 학생 B보다 더 많은 초콜릿을 받는다.

① 11   ② 13   ③ 15
④ 17   ⑤ 19

0160 평가원 변형

다음 조건을 만족시키는 자연수 a, b, c, d, e의 모든 순서쌍 (a, b, c, d, e)의 개수를 구하시오.

> (가) $a(b+c+d+e)=12$
> (나) a, b, c, d, e 중에서 적어도 2개는 짝수이다.

0161 교육청 기출

5 이하의 자연수 a, b, c, d에 대하여 부등식
$$a \le b+1 \le c \le d$$
를 만족시키는 모든 순서쌍 (a, b, c, d)의 개수를 구하시오.

0162 교육청 기출

두 집합 $X=\{1, 2, 3, 4\}$, $Y=\{1, 2, 3, 4, 5, 6\}$에 대하여 다음 조건을 만족시키는 함수 $f: X \longrightarrow Y$의 개수를 구하시오.

> (가) 집합 X의 임의의 두 원소 x_1, x_2에 대하여
> $x_1 < x_2$이면 $f(x_1) \le f(x_2)$이다.
> (나) $f(1) \le 3$
> (다) $f(3) \le f(1)+4$

확률

확률의 뜻과 활용

유형 01 시행과 사건

0163

각 면에 1부터 8까지의 자연수가 하나씩 적혀 있는 정팔면체 모양의 주사위를 던지는 시행에서 바닥에 닿은 면에 적혀 있는 수가 8의 약수인 사건을 A, 10의 약수인 사건을 B, 3의 배수인 사건을 C라 할 때, 다음 중 옳지 <u>않은</u> 것은?

(단, S는 표본공간이다.)

① $B = \{1, 2, 5\}$　　　　② $A \cup C = \{1, 2, 3, 4, 6, 8\}$

③ $A^C \cap B = \{5\}$　　　　④ $n(S) - n(B^C) = 3$

⑤ $n(A^C \cap B^C) = 2$

0164

표본공간 $S = \{1, 3, 5, 8, 9, 10, 12\}$의 세 사건 A, B, C가 그림과 같을 때, 보기에서 사건 A와 서로 배반사건인 것만을 있는 대로 고른 것은?

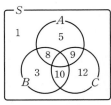

> **보기**
>
> ㄱ. B　　　　　　　ㄴ. C
> ㄷ. $B \cap C$　　　　ㄹ. $A^C \cap C$

① ㄱ, ㄴ　　　　② ㄱ, ㄷ　　　　③ ㄴ, ㄷ

④ ㄴ, ㄹ　　　　⑤ ㄷ, ㄹ

0165

표본공간 $S = \{x \mid x$는 10 이하의 자연수$\}$의 세 사건 A, B, C에 대하여

$$A = \{x \mid x$는 소수$\}, \quad B = \{1, 4, 7, 9\}$$

이고 사건 C가 두 사건 A, B와 모두 배반사건일 때, 사건 C의 모든 원소의 합의 최댓값을 구하시오.

0166

한 개의 주사위를 두 번 던지는 시행에서 나오는 두 눈의 수의 차가 홀수인 사건을 A, 두 눈의 수의 합이 10 이상인 사건을 B, 두 눈의 수의 합이 8의 약수인 사건을 C라 할 때, 보기에서 서로 배반사건인 것만을 있는 대로 고른 것은?

> **보기**
>
> ㄱ. A와 B　　　　ㄴ. B와 C　　　　ㄷ. C와 A

① ㄱ　　　　② ㄴ　　　　③ ㄷ

④ ㄱ, ㄴ　　　　⑤ ㄴ, ㄷ

유형 02 수학적 확률

0167

서로 다른 두 개의 주사위를 동시에 던질 때 나오는 두 눈의 수의 곱이 5의 배수가 될 확률은?

① $\dfrac{5}{18}$ ② $\dfrac{11}{36}$ ③ $\dfrac{1}{3}$

④ $\dfrac{13}{36}$ ⑤ $\dfrac{7}{18}$

0168

집합 $A=\{1, 2, 3, 4, 5\}$의 부분집합 중 임의로 한 집합을 택할 때, 그 집합이 원소 3, 4를 모두 포함할 확률은?

① $\dfrac{3}{16}$ ② $\dfrac{7}{32}$ ③ $\dfrac{1}{4}$

④ $\dfrac{9}{32}$ ⑤ $\dfrac{5}{16}$

0169

한 개의 주사위를 두 번 던져서 나오는 눈의 수를 차례로 a, b라 할 때, 직선 $y=a$와 이차함수 $y=-x^2+2bx-11$의 그래프가 만날 확률은?

① $\dfrac{7}{18}$ ② $\dfrac{5}{12}$ ③ $\dfrac{4}{9}$

④ $\dfrac{17}{36}$ ⑤ $\dfrac{1}{2}$

0170 평가원 변형

A 주머니에는 2, 5, 6, 7의 숫자가 하나씩 적혀 있는 4개의 공이 들어 있고, B 주머니에는 1, 3, 4, 8, 9의 숫자가 하나씩 적혀 있는 5개의 공이 들어 있다. A 주머니에서 임의로 한 개의 공을 꺼내어 공에 적혀 있는 수를 a라 하고, B 주머니에서 임의로 한 개의 공을 꺼내어 공에 적혀 있는 수를 b라 하자. a^2+b^2이 홀수일 확률은?

A   B

① $\dfrac{1}{8}$ ② $\dfrac{1}{4}$ ③ $\dfrac{3}{8}$

④ $\dfrac{1}{2}$ ⑤ $\dfrac{5}{8}$

0171 교육청 변형

1부터 8까지의 자연수가 하나씩 적혀 있는 8개의 공이 들어 있는 주머니에서 임의로 한 개의 공을 꺼내어 공에 적혀 있는 숫자를 확인하고 다시 넣는 시행을 두 번 반복한다. 두 번의 시행에서 나오는 수를 차례로 a, b라 할 때, $|a-5|+|b-5|=2$가 성립할 확률은?

① $\dfrac{1}{16}$ ② $\dfrac{1}{8}$ ③ $\dfrac{3}{16}$

④ $\dfrac{1}{4}$ ⑤ $\dfrac{5}{16}$

0172

남학생 4명과 여학생 3명을 일렬로 임의로 세울 때, 여학생이 모두 홀수 번째에 서게 될 확률은?

① $\dfrac{4}{35}$　　② $\dfrac{9}{70}$　　③ $\dfrac{1}{7}$

④ $\dfrac{11}{70}$　　⑤ $\dfrac{6}{35}$

0173

8개의 문자 s, y, m, b, o, l, i, c를 일렬로 임의로 나열할 때, b와 y는 이웃하고, o와 s는 양 끝에 나열될 확률은 $\dfrac{q}{p}$이다. $p+q$의 값을 구하시오. (단, p와 q는 서로소인 자연수이다.)

0174

서로 다른 시집 3권, 서로 다른 추리 소설 4권, 서로 다른 역사 소설 2권을 책꽂이에 일렬로 임의로 꽂으려고 한다. 시집은 시집끼리, 추리 소설은 추리 소설끼리, 역사 소설은 역사 소설끼리 이웃하도록 꽂을 확률은?

① $\dfrac{1}{420}$　　② $\dfrac{1}{210}$　　③ $\dfrac{1}{140}$

④ $\dfrac{1}{105}$　　⑤ $\dfrac{1}{84}$

0175

숫자 0, 1, 2, 3, 4 중에서 서로 다른 4개의 숫자를 사용하여 네 자리 자연수를 만들 때, 그 수가 3의 배수일 확률은?

① $\dfrac{1}{8}$　　② $\dfrac{1}{4}$　　③ $\dfrac{3}{8}$

④ $\dfrac{1}{2}$　　⑤ $\dfrac{5}{8}$

0176 수능 변형

A를 포함한 축구 선수 4명과 야구 선수 3명을 일렬로 임의로 세울 때, 축구 선수 A의 양 옆에 각각 야구 선수가 서게 될 확률은?

① $\dfrac{1}{14}$　　② $\dfrac{1}{7}$　　③ $\dfrac{3}{14}$

④ $\dfrac{2}{7}$　　⑤ $\dfrac{5}{14}$

유형 04 원순열을 이용하는 확률

0177

장미와 수선화를 포함하여 서로 다른 꽃 6송이가 각각 하나의 유리컵에 한 송이씩 꽂혀 있다. 이 꽃들을 원탁 위에 일정한 간격을 두고 원형으로 임의로 배열할 때, 장미와 수선화가 서로 마주 보도록 배열될 확률은?

(단, 회전하여 일치하는 것은 같은 것으로 본다.)

① $\dfrac{1}{15}$　　② $\dfrac{2}{15}$　　③ $\dfrac{1}{5}$

④ $\dfrac{4}{15}$　　⑤ $\dfrac{2}{5}$

0178 교육청 변형

1부터 8까지의 자연수가 하나씩 적혀 있는 8장의 카드를 일정한 간격을 두고 원형으로 임의로 배열할 때, 소수끼리 이웃하게 배열될 확률은?

(단, 회전하여 일치하는 것은 같은 것으로 본다.)

① $\dfrac{4}{35}$　　② $\dfrac{1}{7}$　　③ $\dfrac{6}{35}$

④ $\dfrac{1}{5}$　　⑤ $\dfrac{8}{35}$

0179

남학생 4명, 여학생 4명이 원탁에 일정한 간격을 두고 임의로 둘러앉을 때, 남학생과 여학생이 교대로 앉을 확률은 $\dfrac{1}{p}$ 이다. p의 값을 구하시오.

(단, 회전하여 일치하는 것은 같은 것으로 본다.)

0180

그림과 같이 정팔각형을 8등분한 각 영역을 노란색과 초록색, 보라색을 포함한 서로 다른 8가지 색을 모두 사용하여 임의로 칠할 때, 노란색을 칠한 영역의 맞은편에 초록색을 칠하고, 노란색과 보라색을 이웃하게 칠할 확률은?

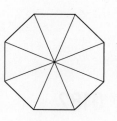

(단, 각 영역에는 한 가지 색만 칠하고, 회전하여 일치하는 것은 같은 것으로 본다.)

① $\dfrac{1}{42}$　　② $\dfrac{1}{21}$　　③ $\dfrac{1}{14}$

④ $\dfrac{2}{21}$　　⑤ $\dfrac{5}{42}$

0181

서로 다른 6가지 종류의 김밥을 판매하는 김밥 전문점에서 3명이 각각 김밥 한 종류를 임의로 주문할 때, 3명이 서로 같은 종류의 김밥을 주문할 확률은?

① $\dfrac{1}{36}$ ② $\dfrac{1}{18}$ ③ $\dfrac{1}{12}$

④ $\dfrac{1}{9}$ ⑤ $\dfrac{5}{36}$

0182

3개의 숫자 1, 2, 3 중에서 중복을 허락하여 5개를 임의로 뽑아 다섯 자리 자연수를 만들 때, 그 수가 4의 배수일 확률은?

① $\dfrac{1}{9}$ ② $\dfrac{2}{9}$ ③ $\dfrac{1}{3}$

④ $\dfrac{4}{9}$ ⑤ $\dfrac{5}{9}$

0183

어느 부서의 5명의 사원이 한 주의 월요일, 화요일, 수요일, 목요일, 금요일 중 각자 임의로 하루를 택하여 연차를 사용하려고 한다. 이 5명의 사원이 서로 다른 날에 연차를 낼 확률은 $\dfrac{q}{p}$ 이다. $p+q$의 값을 구하시오.

(단, p와 q는 서로소인 자연수이다.)

0184 [평가원] [변형]

5개의 숫자 0, 1, 2, 3, 4 중에서 중복을 허락하여 4개를 임의로 택해 네 자리 자연수를 만들 때, 이 자연수가 2300보다 작을 확률은?

① $\dfrac{1}{4}$ ② $\dfrac{3}{10}$ ③ $\dfrac{7}{20}$

④ $\dfrac{2}{5}$ ⑤ $\dfrac{1}{2}$

0185

5개의 숫자 1, 3, 4, 6, 7 중에서 중복을 허락하여 임의로 택한 세 수를 각각 a, b, c라 할 때, $a^2+b^2+c^2$의 값이 짝수일 확률은?

① $\dfrac{12}{25}$ ② $\dfrac{61}{125}$ ③ $\dfrac{62}{125}$

④ $\dfrac{63}{125}$ ⑤ $\dfrac{64}{125}$

유형 06 같은 것이 있는 순열을 이용하는 확률

0186 (평가원) (변형)

fulfillment에 있는 11개의 문자를 일렬로 임의로 나열할 때, 양 끝에 f가 올 확률은?

① $\dfrac{1}{110}$ ② $\dfrac{1}{55}$ ③ $\dfrac{3}{110}$

④ $\dfrac{2}{55}$ ⑤ $\dfrac{1}{22}$

0187

1600 m 이어달리기에 출전하는 4명의 육상 선수 A, B, C, D가 달리는 순서를 임의로 정할 때, C가 D보다 먼저 달릴 확률은?

① $\dfrac{1}{6}$ ② $\dfrac{1}{4}$ ③ $\dfrac{1}{3}$

④ $\dfrac{5}{12}$ ⑤ $\dfrac{1}{2}$

0188

8개의 숫자 1, 1, 3, 3, 4, 6, 8, 8을 일렬로 임의로 나열할 때, 짝수는 짝수끼리, 홀수는 홀수끼리 이웃할 확률은 $\dfrac{q}{p}$이다. $p+q$의 값을 구하시오. (단, p와 q는 서로소인 자연수이다.)

0189

그림과 같은 도로망이 있다. 이 도로망을 따라 P지점에서 Q지점까지 가는 최단경로 중 임의로 하나를 택할 때, 두 지점 A, B를 모두 지나갈 확률은?

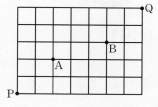

① $\dfrac{1}{22}$ ② $\dfrac{1}{11}$ ③ $\dfrac{3}{22}$

④ $\dfrac{2}{11}$ ⑤ $\dfrac{5}{22}$

0190

1, 1, 2, 3, 3의 숫자가 하나씩 적혀 있는 5장의 카드와 A, A, B, C, C의 문자가 하나씩 적혀 있는 5장의 카드가 있다. 이 10장의 카드를 일렬로 임의로 나열할 때, 양 끝에 숫자 1이 적혀 있는 카드가 오고, A가 적혀 있는 카드끼리 이웃할 확률은?

① $\dfrac{1}{180}$ ② $\dfrac{1}{90}$ ③ $\dfrac{1}{60}$

④ $\dfrac{1}{45}$ ⑤ $\dfrac{1}{36}$

03 확률의 뜻과 활용

0191

여성 4명, 남성 5명으로 이루어진 볼링 동호회에서 대표 2명을 임의로 뽑을 때, 여성 1명, 남성 1명이 뽑힐 확률은?

① $\dfrac{1}{2}$ ② $\dfrac{19}{36}$ ③ $\dfrac{5}{9}$

④ $\dfrac{7}{12}$ ⑤ $\dfrac{11}{18}$

0192 수능 변형

1부터 7까지의 자연수가 하나씩 적혀 있는 7개의 공이 들어 있는 주머니에서 임의로 3개의 공을 동시에 꺼낼 때, 짝수가 적혀 있는 공 1개와 홀수가 적혀 있는 공 2개가 나올 확률은?

① $\dfrac{2}{5}$ ② $\dfrac{3}{7}$ ③ $\dfrac{16}{35}$

④ $\dfrac{17}{35}$ ⑤ $\dfrac{18}{35}$

0193

흰 공 n개와 검은 공 5개가 들어 있는 주머니에서 임의로 3개의 공을 동시에 꺼낼 때, 모두 흰 공을 꺼낼 확률은 모두 검은 공을 꺼낼 확률의 2배이다. 3 이상의 자연수 n의 값을 구하시오.

0194

그림과 같이 두 직선 l, m 위에 각각 5개, 3개의 점이 있다. 이 중에서 임의로 3개의 점을 택하여 모두 선분으로 이을 때, 그것이 삼각형이 될 확률은?

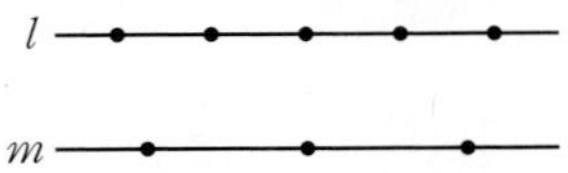

① $\dfrac{11}{14}$ ② $\dfrac{45}{56}$ ③ $\dfrac{23}{28}$

④ $\dfrac{47}{56}$ ⑤ $\dfrac{6}{7}$

0195

집합 $A=\{a,\ b,\ c\}$의 부분집합 중에서 임의로 서로 다른 두 집합을 택할 때, 택한 두 집합이 서로소일 확률은 $\dfrac{q}{p}$이다. $p+q$의 값을 구하시오. (단, p와 q는 서로소인 자연수이다.)

유형 08 조합을 이용하는 확률 - 묶음으로 나누는 경우

0196

남학생 6명, 여학생 3명을 임의로 3명씩 세 개의 조로 나눌 때, 세 개의 조가 각각 남학생 2명, 여학생 1명으로 이루어질 확률은?

① $\dfrac{3}{28}$ ② $\dfrac{3}{14}$ ③ $\dfrac{9}{28}$

④ $\dfrac{3}{7}$ ⑤ $\dfrac{15}{28}$

0197

사과, 배, 감, 망고, 참외, 귤, 키위, 오렌지가 각각 한 개씩 있다. 이 8개의 과일을 4개씩 똑같은 바구니 2개에 임의로 나누어 담을 때, 사과와 오렌지는 같은 바구니에, 배와 참외는 다른 바구니에 담길 확률은?

① $\dfrac{1}{7}$ ② $\dfrac{6}{35}$ ③ $\dfrac{1}{5}$

④ $\dfrac{8}{35}$ ⑤ $\dfrac{9}{35}$

0198

경찰관 8명, 소방관 4명을 임의로 4명씩 3개의 조로 나눌 때, 소방관 4명이 같은 조가 될 확률은?

① $\dfrac{1}{165}$ ② $\dfrac{2}{165}$ ③ $\dfrac{1}{55}$

④ $\dfrac{4}{165}$ ⑤ $\dfrac{1}{33}$

유형 09 중복조합을 이용하는 확률

0199

3명의 후보 A, B, C가 출마한 선거에서 10명의 유권자가 한 명의 후보에게 각각 무기명으로 투표할 때, B 후보자가 한 표도 받지 못할 확률은? (단, 기권이나 무효표는 없다.)

① $\dfrac{3}{22}$ ② $\dfrac{5}{33}$ ③ $\dfrac{1}{6}$

④ $\dfrac{2}{11}$ ⑤ $\dfrac{13}{66}$

0200

1부터 7까지의 자연수가 하나씩 적혀 있는 7개의 공이 들어 있는 주머니에서 임의로 한 개의 공을 꺼내어 숫자를 확인하고 다시 넣는 시행을 3번 반복한다. 이때 나온 수를 차례로 a, b, c라 할 때, $a+b+c=9$일 확률은?

① $\dfrac{4}{49}$ ② $\dfrac{5}{49}$ ③ $\dfrac{6}{49}$

④ $\dfrac{1}{7}$ ⑤ $\dfrac{8}{49}$

0201

방정식 $x+y+z=7$을 만족시키는 음이 아닌 정수 x, y, z의 순서쌍 (x, y, z) 중에서 임의로 하나를 택할 때, z의 값이 0 또는 3일 확률은?

① $\dfrac{1}{3}$ ② $\dfrac{13}{36}$ ③ $\dfrac{7}{18}$

④ $\dfrac{5}{12}$ ⑤ $\dfrac{4}{9}$

0202

두 집합 $X=\{a,\ b,\ c\}$, $Y=\{1,\ 2,\ 3,\ 4\}$에 대하여 X에서 Y로의 모든 함수 f 중에서 임의로 하나를 택할 때, f가 일대일함수일 확률은?

① $\dfrac{3}{16}$ ② $\dfrac{1}{4}$ ③ $\dfrac{5}{16}$

④ $\dfrac{3}{8}$ ⑤ $\dfrac{7}{16}$

0203

두 집합 $X=\{-1,\ 0,\ 1,\ 2\}$, $Y=\{a,\ b,\ c\}$에 대하여 X에서 Y로의 모든 함수 f 중에서 임의로 하나를 택할 때, f의 치역이 $\{a,\ c\}$일 확률은?

① $\dfrac{14}{81}$ ② $\dfrac{5}{27}$ ③ $\dfrac{16}{81}$

④ $\dfrac{17}{81}$ ⑤ $\dfrac{2}{9}$

0204

두 집합 $X=\{1,\ 2,\ 3,\ 4\}$, $Y=\{0,\ 1,\ 2\}$에 대하여 X에서 Y로의 모든 함수 f 중에서 임의로 하나를 택할 때,
$$f(1)+f(2)+f(3)+f(4)=6$$
을 만족시킬 확률은 $\dfrac{q}{p}$이다. $p+q$의 값을 구하시오.

(단, p와 q는 서로소인 자연수이다.)

0205

두 집합 $X=\{a,\ b,\ c,\ d\}$, $Y=\{1,\ 2,\ 3,\ 4\}$에 대하여 X에서 Y로의 모든 함수 f 중에서 임의로 하나를 택할 때, f가 다음 조건을 만족시킬 확률은?

| (가) $f(a)=2$ |
| (나) $f(d)<f(c)<f(b)$ |

① $\dfrac{1}{128}$ ② $\dfrac{1}{64}$ ③ $\dfrac{3}{128}$

④ $\dfrac{1}{32}$ ⑤ $\dfrac{5}{128}$

0206

두 집합 $X=\{1,\ 2,\ 3,\ 4\}$, $Y=\{1,\ 2,\ 3,\ 4,\ 5,\ 6\}$에 대하여 X에서 Y로의 모든 함수 f 중에서 임의로 하나를 택할 때, f가 다음 조건을 만족시킬 확률은?

| (가) $f(1)\times f(4)=6$ |
| (나) 집합 X의 임의의 두 원소 a, b에 대하여 $a<b$이면 $f(a)\leq f(b)$이다. |

① $\dfrac{1}{54}$ ② $\dfrac{1}{27}$ ③ $\dfrac{1}{18}$

④ $\dfrac{2}{27}$ ⑤ $\dfrac{5}{54}$

유형 11 통계적 확률

0207

어느 축구 선수는 150번의 슛을 시도하여 90번 골인시켰다. 이 축구 선수가 한 번의 슛을 시도하여 골인시킬 확률은?

① $\frac{7}{15}$ ② $\frac{8}{15}$ ③ $\frac{3}{5}$

④ $\frac{2}{3}$ ⑤ $\frac{11}{15}$

0208

오른쪽 표는 어느 고등학교 학생들이 하루 동안 스마트폰을 사용하는 시간을 조사하여 나타낸 것이다. 이 고등학교의 학생 중에서 임의로 한 학생을 선택하였을 때, 스마트폰 사용 시간이 2시간 미만인 학생일 확률은?

사용 시간 (시간)	학생 수 (명)
0이상 ~ 1미만	65
1 ~ 2	120
2 ~ 3	155
3 ~ 4	75
4 ~ 5	50
5 ~ 6	35

① $\frac{17}{50}$ ② $\frac{7}{20}$ ③ $\frac{9}{25}$

④ $\frac{37}{100}$ ⑤ $\frac{19}{50}$

0209

주머니 속에 빨간 공과 노란 공이 합하여 12개가 들어 있다. 이 주머니에서 임의로 2개의 공을 동시에 꺼내어 색을 확인하고 다시 넣는 시행을 여러 번 반복하였더니 6번에 5번 꼴로 2개가 모두 빨간 공이었다. 이 주머니 속에는 몇 개의 빨간 공과 노란 공이 들어 있다고 볼 수 있는지 구하시오.

유형 12 기하적 확률

0210

그림과 같이 중심이 O이고, 반지름의 길이가 8인 원이 있다. 이 원의 내부에 임의로 점 P를 잡을 때, $2 \leq \overline{OP} \leq 5$일 확률은?

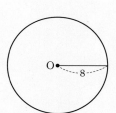

① $\frac{9}{32}$ ② $\frac{21}{64}$

③ $\frac{3}{8}$ ④ $\frac{27}{64}$

⑤ $\frac{15}{32}$

0211

$0 \le a \le 5$일 때, 이차방정식 $x^2-2ax+a=0$이 허근을 가질 확률은?

① $\dfrac{1}{10}$　　　② $\dfrac{1}{5}$　　　③ $\dfrac{3}{10}$

④ $\dfrac{2}{5}$　　　⑤ $\dfrac{1}{2}$

0212

그림과 같이 한 변의 길이가 3인 정삼각형 ABC가 있다. 삼각형 ABC의 내부에 임의로 점 P를 잡을 때, 점 P에서 모든 꼭짓점까지의 거리가 $\dfrac{3}{2}$보다 클 확률은?

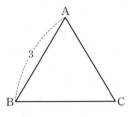

① $1-\dfrac{\sqrt{3}}{6}\pi$　　　② $1-\dfrac{\sqrt{3}}{7}\pi$　　　③ $1-\dfrac{\sqrt{3}}{8}\pi$

④ $1-\dfrac{\sqrt{3}}{9}\pi$　　　⑤ $1-\dfrac{\sqrt{3}}{10}\pi$

유형 13　확률의 기본 성질

0213

표본공간이 $S=\{1,\ 3,\ 5,\ 7,\ 9\}$일 때, 보기에서 확률이 0인 사건인 것만을 있는 대로 고른 것은?

> **보기**
> ㄱ. $A=\{x\,|\,x$는 짝수$\}$
> ㄴ. $B=\{x\,|\,(x+1)(x-3)=0\}$
> ㄷ. $C=\{x\,|\,(x-1)(x-9)>0\}$

① ㄱ　　　② ㄴ　　　③ ㄷ

④ ㄱ, ㄷ　　　⑤ ㄴ, ㄷ

0214

표본공간 S의 임의의 두 사건 A, B에 대하여 보기에서 옳은 것만을 있는 대로 고른 것은?

> **보기**
> ㄱ. $0 \le P(A)+P(B) \le 2$
> ㄴ. $P(A \cup B)=P(A)+P(B)$
> ㄷ. $P(A \cup B)=P(A)+P(B)$이면 $P(A)+P(B)=1$이다.

① ㄱ　　　② ㄴ　　　③ ㄱ, ㄴ

④ ㄱ, ㄷ　　　⑤ ㄴ, ㄷ

0215

표본공간 S의 임의의 세 사건 A, B, C에 대하여 보기에서 옳은 것만을 있는 대로 고른 것은?

> **보기**
> ㄱ. $P(A)<P(B)$이면 $A \subset B$이다.
> ㄴ. A와 B^C이 서로 배반사건이면 $P(A) \le P(B)$이다.
> ㄷ. $A \cap B=\varnothing$, $C \subset A$이면 두 사건 B, C는 서로 배반사건이다.

① ㄴ　　　② ㄷ　　　③ ㄱ, ㄴ

④ ㄱ, ㄷ　　　⑤ ㄴ, ㄷ

유형 14 확률의 덧셈정리와 여사건의 확률의 계산

0216 [교육청] [변형]

두 사건 A, B는 서로 배반사건이고

$$\mathrm{P}(A \cup B) = 4\mathrm{P}(B) = \frac{5}{6}$$

일 때, $\mathrm{P}(A)$의 값은?

① $\dfrac{13}{24}$ ② $\dfrac{7}{12}$ ③ $\dfrac{5}{8}$

④ $\dfrac{2}{3}$ ⑤ $\dfrac{17}{24}$

0217

두 사건 A, B에 대하여

$$\mathrm{P}(A) = 0.5, \ \mathrm{P}(B) = 0.4, \ \mathrm{P}(A \cup B) = 0.8$$

일 때, $\mathrm{P}(A \cap B^C)$의 값은?

① 0.1 ② 0.2 ③ 0.3

④ 0.4 ⑤ 0.5

0218

두 사건 A, B에 대하여

$$\mathrm{P}(A \cup B) = \frac{4}{3}\mathrm{P}(A) = \frac{8}{5}\mathrm{P}(B)$$

일 때, $\dfrac{\mathrm{P}(A \cap B)}{\mathrm{P}(A \cup B)}$의 값은? (단, $A \neq \varnothing$, $B \neq \varnothing$)

① $\dfrac{1}{8}$ ② $\dfrac{1}{4}$ ③ $\dfrac{3}{8}$

④ $\dfrac{1}{2}$ ⑤ $\dfrac{5}{8}$

0219

두 사건 A, B가 서로 배반사건이고

$$\mathrm{P}(A) = \mathrm{P}(B) + \frac{1}{2}, \ \mathrm{P}(A)\mathrm{P}(B) = \frac{1}{9}$$

일 때, $\mathrm{P}(A \cup B)$의 값은?

① $\dfrac{13}{18}$ ② $\dfrac{7}{9}$ ③ $\dfrac{5}{6}$

④ $\dfrac{8}{9}$ ⑤ $\dfrac{17}{18}$

0220

두 사건 A, B에 대하여

$$\mathrm{P}(A \cup B) = \frac{3}{4}, \ \mathrm{P}(A \cap B^C) = \frac{1}{6}$$

일 때, $\mathrm{P}(A^C \cap B)$의 최댓값은?

① $\dfrac{13}{24}$ ② $\dfrac{7}{12}$ ③ $\dfrac{5}{8}$

④ $\dfrac{2}{3}$ ⑤ $\dfrac{17}{24}$

0221

어느 아파트의 한 동에는 50가구가 살고 있다. 반려동물을 키우고 있는 가구를 조사해 보니 강아지를 키우는 가구는 30가구, 고양이를 키우는 가구는 15가구, 강아지와 고양이를 모두 키우는 가구는 5가구이었다. 이 50가구 중에서 임의로 한 가구를 택할 때, 그 가구가 강아지 또는 고양이를 키울 확률은?

① $\dfrac{1}{2}$ ② $\dfrac{3}{5}$ ③ $\dfrac{7}{10}$

④ $\dfrac{4}{5}$ ⑤ $\dfrac{9}{10}$

0222

한 개의 주사위를 두 번 던져서 나온 두 눈의 수의 합이 홀수이거나 5의 배수일 확률은?

① $\dfrac{1}{2}$ ② $\dfrac{19}{36}$ ③ $\dfrac{5}{9}$

④ $\dfrac{7}{12}$ ⑤ $\dfrac{11}{18}$

0223 교육청 변형

현진이와 은경이를 포함한 10명의 학생 중에서 임의로 대표 4명을 뽑을 때, 현진이 또는 은경이가 뽑힐 확률은?

① $\dfrac{3}{5}$ ② $\dfrac{2}{3}$ ③ $\dfrac{11}{15}$

④ $\dfrac{4}{5}$ ⑤ $\dfrac{13}{15}$

0224

은우, 동현, 수현, 미진, 경수의 5명의 학생이 발표 수업 순서를 임의로 정할 때, 수현이가 가장 나중에 발표하거나 경수와 수현이가 연이어서 발표할 확률은 $\dfrac{q}{p}$이다. $p+q$의 값을 구하시오. (단, p와 q는 서로소인 자연수이다.)

0225

두 집합 $X=\{1,\ 2,\ 3,\ 4\}$, $Y=\{-2,\ -1,\ 0,\ 1,\ 2\}$에 대하여 X에서 Y로의 모든 함수 f 중에서 임의로 하나를 택할 때, f가 다음 조건을 만족시킬 확률은?

$$f(2)\leq f(3)\text{이거나 } f(2)\geq 0\text{이다.}$$

① $\dfrac{24}{25}$ ② $\dfrac{21}{25}$ ③ $\dfrac{18}{25}$

④ $\dfrac{3}{5}$ ⑤ $\dfrac{12}{25}$

유형 16 확률의 덧셈정리 – 배반사건인 경우

0226

서로 다른 두 개의 주사위를 동시에 던질 때, 두 눈의 수의 합이 7이거나 두 눈의 수의 곱이 홀수일 확률은?

① $\frac{1}{12}$ ② $\frac{1}{6}$ ③ $\frac{1}{4}$

④ $\frac{1}{3}$ ⑤ $\frac{5}{12}$

0227

흰 공 5개와 빨간 공 4개가 들어 있는 주머니에서 임의로 3개의 공을 동시에 꺼낼 때, 모두 같은 색의 공이 나올 확률은?

① $\frac{2}{21}$ ② $\frac{5}{42}$ ③ $\frac{1}{7}$

④ $\frac{1}{6}$ ⑤ $\frac{4}{21}$

0228 교육청 변형

○, △, ☆이 하나씩 그려진 카드가 각각 3장씩 9장이 있다. 9장의 카드 중에서 임의로 3장의 카드를 선택할 때, 같은 모양이 그려진 카드가 2장 이상 나올 확률은?

① $\frac{19}{28}$ ② $\frac{5}{7}$ ③ $\frac{3}{4}$

④ $\frac{11}{14}$ ⑤ $\frac{23}{28}$

0229

1부터 9까지의 자연수가 하나씩 적혀 있는 9개의 공이 들어 있는 주머니에서 임의로 5개의 공을 동시에 꺼낼 때, 짝수가 적혀 있는 공이 홀수가 적혀 있는 공보다 더 많이 나올 확률은?

① $\frac{1}{4}$ ② $\frac{9}{28}$ ③ $\frac{5}{14}$

④ $\frac{11}{28}$ ⑤ $\frac{3}{7}$

0230

숫자 1, 1, 2, 2, 3, 3, 4, 5, 5가 하나씩 적혀 있는 9개의 공이 들어 있는 주머니에서 임의로 2개의 공을 동시에 꺼낼 때, 꺼낸 공에 적혀 있는 수의 최댓값이 3 또는 5일 확률은?

① $\frac{7}{12}$ ② $\frac{2}{3}$ ③ $\frac{3}{4}$

④ $\frac{5}{6}$ ⑤ $\frac{11}{12}$

0231 수능 변형

4개의 당첨 제비를 포함하여 12개의 제비가 들어 있는 주머니에서 임의로 3개의 제비를 동시에 꺼낼 때, 적어도 한 개는 당첨 제비가 나올 확률은?

① $\dfrac{8}{11}$

② $\dfrac{41}{55}$

③ $\dfrac{42}{55}$

④ $\dfrac{43}{55}$

⑤ $\dfrac{4}{5}$

0232

수지, 미라, 지현이를 포함한 8명의 학생 중에서 임의로 3명을 뽑을 때, 수지, 미라, 지현이 중에서 적어도 한 명이 뽑힐 확률은 $\dfrac{q}{p}$이다. $p+q$의 값을 구하시오.

(단, p와 q는 서로소인 자연수이다.)

0233

A, B, C를 포함한 9명을 일렬로 임의로 세울 때, A, B, C 중에서 적어도 2명은 서로 이웃할 확률은?

① $\dfrac{5}{12}$

② $\dfrac{1}{2}$

③ $\dfrac{7}{12}$

④ $\dfrac{2}{3}$

⑤ $\dfrac{3}{4}$

0234

빨간색 색연필과 파란색 색연필을 합하여 12자루의 색연필이 들어 있는 상자에서 임의로 2자루의 색연필을 동시에 꺼낼 때, 적어도 한 자루는 빨간색 색연필이 나올 확률이 $\dfrac{19}{33}$이다. 이 상자에는 빨간색 색연필이 몇 자루 들어 있는지 구하시오.

0235

A, B, C, D 네 학생이 이번 주 월요일, 화요일, 수요일, 목요일, 금요일 중 임의로 하루를 택해 서점에 가려고 한다. A, B, C, D의 네 학생 중 적어도 두 학생은 같은 요일에 서점에 갈 확률은?

① $\dfrac{101}{125}$

② $\dfrac{102}{125}$

③ $\dfrac{103}{125}$

④ $\dfrac{104}{125}$

⑤ $\dfrac{21}{25}$

0236

한 개의 주사위를 두 번 던져서 나온 두 눈의 수의 합이 4 이상일 확률은?

① $\dfrac{7}{12}$

② $\dfrac{2}{3}$

③ $\dfrac{3}{4}$

④ $\dfrac{5}{6}$

⑤ $\dfrac{11}{12}$

0237

네 개의 숫자 1, 2, 3, 4 중에서 서로 다른 세 숫자를 임의로 택하여 세 자리 자연수를 만들 때, 230 이상일 확률은?

① $\dfrac{7}{12}$ ② $\dfrac{5}{8}$ ③ $\dfrac{2}{3}$

④ $\dfrac{17}{24}$ ⑤ $\dfrac{3}{4}$

0238

흰 공 4개, 빨간 공 4개, 파란 공 4개가 들어 있는 주머니에서 임의로 3개의 공을 동시에 꺼낼 때, 꺼낸 공 중에 같은 색의 공이 2개 이하일 확률은?

① $\dfrac{49}{55}$ ② $\dfrac{10}{11}$ ③ $\dfrac{51}{55}$

④ $\dfrac{52}{55}$ ⑤ $\dfrac{53}{55}$

0239

남학생 4명, 여학생 3명을 일렬로 임의로 세울 때, 남학생이 2명 이상 이웃하여 서게 될 확률은?

① $\dfrac{34}{35}$ ② $\dfrac{31}{35}$ ③ $\dfrac{4}{5}$

④ $\dfrac{5}{7}$ ⑤ $\dfrac{22}{35}$

0240 수능 변형

1부터 12까지의 자연수가 하나씩 적혀 있는 12개의 공이 들어 있는 주머니에서 임의로 4개의 공을 동시에 꺼낼 때, 꺼낸 공에 적혀 있는 네 수의 최솟값이 5 이하이거나 8 이상일 확률은 $\dfrac{q}{p}$이다. $p+q$의 값을 구하시오.

(단, p와 q는 서로소인 자연수이다.)

유형 19 여사건의 확률 – '아닌'의 조건이 있는 경우

0241

각 면에 1부터 4까지의 자연수가 하나씩 적혀 있는 정사면체 모양의 주사위가 있다. 이 주사위를 두 번 던질 때, 바닥에 닿은 면에 적혀 있는 두 수가 서로 다를 확률은?

① $\dfrac{5}{8}$ ② $\dfrac{11}{16}$ ③ $\dfrac{3}{4}$

④ $\dfrac{13}{16}$ ⑤ $\dfrac{7}{8}$

0242

A, B를 포함한 6명의 학생이 임의로 순서를 정하여 신체검사를 받을 때, A, B가 연이어서 신체검사를 받지 않을 확률은?

① $\dfrac{1}{6}$ ② $\dfrac{1}{3}$ ③ $\dfrac{1}{2}$

④ $\dfrac{2}{3}$ ⑤ $\dfrac{5}{6}$

0243 수능 변형

숫자 1, 2, 3이 하나씩 적혀 있는 주황색 카드 3장과 숫자 4, 5가 하나씩 적혀 있는 녹색 카드 2장, 숫자 6, 7이 하나씩 적혀 있는 하늘색 카드 2장이 있다. 이 7장의 카드를 일렬로 임의로 나열할 때, 같은 색의 카드끼리 이웃하지 않게 나열될 확률은?

① $\dfrac{34}{35}$ ② $\dfrac{33}{35}$ ③ $\dfrac{32}{35}$

④ $\dfrac{31}{35}$ ⑤ $\dfrac{6}{7}$

유형 20 여사건의 확률 – 여사건이 더 간단한 경우

0244 교육청 변형

한 개의 주사위를 세 번 던져서 나오는 눈의 수를 차례로 a, b, c라 할 때, abc의 값이 짝수일 확률은?

① $\dfrac{3}{8}$ ② $\dfrac{1}{2}$ ③ $\dfrac{5}{8}$

④ $\dfrac{3}{4}$ ⑤ $\dfrac{7}{8}$

0245

어느 학교의 육상부는 달리기 선수 5명, 높이뛰기 선수 3명, 멀리뛰기 선수 3명으로 구성되어 있다. 이 중에서 임의로 3명을 뽑을 때, 뽑은 3명 중에서 어떤 두 선수가 같은 종목의 선수일 확률은?

① $\dfrac{8}{11}$ ② $\dfrac{17}{22}$ ③ $\dfrac{9}{11}$

④ $\dfrac{19}{22}$ ⑤ $\dfrac{10}{11}$

0246

그림과 같이 한 변의 길이가 1인 정사각형 9개를 연결하여 만든 도형이 있다. 16개의 점 중에서 임의로 서로 다른 두 점을 택하여 연결한 선분의 길이가 무리수일 확률은?

① $\dfrac{1}{5}$ ② $\dfrac{3}{10}$ ③ $\dfrac{2}{5}$

④ $\dfrac{1}{2}$ ⑤ $\dfrac{3}{5}$

0247

1부터 8까지의 자연수가 하나씩 적혀 있는 8개의 공이 들어 있는 주머니에서 임의로 한 개의 공을 꺼내어 공에 적혀 있는 숫자를 확인하고 다시 넣는 시행을 3번 반복한다. 이때 나온 수를 차례로 a, b, c라 할 때,

$$(a-b)^2+(b-c)^2+(c-a)^2>0$$

일 확률은 $\dfrac{q}{p}$이다. $p+q$의 값을 구하시오.

(단, p와 q는 서로소인 자연수이다.)

0248 [평가원] [변형]

두 사건 A와 B는 서로 배반사건이고

$$P(A^c) = \frac{2}{3},\ P(A^c \cap B^c) = \frac{1}{4}$$

일 때, $P(B)$의 값은?

① $\frac{1}{3}$ 　② $\frac{5}{12}$ 　③ $\frac{1}{2}$

④ $\frac{7}{12}$ 　⑤ $\frac{2}{3}$

0249 [수능] [변형]

문자 A, L, M, O, N, D가 하나씩 적혀 있는 6장의 카드와 숫자 1, 2, 3, 4가 하나씩 적혀 있는 4장의 카드가 있다. 이 10장의 카드를 모두 한 번씩 사용하여 일렬로 임의로 나열할 때, 숫자 2가 적혀 있는 카드의 바로 양 옆에 각각 모음이 적혀 있는 카드가 놓일 확률은 $\frac{q}{p}$이다. $p+q$의 값을 구하시오. (단, p와 q는 서로소인 자연수이다.)

0250 [평가원] [기출]

한 개의 주사위를 네 번 던질 때 나오는 눈의 수를 차례로 a, b, c, d라 하자. 네 수 a, b, c, d의 곱 $a \times b \times c \times d$가 12일 확률은?

① $\frac{1}{36}$ 　② $\frac{5}{72}$ 　③ $\frac{1}{9}$

④ $\frac{11}{72}$ 　⑤ $\frac{7}{36}$

0251 [평가원] [기출]

세 학생 A, B, C를 포함한 7명의 학생이 원 모양의 탁자에 일정한 간격을 두고 임의로 둘러앉을 때, A가 B 또는 C와 이웃하게 될 확률은?

① $\frac{1}{2}$ 　② $\frac{3}{5}$ 　③ $\frac{7}{10}$

④ $\frac{4}{5}$ 　⑤ $\frac{9}{10}$

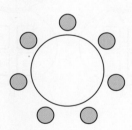

03 확률의 뜻과 활용

0252 (평가원 변형)

1부터 8까지의 자연수가 하나씩 적혀 있는 8개의 공이 들어 있는 주머니가 있다. 이 주머니에서 임의로 2개의 공을 동시에 꺼낼 때, 꺼낸 공에 적혀 있는 두 수 중에서 큰 수를 a, 작은 수를 b라 하자. 이차함수 $f(x)=x^2-8x+12$에 대하여 $f(a)f(b)<0$이 성립할 확률은?

① $\dfrac{1}{4}$ ② $\dfrac{2}{7}$ ③ $\dfrac{9}{28}$

④ $\dfrac{5}{14}$ ⑤ $\dfrac{11}{28}$

0253 (수능 기출)

두 주머니 A와 B에는 숫자 1, 2, 3, 4가 하나씩 적혀 있는 4장의 카드가 각각 들어 있다. 갑은 주머니 A에서, 을은 주머니 B에서 각자 임의로 두 장의 카드를 꺼내어 가진다. 갑이 가진 두 장의 카드에 적힌 수의 합과 을이 가진 두 장의 카드에 적힌 수의 합이 같을 확률은 $\dfrac{q}{p}$이다. $p+q$의 값을 구하시오. (단, p와 q는 서로소인 자연수이다.)

 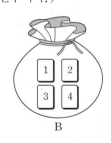

A   B

0254 (평가원 변형)

방정식 $x+y+z=12$를 만족시키는 자연수 x, y, z의 모든 순서쌍 (x, y, z) 중에서 임의로 한 개를 선택할 때, $(x+y)(y+z)$의 값이 짝수일 확률은?

① $\dfrac{13}{22}$ ② $\dfrac{7}{11}$ ③ $\dfrac{15}{22}$

④ $\dfrac{8}{11}$ ⑤ $\dfrac{17}{22}$

0255 (평가원 변형)

두 집합 $X=\{a, b, c\}$, $Y=\{1, 2, 3, 4\}$에 대하여 X에서 Y로의 모든 함수 f 중에서 임의로 하나를 택할 때, f가 다음 조건을 만족시킬 확률은?

$f(a)+f(b)\neq3$이거나 치역이 $\{1, 2, 3\}$이다.

① $\dfrac{25}{32}$ ② $\dfrac{13}{16}$ ③ $\dfrac{27}{32}$

④ $\dfrac{7}{8}$ ⑤ $\dfrac{29}{32}$

0256 평가원 기출

주머니에 1, 1, 2, 3, 4의 숫자가 하나씩 적혀 있는 5개의 공이 들어 있다. 이 주머니에서 임의로 4개의 공을 동시에 꺼내어 임의로 일렬로 나열하고, 나열된 순서대로 공에 적혀 있는 수를 a, b, c, d라 할 때, $a \le b \le c \le d$일 확률은?

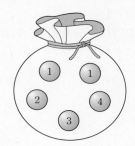

① $\dfrac{1}{15}$　　② $\dfrac{1}{12}$　　③ $\dfrac{1}{9}$

④ $\dfrac{1}{6}$　　⑤ $\dfrac{1}{3}$

0258 평가원 기출

집합 $X = \{1, 2, 3, 4\}$의 공집합이 아닌 모든 부분집합 15개 중에서 임의로 서로 다른 세 부분집합을 뽑아 임의로 일렬로 나열하고, 나열된 순서대로 A, B, C라 할 때, $A \subset B \subset C$일 확률은?

① $\dfrac{1}{91}$　　② $\dfrac{2}{91}$　　③ $\dfrac{3}{91}$

④ $\dfrac{4}{91}$　　⑤ $\dfrac{5}{91}$

0259 평가원 변형

1부터 14까지의 자연수가 하나씩 적혀 있는 14장의 카드가 들어 있는 주머니에서 임의로 3장의 카드를 동시에 꺼낼 때, 카드에 적혀 있는 세 수의 곱이 7의 배수이고 합은 짝수일 확률이 $\dfrac{q}{p}$이다. $p+q$의 값을 구하시오.

(단, p와 q는 서로소인 자연수이다.)

0257 교육청 기출

집합 $\{x \mid x$는 10 이하의 자연수$\}$의 원소의 개수가 4인 부분집합 중 임의로 하나의 집합을 택하여 X라 할 때, 집합 X가 다음 조건을 만족시킬 확률은?

> 집합 X의 서로 다른 세 원소의 합은 항상 3의 배수가 아니다.

① $\dfrac{3}{14}$　　② $\dfrac{2}{7}$　　③ $\dfrac{5}{14}$

④ $\dfrac{3}{7}$　　⑤ $\dfrac{1}{2}$

유형 01 조건부확률의 계산

0260

두 사건 A, B에 대하여

$$P(A) = \frac{1}{4}, P(B) = \frac{1}{2}, P(A \cup B) = \frac{2}{3}$$

일 때, $P(B|A)$의 값은?

① $\frac{1}{6}$　　　② $\frac{1}{4}$　　　③ $\frac{1}{3}$

④ $\frac{5}{12}$　　　⑤ $\frac{1}{2}$

0261

두 사건 A, B에 대하여

$$P(A^C|B) = \frac{1}{2}P(A|B), P(A^C \cap B) = \frac{5}{18}$$

일 때, $P(A \cap B)$의 값을 구하시오.

0262 평가원 변형

두 사건 A, B에 대하여

$$P(A \cup B) = \frac{4}{5}, P(A \cap B) = \frac{1}{20},$$

$$P(A|B) = 2P(B|A)$$

일 때, $P(A)$의 값은?

① $\frac{17}{30}$　　　② $\frac{3}{5}$　　　③ $\frac{19}{30}$

④ $\frac{2}{3}$　　　⑤ $\frac{7}{10}$

0263

두 사건 A, B에 대하여

$$P(A) = 0.4, P(B|A) = 0.3, P(A|B^C) = 0.7$$

일 때, $P(B)$의 값은?

① 0.2　　　② 0.3　　　③ 0.4

④ 0.5　　　⑤ 0.6

유형 02 조건부확률 - 표가 주어진 경우

0264 평가원 변형

어느 학교 동아리 회원 30명을 대상으로 학년과 성별을 조사한 결과는 다음과 같다.

(단위: 명)

구분	남학생	여학생	합계
1학년	9	7	16
2학년	6	8	14
합계	15	15	30

이 동아리의 학생 중 임의로 선택한 한 명이 2학년일 때, 이 학생이 여학생일 확률은?

① $\frac{5}{14}$　　　② $\frac{3}{7}$　　　③ $\frac{1}{2}$

④ $\frac{4}{7}$　　　⑤ $\frac{9}{14}$

0265

어느 회사 직원 100명을 대상으로 구내식당에 대한 만족도를 조사한 결과는 오른쪽과 같다. 조사 대상 중에서 임의로 선택한 한 명이 구내식당에 만족하는 직원일 때, 그 직원이 남성일 확률은?

(단위: 명)

구분	남성	여성
만족	36	32
불만족	14	18

① $\dfrac{9}{17}$ ② $\dfrac{19}{34}$ ③ $\dfrac{10}{17}$

④ $\dfrac{21}{34}$ ⑤ $\dfrac{11}{17}$

0266

어느 고등학교에서는 2학년 학생을 대상으로 봄 소풍 장소에 대한 선호도를 조사하였다. 조사에 참여한 학생은 놀이공원과 자연생태공원 중 반드시 하나를 선택하였고 그 결과는 다음과 같다.

(단위: 명)

구분	놀이공원	자연생태공원
남학생	x	30
여학생	65	40

조사 대상 중에서 임의로 선택한 한 명이 남학생일 때, 그 학생이 놀이공원을 선호하는 학생일 확률은 $\dfrac{3}{4}$이다. x의 값은?

① 86 ② 88 ③ 90

④ 92 ⑤ 94

0267

어느 해의 취업박람회에 참가한 A 기업에서 취업박람회 기간 동안 A 기업의 부스를 방문한 사람을 조사한 결과는 다음과 같다.

(단위: 명)

구분	20대	30대	40대	50대	합계
남성	120	a	45	$135-a$	300
여성	90	$76-b$	b	14	180

A 기업의 부스를 방문한 480명 중에서 30대가 차지하는 비율은 30 %이고, A 기업의 부스를 방문한 480명 중에서 임의로 선택한 한 명이 남성일 때 그 사람이 30대일 확률은 A 기업의 부스를 방문한 480명 중에서 임의로 선택한 한 명이 여성일 때 그 사람이 40대일 확률의 3배이다. $a+b$의 값을 구하시오.

유형 03 조건부확률 – 표로 나타내는 경우

0268

어느 지역에서는 지역 주민들에게 쓰레기 처리장 건립에 대한 설문 조사를 하였다. 남성 응답자 1800명의 $\dfrac{2}{3}$와 여성 응답자 2400명의 $\dfrac{4}{5}$가 쓰레기 처리장 건립에 반대하였다. 전체 응답자 중에서 임의로 선택한 한 명이 쓰레기 처리장 건립에 찬성한 사람일 때, 그 사람이 여성일 확률은? (단, 모든 응답자는 찬성과 반대 중에서 하나를 선택하였다.)

① $\dfrac{1}{3}$ ② $\dfrac{10}{27}$ ③ $\dfrac{11}{27}$

④ $\dfrac{4}{9}$ ⑤ $\dfrac{13}{27}$

0269

어느 고등학교 전체 학생의 55 %는 남학생이다. 지하철을 이용하여 등교하는 남학생은 전체 학생의 40 %이고, 여학생의 20 %가 지하철을 이용하여 등교한다고 한다. 이 고등학교의 학생 중 임의로 선택한 한 명이 지하철을 이용하여 등교하는 학생일 때, 이 학생이 남학생일 확률은 $\dfrac{q}{p}$이다. $p+q$의 값을 구하시오. (단, p와 q는 서로소인 자연수이다.)

0270

어느 회사에서 판매하는 청소기는 두 공장 A, B에서 생산한다. A 공장과 B 공장에서 생산하는 청소기의 비율은 3 : 5이고, A 공장에서 생산한 청소기 중 2 %가 불량품이고, B 공장에서 생산한 청소기 중 5 %가 불량품이다. 두 공장 A, B에서 생산한 청소기 중 임의로 선택한 하나가 불량품일 때, 그 제품이 A 공장에서 생산한 청소기일 확률은?

① $\dfrac{4}{31}$　　　　② $\dfrac{5}{31}$　　　　③ $\dfrac{6}{31}$

④ $\dfrac{7}{31}$　　　　⑤ $\dfrac{8}{31}$

0271 평가원 변형

1학년 20명, 2학년 15명으로 이루어진 합창 동아리가 있다. 이 합창단의 60 %가 여학생이고, 나머지 40 %는 남학생이다. 이 합창 동아리의 학생 중 임의로 선택한 한 명이 1학년 남학생일 확률은 $\dfrac{1}{5}$이다. 이 합창 동아리의 학생 중 임의로 선택한 한 명이 2학년일 때, 그 학생이 여학생일 확률은?

① $\dfrac{2}{5}$　　　　② $\dfrac{7}{15}$　　　　③ $\dfrac{8}{15}$

④ $\dfrac{3}{5}$　　　　⑤ $\dfrac{2}{3}$

0272

어느 볼링 동호회의 회원은 모두 80명이고, 각 회원은 두 지역 P, Q 중 한 지역에 산다. P 지역에 사는 회원은 50명, Q 지역에 사는 회원은 30명이고, P 지역에 사는 회원 중 40 %가 여성 회원이고, 이 볼링 동호회의 여성 회원의 50 %가 Q 지역에 산다. 이 볼링 동호회 회원 중 임의로 선택한 한 명이 Q 지역에 사는 회원일 때, 이 회원이 남성일 확률은 $\dfrac{q}{p}$이다. $p+q$의 값을 구하시오. (단, p와 q는 서로소인 자연수이다.)

유형 04 조건부확률 – 경우의 수를 이용하는 경우

0273

한 개의 주사위를 던져서 나온 눈의 수가 짝수일 때, 그 눈의 수가 3의 배수일 확률은?

① $\dfrac{1}{6}$ ② $\dfrac{1}{3}$ ③ $\dfrac{1}{2}$

④ $\dfrac{2}{3}$ ⑤ $\dfrac{5}{6}$

0274

1부터 15까지의 자연수가 하나씩 적혀 있는 15장의 카드가 들어 있는 상자에서 임의로 꺼낸 한 장의 카드에 적혀 있는 수가 15의 약수일 때, 그 카드에 적혀 있는 수가 3의 배수일 확률을 구하시오.

0275

1부터 8까지의 자연수가 하나씩 적혀 있는 흰 공 8개와 1부터 7까지의 자연수가 하나씩 적혀 있는 노란 공 7개가 들어 있는 주머니에서 임의로 한 개의 공을 꺼낸다. 꺼낸 공에 적혀 있는 수가 짝수일 때, 그 공이 노란 공일 확률은?

① $\dfrac{1}{7}$ ② $\dfrac{4}{21}$ ③ $\dfrac{5}{21}$

④ $\dfrac{3}{7}$ ⑤ $\dfrac{1}{3}$

0276 교육청 변형

서로 다른 두 개의 주사위를 동시에 던져서 나온 두 눈의 수의 합이 7 이하일 때, 두 눈의 수가 모두 짝수일 확률은?

① $\dfrac{1}{14}$ ② $\dfrac{1}{7}$ ③ $\dfrac{3}{14}$

④ $\dfrac{2}{7}$ ⑤ $\dfrac{5}{14}$

0277

1부터 8까지의 자연수가 하나씩 적혀 있는 카드 8장이 들어 있는 주머니를 이용하여 A, B 두 사람이 다음과 같은 게임을 한다.

> ㈎ A가 임의로 한 장의 카드를 꺼내어 숫자를 확인하고 다시 주머니에 넣은 후 B가 임의로 한 장의 카드를 꺼낸다.
> ㈏ 더 큰 수가 적혀 있는 카드를 꺼낸 사람이 이긴다.

A가 꺼낸 카드에 적혀 있는 수가 8의 약수일 때, A가 이길 확률은?
  (단, 같은 수가 적힌 카드를 꺼내면 이기는 사람은 없다.)

① $\dfrac{7}{32}$ ② $\dfrac{1}{4}$ ③ $\dfrac{9}{32}$

④ $\dfrac{5}{16}$ ⑤ $\dfrac{11}{32}$

0278 교육청 변형

김밥 5종류와 국수 3종류를 판매하는 분식집에서 나경이와 은재가 각각 한 가지씩 주문하려고 한다. 나경이와 은재가 주문한 것이 서로 다를 때, 한 사람은 김밥을, 다른 한 사람은 국수를 주문했을 확률은?

① $\dfrac{13}{28}$ ② $\dfrac{1}{2}$ ③ $\dfrac{15}{28}$

④ $\dfrac{4}{7}$ ⑤ $\dfrac{17}{28}$

0279

1등 당첨 제비 1개와 2등 당첨 제비 3개를 포함하여 10개의 제비가 들어 있는 주머니에서 임의로 2개의 제비를 동시에 뽑는다. 임의로 뽑은 2개의 제비 중 하나가 당첨 제비일 때, 그것이 1등 당첨 제비일 확률은 $\dfrac{q}{p}$이다. $p+q$의 값을 구하시오. (단, p와 q는 서로소인 자연수이다.)

0280

흰 공 4개, 검은 공 3개가 들어 있는 주머니에서 임의로 3개의 공을 동시에 꺼낼 때, 꺼낸 흰 공과 검은 공의 개수를 각각 a, b라 하자. $a>b$일 때, $b=1$일 확률은?

① $\dfrac{17}{22}$ ② $\dfrac{9}{11}$

③ $\dfrac{19}{22}$ ④ $\dfrac{10}{11}$

⑤ $\dfrac{21}{22}$

0281

미수, 진영, 현수, 수용이를 포함한 7명의 학생을 임의로 일렬로 세우려고 한다. 미수와 진영이가 이웃하여 설 때, 현수와 수용이는 이웃하지 않을 확률을 구하시오.

0282

네 개의 숫자 1, 2, 3, 4에서 중복을 허락하여 3개를 임의로 택해 세 자리 자연수를 만든다. 각 자리의 수의 곱이 짝수일 때, 이 수가 244보다 클 확률은?

① $\dfrac{7}{16}$ ② $\dfrac{1}{2}$ ③ $\dfrac{9}{16}$

④ $\dfrac{5}{8}$ ⑤ $\dfrac{11}{16}$

0283

흰 공 60개와 빨간 공 40개가 들어 있는 상자가 있다. 각 공에는 짝수 또는 홀수가 적혀 있고 흰 공의 30 %에는 짝수가 적혀 있다. 이 상자에서 임의로 꺼낸 한 개의 공에 적혀 있는 수가 홀수일 때, 이 공이 빨간색일 확률은 $\frac{1}{3}$이다. 이 상자에서 임의로 동시에 꺼낸 2개의 공에 적혀 있는 수의 합이 짝수일 때, 그 2개의 공이 흰색일 확률은?

① $\frac{329}{873}$　　　② $\frac{332}{873}$　　　③ $\frac{335}{873}$

④ $\frac{338}{873}$　　　⑤ $\frac{341}{873}$

0285

당첨 제비 n개를 포함하여 10개의 제비가 들어 있는 주머니에서 두 사람 A, B가 차례대로 제비를 임의로 한 개씩 뽑을 때, 두 사람 모두 당첨 제비를 뽑을 확률은 $\frac{1}{15}$이다. n의 값을 구하시오. (단, 뽑은 제비는 다시 넣지 않는다.)

0286

당첨 제비 4개를 포함하여 15개의 제비가 들어 있는 주머니에서 임의로 제비를 한 개씩 뽑을 때, 당첨 제비 4개를 모두 뽑으면 뽑는 일을 중단한다. 8번째에서 뽑는 것을 중단할 확률은? (단, 뽑은 제비는 다시 넣지 않는다.)

① $\frac{1}{39}$　　　② $\frac{2}{39}$　　　③ $\frac{1}{13}$

④ $\frac{4}{39}$　　　⑤ $\frac{5}{39}$

유형 06　**확률의 곱셈정리**

0284 교육청 변형

흰 공 6개와 검은 공 5개가 들어 있는 주머니에서 주영이와 승원이가 차례대로 공을 임의로 한 개씩 꺼낼 때, 주영이는 흰 공을, 승원이는 검은 공을 꺼낼 확률은?

(단, 꺼낸 공은 다시 넣지 않는다.)

① $\frac{3}{22}$　　　② $\frac{2}{11}$　　　③ $\frac{5}{22}$

④ $\frac{3}{11}$　　　⑤ $\frac{7}{22}$

0287

빨간 공과 파란 공을 합하여 12개가 들어 있는 주머니에서 수아와 도윤이가 차례대로 공을 임의로 한 개씩 꺼낼 때, 두 사람이 서로 다른 색의 공을 꺼낼 확률은 $\frac{16}{33}$이다. 처음에 주머니 속에 들어 있던 빨간 공의 개수는? (단, 꺼낸 공은 다시 넣지 않고, 빨간 공이 파란 공보다 더 적게 들어 있다.)

① 1　　　② 2　　　③ 3

④ 4　　　⑤ 5

0288

흰 공 4개와 검은 공 6개가 들어 있는 주머니에서 두 사람 A, B가 차례대로 한 개의 공을 임의로 꺼낼 때, B가 검은 공을 꺼낼 확률은? (단, 꺼낸 공은 다시 넣지 않는다.)

① $\dfrac{2}{5}$ 　　② $\dfrac{7}{15}$ 　　③ $\dfrac{8}{15}$

④ $\dfrac{3}{5}$ 　　⑤ $\dfrac{2}{3}$

0289

어느 날 A 분식점을 방문한 학생은 남학생이 30명, 여학생이 50명이고, 방문한 남학생 중 50 %, 여학생 중 60 %가 김밥을 주문하였다. 이날 A 분식점을 방문한 학생 80명 중에서 임의로 한 명을 선택할 때, 이 학생이 김밥을 주문한 학생일 확률을 구하시오.

0290

어느 공장에서는 A, B 두 제품만을 생산한다. 제품 A의 생산량은 전체 생산량의 70 %이고, 생산된 제품 A 중 3 %와 생산된 제품 B 중 5 %가 불량품이었다. 이 공장에서 생산된 제품 중에서 임의로 선택한 한 제품이 불량품일 확률은 $\dfrac{q}{p}$이다. $p+q$의 값을 구하시오. (단, p와 q는 서로소인 자연수이다.)

0291　교육청 변형

주머니 A에는 흰 바둑돌 3개, 검은 바둑돌 5개가 들어 있고, 주머니 B에는 흰 바둑돌 4개, 검은 바둑돌 6개가 들어 있다. 두 주머니 A, B와 서로 다른 두 개의 주사위를 사용하여 다음 시행을 한다.

> 서로 다른 두 개의 주사위를 동시에 던져
> 서로 같은 눈의 수가 나오면
> 주머니 A에서 임의로 3개의 바둑돌을 동시에 꺼내고,
> 서로 다른 눈의 수가 나오면
> 주머니 B에서 임의로 3개의 바둑돌을 동시에 꺼낸다.

이 시행을 한 번 하여 주머니에서 동시에 꺼낸 3개의 바둑돌이 모두 같은 색일 확률은?

① $\dfrac{61}{336}$ 　　② $\dfrac{3}{16}$ 　　③ $\dfrac{65}{336}$

④ $\dfrac{67}{336}$ 　　⑤ $\dfrac{23}{112}$

0292

상자 A에는 홀수가 적혀 있는 공 6개, 짝수가 적혀 있는 공 8개가 들어 있고, 상자 B에는 짝수 또는 홀수가 적혀 있는 공 8개가 들어 있다. 상자 A에서 임의로 한 개의 공을 꺼내어 상자 B에 넣고 잘 섞은 후, 상자 B에서 임의로 2개의 공을 동시에 꺼낼 때, 두 공에 적혀 있는 수의 합이 짝수일 확률은 $\dfrac{10}{21}$이다. 처음에 상자 B에 들어 있던 짝수가 적혀 있는 공의 개수를 구하시오.

유형 08 확률의 곱셈정리를 이용한 조건부확률

0293

3개의 당첨 제비를 포함하여 12개의 제비가 들어 있는 주머니에서 수민이와 주영이가 차례대로 한 개의 제비를 임의로 뽑는다. 주영이가 당첨 제비를 뽑았을 때, 수민이도 당첨 제비를 뽑았을 확률은? (단, 뽑은 제비는 다시 넣지 않는다.)

① $\dfrac{1}{11}$ ② $\dfrac{2}{11}$ ③ $\dfrac{3}{11}$

④ $\dfrac{4}{11}$ ⑤ $\dfrac{5}{11}$

0294 교육청 변형

주머니 A에는 흰 바둑돌 15개, 검은 바둑돌 10개가 들어 있고, 주머니 B에는 흰 바둑돌 12개, 검은 바둑돌 13개가 들어 있다. 두 주머니 A, B 중 임의로 택한 한 개의 주머니에서 임의로 한 개의 바둑돌을 꺼내는 시행을 한다. 이 시행에서 꺼낸 바둑돌이 검은 바둑돌일 때, 이 바둑돌이 주머니 B에서 꺼낸 바둑돌일 확률은?

① $\dfrac{12}{23}$ ② $\dfrac{25}{46}$ ③ $\dfrac{13}{23}$

④ $\dfrac{27}{46}$ ⑤ $\dfrac{14}{23}$

0295

어느 회사에 지원서를 접수한 남성과 여성의 비율은 5 : 3이고 남성 지원자의 70 %와 여성 지원자의 50 %가 1차 서류 심사에 합격하였다. 이 회사에 지원서를 낸 사람 중 임의로 선택한 한 명이 1차 서류 심사에 합격한 사람일 때, 이 사람이 여성일 확률은 $\dfrac{q}{p}$이다. $p+q$의 값을 구하시오.

(단, p와 q는 서로소인 자연수이다.)

0296

A, B, C 세 제품만을 생산하는 어느 공장에서 제품 A, B, C의 생산량은 각각 전체 생산량의 40 %, 40 %, 20 %이고, 생산한 제품 A, B, C 중 각각 5 %, 3 %, 4 %가 불량품이다. 이 공장에서 생산한 제품 중에서 임의로 택한 한 제품이 불량품일 때, 그것이 제품 A일 확률은?

① $\dfrac{12}{25}$ ② $\dfrac{1}{2}$ ③ $\dfrac{13}{25}$

④ $\dfrac{27}{50}$ ⑤ $\dfrac{14}{25}$

0297

세현이와 가인이가 주사위와 동전을 사용하여 다음 시행을 한다.

> 세현이가 한 개의 주사위를 던져서 나온 눈의 수가
> 6의 약수이면 가인이는 2개의 동전을 동시에 던지고,
> 6의 약수가 아니면 가인이는 3개의 동전을 동시에 던진다.

이 시행을 한 번 하여 가인이가 던져서 나온 동전의 앞면이 1개일 때, 세현이가 주사위를 던져서 나온 눈의 수가 6의 약수일 확률은?

① $\dfrac{6}{11}$ ② $\dfrac{13}{22}$ ③ $\dfrac{7}{11}$

④ $\dfrac{15}{22}$ ⑤ $\dfrac{8}{11}$

유형 09 사건의 독립과 종속의 판정

0298

표본공간 $S=\{x \,|\, x$는 20 이하의 자연수$\}$에 대하여 사건 A가 $A=\{x \,|\, x$는 4의 배수$\}$일 때, 보기에서 사건 A와 서로 독립인 사건만을 있는 대로 고른 것은?

(단, B, C, D, E는 모두 S의 사건이다.)

┌ 보기 ────────────────────────
│ ㄱ. $B=\{x \,|\, x$는 20의 약수$\}$ ㄴ. $C=\{x \,|\, x$는 5의 배수$\}$
│ ㄷ. $D=\{x \,|\, x$는 소수$\}$ ㄹ. $E=\{x \,|\, x$는 36의 약수$\}$
└──────────────────────────────

① ㄱ, ㄴ ② ㄱ, ㄷ ③ ㄴ, ㄷ

④ ㄴ, ㄹ ⑤ ㄷ, ㄹ

0299

두 사건 A, B에 대하여

$$P(A^C)=\frac{2}{7}, \ P(B^C)=\frac{1}{3}, \ P(A \cup B)=\frac{6}{7}$$

일 때, 두 사건 A, B는 서로 독립인지 종속인지 말하시오.

0300

25명으로 이루어진 어느 독서 동호회에서 각 회원은 소설, 에세이 중 반드시 하나를 선택하여 읽기로 하였다. 각 회원이 선

(단위: 명)

구분	소설	에세이
남성	8	2
여성	12	3

택한 내용을 정리하면 오른쪽과 같다. 이 독서 동호회의 회원 중 임의로 뽑은 한 명이 남성인 사건을 A, 소설을 선택한 회원인 사건을 B라 할 때, 다음 중 옳지 <u>않은</u> 것은?

① $P(A)=\dfrac{2}{5}$

② $P(A \,|\, B)=\dfrac{2}{5}$

③ $P(B \,|\, A^C)=\dfrac{5}{7}$

④ 두 사건 A, B는 서로 독립이다.

⑤ 두 사건 A, B^C은 서로 독립이다.

유형 10 사건의 독립과 종속의 성질

0301

다음은 두 사건 A, B가 서로 독립일 때, 두 사건 A^c, B^c도 서로 독립임을 보이는 과정이다.

(단, $0<\mathrm{P}(A)<1$, $0<\mathrm{P}(B)<1$)

두 사건 A, B가 서로 독립이므로

$\mathrm{P}(A\cap B)=$ [(가)]

이때 $A^c\cap B^c=($ [(나)] $)^c$이므로

$\mathrm{P}(A^c\cap B^c)=1-\mathrm{P}($ [(나)] $)$

$=1-\{\mathrm{P}($ [(다)] $)+\mathrm{P}(B)-\mathrm{P}(A\cap B)\}$

$=1-\mathrm{P}(A)-\mathrm{P}(B)+$ [(가)]

$=\{1-\mathrm{P}(A)\}\{1-\mathrm{P}(B)\}$

$=\mathrm{P}(A^c)\mathrm{P}(B^c)$

따라서 두 사건 A^c, B^c은 서로 독립이다.

위의 과정에서 (가), (나), (다)에 알맞은 것은?

	(가)	(나)	(다)
①	$\mathrm{P}(A)\mathrm{P}(B)$	$A\cap B$	A
②	$\mathrm{P}(A)\mathrm{P}(B)$	$A\cup B$	A^c
③	$\mathrm{P}(A)\mathrm{P}(B)$	$A\cup B$	A
④	$\mathrm{P}(A\,|\,B)$	$A^c\cap B$	A
⑤	$\mathrm{P}(B\,|\,A^c)$	$A\cup B$	A^c

0302

확률이 0이 아닌 두 사건 A, B가 서로 독립일 때, 보기에서 옳은 것만을 있는 대로 고른 것은?

> **보기**
> ㄱ. $\mathrm{P}(A\,|\,B)=\mathrm{P}(A\,|\,B^c)$
> ㄴ. $\mathrm{P}(B^c\,|\,A)=1-\mathrm{P}(B)$
> ㄷ. $\mathrm{P}(A\cup B)=1$이면 $\mathrm{P}(A)=1$ 또는 $\mathrm{P}(B)=1$

① ㄱ   ② ㄴ   ③ ㄷ

④ ㄱ, ㄴ   ⑤ ㄱ, ㄴ, ㄷ

0303

$0<\mathrm{P}(A)<1$, $0<\mathrm{P}(B)<1$인 두 사건 A, B에 대하여 다음 중 항상 옳은 것은?

① 두 사건 A, B가 서로 독립이면 두 사건 A, B는 서로 배반 사건이다.

② 두 사건 A, B가 서로 독립이면 두 사건 A^c, B는 서로 종속이다.

③ 두 사건 A, B가 서로 독립이면 $\mathrm{P}(A\,|\,B)=\mathrm{P}(A^c\,|\,B)$ 이다.

④ 두 사건 A, B가 서로 독립이면

$\mathrm{P}(B)=\mathrm{P}(A)\mathrm{P}(B)+\mathrm{P}(A)\mathrm{P}(B^c)$이다.

⑤ 두 사건 A, B가 서로 독립이면

$\mathrm{P}(A\cup B^c)=\mathrm{P}(A)+\mathrm{P}(A^c)\mathrm{P}(B^c)$이다.

유형 11 독립인 사건의 확률의 계산

0304

두 사건 A, B가 서로 독립이고

$$\mathrm{P}(A)=\frac{3}{10},\ \mathrm{P}(B)=\frac{2}{21}$$

일 때, $\mathrm{P}(A^c\,|\,B^c)$의 값은?

① $\dfrac{1}{2}$ ② $\dfrac{3}{5}$ ③ $\dfrac{7}{10}$

④ $\dfrac{4}{5}$ ⑤ $\dfrac{9}{10}$

0305

두 사건 A, B가 서로 독립이고

$$P(A) = 2P(B),\ P(A \cup B) = \frac{5}{8}$$

일 때, $P(B)$의 값은?

① $\dfrac{1}{8}$ ② $\dfrac{1}{4}$ ③ $\dfrac{3}{8}$

④ $\dfrac{1}{2}$ ⑤ $\dfrac{5}{8}$

0306 수능 변형

두 사건 A, B가 서로 독립이고

$$P(A^c \mid B) = P(B),\ P(A \cap B^c) = \frac{4}{25}$$

일 때, $P(A)$의 값은?

① $\dfrac{1}{10}$ ② $\dfrac{1}{5}$ ③ $\dfrac{3}{10}$

④ $\dfrac{2}{5}$ ⑤ $\dfrac{1}{2}$

0307 교육청 변형

두 사건 A, B가 서로 독립이고

$$P(B^c) = \frac{3}{7},\ P(B) = 14P(A \cap B^c)$$

일 때, $P(A^c)$의 값은?

① $\dfrac{16}{21}$ ② $\dfrac{17}{21}$ ③ $\dfrac{6}{7}$

④ $\dfrac{19}{21}$ ⑤ $\dfrac{20}{21}$

유형 12 **독립인 사건의 확률 – 미지수 구하기**

0308

표본공간 S의 서로 독립인 두 사건 A, B에 대하여

$$n(A \cap B^c) = x,\ n(A^c \cap B) = 16,$$
$$n(A \cap B) = 8,\ n(A^c \cap B^c) = 12$$

일 때, x의 값을 구하시오.

0309

두 사건 A^c, B^c이 서로 독립이고

$$P(A \cup B) = \frac{9}{14},\ 4P(A) = 7P(B) = k$$

일 때, k의 값을 구하시오.

0310

어느 청소년 문화 센터를 이용하는 200명의 학생을 대상으로 센터에서 진행하는 두 프로그램 A, B에 대한 선호도를 조사한 결과는 다음과 같다.

(단위: 명)

구분	A 프로그램	B 프로그램	합계
남학생	a	b	110
여학생	c	d	90
합계	80	120	200

조사 대상 중 임의로 선택한 한 명이 남학생인 사건과 B 프로그램을 선호하는 학생인 사건이 서로 독립일 때, $(a+d) - (b+c)$의 값은? (단, 조사 대상은 두 프로그램 A, B 중 한 가지만 선택하였다.)

① -4 ② -2 ③ 0

④ 2 ⑤ 4

0311

어느 고등학교의 운동부 전체 학생들을 대상으로 단체복으로 입을 운동복의 디자인을 A, B 중 하나만을 선택하도록 하였더니 여학생 20명, 남학생 28명이 A 디자인을 선택하였고 한 명 이상의 여학생과 남학생 21명이 B 디자인을 선택하였다. 이 운동부 학생 중 임의로 한 명을 뽑을 때, 여학생을 뽑는 사건과 A 디자인을 선택한 학생을 뽑는 사건이 서로 독립이다. B 디자인을 선택한 여학생의 수는?

① 12   ② 13   ③ 14
④ 15   ⑤ 16

0312 [수능] [변형]

1부터 8까지의 자연수가 하나씩 적혀 있는 공 8개가 들어 있는 주머니에서 임의로 한 개의 공을 꺼낸다. 소수가 적혀 있는 공이 나오는 사건을 A, 8 이하의 자연수 n에 대하여 n의 약수가 적혀 있는 공이 나오는 사건을 B라 할 때, 두 사건 A, B가 서로 독립이 되도록 하는 모든 n의 값의 합을 구하시오.

0313

한 개의 주사위와 한 개의 동전을 동시에 던질 때, 주사위의 눈의 수는 6의 약수가 나오고 동전은 앞면이 나올 확률은?

① $\dfrac{1}{12}$ ② $\dfrac{1}{6}$ ③ $\dfrac{1}{4}$
④ $\dfrac{1}{3}$ ⑤ $\dfrac{5}{12}$

0314

민준이와 진유, 수영이가 서로 다른 두 개의 주사위를 동시에 던져서 먼저 두 개의 주사위 모두 홀수의 눈이 나오면 이기는 게임을 하였다. 1회에는 민준, 2회에는 진유, 3회에는 수영, 4회에는 민준, 5회에는 진유, 6회에는 수영, …의 순서로 번갈아가며 두 개의 주사위를 던질 때, 6회 이내에 진유가 이길 확률은 $\dfrac{q}{p}$이다. $p-q$의 값을 구하시오.

(단, p와 q는 서로소인 자연수이다.)

0315

주머니 A에는 흰 공 4개, 검은 공 5개가 들어 있고, 주머니 B에는 흰 공 3개, 검은 공 6개가 들어 있다. 영준이는 주머니 A에서, 규현이는 주머니 B에서 각각 임의로 2개의 공을 동시에 꺼낼 때, 두 사람이 각각 같은 색의 공을 꺼낼 확률은?

① $\dfrac{1}{9}$ ② $\dfrac{2}{9}$ ③ $\dfrac{1}{3}$
④ $\dfrac{4}{9}$ ⑤ $\dfrac{5}{9}$

0316

그림과 같은 회로에서 5개의 스위치 A, B, C, D, E는 독립적으로 작동하고, 각 스위치가 닫힐 확률은 각각 $\frac{1}{2}$, $\frac{2}{3}$, $\frac{1}{2}$, $\frac{3}{4}$, $\frac{1}{3}$이다. P에서 Q로 전류가 흐를 확률은?

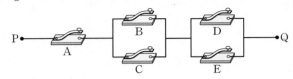

① $\frac{25}{72}$ ② $\frac{13}{36}$ ③ $\frac{3}{8}$

④ $\frac{7}{18}$ ⑤ $\frac{29}{72}$

0317

1부터 10까지의 자연수가 하나씩 적혀 있는 공 10개가 들어 있는 주머니에서 임의로 한 개의 공을 꺼내어 적혀 있는 숫자를 확인하고 다시 주머니에 넣는 시행을 두 번 반복한다. 꺼낸 공에 적혀 있는 수를 차례로 a, b라 할 때, 이차함수 $f(x)=x^2-15x+56$에 대하여 $f(a)f(b)=0$이 성립할 확률은?

① $\frac{1}{5}$ ② $\frac{6}{25}$ ③ $\frac{7}{25}$

④ $\frac{8}{25}$ ⑤ $\frac{9}{25}$

0318

서로 다른 2개의 주사위를 동시에 던지는 시행을 4번 반복할 때, 두 눈의 수의 합이 12의 약수가 되는 경우가 2번 나올 확률은?

① $\frac{2}{9}$ ② $\frac{7}{27}$ ③ $\frac{8}{27}$

④ $\frac{1}{3}$ ⑤ $\frac{10}{27}$

0319 교육청 변형

한 개의 주사위를 3번 던져서 나온 모든 눈의 수의 곱이 5의 배수일 확률은?

① $\frac{91}{216}$ ② $\frac{23}{54}$ ③ $\frac{31}{72}$

④ $\frac{47}{108}$ ⑤ $\frac{95}{216}$

0320

한 개의 동전을 7번 던질 때, 앞면이 뒷면보다 3번 더 많이 나올 확률은?

① $\frac{17}{128}$ ② $\frac{9}{64}$ ③ $\frac{19}{128}$

④ $\frac{5}{32}$ ⑤ $\frac{21}{128}$

0321

1부터 8까지의 자연수가 하나씩 적혀 있는 8개의 공이 들어 있는 주머니에서 임의로 공을 한 개 꺼내어 적혀 있는 숫자를 확인하고 주머니에 넣는 시행을 5번 반복할 때, 꺼낸 공에 적혀 있는 5개의 수의 합이 짝수일 확률은 $\frac{q}{p}$이다. $p+q$의 값을 구하시오. (단, p와 q는 서로소인 자연수이다.)

0322

한 개의 동전을 8번 던질 때, 앞면이 나오는 횟수와 뒷면이 나오는 횟수의 곱이 15가 될 확률은?

① $\frac{3}{8}$ ② $\frac{7}{16}$ ③ $\frac{1}{2}$

④ $\frac{9}{16}$ ⑤ $\frac{5}{8}$

0323 평가원 변형

한 개의 주사위를 5번 던져 6의 약수의 눈이 나오는 횟수를 a라 하고 6의 약수가 아닌 눈이 나오는 횟수를 b라 할 때, $(\sqrt[3]{2})^{|a-b|}$의 값이 유리수가 될 확률은?

① $\frac{8}{27}$ ② $\frac{1}{3}$ ③ $\frac{10}{27}$

④ $\frac{11}{27}$ ⑤ $\frac{4}{9}$

유형 **15** **독립시행의 확률 – 두 종류의 시행**

0324

한 개의 주사위를 던져 나온 눈의 수가 홀수이면 한 개의 동전을 2번 던지고, 눈의 수가 짝수이면 한 개의 동전을 3번 던진다. 이 시행에서 동전의 앞면이 1번 나올 확률은?

① $\frac{7}{16}$ ② $\frac{1}{2}$ ③ $\frac{9}{16}$

④ $\frac{5}{8}$ ⑤ $\frac{11}{16}$

04

0325

흰 공 3개, 검은 공 3개가 들어 있는 주머니에서 임의로 2개의 공을 동시에 꺼낼 때, 같은 색의 공을 꺼내면 2개의 주사위를 동시에 던지고, 다른 색의 공을 꺼내면 3개의 주사위를 동시에 던진다. 이 시행에서 주사위의 눈의 수의 합이 홀수가 될 확률은?

① $\frac{1}{10}$ ② $\frac{1}{5}$ ③ $\frac{3}{10}$

④ $\frac{2}{5}$ ⑤ $\frac{1}{2}$

0326

1부터 5까지의 자연수가 하나씩 적혀 있는 공 5개가 들어 있는 주머니에서 임의로 한 개의 공을 꺼내고 5개의 동전을 동시에 던질 때, 꺼낸 공에 적혀 있는 수와 5개의 동전 중 앞면이 나온 동전의 개수가 같을 확률은 p이다. $160p$의 값을 구하시오.

0327 수능 변형

a, b를 다음과 같이 정할 때, $a-b$의 값이 2일 확률은?

㈎ 1부터 10까지의 자연수가 하나씩 적혀 있는 10개의 공이 들어 있는 주머니에서 임의로 한 개의 공을 꺼내어 공에 적혀 있는 숫자를 확인하고 다시 주머니에 넣는 시행을 4번 반복할 때, 10의 약수가 적혀 있는 공이 나오는 횟수를 a라 한다.

㈏ 한 개의 동전을 5번 던질 때, 앞면이 나오는 횟수를 b라 한다.

---

① $\dfrac{107}{2500}$　　② $\dfrac{27}{625}$　　③ $\dfrac{109}{2500}$

④ $\dfrac{11}{250}$　　⑤ $\dfrac{111}{2500}$

0328

한 개의 주사위를 던져 3의 배수의 눈이 나오면 300점을 얻고, 3의 배수가 아닌 눈이 나오면 100점을 잃는다. 한 개의 주사위를 5번 던져서 700점을 얻을 확률은 $\dfrac{q}{p}$이다. $p+q$의 값을 구하시오. (단, p와 q는 서로소인 자연수이다.)

0329

흰 공 3개를 포함하여 8개의 공이 들어 있는 주머니에서 임의로 한 개의 공을 꺼내어 그 색을 확인하고 다시 주머니에 넣는 시행을 반복한다. 흰 공을 꺼내면 5점, 흰 공이 아닌 공을 꺼내면 2점을 얻을 때, 이 시행을 4번 반복하여 20점을 얻을 확률은?

① $\dfrac{5}{256}$　　② $\dfrac{81}{4096}$　　③ $\dfrac{41}{2048}$

④ $\dfrac{83}{4096}$　　⑤ $\dfrac{21}{1024}$

0330 교육청 변형

각 면에 1, 1, 1, 3, 3, 3의 숫자가 하나씩 적혀 있는 정육면체 모양의 주사위를 던져서 바닥에 닿은 면에 적혀 있는 수를 점수로 얻는다. 이 시행을 6번 반복하여 얻은 점수의 합이 10점 이하일 확률은?

① $\dfrac{9}{32}$ ② $\dfrac{5}{16}$ ③ $\dfrac{11}{32}$

④ $\dfrac{3}{8}$ ⑤ $\dfrac{13}{32}$

0331

한 개의 동전을 12번 던져서 n번째 던진 동전에서 앞면이 나오면 $a_n=5$, 뒷면이 나오면 $a_n=-3$이라 하자.

$a_1+a_2+a_3+\cdots+a_{12}=44$일 확률이 $\dfrac{k}{2^m}$일 때, $k-m$의 값을 구하시오. (단, k와 2^m은 서로소이다.)

0332 평가원 변형

수직선 위의 원점에 점 P가 있다. 한 개의 동전을 사용하여 다음 시행을 한다.

> 한 개의 동전을 던져
> 앞면이 나오면 점 P를 양의 방향으로 2만큼 이동시키고,
> 뒷면이 나오면 점 P를 음의 방향으로 1만큼 이동시킨다.

이 시행을 5번 반복할 때, 5번째 시행 후 점 P의 좌표가 4 이상일 확률은?

① $\dfrac{1}{6}$ ② $\dfrac{1}{3}$ ③ $\dfrac{1}{2}$

④ $\dfrac{2}{3}$ ⑤ $\dfrac{5}{6}$

0333

좌표평면 위의 원점에 점 P가 있다. 한 개의 주사위를 사용하여 다음 시행을 한다.

> 한 개의 주사위를 던져
> 소수의 눈이 나오면 점 P를
> x축의 양의 방향으로 2만큼 이동시키고,
> 소수가 아닌 눈이 나오면 점 P를
> y축의 양의 방향으로 1만큼 이동시킨다.

이 시행을 8번 반복하였을 때, 점 P가 직선 $y=2x-7$ 위에 있을 확률은 $\dfrac{q}{p}$이다. $p+q$의 값을 구하시오.

(단, p와 q는 서로소인 자연수이다.)

0334

그림과 같이 한 변의 길이가 1인 정사각형 ABCD가 있다. 점 P가 점 A에서 출발하여 변을 따라 다음 규칙에 따라 움직인다.

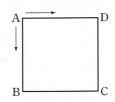

한 개의 동전을 던져
앞면이 나오면 시계 반대 방향으로 2만큼 움직이고,
뒷면이 나오면 시계 방향으로 1만큼 움직인다.

한 개의 동전을 10번 던져 점 P가 다시 점 A로 돌아올 확률은?

① $\dfrac{3}{16}$　　　② $\dfrac{1}{4}$　　　③ $\dfrac{5}{16}$

④ $\dfrac{3}{8}$　　　⑤ $\dfrac{7}{16}$

유형 **18**　**독립시행을 이용한 조건부확률**

0335

한 개의 주사위를 5번 던져서 6의 약수의 눈이 3번 나왔을 때, 처음 던진 주사위에서 6의 약수의 눈이 나왔을 확률은?

① $\dfrac{3}{10}$　　　② $\dfrac{2}{5}$　　　③ $\dfrac{1}{2}$

④ $\dfrac{3}{5}$　　　⑤ $\dfrac{7}{10}$

0336　

서로 다른 두 개의 주사위를 동시에 던져서 나온 눈의 수의 합이 4의 배수이면 3개의 동전을 동시에 던지고, 눈의 수의 합이 4의 배수가 아니면 4개의 동전을 동시에 던진다. 동전의 앞면이 2개 나왔을 때, 주사위의 눈의 수의 합이 4의 배수일 확률은 $\dfrac{1}{p}$이다. p의 값을 구하시오.

0337

지안이가 한 개의 주사위를 던져 나온 눈의 수만큼의 동전을 태현이가 던진다. 태현이가 동전을 던져서 나온 앞면의 개수가 3일 때, 지안이가 주사위를 던져서 나온 눈의 수가 5 이상일 확률은?

① $\dfrac{1}{8}$　　　② $\dfrac{1}{4}$　　　③ $\dfrac{3}{8}$

④ $\dfrac{1}{2}$　　　⑤ $\dfrac{5}{8}$

유형 **19** 독립시행의 확률의 활용

0338

어느 해의 프로야구 한국 시리즈에 A, B 두 팀이 진출하였다. 한국 시리즈는 7전 4선승제이고, A팀이 이길 확률은 $\frac{1}{3}$일 때, 6번째 경기에서 A팀이 우승할 확률은? (단, 비기는 경우는 없고, 각 경기에서 A팀이 B팀을 이길 가능성은 모두 같은 정도로 기대된다.)

① $\frac{4}{81}$ ② $\frac{38}{729}$ ③ $\frac{40}{729}$

④ $\frac{14}{243}$ ⑤ $\frac{44}{729}$

0339

패스 성공률이 80 %인 어떤 농구 선수가 3번의 패스를 했을 때, 적어도 한 번은 성공할 확률은?

① $\frac{108}{125}$ ② $\frac{112}{125}$ ③ $\frac{116}{125}$

④ $\frac{24}{25}$ ⑤ $\frac{124}{125}$

0340

유미와 연준이가 가위바위보를 하여 이기면 두 계단을 올라가고 비기거나 지면 한 계단을 내려가는 게임을 하기로 하였다. 가위바위보를 5번 하여 유미가 일곱 계단을 올라갈 확률이 $\frac{q}{p}$일 때, $p+q$의 값을 구하시오. (단, 계단의 수는 충분히 많고, p와 q는 서로소인 자연수이다.)

0341

10점 과녁을 명중시킬 확률이 각각 $\frac{2}{3}$, $\frac{1}{2}$인 두 양궁선수 A, B가 화살을 동시에 쏘아 10점 과녁을 명중시킨 횟수가 상대보다 3회 많아지면 중단하고 더 많이 명중시킨 선수가 이기는 게임을 한다. 5번째 시도 직후 A가 이길 확률은?

① $\frac{5}{81}$ ② $\frac{31}{486}$ ③ $\frac{16}{243}$

④ $\frac{11}{162}$ ⑤ $\frac{17}{243}$

0342 (교육청 변형)

두 사건 A, B가 서로 독립이고

$$\mathrm{P}(A)=\mathrm{P}(B^C)=\frac{1}{3}$$

일 때, $\mathrm{P}(A^C \cup B)$의 값은?

① $\dfrac{22}{27}$ ② $\dfrac{23}{27}$ ③ $\dfrac{8}{9}$

④ $\dfrac{25}{27}$ ⑤ $\dfrac{26}{27}$

0343 (평가원 기출)

어느 인공지능 시스템에 고양이 사진 40장과 강아지 사진 40장을 입력한 후, 이 인공지능 시스템이 각각의 사진을 인식하는 실험을 실시하여 다음 결과를 얻었다.

(단위: 장)

입력＼인식	고양이 사진	강아지 사진	합계
고양이 사진	32	8	40
강아지 사진	4	36	40
합계	36	44	80

이 실험에서 입력된 80장의 사진 중에서 임의로 선택한 1장이 인공지능 시스템에 의해 고양이 사진으로 인식된 사진일 때, 이 사진이 고양이 사진일 확률은?

① $\dfrac{4}{9}$ ② $\dfrac{5}{9}$ ③ $\dfrac{2}{3}$

④ $\dfrac{7}{9}$ ⑤ $\dfrac{8}{9}$

0344 (평가원 변형)

당첨 제비 4개를 포함하여 10개의 제비가 들어 있는 상자에서 임의로 4개의 제비를 동시에 뽑을 때, 뽑은 당첨 제비의 개수를 a, 당첨 제비가 아닌 제비의 개수를 b라 하자. $a>b$일 때, 뽑은 당첨 제비의 개수가 3일 확률은?

① $\dfrac{166}{175}$ ② $\dfrac{24}{25}$ ③ $\dfrac{34}{35}$

④ $\dfrac{172}{175}$ ⑤ $\dfrac{174}{175}$

0345 (교육청 변형)

흰 공 4개, 검은 공 5개가 들어 있는 주머니에서 임의로 한 개의 공을 꺼내는 시행을 반복할 때, 흰 공을 모두 꺼내면 시행을 멈춘다. 6번째까지 시행을 한 후 시행을 멈출 확률은 $\dfrac{q}{p}$이다. $p+q$의 값을 구하시오. (단, 꺼낸 공은 다시 넣지 않고, p와 q는 서로소인 자연수이다.)

0346 수능 변형

한 개의 주사위를 5번 던질 때, 5의 약수의 눈이 나오는 횟수가 5의 약수가 아닌 눈이 나오는 횟수보다 작을 확률은 $a \times \left(\dfrac{2}{3}\right)^3$이다. $9a$의 값을 구하시오.

0347 교육청 기출

식문화 체험의 날에 어느 고등학교 전체 학생을 대상으로 점심과 저녁 식사를 제공하였다. 모든 학생들은 매 식사 때마다 양식과 한식 중 하나를 반드시 선택하였고, 전체 학생의 60 %가 점심에 한식을 선택하였다. 점심에 양식을 선택한 학생의 25 %는 저녁에도 양식을 선택하였고, 점심에 한식을 선택한 학생의 30 %는 저녁에도 한식을 선택하였다. 이 고등학교 학생 중에서 임의로 선택한 한 명이 저녁에 양식을 선택한 학생일 때, 이 학생이 점심에 한식을 선택했을 확률은 $\dfrac{q}{p}$이다.

$p+q$의 값을 구하시오. (단, p와 q는 서로소인 자연수이다.)

0348 교육청 기출

흰 공 3개, 검은 공 2개가 들어 있는 주머니에서 갑이 임의로 2개의 공을 동시에 꺼내고, 남아 있는 3개의 공 중에서 을이 임의로 2개의 공을 동시에 꺼낸다. 갑이 꺼낸 흰 공의 개수가 을이 꺼낸 흰 공의 개수보다 많을 때, 을이 꺼낸 공이 모두 검은 공일 확률은?

① $\dfrac{1}{15}$　　② $\dfrac{2}{15}$　　③ $\dfrac{1}{5}$

④ $\dfrac{4}{15}$　　⑤ $\dfrac{1}{3}$

0349 교육청 변형

A, B, C, D, E, F의 6명이 공연을 보기 위하여 공연장을 찾았는데, 그림과 같이 ㈎ 구역 2열에 두 자리, 5열에 두 자리, ㈏ 구역 5열에 두 자리가 남아 있었다. 6명이 모두 남아 있는 6자리의 좌석을 임의로 배정받기로 하였다. A와 B가 같은 구역의 자리를 배정받았을 때, E와 F가 다른 구역의 같은 열에 있는 자리를 배정받을 확률은?

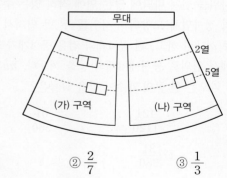

① $\dfrac{5}{21}$　　② $\dfrac{2}{7}$　　③ $\dfrac{1}{3}$

④ $\dfrac{8}{21}$　　⑤ $\dfrac{3}{7}$

0350 수능 변형

좌표평면 위의 원점에 점 P가 있다. 한 개의 주사위를 사용하여 다음 시행을 한다.

주사위를 한 번 던져
4의 약수의 눈이 나오면 점 P를 x축의 양의 방향으로 2만큼,
4의 약수가 아닌 눈이 나오면 점 P를 y축의 양의 방향으로 1만큼 이동시킨다.

위의 시행을 6번 반복할 때, 점 P의 x좌표가 y좌표보다 작거나 같을 확률은 $\dfrac{q}{p}$이다. $p+q$의 값을 구하시오.

(단, p와 q는 서로소인 자연수이다.)

0351 평가원 변형

각 면에 1부터 4까지의 자연수가 하나씩 적혀 있는 정사면체 모양의 주사위를 던져 바닥에 닿은 면에 적혀 있는 수를 읽는다. 한 개의 정사면체 모양의 주사위를 두 번 던져서 나오는 수를 차례로 a, b라 하고, 흰 공 4개와 검은 공 4개가 들어 있는 주머니에서 임의로 동시에 4개의 공을 꺼낸다. ab의 값과 주머니에서 나오는 흰 공의 개수가 같을 확률은?

① $\dfrac{3}{28}$ ② $\dfrac{121}{1120}$ ③ $\dfrac{61}{560}$
④ $\dfrac{123}{1120}$ ⑤ $\dfrac{31}{280}$

0352 수능 기출

한 개의 동전을 7번 던질 때, 다음 조건을 만족시킬 확률은?

(가) 앞면이 3번 이상 나온다.
(나) 앞면이 연속해서 나오는 경우가 있다.

① $\dfrac{11}{16}$ ② $\dfrac{23}{32}$ ③ $\dfrac{3}{4}$
④ $\dfrac{25}{32}$ ⑤ $\dfrac{13}{16}$

0353 교육청 기출

집합 $X=\{x\,|\,x$는 8 이하의 자연수$\}$에 대하여 X에서 X로의 함수 f 중에서 임의로 하나를 선택한다. 선택한 함수 f가 4 이하의 모든 자연수 n에 대하여 $f(2n-1)<f(2n)$일 때, $f(1)=f(5)$일 확률은?

① $\dfrac{1}{7}$ ② $\dfrac{5}{28}$ ③ $\dfrac{3}{14}$
④ $\dfrac{1}{4}$ ⑤ $\dfrac{2}{7}$

통계

유형 01 **이산확률변수의 확률 - 확률분포가 주어진 경우**

0354

확률변수 X가 갖는 값이 0, 1, 2, 3이고 X의 확률질량함수가

$$\mathrm{P}(X=x)=k(x^2+1) \ (x=0, 1, 2, 3)$$

일 때, 상수 k의 값을 구하시오.

0355

확률변수 X의 확률분포를 표로 나타내면 다음과 같을 때, 상수 a의 값을 구하시오.

X	1	2	3	합계
$\mathrm{P}(X=x)$	$\dfrac{2}{3}a$	$\dfrac{2}{3}$	a^2	1

0356 교육청 변형

확률변수 X의 확률분포를 표로 나타내면 다음과 같다.

X	-1	0	1	2	합계
$\mathrm{P}(X=x)$	$2a$	$3a$	a	a	1

$\mathrm{P}(X^2=1)$의 값은?

① $\dfrac{2}{7}$ ② $\dfrac{3}{7}$ ③ $\dfrac{4}{7}$

④ $\dfrac{5}{7}$ ⑤ $\dfrac{6}{7}$

0357

확률변수 X의 확률분포를 표로 나타내면 다음과 같다.

X	1	2	3	합계
$\mathrm{P}(X=x)$	a	$5a$	b	1

$\mathrm{P}(X=1)=\dfrac{1}{2}\mathrm{P}(X=3)$일 때, $\mathrm{P}(X>1)$의 값은?

① $\dfrac{1}{2}$ ② $\dfrac{5}{8}$ ③ $\dfrac{3}{4}$

④ $\dfrac{7}{8}$ ⑤ $\dfrac{15}{16}$

0358

확률변수 X가 갖는 값이 1, 2, 3, $\cdots$, 24이고 X의 확률질량함수가

$$\mathrm{P}(X=x)=\frac{k}{x(x+1)} \ (x=1, 2, 3, \cdots, 24)$$

일 때, $\mathrm{P}\left(X=\dfrac{25}{k}\right)$의 값은? (단, k는 상수이다.)

① $\dfrac{576}{625}$ ② $\dfrac{24}{625}$ ③ $\dfrac{1}{625}$

④ $\dfrac{25}{576}$ ⑤ $\dfrac{1}{576}$

05

이산확률변수의 확률분포

이산확률변수의 확률
– 확률분포가 주어지지 않은 경우

0359

남성 3명, 여성 5명 중에서 임의로 3명의 대표를 뽑을 때, 선출된 여성 대표의 수를 확률변수 X라 하자. $P(X \geq 2)$의 값은?

① $\dfrac{5}{7}$ ② $\dfrac{3}{4}$ ③ $\dfrac{11}{14}$

④ $\dfrac{23}{28}$ ⑤ $\dfrac{6}{7}$

0360

각 면에 숫자 1, 2, 3, 4가 하나씩 적힌 정사면체 한 개를 두 번 던질 때, 바닥에 놓인 면에 적힌 두 수의 합을 확률변수 X라 하자. $P(X=3$ 또는 $X=6)$의 값은?

① $\dfrac{1}{4}$ ② $\dfrac{5}{16}$ ③ $\dfrac{3}{8}$

④ $\dfrac{5}{8}$ ⑤ $\dfrac{11}{16}$

0361

빨간 공 2개, 파란 공 2개, 노란 공 3개가 들어 있는 주머니에서 임의로 2개의 공을 동시에 꺼낼 때, 나오는 빨간 공의 개수를 확률변수 X라 하고 X의 확률분포를 표로 나타내면 다음과 같다.

X	0	1	2	합계
$P(X=x)$	a	b	c	1

$a+b-c=\dfrac{q}{p}$일 때, $p+q$의 값을 구하시오.

(단, p와 q는 서로소인 자연수이다.)

0362

숫자 1, 2, 3, 4, 5, 6이 하나씩 적힌 6장의 카드 중에서 임의로 2장의 카드를 동시에 뽑을 때, 카드에 적힌 두 수의 차를 확률변수 X라 하자. $P(|X-2| \leq 2)$의 값은?

① $\dfrac{8}{15}$ ② $\dfrac{3}{5}$ ③ $\dfrac{2}{3}$

④ $\dfrac{4}{5}$ ⑤ $\dfrac{14}{15}$

0363

연필 3자루와 볼펜 5자루가 들어 있는 필통에서 임의로 4자루의 필기구를 동시에 꺼낼 때, 나오는 연필의 개수를 확률변수 X라 하면 $P(X \geq a)=\dfrac{1}{2}$이다. 정수 a의 값을 구하시오.

이산확률변수의 평균, 분산, 표준편차
– 확률분포가 주어진 경우

0364

확률변수 X가 갖는 값이 1, 2, 3, 4이고 X의 확률질량함수가

$$P(X=x)=\dfrac{x+2}{18} \ (x=1, 2, 3, 4)$$

일 때, X의 평균, 분산을 순서대로 구한 것은?

① $\dfrac{25}{9}, \dfrac{95}{81}$ ② $\dfrac{25}{9}, \dfrac{95}{27}$ ③ $\dfrac{25}{9}, \dfrac{95}{9}$

④ $\dfrac{25}{3}, \dfrac{95}{27}$ ⑤ $\dfrac{25}{3}, \dfrac{95}{9}$

0365

확률변수 X의 확률분포를 표로 나타내면 다음과 같다.

X	1	2	3	4	합계
P$(X=x)$	$\frac{1}{4}$	$\frac{1}{3}$	a	$\frac{1}{3}$	1

V(X)의 값은?

① $\frac{5}{4}$ ② $\frac{4}{3}$ ③ $\frac{17}{12}$

④ $\frac{3}{2}$ ⑤ $\frac{19}{12}$

0366

확률변수 X의 확률분포를 표로 나타내면 다음과 같다.

X	-1	0	1	2	합계
P$(X=x)$	a	b	$\frac{1}{3}$	$\frac{1}{6}$	1

P$(X \geq 0) = \frac{5}{6}$일 때, E(X)의 값은?

① $\frac{1}{6}$ ② $\frac{1}{5}$ ③ $\frac{1}{4}$

④ $\frac{1}{3}$ ⑤ $\frac{1}{2}$

0367

확률변수 X의 확률분포를 표로 나타내면 다음과 같다.

X	0	1	2	3	합계
P$(X=x)$	a	a	$\frac{1}{8}$	b	1

X의 평균이 $\frac{13}{8}$일 때, X의 표준편차는?

① $\frac{\sqrt{23}}{4}$ ② $\frac{\sqrt{93}}{8}$ ③ $\frac{\sqrt{94}}{8}$

④ $\frac{\sqrt{95}}{8}$ ⑤ $\frac{\sqrt{6}}{2}$

0368

확률변수 X의 확률분포를 표로 나타내면 다음과 같다.

X	-2	0	3	합계
P$(X=x)$	a	b	c	1

E$(X) = \frac{3}{2}$, V$(X) = \frac{13}{4}$일 때, $\frac{1}{a-b+c}$의 값을 구하시오.

유형 04 이산확률변수의 평균, 분산, 표준편차
– 확률분포가 주어지지 않은 경우

0369

3개의 당첨 제비가 들어 있는 6개의 제비 중에서 임의로 3개의 제비를 동시에 뽑을 때, 나오는 당첨 제비의 개수를 확률변수 X라 하자. V(X)의 값은?

① $\frac{3}{10}$ ② $\frac{7}{20}$ ③ $\frac{2}{5}$

④ $\frac{9}{20}$ ⑤ $\frac{1}{2}$

0370

숫자 0, 1, 2, 3이 하나씩 적혀 있는 4장의 카드가 들어 있는 주머니에서 임의로 2장의 카드를 동시에 꺼낼 때, 꺼낸 카드에 적혀 있는 두 수 중 큰 수를 확률변수 X라 하자. E(X)의 값은?

① $\frac{11}{6}$ ② 2 ③ $\frac{13}{6}$

④ $\frac{7}{3}$ ⑤ $\frac{5}{2}$

0371

서로 다른 두 개의 주사위를 동시에 던질 때, 나오는 두 눈의 수의 차를 확률변수 X라 하자. $E(X) = \dfrac{q}{p}$일 때, $p+q$의 값을 구하시오. (단, p와 q는 서로소인 자연수이다.)

0372

1부터 7까지의 자연수가 하나씩 적혀 있는 7개의 공이 들어 있는 주머니에서 임의로 하나씩 공을 꺼낼 때, 7이 적혀 있는 공이 나올 때까지 꺼내야 하는 공의 개수를 확률변수 X라 하자. $\sigma(X)$의 값을 구하시오.

(단, 꺼낸 공은 주머니에 다시 넣지 않는다.)

0373

그림과 같이 주머니 A에는 검은 공 3개, 흰 공 1개, 주머니 B에는 검은 공 2개, 흰 공 2개, 주머니 C에는 검은 공 1개, 흰 공 3개가 들어 있다. 세 주머니 A, B, C에서 각각 공을 임의로 1개씩 꺼낼 때, 꺼낸 공 중 흰 공의 개수를 확률변수 X라 하자. $E(X)$의 값은?

A   B   C

① $\dfrac{3}{2}$　　　② $\dfrac{25}{16}$　　　③ $\dfrac{13}{8}$

④ $\dfrac{27}{16}$　　　⑤ $\dfrac{7}{4}$

0374

당첨 등수에 따른 상금과 당첨 제비의 개수가 오른쪽 표와 같을 때, 제비 1개를 뽑아서 받을 수 있는 상금의 기댓값은?

등수	상금	개수
1등	1만 원	1
2등	2천 원	10
등외	0원	89

① 200원　　　② 300원　　　③ 500원

④ 600원　　　⑤ 800원

0375

100원짜리 동전 2개, 500원짜리 동전 1개를 동시에 던져 앞면이 나오는 동전을 모두 받는 게임이 있다. 이 게임을 한 번 해서 받을 수 있는 금액의 기댓값은?

① 200원　　　② 250원　　　③ 300원

④ 350원　　　⑤ 400원

0376

1이 적힌 카드가 1장, 2가 적힌 카드가 2장, 3이 적힌 카드가 3장, 4가 적힌 카드가 4장, 5가 적힌 카드가 5장 들어 있는 주머니에서 임의로 한 장의 카드를 꺼낼 때, 꺼낸 카드에 적힌 수의 기댓값은?

① $\dfrac{7}{3}$　　　② $\dfrac{8}{3}$　　　③ 3

④ $\dfrac{10}{3}$　　　⑤ $\dfrac{11}{3}$

0377

흰 공 4개, 빨간 공 3개, 검은 공 n개가 들어 있는 상자에서 임의로 1개의 공을 꺼낼 때, 흰 공을 꺼내면 500원을 받고, 빨간 공을 꺼내면 100원을 받으며 검은 공을 꺼내면 200원을 지불해야 하는 게임이 있다. 이 게임을 한 번 하여 받을 수 있는 금액의 기댓값이 170원일 때, 자연수 n의 값을 구하시오.

유형 **06** 확률변수 $aX+b$의 평균, 분산, 표준편차 – 평균, 분산이 주어진 경우

0378

확률변수 X에 대하여 확률변수 $Y=\dfrac{2}{3}X+7$의 평균이 15일 때, X의 평균은?

① 3   ② 6   ③ 9

④ 12   ⑤ 15

0379

두 확률변수 X, $Y=3X+2$에 대하여
$$E(Y)=8, \ E(Y^2)=100$$
일 때, $E(X)+\sigma(X)$의 값은?

① 2   ② 4   ③ 6

④ 8   ⑤ 10

0380

확률변수 X에 대하여 $E(X)=4$, $E(X^2)=20$이고 확률변수 $Y=aX+b$에 대하여 $E(Y)=10$, $V(Y)=36$일 때, 상수 a, b에 대하여 $a-b$의 값은? (단, $a>0$)

① -3 ② -1 ③ 1

④ 3   ⑤ 5

0381

어느 모의고사 수학 영역의 원점수 X의 평균을 m, 표준편차를 σ라 하면 표준점수 T는
$$T=a\times\dfrac{X-m}{\sigma}+b$$
꼴로 나타내어진다. 수학 영역의 표준점수 T의 평균이 80, 표준편차가 10일 때, 두 상수 a, b의 합 $a+b$의 값을 구하시오. (단, $a>0$)

유형 **07** 확률변수 $aX+b$의 평균, 분산, 표준편차 – 확률분포가 주어진 경우

0382

확률변수 X의 확률분포를 표로 나타내면 다음과 같다.

X	-1	0	3	합계
$P(X=x)$	$\dfrac{1}{4}$	$\dfrac{3}{8}$	$\dfrac{3}{8}$	1

$E(16X+1)$의 값은?

① 15   ② 16   ③ 17

④ 18   ⑤ 19

0383

확률변수 X가 갖는 값이 -1, 0, 2, 3이고 X의 확률질량함수가

$$\mathrm{P}(X=x)=\frac{ax+3}{20}\ (x=-1,\ 0,\ 2,\ 3)$$

일 때, $\mathrm{V}(1-2X)$의 값은? (단, a는 상수이다.)

① 3   ② 4   ③ 6
④ 9   ⑤ 12

0384

확률변수 X의 확률분포를 표로 나타내면 다음과 같다.

X	10	20	40	합계
$\mathrm{P}(X=x)$	$4a^2$	a	$\frac{1}{2}$	1

$\mathrm{E}\left(\dfrac{X+3}{a}\right)$의 값을 구하시오.

0385 교육청 변형

확률변수 X의 확률분포를 표로 나타내면 다음과 같다.

X	1	2	3	합계
$\mathrm{P}(X=x)$	$\frac{3}{7}$	a	b	1

$\mathrm{E}(3X+1)=7$일 때, $\mathrm{V}(3-7X)$의 값을 구하시오.

0386

확률변수 X의 확률분포를 표로 나타내면 다음과 같다.

X	0	1	2	3	합계
$\mathrm{P}(X=x)$	$\frac{1}{4}$	$\frac{1}{6}$	$\frac{1}{12}$	$\frac{1}{2}$	1

확률변수 $Y=aX+b$에 대하여 $\mathrm{E}(Y)=10$, $\mathrm{V}(Y)=59$일 때, 상수 a, b에 대하여 ab의 값은? (단, $a>0$)

① -8 ② -6 ③ -3
④ 3   ⑤ 6

유형 08   확률변수 $aX+b$의 평균, 분산, 표준편차 – 확률분포가 주어지지 않은 경우

0387

한 개의 주사위를 한 번 던져서 나오는 눈의 수의 10배를 상금으로 받는 게임이 있다. 주사위를 던져서 나오는 눈의 수를 확률변수 X, 받는 상금을 확률변수 Y라 할 때, $\mathrm{E}(4X-1)+\mathrm{E}(3Y+2)$의 값은?

① 116   ② 117   ③ 118
④ 119   ⑤ 120

0388

각 면에 숫자 1, 2, 2, 3, 3, 3이 하나씩 적힌 정육면체 모양의 상자를 던져 바닥에 닿는 면에 적힌 수를 확률변수 X라 하자. $\mathrm{V}(6X-5)$의 값을 구하시오.

0389

파란 공 2개, 노란 공 2개가 들어 있는 주머니에서 임의로 2개의 공을 동시에 꺼낼 때, 나오는 파란 공의 개수를 확률변수 X라 하자. 확률변수 $9X+3$의 평균을 m, 표준편차를 σ라 할 때, $m \times \sigma$의 값은?

① $18\sqrt{3}$ ② 36 ③ $36\sqrt{2}$

④ $36\sqrt{3}$ ⑤ 72

0390

주머니 속에 숫자 1, 2, 3, 4가 하나씩 적혀 있는 4장의 카드가 들어 있다. 이 주머니에서 임의로 동시에 2장의 카드를 꺼낼 때, 꺼낸 카드에 적혀 있는 두 수의 평균을 확률변수 X라 하자. 확률변수 $6X-5$의 분산은?

① 15 ② 16 ③ 17

④ 18 ⑤ 19

0391

흰 공 2개, 검은 공 3개가 들어 있는 주머니가 있다. 이 주머니에서 임의로 한 개의 공을 꺼내어 색을 확인한 후 다시 넣지 않는다. 이와 같은 시행을 반복할 때, 흰 공 2개가 모두 나올 때까지의 시행 횟수를 확률변수 X라 하자. $E(5X)$의 값을 구하시오.

0392

한 변의 길이가 2인 정육각형에서 임의로 서로 다른 두 꼭짓점을 택할 때, 두 꼭짓점을 양 끝 점으로 하는 선분의 길이를 l이라 하자. l^2의 값을 확률변수 X라 할 때, $E(10X-3)$의 값을 구하시오.

유형 **09** 이항분포에서의 확률 구하기

0393

확률변수 X가 이항분포 $B\left(20, \dfrac{1}{2}\right)$을 따를 때, $P(X>18)$의 값은?

① $\dfrac{19}{2^{20}}$ ② $\dfrac{5}{2^{18}}$ ③ $\dfrac{21}{2^{20}}$

④ $\dfrac{19}{2^{19}}$ ⑤ $\dfrac{5}{2^{17}}$

0394

확률변수 X가 이항분포 $B\left(8, \dfrac{1}{4}\right)$을 따를 때,
$$P(X=3)=k \times P(X=5)$$
를 만족시키는 상수 k의 값을 구하시오.

0395

생산되는 제품의 30 %가 불량품인 어떤 기계에서 생산된 제품 중 10개를 택할 때, 나오는 불량품의 개수를 확률변수 X 라 하자. $P(X \geq 9) = \dfrac{q}{p} \times \left(\dfrac{3}{10}\right)^{10}$일 때, $p+q$의 값을 구하시오. (단, p와 q는 서로소인 자연수이다.)

0396

한 개의 주사위를 9번 던질 때, 4의 약수의 눈이 나오는 횟수를 확률변수 X라 하자. $P(X \geq 5)$의 값은?

① $\dfrac{1}{4}$ ② $\dfrac{1}{3}$ ③ $\dfrac{1}{2}$

④ $\dfrac{2}{3}$ ⑤ $\dfrac{3}{4}$

0397

어느 관광용 경비행기의 경우, 예약한 사람 중 실제로 탑승하는 사람의 비율은 90 %라 한다. 좌석이 30개인 이 경비행기를 32명이 예약한 경우, 경비행기를 타지 못하는 사람이 생길 확률은? (단, 예약한 사람 각각이 탑승하는 것은 서로 독립이고 $(0.9)^{31} = 0.038$로 계산한다.)

① 0.1462 ② 0.1486 ③ 0.1510

④ 0.1534 ⑤ 0.1558

📖 정답과 풀이 294쪽

유형 10 이항분포의 평균, 분산, 표준편차 – 이항분포가 주어진 경우

0398

이항분포 $B(25, p)$를 따르는 확률변수 X에 대하여 $E(X) = 10$일 때, $E(X^2)$의 값은?

① 106 ② 107 ③ 108

④ 109 ⑤ 110

0399 교육청 변형

이항분포 $B\left(n, \dfrac{1}{3}\right)$을 따르는 확률변수 X에 대하여 $E(2X-5) = 19$일 때, $V(3-2X)$의 값은?

① 16 ② 20 ③ 24

④ 28 ⑤ 32

0400

확률변수 X가 이항분포 $B(n, p)$를 따르고 X의 평균이 60, 표준편차가 6일 때, 자연수 n의 값을 구하시오.

0401 _{수능 변형}

확률변수 X가 이항분포 $B(4, p)$를 따르고
$$E(X^2)=2 \times \{E(X)\}^2$$
일 때, p의 값은? (단, $0<p<1$)

① $\dfrac{1}{6}$ ② $\dfrac{1}{5}$ ③ $\dfrac{1}{4}$

④ $\dfrac{1}{3}$ ⑤ $\dfrac{1}{2}$

0402

확률변수 X가 이항분포 $B(100, p)$를 따르고
$$P(X=99)=100P(X=100)$$
일 때, $E(10X)$의 값을 구하시오. (단, $0<p<1$)

0403

이항분포 $B(16, p)$를 따르는 확률변수 X의 분산이 3일 때, $\dfrac{P(X=2)}{P(X=1)}$의 값은? $\left(\text{단, } 0<p<\dfrac{1}{2}\right)$

① 2 ② $\dfrac{9}{4}$ ③ $\dfrac{5}{2}$

④ 3 ⑤ $\dfrac{15}{4}$

0404

확률변수 X가 갖는 값이 0, 1, 2, $\cdots$, 20이고 X의 확률질량함수가
$$P(X=x)=\frac{_{20}C_x}{2^{20}} \quad (x=0, 1, 2, \cdots, 20)$$
일 때, $E(X) \times V(X)$의 값은?

① 20 ② 30 ③ 40

④ 50 ⑤ 60

0405

확률변수 X가 갖는 값이 0, 1, 2, $\cdots$, 100이고 X의 확률질량함수가
$$P(X=x)={_{100}C_x}\left(\frac{3}{4}\right)^x\left(\frac{1}{4}\right)^{100-x} \quad (x=0, 1, 2, \cdots, 100)$$
일 때, $E\left(\dfrac{X-1}{2}\right)+V(2X+3)$의 값을 구하시오.

0406

확률변수 X가 갖는 값이 0, 1, 2, $\cdots$, 72이고 X의 확률질량함수가
$$P(X=x)={_{72}C_x}\frac{5^x(k-5)^{72-x}}{k^{72}} \quad (x=0, 1, 2, \cdots, 72)$$
이다. X의 분산이 10일 때, 다음 중 $E(X)$의 값으로 가능한 것은? (단, k는 자연수이다.)

① 18 ② 30 ③ 48

④ 60 ⑤ 72

0407

확률변수 X가 갖는 값이 $0, 1, 2, \cdots, n$이고 X의 확률질량 함수가

$$P(X=x)={}_n C_x p^x (1-p)^{n-x}$$

$$(x=0, 1, 2, \cdots, n \text{이고 } 0<p<1)$$

이다. $E(X)=12$, $V(X)=8$일 때, $P(X \geq 35)$의 값은?

① $\dfrac{73}{2^{36}}$ ② $\dfrac{73}{3^{36}}$ ③ $\dfrac{73}{4^{36}}$

④ $\dfrac{37}{2^{36}}$ ⑤ $\dfrac{37}{3^{36}}$

유형 12 이항분포의 평균, 분산, 표준편차 – 확률분포가 주어지지 않은 경우

0408

동전 3개를 동시에 던지는 시행을 40번 반복할 때, 앞면이 1개, 뒷면이 2개 나오는 횟수를 확률변수 X라 하자. X의 평균은?

① 5   ② 10   ③ 15

④ 20   ⑤ 25

0409

흰 공 3개, 검은 공 3개가 들어 있는 주머니에서 임의로 2개의 공을 동시에 꺼내어 색을 확인하고 다시 주머니에 넣는 시행을 25번 반복할 때, 꺼낸 2개의 공의 색이 서로 다른 횟수를 확률변수 X라 하자. $V(X)$의 값을 구하시오.

0410

오른쪽은 어느 학원의 과학탐구 영역의 선택 과목 I 특강에 수강 신청한 학생 수이다. 이 학생들 중에서 임의로 한 명을 선택하는 독립시행을 50번 반복할 때, 선택된 학생 중에서 수강 신청한 과목이 물리학 또는 지구과학인 학생 수를 확률변수 X라 하자. $E(X^2)$의 값을 구하시오.

과목 I	학생 수(명)
물리학	43
화학	21
생명과학	39
지구과학	47
합계	150

0411

어느 편의점에서 판매된 음료 중에서 캔 음료의 비율은 80 % 이고, 판매된 캔 음료 중 분리수거 된 캔 음료의 비율은 40 % 이었다. 이 편의점에서 판매된 2500개의 음료 중에서 분리수거 된 캔 음료의 개수를 확률변수 X라 할 때, X의 분산은?

① 544   ② 548   ③ 552

④ 556   ⑤ 560

0412

수직선 위의 원점에 점 P가 있다. 두 개의 동전을 동시에 던져 같은 면이 나오면 점 P를 양의 방향으로 2만큼, 서로 다른 면이 나오면 음의 방향으로 3만큼 이동시키는 시행을 한다. 이 시행을 8번 반복하여 이동된 점 P의 좌표를 확률변수 X라 할 때, $E(3X+35)$의 값을 구하시오.

0413 교육청 변형

확률변수 X가 이항분포 $B\left(n, \dfrac{1}{3}\right)$을 따르고 $E(X)=6$일 때, $E(aX-8)=\sigma(aX-8)$을 만족시키는 상수 a의 값을 구하시오. (단, $a\neq0$)

0414 수능 기출

확률변수 X의 확률분포를 표로 나타내면 다음과 같다.

X	0.121	0.221	0.321	합계
$P(X=x)$	a	b	$\dfrac{2}{3}$	1

다음은 $E(X)=0.271$일 때, $V(X)$를 구하는 과정이다.

$Y=10X-2.21$이라 하자. 확률변수 Y의 확률분포를 표로 나타내면 다음과 같다.

Y	-1	0	1	합계
$P(Y=y)$	a	b	$\dfrac{2}{3}$	1

$E(Y)=10E(X)-2.21=0.5$이므로

$a=\boxed{\text{(가)}}$, $b=\boxed{\text{(나)}}$

이고 $V(Y)=\dfrac{7}{12}$이다.

한편, $Y=10X-2.21$이므로

$V(Y)=\boxed{\text{(다)}}\times V(X)$이다.

따라서 $V(X)=\dfrac{1}{\boxed{\text{(다)}}}\times\dfrac{7}{12}$이다.

위의 (가), (나), (다)에 알맞은 수를 각각 p, q, r라 할 때, pqr의 값은? (단, a, b는 상수이다.)

① $\dfrac{13}{9}$ ② $\dfrac{16}{9}$ ③ $\dfrac{19}{9}$

④ $\dfrac{22}{9}$ ⑤ $\dfrac{25}{9}$

0415 교육청 변형

이항분포 $B(n, p)$를 따르는 확률변수 X에 대하여

$$E(X^2)=41, \quad E(5X-3)=27$$

일 때, $\dfrac{P(X=2)}{P(X=1)}$의 값은?

① $\dfrac{13}{4}$ ② $\dfrac{7}{2}$ ③ $\dfrac{15}{4}$

④ 4 ⑤ $\dfrac{17}{4}$

0416 평가원 기출

두 이산확률변수 X, Y의 확률분포를 표로 나타내면 각각 다음과 같다.

X	1	3	5	7	9	합계
$P(X=x)$	a	b	c	b	a	1

Y	1	3	5	7	9	합계
$P(Y=y)$	$a+\dfrac{1}{20}$	b	$c-\dfrac{1}{10}$	b	$a+\dfrac{1}{20}$	1

$V(X)=\dfrac{31}{5}$일 때, $10\times V(Y)$의 값을 구하시오.

0417 수능 기출

좌표평면 위의 한 점 (x, y)에서 세 점 $(x+1, y)$, $(x, y+1)$, $(x+1, y+1)$ 중 한 점으로 이동하는 것을 점프라 하자. 점프를 반복하여 점 $(0, 0)$에서 점 $(4, 3)$까지 이동하는 모든 경우 중에서, 임의로 한 경우를 선택할 때 나오는 점프의 횟수를 확률변수 X라 하자. 다음은 확률변수 X의 평균 $E(X)$를 구하는 과정이다.

(단, 각 경우가 선택되는 확률은 동일하다.)

점프를 반복하여 점 $(0, 0)$에서 점 $(4, 3)$까지 이동하는 모든 경우의 수를 N이라 하자. 확률변수 X가 가질 수 있는 값 중 가장 작은 값을 k라 하면 $k=$ [(가)] 이고, 가장 큰 값은 $k+3$이다.

$$P(X=k) = \frac{1}{N} \times \frac{4!}{3!} = \frac{4}{N}$$

$$P(X=k+1) = \frac{1}{N} \times \frac{5!}{2!2!} = \frac{30}{N}$$

$$P(X=k+2) = \frac{1}{N} \times \boxed{\text{(나)}}$$

$$P(X=k+3) = \frac{1}{N} \times \frac{7!}{3!4!} = \frac{35}{N}$$

이고

$$\sum_{i=k}^{k+3} P(X=i) = 1$$

이므로 $N=$ [(다)] 이다.

따라서 확률변수 X의 평균 $E(X)$는 다음과 같다.

$$E(X) = \sum_{i=k}^{k+3} \{i \times P(X=i)\} = \frac{257}{43}$$

위의 (가), (나), (다)에 알맞은 수를 각각 a, b, c라 할 때, $a+b+c$의 값은?

① 190   ② 193   ③ 196
④ 199   ⑤ 202

0418 교육청 변형

각 면의 눈의 수가 1, 3, 3, 3, 5, 5인 정육면체 모양의 주사위가 있다. 이 주사위 한 개를 2번 던져 나오는 눈의 수를 차례로 a, b라 할 때, 두 수 a, b의 평균을 확률변수 X라 하자. $E(3X-1)$의 값을 구하시오.

0419 수능 기출

좌표평면의 원점에 점 P가 있다. 한 개의 주사위를 사용하여 다음 시행을 한다.

주사위를 한 번 던져 나온 눈의 수가
2 이하이면 점 P를 x축의 양의 방향으로 3만큼,
3 이상이면 점 P를 y축의 양의 방향으로 1만큼 이동시킨다.

이 시행을 15번 반복하여 이동된 점 P와 직선 $3x+4y=0$ 사이의 거리를 확률변수 X라 하자. $E(X)$의 값은?

① 13   ② 15   ③ 17
④ 19   ⑤ 21

06 연속확률변수의 확률분포

유형별 유사문제

유형 01 확률밀도함수의 성질

0420 평가원 변형

연속확률변수 X가 갖는 값의 범위는 $-1 \le X \le 3$이고 X의 확률밀도함수 $y=f(x)$의 그래프가 그림과 같을 때, 상수 a의 값은?

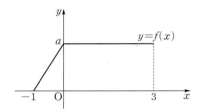

① $\dfrac{1}{14}$ ② $\dfrac{1}{7}$ ③ $\dfrac{3}{14}$

④ $\dfrac{2}{7}$ ⑤ $\dfrac{5}{14}$

0421

연속확률변수 X가 갖는 값의 범위는 $1 \le X \le 5$이고 X의 확률밀도함수가
$$f(x)=3a(x-1) \ (1 \le x \le 5)$$
일 때, 상수 a의 값은?

① $\dfrac{1}{12}$ ② $\dfrac{1}{15}$ ③ $\dfrac{1}{18}$

④ $\dfrac{1}{21}$ ⑤ $\dfrac{1}{24}$

0422

연속확률변수 X가 갖는 값의 범위가 $0 \le X \le 1$일 때, X의 확률밀도함수 $f(x)$가 될 수 있는 것만을 보기에서 있는 대로 고른 것은?

보기

ㄱ. $f(x)=1$ ㄴ. $f(x)=x$

ㄷ. $f(x)=2x$ ㄹ. $f(x)=x+1$

ㅁ. $f(x)=-2x+1$ ㅂ. $f(x)=x+\dfrac{1}{2}$

① ㄱ, ㄷ   ② ㄱ, ㅂ   ③ ㄴ, ㄹ

④ ㄱ, ㄷ, ㅂ   ⑤ ㄴ, ㄹ, ㅁ

0423

연속확률변수 X가 갖는 값의 범위는 $1 \le X \le 4$이고 X의 확률밀도함수가
$$f(x)=\begin{cases} 2a-ax & (1 \le x \le 2) \\ 3a(x-2) & (2 < x \le 4) \end{cases}$$
일 때, 상수 a의 값은?

① $\dfrac{2}{13}$ ② $\dfrac{3}{13}$ ③ $\dfrac{4}{13}$

④ $\dfrac{5}{13}$ ⑤ $\dfrac{6}{13}$

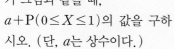

0424

연속확률변수 X가 갖는 값의 범위는 $0 \le X \le 5$이고 X의 확률밀도함수 $y=f(x)$의 그래프가 그림과 같을 때, $a + \mathrm{P}(0 \le X \le 1)$의 값을 구하시오. (단, a는 상수이다.)

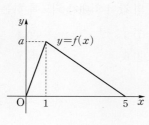

0425

연속확률변수 X가 갖는 값의 범위는 $1 \le X \le 4$이고 X의 확률밀도함수가

$$f(x) = a(1-x) \ (1 \le x \le 4)$$

일 때, $\mathrm{P}(2 \le X \le 3)$의 값은? (단, a는 상수이다.)

① $\dfrac{1}{18}$　　② $\dfrac{1}{9}$　　③ $\dfrac{1}{6}$

④ $\dfrac{2}{9}$　　⑤ $\dfrac{1}{3}$

0426

연속확률변수 X가 갖는 값의 범위는 $0 \le X \le 4$이고 X의 확률밀도함수가

$$f(x) = \begin{cases} \dfrac{1}{3} & (0 \le x \le 2) \\ \dfrac{2}{3} - \dfrac{1}{6}x & (2 < x \le 4) \end{cases}$$

일 때, $\mathrm{P}(1 \le X \le a) = \dfrac{7}{12}$을 만족시키는 상수 a의 값을 구하시오.

0427 평가원 변형

연속확률변수 X가 갖는 값의 범위는 $0 \le X \le 8$이고 X의 확률밀도함수의 그래프는 그림과 같다.

$$\mathrm{P}(X \ge a) - \mathrm{P}(X \le a) = \dfrac{1}{4}$$

일 때, $a+b$의 값은? (단, a, b는 상수이다.)

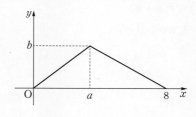

① $\dfrac{5}{4}$　　② $\dfrac{7}{4}$　　③ $\dfrac{9}{4}$

④ $\dfrac{11}{4}$　　⑤ $\dfrac{13}{4}$

0428

연속확률변수 X가 갖는 값의 범위는 $0 \le X \le 8$이고 X의 확률밀도함수 $f(x)$가 $0 \le x \le 4$인 모든 실수 x에 대하여

$$f(4-x) = f(4+x)$$

를 만족시킨다. $\mathrm{P}(5 \le X \le 8) = \dfrac{3}{8}$일 때, $\mathrm{P}(3 \le X \le 4)$의 값은?

① $\dfrac{1}{8}$　　② $\dfrac{3}{16}$　　③ $\dfrac{1}{4}$

④ $\dfrac{5}{16}$　　⑤ $\dfrac{3}{8}$

0429

정규분포 $N(m, \sigma^2)$을 따르는 확률변수 X의 확률밀도함수 $f(x)$가 실수 k의 값에 관계없이

$$f(8-k)=f(8+k)$$

를 만족시킬 때, m의 값은?

① 2   ② 4   ③ 8

④ 16   ⑤ 32

0430

정규분포를 따르는 두 확률변수 X_1, X_2의 평균은 각각 m_1, m_2이고 $m_1 < 0 < m_2$이다. X_1, X_2의 확률밀도함수를 각각 $f(x)$, $g(x)$라 하면 두 함수 $y=f(x)$, $y=g(x)$의 그래프는 그림과 같이 y축 위의 한 점에서 만난다. 보기에서 옳은 것만을 있는 대로 고른 것은?

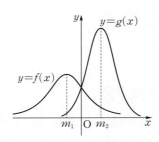

보기
ㄱ. $V(X_1) > V(X_2)$
ㄴ. $P(X_1 \geq m_1) + P(X_2 \geq m_2) = 1$
ㄷ. $P(X_1 \geq m_2) > P(X_2 \geq m_1)$

① ㄱ   ② ㄴ   ③ ㄱ, ㄴ
④ ㄱ, ㄷ   ⑤ ㄴ, ㄷ

0431 교육청 변형

정규분포 $N(14, 3^2)$을 따르는 확률변수 X에 대하여

$$P(3a-3 \leq X \leq 3a+7)$$

의 값이 최대가 되도록 하는 상수 a의 값은?

① 3   ② 4   ③ 5
④ 6   ⑤ 7

0432

정규분포 $N(12, 3^2)$을 따르는 확률변수 X에 대하여

$$P(X \leq 6) = P(X \geq k)$$

일 때, $k \times P\left(X \geq \dfrac{k}{2}+3\right)$의 값은? (단, k는 상수이다.)

① 3   ② 6   ③ 9
④ 12   ⑤ 15

0433

확률변수 X가 정규분포 $N(m, \sigma^2)$을 따르고 확률밀도함수가 $f(x)$일 때, 다음 설명 중 옳지 않은 것은?

① $P(X \leq m) = P(X \geq m)$

② $x=m$일 때, $f(x)$는 최댓값을 갖는다.

③ $m < a < b$일 때,
$$P(a \leq X \leq b) = P(m \leq X \leq b) - P(m \leq X \leq a)$$

④ $a < m$일 때, $P(X \geq a) = 0.5 - P(a \leq X \leq m)$

⑤ $a > 0$일 때, $P(X \leq a+m) + P(X \leq a-m) = 1$을 만족시키는 실수 a는 존재하지 않는다.

0434

두 확률변수 X, Y는 각각 정규분포 $N(4, 2^2)$, $N(8, 2^2)$을 따르고 확률밀도함수가 각각 $f(x)$, $g(x)$일 때, 다음 세 수 a, b, c의 대소 관계로 옳은 것은?

$$a = f(8), \quad b = g(8), \quad c = g(6) - f(6)$$

① $a < b < c$ ② $a < c < b$ ③ $b < c < a$
④ $c < a < b$ ⑤ $c < b < a$

유형 04   **정규분포에서의 확률**

0435

정규분포 $N(m, \sigma^2)$을 따르는 확률변수 X에 대하여 $P(m \le X \le x)$의 값이 오른쪽 표와 같을 때, 이 표를 이용하여 $P(m - 0.5\sigma \le X \le m + 2\sigma)$의 값을 구한 것은?

x	$P(m \le X \le x)$
$m + 0.5\sigma$	0.1915
$m + \sigma$	0.3413
$m + 1.5\sigma$	0.4332
$m + 2\sigma$	0.4772

① 0.5328   ② 0.6247
③ 0.6687   ④ 0.7745
⑤ 0.8185

0436

확률변수 X가 정규분포 $N(m, \sigma^2)$을 따르고
$$P(m - \sigma \le X \le m + \sigma) = a,$$
$$P(m - 2\sigma \le X \le m + 2\sigma) = b$$
일 때, 다음 중 $P(m + \sigma \le X \le m + 2\sigma)$의 값으로 옳은 것은?

① $\dfrac{a+b}{2}$ ② $\dfrac{b-a}{2}$ ③ $b - a$

④ $\dfrac{a}{2} + b$ ⑤ $a + \dfrac{b}{2}$

0437

정규분포 $N(m, \sigma^2)$을 따르는 확률변수 X에 대하여
$$P(X \ge m + \sigma) = 0.1587$$
일 때, $P(X \ge m - \sigma)$의 값은?

① 0.6587   ② 0.8174   ③ 0.8413
④ 0.9761   ⑤ 0.9987

0438

정규분포 $N(m, \sigma^2)$을 따르는 확률변수 X에 대하여 $P(m \le X \le x)$의 값은 오른쪽 표와 같다. 확률변수 X가 정규분포 $N(30, 3^2)$을 따를 때, 이 표를 이용하여

x	$P(m \le X \le x)$
$m + \sigma$	0.3413
$m + 2\sigma$	0.4772
$m + 3\sigma$	0.4987

$$P(k \le X \le 39) = 0.84$$
를 만족시키는 상수 k의 값을 구하시오.

0439 수능 변형

정규분포 $N(m, \sigma^2)$을 따르는 확률변수 X가

$$P(X \leq 18) = P(X \geq 22),$$
$$V(3X-1) = 36$$

을 만족시킬 때, 오른쪽 표를 이용하여 $P(18 \leq X \leq 24)$의 값을 구한 것은?

x	$P(m \leq X \leq x)$
$m + 0.5\sigma$	0.1915
$m + \sigma$	0.3413
$m + 1.5\sigma$	0.4332
$m + 2\sigma$	0.4772

① 0.6247   ② 0.6687   ③ 0.7745

④ 0.8185   ⑤ 0.9104

유형 **05** **정규분포의 표준화**

0440

확률변수 X가 정규분포 $N(m, 2^2)$을 따를 때, 확률변수 $Z = \dfrac{X+12}{\sigma}$는 표준정규분포 $N(0, 1)$을 따른다. $\sigma - m$의 값은?

① 10   ② 12   ③ 14

④ 16   ⑤ 18

0441

두 확률변수 X, Y가 각각 정규분포 $N(5, 2^2)$, $N(9, 3^2)$을 따르고

$$P(X \leq 6) = P(Y \geq k)$$

일 때, 상수 k의 값은?

① 7   ② $\dfrac{15}{2}$ ③ 8

④ $\dfrac{17}{2}$ ⑤ 9

0442

정규분포 $N(12, \sigma^2)$을 따르는 확률변수 X와 정규분포 $N(16, 2^2)$을 따르는 확률변수 Y에 대하여

$$P(X \leq 20) = P(Y \leq 18)$$

을 만족시키는 σ의 값을 구하시오. (단, $\sigma > 0$)

0443

두 확률변수 X, Y가 각각 정규분포 $N(m, 2^2)$, $N(5, 1^2)$을 따를 때,

$$P(4 \leq X \leq 2m-4) = 2P(5 \leq Y \leq 7)$$

을 만족시키는 상수 m의 값을 구하시오.

0444

정규분포 $N(m, 3^2)$을 따르는 확률변수 X와 X의 확률밀도함수 $f(x)$가 다음 조건을 만족시킬 때, $m+a$의 값은?

(단, a는 상수이다.)

(가) 임의의 실수 k에 대하여 $f(10-k) = f(10+k)$
(나) $P(m-3 \leq X \leq m) + P(m+3 \leq X \leq m+6)$
    $= P(10 \leq X \leq a)$

① 25   ② 26   ③ 27

④ 28   ⑤ 29

유형 06 표준화하여 확률 구하기

0445

확률변수 X가 정규분포 $N(40,\ 8^2)$을 따를 때, $P(X\geq36)$의 값을 오른쪽 표준정규분포표를 이용하여 구한 것은?

z	$P(0\leq Z\leq z)$
0.5	0.1915
1.0	0.3413
1.5	0.4332
2.0	0.4772

① 0.5328   ② 0.6915

③ 0.7745   ④ 0.8185

⑤ 0.9759

0446

확률변수 X가 정규분포 $N(24,\ 3^2)$을 따를 때, 다음 중 그 값이 가장 큰 것은? (단, Z가 표준정규분포를 따르는 확률변수일 때, $P(0\leq Z\leq1)=0.3413$, $P(0\leq Z\leq2)=0.4772$로 계산한다.)

① $P(18\leq X\leq21)$ ② $P(X\leq21)$

③ $P(21\leq X\leq30)$ ④ $P(X\leq27)$

⑤ $P(24\leq X\leq30)$

0447

확률변수 X가 정규분포 $N(20,\ 5^2)$을 따르고
$$P(X\leq23)=0.7257$$
일 때, $P(X\leq17)$의 값은?

① 0.1822   ② 0.2173   ③ 0.2299

④ 0.2743   ⑤ 0.2857

0448

확률변수 X가 평균이 15, 표준편차가 3인 정규분포를 따를 때, 확률변수 $Y=2X+1$에 대하여 $P(25\leq Y\leq43)$의 값을 오른쪽 표준정규분포표를 이용하여 구한 것은?

z	$P(0\leq Z\leq z)$
1	0.3413
2	0.4772
3	0.4987

① 0.6359   ② 0.7745

③ 0.8185   ④ 0.9104

⑤ 0.9987

유형 07 표준화하여 미지수 구하기

0449

확률변수 X가 정규분포 $N(55,\ 5^2)$을 따를 때,
$$P(40\leq X\leq k)=0.9759$$
를 만족시키는 상수 k의 값을 오른쪽 표준정규분포표를 이용하여 구한 것은?

z	$P(0\leq Z\leq z)$
1	0.3413
2	0.4772
3	0.4987

① 65   ② 67.5   ③ 70

④ 72.5   ⑤ 75

0450 평가원 변형

확률변수 X가 평균이 m, 분산이 16
인 정규분포를 따를 때,
$$\mathrm{P}(X \leq 30) = 0.9332$$
를 만족시키는 상수 m의 값을 오른쪽
표준정규분포표를 이용하여 구하시
오.

z	$\mathrm{P}(0 \leq Z \leq z)$
0.5	0.1915
1.0	0.3413
1.5	0.4332
2.0	0.4772

0451

확률변수 X가 정규분포 $\mathrm{N}(64, 7^2)$
을 따를 때,
$$\mathrm{P}(X \leq a) = 0.0228$$
을 만족시키는 상수 a의 값을 오른쪽
표준정규분포표를 이용하여 구하시오.

z	$\mathrm{P}(0 \leq Z \leq z)$
1.0	0.3413
1.5	0.4332
2.0	0.4772

0452

확률변수 X가 정규분포 $\mathrm{N}(m, \sigma^2)$
을 따를 때,
$$\mathrm{P}(m-k\sigma \leq X \leq m+k\sigma) = 0.5762$$
를 만족시키는 양수 k에 대하여 $100k$
의 값을 오른쪽 표준정규분포표를 이
용하여 구하시오. (단, $\sigma > 0$)

z	$\mathrm{P}(0 \leq Z \leq z)$
0.4	0.1554
0.8	0.2881
1.2	0.3849
1.6	0.4452

0453

정규분포 $\mathrm{N}(m, \sigma^2)$을 따르는 확률변수 X에 대하여
$$\mathrm{P}(m \leq X \leq m+3) - \mathrm{P}(X \leq m-3) = 0.1826$$
일 때, 오른쪽 표준정규분포표를 이용
하여 σ의 값을 구한 것은? (단, $\sigma > 0$)

① 1   ② 2

③ 3   ④ 4

⑤ 5

z	$\mathrm{P}(0 \leq Z \leq z)$
1	0.3413
2	0.4772
3	0.4987

유형 08 표준화하여 미지수 구하기 - 정규분포곡선의 성질 이용

0454

정규분포 $\mathrm{N}(m, 3^2)$을 따르는 확률변
수 X에 대하여
$$\mathrm{P}(X \geq m-3) = \mathrm{P}(X \leq 11)$$
일 때, $\mathrm{P}(X \geq 2)$의 값을 오른쪽 표준
정규분포표를 이용하여 구한 것은?

z	$\mathrm{P}(0 \leq Z \leq z)$
0.5	0.1915
1.0	0.3413
1.5	0.4332
2.0	0.4772

① 0.6687   ② 0.8185   ③ 0.8413

④ 0.9332   ⑤ 0.9772

0455 교육청 변형

정규분포 $N(14, 2^2)$을 따르는 확률변수 X에 대하여

$$P(X \le 3a+7) = P(X \ge 19-2a)$$

일 때, $P(3a+7 \le X \le 19-2a)$의
값을 오른쪽 표준정규분포표를 이용
하여 구한 것은? (단, a는 상수이다.)

z	$P(0 \le Z \le z)$
0.5	0.1915
1.0	0.3413
1.5	0.4332
2.0	0.4772

① 0.3830　　② 0.6826

③ 0.7745　　④ 0.8664

⑤ 0.9544

0456

정규분포 $N(m, \sigma^2)$을 따르는 확률변수 X의 확률밀도함수가
$f(x)$이고, 모든 실수 x에 대하여

$$f(100-x) = f(x)$$

이다. $P(m \le X \le m+10) = 0.4772$
일 때, $P(X \le 65)$의 값을 오른쪽 표
준정규분포표를 이용하여 구한 것은?

z	$P(0 \le Z \le z)$
1	0.3413
2	0.4772
3	0.4987

① 0.7745　　② 0.8413　　③ 0.9104

④ 0.9772　　⑤ 0.9987

0457

정규분포 $N(m, 2^2)$을 따르는 확률변수 X의 확률밀도함수
$f(x)$가 다음 조건을 만족시킨다.

> (가) $f(8) > f(14)$　　　　　(나) $f(6) < f(12)$

m이 자연수일 때, $P(12 \le X \le 16)$
의 값을 오른쪽 표준정규분포표를 이
용하여 구한 것은?

z	$P(0 \le Z \le z)$
1	0.3413
2	0.4772
3	0.4987

① 0.1359　　② 0.1574

③ 0.8185　　④ 0.8400

⑤ 0.9759

0458

두 확률변수 X, Y는 각각 정규분포 $N(24, 6^2)$, $N(36, 6^2)$
을 따르고 확률밀도함수는 각각
$f(x)$, $g(x)$이다. 두 함수 $y=f(x)$,
$y=g(x)$의 그래프가 만나는 점의 x
좌표를 a라 할 때, $P(a \le X \le 36)$의
값을 오른쪽 표준정규분포표를 이용
하여 구한 것은?

z	$P(0 \le Z \le z)$
0.5	0.1915
1.0	0.3413
1.5	0.4332
2.0	0.4772

① 0.0440　　② 0.0919　　③ 0.1359

④ 0.1498　　⑤ 0.2417

0459

어느 생수 회사에서 판매하는 1 L 생수 한 병에 들어 있는 나트륨의 양은 평균이 6.5 mg, 표준편차가 1 mg인 정규분포를 따른다고 한다. 이 회사에서 판매하는 1 L 생수 중에서 임의로 한 병을 선택할 때, 들어 있는 나트륨의 양이 7 mg 이상일 확률을 오른쪽 표준정규분포표를 이용하여 구한 것은?

z	$P(0 \leq Z \leq z)$
0.5	0.1915
1.0	0.3413
1.5	0.4332
2.0	0.4772

① 0.0062   ② 0.0228   ③ 0.0668
④ 0.1587   ⑤ 0.3085

0460 수능 변형

어느 농장에서 수확하는 오렌지 한 개의 무게는 평균이 150 g, 표준편차가 10 g인 정규분포를 따른다고 한다. 이 농장에서 수확한 오렌지 중에서 임의로 선택한 오렌지 한 개의 무게가 145 g 이상이고 170 g 이하일 확률을 오른쪽 표준정규분포표를 이용하여 구한 것은?

z	$P(0 \leq Z \leq z)$
0.5	0.1915
1.0	0.3413
1.5	0.4332
2.0	0.4772

① 0.5328   ② 0.6687   ③ 0.7745
④ 0.8185   ⑤ 0.9104

0461

어느 고등학교 학생들의 일주일 독서 시간은 평균이 7시간, 표준편차가 2시간인 정규분포를 따르고, 독서 시간이 11시간 이상인 학생들을 대상으로 도서상품권을 지급한다. 이 고등학교 학생 중 임의로 한 명을 선택할 때, 이 학생이 도서상품권을 받을 확률을 오른쪽 표준정규분포표를 이용하여 구한 것은?

z	$P(0 \leq Z \leq z)$
1	0.3413
2	0.4772
3	0.4987

① 0.0013   ② 0.0026   ③ 0.0228
④ 0.0456   ⑤ 0.1587

0462

지웅이가 등교하는 데 걸리는 시간은 평균이 36분, 표준편차가 4분인 정규분포를 따른다고 한다. 학교 등교 시각은 오전 8시 30분이고 지웅이가 집에서 오전 7시 48분에 출발할 때, 지웅이가 지각하지 않을 확률을 오른쪽 표준정규분포표를 이용하여 구한 것은?

z	$P(0 \leq Z \leq z)$
1.0	0.3413
1.5	0.4332
2.0	0.4772
2.5	0.4938

① 0.6826   ② 0.8413   ③ 0.9332
④ 0.9772   ⑤ 0.9938

0463

어느 공장에서는 생산한 탁구공의 무게를 검사하여 기준 무게와 비교할 때 0.4 g 이상 차이가 나면 그 탁구공은 불량품으로 판정한다. 탁구공의 기준 무게는 27 g이고, 이 공장에서 생산하는 탁구공의 무게는 평균이 26.8 g, 표준편차가 0.4 g인 정규분포를 따른다고 한다. 이 공장에서 생산한 탁구공 중에서 임의로 한 개를 선택할 때, 이 탁구공이 불량품일 확률을 오른쪽 표준정규분포표를 이용하여 구한 것은?

z	P($0 \leq Z \leq z$)
0.5	0.1915
1.0	0.3413
1.5	0.4332
2.0	0.4772

① 0.2255　　　② 0.3313　　　③ 0.3753
④ 0.4627　　　⑤ 0.6170

유형 **10** 정규분포의 활용 - 도수 구하기

0464

어느 고등학교 학생 600명을 대상으로 등교하는 데 걸리는 시간을 조사하였더니 평균이 20분, 표준편차가 5분인 정규분포를 따르는 것으로 나타났다. 이 고등학교 학생 600명 중 등교하는 데 걸리는 시간이 28분 이하인 학생의 수를 오른쪽 표준정규분포표를 이용하여 구한 것은?

z	P($0 \leq Z \leq z$)
1.0	0.341
1.2	0.385
1.4	0.419
1.6	0.445

① 501　　　② 516　　　③ 531
④ 548　　　⑤ 567

0465

어느 농장에서 생산한 사과 10만 개의 당도를 조사하였더니 평균이 18 Brix, 표준편차가 2 Brix인 정규분포를 따르는 것으로 나타났다. 이 농장에서 생산한 사과 중 당도가 16 Brix 이상이고 19 Brix 이하인 사과의 개수를 오른쪽 표준정규분포표를 이용하여 구한 것은?

z	P($0 \leq Z \leq z$)
0.5	0.1915
1.0	0.3413
1.5	0.4332
2.0	0.4772

① 30850　　　② 53280　　　③ 62470
④ 66870　　　⑤ 77450

0466

어느 지역에서 작년에 태어난 신생아 한 명의 몸무게는 평균이 3.2 kg, 표준편차가 0.4 kg인 정규분포를 따르고 이 지역에서 작년에 태어난 신생아는 5000명이라고 한다. 몸무게가 4 kg 이상인 신생아를 우량아로 분류할 때, 이 지역에서 작년에 태어난 신생아 중 우량아의 수를 오른쪽 표준정규분포표를 이용하여 구하시오.

z	P($0 \leq Z \leq z$)
1	0.3413
2	0.4772
3	0.4987

0467

n명이 응시한 어느 시험에서 응시생의 점수는 평균이 88점, 표준편차가 8점인 정규분포를 따르는 것으로 나타났다. 이 시험에서 96점 이상을 받은 응시생이 40명일 때, 오른쪽 표준정규분포표를 이용하여 자연수 n의 값을 구하시오.

z	$P(0 \le Z \le z)$
0.5	0.19
1.0	0.34
1.5	0.43
2.0	0.48

유형 11 정규분포의 활용 – 미지수 구하기

0468

어느 자격증 시험에 응시한 응시생들의 점수는 평균이 m점, 표준편차가 8점인 정규분포를 따르는 것으로 나타났다. 응시생 중 임의로 선택한 한 명의 점수가 90점 이상일 확률이 0.0668일 때, 오른쪽 표준정규분포표를 이용하여 m의 값을 구하시오.

z	$P(0 \le Z \le z)$
1.0	0.3413
1.5	0.4332
2.0	0.4772

0469 평가원 변형

어느 제과점에서 생산하는 옥수수 식빵 1팩의 무게는 평균이 500 g, 표준편차가 16 g인 정규분포를 따르고, 밤 식빵 1팩의 무게는 평균이 600 g, 표준편차가 4 g인 정규분포를 따른다고 한다. 이 제과점에서 생산한 옥수수 식빵 중에서 임의로 선택한 1팩의 무게가 508 g 이상 516 g 이하일 확률과 밤 식빵 중에서 임의로 선택한 1팩의 무게가 596 g 이상 a g 이하일 확률이 서로 같다. 상수 a의 값을 구하시오.

0470

어느 고등학교 학생들을 대상으로 SNS 하루 이용 시간을 조사하였더니 평균이 70분, 표준편차가 σ분인 정규분포를 따르는 것으로 나타났다. 이 고등학교 학생 중 임의로 선택한 한 명의 SNS 하루 이용 시간이 67분 이상이고 73분 이하일 확률이 0.6826일 때, 오른쪽 표준정규분포표를 이용하여 σ의 값을 구한 것은?

z	$P(0 \le Z \le z)$
1	0.3413
2	0.4772
3	0.4987

① 1.5   ② 2   ③ 2.5

④ 3   ⑤ 3.5

0471

A 전자회사에서 판매하는 무선청소기의 1회 최대 사용 시간은 평균이 30분, 표준편차가 6분인 정규분포를 따르고, B 전자회사에서 판매하는 무선청소기의 1회 최대 사용 시간은 평균이 24분, 표준편차가 3분인 정규분포를 따른다고 한다.

A 전자회사의 무선청소기 중에서 임의로 선택한 한 대의 1회 최대 사용 시간이 a분 이하일 확률과 B 전자회사의 무선청소기 중에서 임의로 선택한 한 대의 1회 최대 사용 시간이 a분 이상일 확률이 서로 같을 때, 상수 a의 값을 구하시오.

0472 교육청 변형

과수원 A에서 수확한 배 1개의 무게는 평균이 m g, 표준편차가 σ g인 정규분포를 따르고, 과수원 B에서 수확한 배 1개의 무게는 평균이 $(m+15)$ g, 표준편차가 2σ g인 정규분포를 따른다. 과수원 A에서 수확한 배 1개의 무게가 $(m-10)$ g 이하일 확률이 0.3085일 때, 과수원 B에서 수확한 배 1개의 무게가 $(m+25)$ g 이하일 확률을 오른쪽 표준정규분포표를 이용하여 구한 것은?

z	$P(0 \le Z \le z)$
0.25	0.0987
0.50	0.1915
0.75	0.2734
1.00	0.3413

① 0.5987   ② 0.6147   ③ 0.6915

④ 0.7234   ⑤ 0.8413

유형 12   정규분포의 활용 – 최솟값 구하기

0473

모집 정원이 210명인 어느 기능사 선발 시험에 3000명이 응시하였다. 응시자의 점수는 평균이 60점, 표준편차가 10점인 정규분포를 따른다고 할 때, 합격자의 최저 점수를 오른쪽 표준정규분포표를 이용하여 구한 것은?

z	$P(0 \le Z \le z)$
1.41	0.42
1.48	0.43
1.55	0.44
1.65	0.45

① 74.8점   ② 75.2점   ③ 75.6점

④ 76.0점   ⑤ 76.4점

0474

어느 고등학교에서 상위 4 % 이내의 성적은 1등급의 내신을 부여한다. 이 고등학교 3학년 학생들의 중간고사 수학 성적은 평균이 82점, 표준편차가 8점인 정규분포를 따른다고 할 때, 수학 내신 1등급을 받기 위한 최저 점수를 오른쪽 표준정규분포표를 이용하여 구한 것은?

z	$P(0 \le Z \le z)$
1.55	0.44
1.65	0.45
1.75	0.46
1.85	0.47

① 93점   ② 94점   ③ 95점

④ 96점   ⑤ 97점

0475

어느 체육관에서 회원 50명을 대상으로 윗몸일으키기 대회를 개최하고 기록이 좋은 회원부터 차례로 8명을 뽑아 문화상품권을 지급하는 행사를 열었다. 대회 결과, 회원 1명의 기록은 평균이 34회, 표준편차가 2회인 정규분포를 따르는 것으로 나타났을 때, 문화상품권을 받은 8명의 회원 중 기록이 가장 낮은 회원의 기록은 몇 회인지 오른쪽 표준정규분포표를 이용하여 구하시오.

z	$P(0 \le Z \le z)$
0.5	0.19
1.0	0.34
1.5	0.43
2.0	0.48

0476

세 확률변수 X_1, X_2, X_3이 각각 정규분포

$$N(20, 2^2), \ N(25, 4^2), \ N(30, 7^2)$$

을 따른다. $p_n=P(X_n \geq 23)$ $(n=1, 2, 3)$에 대하여 p_1, p_2, p_3의 대소 관계로 옳은 것은?

① $p_1 < p_2 < p_3$ ② $p_1 < p_3 < p_2$ ③ $p_2 < p_1 < p_3$

④ $p_2 < p_3 < p_1$ ⑤ $p_3 < p_2 < p_1$

0477

다음은 은주네 고등학교 1학기 기말고사의 국어, 수학, 영어 성적의 과목별 평균과 표준편차를 나타낸 표이고, 국어, 수학, 영어 성적은 모두 정규분포를 따른다고 한다.

(단위: 점)

구분	국어	수학	영어
평균	88	82	88
표준편차	4	8	8

이 기말고사에서 은주는 세 과목 모두 90점을 받았을 때, 은주가 다른 학생에 비해 상대적으로 우수한 과목부터 차례대로 나열한 것은?

① 국어, 수학, 영어 ② 국어, 영어, 수학

③ 수학, 국어, 영어 ④ 수학, 영어, 국어

⑤ 영어, 수학, 국어

0478

세 과수원 A, B, C에서 수확한 사과 한 개의 무게는 평균이 각각 210 g, 212 g, 220 g이고 표준편차가 각각 10 g, 6 g, 4 g인 정규분포를 따르고, 사과 한 개의 무게가 230 g 이상이면 특상품으로 분류한다. 세 과수원 A, B, C에서 사과를 임의로 한 개씩 선택했을 때, 이 사과가 특상품일 확률이 가장 높은 과수원과 가장 낮은 과수원을 차례대로 나열한 것은?

① A, B ② A, C ③ B, A

④ C, A ⑤ C, B

0479

다음은 하영이네 반 전체 학생의 국어, 수학, 영어 성적의 평균, 표준편차 및 하영이의 각 과목 성적을 나타낸 표이고, 각 과목의 성적은 정규분포를 따른다고 한다.

(단위: 점)

구분	평균	표준편차	하영이의 성적
국어	80	4	84
수학	72	3	81
영어	78	2	82

하영이의 성적을 반 전체의 성적과 비교할 때, 보기에서 옳은 것만을 있는 대로 고른 것은?

보기
  ㄱ. 영어 성적이 국어 성적보다 상대적으로 좋다.
  ㄴ. 수학 성적이 가장 낮게 나왔으나 세 과목 중에서 수학 성적이 상대적으로 가장 좋다.
  ㄷ. 국어 성적이 가장 높게 나왔으나 세 과목 중에서 국어 성적이 상대적으로 가장 나쁘다.

① ㄱ ② ㄴ ③ ㄱ, ㄴ

④ ㄴ, ㄷ ⑤ ㄱ, ㄴ, ㄷ

유형 14 이항분포와 정규분포의 관계

0480

이항분포 $B\left(100, \dfrac{1}{2}\right)$을 따르는 확률변수 X가 근사적으로 정규분포 $N(a, b)$를 따른다고 할 때, 표준정규분포를 따르는 확률변수 Z에 대하여

$$P(X \leq 56) = P(Z \leq c)$$

이다. 상수 a, b, c에 대하여 $(a+b) \times c$의 값을 구하시오.

0481

확률변수 X가 이항분포 $B\left(150, \dfrac{3}{5}\right)$을 따를 때, $P(78 \leq X \leq 93)$의 값을 오른쪽 표준정규분포표를 이용하여 구한 것은?

z	$P(0 \leq Z \leq z)$
0.5	0.1915
1.0	0.3413
1.5	0.4332
2.0	0.4772

① 0.6247   ② 0.6687   ③ 0.7745
④ 0.8185   ⑤ 0.9104

0482

확률변수 X가 이항분포 $B(72, p)$를 따르고 $V(2X-5)=64$일 때, $P(X \geq 40)$의 값을 오른쪽 표준정규분포표를 이용하여 구한 것은? $\left(\text{단, } \dfrac{1}{2} < p < 1\right)$

z	$P(0 \leq Z \leq z)$
1	0.3413
2	0.4772
3	0.4987

① 0.7745   ② 0.8185
③ 0.8413   ④ 0.9772
⑤ 0.9987

0483

이산확률변수 X가 갖는 값은 0, 1, 2, $\cdots$, 450이고 X의 확률질량함수가

$$P(X=x) = {}_{450}C_x\left(\dfrac{1}{3}\right)^x\left(\dfrac{2}{3}\right)^{450-x} \ (x=0, 1, 2, \cdots, 450)$$

일 때, $P(120 \leq X \leq 140)$의 값을 오른쪽 표준정규분포표를 이용하여 구한 것은?

z	$P(0 \leq Z \leq z)$
1	0.3413
2	0.4772
3	0.4987

① 0.0215   ② 0.0668
③ 0.1359   ④ 0.1574
⑤ 0.1587

0484

확률변수 X가 이항분포 $B\left(n, \dfrac{1}{2}\right)$을 따를 때, $P(X \leq 66)$의 값을 오른쪽 표준정규분포표를 이용하여 구하면 0.1587이다. 자연수 n의 값을 구하시오. (단, $n > 100$)

z	$P(0 \leq Z \leq z)$
0.5	0.1915
1.0	0.3413
1.5	0.4332
2.0	0.4772

0485

자연수 n에 대하여 $a_n = \dfrac{{}_{100}C_n \times 4^n}{5^{100}}$일 때,

$$a_{70} + a_{71} + a_{72} + \cdots + a_{90}$$

의 값을 오른쪽 표준정규분포표를 이용하여 구한 것은?

z	$P(0 \leq Z \leq z)$
1.5	0.4332
2.0	0.4772
2.5	0.4938
3.0	0.4987

① 0.8664   ② 0.9544
③ 0.9876   ④ 0.9925
⑤ 0.9974

0486

어느 회사에서는 구내식당을 이용하는 직원이 전체 직원의 90 %라고 한다. 이 회사 직원 중에서 임의로 선택한 100명 중 구내식당을 이용하는 직원이 96명 이상일 확률을 오른쪽 표준정규분포표를 이용하여 구한 것은?

z	$P(0 \le Z \le z)$
1.5	0.4332
2.0	0.4772
2.5	0.4938
3.0	0.4987

① 0.0013   ② 0.0026   ③ 0.0062

④ 0.0228   ⑤ 0.0668

0487

다음은 어느 영화 동호회에서 같은 날 개봉한 세 영화 A, B, C를 관람한 사람의 비율을 조사한 표이다.

영화	비율
A	30 %
B	45 %
C	25 %
합계	100 %

세 영화 A, B, C의 첫 상영에서 각 영화를 관람한 영화 동호회 회원 중 2100명을 임의로 선택할 때, A 영화를 관람한 회원이 609명 이상일 확률을 오른쪽 표준정규분포표를 이용하여 구한 것은?

z	$P(0 \le Z \le z)$
1	0.3413
2	0.4772
3	0.4987

① 0.7745   ② 0.8185   ③ 0.8413

④ 0.9772   ⑤ 0.9987

0488

한 개의 주사위를 288번 던질 때, 6의 약수의 눈이 188번 이상 200번 이하 나올 확률을 오른쪽 표준정규분포표를 이용하여 구한 것은?

z	$P(0 \le Z \le z)$
0.5	0.1915
1.0	0.3413
1.5	0.4332
2.0	0.4772

① 0.5328   ② 0.6247

③ 0.6687   ④ 0.8185

⑤ 0.8625

0489

서로 다른 두 개의 주사위를 동시에 던졌을 때, 두 눈의 수의 합이 짝수인 사건을 A라 하자. 이 시행을 100번 하였을 때, 사건 A가 일어나는 횟수가 40회 이상 60회 이하일 확률을 오른쪽 표준정규분포표를 이용하여 구한 것은?

z	$P(0 \le Z \le z)$
0.5	0.1915
1.0	0.3413
1.5	0.4332
2.0	0.4772

① 0.1587   ② 0.3085   ③ 0.6826

④ 0.8664   ⑤ 0.9544

0490

한 번의 시행에서 7점을 얻을 확률이 $\dfrac{1}{4}$, 3점을 잃을 확률이 $\dfrac{3}{4}$인 게임이 있다. 이 게임을 192번 독립적으로 시행하였을 때, 24점 이상 얻을 확률을 오른쪽 표준정규분포표를 이용하여 구한 것은?

(단, 0점에서 시작한다.)

z	$P(0 \le Z \le z)$
0.5	0.1915
1.0	0.3413
1.5	0.4332
2.0	0.4772

① 0.0228   ② 0.0668   ③ 0.1587

④ 0.3085   ⑤ 0.3413

0491

어느 공장에서 생산하는 과자 한 개의 중량은 평균이 150 g, 표준편차가 5 g인 정규분포를 따른다고 한다. 이 공장에서 생산한 과자 중에서 임의로 100개를 선택하여 중량을 조사할 때, 중량이 154.2 g 이상인 과자가 24개 이상일 확률을 오른쪽 표준정규분포표를 이용하여 구한 것은?

z	$P(0 \leq Z \leq z)$
0.64	0.24
0.84	0.30
1.00	0.34
1.28	0.40

① 0.16   ② 0.20   ③ 0.26

④ 0.30   ⑤ 0.34

유형 16 **이항분포와 정규분포의 관계의 활용 – 미지수 구하기**

0492

어떤 학생이 정답이 한 개인 오지선다형 문제 25개에 임의로 답을 할 때, k개 이상의 문제를 틀릴 확률이 0.6915라고 한다. 오른쪽 표준정규분포표를 이용하여 k의 값을 구한 것은?

z	$P(0 \leq Z \leq z)$
0.5	0.1915
1.0	0.3413
1.5	0.4332
2.0	0.4772

① 16   ② 17   ③ 18

④ 19   ⑤ 20

0493

한 개의 주사위를 162번 던질 때, 5의 약수의 눈이 나오는 횟수를 확률변수 X라 하자.

$$P(X \leq k) = 0.8413$$

을 만족시키는 상수 k의 값을 오른쪽 표준정규분포표를 이용하여 구한 것은?

z	$P(0 \leq Z \leq z)$
1.0	0.3413
1.5	0.4332
2.0	0.4772
2.5	0.4938

① 58   ② 60   ③ 62

④ 64   ⑤ 66

0494

어느 고등학교 학생 중 등교할 때 자전거를 이용하는 학생의 비율을 조사하였더니 20 %이었다. 이 고등학교 학생 100명 중 등교할 때 자전거를 이용하는 학생의 수가 n명 이상 32명 이하일 확률이 0.84일 때, n의 값을 오른쪽 표준정규분포표를 이용하여 구하시오.

z	$P(0 \leq Z \leq z)$
1	0.3413
2	0.4772
3	0.4987

0495

어느 농장에서 생산하는 계란 중 왕란의 비율은 10 %이다. 이 농장에서 생산된 계란 n개 중에서 왕란의 개수를 확률변수 X라 할 때, X가 부등식

$$|10X - n| \leq 75$$

를 만족시킬 확률이 0.9544 이상이 되도록 하는 자연수 n의 최댓값을 오른쪽 표준정규분포표를 이용하여 구하시오. (단, $n \geq 100$)

z	$P(0 \leq Z \leq z)$
1.5	0.4332
2.0	0.4772
2.5	0.4938
3.0	0.4987

0496 교육청 변형

정규분포 $N(m, \sigma^2)$을 따르는 확률변수 X에 대하여
$$P(X \leq a+10) = P(X \geq 5-b)$$
가 성립한다. 확률변수 $Y = \dfrac{X+20}{2}$이 정규분포 $N(60, 2^2)$을 따를 때, $a-b+\sigma^2$의 값은? (단, a, b는 상수이다.)

① 189 　　　② 195 　　　③ 201
④ 207 　　　⑤ 213

0497 교육청 기출

두 연속확률변수 X와 Y가 갖는 값의 범위는 각각 $0 \leq X \leq a$, $0 \leq Y \leq a$이고 X와 Y의 확률밀도함수를 각각 $f(x)$, $g(x)$라 하자. $0 \leq x \leq a$인 모든 실수 x에 대하여 두 함수 $f(x)$, $g(x)$는
$$f(x)=b, \quad g(x)=P(0 \leq X \leq x)$$
이다. $P(0 \leq Y \leq c) = \dfrac{1}{2}$일 때, $(a+b) \times c^2$의 값을 구하시오. (단, a, b, c는 상수이다.)

0498 교육청 변형

어느 공장에서 생산하는 휴대전화 배터리 1개의 지속 시간은 평균이 40시간, 표준편차가 5시간인 정규분포를 따르고 지속 시간이 30시간 이하인 배터리는 불량품으로 판정하여 폐기 처리한다. 이 공장에서 생산한 휴대전화 배터리 10000개를 임의로 선택할 때, 불량품이 179개 미만일 확률을 오른쪽 표준정규분포표를 이용하여 구한 것은?

z	$P(0 \leq Z \leq z)$
1.5	0.43
1.7	0.46
2.0	0.48
2.3	0.49

① 0.01 　　　② 0.02 　　　③ 0.04
④ 0.06 　　　⑤ 0.07

0499 수능 기출

확률변수 X는 평균이 m, 표준편차가 5인 정규분포를 따르고, 확률변수 X의 확률밀도함수 $f(x)$가 다음 조건을 만족시킨다.

(가)	$f(10) > f(20)$
(나)	$f(4) < f(22)$

z	$P(0 \leq Z \leq z)$
0.6	0.226
0.8	0.288
1.0	0.341
1.2	0.385
1.4	0.419

m이 자연수일 때
$$P(17 \leq X \leq 18) = a$$
이다. $1000a$의 값을 오른쪽 표준정규분포표를 이용하여 구하시오.

0500 수능 변형

어느 고등학교 3학년 학생의 국어, 영어 시험 점수는 각각 정규분포 $N(m, \sigma^2)$, $N(m+12, 4\sigma^2)$을 따른다. 이 고등학교 3학년 학생 중에서 국어 성적이 84점 이상인 학생의 비율과 영어 성적이 84점 이하인 학생의 비율이 모두 0.0228일 때, 오른쪽 표준정규분포표를 이용하여 $m \times \sigma$의 값을 구하시오. (단, $\sigma > 0$)

z	$P(0 \leq Z \leq z)$
1	0.3413
2	0.4772
3	0.4987

0501 교육청 기출

확률변수 X는 평균이 m, 표준편차가 σ인 정규분포를 따르고 $F(x) = P(X \leq x)$라 하자. m이 자연수이고

$$0.5 \leq F\left(\frac{11}{2}\right) \leq 0.6915, \quad F\left(\frac{13}{2}\right) = 0.8413$$

일 때, $F(k) = 0.9772$를 만족시키는 상수 k의 값을 오른쪽 표준정규분포표를 이용하여 구하시오.

z	$P(0 \leq Z \leq z)$
0.5	0.1915
1.0	0.3413
1.5	0.4332
2.0	0.4772

0502 수능 기출

어느 회사 직원들의 어느 날의 출근 시간은 평균이 66.4분, 표준편차가 15분인 정규분포를 따른다고 한다. 이 날 출근 시간이 73분 이상인 직원들 중에서 40 %, 73분 미만인 직원들 중에서 20 %가 지하철을 이용하였고, 나머지 직원들은 다른 교통수단을 이용하였다. 이 날 출근한 이 회사 직원들 중 임의로 선택한 1명이 지하철을 이용하였을 확률은? (단, Z가 표준정규분포를 따르는 확률변수일 때, $P(0 \leq Z \leq 0.44) = 0.17$로 계산한다.)

① 0.306   ② 0.296   ③ 0.286

④ 0.276   ⑤ 0.266

0503 교육청 변형

두 확률변수 X, Y는 각각 정규분포 $N(m, \sigma^2)$, $N(n, \sigma^2)$을 따르고 확률밀도함수가 각각 $f(x)$, $g(x)$일 때, 두 확률변수 X, Y와 두 함수 $f(x)$, $g(x)$가 다음 조건을 만족시킨다.

⑦ $f(12) = g(14)$
⑭ $P(m \leq X \leq 12) = P(14 \leq Y \leq n) = 0.4772$
⑮ $P(X \leq 12) + P(X \leq 8) = 1$

두 함수 $y = f(x)$, $y = g(x)$의 그래프의 교점의 x좌표를 k라 할 때, $P(m \leq X \leq k)$의 값을 오른쪽 표준정규분포표를 이용하여 구한 것은?

z	$P(0 \leq Z \leq z)$
1	0.3413
2	0.4772
3	0.4987

① 0.3413   ② 0.4772   ③ 0.4987

④ 0.8185   ⑤ 0.9759

통계적 추정

유형 01 모평균과 표본평균

0504

모집단의 확률변수 X의 확률분포를 표로 나타내면 다음과 같다.

X	1	3	5	합계
$P(X=x)$	$\frac{1}{4}$	$\frac{5}{8}$	$\frac{1}{8}$	1

이 모집단에서 크기가 2인 표본을 임의추출하여 구한 표본평균을 $\overline{X}$라 할 때, $P(3\leq\overline{X}\leq4)$의 값은?

① $\frac{39}{64}$　　② $\frac{5}{8}$　　③ $\frac{41}{64}$

④ $\frac{21}{32}$　　⑤ $\frac{43}{64}$

0505

모집단의 확률변수 X의 확률질량함수가
$$P(X=x)=a(x-1) \ (x=2, 4, 6)$$
일 때, 이 모집단에서 크기가 2인 표본을 임의추출하여 구한 표본평균을 $\overline{X}$라 하자. $a+P(\overline{X}>4)$의 값은?

(단, a는 상수이다.)

① $\frac{7}{9}$　　② $\frac{64}{81}$　　③ $\frac{65}{81}$

④ $\frac{22}{27}$　　⑤ $\frac{67}{81}$

0506

모집단의 확률변수 X의 확률분포를 표로 나타내면 다음과 같다.

X	1	2	3	합계
$P(X=x)$	a	$2a$	b	1

이 모집단에서 크기가 2인 표본을 임의추출하여 구한 표본평균을 $\overline{X}$라 하면 $P(1<\overline{X}<2)=\frac{1}{9}$일 때, $a+b$의 값은?

① $\frac{1}{6}$　　② $\frac{1}{3}$　　③ $\frac{1}{2}$

④ $\frac{2}{3}$　　⑤ $\frac{5}{6}$

0507 수능 변형

숫자 1이 적힌 카드 1장, 숫자 2가 적힌 카드 2장, 숫자 3이 적힌 카드 1장, 숫자 4가 적힌 카드 2장이 들어 있는 주머니가 있다. 이 주머니에서 임의로 1장의 카드를 꺼내어 카드에 적힌 수를 확인한 후 다시 넣는 시행을 2회 반복한다. 꺼낸 카드에 적힌 수의 평균을 $\overline{X}$라 할 때, $P(\overline{X}=3)$의 값은?

① $\frac{1}{12}$　　② $\frac{1}{6}$　　③ $\frac{1}{4}$

④ $\frac{1}{3}$　　⑤ $\frac{5}{12}$

유형 02 표본평균의 평균, 분산, 표준편차 – 모평균, 모표준편차가 주어진 경우

0508 수능 변형

모평균이 50, 모분산이 36인 모집단에서 크기가 9인 표본을 임의추출하여 구한 표본평균을 $\overline{X}$라 할 때, $\mathrm{E}(\overline{X}) \times \mathrm{V}(\overline{X})$의 값은?

① 100   ② 200   ③ 400

④ 600   ⑤ 900

0509

정규분포 $\mathrm{N}(20,\ 16^2)$을 따르는 모집단에서 크기가 64인 표본을 임의추출하여 구한 표본평균 $\overline{X}$에 대하여 $\mathrm{E}(\overline{X}^2)$의 값을 구하시오.

0510

모평균이 60, 모표준편차가 7인 모집단에서 크기가 4인 표본을 임의추출하여 구한 표본평균을 $\overline{X}$라 할 때,

$$\mathrm{E}(2\overline{X}-1)+\mathrm{V}(2\overline{X}+1)$$

의 값은?

① 152   ② 156   ③ 160

④ 164   ⑤ 168

0511

정규분포 $\mathrm{N}(m,\ \sigma^2)$을 따르는 모집단에서 크기가 n_1, n_2인 표본을 각각 임의추출하여 얻은 표본평균을 $\overline{X}$, $\overline{Y}$라 하자. $n_2=9n_1$일 때, $\sigma(\overline{X})=k \times \sigma(\overline{Y})$를 만족시키는 상수 k의 값은?

① $\dfrac{1}{9}$ ② $\dfrac{1}{3}$ ③ 1

④ 3   ⑤ 9

0512

모집단의 확률변수 X에 대하여 $\mathrm{E}(X)=8$, $\sigma(X)=4$일 때, 이 모집단에서 크기가 n인 표본을 임의추출하여 구한 표본평균 $\overline{X}$에 대하여 $\mathrm{E}(\overline{X}^2) \geq 67$을 만족시키는 2 이상의 자연수 n의 값의 합은?

① 9   ② 14   ③ 20

④ 27   ⑤ 35

유형 03 표본평균의 평균, 분산, 표준편차 – 모집단의 확률분포가 주어진 경우

0513

모집단의 확률변수 X의 확률분포를 표로 나타내면 다음과 같다.

X	2	3	4	6	합계
$P(X=x)$	$\dfrac{1}{4}$	$\dfrac{1}{3}$	$\dfrac{1}{4}$	$\dfrac{1}{6}$	1

이 모집단에서 크기가 7인 표본을 임의추출하여 구한 표본평균 $\overline{X}$에 대하여 $E(\overline{X}^2)$의 값은?

① $\dfrac{21}{2}$ ② 11 ③ $\dfrac{23}{2}$

④ 12 ⑤ $\dfrac{25}{2}$

0514

모집단의 확률변수 X의 확률분포를 표로 나타내면 다음과 같다.

X	1	2	3	4	합계
$P(X=x)$	a	$\dfrac{1}{5}$	$\dfrac{3}{10}$	$4a$	1

이 모집단에서 크기가 4인 표본을 임의추출하여 구한 표본평균 $\overline{X}$에 대하여 $V\left(\dfrac{\overline{X}}{a}\right)$의 값을 구하시오.

0515 [평가원 변형]

모집단의 확률변수 X의 확률분포를 표로 나타내면 다음과 같다.

X	0	4	a	합계
$P(X=x)$	$\dfrac{1}{4}$	b	$\dfrac{1}{2}$	1

$E(X^2)=36$일 때, 이 모집단에서 임의추출한 크기가 11인 표본의 표본평균 $\overline{X}$에 대하여 $V(\overline{X})$의 값을 구하시오.

(단, $a>4$)

0516

모집단의 확률변수 X의 확률질량함수가

$$P(X=x)=\frac{5-x}{k}\ (x=0,\ 1,\ 2,\ 3)$$

이다. 이 모집단에서 임의추출한 크기가 n인 표본의 표본평균 $\overline{X}$에 대하여 $k \times V(\overline{X})=\dfrac{5}{7}$일 때, $n+k$의 값을 구하시오. (단, k는 상수이다.)

0517

$0<p<1$인 상수 p에 대하여 확률변수 X의 확률질량함수가

$$P(X=x)={}_{100}C_x p^x (1-p)^{100-x}\ (x=0,\ 1,\ 2,\ \cdots,\ 100)$$

이다. 이 모집단에서 크기가 5인 표본을 임의추출하여 얻은 표본평균 $\overline{X}$에 대하여 $V(\overline{X})=5$일 때, $E(\overline{X})$의 값은?

① 10 ② 20 ③ 25

④ 40 ⑤ 50

유형 04 표본평균의 평균, 분산, 표준편차
– 모집단이 주어진 경우

0518

숫자 1, 1, 1, 2, 3, 3, 3이 하나씩 적힌 7장의 카드가 들어 있는 주머니에서 3장의 카드를 임의추출할 때, 카드에 적힌 수의 평균을 $\overline{X}$라 하자. $\dfrac{\mathrm{E}(\overline{X})}{\mathrm{V}(\overline{X})}$의 값은?

① $\dfrac{7}{6}$ ② $\dfrac{7}{3}$ ③ $\dfrac{7}{2}$

④ 7 ⑤ 14

0519

숫자 1, 1, 2, 3이 하나씩 적힌 구슬 4개가 들어 있는 상자에서 구슬 2개를 임의추출할 때, 구슬에 적혀 있는 수의 평균을 $\overline{X}$라 하자. $\mathrm{E}(9-4\overline{X})+\mathrm{V}(8\overline{X}+5)$의 값은?

① 22 ② 24 ③ 26

④ 28 ⑤ 30

0520

숫자 1, 2, 3, 4가 하나씩 적힌 4장의 카드가 들어 있는 주머니에서 n장의 카드를 임의추출할 때, 카드에 적힌 수의 평균을 $\overline{X}$라 하자. $\overline{X}$의 분산이 $\dfrac{1}{8}$이 되도록 하는 n의 값을 구하시오.

0521

숫자 1이 적힌 공 n개, 숫자 3이 적힌 공 2개, 숫자 5가 적힌 공 1개가 들어 있는 상자에서 4개의 공을 임의추출할 때, 공에 적힌 수의 평균을 $\overline{X}$라 하자. $\overline{X}$의 평균이 2일 때, $\overline{X}$의 분산은?

① $\dfrac{1}{5}$ ② $\dfrac{3}{10}$ ③ $\dfrac{2}{5}$

④ $\dfrac{1}{2}$ ⑤ $\dfrac{3}{5}$

0522 교육청 변형

주머니 속에 숫자 2가 적혀 있는 공이 2개, 숫자 3이 적혀 있는 공이 1개, 숫자 4가 적혀 있는 공이 n개 들어 있다. 이 주머니에서 임의로 1개의 공을 꺼내어 공에 적혀 있는 수를 확인한 후 다시 넣는다. 이와 같은 시행을 2번 반복하여 얻은 두 수의 평균을 $\overline{X}$라 하면

$$\mathrm{P}(\overline{X}=3)=\dfrac{21}{64}$$

일 때, $\mathrm{E}(16\overline{X}-1)$의 값을 구하시오.

0523

정규분포 $N(30, 10^2)$을 따르는 모집단에서 크기가 25인 표본을 임의추출하여 구한 표본평균을 $\overline{X}$라 할 때, $P(\overline{X} \geq 33)$의 값을 오른쪽 표준정규분포표를 이용하여 구한 것은?

z	$P(0 \leq Z \leq z)$
0.5	0.1915
1.0	0.3413
1.5	0.4332
2.0	0.4772

① 0.0228　　② 0.0668　　③ 0.1587

④ 0.3085　　⑤ 0.6915

0524　평가원 변형

어느 세차장의 중형 자동차 한 대의 세차 시간은 평균이 40분, 표준편차가 8분인 정규분포를 따른다고 한다. 이 세차장에서 세차한 중형 자동차 중에서 임의추출한 4대의 세차 시간의 표본평균이 38분 이상이고 42분 이하일 확률을 오른쪽 표준정규분포표를 이용하여 구한 것은?

z	$P(0 \leq Z \leq z)$
0.5	0.1915
1.0	0.3413
1.5	0.4332
2.0	0.4772

① 0.3830　　② 0.5328　　③ 0.6247

④ 0.6687　　⑤ 0.6826

0525

어느 제과점에서 생산하는 도넛 1개의 무게는 평균이 38 g, 표준편차가 6 g인 정규분포를 따른다고 한다. 이 제과점에서는 임의추출한 도넛 9개를 한 상자에 넣어 상자 단위로 도넛을 판매한다. 이 제과점에서 판매하는 도넛 한 상자를 구입하였을 때, 그 무게가 360 g 이상일 확률을 오른쪽 표준정규분포표를 이용하여 구한 것은?

z	$P(0 \leq Z \leq z)$
1	0.3413
2	0.4772
3	0.4987

(단, 도넛의 포장에 사용된 상자의 무게는 생각하지 않는다.)

① 0.0013　　② 0.0215　　③ 0.0228

④ 0.1359　　⑤ 0.1587

0526

정규분포 $N(m, 15^2)$을 따르는 모집단에서 크기가 25인 표본을 임의추출하여 구한 표본평균 $\overline{X}$에 대하여
$$P(|\overline{X} - m| \leq 9)$$
의 값을 오른쪽 표준정규분포표를 이용하여 구한 것은?

z	$P(0 \leq Z \leq z)$
1.5	0.4332
2.0	0.4772
2.5	0.4938
3.0	0.4987

① 0.8664　　② 0.9544　　③ 0.9876

④ 0.9925　　⑤ 0.9974

0527

정규분포 $N(40, 8^2)$을 따르는 모집단에서 크기가 4인 표본을 임의추출하여 구한 표본평균을 $\overline{X}$, 정규분포 $N(36, 10^2)$을 따르는 모집단에서 크기가 25인 표본을 임의추출하여 구한 표본평균을 $\overline{Y}$라 하자. $P(\overline{X} \geq 34) - P(\overline{Y} \geq 34)$의 값을 오른쪽 표준정규분포표를 이용하여 구한 것은?

z	$P(0 \leq Z \leq z)$
0.5	0.1915
1.0	0.3413
1.5	0.4332
2.0	0.4772

① 0.0440   ② 0.0919   ③ 0.1359

④ 0.1498   ⑤ 0.2417

0528

어느 농장에서 생산하는 사과 한 개의 무게는 평균이 130 g, 표준편차가 12 g인 정규분포를 따른다고 한다. 이 농장에서는 임의추출한 9개의 사과를 한 세트로 상자에 포장하여 한 세트의 총 무게가 1224 g 이상이고 1242 g 이하이면 소비자에게 특상품으로 판매한다. 어느 날 이 농장에서 2250개의 사과를 생산했을 때, 특상품으로 판매할 수 있는 세트의 개수를 오른쪽 표준정규분포표를 이용하여 구하시오. (단, 상자와 포장 재료의 무게는 생각하지 않는다.)

z	$P(0 \leq Z \leq z)$
0.5	0.1915
1.0	0.3413
1.5	0.4332
2.0	0.4772

0529

정규분포 $N(246, 18^2)$을 따르는 모집단에서 크기가 n인 표본을 임의추출하여 구한 표본평균 $\overline{X}$에 대하여

$$P(\overline{X} \leq 240) = 0.0228$$

을 만족시키는 n의 값을 오른쪽 표준정규분포표를 이용하여 구한 것은?

z	$P(0 \leq Z \leq z)$
1	0.3413
2	0.4772
3	0.4987

① 16   ② 36   ③ 64

④ 100   ⑤ 144

0530

어느 공장에서 생산하는 제품 1개의 무게는 평균이 900 g, 표준편차가 20 g인 정규분포를 따른다고 한다. 이 공장에서 생산한 제품 중에서 임의추출한 n개의 제품의 무게의 표본평균을 $\overline{X}$라 하면

$$P(\overline{X} \geq 890) = 0.9938$$

일 때, n의 값을 오른쪽 표준정규분포표를 이용하여 구하시오.

z	$P(0 \leq Z \leq z)$
1.5	0.4332
2.0	0.4772
2.5	0.4938
3.0	0.4987

0531 평가원 변형

모평균이 45, 모표준편차가 6인 정규분포를 따르는 모집단에서 크기가 n인 표본을 임의추출하여 구한 표본평균을 $\overline{X}$라 하면

$$P(44 \le \overline{X} \le 46) \le 0.86$$

일 때, n의 최댓값을 오른쪽 표준정규분포표를 이용하여 구한 것은?

z	$P(0 \le Z \le z)$
1.0	0.34
1.5	0.43
2.0	0.48
2.5	0.49

① 25　　　　② 36　　　　③ 49

④ 64　　　　⑤ 81

0532

정규분포 $N(63, 8^2)$을 따르는 모집단에서 크기가 n^2인 표본을 임의추출하여 구한 표본평균 $\overline{X}$에 대하여

$$P\left(\overline{X} \le \frac{128}{\sqrt{n}}\right) = 0.6915$$

를 만족시키는 자연수 n의 값을 오른쪽 표준정규분포표를 이용하여 구한 것은?

z	$P(0 \le Z \le z)$
0.5	0.1915
1.0	0.3413
1.5	0.4332
2.0	0.4772

① 2　　　　② 3　　　　③ 4

④ 5　　　　⑤ 6

0533

정규분포 $N(40, 8^2)$을 따르는 모집단에서 크기가 16인 표본을 임의추출하여 구한 표본평균을 $\overline{X}$라 할 때,

$$P(\overline{X} \le k) = 0.1587$$

을 만족시키는 상수 k의 값은? (단, Z가 표준정규분포를 따르는 확률변수일 때, $P(0 \le Z \le 1) = 0.3413$으로 계산한다.)

① 38　　　　② 39　　　　③ 40

④ 41　　　　⑤ 42

0534 교육청 변형

어느 공장에서 생산하는 연필 한 자루의 길이는 평균이 175 mm, 표준편차가 8 mm인 정규분포를 따른다고 한다. 이 공장에서 생산한 연필 중에서 임의추출한 4자루의 연필의 길이의 평균을 $\overline{X}$라 할 때,

$$P(|\overline{X} - 175| \le a) = 0.8664$$

를 만족시키는 상수 a의 값을 오른쪽 표준정규분포표를 이용하여 구하시오.

z	$P(0 \le Z \le z)$
1.5	0.4332
2.0	0.4772
2.5	0.4938
3.0	0.4987

0535

정규분포 $N(m, 10^2)$을 따르는 모집단에서 크기가 25인 표본을 임의추출하여 구한 표본평균을 $\overline{X}$라 할 때,

$$P(\overline{X} \ge 1000) = 0.0062$$

를 만족시키는 m의 값을 오른쪽 표준정규분포표를 이용하여 구하시오.

z	$P(0 \le Z \le z)$
1.5	0.4332
2.0	0.4772
2.5	0.4938
3.0	0.4987

0536

어느 대학교 학생들이 하루 동안 SNS 서비스를 이용하는 시간은 평균이 155분, 표준편차가 σ분인 정규분포를 따른다고 한다. 이 대학교 학생 중에서 9명을 임의추출하여 구한 표본평균 $\overline{X}$에 대하여

$$P(144 \leq \overline{X} \leq 166) = 0.9$$

를 만족시키는 σ의 값을 오른쪽 표준정규분포표를 이용하여 구한 것은?

z	$P(0 \leq Z \leq z)$
1.28	0.400
1.44	0.425
1.65	0.450
1.96	0.475

① 5   ② 10   ③ 15

④ 20   ⑤ 25

0537

어느 농장에서 생산하는 키위 한 개의 무게를 확률변수 X라 하면 X는 정규분포를 따르고

$$P(X \leq 100) = P(X \geq 140),$$

$$P(100 \leq X \leq 140) = 0.6826$$

을 만족시킨다. 이 농장에서 생산한 키위 중에서 임의추출한 100개의 키위의 무게의 표본평균이 k 이상일 확률이 0.9332일 때, 상수 k의 값을 오른쪽 표준정규분포표를 이용하여 구하시오. (단, 무게의 단위는 g이다.)

z	$P(0 \leq Z \leq z)$
0.5	0.1915
1.0	0.3413
1.5	0.4332
2.0	0.4772

유형 08 모평균의 추정 – 모표준편차가 주어진 경우

0538

어느 농장에서 재배하는 단감의 무게는 평균이 m g, 표준편차가 30 g인 정규분포를 따른다고 한다. 이 농장에서 재배한 단감 중에서 100개를 임의추출하여 구한 단감의 무게의 표본평균이 98 g일 때, 이를 이용하여 이 농장에서 재배하는 단감의 무게의 평균 m에 대한 신뢰도 99 %의 신뢰구간을 구한 것은? (단, Z가 표준정규분포를 따르는 확률변수일 때, $P(|Z| \leq 2.58) = 0.99$로 계산한다.)

① $95.42 \leq m \leq 100.58$ ② $94.13 \leq m \leq 101.87$

③ $92.84 \leq m \leq 103.16$ ④ $91.55 \leq m \leq 104.45$

⑤ $90.26 \leq m \leq 105.74$

0539

평균이 m, 표준편차가 10인 정규분포를 따르는 모집단에서 임의추출한 크기가 25인 표본의 표본평균이 40이었다. 모평균 m에 대한 신뢰도 95 %의 신뢰구간이 $36 + a \leq m \leq 36 + b$일 때, $a + 2b$의 값은? (단, Z가 표준정규분포를 따르는 확률변수일 때, $P(0 \leq Z \leq 1.96) = 0.475$로 계산한다.)

① 15.8   ② 15.84   ③ 15.88

④ 15.92   ⑤ 15.96

0540

어느 고등학교 학생들의 키는 평균이 m cm, 표준편차가 8 cm 인 정규분포를 따른다고 한다. 이 고등학교 학생 중 임의추출 한 4명의 키를 이용하여 이 고등학교 학생들의 키의 모평균 m에 대한 신뢰도 99 %의 신뢰구간을 구했더니 $a \leq m \leq b$이 었고, 같은 표본을 이용하여 얻은 모평균 m에 대한 신뢰도 95 %의 신뢰구간은 $c \leq m \leq d$이었다. $b-c$의 값은? (단, Z가 표준정규분포를 따르는 확률변수일 때, $P(|Z| \leq 1.96) = 0.95$, $P(|Z| \leq 2.58) = 0.99$로 계산한다.)

① 7.84
② 10.32
③ 15.68
④ 18.16
⑤ 20.64

0541

정규분포 $N(m, \sigma^2)$을 따르는 모집단에서 크기가 n인 표본을 임의추출하여 구한 모평균 m에 대한 신뢰도 99 %의 신뢰구간 이 $194.52 \leq m \leq 225.48$이었다. 같은 표본을 이용하여 얻은 모평균 m에 대한 신뢰도 95 %의 신뢰구간에 속하는 정수의 개수를 구하시오. (단, Z가 표준정규분포를 따르는 확률변수 일 때, $P(|Z| \leq 1.96) = 0.95$, $P(|Z| \leq 2.58) = 0.99$로 계 산한다.)

0542

어느 공장에서 생산하는 과자 한 봉지의 무게는 정규분포를 따른다고 한다. 이 공장에서 생산한 과자 중 81봉지를 임의추 출하여 그 무게를 조사하였더니 평균이 155 g, 표준편차가 18 g이었다. 이 공장에서 생산한 과자 한 봉지의 무게의 모평 균 m에 대한 신뢰도 95 %의 신뢰구간은? (단, Z가 표준정 규분포를 따르는 확률변수일 때, $P(|Z| \leq 1.96) = 0.95$로 계 산한다.)

① $153.04 \leq m \leq 156.96$
② $151.08 \leq m \leq 158.92$
③ $149.12 \leq m \leq 160.88$
④ $147.16 \leq m \leq 162.84$
⑤ $145.20 \leq m \leq 164.80$

0543 수능 변형

어느 모의고사에 응시한 학생들의 수학 영역 점수는 평균이 m점인 정규분포를 따른다고 한다. 이 모의고사에 응시한 학 생 중에서 100명을 임의추출하여 수학 영역 점수를 조사하였 더니 평균이 $\bar{x}$점, 표준편차가 5점이었다. 이 결과를 이용하여 이 모의고사에 응시한 학생들의 수학 영역 점수의 평균 m에 대한 신뢰도 99 %의 신뢰구간을 구하면

$$\bar{x} - c \leq m \leq \bar{x} + c$$

일 때, $100c$의 값을 구하시오. (단, Z가 표준정규분포를 따 르는 확률변수일 때, $P(|Z| \leq 2.58) = 0.99$로 계산한다.)

0544

어느 높이뛰기 대회 참가자들의 기록은 평균이 m cm인 정규분포를 따른다고 한다. 이 높이뛰기 대회 참가자 중에서 144명을 임의추출하여 기록을 조사하였더니 평균이 212 cm, 표준편차가 8 cm이었다. 이 높이뛰기 대회 참가자들의 기록의 평균 m에 대한 신뢰도 95 %의 신뢰구간에 속하는 모든 자연수의 합은? (단, Z가 표준정규분포를 따르는 확률변수일 때, $\mathrm{P}(0 \le Z \le 1.96) = 0.475$로 계산한다.)

① 425   ② 636   ③ 846
④ 1061   ⑤ 1270

0545

어느 농장에서 생산하는 파인애플 한 개의 무게는 정규분포를 따른다고 한다. 이 농장에서 생산한 파인애플 중에서 400개를 임의추출하여 그 무게를 조사하였더니 평균이 1480 g, 표준편차가 40 g이었다. 이 결과를 이용하여 이 농장에서 생산하는 파인애플 한 개의 무게의 평균 m을 신뢰도 95 %로 추정한 신뢰구간이 $a \le m \le b$, 신뢰도 99 %로 추정한 신뢰구간이 $c \le m \le d$일 때, $10(b-c)$의 값을 구하시오. (단, Z가 표준정규분포를 따르는 확률변수일 때, $\mathrm{P}(|Z| \le 2) = 0.95$, $\mathrm{P}(|Z| \le 3) = 0.99$로 계산한다.)

유형 10   모평균의 추정 – 표본의 크기 구하기

0546

어느 제과회사에서 판매하는 사탕 1개의 열량은 평균이 m cal, 표준편차가 5 cal인 정규분포를 따른다고 한다. 이 제과회사에서 판매하는 사탕 중에서 n개를 임의추출하여 그 열량을 조사하였더니 평균이 42 cal이었다. 이 제과회사에서 판매하는 사탕 1개의 평균 열량 m을 신뢰도 99 %로 추정한 신뢰구간이 $39 \le m \le 45$일 때, n의 값은? (단, Z가 표준정규분포를 따르는 확률변수일 때, $\mathrm{P}(|Z| \le 3) = 0.99$로 계산한다.)

① 9   ② 16   ③ 25
④ 36   ⑤ 49

0547 교육청 변형

어느 고등학교 학생들의 기말고사 수학 성적은 평균이 m점, 표준편차가 σ점인 정규분포를 따른다고 한다. 이 고등학교 학생 중에서 임의추출한 n명의 기말고사 수학 성적의 평균을 구했더니 $\bar{x}$점이었다. 이 고등학교 학생 전체의 기말고사 수학 성적의 평균 m에 대한 신뢰도 99 %의 신뢰구간이

$$\bar{x} - \frac{\sigma}{4} \le m \le \bar{x} + \frac{\sigma}{4}$$

일 때, n의 값은? (단, Z가 표준정규분포를 따르는 확률변수일 때, $\mathrm{P}(|Z| \le 3) = 0.99$로 계산한다.)

① 64   ② 100   ③ 144
④ 196   ⑤ 256

0548

어느 농장에서 수확한 사과의 무게는 정규분포를 따른다고 한다. 이 농장에서 수확한 사과 중에서 임의추출한 n개의 무게를 조사하였더니 평균이 115 g, 표준편차가 15 g이었다. 이 결과를 이용하여 이 농장에서 수확한 사과 무게의 평균 m g을 신뢰도 99 %로 추정한 신뢰구간이 $a \le m \le a + 12.9$일 때, $n + a$의 값은? (단, Z가 표준정규분포를 따르는 확률변수일 때, $P(0 \le Z \le 2.58) = 0.495$로 계산한다.)

① 144.55 ② 144.65 ③ 144.75
④ 144.85 ⑤ 144.95

0549

평균이 m이고 표준편차가 4인 정규분포를 따르는 모집단에서 크기가 n인 표본을 임의추출하여 얻은 표본평균 $\bar{x}$를 이용하여 모평균 m에 대한 신뢰도 95 %의 신뢰구간을 구하였더니 $92 \le m \le 93$이었다. $\bar{x} + n$의 값은? (단, Z가 표준정규분포를 따르는 확률변수일 때, $P(0 \le Z \le 2) = 0.475$로 계산한다.)

① 348 ② 348.5 ③ 349
④ 349.5 ⑤ 350

0550

어느 온라인 게임 회사의 가입자가 하루 동안 이 회사의 게임을 하는 시간은 평균이 m분, 표준편차가 6분인 정규분포를 따른다고 한다. 이 게임 회사의 가입자 중에서 임의추출한 n명을 대상으로 하루 동안 이 회사의 게임을 하는 시간을 조사하였더니 평균이 40분이었다. 이 게임 회사의 가입자가 하루 동안 이 회사의 게임을 하는 시간의 모평균 m에 대한 신뢰도 95 %의 신뢰구간에 속하는 자연수의 개수가 5가 되도록 하는 n의 개수를 구하시오. (단, Z가 표준정규분포를 따르는 확률변수일 때, $P(|Z| \le 2) = 0.95$로 계산한다.)

유형 **11** **모평균의 추정 – 미지수 구하기**

0551

모평균이 m이고 모표준편차가 σ인 정규분포를 따르는 모집단에서 크기가 49인 표본을 임의추출하여 표본평균 250을 얻었다. 모평균 m에 대한 신뢰도 95 %의 신뢰구간이 $243 \le m \le 257$일 때, σ의 값은? (단, Z가 표준정규분포를 따르는 확률변수일 때, $P(0 \le Z \le 1.96) = 0.475$로 계산한다.)

① 20 ② 25 ③ 30
④ 35 ⑤ 40

0552

정규분포 $N(m, \sigma^2)$을 따르는 모집단에서 크기가 36인 표본을 임의추출하여 구한 표본평균이 $\bar{x}$이었다. 모평균 m에 대한 신뢰도 99 %의 신뢰구간이 $32.34 \leq m \leq 42.66$일 때, $\bar{x} + \sigma$의 값은? (단, Z가 표준정규분포를 따르는 확률변수일 때, $P(|Z| \leq 2.58) = 0.99$로 계산한다.)

① 49.5　　　② 50　　　③ 50.5
④ 51　　　⑤ 51.5

0553 [평가원] [변형]

어느 제과점에서 생산하는 초코칩 쿠키 한 개의 무게는 평균이 m g인 정규분포를 따른다고 한다. 이 제과점에서 생산한 초코칩 쿠키 100개를 임의추출하여 조사하였더니 무게의 평균이 52 g, 표준편차가 s g이었다. 이 제과점에서 생산하는 초코칩 쿠키 한 개의 무게의 모평균 m에 대한 신뢰도 95 %의 신뢰구간이 $k \leq m \leq 53.96$일 때, $k+s$의 값은?
(단, Z가 표준정규분포를 따르는 확률변수일 때, $P(|Z| \leq 1.96) = 0.95$로 계산한다.)

① 52.08　　　② 54.24　　　③ 56.36
④ 58.88　　　⑤ 60.04

0554

어느 과일가게에서 판매하는 복숭아 한 개의 무게는 표준편차가 20 g인 정규분포를 따른다고 한다. 이 과일가게에서 판매하는 복숭아 중에서 16개를 임의추출하여 무게의 모평균을 신뢰도 95 %로 추정할 때, 신뢰구간의 길이는? (단, Z가 표준정규분포를 따르는 확률변수일 때, $P(|Z| \leq 1.96) = 0.95$로 계산한다.)

① 9.8　　　② 19.6　　　③ 29.4
④ 39.2　　　⑤ 49.0

0555

어느 도시에서 운행되는 택시 한 대의 연간 주행 거리는 평균이 m km, 표준편차가 10 km인 정규분포를 따른다고 한다. 이 도시에서 운행되는 택시 중 100대를 임의추출하여 구한 연간 주행 거리의 평균 m에 대한 신뢰도 99 %의 신뢰구간이 $a \leq m \leq b$일 때, $b-a$의 값은? (단, Z가 표준정규분포를 따르는 확률변수일 때, $P(|Z| \leq 2.58) = 0.99$로 계산한다.)

① 1.29　　　② 2.58　　　③ 3.87
④ 5.16　　　⑤ 6.45

0556

정규분포 $N(m, 15^2)$을 따르는 모집단에서 크기가 25인 표본을 임의추출하여 추정한 모평균 m에 대한 신뢰도 95 %의 신뢰구간의 길이를 l_1, 신뢰도 99 %의 신뢰구간의 길이를 l_2라 할 때, $|l_2 - l_1|$의 값을 구하시오. (단, Z가 표준정규분포를 따르는 확률변수일 때, $P(|Z| \le 2) = 0.95$, $P(|Z| \le 3) = 0.99$로 계산한다.)

0557

어느 고등학교 남학생들의 키는 평균이 m cm, 표준편차가 σ cm인 정규분포를 따른다고 한다. 이 고등학교 남학생 중에서 16명을 임의추출하여 모평균 m을 신뢰도 99 %로 추정한 신뢰구간의 길이가 l일 때, 이 고등학교 남학생 중에서 다시 25명을 임의추출하여 모평균 m을 신뢰도 95 %로 추정한 신뢰구간의 길이는? (단, Z가 표준정규분포를 따르는 확률변수일 때, $P(|Z| \le 2) = 0.95$, $P(|Z| \le 3) = 0.99$로 계산한다.)

① $\dfrac{2}{3} l$ 　　② $\dfrac{8}{13} l$ 　　③ $\dfrac{4}{7} l$

④ $\dfrac{8}{15} l$ 　　⑤ $\dfrac{2}{3} l$

0558

어느 빵집에서 만든 단팥빵 한 개의 무게는 정규분포 $N(m, 5^2)$을 따른다고 한다. 이 빵집에서 만든 단팥빵 중에서 n개를 임의추출하여 구한 모평균 m에 대한 신뢰도 95 %의 신뢰구간의 길이가 2보다 작도록 하는 n의 최솟값은? (단, 무게의 단위는 g이고 Z가 표준정규분포를 따르는 확률변수일 때, $P(|Z| \le 1.96) = 0.95$로 계산한다.)

① 94 　　② 95 　　③ 96

④ 97 　　⑤ 98

0559

평균이 m이고 표준편차가 3인 정규분포를 따르는 모집단에서 크기가 n인 표본을 임의추출하여 구한 모평균 m에 대한 신뢰도 99 %의 신뢰구간이 $a \le m \le b$이다. $b - a = 0.86$일 때, n의 값은? (단, Z가 표준정규분포를 따르는 확률변수일 때, $P(|Z| \le 2.58) = 0.99$로 계산한다.)

① 196 　　② 256 　　③ 324

④ 400 　　⑤ 484

0560 평가원 변형

어느 고등학교 2학년 학생들의 학력평가 성적은 평균이 m점, 표준편차가 σ점인 정규분포를 따른다고 한다. 이 고등학교 2학년 학생 중에서 144명의 성적을 임의추출하여 구한 2학년 학생 전체의 학력평가 성적의 평균 m에 대한 신뢰도 99 %의 신뢰구간이 $a \le m \le b$이었다. $b-a=4.3$일 때, σ의 값은? (단, Z가 표준정규분포를 따르는 확률변수일 때, $P(|Z| \le 2.58)=0.99$로 계산한다.)

① 5　　　　② 10　　　　③ 12

④ 15　　　　⑤ 20

0561

어느 회사 직원들이 하루 동안 발송하는 문자 메시지는 평균이 m개, 표준편차가 σ개인 정규분포를 따른다고 한다. 이 회사 직원 중 9명을 임의추출하여 모평균 m을 신뢰도 95 %로 추정한 신뢰구간의 길이가 12이고 이 회사 직원 중 다시 n명을 임의추출하여 모평균 m을 신뢰도 99 %로 추정한 신뢰구간의 길이가 27일 때, $n+\sigma$의 값을 구하시오. (단, Z가 표준정규분포를 따르는 확률변수일 때, $P(|Z| \le 2)=0.95$, $P(|Z| \le 3)=0.99$로 계산한다.)

유형 14 신뢰구간의 길이 – 신뢰도 구하기

0562

어느 공장에서 생산하는 중성펜 한 자루의 수명은 평균이 m시간, 표준편차가 40시간인 정규분포를 따른다고 한다. 이 공장에서 생산하는 중성펜 중에서 임의추출한 100자루의 중성펜의 수명의 평균을 구하였더니 335시간이었다. 이 공장에서 생산하는 중성펜 전체의 수명의 평균 m에 대한 신뢰도 α %의 신뢰구간이 $328.4 \le m \le 341.6$일 때, 오른쪽 표준정규분포표를 이용하여 α의 값을 구하시오.

z	$P(0 \le Z \le z)$
1.28	0.400
1.44	0.425
1.65	0.450
1.96	0.475
2.58	0.495

0563

표준편차가 15인 정규분포를 따르는 모집단에서 크기가 100인 표본을 임의추출하여 구한 모평균 m에 대한 신뢰도 α %의 신뢰구간의 길이가 1.5이었다. 같은 표본을 이용하여 추정한 모평균 m에 대한 신뢰도 2α %의 신뢰구간의 길이를 오른쪽 표준정규분포표를 이용하여 구한 것은?

z	$P(0 \le Z \le z)$
0.5	0.19
0.6	0.23
1.0	0.34
1.2	0.38
1.8	0.46
2.0	0.48

① 1.8　　　　② 3.0　　　　③ 3.6

④ 5.4　　　　⑤ 6.0

0564

정규분포 $N(m, \sigma^2)$을 따르는 모집단에서 크기가 n인 표본을 임의추출하여 모평균 m을 신뢰도 70 %로 추정한 신뢰구간의 길이를 l, 신뢰도 α %로 추정한 신뢰구간의 길이를 l'이라 하면

$$l' = 2l$$

일 때, 오른쪽 표준정규분포표를 이용하여 α의 값을 구한 것은?

z	$P(0 \le Z \le z)$
0.51	0.20
1.02	0.35
1.53	0.44
2.04	0.48
2.55	0.49

① 90   ② 92   ③ 94
④ 96   ⑤ 98

0565

어느 지역 고등학생의 몸무게는 정규분포 $N(m, \sigma^2)$을 따른다고 한다. 이 지역 고등학생 중에서 100명을 임의추출하여 구한 모평균 m에 대한 신뢰도 68 %의 신뢰구간의 길이와 다시 400명을 임의추출하여 구한 모평균 m에 대한 신뢰도 α %의 신뢰구간의 길이가 서로 같을 때, 오른쪽 표준정규분포표를 이용하여 α의 값을 구하시오. (단, 몸무게의 단위는 kg이다.)

z	$P(0 \le Z \le z)$
0.5	0.19
1.0	0.34
1.5	0.43
2.0	0.48
2.5	0.49

0566

어느 지역 고등학생의 키는 평균이 m cm, 표준편차가 8 cm인 정규분포를 따른다고 한다. 이 지역 고등학생 중에서 n명을 임의추출하여 키의 평균을 조사하였더니 $\bar{x}$ cm이었다. 이를 이용하여 이 지역 고등학생 전체의 키의 평균 m을 신뢰도 95 %로 추정할 때, $|m - \bar{x}| \le 3.2$를 만족시키는 n의 최솟값을 구하시오. (단, Z가 표준정규분포를 따르는 확률변수일 때, $P(|Z| \le 1.96) = 0.95$로 계산한다.)

0567

표준편차가 15인 정규분포를 따르는 모집단에서 크기가 n인 표본을 임의추출하여 모평균을 신뢰도 99 %로 추정할 때, 모평균과 표본평균의 차가 5 이하가 되도록 하는 n의 최솟값은? (단, Z가 표준정규분포를 따르는 확률변수일 때, $P(|Z| \le 3) = 0.99$로 계산한다.)

① 81   ② 82   ③ 83
④ 84   ⑤ 85

0568

어느 공장에서 생산하는 음료수 한 병의 용량은 정규분포를 따른다고 한다. 이 공장에서 생산하는 음료수 n병을 임의추출하여 모평균을 신뢰도 95 %로 추정할 때, 모평균과 표본평균의 차가 모표준편차의 $\dfrac{1}{6}$ 이하가 되도록 하는 n의 최솟값을 구하시오. (단, 음료수 용량의 단위는 mL이고, Z가 표준정규분포를 따르는 확률변수일 때, $P(0 \le Z \le 2) = 0.475$로 계산한다.)

유형 16 신뢰구간의 성질

0569

정규분포 $N(m, \sigma^2)$을 따르는 모집단에서 크기가 각각 n, n' 인 표본을 임의추출하여 구한 신뢰도 α %의 신뢰구간의 길이를 l_n, l_n'이라 하면 $\dfrac{l_n'}{l_n} = 2$일 때, $\dfrac{n'}{n}$의 값은?

① $\dfrac{1}{4}$　　　② $\dfrac{1}{2}$　　　③ 1

④ 2　　　⑤ 4

0570

정규분포 $N(m, \sigma^2)$을 따르는 모집단에서 임의추출한 크기가 n인 표본을 이용하여 모평균 m을 신뢰도 α %로 추정한 신뢰구간이 $a \le m \le b$일 때, 보기에서 옳은 것만을 있는 대로 고른 것은?

> **보기**
> ㄱ. $b - a$의 값은 n의 값에 관계없이 일정하다.
> ㄴ. n의 값이 일정할 때, α의 값이 커지면 $b - a$의 값은 작아진다.
> ㄷ. α의 값이 일정할 때, n의 값이 작아지면 $b - a$의 값은 커진다.
> ㄹ. n의 값이 커지고 α의 값이 작아지면 $b - a$의 값은 작아진다.

① ㄱ, ㄴ　　　② ㄴ, ㄷ　　　③ ㄷ, ㄹ

④ ㄱ, ㄴ, ㄷ　　　⑤ ㄴ, ㄷ, ㄹ

0571

정규분포 $N(m, \sigma^2)$을 따르는 모집단에서 크기가 n인 표본을 임의추출하여 모평균 m을 신뢰도 α %로 추정한 신뢰구간이 $a \le m \le b$일 때, $f(n, \alpha) = b - a$라 하자. 다음 중 옳은 것은? (단, Z가 표준정규분포를 따르는 확률변수일 때, $P(|Z| \le 2) = 0.95$, $P(|Z| \le 3) = 0.99$로 계산한다.)

① $f(100, 95) > f(100, 99)$
② $f(100, 95) < f(400, 95)$
③ $f(100, 95) > f(400, 99)$
④ $f(100, 99) < f(400, 99)$
⑤ $f(400, 95) > f(400, 99)$

0572 교육청 변형

어느 공장에서 생산되는 제품 중에서 표본 A와 표본 B를 추출하여 무게를 조사하였더니 다음과 같은 결과를 얻었다.

표본	표본의 크기	평균	표준편차	신뢰도 (%)	모평균 m의 추정
A	n_1	52	6	α_1	$48 \le m \le 56$
B	n_2	58	8	α_2	$56 \le m \le 60$

(단위는 g이고, 표본 A, B의 무게의 분포는 정규분포를 이룬다.)

보기에서 옳은 것만을 있는 대로 고른 것은?

> **보기**
> ㄱ. 표본 A가 표본 B보다 분포가 더 고르다.
> ㄴ. $n_1 = n_2$이면 $\alpha_1 > \alpha_2$이다.
> ㄷ. $\alpha_1 = \alpha_2$이면 $n_1 > n_2$이다.

① ㄱ　　　② ㄱ, ㄴ　　　③ ㄱ, ㄷ

④ ㄴ, ㄷ　　　⑤ ㄱ, ㄴ, ㄷ

0573 수능 기출

어느 공장에서 생산하는 화장품 1개의 내용량은 평균이 201.5 g이고 표준편차가 1.8 g인 정규분포를 따른다고 한다. 이 공장에서 생산한 화장품 중 임의추출한 9개의 화장품 내용량의 표본평균이 200 g 이상일 확률을 오른쪽 표준정규분포표를 이용하여 구한 것은?

z	$P(0 \leq Z \leq z)$
1.0	0.3413
1.5	0.4332
2.0	0.4772
2.5	0.4938

① 0.7745   ② 0.8413

③ 0.9332   ④ 0.9772

⑤ 0.9938

0575 수능 변형

어느 고등학교 학생들의 체육 실기 시험 성적을 확률변수 X라 하면 X는 평균이 m점, 표준편차가 6점인 정규분포를 따르고 $P(m \leq X \leq a) = 0.1915$이다. 이 고등학교 학생 중 임의추출한 9명의 체육 실기 시험 성적의 표본평균을 $\overline{X}$라 하면
$$P(\overline{X} \geq b) = 0.1587$$
일 때, 두 상수 a, b 사이의 관계식을 오른쪽 표준정규분포표를 이용하여 구한 것은?

z	$P(0 \leq Z \leq z)$
0.5	0.1915
1.0	0.3413
1.5	0.4332
2.0	0.4772

① $a = b - 2$ ② $a = b - 1$ ③ $a = b$

④ $a = b + 1$ ⑤ $a = b + 2$

0574 수능 기출

정규분포 $N(50, 8^2)$을 따르는 모집단에서 크기가 16인 표본을 임의추출하여 구한 표본평균을 $\overline{X}$, 정규분포 $N(75, \sigma^2)$을 따르는 모집단에서 크기가 25인 표본을 임의추출하여 구한 표본평균을 $\overline{Y}$라 하자.
$P(\overline{X} \leq 53) + P(\overline{Y} \leq 69) = 1$일 때, $P(\overline{Y} \geq 71)$의 값을 오른쪽 표준정규분포표를 이용하여 구한 것은?

z	$P(0 \leq Z \leq z)$
1.0	0.3413
1.2	0.3849
1.4	0.4192
1.6	0.4452

① 0.8413   ② 0.8644   ③ 0.8849

④ 0.9192   ⑤ 0.9452

0576 수능 기출

어느 회사에서 생산하는 샴푸 1개의 용량은 정규분포 $N(m, \sigma^2)$을 따른다고 한다. 이 회사에서 생산하는 샴푸 중에서 16개를 임의추출하여 얻은 표본평균을 이용하여 구한 m에 대한 신뢰도 95 %의 신뢰구간이 $746.1 \leq m \leq 755.9$이다. 이 회사에서 생산하는 샴푸 중에서 n개를 임의추출하여 얻은 표본평균을 이용하여 구하는 m에 대한 신뢰도 99 %의 신뢰구간이 $a \leq m \leq b$일 때, $b - a$의 값이 6 이하가 되기 위한 자연수 n의 최솟값은? (단, 용량의 단위는 mL이고, Z가 표준정규분포를 따르는 확률변수일 때, $P(|Z| \leq 1.96) = 0.95$, $P(|Z| \leq 2.58) = 0.99$로 계산한다.)

① 70   ② 74   ③ 78

④ 82   ⑤ 86

0577 수능 변형

어느 회사에서 생산하는 제품 하나의 길이는 평균이 m cm, 표준편차가 σ cm인 정규분포를 따른다고 한다. 이 회사에서 생산한 제품 중 49^2개를 임의추출하여 구한 표본평균이 139 cm이고 이를 이용하여 추정한 모평균 m의 신뢰도 95 %의 신뢰구간이 $a \le m \le b$이다. 이 회사에서 생산한 제품 중 43^2개를 다시 임의추출하여 구한 표본평균이 141 cm이고 이를 이용하여 추정한 모평균 m의 신뢰도 99 %의 신뢰구간이 $c \le m \le d$이다. $b = c$일 때, $\sigma \times (d - a)$의 값을 구하시오. (단, Z가 표준정규분포를 따르는 확률변수일 때, $P(|Z| \le 1.96) = 0.95$, $P(|Z| \le 2.58) = 0.99$로 계산한다.)

0578 수능 변형

모집단의 확률변수 X의 확률분포를 표로 나타내면 다음과 같다.

X	1	3	5	7	합계
$P(X=x)$	$\dfrac{1}{8}$	a	$\dfrac{1}{8}$	b	1

이 모집단에서 크기가 2인 표본을 임의추출하여 구한 표본평균을 $\overline{X}$라 하면 $E(\overline{X}) = 4$일 때, $P(\overline{X}=3) + P(\overline{X}=6)$의 값은?

① $\dfrac{11}{32}$ ② $\dfrac{13}{32}$ ③ $\dfrac{7}{16}$

④ $\dfrac{15}{32}$ ⑤ $\dfrac{1}{2}$

0579 평가원 변형

모평균이 m이고 모표준편차가 σ인 정규분포를 따르는 모집단에서 크기가 4인 표본을 임의추출하여 표본평균 $\overline{x}$를 얻고, 이를 이용하여 모평균 m에 대한 신뢰도 95 %의 신뢰구간을 구하였더니 $3 \le m \le a$이었다. 같은 모집단에서 크기가 9인 표본을 다시 임의추출하여 표본평균 $\overline{x}+2$를 얻고, 이를 이용하여 모평균 m에 대한 신뢰도 99 %의 신뢰구간을 구하였더니 $b \le m \le 9$이었다. $\overline{x}$, σ가 이차방정식

$$x^2 - kx + k + 3 = 0$$

의 두 근일 때, 상수 k의 값을 구하시오. (단, a, b는 상수이고 Z가 표준정규분포를 따르는 확률변수일 때, $P(|Z| \le 2) = 0.95$, $P(|Z| \le 3) = 0.99$로 계산한다.)

0580 평가원 기출

1부터 6까지의 자연수가 하나씩 적힌 6장의 카드가 들어 있는 주머니가 있다. 이 주머니에서 임의로 한 장의 카드를 꺼내어 카드에 적힌 수를 확인한 후 다시 넣는 시행을 한다. 이 시행을 4번 반복하여 확인한 네 개의 수의 평균을 $\overline{X}$라 할 때, $P\left(\overline{X} = \dfrac{11}{4}\right) = \dfrac{q}{p}$이다. $p + q$의 값을 구하시오.

(단, p와 q는 서로소인 자연수이다.)

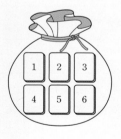

빠른 정답 2권

Ⅰ 경우의 수

01 여러 가지 순열

PART A' 유형별 유사문제

0001 ③	0002 120	0003 ⑤	0004 720
0005 ③	0006 ③	0007 48	0008 ④
0009 144	0010 ④	0011 ②	0012 180
0013 ②	0014 6	0015 ②	0016 ①
0017 ①	0018 ②	0019 120	0020 ③
0021 ②	0022 540	0023 ⑤	0024 ②
0025 ②	0026 ①	0027 175	0028 50
0029 63	0030 ②	0031 ②	0032 ④
0033 192	0034 15	0035 18	0036 ⑤
0037 ③	0038 ④	0039 12	0040 ②
0041 150	0042 ④	0043 90	0044 ③
0045 ⑤	0046 ④	0047 105	0048 ③
0049 ⑤	0050 ①	0051 13	0052 ②
0053 18	0054 51	0055 210	0056 ②
0057 60	0058 ④		

PART B' 기출&기출변형 문제

0059 ①	0060 ①	0061 ⑤	0062 ④
0063 ④	0064 ④	0065 864	0066 115
0067 144	0068 ④	0069 ③	0070 ①

02 중복조합과 이항정리

PART A' 유형별 유사문제

0071 ③	0072 ④	0073 ②	0074 70
0075 ②	0076 315	0077 ③	0078 ⑤
0079 ④	0080 8	0081 36	0082 ②
0083 ①	0084 ①	0085 66	0086 ②
0087 56	0088 ⑤	0089 ③	0090 336
0091 ④	0092 10	0093 ④	0094 ④
0095 ②	0096 ③	0097 60	0098 80
0099 ③	0100 ①	0101 ②	0102 35
0103 ①	0104 35	0105 ③	0106 ⑤
0107 150	0108 ⑤	0109 ②	0110 ③

0111 ①	0112 6	0113 ④	0114 7
0115 7	0116 ①	0117 ③	0118 56
0119 ③	0120 ①	0121 ②	0122 ①
0123 ①	0124 ③	0125 ③	0126 ①
0127 10	0128 ④	0129 8	0130 ③
0131 ⑤	0132 ②	0133 ③	0134 ①
0135 16	0136 ②	0137 ③	0138 ①
0139 ②	0140 ④	0141 ⑤	0142 ③
0143 ④	0144 1	0145 ③	0146 341
0147 80	0148 ②	0149 102	0150 ③

PART B' 기출&기출변형 문제

0151 ②	0152 ②	0153 ③	0154 ③
0155 35	0156 ③	0157 ④	0158 25
0159 ②	0160 136	0161 55	0162 105

Ⅱ 확률

03 확률의 뜻과 활용

PART A' 유형별 유사문제

0163 ⑤	0164 ⑤	0165 24	0166 ⑤
0167 ②	0168 ③	0169 ④	0170 ④
0171 ②	0172 ①	0173 85	0174 ②
0175 ③	0176 ②	0177 ③	0178 ①
0179 35	0180 ②	0181 ①	0182 ②
0183 649	0184 ④	0185 ③	0186 ②
0187 ⑤	0188 36	0189 ④	0190 ①
0191 ③	0192 ③	0193 6	0194 ②
0195 41	0196 ③	0197 ④	0198 ①
0199 ③	0200 ①	0201 ②	0202 ④
0203 ①	0204 91	0205 ②	0206 ①
0207 ③	0208 ④	0209 빨간 공 : 11개, 노란 공 : 1개	
0210 ②	0211 ②	0212 ①	0213 ④
0214 ①	0215 ⑤	0216 ①	0217 ④
0218 ④	0219 ③	0220 ②	0221 ④
0222 ④	0223 ②	0224 31	0225 ①
0226 ⑤	0227 ④	0228 ①	0229 ③
0230 ②	0231 ②	0232 51	0233 ③

0234 4자루   0235 ①   0236 ⑤   0237 ③
0238 ④   0239 ①   0240 64   0241 ③
0242 ④   0243 ①   0244 ⑤   0245 ①
0246 ⑤   0247 127

PART B 기출&기출변형 문제

0248 ②   0249 46   0250 ①   0251 ②
0252 ③   0253 11   0254 ④   0255 ⑤
0256 ①   0257 ①   0258 ②   0259 109

04 조건부확률

PART A 유형별 유사문제

0260 ③   0261 $\frac{5}{9}$ 0262 ①   0263 ⑤
0264 ④   0265 ①   0266 ③   0267 102
0268 ④   0269 89   0270 ③   0271 ③
0272 4   0273 ②   0274 $\frac{1}{2}$ 0275 ④
0276 ②   0277 ⑤   0278 ③   0279 5
0280 ②   0281 $\frac{2}{3}$ 0282 ②   0283 ④
0284 ④   0285 3   0286 ①   0287 ④
0288 ④   0289 $\frac{9}{16}$ 0290 259   0291 ④
0292 5   0293 ②   0294 ③   0295 13
0296 ②   0297 ⑤   0298 ④
0299 서로 종속이다.   0300 ③   0301 ③
0302 ⑤   0303 ⑤   0304 ③   0305 ②
0306 ④   0307 ④   0308 6   0309 2
0310 ①   0311 ④   0312 23   0313 ④
0314 751   0315 ②   0316 ①   0317 ⑤
0318 ③   0319 ①   0320 ⑤   0321 3
0322 ②   0323 ③   0324 ①   0325 ⑤
0326 31   0327 ①   0328 283   0329 ②
0330 ③   0331 22   0332 ③   0333 39
0334 ②   0335 ④   0336 4   0337 ⑤
0338 ③   0339 ⑤   0340 253   0341 ①

PART B 기출&기출변형 문제

0342 ③   0343 ⑤   0344 ②   0345 68
0346 24   0347 47   0348 ⑤   0349 ②
0350 43   0351 ④   0352 ①   0353 ②

Ⅲ 통계

05 이산확률변수의 확률분포

PART A 유형별 유사문제

0354 $\frac{1}{18}$ 0355 $\frac{1}{3}$ 0356 ②   0357 ④
0358 ⑤   0359 ①   0360 ②   0361 40
0362 ⑤   0363 2   0364 ①   0365 ③
0366 ⑤   0367 ④   0368 3   0369 ④
0370 ④   0371 53   0372 2   0373 ①
0374 ②   0375 ④   0376 ⑤   0377 3
0378 ④   0379 ②   0380 ⑤   0381 90
0382 ①   0383 ③   0384 122   0385 42
0386 ①   0387 ⑤   0388 20   0389 ④
0390 ①   0391 20   0392 93   0393 ③
0394 9   0395 76   0396 ③   0397 ⑤
0398 ①   0399 ⑤   0400 150   0401 ②
0402 500   0403 ③   0404 ④   0405 112
0406 ④   0407 ②   0408 ③   0409 6
0410 912   0411 ①   0412 23

PART B 기출&기출변형 문제

0413 2   0414 ⑤   0415 ②   0416 78
0417 ②   0418 9   0419 ③

06 연속확률변수의 확률분포

PART A 유형별 유사문제

0420 ④   0421 ⑤   0422 ④   0423 ①
0424 $\frac{3}{5}$ 0425 ⑤   0426 3   0427 ⑤
0428 ①   0429 ③   0430 ③   0431 ②
0432 ③   0433 ③   0434 ④   0435 ③
0436 ③   0437 ③   0438 27   0439 ④
0440 ④   0441 ②   0442 8   0443 8
0444 ②   0445 ②   0446 ④   0447 ④
0448 ③   0449 ①   0450 24   0451 50
0452 80   0453 ③   0454 ⑤   0455 ①
0456 ⑤   0457 ②   0458 ③   0459 ⑤
0460 ②   0461 ③   0462 ③   0463 ③
0464 ⑤   0465 ②   0466 114   0467 250
0468 78   0469 598   0470 ④   0471 26

07 통계적 추정

수학의 바이블

모든 유형으로 실력을 **밝혀라!**

유형 **ON**

가르치기 쉽고 빠르게 배울 수 있는 **이투스북**

www.etoosbook.com

○ **도서 내용 문의**
홈페이지 > 이투스북 고객센터 > 1:1 문의

○ **도서 정답 및 해설**
홈페이지 > 도서자료실 > 정답/해설

○ **도서 정오표**
홈페이지 > 도서자료실 > 정오표

○ **선생님을 위한 강의 지원 서비스 T폴더**
홈페이지 > 교강사 T폴더

수학의 바이블

학교 시험에
자주 나오는
115유형
1461제 수록

1권 유형편
881제로
완벽한
필수 유형 학습

2권 변형편
580제로
복습 및 학교 시험
완벽 대비

모든 유형으로 실력을 밝혀라!

확률과 통계

유형

정답과 풀이

ON

이투스북

온 [모두의] 모든 유형을 담다.   ON [켜다] 실력의 불을 켜다.

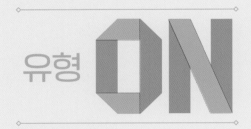

수학의 바이블 유형 ON

유형 ON

1 권

정답과 풀이

확률과 통계

경우의 수

유형별 문제

PART A **01 여러 가지 순열**

유형 01 원탁에 둘러앉는 경우의 수

0001
답 ②

두 학생 A, B를 포함한 7명의 학생 중에서 A, B를 포함하여 5명을 선택하는 경우의 수는 두 학생 A, B를 제외한 5명의 학생 중에서 3명을 선택하는 경우의 수와 같으므로
$_5C_3 = {_5}C_2 = 10$
5명의 학생을 원탁에 둘러앉히는 경우의 수는
$(5-1)! = 4! = 24$
따라서 구하는 경우의 수는
$10 \times 24 = 240$

0002
답 ③

서로 다른 8개의 사탕 중에서 4개를 선택하는 경우의 수는
$_8C_4 = 70$
선택한 사탕 4개를 원형으로 배열하는 경우의 수는
$(4-1)! = 3! = 6$
따라서 구하는 경우의 수는
$70 \times 6 = 420$

다른 풀이

서로 다른 사탕 8개 중에서 4개를 선택하여 일렬로 나열하는 경우의 수는 $_8P_4$이고, 선택한 사탕 4개를 원형으로 배열하면 같은 것이 4가지씩 있으므로 구하는 경우의 수는
$$\frac{_8P_4}{4} = \frac{8 \times 7 \times 6 \times 5}{4} = 420$$

0003
답 12

여학생 3명이 원탁에 둘러앉는 경우의 수는
$(3-1)! = 2! = 2$
❶

여학생들 사이사이 3개의 자리에 남학생 3명이 앉는 경우의 수는
$3! = 6$
❷

따라서 구하는 경우의 수는
$2 \times 6 = 12$
❸

채점 기준	배점
❶ 여학생 3명을 원탁에 둘러앉히는 경우의 수 구하기	40%
❷ 남학생 3명을 원탁에 둘러앉히는 경우의 수 구하기	40%
❸ 조건을 만족시키는 경우의 수 구하기	20%

참고

먼저 남학생을 원탁에 둘러앉힌 후, 남학생들 사이사이에 여학생을 앉혀도 된다.

0004
답 ⑤

한 명의 남학생의 자리가 결정되면 나머지 한 명의 남학생의 자리는 마주 보는 자리에 고정되므로 구하는 경우의 수는 남학생 한 명과 여학생 4명이 원탁에 둘러앉는 경우의 수, 즉 5명이 원탁에 둘러앉는 경우의 수와 같다.
따라서 구하는 경우의 수는
$(5-1)! = 4! = 24$

다른 풀이

남학생 2명이 서로 마주 보고 원탁에 앉는 경우의 수는
$(2-1)! = 1! = 1$
남은 4개의 자리에 여학생 4명이 앉는 경우의 수는
$4! = 24$
따라서 구하는 경우의 수는
$1 \times 24 = 24$

유형 02 이웃하는(이웃하지 않는) 원순열의 수

확인 문제 12

부모 2명을 한 사람으로 생각하면 4명이 원탁에 둘러앉는 경우의 수는
$(4-1)! = 3! = 6$
부모 2명이 서로 자리를 바꾸는 경우의 수는
$2! = 2$
따라서 구하는 경우의 수는
$6 \times 2 = 12$

0005
답 ④

각 반의 대표 2명을 한 사람으로 생각하면 4명이 원탁에 둘러앉는 경우의 수는
$(4-1)! = 3! = 6$
각 반의 대표끼리 서로 자리를 바꾸는 경우의 수는 각각
$2! = 2$
따라서 구하는 경우의 수는
$6 \times 2 \times 2 \times 2 \times 2 = 96$

0006

답 ③

2학년 학생 3명을 한 사람으로 생각하면 4명이 원탁에 둘러앉는 경우의 수는

$(4-1)!=3!=6$

2학년 학생 3명끼리 서로 자리를 바꾸는 경우의 수는

$3!=6$

따라서 구하는 경우의 수는

$6 \times 6 = 36$

0007

답 ①

사과, 배, 포도를 하나로 생각하면 4개를 원형으로 배열하는 경우의 수는

$(4-1)!=3!=6$

배와 포도의 자리를 서로 바꾸는 경우의 수는

$2!=2$

따라서 구하는 경우의 수는

$6 \times 2 = 12$

0008

답 96

A학교 학생 2명과 B학교 학생 2명을 각각 한 사람으로 생각하면 5명의 학생이 원탁에 둘러앉는 경우의 수는

$(5-1)!=4!=24$

A학교 학생 2명이 서로 자리를 바꾸는 경우의 수는

$2!=2$

B학교 학생 2명이 서로 자리를 바꾸는 경우의 수는

$2!=2$

따라서 구하는 경우의 수는

$24 \times 2 \times 2 = 96$

0009

답 72

B와 D를 제외한 A, C, E, F 4명이 원탁에 둘러앉는 경우의 수는

$(4-1)!=3!=6$

──────────────────────────────── ❶

A, C, E, F 사이사이 4개의 자리에 B와 D를 앉히는 경우의 수는

$_4P_2=12$

──────────────────────────────── ❷

따라서 구하는 경우의 수는

$6 \times 12 = 72$

──────────────────────────────── ❸

채점 기준	배점
❶ B와 D를 제외한 4명을 원탁에 둘러앉히는 경우의 수 구하기	40%
❷ B와 D를 앉히는 경우의 수 구하기	40%
❸ 조건을 만족시키는 경우의 수 구하기	20%

🔊 **Bible Says** 이웃하는(이웃하지 않는) 경우의 수

(1) 이웃하는 경우 ➡ 이웃하는 것을 하나로 생각한다.
(2) 이웃하지 않는 경우 ➡ 이웃해도 상관없는 것을 먼저 나열한다.

다른 풀이

A, B, C, D, E, F 6명이 원탁에 둘러앉는 경우의 수는

$(6-1)!=5!=120$

──────────────────────────────── ❶

B와 D를 한 사람으로 생각하면 5명이 원탁에 둘러앉는 경우의 수는

$(5-1)!=4!=24$

B와 D가 서로 자리를 바꾸는 경우의 수는

$2!=2$

B와 D가 이웃하여 앉는 경우의 수는

$24 \times 2 = 48$

──────────────────────────────── ❷

따라서 구하는 경우의 수는

$120 - 48 = 72$

──────────────────────────────── ❸

채점 기준	배점
❶ 6명을 원탁에 둘러앉히는 경우의 수 구하기	40%
❷ B와 D를 이웃하게 앉히는 경우의 수 구하기	40%
❸ 조건을 만족시키는 경우의 수 구하기	20%

0010

답 ⑤

학생 B를 포함한 4명의 2학년 학생이 원탁에 둘러앉는 경우의 수는

$(4-1)!=3!=6$

조건 ㈎를 만족시키려면 학생 A를 포함한 4명의 1학년 학생은 각각의 2학년 학생 사이에 앉아야 한다.

이때 조건 ㈏에서 A와 B는 이웃하므로 A가 앉을 자리를 정하는 경우의 수는

$_2C_1=2$

남은 3명의 1학년 학생이 앉을 자리를 정하는 경우의 수는

$3!=6$

따라서 구하는 경우의 수는

$6 \times 2 \times 6 = 72$

유형 03 **평면도형을 색칠하는 경우의 수**

0011

답 ④

가운데 정오각형을 색칠하는 경우의 수는

$_6C_1=6$

가운데 정오각형에 칠한 색을 제외한 5가지의 색으로 가운데 정오각형을 제외한 나머지 부분을 색칠하는 경우의 수는

$(5-1)!=4!=24$

따라서 구하는 경우의 수는

$6 \times 24 = 144$

0012

답 840

가운데 원을 색칠하는 경우의 수는

$_7C_1=7$

가운데 원에 칠한 색을 제외한 6가지의 색으로 나머지 6개의 원을 색칠하는 경우의 수는

$(6-1)!=5!=120$

따라서 구하는 경우의 수는

$7\times120=840$

0013

답 48

노란색과 파란색을 한 가지 색으로 생각하여 서로 다른 5가지의 색으로 칠하는 경우의 수는

$(5-1)!=4!=24$

노란색과 파란색의 자리를 바꾸는 경우의 수는

$2!=2$

따라서 구하는 경우의 수는

$24\times2=48$

0014

답 ③

가운데 정삼각형을 색칠하는 경우의 수는

$_6C_1=6$

가운데 정삼각형에 칠한 색을 제외한 5가지의 색 중에서 3가지의 색을 선택하는 경우의 수는

$_5C_3=_5C_2=10$

3가지의 색으로 가운데 정삼각형을 제외한 나머지 3개의 정삼각형을 색칠하는 경우의 수는

$(3-1)!=2!=2$

따라서 구하는 경우의 수는

$6\times10\times2=120$

[다른 풀이]

6가지의 색 중에서 색칠할 4가지의 색을 선택하는 경우의 수는

$_6C_4=_6C_2=15$

선택한 4가지 색 중에서 하나를 선택하여 가운데 정삼각형을 색칠하는 경우의 수는

$_4C_1=4$

남은 3가지의 색으로 가운데 정삼각형을 제외한 나머지 3개의 정삼각형을 색칠하는 경우의 수는

$(3-1)!=2!=2$

따라서 구하는 경우의 수는

$15\times4\times2=120$

0015

답 2

8가지의 색 중에서 작은 원의 내부의 4개의 영역을 칠할 4가지의 색을 선택하는 경우의 수는

$_8C_4=70$

.... ❶

선택한 4가지의 색으로 작은 원의 내부의 4개의 영역을 색칠하는 경우의 수는

$(4-1)!=3!=6$

.... ❷

나머지 4가지의 색으로 작은 원의 외부의 4개의 영역을 색칠하는 경우의 수는

$4!$

.... ❸

따라서 구하는 경우의 수는

$70\times6\times4!=2\times5\times7\times6\times4!=2\times7!$

$\therefore a=2$

.... ❹

채점 기준	배점
❶ 작은 원의 내부의 영역을 칠할 색을 선택하는 경우의 수 구하기	20%
❷ 작은 원의 내부의 영역을 색칠하는 경우의 수 구하기	30%
❸ 작은 원의 외부의 영역을 색칠하는 경우의 수 구하기	30%
❹ a의 값 구하기	20%

유형 04 입체도형을 색칠하는 경우의 수

0016

답 30

정사각뿔의 밑면을 색칠하는 경우의 수는

$_5C_1=5$

밑면에 칠한 색을 제외한 4가지의 색으로 옆면을 색칠하는 경우의 수는

$(4-1)!=3!=6$

따라서 구하는 경우의 수는

$5\times6=30$

🔊 **Bible Says** 입체도형을 색칠하는 경우의 수

(1) 뿔이면 ➡ 밑면을 색칠하는 경우를 먼저 생각한다.

(2) 기둥이면 ➡ 평행한 면을 색칠하는 경우를 먼저 생각한다.

0017

답 ⑤

정오각뿔대의 윗면을 색칠하는 경우의 수는 $_7C_1=7$, 아랫면을 색칠하는 경우의 수는 $_6C_1=6$이므로 두 밑면을 색칠하는 경우의 수는

$7\times6=42$

두 밑면에 칠한 색을 제외한 5가지의 색으로 옆면을 색칠하는 경우의 수는

$(5-1)!=4!=24$

따라서 구하는 경우의 수는

$42\times24=1008$

0018

답 ④

정육각기둥의 윗면과 아랫면은 합동이므로 두 밑면을 색칠하는 경우의 수는

$_8C_2=28$

두 밑면에 칠한 색을 제외한 6가지의 색으로 옆면을 색칠하는 경우의 수는

$(6-1)!=5!$

따라서 구하는 경우의 수는

$28 \times 5!$

0019

답 ②

정육면체의 모든 면은 합동이므로 특정한 색을 아랫면에 칠하면 윗면을 색칠하는 경우의 수는

$_5C_1=5$

윗면과 아랫면을 칠한 색을 제외한 나머지 4가지의 색으로 옆면을 색칠하는 경우의 수는

$(4-1)!=3!=6$

따라서 구하는 경우의 수는

$5 \times 6=30$

다른 풀이 ①

정육면체의 윗면을 색칠하는 경우의 수는 $_6C_1=6$, 아랫면을 색칠하는 경우의 수는 $_5C_1=5$이므로 두 밑면을 색칠하는 경우의 수는

$6 \times 5=30$

윗면과 아랫면을 칠한 색을 제외한 나머지 4가지의 색으로 옆면을 색칠하는 경우의 수는

$(4-1)!=3!=6$

이때 정육면체의 모든 면은 합동이므로 색칠한 각 경우에 대하여 같은 경우가 6가지씩 생긴다.

따라서 구하는 경우의 수는

$30 \times 6 \times \dfrac{1}{6}=30$

다른 풀이 ②

우선 한 면을 기준으로 한 가지 색을 칠한 후, 남은 면을 색칠하는 경우의 수는 5!

이때 정육면체의 한 면이 정사각형이므로 색칠한 각 경우에 대하여 같은 경우가 4가지씩 생긴다.

따라서 구하는 경우의 수는

$5! \times \dfrac{1}{4}=30$

유형 05 여러 가지 모양의 탁자에 둘러앉는 경우의 수

0020

답 ②

8명이 원탁에 둘러앉는 경우의 수는

$(8-1)!=7!$

그런데 직사각형 모양의 탁자에서는 원탁에 둘러앉는 한 가지 방법에 대하여 다음 그림과 같이 4가지의 서로 다른 경우가 존재한다.

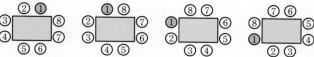

따라서 구하는 경우의 수는

$4 \times 7!$ $\therefore a=4$

Bible Says **직사각형 모양의 탁자에 둘러앉는 경우의 수**

정사각형이 아닌 직사각형 모양의 탁자에 $n(n$은 4 이상인 2의 배수)명이 둘러앉는 경우의 수는

$$(n-1)! \times \dfrac{n}{2}$$

참고

위의 문제에서 직사각형 모양의 탁자에 둘러앉는 경우에는 일렬로 앉는 한 가지 방법에 대하여 다음 그림과 같이 2가지씩 배열이 같은 것이 생기므로 구하는 경우의 수는

$$\dfrac{8!}{2}=4 \times 7!$$

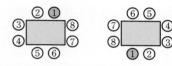

0021

답 ③

8명이 원탁에 둘러앉는 경우의 수는

$(8-1)!=7!$

그런데 정사각형 모양의 탁자에서는 원탁에 둘러앉는 한 가지 방법에 대하여 다음 그림과 같이 2가지의 서로 다른 경우가 존재한다.

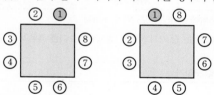

따라서 구하는 경우의 수는

$2 \times 7!$

Bible Says **정사각형 모양의 탁자에 둘러앉는 경우의 수**

정사각형 모양의 탁자에 $n(n$은 4의 배수)명이 둘러앉는 경우의 수는

$$(n-1)! \times \dfrac{n}{4}$$

0022

답 11

9명이 원탁에 둘러앉는 경우의 수는

$(9-1)!=8!$

그런데 정삼각형 모양의 탁자에서는 원탁에 둘러앉는 한 가지 방법에 대하여 다음 그림과 같이 3가지의 서로 다른 경우가 존재한다.

따라서 구하는 경우의 수는 $3 \times 8!$이므로
$a = 3$, $n = 8$
$\therefore a + n = 3 + 8 = 11$

🔊)) **Bible Says** 정삼각형 모양의 탁자에 둘러앉는 경우의 수

정삼각형 모양의 탁자에 $n(n$은 3의 배수$)$명이 둘러앉는 경우의 수는
$$(n-1)! \times \frac{n}{3}$$

0023
답 18

10명이 원탁에 둘러앉는 경우의 수는
$(10-1)! = 9!$
.... ❶
그런데 정오각형 모양의 탁자에서는 원탁에 둘러앉는 한 가지 방법에 대하여 다음 그림과 같이 2가지의 서로 다른 경우가 존재한다.

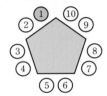 

.... ❷
따라서 구하는 경우의 수는 $2 \times 9!$이므로
$a = 2$, $n = 9$
$\therefore a \times n = 2 \times 9 = 18$
.... ❸

채점 기준	배점
❶ 10명이 원탁에 둘러앉는 경우의 수 구하기	30%
❷ 원탁에 둘러앉는 한 가지 방법에 대하여 서로 다른 경우의 수 구하기	40%
❸ $a \times n$의 값 구하기	30%

0024
답 ⑤

5명이 원탁에 둘러앉는 경우의 수는
$(5-1)! = 4! = 24$
그런데 부채꼴 모양의 탁자에서는 원탁에 둘러앉는 한 가지 방법에 대하여 다음 그림과 같이 5가지의 서로 다른 경우가 존재한다.

따라서 구하는 경우의 수는
$24 \times 5 = 120$

유형 06 중복순열

확인 문제 (1) 243   (2) 9

(1) 5명의 유권자가 3명의 후보에게 기명 투표하는 경우의 수는 서로 다른 3개에서 5개를 택하는 중복순열의 수와 같으므로
$_3\Pi_5 = 3^5 = 243$

(2) 서로 다른 2통의 편지를 서로 다른 3개의 우체통에 넣는 경우의 수는 서로 다른 3개에서 2개를 택하는 중복순열의 수와 같으므로
$_3\Pi_2 = 3^2 = 9$

0025
답 270

서로 다른 종류의 음료수 5개 중에서 A에게 2개의 음료수를 나누어 주는 경우의 수는
$_5C_2 = 10$
각 경우에 대하여 나머지 음료수 3개를 B, C, D에게 나누어 주는 경우의 수는 B, C, D의 3개에서 3개를 택하는 중복순열의 수와 같으므로
$_3\Pi_3 = 3^3 = 27$
따라서 구하는 경우의 수는
$10 \times 27 = 270$

0026
답 ②

5명의 학생이 서로 다른 3개의 동아리에 가입하는 경우의 수는 서로 다른 3개에서 5개를 택하는 중복순열의 수와 같으므로
$_3\Pi_5 = 3^5 = 243$

0027
답 ①

서로 다른 종류의 연필 5자루를 4명의 학생 A, B, C, D에게 남김없이 나누어 주는 경우의 수는 A, B, C, D의 4개에서 5개를 택하는 중복순열의 수와 같으므로
$_4\Pi_5 = 4^5 = 1024$

0028
답 480

서로 다른 6개의 사탕 중에서 2개를 뽑아 A, B에게 1개씩 나누어 주는 경우의 수는
$_6P_2 = 30$
.... ❶

각 경우에 대하여 나머지 사탕 4개를 C, D에게 나누어 주는 경우의
수는 C, D의 2개에서 4개를 택하는 중복순열의 수와 같으므로
$_2\Pi_4=2^4=16$

❷

따라서 구하는 경우의 수는
$30\times16=480$

❸

채점 기준	배점
❶ A, B에게 사탕을 1개씩 나누어 주는 경우의 수 구하기	40%
❷ C, D에게 사탕을 나누어 주는 경우의 수 구하기	40%
❸ 조건을 만족시키는 경우의 수 구하기	20%

0029
답 ④

두 집합 A, B가 서로소이므로 집합 U,
A, B를 벤다이어그램으로 나타내면 오
른쪽 그림과 같다.
이때 전체집합 $U=\{a, b, c, d, e\}$의 5개
의 원소가 세 집합 A, B, $U-(A\cup B)$
중 하나에 속해야 한다.
따라서 두 집합 A, B의 순서쌍 (A, B)의 개수는 서로 다른 3개
에서 5개를 택하는 중복순열의 수와 같으므로
$_3\Pi_5=3^5=243$

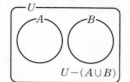

🔊)) **Bible Says** **서로소**

두 집합 A와 B에 공통인 원소가 하나도 없을 때, 즉 $A\cap B=\varnothing$일 때, 두
집합 A와 B는 서로소라 한다.

0030
답 ③

조건 ㈎에서 양 끝에 모두 대문자 X 또는 Y가 나오는 경우의 수는
대문자 X, Y의 2개에서 2개를 택하는 중복순열의 수와 같으므로
$_2\Pi_2=2^2=4$
조건 ㈏에서 문자 a는 한 번만 나오므로 문자 a의 자리를 정하는
경우의 수는
$_4C_1=4$
남은 3개의 자리에 오는 문자를 정하는 경우의 수는 문자 b, X, Y
의 3개에서 3개를 택하는 중복순열의 수와 같으므로
$_3\Pi_3=3^3=27$
따라서 구하는 경우의 수는
$4\times4\times27=432$

0031
답 ③

(i) 빈 필통이 2개인 경우
3개의 필통에서 필기구를 모두 넣을 1개의 필통을 택하는 경우
의 수와 같으므로
$_3C_1=3$

(ii) 빈 필통이 1개인 경우
필기구를 넣을 2개의 필통을 택하는 경우의 수는
$_3C_2=3$
서로 다른 8자루의 필기구를 서로 다른 2개의 필통에 나누어 넣
는 경우의 수는 서로 다른 2개에서 8개를 택하는 중복순열의 수
와 같으므로
$_2\Pi_8=2^8=256$
이때 1개의 필통에 필기구를 모두 넣는 경우의 수가 2이므로
$256-2=254$
따라서 빈 필통이 1개인 경우의 수는
$3\times254=762$
(i), (ii)에서 구하는 경우의 수는
$3+762=765$

유형 **07** **중복순열 - 자연수의 개수**

확인 문제 (1) 64   (2) 48

(1) 백의 자리, 십의 자리, 일의 자리 숫자를 택하는 경우의 수는
1, 2, 3, 4의 4개에서 3개를 택하는 중복순열의 수와 같으므로
$_4\Pi_3=4^3=64$
(2) 백의 자리에 올 수 있는 숫자는 1, 2, 3의 3가지이다.
십의 자리, 일의 자리 숫자를 택하는 경우의 수는 0, 1, 2, 3의
4개에서 2개를 택하는 중복순열의 수와 같으므로
$_4\Pi_2=4^2=16$
따라서 구하는 세 자리 자연수의 개수는
$3\times16=48$

0032
답 ⑤

짝수가 되려면 일의 자리의 수가 짝수이어야 하므로 일의 자리에 올
수 있는 숫자는 2, 4, 6의 3가지이다.
천의 자리, 백의 자리, 십의 자리 숫자를 택하는 경우의 수는
1, 2, 3, 4, 5, 6의 6개에서 3개를 택하는 중복순열의 수와 같으므로
$_6\Pi_3=6^3=216$
따라서 구하는 짝수의 개수는
$3\times216=648$

0033
답 200

홀수가 되려면 일의 자리의 수가 홀수이어야 하므로 일의 자리에 올
수 있는 숫자는 1, 3의 2가지이다.
천의 자리에 올 수 있는 숫자는 0을 제외한 1, 2, 3, 4의 4가지이다.

백의 자리, 십의 자리 숫자를 택하는 경우의 수는 0, 1, 2, 3, 4의 5개에서 2개를 택하는 중복순열의 수와 같으므로

$_5\Pi_2 = 5^2 = 25$

따라서 구하는 홀수의 개수는

$2 \times 4 \times 25 = 200$

0034

답 150

2200보다 작은 수가 되려면 1□□□, 21□□ 꼴이어야 한다.

❶

(i) 1□□□ 꼴인 경우

백의 자리, 십의 자리, 일의 자리 숫자를 택하는 경우의 수는 1, 2, 3, 4, 5의 5개에서 3개를 택하는 중복순열의 수와 같으므로

$_5\Pi_3 = 5^3 = 125$

(ii) 21□□ 꼴인 경우

십의 자리, 일의 자리 숫자를 택하는 경우의 수는 1, 2, 3, 4, 5의 5개에서 2개를 택하는 중복순열의 수와 같으므로

$_5\Pi_2 = 5^2 = 25$

❷

(i), (ii)에서 구하는 자연수의 개수는

$125 + 25 = 150$

❸

채점 기준	배점
❶ 2200보다 작은 수가 되기 위한 조건 구하기	20%
❷ 1□□□, 21□□ 꼴의 자연수의 개수 각각 구하기	60%
❸ 2200보다 작은 자연수의 개수 구하기	20%

0035

답 ④

(i) 한 자리 자연수의 개수는 2, 4, 6, 8의 4이다.

(ii) 두 자리 자연수의 개수는 십의 자리에 올 수 있는 숫자는 2, 4, 6, 8의 4가지이고, 일의 자리에 올 수 있는 숫자는 0, 2, 4, 6, 8의 5가지이므로

$4 \times 5 = 20$

(iii) 세 자리 자연수의 개수는 백의 자리에 올 수 있는 숫자는 2, 4, 6, 8의 4가지이고, 십의 자리, 일의 자리 숫자를 택하는 경우의 수는 0, 2, 4, 6, 8의 5개에서 2개를 택하는 중복순열의 수와 같으므로

$4 \times _5\Pi_2 = 4 \times 5^2 = 100$

(iv) 4000보다 작은 네 자리 자연수는 2□□□ 꼴이다.

백의 자리, 십의 자리, 일의 자리 숫자를 택하는 경우의 수는 0, 2, 4, 6, 8의 5개에서 3개를 택하는 중복순열의 수와 같으므로

$_5\Pi_3 = 5^3 = 125$

(i)~(iv)에서 4000보다 작은 자연수의 개수는

$4 + 20 + 100 + 125 = 249$

따라서 4000은 250번째 수이다.

0036

답 ①

세 개의 숫자 1, 3, 5 중에서 중복을 허락하여 4개를 택해 만들 수 있는 네 자리 자연수의 개수는 1, 3, 5의 3개에서 4개를 택하는 중복순열의 수와 같으므로

$_3\Pi_4 = 3^4 = 81$

이 중에서 3이 포함되지 않은 자연수의 개수는 1, 5의 2개에서 4개를 택하는 중복순열의 수와 같으므로

$_2\Pi_4 = 2^4 = 16$

따라서 구하는 자연수의 개수는

$81 - 16 = 65$

유형 **08** 중복순열 – 신호의 개수

0037

답 ④

두 깃발을 1번 들어올려서 만들 수 있는 서로 다른 신호의 개수는

$_2\Pi_1$

두 깃발을 2번 들어올려서 만들 수 있는 서로 다른 신호의 개수는

$_2\Pi_2$

두 깃발을 3번, 4번 들어올려서 만들 수 있는 서로 다른 신호의 개수는 각각 $_2\Pi_3$, $_2\Pi_4$이다.

따라서 구하는 신호의 개수는

$_2\Pi_1 + _2\Pi_2 + _2\Pi_3 + _2\Pi_4 = 2^1 + 2^2 + 2^3 + 2^4$
$= 2 + 4 + 8 + 16 = 30$

0038

답 ②

세 기호를 2개 사용하여 만들 수 있는 암호의 개수는 $_3\Pi_2$

세 기호를 3개 사용하여 만들 수 있는 암호의 개수는 $_3\Pi_3$

세 기호를 4개 사용하여 만들 수 있는 암호의 개수는 $_3\Pi_4$

따라서 구하는 암호의 개수는

$_3\Pi_2 + _3\Pi_3 + _3\Pi_4 = 3^2 + 3^3 + 3^4 = 9 + 27 + 81 = 117$

0039

답 ③

모스 부호 '•'과 '–'를 n개 사용하여 만들 수 있는 신호의 개수는 서로 다른 2개에서 n개를 택하는 중복순열의 수와 같으므로

$_2\Pi_n = 2^n$

따라서 모스 부호를 n개 이하로 사용하여 만들 수 있는 신호의 개수는

$_2\Pi_1 + _2\Pi_2 + _2\Pi_3 + \cdots + _2\Pi_n = 2^1 + 2^2 + 2^3 + \cdots + 2^n$

$n = 5$일 때

$_2\Pi_1 + _2\Pi_2 + _2\Pi_3 + _2\Pi_4 + _2\Pi_5 = 2 + 4 + 8 + 16 + 32$
$= 62 < 100$

$n=6$일 때

$$_2\Pi_1+_2\Pi_2+_2\Pi_3+_2\Pi_4+_2\Pi_5+_2\Pi_6=2+4+8+16+32+64$$
$$=126>100$$

따라서 모스 부호를 최소한 6개 사용해야 한다.

> **참고**
>
> 수학 I 의 등비수열의 합의 공식을 이용하면
> $$_2\Pi_1+_2\Pi_2+_2\Pi_3+\cdots+_2\Pi_n=2^1+2^2+2^3+\cdots+2^n$$
> $$=\frac{2(2^n-1)}{2-1}\geq100$$
> 즉, $2^n-1\geq50$에서 $2^n\geq51$
> 이때 $2^5=32$, $2^6=64$이므로 $2^n\geq51$을 만족시키는 자연수 n의 최솟값은 6이다.

0040
답 7

n개의 전구를 각각 켜거나 꺼서 만들 수 있는 신호의 개수는
$$_2\Pi_n=2^n$$
이때 전구가 모두 꺼진 경우는 신호에서 제외하므로 신호의 개수는
$$2^n-1$$
신호의 개수가 200 이하이므로
$$2^n-1\leq200, \quad 2^n\leq201$$
이때 $2^7=128$, $2^8=256$이므로 $2^n\leq201$을 만족시키는 자연수 n의 최댓값은 7이다.

유형 09 중복순열 – 함수의 개수

확인 문제 64

X에서 Y로의 함수는 Y의 원소 2, 4, 6, 8의 4개에서 중복을 허락하여 3개를 택해 X의 원소 a, b, c에 대응시키면 된다.
따라서 X에서 Y로의 함수의 개수는 서로 다른 4개에서 3개를 택하는 중복순열의 수와 같으므로
$$_4\Pi_3=4^3=64$$

0041
답 ①

$f(0)=2$인 함수는 Y의 원소 -4, -2, 0, 2, 4의 5개에서 중복을 허락하여 2개를 택해 X의 원소 -1, 1에 대응시키면 된다.
따라서 구하는 함수의 개수는 서로 다른 5개에서 2개를 택하는 중복순열의 수와 같으므로
$$_5\Pi_2=5^2=25$$

0042
답 48

구하는 함수의 개수는 X에서 Y로의 함수의 개수에서 $f(2)=2$를 만족시키는 함수의 개수를 빼면 된다.

X에서 Y로의 함수는 Y의 원소 1, 2, 3, 4의 4개에서 중복을 허락하여 3개를 택해 X의 원소 1, 2, 3에 대응시키면 된다.
즉, X에서 Y로의 함수의 개수는 서로 다른 4개에서 3개를 택하는 중복순열의 수와 같으므로
$$_4\Pi_3=4^3=64$$
$f(2)=2$인 함수는 Y의 원소 1, 2, 3, 4의 4개에서 중복을 허락하여 2개를 택해 X의 원소 1, 3에 대응시키면 된다.
즉, $f(2)=2$인 함수의 개수는 서로 다른 4개에서 2개를 택하는 중복순열의 수와 같으므로
$$_4\Pi_2=4^2=16$$
따라서 구하는 함수의 개수는
$$64-16=48$$

다른 풀이

$f(2)$의 값이 될 수 있는 것은 1, 3, 4 중 하나이므로 3가지이고, $f(1)$, $f(3)$의 값을 정하는 경우의 수는 1, 2, 3, 4의 4개에서 2개를 택하는 중복순열의 수와 같으므로
$$_4\Pi_2=4^2=16$$
따라서 구하는 함수의 개수는
$$3\times16=48$$

0043
답 ②

X에서 Y로의 함수는 Y의 원소 1, 2의 2개에서 중복을 허락하여 4개를 택해 X의 원소 1, 2, 3, 4에 대응시키면 된다.
즉, X에서 Y로의 함수의 개수는 서로 다른 2개에서 4개를 택하는 중복순열의 수와 같으므로
$$_2\Pi_4=2^4=16$$
이때 치역의 원소가 1개인 경우는 $\{1\}$ 또는 $\{2\}$이므로 2가지이다.
따라서 구하는 함수의 개수는
$$16-2=14$$

0044
답 ④

$f(2)$의 값이 될 수 있는 것은 1, 2, 3 중 하나이므로 3가지이고, $f(1)$, $f(3)$, $f(4)$의 값을 정하는 경우의 수는 1, 2, 3, 4의 4개에서 3개를 택하는 중복순열의 수와 같으므로
$$_4\Pi_3=4^3=64$$
따라서 구하는 함수 f의 개수는
$$3\times64=192$$

0045
답 30

조건 ㈎에서 $f(3)$의 값이 될 수 있는 것은 1, 3이다.

❶

(i) $f(3)=1$인 경우
  $f(0)=f(1)=f(2)=0$이고
  $f(4)$의 값이 될 수 있는 것은 2, 3, 4이므로 함수 f의 개수는
  $1\times3=3$

(ii) $f(3)=3$인 경우

$f(0)$, $f(1)$, $f(2)$의 값이 될 수 있는 것은 0, 1, 2이므로 $f(0)$, $f(1)$, $f(2)$의 값을 정하는 경우의 수는 0, 1, 2의 3개에서 3개를 택하는 중복순열의 수와 같다.

$\therefore {}_3\Pi_3=3^3=27$

또한 $f(4)=4$이므로 함수 f의 개수는

$27\times1=27$

.... ❷

(i), (ii)에서 구하는 함수 f의 개수는

$3+27=30$

.... ❸

채점 기준	배점
❶ $f(3)$의 값이 될 수 있는 것 구하기	20%
❷ $f(3)=1$, $f(3)=3$인 함수의 개수 각각 구하기	60%
❸ 조건을 만족시키는 함수의 개수 구하기	20%

0046
답 ③

(i) $f(3)=4$인 경우

$f(2)=f(5)=2$

$f(1)$, $f(4)$의 값이 될 수 있는 것은 6, 8, 10, 12이므로 $f(1)$, $f(4)$의 값을 정하는 경우의 수는 6, 8, 10, 12의 4개에서 2개를 택하는 중복순열의 수와 같다.

$\therefore {}_4\Pi_2=4^2=16$

따라서 이때의 함수 f의 개수는

$1\times16=16$

(ii) $f(3)=6$인 경우

$f(2)$, $f(5)$의 값이 될 수 있는 것은 2, 4이므로 $f(2)$, $f(5)$의 값을 정하는 경우의 수는 2, 4의 2개에서 2개를 택하는 중복순열의 수와 같다.

$\therefore {}_2\Pi_2=2^2=4$

$f(1)$, $f(4)$의 값이 될 수 있는 것은 8, 10, 12이므로 $f(1)$, $f(4)$의 값을 정하는 경우의 수는 8, 10, 12의 3개에서 2개를 택하는 중복순열의 수와 같다.

$\therefore {}_3\Pi_2=3^2=9$

따라서 이때의 함수 f의 개수는

$4\times9=36$

(iii) $f(3)=8$인 경우

$f(2)$, $f(5)$의 값이 될 수 있는 것은 2, 4, 6이고

$f(1)$, $f(4)$의 값이 될 수 있는 것은 10, 12이므로 (ii)와 마찬가지로 함수 f의 개수는

${}_3\Pi_2\times{}_2\Pi_2=3^2\times2^2=36$

(iv) $f(3)=10$인 경우

$f(2)$, $f(5)$의 값이 될 수 있는 것은 2, 4, 6, 8이고

$f(1)=f(4)=12$이므로 (i)과 마찬가지로 함수 f의 개수는

${}_4\Pi_2\times1=4^2\times1=16$

(i)~(iv)에서 구하는 함수의 개수는

$16+36+36+16=104$

확인 문제 30

a, a, b, b, c를 일렬로 나열하는 경우의 수는 5개의 문자 중 a가 2개, b가 2개이므로

$\dfrac{5!}{2!\times2!}=30$

0047
답 ①

양 끝에 n과 u가 오도록 일렬로 나열하는 경우는 n이 맨 앞에 오는 경우와 u가 맨 앞에 오는 경우의 2가지이다.

가운데에 m, i, i, m, m을 일렬로 나열하는 경우의 수는

$\dfrac{5!}{3!\times2!}=10$

따라서 구하는 경우의 수는

$2\times10=20$

0048
답 ④

s와 g를 한 문자 X로 생각하면 l, a, X, a, n, a를 일렬로 나열하는 경우의 수는

$\dfrac{6!}{3!}=120$

이때 s와 g가 서로 자리를 바꾸는 경우의 수는

$2!=2$

따라서 구하는 경우의 수는

$120\times2=240$

0049
답 540

internet의 8개의 문자 중 모음은 i, e, e의 3개이므로 i, e, e를 한 문자 X로 생각하면 6개의 문자 X, n, t, r, n, t를 일렬로 나열하는 경우의 수는

$\dfrac{6!}{2!\times2!}=180$

.... ❶

이때 모음끼리 자리를 바꾸는 경우의 수는

$\dfrac{3!}{2!}=3$

.... ❷

따라서 구하는 경우의 수는

$180\times3=540$

.... ❸

채점 기준	배점
❶ 모음을 한 문자로 생각하여 6개의 문자를 일렬로 나열하는 경우의 수 구하기	40%
❷ 모음끼리 자리를 바꾸는 경우의 수 구하기	40%
❸ 조건을 만족시키는 경우의 수 구하기	20%

0050

구하는 경우의 수는 a, a, b, b, c, c를 일렬로 나열하는 경우의 수
에서 a끼리 이웃하도록 나열하는 경우의 수를 빼면 된다.

a, a, b, b, c, c를 일렬로 나열하는 경우의 수는

$$\frac{6!}{2! \times 2! \times 2!} = 90$$

a끼리 서로 이웃하도록 일렬로 나열하는 경우의 수는 a, a를 한 문자
X로 생각하면 X, b, b, c, c를 일렬로 나열하는 경우의 수와 같으
므로

$$\frac{5!}{2! \times 2!} = 30$$

따라서 구하는 경우의 수는

$$90 - 30 = 60$$

[다른 풀이]

a를 제외한 나머지 문자 b, b, c, c를 일렬로 나열하는 경우의 수는

$$\frac{4!}{2! \times 2!} = 6$$

$$\boxed{\vee \, b \vee b \vee c \vee c \vee}$$

a끼리 서로 이웃하지 않도록 $\vee$이 표시된 5개의 자리 중 2개의 자
리를 선택하는 경우의 수는

$$_5C_2 = 10$$

따라서 구하는 경우의 수는

$$6 \times 10 = 60$$

📢 **Bible Says** **이웃하지 않도록 나열하는 경우의 수**

이웃하지 않도록 나열하는 경우의 수는 다음 두 가지 방법으로 구할 수 있다.
(1) 전체 경우의 수에서 이웃하도록 나열하는 경우의 수를 뺀다.
(2) 이웃해도 상관없는 것부터 먼저 나열한 후 양 끝과 나열한 사이사이에
   이웃하지 않아야 하는 것들을 나열하는 경우의 수를 구한다.

0051

구하는 경우의 수는 a, a, b, b, b, c, d를 일렬로 나열하는 경우의
수에서 양 끝에 서로 같은 문자가 오는 경우의 수를 빼면 된다.

a, a, b, b, b, c, d를 일렬로 나열하는 경우의 수는

$$\frac{7!}{2! \times 3!} = 420$$

양 끝에 서로 같은 문자가 오는 경우는 다음과 같다.

(i) 양 끝에 모두 a가 오는 경우

   양 끝 사이에 b, b, b, c, d를 일렬로 나열하는 경우의 수와 같
   으므로

   $$\frac{5!}{3!} = 20$$

(ii) 양 끝에 모두 b가 오는 경우

   양 끝 사이에 a, a, b, c, d를 일렬로 나열하는 경우의 수와 같
   으므로

   $$\frac{5!}{2!} = 60$$

(i), (ii)에서 양 끝에 서로 같은 문자가 오는 경우의 수는

$$20 + 60 = 80$$

따라서 구하는 경우의 수는

$$420 - 80 = 340$$

0052

일의 자리에 올 수 있는 숫자는 0, 2이다.

(i) 일의 자리의 숫자가 0인 경우

   일의 자리를 제외한 나머지 다섯 자리에 1, 2, 2, 3, 3을 일렬로
   나열하는 경우의 수는

   $$\frac{5!}{2! \times 2!} = 30$$

(ii) 일의 자리의 숫자가 2인 경우

   일의 자리를 제외한 나머지 다섯 자리에 0, 1, 2, 3, 3을 일렬로
   나열하는 경우의 수는

   $$\frac{5!}{2!} = 60$$

   맨 앞자리에 0이 오는 경우의 수는 맨 앞자리를 제외한 나머지
   네 자리에 1, 2, 3, 3을 일렬로 나열하는 경우의 수와 같으므로

   $$\frac{4!}{2!} = 12$$

   이때의 구하는 경우의 수는

   $$60 - 12 = 48$$

(i), (ii)에서 구하는 짝수의 개수는

$$30 + 48 = 78$$

참고

숫자 0이 포함되어 있는 숫자들로 자연수를 만드는 경우의 수
➡ (전체 경우의 수) − (맨 앞자리에 0이 오는 경우의 수)

0053

1, 1, 2, 2, 3 중에서 4개를 택하는 경우는 다음과 같다.

(1, 1, 2, 2), (1, 1, 2, 3), (1, 2, 2, 3)

(i) (1, 1, 2, 2)인 경우

   1, 1, 2, 2를 일렬로 나열하는 경우의 수는

   $$\frac{4!}{2! \times 2!} = 6$$

(ii) (1, 1, 2, 3)인 경우

   1, 1, 2, 3을 일렬로 나열하는 경우의 수는

   $$\frac{4!}{2!} = 12$$

(iii) (1, 2, 2, 3)인 경우

   1, 2, 2, 3을 일렬로 나열하는 경우의 수는

   $$\frac{4!}{2!} = 12$$

(i)~(iii)에서 구하는 자연수의 개수는

$$6 + 12 + 12 = 30$$

0054

각 자리의 숫자의 합이 8인 경우는 다음과 같다.

(1, 1, 3, 3), (1, 2, 2, 3), (2, 2, 2, 2)

(i) (1, 1, 3, 3)인 경우

  1, 1, 3, 3을 일렬로 나열하는 경우의 수는

$$\frac{4!}{2! \times 2!} = 6$$

(ii) (1, 2, 2, 3)인 경우

  1, 2, 2, 3을 일렬로 나열하는 경우의 수는

$$\frac{4!}{2!} = 12$$

(iii) (2, 2, 2, 2)인 경우

  2, 2, 2, 2를 일렬로 나열하는 경우의 수는 1이다.

(i)~(iii)에서 구하는 자연수의 개수는

$$6 + 12 + 1 = 19$$

0055

300000보다 큰 수가 되려면 3□□□□□, 4□□□□□ 꼴이어야 한다.

❶

(i) 3□□□□□ 꼴인 경우

  남은 다섯 자리의 숫자를 택하는 경우의 수는 1, 2, 3, 4, 4를 일렬로 나열하는 경우의 수와 같으므로

$$\frac{5!}{2!} = 60$$

(ii) 4□□□□□ 꼴인 경우

  남은 다섯 자리의 숫자를 택하는 경우의 수는 1, 2, 3, 3, 4를 일렬로 나열하는 경우의 수와 같으므로

$$\frac{5!}{2!} = 60$$

❷

(i), (ii)에서 구하는 자연수의 개수는

$$60 + 60 = 120$$

❸

채점 기준	배점
❶ 300000보다 큰 수가 되기 위한 조건 구하기	20%
❷ 3□□□□□ 꼴, 4□□□□□ 꼴의 자연수의 개수 각각 구하기	60%
❸ 조건을 만족시키는 자연수의 개수 구하기	20%

0056

답 150

일의 자리와 백의 자리에 오는 숫자가 1일 때, 나머지 네 자리에 2와 3이 적어도 하나씩 포함되는 경우는 다음과 같다.

(1, 1, 2, 3), (1, 2, 2, 3), (1, 2, 3, 3),

(2, 2, 2, 3), (2, 3, 3, 3), (2, 2, 3, 3)

(i) 1, 1, 2, 3 또는 1, 2, 2, 3 또는 1, 2, 3, 3을 일렬로 나열하는 경우의 수는

$$\frac{4!}{2!} \times 3 = 12 \times 3 = 36$$

(ii) 2, 2, 2, 3 또는 2, 3, 3, 3을 일렬로 나열하는 경우의 수는

$$\frac{4!}{3!} \times 2 = 4 \times 2 = 8$$

(iii) 2, 2, 3, 3을 일렬로 나열하는 경우의 수는

$$\frac{4!}{2! \times 2!} = 6$$

(i)~(iii)에서 일의 자리와 백의 자리에 오는 숫자가 1인 경우의 수는

$$36 + 8 + 6 = 50$$

일의 자리와 백의 자리에 오는 숫자가 2인 경우의 수와 3인 경우의 수도 같은 방법으로 하면 각각 50이다.

따라서 구하는 자연수의 개수는

$$3 \times 50 = 150$$

유형 12 순서가 정해진 순열

0057

답 ⑤

r, b, m의 순서가 정해져 있으므로 r, b, m을 모두 같은 문자 V로 생각하여 8개의 문자 c, u, c, u, V, V, e, V를 일렬로 나열한 후, 첫 번째 V는 r, 두 번째 V는 b, 세 번째 V는 m으로 바꾸면 된다.

따라서 구하는 경우의 수는

$$\frac{8!}{2! \times 2! \times 3!} = 1680$$

0058

답 ④

2, 3, 5의 순서가 정해져 있으므로 2, 3, 5를 모두 같은 문자 V로 생각하여 1, 1, V, V, 4, 4, V를 일렬로 나열한 후, 첫 번째 V는 2, 두 번째 V는 3, 세 번째 V는 5로 바꾸면 된다.

따라서 구하는 경우의 수는

$$\frac{7!}{2! \times 3! \times 2!} = 210$$

0059

답 360

5개의 모음 a, i, a, i, o를 한 문자로 생각하고, 4개의 자음 n, m, t, n을 또 다른 한 문자로 생각하면 모음이 자음보다 앞에 오는 경우의 수는 1이다.

5개의 모음 a, i, a, i, o를 일렬로 나열하는 경우의 수는

$$\frac{5!}{2! \times 2!} = 30$$

4개의 자음 n, m, t, n을 일렬로 나열하는 경우의 수는

$$\frac{4!}{2!} = 12$$

따라서 구하는 경우의 수는

$$1 \times 30 \times 12 = 360$$

12 정답과 풀이

0060

답 ②

2와 4가 적혀 있는 카드끼리 순서가 정해져 있으므로 2, 4를 모두 같은 문자 a로 생각하고, 1, 3, 5가 적혀 있는 카드끼리도 순서가 정해져 있으므로 1, 3, 5를 같은 문자 b로 생각하자.

이때 b, a, b, a, b, 6을 일렬로 나열한 후, 첫 번째 a는 2, 두 번째 a는 4로 바꾸고 첫 번째 b는 1, 두 번째 b는 3, 세 번째 b는 5로 바꾸면 된다.

따라서 구하는 경우의 수는

$$\frac{6!}{2! \times 3!} = 60$$

다른 풀이

6장의 카드를 나열할 여섯 자리 중 2와 4가 적혀 있는 카드를 놓을 두 자리를 선택하는 경우의 수는 $_6C_2 = 15$

나머지 네 자리 중 홀수가 적혀 있는 카드를 놓을 세 자리를 선택하는 경우의 수는 $_4C_3 = 4$

나머지 한 자리에 6이 적혀 있는 카드를 놓으면 된다.

이때 2, 4와 1, 3, 5는 순서가 정해져 있으므로 배열하는 경우의 수는 1이다.

따라서 구하는 경우의 수는

$15 \times 4 \times 1 = 60$

0061

답 3

m은 t보다 앞에 오므로 m, t를 모두 같은 문자 A로 생각하고, r는 v보다 앞에 오므로 r, v를 모두 같은 문자 B로 생각하여 A, e, A, a, B, e, B, s, e를 일렬로 나열한 후, 첫 번째 A는 m, 두 번째 A는 t로 바꾸고, 첫 번째 B는 r, 두 번째 B는 v로 바꾸면 된다.

.... ❶

따라서 구하는 경우의 수는

$$\frac{9!}{2! \times 2! \times 3!} = \frac{9 \times 8 \times 7!}{2 \times 2 \times 3 \times 2} = 3 \times 7!$$

.... ❷

$\therefore a = 3$

.... ❸

채점 기준	배점
❶ m은 t보다 앞에 오고 r는 v보다 앞에 오도록 나열하는 방법 설명하기	40%
❷ 조건을 만족시키는 경우의 수 구하기	40%
❸ a의 값 구하기	20%

유형 13 같은 것이 있는 순열의 활용

0062

답 ②

구하는 경우의 수는 노란 공 2개, 빨간 공 3개, 파란 공 2개를 일렬로 나열하는 경우의 수에서 노란 공을 서로 이웃하게 일렬로 나열하는 경우의 수를 빼면 된다.

노란 공 2개, 빨간 공 3개, 파란 공 2개를 일렬로 나열하는 경우의 수는

$$\frac{7!}{2! \times 3! \times 2!} = 210$$

노란 공을 서로 이웃하게 나열하는 경우의 수는 노란 공 2개를 한 문자 X로 생각하면 X, 빨간 공 3개, 파란 공 2개를 일렬로 나열하는 경우의 수와 같으므로

$$\frac{6!}{2! \times 3!} = 60$$

따라서 구하는 경우의 수는

$210 - 60 = 150$

다른 풀이

빨간 공 3개, 파란 공 2개를 일렬로 나열하는 경우의 수는

$$\frac{5!}{3! \times 2!} = 10$$

$$\boxed{\lor \bigcirc \lor \bigcirc \lor \bigcirc \lor \bigcirc \lor \bigcirc \lor}$$

노란 공이 서로 이웃하지 않도록 ∨이 표시된 6개의 자리 중 2개의 자리를 선택하는 경우의 수는

$_6C_2 = 15$

따라서 구하는 경우의 수는

$10 \times 15 = 150$

0063

답 ②

양 끝에 각각 흰색 깃발을 놓고 그 사이에 흰색 깃발 2개, 파란색 깃발 3개를 일렬로 나열하면 된다.

따라서 구하는 경우의 수는

$$\frac{5!}{2! \times 3!} = 10$$

다른 풀이

깃발이 일렬로 놓이는 7개의 자리 중에서 양 끝의 2자리를 제외하고 나머지 5개의 자리 중 파란색 깃발 3개가 놓일 자리를 선택하는 경우의 수와 같으므로

$_5C_3 = {}_5C_2 = 10$

0064

답 ②

한 개의 주사위를 세 번 던져 나온 눈의 수의 합이 6인 경우는 다음과 같다.

$(1, 1, 4)$, $(1, 2, 3)$, $(2, 2, 2)$

(i) $(1, 1, 4)$인 경우

순서쌍 (a, b, c)의 개수는 1, 1, 4를 일렬로 나열하는 경우의 수와 같으므로

$$\frac{3!}{2!} = 3$$

(ii) $(1, 2, 3)$인 경우

순서쌍 (a, b, c)의 개수는 1, 2, 3을 일렬로 나열하는 경우의 수와 같으므로

$3! = 6$

(iii) (2, 2, 2)인 경우

순서쌍 (a, b, c)의 개수는 1

(i)~(iii)에서 구하는 순서쌍 (a, b, c)의 개수는

$3+6+1=10$

0065

답 12

$f(1)+f(2)+f(3)=10$을 만족시키는 $f(1)$, $f(2)$, $f(3)$의 값은 다음과 같다.

$(2, 3, 5)$, $(2, 4, 4)$, $(3, 3, 4)$

(i) $(2, 3, 5)$인 경우

함수 f의 개수는 2, 3, 5를 일렬로 나열하는 경우의 수와 같으므로

$3!=6$

(ii) $(2, 4, 4)$인 경우

함수 f의 개수는 2, 4, 4를 일렬로 나열하는 경우의 수와 같으므로

$\dfrac{3!}{2!}=3$

(iii) $(3, 3, 4)$인 경우

함수 f의 개수는 3, 3, 4를 일렬로 나열하는 경우의 수와 같으므로

$\dfrac{3!}{2!}=3$

(i)~(iii)에서 구하는 함수 f의 개수는

$6+3+3=12$

0066

답 16

a, b, c, d가 모두 자연수이므로 조건 ㈎를 만족시키는 네 수는

$(1, 1, 1, 4)$, $(1, 1, 2, 3)$, $(1, 2, 2, 2)$이어야 한다.

(i) $(1, 1, 1, 4)$인 경우

$1\times1\times1\times4=4$이므로 조건 ㈏를 만족시킨다.

이때의 경우의 수는 1, 1, 1, 4를 일렬로 나열하는 경우의 수와 같으므로

$\dfrac{4!}{3!}=4$

(ii) $(1, 1, 2, 3)$인 경우

$1\times1\times2\times3=6$이므로 조건 ㈏를 만족시킨다.

이때의 경우의 수는 1, 1, 2, 3을 일렬로 나열하는 경우의 수와 같으므로

$\dfrac{4!}{2!}=12$

(iii) $(1, 2, 2, 2)$인 경우

$1\times2\times2\times2=8$이므로 조건 ㈏를 만족시키지 않는다.

(i)~(iii)에서 구하는 순서쌍 (a, b, c, d)의 개수는

$4+12=16$

0067

답 80

조건 ㈎에 의하여 책장에 수학 교과서를 2권 또는 3권 꽂아야 한다.

(i) 책장에 수학 교과서를 2권 꽂는 경우

조건 ㈏에 의하여 책장에 꽂아야 하는 남은 3권은 국어 교과서 2권, 영어 교과서 1권 또는 국어 교과서 1권, 영어 교과서 2권이다.

국어 교과서 2권, 영어 교과서 1권, 수학 교과서 2권을 일렬로 나열하는 경우의 수는

$\dfrac{5!}{2!\times2!}=30$

국어 교과서 1권, 영어 교과서 2권, 수학 교과서 2권을 일렬로 나열하는 경우의 수는

$\dfrac{5!}{2!\times2!}=30$

따라서 이때의 경우의 수는

$30+30=60$

(ii) 책장에 수학 교과서를 3권 꽂는 경우

조건 ㈏에 의하여 책장에 꽂아야 하는 남은 2권은 국어 교과서 1권, 영어 교과서 1권이다.

국어 교과서 1권, 영어 교과서 1권, 수학 교과서 3권을 일렬로 나열하는 경우의 수는

$\dfrac{5!}{3!}=20$

(i), (ii)에서 구하는 경우의 수는

$60+20=80$

유형 **14** 최단거리로 가는 경우의 수

0068

답 ②

(i) A지점에서 P지점까지 최단거리로 가는 경우의 수는

$\dfrac{5!}{2!\times3!}=10$

(ii) P지점에서 B지점까지 최단거리로 가는 경우의 수는

$\dfrac{3!}{2!\times1!}=3$

(i), (ii)에서 구하는 경우의 수는

$10\times3=30$

🔊 **Bible Says** 최단거리로 가는 경우의 수

[같은 것이 있는 순열 이용]

오른쪽 그림과 같은 도로망을 따라 A지점에서 B지점까지 최단거리로 가려면 →, ↑방향으로 각각 3번, 2번 이동해야 하므로 그 경우의 수는 →, →, →, ↑, ↑를 일렬로 나열하는 경우의 수와 같다.

$\therefore \dfrac{5!}{3!\times2!}=10$

[합의 법칙 이용]

오른쪽 그림과 같이 합의 법칙을 이용하여 A지점에서 B지점까지 최단거리로 가는 경우의 수를 구하면 10이다.

0069

답 ④

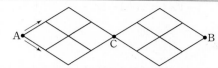

위의 그림과 같이 도로망의 중간 지점을 C라 하자.

A지점에서 C지점까지 최단거리로 가려면 ↗, ↘방향으로 각각 2
번씩 이동해야 하므로 그 경우의 수는 ↗, ↗, ↘, ↘를 일렬로 나
열하는 경우의 수와 같다.

$$\therefore \frac{4!}{2! \times 2!} = 6$$

C지점에서 B지점까지 최단거리로 가는 경우의 수도 같은 방법으로

$$\frac{4!}{2! \times 2!} = 6$$

따라서 구하는 경우의 수는

$6 \times 6 = 36$

[다른 풀이]

다음 그림과 같이 합의 법칙을 이용하여 최단거리로 가는 경우의
수를 구하면 36이다.

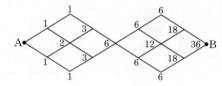

0070

답 ①

구하는 경우의 수는 A지점에서 B지점까지 최단거리로 가는 경우
의 수에서 A지점에서 P지점을 거쳐서 B지점까지 최단거리로 가는
경우의 수를 빼면 된다.

A지점에서 B지점까지 최단거리로 가는 경우의 수는

$$\frac{8!}{5! \times 3!} = 56$$

(i) A지점에서 P지점까지 최단거리로 가는 경우의 수는

$$\frac{5!}{3! \times 2!} = 10$$

(ii) P지점에서 B지점까지 최단거리로 가는 경우의 수는

$$\frac{3!}{2! \times 1!} = 3$$

(i), (ii)에서 A지점에서 P지점을 거쳐 B지점까지 최단거리로 가는
경우의 수는

$10 \times 3 = 30$

따라서 구하는 경우의 수는

$56 - 30 = 26$

0071

답 12

오른쪽 그림과 같이 세 지점 C, D, E를
잡으면 A지점에서 두 지점 P, Q를 모두
지나 B지점까지 최단거리로 가기 위해서
는 A → C → D → E → B로 이동해야
하므로 최단거리로 가는 경우의 수는

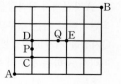

$$2 \times 1 \times 1 \times \frac{4!}{2! \times 2!} = 2 \times 6 = 12$$

0072

답 51

(i) A지점에서 P지점까지 최단거리로 가는 경우의 수는

$$\frac{3!}{2! \times 1!} = 3$$

❶

(ii) P지점에서 B지점까지 최단거리로 가는 경우의 수는

$$\frac{7!}{4! \times 3!} = 35$$

P지점에서 Q지점을 지나 B지점까지 최단거리로 가는 경우의
수는

$$\frac{4!}{2! \times 2!} \times \frac{3!}{2! \times 1!} = 6 \times 3 = 18$$

따라서 P지점에서 Q지점을 지나지 않고 B지점까지 최단거리로
가는 경우의 수는

$35 - 18 = 17$

❷

(i), (ii)에서 구하는 경우의 수는

$3 \times 17 = 51$

❸

채점 기준	배점
❶ A지점에서 P지점까지 최단거리로 가는 경우의 수 구하기	30%
❷ P지점에서 Q지점을 지나지 않고 B지점까지 최단거리로 가는 경우의 수 구하기	50%
❸ 조건을 만족시키는 경우의 수 구하기	20%

0073

답 105

꼭짓점 A에서 꼭짓점 B까지 가려면 가로, 세로, 높이의 방향으로
각각 4번, 1번, 2번 이동해야 하므로 최단거리로 가는 경우의 수는

$$\frac{7!}{4! \times 1! \times 2!} = 105$$

🔊 **Bible Says** **입체도형에서 최단거리로 가는 경우의 수**

오른쪽 그림과 같이 크기가 같은 정육
면체를 쌓아올려서 만든 직육면체에서
정육면체의 모서리를 따라 꼭짓점 A에
서 꼭짓점 B까지 최단거리로 가는 경우
의 수는

$$\frac{(p+q+r)!}{p! \times q! \times r!}$$

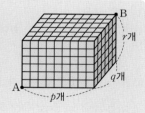

유형 15 최단거리로 가는 경우의 수
- 도로망이 복잡하거나 장애물이 있는 경우

0074

답 ⑤

오른쪽 그림과 같이 세 지점 P, Q, R를 잡
으면 A지점에서 B지점까지 최단거리로
가는 경우는 다음과 같다.

A → P → B, A → Q → B,

A → R → B

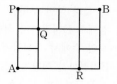

(i) A → P → B로 갈 때, 최단거리로 가는 경우의 수는

$1 \times 1 = 1$

(ii) A → Q → B로 갈 때, 최단거리로 가는 경우의 수는

$\dfrac{3!}{1! \times 2!} \times \dfrac{4!}{3! \times 1!} = 3 \times 4 = 12$

(iii) A → R → B로 갈 때, 최단거리로 가는 경우의 수는

$1 \times \dfrac{4!}{1! \times 3!} = 1 \times 4 = 4$

(i)~(iii)에서 구하는 경우의 수는

$1 + 12 + 4 = 17$

다른 풀이 ①

오른쪽 그림과 같이 지나갈 수 없는 길을 점선으로 연결하고 두 점선의 교점을 P라 하면 구하는 경우의 수는 A지점에서 B지점까지 최단거리로 가는 경우의 수에서 A지점에서 P지점을 거쳐 B지점까지 최단거리로 가는 경우의 수를 빼면 된다.

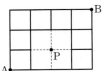

따라서 구하는 경우의 수는

$\dfrac{7!}{4! \times 3!} - \dfrac{3!}{2! \times 1!} \times \dfrac{4!}{2! \times 2!} = 35 - 3 \times 6 = 17$

다른 풀이 ②

오른쪽 그림과 같이 합의 법칙을 이용하여 최단거리로 가는 경우의 수를 구하면 17 이다.

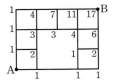

0075

답 ②

오른쪽 그림과 같이 세 지점 P, Q, R를 잡으면 A지점에서 B지점까지 최단거리로 가는 경우는 다음과 같다.

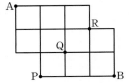

A → P → B, A → Q → B, A → R → B

(i) A → P → B로 갈 때, 최단거리로 가는 경우의 수는

$\dfrac{3!}{1! \times 2!} \times 1 = 3 \times 1 = 3$

(ii) A → Q → B로 갈 때, 최단거리로 가는 경우의 수는

$\dfrac{4!}{2! \times 2!} \times \dfrac{3!}{2! \times 1!} = 6 \times 3 = 18$

(iii) A → R → B로 갈 때, 최단거리로 가는 경우의 수는

$\dfrac{4!}{3! \times 1!} \times \dfrac{3!}{1! \times 2!} = 4 \times 3 = 12$

(i)~(iii)에서 구하는 경우의 수는

$3 + 18 + 12 = 33$

다른 풀이 ①

오른쪽 그림과 같이 지나갈 수 없는 길을 점선으로 연결하고 두 점선의 교점을 P, Q라 하면 구하는 경우의 수는 A지점에서 B지점까지 최단거리로 가는 경우의 수에서 A지점에서 P지점을 거쳐 B지점까지 최단거리로 가는 경우의 수와 A지점에서 Q지점을 거쳐 B지점까지 최단거리로 가는 경우의 수를 빼면 된다.

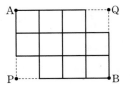

따라서 구하는 경우의 수

$\dfrac{7!}{4! \times 3!} - 1 \times 1 - 1 \times 1 = 35 - 1 - 1$

$= 33$

다른 풀이 ②

오른쪽 그림과 같이 합의 법칙을 이용하여 최단거리로 가는 경우의 수를 구하면 33이다.

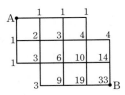

0076

답 53

오른쪽 그림과 같이 세 지점 P, Q, R를 잡으면 A지점에서 B지점까지 최단거리로 가는 경우는 다음과 같다.

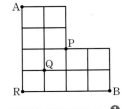

A → P → B, A → Q → B, A → R → B

❶

(i) A → P → B로 갈 때, 최단거리로 가는 경우의 수는

$\dfrac{4!}{2! \times 2!} \times \dfrac{4!}{2! \times 2!} = 6 \times 6 = 36$

(ii) A → Q → B로 갈 때, 최단거리로 가는 경우의 수는

$\dfrac{4!}{1! \times 3!} \times \dfrac{4!}{3! \times 1!} = 4 \times 4 = 16$

(iii) A → R → B로 갈 때, 최단거리로 가는 경우의 수는

$1 \times 1 = 1$

❷

(i)~(iii)에서 구하는 경우의 수는

$36 + 16 + 1 = 53$

❸

채점 기준	배점
❶ A지점에서 B지점까지 최단거리로 가는 방법 설명하기	30%
❷ ❶의 각 경우에 대한 경우의 수 각각 구하기	50%
❸ A지점에서 B지점까지 최단거리로 가는 경우의 수 구하기	20%

다른 풀이 ①

오른쪽 그림과 같이 지나갈 수 없는 길을 점선으로 연결하고 두 점선의 교점을 P, Q라 하면 구하는 경우의 수는 A지점에서 B지점까지 최단거리로 가는 경우의 수에서 A지점에서 P지점을 거쳐 B지점까지 최단거리로 가는 경우의 수와 A지점에서 Q지점을 거쳐 B지점까지 최단거리로 가는 경우의 수를 빼면 된다.

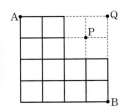

따라서 구하는 경우의 수는

$\dfrac{8!}{4! \times 4!} - \dfrac{4!}{3! \times 1!} \times \dfrac{4!}{1! \times 3!} - 1 \times 1 = 70 - 4 \times 4 - 1$

$= 53$

다른 풀이 ②

오른쪽 그림과 같이 합의 법칙을 이용하여 최단거리로 가는 경우의 수를 구하면 53이다.

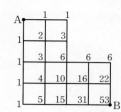

0077

답 ⑤

오른쪽 그림과 같이 네 지점 P, Q, R, S를 잡으면 A지점에서 B지점까지 최단거리로 가는 경우는 다음과 같다.

$A \to P \to B$, $A \to Q \to B$,
$A \to R \to B$, $A \to S \to B$

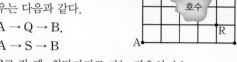

(ⅰ) $A \to P \to B$로 갈 때, 최단거리로 가는 경우의 수는
   $1 \times 1 = 1$

(ⅱ) $A \to Q \to B$로 갈 때, 최단거리로 가는 경우의 수는
   $\dfrac{4!}{1! \times 3!} \times \dfrac{5!}{4! \times 1!} = 4 \times 5 = 20$

(ⅲ) $A \to R \to B$로 갈 때, 최단거리로 가는 경우의 수는
   $\dfrac{5!}{4! \times 1!} \times \dfrac{4!}{1! \times 3!} = 5 \times 4 = 20$

(ⅳ) $A \to S \to B$로 갈 때, 최단거리로 가는 경우의 수는
   $1 \times 1 = 1$

(ⅰ)~(ⅳ)에서 구하는 경우의 수는
$1 + 20 + 20 + 1 = 42$

다른 풀이

오른쪽 그림과 같이 합의 법칙을 이용하여 최단거리로 가는 경우의 수를 구하면 42이다.

0078

답 ③

서로 다른 초콜릿 4개를 2명의 학생에게 남김없이 나누어 주는 경우의 수는 서로 다른 2개에서 4개를 택하는 중복순열의 수와 같으므로
$_2\Pi_4 = 2^4 = 16$

0079

답 ④

c와 e를 한 문자 X로 생각하면 X, o, o, k, i를 일렬로 나열하는 경우의 수는
$\dfrac{5!}{2!} = 60$

이때 c와 e가 서로 자리를 바꾸는 경우의 수는
$2! = 2$

따라서 구하는 경우의 수는
$60 \times 2 = 120$

0080

답 ①

짝수가 되려면 일의 자리의 수가 짝수이어야 하므로 일의 자리에 올 수 있는 숫자는 0, 2, 4의 3가지이다.

천의 자리에 올 수 있는 숫자는 0을 제외한 5가지이다.

백의 자리, 십의 자리 숫자를 택하는 경우의 수는 0, 1, 2, 3, 4, 5의 6개에서 2개를 택하는 중복순열의 수와 같으므로
$_6\Pi_2 = 6^2 = 36$

따라서 구하는 짝수의 개수는
$3 \times 5 \times 36 = 540$

0081

답 ⑤

구하는 경우의 수는 흰 공 2개, 빨간 공 2개, 검은 공 4개를 일렬로 나열하는 경우의 수에서 흰 공을 서로 이웃하게 나열하는 경우의 수를 뺀 것과 같다.

흰 공 2개, 빨간 공 2개, 검은 공 4개를 일렬로 나열하는 경우의 수는
$\dfrac{8!}{2! \times 2! \times 4!} = 420$

흰 공을 서로 이웃하게 나열하는 경우의 수는 흰 공 2개를 하나로 생각하면
$\dfrac{7!}{2! \times 4!} = 105$

따라서 구하는 경우의 수는
$420 - 105 = 315$

빨간 공 2개, 검은 공 4개를 일렬로 나열하는 경우의 수는

$$\frac{6!}{2! \times 4!} = 15$$

$$\boxed{\lor O \lor O \lor O \lor O \lor O \lor O \lor}$$

흰 공이 서로 이웃하지 않도록 ∨이 표시된 7개의 자리 중 2개의 자리를 선택하는 경우의 수는

$${}_7C_2 = 21$$

따라서 구하는 경우의 수는

$$15 \times 21 = 315$$

0082

답 47

2313보다 작은 수가 되려면 1□□□ 꼴, 21□□ 꼴, 22□□ 꼴, 23□□ 꼴이어야 한다.

(i) 1□□□ 꼴인 경우

백의 자리, 십의 자리, 일의 자리 숫자를 택하는 경우의 수는 1, 2, 3의 3개에서 3개를 택하는 중복순열의 수와 같으므로

$${}_3\Pi_3 = 3^3 = 27$$

(ii) 21□□ 꼴인 경우

십의 자리, 일의 자리 숫자를 택하는 경우의 수는 1, 2, 3의 3개에서 2개를 택하는 중복순열의 수와 같으므로

$${}_3\Pi_2 = 3^2 = 9$$

(iii) 22□□ 꼴인 경우

(ii)의 경우와 마찬가지 방법으로

$${}_3\Pi_2 = 3^2 = 9$$

(iv) 23□□ 꼴인 경우

2313보다 작은 수는 2311, 2312의 2개이다.

(i)~(iv)에서 구하는 자연수의 개수는

$$27 + 9 + 9 + 2 = 47$$

0083

답 ③

$f(c) - f(d) = 3$을 만족시키는 경우는

$f(c) = 4$, $f(d) = 1$ 또는 $f(c) = 5$, $f(d) = 2$

(i) $f(c) = 4$, $f(d) = 1$인 경우

$f(a)$, $f(b)$의 값을 정하는 경우의 수는 Y의 원소 1, 2, 3, 4, 5의 5개에서 2개를 택하는 중복순열의 수와 같으므로

$${}_5\Pi_2 = 5^2 = 25$$

(ii) $f(c) = 5$, $f(d) = 2$인 경우

(i)의 경우와 마찬가지 방법으로

$${}_5\Pi_2 = 5^2 = 25$$

(i), (ii)에서 구하는 함수의 개수는

$$25 + 25 = 50$$

0084

답 ②

6명이 원탁에 둘러앉는 경우의 수는

$$(6-1)! = 5!$$

직사각형 모양의 탁자에서는 원탁에 둘러앉는 한 가지 방법에 대하여 다음 그림과 같이 3가지의 서로 다른 경우가 존재한다.

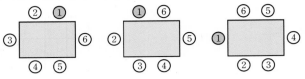

$$\therefore a = 3 \times 5!$$

부채꼴 모양의 탁자에서는 원탁에 둘러앉는 한 가지 방법에 대하여 다음 그림과 같이 6가지의 서로 다른 경우가 존재한다.

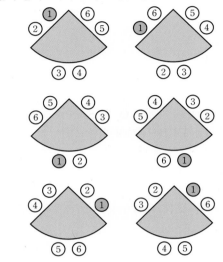

$$\therefore b = 6 \times 5!$$

$$\therefore \frac{b}{a} = \frac{6 \times 5!}{3 \times 5!} = 2$$

0085

답 504

정오각기둥의 윗면과 아랫면은 합동이므로 두 밑면을 색칠하는 경우의 수는

$${}_7C_2 = 21$$

두 밑면에 칠한 색을 제외한 5가지의 색으로 옆면을 색칠하는 경우의 수는

$$(5-1)! = 4! = 24$$

따라서 구하는 경우의 수는

$$21 \times 24 = 504$$

0086

답 10

짝수는 짝수끼리, 홀수는 홀수끼리 순서가 정해져 있으므로 2개의 짝수 2, 4를 모두 한 문자 A로, 3개의 홀수 1, 3, 5를 모두 한 문자 B로 생각하여 5개의 문자 B, A, B, A, B를 일렬로 나열한 후, 첫 번째, 두 번째 A를 각각 2, 4로, 첫 번째, 두 번째, 세 번째 B를 각각 1, 3, 5로 바꾸면 된다.

따라서 구하는 경우의 수는

$$\frac{5!}{2! \times 3!} = 10$$

0087

답 ③

주어진 조건을 만족시키도록 7개
의 숫자를 일렬로 나열하려면

| 홀 | 짝 | 홀 | 짝 | 홀 | 짝 | 홀 |

오른쪽과 같이 홀수 1, 3, 3, 5는 홀, 짝수 4, 4, 6은 짝 의 위치
에 놓으면 된다.

이때 4개의 숫자 1, 3, 3, 5를 일렬로 나열하는 경우의 수는

$\dfrac{4!}{2!}=12$

3개의 숫자 4, 4, 6을 일렬로 나열하는 경우의 수는

$\dfrac{3!}{2!}=3$

따라서 구하는 경우의 수는

$12 \times 3 = 36$

0088

답 ③

1, 2, 3, 4 중에서 중복을 허락하여 5개를 택할 때, 1이 세 번 나오
는 경우는 다음과 같다.

(1, 1, 1, 2, 3), (1, 1, 1, 2, 4), (1, 1, 1, 3, 4),

(1, 1, 1, 2, 2), (1, 1, 1, 3, 3), (1, 1, 1, 4, 4)

(i) 1, 1, 1, 2, 3 또는 1, 1, 1, 2, 4 또는 1, 1, 1, 3, 4를 일렬로 나
열하는 경우의 수는

$\dfrac{5!}{3!} \times 3 = 20 \times 3 = 60$

(ii) 1, 1, 1, 2, 2 또는 1, 1, 1, 3, 3 또는 1, 1, 1, 4, 4를 일렬로 나
열하는 경우의 수는

$\dfrac{5!}{3! \times 2!} \times 3 = 10 \times 3 = 30$

(i), (ii)에서 구하는 경우의 수는

$60 + 30 = 90$

0089

답 ⑤

숫자 3, 3, 4, 4, 4가 적혀 있는 5장의 카드를 일렬로 나열하는 경
우의 수는

$\dfrac{5!}{2! \times 3!} = 10$

1이 적혀 있는 카드와 2가 적혀 있는 카드 사이에 두 장 이상의 카
드가 있도록 나열하는 경우의 수는 ∨이 표시된 6개의 자리 중 서
로 다른 2개의 자리에 숫자 1, 2가 적혀 있는 카드를 배열하는 경우
의 수에서 ∨이 연속으로 표시된 2개의 자리에 숫자 1, 2가 적혀 있
는 카드를 배열하는 경우의 수를 빼면 되므로

$_6P_2 - 5 \times 2 = 30 - 10 = 20$

따라서 구하는 경우의 수는

$10 \times 20 = 200$

다른 풀이

구하는 경우의 수는 숫자 1, 2, 3, 3, 4, 4, 4가 적혀 있는 7장의 카
드를 일렬로 나열하는 경우의 수에서 숫자 1, 2가 적혀 있는 카드
사이에 카드가 없거나 1장의 카드가 있는 경우의 수를 빼면 된다.

숫자 1, 2, 3, 3, 4, 4, 4가 적혀 있는 7장의 카드를 일렬로 나열하
는 경우의 수는

$\dfrac{7!}{2! \times 3!} = 420$

(i) 숫자 1, 2가 적혀 있는 카드 사이에 카드가 없는 경우

1이 적혀 있는 카드와 2가 적혀 있는 카드를 하나의 묶음 X로
생각하면 X, 3, 3, 4, 4, 4를 일렬로 나열하는 경우의 수는

$\dfrac{6!}{2! \times 3!} = 60$

1이 적혀 있는 카드와 2가 적혀 있는 카드의 자리를 바꾸는 경
우의 수는 2!=2이므로 이때의 경우의 수는

$60 \times 2 = 120$

(ii) 숫자 1, 2가 적혀 있는 카드 사이에 1장의 카드가 있는 경우

ⓐ 사이에 있는 카드가 3이 적혀 있는 카드인 경우

1, 2, 3이 적혀 있는 카드를 하나의 묶음 X로 생각하면

X, 3, 4, 4, 4를 일렬로 나열하는 경우의 수는

$\dfrac{5!}{3!} = 20$

1이 적혀 있는 카드와 2가 적혀 있는 카드의 자리를 바꾸는
경우의 수는 2!=2이므로 이때의 경우의 수는

$20 \times 2 = 40$

ⓑ 사이에 있는 카드가 4가 적혀 있는 카드인 경우

1, 2, 4가 적혀 있는 카드를 하나의 묶음 X로 생각하면

X, 3, 3, 4, 4를 일렬로 나열하는 경우의 수는

$\dfrac{5!}{2! \times 2!} = 30$

1이 적혀 있는 카드와 2가 적혀 있는 카드의 자리를 바꾸는
경우의 수는 2!=2이므로 이때의 경우의 수는

$30 \times 2 = 60$

ⓐ, ⓑ에서 숫자 1, 2가 적혀 있는 카드 사이에 1장의 카드가 있
는 경우의 수는

$40 + 60 = 100$

(i), (ii)에서 숫자 1, 2가 적혀 있는 카드 사이에 카드가 없거나 1장
의 카드가 있는 경우의 수는

$120 + 100 = 220$

따라서 구하는 경우의 수는

$420 - 220 = 200$

0090

답 ④

주어진 조건을 만족시키는 집합 U, A, B
를 벤다이어그램으로 나타내면 오른쪽 그림
과 같다.

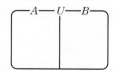

이때 전체집합 U의 원소의 개수가 6이므로
집합 U의 6개의 각 원소가 두 집합 A, B 중 한 집합의 원소이어야
한다.

따라서 두 집합 A, B의 순서쌍 (A, B)의 개수는 서로 다른 2개
에서 6개를 택하는 중복순열의 수와 같으므로

$_2\Pi_6 = 2^6 = 64$

0091

답 66

(i) A지점에서 P지점까지 최단거리로 가는 경우의 수는

$$\frac{4!}{2!\times 2!}=6$$

(ii) P지점에서 B지점까지 최단거리로 가는 경우의 수는

$$\frac{6!}{3!\times 3!}=20$$

P지점에서 Q지점을 지나 B지점까지 최단거리로 가는 경우의 수는

$$\frac{3!}{2!\times 1!}\times\frac{3!}{1!\times 2!}=3\times 3=9$$

따라서 P지점에서 Q지점을 지나지 않고 B지점까지 최단거리로 가는 경우의 수는

$$20-9=11$$

(i), (ii)에서 구하는 경우의 수는

$$6\times 11=66$$

0092

답 ③

$\{f(x)\,|\,x\in X\}=Y$이므로 함수 f의 치역과 공역이 일치한다.

따라서 $f(1)$, $f(2)$, $f(3)$, $f(4)$의 값은 6, 7, 8을 적어도 하나씩 가져야 한다.

(i) $f(1)$, $f(2)$, $f(3)$, $f(4)$의 값 중 6이 2개인 경우

함수 f의 개수는 6, 6, 7, 8을 일렬로 나열하는 경우의 수와 같으므로

$$\frac{4!}{2!}=12$$

(ii) $f(1)$, $f(2)$, $f(3)$, $f(4)$의 값 중 7이 2개인 경우

함수 f의 개수는 6, 7, 7, 8을 일렬로 나열하는 경우의 수와 같으므로

$$\frac{4!}{2!}=12$$

(iii) $f(1)$, $f(2)$, $f(3)$, $f(4)$의 값 중 8이 2개인 경우

함수 f의 개수는 6, 7, 8, 8을 일렬로 나열하는 경우의 수와 같으므로

$$\frac{4!}{2!}=12$$

(i)~(iii)에서 구하는 함수의 개수는

$$12+12+12=36$$

[다른 풀이]

구하는 함수의 개수는 X에서 Y로의 함수의 개수에서 치역의 원소의 개수가 3이 아닌 함수의 개수를 빼면 된다.

X에서 Y로의 함수의 개수는 Y의 원소 6, 7, 8의 3개에서 4개를 택하는 중복순열의 수와 같으므로

$${}_3\Pi_4=3^4=81$$

(i) 치역의 원소의 개수가 1인 경우

함수 f의 치역이 $\{6\}$, $\{7\}$, $\{8\}$인 경우이므로

함수 f의 개수는 3

(ii) 치역의 원소의 개수가 2인 경우

함수 f의 치역이 $\{6, 7\}$, $\{6, 8\}$, $\{7, 8\}$인 경우이므로

함수 f의 개수는

$$3\times({}_2\Pi_4-2)=3\times(2^4-2)=42$$

(i), (ii)에서 치역의 원소의 개수가 3이 아닌 함수 f의 개수는

$$3+42=45$$

따라서 구하는 함수의 개수는

$$81-45=36$$

0093

답 ③

먼저 C를 제외한 5명의 학생이 A, B가 이웃하도록 원탁에 둘러앉는 경우의 수를 구해 보자.

A, B를 한 사람으로 생각하면 4명의 학생이 원탁에 둘러앉는 경우의 수는

$$(4-1)!=3!=6$$

A, B가 서로 자리를 바꾸는 경우의 수는 $2!=2$이므로 A, B가 이웃하도록 둘러앉는 경우의 수는

$$6\times 2=12$$

이때 C가 앉을 수 있는 자리는 B의 옆을 제외한 세 곳이다.

따라서 구하는 경우의 수는

$$12\times 3=36$$

[다른 풀이]

조건 ㈎에서 A와 B가 이웃하므로 A, B를 한 사람으로 생각하면 5명의 학생이 원탁에 둘러앉는 경우의 수는

$$(5-1)!=4!=24$$

이때 A와 B가 서로 자리를 바꾸는 경우의 수는

$$2!=2$$

따라서 조건 ㈎를 만족시키는 경우의 수는

$$24\times 2=48$$

조건 ㈎를 만족시키지만 조건 ㈏를 만족시키지 않는 경우, 즉 두 학생 A, B가 이웃하고, 두 학생 B, C도 이웃하도록 원탁에 둘러앉는 경우는 다음 그림과 같이 2가지이다.

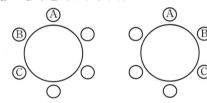

이때 6명의 학생 중 세 학생 A, B, C를 제외한 3명의 학생을 배열하는 경우의 수는 $3!=6$이므로 조건 ㈎를 만족시키지만 조건 ㈏를 만족시키지 않는 경우의 수는

$$2\times 6=12$$

따라서 구하는 경우의 수는

$$48-12=36$$

0094

답 ④

가운데 정사각형을 색칠하는 경우의 수는

$${}_9C_1=9$$

가운데 정사각형을 제외한 나머지 8개의 정사각형을 색칠하는 경우의 수는

$$(8-1)!=7!$$

이때 각 경우에 대하여 다음 그림과 같이 2가지의 서로 다른 경우가 존재한다.

②	③	④
⑨	①	⑤
⑧	⑦	⑥

⑨	②	③
⑧	①	④
⑦	⑥	⑤

따라서 구하는 경우의 수는

$9 \times 7! \times 2 = 18 \times 7!$

$\therefore a = 18$

0095

답 ①

7개의 문자를 일렬로 나열할 때, 양 끝에 모두 a가 오지 않는 경우는 다음과 같은 꼴로 나타낼 수 있다.

$b \square\square\square\square\square b$, $c \square\square\square\square\square c$, $b \square\square\square\square\square c$, $c \square\square\square\square\square b$

(i) $b \square\square\square\square\square b$ 꼴인 경우

2개의 b를 제외한 5개의 문자 a, a, c, c, c를 일렬로 나열하는 경우의 수는

$\dfrac{5!}{2! \times 3!} = 10$

(ii) $c \square\square\square\square\square c$ 꼴인 경우

2개의 c를 제외한 5개의 문자 a, a, b, b, c를 일렬로 나열하는 경우의 수는

$\dfrac{5!}{2! \times 2!} = 30$

이때 2개의 b가 이웃하는 경우의 수를 빼야 한다.

2개의 b를 한 문자 X로 생각하여 4개의 문자 a, a, X, c를 일렬로 나열하는 경우의 수는

$\dfrac{4!}{2!} = 12$

따라서 이때의 경우의 수는

$30 - 12 = 18$

(iii) $b \square\square\square\square\square c$ 꼴인 경우

b와 c를 하나씩 제외한 5개의 문자 a, a, b, c, c를 일렬로 나열하는 경우의 수는

$\dfrac{5!}{2! \times 2!} = 30$

이때 2개의 b가 이웃하는 경우, 즉 $bb \square\square\square\square c$ 꼴인 경우의 수를 빼야 한다.

a, a, c, c를 일렬로 나열하는 경우의 수는

$\dfrac{4!}{2! \times 2!} = 6$

따라서 이때의 경우의 수는

$30 - 6 = 24$

(iv) $c \square\square\square\square\square b$ 꼴인 경우

(iii)의 경우와 마찬가지이므로 이때의 경우의 수는 24이다.

(i)~(iv)에서 구하는 경우의 수는

$10 + 18 + 24 + 24 = 76$

0096

답 328

가은이와 서후가 동시에 출발하여 같은 속력으로 이동하므로 가은이와 서후가 만날 수 있는 지점은 오른쪽 그림의 P지점, Q지점, R지점이다.

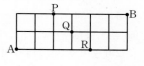

(i) 가은이와 서후가 P지점에서 만나는 경우

가은이가 A → P → B로 갈 때, 최단거리로 가는 경우의 수는

$\dfrac{4!}{2! \times 2!} \times 1 = 6 \times 1 = 6$

서후가 B → P → A로 갈 때, 최단거리로 가는 경우의 수는

$1 \times \dfrac{4!}{2! \times 2!} = 1 \times 6 = 6$

따라서 이때의 경우의 수는

$6 \times 6 = 36$

(ii) 가은이와 서후가 Q지점에서 만나는 경우

가은이가 A → Q → B로 갈 때, 최단거리로 가는 경우의 수는

$\dfrac{4!}{3! \times 1!} \times \dfrac{4!}{3! \times 1!} = 4 \times 4 = 16$

서후가 B → Q → A로 갈 때, 최단거리로 가는 경우의 수는

$\dfrac{4!}{3! \times 1!} \times \dfrac{4!}{3! \times 1!} = 4 \times 4 = 16$

따라서 이때의 경우의 수는

$16 \times 16 = 256$

(iii) 가은이와 서후가 R지점에서 만나는 경우

가은이가 A → R → B로 갈 때, 최단거리로 가는 경우의 수는

$1 \times \dfrac{4!}{2! \times 2!} = 1 \times 6 = 6$

서후가 B → R → A로 갈 때, 최단거리로 가는 경우의 수는

$\dfrac{4!}{2! \times 2!} \times 1 = 6 \times 1 = 6$

따라서 이때의 경우의 수는

$6 \times 6 = 36$

(i)~(iii)에서 구하는 경우의 수는

$36 + 256 + 36 = 328$

0097

답 ⑤

(i) 얻은 네 점수가 3, 1, 0, 0일 때

3, 1의 눈이 각각 한 번씩 나오고, 4 이상의 눈이 두 번 나오는 경우이다.

3, 1, 0, 0을 일렬로 나열하는 경우의 수는

$\dfrac{4!}{2!} = 12$

4 이상의 눈이 두 번 나오는 경우의 수는 $3 \times 3 = 9$이므로

순서쌍 (a, b, c, d)의 개수는

$12 \times 9 = 108$

(ii) 얻은 네 점수가 2, 2, 0, 0일 때

2의 눈이 두 번 나오고, 4 이상의 눈이 두 번 나오는 경우이다.

2, 2, 0, 0을 일렬로 나열하는 경우의 수는

$\dfrac{4!}{2! \times 2!} = 6$

4 이상의 눈이 두 번 나오는 경우의 수는 $3 \times 3 = 9$이므로
순서쌍 (a, b, c, d)의 개수는

$6 \times 9 = 54$

(iii) 얻은 네 점수가 2, 1, 1, 0일 때

2의 눈이 한 번, 1의 눈이 두 번 나오고, 4 이상의 눈이 한 번 나오는 경우이다.

2, 1, 1, 0을 일렬로 나열하는 경우의 수는

$\dfrac{4!}{2!} = 12$

4 이상의 눈이 한 번 나오는 경우의 수는 3이므로
순서쌍 (a, b, c, d)의 개수는

$12 \times 3 = 36$

(iv) 얻은 네 점수가 1, 1, 1, 1일 때

1의 눈이 네 번 나오는 경우이므로 순서쌍 (a, b, c, d)의 개수는 1이다.

(i)~(iv)에서 구하는 순서쌍 (a, b, c, d)의 개수는

$108 + 54 + 36 + 1 = 199$

0098   답 300

구하는 경우의 수는 d, i, s, m, i, s, s를 일렬로 나열하는 경우의 수에서 d와 m이 이웃하도록 나열하는 경우의 수를 빼면 된다.

d, i, s, m, i, s, s를 일렬로 나열하는 경우의 수는

$\dfrac{7!}{2! \times 3!} = 420$

❶

d와 m을 한 문자 X로 생각하면 X, i, s, i, s, s를 일렬로 나열하는 경우의 수는

$\dfrac{6!}{2! \times 3!} = 60$

이때 d와 m이 서로 자리를 바꾸는 경우의 수는 $2! = 2$이므로 d와 m이 이웃하도록 나열하는 경우의 수는

$60 \times 2 = 120$

❷

따라서 구하는 경우의 수는

$420 - 120 = 300$

❸

채점 기준	배점
❶ d, i, s, m, i, s, s를 일렬로 나열하는 경우의 수 구하기	40%
❷ d와 m이 이웃하도록 나열하는 경우의 수 구하기	40%
❸ d와 m이 이웃하지 않도록 나열하는 경우의 수 구하기	20%

0099   답 180

구하는 경우의 수는 3명의 학생이 2층부터 7층까지 6개 층에 내리는 경우의 수에서 B와 C가 같은 층에서 내리는 경우의 수를 빼면 된다.

3명의 학생이 2층부터 7층까지 6개 층에 내리는 경우의 수는 집합 $\{A, B, C\}$에서 집합 $\{2, 3, 4, 5, 6, 7\}$로의 함수의 개수와 같으므로

${}_6\Pi_3 = 6^3 = 216$

❶

이때 B와 C가 같은 층에서 내리는 경우의 수는 B와 C를 한 묶음으로 보면 되므로 집합 $\{A, B\}$에서 집합 $\{2, 3, 4, 5, 6, 7\}$로의 함수의 개수와 같다.

$\therefore {}_6\Pi_2 = 6^2 = 36$

❷

따라서 구하는 경우의 수는

$216 - 36 = 180$

❸

채점 기준	배점
❶ 3명의 학생이 2층부터 7층까지 내리는 경우의 수 구하기	40%
❷ B와 C가 같은 층에서 내리는 경우의 수 구하기	40%
❸ 조건을 만족시키는 경우의 수 구하기	20%

0100   답 ④

1계단씩 오르는 횟수를 x, 2계단씩 오르는 횟수를 y라 하면

$x + y = 9$, $x + 2y = 15$

$\therefore x = 3$, $y = 6$

따라서 구하는 경우의 수는 x, x, x, y, y, y, y, y, y를 일렬로 나열하는 경우의 수와 같으므로

$\dfrac{9!}{3! \times 6!} = 84$

0101   답 ①

네 개의 숫자 1, 2, 3, 4 중에서 중복을 허락하여 만들 수 있는 세 자리 자연수 중 3의 배수가 되는 경우는 다음과 같다.

$(1, 2, 3)$, $(2, 3, 4)$, $(1, 1, 4)$, $(1, 4, 4)$,
$(1, 1, 1)$, $(2, 2, 2)$, $(3, 3, 3)$, $(4, 4, 4)$

(i) $(1, 2, 3)$, $(2, 3, 4)$인 경우의 수는

$2 \times 3! = 12$

(ii) $(1, 1, 4)$, $(1, 4, 4)$인 경우의 수는

$2 \times \dfrac{3!}{2!} = 2 \times 3 = 6$

(iii) $(1, 1, 1)$, $(2, 2, 2)$, $(3, 3, 3)$, $(4, 4, 4)$인 경우의 수는
111, 222, 333, 444의 4이다.

(i)~(iii)에서 3의 배수의 개수는

$12 + 6 + 4 = 22$

0102

답 ⑤

천의 자리의 수와 십의 자리의 수의 합이 짝수가 되려면 두 수가
(짝수, 짝수), (홀수, 홀수)이어야 한다.

(i) 천의 자리의 수와 십의 자리의 수가 모두 짝수인 경우

천의 자리, 십의 자리 숫자를 택하는 경우의 수는 2, 4의 2개에
서 2개를 택하는 중복순열의 수와 같으므로

$$_2\Pi_2 = 2^2 = 4$$

백의 자리, 일의 자리 숫자를 택하는 경우의 수는 1, 2, 3, 4, 5의
5개에서 2개를 택하는 중복순열의 수와 같으므로

$$_5\Pi_2 = 5^2 = 25$$

따라서 이때의 경우의 수는

$$4 \times 25 = 100$$

(ii) 천의 자리의 수와 십의 자리의 수가 모두 홀수인 경우

천의 자리, 십의 자리 숫자를 택하는 경우의 수는 1, 3, 5의 3개
에서 2개를 택하는 중복순열의 수와 같으므로

$$_3\Pi_2 = 3^2 = 9$$

백의 자리, 일의 자리 숫자를 택하는 경우의 수는 1, 2, 3, 4, 5의
5개에서 2개를 택하는 중복순열의 수와 같으므로

$$_5\Pi_2 = 5^2 = 25$$

따라서 이때의 경우의 수는

$$9 \times 25 = 225$$

(i), (ii)에서 구하는 네 자리 자연수의 개수는

$$100 + 225 = 325$$

0103

답 ②

$f(1) + f(2) + f(3) + f(4) = 0$을 만족시키는 $f(1)$, $f(2)$, $f(3)$,
$f(4)$의 값은 다음과 같다.

$(0, 0, 0, 0)$, $(-1, 0, 0, 1)$, $(-1, -1, 0, 2)$, $(-1, -1, 1, 1)$

(i) $(0, 0, 0, 0)$인 경우

$f(1)$, $f(2)$, $f(3)$, $f(4)$의 값을 정하는 경우의 수는 1이다.

(ii) $(-1, 0, 0, 1)$인 경우

$f(1)$, $f(2)$, $f(3)$, $f(4)$의 값을 정하는 경우의 수는
-1, 0, 0, 1을 일렬로 나열하는 경우의 수와 같으므로

$$\frac{4!}{2!} = 12$$

(iii) $(-1, -1, 0, 2)$인 경우

$f(1)$, $f(2)$, $f(3)$, $f(4)$의 값을 정하는 경우의 수는
-1, -1, 0, 2를 일렬로 나열하는 경우의 수와 같으므로

$$\frac{4!}{2!} = 12$$

(iv) $(-1, -1, 1, 1)$인 경우

$f(1)$, $f(2)$, $f(3)$, $f(4)$의 값을 정하는 경우의 수는
-1, -1, 1, 1을 일렬로 나열하는 경우의 수와 같으므로

$$\frac{4!}{2! \times 2!} = 6$$

(i)~(iv)에서 $f(1)$, $f(2)$, $f(3)$, $f(4)$의 값을 정하는 경우의 수는

$$1 + 12 + 12 + 6 = 31$$

한편, $f(5)$의 값이 될 수 있는 것은 -1, 0, 1, 2의 4가지이다.
따라서 구하는 함수 f의 개수는

$$31 \times 4 = 124$$

0104

답 504

1부터 9까지의 자연수 중에서 서로 다른 2개의 숫자를 선택하는 경
우의 수는

$$_9C_2 = 36$$

선택된 2개의 숫자를 a, b라 하면 네 자리의 비밀번호를 만들기 위
하여 a, b를 사용하는 경우는 다음과 같다.

(a, b, b, b), (a, a, b, b), (a, a, a, b)

(i) a, b, b, b를 일렬로 나열하는 경우의 수는

$$\frac{4!}{3!} = 4$$

(ii) a, a, b, b를 일렬로 나열하는 경우의 수는

$$\frac{4!}{2! \times 2!} = 6$$

(iii) a, a, a, b를 일렬로 나열하는 경우의 수는

$$\frac{4!}{3!} = 4$$

따라서 구하는 비밀번호의 개수는

$$36 \times (4 + 6 + 4) = 504$$

[다른 풀이]

1부터 9까지의 자연수 중에서 서로 다른 2개의 숫자를 선택하는 경
우의 수는

$$_9C_2 = 36$$

선택된 2개의 숫자를 a, b라 하면 a, b를 사용하여 만들 수 있는 네
자리 자연수의 개수는

$$_2\Pi_4 = 2^4 = 16$$

이때 a만을 사용하거나 b만을 사용하여 만든 네 자리 자연수는 제
외해야 하므로 구하는 비밀번호의 개수는

$$36 \times (16 - 2) = 504$$

0105

답 ①

숫자 1이 적혀 있는 상자에 넣는 공에 따라 조건 (나)를 만족시키는
경우를 다음과 같이 나누어 생각할 수 있다.

(i) 숫자 1이 적혀 있는 상자에 문자 A가 적혀 있는 공을 넣는 경우

3개의 문자 B, B, C가 각각 적혀 있는 공을 같은 문자 X가 적
혀 있는 공이라 하자.

5개의 문자 X, X, X, D, D를 일렬로 나열하는 경우의 수는

$$\frac{5!}{3! \times 2!} = 10$$

이때 3개의 문자 B, B, C를 왼쪽부터 순서대로 B, B, C 또는
B, C, B로 나열하는 경우의 수가 2이므로 이때의 경우의 수는

$$10 \times 2 = 20$$

(ii) 숫자 1이 적혀 있는 상자에 문자 B가 적혀 있는 공을 넣는 경우

5개의 문자 A, B, C, D, D를 일렬로 나열하는 경우의 수는

$$\frac{5!}{2!} = 60$$

(i), (ii)에서 구하는 경우의 수는

$$20 + 60 = 80$$

0106

답 64

조건 (다)에서 $A^C \cap B^C \cap C^C = \{7, 8\}$이므로
$(A \cup B \cup C)^C = \{7, 8\}$
따라서 주어진 조건을 만족시키는 집합 U, A, B, C를 벤다이어그램으로 나타내면 다음 그림과 같다.

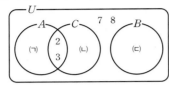

위의 그림에서 (ㄱ), (ㄴ), (ㄷ)에 1, 4, 5, 6을 나누어 넣는 경우의 수는
$_3\Pi_4 = 3^4 = 81$
이때 집합 B가 공집합인 경우의 수는 (ㄱ), (ㄴ)에 1, 4, 5, 6을 나누어 넣는 경우의 수와 같으므로
$_2\Pi_4 = 2^4 = 16$
또한 $B = \{1, 4, 5, 6\}$인 경우 $A = \{2, 3\}$, $C = \{2, 3\}$이므로
$A = C$가 되어 조건을 만족시키지 않는다.
따라서 구하는 순서쌍 (A, B, C)의 개수는
$81 - (16 + 1) = 64$

🔊 **Bible Says** **드모르간의 법칙**

전체집합 U의 두 부분집합 A, B에 대하여
(1) $(A \cup B)^C = A^C \cap B^C$
(2) $(A \cap B)^C = A^C \cup B^C$

0107

답 ⑤

조건 (가)를 만족시키려면 한 접시에는 빵을 2개 담고, 나머지 세 접시에는 빵을 1개씩 담아야 한다.
한 접시에 담을 2개의 빵을 선택하는 경우의 수는
$_5C_2 = 10$
2개의 빵이 담긴 접시를 A, 1개의 빵이 담긴 세 접시를 각각 B, C, D라 하자.
(i) 접시 A에 사탕을 담지 않는 경우
　접시 B, C, D 중 2개에 사탕을 2개씩 담고 나머지 접시에 사탕 1개를 담는 경우의 수는
　$_3C_2 = 3$
(ii) 접시 A에 사탕 1개를 담는 경우
　ⓐ 접시 B, C, D 중 2개에 사탕을 2개씩 담는 경우의 수는
　　$_3C_2 = 3$
　ⓑ 접시 B, C, D 중 2개에 사탕을 1개씩 담고 나머지 접시에 사탕 2개를 담는 경우의 수는
　　$_3C_2 = 3$
　ⓐ, ⓑ에서 접시 A에 사탕 1개를 담는 경우의 수는
　$3 + 3 = 6$
(i), (ii)에서 접시 A, B, C, D에 사탕을 담는 경우의 수는
$3 + 6 = 9$
한편, 접시 A, B, C, D를 원 모양의 식탁에 놓는 경우의 수는
$(4 - 1)! = 3! = 6$
따라서 구하는 경우의 수는
$10 \times 9 \times 6 = 540$

0108

답 ⑤

오른쪽 그림과 같이 세 지점 Q_1, Q_2, Q_3을 잡으면 A지점에서 출발하여 P지점까지 가기 위해서는 Q_1지점 또는 Q_2지점 중 한 지점을 지나야 하고, P지점에서 출발하여 B지점까

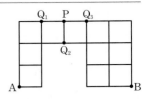

지 가기 위해서는 Q_2지점 또는 Q_3지점 중 한 지점을 지나야 한다.
따라서 A지점에서 출발하여 P지점을 지나 B지점으로 갈 때, 한 번 지난 도로는 다시 지나지 않으면서 최단거리로 가는 경우는 다음과 같다.
$A \to Q_1 \to P \to Q_2 \to B$, $A \to Q_1 \to P \to Q_3 \to B$,
$A \to Q_2 \to P \to Q_3 \to B$
(i) $A \to Q_1 \to P \to Q_2 \to B$로 갈 때, 최단거리로 가는 경우의 수는
$$\frac{4!}{1! \times 3!} \times 1 \times 1 \times 1 \times \frac{4!}{2! \times 2!} = 4 \times 6 = 24$$
(ii) $A \to Q_1 \to P \to Q_3 \to B$로 갈 때, 최단거리로 가는 경우의 수는
$$\frac{4!}{1! \times 3!} \times 1 \times 1 \times \frac{5!}{2! \times 3!} = 4 \times 10 = 40$$
(iii) $A \to Q_2 \to P \to Q_3 \to B$로 갈 때, 최단거리로 가는 경우의 수는
$$\frac{3!}{1! \times 2!} \times 1 \times 1 \times 1 \times \frac{5!}{2! \times 3!} = 3 \times 10 = 30$$
(i)~(iii)에서 구하는 경우의 수는
$24 + 40 + 30 = 94$

0109

답 ④

조건 (가)에 의하여 $f(3) + f(4) = 5$ 또는 $f(3) + f(4) = 10$이고 조건 (나), (다)에 의하여 $f(3) \neq 1$, $f(4) \neq 6$이므로 다음과 같이 경우를 나눌 수 있다.
(i) $f(3) = 2$, $f(4) = 3$인 경우
　$f(1) = f(2) = 1$이고
　$f(5)$, $f(6)$의 값이 될 수 있는 것은 4, 5, 6이므로
　함수 f의 개수는
　$1 \times _3\Pi_2 = 1 \times 3^2 = 9$
(ii) $f(3) = 3$, $f(4) = 2$인 경우
　$f(1)$, $f(2)$의 값이 될 수 있는 것은 1, 2이고
　$f(5)$, $f(6)$의 값이 될 수 있는 것은 3, 4, 5, 6이므로
　함수 f의 개수는
　$_2\Pi_2 \times _4\Pi_2 = 2^2 \times 4^2 = 64$
(iii) $f(3) = 4$, $f(4) = 1$인 경우
　$f(1)$, $f(2)$의 값이 될 수 있는 것은 1, 2, 3이고
　$f(5)$, $f(6)$의 값이 될 수 있는 것은 2, 3, 4, 5, 6이므로
　함수 f의 개수는
　$_3\Pi_2 \times _5\Pi_2 = 3^2 \times 5^2 = 225$
(iv) $f(3) = 5$, $f(4) = 5$인 경우
　$f(1)$, $f(2)$의 값이 될 수 있는 것은 1, 2, 3, 4이고
　$f(5) = f(6) = 6$이므로 함수 f의 개수는
　$_4\Pi_2 \times 1 = 4^2 \times 1 = 16$

(v) $f(3)=6$, $f(4)=4$인 경우

$f(1)$, $f(2)$의 값이 될 수 있는 것은 1, 2, 3, 4, 5이고

$f(5)$, $f(6)$의 값이 될 수 있는 것은 5, 6이므로

함수 f의 개수는

$_5\Pi_2 \times _2\Pi_2 = 5^2 \times 2^2 = 100$

(i)~(v)에서 구하는 함수 f의 개수는

$9+64+225+16+100=414$

0110

답 216

1부터 7까지의 자연수 중에서 홀수는 1, 3, 5, 7의 4개이고 짝수는 2, 4, 6의 3개이다.

(i) 짝수가 1개인 경우

짝수 2, 4, 6의 3개 중에서 1개를 택하는 경우의 수는

$_3C_1=3$

짝수 1개와 홀수 1, 3, 5, 7을 원형으로 배열하는 경우의 수는

$(5-1)!=4!=24$

따라서 이때의 경우의 수는

$3 \times 24 = 72$

(ii) 짝수가 2개인 경우

짝수 2, 4, 6의 3개 중에서 2개를 택하는 경우의 수는

$_3C_2=3$

홀수 1, 3, 5, 7의 4개 중에서 3개를 택하는 경우의 수는

$_4C_3=4$

짝수 2개와 홀수 3개를 원형으로 배열할 때 짝수가 적혀 있는 공끼리는 서로 이웃하지 않게 배열하는 경우의 수는 홀수 3개를 원형으로 배열하는 경우의 수가 $(3-1)!=2!=2$ 이고, $\vee$이 표시된 3개의 자리 중 2개의 자리에 짝수를 배열하는 경우의 수가 $_3P_2=6$이므로

$2 \times 6 = 12$

따라서 이때의 경우의 수는

$3 \times 4 \times 12 = 144$

(i), (ii)에서 구하는 경우의 수는

$72+144=216$

참고

짝수가 3개인 경우는 짝수가 적혀 있는 공끼리 서로 이웃하지 않게 배열할 수 없으므로 짝수를 3개 사용할 수 없다.

0111

답 ①

(i) 상자 B에 넣는 마카롱의 개수가 2인 경우

상자 B에 넣을 마카롱을 고르는 경우의 수는

$_6C_2=15$

남은 마카롱 4개를 상자 A, C에 남김없이 나누어 넣는 경우의 수는 A, C의 2개에서 4개를 택하는 중복순열의 수와 같으므로

$_2\Pi_4 = 2^4 = 16$

이때 상자 A에 넣는 마카롱의 개수가 0인 경우를 제외하면

$16-1=15$

따라서 상자 B에 넣는 마카롱의 개수가 2인 경우의 수는

$15 \times 15 = 225$

(ii) 상자 B에 넣는 마카롱의 개수가 3인 경우

상자 B에 넣을 마카롱을 고르는 경우의 수는

$_6C_3=20$

남은 마카롱 3개를 상자 A, C에 남김없이 나누어 넣는 경우의 수는 A, C의 2개에서 3개를 택하는 중복순열의 수와 같으므로

$_2\Pi_3 = 2^3 = 8$

이때 상자 A에 넣는 마카롱의 개수가 0인 경우를 제외하면

$8-1=7$

따라서 상자 B에 넣는 마카롱의 개수가 3인 경우의 수는

$20 \times 7 = 140$

(iii) 상자 B에 넣는 마카롱의 개수가 4인 경우

상자 B에 넣을 마카롱을 고르는 경우의 수는

$_6C_4 = _6C_2 = 15$

남은 마카롱 2개를 상자 A, C에 남김없이 나누어 넣는 경우의 수는 A, C의 2개에서 2개를 택하는 중복순열의 수와 같으므로

$_2\Pi_2 = 2^2 = 4$

이때 상자 A에 넣는 마카롱의 개수가 0인 경우를 제외하면

$4-1=3$

따라서 상자 B에 넣는 마카롱의 개수가 4인 경우의 수는

$15 \times 3 = 45$

(i)~(iii)에서 구하는 경우의 수는

$225+140+45=410$

PART A 02 중복조합과 이항정리

유형 01 중복조합의 계산

확인 문제　(1) 15　　　　　(2) 56

(1) $_5H_2 = {}_{5+2-1}C_2 = {}_6C_2 = 15$
(2) $_4H_5 = {}_{4+5-1}C_5 = {}_8C_5 = {}_8C_3 = 56$

0112　답 ①

$_nH_4 = {}_{n+4-1}C_4 = {}_{n+3}C_4$이므로
$$\frac{(n+3)(n+2)(n+1)n}{4 \times 3 \times 2 \times 1} = 15$$
$$n(n+1)(n+2)(n+3) = 3 \times 4 \times 5 \times 6$$
$$\therefore n = 3$$

0113　답 ③

$_7H_3 = {}_{7+3-1}C_3 = {}_9C_3 = {}_nC_r$이므로
$n = 9$, $r = 3$ $(\because r < 4)$
$\therefore n + r = 9 + 3 = 12$

0114　답 ④

$_nH_2 = {}_{n+2-1}C_2 = {}_{n+1}C_2 = {}_9C_2$이므로
$n + 1 = 9$　$\therefore n = 8$

다른 풀이

$_nH_2 = {}_{n+2-1}C_2 = {}_{n+1}C_2 = \dfrac{n(n+1)}{2}$이므로
$$\frac{n(n+1)}{2} = {}_9C_2 = 36$$
$$n(n+1) = 72 = 8 \times 9$$
$$\therefore n = 8$$

0115　답 5

$_4H_r = {}_{4+r-1}C_r = {}_{3+r}C_r = {}_7C_3 = {}_7C_4$이므로
$r = 4$ ....❶
$\therefore {}_2H_r = {}_2H_4 = {}_{2+4-1}C_4$
　　　　$= {}_5C_4 = {}_5C_1 = 5$ ....❷

채점 기준	배점
❶ r의 값 구하기	50%
❷ $_2H_r$의 값 구하기	50%

유형 02 중복조합

확인 문제　(1) 20　　　　　(2) 15

(1) 숫자 1, 2, 3, 4에서 중복을 허락하여 3개를 택하는 경우의 수는 서로 다른 4개에서 3개를 택하는 중복조합의 수와 같으므로
$_4H_3 = {}_{4+3-1}C_3 = {}_6C_3 = 20$
(2) 같은 종류의 구슬 4개를 세 학생에게 남김없이 나누어 주는 경우의 수는 서로 다른 3개에서 4개를 택하는 중복조합의 수와 같으므로
$_3H_4 = {}_{3+4-1}C_4 = {}_6C_4 = {}_6C_2 = 15$

0116　답 ⑤

케이크 4조각을 서로 다른 3개의 접시에 나누어 담는 경우의 수는 서로 다른 3개에서 4개를 택하는 중복조합의 수와 같으므로
$_3H_4 = {}_6C_4 = {}_6C_2 = 15$
귤 3개를 서로 다른 3개의 접시에 나누어 담는 경우의 수는 서로 다른 3개에서 3개를 택하는 중복조합의 수와 같으므로
$_3H_3 = {}_5C_3 = {}_5C_2 = 10$
따라서 구하는 경우의 수는
$15 \times 10 = 150$

0117　답 ②

오렌지 주스, 포도 주스, 딸기 주스 중에서 5개의 주스를 구매하는 경우의 수는 서로 다른 3개에서 5개를 택하는 중복조합의 수와 같으므로
$_3H_5 = {}_7C_5 = {}_7C_2 = 21$

0118　답 ③

3명의 후보가 출마한 선거에서 10명의 유권자가 각각 한 명의 후보에게 무기명으로 투표하는 경우의 수는 서로 다른 3개에서 10개를 택하는 중복조합의 수와 같으므로
$_3H_{10} = {}_{12}C_{10} = {}_{12}C_2 = 66$

0119　답 ④

숫자 4가 1개 이하가 되어야 하므로 숫자 4를 택하지 않거나 1개 택해야 한다.
(ⅰ) 숫자 4를 택하지 않는 경우
　　4를 제외한 나머지 3개의 숫자 1, 2, 3 중에서 중복을 허락하여 5개를 택하면 되므로
　　$_3H_5 = {}_7C_5 = {}_7C_2 = 21$
(ⅱ) 숫자 4를 1개 택하는 경우
　　4를 제외한 나머지 3개의 숫자 1, 2, 3 중에서 중복을 허락하여 4개를 택하면 되므로
　　$_3H_4 = {}_6C_4 = {}_6C_2 = 15$
(ⅰ), (ⅱ)에서 구하는 경우의 수는
$21 + 15 = 36$

0120

답 630

연필 3자루를 3명의 학생에게 나누어 주는 경우의 수는 서로 다른 3개에서 3개를 택하는 중복조합의 수와 같으므로

$$_3H_3=_5C_3=_5C_2=10$$

.... ❶

볼펜 5자루를 3명의 학생에게 나누어 주는 경우의 수는 서로 다른 3개에서 5개를 택하는 중복조합의 수와 같으므로

$$_3H_5=_7C_5=_7C_2=21$$

.... ❷

사인펜 1자루를 3명의 학생에게 나누어 주는 경우의 수는 3이다.

.... ❸

따라서 구하는 경우의 수는

$$10\times21\times3=630$$

.... ❹

채점 기준	배점
❶ 연필 3자루를 나누어 주는 경우의 수 구하기	30%
❷ 볼펜 5자루를 나누어 주는 경우의 수 구하기	30%
❸ 사인펜 1자루를 나누어 주는 경우의 수 구하기	20%
❹ 조건을 만족시키는 경우의 수 구하기	20%

유형 03 중복조합 – 다항식의 전개식에서 서로 다른 항의 개수

0121
답 ⑤

다항식 $(a+b+c+d)^3$의 전개식에서 서로 다른 항의 개수는 4개의 문자 a, b, c, d에서 3개를 택하는 중복조합의 수와 같으므로

$$_4H_3=_6C_3=20$$

0122
답 60

$(a+b+c)^4$과 $(x+y)^3$에 서로 같은 문자가 없으므로 각각의 전개식의 항을 곱하면 모두 서로 다른 항이 된다.

$(a+b+c)^4$의 전개식에서 서로 다른 항의 개수는 3개의 문자 a, b, c에서 4개를 택하는 중복조합의 수와 같으므로

$$_3H_4=_6C_4=_6C_2=15$$

$(x+y)^3$의 전개식에서 서로 다른 항의 개수는 2개의 문자 x, y에서 3개를 택하는 중복조합의 수와 같으므로

$$_2H_3=_4C_3=4$$

따라서 구하는 서로 다른 항의 개수는

$$15\times4=60$$

참고

$(a+b+c)^4$을 전개할 때 생기는 항을 $ka^pb^qc^r$ (k는 상수)으로 나타내면
$$p+q+r=4 \text{ (단, } p, q, r\text{는 음이 아닌 정수이다.)}$$
즉, $(a+b+c)^4$의 전개식에서 서로 다른 항의 개수는 방정식 $p+q+r=4$의 음이 아닌 정수해의 개수와 같다.

0123
답 ③

다항식 $(a+b+c)^r$의 전개식에서 서로 다른 항의 개수는 3개의 문자 a, b, c에서 r개를 택하는 중복조합의 수와 같으므로

$$_3H_r=21$$

$$_{3+r-1}C_r=_{2+r}C_r=_{2+r}C_2=\frac{(2+r)(1+r)}{2}=21$$

$$(r+1)(r+2)=42=6\times7$$

$$\therefore r=5$$

유형 04 중복조합 – '적어도'의 조건이 있는 경우

0124
답 ①

세 종류의 필기구를 각각 1자루씩 선택한 후, 세 종류의 필기구 중에서 중복을 허락하여 4자루를 선택하면 된다.
따라서 구하는 경우의 수는 서로 다른 3개에서 4개를 택하는 중복조합의 수와 같으므로

$$_3H_4=_6C_4=_6C_2=15$$

0125
답 ④

4명의 학생에게 각각 꽃을 1송이씩 먼저 나누어 준 후, 남은 꽃 6송이를 중복을 허락하여 4명에게 나누어 주면 된다.
따라서 구하는 경우의 수는 서로 다른 4개에서 6개를 택하는 중복조합의 수와 같으므로

$$_4H_6=_9C_6=_9C_3=84$$

0126
답 ③

A, B, C에게 각각 탁구공을 2개씩 먼저 나누어 준 후, 남은 탁구공 6개를 중복을 허락하여 3명에게 나누어 주면 된다.
따라서 구하는 경우의 수는 서로 다른 3개에서 6개를 택하는 중복조합의 수와 같으므로

$$_3H_6=_8C_6=_8C_2=28$$

0127
답 60

3명의 학생에게 불고기 피자와 치즈 피자를 각각 한 조각 이상씩 나누어 주어야 하므로 3명의 학생에게 불고기 피자와 치즈 피자를 각각 한 조각씩 먼저 나누어 준 후, 남은 불고기 피자 3조각과 치즈 피자 2조각을 3명의 학생에게 나누어 주면 된다.

.... ❶

남은 불고기 피자 3조각을 3명의 학생에게 나누어 주는 경우의 수는 서로 다른 3개에서 3개를 택하는 중복조합의 수와 같으므로

$$_3H_3=_5C_3=_5C_2=10$$

.... ❷

남은 치즈 피자 2조각을 3명의 학생에게 나누어 주는 경우의 수는
서로 다른 3개에서 2개를 택하는 중복조합의 수와 같으므로
$$_3H_2 = {_4}C_2 = 6$$

⸻ ❸

따라서 구하는 경우의 수는
$$10 \times 6 = 60$$

⸻ ❹

채점 기준	배점
❶ 3명의 학생에게 불고기 피자와 치즈 피자를 각각 한 조각 이상씩 나누어 주는 방법 설명하기	20%
❷ 남은 불고기 피자를 나누어 주는 경우의 수 구하기	30%
❸ 남은 치즈 피자를 나누어 주는 경우의 수 구하기	30%
❹ 조건을 만족시키는 경우의 수 구하기	20%

0128 답 13

자두, 복숭아 두 종류의 과일을 먼저 1개씩 선택한 후, 사과, 자두, 복숭아 세 종류의 과일 중에서 중복을 허락하여 6개를 더 선택하면 된다.
이때 사과는 1개 이하로 선택해야 하므로 사과를 선택하지 않거나 1개를 선택해야 한다.
(i) 사과를 선택하지 않는 경우
자두, 복숭아 두 종류의 과일 중에서 중복을 허락하여 6개를 선택하는 경우의 수는 서로 다른 2개에서 6개를 택하는 중복조합의 수와 같으므로
$$_2H_6 = {_7}C_6 = {_7}C_1 = 7$$
(ii) 사과를 1개 선택하는 경우
자두, 복숭아 두 종류의 과일 중에서 중복을 허락하여 5개를 선택하는 경우의 수는 서로 다른 2개에서 5개를 택하는 중복조합의 수와 같으므로
$$_2H_5 = {_6}C_5 = {_6}C_1 = 6$$
(i), (ii)에서 구하는 경우의 수는
$$7 + 6 = 13$$

0129 답 ③

세 명의 학생 중 3가지 색의 카드를 각각 한 장 이상 받을 학생을 선택하는 경우의 수는
$$_3C_1 = 3$$
먼저 선택된 학생에게 3가지 색의 카드를 각각 한 장씩 준 후, 남은 빨간색 카드 3장, 파란색 카드 1장을 세 명의 학생에게 나누어 주면 된다.
빨간색 카드 3장을 세 명에게 나누어 주는 경우의 수는 서로 다른 3개에서 3개를 택하는 중복조합의 수와 같으므로
$$_3H_3 = {_5}C_3 = {_5}C_2 = 10$$
파란색 카드 1장을 세 명의 학생에게 나누어 주는 경우의 수는
$$_3C_1 = 3$$
따라서 구하는 경우의 수는
$$3 \times 10 \times 3 = 90$$

노란색 카드가 1장이므로 3가지 색의 카드를 각각 한 장 이상 받는 학생은 1명이다.

유형 05 중복조합 – 방정식의 해의 개수

0130 답 ②

$x+y+z=7$을 만족시키는 음이 아닌 정수 x, y, z의 순서쌍 (x, y, z)의 개수는 3개의 문자 x, y, z에서 7개를 뽑는 중복조합의 수와 같으므로
$$m = {_3}H_7 = {_9}C_7 = {_9}C_2 = 36$$
$x = x'+1$, $y = y'+1$, $z = z'+1$로 놓으면
$$(x'+1) + (y'+1) + (z'+1) = 7$$
(단, x', y', z'은 음이 아닌 정수이다.)
$$\therefore x'+y'+z' = 4$$
따라서 $x+y+z=7$을 만족시키는 양의 정수 x, y, z의 순서쌍 (x, y, z)의 개수는 $x'+y'+z'=4$를 만족시키는 음이 아닌 정수 x', y', z'의 순서쌍 (x', y', z')의 개수와 같으므로
$$n = {_3}H_4 = {_6}C_4 = {_6}C_2 = 15$$
$$\therefore m + n = 36 + 15 = 51$$

0131 답 35

방정식 $x+y+z+w=4$를 만족시키는 음이 아닌 정수 x, y, z, w의 순서쌍 (x, y, z, w)의 개수는 4개의 문자 x, y, z, w에서 4개를 뽑는 중복조합의 수와 같으므로
$$_4H_4 = {_7}C_4 = {_7}C_3 = 35$$

0132 답 ②

$x = x'-1$, $y = y'+1$, $z = z'+2$로 놓으면
$$(x'-1) + (y'+1) + (z'+2) = 8$$
(단, x', y', z'은 음이 아닌 정수이다.)
$$\therefore x'+y'+z' = 6$$
따라서 구하는 순서쌍 (x, y, z)의 개수는 $x'+y'+z'=6$을 만족시키는 음이 아닌 정수 x', y', z'의 순서쌍 (x', y', z')의 개수와 같으므로
$$_3H_6 = {_8}C_6 = {_8}C_2 = 28$$

0133 답 11

$x+y+z+3w=9$에서 $x+y+z=9-3w$
양의 정수 x, y, z에 대하여 $x+y+z \geq 3$이므로
$$9 - 3w \geq 3$$

$\therefore w \leq 2$

이때 w는 양의 정수이므로

$w=1$ 또는 $w=2$

─────────────────────────────── ❶

(i) $w=1$일 때

$x+y+z=6$이므로 $x=x'+1$, $y=y'+1$, $z=z'+1$로 놓으면

$(x'+1)+(y'+1)+(z'+1)=6$

(단, x', y', z'은 음이 아닌 정수이다.)

$\therefore x'+y'+z'=3$

이때 순서쌍 (x, y, z)의 개수는 $x'+y'+z'=3$을 만족시키는 음이 아닌 정수 x', y', z'의 순서쌍 (x', y', z')의 개수와 같으므로

$_3H_3=_5C_3=_5C_2=10$

(ii) $w=2$일 때

$x+y+z=3$이므로 $x=x'+1$, $y=y'+1$, $z=z'+1$로 놓으면

$(x'+1)+(y'+1)+(z'+1)=3$

(단, x', y', z'은 음이 아닌 정수이다.)

$\therefore x'+y'+z'=0$

이때 순서쌍 (x, y, z)의 개수는 $x'+y'+z'=0$을 만족시키는 음이 아닌 정수 x', y', z'의 순서쌍 (x', y', z')의 개수와 같으므로

$_3H_0=_2C_0=1$

─────────────────────────────── ❷

(i), (ii)에서 구하는 순서쌍 (x, y, z, w)의 개수는

$10+1=11$

─────────────────────────────── ❸

채점 기준	배점
❶ w의 값 구하기	30%
❷ w의 값에 따른 순서쌍 (x, y, z)의 개수 구하기	60%
❸ 조건을 만족시키는 순서쌍 (x, y, z, w)의 개수 구하기	10%

0134
답 ①

조건 (나)에 의하여

$a^2-b^2=5$ 또는 $a^2-b^2=-5$

$a^2-b^2=5$에서 $(a-b)(a+b)=5$이고 a, b는 자연수이므로

$a-b=1$, $a+b=5$

$\therefore a=3, b=2$

$a^2-b^2=-5$에서 $(b-a)(b+a)=5$이고 a, b는 자연수이므로

$b-a=1$, $b+a=5$

$\therefore a=2, b=3$

즉, 조건 (나)를 만족시키는 자연수 a, b의 값을 정하는 경우의 수는 2이다.

이때 $a+b=5$이므로 조건 (가)에 의하여

$5+c+d+e=12$

$\therefore c+d+e=7$ (단, c, d, e는 자연수이다.)

$c=c'+1$, $d=d'+1$, $e=e'+1$로 놓으면

$(c'+1)+(d'+1)+(e'+1)=7$

(단, c', d', e'은 음이 아닌 정수이다.)

$\therefore c'+d'+e'=4$

이때 순서쌍 (c, d, e)의 개수는 $c'+d'+e'=4$를 만족시키는 순서쌍 (c', d', e')의 개수와 같으므로

$_3H_4=_6C_4=_6C_2=15$

따라서 구하는 순서쌍 (a, b, c, d, e)의 개수는

$2 \times 15=30$

0135
답 210

조건 (가)에 의하여 네 자연수 a, b, c, d 중 짝수가 2개이어야 하므로 a, b, c, d 중 짝수가 되는 2개를 선택하는 경우의 수는

$_4C_2=6$

a, b, c, d 중 두 짝수를 $2x+2$, $2y+2$, 두 홀수를 $2z+1$, $2w+1$로 놓으면 조건 (나)에 의하여

$(2x+2)+(2y+2)+(2z+1)+(2w+1)=14$

(단, x, y, z, w는 음이 아닌 정수이다.)

$\therefore x+y+z+w=4$

$x+y+z+w=4$를 만족시키는 순서쌍 (x, y, z, w)의 개수는

$_4H_4=_7C_4=_7C_3=35$

따라서 구하는 순서쌍 (a, b, c, d)의 개수는

$6 \times 35=210$

유형 06 중복조합 - 부등식의 해의 개수

0136
답 ④

부등식 $x+y+z \leq 8$을 만족시키는 음이 아닌 정수 x, y, z의 순서쌍 (x, y, z)의 개수는 방정식 $x+y+z+w=8$을 만족시키는 음이 아닌 정수 x, y, z, w의 순서쌍 (x, y, z, w)의 개수와 같다.

따라서 구하는 순서쌍 (x, y, z)의 개수는

$_4H_8=_{11}C_8=_{11}C_3=165$

0137
답 15

$a=a'+1$, $b=b'+1$, $c=c'+1$, $d=d'+1$로 놓으면

$a+b+c+d \leq 6$에서

$(a'+1)+(b'+1)+(c'+1)+(d'+1) \leq 6$

(단, a', b', c', d'은 음이 아닌 정수이다.)

$\therefore a'+b'+c'+d' \leq 2$

부등식 $a'+b'+c'+d' \leq 2$를 만족시키는 음이 아닌 정수 a', b', c', d'의 순서쌍 (a', b', c', d')의 개수는 방정식 $a'+b'+c'+d'+e=2$를 만족시키는 음이 아닌 정수 a', b', c', d', e의 순서쌍 (a', b', c', d', e)의 개수와 같다.

따라서 구하는 순서쌍 (a, b, c, d)의 개수는

$_5H_2=_6C_2=15$

a, b, c, d가 양의 정수이므로 $4 \leq a+b+c+d \leq 6$

(i) $a+b+c+d=4$일 때

$a=a'+1$, $b=b'+1$, $c=c'+1$, $d=d'+1$로 놓으면

$(a'+1)+(b'+1)+(c'+1)+(d'+1)=4$

(단, a', b', c', d'은 음이 아닌 정수이다.)

$\therefore a'+b'+c'+d'=0$

이때 순서쌍 (a, b, c, d)의 개수는 $a'+b'+c'+d'=0$을 만족시키는 음이 아닌 정수 a', b', c', d'의 순서쌍 (a', b', c', d')의 개수와 같으므로

$_4H_0 = {}_3C_0 = 1$

(ii) $a+b+c+d=5$일 때

$a=a'+1$, $b=b'+1$, $c=c'+1$, $d=d'+1$로 놓으면

$(a'+1)+(b'+1)+(c'+1)+(d'+1)=5$

(단, a', b', c', d'은 음이 아닌 정수이다.)

$\therefore a'+b'+c'+d'=1$

이때 순서쌍 (a, b, c, d)의 개수는 $a'+b'+c'+d'=1$을 만족시키는 음이 아닌 정수 a', b', c', d'의 순서쌍 (a', b', c', d')의 개수와 같으므로

$_4H_1 = {}_4C_1 = 4$

(iii) $a+b+c+d=6$일 때

$a=a'+1$, $b=b'+1$, $c=c'+1$, $d=d'+1$로 놓으면

$(a'+1)+(b'+1)+(c'+1)+(d'+1)=6$

(단, a', b', c', d'은 음이 아닌 정수이다.)

$\therefore a'+b'+c'+d'=2$

이때 순서쌍 (a, b, c, d)의 개수는 $a'+b'+c'+d'=2$를 만족시키는 음이 아닌 정수 a', b', c', d'의 순서쌍 (a', b', c', d')의 개수와 같으므로

$_4H_2 = {}_5C_2 = 10$

(i)~(iii)에서 구하는 순서쌍 (a, b, c, d)의 개수는

$1+4+10=15$

0138
답 ③

부등식 $x+y \leq n$을 만족시키는 음이 아닌 정수 x, y의 순서쌍 (x, y)의 개수는 방정식 $x+y+z=n$을 만족시키는 음이 아닌 정수 x, y, z의 순서쌍 (x, y, z)의 개수와 같으므로

$_3H_n = {}_{3+n-1}C_n = {}_{2+n}C_n = {}_{2+n}C_2 = 36$

$\dfrac{(2+n)(1+n)}{2} = 36$, $(n+1)(n+2) = 72 = 8 \times 9$

$\therefore n=7$

0139
답 ④

조건 (가)에서 $x+y+z=10$을 만족시키는 음이 아닌 정수 x, y, z의 순서쌍 (x, y, z)의 개수는

$_3H_{10} = {}_{12}C_{10} = {}_{12}C_2 = 66$

조건 (나)를 만족시키지 않는 경우는 $y+z \leq 0$ 또는 $y+z \geq 10$이므로

$y+z=0$ 또는 $y+z=10$일 때이다.

(i) $y+z=0$이고 $x=10$일 때

순서쌍 (x, y, z)는 $(10, 0, 0)$의 1개이다.

(ii) $y+z=10$이고 $x=0$일 때

순서쌍 (x, y, z)의 개수는 $y+z=10$을 만족시키는 음이 아닌 정수 y, z의 순서쌍 (y, z)의 개수와 같으므로

$_2H_{10} = {}_{11}C_{10} = {}_{11}C_1 = 11$

(i), (ii)에서 조건 (나)를 만족시키지 않는 순서쌍 (x, y, z)의 개수는

$1+11=12$

따라서 구하는 순서쌍 (x, y, z)의 개수는

$66-12=54$

0140
답 ②

a, b, c가 자연수이고 $2 < a \leq b \leq c < 9$이므로

$3 \leq a \leq b \leq c \leq 8$

$3 \leq a \leq b \leq c \leq 8$을 만족시키는 자연수 a, b, c의 순서쌍 (a, b, c)는 3부터 8까지의 6개의 자연수 중에서 중복을 허락하여 3개를 택해 작거나 같은 수부터 차례대로 a, b, c의 값으로 정하면 된다.

따라서 구하는 순서쌍 (a, b, c)의 개수는 서로 다른 6개에서 3개를 택하는 중복조합의 수와 같으므로

$_6H_3 = {}_8C_3 = 56$

0141
답 15

$3 \leq a \leq b \leq 7$을 만족시키는 자연수 a, b의 순서쌍 (a, b)는 3부터 7까지의 5개의 자연수 중에서 중복을 허락하여 2개를 택해 작거나 같은 수부터 차례대로 a, b의 값으로 정하면 된다.

따라서 구하는 순서쌍 (a, b)의 개수는 서로 다른 5개에서 2개를 택하는 중복조합의 수와 같으므로

$_5H_2 = {}_6C_2 = 15$

0142
답 ③

$1 < a \leq b \leq c < 15$를 만족시키는 짝수 a, b, c의 순서쌍 (a, b, c)는 2, 4, 6, 8, 10, 12, 14의 7개의 자연수 중에서 중복을 허락하여 3개를 택해 작거나 같은 수부터 차례대로 a, b, c의 값으로 정하면 된다.

따라서 구하는 순서쌍 (a, b, c)의 개수는 서로 다른 7개에서 3개를 택하는 중복조합의 수와 같으므로

$_7H_3 = {}_9C_3 = 84$

0143

답 56

$3 \leq a \leq b < c \leq 9$를 만족시키는 자연수 a, b, c의 순서쌍 (a, b, c)의 개수는 $3 \leq a \leq b \leq c \leq 9$를 만족시키는 자연수 a, b, c의 순서쌍 (a, b, c)의 개수에서 $3 \leq a \leq b = c \leq 9$를 만족시키는 자연수 a, b, c의 순서쌍 (a, b, c)의 개수를 빼면 된다.

──────────────────────────────── ❶

$3 \leq a \leq b \leq c \leq 9$를 만족시키는 자연수 a, b, c의 순서쌍 (a, b, c)는 3부터 9까지의 7개의 자연수 중에서 중복을 허락하여 3개를 택해 작거나 같은 수부터 차례로 a, b, c의 값으로 정하면 된다.
이때 순서쌍 (a, b, c)의 개수는 서로 다른 7개에서 3개를 택하는 중복조합의 수와 같으므로
$_7H_3 = {}_9C_3 = 84$

──────────────────────────────── ❷

$3 \leq a \leq b = c \leq 9$를 만족시키는 자연수 a, b, c의 순서쌍 (a, b, c)는 3부터 9까지의 7개의 자연수 중에서 중복을 허락하여 2개를 택해 작거나 같은 수부터 차례로 a, $b(=c)$의 값으로 정하면 된다.
이때 순서쌍 (a, b, c)의 개수는 서로 다른 7개에서 2개를 택하는 중복조합의 수와 같으므로
$_7H_2 = {}_8C_2 = 28$

──────────────────────────────── ❸

따라서 구하는 순서쌍 (a, b, c)의 개수는
$84 - 28 = 56$

──────────────────────────────── ❹

채점 기준	배점
❶ 조건을 만족시키는 순서쌍 (a, b, c)의 개수를 구하는 방법 설명하기	10%
❷ $3 \leq a \leq b \leq c \leq 9$를 만족시키는 순서쌍 (a, b, c)의 개수 구하기	40%
❸ $3 \leq a \leq b = c \leq 9$를 만족시키는 순서쌍 (a, b, c)의 개수 구하기	40%
❹ 조건을 만족시키는 순서쌍 (a, b, c)의 개수 구하기	10%

0144

답 ①

$2 \leq |a| \leq |b| \leq |c| \leq 5$를 만족시키는 자연수 $|a|$, $|b|$, $|c|$의 순서쌍 $(|a|, |b|, |c|)$는 2, 3, 4, 5에서 중복을 허락하여 3개를 택해 작거나 같은 수부터 차례로 $|a|$, $|b|$, $|c|$의 값으로 정하면 된다.
즉, 순서쌍 $(|a|, |b|, |c|)$의 개수는 서로 다른 4개에서 3개를 택하는 중복조합의 수와 같으므로
$_4H_3 = {}_6C_3 = 20$
이때 0이 아닌 세 정수 a, b, c는 각각 절댓값이 같고 부호가 다른 2개의 값을 가질 수 있다.
따라서 구하는 순서쌍 (a, b, c)의 개수는
$20 \times 2 \times 2 \times 2 = 160$

0145

답 220

조건 ㈎에 의하여 세 수 a, b, c는 모두 홀수이다.
조건 ㈏에서 세 수 a, b, c는 모두 20 이하의 자연수이므로 20 이하의 홀수 1, 3, 5, 7, 9, 11, 13, 15, 17, 19의 10개의 수 중에서 중복을 허락하여 3개를 택해 작거나 같은 수부터 차례로 a, b, c의 값으로 정하면 된다.
따라서 구하는 순서쌍 (a, b, c)의 개수는 서로 다른 10개에서 3개를 택하는 중복조합의 수와 같으므로
$_{10}H_3 = {}_{12}C_3 = 220$

유형 08 중복조합의 활용

0146

답 ④

$N = a \times 10^3 + b \times 10^2 + c \times 10 + d$라 하면
조건 ㈎에 의하여 $a = 1$
조건 ㈏에 의하여 $a + b + c + d = 10$이므로 $a = 1$을 대입하면
$b + c + d = 9$ (단, b, c, d는 음이 아닌 정수이다.)
이를 만족시키는 순서쌍 (b, c, d)의 개수는
$_3H_9 = {}_{11}C_9 = {}_{11}C_2 = 55$
따라서 구하는 자연수 N의 개수는 55이다.

0147

답 ④

네 자리 자연수의 각 자리의 수를 각각 a, b, c, d (a, b, c, d는 자연수)라 하면 각 자리의 수의 합이 7이므로
$a + b + c + d = 7$
$a = a' + 1$, $b = b' + 1$, $c = c' + 1$, $d = d' + 1$로 놓으면
$(a' + 1) + (b' + 1) + (c' + 1) + (d' + 1) = 7$
(단, a', b', c', d'은 음이 아닌 정수이다.)
$\therefore a' + b' + c' + d' = 3$
이때 순서쌍 (a, b, c, d)의 개수는 $a' + b' + c' + d' = 3$을 만족시키는 음이 아닌 정수 a', b', c', d'의 순서쌍 (a', b', c', d')의 개수와 같으므로
$_4H_3 = {}_6C_3 = 20$
따라서 구하는 자연수의 개수는 20이다.

[다른 풀이]

각 자리의 수의 합이 7이 되는 경우는 다음과 같다.
$(1, 1, 1, 4)$, $(1, 1, 2, 3)$, $(1, 2, 2, 2)$

$(1, 1, 1, 4)$인 경우의 수 ➡ $\dfrac{4!}{3!} = 4$

$(1, 1, 2, 3)$인 경우의 수 ➡ $\dfrac{4!}{2!} = 12$

$(1, 2, 2, 2)$인 경우의 수 ➡ $\dfrac{4!}{3!} = 4$

따라서 구하는 자연수의 개수는
$4 + 12 + 4 = 20$

0148

$a=2^x$, $b=2^y$, $c=2^z$ (x, y, z는 음이 아닌 정수)으로 놓으면

$abc=2^x \times 2^y \times 2^z=2^{x+y+z}$

$abc=2^8$에서 $2^{x+y+z}=2^8$

$\therefore x+y+z=8$

따라서 순서쌍 (a, b, c)의 개수는 방정식 $x+y+z=8$을 만족시키는 음이 아닌 정수 x, y, z의 순서쌍 (x, y, z)의 개수와 같으므로

$_3H_8=_{10}C_8=_{10}C_2=45$

0149

$a=2^{x_1} \times 3^{y_1}$, $b=2^{x_2} \times 3^{y_2}$, $c=2^{x_3} \times 3^{y_3}$ (x_1, x_2, x_3, y_1, y_2, y_3은 음이 아닌 정수)으로 놓으면

$abc=(2^{x_1} \times 3^{y_1}) \times (2^{x_2} \times 3^{y_2}) \times (2^{x_3} \times 3^{y_3})$

$=2^{x_1+x_2+x_3} \times 3^{y_1+y_2+y_3}$

$abc=2^4 \times 3^6$에서 $2^{x_1+x_2+x_3} \times 3^{y_1+y_2+y_3}=2^4 \times 3^6$

$\therefore x_1+x_2+x_3=4$, $y_1+y_2+y_3=6$

방정식 $x_1+x_2+x_3=4$를 만족시키는 음이 아닌 정수 x_1, x_2, x_3의 순서쌍 (x_1, x_2, x_3)의 개수는

$_3H_4=_6C_4=_6C_2=15$

방정식 $y_1+y_2+y_3=6$을 만족시키는 음이 아닌 정수 y_1, y_2, y_3의 순서쌍 (y_1, y_2, y_3)의 개수는

$_3H_6=_8C_6=_8C_2=28$

따라서 구하는 순서쌍 (a, b, c)의 개수는

$15 \times 28=420$

유형 **09** 중복조합 – 함수의 개수

0150

주어진 조건을 만족시키려면 Y의 원소 -1, 0, 1, 2의 4개에서 중복을 허락하여 5개를 뽑아 작거나 같은 수부터 차례대로 $f(1)$, $f(2)$, $f(3)$, $f(4)$, $f(5)$의 값으로 정하면 된다.

따라서 구하는 함수의 개수는 서로 다른 4개에서 5개를 택하는 중복조합의 수와 같으므로

$_4H_5=_8C_5=_8C_3=56$

🔊 **Bible Says** 함수의 개수

함수 $f : X \longrightarrow Y$에 대하여 $n(X)=a$, $n(Y)=b$일 때
(1) 함수 f의 개수 ➡ $_b\Pi_a$
(2) $x_1 \neq x_2$이면 $f(x_1) \neq f(x_2)$인 함수 f의 개수 ➡ $_bP_a$ (단, $a \leq b$)
(3) $x_1 < x_2$이면 $f(x_1) < f(x_2)$인 함수 f의 개수 ➡ $_bC_a$ (단, $a \leq b$)
(4) $x_1 < x_2$이면 $f(x_1) \leq f(x_2)$인 함수 f의 개수 ➡ $_bH_a$

0151

주어진 조건을 만족시키려면 Y의 원소 1, 2, 3, 4, 5, 6의 6개에서 중복을 허락하여 4개를 뽑아 크거나 같은 수부터 차례대로 $f(a)$, $f(b)$, $f(c)$, $f(d)$의 값으로 정하면 된다.

따라서 구하는 함수의 개수는 서로 다른 6개에서 4개를 택하는 중복조합의 수와 같으므로

$_6H_4=_9C_4=126$

0152

$f(1)=f(2)$이므로 $f(1)$의 값이 정해지면 $f(2)$의 값도 정해진다.

즉, Y의 원소 -1, 0, 1, 2, 3의 5개에서 중복을 허락하여 3개를 뽑아 작거나 같은 수부터 차례대로 $f(1)$, $f(3)$, $f(4)$의 값으로 정하면 된다.

따라서 구하는 함수의 개수는 서로 다른 5개에서 3개를 택하는 중복조합의 수와 같으므로

$_5H_3=_7C_3=35$

0153

$f(1)$의 값은 X의 원소 1, 2, 3, 4 중에서 1개를 선택하면 되므로 $f(1)$의 값을 정하는 경우의 수는

$_4C_1=4$

또한 X의 원소 1, 2, 3, 4의 4개에서 중복을 허락하여 3개를 뽑아 작거나 같은 수부터 차례대로 $f(2)$, $f(3)$, $f(4)$의 값으로 정하면 된다.

즉, $f(2)$, $f(3)$, $f(4)$의 값을 정하는 경우의 수는 서로 다른 4개에서 3개를 택하는 중복조합의 수와 같으므로

$_4H_3=_6C_3=20$

따라서 구하는 함수 f의 개수는

$4 \times 20=80$

0154

$f(1) \leq f(2) < f(3) \leq f(4)$를 만족시키는 함수의 개수는

$f(1) \leq f(2) \leq f(3) \leq f(4)$를 만족시키는 함수의 개수에서

$f(1) \leq f(2)=f(3) \leq f(4)$를 만족시키는 함수의 개수를 빼면 된다.

$f(1) \leq f(2) \leq f(3) \leq f(4)$를 만족시키는 함수는 Y의 원소 1, 2, 3, 4, 5, 6의 6개에서 중복을 허락하여 4개를 뽑아 작거나 같은 수부터 차례대로 $f(1)$, $f(2)$, $f(3)$, $f(4)$의 값으로 정하면 된다.

이때의 함수의 개수는 서로 다른 6개에서 4개를 택하는 중복조합의 수와 같으므로

$_6H_4=_9C_4=126$

$f(1) \leq f(2)=f(3) \leq f(4)$를 만족시키는 함수는 $f(2)=f(3)$이므로 Y의 원소 1, 2, 3, 4, 5, 6의 6개에서 중복을 허락하여 3개를 뽑아 작거나 같은 수부터 차례대로 $f(1)$, $f(2)$, $f(4)$의 값으로 정하면 된다.

이때의 함수의 개수는 서로 다른 6개에서 3개를 택하는 중복조합의 수와 같으므로

$_6H_3=_8C_3=56$

따라서 구하는 함수의 개수는

$126-56=70$

0155

(i) 조건 ㈎에서 $f(3)=5$이므로 조건 ㈏에 의하여 $f(1)$과 $f(2)$의 값을 정하는 경우의 수는 4, 5의 2개에서 2개를 택하는 중복조합의 수와 같다.

$$\therefore {}_2H_2={}_3C_2={}_3C_1=3$$

❶

(ii) 조건 ㈎에서 $f(3)=5$이므로 조건 ㈏에 의하여 $f(4)$와 $f(5)$의 값을 정하는 경우의 수는 5, 6, 7의 3개에서 2개를 택하는 중복조합의 수와 같다.

$$\therefore {}_3H_2={}_4C_2=6$$

❷

(i), (ii)에서 구하는 함수의 개수는

$$3\times6=18$$

❸

채점 기준	배점
❶ $f(1)$과 $f(2)$의 값을 정하는 경우의 수 구하기	40%
❷ $f(4)$와 $f(5)$의 값을 정하는 경우의 수 구하기	40%
❸ 조건을 만족시키는 함수의 개수 구하기	20%

0156

조건 ㈎에서 함수 f의 치역의 원소의 개수가 3이므로 치역의 원소가 될 집합 X의 원소 3개를 택하는 경우의 수는

$${}_7C_3=35$$

치역의 3개의 원소 각각에 대응하는 집합 X의 원소의 개수를 각각 a, b, c라 하자.

집합 X의 원소의 개수는 7이므로

$$a+b+c=7$$

치역의 각 원소에 적어도 하나의 값이 대응되어야 하므로

$$a\geq1,\ b\geq1,\ c\geq1$$

$a=a'+1$, $b=b'+1$, $c=c'+1$로 놓으면

$$(a'+1)+(b'+1)+(c'+1)=7$$

(단, a', b', c'은 음이 아닌 정수이다.)

$$\therefore a'+b'+c'=4$$

이때 순서쌍 (a, b, c)의 개수는 $a'+b'+c'=4$를 만족시키는 음이 아닌 정수 a', b', c'의 순서쌍 (a', b', c')의 개수와 같으므로

$${}_3H_4={}_6C_4={}_6C_2=15$$

따라서 구하는 함수 f의 개수는

$$35\times15=525$$

유형 **10** $(a+b)^n$의 전개식

확인 문제 **1.** (1) $x^5+5x^4+10x^3+10x^2+5x+1$
(2) $x^4-4x^3y+6x^2y^2-4xy^3+y^4$
2. (1) 70　　　　(2) 32

---

1. (1) $(x+1)^5={}_5C_0x^5+{}_5C_1x^4+{}_5C_2x^3+{}_5C_3x^2+{}_5C_4x+{}_5C_5$
$$=x^5+5x^4+10x^3+10x^2+5x+1$$
(2) $(x-y)^4={}_4C_0x^4+{}_4C_1x^3(-y)+{}_4C_2x^2(-y)^2$
$$+{}_4C_3x(-y)^3+{}_4C_4(-y)^4$$
$$=x^4-4x^3y+6x^2y^2-4xy^3+y^4$$

2. (1) $(1+x)^8$의 전개식의 일반항은
$${}_8C_r1^{8-r}x^r={}_8C_rx^r\ (단,\ r=0,\ 1,\ 2,\ \cdots,\ 8)$$
x^4항은 $r=4$일 때이므로 x^4의 계수는
$${}_8C_4=70$$
(2) $(1+2x)^4$의 전개식의 일반항은
$${}_4C_r1^{4-r}(2x)^r={}_4C_r2^rx^r\ (단,\ r=0,\ 1,\ 2,\ 3,\ 4)$$
x^3항은 $r=3$일 때이므로 x^3의 계수는
$${}_4C_3\times2^3=32$$

🔊 **Bible Says** 이항정리

자연수 n에 대하여 다항식 $(a+b)^n$을 전개하면 다음과 같다.
$$(a+b)^n={}_nC_0a^n+{}_nC_1a^{n-1}b+{}_nC_2a^{n-2}b^2+\cdots+{}_nC_ra^{n-r}b^r+\cdots+{}_nC_nb^n$$

0157

$(1+ax)^5$의 전개식의 일반항은
$${}_5C_r1^{5-r}(ax)^r={}_5C_ra^rx^r\ (단,\ r=0,\ 1,\ 2,\ \cdots,\ 5)$$
x^3항은 $r=3$일 때이므로 x^3의 계수는
$${}_5C_3\times a^3=10a^3$$
이때 x^3의 계수가 80이므로
$$10a^3=80,\ a^3=8$$
$$(a-2)(a^2+2a+4)=0\qquad\therefore a=2$$

🔊 **Bible Says** 지수법칙 (1)

m, n이 자연수일 때
(1) $a^ma^n=a^{m+n}$
(2) $(a^m)^n=a^{mn}$
(3) $(ab)^n=a^nb^n$

0158

$(2x+y)^4$의 전개식의 일반항은
$${}_4C_r(2x)^{4-r}y^r={}_4C_r2^{4-r}x^{4-r}y^r\ (단,\ r=0,\ 1,\ 2,\ 3,\ 4)$$
x^2y^2항은 $r=2$일 때이므로 x^2y^2의 계수는
$${}_4C_2\times2^2=24$$

0159

$(x^2+3)^6$의 전개식의 일반항은
$${}_6C_r(x^2)^{6-r}3^r={}_6C_r3^rx^{12-2r}\ (단,\ r=0,\ 1,\ 2,\ \cdots,\ 6)$$
x^6항은 $12-2r=6$일 때이므로 $r=3$
따라서 x^6의 계수는
$${}_6C_3\times3^3=20\times27=540$$

0160

답 ③

$\left(x^2-\dfrac{2}{x}\right)^6$의 전개식의 일반항은

${}_6C_r(x^2)^{6-r}\left(-\dfrac{2}{x}\right)^r={}_6C_r(-2)^r\dfrac{x^{12-2r}}{x^r}$ (단, $r=0, 1, 2, \cdots, 6$)

x^3항은 $(12-2r)-r=3$일 때이므로 $r=3$

따라서 x^3의 계수는

${}_6C_3\times(-2)^3=20\times(-8)=-160$

🔊 **Bible Says** **지수법칙 (2)**

$a\neq0$이고 m, n이 자연수일 때

(1) $\left(\dfrac{b}{a}\right)^n=\dfrac{b^n}{a^n}$

(2) $a^m\div a^n=\begin{cases} a^{m-n} & (m>n) \\ 1 & (m=n) \\ \dfrac{1}{a^{n-m}} & (m<n) \end{cases}$

0161

답 3

$\left(ax+\dfrac{1}{x}\right)^4$의 전개식의 일반항은

${}_4C_r(ax)^{4-r}\left(\dfrac{1}{x}\right)^r={}_4C_r a^{4-r}\dfrac{x^{4-r}}{x^r}$ (단, $r=0, 1, 2, 3, 4$)

상수항은 $4-r=r$일 때이므로 $r=2$

따라서 상수항은 ${}_4C_2\times a^2=6a^2$

이때 상수항이 54이므로

$6a^2=54, a^2=9$

$\therefore a=3$ ($\because a>0$)

0162

답 ②

$(x+2)^n$의 전개식의 일반항은

${}_nC_r 2^{n-r}x^r$ (단, $r=0, 1, 2, \cdots, n$)

x^2항은 $r=2$일 때이므로 x^2의 계수는

${}_nC_2 2^{n-2}=\dfrac{n(n-1)}{2}\times2^{n-2}$

$=n(n-1)\times2^{n-3}$

x^3항은 $r=3$일 때이므로 x^3의 계수는

${}_nC_3 2^{n-3}=\dfrac{n(n-1)(n-2)}{6}\times2^{n-3}$

x^2의 계수와 x^3의 계수가 같으므로

$n(n-1)\times2^{n-3}=\dfrac{n(n-1)(n-2)}{6}\times2^{n-3}$

$1=\dfrac{n-2}{6}$ $\therefore n=8$

0163

답 40

$\left(ax^2+\dfrac{2}{x}\right)^5$의 전개식의 일반항은

${}_5C_r(ax^2)^{5-r}\left(\dfrac{2}{x}\right)^r={}_5C_r a^{5-r}2^r\dfrac{x^{10-2r}}{x^r}$ (단, $r=0, 1, 2, \cdots, 5$)

··················· ❶

$\dfrac{1}{x^2}$항은 $r-(10-2r)=2$일 때이므로 $r=4$

따라서 $\dfrac{1}{x^2}$의 계수는 ${}_5C_4\times2^4\times a=80a$

이때 $\dfrac{1}{x^2}$의 계수가 80이므로

$80a=80$ $\therefore a=1$

··················· ❷

즉, $\left(x^2+\dfrac{2}{x}\right)^5$의 전개식의 일반항은

${}_5C_r(x^2)^{5-r}\left(\dfrac{2}{x}\right)^r={}_5C_r 2^r\dfrac{x^{10-2r}}{x^r}$ (단, $r=0, 1, 2, \cdots, 5$)

x^4항은 $(10-2r)-r=4$일 때이므로 $r=2$

따라서 x^4의 계수는

${}_5C_2\times2^2=40$

··················· ❸

채점 기준	배점
❶ 주어진 식의 전개식의 일반항 구하기	20%
❷ a의 값 구하기	40%
❸ x^4의 계수 구하기	40%

0164

답 11

$\left(x^n+\dfrac{1}{x}\right)^8$의 전개식의 일반항은

${}_8C_r(x^n)^{8-r}\left(\dfrac{1}{x}\right)^r={}_8C_r\dfrac{x^{8n-nr}}{x^r}$ (단, $r=0, 1, 2, \cdots, 8$)

상수항은 $8n-nr=r$일 때이므로

$r=\dfrac{8n}{n+1}$

상수항이 존재하려면 $n+1$은 8의 약수이어야 하므로

$n+1=2$에서 $n=1$

$n+1=4$에서 $n=3$

$n+1=8$에서 $n=7$

따라서 자연수 n의 값의 합은

$1+3+7=11$

유형 11 $(a+b)(c+d)^n$의 전개식

0165

답 ③

$(x+3)^5$의 전개식의 일반항은

${}_5C_r x^{5-r}3^r$ (단, $r=0, 1, 2, \cdots, 5$) ⋯⋯ ㉠

$(x+2)(x+3)^5=x(x+3)^5+2(x+3)^5$의 전개식에서 x^3항은 x와 $(x+3)^5$에서 x^2항이 곱해질 때, 2와 $(x+3)^5$에서 x^3항이 곱해질 때 나타난다.

(i) ㉠에서 x^2항은 $5-r=2$일 때이므로 $r=3$

$(x+3)^5$의 전개식에서 x^2의 계수는

${}_5C_3\times3^3=270$

따라서 이때의 x^3의 계수는

$1\times270=270$

(ii) ㉠에서 x^3항은 $5-r=3$일 때이므로 $r=2$
$(x+3)^5$의 전개식에서 x^3의 계수는
$_5C_2 \times 3^2 = 90$
따라서 이때의 x^3의 계수는
$2 \times 90 = 180$
(i), (ii)에서 구하는 x^3의 계수는
$270 + 180 = 450$

0166 답 ①

$(x-2)^5$의 전개식의 일반항은
$_5C_r x^{5-r}(-2)^r$ (단, $r=0, 1, 2, \cdots, 5$) ······ ㉠
$(x^2+1)(x-2)^5 = x^2(x-2)^5 + (x-2)^5$의 전개식에서 x^6항은 x^2
과 $(x-2)^5$에서 x^4항이 곱해질 때 나타난다.
㉠에서 x^4항은 $5-r=4$일 때이므로 $r=1$
$(x-2)^5$의 전개식에서 x^4의 계수는
$_5C_1 \times (-2) = -10$
따라서 구하는 x^6의 계수는
$1 \times (-10) = -10$

0167 답 ④

$(1-3x)^6$의 전개식의 일반항은
$_6C_r 1^{6-r}(-3x)^r = _6C_r(-3)^r x^r$ (단, $r=0, 1, 2, \cdots, 6$) ······ ㉠
$(1+2x)(1-3x)^6 = (1-3x)^6 + 2x(1-3x)^6$의 전개식에서 x^5항
은 1과 $(1-3x)^6$에서 x^5항이 곱해질 때, $2x$와 $(1-3x)^6$에서 x^4항
이 곱해질 때 나타난다.
(i) ㉠에서 x^5항은 $r=5$일 때이므로
$(1-3x)^6$의 전개식에서 x^5의 계수는
$_6C_5 \times (-3)^5 = 6 \times (-243) = -1458$
따라서 이때의 x^5의 계수는
$1 \times (-1458) = -1458$
(ii) ㉠에서 x^4항은 $r=4$일 때이므로
$(1-3x)^6$의 전개식에서 x^4의 계수는
$_6C_4 \times (-3)^4 = 15 \times 81 = 1215$
따라서 이때의 x^5의 계수는
$2 \times 1215 = 2430$
(i), (ii)에서 구하는 x^5의 계수는
$-1458 + 2430 = 972$

0168 답 -10

$\left(x+\dfrac{1}{x}\right)^5$의 전개식의 일반항은
$_5C_r x^{5-r}\left(\dfrac{1}{x}\right)^r = _5C_r \dfrac{x^{5-r}}{x^r}$ (단, $r=0, 1, 2, \cdots, 5$) ······ ❶

$(x^2-x)\left(x+\dfrac{1}{x}\right)^5 = x^2\left(x+\dfrac{1}{x}\right)^5 - x\left(x+\dfrac{1}{x}\right)^5$의 전개식에서 상수
항은 x^2과 $\left(x+\dfrac{1}{x}\right)^5$에서 $\dfrac{1}{x^2}$항이 곱해질 때, $-x$와 $\left(x+\dfrac{1}{x}\right)^5$에서
$\dfrac{1}{x}$항이 곱해질 때 나타난다.
·········· ❷
(i) ㉠에서 $\dfrac{1}{x^2}$항은 $r-(5-r)=2$일 때이므로 $r=\dfrac{7}{2}$
그런데 $r=0, 1, 2, \cdots, 5$이므로 $\left(x+\dfrac{1}{x}\right)^5$에서 $\dfrac{1}{x^2}$항은 존재하
지 않는다.
(ii) ㉠에서 $\dfrac{1}{x}$항은 $r-(5-r)=1$일 때이므로 $r=3$
$\left(x+\dfrac{1}{x}\right)^5$의 전개식에서 $\dfrac{1}{x}$의 계수는
$_5C_3 = 10$
따라서 이때의 상수항은
$(-1) \times 10 = -10$
·········· ❸
(i), (ii)에서 구하는 상수항은 -10이다.
·········· ❹

채점 기준	배점
❶ $\left(x+\dfrac{1}{x}\right)^5$의 전개식의 일반항 구하기	20%
❷ 상수항이 나오는 경우 설명하기	20%
❸ ❷의 각 경우에 대하여 상수항 구하기	50%
❹ 상수항 구하기	10%

0169 답 ③

$(ax+2)^5$의 전개식의 일반항은
$_5C_r (ax)^{5-r}2^r = _5C_r a^{5-r}2^r x^{5-r}$ (단, $r=0, 1, 2, \cdots, 5$) ······ ㉠
$(1+x)(ax+2)^5 = (ax+2)^5 + x(ax+2)^5$의 전개식에서 x^3항은 1
과 $(ax+2)^5$에서 x^3항이 곱해질 때, x와 $(ax+2)^5$에서 x^2항이 곱
해질 때 나타난다.
(i) ㉠에서 x^3항은 $5-r=3$일 때이므로 $r=2$
$(ax+2)^5$의 전개식에서 x^3의 계수는
$_5C_2 \times a^3 \times 2^2 = 40a^3$
따라서 이때의 x^3의 계수는
$1 \times 40a^3 = 40a^3$
(ii) ㉠에서 x^2항은 $5-r=2$일 때이므로 $r=3$
$(ax+2)^5$의 전개식에서 x^2의 계수는
$_5C_3 \times a^2 \times 2^3 = 80a^2$
따라서 이때의 x^3의 계수는
$1 \times 80a^2 = 80a^2$
(i), (ii)에서 x^3의 계수는
$40a^3 + 80a^2$
이때 x^3의 계수가 40이므로
$40a^3 + 80a^2 = 40$, $a^3 + 2a^2 - 1 = 0$
$(a+1)(a^2+a-1) = 0$
a는 정수이므로
$a = -1$

0170

답 ②

$(2+x)^3$의 전개식의 일반항은

$_3\mathrm{C}_r 2^{3-r} x^r$ (단, $r=0, 1, 2, 3$)

$(1-x)^4$의 전개식의 일반항은

$_4\mathrm{C}_s 1^{4-s}(-x)^s=_4\mathrm{C}_s(-1)^s x^s$ (단, $s=0, 1, 2, 3, 4$)

따라서 $(2+x)^3(1-x)^4$의 전개식의 일반항은

$_3\mathrm{C}_r 2^{3-r} x^r \times _4\mathrm{C}_s(-1)^s x^s=_3\mathrm{C}_r \times _4\mathrm{C}_s(-1)^s 2^{3-r} x^{r+s}$

x^2항은 $r+s=2$일 때이므로 순서쌍 (r, s)는

$(0, 2), (1, 1), (2, 0)$이다.

(i) $r=0$, $s=2$일 때, x^2의 계수는

$\quad _3\mathrm{C}_0 \times _4\mathrm{C}_2 \times (-1)^2 \times 2^3=48$

(ii) $r=1$, $s=1$일 때, x^2의 계수는

$\quad _3\mathrm{C}_1 \times _4\mathrm{C}_1 \times (-1) \times 2^2=-48$

(iii) $r=2$, $s=0$일 때, x^2의 계수는

$\quad _3\mathrm{C}_2 \times _4\mathrm{C}_0 \times (-1)^0 \times 2=6$

(i)~(iii)에서 구하는 x^2의 계수는

$48-48+6=6$

0171

답 ②

$(2+x)^4$의 전개식의 일반항은

$_4\mathrm{C}_r 2^{4-r} x^r$ (단, $r=0, 1, 2, 3, 4$)

$(1+3x)^3$의 전개식의 일반항은

$_3\mathrm{C}_s 1^{3-s}(3x)^s=_3\mathrm{C}_s 3^s x^s$ (단, $s=0, 1, 2, 3$)

따라서 $(2+x)^4(1+3x)^3$의 전개식의 일반항은

$_4\mathrm{C}_r 2^{4-r} x^r \times _3\mathrm{C}_s 3^s x^s=_4\mathrm{C}_r \times _3\mathrm{C}_s 2^{4-r} 3^s x^{r+s}$

x항은 $r+s=1$일 때이므로 순서쌍 (r, s)는

$(0, 1), (1, 0)$이다.

(i) $r=0$, $s=1$일 때, x의 계수는

$\quad _4\mathrm{C}_0 \times _3\mathrm{C}_1 \times 2^4 \times 3^1=144$

(ii) $r=1$, $s=0$일 때, x의 계수는

$\quad _4\mathrm{C}_1 \times _3\mathrm{C}_0 \times 2^3 \times 3^0=32$

(i), (ii)에서 구하는 x의 계수는

$144+32=176$

0172

답 ⑤

$(2+x)^3$의 전개식의 일반항은

$_3\mathrm{C}_r 2^{3-r} x^r$ (단, $r=0, 1, 2, 3$)

$\left(x+\dfrac{1}{x}\right)^5$의 전개식의 일반항은

$_5\mathrm{C}_s x^{5-s}\left(\dfrac{1}{x}\right)^s=_5\mathrm{C}_s \dfrac{x^{5-s}}{x^s}$ (단, $s=0, 1, 2, \cdots, 5$)

따라서 $(2+x)^3\left(x+\dfrac{1}{x}\right)^5$의 전개식의 일반항은

$_3\mathrm{C}_r 2^{3-r} x^r \times _5\mathrm{C}_s \dfrac{x^{5-s}}{x^s}=_3\mathrm{C}_r \times _5\mathrm{C}_s 2^{3-r} \dfrac{x^{r+5-s}}{x^s}$

x^3항은 $(r+5-s)-s=3$, 즉 $r-2s=-2$일 때이므로 순서쌍 (r, s)는 $(0, 1), (2, 2)$이다.

(i) $r=0$, $s=1$일 때, x^3의 계수는

$\quad _3\mathrm{C}_0 \times _5\mathrm{C}_1 \times 2^3=40$

(ii) $r=2$, $s=2$일 때, x^3의 계수는

$\quad _3\mathrm{C}_2 \times _5\mathrm{C}_2 \times 2=60$

(i), (ii)에서 구하는 x^3의 계수는

$40+60=100$

0173

답 2

$(a+x)^3$의 전개식의 일반항은

$_3\mathrm{C}_r a^{3-r} x^r$ (단, $r=0, 1, 2, 3$)

$(1+x)^5$의 전개식의 일반항은

$_5\mathrm{C}_s 1^{5-s} x^s=_5\mathrm{C}_s x^s$ (단, $s=0, 1, 2, \cdots, 5$)

따라서 $(a+x)^3(1+x)^5$의 전개식의 일반항은

$_3\mathrm{C}_r a^{3-r} x^r \times _5\mathrm{C}_s x^s=_3\mathrm{C}_r \times _5\mathrm{C}_s a^{3-r} x^{r+s}$

························· ❶

x^6항은 $r+s=6$일 때이므로 순서쌍 (r, s)는

$(1, 5), (2, 4), (3, 3)$이다.

························· ❷

(i) $r=1$, $s=5$일 때, x^6의 계수는

$\quad _3\mathrm{C}_1 \times _5\mathrm{C}_5 \times a^2=3a^2$

(ii) $r=2$, $s=4$일 때, x^6의 계수는

$\quad _3\mathrm{C}_2 \times _5\mathrm{C}_4 \times a=15a$

(iii) $r=3$, $s=3$일 때, x^6의 계수는

$\quad _3\mathrm{C}_3 \times _5\mathrm{C}_3 \times a^0=10$

························· ❸

(i)~(iii)에서 x^6의 계수는

$3a^2+15a+10$

이때 x^6의 계수가 52이므로

$3a^2+15a+10=52$, $a^2+5a-14=0$

$(a-2)(a+7)=0$

$\therefore a=2$ ($\because a>0$)

························· ❹

채점 기준	배점
❶ $(a+x)^3(1+x)^5$의 전개식의 일반항 구하기	30%
❷ x^6항이 나오는 경우 알아보기	10%
❸ ❷의 각 경우에 대하여 x^6의 계수를 a로 나타내기	40%
❹ a의 값 구하기	20%

0174

답 ②

$(a+x)^3$의 전개식의 일반항은

$_3\mathrm{C}_r a^{3-r} x^r$ (단, $r=0, 1, 2, 3$)

$\left(x-\dfrac{1}{x^2}\right)^4$의 전개식의 일반항은

$_4\mathrm{C}_s x^{4-s}\left(-\dfrac{1}{x^2}\right)^s=_4\mathrm{C}_s(-1)^s \dfrac{x^{4-s}}{x^{2s}}$ (단, $s=0, 1, 2, 3, 4$)

따라서 $(a+x)^3\left(x-\dfrac{1}{x^2}\right)^4$의 전개식의 일반항은

$_3C_r a^{3-r} x^r \times {}_4C_s(-1)^s \dfrac{x^{4-s}}{x^{2s}} = {}_3C_r \times {}_4C_s(-1)^s a^{3-r} \dfrac{x^{r+4-s}}{x^{2s}}$

x^4항은 $(r+4-s)-2s=4$, 즉 $r-3s=0$일 때이므로 순서쌍 $(r,\ s)$는 $(0,\ 0)$, $(3,\ 1)$이다.

(i) $r=0$, $s=0$일 때, x^4의 계수는

$\quad {}_3C_0 \times {}_4C_0 \times (-1)^0 \times a^3 = a^3$

(ii) $r=3$, $s=1$일 때, x^4의 계수는

$\quad {}_3C_3 \times {}_4C_1 \times (-1)^1 \times a^0 = -4$

(i), (ii)에서 x^4의 계수는 a^3-4

이때 x^4의 계수가 60이므로

$a^3-4=60$, $a^3=64$

$(a-4)(a^2+4a+16)=0$

$\therefore a=4$

유형 **13** $(1+x)^n$의 전개식의 활용

0175

답 ①

$11^{20}=(1+10)^{20}$이므로

$(1+x)^n = {}_nC_0 + {}_nC_1 x + {}_nC_2 x^2 + \cdots + {}_nC_n x^n$의 양변에 $x=10$, $n=20$을 대입하면

$11^{20} = {}_{20}C_0 + {}_{20}C_1 \times 10 + {}_{20}C_2 \times 10^2 + {}_{20}C_3 \times 10^3 + \cdots + {}_{20}C_{20} \times 10^{20}$

$\quad = {}_{20}C_0 + {}_{20}C_1 \times 10 + 10^2({}_{20}C_2 + {}_{20}C_3 \times 10 + \cdots + {}_{20}C_{20} \times 10^{18})$

따라서 11^{20}을 100으로 나누었을 때의 나머지는 ${}_{20}C_0 + {}_{20}C_1 \times 10$을 100으로 나누었을 때의 나머지와 같다.

${}_{20}C_0 + {}_{20}C_1 \times 10 = 1+200 = 201 = 2 \times 100 + 1$이므로 11^{20}을 100으로 나누었을 때의 나머지는 1이다.

0176

답 ⑤

$(1+x)^4 = {}_4C_0 + {}_4C_1 x + {}_4C_2 x^2 + {}_4C_3 x^3 + {}_4C_4 x^4$의 양변에 $x=3$을 대입하면

${}_4C_0 + {}_4C_1 \times 3 + {}_4C_2 \times 3^2 + {}_4C_3 \times 3^3 + {}_4C_4 \times 3^4$

$= (1+3)^4 = 4^4 = 256$

0177

답 ④

$(1+x)^n = {}_nC_0 + {}_nC_1 x + {}_nC_2 x^2 + \cdots + {}_nC_n x^n$의 양변에 $x=6$, $n=10$을 대입하면

$7^{10} = {}_{10}C_0 + {}_{10}C_1 \times 6 + {}_{10}C_2 \times 6^2 + {}_{10}C_3 \times 6^3 + \cdots + {}_{10}C_{10} \times 6^{10}$

이때 ${}_nC_r = {}_nC_{n-r}$ $(r=0,\ 1,\ 2,\ \cdots,\ n)$이므로

$7^{10} = {}_{10}C_{10} + {}_{10}C_9 \times 6 + {}_{10}C_8 \times 6^2 + {}_{10}C_7 \times 6^3 + \cdots + {}_{10}C_0 \times 6^{10}$

$\therefore {}_{10}C_9 \times 6 + {}_{10}C_8 \times 6^2 + {}_{10}C_7 \times 6^3 + \cdots + {}_{10}C_0 \times 6^{10}$

$\quad = 7^{10} - {}_{10}C_{10}$

$\quad = 7^{10} - 1$

0178

답 월요일

$(1+x)^n = {}_nC_0 + {}_nC_1 x + {}_nC_2 x^2 + \cdots + {}_nC_n x^n$의 양변에 $x=13$, $n=7$을 대입하면

$(1+13)^7 = {}_7C_0 + {}_7C_1 \times 13 + {}_7C_2 \times 13^2 + \cdots + {}_7C_7 \times 13^7$

··· ❶

이때 ${}_7C_1$, ${}_7C_2$, $\cdots$, ${}_7C_6$은 모두 7의 배수이므로

${}_7C_1 \times 13 + {}_7C_2 \times 13^2 + \cdots + {}_7C_6 \times 13^6 = 7k$ (k는 자연수)로 놓으면

$(1+13)^7 = {}_7C_0 + 7k + {}_7C_7 \times 13^7$

$\qquad = 1 + 7k + 13^7$

$\qquad = 13^7 + (7k+1)$

즉, 오늘부터 $(1+13)^7$일째 되는 날은 13^7일째 되는 날보다 $(7k+1)$일이 더 지나야 한다.

··· ❷

따라서 오늘부터 $(1+13)^7$일째 되는 날은 일요일에서 $(7k+1)$일이 지난 후의 요일인 월요일이다.

··· ❸

채점 기준	배점
❶ $(1+13)^7$의 전개식 구하기	30%
❷ 요일 구하는 방법 설명하기	50%
❸ 조건을 만족시키는 요일 구하기	20%

0179

답 ⑤

$101^8 = (1+100)^8$이므로

$(1+x)^n = {}_nC_0 + {}_nC_1 x + {}_nC_2 x^2 + \cdots + {}_nC_n x^n$의 양변에 $x=100$, $n=8$을 대입하면

$101^8 = {}_8C_0 + {}_8C_1 \times 100 + {}_8C_2 \times 100^2 + {}_8C_3 \times 100^3 + \cdots + {}_8C_8 \times 100^8$

$\quad = {}_8C_0 + {}_8C_1 \times 100 + 100^2({}_8C_2 + {}_8C_3 \times 100 + \cdots + {}_8C_8 \times 100^6)$

따라서 101^8의 백의 자리, 십의 자리, 일의 자리 숫자는 각각 ${}_8C_0 + {}_8C_1 \times 100$의 백의 자리, 십의 자리, 일의 자리 숫자와 같다.

${}_8C_0 + {}_8C_1 \times 100 = 1 + 800 = 801$이므로

$a=8$, $b=0$, $c=1$

$\therefore a-b+c = 8-0+1 = 9$

유형 **14** 이항계수의 성질

0180

답 ③

이항계수의 성질에 의하여

${}_nC_0 + {}_nC_1 + {}_nC_2 + {}_nC_3 + \cdots + {}_nC_n = 2^n$

이므로

$2^n = 1024 = 2^{10}$ $\quad \therefore n=10$

0181
답 128

이항계수의 성질에 의하여
$$_nC_0 + {}_nC_1 + {}_nC_2 + {}_nC_3 + \cdots + {}_nC_n = 2^n$$
이므로
$$_7C_0 + {}_7C_1 + {}_7C_2 + {}_7C_3 + {}_7C_4 + {}_7C_5 + {}_7C_6 + {}_7C_7 = 2^7 = 128$$

0182
답 ①

이항계수의 성질에 의하여
$$_{20}C_0 + {}_{20}C_2 + {}_{20}C_4 + \cdots + {}_{20}C_{20} = 2^{20-1} = 2^{19}$$
이때 $_{20}C_0 = 1$, $_{20}C_{20} = 1$이므로
$$_{20}C_2 + {}_{20}C_4 + {}_{20}C_6 + \cdots + {}_{20}C_{18}$$
$$= 2^{19} - ({}_{20}C_0 + {}_{20}C_{20})$$
$$= 2^{19} - 2$$

0183
답 ③

이항계수의 성질에 의하여
$$_{11}C_0 - {}_{11}C_1 + {}_{11}C_2 - {}_{11}C_3 + \cdots + {}_{11}C_{10} - {}_{11}C_{11} = 0$$
이때 $_{11}C_0 = 1$, $_{11}C_{11} = 1$이므로
$$_{11}C_1 - {}_{11}C_2 + {}_{11}C_3 - {}_{11}C_4 + \cdots - {}_{11}C_{10}$$
$$= {}_{11}C_0 - {}_{11}C_{11} = 0$$

0184
답 ③

$_nC_r = {}_nC_{n-r}$ $(r = 0, 1, 2, \cdots, n)$이므로
$$_{17}C_9 + {}_{17}C_{10} + {}_{17}C_{11} + \cdots + {}_{17}C_{17} = {}_{17}C_8 + {}_{17}C_7 + {}_{17}C_6 + \cdots + {}_{17}C_0$$
이항계수의 성질에 의하여
$$_{17}C_0 + {}_{17}C_1 + {}_{17}C_2 + \cdots + {}_{17}C_{17} = 2^{17}$$이므로
$$_{17}C_9 + {}_{17}C_{10} + {}_{17}C_{11} + \cdots + {}_{17}C_{17} = 2^{17} \times \frac{1}{2} = 2^{16}$$

0185
답 ②

이항계수의 성질에 의하여
$$_{20}C_0 + {}_{20}C_1 + {}_{20}C_2 + \cdots + {}_{20}C_{20} = 2^{20}$$
$_nC_r = {}_nC_{n-r}$ $(r = 0, 1, 2, \cdots, n)$이므로
$$_{25}C_{13} + {}_{25}C_{14} + {}_{25}C_{15} + \cdots + {}_{25}C_{25} = {}_{25}C_{12} + {}_{25}C_{11} + {}_{25}C_{10} + \cdots + {}_{25}C_0$$
이항계수의 성질에 의하여
$$_{25}C_0 + {}_{25}C_1 + {}_{25}C_2 + \cdots + {}_{25}C_{25} = 2^{25}$$이므로
$$_{25}C_{13} + {}_{25}C_{14} + {}_{25}C_{15} + \cdots + {}_{25}C_{25} = 2^{25} \times \frac{1}{2} = 2^{24}$$
$$\therefore \frac{{}_{25}C_{13} + {}_{25}C_{14} + {}_{25}C_{15} + \cdots + {}_{25}C_{25}}{{}_{20}C_0 + {}_{20}C_1 + {}_{20}C_2 + \cdots + {}_{20}C_{20}}$$
$$= \frac{2^{24}}{2^{20}} = 2^4 = 16$$

0186
답 9

이항계수의 성질에 의하여
$$_nC_0 + {}_nC_1 + {}_nC_2 + {}_nC_3 + \cdots + {}_nC_n = 2^n$$이므로
$$_nC_1 + {}_nC_2 + {}_nC_3 + \cdots + {}_nC_{n-1} = 2^n - ({}_nC_0 + {}_nC_n)$$
$$= 2^n - 2$$

❶

이를 주어진 식에 대입하면
$$300 < 2^n - 2 < 1000$$
$$\therefore 302 < 2^n < 1002$$

❷

이때 $2^8 = 256$, $2^9 = 512$, $2^{10} = 1024$이므로
$$n = 9$$

❸

채점 기준	배점
❶ $_nC_1 + {}_nC_2 + {}_nC_3 + \cdots + {}_nC_{n-1}$을 간단히 정리하기	30%
❷ 2^n의 값의 범위 구하기	40%
❸ n의 값 구하기	30%

유형 15 이항계수의 성질의 활용

0187
답 ④

원소가 2개인 부분집합의 개수는 $_8C_2$
원소가 4개인 부분집합의 개수는 $_8C_4$
원소가 6개인 부분집합의 개수는 $_8C_6$
원소가 8개인 부분집합의 개수는 $_8C_8$
따라서 구하는 부분집합의 개수는
$$_8C_2 + {}_8C_4 + {}_8C_6 + {}_8C_8 = 2^7 - {}_8C_0$$
$$= 128 - 1 = 127$$

참고

이항계수의 성질에 의하여
$$_8C_0 + {}_8C_2 + {}_8C_4 + {}_8C_6 + {}_8C_8 = 2^{8-1} = 2^7$$

0188
답 ③

서로 다른 15개의 구슬 중에서 8개 이상의 구슬을 택하는 경우의 수는
$$_{15}C_8 + {}_{15}C_9 + {}_{15}C_{10} + \cdots + {}_{15}C_{15}$$
이때 $_nC_r = {}_nC_{n-r}$ $(r = 0, 1, 2, \cdots, n)$이므로
$$_{15}C_8 + {}_{15}C_9 + {}_{15}C_{10} + \cdots + {}_{15}C_{15} = {}_{15}C_7 + {}_{15}C_6 + {}_{15}C_5 + \cdots + {}_{15}C_0$$
이항계수의 성질에 의하여
$$_{15}C_0 + {}_{15}C_1 + {}_{15}C_2 + \cdots + {}_{15}C_{15} = 2^{15}$$
이므로
$$_{15}C_8 + {}_{15}C_9 + {}_{15}C_{10} + \cdots + {}_{15}C_{15} = 2^{15} \times \frac{1}{2} = 2^{14}$$

0189
답 ⑤

집합 $A=\{x\,|\,x$는 25 이하의 자연수$\}=\{1,\,2,\,3,\,4,\,\cdots,\,25\}$의 부분집합 중 두 원소 1, 2를 모두 포함하고 원소의 개수가 홀수인 부분집합의 개수는 집합 $\{3,\,4,\,5,\,\cdots,\,24,\,25\}$의 부분집합 중 원소의 개수가 홀수인 부분집합의 개수와 같다.

따라서 구하는 부분집합의 개수는

$_{23}C_1+_{23}C_3+_{23}C_5+\cdots+_{23}C_{21}+_{23}C_{23}=2^{23-1}=2^{22}$

0190
답 32

(ⅰ) 1의 개수가 0일 때

2, 3, 4, 5, 6 중에서 5개를 선택하는 경우의 수는 $_5C_5$

(ⅱ) 1의 개수가 1일 때

2, 3, 4, 5, 6 중에서 4개를 선택하는 경우의 수는 $_5C_4$

(ⅲ) 1의 개수가 2일 때

2, 3, 4, 5, 6 중에서 3개를 선택하는 경우의 수는 $_5C_3$

(ⅳ) 1의 개수가 3일 때

2, 3, 4, 5, 6 중에서 2개를 선택하는 경우의 수는 $_5C_2$

(ⅴ) 1의 개수가 4일 때

2, 3, 4, 5, 6 중에서 1개를 선택하는 경우의 수는 $_5C_1$

(ⅵ) 1의 개수가 5일 때

2, 3, 4, 5, 6 중에서 0개를 선택하는 경우의 수는 $_5C_0$

(ⅰ)~(ⅵ)에서 구하는 경우의 수는

$_5C_0+_5C_1+_5C_2+_5C_3+_5C_4+_5C_5=2^5=32$

유형 16 파스칼의 삼각형

0191
답 ②

$_3C_0=_4C_0$이고, $_{n-1}C_{r-1}+_{n-1}C_r=_nC_r\ (r=1,\,2,\,3,\,\cdots,\,n-1)$이므로

$_3C_0+_4C_1+_5C_2+_6C_3+\cdots+_{10}C_7$

$=_4C_0+_4C_1+_5C_2+_6C_3+\cdots+_{10}C_7$

$=_5C_1+_5C_2+_6C_3+\cdots+_{10}C_7$

$=_6C_2+_6C_3+\cdots+_{10}C_7$

$\quad\vdots$

$=_{10}C_6+_{10}C_7$

$=_{11}C_7=_{11}C_4$

$=330$

0192
답 ②

$_{n-1}C_{r-1}+_{n-1}C_r=_nC_r\ (r=1,\,2,\,3,\,\cdots,\,n-1)$이므로

$_2C_0+_2C_1+_3C_2+_4C_3+\cdots+_8C_7$

$=_3C_1+_3C_2+_4C_3+\cdots+_8C_7$

$=_4C_2+_4C_3+\cdots+_8C_7$

$\quad\vdots$

$=_8C_6+_8C_7$

$=_9C_7$

0193
답 ③

$_{n-1}C_{r-1}+_{n-1}C_r=_nC_r\ (r=1,\,2,\,3,\,\cdots,\,n-1)$이므로

$_4C_1+_5C_2+_6C_3+_7C_4+_8C_5+_9C_6$

$=(_4C_0+_4C_1+_5C_2+_6C_3+_7C_4+_8C_5+_9C_6)-_4C_0$

$=(_5C_1+_5C_2+_6C_3+_7C_4+_8C_5+_9C_6)-1$

$=(_6C_2+_6C_3+_7C_4+_8C_5+_9C_6)-1$

$=(_7C_3+_7C_4+_8C_5+_9C_6)-1$

$=(_8C_4+_8C_5+_9C_6)-1$

$=(_9C_5+_9C_6)-1$

$=_{10}C_6-1=_{10}C_4-1$

$=210-1=209$

0194
답 ②

$_{n-1}C_{r-1}+_{n-1}C_r=_nC_r\ (r=1,\,2,\,3,\,\cdots,\,n-1)$이므로

$_2C_2+_2C_1+_3C_1+_4C_1+\cdots+_9C_1$

$=_3C_2+_3C_1+_4C_1+\cdots+_9C_1$

$=_4C_2+_4C_1+\cdots+_9C_1$

$\quad\vdots$

$=_9C_2+_9C_1$

$=_{10}C_2$

0195
답 21

$_2C_2=_3C_3$이고, $_{n-1}C_{r-1}+_{n-1}C_r=_nC_r\ (r=1,\,2,\,3,\,\cdots,\,n-1)$이므로

$_2C_2+_3C_2+_4C_2+_5C_2+\cdots+_{20}C_2$

$=_3C_3+_3C_2+_4C_2+_5C_2+\cdots+_{20}C_2$ ················ ❶

$=_4C_3+_4C_2+_5C_2+\cdots+_{20}C_2$

$=_5C_3+_5C_2+\cdots+_{20}C_2$

$\quad\vdots$

$=_{20}C_3+_{20}C_2$

$=_{21}C_3$ ················ ❷

$\therefore n=21$ ················ ❸

채점 기준	배점
❶ $_2C_2=_3C_3$임을 이용하여 주어진 식 변형하기	20%
❷ 주어진 식을 $_nC_r$ 꼴로 나타내기	60%
❸ n의 값 구하기	20%

0196
답 ⑤

$(x+1)^n$의 전개식의 일반항은

$_nC_rx^r$ (단, $r=0,\,1,\,2,\,\cdots,\,n$)

$3\le n\le10$인 경우에만 x^3항이 나오므로

$(1+x)^3$의 전개식에서 x^3의 계수는 $_3C_3$

$(1+x)^4$의 전개식에서 x^3의 계수는 $_4C_3$

$\vdots$

$(1+x)^{10}$의 전개식에서 x^3의 계수는 $_{10}C_3$

따라서 구하는 x^3의 계수는

$_3C_3+_4C_3+_5C_3+\cdots+_{10}C_3$

$=_4C_4+_4C_3+_5C_3+\cdots+_{10}C_3$ $(\because _3C_3=_4C_4)$

$=_5C_4+_5C_3+\cdots+_{10}C_3$

$\vdots$

$=_{10}C_4+_{10}C_3$

$=_{11}C_4=330$

유형 **17** 수학 I 통합 유형

0197 답 ①

이항계수의 성질에 의하여

$_kC_0+_kC_1+_kC_2+\cdots+_kC_k=2^k$

$\therefore \sum_{k=1}^{9}(_kC_0+_kC_1+_kC_2+\cdots+_kC_k)$

$\quad=\sum_{k=1}^{9}2^k=2+2^2+2^3+\cdots+2^9$

$\quad=\dfrac{2(2^9-1)}{2-1}$

$\quad=2(512-1)=1022$

참고

$2+2^2+2^3+\cdots+2^9$은 첫째항이 2, 공비가 2인 등비수열의 첫째항부터 제9항까지의 합이다.

0198 답 ①

이항계수의 성질에 의하여

$_{10}C_0+_{10}C_1+_{10}C_2+\cdots+_{10}C_{10}=2^{10}$

$\therefore \log_2(_{10}C_0+_{10}C_1+_{10}C_2+\cdots+_{10}C_{10})$

$\quad=\log_2 2^{10}=10\log_2 2$

$\quad=10$

0199 답 6

$_nC_r=_nC_{n-r}$ $(r=0, 1, 2, \cdots, n)$이므로

$_{13}C_0+_{13}C_1+_{13}C_2+\cdots+_{13}C_6=_{13}C_{13}+_{13}C_{12}+_{13}C_{11}+\cdots+_{13}C_7$

이항계수의 성질에 의하여

$_{13}C_0+_{13}C_1+_{13}C_2+\cdots+_{13}C_{13}=2^{13}$이므로

$_{13}C_0+_{13}C_1+_{13}C_2+\cdots+_{13}C_6=2^{13}\times\dfrac{1}{2}=2^{12}$

$\therefore \log_4(_{13}C_0+_{13}C_1+_{13}C_2+\cdots+_{13}C_6)$

$\quad=\log_{2^2}2^{12}=\dfrac{12}{2}\log_2 2$

$\quad=6$

0200 답 ①

$\sum_{k=0}^{6}{_6C_k}\left(\dfrac{3}{4}\right)^{6-k}\left(\dfrac{5}{4}\right)^k$

$=_6C_0\left(\dfrac{3}{4}\right)^6+_6C_1\left(\dfrac{3}{4}\right)^5\left(\dfrac{5}{4}\right)^1+_6C_2\left(\dfrac{3}{4}\right)^4\left(\dfrac{5}{4}\right)^2+\cdots+_6C_6\left(\dfrac{5}{4}\right)^6$

$=\left(\dfrac{3}{4}+\dfrac{5}{4}\right)^6$

$=2^6=64$

0201 답 20

$(1+x)^n=_nC_0+_nC_1x+_nC_2x^2+\cdots+_nC_nx^n$의 양변에 $x=2$, $n=20$을 대입하면

$3^{20}=_{20}C_0+_{20}C_1\times2+_{20}C_2\times2^2+\cdots+_{20}C_{20}\times2^{20}$

·· ❶

$\therefore \log_3(_{20}C_0+2\times_{20}C_1+2^2\times_{20}C_2+\cdots+2^{20}\times_{20}C_{20})$

$\quad=\log_3 3^{20}$

$\quad=20\log_3 3=20$

·· ❷

채점 기준	배점
❶ $_{20}C_0+2\times_{20}C_1+2^2\times_{20}C_2+\cdots+2^{20}\times_{20}C_{20}$의 값 구하기	60%
❷ 주어진 식의 값 구하기	40%

0202 답 ⑤

$\sum_{k=0}^{20}{_{20}C_k}\times3^{20-k}=_{20}C_0\times3^{20}+_{20}C_1\times3^{19}+_{20}C_2\times3^{18}+\cdots+_{20}C_{20}$

$(1+x)^n=_nC_0+_nC_1x+_nC_2x^2+\cdots+_nC_nx^n$의 양변에 $x=3$, $n=20$을 대입하면

$4^{20}=_{20}C_0+_{20}C_1\times3+_{20}C_2\times3^2+\cdots+_{20}C_{20}\times3^{20}$

$_nC_r=_nC_{n-r}$ $(r=0, 1, 2, \cdots, n)$이므로

$4^{20}=_{20}C_0\times3^{20}+_{20}C_1\times3^{19}+_{20}C_2\times3^{18}+\cdots+_{20}C_{20}$

$\therefore \log_2\left(\sum_{k=0}^{20}{_{20}C_k}\times3^{20-k}\right)=\log_2 4^{20}$

$\qquad\qquad\qquad\qquad\quad=\log_2 2^{40}$

$\qquad\qquad\qquad\qquad\quad=40\log_2 2$

$\qquad\qquad\qquad\qquad\quad=40$

0203 답 ③

$f(n)=\sum_{k=1}^{n}{_{2n+1}C_{2k}}=_{2n+1}C_2+_{2n+1}C_4+\cdots+_{2n+1}C_{2n}$

이항계수의 성질에 의하여

$_{2n+1}C_0+_{2n+1}C_2+_{2n+1}C_4+\cdots+_{2n+1}C_{2n}=2^{(2n+1)-1}=2^{2n}$이므로

$$f(n)=\sum_{k=0}^{n} {}_{2n+1}C_{2k}-{}_{2n+1}C_0=2^{2n}-1$$

$f(n)=1023$에서

$$2^{2n}-1=1023,\ 2^{2n}=1024=2^{10}$$

$$2n=10 \qquad \therefore n=5$$

0204

답 682

이항계수의 성질에 의하여

$${}_{2k}C_0+{}_{2k}C_2+{}_{2k}C_4+{}_{2k}C_6+\cdots+{}_{2k}C_{2k}=2^{2k-1}$$이므로

$$f(n)=\sum_{k=1}^{n}\left({}_{2k}C_0+{}_{2k}C_2+{}_{2k}C_4+{}_{2k}C_6+\cdots+{}_{2k}C_{2k}\right)$$

$$=\sum_{k=1}^{n}2^{2k-1}$$

$$=2+2^3+2^5+\cdots+2^{2n-1}$$

$$=\frac{2(4^n-1)}{4-1}$$

$$=\frac{2}{3}(4^n-1)$$

$$\therefore f(5)=\frac{2}{3}(4^5-1)$$

$$=\frac{2}{3}(2^{10}-1)=682$$

참고

$2+2^3+2^5+\cdots+2^{2n-1}$은 첫째항이 2, 공비가 4인 등비수열의 첫째항부터 제 n항까지의 합이다.

다른 풀이

$$f(5)=\sum_{k=1}^{5}\left({}_{2k}C_0+{}_{2k}C_2+{}_{2k}C_4+{}_{2k}C_6+\cdots+{}_{2k}C_{2k}\right)$$

$$=({}_2C_0+{}_2C_2)+({}_4C_0+{}_4C_2+{}_4C_4)+({}_6C_0+{}_6C_2+{}_6C_4+{}_6C_6)$$

$$\qquad +({}_8C_0+{}_8C_2+{}_8C_4+{}_8C_6+{}_8C_8)$$

$$\qquad +({}_{10}C_0+{}_{10}C_2+{}_{10}C_4+{}_{10}C_6+{}_{10}C_8+{}_{10}C_{10})$$

$$=2^{2-1}+2^{4-1}+2^{6-1}+2^{8-1}+2^{10-1}$$

$$=2+8+32+128+512$$

$$=682$$

0205

답 15

$(x+a)^6$의 전개식의 일반항은

$${}_6C_r x^{6-r}a^r \ (단,\ r=0,\ 1,\ 2,\ \cdots,\ 6)$$

x^2항은 $6-r=2$일 때이므로 $r=4$

x^2의 계수는 ${}_6C_4 a^4=15a^4$

x^4항은 $6-r=4$일 때이므로 $r=2$

x^4의 계수는 ${}_6C_2 a^2=15a^2$

x^5항은 $6-r=5$일 때이므로 $r=1$

x^5의 계수는 ${}_6C_1 a=6a$

이때 x^2, x^4, x^5의 계수가 이 순서대로 등비수열을 이루므로

$$(15a^2)^2=15a^4\times 6a$$

$a\neq 0$이므로 $6a=15$

0206

답 ②

$(2+x)^n$의 전개식의 일반항은

$${}_nC_r 2^{n-r}x^r \ (단,\ r=0,\ 1,\ 2,\ \cdots,\ n)$$

x^3항은 $r=3$일 때이므로 x^3의 계수는 ${}_nC_3 2^{n-3}$

x^4항은 $r=4$일 때이므로 x^4의 계수는 ${}_nC_4 2^{n-4}$

x^5항은 $r=5$일 때이므로 x^5의 계수는 ${}_nC_5 2^{n-5}$

이때 x^3, x^4, x^5의 계수가 이 순서대로 등차수열을 이루므로

$$2\times {}_nC_4 2^{n-4}={}_nC_3 2^{n-3}+{}_nC_5 2^{n-5}$$

$$2\times \frac{n!}{4!(n-4)!}\times 2^{n-4}=\frac{n!}{3!(n-3)!}\times 2^{n-3}+\frac{n!}{5!(n-5)!}\times 2^{n-5}$$

양변에 $\dfrac{5!\times(n-3)!}{n!\times 2^{n-5}}$을 곱하면

$$20(n-3)=80+(n-3)(n-4)$$

$$n^2-27n+152=0$$

$$(n-8)(n-19)=0$$

n은 10 이상의 자연수이므로

$$n=19$$

0207

답 $\dfrac{20}{11}$

$\left(x+\dfrac{1}{x}\right)^{n+1}$의 전개식의 일반항은

$${}_{n+1}C_r x^{n+1-r}\left(\frac{1}{x}\right)^r={}_{n+1}C_r \frac{x^{n+1-r}}{x^r}$$

❶

x^{n-3}항은 $(n+1-r)-r=n-3$일 때이므로 $r=2$

$$\therefore a_n={}_{n+1}C_2=\frac{n(n+1)}{2}$$

❷

$$\therefore \sum_{k=1}^{10}\frac{1}{a_k}=\sum_{k=1}^{10}\frac{2}{k(k+1)}$$

$$=2\sum_{k=1}^{10}\left(\frac{1}{k}-\frac{1}{k+1}\right)$$

$$=2\left\{\left(1-\frac{1}{2}\right)+\left(\frac{1}{2}-\frac{1}{3}\right)+\cdots+\left(\frac{1}{10}-\frac{1}{11}\right)\right\}$$

$$=2\left(1-\frac{1}{11}\right)$$

$$=\frac{20}{11}$$

❸

채점 기준	배점
❶ $\left(x+\dfrac{1}{x}\right)^{n+1}$의 전개식의 일반항 구하기	30%
❷ a_n 구하기	30%
❸ $\sum_{k=1}^{10}\dfrac{1}{a_k}$의 값 구하기	40%

🔊 Bible Says 부분분수로의 변형

$$\frac{1}{AB}=\frac{1}{B-A}\left(\frac{1}{A}-\frac{1}{B}\right)\ (단,\ A\neq B)$$

0208

답 ⑤

$\sum\limits_{n=1}^{10}(1+x^2)^n=(1+x^2)+(1+x^2)^2+(1+x^2)^3+\cdots+(1+x^2)^{10}$

따라서 주어진 식은 첫째항이 $1+x^2$, 공비가 $1+x^2$인 등비수열의 첫째항부터 제10항까지의 합이므로

$$\sum\limits_{n=1}^{10}(1+x^2)^n=\frac{(1+x^2)\{(1+x^2)^{10}-1\}}{(1+x^2)-1}$$
$$=\frac{(1+x^2)^{11}-(1+x^2)}{x^2} \quad\cdots\cdots ㉠$$

이때 x^4의 계수는 ㉠의 $(1+x^2)^{11}$의 전개식에서 x^6의 계수와 같다.

$(1+x^2)^{11}$의 전개식의 일반항은

$_{11}C_r 1^{11-r}(x^2)^r = _{11}C_r x^{2r}$ (단, $r=0, 1, 2, \cdots, 11$)

$(1+x^2)^{11}$의 전개식에서 x^6항은 $r=3$일 때이므로 x^6의 계수는

$_{11}C_3=165$

따라서 구하는 x^4의 계수는 165이다.

[다른 풀이]

$(1+x^2)^n$의 전개식의 일반항은

$_nC_r x^{2r}$ (단, $r=0, 1, 2, \cdots, n$)

$2 \le n \le 10$인 경우에만 x^4항이 나오므로

$(1+x^2)^2$의 전개식에서 x^4의 계수는 $_2C_2$

$(1+x^2)^3$의 전개식에서 x^4의 계수는 $_3C_2$

$\vdots$

$(1+x^2)^{10}$의 전개식에서 x^4의 계수는 $_{10}C_2$

따라서 구하는 x^4의 계수는

$_2C_2+_3C_2+_4C_2+\cdots+_{10}C_2$

$=_3C_3+_3C_2+_4C_2+\cdots+_{10}C_2$ ($\because _2C_2=_3C_3$)

$=_4C_3+_4C_2+\cdots+_{10}C_2$

$\vdots$

$=_{10}C_3+_{10}C_2$

$=_{11}C_3$

$=165$

PART B 내신 잡는 종합 문제

0209

답 ②

$_4H_n=_{4+n-1}C_n=_{n+3}C_n=_{n+3}C_3$이므로

$\dfrac{(n+3)(n+2)(n+1)}{3\times2\times1}=35$

$(n+1)(n+2)(n+3)=5\times6\times7$

$\therefore n=4$

0210

답 ④

방정식 $x+y+z+w=6$을 만족시키는 음이 아닌 정수 x, y, z, w의 순서쌍 (x, y, z, w)의 개수는 4개의 문자 x, y, z, w에서 6개를 뽑는 중복조합의 수와 같으므로

$_4H_6=_9C_6=_9C_3=84$

0211

답 ④

$(x-y)^5$의 전개식의 일반항은

$_5C_r(-1)^r x^{5-r}y^r$ (단, $r=0, 1, 2, \cdots, 5$)

x^3y^2항은 $r=2$일 때이므로 x^3y^2의 계수는

$_5C_2\times(-1)^2=10$

0212

답 ②

$(x+y)^5$과 $(a+b+c)^3$에 서로 같은 문자가 없으므로 각각의 전개식의 항을 곱하면 모두 서로 다른 항이 된다.

다항식 $(x+y)^5$의 전개식에서 서로 다른 항의 개수는 2개의 문자 x, y에서 5개를 택하는 중복조합의 수와 같으므로

$_2H_5=_6C_5=_6C_1=6$

다항식 $(a+b+c)^3$의 전개식에서 서로 다른 항의 개수는 3개의 문자 a, b, c에서 3개를 택하는 중복조합의 수와 같으므로

$_3H_3=_5C_3=_5C_2=10$

따라서 구하는 서로 다른 항의 개수는

$6\times10=60$

0213

답 ④

① $_nC_r=_{n-1}C_{r-1}+_{n-1}C_r$ ($r=1, 2, 3, \cdots, n-1$)이므로

$_{10}C_5+_{10}C_4=_{11}C_5$ (참)

② 이항계수의 성질에 의하여

$_7C_0-_7C_1+_7C_2-_7C_3+\cdots-_7C_7=0$

이때 $_7C_0=1$, $_7C_7=1$이므로

$_7C_1+_7C_3+_7C_5=_7C_2+_7C_4+_7C_6$ (참)

③ 이항계수의 성질에 의하여

$_{10}C_0+_{10}C_1+_{10}C_2+\cdots+_{10}C_{10}=2^{10}$

그런데 $_{10}C_{10}=1$이므로

$_{10}C_0+_{10}C_1+_{10}C_2+\cdots+_{10}C_9=2^{10}-1$ (참)

④ $_nC_r=_nC_{n-r}$ ($r=0, 1, 2, \cdots, n$)이므로

$_6C_0+_6C_1+_6C_2+_6C_3=_6C_6+_6C_5+_6C_4+_6C_3$ (거짓)

⑤ 이항계수의 성질에 의하여

$_8C_0-_8C_1+_8C_2-_8C_3+\cdots+_8C_8=0$

$\therefore _8C_0+_8C_2+_8C_4+_8C_6+_8C_8=_8C_1+_8C_3+_8C_5+_8C_7$ (참)

따라서 옳지 않은 것은 ④이다.

0214
답 ③

4개의 상자에 각각 공을 2개씩 먼저 나누어 넣은 후, 남은 공 2개를 4개의 상자에 나누어 넣으면 된다.
따라서 구하는 경우의 수는 서로 다른 4개에서 2개를 택하는 중복조합의 수와 같으므로
$_4H_2 = {}_5C_2 = 10$

0215
답 ③

$\sum_{r=1}^{n-1} {}_nC_r = {}_nC_1 + {}_nC_2 + {}_nC_3 + \cdots + {}_nC_{n-1}$
이항계수의 성질에 의하여
$_nC_0 + {}_nC_1 + {}_nC_2 + \cdots + {}_nC_n = 2^n$이므로
$_nC_1 + {}_nC_2 + \cdots + {}_nC_{n-1} = 2^n - ({}_nC_0 + {}_nC_n)$
$\qquad\qquad\qquad\qquad\quad = 2^n - 2$
$\therefore \sum_{r=1}^{n-1} {}_nC_r = 2^n - 2$
$2^n - 2 = 1022$이므로 $2^n = 1024 = 2^{10}$
$\therefore n = 10$

0216
답 ③

이항계수의 성질에 의하여
$_{13}C_0 + {}_{13}C_2 + {}_{13}C_4 + {}_{13}C_6 + {}_{13}C_8 + {}_{13}C_{10} + {}_{13}C_{12} = 2^{13-1} = 2^{12}$
이므로
$_{13}C_2 + {}_{13}C_4 + {}_{13}C_6 + {}_{13}C_8 + {}_{13}C_{10} + {}_{13}C_{12} = 2^{12} - {}_{13}C_0 = 2^{12} - 1$
$\therefore N = 2^{12} - 1 = (2^6 + 1)(2^6 - 1)$
$\qquad\quad = (2^6 + 1)(2^3 + 1)(2^3 - 1)$
$\qquad\quad = 65 \times 9 \times 7$
$\qquad\quad = 3^2 \times 5 \times 7 \times 13$
따라서 N의 양의 약수의 개수는
$(2+1) \times (1+1) \times (1+1) \times (1+1) = 24$

🔊 **Bible Says** 양의 약수의 개수

a, b, c는 서로 다른 소수이고 l, m, n은 자연수일 때, $a^l \times b^m \times c^n$의 양의 약수의 개수는
$(l+1)(m+1)(n+1)$

0217
답 ①

빨간색 볼펜 5자루를 4명의 학생에게 나누어 주는 경우의 수는 서로 다른 4개에서 5개를 택하는 중복조합의 수와 같으므로
$_4H_5 = {}_8C_5 = {}_8C_3 = 56$
파란색 볼펜 2자루를 4명의 학생에게 나누어 주는 경우의 수는 서로 다른 4개에서 2개를 택하는 중복조합의 수와 같으므로
$_4H_2 = {}_5C_2 = 10$
따라서 구하는 경우의 수는
$56 \times 10 = 560$

0218
답 ②

$(1+ax)^5$의 전개식의 일반항은
$_5C_r 1^{5-r} (ax)^r = {}_5C_r a^r x^r$ (단, $r = 0, 1, 2, \cdots, 5$)
x^2항은 $r = 2$일 때이므로 x^2의 계수는
$_5C_2 a^2 = 10a^2$
이때 x^2의 계수가 90이므로
$10a^2 = 90$, $a^2 = 9$
$\therefore a = 3$ ($\because a > 0$)

0219
답 ①

$11^{10} = (1+10)^{10}$이므로
$(1+x)^n = {}_nC_0 + {}_nC_1 x + {}_nC_2 x^2 + \cdots + {}_nC_n x^n$의 양변에 $x = 10$, $n = 10$을 대입하면
11^{10}
$= {}_{10}C_0 + {}_{10}C_1 \times 10 + {}_{10}C_2 \times 10^2 + {}_{10}C_3 \times 10^3 + \cdots + {}_{10}C_{10} \times 10^{10}$
$= {}_{10}C_0 + {}_{10}C_1 \times 10 + 10^2({}_{10}C_2 + {}_{10}C_3 \times 10 + \cdots + {}_{10}C_{10} \times 10^8)$
$= {}_{10}C_0 + {}_{10}C_1 \times 10 + 50 \times 2 \times ({}_{10}C_2 + {}_{10}C_3 \times 10 + \cdots + {}_{10}C_{10} \times 10^8)$
따라서 11^{10}을 50으로 나누었을 때의 나머지는 $_{10}C_0 + {}_{10}C_1 \times 10$을 50으로 나누었을 때의 나머지와 같다.
$_{10}C_0 + {}_{10}C_1 \times 10 = 1 + 10 \times 10 = 101 = 50 \times 2 + 1$이므로 11^{10}을 50으로 나누었을 때의 나머지는 1이다.

0220
답 ③

$x = x' + 1$, $z = z' - 2$로 놓으면
$(x' + 1) + y + (z' - 2) = 7$ (단, x', y, z'은 음이 아닌 정수이다.)
$\therefore x' + y + z' = 8$
따라서 구하는 순서쌍 (x, y, z)의 개수는 $x' + y + z' = 8$을 만족시키는 음이 아닌 정수 x', y, z'의 순서쌍 (x', y, z')의 개수와 같으므로
$_3H_8 = {}_{10}C_8 = {}_{10}C_2 = 45$

0221
답 ④

$\left(x + \dfrac{1}{x}\right)^5$의 전개식의 일반항은
$_5C_r x^{5-r} \left(\dfrac{1}{x}\right)^r = {}_5C_r \dfrac{x^{5-r}}{x^r}$ (단, $r = 0, 1, 2, \cdots, 5$) $\quad$ ······ ㉠
$(x^2 + ax)\left(x + \dfrac{1}{x}\right)^5 = x^2\left(x + \dfrac{1}{x}\right)^5 + ax\left(x + \dfrac{1}{x}\right)^5$의 전개식에서 상수항은 x^2과 $\left(x + \dfrac{1}{x}\right)^5$에서 $\dfrac{1}{x^2}$항이 곱해질 때, ax와 $\left(x + \dfrac{1}{x}\right)^5$에서 $\dfrac{1}{x}$항이 곱해질 때 나타난다.

(i) ㉠에서 $\dfrac{1}{x^2}$항은 $r - (5-r) = 2$일 때이므로
$\qquad r = \dfrac{7}{2}$

그런데 $r=0, 1, 2, \cdots, 5$이므로 $\left(x+\dfrac{1}{x}\right)^5$에서 $\dfrac{1}{x^2}$항은 존재하지 않는다.

(ii) ㉠에서 $\dfrac{1}{x}$항은 $r-(5-r)=1$일 때이므로

$r=3$

$\left(x+\dfrac{1}{x}\right)^5$의 전개식에서 $\dfrac{1}{x}$의 계수는

$_5C_3={}_5C_2=10$

따라서 이때의 상수항은

$a\times 10=10a$

(i), (ii)에서 상수항은 $10a$이다.

이때 상수항이 20이므로

$10a=20$ $\therefore a=2$

0222

답 ⑤

$xyz\ne 0$이고, x, y, z는 정수이므로 $|x|, |y|, |z|$는 자연수이다.

$|x|=x'+1, |y|=y'+1, |z|=z'+1$로 놓으면

$(x'+1)+(y'+1)+(z'+1)=7$

(단, x', y', z'은 음이 아닌 정수이다.)

$\therefore x'+y'+z'=4$

이때 순서쌍 $(|x|, |y|, |z|)$의 개수는 $x'+y'+z'=4$를 만족시키는 음이 아닌 정수 x', y', z'의 순서쌍 (x', y', z')의 개수와 같으므로

$_3H_4={}_6C_4={}_6C_2=15$

0이 아닌 세 정수 x, y, z는 각각 절댓값이 같고 부호가 다른 2개의 값을 가질 수 있으므로 순서쌍 (x, y, z)의 개수는

$15\times 2\times 2\times 2=120$

따라서 집합 A의 원소의 개수는 120이다.

0223

답 -13

$(x^2-1)^3$의 전개식의 일반항은

$_3C_r(x^2)^{3-r}(-1)^r={}_3C_r(-1)^r x^{6-2r}$ (단, $r=0, 1, 2, 3$)

$(2x+y)^5$의 전개식의 일반항은

$_5C_s(2x)^{5-s}y^s={}_5C_s 2^{5-s}x^{5-s}y^s$ (단, $s=0, 1, 2, \cdots, 5$)

따라서 $(x^2-1)^3(2x+y)^5$의 전개식의 일반항은

$_3C_r(-1)^r x^{6-2r}\times {}_5C_s 2^{5-s}x^{5-s}y^s$

$={}_3C_r\times {}_5C_s(-1)^r 2^{5-s}x^{11-2r-s}y^s$

xy^4항은 $11-2r-s=1$, $s=4$일 때이므로 순서쌍 (r, s)는 $(3, 4)$이다.

xy^4의 계수는

$a={}_3C_3\times {}_5C_4\times (-1)^3\times 2=-10$

x^4y^5항은 $11-2r-s=4$, $s=5$일 때이므로 순서쌍 (r, s)는 $(1, 5)$이다.

x^4y^5의 계수는

$b={}_3C_1\times {}_5C_5\times (-1)\times 2^0=-3$

$\therefore a+b=-10+(-3)=-13$

0224

답 ②

조건 ㈎, ㈏에 의하여

$f(2)=1, f(3)=6$ 또는 $f(2)=2, f(3)=3$

(i) $f(2)=1, f(3)=6$인 경우

$f(1)$의 값이 될 수 있는 것은 1의 1가지이다.

$f(4)$와 $f(5)$의 값을 정하는 경우의 수는 $6, 7$의 2개에서 2개를 택하는 중복조합의 수와 같으므로

$_2H_2={}_3C_2={}_3C_1=3$

따라서 이때의 함수의 개수는

$1\times 3=3$

(ii) $f(2)=2, f(3)=3$인 경우

$f(1)$의 값이 될 수 있는 것은 $1, 2$의 2가지이다.

$f(4)$와 $f(5)$의 값을 정하는 경우의 수는 $3, 4, 5, 6, 7$의 5개에서 2개를 택하는 중복조합의 수와 같으므로

$_5H_2={}_6C_2=15$

따라서 이때의 함수의 개수는

$2\times 15=30$

(i), (ii)에서 구하는 함수의 개수는

$3+30=33$

0225

답 9

자연수 n에 대하여 $abc=2^n$을 만족시키는 1보다 큰 자연수 a, b, c는 2의 거듭제곱 꼴이므로 $a=2^x, b=2^y, c=2^z$ (x, y, z는 자연수)으로 놓으면

$abc=2^x\times 2^y\times 2^z=2^{x+y+z}$

$abc=2^n$에서 $2^{x+y+z}=2^n$

$\therefore x+y+z=n$ ······ ㉠

따라서 순서쌍 (a, b, c)의 개수는 방정식 ㉠을 만족시키는 자연수 x, y, z의 순서쌍 (x, y, z)의 개수와 같다.

$x=x'+1, y=y'+1, z=z'+1$로 놓으면

$(x'+1)+(y'+1)+(z'+1)=n$

(단, x', y', z'은 음이 아닌 정수이다.)

$\therefore x'+y'+z'=n-3$

이때 순서쌍 (x, y, z)의 개수는 방정식 $x'+y'+z'=n-3$을 만족시키는 음이 아닌 정수 x', y', z'의 순서쌍 (x', y', z')의 개수와 같으므로

$_3H_{n-3}={}_{n-1}C_{n-3}={}_{n-1}C_2$

$=\dfrac{(n-1)(n-2)}{2}$

순서쌍 (a, b, c)의 개수가 28이므로

$\dfrac{(n-1)(n-2)}{2}=28$

$(n-1)(n-2)=56=8\times 7$

$\therefore n=9$

0226

답 ②

조건 ㈎에서 세 수 a, b, c의 합이 짝수이므로 세 수 a, b, c가 모두 짝수인 경우와 세 수 a, b, c 중 1개만 짝수인 경우로 나눌 수 있다.

(ⅰ) 세 수 a, b, c가 모두 짝수인 경우

10 이하의 자연수 중 짝수의 개수는 5이므로 서로 다른 짝수 5개에서 중복을 허락하여 3개를 선택하는 경우의 수는

$_5H_3 = {}_7C_3 = 35$

이때 선택한 3개의 수를 작거나 같은 수부터 차례대로 a, b, c의 값으로 정하면 $a \le b \le c \le 10$을 만족시킨다.

(ⅱ) 세 수 a, b, c 중 1개만 짝수인 경우

짝수 1개를 선택하는 경우의 수는

$_5C_1 = 5$

10 이하의 자연수 중 홀수의 개수는 5이므로 서로 다른 홀수 5개에서 중복을 허락하여 2개를 선택하는 경우의 수는

$_5H_2 = {}_6C_2 = 15$

이때 선택한 3개의 수를 작거나 같은 수부터 차례대로 a, b, c의 값으로 정하면 $a \le b \le c \le 10$을 만족시킨다.

따라서 세 수 a, b, c 중 1개만 짝수인 경우의 수는

$5 \times 15 = 75$

(ⅰ), (ⅱ)에서 구하는 순서쌍 (a, b, c)의 개수는

$35 + 75 = 110$

참고

(1) (홀수)+(홀수)+(홀수)=(홀수)
(2) (홀수)+(홀수)+(짝수)=(짝수)
(3) (홀수)+(짝수)+(짝수)=(홀수)
(4) (짝수)+(짝수)+(짝수)=(짝수)

0227

답 ①

구하는 순서쌍의 개수는 조건 ㈎를 만족시키는 순서쌍의 개수에서 조건 ㈏를 만족시키지 않는 순서쌍의 개수를 빼면 된다.

조건 ㈎를 만족시키는 음이 아닌 정수 x, y, z, w의 모든 순서쌍 (x, y, z, w)의 개수는

$_4H_{10} = {}_{13}C_{10} = {}_{13}C_3 = 286$

조건 ㈏를 만족시키지 않는 경우는 $x+y=8$, $x+y=9$, $x+y=10$일 때이다.

(ⅰ) $x+y=8$일 때, $z+w=2$이므로

$x+y=8$을 만족시키는 음이 아닌 정수 x, y의 순서쌍 (x, y)의 개수는

$_2H_8 = {}_9C_8 = {}_9C_1 = 9$

$z+w=2$를 만족시키는 음이 아닌 정수 z, w의 순서쌍 (z, w)의 개수는

$_2H_2 = {}_3C_2 = {}_3C_1 = 3$

따라서 이때의 순서쌍 (x, y, z, w)의 개수는

$9 \times 3 = 27$

(ⅱ) $x+y=9$일 때, $z+w=1$이므로

$x+y=9$를 만족시키는 음이 아닌 정수 x, y의 순서쌍 (x, y)의 개수는

$_2H_9 = {}_{10}C_9 = {}_{10}C_1 = 10$

$z+w=1$을 만족시키는 음이 아닌 정수 z, w의 순서쌍 (z, w)의 개수는

$_2H_1 = {}_2C_1 = 2$

따라서 이때의 순서쌍 (x, y, z, w)의 개수는

$10 \times 2 = 20$

(ⅲ) $x+y=10$일 때, $z+w=0$이므로

$x+y=10$을 만족시키는 음이 아닌 정수 x, y의 순서쌍 (x, y)의 개수는

$_2H_{10} = {}_{11}C_{10} = {}_{11}C_1 = 11$

$z+w=0$을 만족시키는 음이 아닌 정수 z, w의 순서쌍 (z, w)의 개수는

$_2H_0 = {}_1C_0 = 1$

따라서 이때의 순서쌍 (x, y, z, w)의 개수는

$11 \times 1 = 11$

(ⅰ)~(ⅲ)에서 조건 ㈏를 만족시키지 않는 순서쌍 (x, y, z, w)의 개수는

$27 + 20 + 11 = 58$

따라서 구하는 순서쌍 (x, y, z, w)의 개수는

$286 - 58 = 228$

0228

답 120

빨간색, 파란색, 노란색 색연필을 적어도 하나씩 포함하여 10자루 이하의 색연필을 선택하는 경우의 수는 먼저 빨간색, 파란색, 노란색 색연필을 각각 1자루씩 선택한 후, 남은 색연필을 중복을 허락하여 7자루 이하로 선택하는 경우의 수와 같다.

따라서 구하는 경우의 수는

$_3H_0 + {}_3H_1 + {}_3H_2 + \cdots + {}_3H_7$

$= {}_2C_0 + {}_3C_1 + {}_4C_2 + \cdots + {}_9C_7$

$= {}_3C_0 + {}_3C_1 + {}_4C_2 + \cdots + {}_9C_7 \ (\because {}_2C_0 = {}_3C_0)$

$= {}_4C_1 + {}_4C_2 + \cdots + {}_9C_7$

$\quad \vdots$

$= {}_9C_6 + {}_9C_7 = {}_{10}C_7$

$= {}_{10}C_3 = 120$

다른 풀이

구하는 경우의 수는 부등식 $a+b+c \le 7$을 만족시키는 음이 아닌 정수 a, b, c의 순서쌍 (a, b, c)의 개수와 같다.

이 순서쌍의 개수는 방정식 $a+b+c+d=7$을 만족시키는 음이 아닌 정수 a, b, c, d의 순서쌍 (a, b, c, d)의 개수와 같으므로

$_4H_7 = {}_{10}C_7 = {}_{10}C_3 = 120$

0229

답 ②

네 자리 자연수의 각 자리의 수를 각각 a, b, c, d라 하면 조건 ㈎에서 각 자리의 수의 합이 14이므로

$a+b+c+d=14$

조건 ㈏에서 a, b, c, d는 모두 홀수이므로

$a=2x+1$, $b=2y+1$, $c=2z+1$, $d=2w+1$로 놓으면

$(2x+1)+(2y+1)+(2z+1)+(2w+1)=14$

(단, x, y, z, w는 0 이상 4 이하의 정수이다.)

$\therefore x+y+z+w=5$

x, y, z, w 중에서 중복을 허락하여 5개를 택하는 경우의 수는

$_4H_5 = {}_8C_5 = {}_8C_3 = 56$

이때 x, y, z, w는 0 이상 4 이하의 정수이므로 한 문자만 5번 택하는 4가지 경우는 제외해야 한다.

따라서 구하는 자연수의 개수는

$56-4=52$

다른 풀이

주어진 조건을 만족시키는 각 자리의 수는 다음과 같다.

$(1, 1, 3, 9)$, $(1, 1, 5, 7)$, $(1, 3, 3, 7)$, $(1, 3, 5, 5)$,

$(3, 3, 3, 5)$

$(1, 1, 3, 9)$인 경우의 수 ➡ $\dfrac{4!}{2!}=12$

$(1, 1, 5, 7)$인 경우의 수 ➡ $\dfrac{4!}{2!}=12$

$(1, 3, 3, 7)$인 경우의 수 ➡ $\dfrac{4!}{2!}=12$

$(1, 3, 5, 5)$인 경우의 수 ➡ $\dfrac{4!}{2!}=12$

$(3, 3, 3, 5)$인 경우의 수 ➡ $\dfrac{4!}{3!}=4$

따라서 구하는 자연수의 개수는

$12+12+12+12+4=52$

0230

답 243

3명의 학생에게 같은 종류의 사탕 7개를 적어도 한 개씩 남김없이 나누어 주어야 하므로 3명의 학생에게 각각 사탕을 1개씩 먼저 나누어 준 후, 남은 사탕 4개를 중복을 허락하여 3명의 학생에게 나누어 주면 된다.

남은 사탕 4개를 3명의 학생에게 남김없이 나누어 주는 경우의 수는 서로 다른 3개에서 4개를 택하는 중복조합의 수와 같으므로

$_3H_4=_6C_4=_6C_2=15$

.... ❶

3명의 학생에게 서로 다른 종류의 초콜릿 4개를 나누어 주는 경우의 수는 서로 다른 3개에서 4개를 택하는 중복순열의 수와 같으므로

$_3\Pi_4=3^4$

.... ❷

따라서 구하는 경우의 수는 $N=15\times3^4$이므로

$\dfrac{N}{5}=\dfrac{15\times3^4}{5}=3^5=243$

.... ❸

채점 기준	배점
❶ 같은 종류의 사탕 7개를 적어도 한 개씩 나누어 주는 경우의 수 구하기	40%
❷ 서로 다른 종류의 초콜릿 4개를 나누어 주는 경우의 수 구하기	40%
❸ $\dfrac{N}{5}$의 값 구하기	20%

0231

답 1485

$(1+3x)^n$의 전개식의 일반항은

$_nC_r(3x)^r=_nC_r3^rx^r$ (단, $r=0, 1, 2, \cdots, n$)

.... ❶

$2\le n\le10$인 경우에만 x^2항이 나오므로

$(1+3x)^2$의 전개식에서 x^2의 계수는 $_2C_2\times3^2$

$(1+3x)^3$의 전개식에서 x^2의 계수는 $_3C_2\times3^2$

$\qquad\qquad\vdots$

$(1+3x)^{10}$의 전개식에서 x^2의 계수는 $_{10}C_2\times3^2$

.... ❷

따라서 구하는 x^2의 계수는

$_2C_2\times3^2+_3C_2\times3^2+_4C_2\times3^2+\cdots+_{10}C_2\times3^2$

$=3^2(_2C_2+_3C_2+_4C_2+\cdots+_{10}C_2)$

$=3^2(_3C_3+_3C_2+_4C_2+\cdots+_{10}C_2)$ $(\because\ _2C_2=_3C_3)$

$=3^2(_4C_3+_4C_2+\cdots+_{10}C_2)$

$\qquad\qquad\vdots$

$=3^2(_{10}C_3+_{10}C_2)$

$=3^2\times_{11}C_3$

$=9\times165=1485$

.... ❸

채점 기준	배점
❶ $(1+3x)^n$의 전개식의 일반항 구하기	20%
❷ 각 항에서 x^2의 계수 구하기	40%
❸ x^2의 계수 구하기	40%

다른 풀이

주어진 식은 첫째항이 $1+3x$, 공비가 $1+3x$인 등비수열의 첫째항부터 제10항까지의 합이므로

$(1+3x)+(1+3x)^2+(1+3x)^3+\cdots+(1+3x)^{10}$

$=\dfrac{(1+3x)\{(1+3x)^{10}-1\}}{(1+3x)-1}$

$=\dfrac{(1+3x)^{11}-(1+3x)}{3x}$

.... ❶

이때 x^2항은 $\dfrac{1}{3x}$과 $(1+3x)^{11}$에서 x^3항이 곱해질 때 나타난다.

.... ❷

$(1+3x)^{11}$의 전개식의 일반항은

$_{11}C_r(3x)^r=_{11}C_r3^rx^r$ (단, $r=0, 1, 2, \cdots, 11$)

$(1+3x)^{11}$의 전개식에서 x^3항은 $r=3$일 때이므로 x^3의 계수는

$_{11}C_3\times3^3$

.... ❸

따라서 구하는 x^2의 계수는

$\dfrac{1}{3}\times_{11}C_3\times3^3=1485$

.... ❹

채점 기준	배점
❶ 주어진 식을 등비수열의 합을 이용하여 정리하기	30%
❷ x^2항이 나오는 경우 설명하기	20%
❸ $(1+3x)^{11}$의 전개식에서 x^3의 계수 구하기	30%
❹ x^2의 계수 구하기	20%

0232

답 ⑤

$y=y'+1$, $z=z'+2$, $w=w'+3$으로 놓으면

$x^2+(y'+1)+(z'+2)+(w'+3)=20$

(단, y', z', w'은 음이 아닌 정수이다.)

$\therefore x^2+y'+z'+w'=14$

(i) $x=\pm1$일 때

$1+y'+z'+w'=14$이므로

$y'+z'+w'=13$

순서쌍 (y, z, w)의 개수는 $y'+z'+w'=13$을 만족시키는 음이 아닌 정수 y', z', w'의 순서쌍 (y', z', w')의 개수와 같으므로

$_3H_{13}=_{15}C_{13}=_{15}C_2=105$

따라서 이때의 순서쌍 (x, y, z, w)의 개수는

$2\times105=210$

(ii) $x=\pm2$일 때

$4+y'+z'+w'=14$이므로

$y'+z'+w'=10$

순서쌍 (y, z, w)의 개수는 $y'+z'+w'=10$을 만족시키는 음이 아닌 정수 y', z', w'의 순서쌍 (y', z', w')의 개수와 같으므로

$_3H_{10}=_{12}C_{10}=_{12}C_2=66$

따라서 이때의 순서쌍 (x, y, z, w)의 개수는

$2\times66=132$

(iii) $x=\pm3$일 때

$9+y'+z'+w'=14$이므로

$y'+z'+w'=5$

순서쌍 (y, z, w)의 개수는 $y'+z'+w'=5$를 만족시키는 음이 아닌 정수 y', z', w'의 순서쌍 (y', z', w')의 개수와 같으므로

$_3H_5=_7C_5=_7C_2=21$

따라서 이때의 순서쌍 (x, y, z, w)의 개수는

$2\times21=42$

(i)~(iii)에서 순서쌍 (x, y, z, w)의 개수는

$210+132+42=384$

0233

답 ②

(i) 토끼 인형 2개를 한 학생에게 모두 주는 경우

토끼 인형을 받을 한 학생을 선택하는 경우의 수는

$_3C_1=3$

이 학생에게 토끼 인형 2개를 주는 경우의 수는 1이다.

이제 나머지 두 학생에게 곰 인형을 각각 1개씩 먼저 나누어 준 후, 남은 곰 인형 3개를 3명의 학생에게 나누어 주면 된다.

곰 인형 3개를 3명의 학생에게 나누어 주는 경우의 수는 서로 다른 3개에서 3개를 택하는 중복조합의 수와 같으므로

$_3H_3=_5C_3=_5C_2=10$

따라서 이때의 경우의 수는

$3\times1\times10=30$

(ii) 토끼 인형 2개를 두 학생에게 각각 1개씩 나누어 주는 경우

토끼 인형을 받을 두 학생을 선택하는 경우의 수는

$_3C_2=3$

이 두 학생에게 토끼 인형 2개를 1개씩 나누어 주는 경우의 수는

$2!=2$

이제 나머지 한 학생에게 곰 인형을 1개 먼저 나누어 준 후, 남은 곰 인형 4개를 3명의 학생에게 나누어 주면 된다.

곰 인형 4개를 3명의 학생에게 나누어 주는 경우의 수는 서로 다른 3개에서 4개를 택하는 중복조합의 수와 같으므로

$_3H_4=_6C_4=_6C_2=15$

따라서 이때의 경우의 수는

$3\times2\times15=90$

(i), (ii)에서 구하는 경우의 수는

$30+90=120$

0234

답 56

5번의 시행에서 이웃한 두 상자 (A, B), (B, C), (C, D), (D, E)를 각각 x, y, z, w (x, y, z, w는 음이 아닌 정수)번 선택했다고 하면

$a=x$

$b=x+y$

$c=y+z$

$d=z+w$

$e=w$

$a+b+c+d+e=10$이므로

$x+(x+y)+(y+z)+(z+w)+w=10$

$\therefore x+y+z+w=5$

따라서 구하는 순서쌍 (a, b, c, d, e)의 개수는 $x+y+z+w=5$를 만족시키는 음이 아닌 정수 x, y, z, w의 순서쌍 (x, y, z, w)의 개수와 같으므로

$_4H_5=_8C_5=_8C_3=56$

0235

답 ③

조건 (나)에서 $d\leq4$이므로 가능한 d의 값은 0, 1, 2, 3, 4의 5개이다.

또한 $c\geq d$에서 $c-d\geq0$이므로 $c-d=e$로 놓으면 조건 (가)에서

$a+b+e=9$ (단, a, b, e는 음이 아닌 정수이다.)

$a+b+e=9$를 만족시키는 음이 아닌 정수 a, b, e의 순서쌍 (a, b, e)의 개수는

$_3H_9=_{11}C_9=_{11}C_2=55$

따라서 구하는 순서쌍 (a, b, c, d)의 개수는

$5\times55=275$

다른 풀이

$a+b+c-d=9$에서

$a+b+c=d+9$ $\cdots\cdots$ ㉠

d는 음이 아닌 정수이고, $d\leq4$이므로

$d=0, 1, 2, 3, 4$

(ⅰ) $d=0$일 때

  ㉠에서 $a+b+c=9$

  조건 ㈏에서 $c \geq d$이므로

  $c \geq 0$

  $a+b+c=9$를 만족시키는 음이 아닌 정수 a, b, c의 순서쌍

  (a, b, c)의 개수는

  $_3H_9=_{11}C_9=_{11}C_2=55$

(ⅱ) $d=1$일 때

  ㉠에서 $a+b+c=10$

  조건 ㈏에서 $c \geq d$이므로

  $c \geq 1$

  $c=c'+1$로 놓으면

  $a+b+(c'+1)=10$ (단, c'은 음이 아닌 정수이다.)

  $\therefore a+b+c'=9$

  $a+b+c'=9$를 만족시키는 음이 아닌 정수 a, b, c'의 순서쌍

  (a, b, c')의 개수는

  $_3H_9=55$

(ⅲ) $d=2$일 때

  ㉠에서 $a+b+c=11$

  조건 ㈏에서 $c \geq d$이므로

  $c \geq 2$

  $c=c'+2$로 놓으면

  $a+b+(c'+2)=11$ (단, c'은 음이 아닌 정수이다.)

  $\therefore a+b+c'=9$

  $a+b+c'=9$를 만족시키는 음이 아닌 정수 a, b, c'의 순서쌍

  (a, b, c')의 개수는

  $_3H_9=55$

(ⅳ) $d=3$일 때

  ㉠에서 $a+b+c=12$

  조건 ㈏에서 $c \geq d$이므로

  $c \geq 3$

  $c=c'+3$으로 놓으면

  $a+b+(c'+3)=12$ (단, c'은 음이 아닌 정수이다.)

  $\therefore a+b+c'=9$

  $a+b+c'=9$를 만족시키는 음이 아닌 정수 a, b, c'의 순서쌍

  (a, b, c')의 개수는

  $_3H_9=55$

(ⅴ) $d=4$일 때

  ㉠에서 $a+b+c=13$

  조건 ㈏에서 $c \geq d$이므로

  $c \geq 4$

  $c=c'+4$로 놓으면

  $a+b+(c'+4)=13$ (단, c'은 음이 아닌 정수이다.)

  $\therefore a+b+c'=9$

  $a+b+c'=9$를 만족시키는 음이 아닌 정수 a, b, c'의 순서쌍

  (a, b, c')의 개수는

  $_3H_9=55$

(ⅰ)~(ⅴ)에서 구하는 순서쌍 (a, b, c, d)의 개수는

  $55 \times 5=275$

0236 답 ①

$(x-\sqrt{2})^3(x+\sqrt{2})^9=(x-\sqrt{2})^3(x+\sqrt{2})^3(x+\sqrt{2})^6$
$\qquad =(x^2-2)^3(x+\sqrt{2})^6$

$(x+\sqrt{2})^6$의 전개식의 일반항은

$_6C_r x^{6-r}(\sqrt{2})^r=_6C_r(\sqrt{2})^r x^{6-r}$ (단, $r=0, 1, 2, \cdots, 6$)

따라서 $(x+\sqrt{2})^6$의 전개식에서 계수가 유리수인 경우는 r의 값이

0, 2, 4, 6인 경우이다.

(ⅰ) $r=0$일 때, $_6C_0 \times (\sqrt{2})^0=1$

(ⅱ) $r=2$일 때, $_6C_2 \times (\sqrt{2})^2=30$

(ⅲ) $r=4$일 때, $_6C_4 \times (\sqrt{2})^4=60$

(ⅳ) $r=6$일 때, $_6C_6 \times (\sqrt{2})^6=8$

(ⅰ)~(ⅳ)에서 $(x+\sqrt{2})^6$의 전개식에서 상수항을 포함한 계수가 유리수인 모든 항의 계수의 합은

$1+30+60+8=99$

또한 $(x^2-2)^3$의 전개식에서 계수는 모두 유리수이므로

$(x^2-2)^3$의 전개식에서 상수항을 포함한 모든 항의 계수의 합은

$x=1$을 대입하면

$(1^2-2)^3=-1$

따라서 $(x-\sqrt{2})^3(x+\sqrt{2})^9$의 전개식에서 상수항을 포함한 계수가

유리수인 모든 항의 계수의 합은

$99 \times (-1)=-99$

> **참고**
>
> $(x^2-2)^3=a_6x^6+a_5x^5+a_4x^4+\cdots+a_0$이라 하면
> $a_6+a_5+a_4+\cdots+a_0$의 값은 $(x^2-2)^3$에 $x=1$을 대입하여 구할 수 있다.

0237 답 ④

다항식 $(x+y+z)^6$을 전개했을 때 나타나는 항은

$kx^a y^b z^c$ (k는 실수, a, b, c는 0 이상 6 이하의 정수)

꼴이므로

$a+b+c=6$ ⋯⋯ ㉠

조건 ㈎에 의하여

$b=1, 2, 3, \cdots, 6$ ⋯⋯ ㉡

조건 ㈏에 의하여 $b \neq c$

$b=b'+1$로 놓으면

$a+(b'+1)+c=6$

$\therefore a+b'+c=5$ (단, $b'=0, 1, 2, \cdots, 5$) ⋯⋯ ㉢

㉠, ㉡을 동시에 만족시키는 순서쌍 (a, b, c)의 개수는 ㉢을 만족시키는 음이 아닌 정수 a, b', c의 순서쌍 (a, b', c)의 개수와 같으므로

$_3H_5=_7C_5=_7C_2=21$

$b=c$일 때, $a+2b=6$, $b \geq 1$이므로 이를 만족시키는 순서쌍 (a, b, c)의 개수는

$(4, 1, 1), (2, 2, 2), (0, 3, 3)$

의 3이다.

따라서 구하는 서로 다른 항의 개수는

$21-3=18$

0238
답 ④

$f(x-1)=\sum_{k=0}^{20} x^k$에서 $x-1=t$로 놓으면

$$f(t)=\sum_{k=0}^{20}(t+1)^k$$
$$=\frac{(t+1)^{21}-1}{(t+1)-1}$$
$$=\frac{(t+1)^{21}-1}{t}$$

$$\therefore f(x)=\frac{(x+1)^{21}-1}{x} \qquad \cdots\cdots \ \ominus$$

$f(x)=\sum_{k=0}^{20} a_k x^k$에서 a_{10}, a_{11}은 각각 x^{10}, x^{11}의 계수이다.

x^{10}의 계수는 $\ominus$의 $(x+1)^{21}$의 전개식에서 x^{11}의 계수와 같고, x^{11}의 계수는 $\ominus$의 $(x+1)^{21}$의 전개식에서 x^{12}의 계수와 같다.

$(x+1)^{21}$의 전개식의 일반항은

$_{21}C_r x^{21-r}$ (단, $r=0, 1, 2, \cdots, 21$)

x^{11}항은 $r=10$일 때이므로 x^{11}의 계수는 $_{21}C_{10}$

x^{12}항은 $r=9$일 때이므로 x^{12}의 계수는 $_{21}C_9$

$_{n-1}C_{r-1}+{}_{n-1}C_r={}_nC_r$ ($r=1, 2, 3, \cdots, n-1$)이므로

$a_{10}+a_{11}={}_{21}C_{10}+{}_{21}C_9$
$\qquad\quad={}_{22}C_{10}$

0239
답 37

학생 A는 빵을 1개 이상 받아야 하고, 빵만 받는 학생은 없으므로 A에게 반드시 우유 1개를 주어야 한다. 즉, 구하는 경우의 수는 빵 1개, 우유 1개를 A에게 준 후, 남은 빵 2개와 우유 3개를 세 학생에게 나누어 주는 경우의 수와 같다.

학생 A에게 주는 빵의 개수에 따라 다음과 같이 경우를 나눌 수 있다.

(i) 남은 빵 2개를 모두 A에게 주는 경우

남은 우유 3개를 세 학생에게 나누어 주면 되므로 경우의 수는

$_3H_3={}_5C_3={}_5C_2=10$

(ii) 남은 빵 2개 중 1개를 A에게 주는 경우

빵 1개를 B 또는 C에게 나누어 주는 경우의 수는 2이다.

이때 빵을 받은 학생은 반드시 우유를 받아야 하므로 빵을 받은 학생에게 우유 1개를 준 후, 남은 우유 2개를 세 학생에게 나누어 주는 경우의 수는

$_3H_2={}_4C_2=6$

따라서 구하는 경우의 수는

$2\times6=12$

(iii) 남은 빵을 A에게 주지 않는 경우

ⓐ 남은 빵 2개를 B, C 중 1명에게만 주는 경우

빵 2개를 B 또는 C에게 나누어 주는 경우의 수는 2이다.

이때 빵을 받은 학생은 반드시 우유를 받아야 하므로 빵을 받은 학생에게 우유 1개를 준 후, 남은 우유 2개를 세 학생에게 나누어 주는 경우의 수는

$_3H_2={}_4C_2=6$

따라서 남은 빵 2개를 B, C 중 1명에게만 주는 경우의 수는

$2\times6=12$

ⓑ 남은 빵 2개를 B, C에게 하나씩 나누어 주는 경우

빵을 받은 학생은 반드시 우유를 받아야 하므로 B, C에게 우유를 1개씩 준 후, 남은 우유 1개를 세 학생에게 나누어 주는 경우의 수는 3이다.

ⓐ, ⓑ에서 구하는 경우의 수는

$12+3=15$

(i)~(iii)에서 구하는 경우의 수는

$10+12+15=37$

0240
답 ②

$(1+x)^{10}={}_{10}C_0+{}_{10}C_1 x+{}_{10}C_2 x^2+\cdots+{}_{10}C_{10}x^{10}$
$(1-x)^{10}={}_{10}C_0-{}_{10}C_1 x+{}_{10}C_2 x^2-\cdots+{}_{10}C_{10}x^{10}$

$(1+x)^{10}(1-x)^{10}$의 전개식에서 x^{10}의 계수는

${}_{10}C_0\times{}_{10}C_{10}-{}_{10}C_1\times{}_{10}C_9+{}_{10}C_2\times{}_{10}C_8$
$\qquad\qquad\qquad -\cdots-{}_{10}C_9\times{}_{10}C_1+{}_{10}C_{10}\times{}_{10}C_0$
$={}_{10}C_0\times{}_{10}C_0-{}_{10}C_1\times{}_{10}C_1+{}_{10}C_2\times{}_{10}C_2$
$\qquad\qquad -\cdots-{}_{10}C_9\times{}_{10}C_9+{}_{10}C_{10}\times{}_{10}C_{10}$ (∵ 조건 ㈏)
$=({}_{10}C_0)^2-({}_{10}C_1)^2+({}_{10}C_2)^2-\cdots-({}_{10}C_9)^2+({}_{10}C_{10})^2$

$(1-x^2)^{10}$의 전개식의 일반항은

$_{10}C_s(-x^2)^s={}_{10}C_s(-1)^s x^{2s}$ (단, $s=0, 1, 2, \cdots, 10$)

이때 x^{10}항은 $s=5$일 때이므로 $(1-x^2)^{10}$의 전개식에서 x^{10}의 계수는

$_{10}C_5(-1)^5=-{}_{10}C_5$

조건 ㈎에 의하여 $(1-x^2)^{10}$의 전개식에서 x^{10}의 계수와 $(1+x)^{10}(1-x)^{10}$의 전개식에서 x^{10}의 계수는 같으므로

$({}_{10}C_0)^2-({}_{10}C_1)^2+({}_{10}C_2)^2-\cdots-({}_{10}C_9)^2+({}_{10}C_{10})^2=-{}_{10}C_5$

0241
답 84

조건 ㈎에서 $x_n\leq x_{n+1}-2$이므로

$n=1$일 때, $x_1\leq x_2-2$

$n=2$일 때, $x_2\leq x_3-2$

x_1은 음이 아닌 정수이고 조건 ㈏에서 $x_3\leq10$이므로

$0\leq x_1\leq x_2-2\leq x_3-4\leq6 \qquad \cdots\cdots \ \ominus$

이때 구하는 순서쌍 (x_1, x_2, x_3)의 개수는 순서쌍 (x_1, x_2-2, x_3-4)의 개수와 같다.

$0, 1, 2, \cdots, 6$의 7개의 정수 중에서 중복을 허락하여 3개를 선택하는 경우의 수는

$_7H_3={}_9C_3=84$

선택한 3개의 수를 작거나 같은 수부터 차례대로 x_1, x_2-2, x_3-4의 값으로 정하면 $\ominus$을 만족시킨다.

따라서 구하는 순서쌍 (x_1, x_2, x_3)의 개수는 84이다.

0242

두 조건 (개), (내)에 의하여 $f(1)$의 값에 따라 경우를 나누어 함수의 개수를 구할 수 있다.

(i) $f(1)=1$인 경우

조건 (개)에서 $f(f(1))=f(1)=4$이므로 모순이다.

(ii) $f(1)=2$인 경우

조건 (개)에서 $f(f(1))=f(2)=4$

조건 (내)에서 $f(3)$과 $f(5)$의 값을 정하는 경우의 수는 2, 3, 4, 5의 4개에서 2개를 택하는 중복조합의 수와 같으므로

$_4H_2={}_5C_2=10$

$f(4)$의 값을 정하는 경우의 수는

$_5C_1=5$

따라서 이때의 경우의 수는

$10 \times 5 = 50$

(iii) $f(1)=3$인 경우

조건 (개)에서 $f(f(1))=f(3)=4$

조건 (내)에서 $f(5)$의 값이 될 수 있는 것은 4, 5의 2가지이다.

$f(2)$와 $f(4)$의 값을 정하는 경우의 수는

$_5C_1 \times {}_5C_1 = 25$

따라서 이때의 경우의 수는

$2 \times 25 = 50$

(iv) $f(1)=4$인 경우

조건 (개)에서 $f(f(1))=f(4)=4$

조건 (내)에서 $f(3)$과 $f(5)$의 값을 정하는 경우의 수는 4, 5의 2개에서 2개를 택하는 중복조합의 수와 같으므로

$_2H_2={}_3C_2={}_3C_1=3$

$f(2)$의 값을 정하는 경우의 수는

$_5C_1=5$

따라서 이때의 경우의 수는

$3 \times 5 = 15$

(v) $f(1)=5$인 경우

조건 (개)에서 $f(f(1))=f(5)=4$

그런데 $f(1)>f(5)$이므로 조건 (내)를 만족시키지 않는다.

(i)~(v)에서 구하는 함수의 개수는

$50+50+15=115$

0243

답 299

전체집합 $U=\{x \,|\, x$는 25 이하의 자연수$\}$의 원소 중 홀수는 13개, 짝수는 12개이다.

전체집합 U의 홀수인 원소 13개 중에서 7개 이상의 홀수를 택하는 경우의 수는

$_{13}C_7+{}_{13}C_8+{}_{13}C_9+\cdots+{}_{13}C_{13}$

이때 $_nC_r={}_nC_{n-r}$ $(r=0, 1, 2, \cdots, n)$이므로

$_{13}C_7+{}_{13}C_8+{}_{13}C_9+\cdots+{}_{13}C_{13}={}_{13}C_6+{}_{13}C_5+{}_{13}C_4+\cdots+{}_{13}C_0$

이항계수의 성질에 의하여

$_{13}C_0+{}_{13}C_1+{}_{13}C_2+\cdots+{}_{13}C_{13}=2^{13}$이므로

$_{13}C_7+{}_{13}C_8+{}_{13}C_9+\cdots+{}_{13}C_{13}=2^{13} \times \dfrac{1}{2}=2^{12}$

전체집합 U의 짝수인 원소 12개 중에서 3개 이하의 짝수를 택하는 경우의 수는

$_{12}C_0+{}_{12}C_1+{}_{12}C_2+{}_{12}C_3=1+12+66+220$

$=299$

따라서 구하는 모든 집합 X의 개수는

$({}_{13}C_7+{}_{13}C_8+{}_{13}C_9+\cdots+{}_{13}C_{13}) \times ({}_{12}C_0+{}_{12}C_1+{}_{12}C_2+{}_{12}C_3)$

$=299 \times 2^{12}$

$\therefore k=299$

II 확률

유형별 문제

PART **A** **03 확률의 뜻과 활용**

유형 01 시행과 사건

확인 문제 (1) {1, 2, 4, 7}　　(2) {1}
　　　　　(3) {3, 5, 6, 7, 8}　(4) {2, 3, 4, 5, 6, 8}

표본공간을 S라 하면
$S=\{1, 2, 3, 4, 5, 6, 7, 8\}$, $A=\{1, 2, 4\}$, $B=\{1, 7\}$
(1) $A\cup B=\{1, 2, 4, 7\}$
(2) $A\cap B=\{1\}$
(3) $A^C=\{3, 5, 6, 7, 8\}$
(4) $B^C=\{2, 3, 4, 5, 6, 8\}$

0244

답 ③

표본공간을 S라 하면
$S=\{1, 2, 3, \cdots, 20\}$, $A=\{3, 6, 9, 12, 15, 18\}$,
$B=\{2, 3, 5, 7, 11, 13, 17, 19\}$, $C=\{7, 14\}$
이므로
$A\cap B=\{3\}$, $B\cap C=\{7\}$, $C\cap A=\varnothing$
따라서 서로 배반사건인 것은 ㄷ이다.

0245

답 ②

동전의 앞면을 H, 뒷면을 T로 나타내면
$S=\{HHH, HHT, HTH, THH, HTT, THT, TTH, TTT\}$
$A=\{HTT, THT, TTH\}$
이므로
$S\cap A^C=\{HHH, HHT, HTH, THH, TTT\}$
$\therefore n(S\cap A^C)=5$

0246

답 ④

$S=\{1, 2, 3, \cdots, 12\}$
① $A=\{1, 2, 3, 6\}$ (참)
② $B=\{1, 2, 5, 10\}$이므로
　$A\cup B=\{1, 2, 3, 5, 6, 10\}$ (참)
③ $A^C=\{4, 5, 7, 8, 9, 10, 11, 12\}$이므로
　$A^C\cap B=\{5, 10\}$ (참)
④ $B^C=\{3, 4, 6, 7, 8, 9, 11, 12\}$이므로
　$n(S)-n(B^C)=12-8=4$ (거짓)

⑤ $A^C\cup B^C=\{3, 4, 5, 6, 7, 8, 9, 10, 11, 12\}$이므로
　$n(A^C\cup B^C)=10$ (참)
따라서 옳지 않은 것은 ④이다.

다른 풀이
⑤ $A^C\cup B^C=(A\cap B)^C$이고 $A\cap B=\{1, 2\}$이므로
　$n(A^C\cup B^C)=n((A\cap B)^C)$
　　　　　　　　$=n(S)-n(A\cap B)$
　　　　　　　　$=12-2=10$

🔊 Bible Says　**드모르간의 법칙**

전체집합 U의 두 부분집합 A, B에 대하여
$$(A\cup B)^C=A^C\cap B^C,\ (A\cap B)^C=A^C\cup B^C$$

0247

답 8

사건 A와 배반사건인 사건은 A^C의 부분집합이고, 사건 B와 배반사건인 사건은 B^C의 부분집합이므로 두 사건 A, B와 모두 배반사건인 사건은 $A^C\cap B^C$의 부분집합이다.

‧‧‧ ❶

이때 $S=\{1, 2, 3, \cdots, 10\}$, $A=\{4, 8\}$, $B=\{1, 3, 5, 7, 9\}$이므로
$A^C\cap B^C=\{1, 2, 3, 5, 6, 7, 9, 10\}\cap\{2, 4, 6, 8, 10\}$
　　　　　$=\{2, 6, 10\}$

‧‧‧ ❷

따라서 사건 C의 개수는
$2^3=8$

‧‧‧ ❸

채점 기준	배점
❶ 두 사건 A, B와 모두 배반사건인 사건의 조건 구하기	40%
❷ $A^C\cap B^C$ 구하기	40%
❸ 사건 C의 개수 구하기	20%

🔊 Bible Says　**부분집합의 개수**

집합 $A=\{a_1, a_2, a_3, \cdots, a_n\}$에 대하여
(1) 집합 A의 부분집합의 개수 ➡ 2^n
(2) 집합 A의 진부분집합의 개수 ➡ 2^n-1

0248

답 ④

나오는 두 눈의 수를 순서쌍으로 나타내면
$A=\{(1, 1), (1, 2), (1, 3), (1, 4), (1, 5), (1, 6), (2, 2),$
　　$(2, 4), (2, 6), (3, 3), (3, 6), (4, 4), (5, 5), (6, 6)\}$
$B=\{(2, 6), (3, 5), (4, 4), (5, 3), (6, 2)\}$
$C=\{(1, 4), (2, 5), (3, 6), (4, 1), (5, 2), (6, 3)\}$
$D=\{(1, 2), (2, 4), (3, 6)\}$
① $A\cap B=\{(2, 6), (4, 4)\}$
　즉, $A\cap B\neq\varnothing$이므로 두 사건 A, B는 서로 배반사건이 아니다.
② $A\cap C=\{(1, 4), (3, 6)\}$
　즉, $A\cap C\neq\varnothing$이므로 두 사건 A, C는 서로 배반사건이 아니다.
③ $A\cap D=\{(1, 2), (2, 4), (3, 6)\}$
　즉, $A\cap D\neq\varnothing$이므로 두 사건 A, D는 서로 배반사건이 아니다.

④ $B \cap C = \varnothing$이므로 두 사건 B, C는 서로 배반사건이다.

⑤ $C \cap D = \{(3, 6)\}$

즉, $C \cap D \neq \varnothing$이므로 두 사건 C, D는 서로 배반사건이 아니다.

따라서 서로 배반사건인 것끼리 짝 지어진 것은 ④이다.

유형 02 수학적 확률

확인 문제   (1) $\dfrac{1}{8}$ (2) $\dfrac{3}{8}$

서로 다른 세 개의 동전을 동시에 던질 때 나오는 모든 경우의 수는

$2 \times 2 \times 2 = 8$

동전의 앞면을 H, 뒷면을 T라 하자.

(1) 모두 앞면이 나오는 경우는

　　HHH

　　의 1가지이므로 구하는 확률은 $\dfrac{1}{8}$

(2) 앞면이 2개 나오는 경우는

　　HHT, HTH, THH

　　의 3가지이므로 구하는 확률은 $\dfrac{3}{8}$

0249

답 ③

서로 다른 두 개의 주사위를 동시에 던질 때 나오는 모든 경우의 수는

$6 \times 6 = 36$

나오는 두 눈의 수의 합이 4의 배수가 되는 경우를 순서쌍으로 나타내면 다음과 같다.

(ⅰ) 두 눈의 수의 합이 4가 되는 경우

　　$(1, 3)$, $(2, 2)$, $(3, 1)$의 3가지

(ⅱ) 두 눈의 수의 합이 8이 되는 경우

　　$(2, 6)$, $(3, 5)$, $(4, 4)$, $(5, 3)$, $(6, 2)$의 5가지

(ⅲ) 두 눈의 수의 합이 12가 되는 경우

　　$(6, 6)$의 1가지

(ⅰ)~(ⅲ)에서 나오는 두 눈의 수의 합이 4의 배수가 되는 경우의 수는

$3 + 5 + 1 = 9$

따라서 구하는 확률은

$\dfrac{9}{36} = \dfrac{1}{4}$

0250

답 ⑤

정사면체 모양의 주사위를 두 번 던질 때 나오는 모든 경우의 수는

$4 \times 4 = 16$

바닥에 닿은 면에 적혀 있는 두 수의 곱이 홀수가 되려면 두 수 모두 홀수이어야 하므로 그 경우의 수는

$3 \times 3 = 9$

따라서 구하는 확률은 $\dfrac{9}{16}$

0251

답 ③

두 수 a, b를 선택하는 모든 경우의 수는

$4 \times 4 = 16$

$a \times b > 31$을 만족시키는 a, b의 순서쌍 (a, b)는

$(5, 8)$, $(7, 6)$, $(7, 8)$

의 3가지이다.

따라서 구하는 확률은 $\dfrac{3}{16}$

0252

답 ④

집합 A의 부분집합의 개수는

$2^5 = 32$

0과 2는 반드시 원소로 갖고, -1은 원소로 갖지 않는 집합 A의 부분집합의 개수는

$2^{5-(2+1)} = 2^2 = 4$

따라서 구하는 확률은

$\dfrac{4}{32} = \dfrac{1}{8}$

Bible Says 특정한 원소를 갖거나 갖지 않는 부분집합의 개수

집합 $A = \{a_1, a_2, a_3, \cdots, a_n\}$에 대하여

(1) 집합 A의 특정한 원소 p개를 반드시 원소로 갖는 부분집합의 개수

➡ 2^{n-p} (단, $p < n$)

(2) 집합 A의 특정한 원소 q개를 원소로 갖지 않는 부분집합의 개수

➡ 2^{n-q} (단, $q < n$)

(3) 집합 A의 특정한 원소 p개는 반드시 원소로 갖고, 특정한 원소 q개는 원소로 갖지 않는 부분집합의 개수

➡ $2^{n-(p+q)}$ (단, $p+q < n$)

0253

답 $\dfrac{5}{9}$

서로 다른 두 개의 주사위 A, B를 동시에 던질 때 나오는 모든 경우의 수는

$6 \times 6 = 36$

❶

이차방정식 $x^2 - 2ax + 3b = 0$이 서로 다른 두 실근을 가지려면 이 이차방정식의 판별식을 D라 할 때, $D > 0$이어야 하므로

$\dfrac{D}{4} = (-a)^2 - 3b > 0$

$\therefore a^2 > 3b$

❷

$a^2 > 3b$를 만족시키는 a, b의 순서쌍 (a, b)는

$(2, 1)$, $(3, 1)$, $(4, 1)$, $(5, 1)$, $(6, 1)$,

$(3, 2)$, $(4, 2)$, $(5, 2)$, $(6, 2)$,

$(4, 3)$, $(5, 3)$, $(6, 3)$,

$(4, 4)$, $(5, 4)$, $(6, 4)$,

$(4, 5)$, $(5, 5)$, $(6, 5)$,

$(5, 6)$, $(6, 6)$

의 20가지이다.

따라서 구하는 확률은

$$\frac{20}{36} = \frac{5}{9}$$

                                               ❸

채점 기준	배점
❶ 모든 경우의 수 구하기	20%
❷ 이차방정식이 서로 다른 두 실근을 가질 조건 구하기	30%
❸ 이차방정식이 서로 다른 두 실근을 가질 확률 구하기	50%

🔊 **Bible Says** 이차방정식의 근의 조건

이차방정식 $ax^2+bx+c=0$의 판별식을 $D=b^2-4ac$라 하면
(1) 실근을 가질 조건 ➡ $D \geq 0$
(2) 서로 다른 두 실근을 가질 조건 ➡ $D > 0$
(3) 실근을 갖지 않을 조건 ➡ $D < 0$
이차방정식이 $ax^2+2b'x+c=0$ 꼴일 경우 $\frac{D}{4}=b'^2-ac$를 이용하면 편리하다.

0254
답 ②

24의 모든 양의 약수는
1, 2, 3, 4, 6, 8, 12, 24의 8개
50의 모든 양의 약수는
1, 2, 5, 10, 25, 50의 6개
따라서 두 수 a, b를 택하는 모든 경우의 수는
$8 \times 6 = 48$
$i^a+i^b=0$을 만족시키는 두 수 a, b를 순서쌍 (a, b)로 나타내면 다음과 같다.
(i) $i^a=i$, $i^b=-i$인 경우
  $i^b=-i$를 만족시키는 b의 값이 존재하지 않는다.
(ii) $i^a=-i$, $i^b=i$인 경우
  $(3, 1)$, $(3, 5)$, $(3, 25)$의 3가지
(iii) $i^a=1$, $i^b=-1$인 경우
  $(4, 2)$, $(4, 10)$, $(4, 50)$, $(8, 2)$, $(8, 10)$, $(8, 50)$, $(12, 2)$, $(12, 10)$, $(12, 50)$, $(24, 2)$, $(24, 10)$, $(24, 50)$의 12가지
(iv) $i^a=-1$, $i^b=1$인 경우
  $i^b=1$을 만족시키는 b의 값이 존재하지 않는다.
(i)~(iv)에서 $i^a+i^b=0$을 만족시키는 경우의 수는
$3+12=15$
따라서 구하는 확률은

$$\frac{15}{48} = \frac{5}{16}$$

🔊 **Bible Says** i의 거듭제곱

자연수 k에 대하여
$i^{4k-3}=i$, $i^{4k-2}=-1$, $i^{4k-1}=-i$, $i^{4k}=1$

0255
답 ①

한 개의 주사위를 세 번 던질 때 나오는 모든 경우의 수는
$6 \times 6 \times 6 = 216$

a, b, c는 각각 1부터 6까지의 자연수이므로
$(a-2)^2+(b-3)^2+(c-4)^2=2$를 만족시키려면
$(a-2)^2$, $(b-3)^2$, $(c-4)^2$ 중 하나는 0이고 나머지 두 개는 1이어야 한다.
(i) $(a-2)^2=0$, $(b-3)^2=1$, $(c-4)^2=1$인 경우
  $(a-2)^2=0$에서 $a=2$
  $(b-3)^2=1$에서 $b=2$ 또는 $b=4$
  $(c-4)^2=1$에서 $c=3$ 또는 $c=5$
  즉, 이때의 경우의 수는
  $1 \times 2 \times 2 = 4$
(ii) $(a-2)^2=1$, $(b-3)^2=0$, $(c-4)^2=1$인 경우
  $(a-2)^2=1$에서 $a=1$ 또는 $a=3$
  $(b-3)^2=0$에서 $b=3$
  $(c-4)^2=1$에서 $c=3$ 또는 $c=5$
  즉, 이때의 경우의 수는
  $2 \times 1 \times 2 = 4$
(iii) $(a-2)^2=1$, $(b-3)^2=1$, $(c-4)^2=0$인 경우
  $(a-2)^2=1$에서 $a=1$ 또는 $a=3$
  $(b-3)^2=1$에서 $b=2$ 또는 $b=4$
  $(c-4)^2=0$에서 $c=4$
  즉, 이때의 경우의 수는
  $2 \times 2 \times 1 = 4$
(i)~(iii)에서 $(a-2)^2+(b-3)^2+(c-4)^2=2$를 만족시키는 경우의 수는
$4+4+4=12$
따라서 구하는 확률은

$$\frac{12}{216} = \frac{1}{18}$$

유형 03 순열을 이용하는 확률

확인 문제   (1) $\frac{1}{5}$ (2) $\frac{2}{5}$

5명을 일렬로 세우는 경우의 수는
$5!$
(1) A가 맨 앞에 서게 되는 경우는 A를 맨 앞에 세우고 나머지 4명을 A 뒤에 세우면 되므로 그 경우의 수는
  $4!$
  따라서 구하는 확률은

$$\frac{4!}{5!} = \frac{4!}{5 \times 4!} = \frac{1}{5}$$

(2) A, B를 한 사람으로 생각할 때, 4명을 일렬로 세우는 경우의 수는 $4!$이고, A, B가 서로 자리를 바꾸는 경우의 수가 $2!$이므로 A, B가 이웃하게 서는 경우의 수는
  $4! \times 2!$
  따라서 구하는 확률은

$$\frac{4! \times 2!}{5!} = \frac{4! \times 2}{5 \times 4!} = \frac{2}{5}$$

0256

답 ②

선생님 2명과 학생 5명, 즉 7명을 일렬로 세우는 경우의 수는
7!
2명의 선생님을 양 끝에 세우는 경우의 수는
2!
가운데에 학생 5명을 일렬로 세우는 경우의 수는
5!
즉, 2명의 선생님이 양 끝에 서서 사진을 찍는 경우의 수는
$2! \times 5!$
따라서 구하는 확률은

$$\frac{2! \times 5!}{7!} = \frac{2 \times 5!}{7 \times 6 \times 5!}$$
$$= \frac{1}{21}$$

0257

답 $\frac{1}{35}$

7명의 학생을 일렬로 세우는 경우의 수는
7!
여학생 4명을 일렬로 세우는 경우의 수는
4!
여학생 사이사이의 3개의 자리에 남학생 3명을 일렬로 세우는 경우의 수는
3!
즉, 남학생 3명과 여학생 4명을 교대로 세우는 경우의 수는
$4! \times 3!$
따라서 구하는 확률은

$$\frac{4! \times 3!}{7!} = \frac{4! \times 6}{7 \times 6 \times 5 \times 4!}$$
$$= \frac{1}{35}$$

0258

답 ③

7개의 문자를 일렬로 나열하는 경우의 수는
7!
5개의 문자 r, t, i, f, y 중에서 g와 a 사이에 들어갈 3개의 문자를 택하여 일렬로 나열하는 경우의 수는
$_5P_3 = 60$
g와 a, 그 사이에 들어가는 3개의 문자를 포함한 5개의 문자를 한 문자로 생각하여 3개의 문자를 일렬로 나열하는 경우의 수는
3!
이때 g와 a가 서로 자리를 바꾸는 경우의 수는
2!
즉, g와 a 사이에 3개의 문자가 있도록 7개의 문자를 나열하는 경우의 수는
$60 \times 3! \times 2!$
따라서 구하는 확률은

$$\frac{60 \times 3! \times 2!}{7!} = \frac{60 \times 3! \times 2}{7 \times 6 \times 5 \times 4 \times 3!}$$
$$= \frac{1}{7}$$

0259

답 ③

8자루의 필기구를 일렬로 나열하는 경우의 수는
8!
3종류의 색연필을 1자루의 색연필로, 2종류의 형광펜을 1자루의 형광펜으로, 3종류의 볼펜을 1자루의 볼펜으로 생각하여 3자루의 필기구를 일렬로 나열하는 경우의 수는
3!
색연필끼리 자리를 바꾸는 경우의 수는
3!
형광펜끼리 자리를 바꾸는 경우의 수는
2!
볼펜끼리 자리를 바꾸는 경우의 수는
3!
즉, 색연필은 색연필끼리, 형광펜은 형광펜끼리, 볼펜은 볼펜끼리 이웃하도록 나열하는 경우의 수는
$3! \times 3! \times 2! \times 3!$
따라서 구하는 확률은

$$\frac{3! \times 3! \times 2! \times 3!}{8!} = \frac{6 \times 6 \times 2 \times 3!}{8 \times 7 \times 6 \times 5 \times 4 \times 3!}$$
$$= \frac{3}{280}$$

0260

답 $\frac{13}{25}$

천의 자리에는 0이 올 수 없으므로 6개의 숫자 0, 1, 2, 3, 4, 5로 만들 수 있는 네 자리 자연수의 개수는
$5 \times {}_5P_3 = 5 \times 60 = 300$

❶

네 자리 자연수가 짝수가 되는 경우는 다음과 같다.
(i) 일의 자리의 수가 0이 되는 경우
  네 자리 자연수의 개수는
  $_5P_3 = 60$
(ii) 일의 자리의 수가 2가 되는 경우
  천의 자리에는 0이 올 수 없으므로 네 자리 자연수의 개수는
  $4 \times {}_4P_2 = 4 \times 12 = 48$
(iii) 일의 자리의 수가 4가 되는 경우
  천의 자리에는 0이 올 수 없으므로 네 자리 자연수의 개수는
  $4 \times {}_4P_2 = 4 \times 12 = 48$
(i)~(iii)에서 짝수가 되는 네 자리 자연수의 개수는
$60 + 48 + 48 = 156$

❷

따라서 구하는 확률은
$$\frac{156}{300} = \frac{13}{25}$$

❸

채점 기준	배점
❶ 모든 네 자리 자연수의 개수 구하기	30%
❷ 짝수가 되는 네 자리 자연수의 개수 구하기	50%
❸ 네 자리 자연수가 짝수일 확률 구하기	20%

0261

답 ④

9장의 카드를 일렬로 나열하는 경우의 수는

$9!$

숫자가 적혀 있는 4장의 카드 중에서 2장을 택해 문자 A가 적혀 있는 카드의 양옆에 나열하는 경우의 수는

$_4\mathrm{P}_2=12$

(숫자, A, 숫자)를 한 장의 카드로 생각하여 7장의 카드를 일렬로 나열하는 경우의 수는

$7!$

즉, 문자 A가 적혀 있는 카드의 바로 양옆에 숫자가 적혀 있는 카드가 놓이는 경우의 수는

$12 \times 7!$

따라서 구하는 확률은

$$\frac{12 \times 7!}{9!} = \frac{12 \times 7!}{9 \times 8 \times 7!}$$
$$= \frac{1}{6}$$

0262

답 $\dfrac{1}{3}$

5명을 일렬로 세우는 경우의 수는

$5!=120$

❶

앞에서 두 번째에 서 있는 사람이 자신과 이웃한 두 사람보다 키가 커야 하므로 두 번째에는 키가 가장 큰 사람 또는 두 번째로 큰 사람 또는 세 번째로 큰 사람이 설 수 있다.

(ⅰ) 키가 가장 큰 사람이 두 번째에 서는 경우

나머지 4명을 일렬로 세우고 두 번째에 키가 가장 큰 사람을 세우면 되므로 그 경우의 수는

$4!=24$

(ⅱ) 키가 두 번째로 큰 사람이 두 번째에 서는 경우

키가 가장 큰 사람을 제외한 나머지 3명 중에서 2명을 택해 두 번째로 큰 사람의 바로 양 옆에 세우고 나머지 2명을 네 번째와 다섯 번째에 세우면 되므로 그 경우의 수는

$_3\mathrm{P}_2 \times 2! = 6 \times 2 = 12$

(ⅲ) 키가 세 번째로 큰 사람이 두 번째에 서는 경우

키가 가장 큰 사람과 두 번째로 큰 사람을 네 번째와 다섯 번째에 세운 후 나머지 2명을 그 앞에 일렬로 세우고 그 사이에 세 번째로 큰 사람을 세우면 되므로 그 경우의 수는

$2! \times 2! = 4$

(ⅰ)~(ⅲ)에서 앞에서 두 번째에 서는 사람이 자신과 이웃한 두 사람보다 키가 큰 경우의 수는

$24+12+4=40$

❷

따라서 구하는 확률은

$\dfrac{40}{120} = \dfrac{1}{3}$

❸

채점 기준	배점
❶ 모든 경우의 수 구하기	20%
❷ 앞에서 두 번째에 서는 사람이 자신과 이웃한 두 사람보다 키가 큰 경우의 수 구하기	60%
❸ 앞에서 두 번째에 서는 사람이 자신과 이웃한 두 사람보다 키가 클 확률 구하기	20%

유형 04 원순열을 이용하는 확률

0263

답 ②

8명이 원탁에 둘러앉는 경우의 수는

$(8-1)!=7!$

각 부부를 한 사람으로 생각할 때, 4명이 원탁에 둘러앉는 경우의 수는

$(4-1)!=3!$

이때 부부끼리 자리를 바꾸는 경우의 수는 각각

$2!$

즉, 부부끼리 이웃하여 앉는 경우의 수는

$3! \times 2! \times 2! \times 2! \times 2!$

따라서 구하는 확률은

$$\frac{3! \times 2! \times 2! \times 2! \times 2!}{7!} = \frac{3! \times 2 \times 2 \times 2 \times 2}{7 \times 6 \times 5 \times 4 \times 3!}$$
$$= \frac{2}{105}$$

0264

답 ③

6명이 원탁에 둘러앉는 경우의 수는

$(6-1)!=5!$

A, B를 한 사람으로 생각할 때, 5명이 원탁에 둘러앉는 경우의 수는

$(5-1)!=4!$

이때 A, B가 서로 자리를 바꾸는 경우의 수는

$2!$

즉, A, B가 이웃하여 앉는 경우의 수는

$4! \times 2!$

따라서 구하는 확률은

$\dfrac{4! \times 2!}{5!} = \dfrac{4! \times 2}{5 \times 4!} = \dfrac{2}{5}$

0265

답 $\dfrac{1}{5}$

7명이 원탁에 둘러앉는 경우의 수는

$(7-1)!=6!$

❶

2학년 대표 4명이 원탁에 둘러앉는 경우의 수는

$(4-1)!=3!$

2학년 대표들 사이사이의 네 자리에 1학년 대표 3명이 앉는 경우의 수는

$_4P_3=24$

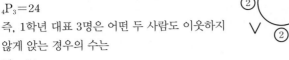

즉, 1학년 대표 3명은 어떤 두 사람도 이웃하지 않게 앉는 경우의 수는

$3! \times 24$

······· ❷

따라서 구하는 확률은

$$\frac{3! \times 24}{6!} = \frac{3! \times 24}{6 \times 5 \times 4 \times 3!} = \frac{1}{5}$$

······· ❸

채점 기준	배점
❶ 모든 경우의 수 구하기	30%
❷ 1학년 대표 3명은 어떤 두 사람도 이웃하지 않게 앉는 경우의 수 구하기	50%
❸ 1학년 대표 3명은 어떤 두 사람도 이웃하지 않게 앉을 확률 구하기	20%

0266

답 ②

10가지 색을 원판에 모두 칠하는 경우의 수는

$(10-1)!=9!$

빨간색을 칠하는 영역이 결정되면 파란색을 칠하는 영역은 그 맞은편에 고정된다. 즉, 빨간색을 칠한 맞은편에 파란색을 칠하는 경우의 수는 파란색을 제외한 나머지 9가지 색을 원판에 칠하는 경우의 수와 같으므로

$(9-1)!=8!$

따라서 구하는 확률은

$$\frac{8!}{9!} = \frac{8!}{9 \times 8!} = \frac{1}{9}$$

0267

답 ①

8가지의 나물을 원형으로 놓는 경우의 수는

$(8-1)!=7!$

시금치나물과 고사리나물을 서로 마주 보게 놓고, 남은 6개의 자리 중에서 서로 이웃하게 숙주나물과 취나물을 놓을 2자리를 택하는 경우는 오른쪽 그림과 같이 4가지가 있다.

이때 숙주나물과 취나물이 서로 자리를 바꾸는 경우의 수가 2!, 남은 4개의 자리에 나머지 나물을 놓는 경우의 수가 4!이므로 시금치나물과 고사리나물은 서로 마주 보게 놓고, 숙주나물과 취나물은 서로 이웃하게 놓는 경우의 수는

$4 \times 2! \times 4!$

따라서 구하는 확률은

$$\frac{4 \times 2! \times 4!}{7!} = \frac{4 \times 2 \times 4!}{7 \times 6 \times 5 \times 4!} = \frac{4}{105}$$

0268

답 ③

9명이 원탁에 둘러앉는 경우의 수는

$(9-1)!=8!$

그런데 정삼각형 모양의 탁자에서는 원탁에 둘러앉는 한 가지 방법에 대하여 다음 그림과 같이 3가지의 서로 다른 경우가 존재한다.

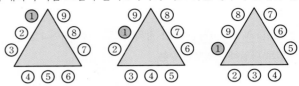

따라서 9명이 주어진 정삼각형 모양의 탁자에 둘러앉는 경우의 수는

$3 \times 8!$

A, B가 탁자의 같은 모서리에 앉으려면 같은 모서리에 있는 세 자리 중 두 자리를 골라 앉으면 되고, 이때 A, B를 제외한 7명이 나머지 7자리에 앉는 경우의 수는 7!이므로 A, B가 탁자의 같은 모서리에 앉는 경우의 수는

$_3P_2 \times 7! = 6 \times 7!$

따라서 구하는 확률은

$$\frac{6 \times 7!}{3 \times 8!} = \frac{6 \times 7!}{3 \times 8 \times 7!} = \frac{1}{4}$$

유형 **05** 중복순열을 이용하는 확률

0269

답 ②

1부터 7까지의 자연수 중에서 중복을 허락하여 4개의 수를 뽑아 만들 수 있는 네 자리 자연수의 개수는

$_7\Pi_4 = 7^4$

네 자리 자연수가 5의 배수가 되려면 일의 자리의 숫자가 될 수 있는 것은 5의 1개, 천의 자리의 숫자, 백의 자리의 숫자, 십의 자리의 숫자를 택하는 경우의 수는 $_7\Pi_3 = 7^3$이므로 5의 배수가 되는 네 자리 자연수의 개수는

$1 \times 7^3 = 7^3$

따라서 구하는 확률은

$$\frac{7^3}{7^4} = \frac{1}{7}$$

0270

답 $\frac{1}{16}$

3명의 등산객이 4개의 등산 코스 중에서 임의로 한 등산 코스를 선택하는 경우의 수는

$_4\Pi_3 = 4^3 = 64$

3명이 모두 같은 등산 코스를 선택하는 경우의 수는

$_4C_1 = 4$

따라서 구하는 확률은

$$\frac{4}{64} = \frac{1}{16}$$

0271
답 ③

3명이 5편의 영화 중에서 임의로 한 편의 영화를 선택하는 경우의 수는

$_5\Pi_3 = 5^3 = 125$

3명이 서로 다른 영화를 선택하는 경우의 수는

$_5P_3 = 60$

따라서 구하는 확률은

$\dfrac{60}{125} = \dfrac{12}{25}$

0272
답 ④

1부터 6까지의 자연수 중에서 중복을 허락하여 3개의 수를 뽑아 만들 수 있는 세 자리 자연수의 개수는

$_6\Pi_3 = 6^3 = 216$

1부터 6까지의 자연수 중에서 홀수는 1, 3, 5의 3개이고 각 자리의 숫자의 곱이 홀수이려면 각 자리의 숫자가 모두 홀수이어야 하므로 그 경우의 수는

$_3\Pi_3 = 3^3 = 27$

따라서 구하는 확률은

$\dfrac{27}{216} = \dfrac{1}{8}$

0273
답 $\dfrac{5}{81}$

5명이 가위바위보를 한 번 할 때 나오는 모든 경우의 수는

$_3\Pi_5 = 3^5 = 243$

❶

이기는 4명을 정하는 경우는 지는 한 명을 정하는 경우와 같으므로 5가지이고, 이기는 4명이 가위, 바위, 보 중에서 어느 하나를 냈을 때 나머지 한 명이 내는 것은 각각 보, 가위, 바위로 정해지므로 4명이 이기는 경우의 수는

$5 \times 3 = 15$

❷

따라서 구하는 확률은

$\dfrac{15}{243} = \dfrac{5}{81}$

❸

채점 기준	배점
❶ 모든 경우의 수 구하기	30%
❷ 4명이 이기는 경우의 수 구하기	50%
❸ 4명이 이길 확률 구하기	20%

0274
답 ③

숫자 1, 2, 3, 4, 5 중에서 중복을 허락하여 4개를 택해 일렬로 나열하여 만들 수 있는 모든 네 자리 자연수의 개수는

$_5\Pi_4 = 5^4 = 625$

이때 만들어진 네 자리 자연수 중 3500보다 큰 수는

$35\square\square$, $4\square\square\square$, $5\square\square\square$

꼴이다.

$35\square\square$ 꼴인 수의 개수는

$_5\Pi_2 = 5^2 = 25$

$4\square\square\square$ 꼴인 수의 개수는

$_5\Pi_3 = 5^3 = 125$

$5\square\square\square$ 꼴인 수의 개수는

$_5\Pi_3 = 5^3 = 125$

즉, 3500보다 큰 네 자리 자연수의 개수는

$25 + 125 + 125 = 275$

따라서 구하는 확률은

$\dfrac{275}{625} = \dfrac{11}{25}$

0275
답 $\dfrac{54}{125}$

다섯 개의 숫자 2, 3, 4, 5, 6 중에서 중복을 허락하여 임의로 세 수를 택하는 경우의 수는

$_5\Pi_3 = 5^3 = 125$

다섯 개의 숫자 2, 3, 4, 5, 6 중에서 짝수는 2, 4, 6의 3개, 홀수는 3, 5의 2개이므로 $ab+c$의 값이 홀수인 경우는 다음과 같다.

(ⅰ) ab는 짝수, c는 홀수인 경우

ab가 짝수가 되려면 a, b가 모두 홀수인 경우를 제외해야 하므로 그 경우의 수는

$_5\Pi_2 - _2\Pi_2 = 5^2 - 2^2 = 25 - 4 = 21$

c가 홀수인 경우의 수는 2

즉, ab는 짝수, c는 홀수인 경우의 수는

$21 \times 2 = 42$

(ⅱ) ab는 홀수, c는 짝수인 경우

ab가 홀수가 되려면 a, b가 모두 홀수이어야 하므로 그 경우의 수는

$_2\Pi_2 = 2^2 = 4$

c가 짝수인 경우의 수는 3

즉, ab는 홀수, c는 짝수인 경우의 수는

$4 \times 3 = 12$

(ⅰ), (ⅱ)에서 $ab+c$의 값이 홀수인 경우의 수는

$42 + 12 = 54$

따라서 구하는 확률은

$\dfrac{54}{125}$

참고

(짝수)×(짝수)=(짝수)	(짝수)+(짝수)=(짝수)
(짝수)×(홀수)=(짝수)	(짝수)+(홀수)=(홀수)
(홀수)×(짝수)=(짝수)	(홀수)+(짝수)=(홀수)
(홀수)×(홀수)=(홀수)	(홀수)+(홀수)=(짝수)

0276
답 ①

9개의 문자 h, a, p, p, i, n, e, s, s를 일렬로 나열하는 경우의 수는

$$\frac{9!}{2! \times 2!} = \frac{1}{4} \times 9!$$

주어진 9개의 문자를 일렬로 나열할 때, 양 끝에 같은 문자가 오는 경우는 다음과 같다.

(i) 양 끝에 p가 놓이는 경우

p와 p 사이에 h, a, i, n, e, s, s를 일렬로 나열하면 되므로 그 경우의 수는

$$\frac{7!}{2!} = \frac{1}{2} \times 7!$$

(ii) 양 끝에 s가 놓이는 경우

s와 s 사이에 h, a, p, p, i, n, e를 일렬로 나열하면 되므로 그 경우의 수는

$$\frac{7!}{2!} = \frac{1}{2} \times 7!$$

(i), (ii)에서 양 끝에 같은 문자가 오도록 나열하는 경우의 수는

$$\frac{1}{2} \times 7! + \frac{1}{2} \times 7! = 7!$$

따라서 구하는 확률은

$$\frac{7!}{\frac{1}{4} \times 9!} = \frac{7!}{\frac{1}{4} \times 9 \times 8 \times 7!} = \frac{1}{18}$$

0277
답 ②

A, A, A, B, B, C의 문자가 하나씩 적혀 있는 6장의 카드를 일렬로 나열하는 경우의 수는

$$\frac{6!}{3! \times 2!} = 60$$

양 끝 모두에 A가 적혀 있는 카드를 놓고 그 사이에 A, B, B, C의 문자가 적힌 4장의 카드를 나열하면 되므로 그 경우의 수는

$$\frac{4!}{2!} = 12$$

따라서 구하는 확률은

$$\frac{12}{60} = \frac{1}{5}$$

0278
답 $\frac{4}{35}$

7개의 숫자 1, 1, 2, 2, 2, 3, 4를 일렬로 나열하는 경우의 수는

$$\frac{7!}{2! \times 3!} = 420$$

❶

짝수 2, 2, 2, 4를 한 숫자 X로 생각하여 4개의 숫자 X, 1, 1, 3을 일렬로 나열하는 경우의 수는

$$\frac{4!}{2!} = 12$$

이때 2, 2, 2, 4가 자리를 바꾸는 경우의 수는

$$\frac{4!}{3!} = 4$$

이므로 짝수끼리 이웃하도록 나열하는 경우의 수는

$$12 \times 4 = 48$$

❷

따라서 구하는 확률은

$$\frac{48}{420} = \frac{4}{35}$$

❸

채점 기준	배점
❶ 모든 경우의 수 구하기	30%
❷ 짝수끼리 이웃하도록 나열하는 경우의 수 구하기	50%
❸ 짝수끼리 이웃하도록 나열할 확률 구하기	20%

0279
답 ⑤

A지점에서 B지점까지 최단거리로 가는 경우의 수는

$$\frac{9!}{6! \times 3!} = \frac{9 \times 8 \times 7 \times 6!}{6! \times 6} = 84$$

A지점에서 P지점을 거쳐 B지점까지 최단거리로 가는 경우의 수는

$$\frac{4!}{2! \times 2!} \times \frac{5!}{4!} = 6 \times 5 = 30$$

따라서 구하는 확률은

$$\frac{30}{84} = \frac{5}{14}$$

0280
답 ②

6명의 학생들의 발표 순서를 정하는 경우의 수는

6!

종민, 성주, 수아를 모두 같은 문자 X로 놓고, 나머지 세 학생을 각각 A, B, C라 하면 수아가 종민이와 성주보다 먼저 발표하도록 발표 순서를 정하는 것은 6개의 문자 X, X, X, A, B, C를 일렬로 나열한 후 첫 번째 X에는 수아를, 뒤의 두 X에는 종민과 성주를 일렬로 배치하는 것과 같다.

6개의 문자 X, X, X, A, B, C를 일렬로 나열하는 경우의 수는

$$\frac{6!}{3!} = \frac{6!}{6} = 5!$$

이때 종민이와 성주가 순서를 바꾸는 경우의 수는

2!

즉, 수아가 종민이와 성주보다 먼저 발표하도록 순서를 정하는 경우의 수는

$$5! \times 2!$$

따라서 구하는 확률은

$$\frac{5! \times 2!}{6!} = \frac{5! \times 2}{6 \times 5!}$$

$$= \frac{1}{3}$$

0281

답 37

한 개의 주사위를 세 번 던질 때 나오는 모든 경우의 수는

$6 \times 6 \times 6 = 216$

a, b, c는 1 이상 6 이하의 자연수이고

$16 = 1 \times 4 \times 4 = 2 \times 2 \times 4$

이므로 $abc = 16$인 경우의 수는 1, 4, 4를 일렬로 나열하는 경우의 수와 2, 2, 4를 일렬로 나열하는 경우의 수의 합과 같다.

즉, $abc = 16$인 경우의 수는

$\dfrac{3!}{2!} + \dfrac{3!}{2!} = 3 + 3 = 6$

이므로 $abc = 16$일 확률은

$\dfrac{6}{216} = \dfrac{1}{36}$

따라서 $p = 36$, $q = 1$이므로

$p + q = 36 + 1 = 37$

0282

답 ⑤

challenging에 있는 11개의 문자를 일렬로 나열하는 경우의 수는

$\dfrac{11!}{2! \times 2! \times 2!} = \dfrac{1}{8} \times 11!$

e가 a보다 앞에 오고, g가 n보다 뒤에 오려면 a, e를 모두 x로, n, g, n, g를 모두 y로 놓고 일렬로 나열한 후 앞의 x는 e로, 뒤의 x는 a로, 앞의 두 y는 n으로, 뒤의 두 y는 g로 바꾸면 된다.

11개의 문자 c, h, x, l, l, x, y, y, i, y, y를 일렬로 나열하는 경우의 수는

$\dfrac{11!}{2! \times 2! \times 4!} = \dfrac{1}{96} \times 11!$

따라서 구하는 확률은

$\dfrac{\frac{1}{96} \times 11!}{\frac{1}{8} \times 11!} = \dfrac{8}{96} = \dfrac{1}{12}$

유형 07 조합을 이용하는 확률

확인 문제   (1) $\dfrac{1}{28}$ (2) $\dfrac{3}{7}$

8개의 제비 중에서 2개의 제비를 뽑는 경우의 수는

$_8C_2 = 28$

(1) 당첨 제비 2개 중에서 2개를 뽑는 경우의 수는

$_2C_2 = 1$

따라서 구하는 확률은 $\dfrac{1}{28}$

(2) 당첨 제비 2개 중에서 1개, 당첨 제비가 아닌 제비 6개 중에서 1개를 뽑는 경우의 수는

$_2C_1 \times _6C_1 = 2 \times 6 = 12$

따라서 구하는 확률은

$\dfrac{12}{28} = \dfrac{3}{7}$

0283

답 ②

9장의 카드 중에서 3장의 카드를 꺼내는 경우의 수는

$_9C_3 = 84$

1부터 9까지의 자연수 중에서 홀수는 1, 3, 5, 7, 9의 5개, 짝수는 2, 4, 6, 8의 4개가 있으므로 카드에 적혀 있는 세 수의 합이 홀수인 경우는 다음과 같다.

(i) (홀수) + (홀수) + (홀수)인 경우

홀수가 적혀 있는 5장의 카드 중에서 3장을 꺼내는 경우의 수는

$_5C_3 = 10$

(ii) (홀수) + (짝수) + (짝수)인 경우

홀수가 적혀 있는 5장의 카드 중에서 1장, 짝수가 적혀 있는 4장의 카드 중에서 2장을 꺼내는 경우의 수는

$_5C_1 \times _4C_2 = 5 \times 6 = 30$

(i), (ii)에서 카드에 적혀 있는 세 수의 합이 홀수인 경우의 수는

$10 + 30 = 40$

따라서 구하는 확률은

$\dfrac{40}{84} = \dfrac{10}{21}$

0284

답 ③

7개의 공 중에서 4개의 공을 꺼내는 경우의 수는

$_7C_4 = 35$

흰 공 3개 중에서 2개, 검은 공 4개 중에서 2개를 꺼내는 경우의 수는

$_3C_2 \times _4C_2 = 3 \times 6 = 18$

따라서 구하는 확률은

$\dfrac{18}{35}$

0285

답 $\dfrac{7}{30}$

10명의 학생 중에서 3명의 대표를 뽑는 경우의 수는

$_{10}C_3 = 120$

❶

수민이는 포함되고 규미는 포함되지 않으려면 수민이와 규미를 제외한 8명의 학생 중에서 2명을 뽑으면 되므로 수민이는 포함되고 규미는 포함되지 않도록 대표 3명을 뽑는 경우의 수는

$_8C_2 = 28$

❷

따라서 구하는 확률은

$\dfrac{28}{120} = \dfrac{7}{30}$

❸

채점 기준	배점
❶ 모든 경우의 수 구하기	30%
❷ 수민이는 포함되고 규미는 포함되지 않도록 대표 3명을 뽑는 경우의 수 구하기	50%
❸ 수민이는 포함되고 규미는 포함되지 않도록 대표 3명을 뽑을 확률 구하기	20%

0286

답 ①

7개의 동전 중에서 2개를 택하는 경우의 수는

$_7C_2=21$

처음에 앞면이 보이도록 놓여 있는 동전의 개수를 n이라 하면 뒷면이 보이도록 놓여 있는 동전의 개수는 $7-n$이다.

7개의 동전 중에서 2개를 택하여 뒤집었을 때, 앞면과 뒷면의 개수가 처음과 같으려면 앞면이 보이는 동전 중 1개, 뒷면이 보이는 동전 중 1개를 택하여야 한다.

앞면이 보이는 동전 n개 중에서 1개, 뒷면이 보이는 동전 $(7-n)$개 중에서 1개를 택하는 경우의 수는

$_nC_1\times_{7-n}C_1=n(7-n)$

즉, $\dfrac{n(7-n)}{21}=\dfrac{4}{7}$이므로

$7n-n^2=12,\ n^2-7n+12=0$

$(n-3)(n-4)=0$

$\therefore n=3$ 또는 $n=4$

따라서 앞면이 보이도록 놓인 동전의 개수는 3, 뒷면이 보이도록 놓인 동전의 개수는 4이거나 앞면이 보이도록 놓인 동전의 개수는 4, 뒷면이 보이도록 놓인 동전의 개수는 3이므로 구하는 동전의 개수의 차는

$4-3=1$

0287

답 ⑤

7개의 자연수 중에서 3개의 수를 선택하는 경우의 수는

$_7C_3=35$

선택된 3개의 수의 곱 a와 선택되지 않은 4개의 수의 곱 b가 모두 짝수가 되려면 선택된 세 수와 선택되지 않은 네 수에 모두 짝수가 1개 이상 포함되어야 한다.

1부터 7까지의 자연수 중에서 홀수는 1, 3, 5, 7의 4개, 짝수는 2, 4, 6의 3개이므로 a, b가 모두 짝수인 경우는 다음과 같다.

(i) 홀수 1개, 짝수 2개를 선택하는 경우

　홀수 4개 중에서 1개, 짝수 3개 중에서 2개를 선택하는 경우의 수는

　$_4C_1\times_3C_2=4\times3=12$

(ii) 홀수 2개, 짝수 1개를 선택하는 경우

　홀수 4개 중에서 2개, 짝수 3개 중에서 1개를 선택하는 경우의 수는

　$_4C_2\times_3C_1=6\times3=18$

(i), (ii)에서 a, b가 모두 짝수인 경우의 수는

$12+18=30$

따라서 구하는 확률은

$\dfrac{30}{35}=\dfrac{6}{7}$

0288

답 $\dfrac{1}{3}$

10개의 점 중에서 3개의 점을 택하는 경우의 수는

$_{10}C_3=120$

❶

오른쪽 그림과 같이 1개의 지름에 대하여 8개의 직각삼각형을 만들 수 있고, 10개의 점으로 만들 수 있는 지름은 5개이므로 직각삼각형의 개수는

$8\times5=40$

❷

따라서 구하는 확률은

$\dfrac{40}{120}=\dfrac{1}{3}$

❸

채점 기준	배점
❶ 모든 경우의 수 구하기	30%
❷ 만들 수 있는 직각삼각형의 개수 구하기	50%
❸ 직각삼각형일 확률 구하기	20%

🔊 **Bible Says**　**원에 내접하는 직각삼각형**

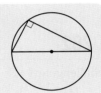

오른쪽 그림과 같이 반원에 대한 원주각의 크기는 $90°$이므로 원에 내접하는 직각삼각형은 지름의 양 끝 점과 원 위의 다른 한 점을 택하여 만들 수 있다.

0289

답 ④

집합 X의 부분집합의 개수는 $2^4=16$이므로 X의 부분집합 중에서 서로 다른 두 집합을 택하는 경우의 수는

$_{16}C_2=120$

두 집합 A, B에 대하여 $A\subset B$인 경우는 다음과 같다.

(i) $n(B)=4$인 경우

　원소의 개수가 4인 집합 B의 개수는

　$_4C_4=1$

　집합 A는 집합 B의 부분집합 중 $A=B$인 경우를 제외한 것이므로 집합 A의 개수는

　$2^4-1=16-1=15$

　즉, 두 집합 A, B의 순서쌍 $(A,\ B)$의 개수는

　$1\times15=15$

(ii) $n(B)=3$인 경우

　원소의 개수가 3인 집합 B의 개수는

　$_4C_3=4$

　집합 A는 집합 B의 부분집합 중 $A=B$인 경우를 제외한 것이므로 집합 A의 개수는

　$2^3-1=8-1=7$

　즉, 두 집합 A, B의 순서쌍 $(A,\ B)$의 개수는

　$4\times7=28$

(iii) $n(B)=2$인 경우

　원소의 개수가 2인 집합 B의 개수는

　$_4C_2=6$

　집합 A는 집합 B의 부분집합 중 $A=B$인 경우를 제외한 것이므로 집합 A의 개수는

　$2^2-1=4-1=3$

　즉, 두 집합 A, B의 순서쌍 $(A,\ B)$의 개수는

　$6\times3=18$

(iv) $n(B)=1$인 경우

원소의 개수가 1인 집합 B의 개수는

$_4C_1=4$

집합 A는 집합 B의 부분집합 중 $A=B$인 경우를 제외한 것이므로 집합 A의 개수는

$2^1-1=1$

즉, 두 집합 A, B의 순서쌍 (A, B)의 개수는

$4\times1=4$

(i)~(iv)에서 $A\subset B$인 서로 다른 두 집합 A, B의 순서쌍 (A, B)의 개수는

$15+28+18+4=65$

따라서 구하는 확률은

$\dfrac{65}{120}=\dfrac{13}{24}$

0290

답 ①

12명의 학생을 4명씩 3팀으로 나누는 경우의 수는

$_{12}C_4\times_8C_4\times_4C_4\times\dfrac{1}{3!}=495\times70\times1\times\dfrac{1}{6}=5775$

1학년 학생으로만 구성된 팀이 생기려면 1학년 학생 6명 중에서 4명을 택하여 한 팀을 구성하고 나머지 8명을 4명씩 두 팀으로 나누면 되므로 그 경우의 수는

$_6C_4\times\left(_8C_4\times_4C_4\times\dfrac{1}{2!}\right)=15\times\left(70\times1\times\dfrac{1}{2}\right)=525$

따라서 구하는 확률은

$\dfrac{525}{5775}=\dfrac{1}{11}$

0291

답 ②

10명의 학생을 5명씩 두 개의 조로 나누는 경우의 수는

$_{10}C_5\times_5C_5\times\dfrac{1}{2!}=252\times1\times\dfrac{1}{2}=126$

여학생 3명이 같은 조가 되려면 남학생 7명 중 2명이 여학생 3명과 한 조를 이루면 되므로 남학생 7명을 2명, 5명으로 나누면 된다.

따라서 그 경우의 수는

$_7C_2\times_5C_5=21\times1=21$

이므로 구하는 확률은

$\dfrac{21}{126}=\dfrac{1}{6}$

0292

답 ③

6명의 학생을 2명씩 3개의 조로 나누는 경우의 수는

$_6C_2\times_4C_2\times_2C_2\times\dfrac{1}{3!}=15\times6\times1\times\dfrac{1}{6}=15$

남학생 1명과 여학생 1명으로 이루어진 조가 1개인 경우는

(남, 여), (남, 남), (여, 여)

로 3개의 조를 나누는 경우이므로 그 경우의 수는

$_3C_1\times_3C_1=3\times3=9$

따라서 구하는 확률은

$\dfrac{9}{15}=\dfrac{3}{5}$

0293

답 178

14명의 학생을 7명씩 두 팀으로 나누는 경우의 수는

$_{14}C_7\times_7C_7\times\dfrac{1}{2!}=3432\times1\times\dfrac{1}{2}=1716$

A와 D는 같은 팀에 속하고, B와 C는 다른 팀에 속하는 경우는 다음과 같다.

(i) (A, B, D, ○, ○, ○, ○), (C, ○, ○, ○, ○, ○, ○)인 경우
A, B, C, D를 제외한 10명의 학생을 4명, 6명으로 나누면 되므로 그 경우의 수는

$_{10}C_4\times_6C_6=210\times1=210$

(ii) (A, C, D, ○, ○, ○, ○), (B, ○, ○, ○, ○, ○, ○)인 경우
A, B, C, D를 제외한 10명의 학생을 4명, 6명으로 나누면 되므로 그 경우의 수는

$_{10}C_4\times_6C_6=210\times1=210$

(i), (ii)에서 A와 D는 같은 팀에 속하고, B와 C는 다른 팀에 속하는 경우의 수는

$210+210=420$

따라서 구하는 확률은

$\dfrac{420}{1716}=\dfrac{35}{143}$

즉, $p=143$, $q=35$이므로

$p+q=143+35=178$

0294

답 ④

서로 다른 4개에서 중복을 허락하여 7개를 택하는 경우의 수는

$_4H_7=_{10}C_7=_{10}C_3=120$

A를 2개 이하로 택하는 경우는 다음과 같다.

(i) A를 0개 택한 경우
A를 제외한 3개의 문자 B, C, D에서 중복을 허락하여 7개를 택하면 되므로 그 경우의 수는

$_3H_7=_9C_7=_9C_2=36$

(ii) A를 1개 택한 경우
A를 제외한 3개의 문자 B, C, D에서 중복을 허락하여 6개를 택하면 되므로 그 경우의 수는

$_3H_6=_8C_6=_8C_2=28$

(iii) A를 2개 택한 경우

A를 제외한 3개의 문자 B, C, D에서 중복을 허락하여 5개를 택하면 되므로 그 경우의 수는

$_3H_5 = _7C_5 = _7C_2 = 21$

(i)~(iii)에서 A를 2개 이하로 택하는 경우의 수는

$36 + 28 + 21 = 85$

따라서 구하는 확률은

$\dfrac{85}{120} = \dfrac{17}{24}$

0295

답 $\dfrac{5}{33}$

방정식 $x+y+z=10$을 만족시키는 음이 아닌 정수 x, y, z의 순서쌍 (x, y, z)의 개수는

$_3H_{10} = _{12}C_{10} = _{12}C_2 = 66$

--- ❶

(i) $x=5$인 경우

$x+y+z=10$에서 $5+y+z=10$

$\therefore y+z=5$

$y+z=5$를 만족시키는 음이 아닌 정수 y, z의 순서쌍 (y, z)의 개수는

$_2H_5 = _6C_5 = 6$

--- ❷

(ii) $x=7$인 경우

$x+y+z=10$에서 $7+y+z=10$

$\therefore y+z=3$

$y+z=3$을 만족시키는 음이 아닌 정수 y, z의 순서쌍 (y, z)의 개수는

$_2H_3 = _4C_3 = 4$

--- ❸

(i), (ii)에서 x의 값이 5 또는 7인 경우의 수는

$6+4 = 10$

따라서 구하는 확률은

$\dfrac{10}{66} = \dfrac{5}{33}$

--- ❹

채점 기준	배점
❶ 모든 경우의 수 구하기	20%
❷ $x=5$인 경우의 수 구하기	30%
❸ $x=7$인 경우의 수 구하기	30%
❹ $x=5$ 또는 $x=7$일 확률 구하기	20%

0296

답 ⑤

모든 네 자리 자연수는 1000부터 9999까지이므로 그 개수는

$9999 - 1000 + 1 = 9000$

천의 자리의 수를 a, 백의 자리의 수를 b, 십의 자리의 수를 c, 일의 자리의 수를 d라 하면

$a+b+c+d = 10$

이때 a는 1부터 9까지의 자연수이고, b, c, d는 9 이하의 음이 아닌 정수이다.

$a=A+1$로 놓으면 $a+b+c+d=10$에서

$(A+1)+b+c+d = 10$

$\therefore A+b+c+d = 9$

이때 A는 8 이하의 음이 아닌 정수이고, b, c, d는 9 이하의 음이 아닌 정수이므로 각 자리의 수의 합이 10인 네 자리 자연수의 개수는 방정식 $A+b+c+d=9$를 만족시키는 음이 아닌 정수해의 개수에서 $A=9$, $b=c=d=0$인 경우의 수를 빼면 된다.

즉, 각 자리의 수의 합이 10인 네 자리 자연수의 개수는

$_4H_9 - 1 = _{12}C_9 - 1 = _{12}C_3 - 1 = 220 - 1 = 219$

따라서 구하는 확률은

$\dfrac{219}{9000} = \dfrac{73}{3000}$

유형 **10** 함수의 개수와 확률

0297

답 ①

집합 X에서 집합 Y로의 함수 f의 개수는

$_3\Pi_5 = 3^5 = 243$

조건 ㈏에 의하여 공역과 치역이 같아야 하므로 공역의 3개의 원소가 모두 정의역의 원소에 대응되어야 한다.

이때 정의역의 원소가 5개, 공역의 원소가 3개이고 조건 ㈎도 만족시켜야 하므로 공역의 원소 1, 2, 3을 하나씩 모두 선택한 후 1, 2, 3 중에서 중복을 허락하여 2개를 더 선택하여 작거나 같은 수부터 차례로 정의역의 원소 3, 4, 5, 6, 7에 대응시키면 된다.

즉, 주어진 조건을 만족시키는 함수 f의 개수는

$_3H_2 = _4C_2 = 6$

따라서 구하는 확률은

$\dfrac{6}{243} = \dfrac{2}{81}$

0298

답 ①

집합 X에서 집합 Y로의 함수 f의 개수는

$_4\Pi_4 = 4^4 = 256$

집합 X에서 집합 Y로의 일대일대응인 f의 개수는

$_4P_4 = 24$

따라서 구하는 확률은

$\dfrac{24}{256} = \dfrac{3}{32}$

◀)) **Bible Says** 일대일대응

함수 $f : X \longrightarrow Y$가 다음 두 가지를 모두 만족시키면 일대일대응이라고 한다.

(i) 정의역 X의 임의의 두 원소 x_1, x_2에 대하여

$x_1 \neq x_2$이면 $f(x_1) \neq f(x_2)$

(ii) 치역과 공역이 같다.

0299

답 $\dfrac{3}{32}$

집합 X에서 집합 Y로의 함수 f의 개수는

$_4\Pi_3=4^3=64$

·· ❶

치역이 $\{1, 3\}$인 함수의 개수는 집합 $X=\{a, b, c\}$에서 집합 $\{1, 3\}$으로의 함수의 개수에서 치역이 $\{1\}$ 또는 $\{3\}$인 함수의 개수를 빼면 되므로 치역이 $\{1, 3\}$인 함수 f의 개수는

$_2\Pi_3-2=2^3-2=6$

·· ❷

따라서 구하는 확률은

$\dfrac{6}{64}=\dfrac{3}{32}$

·· ❸

채점 기준	배점
❶ X에서 Y로의 함수 f의 개수 구하기	30%
❷ 치역이 $\{1, 3\}$인 함수 f의 개수 구하기	50%
❸ f의 치역이 $\{1, 3\}$일 확률 구하기	20%

다른 풀이

집합 X에서 집합 Y로의 함수 f의 개수는

$_4\Pi_3=4^3=64$

치역이 $\{1, 3\}$일 때

$1, 1, 3$ 또는 $1, 3, 3$

을 일렬로 나열한 후 차례대로 정의역의 원소 a, b, c에 대응시키면 되므로 치역이 $\{1, 3\}$인 함수의 개수는

$\dfrac{3!}{2!}+\dfrac{3!}{2!}=3+3=6$

따라서 구하는 확률은

$\dfrac{6}{64}=\dfrac{3}{32}$

0300

답 ④

집합 X에서 집합 Y로의 함수 f의 개수는

$_3\Pi_3=3^3=27$

$7=1+3+3=2+2+3$이므로 $f(a)+f(b)+f(c)=7$을 만족시키는 함수 f의 개수는

$1, 3, 3$ 또는 $2, 2, 3$

을 일렬로 나열하는 경우의 수와 같다.

즉, $f(a)+f(b)+f(c)=7$을 만족시키는 함수 f의 개수는

$\dfrac{3!}{2!}+\dfrac{3!}{2!}=3+3=6$

따라서 구하는 확률은

$\dfrac{6}{27}=\dfrac{2}{9}$

0301

답 5

집합 X에서 집합 Y로의 함수 f의 개수는

$_4\Pi_3=4^3=64$

$f(-1)<f(0)<f(1)$을 만족시키는 함수 f의 개수는

$_4C_3=4$이므로

$p=\dfrac{4}{64}=\dfrac{1}{16}$

$f(-1)\le f(0)\le f(1)$을 만족시키는 함수 f의 개수는

$_4H_3=_6C_3=20$이므로

$q=\dfrac{20}{64}=\dfrac{5}{16}$

$\therefore \dfrac{q}{p}=\dfrac{\frac{5}{16}}{\frac{1}{16}}=5$

0302

답 $\dfrac{4}{625}$

집합 X에서 집합 X로의 함수 f의 개수는

$_5\Pi_5=5^5$

조건 ㈎, ㈏를 모두 만족시키려면

$f(2)=3$, $f(1)<3\le f(3)\le f(4)\le f(5)$

이어야 한다.

즉, $f(1)$의 값은 3보다 작은 1, 2의 2가지가 될 수 있고, $f(3)$, $f(4)$, $f(5)$의 값은 3보다 크거나 같은 3, 4, 5 중에서 중복을 허락하여 3개를 택하여 작거나 같은 수부터 차례대로 대응시키면 된다.

따라서 주어진 조건을 만족시키는 함수 f의 개수는

$2\times_3H_3=2\times_5C_3=2\times 10=20$

이므로 구하는 확률은

$\dfrac{20}{5^5}=\dfrac{4}{625}$

유형 11 통계적 확률

확인 문제 $\dfrac{7}{10}$

새로 개발한 독감 백신을 500명의 독감 환자에게 투여했을 때 350명이 치료되었으므로 어떤 독감 환자에게 이 백신을 투여했을 때 치료될 확률은

$\dfrac{350}{500}=\dfrac{7}{10}$

0303

답 ④

치료제를 투여한 쥐의 수는 100이고, 치료제를 투여하기 시작하여 완치되기까지 걸린 기간이 6일 이하인 쥐의 수는

$5+18+32=55$

따라서 구하는 확률은

$\dfrac{55}{100}=\dfrac{11}{20}$

0304

답 20

로봇 장난감에서 불량품이 나올 확률은

$$\frac{16}{6000}=\frac{1}{375}$$

$$\therefore p=\frac{1}{375}$$

소방차 장난감에서 불량품이 나올 확률은

$$\frac{8}{2000}=\frac{1}{250}$$

$$\therefore q=\frac{1}{250}$$

$$\therefore 3000(p+q)=3000\times\left(\frac{1}{375}+\frac{1}{250}\right)$$
$$=8+12=20$$

0305

답 ⑤

1000번의 시행에서 200번 흰 공이 나왔으므로 흰 공이 나올 확률은

$$\frac{200}{1000}=\frac{1}{5}$$

❶

상자 속에 들어 있는 공의 개수는

$$4+5+n=9+n$$

이고 흰 공이 4개 들어 있으므로 흰 공이 나올 확률은

$$\frac{4}{9+n}$$

❷

즉, $\frac{4}{9+n}=\frac{1}{5}$이므로

$$9+n=20$$

$$\therefore n=11$$

❸

채점 기준	배점
❶ 흰 공이 나올 확률 구하기	20%
❷ 흰 공이 나올 확률을 n으로 나타내기	40%
❸ n의 값 구하기	40%

0306

답 ④

40번의 자유투 시도에서 a번 성공했다고 하면

$$\frac{a}{40}=0.6$$

$$\therefore a=24$$

20번 더 시도하여 b번 성공했다고 할 때, 성공률이 0.7 이상이려면

$$\frac{24+b}{40+20}\geq 0.7$$

$$24+b\geq 42$$

$$\therefore b\geq 18$$

따라서 최소한 18번 성공해야 한다.

0307

답 ④

주머니 속에 들어 있는 당첨 제비의 개수를 n이라 하면 22번에 1번 꼴로 3개 모두가 당첨 제비였으므로

$$\frac{{}_n\mathrm{C}_3}{{}_{12}\mathrm{C}_3}=\frac{1}{22}$$

$$\frac{n(n-1)(n-2)}{12\times 11\times 10}=\frac{1}{22}$$

$$n(n-1)(n-2)=60=5\times 4\times 3$$

$$\therefore n=5$$

따라서 주머니 속에 5개의 당첨 제비가 들어 있다고 볼 수 있다.

유형 12 기하적 확률

확인 문제 $\frac{3}{8}$

16칸 중에서 파란색이 칠해진 칸은 6칸이므로 구하는 확률은

$$\frac{6}{16}=\frac{3}{8}$$

0308

답 ②

정사각형 ABCD의 넓이는

$$3\times 3=9$$

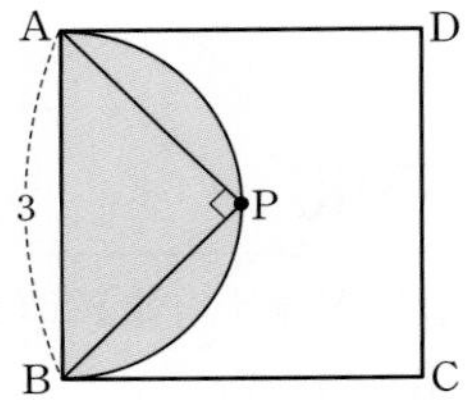

오른쪽 그림과 같이 점 P가 $\overline{AB}$를 지름으로 하는 반원 위에 있을 때, 삼각형 ABP는 직각삼각형이 된다.

즉, 반원의 내부에 점 P를 잡으면 삼각형 ABP는 둔각삼각형이 된다.

이때 색칠한 도형의 넓이는

$$\frac{1}{2}\times\pi\times\left(\frac{3}{2}\right)^2=\frac{9}{8}\pi$$

따라서 구하는 확률은

$$\frac{(색칠한 도형의 넓이)}{(\square ABCD의 넓이)}=\frac{\frac{9}{8}\pi}{9}=\frac{\pi}{8}$$

0309

답 $\frac{1}{2}$

8등분되어 있으므로 각 영역의 넓이를 1로 보면 전체 영역의 넓이는 8이 된다.

8의 약수는 1, 2, 4, 8이므로 8의 약수가 적힌 영역의 넓이는 4이다.

따라서 구하는 확률은

$$\frac{4}{8}=\frac{1}{2}$$

0310

답 ⑤

한 변의 길이가 4인 정사각형에 외접하는
원의 지름의 길이는 정사각형의 대각선의
길이와 같은 $4\sqrt{2}$이고 정사각형에 내접하
는 원의 지름의 길이는 정사각형의 한 변
의 길이와 같은 4이다.

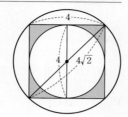

정사각형에 외접하는 원의 넓이는

$\pi \times (2\sqrt{2})^2 = 8\pi$

색칠한 도형의 넓이는

(정사각형의 넓이) − (정사각형에 내접하는 원의 넓이)

$= 4^2 - \pi \times 2^2$

$= 16 - 4\pi$

따라서 구하는 확률은

$\dfrac{16-4\pi}{8\pi} = \dfrac{2}{\pi} - \dfrac{1}{2}$

0311

답 $\dfrac{2}{5}$

$-1 \le k \le 4$이므로 일어날 수 있는 모든 영역의 크기는

$|4-(-1)| = 5$

❶

이차방정식 $x^2 - 2kx + 3k = 0$이 실근을 가지려면 이 이차방정식의
판별식을 D라 할 때, $D \ge 0$이어야 하므로

$\dfrac{D}{4} = (-k)^2 - 3k \ge 0$

$k^2 - 3k \ge 0$

$k(k-3) \ge 0$

$\therefore k \le 0$ 또는 $k \ge 3$

❷

오른쪽 그림에서 이차방정식
$x^2 - 2kx + 3k = 0$이 실근을 가질 때
의 영역의 크기는

$|0-(-1)| + |4-3| = 1+1 = 2$

따라서 구하는 확률은 $\dfrac{2}{5}$

❸

채점 기준	배점
❶ 일어날 수 있는 모든 영역의 크기 구하기	20%
❷ 이차방정식이 실근을 가질 조건 구하기	40%
❸ 이차방정식이 실근을 가질 확률 구하기	40%

0312

답 ③

원점을 지나고 기울기가 양수인 직선이 x축의 양의 방향과 이루는
각의 크기를 $\theta°$라 하면

$0 < \theta < 90$

원점을 지나고 기울기가 양수인 직선이 사각형 ABCD와 만나려면
다음 그림과 같이 직선의 기울기가 점 A를 지날 때의 기울기와 같
거나 작아야 한다.

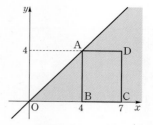

점 A를 지날 때의 직선의 기울기는 $\dfrac{4}{4} = 1$이고, $\tan 45° = 1$이므로
이 직선이 x축의 양의 방향과 이루는 각의 크기는 45°이다.

따라서 원점을 지나고 기울기가 양수인 직선이 사각형 ABCD와
만나려면 $0 < \theta \le 45$이어야 하므로 구하는 확률은

$\dfrac{45}{90} = \dfrac{1}{2}$

> **참고**
>
> 기하적 확률에서 특정한 값을 가질 확률은 0이다.
> 즉, 위의 문제에서 $\theta = 45$일 확률이 0이므로
> $0 \le \theta \le 45$, $0 < \theta \le 45$, $0 \le \theta < 45$, $0 < \theta < 45$
> 는 모두 같은 경우로 생각한다.

유형 **13** 확률의 기본 성질

확인 문제   (1) 0   (2) $\dfrac{5}{8}$ (3) 1

(1) 주머니 속에는 흰 구슬이 없으므로 흰 구슬이 나올 확률은 0이다.

(2) 8개의 구슬 중에 빨간 구슬은 5개가 있으므로 빨간 구슬이 나올
확률은 $\dfrac{5}{8}$이다.

(3) 빨간 구슬 또는 파란 구슬이 나오는 사건은 항상 일어나므로 구
하는 확률은 1이다.

0313

답 ④

ㄱ. $P(S) = 1$, $P(\varnothing) = 0$이므로
    $P(S) + P(\varnothing) = 1$ (참)

ㄴ. [반례] $P(A) = \dfrac{1}{4}$, $P(B) = \dfrac{2}{5}$이면

    $P(A) + P(B) = \dfrac{1}{4} + \dfrac{2}{5} = \dfrac{13}{20}$

    이때 $P(S) = 1$이므로

    $P(S) > P(A) + P(B)$ (거짓)

ㄷ. $A \subset B$이면 $n(A) \le n(B)$이므로

    $\dfrac{n(A)}{n(S)} \le \dfrac{n(B)}{n(S)}$

    $\therefore P(A) \le P(B)$ (참)

따라서 옳은 것은 ㄱ, ㄷ이다.

0314

표본공간을 S라 하면
$$S=\{1, 2, 3, \cdots, 8\}$$
ㄱ. $A=\{1, 2, 3, 6\}$이므로
$$P(A)=\frac{4}{8}=\frac{1}{2}$$
ㄴ. S의 원소 중에 9의 배수는 없으므로
$$B=\varnothing$$
$$\therefore P(B)=0$$
ㄷ. S의 원소 중에 $i^{3n+1}=-1$을 만족시키는 n의 값은 3, 7이므로
$$C=\{3, 7\}$$
$$\therefore P(C)=\frac{2}{8}=\frac{1}{4}$$
ㄹ. $x^2+4x+3=0$에서
$$(x+1)(x+3)=0$$
$$\therefore x=-1 \text{ 또는 } x=-3$$
즉, S의 원소 중에 이차방정식 $x^2+4x+3=0$의 해는 없으므로
$$D=\varnothing$$
$$\therefore P(D)=0$$
따라서 절대로 일어나지 않는 사건은 ㄴ, ㄹ이다.

0315

ㄱ. $A\cup A^C=S$, $P(S)=1$이고, 두 사건 A, A^C은 서로 배반사건이므로
$$P(A)+P(A^C)=P(A\cup A^C)=1 \text{ (참)}$$
ㄴ. $0\le P(A)\le 1$, $0\le P(B)\le 1$이므로
$$0\le P(A)P(B)\le 1 \text{ (참)}$$
ㄷ. [반례] $S=\{1, 2, 3, 4\}$, $A=\{2\}$, $B=\{1, 2, 3, 4\}$이면
$A\cup B=\{1, 2, 3, 4\}$이므로 $P(A\cup B)=1$이지만
$B\ne A^C$이다. (거짓)
따라서 옳은 것은 ㄱ, ㄴ이다.

0316

ㄱ. $\varnothing\subset(A\cap B)\subset S$이므로
$$P(\varnothing)\le P(A\cap B)\le P(S)$$
$$\therefore 0\le P(A\cap B)\le 1 \text{ (참)}$$
ㄴ. [반례] $S=\{1, 2, 3, 4\}$, $A=\{1, 2, 3\}$, $B=\{3, 4\}$이면
$A\cup B=S$이지만 $P(A)+P(B)=\frac{3}{4}+\frac{2}{4}=\frac{5}{4}\ne 1$이다. (거짓)
ㄷ. [반례] $S=\{1, 2, 3, 4\}$, $A=\{1, 2, 3\}$, $B=\{3\}$이면
$P(A)=\frac{3}{4}$, $P(B)=\frac{1}{4}$이므로 $P(A)+P(B)=\frac{3}{4}+\frac{1}{4}=1$이
지만 A, B는 서로 배반사건이 아니다. (거짓)
따라서 옳은 것은 ㄱ이다.

0317

$P(A\cap B^C)=\frac{3}{8}$에서
$$P((A^C\cup B)^C)=\frac{3}{8}, \quad 1-P(A^C\cup B)=\frac{3}{8}$$
$$\therefore P(A^C\cup B)=\frac{5}{8}$$
두 사건 A^C, B가 서로 배반사건이므로
$$P(A^C)+P(B)=\frac{5}{8}$$
이때 $P(A^C)=1-P(A)=1-\frac{2}{3}=\frac{1}{3}$이므로
$$\frac{1}{3}+P(B)=\frac{5}{8} \qquad \therefore P(B)=\frac{7}{24}$$

다른 풀이

두 사건 A^C과 B가 서로 배반사건이므로
$$B\subset A$$
표본공간을 S라 하면 $A\cap B^C$은 오른쪽 그림의 색칠한 부분과 같으므로

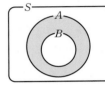

$$P(B)=P(A)-P(A\cap B^C)$$
$$=\frac{2}{3}-\frac{3}{8}=\frac{7}{24}$$

0318

두 사건 A, B가 서로 배반사건이므로
$$P(A\cup B)=P(A)+P(B)$$
$$\therefore P(B)=P(A\cup B)-P(A)$$
$$=\frac{11}{12}-\frac{1}{12}=\frac{5}{6}$$

0319

확률의 덧셈정리에 의하여
$$P(A\cup B)=P(A)+P(B)-P(A\cap B)$$
$$\therefore P(A\cap B)=P(A)+P(B)-P(A\cup B)$$
$$=0.3+0.6-0.75=0.15$$
표본공간을 S라 하면 $A^C\cap B$는 오른쪽 그림의 색칠한 부분과 같으므로

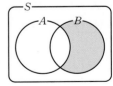

$$P(A^C\cap B)=P(B)-P(A\cap B)$$
$$=0.6-0.15$$
$$=0.45$$

0320

$P(A\cap B)=\frac{3}{4}P(A)=\frac{1}{7}P(B)=k$ $(k\ne 0)$로 놓으면
$$P(A)=\frac{4}{3}k, \quad P(B)=7k$$

이때 확률의 덧셈정리에 의하여
$$P(A \cup B) = P(A) + P(B) - P(A \cap B)$$
$$= \frac{4}{3}k + 7k - k = \frac{22}{3}k$$
이므로
$$\frac{P(A \cap B)}{P(A \cup B)} = \frac{k}{\frac{22}{3}k} = \frac{3}{22}$$

0321

답 ②

표본공간을 S라 하면 $A \cap B^c$은 오른쪽 그림의 색칠한 부분과 같으므로 두 사건 $A \cap B^c$과 B는 서로 배반사건이다.
또한 $A \cup B = (A \cap B^c) \cup B$이므로

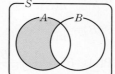

$$P(A \cup B) = P(A \cap B^c) + P(B)$$
$$\frac{2}{3} = \frac{5}{8} + P(B)$$
$$\therefore P(B) = \frac{1}{24}$$

[다른 풀이]

$P(A \cup B) = \frac{2}{3}$에서

$P(A) + P(B) - P(A \cap B) = \frac{2}{3}$ ······ ㉠

$P(A \cap B^c) = \frac{5}{8}$에서

$P(A) - P(A \cap B) = \frac{5}{8}$ ······ ㉡

㉠-㉡을 하면

$$P(B) = \frac{1}{24}$$

0322

답 $\frac{7}{12}$

표본공간을 S라 하면 $A \cap B^c$과 $A \cap B$, $A^c \cap B$는 오른쪽 그림과 같으므로 세 사건은 서로 배반사건이다.

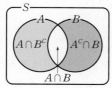

❶

따라서
$$P(A \cup B) = P(A \cap B^c) + P(A \cap B) + P(A^c \cap B)$$
이므로

❷

$$\frac{3}{4} = \frac{1}{12} + P(A \cap B) + \frac{1}{12}$$
$$\therefore P(A \cap B) = \frac{7}{12}$$

❸

채점 기준	배점
❶ $A \cap B^c$, $A \cap B$, $A^c \cap B$가 서로 배반사건임을 알기	40%
❷ 배반사건임을 이용하여 식 세우기	30%
❸ $P(A \cap B)$의 값 구하기	30%

0323

답 ④

$P(A \cup B) = P(A) + P(B) - P(A \cap B)$에서
$$P(A \cap B) = P(A) + P(B) - P(A \cup B)$$
$$= \frac{5}{7} + \frac{3}{5} - P(A \cup B)$$
$$= \frac{46}{35} - P(A \cup B)$$

이때 $P(A \cup B) \geq P(A)$, $P(A \cup B) \geq P(B)$, $P(A \cup B) \leq 1$이므로

$$P(A \cup B) \geq \frac{5}{7}, \ P(A \cup B) \geq \frac{3}{5}, \ P(A \cup B) \leq 1$$

$$\therefore \frac{5}{7} \leq P(A \cup B) \leq 1$$

즉, $\frac{11}{35} \leq \frac{46}{35} - P(A \cup B) \leq \frac{3}{5}$이므로

$$\frac{11}{35} \leq P(A \cap B) \leq \frac{3}{5}$$

따라서 $M = \frac{3}{5}$, $m = \frac{11}{35}$이므로

$$M - m = \frac{3}{5} - \frac{11}{35} = \frac{2}{7}$$

유형 15 확률의 덧셈정리 – 배반사건이 아닌 경우

0324

답 ①

서로 다른 두 개의 주사위를 동시에 던질 때 나오는 모든 경우의 수는 $6 \times 6 = 36$

두 주사위에서 나오는 눈의 수를 순서쌍으로 나타내고, 두 눈의 수의 합이 4의 배수인 사건을 A, 12의 약수인 사건을 B라 하면 구하는 확률은 $P(A \cup B)$이다.

두 눈의 수의 합이 4의 배수인 경우는 두 눈의 수의 합이 4, 8, 12가 되는 경우이므로
$A = \{(1, 3), (2, 2), (3, 1), (2, 6), (3, 5), (4, 4), (5, 3),$
$(6, 2), (6, 6)\}$

두 눈의 수의 합이 12의 약수가 되는 경우는 두 눈의 수의 합이 2, 3, 4, 6, 12가 되는 경우이므로
$B = \{(1, 1), (1, 2), (2, 1), (1, 3), (2, 2), (3, 1), (1, 5),$
$(2, 4), (3, 3), (4, 2), (5, 1), (6, 6)\}$

$\therefore A \cap B = \{(1, 3), (2, 2), (3, 1), (6, 6)\}$

따라서
$$P(A) = \frac{9}{36}, \ P(B) = \frac{12}{36}, \ P(A \cap B) = \frac{4}{36}$$

이므로 구하는 확률은
$$P(A \cup B) = P(A) + P(B) - P(A \cap B)$$
$$= \frac{9}{36} + \frac{12}{36} - \frac{4}{36}$$
$$= \frac{17}{36}$$

0325

답 ②

임의로 선택한 한 명이 뮤지컬을 관람한 경험이 있는 학생인 사건을 A, 오페라를 관람한 경험이 있는 학생인 사건을 B라 하면 구하는 확률은 $\mathrm{P}(A \cup B)$이다.

이때

$$\mathrm{P}(A) = \frac{20}{35}, \ \mathrm{P}(B) = \frac{8}{35}, \ \mathrm{P}(A \cap B) = \frac{2}{35}$$

이므로 구하는 확률은

$$\mathrm{P}(A \cup B) = \mathrm{P}(A) + \mathrm{P}(B) - \mathrm{P}(A \cap B)$$
$$= \frac{20}{35} + \frac{8}{35} - \frac{2}{35} = \frac{26}{35}$$

0326

답 ⑤

8명 중에서 5명을 뽑는 경우의 수는

$_8\mathrm{C}_5$

A가 뽑히는 사건을 A, B가 뽑히는 사건을 B라 하면 구하는 확률은 $\mathrm{P}(A \cup B)$이다.

A가 뽑히는 경우는 A를 제외한 7명 중에서 4명을 뽑으면 되고, B가 뽑히는 경우는 B를 제외한 7명 중에서 4명을 뽑으면 되므로

$$\mathrm{P}(A) = \frac{_7\mathrm{C}_4}{_8\mathrm{C}_5} = \frac{35}{56}$$

$$\mathrm{P}(B) = \frac{_7\mathrm{C}_4}{_8\mathrm{C}_5} = \frac{35}{56}$$

사건 $A \cap B$는 A와 B가 모두 뽑히는 경우이므로 A, B를 제외한 6명 중에서 3명을 뽑으면 된다.

$$\therefore \mathrm{P}(A \cap B) = \frac{_6\mathrm{C}_3}{_8\mathrm{C}_5} = \frac{20}{56}$$

따라서 구하는 확률은

$$\mathrm{P}(A \cup B) = \mathrm{P}(A) + \mathrm{P}(B) - \mathrm{P}(A \cap B)$$
$$= \frac{35}{56} + \frac{35}{56} - \frac{20}{56}$$
$$= \frac{50}{56} = \frac{25}{28}$$

[다른 풀이]

여사건의 확률을 이용하여 구할 수도 있다.

8명 중에서 5명을 뽑는 경우의 수는

$_8\mathrm{C}_5$

8명 중에서 5명을 임의로 뽑을 때, A 또는 B가 뽑히는 사건을 A라 하면 A^C은 A와 B를 제외한 6명 중에서 5명을 뽑는 사건이므로

$$\mathrm{P}(A^C) = \frac{_6\mathrm{C}_5}{_8\mathrm{C}_5} = \frac{6}{56} = \frac{3}{28}$$

따라서 구하는 확률은

$$\mathrm{P}(A) = 1 - \mathrm{P}(A^C)$$
$$= 1 - \frac{3}{28} = \frac{25}{28}$$

0327

답 $\dfrac{23}{40}$

$14x^2 - 9nx + n^2 = 0$에서

$$(2x-n)(7x-n) = 0 \qquad \therefore x = \frac{n}{2} \ \text{또는} \ x = \frac{n}{7}$$

·· ❶

이차방정식 $14x^2 - 9nx + n^2 = 0$의 정수인 해가 존재하려면 n은 2의 배수이거나 7의 배수이어야 한다.

·· ❷

표본공간을 S, n이 2의 배수인 사건을 A, 7의 배수인 사건을 B라 하면 구하는 확률은 $\mathrm{P}(A \cup B)$이다.

이때

$$S = \{1, 2, 3, \cdots, 40\}, \ A = \{2, 4, 6, \cdots, 40\},$$
$$B = \{7, 14, 21, 28, 35\}, \ A \cap B = \{14, 28\}$$

이므로

·· ❸

$$\mathrm{P}(A) = \frac{n(A)}{n(S)} = \frac{20}{40}$$

$$\mathrm{P}(B) = \frac{n(B)}{n(S)} = \frac{5}{40}$$

$$\mathrm{P}(A \cap B) = \frac{n(A \cap B)}{n(S)} = \frac{2}{40}$$

따라서 구하는 확률은

$$\mathrm{P}(A \cup B) = \mathrm{P}(A) + \mathrm{P}(B) - \mathrm{P}(A \cap B)$$
$$= \frac{20}{40} + \frac{5}{40} - \frac{2}{40}$$
$$= \frac{23}{40}$$

·· ❹

채점 기준	배점
❶ 주어진 이차방정식의 해 구하기	30%
❷ 주어진 이차방정식이 정수인 해를 가질 조건 구하기	20%
❸ 사건 A, B를 정하고 A, B, $A \cap B$ 구하기	20%
❹ 주어진 이차방정식이 정수인 해를 가질 확률 구하기	30%

0328

답 ③

6개의 공 중에서 3개의 공을 꺼내는 경우의 수는

$_6\mathrm{C}_3$

흰 공 2개 중에서 1개, 검은 공 4개 중에서 2개를 꺼내는 경우의 수는

$_2\mathrm{C}_1 \times _4\mathrm{C}_2$

$$\therefore \mathrm{P}(A) = \frac{_2\mathrm{C}_1 \times _4\mathrm{C}_2}{_6\mathrm{C}_3} = \frac{2 \times 6}{20} = \frac{12}{20}$$

꺼낸 3개의 공에 적혀 있는 수를 모두 곱한 값이 8이 되려면 2가 적혀 있는 4개의 공 중에서 3개를 꺼내면 되므로 그 경우의 수는

$_4\mathrm{C}_3$

$$\therefore \mathrm{P}(B) = \frac{_4\mathrm{C}_3}{_6\mathrm{C}_3} = \frac{4}{20}$$

사건 $A \cap B$는 2가 적혀 있는 흰 공 1개, 2가 적혀 있는 검은 공 2개가 나오는 사건이므로 2가 적혀 있는 흰 공 1개 중 1개, 2가 적혀 있는 3개의 검은 공 중에서 2개를 꺼내면 된다.

즉, 그 경우의 수는

$_1\mathrm{C}_1 \times _3\mathrm{C}_2$

$$\therefore \mathrm{P}(A \cap B) = \frac{_1\mathrm{C}_1 \times _3\mathrm{C}_2}{_6\mathrm{C}_3} = \frac{3}{20}$$

$$\therefore \mathrm{P}(A \cup B) = \mathrm{P}(A) + \mathrm{P}(B) - \mathrm{P}(A \cap B)$$
$$= \frac{12}{20} + \frac{4}{20} - \frac{3}{20}$$
$$= \frac{13}{20}$$

0329

답 ①

1, 2, 3, 4를 일렬로 나열하여 만들 수 있는 네 자리 자연수의 개수는
4!

네 자리 자연수가 홀수인 사건을 A, 4000 이상인 사건을 B라 하면 구하는 확률은 $P(A \cup B)$이다.

네 자리 자연수가 홀수이려면 일의 자리에는 1, 3의 2가지가 올 수 있고 나머지 자리에는 일의 자리에 온 수를 제외한 3개의 수를 일렬로 배열하면 되므로 그 개수는
$2 \times 3!$

$$\therefore P(A) = \frac{2 \times 3!}{4!} = \frac{2 \times 3!}{4 \times 3!} = \frac{1}{2}$$

4000 이상인 네 자리 자연수는 4□□□ 꼴이므로 그 개수는
3!

$$\therefore P(B) = \frac{3!}{4!} = \frac{1}{4}$$

홀수이면서 4000 이상인 네 자리 자연수는 4□□1, 4□□3 꼴이므로 그 개수는
$2 \times 2!$

$$\therefore P(A \cap B) = \frac{2 \times 2!}{4!} = \frac{2 \times 2!}{4 \times 3 \times 2!} = \frac{1}{6}$$

따라서 구하는 확률은
$$P(A \cup B) = P(A) + P(B) - P(A \cap B)$$
$$= \frac{1}{2} + \frac{1}{4} - \frac{1}{6} = \frac{7}{12}$$

다른 풀이

1, 2, 3, 4를 일렬로 나열하여 만들 수 있는 네 자리 자연수의 개수는
4!

네 자리 자연수가 홀수이거나 4000 이상인 사건을 A라 하면 A^C은 네 자리 자연수가 짝수이면서 4000 미만인 사건이다.

짝수이면서 4000 미만인 네 자리 자연수는
1□□2, 1□□4, 2□□4, 3□□2, 3□□4
꼴이므로 그 개수는
$5 \times 2!$

$$\therefore P(A^C) = \frac{5 \times 2!}{4!} = \frac{5 \times 2!}{4 \times 3 \times 2!} = \frac{5}{12}$$

따라서 구하는 확률은
$$P(A) = 1 - P(A^C)$$
$$= 1 - \frac{5}{12} = \frac{7}{12}$$

0330

답 $\frac{7}{8}$

집합 X에서 집합 Y로의 함수 f의 개수는
$_4\Pi_5 = 4^5$

$f(a) \leq 3$인 사건을 A, $f(b) \geq 3$인 사건을 B라 하면 구하는 확률은 $P(A \cup B)$이다.

$f(a) \leq 3$이려면 $f(a)$의 값이 될 수 있는 것은 1, 2, 3의 3가지이고, $f(b)$, $f(c)$, $f(d)$, $f(e)$의 값이 될 수 있는 것은 1, 2, 3, 4의 4가지이므로 $f(a) \leq 3$인 함수 f의 개수는
$3 \times {_4\Pi_4} = 3 \times 4^4$

$$\therefore P(A) = \frac{3 \times 4^4}{4^5} = \frac{3}{4}$$

$f(b) \geq 3$이려면 $f(b)$의 값이 될 수 있는 것은 3, 4의 2가지이고 $f(a)$, $f(c)$, $f(d)$, $f(e)$의 값이 될 수 있는 것은 1, 2, 3, 4의 4가지이므로 $f(b) \geq 3$인 함수 f의 개수는
$2 \times {_4\Pi_4} = 2 \times 4^4$

$$\therefore P(B) = \frac{2 \times 4^4}{4^5} = \frac{1}{2}$$

$f(a) \leq 3$이고 $f(b) \geq 3$이려면 $f(a)$의 값이 될 수 있는 것은 1, 2, 3의 3가지, $f(b)$의 값이 될 수 있는 것은 3, 4의 2가지, $f(c)$, $f(d)$, $f(e)$의 값이 될 수 있는 것은 각각 1, 2, 3, 4의 4가지이므로 $f(a) \leq 3$이고 $f(b) \geq 3$인 함수 f의 개수는
$3 \times 2 \times {_4\Pi_3} = 3 \times 2 \times 4^3$

$$\therefore P(A \cap B) = \frac{3 \times 2 \times 4^3}{4^5} = \frac{3}{8}$$

따라서 구하는 확률은
$$P(A \cup B) = P(A) + P(B) - P(A \cap B)$$
$$= \frac{3}{4} + \frac{1}{2} - \frac{3}{8} = \frac{7}{8}$$

다른 풀이

여사건의 확률을 이용하여 구할 수도 있다.
집합 X에서 집합 Y로의 함수 f의 개수는
$_4\Pi_5 = 4^5$

$f(a) \leq 3$이거나 $f(b) \geq 3$인 사건을 A라 하면 A^C은 $f(a) > 3$이고 $f(b) < 3$인 사건이다.

$f(a) > 3$이고 $f(b) < 3$이므로 $f(a)$의 값이 될 수 있는 것은 4의 1가지, $f(b)$의 값이 될 수 있는 것은 1, 2의 2가지, $f(c)$, $f(d)$, $f(e)$의 값이 될 수 있는 것은 1, 2, 3, 4의 4가지이므로 $f(a) > 3$이고 $f(b) < 3$인 함수 f의 개수는
$1 \times 2 \times {_4\Pi_3} = 2 \times 4^3$

$$\therefore P(A^C) = \frac{2 \times 4^3}{4^5} = \frac{1}{8}$$

따라서 구하는 확률은
$$P(A) = 1 - P(A^C)$$
$$= 1 - \frac{1}{8} = \frac{7}{8}$$

유형 16 확률의 덧셈정리 - 배반사건인 경우

0331

답 ②

9명의 학생 중에서 3명의 학생을 뽑는 경우의 수는
$_9C_3$

3명 모두 여학생인 사건을 A, 3명 모두 남학생인 사건을 B라 하면
$$P(A) = \frac{_5C_3}{_9C_3} = \frac{10}{84}$$

$$P(B) = \frac{_4C_3}{_9C_3} = \frac{4}{84}$$

이때 $A \cap B = \varnothing$이므로 두 사건 A, B는 서로 배반사건이다.
따라서 구하는 확률은
$$P(A \cup B) = P(A) + P(B)$$
$$= \frac{10}{84} + \frac{4}{84} = \frac{1}{6}$$

0332

답 $\dfrac{2}{9}$

서로 다른 두 개의 주사위를 동시에 던질 때 나오는 모든 경우의 수는
$6 \times 6 = 36$

두 눈의 수의 합이 5인 사건을 A, 두 눈의 수의 차가 4인 사건을 B
라 하고 두 눈의 수를 순서쌍으로 나타내면
$A = \{(1, 4), (2, 3), (3, 2), (4, 1)\}$
$B = \{(1, 5), (2, 6), (5, 1), (6, 2)\}$
이므로

$P(A) = \dfrac{4}{36} = \dfrac{1}{9}$, $P(B) = \dfrac{4}{36} = \dfrac{1}{9}$

이때 $A \cap B = \varnothing$이므로 두 사건 A, B는 서로 배반사건이다.
따라서 구하는 확률은
$$P(A \cup B) = P(A) + P(B)$$
$$= \dfrac{1}{9} + \dfrac{1}{9} = \dfrac{2}{9}$$

0333

답 ②

10개의 공 중에서 4개의 공을 꺼내는 경우의 수는
$_{10}\mathrm{C}_4$

꺼낸 4개의 공 중 흰 공의 개수가 3개인 사건을 A, 흰 공의 개수가
4개인 사건을 B라 하면

$P(A) = \dfrac{_6\mathrm{C}_3 \times _4\mathrm{C}_1}{_{10}\mathrm{C}_4} = \dfrac{20 \times 4}{210} = \dfrac{80}{210}$

$P(B) = \dfrac{_6\mathrm{C}_4}{_{10}\mathrm{C}_4} = \dfrac{15}{210}$

이때 $A \cap B = \varnothing$이므로 두 사건 A, B는 서로 배반사건이다.
따라서 구하는 확률은
$$P(A \cup B) = P(A) + P(B)$$
$$= \dfrac{80}{210} + \dfrac{15}{210}$$
$$= \dfrac{95}{210} = \dfrac{19}{42}$$

0334

답 ⑤

11명의 학생 중에서 6명을 뽑는 경우의 수는
$_{11}\mathrm{C}_6$

1학년 학생이 2학년 학생보다 더 많이 뽑히는 경우는 뽑힌 6명의
학생 중에 1학년 학생이 4명 또는 5명인 경우이다.

뽑힌 6명의 학생 중 1학년 학생이 4명인 사건을 A, 1학년 학생이 5
명인 사건을 B라 하면

$P(A) = \dfrac{_5\mathrm{C}_4 \times _6\mathrm{C}_2}{_{11}\mathrm{C}_6} = \dfrac{5 \times 15}{462} = \dfrac{25}{154}$

$P(B) = \dfrac{_5\mathrm{C}_5 \times _6\mathrm{C}_1}{_{11}\mathrm{C}_6} = \dfrac{1 \times 6}{462} = \dfrac{1}{77}$

이때 $A \cap B = \varnothing$이므로 두 사건 A, B는 서로 배반사건이다.
따라서 구하는 확률은
$$P(A \cup B) = P(A) + P(B)$$
$$= \dfrac{25}{154} + \dfrac{1}{77} = \dfrac{27}{154}$$

0335

답 $\dfrac{7}{10}$

5명을 일렬로 세우는 경우의 수는
$5! = 120$

❶

A가 맨 앞에 서는 사건을 A, A가 B보다 뒤에 서는 사건을 B라
하자.

A가 맨 앞에 서는 경우는 A를 세우고 그 뒤에 4명을 일렬로 세우
면 되므로 그 경우의 수는
$4! = 24$

$\therefore P(A) = \dfrac{24}{120} = \dfrac{1}{5}$

A가 B보다 뒤에 서는 경우는 A, B를 같은 문자 X로 놓고 X, X,
C, D, E를 일렬로 배열한 후 첫 번째 X는 B로, 두 번째 X는 A로
바꾸면 되므로 그 경우의 수는

$\dfrac{5!}{2!} = \dfrac{120}{2} = 60$

$\therefore P(B) = \dfrac{60}{120} = \dfrac{1}{2}$

❷

이때 $A \cap B = \varnothing$이므로 두 사건 A, B는 서로 배반사건이다.
따라서 구하는 확률은
$$P(A \cup B) = P(A) + P(B)$$
$$= \dfrac{1}{5} + \dfrac{1}{2} = \dfrac{7}{10}$$

❸

채점 기준	배점
❶ 모든 경우의 수 구하기	20%
❷ 사건 A, B를 정하고 $P(A)$, $P(B)$의 값 구하기	50%
❸ 두 사건 A, B가 서로 배반사건임을 알고 A가 맨 앞에 서거나 A 가 B보다 뒤에 서게 될 확률 구하기	30%

0336

답 ②

7장의 카드 중에서 2장의 카드를 꺼내는 경우의 수는
$_7\mathrm{C}_2$

꺼낸 2장의 카드에 적혀 있는 수의 합이 홀수인 사건을 A, 곱이 홀
수인 사건을 B라 하자.

두 수의 합이 홀수가 되려면 홀수가 적힌 4장의 카드 중에서 1장,
짝수가 적힌 3장의 카드 중에서 1장을 뽑아야 하므로

$P(A) = \dfrac{_4\mathrm{C}_1 \times _3\mathrm{C}_1}{_7\mathrm{C}_2} = \dfrac{4 \times 3}{21} = \dfrac{4}{7}$

두 수의 곱이 홀수가 되려면 홀수가 적힌 4장의 카드 중에서 2장을
뽑아야 하므로

$P(B) = \dfrac{_4\mathrm{C}_2}{_7\mathrm{C}_2} = \dfrac{6}{21} = \dfrac{2}{7}$

이때 $A \cap B = \varnothing$이므로 두 사건 A, B는 서로 배반사건이다.
따라서 구하는 확률은
$$P(A \cup B) = P(A) + P(B)$$
$$= \dfrac{4}{7} + \dfrac{2}{7} = \dfrac{6}{7}$$

0337

답 ⑤

8개의 공 중에서 4개의 공을 꺼내는 경우의 수는

$_8C_4$

꺼낸 4개의 공에 적혀 있는 수의 최댓값이 4인 경우는 4가 적혀 있는 공이 1개인 경우와 4가 적혀 있는 공이 2개인 경우로 나눌 수 있다.

꺼낸 4개의 공에 적혀 있는 수의 최댓값이 4이면서 4가 적혀 있는 공이 1개인 사건을 A, 4가 적혀 있는 공이 2개인 사건을 B라 하면

$$P(A) = \frac{_2C_1 \times _5C_3}{_8C_4} = \frac{2 \times 10}{70} = \frac{2}{7}$$

$$P(B) = \frac{_2C_2 \times _5C_2}{_8C_4} = \frac{1 \times 10}{70} = \frac{1}{7}$$

이때 $A \cap B = \varnothing$이므로 두 사건 A, B는 서로 배반사건이다.

따라서 구하는 확률은

$$P(A \cup B) = P(A) + P(B)$$
$$= \frac{2}{7} + \frac{1}{7} = \frac{3}{7}$$

유형 17 여사건의 확률 – '적어도'의 조건이 있는 경우

0338

답 ④

15장의 카드 중에서 3장의 카드를 꺼내는 경우의 수는

$_{15}C_3$

적어도 한 장은 소수가 적혀 있는 카드가 나오는 사건을 A라 하면 A^C은 소수가 적혀 있는 카드가 한 장도 나오지 않는 사건이다.

1부터 15까지의 자연수 중 소수는 2, 3, 5, 7, 11, 13의 6개이고, 소수가 아닌 수는 9개이므로

$$P(A^C) = \frac{_9C_3}{_{15}C_3} = \frac{84}{455} = \frac{12}{65}$$

따라서 구하는 확률은

$$P(A) = 1 - P(A^C)$$
$$= 1 - \frac{12}{65} = \frac{53}{65}$$

0339

답 ③

10명의 학생 중에서 2명을 뽑는 경우의 수는

$_{10}C_2$

A, B 중 적어도 한 명이 뽑히는 사건을 A라 하면 A^C은 A, B가 모두 뽑히지 않는 사건이므로

$$P(A^C) = \frac{_8C_2}{_{10}C_2} = \frac{28}{45}$$

따라서 구하는 확률은

$$P(A) = 1 - P(A^C)$$
$$= 1 - \frac{28}{45} = \frac{17}{45}$$

0340

답 ⑤

14개의 마스크 중에서 3개의 마스크를 꺼내는 경우의 수는

$_{14}C_3$

꺼낸 3개의 마스크 중에서 적어도 한 개가 흰색 마스크인 사건을 A라 하면 A^C은 3개 모두 검은색 마스크인 사건이므로

$$P(A^C) = \frac{_9C_3}{_{14}C_3} = \frac{84}{364} = \frac{3}{13}$$

따라서 구하는 확률은

$$P(A) = 1 - P(A^C)$$
$$= 1 - \frac{3}{13} = \frac{10}{13}$$

0341

답 $\frac{11}{21}$

7명을 일렬로 세우는 경우의 수는

7!

.... ❶

부모 중 적어도 한 사람이 한쪽 끝에 서는 사건을 A라 하면 A^C은 양쪽 끝에 모두 부모를 제외한 가족이 서는 사건이므로

$$P(A^C) = \frac{_5P_2 \times 5!}{7!} = \frac{20 \times 5!}{7 \times 6 \times 5!} = \frac{10}{21}$$

.... ❷

따라서 구하는 확률은

$$P(A) = 1 - P(A^C)$$
$$= 1 - \frac{10}{21} = \frac{11}{21}$$

.... ❸

채점 기준	배점
❶ 모든 경우의 수 구하기	20%
❷ 사건 A를 정하고 $P(A^C)$의 값 구하기	50%
❸ 부모 중 적어도 한 사람이 한쪽 끝에 서서 사진을 찍을 확률 구하기	30%

0342

답 ③

9월은 30일까지 있으므로 3명의 생일로 가능한 경우의 수는

$_{30}\Pi_3 = 30^3$

적어도 두 사람의 생일이 같은 사건을 A라 하면 A^C은 3명 모두 생일이 다른 사건이므로

$$P(A^C) = \frac{_{30}P_3}{30^3} = \frac{30 \times 29 \times 28}{30^3} = \frac{203}{225}$$

따라서 구하는 확률은

$$P(A) = 1 - P(A^C)$$
$$= 1 - \frac{203}{225} = \frac{22}{225}$$

0343

답 12

7명을 일렬로 세우는 경우의 수는

7!

여학생 3명 중 적어도 2명이 이웃하여 서는 사건을 A라 하면 A^C은 여학생 3명이 서로 이웃하여 서지 않는 사건이다.

여학생 3명이 서로 이웃하지 않으려면 남학생 4명을 일렬로 세운 후 그 사이사이와 양 끝의 다섯 자리 중 세 자리에 여학생 3명을 세우면 되므로

$$\mathrm{P}(A^C) = \frac{4! \times {}_5\mathrm{P}_3}{7!} = \frac{4! \times 60}{7 \times 6 \times 5 \times 4!} = \frac{2}{7}$$

따라서 여학생 3명 중 적어도 2명이 이웃하게 설 확률은

$$\mathrm{P}(A) = 1 - \mathrm{P}(A^C) = 1 - \frac{2}{7} = \frac{5}{7}$$

즉, $p=7$, $q=5$이므로

$$p+q = 7+5 = 12$$

0344

답 6

10개의 공 중에서 3개의 공을 꺼내는 경우의 수는

$${}_{10}\mathrm{C}_3$$

.... ❶

주머니 속에 들어 있는 흰 공의 개수를 n이라 하면 검은 공의 개수는 $10-n$이고, 3개의 공을 꺼낼 때 검은 공을 적어도 한 개 꺼내는 사건을 A라 하면 A^C은 3개 모두 흰 공을 꺼내는 사건이므로

$$\mathrm{P}(A^C) = \frac{{}_n\mathrm{C}_3}{{}_{10}\mathrm{C}_3} = \frac{n(n-1)(n-2)}{10 \times 9 \times 8}$$

.... ❷

$$\therefore \mathrm{P}(A) = 1 - \mathrm{P}(A^C) = 1 - \frac{n(n-1)(n-2)}{10 \times 9 \times 8}$$

즉, $1 - \frac{n(n-1)(n-2)}{10 \times 9 \times 8} = \frac{29}{30}$이므로

$$\frac{n(n-1)(n-2)}{10 \times 9 \times 8} = \frac{1}{30}$$

$$n(n-1)(n-2) = 24 = 4 \times 3 \times 2$$

$$\therefore n = 4$$

.... ❸

따라서 흰 공의 개수가 4이므로 검은 공의 개수는

$$10-4 = 6$$

.... ❹

채점 기준	배점
❶ 모든 경우의 수 구하기	20%
❷ 흰 공의 개수를 n으로 놓고 사건 A를 정하고 $\mathrm{P}(A^C)$을 n의 식으로 나타내기	40%
❸ n의 값 구하기	30%
❹ 검은 공의 개수 구하기	10%

유형 18 여사건의 확률 - '이상', '이하'의 조건이 있는 경우

0345

답 ④

15개의 제비 중에서 3개의 제비를 꺼내는 경우의 수는

$${}_{15}\mathrm{C}_3$$

꺼낸 3개의 제비 중에서 당첨 제비가 2개 이하인 사건을 A라 하면 A^C은 3개 모두 당첨 제비인 사건이므로

$$\mathrm{P}(A^C) = \frac{{}_5\mathrm{C}_3}{{}_{15}\mathrm{C}_3} = \frac{10}{455} = \frac{2}{91}$$

$$\therefore \mathrm{P}(A) = 1 - \mathrm{P}(A^C)$$
$$= 1 - \frac{2}{91} = \frac{89}{91}$$

0346

답 ⑤

9명의 학생 중에서 4명을 뽑는 경우의 수는

$${}_9\mathrm{C}_4$$

남학생이 2명 이상 뽑히는 사건을 A라 하면 A^C은 남학생이 2명 미만 뽑히는 사건, 즉 남학생이 1명도 안 뽑히거나 1명 뽑히는 사건이므로

$$\mathrm{P}(A^C) = \frac{{}_4\mathrm{C}_4 + {}_5\mathrm{C}_1 \times {}_4\mathrm{C}_3}{{}_9\mathrm{C}_4}$$
$$= \frac{1}{126} + \frac{5 \times 4}{126} = \frac{1}{6}$$

따라서 구하는 확률은

$$\mathrm{P}(A) = 1 - \mathrm{P}(A^C)$$
$$= 1 - \frac{1}{6} = \frac{5}{6}$$

0347

답 365

20개의 제품 중에서 3개의 제품을 꺼내는 경우의 수는

$${}_{20}\mathrm{C}_3$$

불량품이 1개 이상 나오는 사건을 A라 하면 A^C은 3개 모두 불량품이 아닌 제품이 나오는 사건이므로

$$\mathrm{P}(A^C) = \frac{{}_{15}\mathrm{C}_3}{{}_{20}\mathrm{C}_3} = \frac{455}{1140} = \frac{91}{228}$$

$$\therefore \mathrm{P}(A) = 1 - \mathrm{P}(A^C)$$
$$= 1 - \frac{91}{228} = \frac{137}{228}$$

따라서 $a=228$, $b=137$이므로

$$a+b = 228+137 = 365$$

0348

답 ⑤

12장의 카드 중에서 4장의 카드를 꺼내는 경우의 수는

$${}_{12}\mathrm{C}_4$$

꺼낸 4장의 카드에 적혀 있는 네 수의 최솟값이 7 이하인 사건을 A라 하면 A^C은 네 수의 최솟값이 7 초과인 사건이다.

7보다 큰 수가 적힌 5장의 카드 중에서 4장을 꺼내면 되므로

$$\mathrm{P}(A^C) = \frac{{}_5\mathrm{C}_4}{{}_{12}\mathrm{C}_4} = \frac{5}{495} = \frac{1}{99}$$

따라서 구하는 확률은

$$\mathrm{P}(A) = 1 - \mathrm{P}(A^C)$$
$$= 1 - \frac{1}{99} = \frac{98}{99}$$

0349

10장의 카드 중에서 3장의 카드를 꺼내는 경우의 수는

$_{10}C_3$

꺼낸 3장의 카드에 적혀 있는 세 자연수 중에서 가장 작은 수가 4 이하이거나 7 이상인 사건을 A라 하면 A^c은 세 자연수 중에서 가장 작은 수가 4 초과 7 미만인 사건, 즉 가장 작은 수가 5 또는 6인 사건이다.

가장 작은 수가 5인 경우는 5가 적힌 카드 1장과 5보다 큰 수가 적힌 5장의 카드 중에서 2장을 꺼내면 되고, 가장 작은 수가 6인 경우는 6이 적힌 카드 1장과 6보다 큰 수가 적힌 4장의 카드 중에서 2장을 꺼내면 되므로

$$P(A^c) = \frac{_5C_2}{_{10}C_3} + \frac{_4C_2}{_{10}C_3} = \frac{10}{120} + \frac{6}{120} = \frac{2}{15}$$

따라서 구하는 확률은

$$P(A) = 1 - P(A^c)$$
$$= 1 - \frac{2}{15} = \frac{13}{15}$$

0350

천의 자리에는 0이 올 수 없으므로 다섯 개의 숫자 0, 1, 2, 3, 4 중에서 서로 다른 네 개의 숫자로 만들 수 있는 네 자리 자연수의 개수는

$$4 \times {_4}P_3 = 4 \times 24 = 96$$

❶

만든 네 자리 자연수가 3240 이하인 사건을 A라 하면 A^c은 3240 초과, 즉 3241 이상인 사건이다.

이때 3241 이상인 자연수는

3241 또는 34□□ 또는 4□□□

꼴이므로

$$P(A^c) = \frac{1}{96} + \frac{_3P_2}{96} + \frac{_4P_3}{96}$$
$$= \frac{1}{96} + \frac{6}{96} + \frac{24}{96} = \frac{31}{96}$$

❷

따라서 구하는 확률은

$$P(A) = 1 - P(A^c)$$
$$= 1 - \frac{31}{96} = \frac{65}{96}$$

❸

채점 기준	배점
❶ 만들 수 있는 네 자리 자연수의 개수 구하기	30%
❷ 사건 A를 정하고 $P(A^c)$의 값 구하기	50%
❸ 네 자리 자연수가 3240 이하일 확률 구하기	20%

0351

12장의 카드 중에서 3장의 카드를 선택하는 경우의 수는

$_{12}C_3$

선택한 3장의 카드 중에서 같은 숫자가 적혀 있는 카드가 2장 이상인 사건을 A라 하면 A^c은 3장 모두 다른 숫자가 적혀 있는 사건이다.

이때 1, 2, 3, 4 중에서 3개의 숫자를 선택하는 경우의 수는

$_4C_3$

선택한 세 숫자가 적힌 카드가 각각 3장씩 있으므로 1장씩 뽑는 경우의 수는

$_3C_1 \times {_3}C_1 \times {_3}C_1$

$$\therefore P(A^c) = \frac{_4C_3 \times {_3}C_1 \times {_3}C_1 \times {_3}C_1}{_{12}C_3}$$
$$= \frac{4 \times 3 \times 3 \times 3}{220} = \frac{27}{55}$$

따라서 구하는 확률은

$$P(A) = 1 - P(A^c)$$
$$= 1 - \frac{27}{55} = \frac{28}{55}$$

유형 19 여사건의 확률 – '아닌'의 조건이 있는 경우

0352

8명의 학생을 일렬로 세우는 경우의 수는

8!

진우와 하은이가 이웃하지 않는 사건을 A라 하면 A^c은 진우와 하은이가 이웃하는 사건이다.

진우와 하은이를 한 사람으로 생각하여 7명의 학생을 일렬로 세우는 경우의 수는 7!이고, 진우와 하은이가 서로 자리를 바꾸는 경우의 수가 2!이므로

$$P(A^c) = \frac{7! \times 2!}{8!} = \frac{7! \times 2}{8 \times 7!} = \frac{1}{4}$$

따라서 구하는 확률은

$$P(A) = 1 - P(A^c)$$
$$= 1 - \frac{1}{4} = \frac{3}{4}$$

0353

6명의 학생이 원탁에 둘러앉는 경우의 수는

$(6-1)! = 5!$

A, B가 서로 이웃하지 않게 앉는 사건을 A라 하면 A^c은 A, B가 이웃하게 앉는 사건이다.

A, B를 한 사람으로 생각하여 5명의 학생이 원탁에 둘러앉는 경우의 수는 $(5-1)! = 4!$이고, A, B가 서로 자리를 바꾸는 경우의 수가 2!이므로

$$P(A^c) = \frac{4! \times 2!}{5!} = \frac{4! \times 2}{5 \times 4!} = \frac{2}{5}$$

따라서 구하는 확률은

$$P(A) = 1 - P(A^c)$$
$$= 1 - \frac{2}{5} = \frac{3}{5}$$

0354

10개의 공 중에서 3개의 공을 꺼내는 경우의 수는

$_{10}C_3$

꺼낸 3개의 공에 적혀 있는 세 수의 곱이 홀수가 아닌 사건을 A라 하면 A^c은 세 수의 곱이 홀수인 사건이다.

1부터 10까지의 자연수 중 홀수는 1, 3, 5, 7, 9의 5개, 짝수는 2, 4, 6, 8, 10의 5개이고, 세 수의 곱이 홀수가 되려면 세 수 모두 홀수이어야 하므로

$$P(A^c) = \frac{_5C_3}{_{10}C_3} = \frac{10}{120} = \frac{1}{12}$$

따라서 구하는 확률은

$$P(A) = 1 - P(A^c) = 1 - \frac{1}{12} = \frac{11}{12}$$

0355

답 12

7개의 공을 일렬로 나열하는 경우의 수는

7!

같은 숫자가 적혀 있는 공이 서로 이웃하지 않게 나열되는 사건을 A라 하면 A^c은 같은 숫자가 적혀 있는 공이 이웃하게 나열되는 사건이다.

이때 같은 숫자가 적혀 있는 공은 4가 적혀 있는 흰 공 ④와 4가 적혀 있는 검은 공 ❹가 있으므로 A^c은 ④, ❹가 이웃하게 나열되는 사건이다.

④, ❹를 한 개의 공으로 생각하여 6개의 공을 일렬로 나열하는 경우의 수는 6!이고, ④, ❹가 서로 자리를 바꾸는 경우의 수가 2!이므로

$$P(A^c) = \frac{6! \times 2!}{7!} = \frac{6! \times 2}{7 \times 6!} = \frac{2}{7}$$

따라서 구하는 확률은

$$P(A) = 1 - P(A^c) = 1 - \frac{2}{7} = \frac{5}{7}$$

즉, $p=7$, $q=5$이므로

$p+q=7+5=12$

유형 20 여사건의 확률 – 여사건이 더 간단한 경우

0356

답 ⑤

11명의 학생 중에서 5명의 학생을 뽑는 경우의 수는

$_{11}C_5$

뽑은 5명의 학생 중에 1학년 학생과 2학년 학생이 모두 있는 사건을 A라 하면 A^c은 5명 모두 1학년 학생이거나 2학년 학생인 사건이므로

$$P(A^c) = \frac{_5C_5}{_{11}C_5} + \frac{_6C_5}{_{11}C_5} = \frac{1}{462} + \frac{6}{462} = \frac{7}{462} = \frac{1}{66}$$

따라서 구하는 확률은

$$P(A) = 1 - P(A^c) = 1 - \frac{1}{66} = \frac{65}{66}$$

0357

답 ⑤

한 개의 주사위를 두 번 던질 때 나오는 모든 경우의 수는

$6 \times 6 = 36$

a, b의 최대공약수가 홀수인 사건을 A라 하면 A^c은 a, b의 최대공약수가 짝수인 사건이므로 a, b가 모두 짝수이어야 한다.

1부터 6까지의 자연수 중에서 짝수는 2, 4, 6의 3개이므로

$$P(A^c) = \frac{3 \times 3}{36} = \frac{1}{4}$$

따라서 구하는 확률은

$$P(A) = 1 - P(A^c)$$
$$= 1 - \frac{1}{4} = \frac{3}{4}$$

0358

답 68

나오는 모든 경우의 수는

$7 \times 7 \times 7 = 7^3$

❶

$(x-y)(y-z)(z-x)=0$인 사건을 A라 하면 A^c은

$(x-y)(y-z)(z-x) \neq 0$인 사건이므로

$x \neq y$, $y \neq z$, $z \neq x$

즉, A^c은 x, y, z가 모두 다른 숫자가 나오는 사건이므로

$$P(A^c) = \frac{_7P_3}{7^3} = \frac{7 \times 6 \times 5}{7^3} = \frac{30}{49}$$

❷

$$\therefore P(A) = 1 - P(A^c)$$
$$= 1 - \frac{30}{49} = \frac{19}{49}$$

따라서 $p=49$, $q=19$이므로

$p+q=49+19=68$

❸

채점 기준	배점
❶ 모든 경우의 수 구하기	30%
❷ 사건 A를 정하고 $P(A^c)$의 값 구하기	50%
❸ $p+q$의 값 구하기	20%

0359

답 ②

7개의 문자 E, A, R, N, E, S, T를 일렬로 나열하는 경우의 수는

$$\frac{7!}{2!} = \frac{1}{2} \times 7!$$

R가 N보다 왼쪽에 오거나 N이 S보다 왼쪽에 오도록 나열하는 사건을 A라 하면 A^c은 R가 N보다 오른쪽에 오고 N이 S보다 오른쪽에 오도록 나열하는 사건이다.

즉, A^c은 3개의 문자 R, N, S를 모두 X로 생각하여 7개의 문자 E, A, X, X, E, X, T를 일렬로 나열한 후 3개의 X를 왼쪽부터 차례대로 S, N, R로 바꾸면 된다.

이때 E, A, X, X, E, X, T를 일렬로 나열하는 경우의 수는

$$\frac{7!}{3! \times 2!} = \frac{1}{12} \times 7!$$

이므로

$$P(A^C) = \frac{\frac{1}{12} \times 7!}{\frac{1}{2} \times 7!} = \frac{1}{6}$$

따라서 구하는 확률은

$$P(A) = 1 - P(A^C) = 1 - \frac{1}{6} = \frac{5}{6}$$

0360

답 ⑤

주어진 조건을 만족시키는 점은 모두 12개이므로 12개의 점 중에서 서로 다른 두 점을 선택하는 경우의 수는

$$_{12}C_2 = 66$$

선택된 두 점 사이의 거리가 1보다 큰 사건을 A라 하면 A^C은 두 점 사이의 거리가 1 이하인 사건이다. 그런데 주어진 조건을 만족시키는 서로 다른 두 점 사이의 거리는 항상 1 이상이므로 A^C은 선택된 두 점 사이의 거리가 1인 사건이다.

선택된 두 점 사이의 거리가 1인 경우는
오른쪽 그림과 같이 이웃한 두 점을 선택
하면 되므로

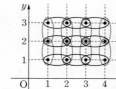

$$P(A^C) = \frac{2 \times 4 + 3 \times 3}{66} = \frac{17}{66}$$

따라서 구하는 확률은

$$P(A) = 1 - P(A^C) = 1 - \frac{17}{66} = \frac{49}{66}$$

PART B **내신 잡는 종합 문제**

0361

답 ③

표본공간을 S라 하면 $A \cap B^C$은 오른쪽
그림의 색칠한 부분과 같으므로

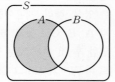

$$P(A \cap B) = P(A) - P(A \cap B^C)$$
$$= \frac{11}{18} - \frac{1}{3} = \frac{5}{18}$$

0362

답 ①

표본공간을 S라 하면

$S = \{2, 3, 5, 6, 7, 8, 9, 10\}$, $A = \{2, 3, 6\}$,

$B = \{5, 10\}$, $C = \{2, 5, 10\}$

이므로

$A \cap B = \varnothing$, $B \cap C = \{5, 10\}$, $C \cap A = \{2\}$

따라서 서로 배반사건인 것은 ㄱ이다.

0363

답 ②

서로 다른 두 개의 주사위를 동시에 던질 때 나오는 모든 경우의 수는

$$6 \times 6 = 36$$

두 눈의 수의 합이 8의 배수인 사건을 A, 두 눈의 수의 차가 5의 약수인 사건을 B라 하면 구하는 확률은 $P(A \cup B)$이다.

두 눈의 수의 합이 8의 배수인 경우는 두 눈의 수의 합이 8이 되는 경우이므로

$A = \{(2, 6), (3, 5), (4, 4), (5, 3), (6, 2)\}$

두 눈의 수의 차가 5의 약수인 경우는 두 눈의 수의 차가 1, 5가 되는 경우이므로

$B = \{(1, 2), (2, 1), (2, 3), (3, 2), (3, 4), (4, 3), (4, 5),$
$\quad (5, 4), (5, 6), (6, 5), (1, 6), (6, 1)\}$

$$\therefore P(A) = \frac{5}{36},\ P(B) = \frac{12}{36}$$

이때 $A \cap B = \varnothing$이므로 두 사건 A, B는 서로 배반사건이다.

따라서 구하는 확률은

$$P(A \cup B) = P(A) + P(B)$$
$$= \frac{5}{36} + \frac{12}{36} = \frac{17}{36}$$

0364

답 ⑤

6개의 꼭짓점에서 2개의 꼭짓점을 택하는 경우의 수는

$$_6C_2 = 15$$

두 꼭짓점이 서로 다른 모서리 위에 있는 사건을 A라 하면 A^C은 두 꼭짓점이 같은 모서리 위에 있는 사건이다.

주어진 삼각기둥의 모서리의 개수는 9이므로 같은 모서리 위의 두 꼭짓점을 택할 확률은

$$P(A^C) = \frac{9}{15} = \frac{3}{5}$$

따라서 구하는 확률은

$$P(A) = 1 - P(A^C)$$
$$= 1 - \frac{3}{5} = \frac{2}{5}$$

0365

답 ③

$240 = 2^4 \times 3 \times 5$이므로 240의 양의 약수의 개수는

$$(4+1)(1+1)(1+1) = 20$$

240의 양의 약수 중에서 36의 약수는 240과 36의 공약수와 같다.

$36 = 2^2 \times 3^2$이므로 240과 36의 최대공약수는

$$2^2 \times 3$$

즉, 240과 36의 공약수의 개수는

$$(2+1)(1+1) = 6$$

따라서 구하는 확률은

$$\frac{6}{20} = \frac{3}{10}$$

🔊 **Bible Says** **자연수의 양의 약수의 개수**

> 자연수 $N = a^p b^q c^r$ (a, b, c는 서로 다른 소수, p, q, r는 자연수)의 양의 약수의 개수는
> $$(p+1)(q+1)(r+1)$$

0366

답 ②

두 수 a, b를 선택하는 경우의 수는

$4 \times 4 = 16$

$1 < \dfrac{b}{a} < 4$인 경우는 다음과 같다.

(i) $a=1$일 때

$1 < b < 4$이므로 이를 만족시키는 b의 값은 존재하지 않는다.

(ii) $a=3$일 때

$1 < \dfrac{b}{3} < 4$이므로 $3 < b < 12$

$\therefore b=4, 6, 8, 10$

(iii) $a=5$일 때

$1 < \dfrac{b}{5} < 4$이므로 $5 < b < 20$

$\therefore b=6, 8, 10$

(iv) $a=7$일 때

$1 < \dfrac{b}{7} < 4$이므로 $7 < b < 28$

$\therefore b=8, 10$

(i)~(iv)에서 $1 < \dfrac{b}{a} < 4$인 경우의 수는

$4+3+2=9$

따라서 구하는 확률은 $\dfrac{9}{16}$

0367

답 ①

일렬로 나열된 6개의 좌석에 세 쌍의 부부, 즉 6명이 임의로 앉는 경우의 수는

$6!$

각 부부를 한 사람으로 생각하여 3명을 일렬로 나열하는 경우의 수는

$3!$

각 부부가 서로 자리를 바꾸는 경우의 수는

$2! \times 2! \times 2!$

즉, 세 쌍의 부부가 부부끼리 이웃하여 앉는 경우의 수는

$3! \times 2! \times 2! \times 2!$

따라서 구하는 확률은

$$\dfrac{3! \times 2! \times 2! \times 2!}{6!} = \dfrac{3! \times 2 \times 2 \times 2}{6 \times 5 \times 4 \times 3!} = \dfrac{1}{15}$$

0368

답 ②

7명의 학생 중 5명이 일렬로 앉는 경우의 수는

$_7P_5$

현이가 한가운데 앉는 경우는 현이를 한가운데에 앉힌 후 나머지 6명의 학생 중에서 4명을 택해 현이의 좌우에 일렬로 앉히면 되므로 그 경우의 수는

$_6P_4$

따라서 현이가 한가운데에 앉을 확률은

$$\dfrac{_6P_4}{_7P_5} = \dfrac{6 \times 5 \times 4 \times 3}{7 \times 6 \times 5 \times 4 \times 3} = \dfrac{1}{7}$$

0369

답 ①

9명의 선수가 원탁에 둘러앉는 경우의 수는

$(9-1)! = 8!$

수영 선수 3명, 체조 선수 4명, 태권도 선수 2명을 각각 한 사람으로 생각하면 3명이 원탁에 둘러앉는 경우의 수는

$(3-1)! = 2!$

이때 수영 선수끼리, 체조 선수끼리, 태권도 선수끼리 서로 자리를 바꾸는 경우의 수는

$3! \times 4! \times 2!$

즉, 같은 종목의 선수끼리 이웃하게 앉는 경우의 수는

$2! \times 3! \times 4! \times 2!$

따라서 구하는 확률은

$$\dfrac{2! \times 3! \times 4! \times 2!}{8!} = \dfrac{2 \times 6 \times 4! \times 2}{8 \times 7 \times 6 \times 5 \times 4!}$$
$$= \dfrac{1}{70}$$

0370

답 ⑤

5개의 숫자 1, 2, 3, 4, 5 중에서 중복을 허락하여 4개를 택해 만들 수 있는 네 자리 자연수의 개수는

$_5\Pi_4 = 5^4$

4의 배수가 되는 네 자리 자연수는

□□12, □□24, □□32, □□44, □□52

꼴이므로 4의 배수인 네 자리 자연수의 개수는

$5 \times _5\Pi_2 = 5 \times 5^2 = 5^3$

따라서 구하는 확률은

$$\dfrac{5^3}{5^4} = \dfrac{1}{5}$$

0371

답 ②

6명의 학생들의 발표 순서를 정하는 경우의 수는

$6!$

영신이가 혜리보다 먼저 발표하고 지훈이보다 뒤에 발표하는 경우는 영신, 혜리, 지훈이를 모두 같은 문자 X로, 나머지 학생들을 각각 A, B, C로 놓고, 6개의 문자 X, X, X, A, B, C를 일렬로 나열한 후 첫 번째 X는 지훈, 두 번째 X는 영신, 세 번째 X는 혜리로 바꾸면 되므로 그 경우의 수는

$$\dfrac{6!}{3!} = \dfrac{6 \times 5!}{6} = 5!$$

따라서 구하는 확률은

$$\dfrac{5!}{6!} = \dfrac{1}{6}$$

0372

답 ④

7개의 구슬 중에서 2개의 구슬을 꺼내는 경우의 수는

$_7C_2 = 21$

꺼낸 2개의 구슬에 적힌 두 자연수가 서로소인 경우는
$(2, 3), (2, 5), (2, 7), (3, 4), (3, 5), (3, 7), (3, 8),$
$(4, 5), (4, 7), (5, 6), (5, 7), (5, 8), (6, 7), (7, 8)$
의 14가지이다.

따라서 구하는 확률은

$\dfrac{14}{21}=\dfrac{2}{3}$

다른 풀이

여사건의 확률을 이용하여 구할 수도 있다.

7개의 구슬 중에서 2개의 구슬을 꺼내는 경우의 수는

$_7C_2=21$

꺼낸 2개의 구슬에 적힌 두 자연수가 서로소인 사건을 A라 하면 A^c은 두 자연수가 서로소가 아닌 사건이다.

짝수 2, 4, 6, 8 중에서 2개를 선택하는 경우의 수가 $_4C_2=6$이고, 3과 6이 적힌 구슬을 꺼내는 경우의 수가 1이므로

$P(A^c)=\dfrac{6+1}{21}=\dfrac{1}{3}$

따라서 구하는 확률은

$P(A)=1-P(A^c)$

$\quad\quad\quad =1-\dfrac{1}{3}=\dfrac{2}{3}$

0373

답 ④

18개의 점 중에서 2개의 점을 택하는 경우의 수는

$_{18}C_2=153$

두 점 사이의 거리가 $\sqrt{2}$인 경우는 두 점이 한 변의 길이가 1인 정사각형의 두 대각선의 끝점인 경우이다. 한 변의 길이가 1인 정사각형은 10개 있으므로 두 점 사이의 거리가 $\sqrt{2}$인 경우의 수는

$10\times 2=20$

$\therefore p=\dfrac{20}{153}$

두 점 사이의 거리가 $2\sqrt{2}$인 경우는 두 점이 한 변의 길이가 2인 정사각형의 두 대각선의 끝점인 경우이다. 한 변의 길이가 2인 정사각형은 4개 있으므로 두 점 사이의 거리가 $2\sqrt{2}$인 경우의 수는

$4\times 2=8$

$\therefore q=\dfrac{8}{153}$

$\therefore p-q=\dfrac{20}{153}-\dfrac{8}{153}=\dfrac{12}{153}=\dfrac{4}{51}$

0374

답 ③

한 개의 주사위를 3번 던질 때 나오는 모든 경우의 수는

$6\times 6\times 6=6^3$

$a\le b\le c$인 경우는 1부터 6까지의 자연수 중에서 중복을 허락하여 3개의 수를 택하여 작거나 같은 수부터 차례대로 a, b, c에 대응시키면 되므로 그 경우의 수는

$_6H_3=_8C_3=56$

따라서 구하는 확률은

$\dfrac{56}{6^3}=\dfrac{7}{27}$

0375

답 ③

치역과 공역이 같은 X에서 Y로의 함수 f의 개수는

$_4P_4=24$

$1\times 3\times 9=27$이므로 $f(a)\times f(b)\times f(c)=f(d)$를 만족시키려면 1, 3, 9를 일렬로 배열하여 a, b, c에 차례대로 대응시키고 27은 d에 대응시키면 된다.

즉, $f(a)\times f(b)\times f(c)=f(d)$를 만족시키는 함수 f의 개수는

$3!=6$

따라서 구하는 확률은

$\dfrac{6}{24}=\dfrac{1}{4}$

0376

답 ⑤

9명 중에서 3명을 선택하는 경우의 수는

$_9C_3$

근무조 A와 근무조 B에서 적어도 1명씩 선택되는 사건을 A라 하면 A^c은 3명 모두 근무조 A에서 선택하거나 근무조 B에서 선택하는 사건이므로

$P(A^c)=\dfrac{_5C_3}{_9C_3}+\dfrac{_4C_3}{_9C_3}$

$\quad\quad\quad =\dfrac{10}{84}+\dfrac{4}{84}=\dfrac{14}{84}=\dfrac{1}{6}$

따라서 구하는 확률은

$P(A)=1-P(A^c)$

$\quad\quad\quad =1-\dfrac{1}{6}=\dfrac{5}{6}$

0377

답 ④

6명의 학생을 일렬로 세우는 경우의 수는

$6!$

선주와 민지 사이에 적어도 한 명의 학생이 서는 사건을 A라 하면 A^c은 선주와 민지가 이웃하게 서는 사건이다.

선주와 민지를 한 사람으로 생각하여 5명의 학생을 일렬로 세우는 경우의 수는 $5!$이고 선주와 민지가 서로 자리를 바꾸는 경우의 수가 $2!$이므로

$P(A^c)=\dfrac{5!\times 2!}{6!}=\dfrac{5!\times 2}{6\times 5!}=\dfrac{1}{3}$

따라서 구하는 확률은

$P(A)=1-P(A^c)$

$\quad\quad\quad =1-\dfrac{1}{3}=\dfrac{2}{3}$

0378

답 70

20경기에서 2점 슛으로 얻은 득점이 180점이므로 성공한 2점 슛의 개수는

$\dfrac{180}{2}=90$

2점 슛 성공률이 75 %이므로

$$\frac{90}{a}=\frac{75}{100}$$

$$\therefore a=120$$

20경기에서 3점 슛으로 얻은 득점이 69점이므로 성공한 3점 슛의 개수는

$$\frac{69}{3}=23$$

3점 슛 성공률이 46 %이므로

$$\frac{23}{b}=\frac{46}{100}$$

$$\therefore b=50$$

$$\therefore a-b=120-50=70$$

0379

한 개의 주사위를 두 번 던질 때 나오는 모든 경우의 수는

$6\times6=36$

$|a-3|+|b-3|=2$인 사건을 A, $a=b$인 사건을 B라 하면 구하는 확률은 $P(A\cup B)$이다.

$|a-3|+|b-3|=2$에서

(i) $|a-3|=0$, $|b-3|=2$일 때

$|a-3|=0$에서 $a=3$

$|b-3|=2$에서 $b=1, 5$

즉, 순서쌍 (a, b)는 $(3, 1)$, $(3, 5)$의 2가지이다.

(ii) $|a-3|=1$, $|b-3|=1$일 때

$|a-3|=1$에서 $a=2, 4$

$|b-3|=1$에서 $b=2, 4$

즉, 순서쌍 (a, b)는 $(2, 2)$, $(2, 4)$, $(4, 2)$, $(4, 4)$의 4가지이다.

(iii) $|a-3|=2$, $|b-3|=0$일 때

$|a-3|=2$에서 $a=1, 5$

$|b-3|=0$에서 $b=3$

즉, 순서쌍 (a, b)는 $(1, 3)$, $(5, 3)$의 2가지이다.

(i)~(iii)에서 $|a-3|+|b-3|=2$인 경우의 수는

$2+4+2=8$

이므로

$$P(A)=\frac{8}{36}$$

$a=b$인 경우의 순서쌍 (a, b)는 $(1, 1)$, $(2, 2)$, $(3, 3)$, $(4, 4)$, $(5, 5)$, $(6, 6)$의 6가지이므로

$$P(B)=\frac{6}{36}$$

$|a-3|+|b-3|=2$이고 $a=b$인 경우의 순서쌍 (a, b)는 $(2, 2)$, $(4, 4)$의 2가지이므로

$$P(A\cap B)=\frac{2}{36}$$

따라서 구하는 확률은

$$P(A\cup B)=P(A)+P(B)-P(A\cap B)$$
$$=\frac{8}{36}+\frac{6}{36}-\frac{2}{36}$$
$$=\frac{1}{3}$$

0380

5명의 선수의 승부차기 순서를 정하는 경우의 수는

$5!=120$

B가 A보다 먼저 차는 사건을 X, A, B가 처음과 끝에 차는 사건을 Y라 하면 구하는 확률은 $P(X\cup Y)$이다.

A, B를 모두 같은 문자 X로 놓고, 나머지 세 선수를 각각 C, D, E라 하면 B가 A보다 먼저 차도록 순서를 정하는 것은 5개의 문자 X, X, C, D, E를 일렬로 나열한 후 첫 번째 X는 B로, 두 번째 X는 A로 바꾸는 것과 같다.

즉, B가 A보다 먼저 차도록 순서를 정하는 경우의 수는

$$\frac{5!}{2!}=60$$

$$\therefore P(X)=\frac{60}{120}$$

A, B가 처음과 끝에 차도록 순서를 정하는 것은 A, B를 제외한 나머지 3명을 일렬로 배열한 뒤 양 끝에 A, B가 오도록 하면 된다. 이때 A○○○B, B○○○A의 2가지 경우가 있으므로 A, B가 처음과 끝에 차도록 순서를 정하는 경우의 수는

$3!\times2=6\times2=12$

$$\therefore P(Y)=\frac{12}{120}$$

B가 A보다 먼저 차고 A, B가 처음과 끝에 차는 경우는 B○○○A인 경우뿐이므로 그 경우의 수는

$3!=6$

$$\therefore P(X\cap Y)=\frac{6}{120}$$

따라서 구하는 확률은

$$P(X\cup Y)=P(X)+P(Y)-P(X\cap Y)$$
$$=\frac{60}{120}+\frac{12}{120}-\frac{6}{120}$$
$$=\frac{66}{120}=\frac{11}{20}$$

0381

승객 6명이 네 정류장 A, B, C, D 중 한 정류장에서 내리는 경우의 수는

$_4\Pi_6=4^6=4096$

네 정류장 A, B, C, D 중에서 승객이 내리는 세 정류장을 택하는 경우의 수는

$_4C_3=4$

승객 6명을 3개의 조로 나눌 때, 각 조의 인원 수는

1, 1, 4 또는 1, 2, 3 또는 2, 2, 2

이므로 승객 6명을 3개의 조로 나누는 경우의 수는

$$_6C_1\times{}_5C_1\times{}_4C_4\times\frac{1}{2!}+{}_6C_1\times{}_5C_2\times{}_3C_3+{}_6C_2\times{}_4C_2\times{}_2C_2\times\frac{1}{3!}$$

$$=6\times5\times1\times\frac{1}{2}+6\times10\times1+15\times6\times1\times\frac{1}{6}$$

$$=15+60+15=90$$

이때 3개의 조를 3개의 정류장에 분배하는 경우의 수는 $3!=6$이므로 네 정류장 A, B, C, D 중 3개의 정류장에서 모든 승객이 내리는 경우의 수는

$4\times90\times6=2160$

따라서 3개의 정류장에서 모든 승객이 내릴 확률은

$$\frac{2160}{4096}=\frac{135}{256}$$

즉, $p=256$, $q=135$이므로

$p+q=256+135=391$

다른 풀이

승객 6명이 네 정류장 A, B, C, D 중 한 정류장에서 내리는 경우의 수는

$_4\Pi_6=4^6=4096$

네 정류장 A, B, C, D 중에서 승객이 내리는 세 정류장을 택하는 경우의 수는

$_4C_3=4$

승객 6명이 세 정류장 중 한 정류장에서 내리는 경우의 수는

$_3\Pi_6=3^6=729$

이때 2개의 정류장에서 모든 승객이 내리는 경우의 수는

$_3C_2\times(_2\Pi_6-2)=3\times(2^6-2)=186$

이고, 1개의 정류장에서 모든 승객이 내리는 경우의 수는

$_3C_1=3$

이므로 네 정류장 A, B, C, D 중 3개의 정류장에서 모든 승객이 내리는 경우의 수는

$4\times(729-186-3)=2160$

따라서 3개의 정류장에서 모든 승객이 내릴 확률은

$$\frac{2160}{4096}=\frac{135}{256}$$

즉, $p=256$, $q=135$이므로

$p+q=256+135=391$

0382

답 $\dfrac{4}{9}$

만들 수 있는 다섯 자리 자연수의 개수는

$_9P_5$

.... ❶

1부터 9까지의 자연수 중에는 홀수가 1, 3, 5, 7, 9의 5개, 짝수가 2, 4, 6, 8의 4개이므로 천의 자리의 수와 십의 자리의 수의 합이 짝수가 되는 경우는 다음과 같다.

(i) 천의 자리의 수와 십의 자리의 수가 모두 홀수인 경우

천의 자리와 십의 자리에는 5개의 홀수 중에서 2개를 택하여 배열하고, 나머지 세 자리에는 나머지 7개의 수 중에서 3개를 택하여 배열하면 되므로 그 개수는

$_5P_2\times_7P_3$

(ii) 천의 자리의 수와 십의 자리의 수가 모두 짝수인 경우

천의 자리와 십의 자리에는 4개의 짝수 중에서 2개를 택하여 배열하고, 나머지 세 자리에는 나머지 7개의 수 중에서 3개를 택하여 배열하면 되므로 그 개수는

$_4P_2\times_7P_3$

(i), (ii)에서 천의 자리의 수와 십의 자리의 수의 합이 짝수가 되는 다섯 자리 자연수의 개수는

$_5P_2\times_7P_3+_4P_2\times_7P_3$

.... ❷

따라서 구하는 확률은

$$\frac{_5P_2\times_7P_3+_4P_2\times_7P_3}{_9P_5}=\frac{5\times4\times7\times6\times5+4\times3\times7\times6\times5}{9\times8\times7\times6\times5}$$

$$=\frac{5+3}{18}=\frac{4}{9}$$

.... ❸

채점 기준	배점
❶ 모든 경우의 수 구하기	20%
❷ 천의 자리의 수와 십의 자리의 수의 합이 짝수가 되는 다섯 자리 자연수의 개수 구하기	50%
❸ 천의 자리의 수와 십의 자리의 수의 합이 짝수가 될 확률 구하기	30%

0383

답 $\dfrac{25}{216}$

한 개의 주사위를 세 번 던질 때 나오는 모든 경우의 수는

$6\times6\times6=216$

.... ❶

a, b, c는 1 이상 6 이하의 자연수이므로 합이 9가 되는 세 자연수로 가능한 것은

1, 2, 6 또는 1, 3, 5 또는 1, 4, 4 또는 2, 2, 5 또는 2, 3, 4 또는 3, 3, 3

즉, $a+b+c=9$인 경우의 수는

$3!\times3+\dfrac{3!}{2!}\times2+1=18+6+1=25$

.... ❷

따라서 구하는 확률은 $\dfrac{25}{216}$

.... ❸

채점 기준	배점
❶ 모든 경우의 수 구하기	20%
❷ $a+b+c=9$인 경우의 수 구하기	60%
❸ $a+b+c=9$일 확률 구하기	20%

다른 풀이

한 개의 주사위를 세 번 던질 때 나오는 모든 경우의 수는

$6\times6\times6=216$

.... ❶

$a+b+c=9$에서 a, b, c는 1 이상 6 이하의 자연수이므로

$a=a'+1$, $b=b'+1$, $c=c'+1$로 놓으면

$(a'+1)+(b'+1)+(c'+1)=9$

(단, a', b', c'은 0 이상 5 이하의 정수이다.)

$\therefore a'+b'+c'=6$

$a'+b'+c'=6$을 만족시키는 음이 아닌 정수 a', b', c'의 순서쌍 $(a'$, b', $c')$의 개수는

$_3H_6=_8C_6=_8C_2=28$

그런데 a', b', c'은 0 이상 5 이하의 정수이므로 (6, 0, 0), (0, 6, 0), (0, 0, 6)을 제외시켜야 한다.

즉, $a+b+c=9$인 경우의 수는

$28-3=25$

.... ❷

따라서 구하는 확률은 $\dfrac{25}{216}$

.... ❸

0384

답 ④

6명이 좌석에 앉는 경우의 수는
6!
A, C가 이웃하여 앉는 경우는
(G8, G9), (G9, G10), (G10, G11), (G12, G13)
의 4가지이고, 이때 A, C가 서로 자리를 바꾸는 경우의 수는 2!,
나머지 4명의 학생이 자리에 앉는 경우의 수는 4!이므로 A, C가
이웃하여 앉는 경우의 수는
$4 \times 2! \times 4!$
따라서 구하는 확률은
$$\frac{4 \times 2! \times 4!}{6!} = \frac{4 \times 2 \times 4!}{6 \times 5 \times 4!} = \frac{4}{15}$$

0385

답 ④

두 사건 A, B가 서로 배반사건이고 $0 < P(A) < P(B)$이므로
$A \cap B = \varnothing$, $0 < n(A) < n(B)$
따라서 주어진 조건을 만족시키는 경우는 다음과 같다.
(i) $n(A) = 1$인 경우
　표본공간 S의 7개의 원소 중에서 A의 원소가 되는 1개를 선택
　하고, B의 원소는 A의 원소를 제외한 6개의 원소 중에서 2개
　이상을 선택하면 되므로 그 경우의 수는
　$_7C_1 \times (_6C_2 + _6C_3 + _6C_4 + _6C_5 + _6C_6) = 7 \times (15 + 20 + 15 + 6 + 1)$
　$= 7 \times 57 = 399$
(ii) $n(A) = 2$인 경우
　표본공간 S의 7개의 원소 중에서 A의 원소가 되는 2개를 선택
　하고, B의 원소는 A의 원소를 제외한 5개의 원소 중에서 3개
　이상을 선택하면 되므로 그 경우의 수는
　$_7C_2 \times (_5C_3 + _5C_4 + _5C_5) = 21 \times (10 + 5 + 1)$
　$= 21 \times 16 = 336$
(iii) $n(A) = 3$인 경우
　표본공간 S의 7개의 원소 중에서 A의 원소가 되는 3개를 선택
　하고, B의 원소는 A의 원소를 제외한 나머지 4개의 원소를 가
　지면 되므로 그 경우의 수는
　$_7C_3 = 35$
(i)~(iii)에서 두 사건 A, B를 선택하는 방법의 수는
$399 + 336 + 35 = 770$

0386

답 ⑤

10장의 카드가 들어 있는 주머니에서 임의로 4장의 카드를 꺼내는
경우의 수는
$_{10}C_4 = 210$

$a_1 \times a_2$의 값이 홀수인 경우는 다음과 같다.
(i) 순서쌍 (a_1, a_2)가 $(1, 3)$ 또는 $(1, 5)$ 또는 $(3, 5)$인 경우
　$a_3 + a_4 \geq 16$을 만족시키는 순서쌍 (a_3, a_4)는
　$(6, 10)$, $(7, 9)$, $(7, 10)$, $(8, 9)$, $(8, 10)$, $(9, 10)$
　의 6개이다.
　따라서 이때의 확률은
$$\frac{3 \times 6}{210} = \frac{18}{210}$$
(ii) 순서쌍 (a_1, a_2)가 $(1, 7)$ 또는 $(3, 7)$ 또는 $(5, 7)$인 경우
　$a_3 + a_4 \geq 16$을 만족시키는 순서쌍 (a_3, a_4)는
　$(8, 9)$, $(8, 10)$, $(9, 10)$
　의 3개이다.
　따라서 이때의 확률은
$$\frac{3 \times 3}{210} = \frac{9}{210}$$
(i), (ii)에서 구하는 확률은
$$\frac{18}{210} + \frac{9}{210} = \frac{27}{210} = \frac{9}{70}$$

0387

답 ③

한 개의 주사위를 두 번 던질 때 나오는 모든 경우의 수는
$6 \times 6 = 36$
함수 $y = a \cos x - 3$의 그래프와 직선 $y = -2b$가 만나려면 x에 대
한 방정식 $a \cos x - 3 = -2b$, 즉 $\cos x = \dfrac{3 - 2b}{a}$가 실근을 가져
야 하므로
$$\left| \frac{3 - 2b}{a} \right| \leq 1$$
$\therefore |3 - 2b| \leq a$
(i) $b = 1$ 또는 $b = 2$인 경우
　$a \geq 1$이므로 $a = 1, 2, 3, 4, 5, 6$
　따라서 이때의 경우의 수는
　$2 \times 6 = 12$
(ii) $b = 3$인 경우
　$a \geq 3$이므로 $a = 3, 4, 5, 6$
　따라서 이때의 경우의 수는
　$1 \times 4 = 4$
(iii) $b = 4$인 경우
　$a \geq 5$이므로 $a = 5, 6$
　따라서 이때의 경우의 수는
　$1 \times 2 = 2$
(iv) $b = 5$ 또는 $b = 6$인 경우
　$a \geq 7$이므로 문제의 조건을 만족시키지 않는다.
(i)~(iv)에서 $|3 - 2b| \leq a$를 만족시키는 경우의 수는
$12 + 4 + 2 = 18$
따라서 구하는 확률은
$$\frac{18}{36} = \frac{1}{2}$$

0388

12개의 공 중에서 5개의 공을 꺼내는 경우의 수는

$_{12}C_5=792$

연속된 자연수의 최대 개수가 4인 경우는 다음과 같다.

(i) 연속된 네 자연수가 1, 2, 3, 4인 경우

5가 적힌 공을 제외한 나머지 7개의 공 중에서 1개를 꺼내면 되므로 그 경우의 수는

$_7C_1=7$

(ii) 연속된 네 자연수가 n, $n+1$, $n+2$, $n+3$ ($n=2, 3, 4, \cdots, 8$)인 경우

$n-1$, $n+4$가 적힌 공을 제외한 나머지 6개의 공 중에서 1개를 꺼내면 되므로 그 경우의 수는 각각

$_6C_1=6$

(iii) 연속된 네 자연수가 9, 10, 11, 12인 경우

8이 적힌 공을 제외한 나머지 7개의 공 중에서 1개를 꺼내면 되므로 그 경우의 수는

$_7C_1=7$

(i)~(iii)에서 연속된 자연수의 최대 개수가 4인 경우의 수는

$7+6\times7+7=56$

따라서 사건 A가 일어날 확률은

$\dfrac{56}{792}=\dfrac{7}{99}$

즉, $a=99$, $b=7$이므로

$a+b=99+7=106$

0389

7장의 카드를 일렬로 나열하는 경우의 수는

$7!$

주어진 조건을 만족시키는 경우는 다음과 같다.

(i) $\boxed4$, $\boxed5$가 서로 이웃하도록 나열하는 경우

$\boxed4$의 한쪽에는 $\boxed5$를, 다른 한쪽에는 $\boxed6$, $\boxed7$ 중 1개를 택해 나열하고 $\boxed5$의 남은 옆자리에는 $\boxed1$, $\boxed2$, $\boxed3$ 중 1개를 택해 나열하면 되므로 그 경우의 수는

$(_2P_1\times2!)\times_3P_1=(2\times2)\times3=12$

이와 같이 나열된 것을 하나로 보고 4장의 카드를 나열하는 경우의 수는

$4!$

즉, $\boxed4$, $\boxed5$가 서로 이웃하도록 나열하는 경우의 수는

$12\times4!$

(ii) $\boxed4$, $\boxed5$가 이웃하지 않도록 나열하는 경우

$\boxed4$의 양 옆에 $\boxed6$, $\boxed7$을 나열하는 경우의 수는

$_2P_2=2$

$\boxed5$의 양 옆에 $\boxed1$, $\boxed2$, $\boxed3$ 중 2개를 택해 나열하는 경우의 수는

$_3P_2=6$

이와 같이 나열된 것을 각각 하나로 보고 3장의 카드를 나열하는 경우의 수는

$3!$

즉, $\boxed4$, $\boxed5$가 이웃하지 않도록 나열하는 경우의 수는

$2\times6\times3!=2\times(2\times3)\times3!=3\times4!$

(i), (ii)에서 주어진 조건을 만족시키도록 7장의 카드를 나열하는 경우의 수는

$12\times4!+3\times4!=15\times4!$

따라서 구하는 확률은

$\dfrac{15\times4!}{7!}=\dfrac{15\times4!}{7\times6\times5\times4!}=\dfrac{1}{14}$

0390

7개의 팀의 공연 순서를 정하는 경우의 수는

$7!$

A, B 두 팀의 공연 사이에 세 팀의 댄스 공연만 들어가는 사건을 X, C팀이 A, B 두 팀보다 먼저 공연하는 사건을 Y라 하면 구하는 확률은 $P(X\cup Y)$이다.

(i) A, B 두 팀의 공연 사이에 세 팀의 댄스 공연만 들어가는 경우

댄스 공연을 하는 네 팀 중 A, B 두 팀의 공연 사이에 공연할 세 팀을 선택하고 순서를 정하는 경우의 수는

$_4P_3=24$

A, B 두 팀이 순서를 바꾸는 경우의 수는

$2!$

A, B 두 팀과 선택된 댄스 공연 세 팀을 한 팀으로 생각하여 세 팀의 공연 순서를 정하는 경우의 수는

$3!$

즉, A, B 두 팀의 공연 사이에 세 팀의 댄스 공연만 들어가는 경우의 수는

$24\times2!\times3!$

$\therefore P(X)=\dfrac{24\times2!\times3!}{7!}$

$=\dfrac{24\times2!\times3!}{7\times6\times5\times4\times3!}$

$=\dfrac{2}{35}$

(ii) C팀이 A, B 두 팀보다 먼저 공연하는 경우

A, B, C를 모두 같은 문자 X로 놓고, X, X, X와 댄스 공연 네 팀을 일렬로 세운 후 첫 번째 X는 C로, 뒤의 두 X는 A, B 또는 B, A로 바꾸면 되므로 C팀이 A, B 두 팀보다 먼저 공연하는 경우의 수는

$\dfrac{7!}{3!}\times2=\dfrac{7!}{6}\times2=\dfrac{1}{3}\times7!$

$\therefore P(Y)=\dfrac{\frac{1}{3}\times7!}{7!}=\dfrac{1}{3}$

(ⅲ) A, B 두 팀의 공연 사이에 세 팀의 댄스 공연만 들어가고, C팀이 A, B 두 팀보다 먼저 공연하는 경우
　(ⅰ)에서 C팀이 A, B 두 팀보다 먼저 공연하는 경우이므로 그 경우의 수는

$$(24 \times 2! \times 3!) \times \frac{1}{2} = 24 \times 3!$$

$$\therefore P(X \cap Y) = \frac{24 \times 3!}{7!} = \frac{24 \times 3!}{7 \times 6 \times 5 \times 4 \times 3!} = \frac{1}{35}$$

(ⅰ)~(ⅲ)에서 구하는 확률은

$$P(X \cup Y) = P(X) + P(Y) - P(X \cap Y)$$
$$= \frac{2}{35} + \frac{1}{3} - \frac{1}{35}$$
$$= \frac{38}{105}$$

0391
답 ④

직사각형 ABCD의 넓이는

$3\sqrt{2} \times 6 = 18\sqrt{2}$

오른쪽 그림과 같이 사각형 ABCD의 각 꼭짓점을 중심으로 하고 반지름의 길이가 3인 원을 그려 변 AD, BC와의 교점을 각각 E, F라 하고, 점 A를 중심으로 하는 사분원과 점 B를 중심으로 하는 사분원의 교점을 G라 하자.

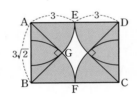

점 P에서 사각형 ABCD의 가장 가까운 꼭짓점까지의 거리가 3 이하이려면 점 P를 위의 그림의 색칠한 부분에 잡아야 한다.
두 점 E, F는 각각 변 AD, BC의 중점이고 삼각형 ABG는 직각이등변삼각형이므로 위의 그림에서 색칠한 부분의 넓이는

$2\{(\text{부채꼴 AEG의 넓이}) + (\text{부채꼴 BFG의 넓이}) + \triangle ABG\}$

$$= 2\left(\pi \times 3^2 \times \frac{45}{360} + \pi \times 3^2 \times \frac{45}{360} + \frac{1}{2} \times 3 \times 3\right)$$

$$= 2\left(\frac{9}{8}\pi + \frac{9}{8}\pi + \frac{9}{2}\right)$$

$$= 2\left(\frac{9}{4}\pi + \frac{9}{2}\right)$$

$$= \frac{9}{2}\pi + 9$$

따라서 구하는 확률은

$$\frac{\frac{9}{2}\pi + 9}{18\sqrt{2}} = \left(\frac{\pi}{8} + \frac{1}{4}\right)\sqrt{2}$$

0392
답 47

3개의 공이 들어 있는 주머니에서 임의로 한 개의 공을 꺼내어 공에 적혀 있는 수를 확인한 후 다시 넣는 시행을 5번 반복하므로 모든 경우의 수는

$3^5 = 243$

5개의 수의 곱이 6의 배수인 사건을 A라 하면 A^C은 5개의 수의 곱이 6의 배수가 아닌 사건이다.

$6 = 2 \times 3$이므로 5개의 수의 곱이 6의 배수가 아니려면 다음과 같아야 한다.
(ⅰ) 한 개의 숫자만 나오는 경우
　1, 1, 1, 1, 1 또는 2, 2, 2, 2, 2 또는 3, 3, 3, 3, 3
　의 3가지
(ⅱ) 두 개의 숫자만 나오는 경우
　1, 2가 적혀 있는 공이 나오는 경우의 수는
　$2^5 - 2 = 32 - 2 = 30$
　1, 3이 적혀 있는 공이 나오는 경우의 수는
　$2^5 - 2 = 32 - 2 = 30$
　즉, 두 개의 숫자만 나오는 경우의 수는
　$30 + 30 = 60$
(ⅰ), (ⅱ)에서 5개의 수의 곱이 6의 배수가 아닌 경우의 수는
$3 + 60 = 63$
이므로

$$P(A^C) = \frac{63}{243} = \frac{7}{27}$$

따라서 구하는 확률은

$$P(A) = 1 - P(A^C)$$
$$= 1 - \frac{7}{27} = \frac{20}{27}$$

즉, $p = 27$, $q = 20$이므로
$p + q = 27 + 20 = 47$

0393
답 ④

정의역의 원소가 6개이고 공역의 원소가 5개이므로 치역과 공역이 같으려면 정의역의 어떤 두 원소는 함숫값이 같아야 한다.
정의역의 6개의 원소 중에서 함숫값이 같은 두 원소를 택하는 경우의 수는 $_6C_2 = 15$이므로 치역과 공역이 같은 함수 $f : X \longrightarrow Y$의 개수는

$15 \times 5! = 1800$

$f(x_1) \times f(x_2) \times f(x_3) = f(x_4) \times f(x_5) \times f(x_6)$을 만족시키려면 함숫값이 같은 두 원소의 함숫값을 k로 놓았을 때, 공역의 모든 원소와 k의 곱이 어떤 자연수의 제곱이 되어야 한다.

$1 \times 3 \times 5 \times 6 \times 10 \times k = 2^2 \times 3^2 \times 5^2 \times k$이므로

$k = 1$

공역의 모든 원소와 k의 곱은
$1 \times 3 \times 5 \times 6 \times 10 \times 1 = 2^2 \times 3^2 \times 5^2 = 30^2$

이므로 $f(x_1) \times f(x_2) \times f(x_3) = f(x_4) \times f(x_5) \times f(x_6)$을 만족시키는 경우는

$f(x_1) \times f(x_2) \times f(x_3) = 1 \times 3 \times 10$,
$f(x_4) \times f(x_5) \times f(x_6) = 1 \times 5 \times 6$
또는
$f(x_1) \times f(x_2) \times f(x_3) = 1 \times 5 \times 6$,
$f(x_4) \times f(x_5) \times f(x_6) = 1 \times 3 \times 10$

즉, 그 경우의 수는

$3! \times 3! + 3! \times 3! = 36 + 36 = 72$

따라서 구하는 확률은

$$\frac{72}{1800} = \frac{1}{25}$$

0394

답 ②

구슬 13개를 일렬로 나열하는 경우의 수는

$$\frac{13!}{8! \times 5!} = 1287$$

구슬의 색이 5번 바뀌도록 구슬을 연속하여 나열하는 경우는

○●○●○● 또는 ●○●○●○

의 2가지이다.

13개의 구슬을 나열하여 구슬의 색이 5번 바뀌려면 먼저 흰 구슬 3개와 검은 구슬 3개를 위와 같이 일렬로 나열한 후, 남은 5개의 흰 구슬을 나열되어 있는 3개의 ○에 이웃하도록 나열하고, 남은 2개의 검은 구슬을 나열되어 있는 3개의 ●에 이웃하도록 나열하면 된다.

3개의 ○ 중에서 중복을 허락하여 5개를 택하는 경우의 수는

$$_3H_5 = {}_7C_5 = {}_7C_2 = 21$$

3개의 ● 중에서 중복을 허락하여 2개를 택하는 경우의 수는

$$_3H_2 = {}_4C_2 = 6$$

즉, 구슬의 색이 5번 바뀌는 경우의 수는

$$2 \times 21 \times 6 = 252$$

따라서 구하는 확률은

$$\frac{252}{1287} = \frac{28}{143}$$

0395

답 51

주머니에서 임의로 2개의 공을 동시에 꺼낼 때 얻은 점수가 24점 이하의 짝수인 경우는 다음과 같이 나누어 생각할 수 있다.

(i) 꺼낸 공이 서로 다른 색인 경우

흰 공 1개, 검은 공 1개를 꺼내는 경우로, 12를 점수로 얻으므로 조건을 만족시킨다.

즉, 이 경우의 확률은

$$\frac{{}_4C_1 \times {}_4C_1}{{}_8C_2} = \frac{4 \times 4}{28} = \frac{16}{28}$$

(ii) 꺼낸 공이 서로 같은 색인 경우

ⓐ 흰 공 2개를 꺼내는 경우

두 공에 적힌 수는 각각 1, 2, 3, 4 중 하나이고 2개의 공을 동시에 꺼내므로 두 수의 곱은 모두 12 이하이다.

이때 1과 3이 적힌 두 공을 꺼내면 홀수를 점수로 얻고, 나머지 경우에는 모두 짝수를 점수로 얻는다.

즉, 이 경우의 확률은

$$\frac{{}_4C_2 - 1}{{}_8C_2} = \frac{6-1}{28} = \frac{5}{28}$$

ⓑ 검은 공 2개를 꺼내는 경우

두 공에 적힌 수는 각각 4, 5, 6, 7 중 하나이고 2개의 공을 동시에 꺼내므로 두 수의 곱이 24 이하의 짝수인 경우는 4와 5가 적힌 두 공을 꺼내거나 4와 6이 적힌 두 공을 꺼내는 경우 2가지뿐이다.

즉, 이 경우의 확률은

$$\frac{2}{{}_8C_2} = \frac{2}{28}$$

ⓐ, ⓑ에서 꺼낸 공이 서로 같은 색인 경우의 확률은

$$\frac{5}{28} + \frac{2}{28} = \frac{7}{28}$$

(i), (ii)에서 구하는 확률은

$$\frac{16}{28} + \frac{7}{28} = \frac{23}{28}$$

따라서 $p = 28$, $q = 23$이므로

$$p + q = 28 + 23 = 51$$

04 조건부확률

유형 01 조건부확률의 계산

확인 문제 (1) $\dfrac{1}{8}$ (2) $\dfrac{2}{7}$

(1) $P(B|A)=\dfrac{P(A\cap B)}{P(A)}=\dfrac{\frac{1}{14}}{\frac{4}{7}}=\dfrac{1}{8}$

(2) $P(A|B)=\dfrac{P(A\cap B)}{P(B)}=\dfrac{\frac{1}{14}}{\frac{1}{4}}=\dfrac{2}{7}$

0396
답 ⑤

표본공간을 S라 하면 두 사건 A, B가
서로 배반사건이므로

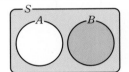

$A^c\cap B=B$

또한 $P(A)=\dfrac{2}{5}$이므로

$P(A^c)=1-P(A)=1-\dfrac{2}{5}=\dfrac{3}{5}$

$\therefore P(B|A^c)=\dfrac{P(A^c\cap B)}{P(A^c)}=\dfrac{P(B)}{P(A^c)}$

$=\dfrac{\frac{8}{15}}{\frac{3}{5}}=\dfrac{8}{9}$

0397
답 ③

$P(B|A)=\dfrac{P(A\cap B)}{P(A)}$이므로

$P(A\cap B)=P(B|A)\times P(A)$

$=\dfrac{7}{9}\times\dfrac{3}{7}=\dfrac{1}{3}$

0398
답 $\dfrac{1}{6}$

$P(B^c|A)=2P(B|A)$에서

$\dfrac{P(A\cap B^c)}{P(A)}=2\times\dfrac{P(A\cap B)}{P(A)}$

이때 $P(A)\neq 0$이므로

$P(A\cap B^c)=2P(A\cap B)$

$=2\times\dfrac{1}{12}=\dfrac{1}{6}$

참고

$P(A\cap B)=\dfrac{1}{12}$이므로 $A\cap B\neq\varnothing$

$\therefore P(A)\neq 0,\ P(B)\neq 0$

0399
답 ③

$P(A|B)=P(B|A)$에서

$\dfrac{P(A\cap B)}{P(B)}=\dfrac{P(A\cap B)}{P(A)}$

이때 $P(A\cap B)\neq 0$이므로

$P(A)=P(B)$

확률의 덧셈정리에 의하여

$P(A\cup B)=P(A)+P(B)-P(A\cap B)$

이므로

$1=P(A)+P(A)-\dfrac{1}{4},\ 2P(A)=\dfrac{5}{4}$

$\therefore P(A)=\dfrac{5}{8}$

0400
답 $\dfrac{1}{4}$

$P(B^c)=\dfrac{1}{3}$이므로

$P(B)=1-P(B^c)=1-\dfrac{1}{3}=\dfrac{2}{3}$

❶

따라서 확률의 덧셈정리에 의하여

$P(A\cup B)=P(A)+P(B)-P(A\cap B)$

$=\dfrac{1}{2}+\dfrac{2}{3}-\dfrac{1}{4}=\dfrac{11}{12}$

❷

$\therefore P(A^c|B^c)=\dfrac{P(A^c\cap B^c)}{P(B^c)}=\dfrac{P((A\cup B)^c)}{P(B^c)}$

$=\dfrac{1-P(A\cup B)}{P(B^c)}=\dfrac{1-\frac{11}{12}}{\frac{1}{3}}$

$=\dfrac{\frac{1}{12}}{\frac{1}{3}}=\dfrac{1}{4}$

❸

채점 기준	배점
❶ $P(B)$의 값 구하기	30%
❷ $P(A\cup B)$의 값 구하기	30%
❸ $P(A^c|B^c)$의 값 구하기	40%

유형 02 조건부확률 – 표가 주어진 경우

0401
답 ⑤

임의로 선택한 한 명이 빨간색 재킷을 입은 사람인 사건을 A, 여성
인 사건을 B라 하면 구하는 확률은 $P(B|A)=\dfrac{P(A\cap B)}{P(A)}$이다.

(단위: 명)

구분	빨간색	노란색	합계
남성	20	25	45
여성	30	15	45
합계	50	40	90

이때

$$P(A)=\frac{50}{90}=\frac{5}{9},\ P(A\cap B)=\frac{30}{90}=\frac{1}{3}$$

이므로 구하는 확률은

$$P(B|A)=\frac{P(A\cap B)}{P(A)}=\frac{\dfrac{1}{3}}{\dfrac{5}{9}}=\frac{3}{5}$$

다른 풀이

임의로 선택한 한 명이 빨간색 재킷을 입은 사람인 사건을 A, 여성인 사건을 B라 하면

$$n(A)=50,\ n(A\cap B)=30$$

$$\therefore P(B|A)=\frac{n(A\cap B)}{n(A)}=\frac{30}{50}=\frac{3}{5}$$

0402
답 $\dfrac{1}{2}$

임의로 선택한 한 명이 안경을 쓴 학생인 사건을 X, B 학급의 학생인 사건을 Y라 하면 구하는 확률은 $P(Y|X)=\dfrac{P(X\cap Y)}{P(X)}$이다.

이때

$$P(X)=\frac{30}{55}=\frac{6}{11},\ P(X\cap Y)=\frac{15}{55}=\frac{3}{11}$$

이므로 구하는 확률은

$$P(Y|X)=\frac{P(X\cap Y)}{P(X)}=\frac{\dfrac{3}{11}}{\dfrac{6}{11}}=\frac{1}{2}$$

다른 풀이

임의로 선택한 한 명이 안경을 쓴 학생인 사건을 X, B 학급의 학생인 사건을 Y라 하면

$$n(X)=30,\ n(X\cap Y)=15$$

$$\therefore P(Y|X)=\frac{n(X\cap Y)}{n(X)}=\frac{15}{30}=\frac{1}{2}$$

0403
답 ②

임의로 선택한 한 명이 진로활동 B를 선택한 학생인 사건을 X, 1학년 학생인 사건을 Y라 하면 구하는 확률은 $P(Y|X)=\dfrac{P(X\cap Y)}{P(X)}$이다.

이때

$$P(X)=\frac{9}{20},\ P(X\cap Y)=\frac{5}{20}=\frac{1}{4}$$

이므로 구하는 확률은

$$P(Y|X)=\frac{P(X\cap Y)}{P(X)}=\frac{\dfrac{1}{4}}{\dfrac{9}{20}}=\frac{5}{9}$$

다른 풀이

임의로 선택한 한 명이 진로활동 B를 선택한 학생인 사건을 X, 1학년 학생인 사건을 Y라 하면

$$n(X)=9,\ n(X\cap Y)=5$$

$$\therefore P(Y|X)=\frac{n(X\cap Y)}{n(X)}=\frac{5}{9}$$

0404
답 35

임의로 선택한 한 명이 여성인 사건을 X, B 인터넷 쇼핑몰을 선호하는 사람인 사건을 Y라 하면

$$P(Y|X)=\frac{5}{9}$$

❶

(단위: 명)

구분	A 인터넷 쇼핑몰	B 인터넷 쇼핑몰	합계
남성	36	22	58
여성	28	x	$x+28$
합계	64	$x+22$	$x+86$

$$\therefore P(Y|X)=\frac{P(X\cap Y)}{P(X)}=\frac{\dfrac{x}{x+86}}{\dfrac{x+28}{x+86}}=\frac{x}{x+28}$$

❷

즉, $\dfrac{x}{x+28}=\dfrac{5}{9}$이므로

$$9x=5x+140,\ 4x=140$$

$$\therefore x=35$$

❸

채점 기준	배점
❶ 사건 X, Y를 정하고 주어진 확률을 조건부확률 $P(Y|X)$로 나타내기	30%
❷ $P(Y|X)$를 x로 나타내기	40%
❸ x의 값 구하기	30%

0405
답 8

임의로 선택한 한 명이 중도 포기한 사람인 사건을 A, 남성인 사건을 B라 하면

$$P(B|A)=\frac{5}{6}$$

(단위: 명)

구분	남성	여성	합계
완주	26	12	38
중도 포기	a	b	$a+b$
합계	$a+26$	$b+12$	$a+b+38$

조사 대상이 50명이므로

$$a+b+38=50 \qquad \therefore a+b=12 \quad \cdots\cdots \ \ominus$$

$$\therefore P(B|A)=\frac{P(A\cap B)}{P(A)}=\frac{\dfrac{a}{a+b+38}}{\dfrac{a+b}{a+b+38}}=\frac{a}{a+b}=\frac{a}{12}\ (\because \ominus)$$

즉, $\dfrac{a}{12}=\dfrac{5}{6}$이므로 $a=10$

$a=10$을 $\ominus$에 대입하면 $b=2$

$$\therefore a-b=10-2=8$$

0406

답 ④

임의로 선택한 한 명이 여학생인 사건을 A, 댄스 종목으로 출전하는 것에 반대한 학생인 사건을 B라 하면 구하는 확률은

$P(B|A) = \dfrac{P(A \cap B)}{P(A)}$ 이다.

댄스 종목으로 출전하는 것에 찬성한 학생의 80 %가 남학생이므로 댄스 종목으로 출전하는 것에 찬성하는 남학생의 비율은

$0.7 \times 0.8 = 0.56$

댄스 종목으로 출전하는 것에 찬성하는 여학생의 비율은

$0.7 \times (1 - 0.8) = 0.7 \times 0.2 = 0.14$

또한 전체 학생의 40 %가 여학생이므로 남학생은 전체 학생의 60 %이다.

따라서 댄스 종목으로 출전하는 것에 대한 여학생과 남학생의 찬성, 반대 비율을 표로 나타내면 다음과 같다.

구분	여학생	남학생	합계
찬성	0.14	0.56	0.7
반대	$0.4 - 0.14 = 0.26$	$0.6 - 0.56 = 0.04$	0.3
합계	0.4	0.6	1

이때

$P(A) = 0.4$, $P(A \cap B) = 0.26$

이므로 구하는 확률은

$P(B|A) = \dfrac{P(A \cap B)}{P(A)} = \dfrac{0.26}{0.4} = \dfrac{13}{20}$

0407

답 $\dfrac{2}{5}$

임의로 뽑은 한 학생이 뮤지컬 관람을 선택한 사건을 A, 여학생인 사건을 B라 하면 구하는 확률은 $P(B|A) = \dfrac{P(A \cap B)}{P(A)}$ 이다.

주어진 상황을 표로 나타내면 다음과 같다.

(단위: 명)

구분	뮤지컬 관람	미술관 방문	합계
남학생	150	$220 - 150 = 70$	220
여학생	$180 - 80 = 100$	80	180
합계	250	150	400

이때

$P(A) = \dfrac{250}{400} = \dfrac{5}{8}$, $P(A \cap B) = \dfrac{100}{400} = \dfrac{1}{4}$

이므로 구하는 확률은

$P(B|A) = \dfrac{P(A \cap B)}{P(A)} = \dfrac{\frac{1}{4}}{\frac{5}{8}} = \dfrac{2}{5}$

0408

답 ③

임의로 뽑은 한 학생이 여학생인 사건을 A, 일요일을 선택한 학생인 사건을 B라 하면 구하는 확률은 $P(B|A) = \dfrac{P(A \cap B)}{P(A)}$ 이다.

전체 학생 수가 36이고 토요일과 일요일을 선택한 학생 수가 같으므로 주어진 상황을 표로 나타내면 다음과 같다.

(단위: 명)

구분	남학생	여학생	합계
토요일	12	$18 - 12 = 6$	18
일요일	$20 - 12 = 8$	$16 - 6 = 10$	18
합계	20	16	36

이때

$P(A) = \dfrac{16}{36} = \dfrac{4}{9}$,

$P(A \cap B) = \dfrac{10}{36} = \dfrac{5}{18}$

이므로 구하는 확률은

$P(B|A) = \dfrac{P(A \cap B)}{P(A)} = \dfrac{\frac{5}{18}}{\frac{4}{9}} = \dfrac{5}{8}$

0409

답 18

상품권을 선택한 여성 직원의 수를 a라 하고 상품권과 화장품 선물 세트를 선택한 직원의 수를 표로 나타내면 다음과 같다.

(단위: 명)

구분	여성	남성	합계
상품권	a	$15 - a$	$35 - 20 = 15$
화장품 선물 세트	12	8	20
합계	$a + 12$	$23 - a$	35

❶

임의로 뽑은 한 명이 상품권을 선택한 사람인 사건을 A, 남성인 사건을 B라 하면

$P(B|A) = \dfrac{P(A \cap B)}{P(A)} = \dfrac{\frac{15-a}{35}}{\frac{15}{35}} = \dfrac{15-a}{15}$

이때 $P(B|A) = \dfrac{3}{5}$ 이므로

$\dfrac{15-a}{15} = \dfrac{3}{5}$, $15 - a = 9$

$\therefore a = 6$

❷

따라서 여성 직원의 수는

$a + 12 = 6 + 12 = 18$

❸

채점 기준	배점
❶ 주어진 상황을 표로 나타내기	40%
❷ 상품권을 선택한 여성 직원의 수 구하기	40%
❸ 여성 직원의 수 구하기	20%

0410

답 ②

임의로 뽑은 한 명이 야구를 선택한 학생인 사건을 A, 여학생인 사건을 B라 하면 구하는 확률은 $P(B|A) = \dfrac{P(A \cap B)}{P(A)}$ 이다.

전체 학생 수는 40+60=100이므로

축구를 선택한 학생 수는

$100 \times 0.7 = 70$

야구를 선택한 학생 수는

$100 \times 0.3 = 30$

축구를 선택한 남학생 수를 a라 하면 임의로 뽑은 한 명이 축구를

선택한 남학생일 확률이 $\dfrac{2}{5}$이므로

$\dfrac{a}{100} = \dfrac{2}{5}$ $\therefore a = 40$

따라서 주어진 상황을 표로 나타내면 다음과 같다.

(단위: 명)

구분	축구	야구	합계
남학생	40	60−40=20	60
여학생	70−40=30	30−20=10	40
합계	70	30	100

이때

$\mathrm{P}(A) = \dfrac{30}{100} = \dfrac{3}{10}$,

$\mathrm{P}(A \cap B) = \dfrac{10}{100} = \dfrac{1}{10}$

이므로 구하는 확률은

$\mathrm{P}(B|A) = \dfrac{\mathrm{P}(A \cap B)}{\mathrm{P}(A)} = \dfrac{\dfrac{1}{10}}{\dfrac{3}{10}} = \dfrac{1}{3}$

0411

답 ③

임의로 선택한 한 명이 헬스 프로그램과 수영 프로그램을 모두 이용하는 회원인 사건을 A, 여성 회원인 사건을 B라 하면 구하는 확률은 $\mathrm{P}(B|A) = \dfrac{\mathrm{P}(A \cap B)}{\mathrm{P}(A)}$이다.

전체 회원 수는 120+80=200이고 헬스 프로그램을 이용하는 회원 수가 150, 수영 프로그램을 이용하는 회원 수가 130이므로 주어진 상황을 표로 나타내면 다음과 같다.

(단위: 명)

구분	남성	여성
헬스	90	150−90=60
수영	85	130−85=45
헬스, 수영 모두 이용	(90+85)−120=55	(60+45)−80=25

이때

$\mathrm{P}(A) = \dfrac{55+25}{200} = \dfrac{2}{5}$,

$\mathrm{P}(A \cap B) = \dfrac{25}{200} = \dfrac{1}{8}$

이므로 구하는 확률은

$\mathrm{P}(B|A) = \dfrac{\mathrm{P}(A \cap B)}{\mathrm{P}(A)} = \dfrac{\dfrac{1}{8}}{\dfrac{2}{5}} = \dfrac{5}{16}$

🔊 **Bible Says** **유한집합의 원소의 개수**

두 집합 A, B에 대하여
$n(A \cup B) = n(A) + n(B) - n(A \cap B)$

유형 **04** **조건부확률 – 경우의 수를 이용하는 경우**

확인 문제 (1) $\dfrac{1}{2}$ (2) $\dfrac{2}{5}$ (3) $\dfrac{3}{10}$ (4) $\dfrac{3}{5}$ (5) $\dfrac{3}{4}$

표본공간을 S라 하면

$S = \{1, 2, 3, 4, 5, 6, 7, 8, 9, 10\}$

(1) $A = \{1, 3, 5, 7, 9\}$이므로

$\mathrm{P}(A) = \dfrac{5}{10} = \dfrac{1}{2}$

(2) $B = \{2, 3, 5, 7\}$이므로

$\mathrm{P}(B) = \dfrac{4}{10} = \dfrac{2}{5}$

(3) $A \cap B = \{3, 5, 7\}$이므로

$\mathrm{P}(A \cap B) = \dfrac{3}{10}$

(4) $\mathrm{P}(B|A) = \dfrac{\mathrm{P}(A \cap B)}{\mathrm{P}(A)} = \dfrac{\dfrac{3}{10}}{\dfrac{1}{2}} = \dfrac{3}{5}$

(5) $\mathrm{P}(A|B) = \dfrac{\mathrm{P}(A \cap B)}{\mathrm{P}(B)} = \dfrac{\dfrac{3}{10}}{\dfrac{2}{5}} = \dfrac{3}{4}$

다른 풀이

(4) $\mathrm{P}(B|A)$는 A를 새로운 표본공간으로 생각할 때 사건 $A \cap B$가 일어날 확률이므로

$\mathrm{P}(B|A) = \dfrac{n(A \cap B)}{n(A)} = \dfrac{3}{5}$

(5) $\mathrm{P}(A|B)$는 B를 새로운 표본공간으로 생각할 때 사건 $A \cap B$가 일어날 확률이므로

$\mathrm{P}(A|B) = \dfrac{n(A \cap B)}{n(B)} = \dfrac{3}{4}$

0412

답 ⑤

임의로 꺼낸 공에 적혀 있는 수가 6의 약수인 사건을 A, 흰 공인 사건을 B라 하면 구하는 확률은 $\mathrm{P}(B|A) = \dfrac{\mathrm{P}(A \cap B)}{\mathrm{P}(A)}$이다.

이때

$A = \{①, ②, ③, ⑥, ③, ⑥\}$,

$B = \{①, ②, ③, ④, ⑤, ⑥\}$

이므로

$A \cap B = \{①, ②, ③, ⑥\}$

$\therefore \mathrm{P}(A) = \dfrac{6}{10} = \dfrac{3}{5}$,

  $\mathrm{P}(A \cap B) = \dfrac{4}{10} = \dfrac{2}{5}$

따라서 구하는 확률은

$\mathrm{P}(B|A) = \dfrac{\mathrm{P}(A \cap B)}{\mathrm{P}(A)} = \dfrac{\dfrac{2}{5}}{\dfrac{3}{5}} = \dfrac{2}{3}$

0413

답 $\frac{1}{3}$

임의로 뽑은 한 장의 카드에 적혀 있는 수가 홀수인 사건을 A, 3의 배수인 사건을 B라 하면 구하는 확률은 $P(B|A)=\dfrac{P(A\cap B)}{P(A)}$이다.

·· ❶

이때
$A=\{1, 3, 5, 7, 9, 11\}$, $B=\{3, 6, 9, 12\}$
이므로
$A\cap B=\{3, 9\}$

$\therefore P(A)=\dfrac{6}{12}=\dfrac{1}{2}$,

$P(A\cap B)=\dfrac{2}{12}=\dfrac{1}{6}$

·· ❷

따라서 구하는 확률은

$$P(B|A)=\frac{P(A\cap B)}{P(A)}=\frac{\dfrac{1}{6}}{\dfrac{1}{2}}=\frac{1}{3}$$

·· ❸

채점 기준	배점
❶ 사건 A, B를 정하고 구하는 확률을 조건부확률 $P(B|A)$로 나타내기	30%
❷ $P(A)$, $P(A\cap B)$의 값 구하기	40%
❸ $P(B|A)$의 값 구하기	30%

0414

답 ④

서로 다른 두 개의 주사위를 동시에 한 번 던져서 나온 두 눈의 수의 곱이 짝수인 사건을 A, 두 눈의 수의 합이 짝수인 사건을 B라 하면 구하는 확률은 $P(B|A)=\dfrac{P(A\cap B)}{P(A)}$이다.

서로 다른 두 개의 주사위를 동시에 던질 때 나오는 모든 경우의 수는
$6\times6=36$
사건 A^c은 두 눈의 수의 곱이 홀수인 사건이고 두 눈의 수의 곱이 홀수이려면 두 눈의 수가 모두 홀수이어야 한다.
이때 홀수는 1, 3, 5의 3개이므로

$$P(A^c)=\frac{3\times3}{36}=\frac{1}{4}$$

$\therefore P(A)=1-P(A^c)$

$=1-\dfrac{1}{4}=\dfrac{3}{4}$

두 눈의 수의 합이 짝수이려면 두 눈의 수가 모두 짝수이거나 홀수이어야 하므로 사건 $A\cap B$는 두 눈의 수가 모두 짝수인 사건이다.
이때 짝수는 2, 4, 6의 3개이므로

$$P(A\cap B)=\frac{3\times3}{36}=\frac{1}{4}$$

따라서 구하는 확률은

$$P(B|A)=\frac{P(A\cap B)}{P(A)}=\frac{\dfrac{1}{4}}{\dfrac{3}{4}}=\frac{1}{3}$$

0415

답 $\frac{2}{5}$

$ab\geq18$인 사건을 A, $|a-b|=1$인 사건을 B라 하면 구하는 확률은 $P(B|A)=\dfrac{P(A\cap B)}{P(A)}$이다.

·· ❶

한 개의 주사위를 두 번 던질 때 나오는 모든 경우의 수는
$6\times6=36$
나온 두 눈의 수를 순서쌍 (a, b)로 나타내면
$A=\{(3, 6), (4, 5), (4, 6), (5, 4), (5, 5), (5, 6), (6, 3),$
$\quad (6, 4), (6, 5), (6, 6)\}$
$B=\{(1, 2), (2, 1), (2, 3), (3, 2), (3, 4), (4, 3), (4, 5),$
$\quad (5, 4), (5, 6), (6, 5)\}$
이므로
$A\cap B=\{(4, 5), (5, 4), (5, 6), (6, 5)\}$

$\therefore P(A)=\dfrac{10}{36}=\dfrac{5}{18}$, $P(A\cap B)=\dfrac{4}{36}=\dfrac{1}{9}$

·· ❷

따라서 구하는 확률은

$$P(B|A)=\frac{P(A\cap B)}{P(A)}=\frac{\dfrac{1}{9}}{\dfrac{5}{18}}=\frac{2}{5}$$

·· ❸

채점 기준	배점
❶ 사건 A, B를 정하고 구하는 확률을 조건부확률 $P(B|A)$로 나타내기	30%
❷ $P(A)$, $P(A\cap B)$의 값 구하기	40%
❸ $P(B|A)$의 값 구하기	30%

0416

답 ⑤

$a+b$가 짝수인 사건을 A, b가 홀수인 사건을 B라 하면 구하는 확률은 $P(B|A)=\dfrac{P(A\cap B)}{P(A)}$이다.

일어나는 모든 경우의 수는
$6\times5=30$
주머니에서 나오는 두 수를 순서쌍 (a, b)로 나타내면
$A=\{(1, 3), (1, 5), (1, 7), (2, 4), (2, 6), (3, 3), (3, 5),$
$\quad (3, 7), (4, 4), (4, 6), (5, 3), (5, 5), (5, 7), (6, 4),$
$\quad (6, 6)\}$
$B=\{(1, 3), (1, 5), (1, 7), (2, 3), (2, 5), (2, 7), (3, 3),$
$\quad (3, 5), (3, 7), (4, 3), (4, 5), (4, 7), (5, 3), (5, 5),$
$\quad (5, 7), (6, 3), (6, 5), (6, 7)\}$
이므로
$A\cap B=\{(1, 3), (1, 5), (1, 7), (3, 3), (3, 5), (3, 7), (5, 3),$
$\quad (5, 5), (5, 7)\}$

$\therefore P(A)=\dfrac{15}{30}=\dfrac{1}{2}$, $P(A\cap B)=\dfrac{9}{30}=\dfrac{3}{10}$

따라서 구하는 확률은

$$P(B|A)=\frac{P(A\cap B)}{P(A)}=\frac{\dfrac{3}{10}}{\dfrac{1}{2}}=\frac{3}{5}$$

[다른 풀이]

$a+b$가 짝수인 사건을 A, b가 홀수인 사건을 B라 하면 구하는 확률은 $P(B|A) = \dfrac{P(A \cap B)}{P(A)}$이다.

일어나는 모든 경우의 수는

$6 \times 5 = 30$

$a+b$가 짝수이려면 a, b가 모두 홀수이거나 짝수이어야 한다.

이때 주머니 A에는 홀수가 1, 3, 5의 3개, 짝수가 2, 4, 6의 3개가 있고, 주머니 B에는 홀수가 3, 5, 7의 3개, 짝수가 4, 6의 2개가 있으므로

$P(A) = \dfrac{3 \times 3 + 3 \times 2}{30} = \dfrac{15}{30} = \dfrac{1}{2}$

$a+b$가 짝수이고 b가 홀수이려면 a도 홀수이어야 하므로

$P(A \cap B) = \dfrac{3 \times 3}{30} = \dfrac{3}{10}$

따라서 구하는 확률은

$P(B|A) = \dfrac{P(A \cap B)}{P(A)} = \dfrac{\frac{3}{10}}{\frac{1}{2}} = \dfrac{3}{5}$

0417 답 10

주호가 꺼낸 카드에 적혀 있는 수가 짝수인 사건을 A, 주호가 이기는 사건을 B라 하면 구하는 확률은 $P(B|A) = \dfrac{P(A \cap B)}{P(A)}$이다.

짝수는 2, 4, 6의 3개가 있으므로 주호가 7장의 카드 중 짝수가 적혀 있는 카드를 꺼낼 확률은

$P(A) = \dfrac{3}{7}$

주호와 연수가 주머니에서 각각 한 장의 카드를 꺼내는 경우의 수는

$7 \times 7 = 49$

사건 $A \cap B$는 주호가 꺼낸 카드에 적혀 있는 수가 연수가 꺼낸 카드에 적혀 있는 수보다 더 크면서 그 수가 짝수인 사건이므로 그 경우는 다음과 같다.

(i) 주호가 꺼낸 카드에 적혀 있는 수가 2인 경우

연수가 꺼낸 카드에 적혀 있는 수는 1이어야 하므로 그 경우의 수는 1이다.

(ii) 주호가 꺼낸 카드에 적혀 있는 수가 4인 경우

연수가 꺼낸 카드에 적혀 있는 수는 1, 2, 3 중 하나이어야 하므로 그 경우의 수는 3이다.

(iii) 주호가 꺼낸 카드에 적혀 있는 수가 6인 경우

연수가 꺼낸 카드에 적혀 있는 수는 1, 2, 3, 4, 5 중 하나이어야 하므로 그 경우의 수는 5이다.

(i)~(iii)에서

$n(A \cap B) = 1 + 3 + 5 = 9$

$\therefore P(A \cap B) = \dfrac{9}{49}$

$\therefore P(B|A) = \dfrac{P(A \cap B)}{P(A)} = \dfrac{\frac{9}{49}}{\frac{3}{7}} = \dfrac{3}{7}$

따라서 $p = 7$, $q = 3$이므로

$p + q = 7 + 3 = 10$

0418 답 ②

$a \leq b$인 사건을 A, $a = 1$인 사건을 B라 하면 구하는 확률은 $P(B|A) = \dfrac{P(A \cap B)}{P(A)}$이다.

12개의 공이 들어 있는 주머니에서 임의로 4개의 공을 동시에 꺼내는 경우의 수는

$_{12}C_4 = 495$

$a \leq b$인 경우는

$a = 0, b = 4$ 또는 $a = 1, b = 3$ 또는 $a = 2, b = 2$

이므로

$n(A) = {}_7C_4 + {}_5C_1 \times {}_7C_3 + {}_5C_2 \times {}_7C_2$
$\quad\quad = 35 + 5 \times 35 + 10 \times 21$
$\quad\quad = 420$

$\therefore P(A) = \dfrac{420}{495} = \dfrac{28}{33}$

$a \leq b$이고 $a = 1$인 경우는

$a = 1, b = 3$

이므로

$n(A \cap B) = {}_5C_1 \times {}_7C_3$
$\quad\quad\quad\quad = 5 \times 35 = 175$

$\therefore P(A \cap B) = \dfrac{175}{495} = \dfrac{35}{99}$

따라서 구하는 확률은

$P(B|A) = \dfrac{P(A \cap B)}{P(A)} = \dfrac{\frac{35}{99}}{\frac{28}{33}} = \dfrac{5}{12}$

0419 답 ⑤

A, B가 주문한 것이 서로 다른 사건을 X, A, B가 주문한 것이 모두 아이스크림인 사건을 Y라 하면 구하는 확률은

$P(Y|X) = \dfrac{P(X \cap Y)}{P(X)}$이다.

두 학생 A, B는 5가지 메뉴 중 한 가지씩을 주문할 수 있으므로 모든 경우의 수는

$_5C_1 \times {}_5C_1 = 5 \times 5 = 25$

A, B가 서로 다른 메뉴를 주문하는 경우의 수는

$_5C_1 \times {}_4C_1 = 5 \times 4 = 20$

$\therefore P(X) = \dfrac{20}{25} = \dfrac{4}{5}$

A, B가 서로 다른 메뉴를 주문하고, 그것이 모두 아이스크림인 경우의 수는

$_2C_1 \times {}_1C_1 = 2 \times 1 = 2$

$\therefore P(X \cap Y) = \dfrac{2}{25}$

따라서 구하는 확률은

$P(Y|X) = \dfrac{P(X \cap Y)}{P(X)} = \dfrac{\frac{2}{25}}{\frac{4}{5}} = \dfrac{1}{10}$

0420

답 $\dfrac{3}{10}$

양 끝에 문자가 적혀 있는 카드를 나열하는 사건을 A, 홀수가 적혀 있는 카드가 모두 이웃하도록 나열하는 사건을 B라 하면 구하는 확률은 $\mathrm{P}(B|A)=\dfrac{\mathrm{P}(A\cap B)}{\mathrm{P}(A)}$이다.

─────────────────────────────────── ❶

7장의 카드를 일렬로 나열하는 경우의 수는

$7!$

양 끝에 문자가 적혀 있는 카드를 나열하는 경우는 양 끝에 문자 A, B가 적혀 있는 카드를 나열하고 그 사이에 숫자가 적혀 있는 5장의 카드를 나열하면 된다.

이때 문자 A, B의 자리를 바꾸는 경우의 수가 $2!$이므로 양 끝에 문자가 적혀 있는 카드를 나열하는 경우의 수는

$5!\times 2!$

$\therefore \mathrm{P}(A)=\dfrac{5!\times 2!}{7!}=\dfrac{5!\times 2}{7\times 6\times 5!}=\dfrac{1}{21}$

─────────────────────────────────── ❷

양 끝에 문자가 적혀 있는 카드를 나열하고 홀수가 적혀 있는 카드가 모두 이웃하도록 나열하는 경우는 문자 A, B가 적혀 있는 카드를 양 끝에 나열하고 그 사이에 홀수 1, 3, 5가 적혀 있는 카드를 하나로 생각하여 3장의 카드를 나열하면 된다.

이때 문자 A, B의 자리를 바꾸는 경우의 수가 $2!$, 홀수 1, 3, 5의 자리를 바꾸는 경우의 수가 $3!$이므로 양 끝에 문자가 적혀 있는 카드를 나열하고 홀수가 적혀 있는 카드가 모두 이웃하도록 나열하는 경우의 수는

$3!\times 2!\times 3!$

$\therefore \mathrm{P}(A\cap B)=\dfrac{3!\times 2!\times 3!}{7!}$

$\qquad\qquad =\dfrac{3!\times 2\times 6}{7\times 6\times 5\times 4\times 3!}=\dfrac{1}{70}$

─────────────────────────────────── ❸

따라서 구하는 확률은

$\mathrm{P}(B|A)=\dfrac{\mathrm{P}(A\cap B)}{\mathrm{P}(A)}=\dfrac{\dfrac{1}{70}}{\dfrac{1}{21}}=\dfrac{3}{10}$

─────────────────────────────────── ❹

채점 기준	배점
❶ 사건 A, B를 정하고 구하는 확률을 조건부확률 $\mathrm{P}(B|A)$로 나타내기	20%
❷ $\mathrm{P}(A)$의 값 구하기	30%
❸ $\mathrm{P}(A\cap B)$의 값 구하기	30%
❹ $\mathrm{P}(B|A)$의 값 구하기	20%

0421

답 ③

3개의 공에 적혀 있는 세 수의 합이 홀수인 사건을 A, 3개의 공에 적혀 있는 수가 모두 홀수인 사건을 B라 하면 구하는 확률은 $\mathrm{P}(B|A)=\dfrac{\mathrm{P}(A\cap B)}{\mathrm{P}(A)}$이다.

10개의 공 중에서 3개의 공을 꺼내는 경우의 수는

$_{10}\mathrm{C}_3=120$

세 수의 합이 홀수이려면 세 수가 모두 홀수이거나 두 수는 짝수, 한 수는 홀수이어야 한다.

홀수는 1, 3, 5, 7, 9의 5개, 짝수는 2, 4, 6, 8, 10의 5개이므로 3개의 공에 적혀 있는 세 수의 합이 홀수인 경우의 수는

$_5\mathrm{C}_3+{}_5\mathrm{C}_2\times {}_5\mathrm{C}_1=10+10\times 5=60$

$\therefore \mathrm{P}(A)=\dfrac{60}{120}=\dfrac{1}{2}$

3개의 공에 적혀 있는 세 수의 합이 홀수이고 3개의 공에 적혀 있는 수가 모두 홀수인 경우의 수는

$_5\mathrm{C}_3=10$

$\therefore \mathrm{P}(A\cap B)=\dfrac{10}{120}=\dfrac{1}{12}$

따라서 구하는 확률은

$\mathrm{P}(B|A)=\dfrac{\mathrm{P}(A\cap B)}{\mathrm{P}(A)}=\dfrac{\dfrac{1}{12}}{\dfrac{1}{2}}=\dfrac{1}{6}$

> **참고**
>
> (짝수)+(짝수)+(짝수)=(짝수), (짝수)+(짝수)+(홀수)=(홀수)
> (짝수)+(홀수)+(짝수)=(홀수), (홀수)+(짝수)+(짝수)=(홀수)
> (짝수)+(홀수)+(홀수)=(짝수), (홀수)+(짝수)+(홀수)=(짝수)
> (홀수)+(홀수)+(짝수)=(짝수), (홀수)+(홀수)+(홀수)=(홀수)

0422

답 ①

모음인 문자가 모두 이웃하도록 나열하는 사건을 A, 숫자를 작은 수부터 순서대로 나열하는 사건을 B라 하면 구하는 확률은 $\mathrm{P}(B|A)=\dfrac{\mathrm{P}(A\cap B)}{\mathrm{P}(A)}$이다.

문자 6개와 숫자 4개를 일렬로 나열하는 경우의 수는

$10!$

모음인 문자를 모두 이웃하도록 나열하는 경우는 모음 a, i, e를 한 문자 X로 생각하여 4개의 문자 X, c, t, v와 4개의 숫자 1, 2, 3, 4를 일렬로 나열하면 된다.

이때 모음끼리 자리를 바꾸는 경우의 수가 $3!$이므로 모음인 문자가 모두 이웃하도록 나열하는 경우의 수는

$8!\times 3!$

$\therefore \mathrm{P}(A)=\dfrac{8!\times 3!}{10!}=\dfrac{8!\times 6}{10\times 9\times 8!}=\dfrac{1}{15}$

숫자를 작은 수부터 순서대로 나열하는 경우는 1, 2, 3, 4를 모두 같은 문자 Y로 생각하여 나열한 후 첫 번째 Y를 1, 두 번째 Y를 2, 세 번째 Y를 3, 네 번째 Y를 4로 바꾸면 된다.

즉, 모음인 문자를 모두 이웃하도록 나열하고 숫자는 작은 수부터 순서대로 나열하는 경우는 모음 a, i, e를 한 문자 X로 생각하여 4개의 문자 X, c, t, v와 4개의 문자 Y, Y, Y, Y를 일렬로 나열하면 된다.

이때 모음끼리 자리를 바꾸는 경우의 수가 $3!$이므로 모음인 문자가 모두 이웃하고 숫자는 작은 수부터 순서대로 나열하는 경우의 수는

$\dfrac{8!}{4!}\times 3!=\dfrac{8!}{4}$

$\therefore \mathrm{P}(A\cap B)=\dfrac{\dfrac{8!}{4}}{10!}=\dfrac{8!}{4\times 10!}=\dfrac{8!}{4\times 10\times 9\times 8!}=\dfrac{1}{360}$

따라서 구하는 확률은

$$P(B|A) = \frac{P(A \cap B)}{P(A)} = \frac{\frac{1}{360}}{\frac{1}{15}} = \frac{1}{24}$$

0423

답 $\frac{11}{42}$

임의로 택한 한 집합의 원소의 개수가 3 이상인 사건을 X, 원소의 최댓값이 5인 사건을 Y라 하면 구하는 확률은 $P(Y|X) = \frac{P(X \cap Y)}{P(X)}$ 이다.

$n(A) = 6$이므로 집합 A의 부분집합의 개수는

$$2^6 = 64$$

임의로 택한 한 집합의 원소의 개수가 3 이상인 경우는 6개의 원소 중 3개 또는 4개 또는 5개 또는 6개를 선택하면 되므로 그 확률은

$$P(X) = \frac{{}_6C_3 + {}_6C_4 + {}_6C_5 + {}_6C_6}{64}$$

$$= \frac{20 + 15 + 6 + 1}{64} = \frac{21}{32}$$

임의로 택한 집합의 원소의 개수가 3 이상이고 원소의 최댓값이 5 이려면 원소 5를 반드시 포함하고 1, 2, 3, 4 중 2개 또는 3개 또는 4개를 선택하면 되므로 그 확률은

$$P(X \cap Y) = \frac{{}_4C_2 + {}_4C_3 + {}_4C_4}{64}$$

$$= \frac{6 + 4 + 1}{64} = \frac{11}{64}$$

따라서 구하는 확률은

$$P(Y|X) = \frac{P(X \cap Y)}{P(X)} = \frac{\frac{11}{64}}{\frac{21}{32}} = \frac{11}{42}$$

유형 06 확률의 곱셈정리

0424

답 ④

수진이가 당첨 제비를 뽑는 사건을 A, 경수가 당첨 제비를 뽑는 사건을 B라 하면 구하는 확률은 $P(A \cap B) = P(A)P(B|A)$이다.
이때

$$P(A) = \frac{8}{21}, \ P(B|A) = \frac{7}{20}$$

이므로 구하는 확률은

$$P(A \cap B) = P(A)P(B|A) = \frac{8}{21} \times \frac{7}{20} = \frac{2}{15}$$

0425

답 ⑤

A가 파란 공을 꺼내는 사건을 A, B가 파란 공을 꺼내는 사건을 B라 하면 구하는 확률은 $P(A \cap B) = P(A)P(B|A)$이다.

이때

$$P(A) = \frac{4}{9}, \ P(B|A) = \frac{3}{8}$$

이므로 구하는 확률은

$$P(A \cap B) = P(A)P(B|A)$$

$$= \frac{4}{9} \times \frac{3}{8} = \frac{1}{6}$$

0426

답 18

A가 딸기 맛 사탕을 꺼내는 사건을 A, B가 포도 맛 사탕을 꺼내는 사건을 B라 하면 구하는 확률은 $P(A \cap B) = P(A)P(B|A)$이다.
이때

$$P(A) = \frac{6}{15} = \frac{2}{5}, \ P(B|A) = \frac{9}{14}$$

이므로 구하는 확률은

$$P(A \cap B) = P(A)P(B|A)$$

$$= \frac{2}{5} \times \frac{9}{14} = \frac{9}{35}$$

따라서 $p = \frac{9}{35}$이므로

$$70p = 70 \times \frac{9}{35} = 18$$

0427

답 ③

첫 번째에 불량품을 꺼내는 사건을 A, 두 번째에 불량품을 꺼내는 사건을 B라 하면

$$P(A \cap B) = \frac{1}{19}$$

이때

$$P(A) = \frac{n}{20}, \ P(B|A) = \frac{n-1}{19}$$

이므로

$$P(A \cap B) = P(A)P(B|A)$$

$$= \frac{n}{20} \times \frac{n-1}{19}$$

즉, $\frac{n}{20} \times \frac{n-1}{19} = \frac{1}{19}$이므로

$$n(n-1) = 20, \ n^2 - n - 20 = 0$$

$$(n+4)(n-5) = 0$$

$$\therefore n = 5 \ (\because n은 자연수)$$

0428

답 $\frac{1}{22}$

여섯 번째에서 꺼내는 것을 중단하려면 다섯 번째까지 흰 공을 2개 꺼내고 여섯 번째에서 남은 흰 공 1개를 꺼내면 된다.

·· ❶

다섯 번째까지 흰 공 2개를 꺼내는 사건을 A, 여섯 번째에서 흰 공을 꺼내는 사건을 B라 하면 구하는 확률은
$$P(A \cap B) = P(A)P(B|A)$$이다.

·· ❷

이때

$$P(A) = \frac{{}_3C_2 \times {}_9C_3}{{}_{12}C_5} = \frac{3 \times 84}{792} = \frac{7}{22},$$

$$P(B|A) = \frac{1}{7}$$

··· ❸

이므로 구하는 확률은

$$P(A \cap B) = P(A)P(B|A)$$
$$= \frac{7}{22} \times \frac{1}{7} = \frac{1}{22}$$

··· ❹

채점 기준	배점
❶ 여섯 번째에서 꺼내는 것을 중단할 조건 구하기	30%
❷ 사건 A, B를 정하고 구하는 확률을 $P(A \cap B)$로 나타내기	20%
❸ $P(A)$, $P(B|A)$의 값 구하기	30%
❹ $P(A \cap B)$의 값 구하기	20%

유형 07 확률의 곱셈정리의 활용

확인 문제 (1) $\frac{3}{28}$ (2) $\frac{15}{56}$ (3) $\frac{3}{8}$

첫 번째에 당첨 제비를 뽑는 사건을 A, 두 번째에 당첨 제비를 뽑는 사건을 B라 하자.

(1) 두 번 모두 당첨 제비를 뽑는 경우는 첫 번째에도 당첨 제비를 뽑고 두 번째에도 당첨 제비를 뽑는 경우이므로 구하는 확률은
$$P(A \cap B) = P(A)P(B|A)$$
$$= \frac{3}{8} \times \frac{2}{7} = \frac{3}{28}$$

(2) 두 번째에만 당첨 제비를 뽑는 경우는 첫 번째에는 당첨 제비를 뽑지 않고 두 번째에만 당첨 제비를 뽑는 경우이므로 구하는 확률은
$$P(A^c \cap B) = P(A^c)P(B|A^c)$$
$$= \frac{5}{8} \times \frac{3}{7} = \frac{15}{56}$$

(3) 두 번째에 당첨 제비를 뽑는 경우는 첫 번째에 당첨 제비를 뽑는 경우와 첫 번째에 당첨 제비를 뽑지 않는 두 가지 경우가 있으므로 구하는 확률은
$$P(B) = P(A \cap B) + P(A^c \cap B)$$
$$= \frac{3}{28} + \frac{15}{56} = \frac{3}{8}$$

0429

답 ⑤

지수가 흰 공을 꺼내는 사건을 A, 선빈이가 흰 공을 꺼내는 사건을 B라 하면 구하는 확률은 $P(B) = P(A \cap B) + P(A^c \cap B)$이다.

이때

$$P(A \cap B) = P(A)P(B|A)$$
$$= \frac{2}{10} \times \frac{1}{9} = \frac{1}{45}$$

$$P(A^c \cap B) = P(A^c)P(B|A^c)$$
$$= \frac{8}{10} \times \frac{2}{9} = \frac{8}{45}$$

이므로 구하는 확률은

$$P(B) = P(A \cap B) + P(A^c \cap B)$$
$$= \frac{1}{45} + \frac{8}{45} = \frac{1}{5}$$

0430

답 $\frac{19}{52}$

A반 학생을 택하는 사건을 A, B반 학생을 택하는 사건을 B, 방송 댄스 수업을 신청한 학생을 택하는 사건을 E라 하면 구하는 확률은 $P(E) = P(A \cap E) + P(B \cap E)$이다.

··· ❶

두 반 전체 학생 수는
$$28 + 24 = 52$$

이때

$$P(A) = \frac{28}{52} = \frac{7}{13}, \ P(B) = \frac{24}{52} = \frac{6}{13},$$

$$P(E|A) = \frac{25}{100} = \frac{1}{4}, \ P(E|B) = \frac{50}{100} = \frac{1}{2}$$

이므로

$$P(A \cap E) = P(A)P(E|A)$$
$$= \frac{7}{13} \times \frac{1}{4} = \frac{7}{52}$$

$$P(B \cap E) = P(B)P(E|B)$$
$$= \frac{6}{13} \times \frac{1}{2} = \frac{3}{13}$$

··· ❷

따라서 구하는 확률은

$$P(E) = P(A \cap E) + P(B \cap E)$$
$$= \frac{7}{52} + \frac{3}{13} = \frac{19}{52}$$

··· ❸

채점 기준	배점
❶ 사건 A, B, E를 정하고 구하는 확률을 $P(E) = P(A \cap E) + P(B \cap E)$로 나타내기	30%
❷ $P(A \cap E)$, $P(B \cap E)$의 값 구하기	50%
❸ $P(E)$의 값 구하기	20%

0431

답 ②

유도선수 A가 전국체전에서 우승하는 사건을 A, 유도선수 B가 전국체전에 출전하는 사건을 B라 하면 구하는 확률은
$$P(A) = P(A \cap B) + P(A \cap B^c)$$이다.

이때

$$P(A \cap B) = P(B)P(A|B)$$
$$= \frac{7}{10} \times \frac{1}{2} = \frac{7}{20}$$

$$P(A \cap B^c) = P(B^c)P(A|B^c)$$
$$= \frac{3}{10} \times \frac{4}{5} = \frac{6}{25}$$

이므로 구하는 확률은

$$P(A) = P(A \cap B) + P(A \cap B^c)$$
$$= \frac{7}{20} + \frac{6}{25} = \frac{59}{100}$$

0432

독감에 걸린 사람을 택하는 사건을 A, 의사가 독감에 걸렸다고 진단하는 사건을 B라 하면

$$P(B) = P(A \cap B) + P(A^c \cap B) = \frac{27}{100}$$

이때

$$P(A) = \frac{25}{100} = \frac{1}{4}, \ P(A^c) = 1 - P(A) = 1 - \frac{1}{4} = \frac{3}{4},$$

$$P(B|A) = \frac{p}{100}, \ P(B|A^c) = \frac{4}{100} = \frac{1}{25}$$

이므로

$$P(A \cap B) = P(A)P(B|A) = \frac{1}{4} \times \frac{p}{100} = \frac{p}{400}$$

$$P(A^c \cap B) = P(A^c)P(B|A^c) = \frac{3}{4} \times \frac{1}{25} = \frac{3}{100}$$

$$\therefore P(B) = P(A \cap B) + P(A^c \cap B)$$
$$= \frac{p}{400} + \frac{3}{100} = \frac{p+12}{400}$$

즉, $\dfrac{p+12}{400} = \dfrac{27}{100}$이므로

$$p + 12 = 108 \qquad \therefore p = 96$$

0433

3개의 동전을 동시에 던져서 앞면이 나오는 동전의 개수가 3인 사건을 A, 주머니에서 꺼낸 2장의 카드에 적혀 있는 두 수의 합이 소수인 사건을 B라 하면 구하는 확률은

$P(B) = P(A \cap B) + P(A^c \cap B)$이다.

(i) 앞면이 나오는 동전의 개수가 3인 경우

3개의 동전을 동시에 던질 때 나오는 모든 경우의 수는

$2 \times 2 \times 2 = 8$

3개의 동전을 동시에 던질 때 앞면이 나오는 동전의 개수가 3인 경우는 1가지이므로 그 확률은

$$P(A) = \frac{1}{8}$$

주머니 A에서 2장의 카드를 꺼내는 경우의 수는

$_6C_2 = 15$

주머니 A에서 임의로 꺼낸 두 장의 카드에 적혀 있는 두 수의 합이 소수이려면 두 수의 합이 2, 3, 5이어야 한다.

$1+1=2, \ 1+2=3, \ 2+3=5$이므로 주머니 A에서 꺼낸 두 장의 카드에 적혀 있는 두 수의 합이 소수인 경우의 수는

$_2C_2 + {}_2C_1 \times {}_2C_1 + {}_2C_1 \times {}_2C_1 = 1 + 2 \times 2 + 2 \times 2 = 9$

$$\therefore P(B|A) = \frac{9}{15} = \frac{3}{5}$$

$$\therefore P(A \cap B) = P(A)P(B|A)$$
$$= \frac{1}{8} \times \frac{3}{5} = \frac{3}{40}$$

(ii) 앞면이 나오는 동전의 개수가 2 이하인 경우

3개의 동전을 동시에 던져서 앞면이 나오는 동전의 개수가 2 이하인 사건은 A^c이므로

$$P(A^c) = 1 - P(A) = 1 - \frac{1}{8} = \frac{7}{8}$$

주머니 B에서 2장의 카드를 꺼내는 경우의 수는

$_6C_2 = 15$

주머니 B에서 임의로 꺼낸 두 장의 카드에 적혀 있는 두 수의 합이 소수이려면 두 수의 합이 7이어야 한다.

$3+4=7$이므로 주머니 B에서 꺼낸 두 장의 카드에 적혀 있는 두 수의 합이 소수인 경우의 수는

$_2C_1 \times {}_2C_1 = 2 \times 2 = 4$

$$\therefore P(B|A^c) = \frac{4}{15}$$

$$\therefore P(A^c \cap B) = P(A^c)P(B|A^c)$$
$$= \frac{7}{8} \times \frac{4}{15} = \frac{7}{30}$$

(i), (ii)에서 구하는 확률은

$$P(B) = P(A \cap B) + P(A^c \cap B)$$
$$= \frac{3}{40} + \frac{7}{30} = \frac{37}{120}$$

0434

주머니 A에서 흰 바둑돌을 꺼내는 사건을 A, 주머니 B에서 흰 바둑돌을 꺼내는 사건을 B라 하면

$$P(B) = P(A \cap B) + P(A^c \cap B) = \frac{13}{25}$$

주머니 B에 들어 있는 흰 바둑돌의 개수를 n이라 하면 검은 바둑돌의 개수는 $9-n$이다.

(i) 주머니 A에서 흰 바둑돌을 꺼내는 경우

주머니 B에는 흰 바둑돌 $(n+1)$개, 검은 바둑돌 $(9-n)$개가 들어 있으므로

$$P(A \cap B) = P(A)P(B|A)$$
$$= \frac{2}{10} \times \frac{n+1}{10} = \frac{n+1}{50}$$

(ii) 주머니 A에서 검은 바둑돌을 꺼내는 경우

주머니 B에는 흰 바둑돌 n개, 검은 바둑돌 $(10-n)$개가 들어 있으므로

$$P(A^c \cap B) = P(A^c)P(B|A^c)$$
$$= \frac{8}{10} \times \frac{n}{10} = \frac{2n}{25}$$

(i), (ii)에서

$$P(B) = P(A \cap B) + P(A^c \cap B)$$
$$= \frac{n+1}{50} + \frac{2n}{25} = \frac{5n+1}{50}$$

즉, $\dfrac{5n+1}{50} = \dfrac{13}{25}$이므로

$5n+1 = 26, \ 5n = 25 \qquad \therefore n = 5$

따라서 처음에 주머니 B에 들어 있던 흰 바둑돌의 개수는 5이다.

0435 답 ③

A 공장에서 생산한 로봇 장난감을 택하는 사건을 A, 불량품을 택하는 사건을 B라 하면 구하는 확률은 $P(A|B) = \dfrac{P(A \cap B)}{P(B)}$ 이다.

A 공장에서 생산한 로봇 장난감을 택하고 그것이 불량품일 확률은
$$P(A \cap B) = P(A)P(B|A)$$
$$= \frac{40}{100} \times \frac{3}{100} = \frac{3}{250}$$

B 공장에서 생산한 로봇 장난감을 택하고 그것이 불량품일 확률은
$$P(A^c \cap B) = P(A^c)P(B|A^c)$$
$$= \frac{60}{100} \times \frac{6}{100} = \frac{9}{250}$$

따라서 불량품을 택할 확률은
$$P(B) = P(A \cap B) + P(A^c \cap B)$$
$$= \frac{3}{250} + \frac{9}{250} = \frac{6}{125}$$

이므로 구하는 확률은
$$P(A|B) = \frac{P(A \cap B)}{P(B)} = \frac{\dfrac{3}{250}}{\dfrac{6}{125}} = \frac{1}{4}$$

0436 답 ④

주머니 A를 택하는 사건을 A, 흰 공을 꺼내는 사건을 B라 하면 구하는 확률은 $P(A|B) = \dfrac{P(A \cap B)}{P(B)}$ 이다.

주머니 A에서 흰 공을 꺼낼 확률은
$$P(A \cap B) = P(A)P(B|A)$$
$$= \frac{1}{2} \times \frac{21}{50} = \frac{21}{100}$$

주머니 B에서 흰 공을 꺼낼 확률은
$$P(A^c \cap B) = P(A^c)P(B|A^c)$$
$$= \frac{1}{2} \times \frac{14}{50} = \frac{7}{50}$$

따라서 흰 공을 꺼낼 확률은
$$P(B) = P(A \cap B) + P(A^c \cap B)$$
$$= \frac{21}{100} + \frac{7}{50} = \frac{7}{20}$$

이므로 구하는 확률은
$$P(A|B) = \frac{P(A \cap B)}{P(B)} = \frac{\dfrac{21}{100}}{\dfrac{7}{20}} = \frac{3}{5}$$

0437 답 $\dfrac{2}{5}$

A 접시를 택하는 사건을 A, 팥앙금이 들어간 찹쌀떡을 택하는 사건을 B라 하면 구하는 확률은 $P(A|B) = \dfrac{P(A \cap B)}{P(B)}$ 이다. .... ❶

A 접시를 택하고 팥앙금이 들어간 찹쌀떡을 택할 확률은
$$P(A \cap B) = P(A)P(B|A)$$
$$= \frac{1}{2} \times \frac{3}{9} = \frac{1}{6}$$

B 접시를 택하고 팥앙금이 들어간 찹쌀떡을 택할 확률은
$$P(A^c \cap B) = P(A^c)P(B|A^c)$$
$$= \frac{1}{2} \times \frac{4}{8} = \frac{1}{4}$$

따라서 팥앙금이 들어간 찹쌀떡을 택할 확률은
$$P(B) = P(A \cap B) + P(A^c \cap B)$$
$$= \frac{1}{6} + \frac{1}{4}$$
$$= \frac{5}{12}$$

이므로 구하는 확률은 .... ❷

$$P(A|B) = \frac{P(A \cap B)}{P(B)} = \frac{\dfrac{1}{6}}{\dfrac{5}{12}} = \frac{2}{5}$$
.... ❸

채점 기준	배점
❶ 사건 A, B를 정하고 구하는 확률을 $P(A|B)$로 나타내기	30%
❷ $P(A \cap B)$, $P(A^c \cap B)$, $P(B)$의 값 구하기	50%
❸ $P(A|B)$의 값 구하기	20%

0438 답 41

K 선수가 출전한 경기를 택하는 사건을 A, A팀이 승리한 경기를 택하는 사건을 B라 하면 구하는 확률은 $P(A|B) = \dfrac{P(A \cap B)}{P(B)}$ 이다.

K 선수가 출전하고 A팀이 경기에서 승리할 확률은
$$P(A \cap B) = P(A)P(B|A)$$
$$= \frac{3}{4} \times \frac{4}{5} = \frac{3}{5}$$

K 선수가 출전하지 않고 A팀이 경기에서 승리할 확률은
$$P(A^c \cap B) = P(A^c)P(B|A^c)$$
$$= \left(1 - \frac{3}{4}\right) \times \frac{2}{3} = \frac{1}{6}$$

따라서 A팀이 승리한 경기를 택할 확률은
$$P(B) = P(A \cap B) + P(A^c \cap B)$$
$$= \frac{3}{5} + \frac{1}{6}$$
$$= \frac{23}{30}$$

이므로 구하는 확률은
$$P(A|B) = \frac{P(A \cap B)}{P(B)} = \frac{\dfrac{3}{5}}{\dfrac{23}{30}} = \frac{18}{23}$$

즉, $p=23$, $q=18$이므로
$p+q=23+18=41$

0439

답 ②

주머니 A에서 흰 공을 꺼내는 사건을 A, 주머니 B에서 꺼낸 공이 모두 검은 공인 사건을 B라 하면 구하는 확률은

$P(A|B) = \dfrac{P(A \cap B)}{P(B)}$ 이다.

(ⅰ) 주머니 A에서 흰 공을 꺼낸 경우

주머니 A에서 임의로 1개의 공을 꺼낼 때, 흰 공이 나올 확률은

$P(A) = \dfrac{2}{5}$

주머니 B에는 흰 공 4개, 검은 공 4개가 들어 있게 되므로 주머니 B에서 임의로 3개의 공을 동시에 꺼낼 때, 꺼낸 공이 모두 검은 공일 확률은

$P(B|A) = \dfrac{{}_4C_3}{{}_8C_3} = \dfrac{4}{56} = \dfrac{1}{14}$

$\therefore P(A \cap B) = P(A)P(B|A)$
$= \dfrac{2}{5} \times \dfrac{1}{14} = \dfrac{1}{35}$

(ⅱ) 주머니 A에서 검은 공을 꺼낸 경우

주머니 A에서 임의로 1개의 공을 꺼낼 때, 검은 공이 나올 확률은

$P(A^C) = \dfrac{3}{5}$

주머니 B에는 흰 공 3개, 검은 공 5개가 들어 있게 되므로 주머니 B에서 임의로 3개의 공을 동시에 꺼낼 때, 꺼낸 공이 모두 검은 공일 확률은

$P(B|A^C) = \dfrac{{}_5C_3}{{}_8C_3} = \dfrac{10}{56} = \dfrac{5}{28}$

$\therefore P(A^C \cap B) = P(A^C)P(B|A^C)$
$= \dfrac{3}{5} \times \dfrac{5}{28} = \dfrac{3}{28}$

(ⅰ), (ⅱ)에서

$P(B) = P(A \cap B) + P(A^C \cap B)$
$= \dfrac{1}{35} + \dfrac{3}{28} = \dfrac{19}{140}$

따라서 구하는 확률은

$P(A|B) = \dfrac{P(A \cap B)}{P(B)} = \dfrac{\frac{1}{35}}{\frac{19}{140}} = \dfrac{4}{19}$

유형 09 사건의 독립과 종속의 판정

0440

답 ③

표본공간을 S라 하면

$S = \{1, 2, 3, \cdots, 8\}$, $A = \{1, 2, 4, 8\}$,
$B = \{2, 3, 5, 7\}$, $C = \{3, 6\}$

이므로

$P(A) = \dfrac{4}{8} = \dfrac{1}{2}$, $P(B) = \dfrac{4}{8} = \dfrac{1}{2}$, $P(C) = \dfrac{2}{8} = \dfrac{1}{4}$

ㄱ. $A \cap B = \{2\}$ 이므로

$P(A \cap B) = \dfrac{1}{8}$

이때 $P(A)P(B) = \dfrac{1}{2} \times \dfrac{1}{2} = \dfrac{1}{4}$ 이므로

$P(A \cap B) \neq P(A)P(B)$

즉, 두 사건 A, B는 서로 종속이다.

ㄴ. $A \cap C = \varnothing$ 이므로

$P(A \cap C) = 0$

이때 $P(A)P(C) = \dfrac{1}{2} \times \dfrac{1}{4} = \dfrac{1}{8}$ 이므로

$P(A \cap C) \neq P(A)P(C)$

즉, 두 사건 A, C는 서로 종속이다.

ㄷ. $B \cap C = \{3\}$ 이므로

$P(B \cap C) = \dfrac{1}{8}$

이때 $P(B)P(C) = \dfrac{1}{2} \times \dfrac{1}{4} = \dfrac{1}{8}$ 이므로

$P(B \cap C) = P(B)P(C)$

즉, 두 사건 B, C는 서로 독립이다.

따라서 서로 독립인 사건은 ㄷ이다.

0441

답 ②

동전의 앞면을 H, 뒷면을 T라 하고 표본공간을 S라 하면

$S = \{(H, H, H), (H, H, T), (H, T, H), (T, H, H), (H, T, T),$
$\quad (T, H, T), (T, T, H), (T, T, T)\}$,
$A = \{(H, H, H), (T, T, T)\}$,
$B = \{(H, H, H), (H, H, T), (H, T, H), (T, H, H)\}$,
$C = \{(T, T, T)\}$,
$D = \{(H, T, T), (T, H, T), (T, T, H), (T, T, T)\}$

이므로

$P(A) = \dfrac{2}{8} = \dfrac{1}{4}$, $P(B) = \dfrac{4}{8} = \dfrac{1}{2}$,

$P(C) = \dfrac{1}{8}$, $P(D) = \dfrac{4}{8} = \dfrac{1}{2}$

① $A \cap B = \{(H, H, H)\}$ 이므로

$P(A \cap B) = \dfrac{1}{8}$

이때 $P(A)P(B) = \dfrac{1}{4} \times \dfrac{1}{2} = \dfrac{1}{8}$ 이므로

$P(A \cap B) = P(A)P(B)$

즉, 두 사건 A, B는 서로 독립이다. (참)

② $A \cap C = \{(T, T, T)\}$ 이므로

$P(A \cap C) = \dfrac{1}{8}$

이때 $P(A)P(C) = \dfrac{1}{4} \times \dfrac{1}{8} = \dfrac{1}{32}$ 이므로

$P(A \cap C) \neq P(A)P(C)$

즉, 두 사건 A, C는 서로 종속이다. (거짓)

③ $B \cap C = \varnothing$ 이므로 두 사건 B, C는 서로 배반사건이다. (참)

④ $B \cap D = \varnothing$이므로

$\qquad P(B \cap D) = 0$

이때 $P(B)P(D) = \dfrac{1}{2} \times \dfrac{1}{2} = \dfrac{1}{4}$이므로

$\qquad P(B \cap D) \neq P(B)P(D)$

즉, 두 사건 B, D는 서로 종속이다. (참)

⑤ $C \cap D = \{(T, T, T)\}$이므로

$\qquad P(C \cap D) = \dfrac{1}{8}$

이때 $P(C)P(D) = \dfrac{1}{8} \times \dfrac{1}{2} = \dfrac{1}{16}$이므로

$\qquad P(C \cap D) \neq P(C)P(D)$

즉, 두 사건 C, D는 서로 종속이다. (참)

따라서 옳지 않은 것은 ②이다.

0442

답 서로 독립이다.

$P(A^c) = \dfrac{2}{3}$이므로

$P(A) = 1 - P(A^c) = 1 - \dfrac{2}{3} = \dfrac{1}{3}$

--- ❶

확률의 덧셈정리에 의하여

$P(A \cup B) = P(A) + P(B) - P(A \cap B)$

이므로

$P(A \cap B) = P(A) + P(B) - P(A \cup B)$

$\qquad\qquad = \dfrac{1}{3} + \dfrac{3}{4} - \dfrac{5}{6} = \dfrac{1}{4}$

--- ❷

이때 $P(A)P(B) = \dfrac{1}{3} \times \dfrac{3}{4} = \dfrac{1}{4}$이므로

$P(A \cap B) = P(A)P(B)$

따라서 두 사건 A, B는 서로 독립이다.

--- ❸

채점 기준	배점
❶ $P(A)$의 값 구하기	30%
❷ $P(A \cap B)$의 값 구하기	40%
❸ 두 사건 A, B가 서로 독립인지 알기	30%

0443

답 ④

표본공간을 S라 하면 $S = \{1, 2, 3, \cdots, 12\}$

ㄱ. $A_3 = \{3, 6, 9, 12\}$, $A_5 = \{5, 10\}$이므로

$\qquad A_3 \cap A_5 = \varnothing$

즉, 두 사건 A_3과 A_5는 서로 배반사건이다. (참)

ㄴ. $A_3 = \{3, 6, 9, 12\}$, $A_4 = \{4, 8, 12\}$이므로

$\qquad P(A_3) = \dfrac{4}{12} = \dfrac{1}{3}$, $P(A_4) = \dfrac{3}{12} = \dfrac{1}{4}$

$\qquad A_3 \cap A_4 = \{12\}$이므로 $P(A_3 \cap A_4) = \dfrac{1}{12}$

즉, $P(A_3 \cap A_4) = P(A_3)P(A_4)$이므로 두 사건 A_3과 A_4는 서로 독립이다. (참)

ㄷ. $A_2 = \{2, 4, 6, 8, 10, 12\}$, $A_6 = \{6, 12\}$이므로

$\qquad P(A_2) = \dfrac{6}{12} = \dfrac{1}{2}$, $P(A_6) = \dfrac{2}{12} = \dfrac{1}{6}$

$\qquad A_2 \cap A_6 = \{6, 12\}$이므로 $P(A_2 \cap A_6) = \dfrac{2}{12} = \dfrac{1}{6}$

즉, $P(A_2 \cap A_6) \neq P(A_2)P(A_6)$이므로 두 사건 A_2와 A_6은 서로 종속이다. (거짓)

ㄹ. $A_2 = \{2, 4, 6, 8, 10, 12\}$, $A_5 = \{5, 10\}$이므로

$\qquad A_2 \cap A_5 = \{10\}$

$\qquad \therefore P(A_2 | A_5) = \dfrac{P(A_2 \cap A_5)}{P(A_5)} = \dfrac{\dfrac{1}{12}}{\dfrac{2}{12}} = \dfrac{1}{2}$ (참)

따라서 옳은 것은 ㄱ, ㄴ, ㄹ이다.

다른 풀이

유형 10의 사건의 독립과 종속의 성질을 이용해 보자.

ㄹ. $P(A_2) = \dfrac{6}{12} = \dfrac{1}{2}$, $P(A_5) = \dfrac{2}{12} = \dfrac{1}{6}$, $P(A_2 \cap A_5) = \dfrac{1}{12}$이므로

$\qquad P(A_2 \cap A_5) = P(A_2)P(A_5)$

즉, 두 사건 A_2와 A_5는 서로 독립이므로 사건 A_5가 일어나는 것이 사건 A_2가 일어날 확률에 영향을 주지 않는다.

$\qquad \therefore P(A_2 | A_5) = P(A_2) = \dfrac{1}{2}$ (참)

0444

답 서로 독립이다.

9장의 카드 중 2장을 꺼내는 경우의 수는

$_9C_2 = 36$

(i) 같은 색의 카드를 2장 꺼내는 경우

흰색 카드 5장 중 2장을 꺼내거나 노란색 카드 4장 중 2장을 꺼내면 되므로 그 경우의 수는

$_5C_2 + _4C_2 = 10 + 6 = 16$

$\therefore P(A) = \dfrac{16}{36} = \dfrac{4}{9}$

(ii) 적혀 있는 두 수의 합이 4의 배수가 되는 카드를 2장 꺼내는 경우

적혀 있는 두 수의 합이 4의 배수가 되는 경우는 합이 4가 되는 경우만 있다.

이때 $4 = 1 + 3 = 2 + 2$이므로 1이 적혀 있는 카드 2장 중 1장, 3이 적혀 있는 카드 3장 중 1장을 꺼내거나 2가 적혀 있는 카드 3장 중 2장을 꺼내면 된다.

즉, 그 경우의 수는

$_2C_1 \times _3C_1 + _3C_2 = 2 \times 3 + 3 = 9$

$\therefore P(B) = \dfrac{9}{36} = \dfrac{1}{4}$

(iii) 적혀 있는 두 수의 합이 4의 배수가 되는 같은 색의 카드를 2장 꺼내는 경우

ⓐ 적혀 있는 두 수의 합이 4의 배수가 되는 흰색 카드를 2장 꺼내는 경우

흰색 카드 중 합이 4가 되는 경우는 1이 적혀 있는 카드 1장과 3이 적혀 있는 카드 1장을 꺼내거나 2가 적혀 있는 카드 2장을 꺼내면 되므로 그 경우의 수는

$1 + 1 = 2$

ⓑ 적혀 있는 두 수의 합이 4의 배수가 되는 노란색 카드를 2장 꺼내는 경우

노란색 카드 중 합이 4가 되는 경우는 1이 적혀 있는 카드 1장과 3이 적혀 있는 카드 2장 중 1장을 꺼내면 되므로 그 경우의 수는

$1 \times {}_2C_1 = 1 \times 2 = 2$

ⓐ, ⓑ에서 적혀 있는 두 수의 합이 4의 배수가 되는 같은 색의 카드를 2장 꺼내는 경우의 수는

$2 + 2 = 4$

$\therefore P(A \cap B) = \dfrac{4}{36} = \dfrac{1}{9}$

(i)~(iii)에서 $P(A \cap B) = P(A)P(B)$이므로 두 사건 A, B는 서로 독립이다.

참고
주머니에서 2장의 카드를 동시에 꺼낼 때, 카드에 적혀 있는 두 수의 합의 최솟값은 2, 최댓값은 7이다.
따라서 적혀 있는 두 수의 합이 4의 배수가 되는 경우는 합이 4가 되는 경우만 있다.

유형 10 사건의 독립과 종속의 성질

0445
답 ①

ㄱ. 두 사건 A, B가 서로 독립이면 사건 A가 일어나거나 일어나지 않는 것이 사건 B가 일어날 확률에 영향을 주지 않으므로
$P(B|A) = P(B|A^c) = P(B)$ (참)

ㄴ. 두 사건 A, B가 서로 배반사건이면
$A \cap B = \varnothing$ $\therefore P(A \cap B) = 0$
그런데 $P(A) \neq 0$, $P(B) \neq 0$이므로
$P(A)P(B) \neq 0$
$\therefore P(A \cap B) \neq P(A)P(B)$
즉, 두 사건 A, B는 서로 종속이다. (거짓)

ㄷ. 두 사건 A, B^c이 서로 독립이면
$P(A \cap B^c) = P(A)P(B^c)$ …… ㉠
이때 표본공간을 S라 하고 $A \cap B^c$을 벤다이어그램으로 나타내면 오른쪽 그림과 같으므로
$P(A \cap B^c) = P(A) - P(A \cap B)$
       …… ㉡

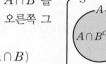

㉠, ㉡에서
$P(A)P(B^c) = P(A) - P(A \cap B)$
이므로
$P(A)\{1 - P(B)\} = P(A) - P(A \cap B)$
$P(A) - P(A)P(B) = P(A) - P(A \cap B)$
$\therefore P(A \cap B) = P(A)P(B)$
즉, 두 사건 A, B는 서로 독립이다. (거짓)
따라서 옳은 것은 ㄱ이다.

참고
확률이 0이 아닌 두 사건 A, B에 대하여
(1) A, B가 서로 배반사건이면 A, B는 서로 종속이다.
(2) A, B가 서로 독립이면 A, B는 서로 배반사건이 아니다.

0446
답 ⑤

ㄱ. 두 사건 A, B가 서로 종속이면
$P(A|B) \neq P(A|B^c)$ (거짓)

ㄴ. 두 사건 A, B가 서로 독립이면
$P(A \cap B) = P(A)P(B)$ …… ㉠
확률의 덧셈정리에 의하여
$P(A \cup B) = P(A) + P(B) - P(A \cap B)$
       $= P(A) + P(B) - P(A)P(B)$ ($\because$ ㉠) (참)

ㄷ. 두 사건 A, B가 서로 배반사건이면
$A \cap B = \varnothing$ $\therefore P(A \cap B) = 0$
이때
$P(B|A) = \dfrac{P(A \cap B)}{P(A)} = 0$,
$P(A|B) = \dfrac{P(A \cap B)}{P(B)} = 0$
이므로
$P(B|A) = P(A|B)$ (참)

ㄹ. 두 사건 A, B가 서로 독립이면
$P(A \cap B) = P(A)P(B)$
$\therefore P((A \cap B)^c) = 1 - P(A \cap B)$
           $= 1 - P(A)P(B)$ (거짓)
따라서 옳은 것은 ㄴ, ㄷ이다.

0447
답 (가) $A \cap B^c$ (나) 배반 (다) $A^c \cap B$ (라) B^c

두 사건 A^c, B가 서로 독립이므로
$P(A^c \cap B) = P(A^c)P(B)$ …… ㉠
이때 $A = (\boxed{A \cap B^c}) \cup (A \cap B)$이고
$A \cap B^c$과 $A \cap B$는 서로 $\boxed{배반}$ 사건이므로 확률의 덧셈정리에 의하여
$P(A) = P(A \cap B^c) + P(A \cap B)$ …… ㉡
같은 방법으로
$P(B) = P(\boxed{A^c \cap B}) + P(A \cap B)$ …… ㉢
이므로 ㉡, ㉢에서
$P(A \cap B) = P(A) - P(A \cap B^c)$
      $= P(B) - P(A^c \cap B)$
$\therefore P(A \cap B^c) = P(A) - P(B) + P(A^c \cap B)$
          $= P(A) - P(B) + P(A^c)P(B)$ ($\because$ ㉠)
          $= P(A) - \{1 - P(A^c)\}P(B)$
          $= P(A) - P(A)P(B)$
          $= P(A)\{1 - P(B)\}$
          $= P(A)P(\boxed{B^c})$
따라서 두 사건 A, B^c은 서로 독립이다.

유형 11 독립인 사건의 확률의 계산

확인 문제   (1) 0.08   (2) 0.52   (3) 0.32   (4) 0.8

(1) 두 사건 A, B가 서로 독립이므로
$$P(A \cap B) = P(A)P(B) = 0.2 \times 0.4 = 0.08$$
(2) 확률의 덧셈정리에 의하여
$$P(A \cup B) = P(A) + P(B) - P(A \cap B)$$
$$= 0.2 + 0.4 - 0.08 = 0.52$$
(3) 두 사건 A, B가 서로 독립이므로 두 사건 A^c, B도 서로 독립이다.

이때
$$P(A^c) = 1 - P(A) = 1 - 0.2 = 0.8$$
이므로
$$P(A^c \cap B) = P(A^c)P(B)$$
$$= 0.8 \times 0.4 = 0.32$$
(4) 두 사건 A, B가 서로 독립이므로 두 사건 A^c, B^c도 서로 독립이다. 즉, 사건 B^c이 일어나는 것이 사건 A^c이 일어날 확률에 영향을 주지 않으므로
$$P(A^c | B^c) = P(A^c) = 0.8$$

다른 풀이

(3) $P(A^c \cap B) = P(B) - P(A \cap B) = 0.4 - 0.08 = 0.32$
(4) 두 사건 A, B가 서로 독립이므로 두 사건 A^c, B^c도 서로 독립이다.

이때
$$P(A^c) = 0.8, \ P(B^c) = 1 - P(B) = 1 - 0.4 = 0.6$$
이므로
$$P(A^c \cap B^c) = P(A^c)P(B^c)$$
$$= 0.8 \times 0.6 = 0.48$$
$$\therefore P(A^c | B^c) = \frac{P(A^c \cap B^c)}{P(B^c)} = \frac{0.48}{0.6} = 0.8$$

0448
답 ②

두 사건 A, B가 서로 독립이므로
$$P(A \cap B) = P(A)P(B) = \frac{3}{5}P(A)$$
확률의 덧셈정리에 의하여
$$P(A \cup B) = P(A) + P(B) - P(A \cap B)$$
이므로
$$\frac{11}{15} = P(A) + \frac{3}{5} - \frac{3}{5}P(A)$$
$$\frac{2}{5}P(A) = \frac{2}{15} \quad \therefore P(A) = \frac{1}{3}$$

0449
답 ⑤

두 사건 A, B가 서로 독립이므로 두 사건 A, B^c도 서로 독립이다. 즉, 사건 A가 일어나는 것이 사건 B^c이 일어날 확률에 영향을 주지 않으므로
$$P(B^c | A) = P(B^c) = 1 - P(B) = 1 - \frac{2}{9} = \frac{7}{9}$$

다른 풀이

두 사건 A, B가 서로 독립이므로 두 사건 A, B^c도 서로 독립이다. 이때
$$P(B^c) = 1 - P(B) = 1 - \frac{2}{9} = \frac{7}{9}$$
이므로
$$P(A \cap B^c) = P(A)P(B^c) = \frac{3}{8} \times \frac{7}{9} = \frac{7}{24}$$
$$\therefore P(B^c | A) = \frac{P(A \cap B^c)}{P(A)} = \frac{\frac{7}{24}}{\frac{3}{8}} = \frac{7}{9}$$

0450
답 ②

두 사건 A, B가 서로 독립이므로
$$P(A | B) = P(A)$$
이때 $P(A | B) = P(B)$이므로
$$P(A) = P(B)$$
또한 $P(A \cap B) = P(A)P(B) = \{P(A)\}^2$이므로
$$\{P(A)\}^2 = \frac{1}{9} \quad \therefore P(A) = \frac{1}{3} \ (\because P(A) > 0)$$

0451
답 ②

$$P(A^c) = 1 - P(A) = 1 - \frac{1}{3} = \frac{2}{3}$$
$P(A^c) = 7P(A \cap B)$에서
$$\frac{2}{3} = 7P(A \cap B) \quad \therefore P(A \cap B) = \frac{2}{21} \quad \cdots\cdots \ \bigcirc$$
두 사건 A, B가 서로 독립이므로
$$P(A \cap B) = P(A)P(B) = \frac{1}{3}P(B) \quad \cdots\cdots \ \bigcirc$$
$\bigcirc$, $\bigcirc$에서
$$\frac{1}{3}P(B) = \frac{2}{21} \quad \therefore P(B) = \frac{2}{7}$$

0452
답 $\frac{9}{16}$

두 사건 A, B가 서로 독립이므로 두 사건 A, B^c도 서로 독립이다.
$$\therefore P(A \cap B^c) = P(A)P(B^c) = \frac{1}{16} \quad \cdots\cdots \ \bigcirc$$

❶

$A^c \cap B = (A \cup B^c)^c$이므로
$$P(A^c \cap B) = P((A \cup B^c)^c)$$
$$= 1 - P(A \cup B^c)$$
$$= 1 - \{P(A) + P(B^c) - P(A \cap B^c)\}$$
$$= 1 - \left\{ P(A) + P(B^c) - \frac{1}{16} \right\}$$
$$= \frac{17}{16} - \{P(A) + P(B^c)\}$$
따라서 $P(A) + P(B^c)$이 최소일 때 $P(A^c \cap B)$는 최댓값을 갖는다.

❷

이때 $P(A)>0$, $P(B^C)>0$이므로 산술평균과 기하평균의 관계에 의하여

$$P(A)+P(B^C) \geq 2\sqrt{P(A)P(B^C)} = 2\sqrt{\frac{1}{16}} = \frac{1}{2} \ (\because \ \text{㉠})$$

$$\left(\text{단, 등호는 } P(A)=P(B^C)=\frac{1}{4} \text{일 때 성립한다.}\right)$$

즉, $P(A)+P(B^C)$의 최솟값은 $\frac{1}{2}$이므로 $P(A^C \cap B)$의 최댓값은

$$\frac{17}{16} - \frac{1}{2} = \frac{9}{16}$$
·························· ❸

채점 기준	배점
❶ $P(A)P(B^C)$의 값 구하기	20%
❷ $P(A^C \cap B)$가 최대일 조건 구하기	40%
❸ $P(A^C \cap B)$의 최댓값 구하기	40%

참고

확률의 기본 성질에 의하여
$0 \leq P(A) \leq 1$, $0 \leq P(B^C) \leq 1$
그런데 $P(A)=0$ 또는 $P(B^C)=0$이면
$A=\varnothing$ 또는 $B^C=\varnothing$
$A=\varnothing$ 또는 $B^C=\varnothing$이면 두 사건 A, B^C이 서로 독립이라는 것에 모순이므로
$P(A) \neq 0$, $P(B^C) \neq 0$ $\therefore \ P(A)>0$, $P(B^C)>0$

◁)) Bible Says 산술평균과 기하평균의 관계

$a>0$, $b>0$일 때
$$\frac{a+b}{2} \geq \sqrt{ab} \ (\text{단, 등호는 } a=b \text{일 때 성립한다.})$$

유형 12 독립인 사건의 확률 - 미지수 구하기

0453
답 ④

남성 직원을 선택하는 사건을 A, 해외여행 포상에 대하여 찬성하는 직원을 선택하는 사건을 B라 하면 두 사건 A, B가 서로 독립이므로
$$P(A \cap B)=P(A)P(B)$$
이때
$$P(A)=\frac{160}{300}=\frac{8}{15}, \ P(B)=\frac{120}{300}=\frac{2}{5}, \ P(A \cap B)=\frac{a}{300}$$
이므로
$$\frac{a}{300}=\frac{8}{15} \times \frac{2}{5} \quad \therefore \ a=64$$

참고

$a=64$이므로 표를 완성하면 다음과 같다.

(단위: 명)

구분	찬성	반대	합계
남성	64	96	160
여성	56	84	140
합계	120	180	300

0454
답 ②

$P(A)=\frac{4}{n}$, $P(B)=\frac{4}{n}$이므로
$$P(A)P(B)=\frac{4}{n} \times \frac{4}{n}=\frac{16}{n^2}$$
$A \cap B = \{2, 3\}$이므로 $P(A \cap B)=\frac{2}{n}$
이때 두 사건 A, B가 서로 독립이므로
$$P(A \cap B)=P(A)P(B)$$
즉, $\frac{2}{n}=\frac{16}{n^2}$이므로
$$n^2=8n$$
n은 7 이상의 자연수이므로
$$n=8$$

0455
답 2

두 사건 A, B^C이 서로 독립이므로 두 사건 A, B도 서로 독립이다.
$$\therefore \ P(A \cap B)=P(A)P(B) \quad \cdots\cdots \ \text{㉠}$$
·························· ❶

$7P(A)=6P(B)=k$에서
$$P(A)=\frac{k}{7}, \ P(B)=\frac{k}{6} \quad \cdots\cdots \ \text{㉡}$$
$0<\frac{k}{7}<1$, $0<\frac{k}{6}<1$이므로
$$0<k<6$$
·························· ❷

확률의 덧셈정리에 의하여
$$P(A \cup B)=P(A)+P(B)-P(A \cap B)$$
이므로 ㉠, ㉡에 의하여
$$\frac{11}{21}=\frac{k}{7}+\frac{k}{6}-\frac{k}{7} \times \frac{k}{6}$$
$$k^2-13k+22=0, \ (k-2)(k-11)=0$$
$$\therefore \ k=2 \ (\because \ 0<k<6)$$
·························· ❸

채점 기준	배점
❶ $P(A \cap B)=P(A)P(B)$임을 알기	30%
❷ $P(A)$, $P(B)$를 k로 나타내고 k의 값의 범위 구하기	30%
❸ k의 값 구하기	40%

0456
답 ⑤

과학 동아리의 전체 학생 수는 $15+10=25$이므로
$$P(A)=\frac{15}{25}=\frac{3}{5}, \ P(B)=\frac{n+8}{25}, \ P(A \cap B)=\frac{n}{25}$$
이때 두 사건 A, B가 서로 독립이므로
$$P(A \cap B)=P(A)P(B)$$
즉, $\frac{n}{25}=\frac{3}{5} \times \frac{n+8}{25}$이므로
$$5n=3n+24, \ 2n=24$$
$$\therefore \ n=12$$

0457

디자인 B를 선택한 남성 직원의 수를 x로 놓고 주어진 상황을 표로 나타내면 다음과 같다. (단, x는 1 이상의 자연수이다.)

(단위: 명)

구분	디자인 A	디자인 B	합계
남성	15	x	$x+15$
여성	25	30	55
합계	40	$x+30$	$x+70$

여성 직원을 뽑는 사건을 A, 디자인 A를 선택한 직원을 뽑는 사건을 B라 하면

$$P(A)=\frac{55}{x+70}, \ P(B)=\frac{40}{x+70}, \ P(A\cap B)=\frac{25}{x+70}$$

두 사건 A, B가 서로 독립이므로

$$P(A\cap B)=P(A)P(B)$$

즉, $\dfrac{25}{x+70}=\dfrac{55}{x+70}\times\dfrac{40}{x+70}$이므로

$x+70=88$ $\quad\therefore x=18$

따라서 디자인 B를 선택한 남성 직원의 수는 18이다.

0458

$B=\{2, 4, 6, 8, 10\}$이므로 $P(B)=\dfrac{5}{10}=\dfrac{1}{2}$

$A\cap B$는 짝수가 적혀 있는 흰 공을 꺼내는 사건이므로 n의 값에 따른 $P(A)$, $P(B)$, $P(A\cap B)$의 값을 구하면 다음 표와 같다.

n	1	2	3	4	5	6	7	8	9
$P(A)$	$\frac{1}{10}$	$\frac{1}{5}$	$\frac{3}{10}$	$\frac{2}{5}$	$\frac{1}{2}$	$\frac{3}{5}$	$\frac{7}{10}$	$\frac{4}{5}$	$\frac{9}{10}$
$P(B)$	$\frac{1}{2}$	$\frac{1}{2}$	$\frac{1}{2}$	$\frac{1}{2}$	$\frac{1}{2}$	$\frac{1}{2}$	$\frac{1}{2}$	$\frac{1}{2}$	$\frac{1}{2}$
$P(A\cap B)$	0	$\frac{1}{10}$	$\frac{1}{10}$	$\frac{1}{5}$	$\frac{1}{5}$	$\frac{3}{10}$	$\frac{3}{10}$	$\frac{2}{5}$	$\frac{2}{5}$

두 사건 A, B가 서로 독립이면

$$P(A\cap B)=P(A)P(B)$$

이므로 위의 표에서 두 사건 A, B가 서로 독립이 되도록 하는 n의 값은

$n=2, 4, 6, 8$

따라서 모든 자연수 n의 값의 합은

$2+4+6+8=20$

0459

$A=\{1, 3, 5\}$이므로 $P(A)=\dfrac{3}{6}=\dfrac{1}{2}$

m의 값에 따른 $P(B)$, $P(A\cap B)$의 값을 구하여 두 사건 A, B가 서로 독립인지 종속인지 확인하면 다음과 같다.

(i) $m=1$일 때

$B=\{1\}$, $A\cap B=\{1\}$이므로

$P(B)=\dfrac{1}{6}$, $P(A\cap B)=\dfrac{1}{6}$

즉, $P(A\cap B)\neq P(A)P(B)$이므로 두 사건 A, B는 서로 종속이다.

(ii) $m=2$일 때

$B=\{1, 2\}$, $A\cap B=\{1\}$이므로

$P(B)=\dfrac{2}{6}=\dfrac{1}{3}$, $P(A\cap B)=\dfrac{1}{6}$

즉, $P(A\cap B)=P(A)P(B)$이므로 두 사건 A, B는 서로 독립이다.

(iii) $m=3$일 때

$B=\{1, 3\}$, $A\cap B=\{1, 3\}$이므로

$P(B)=\dfrac{2}{6}=\dfrac{1}{3}$, $P(A\cap B)=\dfrac{2}{6}=\dfrac{1}{3}$

즉, $P(A\cap B)\neq P(A)P(B)$이므로 두 사건 A, B는 서로 종속이다.

(iv) $m=4$일 때

$B=\{1, 2, 4\}$, $A\cap B=\{1\}$이므로

$P(B)=\dfrac{3}{6}=\dfrac{1}{2}$, $P(A\cap B)=\dfrac{1}{6}$

즉, $P(A\cap B)\neq P(A)P(B)$이므로 두 사건 A, B는 서로 종속이다.

(v) $m=5$일 때

$B=\{1, 5\}$, $A\cap B=\{1, 5\}$이므로

$P(B)=\dfrac{2}{6}=\dfrac{1}{3}$, $P(A\cap B)=\dfrac{2}{6}=\dfrac{1}{3}$

즉, $P(A\cap B)\neq P(A)P(B)$이므로 두 사건 A, B는 서로 종속이다.

(vi) $m=6$일 때

$B=\{1, 2, 3, 6\}$, $A\cap B=\{1, 3\}$이므로

$P(B)=\dfrac{4}{6}=\dfrac{2}{3}$, $P(A\cap B)=\dfrac{2}{6}=\dfrac{1}{3}$

즉, $P(A\cap B)=P(A)P(B)$이므로 두 사건 A, B는 서로 독립이다.

(i)~(vi)에서 두 사건 A, B가 서로 독립이 되도록 하는 m의 값은

$m=2, 6$

따라서 모든 m의 값의 합은

$2+6=8$

유형 13 독립인 사건의 확률 - 확률 구하기

확인 문제 (1) $\dfrac{1}{2}$ (2) $\dfrac{11}{12}$

농구 선수 A가 자유투를 성공시키는 사건을 A, 농구 선수 B가 자유투를 성공시키는 사건을 B라 하면

$$P(A)=\frac{3}{4}, \ P(B)=\frac{2}{3}$$

(1) 두 사건 A, B가 서로 독립이므로 A, B가 모두 성공할 확률은

$$P(A\cap B)=P(A)P(B)=\frac{3}{4}\times\frac{2}{3}=\frac{1}{2}$$

(2) A 또는 B가 성공할 확률은 확률의 덧셈정리에 의하여

$$P(A\cup B)=P(A)+P(B)-P(A\cap B)$$
$$=\frac{3}{4}+\frac{2}{3}-\frac{1}{2}=\frac{11}{12}$$

0460

답 ④

영주가 주머니 A에서 검은 공을 꺼내는 사건을 A, 준수가 주머니 B에서 검은 공을 꺼내는 사건을 B라 하면

$$P(A)=\frac{4}{7},\ P(B)=\frac{2}{6}=\frac{1}{3}$$

영주와 준수가 모두 검은 공을 꺼내는 사건은 $A \cap B$이고 두 사건 A, B는 서로 독립이므로 구하는 확률은

$$P(A \cap B)=P(A)P(B)$$
$$=\frac{4}{7} \times \frac{1}{3} = \frac{4}{21}$$

0461

답 ⑤

축구 선수 A가 승부차기에 성공하는 사건을 A, 축구 선수 B가 승부차기에 성공하는 사건을 B라 하면

$$P(A)=\frac{5}{6},\ P(B)=\frac{4}{5}$$

두 축구 선수 A, B 중 한 사람만 승부차기에 성공할 확률은

$$P(A \cap B^c)+P(A^c \cap B)$$

이고, 두 사건 A, B는 서로 독립이므로 A와 B^c, A^c과 B도 각각 서로 독립이다.

따라서 구하는 확률은

$$P(A \cap B^c)+P(A^c \cap B)$$
$$=P(A)P(B^c)+P(A^c)P(B)$$
$$=P(A)\{1-P(B)\}+\{1-P(A)\}P(B)$$
$$=\frac{5}{6} \times \left(1-\frac{4}{5}\right)+\left(1-\frac{5}{6}\right) \times \frac{4}{5}$$
$$=\frac{5}{6} \times \frac{1}{5}+\frac{1}{6} \times \frac{4}{5}$$
$$=\frac{3}{10}$$

0462

답 $\frac{1}{8}$

abc의 값이 홀수이려면 a, b, c가 모두 홀수이어야 한다.

❶

a가 홀수인 사건을 A, b가 홀수인 사건을 B, c가 홀수인 사건을 C라 하면 abc의 값이 홀수일 확률은 $P(A \cap B \cap C)$이다.

❷

홀수는 1, 3, 5, 7의 4개이므로

$$P(A)=P(B)=P(C)=\frac{4}{8}=\frac{1}{2}$$

세 사건 A, B, C는 서로 독립이므로 구하는 확률은

$$P(A \cap B \cap C)=P(A)P(B)P(C)$$
$$=\frac{1}{2} \times \frac{1}{2} \times \frac{1}{2}=\frac{1}{8}$$

❸

채점 기준	배점
❶ abc의 값이 홀수가 될 조건 구하기	20%
❷ 사건 A, B, C를 정하고 구하는 확률이 $P(A \cap B \cap C)$임을 알기	30%
❸ abc의 값이 홀수일 확률 구하기	50%

다른 풀이

정팔면체 모양의 주사위를 세 번 던질 때 나오는 모든 경우의 수는

$$8 \times 8 \times 8 = 8^3$$

abc의 값이 홀수이려면 a, b, c가 모두 홀수이어야 한다. 이때 홀수는 1, 3, 5, 7의 4개가 있으므로 abc의 값이 홀수인 경우의 수는

$$4 \times 4 \times 4 = 4^3$$

따라서 구하는 확률은

$$\frac{4^3}{8^3}=\left(\frac{4}{8}\right)^3=\left(\frac{1}{2}\right)^3=\frac{1}{8}$$

0463

답 ①

승혜와 민수가 차례대로 한 개의 공을 꺼내는 모든 경우의 수는

$$7 \times 7 = 49$$

첫 번째 시행에서 승혜가 꺼낸 공에 적혀 있는 수가 민수가 꺼낸 공에 적혀 있는 수보다 큰 사건을 A, 두 번째 시행에서 승혜가 꺼낸 공에 적혀 있는 수와 민수가 꺼낸 공에 적혀 있는 수가 서로 같은 사건을 B라 하면 구하는 확률은 $P(A \cap B)$이다.

첫 번째 시행에서 승혜가 꺼낸 공에 적혀 있는 수가 민수가 꺼낸 공에 적혀 있는 수보다 큰 경우는 7개의 공 중 서로 다른 2개의 공을 꺼내어 큰 수가 적혀 있는 공을 승혜에게, 작은 수가 적혀 있는 공을 민수에게 주는 경우와 같다.

$$\therefore P(A)=\frac{{}_7C_2}{49}=\frac{21}{49}=\frac{3}{7}$$

두 번째 시행에서 승혜가 꺼낸 공에 적혀 있는 수와 민수가 꺼낸 공에 적혀 있는 수가 서로 같은 경우는 7가지가 있으므로

$$P(B)=\frac{7}{49}=\frac{1}{7}$$

두 사건 A, B가 서로 독립이므로 구하는 확률은

$$P(A \cap B)=P(A)P(B)$$
$$=\frac{3}{7} \times \frac{1}{7}=\frac{3}{49}$$

0464

답 ③

세 스위치 A, B, C가 닫히는 사건을 각각 A, B, C라 하면 세 스위치 A, B, C가 닫힐 확률과 열릴 확률이 각각 서로 같으므로

$$P(A)=P(B)=P(C)=\frac{1}{2}$$

전구에 불이 들어오는 사건은 $A \cap (B \cup C)$이고 세 스위치 A, B, C가 독립적으로 작동하므로 세 사건 A, B, C는 서로 독립이다.

따라서 두 사건 A, $B \cup C$도 서로 독립이므로 구하는 확률은

$$P(A \cap (B \cup C))=P(A)P(B \cup C)$$

이때 확률의 덧셈정리에 의하여

$$P(B \cup C)=P(B)+P(C)-P(B \cap C)$$
$$=P(B)+P(C)-P(B)P(C)$$
$$=\frac{1}{2}+\frac{1}{2}-\frac{1}{2} \times \frac{1}{2}=\frac{3}{4}$$

이므로 구하는 확률은

$$P(A \cap (B \cup C))=P(A)P(B \cup C)$$
$$=\frac{1}{2} \times \frac{3}{4}=\frac{3}{8}$$

0465

답 ①

서로 다른 두 개의 주사위를 동시에 던질 때 나오는 모든 경우의 수는

$6 \times 6 = 36$

두 눈의 수의 합이 8의 약수가 되는 경우는 두 눈의 수의 합이 2, 4, 8이 되는 경우이므로 그 경우를 순서쌍으로 나타내면

$(1, 1)$, $(1, 3)$, $(2, 2)$, $(3, 1)$, $(2, 6)$, $(3, 5)$, $(4, 4)$, $(5, 3)$, $(6, 2)$

의 9가지이다.

따라서 두 눈의 수의 합이 8의 약수가 될 확률은

$\dfrac{9}{36} = \dfrac{1}{4}$

수현이와 진아가 두 개의 주사위를 던지는 사건은 서로 독립이므로 6회 이내에 수현이가 이기는 경우는 다음과 같다.

(i) 1회에 수현이가 이기는 경우

1회에 두 눈의 수의 합이 8의 약수가 나오면 되므로 그 확률은

$\dfrac{1}{4}$

(ii) 3회에 수현이가 이기는 경우

1회, 2회에는 두 눈의 수의 합이 8의 약수가 나오지 않고, 3회에 두 눈의 수의 합이 8의 약수가 나오면 되므로 그 확률은

$\left(1 - \dfrac{1}{4}\right) \times \left(1 - \dfrac{1}{4}\right) \times \dfrac{1}{4} = \dfrac{3}{4} \times \dfrac{3}{4} \times \dfrac{1}{4} = \dfrac{9}{64}$

(iii) 5회에 수현이가 이기는 경우

1회, 2회, 3회, 4회에는 두 눈의 수의 합이 8의 약수가 나오지 않고, 5회에 두 눈의 수의 합이 8의 약수가 나오면 되므로 그 확률은

$\left(1 - \dfrac{1}{4}\right) \times \left(1 - \dfrac{1}{4}\right) \times \left(1 - \dfrac{1}{4}\right) \times \left(1 - \dfrac{1}{4}\right) \times \dfrac{1}{4}$

$= \dfrac{3}{4} \times \dfrac{3}{4} \times \dfrac{3}{4} \times \dfrac{3}{4} \times \dfrac{1}{4} = \dfrac{81}{1024}$

(i)~(iii)에서 6회 이내에 수현이가 이길 확률은

$\dfrac{1}{4} + \dfrac{9}{64} + \dfrac{81}{1024} = \dfrac{481}{1024}$

유형 14 독립시행의 확률 – 한 종류의 시행

0466

답 ③

한 개의 동전을 한 번 던질 때, 앞면이 나올 확률은 $\dfrac{1}{2}$이다.

한 개의 동전을 6번 던질 때, 앞면이 뒷면보다 더 많이 나오는 경우는 다음과 같다.

(i) 앞면이 4번, 뒷면이 2번 나오는 경우

그 확률은

${}_6C_4 \left(\dfrac{1}{2}\right)^4 \left(\dfrac{1}{2}\right)^2 = 15 \times \dfrac{1}{16} \times \dfrac{1}{4} = \dfrac{15}{64}$

(ii) 앞면이 5번, 뒷면이 1번 나오는 경우

그 확률은

${}_6C_5 \left(\dfrac{1}{2}\right)^5 \left(\dfrac{1}{2}\right)^1 = 6 \times \dfrac{1}{32} \times \dfrac{1}{2} = \dfrac{3}{32}$

(iii) 앞면이 6번, 뒷면이 0번 나오는 경우

그 확률은

${}_6C_6 \left(\dfrac{1}{2}\right)^6 \left(\dfrac{1}{2}\right)^0 = 1 \times \dfrac{1}{64} \times 1 = \dfrac{1}{64}$

(i)~(iii)에서 앞면이 뒷면보다 더 많이 나올 확률은

$\dfrac{15}{64} + \dfrac{3}{32} + \dfrac{1}{64} = \dfrac{11}{32}$

0467

답 ④

6의 약수는 1, 2, 3, 6의 4개이므로 한 개의 주사위를 한 번 던질 때, 6의 약수의 눈이 나올 확률은

$\dfrac{4}{6} = \dfrac{2}{3}$

따라서 한 개의 주사위를 3번 던질 때, 6의 약수의 눈이 2번 나올 확률은

${}_3C_2 \left(\dfrac{2}{3}\right)^2 \left(\dfrac{1}{3}\right)^1 = 3 \times \dfrac{4}{9} \times \dfrac{1}{3} = \dfrac{4}{9}$

0468

답 $\dfrac{7}{32}$

한 개의 동전을 한 번 던질 때, 앞면이 나올 확률은 $\dfrac{1}{2}$이다.

한 개의 동전을 8번 던질 때, 뒷면이 나오는 횟수를 x라 하면 앞면은 뒷면보다 2번 더 많이 나오므로 앞면이 나오는 횟수는 $x+2$이다.

이때 $(x+2)+x=8$이므로

$2x = 6$

$\therefore x = 3$

즉, 한 개의 동전을 8번 던질 때, 앞면이 뒷면보다 2번 더 많이 나오는 경우는 앞면은 5번, 뒷면은 3번 나오는 경우이다.

··· ❶

따라서 한 개의 동전을 8번 던질 때, 앞면이 뒷면보다 2번 더 많이 나올 확률은

${}_8C_5 \left(\dfrac{1}{2}\right)^5 \left(\dfrac{1}{2}\right)^3 = 56 \times \dfrac{1}{32} \times \dfrac{1}{8} = \dfrac{7}{32}$

··· ❷

채점 기준	배점
❶ 한 개의 동전을 8번 던질 때, 앞면이 뒷면보다 2번 더 많이 나오는 경우 구하기	40%
❷ 한 개의 동전을 8번 던질 때, 앞면이 뒷면보다 2번 더 많이 나올 확률 구하기	60%

0469

답 ⑤

한 개의 주사위를 5번 던져서 나오는 다섯 눈의 수의 곱이 짝수인 사건을 A라 하면 A^c은 다섯 눈의 수의 곱이 홀수인 사건이다.

다섯 눈의 수의 곱이 홀수이려면 다섯 눈의 수가 모두 홀수이어야 한다.

홀수는 1, 3, 5의 3개이므로 한 개의 주사위를 한 번 던질 때, 홀수의 눈이 나올 확률은

$$\frac{3}{6} = \frac{1}{2}$$

따라서 다섯 눈의 수의 곱이 홀수일 확률은

$$_5\mathrm{C}_5 \left(\frac{1}{2}\right)^5 \left(\frac{1}{2}\right)^0 = 1 \times \frac{1}{32} \times 1 = \frac{1}{32}$$

이므로 구하는 확률은

$$1 - \frac{1}{32} = \frac{31}{32}$$

0470 답 515

홀수는 1, 3, 5, 7의 4개이므로 한 번의 시행에서 홀수가 적혀 있는 공을 꺼낼 확률은 $\frac{4}{7}$이다.

꺼낸 공에 적혀 있는 세 수의 합이 홀수인 경우는 다음과 같다.

(i) 3번 모두 홀수가 적혀 있는 공을 꺼내는 경우

그 확률은

$$_3\mathrm{C}_3 \left(\frac{4}{7}\right)^3 \left(\frac{3}{7}\right)^0 = 1 \times \frac{64}{343} \times 1 = \frac{64}{343}$$

(ii) 1번은 홀수, 2번은 짝수가 적혀 있는 공을 꺼내는 경우

그 확률은

$$_3\mathrm{C}_1 \left(\frac{4}{7}\right)^1 \left(\frac{3}{7}\right)^2 = 3 \times \frac{4}{7} \times \frac{9}{49} = \frac{108}{343}$$

(i), (ii)에서 꺼낸 공에 적혀 있는 세 수의 합이 홀수일 확률은

$$\frac{64}{343} + \frac{108}{343} = \frac{172}{343}$$

따라서 $p = 343$, $q = 172$이므로

$$p + q = 343 + 172 = 515$$

0471 답 $\frac{27}{512}$

주머니에서 임의로 한 개의 공을 꺼낼 때,

빨간 공이 나올 확률은 $\frac{6}{8} = \frac{3}{4}$

파란 공이 나올 확률은 $\frac{2}{8} = \frac{1}{4}$

공을 꺼내어 색을 확인하고 다시 넣는 시행을 5번 하고 멈추려면 4번의 시행까지는 빨간 공이 2번, 파란 공이 2번 나오고 5번째 시행에서 파란 공이 나오면 된다.

따라서 구하는 확률은

$$_4\mathrm{C}_2 \left(\frac{3}{4}\right)^2 \left(\frac{1}{4}\right)^2 \times \frac{1}{4} = 6 \times \frac{9}{16} \times \frac{1}{16} \times \frac{1}{4}$$

$$= \frac{27}{512}$$

0472 답 ②

정사면체 모양의 상자를 던져 밑면에 적혀 있는 숫자가 2가 나올 확률은 $\frac{1}{4}$이다.

정사면체 모양의 상자를 3번 던지므로

$$m + n = 3$$

$i^{|m-n|} = -i$에서 $|m-n| = 3$

$$\therefore m - n = -3 \text{ 또는 } m - n = 3$$

(i) $m + n = 3$, $m - n = -3$일 때

두 식을 연립하여 풀면

$$m = 0, \ n = 3$$

즉, 2가 0번, 2가 아닌 숫자가 3번 나올 확률은

$$_3\mathrm{C}_0 \left(\frac{1}{4}\right)^0 \left(\frac{3}{4}\right)^3 = \frac{27}{64}$$

(ii) $m + n = 3$, $m - n = 3$일 때

두 식을 연립하여 풀면

$$m = 3, \ n = 0$$

즉, 2가 3번, 2가 아닌 숫자가 0번 나올 확률은

$$_3\mathrm{C}_3 \left(\frac{1}{4}\right)^3 \left(\frac{3}{4}\right)^0 = \frac{1}{64}$$

(i), (ii)에서 $i^{|m-n|} = -i$일 확률은

$$\frac{27}{64} + \frac{1}{64} = \frac{7}{16}$$

🔊 **Bible Says** *i*의 거듭제곱

자연수 k에 대하여

$$i^{4k-3} = i, \ i^{4k-2} = -1, \ i^{4k-1} = -i, \ i^{4k} = 1 \ (단, i = \sqrt{-1})$$

유형 15 독립시행의 확률 – 두 종류의 시행

0473 답 ④

한 개의 동전을 한 번 던질 때, 앞면이 나올 확률은 $\frac{1}{2}$이다.

동전의 앞면이 1번 나오는 경우는 다음과 같다.

(i) 흰 공이 나오는 경우

주머니에서 한 개의 공을 꺼낼 때 흰 공을 꺼낼 확률은 $\frac{4}{9}$이고,

흰 공이 나오면 한 개의 동전을 2번 던지므로 앞면이 1번 나올 확률은

$$\frac{4}{9} \times {_2\mathrm{C}_1} \left(\frac{1}{2}\right)^1 \left(\frac{1}{2}\right)^1 = \frac{4}{9} \times 2 \times \frac{1}{2} \times \frac{1}{2} = \frac{2}{9}$$

(ii) 검은 공이 나오는 경우

주머니에서 한 개의 공을 꺼낼 때 검은 공을 꺼낼 확률은 $\frac{5}{9}$이고, 검은 공이 나오면 한 개의 동전을 4번 던지므로 앞면이 1번 나올 확률은

$$\frac{5}{9} \times {_4\mathrm{C}_1} \left(\frac{1}{2}\right)^1 \left(\frac{1}{2}\right)^3 = \frac{5}{9} \times 4 \times \frac{1}{2} \times \frac{1}{8} = \frac{5}{36}$$

(i), (ii)에서 동전의 앞면이 1번 나올 확률은

$$\frac{2}{9} + \frac{5}{36} = \frac{13}{36}$$

0474
답 $\dfrac{3}{8}$

5의 약수는 1, 5의 2개이므로 한 개의 주사위를 던져서 나온 눈의 수가 5의 약수일 확률은

$$\dfrac{2}{6}=\dfrac{1}{3}$$

한 개의 동전을 던질 때 앞면이 나올 확률은 $\dfrac{1}{2}$이고, 동전의 앞면이 2번 나오는 경우는 다음과 같다.

(i) 주사위 한 개를 던져서 나온 눈의 수가 5의 약수인 경우

   나온 눈의 수가 5의 약수이면 3개의 동전을 동시에 던지므로 앞면이 2번 나올 확률은

$$\dfrac{1}{3}\times{}_3C_2\left(\dfrac{1}{2}\right)^2\left(\dfrac{1}{2}\right)^1=\dfrac{1}{3}\times3\times\dfrac{1}{4}\times\dfrac{1}{2}=\dfrac{1}{8}$$

(ii) 주사위 한 개를 던져서 나온 눈의 수가 5의 약수가 아닌 경우

   나온 눈의 수가 5의 약수가 아니면 4개의 동전을 동시에 던지므로 앞면이 2번 나올 확률은

$$\left(1-\dfrac{1}{3}\right)\times{}_4C_2\left(\dfrac{1}{2}\right)^2\left(\dfrac{1}{2}\right)^2=\dfrac{2}{3}\times6\times\dfrac{1}{4}\times\dfrac{1}{4}=\dfrac{1}{4}$$

(i), (ii)에서 동전의 앞면이 2번 나올 확률은

$$\dfrac{1}{8}+\dfrac{1}{4}=\dfrac{3}{8}$$

0475
답 ②

10의 약수는 1, 2, 5, 10의 4개이므로 주머니에서 한 개의 공을 꺼낼 때 10의 약수가 적혀 있는 공을 꺼낼 확률은

$$\dfrac{4}{10}=\dfrac{2}{5}$$

자유투 성공률이 $\dfrac{1}{4}$인 어떤 농구 선수가 자유투를 성공시키는 경우는 다음과 같다.

(i) 10의 약수가 적혀 있는 공을 꺼내는 경우

   10의 약수가 적혀 있는 공을 꺼내면 자유투를 3번 던지므로 자유투를 2번 성공시킬 확률은

$$\dfrac{2}{5}\times{}_3C_2\left(\dfrac{1}{4}\right)^2\left(\dfrac{3}{4}\right)^1=\dfrac{2}{5}\times3\times\dfrac{1}{16}\times\dfrac{3}{4}=\dfrac{9}{160}$$

(ii) 10의 약수가 아닌 숫자가 적혀 있는 공을 꺼내는 경우

   10의 약수가 아닌 숫자가 적혀 있는 공을 꺼내면 자유투를 2번 던지므로 자유투를 2번 성공시킬 확률은

$$\left(1-\dfrac{2}{5}\right)\times{}_2C_2\left(\dfrac{1}{4}\right)^2\left(\dfrac{3}{4}\right)^0=\dfrac{3}{5}\times1\times\dfrac{1}{16}\times1=\dfrac{3}{80}$$

(i), (ii)에서 자유투를 2번 성공시킬 확률은

$$\dfrac{9}{160}+\dfrac{3}{80}=\dfrac{3}{32}$$

0476
답 ④

한 개의 동전을 던질 때, 앞면이 나올 확률은 $\dfrac{1}{2}$이다.

짝수는 2, 4, 6의 3개이므로 한 개의 주사위를 던질 때 짝수가 나올 확률은

$$\dfrac{3}{6}=\dfrac{1}{2}$$

주사위의 눈의 수의 합이 짝수인 경우는 다음과 같다.

(i) 동전의 앞면이 나온 경우

   동전의 앞면이 나오면 2개의 주사위를 동시에 던지므로 두 눈의 수의 합이 짝수가 되려면 두 눈의 수 모두 짝수가 나오거나 두 눈의 수 모두 홀수가 나와야 한다.

   즉, 동전의 앞면이 나왔을 때 2개의 주사위를 던져 나온 두 눈의 수의 합이 짝수일 확률은

$$\dfrac{1}{2}\times\left\{{}_2C_2\left(\dfrac{1}{2}\right)^2\left(\dfrac{1}{2}\right)^0+{}_2C_0\left(\dfrac{1}{2}\right)^0\left(\dfrac{1}{2}\right)^2\right\}$$
$$=\dfrac{1}{2}\left(\dfrac{1}{4}+\dfrac{1}{4}\right)=\dfrac{1}{4}$$

(ii) 동전의 뒷면이 나온 경우

   동전의 뒷면이 나오면 3개의 주사위를 동시에 던지므로 세 눈의 수의 합이 짝수가 되려면 세 눈의 수 모두 짝수가 나오거나 두 눈의 수는 홀수, 한 눈의 수는 짝수가 나와야 한다.

   즉, 동전의 뒷면이 나왔을 때 3개의 주사위를 던져 나온 세 눈의 수의 합이 짝수일 확률은

$$\dfrac{1}{2}\times\left\{{}_3C_3\left(\dfrac{1}{2}\right)^3\left(\dfrac{1}{2}\right)^0+{}_3C_1\left(\dfrac{1}{2}\right)^1\left(\dfrac{1}{2}\right)^2\right\}$$
$$=\dfrac{1}{2}\left(\dfrac{1}{8}+\dfrac{3}{8}\right)=\dfrac{1}{4}$$

(i), (ii)에서 주사위의 눈의 수의 합이 짝수일 확률은

$$\dfrac{1}{4}+\dfrac{1}{4}=\dfrac{1}{2}$$

0477
답 137

홀수는 1, 3, 5의 3개이므로 한 개의 주사위를 한 번 던질 때, 홀수의 눈이 나올 확률은

$$\dfrac{3}{6}=\dfrac{1}{2}$$

한 개의 동전을 한 번 던질 때, 앞면이 나올 확률은 $\dfrac{1}{2}$이다.

$0\le a\le5$, $0\le b\le4$이므로 $a-b=3$인 경우는 다음과 같다.

(i) $a=5$, $b=2$인 경우

   한 개의 주사위를 5번 던져 홀수의 눈이 5번 나오고, 한 개의 동전을 4번 던져 앞면이 2번 나올 확률은

$${}_5C_5\left(\dfrac{1}{2}\right)^5\left(\dfrac{1}{2}\right)^0\times{}_4C_2\left(\dfrac{1}{2}\right)^2\left(\dfrac{1}{2}\right)^2=\dfrac{1}{32}\times\dfrac{6}{16}=\dfrac{3}{256}$$

(ii) $a=4$, $b=1$인 경우

   한 개의 주사위를 5번 던져 홀수의 눈이 4번 나오고, 한 개의 동전을 4번 던져 앞면이 1번 나올 확률은

$${}_5C_4\left(\dfrac{1}{2}\right)^4\left(\dfrac{1}{2}\right)^1\times{}_4C_1\left(\dfrac{1}{2}\right)^1\left(\dfrac{1}{2}\right)^3=\dfrac{5}{32}\times\dfrac{4}{16}=\dfrac{5}{128}$$

(iii) $a=3$, $b=0$인 경우

   한 개의 주사위를 5번 던져 홀수의 눈이 3번 나오고, 한 개의 동전을 4번 던져 앞면이 0번 나올 확률은

$${}_5C_3\left(\dfrac{1}{2}\right)^3\left(\dfrac{1}{2}\right)^2\times{}_4C_0\left(\dfrac{1}{2}\right)^0\left(\dfrac{1}{2}\right)^4=\dfrac{10}{32}\times\dfrac{1}{16}=\dfrac{5}{256}$$

(i)~(iii)에서 $a-b$의 값이 3일 확률은

$$\dfrac{3}{256}+\dfrac{5}{128}+\dfrac{5}{256}=\dfrac{9}{128}$$

따라서 $p=128$, $q=9$이므로

$$p+q=128+9=137$$

0478

답 ①

주사위 2개를 동시에 던질 때 나오는 모든 경우의 수는

$6 \times 6 = 36$

한 개의 동전을 던질 때, 앞면이 나올 확률은 $\dfrac{1}{2}$이다.

주사위 2개를 동시에 던질 때 나온 두 눈의 수의 합은 2 이상 12 이하이고, 동전 4개를 동시에 던질 때 나오는 앞면의 개수는 0, 1, 2, 3, 4 중 하나이다.

따라서 주사위 2개와 동전 4개를 동시에 던질 때 주사위의 두 눈의 수의 합과 앞면이 나온 동전의 개수가 같은 경우는 다음과 같다.

(i) 두 눈의 수의 합과 앞면이 나온 개수가 2로 같은 경우

주사위의 두 눈의 수의 합이 2인 경우를 순서쌍으로 나타내면 $(1, 1)$의 1가지이므로 그 확률은

$$\dfrac{1}{36}$$

즉, 주사위 2개와 동전 4개를 동시에 던져 주사위의 두 눈의 수의 합과 앞면이 나온 동전의 개수가 2로 같을 확률은

$$\dfrac{1}{36} \times {}_4C_2\left(\dfrac{1}{2}\right)^2\left(\dfrac{1}{2}\right)^2 = \dfrac{1}{36} \times 6 \times \dfrac{1}{4} \times \dfrac{1}{4} = \dfrac{1}{96}$$

(ii) 두 눈의 수의 합과 앞면이 나온 개수가 3으로 같은 경우

주사위의 두 눈의 수의 합이 3인 경우를 순서쌍으로 나타내면 $(1, 2)$, $(2, 1)$의 2가지이므로 그 확률은

$$\dfrac{2}{36} = \dfrac{1}{18}$$

즉, 주사위 2개와 동전 4개를 동시에 던져 주사위의 두 눈의 수의 합과 앞면이 나온 동전의 개수가 3으로 같을 확률은

$$\dfrac{1}{18} \times {}_4C_3\left(\dfrac{1}{2}\right)^3\left(\dfrac{1}{2}\right)^1 = \dfrac{1}{18} \times 4 \times \dfrac{1}{8} \times \dfrac{1}{2} = \dfrac{1}{72}$$

(iii) 두 눈의 수의 합과 앞면이 나온 개수가 4로 같은 경우

주사위의 두 눈의 수의 합이 4인 경우를 순서쌍으로 나타내면 $(1, 3)$, $(2, 2)$, $(3, 1)$의 3가지이므로 그 확률은

$$\dfrac{3}{36} = \dfrac{1}{12}$$

즉, 주사위 2개와 동전 4개를 동시에 던져 주사위의 두 눈의 수의 합과 앞면이 나온 동전의 개수가 4로 같을 확률은

$$\dfrac{1}{12} \times {}_4C_4\left(\dfrac{1}{2}\right)^4\left(\dfrac{1}{2}\right)^0 = \dfrac{1}{12} \times 1 \times \dfrac{1}{16} \times 1 = \dfrac{1}{192}$$

(i)~(iii)에서 주사위의 두 눈의 수의 합과 앞면이 나온 동전의 개수가 같을 확률은

$$\dfrac{1}{96} + \dfrac{1}{72} + \dfrac{1}{192} = \dfrac{17}{576}$$

유형 **16** **독립시행의 확률 - 점수**

0479

답 70

주머니에서 임의로 한 개의 공을 꺼낼 때, 흰 공을 꺼낼 확률은

$$\dfrac{3}{9} = \dfrac{1}{3}$$

10번의 시행에서 흰 공이 x번, 검은 공이 y번 나왔다고 하면

$x + y = 10$ ...... ㉠

10번의 시행으로 얻은 점수가 32점이므로

$2x + 4y = 32$

$\therefore x + 2y = 16$ ...... ㉡

㉠, ㉡을 연립하여 풀면

$x = 4$, $y = 6$

즉, 10번의 시행으로 32점을 얻으려면 흰 공을 4번, 검은 공을 6번 꺼내야 하므로 그 확률은

$${}_{10}C_4\left(\dfrac{1}{3}\right)^4\left(\dfrac{2}{3}\right)^6 = 210 \times \dfrac{1}{81} \times \left(\dfrac{2}{3}\right)^6 = \dfrac{70}{27} \times \left(\dfrac{2}{3}\right)^6$$

따라서 $k = \dfrac{70}{27}$이므로

$$27k = 27 \times \dfrac{70}{27} = 70$$

0480

답 ④

4의 약수는 1, 2, 4의 3개이므로 한 개의 주사위를 한 번 던질 때 나온 눈의 수가 4의 약수일 확률은

$$\dfrac{3}{6} = \dfrac{1}{2}$$

한 개의 주사위를 6번 던질 때 눈의 수가 4의 약수인 경우가 x번, 4의 약수가 아닌 경우가 y번 나왔다고 하면

$x + y = 6$ ...... ㉠

한 개의 주사위를 6번 던져서 120점을 얻었으므로

$50x - 10y = 120$

$\therefore 5x - y = 12$ ...... ㉡

㉠, ㉡을 연립하여 풀면

$x = 3$, $y = 3$

따라서 한 개의 주사위를 6번 던져서 120점을 얻으려면 눈의 수가 4의 약수인 경우가 3번, 4의 약수가 아닌 경우가 3번 나와야 하므로 구하는 확률은

$${}_6C_3\left(\dfrac{1}{2}\right)^3\left(\dfrac{1}{2}\right)^3 = 20 \times \dfrac{1}{8} \times \dfrac{1}{8} = \dfrac{5}{16}$$

0481

답 ④

한 개의 동전을 한 번 던질 때, 앞면이 나올 확률은 $\dfrac{1}{2}$이다.

주어진 시행을 5번 반복하므로 앞면이 x번, 뒷면이 y번 나왔다고 하면

$x + y = 5$ ...... ㉠

5번의 시행에서 얻은 점수의 합이 6 이하이므로

$2x + y \leq 6$ ...... ㉡

㉠에서 $y = 5 - x$를 ㉡에 대입하면

$2x + (5 - x) \leq 6$

$\therefore x \leq 1$

즉, 5번의 시행에서 얻은 점수의 합이 6 이하이려면 앞면이 한 번도 안 나오거나 한 번 나와야 하므로 구하는 확률은

$${}_5C_0\left(\dfrac{1}{2}\right)^0\left(\dfrac{1}{2}\right)^5 + {}_5C_1\left(\dfrac{1}{2}\right)^1\left(\dfrac{1}{2}\right)^4 = \dfrac{1}{32} + \dfrac{5}{32}$$

$$= \dfrac{3}{16}$$

0482
답 $\dfrac{81}{128}$

주머니에서 한 개의 공을 꺼낼 때,

숫자 1이 적혀 있는 공을 꺼낼 확률은

$\dfrac{2}{8}=\dfrac{1}{4}$

숫자 2가 적혀 있는 공을 꺼낼 확률은

$\dfrac{6}{8}=\dfrac{3}{4}$

·· ❶

주어진 시행을 5번 반복하여 숫자 1이 적혀 있는 공을 x번 꺼낸다고 하면 숫자 2가 적혀 있는 공은 $(5-x)$번 꺼낸다.

이때 얻은 점수의 합이 9점 이상이려면

$x+2(5-x)\geq9$

$\therefore x\leq1$

·· ❷

따라서 숫자 1이 적혀 있는 공은 한 번도 안 나오거나 한 번만 나와야 하므로 구하는 확률은

$_5C_0\left(\dfrac{1}{4}\right)^0\left(\dfrac{3}{4}\right)^5+{}_5C_1\left(\dfrac{1}{4}\right)^1\left(\dfrac{3}{4}\right)^4=\dfrac{243}{1024}+\dfrac{405}{1024}$

$=\dfrac{81}{128}$

·· ❸

채점 기준	배점
❶ 한 번의 시행에서 숫자 1, 2가 적혀 있는 공을 꺼낼 확률 각각 구하기	20%
❷ 주어진 시행을 5번 반복하여 얻은 점수의 합이 9점 이상인 경우 구하기	40%
❸ 주어진 시행을 5번 반복하여 얻은 점수의 합이 9점 이상일 확률 구하기	40%

0483
답 143

소수는 2, 3, 5의 3개이므로 한 개의 주사위를 한 번 던질 때 나온 눈의 수가 소수일 확률은

$\dfrac{3}{6}=\dfrac{1}{2}$

한 개의 주사위를 10번 던질 때 눈의 수가 소수인 경우가 x번 나왔다고 하면 소수가 아닌 경우는 $(10-x)$번 나온다.

이때 $a_1+a_2+a_3+\cdots+a_{10}=15$에서

$3x-2(10-x)=15$

$5x=35$

$\therefore x=7$

따라서 $a_1+a_2+a_3+\cdots+a_{10}=15$이려면 한 개의 주사위를 10번 던질 때 눈의 수가 소수인 경우가 7번 나와야 하므로 그 확률은

$_{10}C_7\left(\dfrac{1}{2}\right)^7\left(\dfrac{1}{2}\right)^3=120\times\dfrac{1}{128}\times\dfrac{1}{8}$

$=\dfrac{15}{128}$

즉, $p=128$, $q=15$이므로

$p+q=128+15=143$

0484
답 ③

3의 배수는 3, 6의 2개이므로 한 개의 주사위를 한 번 던질 때 나온 눈의 수가 3의 배수일 확률은

$\dfrac{2}{6}=\dfrac{1}{3}$

한 개의 주사위를 4번 던질 때 눈의 수가 3의 배수인 경우가 x번 나왔다고 하면 3의 배수가 아닌 경우는 $(4-x)$번 나온다.

이때 점 P의 좌표가 -2이려면

$x-(4-x)=-2$, $2x=2$

$\therefore x=1$

따라서 한 개의 주사위를 4번 던졌을 때 점 P의 좌표가 -2이려면 눈의 수가 3의 배수인 경우가 1번 나와야 하므로 그 확률은

$_4C_1\left(\dfrac{1}{3}\right)^1\left(\dfrac{2}{3}\right)^3=4\times\dfrac{1}{3}\times\dfrac{8}{27}=\dfrac{32}{81}$

0485
답 $\dfrac{15}{64}$

한 개의 동전을 한 번 던질 때, 앞면이 나올 확률은 $\dfrac{1}{2}$이다.

한 개의 동전을 6번 던질 때 앞면이 x번 나왔다고 하면 뒷면은 $(6-x)$번 나온다.

이때 점 P가 원점에 위치하려면

$2x-(6-x)=0$, $3x=6$

$\therefore x=2$

따라서 한 개의 동전을 6번 던졌을 때 점 P가 원점에 위치하려면 앞면이 2번, 뒷면이 4번 나와야 하므로 구하는 확률은

$_6C_2\left(\dfrac{1}{2}\right)^2\left(\dfrac{1}{2}\right)^4=15\times\dfrac{1}{4}\times\dfrac{1}{16}=\dfrac{15}{64}$

0486
답 ④

6의 약수는 1, 2, 3, 6의 4개이므로 한 개의 주사위를 한 번 던질 때 나온 눈의 수가 6의 약수일 확률은

$\dfrac{4}{6}=\dfrac{2}{3}$

한 개의 주사위를 4번 던질 때 눈의 수가 6의 약수인 경우가 x번 나왔다고 하면 6의 약수가 아닌 경우는 $(4-x)$번 나온다.

이때 점 P의 좌표가 2 이상이려면

$x+0\times(4-x)\geq2$

$\therefore x\geq2$

따라서 한 개의 주사위를 4번 던졌을 때 점 P의 좌표가 2 이상이려면 눈의 수가 6의 약수인 경우가 2번 또는 3번 또는 4번 나와야 하므로 구하는 확률은

$_4C_2\left(\dfrac{2}{3}\right)^2\left(\dfrac{1}{3}\right)^2+{}_4C_3\left(\dfrac{2}{3}\right)^3\left(\dfrac{1}{3}\right)^1+{}_4C_4\left(\dfrac{2}{3}\right)^4\left(\dfrac{1}{3}\right)^0$

$=6\times\dfrac{4}{9}\times\dfrac{1}{9}+4\times\dfrac{8}{27}\times\dfrac{1}{3}+1\times\dfrac{16}{81}\times1$

$=\dfrac{8}{27}+\dfrac{32}{81}+\dfrac{16}{81}=\dfrac{8}{9}$

0487

답 35

한 개의 동전을 한 번 던질 때, 앞면이 나올 확률은 $\frac{1}{2}$이다.

주어진 시행을 7번 반복할 때 앞면이 a번 나왔다고 하면 뒷면은 $(7-a)$번 나오므로 점 P의 좌표는

$(a, 2(7-a))$

이때 점 P가 직선 $y=x+5$ 위에 있으므로

$2(7-a)=a+5$, $3a=9$

$\therefore a=3$

즉, 한 개의 동전을 7번 던졌을 때 점 P가 직선 $y=x+5$ 위에 있으려면 앞면이 3번, 뒷면이 4번 나와야 한다. ·········· ❶

따라서 점 P가 직선 $y=x+5$ 위에 있을 확률은

$_7C_3\left(\frac{1}{2}\right)^3\left(\frac{1}{2}\right)^4=35\times\frac{1}{8}\times\frac{1}{16}=\frac{35}{128}$ ·········· ❷

즉, $p=\frac{35}{128}$이므로

$128p=128\times\frac{35}{128}=35$ ·········· ❸

채점 기준	배점
❶ 점 P가 직선 $y=x+5$ 위에 있을 때, 앞면이 나오는 횟수 구하기	40%
❷ 점 P가 직선 $y=x+5$ 위에 있을 확률 구하기	40%
❸ $128p$의 값 구하기	20%

0488

답 ④

짝수는 2, 4, 6의 3개이므로 한 개의 주사위를 한 번 던질 때 나온 눈의 수가 짝수일 확률은

$\frac{3}{6}=\frac{1}{2}$

한 개의 주사위를 4번 던질 때 눈의 수가 짝수인 경우가 x번 나왔다고 하면 홀수인 경우는 $(4-x)$번 나온다.

이때 점 P가 꼭짓점 C에 위치하려면

$2x+(4-x)=7$ $\therefore x=3$

점 P가 꼭짓점 D에 위치하려면

$2x+(4-x)=8$ $\therefore x=4$

즉, 한 개의 주사위를 4번 던졌을 때 점 P가 꼭짓점 C에 위치하려면 눈의 수가 짝수인 경우가 3번, 홀수인 경우가 1번 나와야 하고 점 P가 꼭짓점 D에 위치하려면 눈의 수가 짝수인 경우가 4번 나와야 하므로 구하는 확률은

$_4C_3\left(\frac{1}{2}\right)^3\left(\frac{1}{2}\right)^1+_4C_4\left(\frac{1}{2}\right)^4\left(\frac{1}{2}\right)^0=4\times\frac{1}{8}\times\frac{1}{2}+1\times\frac{1}{16}\times1$

$=\frac{5}{16}$

> 참고
>
> 점 P가 꼭짓점 C에 위치하려면 $2x+(4-x)=x+4$의 값이 2, 7, 12, ⋯ 가 되어야 한다. 이때 $0\le x\le4$이므로 $4\le x+4\le8$에서 $x+4=7$이어야 한다.
>
> 또한 점 P가 꼭짓점 D에 위치하려면 $x+4$의 값이 3, 8, 13, ⋯이 되어야 하므로 $4\le x+4\le8$에서 $x+4=8$이어야 한다.

0489

답 ③

찬영이가 동전을 던져서 앞면이 2개 나오는 사건을 A, 서준이가 3개의 동전을 던져서 앞면이 3개 나오는 사건을 B라 하면 구하는 확률은 $P(B|A)=\frac{P(A\cap B)}{P(A)}$이다.

서준이가 3개의 동전을 던져서 나온 앞면의 개수에 따라 찬영이가 던지는 동전의 개수가 달라지고, 찬영이가 동전을 던져서 나온 앞면의 개수가 2이려면 서준이가 3개의 동전을 던져서 나온 앞면의 개수가 2 이상이어야 한다.

한 개의 동전을 던질 때 앞면이 나올 확률은 $\frac{1}{2}$이고, 찬영이가 동전을 던져서 앞면이 2개 나오는 경우는 다음과 같다.

(i) 서준이가 3개의 동전을 던져서 앞면이 2개 나온 경우

서준이가 3개의 동전을 던져서 앞면이 2개 나오고 찬영이가 2개의 동전을 던져서 앞면이 2개 나오면 되므로 그 확률은

$_3C_2\left(\frac{1}{2}\right)^2\left(\frac{1}{2}\right)^1\times_2C_2\left(\frac{1}{2}\right)^2\left(\frac{1}{2}\right)^0=\frac{3}{8}\times\frac{1}{4}=\frac{3}{32}$

(ii) 서준이가 3개의 동전을 던져서 앞면이 3개 나온 경우

서준이가 3개의 동전을 던져서 앞면이 3개 나오고 찬영이가 3개의 동전을 던져서 앞면이 2개 나오면 되므로 그 확률은

$_3C_3\left(\frac{1}{2}\right)^3\left(\frac{1}{2}\right)^0\times_3C_2\left(\frac{1}{2}\right)^2\left(\frac{1}{2}\right)^1=\frac{1}{8}\times\frac{3}{8}=\frac{3}{64}$

(i), (ii)에서

$P(A)=\frac{3}{32}+\frac{3}{64}=\frac{9}{64}$

$P(A\cap B)=\frac{3}{64}$

따라서 구하는 확률은

$P(B|A)=\frac{P(A\cap B)}{P(A)}=\dfrac{\frac{3}{64}}{\frac{9}{64}}=\frac{1}{3}$

0490

답 $\frac{20}{23}$

동전의 앞면과 뒷면이 나온 횟수가 같은 사건을 A, 동전을 2번 던지는 사건을 B라 하면 구하는 확률은 $P(B|A)=\frac{P(A\cap B)}{P(A)}$이다.

서로 다른 두 개의 주사위를 던질 때, 같은 눈의 수가 나올 확률은

$\frac{6}{6\times6}=\frac{1}{6}$

한 개의 동전을 한 번 던질 때 앞면이 나올 확률은 $\frac{1}{2}$이고, 동전의 앞면과 뒷면이 나온 횟수가 같은 경우는 다음과 같다.

(i) 두 주사위의 눈의 수가 같은 경우

두 주사위의 눈의 수가 같으면 한 개의 동전을 4번 던지므로, 이때 동전의 앞면과 뒷면이 나온 횟수가 같을 확률은

$\frac{1}{6}\times_4C_2\left(\frac{1}{2}\right)^2\left(\frac{1}{2}\right)^2=\frac{1}{6}\times6\times\frac{1}{4}\times\frac{1}{4}$

$=\frac{1}{16}$

(ii) 두 주사위의 눈의 수가 다른 경우

두 주사위의 눈의 수가 다르면 한 개의 동전을 2번 던지므로, 이 때 동전의 앞면과 뒷면이 나온 횟수가 같을 확률은

$$\left(1-\frac{1}{6}\right) \times {}_2C_1\left(\frac{1}{2}\right)^1\left(\frac{1}{2}\right)^1 = \frac{5}{6} \times 2 \times \frac{1}{2} \times \frac{1}{2}$$
$$= \frac{5}{12}$$

(i), (ii)에서

$$P(A) = \frac{1}{16} + \frac{5}{12} = \frac{23}{48}, \ P(A \cap B) = \frac{5}{12}$$

따라서 구하는 확률은

$$P(B|A) = \frac{P(A \cap B)}{P(A)} = \frac{\dfrac{5}{12}}{\dfrac{23}{48}} = \frac{20}{23}$$

0491

답 ⑤

동전의 앞면이 2번 나오는 사건을 A, 꺼낸 2개의 공에 적혀 있는 수의 합이 소수인 사건을 B라 하면 구하는 확률은

$$P(B|A) = \frac{P(A \cap B)}{P(A)}$$이다.

4개의 공 중 2개의 공을 꺼내는 경우의 수는

$${}_4C_2 = 6$$

꺼낸 2개의 공에 적혀 있는 수의 합이 소수가 되는 경우는

$$(1, 2), \ (1, 4), \ (2, 3), \ (3, 4)$$

의 4가지이므로 그 확률은

$$\frac{4}{6} = \frac{2}{3}$$

한 개의 동전을 한 번 던질 때 앞면이 나올 확률은 $\frac{1}{2}$이고, 동전의 앞면이 2번 나오는 경우는 다음과 같다.

(i) 꺼낸 2개의 공에 적혀 있는 수의 합이 소수인 경우

꺼낸 2개의 공에 적혀 있는 수의 합이 소수이면 한 개의 동전을 2번 던지므로, 이때 동전의 앞면이 2번 나올 확률은

$$\frac{2}{3} \times {}_2C_2\left(\frac{1}{2}\right)^2\left(\frac{1}{2}\right)^0 = \frac{2}{3} \times 1 \times \frac{1}{4} \times 1$$
$$= \frac{1}{6}$$

(ii) 꺼낸 2개의 공에 적혀 있는 수의 합이 소수가 아닌 경우

꺼낸 2개의 공에 적혀 있는 수의 합이 소수가 아니면 한 개의 동전을 3번 던지므로, 이때 동전의 앞면이 2번 나올 확률은

$$\left(1-\frac{2}{3}\right) \times {}_3C_2\left(\frac{1}{2}\right)^2\left(\frac{1}{2}\right)^1 = \frac{1}{3} \times 3 \times \frac{1}{4} \times \frac{1}{2}$$
$$= \frac{1}{8}$$

(i), (ii)에서

$$P(A) = \frac{1}{6} + \frac{1}{8} = \frac{7}{24}, \ P(A \cap B) = \frac{1}{6}$$

따라서 구하는 확률은

$$P(B|A) = \frac{P(A \cap B)}{P(A)} = \frac{\dfrac{1}{6}}{\dfrac{7}{24}} = \frac{4}{7}$$

0492

답 39

$a_7 = 4$인 사건을 A, $a_4 = 1$인 사건을 B라 하면 구하는 확률은

$$P(B|A) = \frac{P(A \cap B)}{P(A)}$$이다.

❶

5의 약수는 1, 5의 2개이므로 한 개의 주사위를 한 번 던질 때 5의 약수가 나올 확률은

$$\frac{2}{6} = \frac{1}{3}$$

(i) $a_7 = 4$인 경우

$a_7 = 4$이려면 7번의 시행에서 눈의 수가 5의 약수인 경우가 4번, 5의 약수가 아닌 경우가 3번 나와야 하므로

$$P(A) = {}_7C_4\left(\frac{1}{3}\right)^4\left(\frac{2}{3}\right)^3 = 35 \times \frac{1}{3^4} \times \frac{8}{3^3} = \frac{280}{3^7}$$

❷

(ii) $a_7 = 4$, $a_4 = 1$인 경우

$a_7 = 4$이고 $a_4 = 1$이려면 앞의 4번의 시행에서 눈의 수가 5의 약수인 경우가 1번, 5의 약수가 아닌 경우가 3번 나와야 하고 뒤의 3번의 시행에서 3번 모두 눈의 수가 5의 약수가 나와야 한다.

$$\therefore P(A \cap B) = {}_4C_1\left(\frac{1}{3}\right)^1\left(\frac{2}{3}\right)^3 \times {}_3C_3\left(\frac{1}{3}\right)^3\left(\frac{2}{3}\right)^0$$
$$= 4 \times \frac{1}{3} \times \frac{8}{3^3} \times 1 \times \frac{1}{3^3} \times 1 = \frac{32}{3^7}$$

❸

(i), (ii)에서 구하는 확률은

$$P(B|A) = \frac{P(A \cap B)}{P(A)} = \frac{\dfrac{32}{3^7}}{\dfrac{280}{3^7}} = \frac{4}{35}$$

따라서 $p = 35$, $q = 4$이므로

$$p + q = 35 + 4 = 39$$

❹

채점 기준	배점
❶ 사건 A, B를 정하고 구하는 확률을 $P(B|A)$로 나타내기	20%
❷ $P(A)$의 값 구하기	30%
❸ $P(A \cap B)$의 값 구하기	30%
❹ $p + q$의 값 구하기	20%

유형 19 독립시행의 확률의 활용

0493

답 ②

정답이 1개인 오지선다형 문제이므로 1개의 문제에서 정답을 맞힐 확률은

$$\frac{1}{5}$$

5개의 문제에서 4개 이상을 맞힐 경우는 4개 또는 5개를 맞히는 경우이므로 4개 이상 맞힐 확률은

$$_5C_4\left(\frac{1}{5}\right)^4\left(\frac{4}{5}\right)^1+{}_5C_5\left(\frac{1}{5}\right)^5\left(\frac{4}{5}\right)^0=5\times\frac{1}{5^4}\times\frac{4}{5}+1\times\frac{1}{5^5}\times1$$
$$=\frac{21}{5^5}$$

$$\therefore k=21$$

0494
답 ⑤

한 번 이상 10점 과녁을 맞추는 사건을 A라 하면 A^C은 한 번도 10점 과녁을 맞추지 못하는 사건이므로

$$\mathrm{P}(A^C)={}_4C_0\left(\frac{2}{3}\right)^0\left(\frac{1}{3}\right)^4=\frac{1}{81}$$

따라서 구하는 확률은

$$\mathrm{P}(A)=1-\mathrm{P}(A^C)=1-\frac{1}{81}=\frac{80}{81}$$

0495
답 $\frac{2}{9}$

한 번의 경기에서 A 선수가 이길 확률을 p라 하면 비기는 경우는 없으므로 B 선수가 이길 확률은 $1-p$이다.

4번의 경기에서 A 선수가 4번 모두 이길 확률이 $\frac{16}{81}$이므로

$$_4C_4 p^4(1-p)^0=\frac{16}{81},\ p^4=\frac{16}{81}=\left(\frac{2}{3}\right)^4$$

$$\therefore p=\frac{2}{3}\ (\because p>0)$$
❶

따라서 한 번의 경기에서 A 선수가 이길 확률은 $\frac{2}{3}$이고 B 선수가

이길 확률은 $\frac{1}{3}$이므로 3번의 경기에서 B 선수가 2번 이길 확률은

$$_3C_2\left(\frac{1}{3}\right)^2\left(\frac{2}{3}\right)^1=3\times\frac{1}{9}\times\frac{2}{3}=\frac{2}{9}$$
❷

채점 기준	배점
❶ 한 번의 경기에서 A 선수가 이길 확률 구하기	50%
❷ 3번의 경기에서 B 선수가 2번 이길 확률 구하기	50%

0496
답 56

(i) 주미가 네 계단을 올라가게 되는 경우

가위바위보를 한 번 하여 주미가 이길 확률은 $\frac{1}{3}$, 지거나 비길 확률은 $\frac{2}{3}$이다.

가위바위보를 4번 하여 주미가 x번 이겼다고 하면 지거나 비긴 경우는 $(4-x)$번이므로

$$3x-(4-x)=4,\ 4x=8$$

$$\therefore x=2$$

따라서 가위바위보를 4번 하여 주미가 네 계단을 올라가려면 2번 이기고 2번은 지거나 비기면 되므로

$$p={}_4C_2\left(\frac{1}{3}\right)^2\left(\frac{2}{3}\right)^2=6\times\frac{1}{9}\times\frac{4}{9}=\frac{8}{27}$$

(ii) 현솔이가 처음 자리에 있게 되는 경우

가위바위보를 한 번 하여 현솔이가 이길 확률은 $\frac{1}{3}$, 지거나 비길 확률은 $\frac{2}{3}$이다.

가위바위보를 4번 하여 현솔이가 y번 이겼다고 하면 지거나 비긴 경우는 $(4-y)$번이므로

$$3y-(4-y)=0,\ 4y=4$$

$$\therefore y=1$$

따라서 가위바위보를 4번 하여 현솔이가 처음 자리에 있으려면 1번 이기고 3번은 지거나 비기면 되므로

$$q={}_4C_1\left(\frac{1}{3}\right)^1\left(\frac{2}{3}\right)^3=4\times\frac{1}{3}\times\frac{8}{27}=\frac{32}{81}$$

(i), (ii)에서

$$81(p+q)=81\left(\frac{8}{27}+\frac{32}{81}\right)=81\times\frac{56}{81}=56$$

0497
답 11

비기는 경우는 없고, 한 번의 경기에서 A팀이 이길 확률이 $\frac{1}{3}$이므로 질 확률은

$$1-\frac{1}{3}=\frac{2}{3}$$

3번의 경기에서 A팀이 2번, B팀이 1번 이겼으므로 A팀이 상금을 모두 갖는 경우는 다음과 같다.

(i) 5번의 경기를 하고 A팀이 상금을 모두 갖는 경우

A팀이 4번째, 5번째 경기에서 모두 이겨야 하므로 그 확률은

$$_2C_2\left(\frac{1}{3}\right)^2\left(\frac{2}{3}\right)^0=\frac{1}{9}$$

(ii) 6번의 경기를 하고 A팀이 상금을 모두 갖는 경우

A팀이 4번째, 5번째 경기 중 1번 이기고 6번째 경기에서 이겨야 하므로 그 확률은

$$_2C_1\left(\frac{1}{3}\right)^1\left(\frac{2}{3}\right)^1\times\frac{1}{3}=\frac{4}{9}\times\frac{1}{3}=\frac{4}{27}$$

(iii) 7번의 경기를 하고 A팀이 상금을 모두 갖는 경우

A팀이 4번째, 5번째, 6번째 경기 중 1번 이기고 7번째 경기에서 이겨야 하므로 그 확률은

$$_3C_1\left(\frac{1}{3}\right)^1\left(\frac{2}{3}\right)^2\times\frac{1}{3}=\frac{4}{9}\times\frac{1}{3}=\frac{4}{27}$$

(i)~(iii)에서 A팀이 상금을 모두 가질 확률은

$$\frac{1}{9}+\frac{4}{27}+\frac{4}{27}=\frac{11}{27}$$

따라서 $p=\frac{11}{27}$이므로 $27p=27\times\frac{11}{27}=11$

0498

답 ④

$P(B|A) = \dfrac{1}{4}$ 에서

$\dfrac{P(A \cap B)}{P(A)} = \dfrac{1}{4}$ $\therefore P(A) = 4P(A \cap B)$ ...... ㉠

$P(A|B) = \dfrac{1}{3}$ 에서

$\dfrac{P(A \cap B)}{P(B)} = \dfrac{1}{3}$ $\therefore P(B) = 3P(A \cap B)$ ...... ㉡

$P(A) + P(B) = \dfrac{7}{10}$ 에 ㉠, ㉡을 대입하면

$4P(A \cap B) + 3P(A \cap B) = \dfrac{7}{10}$

$7P(A \cap B) = \dfrac{7}{10}$

$\therefore P(A \cap B) = \dfrac{1}{10}$

0499

답 $\dfrac{5}{8}$

임의로 선택한 한 개의 공이 빨간색인 사건을 A, 공에 적혀 있는 수가 홀수인 사건을 B라 하면 구하는 확률은 $P(B|A) = \dfrac{P(A \cap B)}{P(A)}$ 이다.

이때

$P(A) = \dfrac{8}{15}$, $P(A \cap B) = \dfrac{5}{15} = \dfrac{1}{3}$

이므로 구하는 확률은

$P(B|A) = \dfrac{P(A \cap B)}{P(A)} = \dfrac{\frac{1}{3}}{\frac{8}{15}} = \dfrac{5}{8}$

[다른 풀이]

임의로 선택한 한 개의 공이 빨간색인 사건을 A, 공에 적혀 있는 수가 홀수인 사건을 B라 하면

$n(A) = 8$, $n(A \cap B) = 5$

$\therefore P(B|A) = \dfrac{n(A \cap B)}{n(A)} = \dfrac{5}{8}$

0500

답 ④

임의로 꺼낸 한 개의 공에 적혀 있는 수가 12의 약수인 사건을 A, 공에 적혀 있는 수가 짝수인 사건을 B라 하면 구하는 확률은

$P(B|A) = \dfrac{P(A \cap B)}{P(A)}$ 이다.

12의 약수는 1, 2, 3, 4, 6, 12의 6개가 있고 이 중 짝수는 2, 4, 6, 12의 4개이므로

$P(A) = \dfrac{6}{12} = \dfrac{1}{2}$, $P(A \cap B) = \dfrac{4}{12} = \dfrac{1}{3}$

따라서 구하는 확률은

$P(B|A) = \dfrac{P(A \cap B)}{P(A)} = \dfrac{\frac{1}{3}}{\frac{1}{2}} = \dfrac{2}{3}$

0501

답 ②

$P(A^C) = \dfrac{3}{8}$ 이므로

$P(A) = 1 - P(A^C) = 1 - \dfrac{3}{8} = \dfrac{5}{8}$

두 사건 A, B가 서로 독립이므로

$P(A \cap B) = P(A)P(B) = \dfrac{5}{8} \times \dfrac{3}{8} = \dfrac{15}{64}$

따라서 확률의 덧셈정리에 의하여

$P(A \cup B) = P(A) + P(B) - P(A \cap B)$

$= \dfrac{5}{8} + \dfrac{3}{8} - \dfrac{15}{64} = \dfrac{49}{64}$

0502

답 ④

첫 번째로 노래하는 어린이가 남자인 사건을 A, 두 번째로 노래하는 어린이가 여자인 사건을 B라 하면 구하는 확률은 $P(B) = P(A \cap B) + P(A^C \cap B)$이다.

이때

$P(A \cap B) = P(A)P(B|A) = \dfrac{5}{9} \times \dfrac{4}{8} = \dfrac{5}{18}$

$P(A^C \cap B) = P(A^C)P(B|A^C) = \dfrac{4}{9} \times \dfrac{3}{8} = \dfrac{1}{6}$

이므로 구하는 확률은

$P(B) = P(A \cap B) + P(A^C \cap B)$

$= \dfrac{5}{18} + \dfrac{1}{6} = \dfrac{4}{9}$

0503

답 ①

한 개의 주사위를 한 번 던질 때, 4의 눈이 나올 확률은 $\dfrac{1}{6}$ 이다.

따라서 한 개의 주사위를 3번 던질 때, 4의 눈이 한 번만 나올 확률은

${}_3C_1 \left(\dfrac{1}{6}\right)^1 \left(\dfrac{5}{6}\right)^2 = 3 \times \dfrac{1}{6} \times \dfrac{25}{36} = \dfrac{25}{72}$

0504

답 7

전체 회원 수는 $14 + 10 = 24$이므로

$P(A) = \dfrac{14}{24} = \dfrac{7}{12}$, $P(B) = \dfrac{n+5}{24}$, $P(A \cap B) = \dfrac{n}{24}$

이때 두 사건 A, B가 서로 독립이므로

$P(A \cap B) = P(A)P(B)$

즉, $\dfrac{n}{24} = \dfrac{7}{12} \times \dfrac{n+5}{24}$ 이므로

$12n = 7n + 35$, $5n = 35$

$\therefore n = 7$

0505

답 593

현서가 3승 2패로 이기려면 4번째 경기까지 2승 2패를 하고 5번째 경기에서 이겨야 한다.

따라서 현서가 3승 2패로 이길 확률은

$$_4C_2\left(\frac{3}{4}\right)^2\left(\frac{1}{4}\right)^2\times\frac{3}{4}=\left(6\times\frac{9}{16}\times\frac{1}{16}\right)\times\frac{3}{4}=\frac{81}{512}$$

따라서 $p=512$, $q=81$이므로

$p+q=512+81=593$

0506
답 ③

(단위: 명)

구분	휴대폰 요금제 A	휴대폰 요금제 B	합계
남학생	$10a$	b	$10a+b$
여학생	$48-2a$	$b-8$	$40-2a+b$
합계	$48+8a$	$2b-8$	$8a+2b+40$

전체 학생이 200명이므로

$8a+2b+40=200$ $\therefore 4a+b=80$ ······ ㉠

임의로 선택한 한 명이 남학생인 사건을 A, 휴대폰 요금제 A를 선택한 학생인 사건을 B라 하면

$$P(B|A)=\frac{5}{8}$$

이때

$$P(A)=\frac{10a+b}{200},\ P(A\cap B)=\frac{10a}{200}=\frac{a}{20}$$

이므로

$$P(B|A)=\frac{P(A\cap B)}{P(A)}=\frac{\dfrac{a}{20}}{\dfrac{10a+b}{200}}=\frac{10a}{10a+b}$$

즉, $\dfrac{10a}{10a+b}=\dfrac{5}{8}$이므로

$80a=50a+5b$ $\therefore 6a-b=0$ ······ ㉡

㉠, ㉡을 연립하여 풀면

$a=8$, $b=48$

$\therefore b-a=48-8=40$

0507
답 ③

표본공간을 S라 하면

$S=\{1, 2, 3, \cdots, 10\}$, $A=\{2, 4, 6, 8, 10\}$,

$B=\{1, 3, 5, 7, 9\}$, $C=\{4, 8\}$, $D=\{1, 2, 5, 10\}$

이므로

$$P(A)=\frac{5}{10}=\frac{1}{2},\ P(B)=\frac{5}{10}=\frac{1}{2},$$

$$P(C)=\frac{2}{10}=\frac{1}{5},\ P(D)=\frac{4}{10}=\frac{2}{5}$$

① $A\cap B=\varnothing$이므로 두 사건 A, B는 서로 배반사건이다. (참)

② $A\cap D=\{2, 10\}$이므로

$$P(A\cap D)=\frac{2}{10}=\frac{1}{5}$$

따라서 $P(A\cap D)=P(A)P(D)$이므로 두 사건 A, D는 서로 독립이다. (참)

③ $B\cap C=\varnothing$이므로

$$P(B\cap C)=0$$

따라서 $P(B\cap C)\neq P(B)P(C)$이므로 두 사건 B, C는 서로 종속이다. (거짓)

④ $B\cap D=\{1, 5\}$이므로

$$P(B\cap D)=\frac{2}{10}=\frac{1}{5}$$

따라서 $P(B\cap D)=P(B)P(D)$이므로 두 사건 B, D는 서로 독립이다. 즉, 사건 D가 일어나거나 일어나지 않는 것이 사건 B가 일어날 확률에 영향을 주지 않으므로

$$P(B|D)=P(B|D^C)=P(B)$$ (참)

⑤ $C\cap D=\varnothing$이므로

$$P(C\cap D)=0$$

따라서 $P(C\cap D)\neq P(C)P(D)$이므로 두 사건 C, D는 서로 종속이다. (참)

따라서 옳지 않은 것은 ③이다.

[다른 풀이]

④ $$P(B|D)=\frac{P(B\cap D)}{P(D)}=\frac{\dfrac{1}{5}}{\dfrac{2}{5}}=\frac{1}{2}$$ ······ ㉠

$D^C=\{3, 4, 6, 7, 8, 9\}$이므로

$$P(D^C)=\frac{6}{10}=\frac{3}{5}$$

$B\cap D^C=\{3, 7, 9\}$이므로

$$P(B\cap D^C)=\frac{3}{10}$$

$$\therefore P(B|D^C)=\frac{P(B\cap D^C)}{P(D^C)}=\frac{\dfrac{3}{10}}{\dfrac{3}{5}}=\frac{1}{2}$$ ······ ㉡

㉠, ㉡에서

$P(B|D)=P(B|D^C)$ (참)

0508
답 ⑤

비가 온 다음 날 비가 올 확률이 $\dfrac{2}{3}$이므로 비가 온 다음 날 비가 오지 않을 확률은

$$1-\frac{2}{3}=\frac{1}{3}$$

또한 비가 오지 않은 다음 날 비가 올 확률이 $\dfrac{1}{6}$이므로 비가 오지 않은 다음 날 비가 오지 않을 확률은

$$1-\frac{1}{6}=\frac{5}{6}$$

비가 오는 것을 ○, 비가 오지 않는 것을 ×로 나타내면 월요일에 비가 오고 목요일에도 비가 오는 경우는 다음과 같다.

월	화	수	목	확률
○	○	○	○	$\dfrac{2}{3}\times\dfrac{2}{3}\times\dfrac{2}{3}=\dfrac{8}{27}$
○	○	×	○	$\dfrac{2}{3}\times\dfrac{1}{3}\times\dfrac{1}{6}=\dfrac{1}{27}$
○	×	○	○	$\dfrac{1}{3}\times\dfrac{1}{6}\times\dfrac{2}{3}=\dfrac{1}{27}$
○	×	×	○	$\dfrac{1}{3}\times\dfrac{5}{6}\times\dfrac{1}{6}=\dfrac{5}{108}$

따라서 구하는 확률은

$$\frac{8}{27}+\frac{1}{27}+\frac{1}{27}+\frac{5}{108}=\frac{5}{12}$$

0509

세 농구 선수 A, B, C가 자유투를 한 번씩 던져 적어도 한 선수가 성공하는 사건을 A라 하면 A^c은 세 선수 중 어느 누구도 자유투를 성공하지 못하는 사건이다.

이때

$$\mathrm{P}(A^c)=\left(1-\dfrac{3}{4}\right)\left(1-\dfrac{1}{3}\right)(1-p)=\dfrac{1}{6}(1-p)$$

이므로

$$\mathrm{P}(A)=1-\mathrm{P}(A^c)=1-\dfrac{1}{6}(1-p)=\dfrac{5}{6}+\dfrac{1}{6}p$$

즉, $\dfrac{5}{6}+\dfrac{1}{6}p=\dfrac{13}{14}$이므로

$$\dfrac{1}{6}p=\dfrac{2}{21} \qquad \therefore p=\dfrac{4}{7}$$

0510

답 ④

임의로 선택한 한 명이 여행 참가를 희망한 회원인 사건을 A, 남성 회원인 사건을 B라 하면 구하는 확률은 $\mathrm{P}(B|A)=\dfrac{\mathrm{P}(A\cap B)}{\mathrm{P}(A)}$이다.

남성 회원과 여성 회원의 비율이 $5:4$이므로 남성 회원의 수를 $5a$, 여성 회원의 수를 $4a$라 하고, 주어진 조건을 표로 나타내면 다음과 같다.

(단위: 명)

구분	참가 희망	참가 희망하지 않음	합계
남성	$\dfrac{2}{3}\times 5a=\dfrac{10}{3}a$	$\dfrac{1}{3}\times 5a=\dfrac{5}{3}a$	$5a$
여성	$4a-\dfrac{5}{6}a=\dfrac{19}{6}a$	$\dfrac{1}{2}\times\dfrac{5}{3}a=\dfrac{5}{6}a$	$4a$
합계	$\dfrac{39}{6}a$	$\dfrac{5}{2}a$	$9a$

이때

$$\mathrm{P}(A)=\dfrac{\dfrac{39}{6}a}{9a}=\dfrac{13}{18},\quad \mathrm{P}(A\cap B)=\dfrac{\dfrac{10}{3}a}{9a}=\dfrac{10}{27}$$

이므로 구하는 확률은

$$\mathrm{P}(B|A)=\dfrac{\mathrm{P}(A\cap B)}{\mathrm{P}(A)}=\dfrac{\dfrac{10}{27}}{\dfrac{13}{18}}=\dfrac{20}{39}$$

참고

조건 (나)에서 참가를 희망하지 않은 회원의 $\dfrac{1}{3}$이 여성 회원이므로 $\dfrac{2}{3}$는 남성 회원이다. 즉, 참가를 희망하지 않은 남성 회원과 여성 회원의 비율은 $2:1$이다.

이때 참가를 희망하지 않은 남성 회원이 $\dfrac{5}{3}a$이므로 참가를 희망하지 않은 여성 회원은 $\dfrac{5}{3}a$의 $\dfrac{1}{2}$이다.

0511

답 82

주사위를 한 번 던져 나온 눈의 수가 2 이하인 사건을 A, 주머니에서 흰 공 1개, 검은 공 1개를 꺼내는 사건을 B라 하면 구하는 확률은 $\mathrm{P}(A|B)=\dfrac{\mathrm{P}(A\cap B)}{\mathrm{P}(B)}$이다.

나온 눈의 수가 2 이하이고 주머니 A에서 흰 공 1개, 검은 공 1개를 꺼낼 확률은

$$\mathrm{P}(A\cap B)=\mathrm{P}(A)\mathrm{P}(B|A)=\dfrac{2}{6}\times\dfrac{{}_2\mathrm{C}_1\times{}_3\mathrm{C}_1}{{}_5\mathrm{C}_2}$$

$$=\dfrac{1}{3}\times\dfrac{2\times 3}{10}=\dfrac{1}{5}$$

나온 눈의 수가 3 이상이고 주머니 B에서 흰 공 1개, 검은 공 1개를 꺼낼 확률은

$$\mathrm{P}(A^c\cap B)=\mathrm{P}(A^c)\mathrm{P}(B|A^c)=\dfrac{4}{6}\times\dfrac{{}_3\mathrm{C}_1\times{}_4\mathrm{C}_1}{{}_7\mathrm{C}_2}$$

$$=\dfrac{2}{3}\times\dfrac{3\times 4}{21}=\dfrac{8}{21}$$

따라서 주머니에서 흰 공 1개, 검은 공 1개를 꺼낼 확률은

$$\mathrm{P}(B)=\mathrm{P}(A\cap B)+\mathrm{P}(A^c\cap B)=\dfrac{1}{5}+\dfrac{8}{21}=\dfrac{61}{105}$$

이므로 구하는 확률은

$$\mathrm{P}(A|B)=\dfrac{\mathrm{P}(A\cap B)}{\mathrm{P}(B)}=\dfrac{\dfrac{1}{5}}{\dfrac{61}{105}}=\dfrac{21}{61}$$

즉, $p=61$, $q=21$이므로
$p+q=61+21=82$

0512

답 ②

양 끝에 남학생을 세우는 사건을 A, 남학생과 여학생을 교대로 세우는 사건을 B라 하면 구하는 확률은 $\mathrm{P}(B|A)=\dfrac{\mathrm{P}(A\cap B)}{\mathrm{P}(A)}$이다.

9명을 일렬로 세우는 경우의 수는
9!

(i) 양 끝에 남학생을 세우는 경우

양 끝에 남학생 5명 중 2명을 선택하여 세우고 그 사이에 남은 7명을 세우면 되므로 그 경우의 수는

$${}_5\mathrm{P}_2\times 7!$$

$$\therefore \mathrm{P}(A)=\dfrac{{}_5\mathrm{P}_2\times 7!}{9!}=\dfrac{20\times 7!}{9\times 8\times 7!}=\dfrac{5}{18}$$

(ii) 양 끝에 남학생을 세우고 남학생과 여학생을 교대로 세우는 경우

남학생이 5명, 여학생이 4명이므로
남, 여, 남, 여, 남, 여, 남, 여, 남
의 순서대로 세워야 한다.

따라서 그 경우의 수는
$5!\times 4!$

$$\therefore \mathrm{P}(A\cap B)=\dfrac{5!\times 4!}{9!}=\dfrac{5!\times 4\times 3\times 2\times 1}{9\times 8\times 7\times 6\times 5!}=\dfrac{1}{126}$$

(i), (ii)에서 구하는 확률은

$$\mathrm{P}(B|A)=\dfrac{\mathrm{P}(A\cap B)}{\mathrm{P}(A)}=\dfrac{\dfrac{1}{126}}{\dfrac{5}{18}}=\dfrac{1}{35}$$

0513

답 ③

주어진 조건을 만족시키는 점은 모두 16개이므로 16개의 점 중 2개의 점을 택하는 경우의 수는

${}_{16}\mathrm{C}_2$

선택된 두 점의 y좌표가 같은 사건을 A, 두 점의 y좌표가 3인 사건을 B라 하면 구하는 확률은 $P(B|A) = \dfrac{P(A \cap B)}{P(A)}$이다.

선택된 두 점의 y좌표가 같은 경우는 다음과 같다.

(i) 두 점의 y좌표가 1인 경우

　y좌표가 1인 점은 5개가 있으므로 y좌표가 1인 두 점을 택할 확률은

　$$\frac{{}_5C_2}{{}_{16}C_2} = \frac{10}{120} = \frac{1}{12}$$

(ii) 두 점의 y좌표가 2인 경우

　y좌표가 2인 점은 5개가 있으므로 y좌표가 2인 두 점을 택할 확률은

　$$\frac{{}_5C_2}{{}_{16}C_2} = \frac{10}{120} = \frac{1}{12}$$

(iii) 두 점의 y좌표가 3인 경우

　y좌표가 3인 점은 3개가 있으므로 y좌표가 3인 두 점을 택할 확률은

　$$\frac{{}_3C_2}{{}_{16}C_2} = \frac{3}{120} = \frac{1}{40}$$

(iv) 두 점의 y좌표가 4인 경우

　y좌표가 4인 점은 3개가 있으므로 y좌표가 4인 두 점을 택할 확률은

　$$\frac{{}_3C_2}{{}_{16}C_2} = \frac{3}{120} = \frac{1}{40}$$

(i)~(iv)에서

$P(A) = \dfrac{1}{12} + \dfrac{1}{12} + \dfrac{1}{40} + \dfrac{1}{40} = \dfrac{13}{60}$, $P(A \cap B) = \dfrac{1}{40}$

따라서 구하는 확률은

$$P(B|A) = \frac{P(A \cap B)}{P(A)} = \frac{\frac{1}{40}}{\frac{13}{60}} = \frac{3}{26}$$

0514

답 ②

승하가 학교, 서점, 도서관에 우산을 놓고 오는 사건을 각각 A, B, C라 하고 방문한 곳에 우산을 놓고 오는 사건을 E라 하면 구하는 확률은 $P(B|E) = \dfrac{P(B \cap E)}{P(E)}$이다.

이때

$P(A \cap E) = \dfrac{1}{4}$, $P(B \cap E) = \left(1 - \dfrac{1}{4}\right) \times \dfrac{1}{4} = \dfrac{3}{16}$,

$P(C \cap E) = \left(1 - \dfrac{1}{4}\right) \times \left(1 - \dfrac{1}{4}\right) \times \dfrac{1}{4} = \dfrac{9}{64}$

이므로

$P(E) = P(A \cap E) + P(B \cap E) + P(C \cap E)$

$\qquad = \dfrac{1}{4} + \dfrac{3}{16} + \dfrac{9}{64} = \dfrac{37}{64}$

따라서 구하는 확률은

$$P(B|E) = \frac{P(B \cap E)}{P(E)} = \frac{\frac{3}{16}}{\frac{37}{64}} = \frac{12}{37}$$

> **참고**
>
> 승하가 학교, 서점, 도서관에 우산을 놓고 오는 사건이 각각 A, B, C이므로
> $P(A \cap E) = P(A)$, $P(B \cap E) = P(B)$, $P(C \cap E) = P(C)$

0515

답 ⑤

주머니에서 꺼낸 3개의 공이 흰 공 2개, 검은 공 1개인 사건을 A, 흰 공 2개에 적혀 있는 수의 합이 검은 공에 적혀 있는 수보다 작은 사건을 B라 하면 구하는 확률은 $P(B|A) = \dfrac{P(A \cap B)}{P(A)}$이다.

꺼낸 3개의 공이 흰 공 2개, 검은 공 1개일 확률은

$$P(A) = \frac{{}_3C_2 \times {}_4C_1}{{}_7C_3} = \frac{3 \times 4}{35} = \frac{12}{35}$$

주머니에서 흰 공 2개, 검은 공 1개를 꺼냈을 때, 흰 공 2개에 적혀 있는 수의 합이 검은 공에 적혀 있는 수보다 작은 경우는 다음과 같다.

(i) 검은 공에 적혀 있는 숫자가 2 또는 3인 경우

　흰 공 2개에 적혀 있는 수의 합은 3 이상이므로 조건을 만족하는 경우는 없다.

(ii) 검은 공에 적혀 있는 숫자가 5인 경우

　흰 공 2개에 적혀 있는 수는 (1, 2), (1, 3)의 2가지가 가능하다.

(iii) 검은 공에 적혀 있는 숫자가 6인 경우

　흰 공 2개에 적혀 있는 수는 (1, 2), (1, 3), (2, 3)의 3가지가 가능하다.

(i)~(iii)에서

$$P(A \cap B) = \frac{2+3}{{}_7C_3} = \frac{5}{35} = \frac{1}{7}$$

따라서 구하는 확률은

$$P(B|A) = \frac{P(A \cap B)}{P(A)} = \frac{\frac{1}{7}}{\frac{12}{35}} = \frac{5}{12}$$

0516

답 ②

A가 승자가 되는 사건을 A, C가 승자가 되는 사건을 C라 하면 구하는 확률은 $P(A \cup C)$이다.

한 개의 주사위를 한 번 던질 때 1의 눈이 나올 확률은 $\dfrac{1}{6}$이므로

1이 아닌 눈이 나올 확률은

$$1 - \frac{1}{6} = \frac{5}{6}$$

A와 B가 각각 주사위를 5번씩 던진 후, A는 1의 눈이 2번, B는 1의 눈이 1번 나왔고, C가 주사위를 3번째 던졌을 때 처음으로 1의 눈이 나왔으므로 A 또는 C가 승자가 되는 경우는 다음과 같다.

(i) A가 승자가 되는 경우

　A가 승자가 되기 위해서는 C가 주사위를 4번째, 5번째 던졌을 때 모두 1이 아닌 눈이 나와야 하므로 A가 승자가 될 확률은

　$$P(A) = \frac{5}{6} \times \frac{5}{6} = \frac{25}{36}$$

(ii) C가 승자가 되는 경우

　C가 승자가 되려면 C가 주사위를 4번째, 5번째 던졌을 때 모두 1의 눈이 나와야 하므로 C가 승자가 될 확률은

　$$P(C) = \frac{1}{6} \times \frac{1}{6} = \frac{1}{36}$$

두 사건 A, C는 서로 배반사건이므로 (i), (ii)에서 구하는 확률은

$P(A \cup C) = P(A) + P(C)$

$\qquad = \dfrac{25}{36} + \dfrac{1}{36} = \dfrac{13}{18}$

A 또는 C가 승자가 되는 사건을 A라 하면 A^C은 B가 승자가 되는 사건이다.

A와 B가 각각 주사위를 5번씩 던진 후, A는 1의 눈이 2번, B는 1의 눈이 1번 나왔고, C가 주사위를 3번째 던졌을 때 처음으로 1의 눈이 나왔으므로 B가 승자가 되기 위해서는 C가 주사위를 5번 던졌을 때 나온 1의 눈의 횟수가 A와 같아야 한다.

즉, C가 주사위를 4번째, 5번째 던졌을 때 1의 눈이 1번, 1이 아닌 눈이 1번 나와야 하므로 B가 승자가 될 확률은

$$P(A^C) = {}_2C_1 \left(\frac{1}{6}\right)^1 \left(\frac{5}{6}\right)^1 = 2 \times \frac{1}{6} \times \frac{5}{6} = \frac{5}{18}$$

따라서 구하는 확률은

$$P(A) = 1 - P(A^C) = 1 - \frac{5}{18} = \frac{13}{18}$$

0517

답 $\frac{1}{2}$

$P(A|B) = \frac{2}{3}$에서

$$\frac{P(A \cap B)}{P(B)} = \frac{2}{3}$$

$$\therefore P(A \cap B) = \frac{2}{3}P(B) \qquad \cdots\cdots \ \bigcirc$$

❶

$P(A^C|B^C) = \frac{3}{5}$에서 $\dfrac{P(A^C \cap B^C)}{P(B^C)} = \dfrac{3}{5}$

이때 $A^C \cap B^C = (A \cup B)^C$이므로

$$\frac{1 - P(A \cup B)}{1 - P(B)} = \frac{3}{5}, \ 5 - 5P(A \cup B) = 3 - 3P(B)$$

$$\therefore P(A \cup B) = \frac{3}{5}P(B) + \frac{2}{5} \qquad \cdots\cdots \ \bigcirc$$

❷

확률의 덧셈정리에 의하여

$$P(A \cup B) = P(A) + P(B) - P(A \cap B)$$

이므로 위의 식에 ㉠, ㉡을 대입하면

$$\frac{3}{5}P(B) + \frac{2}{5} = \frac{8}{15} + P(B) - \frac{2}{3}P(B)$$

$$\frac{4}{15}P(B) = \frac{2}{15} \quad \therefore P(B) = \frac{1}{2}$$

❸

채점 기준	배점
❶ $P(A \cap B)$를 $P(B)$로 나타내기	30%
❷ $P(A \cup B)$를 $P(B)$로 나타내기	40%
❸ $P(B)$의 값 구하기	30%

0518

답 681

주어진 시행을 3번 반복할 때 꺼낸 공에 적혀 있는 수의 최댓값이 8이 되려면 적어도 한 번은 8이 적혀 있는 공을 꺼내야 한다.

❶

8이 적혀 있는 공을 한 번 이상 꺼내는 사건을 A라 하면 A^C은 8이 적혀 있는 공을 한 번도 꺼내지 않는 사건이다.

주머니에서 임의로 한 개의 공을 꺼낼 때, 8이 적혀 있는 공을 꺼낼 확률은 $\frac{1}{8}$이므로

$$P(A^C) = {}_3C_0 \left(\frac{1}{8}\right)^0 \left(\frac{7}{8}\right)^3 = \frac{343}{512}$$

❷

따라서 주어진 시행을 3번 반복할 때, 꺼낸 공에 적혀 있는 수의 최댓값이 8일 확률은

$$P(A) = 1 - P(A^C) = 1 - \frac{343}{512} = \frac{169}{512}$$

즉, $p = 512$, $q = 169$이므로

$$p + q = 512 + 169 = 681$$

❸

채점 기준	배점
❶ 꺼낸 공에 적혀 있는 수의 최댓값이 8이 될 조건 구하기	20%
❷ 3번의 시행에서 8이 적혀 있는 공을 한 번도 꺼내지 않을 확률 구하기	40%
❸ $p+q$의 값 구하기	40%

PART C 수능 녹인 변별력 문제

0519

답 20

200명 중 20 %는

$$200 \times \frac{20}{100} = 40 \ (명)$$

관람객 200명 중 40세 이상의 비율이 20 %이므로

$$(30 - a) + b = 40 \quad \therefore b - a = 10 \qquad \cdots\cdots \ \bigcirc$$

관람객 200명 중 임의로 택한 한 명이 남성인 사건을 A, 20대인 사건을 B, 40세 이상인 사건을 C라 하면

$$p = P(B|A) = \frac{P(A \cap B)}{P(A)} = \frac{\frac{a}{200}}{\frac{80}{200}} = \frac{a}{80}$$

$$q = P(C|A^C) = \frac{P(A^C \cap C)}{P(A^C)} = \frac{\frac{b}{200}}{\frac{120}{200}} = \frac{b}{120}$$

이때 $2p = q$이므로

$$2 \times \frac{a}{80} = \frac{b}{120} \qquad \therefore b = 3a \qquad \cdots\cdots \ \bigcirc$$

㉠, ㉡을 연립하여 풀면

$$a = 5, \ b = 15$$

$$\therefore a + b = 5 + 15 = 20$$

0520

답 ①

첫 세트에서 현진이가 이겼으므로 이 시합에서 현진이가 우승하는
경우는 다음과 같다.

(i) 두 번째 세트에서 현진이가 이기는 경우

그 확률은 $\dfrac{3}{5}$

(ii) 두 번째 세트에서 우림이가 이기고, 세 번째, 네 번째 세트에서
현진이가 이기는 경우

그 확률은

$\dfrac{2}{5} \times \dfrac{3}{5} \times \dfrac{3}{5} = \dfrac{18}{125}$

(iii) 두 번째, 네 번째 세트에서 우림이가 이기고, 세 번째, 다섯 번
째 세트에서 현진이가 이기는 경우

그 확률은

$\dfrac{2}{5} \times \dfrac{3}{5} \times \dfrac{2}{5} \times \dfrac{3}{5} = \dfrac{36}{625}$

(i)~(iii)에서 현진이가 우승할 확률은

$\dfrac{3}{5} + \dfrac{18}{125} + \dfrac{36}{625} = \dfrac{501}{625}$

0521

답 ②

주머니에서 2개의 공을 동시에 꺼낼 때
2개의 공의 색이 같을 확률은

$\dfrac{_3C_2 + _3C_2}{_6C_2} = \dfrac{3+3}{15} = \dfrac{2}{5}$

2개의 공의 색이 다를 확률은

$\dfrac{_3C_1 \times _3C_1}{_6C_2} = \dfrac{3 \times 3}{15} = \dfrac{3}{5}$

주어진 시행을 4번 반복했을 때 공의 색이 같은 경우가 a번 나왔다
고 하면 공의 색이 다른 경우는 $(4-a)$번 나온다.
이때 점 P'의

x좌표는 $a - (4-a) = 2a - 4 = 2(a-2)$

y좌표는 $2a - 2(4-a) = 4a - 8 = 4(a-2)$

$\therefore$ P'$(2(a-2),\ 4(a-2))$

$\therefore \overline{OP'} = \sqrt{\{2(a-2)\}^2 + \{4(a-2)\}^2}$

$\qquad = \sqrt{4(a-2)^2 + 16(a-2)^2}$

$\qquad = \sqrt{20(a-2)^2} = 2\sqrt{5}\,|a-2|$

$\overline{OP'} < 2\sqrt{5}$이려면

$2\sqrt{5}\,|a-2| < 2\sqrt{5},\ |a-2| < 1$

$-1 < a-2 < 1,\ 1 < a < 3$ $\qquad \therefore a = 2$

따라서 $\overline{OP'} < 2\sqrt{5}$이려면 같은 색의 공이 2번, 다른 색의 공이 2번
나와야 하므로 구하는 확률은

$_4C_2 \left(\dfrac{2}{5}\right)^2 \left(\dfrac{3}{5}\right)^2 = 6 \times \dfrac{4}{25} \times \dfrac{9}{25} = \dfrac{216}{625}$

0522

답 ②

6의 약수는 1, 2, 3, 6의 4개이므로 한 개의 주사위를 한 번 던질
때 6의 약수의 눈이 나올 확률은

$\dfrac{4}{6} = \dfrac{2}{3}$

4번의 시행에서 6의 약수의 눈이 a번, 6의 약수가 아닌 눈이 b번
나왔다고 하면

$a + b = 4$ $\qquad$ ...... ㉠

4번의 시행 후 상자 B에 들어 있는 공의 개수가 7이 되려면

$5 + a - b = 7$

$\therefore a - b = 2$ $\qquad$ ...... ㉡

㉠, ㉡을 연립하여 풀면

$a = 3,\ b = 1$

즉, 4번의 시행에서 6의 약수의 눈이 3번, 6의 약수가 아닌 눈이 1
번 나오면 상자 B에는 7개의 공이 들어 있게 된다.

그런데 상자 B에 들어 있는 공의 개수가 4번째 시행 후 처음으로 7
이 되어야 하므로 1번째와 2번째에서는 6의 약수의 눈과 6의 약수
가 아닌 눈이 한 번씩 나오고, 3번째, 4번째 시행에서는 6의 약수의
눈이 나와야 한다.

따라서 구하는 확률은

$\left\{\dfrac{2}{3} \times \left(1 - \dfrac{2}{3}\right) + \left(1 - \dfrac{2}{3}\right) \times \dfrac{2}{3}\right\} \times \dfrac{2}{3} \times \dfrac{2}{3} = \left(\dfrac{2}{9} + \dfrac{2}{9}\right) \times \dfrac{4}{9}$

$\qquad\qquad\qquad\qquad = \dfrac{4}{9} \times \dfrac{4}{9}$

$\qquad\qquad\qquad\qquad = \dfrac{16}{81}$

다른 풀이

6의 약수의 눈이 나오는 경우를 ⓐ, 6의 약수가 아닌 눈이 나오는
경우를 ⓑ라 하고, 1번째, 2번째, 3번째, 4번째 시행 후 ⓐ, ⓑ의
각 경우에 상자 B에 들어 있는 공의 개수의 변화를 나타내면 다음
표와 같다.

(단위: 개)

처음	1번째 시행 후	2번째 시행 후	3번째 시행 후	4번째 시행 후
5	ⓐ 6	ⓐ 7	ⓐ 8	ⓐ 9
				ⓑ 7
			ⓑ 6	ⓐ 7
				ⓑ 5
		ⓑ 5	ⓐ 6	ⓐ 7
				ⓑ 5
			ⓑ 4	ⓐ 5
				ⓑ 3
	ⓑ 4	ⓐ 5	ⓐ 6	ⓐ 7
				ⓑ 5
			ⓑ 4	ⓐ 5
				ⓑ 3
		ⓑ 3	ⓐ 4	ⓐ 5
				ⓑ 3
			ⓑ 2	ⓐ 3
				ⓑ 1

상자 B에 들어 있는 공의 개수가 4번째 시행 후 처음으로 7이 되는
경우는 위의 색칠한 두 경우가 있다.

즉, 1번째 시행에서 ⓐ, 2번째 시행에서 ⓑ, 3번째, 4번째 시행에서
ⓐ가 일어나거나 1번째 시행에서 ⓑ, 2번째, 3번째, 4번째 시행에
서 ⓐ가 일어나야 하므로 구하는 확률은

$\dfrac{2}{3} \times \left(1 - \dfrac{2}{3}\right) \times \dfrac{2}{3} \times \dfrac{2}{3} + \left(1 - \dfrac{2}{3}\right) \times \dfrac{2}{3} \times \dfrac{2}{3} \times \dfrac{2}{3}$

$= \dfrac{8}{81} + \dfrac{8}{81} = \dfrac{16}{81}$

0523

답 ②

9장의 카드 중 3장의 카드를 선택하는 경우의 수는

$_9C_3$

3장의 카드에 적혀 있는 세 수의 곱이 짝수인 사건을 A, 세 수의 합이 9의 배수인 사건을 B라 하면 구하는 확률은

$P(B|A)=\dfrac{P(A\cap B)}{P(A)}$이다.

세 수의 곱이 짝수인 사건이 A이므로 A^C은 세 수의 곱이 홀수인 사건이다.

홀수는 1, 3, 5, 7, 9의 5개이므로 세 수의 곱이 홀수일 확률은

$P(A^C)=\dfrac{_5C_3}{_9C_3}=\dfrac{10}{84}=\dfrac{5}{42}$

$\therefore\ P(A)=1-P(A^C)$

$\qquad\quad=1-\dfrac{5}{42}=\dfrac{37}{42}$

세 수의 곱이 짝수이면서 세 수의 합이 9의 배수인 경우는 다음과 같다.

(i) 세 수의 합이 9인 경우

세 수의 곱이 짝수이면서 세 수의 합이 9인 경우는

$(1,\ 2,\ 6),\ (2,\ 3,\ 4)$

의 2가지

(ii) 세 수의 합이 18인 경우

세 수의 곱이 짝수이면서 세 수의 합이 18인 경우는

$(1,\ 8,\ 9),\ (2,\ 7,\ 9),\ (3,\ 6,\ 9),\ (3,\ 7,\ 8),\ (4,\ 5,\ 9),$
$(4,\ 6,\ 8),\ (5,\ 6,\ 7)$

의 7가지

(i), (ii)에서 세 수의 곱이 짝수이면서 세 수의 합이 9의 배수일 확률은

$P(A\cap B)=\dfrac{2+7}{_9C_3}=\dfrac{9}{84}=\dfrac{3}{28}$

따라서 구하는 확률은

$P(B|A)=\dfrac{P(A\cap B)}{P(A)}=\dfrac{\frac{3}{28}}{\frac{37}{42}}=\dfrac{9}{74}$

0524

답 ④

임의로 택한 한 경로가 P지점을 지나는 경로인 사건을 A, Q지점을 지나는 경로인 사건을 B라 하면 구하는 확률은

$P(B|A)=\dfrac{P(A\cap B)}{P(A)}$이다.

다음 그림과 같이 C, D, E, F지점을 잡자.

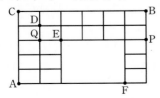

(i) A지점에서 B지점까지 최단거리로 가는 경우

ⓐ A → C → B로 가는 경우의 수는

$1\times1=1$

ⓑ A → D → B로 가는 경우의 수는

$\dfrac{5!}{4!}\times\dfrac{6!}{5!}=5\times6=30$

ⓒ A → E → B로 가는 경우의 수는

$\dfrac{5!}{2!\times3!}\times\dfrac{6!}{4!\times2!}=10\times15=150$

ⓓ A → F → B로 가는 경우의 수는

$1\times\dfrac{6!}{5!}=1\times6=6$

ⓐ~ⓓ에서 A지점에서 B지점까지 최단거리로 가는 경우의 수는

$1+30+150+6=187$

(ii) P지점을 지나는 경우

ⓐ A → E → P → B로 가는 경우의 수는

$\dfrac{5!}{2!\times3!}\times1\times1=10\times1\times1=10$

ⓑ A → F → P → B로 가는 경우의 수는

$1\times\dfrac{4!}{3!}\times1=1\times4\times1=4$

ⓐ, ⓑ에서 P지점을 지나는 경우의 수는

$10+4=14$

(iii) P지점과 Q지점을 지나는 경우

A → Q → P → B로 가는 경우의 수는

$\dfrac{4!}{3!}\times1\times1=4\times1\times1=4$

(i)~(iii)에서

$P(A)=\dfrac{14}{187}$,

$P(A\cap B)=\dfrac{4}{187}$

이므로 구하는 확률은

$P(B|A)=\dfrac{P(A\cap B)}{P(A)}=\dfrac{\frac{4}{187}}{\frac{14}{187}}=\dfrac{2}{7}$

0525

답 50

갑이 꺼낸 카드에 적혀 있는 수가 을이 꺼낸 카드에 적혀 있는 수보다 큰 사건을 A, 갑이 꺼낸 카드에 적혀 있는 수가 을과 병이 꺼낸 카드에 적혀 있는 수의 합보다 큰 사건을 B라 하면 구하는 확률은

$P(B|A)=\dfrac{P(A\cap B)}{P(A)}$이다.

갑, 을, 병이 각각 한 장의 카드를 꺼내는 경우의 수는

$6\times3\times3=54$

(i) 갑이 꺼낸 카드에 적혀 있는 수가 을이 꺼낸 카드에 적혀 있는 수보다 큰 경우

갑이 꺼낸 카드에 적혀 있는 수를 a, 을이 꺼낸 카드에 적혀 있는 수를 b라 하고 $a>b$인 경우를 순서쌍 $(a,\ b)$로 나타내면

$(2,\ 1),\ (3,\ 1),\ (3,\ 2),\ (4,\ 1),\ (4,\ 2),\ (4,\ 3),\ (5,\ 1),\ (5,\ 2),$
$(5,\ 3),\ (6,\ 1),\ (6,\ 2),\ (6,\ 3)$

의 12가지이고 각 경우에 병이 꺼낼 수 있는 카드가 3장이므로

$P(A)=\dfrac{12\times3}{54}=\dfrac{2}{3}$

(ii) 갑이 꺼낸 카드에 적혀 있는 수가 을과 병이 꺼낸 카드에 적혀 있는 수의 합보다 큰 경우

갑이 꺼낸 카드에 적혀 있는 수를 a, 을이 꺼낸 카드에 적혀 있는 수를 b, 병이 꺼낸 카드에 적혀 있는 수를 c라 하고 $a>b+c$인 경우를 순서쌍 (a, b, c)로 나타내면

$(3, 1, 1), (4, 1, 1), (4, 1, 2), (4, 2, 1), (5, 1, 1),$
$(5, 1, 2), (5, 1, 3), (5, 2, 1), (5, 2, 2), (5, 3, 1),$
$(6, 1, 1), (6, 1, 2), (6, 1, 3), (6, 2, 1), (6, 2, 2),$
$(6, 2, 3), (6, 3, 1), (6, 3, 2)$

의 18가지이고, 모든 경우에 $a>b$이므로

$$P(A \cap B) = \frac{18}{54} = \frac{1}{3}$$

(i), (ii)에서 구하는 확률은

$$P(B|A) = \frac{P(A \cap B)}{P(A)} = \frac{\dfrac{1}{3}}{\dfrac{2}{3}} = \frac{1}{2}$$

즉, $k = \dfrac{1}{2}$이므로

$$100k = 100 \times \frac{1}{2} = 50$$

0526 답 ②

한 개의 동전을 한 번 던질 때 앞면이 나올 확률은 $\dfrac{1}{2}$이므로 뒷면이 나올 확률은

$$1 - \frac{1}{2} = \frac{1}{2}$$

한 번의 시행 후 A가 가진 상품권의 장수 변화는 다음의 세 가지 경우가 있다.

ⓐ A가 가진 상품권이 한 장 늘어나는 경우

A가 던진 동전은 앞면이 나오고, B가 던진 동전은 뒷면이 나와야 하므로 그 확률은

$$\frac{1}{2} \times \frac{1}{2} = \frac{1}{4}$$

ⓑ A가 가진 상품권에 변함이 없는 경우

A, B가 던진 동전이 모두 앞면이 나오거나 모두 뒷면이 나와야 하므로 그 확률은

$$\frac{1}{2} \times \frac{1}{2} + \frac{1}{2} \times \frac{1}{2} = \frac{1}{4} + \frac{1}{4} = \frac{1}{2}$$

ⓒ A가 가진 상품권이 한 장 줄어드는 경우

A가 던진 동전은 뒷면이 나오고, B가 던진 동전은 앞면이 나와야 하므로 그 확률은

$$\frac{1}{2} \times \frac{1}{2} = \frac{1}{4}$$

세 번째 시행 후 센 A가 가진 상품권의 장수가 처음으로 5가 되려면 첫 번째와 두 번째 시행에서 ⓐ, ⓑ가 일어나고 세 번째 시행에서 ⓐ가 일어나야 한다.

따라서 구하는 확률은

$$\left(\frac{1}{4} \times \frac{1}{2} + \frac{1}{2} \times \frac{1}{4}\right) \times \frac{1}{4} = \left(\frac{1}{8} + \frac{1}{8}\right) \times \frac{1}{4}$$
$$= \frac{1}{4} \times \frac{1}{4} = \frac{1}{16}$$

다른 풀이

세 번째 시행 후 센 A가 가진 상품권의 장수가 처음으로 5가 되는 경우는 다음의 색칠한 두 경우가 있다.

(단위: 장)

처음	첫 번째 시행 후	두 번째 시행 후	세 번째 시행 후
3	ⓐ 4	ⓐ 5	ⓐ 6
			ⓑ 5
			ⓒ 4
		ⓑ 4	ⓐ 5
			ⓑ 4
			ⓒ 3
		ⓒ 3	ⓐ 4
			ⓑ 3
			ⓒ 2
	ⓑ 3	ⓐ 4	ⓐ 5
			ⓑ 4
			ⓒ 3
		ⓑ 3	ⓐ 4
			ⓑ 3
			ⓒ 2
		ⓒ 2	ⓐ 3
			ⓑ 2
			ⓒ 1
	ⓒ 2	ⓐ 3	ⓐ 4
			ⓑ 3
			ⓒ 2
		ⓑ 2	ⓐ 3
			ⓑ 2
			ⓒ 1
		ⓒ 1	ⓐ 2
			ⓑ 1
			ⓒ 0

즉, 첫 번째 시행에서 ⓐ, 두 번째 시행에서 ⓑ, 세 번째 시행에서 ⓐ가 일어나거나 첫 번째 시행에서 ⓑ, 두 번째, 세 번째 시행에서 ⓐ가 일어나야 하므로 구하는 확률은

$$\frac{1}{4} \times \frac{1}{2} \times \frac{1}{4} + \frac{1}{2} \times \frac{1}{4} \times \frac{1}{4} = \frac{1}{32} + \frac{1}{32} = \frac{1}{16}$$

0527 답 3

흰 공 5개 중 60 %에 짝수가 적혀 있으므로

짝수가 적혀 있는 흰 공의 개수는 $5 \times \dfrac{60}{100} = 3$

홀수가 적혀 있는 흰 공의 개수는 $5 - 3 = 2$

또한 홀수가 적혀 있는 검은 공의 개수를 $n \, (1 \le n \le 3)$이라 하면 짝수가 적혀 있는 검은 공의 개수는 $3 - n$이다.

꺼낸 두 개의 공에 적혀 있는 두 수의 합이 짝수인 사건을 A, 두 개의 공이 모두 검은 공인 사건을 B라 하면

$$P(B|A) = \frac{1}{13} \qquad \cdots\cdots \text{㉠}$$

8개의 공 중 2개의 공을 꺼내는 경우의 수는

$$_8C_2 = 28$$

(i) 홀수가 적혀 있는 검은 공이 짝수가 적혀 있는 검은 공보다 많은 경우

$n > 3-n$이므로 $2n > 3$ $\therefore n > \dfrac{3}{2}$

n은 $1 \leq n \leq 3$인 자연수이므로

$n=2$ 또는 $n=3$

ⓐ $n=2$일 때

주머니에 들어 있는 짝수가 적혀 있는 공의 개수는

$3+(3-2)=4$

홀수가 적혀 있는 공의 개수는

$2+2=4$

꺼낸 두 개의 공에 적혀 있는 두 수의 합이 짝수이려면 두 개의 공에 적혀 있는 두 수가 모두 짝수이거나 홀수이어야 하므로 그 경우의 수는

${}_4C_2 + {}_4C_2 = 6+6 = 12$

$\therefore P(A) = \dfrac{12}{28} = \dfrac{3}{7}$

꺼낸 두 개의 공에 적혀 있는 두 수의 합이 짝수이고 이 두 개의 공이 모두 검은 공인 경우는 꺼낸 두 개의 공이 홀수가 적혀 있는 검은 공이어야 하므로 그 경우의 수는

${}_2C_2 = 1$

$\therefore P(A \cap B) = \dfrac{1}{28}$

$\therefore P(B|A) = \dfrac{P(A \cap B)}{P(A)} = \dfrac{\frac{1}{28}}{\frac{3}{7}} = \dfrac{1}{12}$

그런데 이것은 ㉠과 같지 않으므로 모순이다.

ⓑ $n=3$일 때

주머니에 들어 있는 짝수가 적혀 있는 공의 개수는

3

홀수가 적혀 있는 공의 개수는

$2+3=5$

꺼낸 두 개의 공에 적혀 있는 두 수의 합이 짝수이려면 두 개의 공에 적혀 있는 두 수가 모두 짝수이거나 홀수이어야 하므로 그 경우의 수는

${}_3C_2 + {}_5C_2 = 3+10 = 13$

$\therefore P(A) = \dfrac{13}{28}$

꺼낸 두 개의 공에 적혀 있는 두 수의 합이 짝수이고 이 두 개의 공이 모두 검은 공인 경우는 꺼낸 두 개의 공이 홀수가 적혀 있는 검은 공이어야 하므로 그 경우의 수는

${}_3C_2 = 3$

$\therefore P(A \cap B) = \dfrac{3}{28}$

$\therefore P(B|A) = \dfrac{P(A \cap B)}{P(A)} = \dfrac{\frac{3}{28}}{\frac{13}{28}} = \dfrac{3}{13}$

그런데 이것은 ㉠과 같지 않으므로 모순이다.

(ii) 홀수가 적혀 있는 검은 공이 짝수가 적혀 있는 검은 공보다 적은 경우

$n < 3-n$이므로 $2n < 3$ $\therefore n < \dfrac{3}{2}$

n은 $1 \leq n \leq 3$인 자연수이므로 $n=1$

주머니에 들어 있는 짝수가 적혀 있는 공의 개수는

$3+(3-1)=5$

홀수가 적혀 있는 공의 개수는

$2+1=3$

꺼낸 두 개의 공에 적혀 있는 두 수의 합이 짝수이려면 두 개의 공에 적혀 있는 두 수가 모두 짝수이거나 홀수이어야 하므로 그 경우의 수는

${}_5C_2 + {}_3C_2 = 10+3 = 13$

$\therefore P(A) = \dfrac{13}{28}$

꺼낸 두 개의 공에 적혀 있는 두 수의 합이 짝수이고 이 두 개의 공이 모두 검은 공인 경우는 꺼낸 두 개의 공이 짝수가 적혀 있는 검은 공이어야 하므로 그 경우의 수는

${}_2C_2 = 1$

$\therefore P(A \cap B) = \dfrac{1}{28}$

$\therefore P(B|A) = \dfrac{P(A \cap B)}{P(A)} = \dfrac{\frac{1}{28}}{\frac{13}{28}} = \dfrac{1}{13}$

이것은 ㉠과 같으므로 주머니에 들어 있는 홀수가 적혀 있는 공의 개수는 3이다.

(i), (ii)에서 주머니에 들어 있는 홀수가 적혀 있는 공의 개수는 3이다.

0528 답 131

처음에 주머니에 들어 있는 ★ 모양의 스티커가 붙어 있는 카드 2장을 각각 A, B라 하고, 스티커가 붙어 있지 않은 카드 3장을 각각 C, D, E라 하자.

처음에 ★ 모양의 스티커가 붙어 있는 카드가 2장이므로 주어진 시행을 2번 반복한 후에 주머니 속에는 ★ 모양의 스티커가 3개 붙어 있는 카드는 1장도 없거나 1장만 있거나 2장이 있을 수 있다.

따라서 2번의 시행 후 주머니 속에 ★ 모양의 스티커가 3개 붙어 있는 카드가 들어 있는 경우는 다음과 같다.

(i) ★ 모양의 스티커가 3개 붙어 있는 카드가 1장인 경우

ⓐ 첫 번째 시행에서 A, B를 모두 꺼내고 두 번째 시행에서 A, B 중 1장을 꺼내는 경우

첫 번째 시행에서 A, B를 모두 꺼내고 두 번째 시행에서 A, B 중 1장, C, D, E 중 1장을 꺼내야 하므로 그 확률은

$\dfrac{{}_2C_2}{{}_5C_2} \times \dfrac{{}_2C_1 \times {}_3C_1}{{}_5C_2} = \dfrac{1}{10} \times \dfrac{2 \times 3}{10} = \dfrac{3}{50}$

ⓑ 첫 번째, 두 번째 시행에서 A, B 중 1장만을 동일하게 꺼내는 경우

첫 번째 시행에서 A, B 중 1장, C, D, E 중 1장을 꺼내고 두 번째 시행에서 첫 번째 시행에서 A, B 중 꺼낸 1장을 동일하게 꺼내고 나머지 4장 중 1장을 꺼내야 하므로 그 확률은

$\dfrac{{}_2C_1 \times {}_3C_1}{{}_5C_2} \times \dfrac{{}_1C_1 \times {}_4C_1}{{}_5C_2} = \dfrac{2 \times 3}{10} \times \dfrac{1 \times 4}{10} = \dfrac{6}{25}$

ⓐ, ⓑ에서 주어진 시행을 2번 반복한 후 주머니 속에 ★ 모양의 스티커가 3개 붙어 있는 카드가 1장 들어 있을 확률은

$\dfrac{3}{50} + \dfrac{6}{25} = \dfrac{3}{10}$

(ii) ★ 모양의 스티커가 3개 붙어 있는 카드가 2장인 경우
첫 번째 시행과 두 번째 시행에서 모두 A, B를 꺼내야 하므로
그 확률은

$$\frac{{}_2C_2}{{}_5C_2} \times \frac{{}_2C_2}{{}_5C_2} = \frac{1}{10} \times \frac{1}{10} = \frac{1}{100}$$

(i), (ii)에서 구하는 확률은

$$\frac{3}{10} + \frac{1}{100} = \frac{31}{100}$$

따라서 $p=100$, $q=31$이므로
$p+q=100+31=131$

참고

첫 번째 시행과 두 번째 시행에서 모두 C, D, E 중 2장을 꺼내게 되면 주어진 시행을 2번 반복한 후 주머니 속에는 ★ 모양의 스티커가 3개 붙어 있는 카드는 1장도 없게 된다.

0529

답 ④

○, ×로 답하는 문제이므로 임의로 답을 체크할 때 한 문제의 정답을 맞힐 확률은 $\frac{1}{2}$이다.

따라서 20문제에서 10문제 이상을 맞힐 확률은

$${}_{20}C_{10}\left(\frac{1}{2}\right)^{10}\left(\frac{1}{2}\right)^{10} + {}_{20}C_{11}\left(\frac{1}{2}\right)^{11}\left(\frac{1}{2}\right)^{9} + {}_{20}C_{12}\left(\frac{1}{2}\right)^{12}\left(\frac{1}{2}\right)^{8}$$
$$+ \cdots + {}_{20}C_{20}\left(\frac{1}{2}\right)^{20}\left(\frac{1}{2}\right)^{0}$$

$$= {}_{20}C_{10}\left(\frac{1}{2}\right)^{20} + {}_{20}C_{11}\left(\frac{1}{2}\right)^{20} + \cdots + {}_{20}C_{20}\left(\frac{1}{2}\right)^{20}$$

$$= \left(\frac{1}{2}\right)^{20}\left({}_{20}C_{10} + {}_{20}C_{11} + {}_{20}C_{12} + \cdots + {}_{20}C_{20}\right) \quad \cdots\cdots \ \ominus$$

이때
${}_{20}C_0 = {}_{20}C_{20}$, ${}_{20}C_1 = {}_{20}C_{19}$, ${}_{20}C_2 = {}_{20}C_{18}$, $\cdots$, ${}_{20}C_9 = {}_{20}C_{11}$
이므로
${}_{20}C_0 + {}_{20}C_1 + \cdots + {}_{20}C_9 = {}_{20}C_{11} + {}_{20}C_{12} + \cdots + {}_{20}C_{20} = x$
라 하면 ${}_{20}C_0 + {}_{20}C_1 + {}_{20}C_2 + \cdots + {}_{20}C_{20} = 2^{20}$에서
$\left({}_{20}C_0 + {}_{20}C_1 + \cdots + {}_{20}C_9\right) + {}_{20}C_{10} + \left({}_{20}C_{11} + {}_{20}C_{12} + \cdots + {}_{20}C_{20}\right) = 2^{20}$
$x + {}_{20}C_{10} + x = 2^{20}$
$2x = 2^{20} - {}_{20}C_{10}$
$\therefore x = \dfrac{2^{20} - {}_{20}C_{10}}{2} = 2^{19} - \dfrac{1}{2}{}_{20}C_{10}$

이를 ⊙에 대입하면

$$\left(\frac{1}{2}\right)^{20}\left({}_{20}C_{10} + {}_{20}C_{11} + {}_{20}C_{12} + \cdots + {}_{20}C_{20}\right)$$

$$= \left(\frac{1}{2}\right)^{20}\left({}_{20}C_{10} + x\right)$$

$$= \left(\frac{1}{2}\right)^{20}\left\{{}_{20}C_{10} + \left(2^{19} - \frac{1}{2}{}_{20}C_{10}\right)\right\}$$

$$= \left(\frac{1}{2}\right)^{20}\left(2^{19} + \frac{1}{2}{}_{20}C_{10}\right)$$

$$= \frac{1}{2} + \left(\frac{1}{2}\right)^{21}{}_{20}C_{10}$$

$\therefore k=21$

0530

답 49

주어진 시행을 3번 반복한 후 6장의 카드에 보이는 모든 수의 합이 짝수인 사건을 A, 주사위의 1의 눈이 한 번만 나오는 사건을 B라 하면 구하는 확률은 $\mathrm{P}(B|A) = \dfrac{\mathrm{P}(A \cap B)}{\mathrm{P}(A)}$이다.

시행 전 카드에 보이는 모든 수의 합은
$1+2+3+4+5+6=21$
로 홀수이므로 주어진 시행을 3번 반복한 후 모든 수의 합이 짝수이려면 홀수의 눈이 1번 또는 3번 나와야 한다.
이때 홀수는 1, 3, 5의 3개이므로 주사위를 한 번 던져서 홀수의 눈이 나올 확률은

$$\frac{3}{6} = \frac{1}{2}$$

$$\therefore \mathrm{P}(A) = {}_3C_1\left(\frac{1}{2}\right)^1\left(\frac{1}{2}\right)^2 + {}_3C_3\left(\frac{1}{2}\right)^3\left(\frac{1}{2}\right)^0$$

$$= \frac{3}{8} + \frac{1}{8} = \frac{1}{2}$$

주어진 시행을 3번 반복한 후 모든 수의 합이 짝수이고, 주사위의 1의 눈이 한 번만 나오는 경우는 다음과 같다.

(i) 홀수의 눈이 1번 나오고, 1의 눈이 한 번만 나오는 경우
3번의 시행 중 1의 눈이 한 번 나오고, 짝수의 눈이 두 번 나오는 경우이므로 그 확률은

$${}_3C_1 \times \frac{1}{6} \times \left(\frac{1}{2}\right)^2 = 3 \times \frac{1}{6} \times \frac{1}{4} = \frac{1}{8}$$

(ii) 홀수의 눈이 3번 나오고, 1의 눈이 한 번만 나오는 경우
3번의 시행 중 1의 눈이 한 번, 3 또는 5의 눈이 두 번 나오는 경우이므로 그 확률은

$${}_3C_1 \times \frac{1}{6} \times \left(\frac{2}{6}\right)^2 = 3 \times \frac{1}{6} \times \frac{1}{9} = \frac{1}{18}$$

(i), (ii)에서

$$\mathrm{P}(A \cap B) = \frac{1}{8} + \frac{1}{18} = \frac{13}{72}$$

따라서 구하는 확률은

$$\mathrm{P}(B|A) = \frac{\mathrm{P}(A \cap B)}{\mathrm{P}(A)} = \frac{\frac{13}{72}}{\frac{1}{2}} = \frac{13}{36}$$

즉, $p=36$, $q=13$이므로
$p+q=36+13=49$

 통계

유형별 문제

 05 이산확률변수의 확률분포

유형 01 이산확률변수의 확률 – 확률분포가 주어진 경우

확인 문제 (1) $\dfrac{1}{3}$ (2) $\dfrac{1}{2}$

(1) 확률변수 X가 갖는 모든 값에 대한 확률의 합은 1이므로

$$\dfrac{1}{6}+\dfrac{1}{3}+a+\dfrac{1}{6}=1 \quad \therefore a=\dfrac{1}{3}$$

(2) $\mathrm{P}(X=1\ \text{또는}\ X=3)=\mathrm{P}(X=1)+\mathrm{P}(X=3)$

$$=\dfrac{1}{6}+\dfrac{1}{3}=\dfrac{1}{2}$$

0531 답 ④

확률변수 X가 갖는 모든 값에 대한 확률의 합은 1이므로

$$\dfrac{1}{8}+\left(k+\dfrac{1}{8}\right)+k+k=1$$

$$3k+\dfrac{1}{4}=1,\ 3k=\dfrac{3}{4}$$

$$\therefore k=\dfrac{1}{4}$$

즉, X의 확률분포를 나타내는 표는 다음과 같다.

X	1	2	3	4	합계
$\mathrm{P}(X=x)$	$\dfrac{1}{8}$	$\dfrac{3}{8}$	$\dfrac{1}{4}$	$\dfrac{1}{4}$	1

이때 $X^2-6X+8=0$에서 $(X-2)(X-4)=0$, 즉
$X=2$ 또는 $X=4$이므로

$$\mathrm{P}(X^2-6X+8=0)=\mathrm{P}(X=2\ \text{또는}\ X=4)$$

$$=\mathrm{P}(X=2)+\mathrm{P}(X=4)$$

$$=\dfrac{3}{8}+\dfrac{1}{4}=\dfrac{5}{8}$$

0532 답 15

확률변수 X가 갖는 모든 값에 대한 확률의 합은 1이므로

$$\mathrm{P}(X=1)+\mathrm{P}(X=2)+\mathrm{P}(X=3)+\mathrm{P}(X=4)=1$$

이때 X의 확률질량함수가 $\mathrm{P}(X=x)=\dfrac{x^2}{2k}$이므로

$$\dfrac{1^2}{2k}+\dfrac{2^2}{2k}+\dfrac{3^2}{2k}+\dfrac{4^2}{2k}=1$$

$$\dfrac{30}{2k}=1 \quad \therefore k=15$$

0533 답 $\dfrac{1}{3}$

확률변수 X가 갖는 모든 값에 대한 확률의 합은 1이므로

$$a^2+\dfrac{5}{3}a+\left(a-\dfrac{1}{9}\right)+a^2=1$$

❶

$$2a^2+\dfrac{8}{3}a-\dfrac{10}{9}=0,\ 9a^2+12a-5=0$$

$$(3a-1)(3a+5)=0$$

$$\therefore a=\dfrac{1}{3}\ \text{또는}\ a=-\dfrac{5}{3}$$

❷

이때 $a-\dfrac{1}{9}=\mathrm{P}(X=3)\geq0$에서 $a\geq\dfrac{1}{9}$이므로

$$a=\dfrac{1}{3}$$

❸

채점 기준	배점
❶ 확률의 총합을 이용하여 식 세우기	40%
❷ a에 대한 방정식 풀기	30%
❸ 조건을 만족시키는 a의 값 구하기	30%

참고

X의 확률분포를 나타내는 표는 다음과 같다.

X	-1	1	3	5	합계
$\mathrm{P}(X=x)$	$\dfrac{1}{9}$	$\dfrac{5}{9}$	$\dfrac{2}{9}$	$\dfrac{1}{9}$	1

0534 답 ②

확률변수 X가 갖는 모든 값에 대한 확률의 합은 1이므로

$$\mathrm{P}(X=0)+\mathrm{P}(X=1)+\mathrm{P}(X=2)+\mathrm{P}(X=3)=1$$

이때 확률변수 X의 확률질량함수가

$$\mathrm{P}(X=x)=\begin{cases}k+\dfrac{x}{16} & (x=0,\ 1,\ 2)\\[2mm] k-\dfrac{x}{16} & (x=3)\end{cases}$$

이므로

$$\left(k+\dfrac{0}{16}\right)+\left(k+\dfrac{1}{16}\right)+\left(k+\dfrac{2}{16}\right)+\left(k-\dfrac{3}{16}\right)=1$$

$$4k=1 \quad \therefore k=\dfrac{1}{4}$$

$$\therefore \mathrm{P}(X=2\ \text{또는}\ X=3)=\mathrm{P}(X=2)+\mathrm{P}(X=3)$$

$$=\left(\dfrac{1}{4}+\dfrac{2}{16}\right)+\left(\dfrac{1}{4}-\dfrac{3}{16}\right)$$

$$=\dfrac{7}{16}$$

0535 답 ⑤

확률변수 X가 갖는 모든 값에 대한 확률의 합은 1이므로

$$a+\left(a+\dfrac{1}{4}\right)+\left(a+\dfrac{1}{2}\right)=1$$

$$3a+\dfrac{3}{4}=1,\ 3a=\dfrac{1}{4} \quad \therefore a=\dfrac{1}{12}$$

즉, X의 확률분포를 나타내는 표는 다음과 같다.

X	1	2	3	합계
$P(X=x)$	$\frac{1}{12}$	$\frac{1}{3}$	$\frac{7}{12}$	1

$$\therefore P(X \le 2) = P(X=1) + P(X=2)$$
$$= \frac{1}{12} + \frac{1}{3} = \frac{5}{12}$$

다른 풀이

확률변수 X가 갖는 값이 1, 2, 3이므로
$$P(X \le 2) = 1 - P(X > 2) = 1 - P(X=3)$$
$$= 1 - \frac{7}{12} = \frac{5}{12}$$

0536
답 ③

확률변수 X가 갖는 모든 값에 대한 확률의 합은 1이므로
$$P(X=-1) + P(X=1) + P(X=2) + P(X=4) = 1$$
이때 $P(1 \le X \le 4) = \frac{5}{6}$에서
$$P(X=1) + P(X=2) + P(X=4) = \frac{5}{6}$$이므로
$$P(X=-1) = 1 - \frac{5}{6} = \frac{1}{6}$$
또한 $P(-1 \le X \le 2) = \frac{2}{3}$에서
$$P(X=-1) + P(X=1) + P(X=2) = \frac{2}{3}$$이므로
$$P(X=4) = 1 - \frac{2}{3} = \frac{1}{3}$$
$$\therefore P(X=1) + P(X=2) = 1 - P(X=-1) - P(X=4)$$
$$= 1 - \frac{1}{6} - \frac{1}{3} = \frac{1}{2}$$

0537
답 ③

확률변수 X가 갖는 모든 값에 대한 확률의 합은 1이므로
$$a + 3a + (a+b) + b = 1 \qquad \therefore 5a + 2b = 1 \quad \cdots\cdots \ \text{㉠}$$
$P(X=3) = \frac{1}{2}P(X=5)$이므로
$$3a = \frac{1}{2}b \qquad \therefore 6a - b = 0 \quad \cdots\cdots \ \text{㉡}$$
㉠, ㉡을 연립하여 풀면 $a = \frac{1}{17}$, $b = \frac{6}{17}$
즉, X의 확률분포를 나타내는 표는 다음과 같다.

X	2	3	4	5	합계
$P(X=x)$	$\frac{1}{17}$	$\frac{3}{17}$	$\frac{7}{17}$	$\frac{6}{17}$	1

$$\therefore P(2 \le X \le 4) = P(X=2) + P(X=3) + P(X=4)$$
$$= \frac{1}{17} + \frac{3}{17} + \frac{7}{17} = \frac{11}{17}$$

다른 풀이

확률변수 X가 갖는 값이 2, 3, 4, 5이므로
$$P(2 \le X \le 4) = 1 - P(X=5)$$
$$= 1 - \frac{6}{17} = \frac{11}{17}$$

유형 02 **이산확률변수의 확률
– 확률분포가 주어지지 않은 경우**

확인 문제 (1) 0, 1, 2 (2) 풀이 참조

(1) 한 개의 동전을 2번 던질 때, 앞면은 한 번도 나오지 않거나 1번만 나오거나 2번 모두 나올 수 있다.
즉, 확률변수 X가 가질 수 있는 값은 0, 1, 2이다.
(2) $X=0$인 경우는 2번 모두 뒷면이 나오는 경우이므로
$$P(X=0) = \frac{1}{2} \times \frac{1}{2} = \frac{1}{4}$$
$X=1$인 경우는 앞면이 1번, 뒷면이 1번 나오는 경우이므로
$$P(X=1) = \frac{1}{2} \times \frac{1}{2} + \frac{1}{2} \times \frac{1}{2} = \frac{1}{2}$$
$X=2$인 경우는 2번 모두 앞면이 나오는 경우이므로
$$P(X=2) = \frac{1}{2} \times \frac{1}{2} = \frac{1}{4}$$
따라서 확률변수 X의 확률분포를 나타내는 표는 다음과 같다.

X	0	1	2	합계
$P(X=x)$	$\frac{1}{4}$	$\frac{1}{2}$	$\frac{1}{4}$	1

0538
답 ⑤

확률변수 X가 가질 수 있는 값은 0, 1, 2, 3이고 X가 갖는 모든 값에 대한 확률의 합은 1이므로
$$P(X \le 2) = P(X=0) + P(X=1) + P(X=2)$$
$$= 1 - P(X=3)$$
이때 $X=3$인 경우는 남학생 4명과 여학생 4명 중에서 임의로 3명을 뽑을 때 여학생이 3명 뽑히는 경우이므로
$$P(X=3) = \frac{{}_4C_0 \times {}_4C_3}{{}_8C_3} = \frac{4}{56} = \frac{1}{14}$$
$$\therefore P(X \le 2) = 1 - P(X=3)$$
$$= 1 - \frac{1}{14} = \frac{13}{14}$$

다른 풀이

$$P(X=0) = \frac{{}_4C_3 \times {}_4C_0}{{}_8C_3} = \frac{4}{56} = \frac{1}{14}$$
$$P(X=1) = \frac{{}_4C_2 \times {}_4C_1}{{}_8C_3} = \frac{24}{56} = \frac{3}{7}$$
$$P(X=2) = \frac{{}_4C_1 \times {}_4C_2}{{}_8C_3} = \frac{24}{56} = \frac{3}{7}$$
$$\therefore P(X \le 2) = P(X=0) + P(X=1) + P(X=2)$$
$$= \frac{1}{14} + \frac{3}{7} + \frac{3}{7} = \frac{13}{14}$$

0539
답 ③

한 개의 주사위를 던져서 나오는 눈의 수 1, 2, 3, 4, 5, 6의 양의 약수의 개수는 차례대로 1, 2, 2, 3, 2, 4이므로 확률변수 X가 가질 수 있는 값은 1, 2, 3, 4이다.

이때 $X=2$인 경우는 2, 3, 5의 3가지이므로

$$\mathrm{P}(X=2)=\frac{3}{6}=\frac{1}{2}$$

$X=4$인 경우는 6의 1가지이므로

$$\mathrm{P}(X=4)=\frac{1}{6}$$

$$\therefore \mathrm{P}(X=2)-\mathrm{P}(X=4)=\frac{1}{2}-\frac{1}{6}=\frac{1}{3}$$

참고

X의 확률분포를 나타내는 표는 다음과 같다.

X	1	2	3	4	합계
$\mathrm{P}(X=x)$	$\frac{1}{6}$	$\frac{1}{2}$	$\frac{1}{6}$	$\frac{1}{6}$	1

0540

답 ④

확률변수 X가 가질 수 있는 값은

$5+5=10$, $5+10=15$, $10+10=20$

이고 X가 갖는 모든 값에 대한 확률의 합은 1이므로

$$\mathrm{P}(X\geq15)=\mathrm{P}(X=15)+\mathrm{P}(X=20)$$
$$=1-\mathrm{P}(X=10)$$

이때 $X=10$인 경우는 5가 적힌 공이 2개 나올 때이므로

$$\mathrm{P}(X=10)=\frac{{}_3\mathrm{C}_2\times{}_2\mathrm{C}_0}{{}_5\mathrm{C}_2}=\frac{3}{10}$$

$$\therefore \mathrm{P}(X\geq15)=1-\mathrm{P}(X=10)$$
$$=1-\frac{3}{10}=\frac{7}{10}$$

[다른 풀이]

$X=15$인 경우는 5가 적힌 공 1개, 10이 적힌 공 1개가 나올 때이므로

$$\mathrm{P}(X=15)=\frac{{}_3\mathrm{C}_1\times{}_2\mathrm{C}_1}{{}_5\mathrm{C}_2}=\frac{6}{10}=\frac{3}{5}$$

$X=20$인 경우는 10이 적힌 공이 2개 나올 때이므로

$$\mathrm{P}(X=20)=\frac{{}_3\mathrm{C}_0\times{}_2\mathrm{C}_2}{{}_5\mathrm{C}_2}=\frac{1}{10}$$

$$\therefore \mathrm{P}(X\geq15)=\mathrm{P}(X=15)+\mathrm{P}(X=20)$$
$$=\frac{3}{5}+\frac{1}{10}=\frac{7}{10}$$

0541

답 (1) 풀이 참조 (2) $\frac{2}{7}$

(1) 불량품 3개가 포함된 8개의 제품 중에서 임의로 3개의 제품을 동시에 뽑을 때 나오는 불량품의 개수가 확률변수 X이므로 X가 가질 수 있는 값은 0, 1, 2, 3이다.

❶

$X=0$인 경우는 정상 제품만 3개 나올 때이므로

$$\mathrm{P}(X=0)=\frac{{}_3\mathrm{C}_0\times{}_5\mathrm{C}_3}{{}_8\mathrm{C}_3}=\frac{10}{56}=\frac{5}{28}$$

$X=1$인 경우는 불량품이 1개, 정상 제품이 2개 나올 때이므로

$$\mathrm{P}(X=1)=\frac{{}_3\mathrm{C}_1\times{}_5\mathrm{C}_2}{{}_8\mathrm{C}_3}=\frac{30}{56}=\frac{15}{28}$$

$X=2$인 경우는 불량품이 2개, 정상 제품이 1개 나올 때이므로

$$\mathrm{P}(X=2)=\frac{{}_3\mathrm{C}_2\times{}_5\mathrm{C}_1}{{}_8\mathrm{C}_3}=\frac{15}{56}$$

$X=3$인 경우는 불량품만 3개 나올 때이므로

$$\mathrm{P}(X=3)=\frac{{}_3\mathrm{C}_3\times{}_5\mathrm{C}_0}{{}_8\mathrm{C}_3}=\frac{1}{56}$$

따라서 X의 확률분포를 나타내는 표는 다음과 같다.

X	0	1	2	3	합계
$\mathrm{P}(X=x)$	$\frac{5}{28}$	$\frac{15}{28}$	$\frac{15}{56}$	$\frac{1}{56}$	1

❷

(2) 불량품이 2개 이상 나올 확률은

$$\mathrm{P}(X\geq2)=\mathrm{P}(X=2)+\mathrm{P}(X=3)$$
$$=\frac{15}{56}+\frac{1}{56}=\frac{16}{56}=\frac{2}{7}$$

❸

채점 기준	배점
❶ X가 가질 수 있는 값 구하기	20%
❷ X의 값에 따라 확률을 구하여 확률분포를 표로 나타내기	50%
❸ 불량품이 2개 이상 나올 확률 구하기	30%

0542

답 2

흰 공 2개, 검은 공 4개가 들어 있는 주머니에서 임의로 3개의 공을 동시에 꺼낼 때, 나오는 흰 공의 개수가 확률변수 X이므로 X가 가질 수 있는 값은 0, 1, 2이다.

$X=0$인 경우는 검은 공만 3개 나올 때이므로

$$\mathrm{P}(X=0)=\frac{{}_2\mathrm{C}_0\times{}_4\mathrm{C}_3}{{}_6\mathrm{C}_3}=\frac{4}{20}=\frac{1}{5}$$

$X=1$인 경우는 흰 공 1개, 검은 공 2개가 나올 때이므로

$$\mathrm{P}(X=1)=\frac{{}_2\mathrm{C}_1\times{}_4\mathrm{C}_2}{{}_6\mathrm{C}_3}=\frac{12}{20}=\frac{3}{5}$$

$X=2$인 경우는 흰 공 2개, 검은 공 1개가 나올 때이므로

$$\mathrm{P}(X=2)=\frac{{}_2\mathrm{C}_2\times{}_4\mathrm{C}_1}{{}_6\mathrm{C}_3}=\frac{4}{20}=\frac{1}{5}$$

따라서 X의 확률분포를 나타내는 표는 다음과 같다.

X	0	1	2	합계
$\mathrm{P}(X=x)$	$\frac{1}{5}$	$\frac{3}{5}$	$\frac{1}{5}$	1

이 표에서 $\mathrm{P}(X\geq2)=\frac{1}{5}$이므로

$a=2$

0543

답 ②

1부터 7까지의 자연수가 하나씩 적혀 있는 7장의 카드가 들어 있는 주머니에서 임의로 2장의 카드를 동시에 꺼낼 때, 꺼낸 카드에 적혀 있는 두 수 중 큰 수가 확률변수 X이므로 X가 가질 수 있는 값은 2, 3, 4, 5, 6, 7이다.

이때 $|X-1| \geq 5$에서 $X-1 \leq -5$ 또는 $X-1 \geq 5$이므로
$X \leq -4$ 또는 $X \geq 6$
$\therefore \mathrm{P}(|X-1| \geq 5) = \mathrm{P}(X \geq 6)$
$\qquad\qquad\qquad\quad = \mathrm{P}(X=6) + \mathrm{P}(X=7)$
$X=6$인 경우는 6이 적힌 카드와 1, 2, 3, 4, 5가 적힌 카드 중 1장을 뽑을 때이므로
$\mathrm{P}(X=6) = \dfrac{1 \times 5}{{}_7\mathrm{C}_2} = \dfrac{5}{21}$
$X=7$인 경우는 7이 적힌 카드와 1, 2, 3, 4, 5, 6이 적힌 카드 중 1장을 뽑을 때이므로
$\mathrm{P}(X=7) = \dfrac{1 \times 6}{{}_7\mathrm{C}_2} = \dfrac{6}{21} = \dfrac{2}{7}$
$\therefore \mathrm{P}(|X-1| \geq 5) = \mathrm{P}(X=6) + \mathrm{P}(X=7)$
$\qquad\qquad\qquad\qquad = \dfrac{5}{21} + \dfrac{2}{7} = \dfrac{11}{21}$

0544 　답 ④

숫자 1, 2, 2, 3, 3, 3이 하나씩 적혀 있는 6장의 카드를 임의로 일렬로 나열할 때, 양 끝에 나열된 카드에 적혀 있는 두 수의 합이 확률변수 X이므로 X가 가질 수 있는 값은 3, 4, 5, 6이다.
이때 $X^2 - 7X + 12 \leq 0$에서
$(X-3)(X-4) \leq 0$
즉, $3 \leq X \leq 4$이므로
$\mathrm{P}(X^2-7X+12 \leq 0) = \mathrm{P}(3 \leq X \leq 4)$
$\qquad\qquad\qquad\qquad\quad = \mathrm{P}(X=3) + \mathrm{P}(X=4)$
1, 2, 2, 3, 3, 3을 일렬로 나열하는 경우의 수는
$\dfrac{6!}{2! \times 3!} = 60$
(i) $X=3$인 경우
　양 끝에 1, 2를 나열하고 중간에 2, 3, 3, 3을 나열하는 경우의 수는
$2 \times \dfrac{4!}{3!} = 2 \times 4 = 8$
$\therefore \mathrm{P}(X=3) = \dfrac{8}{60} = \dfrac{2}{15}$
(ii) $X=4$인 경우
　양 끝에 1, 3을 나열하고 중간에 2, 2, 3, 3을 나열하는 경우의 수는
$2 \times \dfrac{4!}{2! \times 2!} = 2 \times 6 = 12$
　양 끝에 2, 2를 나열하고 중간에 1, 3, 3, 3을 나열하는 경우의 수는
$\dfrac{4!}{3!} = 4$
$\therefore \mathrm{P}(X=4) = \dfrac{12+4}{60} = \dfrac{4}{15}$
(i), (ii)에서
$\mathrm{P}(X^2-7X+12 \leq 0) = \mathrm{P}(X=3) + \mathrm{P}(X=4)$
$\qquad\qquad\qquad\qquad\quad = \dfrac{2}{15} + \dfrac{4}{15}$
$\qquad\qquad\qquad\qquad\quad = \dfrac{6}{15} = \dfrac{2}{5}$

확인 문제 　(1) $\dfrac{7}{3}$ 　(2) $\dfrac{5}{9}$ 　(3) $\dfrac{\sqrt{5}}{3}$

(1) $\mathrm{E}(X) = 1 \times \dfrac{1}{6} + 2 \times \dfrac{1}{3} + 3 \times \dfrac{1}{2} = \dfrac{14}{6} = \dfrac{7}{3}$
(2) $\mathrm{E}(X^2) = 1^2 \times \dfrac{1}{6} + 2^2 \times \dfrac{1}{3} + 3^2 \times \dfrac{1}{2} = \dfrac{36}{6} = 6$이므로
$\quad \mathrm{V}(X) = \mathrm{E}(X^2) - \{\mathrm{E}(X)\}^2 = 6 - \left(\dfrac{7}{3}\right)^2 = \dfrac{5}{9}$
(3) $\sigma(X) = \sqrt{\mathrm{V}(X)} = \sqrt{\dfrac{5}{9}} = \dfrac{\sqrt{5}}{3}$

0545 　답 11

확률변수 X가 갖는 모든 값에 대한 확률의 합은 1이므로
$\dfrac{1}{8} + a + b + \dfrac{1}{4} = 1$ 　$\therefore a+b = \dfrac{5}{8}$ 　……㉠
$\mathrm{E}(X) = \dfrac{13}{24}$이므로
$(-1) \times \dfrac{1}{8} + 0 \times a + 1 \times b + 2 \times \dfrac{1}{4} = \dfrac{13}{24}$
$\therefore b = \dfrac{1}{6}$
이를 ㉠에 대입하면
$a + \dfrac{1}{6} = \dfrac{5}{8}$ 　$\therefore a = \dfrac{11}{24}$
$\therefore \dfrac{4a}{b} = 4 \times \dfrac{11}{24} \times 6 = 11$

0546 　답 ④

확률변수 X의 확률질량함수가
$\mathrm{P}(X=x) = k(x+2)$ $(x=1, 2, 3)$
이고 확률변수 X가 갖는 모든 값에 대한 확률의 합은 1이므로
$3k + 4k + 5k = 1$, $12k = 1$ 　$\therefore k = \dfrac{1}{12}$
즉, X의 확률분포를 나타내는 표는 다음과 같다.

X	1	2	3	합계
$\mathrm{P}(X=x)$	$\dfrac{1}{4}$	$\dfrac{1}{3}$	$\dfrac{5}{12}$	1

$\therefore \mathrm{E}(X) = 1 \times \dfrac{1}{4} + 2 \times \dfrac{1}{3} + 3 \times \dfrac{5}{12} = \dfrac{26}{12} = \dfrac{13}{6}$

0547 　답 60

확률변수 X가 갖는 모든 값에 대한 확률의 합은 1이므로
$a + \dfrac{3}{8} + b + \dfrac{1}{8} = 1$ 　$\therefore a+b = \dfrac{1}{2}$ 　……㉠
$\mathrm{E}(X) = \dfrac{7}{2}$이므로

$1 \times a + 3 \times \dfrac{3}{8} + 5 \times b + 7 \times \dfrac{1}{8} = \dfrac{7}{2}$

$\therefore a + 5b = \dfrac{3}{2}$ ...... ㉡

㉠, ㉡을 연립하여 풀면 $a = \dfrac{1}{4}$, $b = \dfrac{1}{4}$

                             ❶

즉, X의 확률분포를 나타내는 표는 다음과 같다.

X	1	3	5	7	합계
$P(X=x)$	$\dfrac{1}{4}$	$\dfrac{3}{8}$	$\dfrac{1}{4}$	$\dfrac{1}{8}$	1

$E(X^2) = 1^2 \times \dfrac{1}{4} + 3^2 \times \dfrac{3}{8} + 5^2 \times \dfrac{1}{4} + 7^2 \times \dfrac{1}{8} = \dfrac{128}{8} = 16$이므로

$V(X) = E(X^2) - \{E(X)\}^2 = 16 - \left(\dfrac{7}{2}\right)^2 = \dfrac{15}{4}$

                             ❷

$\therefore \dfrac{V(X)}{ab} = \dfrac{\dfrac{15}{4}}{\dfrac{1}{4} \times \dfrac{1}{4}} = 60$

                             ❸

채점 기준	배점
❶ a, b의 값 구하기	40%
❷ $V(X)$의 값 구하기	50%
❸ $\dfrac{V(X)}{ab}$의 값 구하기	10%

0548
답 ①

확률변수 X가 갖는 값이 1, 2, 3, 4이고

$P(X=k+1) = \dfrac{1}{2}P(X=k)$ ($k=1, 2, 3$)이므로

$P(X=1) = a$라 하면

$P(X=2) = \dfrac{1}{2}P(X=1) = \dfrac{1}{2}a$

$P(X=3) = \dfrac{1}{2}P(X=2) = \dfrac{1}{2} \times \dfrac{1}{2}a = \dfrac{1}{4}a$

$P(X=4) = \dfrac{1}{2}P(X=3) = \dfrac{1}{2} \times \dfrac{1}{4}a = \dfrac{1}{8}a$

이때 확률변수 X가 갖는 모든 값에 대한 확률의 합은 1이므로

$a + \dfrac{1}{2}a + \dfrac{1}{4}a + \dfrac{1}{8}a = 1$, $\dfrac{15}{8}a = 1$ $\therefore a = \dfrac{8}{15}$

즉, X의 확률분포를 나타내는 표는 다음과 같다.

X	1	2	3	4	합계
$P(X=x)$	$\dfrac{8}{15}$	$\dfrac{4}{15}$	$\dfrac{2}{15}$	$\dfrac{1}{15}$	1

$\therefore E(X) = 1 \times \dfrac{8}{15} + 2 \times \dfrac{4}{15} + 3 \times \dfrac{2}{15} + 4 \times \dfrac{1}{15} = \dfrac{26}{15}$

0549
답 5

$E(X) = 4$이므로

$a \times \dfrac{1}{3} + 2a \times \dfrac{1}{6} + b \times \dfrac{1}{3} + 2b \times \dfrac{1}{6} = 4$

$\therefore a + b = 6$ ...... ㉠

$V(X) = E(X^2) - \{E(X)\}^2$이고 $E(X) = 4$, $V(X) = 10$이므로

$10 = E(X^2) - 4^2$ $\therefore E(X^2) = 26$

이때 주어진 표에서

$E(X^2) = a^2 \times \dfrac{1}{3} + (2a)^2 \times \dfrac{1}{6} + b^2 \times \dfrac{1}{3} + (2b)^2 \times \dfrac{1}{6}$

$\qquad\quad = a^2 + b^2$

이므로

$a^2 + b^2 = 26$ ...... ㉡

따라서 $(a+b)^2 = a^2 + b^2 + 2ab$에 ㉠, ㉡을 대입하면

$6^2 = 26 + 2ab$ $\therefore ab = 5$

0550
답 ⑤

$E(X) = 0 \times \dfrac{1}{10} + 1 \times \dfrac{1}{2} + a \times \dfrac{2}{5}$

$\qquad\quad = \dfrac{2}{5}a + \dfrac{1}{2}$ ...... ㉠

$E(X^2) = 0^2 \times \dfrac{1}{10} + 1^2 \times \dfrac{1}{2} + a^2 \times \dfrac{2}{5}$

$\qquad\quad = \dfrac{2}{5}a^2 + \dfrac{1}{2}$ ...... ㉡

이때 주어진 조건 $\sigma(X) = E(X)$에서

$\{\sigma(X)\}^2 = \{E(X)\}^2$ $\therefore V(X) = \{E(X)\}^2$

즉, $E(X^2) - \{E(X)\}^2 = \{E(X)\}^2$이므로

$2\{E(X)\}^2 = E(X^2)$

위의 식에 ㉠, ㉡을 대입하면

$2\left(\dfrac{2}{5}a + \dfrac{1}{2}\right)^2 = \dfrac{2}{5}a^2 + \dfrac{1}{2}$

$2\left(\dfrac{4}{25}a^2 + \dfrac{2}{5}a + \dfrac{1}{4}\right) = \dfrac{2}{5}a^2 + \dfrac{1}{2}$

$\dfrac{2}{25}a^2 - \dfrac{4}{5}a = 0$, $\dfrac{2}{25}a(a-10) = 0$

$\therefore a = 10$ ($\because a > 1$)

$a = 10$을 ㉠, ㉡에 각각 대입하면

$E(X) = \dfrac{2}{5} \times 10 + \dfrac{1}{2} = \dfrac{9}{2}$

$E(X^2) = \dfrac{2}{5} \times 10^2 + \dfrac{1}{2} = \dfrac{81}{2}$

$\therefore E(X^2) + E(X) = \dfrac{81}{2} + \dfrac{9}{2} = \dfrac{90}{2} = 45$

유형 **04** 이산확률변수의 평균, 분산, 표준편차
– 확률분포가 주어지지 않은 경우

0551
답 ①

흰 공 3개, 검은 공 3개가 들어 있는 상자에서 임의로 2개의 공을 동시에 꺼낼 때, 꺼낸 공 중 검은 공의 개수가 확률변수 X이므로 X가 가질 수 있는 값은 0, 1, 2이다.

$X = 0$인 경우는 흰 공만 2개 꺼낼 때이므로

$P(X=0) = \dfrac{{}_3C_2 \times {}_3C_0}{{}_6C_2} = \dfrac{3}{15} = \dfrac{1}{5}$

$X=1$인 경우는 흰 공 1개, 검은 공 1개를 꺼낼 때이므로

$P(X=1)=\dfrac{_3C_1\times _3C_1}{_6C_2}=\dfrac{9}{15}=\dfrac{3}{5}$

$X=2$인 경우는 검은 공만 2개 꺼낼 때이므로

$P(X=2)=\dfrac{_3C_0\times _3C_2}{_6C_2}=\dfrac{3}{15}=\dfrac{1}{5}$

즉, X의 확률분포를 나타내는 표는 다음과 같다.

X	0	1	2	합계
$P(X=x)$	$\dfrac{1}{5}$	$\dfrac{3}{5}$	$\dfrac{1}{5}$	1

$E(X)=0\times\dfrac{1}{5}+1\times\dfrac{3}{5}+2\times\dfrac{1}{5}=1$이고

$E(X^2)=0^2\times\dfrac{1}{5}+1^2\times\dfrac{3}{5}+2^2\times\dfrac{1}{5}=\dfrac{7}{5}$이므로

$V(X)=E(X^2)-\{E(X)\}^2=\dfrac{7}{5}-1^2=\dfrac{2}{5}$

0552
답 ③

주사위를 한 번 던져 나오는 눈의 수 1, 2, 3, 4, 5, 6을 5로 나눈 나머지는 차례대로 1, 2, 3, 4, 0, 1이므로 확률변수 X가 가질 수 있는 값은 0, 1, 2, 3, 4이고 X의 확률분포를 나타내는 표는 다음과 같다.

X	0	1	2	3	4	합계
$P(X=x)$	$\dfrac{1}{6}$	$\dfrac{1}{3}$	$\dfrac{1}{6}$	$\dfrac{1}{6}$	$\dfrac{1}{6}$	1

$\therefore E(X)=0\times\dfrac{1}{6}+1\times\dfrac{1}{3}+2\times\dfrac{1}{6}+3\times\dfrac{1}{6}+4\times\dfrac{1}{6}=\dfrac{11}{6}$

0553
답 ②

불량품 2개가 포함된 7개의 제품 중에서 임의로 3개의 제품을 동시에 뽑을 때 나오는 불량품의 개수가 확률변수 X이므로 X가 가질 수 있는 값은 0, 1, 2이다.

$X=0$인 경우는 정상 제품만 3개 나올 때이므로

$P(X=0)=\dfrac{_2C_0\times _5C_3}{_7C_3}=\dfrac{10}{35}=\dfrac{2}{7}$

$X=1$인 경우는 불량품 1개, 정상 제품 2개가 나올 때이므로

$P(X=1)=\dfrac{_2C_1\times _5C_2}{_7C_3}=\dfrac{20}{35}=\dfrac{4}{7}$

$X=2$인 경우는 불량품 2개, 정상 제품 1개가 나올 때이므로

$P(X=2)=\dfrac{_2C_2\times _5C_1}{_7C_3}=\dfrac{5}{35}=\dfrac{1}{7}$

즉, X의 확률분포를 나타내는 표는 다음과 같다.

X	0	1	2	합계
$P(X=x)$	$\dfrac{2}{7}$	$\dfrac{4}{7}$	$\dfrac{1}{7}$	1

$E(X)=0\times\dfrac{2}{7}+1\times\dfrac{4}{7}+2\times\dfrac{1}{7}=\dfrac{6}{7}$이고

$E(X^2)=0^2\times\dfrac{2}{7}+1^2\times\dfrac{4}{7}+2^2\times\dfrac{1}{7}=\dfrac{8}{7}$이므로

$V(X)=E(X^2)-\{E(X)\}^2=\dfrac{8}{7}-\left(\dfrac{6}{7}\right)^2=\dfrac{20}{49}$

$\therefore \sigma(X)=\sqrt{V(X)}=\sqrt{\dfrac{20}{49}}=\dfrac{2\sqrt5}{7}$

0554
답 $\dfrac{3}{2}$

1, 2, 3, 4, 5가 하나씩 적혀 있는 5개의 공이 들어 있는 주머니에서 임의로 3개의 공을 동시에 꺼낼 때, 꺼낸 공에 적혀 있는 수의 최솟값이 확률변수 X이므로 X가 가질 수 있는 값은 1, 2, 3이다.
.... ❶

$X=1$인 경우는 1이 적혀 있는 공과 2, 3, 4, 5가 적혀 있는 공 중 2개를 꺼낼 때이므로

$P(X=1)=\dfrac{1\times _4C_2}{_5C_3}=\dfrac{6}{10}=\dfrac{3}{5}$

$X=2$인 경우는 2가 적혀 있는 공과 3, 4, 5가 적혀 있는 공 중 2개를 꺼낼 때이므로

$P(X=2)=\dfrac{1\times _3C_2}{_5C_3}=\dfrac{3}{10}$

$X=3$인 경우는 3이 적혀 있는 공과 4, 5가 적혀 있는 공 중 2개를 꺼낼 때이므로

$P(X=3)=\dfrac{1\times _2C_2}{_5C_3}=\dfrac{1}{10}$

즉, X의 확률분포를 나타내는 표는 다음과 같다.

X	1	2	3	합계
$P(X=x)$	$\dfrac{3}{5}$	$\dfrac{3}{10}$	$\dfrac{1}{10}$	1

.... ❷

$\therefore E(X)=1\times\dfrac{3}{5}+2\times\dfrac{3}{10}+3\times\dfrac{1}{10}=\dfrac{15}{10}=\dfrac{3}{2}$

.... ❸

채점 기준	배점
❶ X가 가질 수 있는 값 구하기	20%
❷ X의 각 값에서의 확률 구하기	50%
❸ $E(X)$의 값 구하기	30%

0555
답 $\dfrac{14}{9}$

흰 공 2개, 검은 공 4개가 들어 있는 상자에서 임의로 1개씩 공을 꺼낼 때, 처음으로 흰 공이 나올 때까지 공을 꺼낸 횟수가 확률변수 X이므로 맨 처음에 흰 공이 나올 때 X의 최솟값은 1이고 검은 공 4개를 모두 꺼낸 뒤에 흰 공이 나올 때 X의 최댓값은 5이다.
즉, X가 가질 수 있는 값은 1, 2, 3, 4, 5이고 그 확률은 각각

$P(X=1)=\dfrac{2}{6}=\dfrac{1}{3}$

$P(X=2)=\dfrac{4}{6}\times\dfrac{2}{5}=\dfrac{4}{15}$

$P(X=3)=\dfrac{4}{6}\times\dfrac{3}{5}\times\dfrac{2}{4}=\dfrac{1}{5}$

$P(X=4)=\dfrac{4}{6}\times\dfrac{3}{5}\times\dfrac{2}{4}\times\dfrac{2}{3}=\dfrac{2}{15}$

$P(X=5)=\dfrac{4}{6}\times\dfrac{3}{5}\times\dfrac{2}{4}\times\dfrac{1}{3}\times\dfrac{2}{2}=\dfrac{1}{15}$

즉, X의 확률분포를 나타내는 표는 다음과 같다.

X	1	2	3	4	5	합계
$P(X=x)$	$\dfrac{1}{3}$	$\dfrac{4}{15}$	$\dfrac{1}{5}$	$\dfrac{2}{15}$	$\dfrac{1}{15}$	1

$$E(X)=1\times\frac{1}{3}+2\times\frac{4}{15}+3\times\frac{1}{5}+4\times\frac{2}{15}+5\times\frac{1}{15}$$
$$=\frac{35}{15}=\frac{7}{3}$$

이고

$$E(X^2)=1^2\times\frac{1}{3}+2^2\times\frac{4}{15}+3^2\times\frac{1}{5}+4^2\times\frac{2}{15}+5^2\times\frac{1}{15}$$
$$=\frac{105}{15}=7$$

이므로

$$V(X)=E(X^2)-\{E(X)\}^2=7-\left(\frac{7}{3}\right)^2=\frac{14}{9}$$

0556

답 14

주사위의 눈의 수인 a의 값에 따른 곡선 $y=f(x)$와 직선 $y=a$의 교점의 개수는 다음 그림과 같으므로 확률변수 X가 가질 수 있는 값은 2, 4, 6이다.

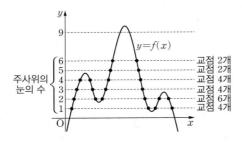

a	1	2	3	4	5	6
교점의 개수	4	6	4	4	2	2

즉, X의 확률분포를 나타내는 표는 다음과 같다.

X	2	4	6	합계
$P(X=x)$	$\frac{1}{3}$	$\frac{1}{2}$	$\frac{1}{6}$	1

$$\therefore E(X)=2\times\frac{1}{3}+4\times\frac{1}{2}+6\times\frac{1}{6}=\frac{11}{3}$$

따라서 $p=3$, $q=11$이므로
$p+q=3+11=14$

0557

답 49

흰 바둑돌 2개와 검은 바둑돌 4개가 들어 있는 주머니에서 바둑돌 4개를 동시에 꺼낼 때, 꺼낸 흰 바둑돌의 개수를 a, 검은 바둑돌의 개수를 b라 하면 가능한 순서쌍 (a, b)는
$(0, 4)$, $(1, 3)$, $(2, 2)$
꺼낸 흰 바둑돌의 개수와 검은 바둑돌의 개수의 곱이 확률변수 X이므로 X가 가질 수 있는 값은 0, 3, 4이다.

$$P(X=0)=\frac{{}_2C_0\times{}_4C_4}{{}_6C_4}=\frac{1}{15}$$

$$P(X=3)=\frac{{}_2C_1\times{}_4C_3}{{}_6C_4}=\frac{8}{15}$$

$$P(X=4)=\frac{{}_2C_2\times{}_4C_2}{{}_6C_4}=\frac{6}{15}=\frac{2}{5}$$

즉, X의 확률분포를 나타내는 표는 다음과 같다.

X	0	3	4	합계
$P(X=x)$	$\frac{1}{15}$	$\frac{8}{15}$	$\frac{2}{5}$	1

$$E(X)=0\times\frac{1}{15}+3\times\frac{8}{15}+4\times\frac{2}{5}=\frac{48}{15}=\frac{16}{5}$$ 이고

$$E(X^2)=0^2\times\frac{1}{15}+3^2\times\frac{8}{15}+4^2\times\frac{2}{5}=\frac{168}{15}=\frac{56}{5}$$ 이므로

$$V(X)=E(X^2)-\{E(X)\}^2=\frac{56}{5}-\left(\frac{16}{5}\right)^2=\frac{24}{25}$$

따라서 $p=25$, $q=24$이므로
$p+q=25+24=49$

유형 05 기댓값

(1) 0원, 100원, 200원   (2) 100원

(1) 100원짜리 동전 2개가 모두 뒷면이면 0원, 둘 중 하나만 앞면이면 100원, 2개가 모두 앞면이면 200원을 받을 수 있다.
따라서 받을 수 있는 서로 다른 금액의 종류는 0원, 100원, 200원이다.

(2) 받을 수 있는 금액을 확률변수 X라 하면 X가 가질 수 있는 값은 0, 100, 200이고 그 확률은 각각

$$P(X=0)=\frac{1}{2}\times\frac{1}{2}=\frac{1}{4}$$

$$P(X=100)=\frac{1}{2}\times\frac{1}{2}+\frac{1}{2}\times\frac{1}{2}=\frac{1}{2}$$

$$P(X=200)=\frac{1}{2}\times\frac{1}{2}=\frac{1}{4}$$

이므로 X의 확률분포를 나타내는 표는 다음과 같다.

X	0	100	200	합계
$P(X=x)$	$\frac{1}{4}$	$\frac{1}{2}$	$\frac{1}{4}$	1

$$\therefore E(X)=0\times\frac{1}{4}+100\times\frac{1}{2}+200\times\frac{1}{4}=100$$

따라서 받을 수 있는 금액의 기댓값은 100원이다.

0558

답 ②

100원짜리 동전 3개, 500원짜리 동전 2개가 들어 있는 상자에서 임의로 꺼낸 3개의 동전을 받으므로
100원짜리 3개를 꺼내면 300원,
100원짜리 2개, 500원짜리 1개를 꺼내면 700원,
100원짜리 1개, 500원짜리 2개를 꺼내면 1100원
을 받을 수 있다.
즉, 받을 수 있는 금액을 확률변수 X라 하면 X가 가질 수 있는 값은 300, 700, 1100이고 그 확률은 각각

$$P(X=300)=\frac{{}_3C_3\times{}_2C_0}{{}_5C_3}=\frac{1}{10}$$

$$P(X=700)=\frac{{}_3C_2\times{}_2C_1}{{}_5C_3}=\frac{6}{10}=\frac{3}{5}$$

$$P(X=1100)=\frac{{}_3C_1\times{}_2C_2}{{}_5C_3}=\frac{3}{10}$$

이므로 X의 확률분포를 나타내는 표는 다음과 같다.

X	300	700	1100	합계
$P(X=x)$	$\frac{1}{10}$	$\frac{3}{5}$	$\frac{3}{10}$	1

$$\therefore E(X)=300\times\frac{1}{10}+700\times\frac{3}{5}+1100\times\frac{3}{10}=780$$

따라서 받을 수 있는 금액의 기댓값은 780원이다.

참고

500원짜리 동전은 2개뿐이므로 500원짜리 동전만 3개 꺼내는 사건은 일어나지 않음에 주의한다.

0559

답 300

복권 1개로 받을 수 있는 적립 포인트를 확률변수 X라 하고, 전체 복권의 개수를 n이라 하자.

X가 가질 수 있는 값은 0, 30, 900, 3000이고 그 확률은 각각

$$P(X=0)=\frac{n-1-10-100}{n}=\frac{n-111}{n}$$

$$P(X=30)=\frac{100}{n}$$

$$P(X=900)=\frac{10}{n}$$

$$P(X=3000)=\frac{1}{n}$$

이므로 X의 확률분포를 나타내는 표는 다음과 같다.

X	0	30	900	3000	합계
$P(X=x)$	$\frac{n-111}{n}$	$\frac{100}{n}$	$\frac{10}{n}$	$\frac{1}{n}$	1

.... ❶

$$E(X)=0\times\frac{n-111}{n}+30\times\frac{100}{n}+900\times\frac{10}{n}+3000\times\frac{1}{n}$$

$$=\frac{15000}{n}$$

.... ❷

복권 1개로 받을 수 있는 적립 포인트의 기댓값이 50점이므로

$$\frac{15000}{n}=50 \qquad \therefore n=300$$

따라서 전체 복권의 개수는 300이다.

.... ❸

채점 기준	배점
❶ 적립 포인트를 확률변수 X라 하고 X의 확률분포 구하기	40%
❷ X의 기댓값 구하기	30%
❸ 전체 복권의 개수 구하기	30%

0560

답 1320원

받을 수 있는 상금을 확률변수 X라 하면 X가 가질 수 있는 값은 600, 1200, 1500이다.

흰 공 2개, 검은 공 4개가 들어 있는 주머니에서 임의로 2개의 공을 동시에 꺼낼 때,

$X=600$인 경우는 2개의 공이 모두 흰 공일 때이므로

$$P(X=600)=\frac{{}_2C_2\times{}_4C_0}{{}_6C_2}=\frac{1}{15}$$

$X=1200$인 경우는 2개의 공이 모두 검은 공일 때이므로

$$P(X=1200)=\frac{{}_2C_0\times{}_4C_2}{{}_6C_2}=\frac{6}{15}=\frac{2}{5}$$

$X=1500$인 경우는 꺼낸 2개의 공의 색이 서로 다를 때, 즉 1개는 흰 공, 1개는 검은 공일 때이므로

$$P(X=1500)=\frac{{}_2C_1\times{}_4C_1}{{}_6C_2}=\frac{8}{15}$$

즉, X의 확률분포를 나타내는 표는 다음과 같다.

X	600	1200	1500	합계
$P(X=x)$	$\frac{1}{15}$	$\frac{2}{5}$	$\frac{8}{15}$	1

$$\therefore E(X)=600\times\frac{1}{15}+1200\times\frac{2}{5}+1500\times\frac{8}{15}=1320$$

따라서 받을 수 있는 상금의 기댓값은 1320원이다.

0561

답 ④

첫 시도의 열쇠로 자물쇠를 열 수도 있고 마지막 시도의 열쇠로 자물쇠를 열 수도 있다. 즉, 자물쇠가 열릴 때까지 시도하는 횟수를 확률변수 X라 하면 X가 가질 수 있는 값은 1, 2, 3, 4, 5, 6이고 그 확률은 각각

$$P(X=1)=\frac{1}{6}$$

$$P(X=2)=\frac{5}{6}\times\frac{1}{5}=\frac{1}{6}$$

$$P(X=3)=\frac{5}{6}\times\frac{4}{5}\times\frac{1}{4}=\frac{1}{6}$$

$$P(X=4)=\frac{5}{6}\times\frac{4}{5}\times\frac{3}{4}\times\frac{1}{3}=\frac{1}{6}$$

$$P(X=5)=\frac{5}{6}\times\frac{4}{5}\times\frac{3}{4}\times\frac{2}{3}\times\frac{1}{2}=\frac{1}{6}$$

$$P(X=6)=\frac{5}{6}\times\frac{4}{5}\times\frac{3}{4}\times\frac{2}{3}\times\frac{1}{2}\times\frac{1}{1}=\frac{1}{6}$$

이므로 X의 확률분포를 나타내는 표는 다음과 같다.

X	1	2	3	4	5	6	합계
$P(X=x)$	$\frac{1}{6}$	$\frac{1}{6}$	$\frac{1}{6}$	$\frac{1}{6}$	$\frac{1}{6}$	$\frac{1}{6}$	1

$$\therefore E(X)=1\times\frac{1}{6}+2\times\frac{1}{6}+3\times\frac{1}{6}+4\times\frac{1}{6}+5\times\frac{1}{6}+6\times\frac{1}{6}$$

$$=\frac{21}{6}=\frac{7}{2}=3.5$$

따라서 자물쇠가 열릴 때까지 시도하는 횟수의 기댓값은 3.5회이다.

0562

답 ①

한 개의 동전을 3번 던질 때, 모든 경우의 수는 8이고, 각 경우에 대하여 얻게 되는 점수는 다음과 같다.

(앞, 앞, 앞)이면 $1+1=2$(점)

(앞, 앞, 뒤)이면 $1+3=4$(점)

(앞, 뒤, 앞)이면 $3+3=6$(점)

(앞, 뒤, 뒤)이면 $3+2=5$(점)

(뒤, 앞, 앞)이면 $3+1=4$(점)

(뒤, 앞, 뒤)이면 $3+3=6$(점)

(뒤, 뒤, 앞)이면 $2+3=5$(점)

(뒤, 뒤, 뒤)이면 $2+2=4$(점)

즉, 주어진 규칙에 따라 얻는 점수의 합을 확률변수 X라 하면 X가 가질 수 있는 값은 2, 4, 5, 6이고 그 확률은 각각

$P(X=2)=\dfrac{1}{8}$, $P(X=4)=\dfrac{3}{8}$, $P(X=5)=\dfrac{2}{8}=\dfrac{1}{4}$,

$P(X=6)=\dfrac{2}{8}=\dfrac{1}{4}$

이므로 X의 확률분포를 나타내는 표는 다음과 같다.

X	2	4	5	6	합계
$P(X=x)$	$\dfrac{1}{8}$	$\dfrac{3}{8}$	$\dfrac{1}{4}$	$\dfrac{1}{4}$	1

$\therefore E(X)=2\times\dfrac{1}{8}+4\times\dfrac{3}{8}+5\times\dfrac{1}{4}+6\times\dfrac{1}{4}$

$\qquad\qquad =\dfrac{18}{4}=\dfrac{9}{2}=4.5$

따라서 얻는 점수의 합의 기댓값은 4.5점이다.

유형 06 확률변수 $aX+b$의 평균, 분산, 표준편차 – 평균, 분산이 주어진 경우

확인 문제 (1) 13 (2) 36 (3) 6

(1) $E(3X-2)=3E(X)-2=3\times5-2=13$

(2) $V(3X-2)=3^2V(X)=9\times4=36$

(3) $V(X)=4$에서 $\sigma(X)=\sqrt{V(X)}=\sqrt{4}=2$이므로

$\sigma(3X-2)=3\sigma(X)=3\times2=6$

0563　답 ①

$E(X)=3$, $E(X^2)=15$이므로

$V(X)=E(X^2)-\{E(X)\}^2=15-3^2=6$

$Y=aX+b$이므로

$E(Y)=E(aX+b)=aE(X)+b=3a+b$

이때 $E(Y)=7$이므로

$3a+b=7$　$\cdots\cdots$ ㉠

$V(Y)=V(aX+b)=a^2V(X)=6a^2$

이때 $V(Y)=54$이므로

$6a^2=54$, $a^2=9$　$\therefore a=3$ 또는 $a=-3$

이를 ㉠에 대입하여 풀면

$a=3$, $b=-2$ 또는 $a=-3$, $b=16$

따라서 $ab=-6$ 또는 $ab=-48$이므로 ab의 최댓값은 -6이다.

0564　답 ③

$E(2X+5)=10$이므로

$2E(X)+5=10$　$\therefore E(X)=\dfrac{5}{2}$

$E(3-4X)=3-4E(X)=3-4\times\dfrac{5}{2}=-7$

$E(10+2X)=10+2E(X)=10+2\times\dfrac{5}{2}=15$

$\therefore E(3-4X)+E(10+2X)=-7+15=8$

0565　답 19

$E(2X+5)=13$에서

$2E(X)+5=13$, $2E(X)=8$

$\therefore E(X)=4$ ·· ❶

$V(3X)=27$에서

$3^2V(X)=27$　$\therefore V(X)=3$ ············ ❷

이때 $V(X)=E(X^2)-\{E(X)\}^2$이므로

$3=E(X^2)-4^2$

$\therefore E(X^2)=3+16=19$ ························ ❸

채점 기준	배점
❶ $E(X)$의 값 구하기	30%
❷ $V(X)$의 값 구하기	30%
❸ $E(X^2)$의 값 구하기	40%

0566　답 ③

$X=3Y+10$에서 $Y=\dfrac{X-10}{3}$

$E(X)=40$이므로

$E(Y)=E\left(\dfrac{X-10}{3}\right)=\dfrac{E(X)-10}{3}=\dfrac{40-10}{3}=10$

$V(X)=45$이므로

$V(Y)=V\left(\dfrac{X-10}{3}\right)=\dfrac{V(X)}{3^2}=\dfrac{45}{9}=5$

따라서 $V(Y)=E(Y^2)-\{E(Y)\}^2$이므로

$5=E(Y^2)-10^2$

$\therefore E(Y^2)=5+100=105$

$\therefore E(Y)+E(Y^2)=10+105=115$

0567　답 ④

$E(X)=5500$, $\sigma(X)=100$이므로

$E(Y)=E(1.6X-200)$

$\qquad =1.6E(X)-200$

$\qquad =1.6\times5500-200=8600$

$\sigma(Y)=\sigma(1.6X-200)$

$\qquad =1.6\sigma(X)$

$\qquad =1.6\times100=160$

따라서 Y의 평균과 표준편차의 합은

$8600+160=8760$(원)

0568

답 ⑤

$E(X)=m$이라 하면 $E(X^2)=2E(X)+5=2m+5$이므로

$V(X)=E(X^2)-\{E(X)\}^2$

$\qquad =(2m+5)-m^2=-m^2+2m+5$

$\therefore V(3X-4)=3^2V(X)=9(-m^2+2m+5)$

$\qquad\qquad\qquad =-9(m^2-2m-5)$

$\qquad\qquad\qquad =-9\{(m-1)^2-6\}$

$\qquad\qquad\qquad =-9(m-1)^2+54$

따라서 $V(3X-4)$는 $m=1$, 즉 $E(X)=1$일 때 최대이고, 최댓값은 54이다.

유형 07 확률변수 $aX+b$의 평균, 분산, 표준편차
－ 확률분포가 주어진 경우

0569

답 ③

확률변수 X가 갖는 모든 값에 대한 확률의 합은 1이므로

$a+\dfrac{3}{2}a+2a+\dfrac{a}{2}=1,\ 5a=1 \quad \therefore a=\dfrac{1}{5}$

즉, X의 확률분포를 나타내는 표는 다음과 같다.

X	1	2	3	4	합계
$P(X=x)$	$\dfrac{1}{5}$	$\dfrac{3}{10}$	$\dfrac{2}{5}$	$\dfrac{1}{10}$	1

$E(X)=1\times\dfrac{1}{5}+2\times\dfrac{3}{10}+3\times\dfrac{2}{5}+4\times\dfrac{1}{10}=\dfrac{12}{5}$

$\therefore E(10X-3)=10E(X)-3=10\times\dfrac{12}{5}-3=21$

0570

답 15

$E(X)=2\times\dfrac{1}{2}+3\times\dfrac{1}{3}+4\times\dfrac{1}{6}=\dfrac{8}{3}$

$\therefore E(6X-1)=6E(X)-1=6\times\dfrac{8}{3}-1=15$

0571

답 $\dfrac{26}{7}$

확률변수 X의 확률질량함수가

$P(X=x)=\dfrac{k}{2^{x+1}}\ (x=1,\ 2,\ 3)$

이고 확률변수 X가 갖는 모든 값에 대한 확률의 합은 1이므로

$\dfrac{k}{4}+\dfrac{k}{8}+\dfrac{k}{16}=1,\ \dfrac{7}{16}k=1 \quad \therefore k=\dfrac{16}{7}$

즉, X의 확률분포를 나타내는 표는 다음과 같다.

X	1	2	3	합계
$P(X=x)$	$\dfrac{4}{7}$	$\dfrac{2}{7}$	$\dfrac{1}{7}$	1

$E(X)=1\times\dfrac{4}{7}+2\times\dfrac{2}{7}+3\times\dfrac{1}{7}=\dfrac{11}{7}$이고

$E(X^2)=1^2\times\dfrac{4}{7}+2^2\times\dfrac{2}{7}+3^2\times\dfrac{1}{7}=\dfrac{21}{7}=3$이므로

$V(X)=E(X^2)-\{E(X)\}^2=3-\left(\dfrac{11}{7}\right)^2=\dfrac{26}{49}$

즉, $\sigma(X)=\sqrt{V(X)}=\sqrt{\dfrac{26}{49}}=\dfrac{\sqrt{26}}{7}$이므로

$\sigma(\sqrt{26}X+7)=\sqrt{26}\,\sigma(X)=\sqrt{26}\times\dfrac{\sqrt{26}}{7}=\dfrac{26}{7}$

0572

답 ③

$E(X)=(-3)\times\dfrac{1}{2}+0\times\dfrac{1}{4}+a\times\dfrac{1}{4}=\dfrac{1}{4}a-\dfrac{3}{2}$

이때 $E(X)=-1$이므로

$\dfrac{1}{4}a-\dfrac{3}{2}=-1,\ \dfrac{1}{4}a=\dfrac{1}{2} \quad \therefore a=2$

즉, X의 확률분포를 나타내는 표는 다음과 같다.

X	-3	0	2	합계
$P(X=x)$	$\dfrac{1}{2}$	$\dfrac{1}{4}$	$\dfrac{1}{4}$	1

$E(X^2)=(-3)^2\times\dfrac{1}{2}+0^2\times\dfrac{1}{4}+2^2\times\dfrac{1}{4}=\dfrac{11}{2}$이므로

$V(X)=E(X^2)-\{E(X)\}^2=\dfrac{11}{2}-(-1)^2=\dfrac{9}{2}$

$\therefore V(aX)=V(2X)=2^2V(X)=4\times\dfrac{9}{2}=18$

0573

답 ③

확률변수 X가 갖는 모든 값에 대한 확률의 합은 1이므로

$\dfrac{3}{8}+a+\dfrac{1}{8}+b=1 \quad \therefore a+b=\dfrac{1}{2} \quad \cdots\cdots \ \ominus$

$E(X)=2$이므로

$1\times\dfrac{3}{8}+2a+3\times\dfrac{1}{8}+4b=2$

$\therefore a+2b=\dfrac{5}{8} \quad\cdots\cdots \ \ominus$

$\ominus$, $\ominus$을 연립하여 풀면 $a=\dfrac{3}{8}$, $b=\dfrac{1}{8}$

즉, X의 확률분포를 나타내는 표는 다음과 같다.

X	1	2	3	4	합계
$P(X=x)$	$\dfrac{3}{8}$	$\dfrac{3}{8}$	$\dfrac{1}{8}$	$\dfrac{1}{8}$	1

$E(X^2)=1^2\times\dfrac{3}{8}+2^2\times\dfrac{3}{8}+3^2\times\dfrac{1}{8}+4^2\times\dfrac{1}{8}=\dfrac{40}{8}=5$

이므로

$V(X)=E(X^2)-\{E(X)\}^2=5-2^2=1$

$\therefore V(3-2X)=(-2)^2V(X)=4\times1=4$

0574

답 37

$E(X)=(-2)\times\dfrac{1}{4}+0\times\dfrac{1}{12}+1\times\dfrac{1}{6}+2\times\dfrac{1}{2}=\dfrac{2}{3}$이고

$E(X^2)=(-2)^2\times\dfrac{1}{4}+0^2\times\dfrac{1}{12}+1^2\times\dfrac{1}{6}+2^2\times\dfrac{1}{2}=\dfrac{19}{6}$이므로

$$\mathrm{V}(X)=\mathrm{E}(X^2)-\{\mathrm{E}(X)\}^2=\frac{19}{6}-\left(\frac{2}{3}\right)^2=\frac{49}{18}$$

──────────────── ❶

한편, 확률변수 $Y=aX+b$에 대하여

$$\mathrm{E}(Y)=\mathrm{E}(aX+b)=a\mathrm{E}(X)+b=\frac{2}{3}a+b$$

이때 $\mathrm{E}(Y)=3$이므로

$$\frac{2}{3}a+b=3 \quad \cdots\cdots \ \bigcirc$$

──────────────── ❷

$$\mathrm{V}(Y)=\mathrm{V}(aX+b)=a^2\mathrm{V}(X)=\frac{49}{18}a^2$$

이때 $\mathrm{V}(Y)=98$이므로

$$\frac{49}{18}a^2=98, \ a^2=36$$

$$\therefore a=6 \ (\because a>0)$$

──────────────── ❸

이를 $\bigcirc$에 대입하면

$$4+b=3 \quad \therefore b=-1$$

$$\therefore a^2+b^2=36+(-1)^2=37$$

──────────────── ❹

채점 기준	배점
❶ $\mathrm{E}(X)$, $\mathrm{V}(X)$의 값 구하기	30%
❷ $\mathrm{E}(Y)$를 이용하여 a, b의 관계식 구하기	30%
❸ $\mathrm{V}(Y)$를 이용하여 양수 a의 값 구하기	30%
❹ b의 값 및 a^2+b^2의 값 구하기	10%

0575 답 ⑤

확률변수 X가 갖는 모든 값에 대한 확률의 합은 1이므로

$$\frac{_4\mathrm{C}_1}{k}+\frac{_4\mathrm{C}_2}{k}+\frac{_4\mathrm{C}_3}{k}+\frac{_4\mathrm{C}_4}{k}=1$$

$$\frac{1}{k}(_4\mathrm{C}_1+_4\mathrm{C}_2+_4\mathrm{C}_3+_4\mathrm{C}_4)=1$$

이때 $_4\mathrm{C}_0+_4\mathrm{C}_1+_4\mathrm{C}_2+_4\mathrm{C}_3+_4\mathrm{C}_4=2^4$이므로

$$_4\mathrm{C}_1+_4\mathrm{C}_2+_4\mathrm{C}_3+_4\mathrm{C}_4=2^4-1=15$$

$$\therefore k=_4\mathrm{C}_1+_4\mathrm{C}_2+_4\mathrm{C}_3+_4\mathrm{C}_4=15$$

즉, X의 확률분포를 나타내는 표는 다음과 같다.

X	2	4	8	16	합계
$\mathrm{P}(X=x)$	$\frac{4}{15}$	$\frac{2}{5}$	$\frac{4}{15}$	$\frac{1}{15}$	1

$$\mathrm{E}(X)=2\times\frac{4}{15}+4\times\frac{2}{5}+8\times\frac{4}{15}+16\times\frac{1}{15}=\frac{80}{15}=\frac{16}{3}$$

$$\therefore \mathrm{E}(3X+1)=3\mathrm{E}(X)+1=3\times\frac{16}{3}+1=17$$

[다른 풀이]

$$\mathrm{E}(X)=2\times\frac{_4\mathrm{C}_1}{15}+4\times\frac{_4\mathrm{C}_2}{15}+8\times\frac{_4\mathrm{C}_3}{15}+16\times\frac{_4\mathrm{C}_4}{15}$$

$$=\frac{2\times_4\mathrm{C}_1+2^2\times_4\mathrm{C}_2+2^3\times_4\mathrm{C}_3+2^4\times_4\mathrm{C}_4}{15}$$

$(1+x)^n={}_n\mathrm{C}_0+{}_n\mathrm{C}_1x+{}_n\mathrm{C}_2x^2+\cdots+{}_n\mathrm{C}_nx^n$의 양변에 $x=2$, $n=4$를 대입하면

$$3^4=_4\mathrm{C}_0+_4\mathrm{C}_1\times2+_4\mathrm{C}_2\times2^2+_4\mathrm{C}_3\times2^3+_4\mathrm{C}_4\times2^4$$

이므로

$$_4\mathrm{C}_1\times2+_4\mathrm{C}_2\times2^2+_4\mathrm{C}_3\times2^3+_4\mathrm{C}_4\times2^4=3^4-1=80$$

$$\mathrm{E}(X)=\frac{2\times_4\mathrm{C}_1+2^2\times_4\mathrm{C}_2+2^3\times_4\mathrm{C}_3+2^4\times_4\mathrm{C}_4}{15}=\frac{80}{15}=\frac{16}{3}$$

$$\therefore \mathrm{E}(3X+1)=3\mathrm{E}(X)+1=3\times\frac{16}{3}+1=17$$

유형 08 확률변수 $aX+b$의 평균, 분산, 표준편차 - 확률분포가 주어지지 않은 경우

0576 답 ③

흰 공 2개와 검은 공 3개가 들어 있는 주머니에서 임의로 꺼낸 2개의 공 중 흰 공의 개수가 확률변수 X이므로 X가 가질 수 있는 값은 0, 1, 2이고 그 확률은 각각

$$\mathrm{P}(X=0)=\frac{_2\mathrm{C}_0\times_3\mathrm{C}_2}{_5\mathrm{C}_2}=\frac{3}{10}$$

$$\mathrm{P}(X=1)=\frac{_2\mathrm{C}_1\times_3\mathrm{C}_1}{_5\mathrm{C}_2}=\frac{6}{10}=\frac{3}{5}$$

$$\mathrm{P}(X=2)=\frac{_2\mathrm{C}_2\times_3\mathrm{C}_0}{_5\mathrm{C}_2}=\frac{1}{10}$$

즉, X의 확률분포를 나타내는 표는 다음과 같다.

X	0	1	2	합계
$\mathrm{P}(X=x)$	$\frac{3}{10}$	$\frac{3}{5}$	$\frac{1}{10}$	1

$$\mathrm{E}(X)=0\times\frac{3}{10}+1\times\frac{3}{5}+2\times\frac{1}{10}=\frac{4}{5}$$

$$\therefore \mathrm{E}(10X+1)=10\mathrm{E}(X)+1=10\times\frac{4}{5}+1=9$$

0577 답 25

확률변수 X가 가질 수 있는 값은 2, 4, 6이고, 2가 적힌 면이 2개, 4가 적힌 면이 3개, 6이 적힌 면이 1개이므로 확률변수 X의 확률분포를 나타내는 표는 다음과 같다.

X	2	4	6	합계
$\mathrm{P}(X=x)$	$\frac{1}{3}$	$\frac{1}{2}$	$\frac{1}{6}$	1

$$\mathrm{E}(X)=2\times\frac{1}{3}+4\times\frac{1}{2}+6\times\frac{1}{6}=\frac{11}{3}$$

$$\therefore \mathrm{E}(6X+3)=6\mathrm{E}(X)+3=6\times\frac{11}{3}+3=25$$

0578 답 10

서로 다른 주사위 2개를 동시에 한 번 던질 때, 6의 눈이 나오는 주사위의 개수가 확률변수 X이므로 X가 가질 수 있는 값은 0, 1, 2이고 그 확률은 각각

$$\mathrm{P}(X=0)=\frac{5}{6}\times\frac{5}{6}=\frac{25}{36}$$

$$\mathrm{P}(X=1)=\frac{5}{6}\times\frac{1}{6}+\frac{1}{6}\times\frac{5}{6}=\frac{10}{36}=\frac{5}{18}$$

$$P(X=2)=\frac{1}{6}\times\frac{1}{6}=\frac{1}{36}$$

즉, X의 확률분포를 나타내는 표는 다음과 같다.

X	0	1	2	합계
$P(X=x)$	$\frac{25}{36}$	$\frac{5}{18}$	$\frac{1}{36}$	1

─────────────────────────────── ❶

$$E(X)=0\times\frac{25}{36}+1\times\frac{5}{18}+2\times\frac{1}{36}=\frac{6}{18}=\frac{1}{3}$$ 이고

$$E(X^2)=0^2\times\frac{25}{36}+1^2\times\frac{5}{18}+2^2\times\frac{1}{36}=\frac{7}{18}$$ 이므로

$$V(X)=E(X^2)-\{E(X)\}^2=\frac{7}{18}-\left(\frac{1}{3}\right)^2=\frac{5}{18}$$

─────────────────────────────── ❷

$$\therefore V(6X-3)=6^2V(X)=36\times\frac{5}{18}=10$$

─────────────────────────────── ❸

채점 기준	배점
❶ X가 가질 수 있는 값 및 X의 각 값에서의 확률 구하기	40%
❷ $V(X)$의 값 구하기	40%
❸ $V(6X-3)$의 값 구하기	20%

0579
답 ④

불량품 3개, 정상 제품 3개가 들어 있는 제품 보관 상자에서 임의로 꺼낸 2개의 제품 중 불량품의 개수가 확률변수 X이므로 X가 가질 수 있는 값은 0, 1, 2이고 그 확률은 각각

$$P(X=0)=\frac{{}_3C_0\times{}_3C_2}{{}_6C_2}=\frac{3}{15}=\frac{1}{5}$$

$$P(X=1)=\frac{{}_3C_1\times{}_3C_1}{{}_6C_2}=\frac{9}{15}=\frac{3}{5}$$

$$P(X=2)=\frac{{}_3C_2\times{}_3C_0}{{}_6C_2}=\frac{3}{15}=\frac{1}{5}$$

즉, X의 확률분포를 나타내는 표는 다음과 같다.

X	0	1	2	합계
$P(X=x)$	$\frac{1}{5}$	$\frac{3}{5}$	$\frac{1}{5}$	1

$$E(X)=0\times\frac{1}{5}+1\times\frac{3}{5}+2\times\frac{1}{5}=1$$ 이고

$$E(X^2)=0^2\times\frac{1}{5}+1^2\times\frac{3}{5}+2^2\times\frac{1}{5}=\frac{7}{5}$$ 이므로

$$V(X)=E(X^2)-\{E(X)\}^2=\frac{7}{5}-1^2=\frac{2}{5}$$

$$\therefore V(5X-7)=5^2V(X)=25\times\frac{2}{5}=10$$

0580
답 20

5개의 서랍 중 영희에게 임의로 2개를 배정하는 경우의 수는
$${}_5C_2=10$$

2개의 서랍에 적혀 있는 자연수 중 작은 수가 확률변수 X이므로 X가 가질 수 있는 값은 1, 2, 3, 4이다.

이때 영희에게 배정된 두 서랍에 적혀 있는 자연수를 순서쌍으로 나타내면

(i) $X=1$인 경우는 $(1, 2)$, $(1, 3)$, $(1, 4)$, $(1, 5)$의 4가지이므로

$$P(X=1)=\frac{4}{10}=\frac{2}{5}$$

(ii) $X=2$인 경우는 $(2, 3)$, $(2, 4)$, $(2, 5)$의 3가지이므로

$$P(X=2)=\frac{3}{10}$$

(iii) $X=3$인 경우는 $(3, 4)$, $(3, 5)$의 2가지이므로

$$P(X=3)=\frac{2}{10}=\frac{1}{5}$$

(iv) $X=4$인 경우는 $(4, 5)$의 1가지이므로

$$P(X=4)=\frac{1}{10}$$

즉, X의 확률분포를 나타내는 표는 다음과 같다.

X	1	2	3	4	합계
$P(X=x)$	$\frac{2}{5}$	$\frac{3}{10}$	$\frac{1}{5}$	$\frac{1}{10}$	1

$$E(X)=1\times\frac{2}{5}+2\times\frac{3}{10}+3\times\frac{1}{5}+4\times\frac{1}{10}=2$$

$$\therefore E(10X)=10E(X)=10\times2=20$$

0581
답 ⑤

동전 한 개를 4번 던질 때, 앞면이 Y번 나왔다고 하면 뒷면이 나온 횟수는 $4-Y$이다.

앞면이 나올 때마다 3점을 받고 뒷면이 나올 때마다 1점을 잃으므로 이 게임에서 받을 수 있는 점수 X는
$$X=3\times Y+(-1)\times(4-Y)=4Y-4$$

동전 한 개를 4번 던질 때, 앞면이 나오는 횟수가 Y이므로 Y가 가질 수 있는 값은 0, 1, 2, 3, 4이고 그 확률은 각각

$$P(Y=0)={}_4C_0\left(\frac{1}{2}\right)^0\left(\frac{1}{2}\right)^4=\frac{1}{16}$$

$$P(Y=1)={}_4C_1\left(\frac{1}{2}\right)^1\left(\frac{1}{2}\right)^3=\frac{4}{16}=\frac{1}{4}$$

$$P(Y=2)={}_4C_2\left(\frac{1}{2}\right)^2\left(\frac{1}{2}\right)^2=\frac{6}{16}=\frac{3}{8}$$

$$P(Y=3)={}_4C_3\left(\frac{1}{2}\right)^3\left(\frac{1}{2}\right)^1=\frac{4}{16}=\frac{1}{4}$$

$$P(Y=4)={}_4C_4\left(\frac{1}{2}\right)^4\left(\frac{1}{2}\right)^0=\frac{1}{16}$$

즉, Y의 확률분포를 나타내는 표는 다음과 같다.

Y	0	1	2	3	4	합계
$P(Y=y)$	$\frac{1}{16}$	$\frac{1}{4}$	$\frac{3}{8}$	$\frac{1}{4}$	$\frac{1}{16}$	1

$$E(Y)=0\times\frac{1}{16}+1\times\frac{1}{4}+2\times\frac{3}{8}+3\times\frac{1}{4}+4\times\frac{1}{16}=2$$ 이고

$$E(Y^2)=0^2\times\frac{1}{16}+1^2\times\frac{1}{4}+2^2\times\frac{3}{8}+3^2\times\frac{1}{4}+4^2\times\frac{1}{16}=5$$ 이므로

$$V(Y)=E(Y^2)-\{E(Y)\}^2=5-2^2=1$$

따라서 $\sigma(Y)=\sqrt{V(Y)}=1$이므로

$$\sigma(X)=\sigma(4Y-4)=4\sigma(Y)=4\times1=4$$

$$\therefore \sigma(4X+3)=4\sigma(X)=4\times4=16$$

0582

5명의 학생이 5개의 의자에 한 명씩 앉는 모든 경우의 수는

$5!=120$

남학생이 2명, 여학생이 3명이고 여학생이 앉은 의자에 붙어 있는 번호 중에서 가장 작은 수가 확률변수 X이므로 X가 가질 수 있는 값은 1, 2, 3이다.

$X=1$인 경우, 1번 의자에 여학생 3명 중 1명이 앉고 나머지 4개의 의자에 남은 4명의 학생이 앉으면 되므로

$$P(X=1)=\frac{{}_3P_1\times 4!}{120}=\frac{3\times 24}{120}=\frac{3}{5}$$

$X=2$인 경우, 1번 의자에 남학생 2명 중 1명이 앉고, 2번 의자에 여학생 3명 중 1명이 앉으며 나머지 3개의 의자에 남은 3명의 학생이 앉으면 되므로

$$P(X=2)=\frac{{}_2P_1\times {}_3P_1\times 3!}{120}=\frac{2\times 3\times 6}{120}=\frac{3}{10}$$

$X=3$인 경우, 1번과 2번 의자에 남학생 2명이 한 명씩 앉고, 3번, 4번, 5번 의자에 여학생 3명이 앉으면 되므로

$$P(X=3)=\frac{2!\times 3!}{120}=\frac{2\times 6}{120}=\frac{1}{10}$$

즉, X의 확률분포를 나타내는 표는 다음과 같다.

X	1	2	3	합계
$P(X=x)$	$\frac{3}{5}$	$\frac{3}{10}$	$\frac{1}{10}$	1

$E(X)=1\times\frac{3}{5}+2\times\frac{3}{10}+3\times\frac{1}{10}=\frac{15}{10}=\frac{3}{2}$ 이고

$E(X^2)=1^2\times\frac{3}{5}+2^2\times\frac{3}{10}+3^2\times\frac{1}{10}=\frac{27}{10}$ 이므로

$$V(X)=E(X^2)-\{E(X)\}^2=\frac{27}{10}-\left(\frac{3}{2}\right)^2=\frac{9}{20}$$

$$\therefore V(10X+3)=10^2V(X)=100\times\frac{9}{20}=45$$

0583

정육면체의 8개의 꼭짓점은 어느 세 점도 일직선 위에 있지 않으므로 이 중에서 임의로 서로 다른 세 개의 꼭짓점을 택하면 삼각형이 만들어진다.

즉, 만들 수 있는 모든 삼각형의 개수는

${}_8C_3=56$

한편, 삼각형의 넓이가 서로 다른 경우는 다음 그림과 같은 세 종류이다.

(i) 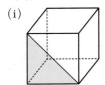 (ii) (iii)

정육면체의 한 모서리의 길이는 1이고 삼각형의 넓이가 확률변수 X이므로

(i) 세 변의 길이가 1, 1, $\sqrt{2}$인 직각이등변삼각형일 때

$$X=\frac{1}{2}\times 1\times 1=\frac{1}{2}$$

이와 같은 삼각형은 정육면체의 6개의 면마다 4개씩 존재하므로 삼각형의 개수는

$6\times 4=24$

$$\therefore P\left(X=\frac{1}{2}\right)=\frac{24}{56}=\frac{3}{7}$$

(ii) 세 변의 길이가 1, $\sqrt{2}$, $\sqrt{3}$인 직각삼각형일 때

$$X=\frac{1}{2}\times 1\times\sqrt{2}=\frac{\sqrt{2}}{2}$$

이와 같은 삼각형은 정육면체의 12개의 모서리마다 2개씩 존재하므로 삼각형의 개수는

$12\times 2=24$

$$\therefore P\left(X=\frac{\sqrt{2}}{2}\right)=\frac{24}{56}=\frac{3}{7}$$

(iii) 한 변의 길이가 $\sqrt{2}$인 정삼각형일 때

$$X=\frac{\sqrt{3}}{4}\times(\sqrt{2})^2=\frac{\sqrt{3}}{2}$$

이와 같은 삼각형은 정육면체의 6개의 면마다 4개씩 존재하는데 이 중 같은 것이 3개씩 있으므로 삼각형의 개수는

$$\frac{6\times 4}{3}=8$$

$$\therefore P\left(X=\frac{\sqrt{3}}{2}\right)=\frac{8}{56}=\frac{1}{7}$$

즉, X의 확률분포를 나타내는 표는 다음과 같다.

X	$\frac{1}{2}$	$\frac{\sqrt{2}}{2}$	$\frac{\sqrt{3}}{2}$	합계
$P(X=x)$	$\frac{3}{7}$	$\frac{3}{7}$	$\frac{1}{7}$	1

$$E(X^2)=\left(\frac{1}{2}\right)^2\times\frac{3}{7}+\left(\frac{\sqrt{2}}{2}\right)^2\times\frac{3}{7}+\left(\frac{\sqrt{3}}{2}\right)^2\times\frac{1}{7}=\frac{12}{28}=\frac{3}{7}$$

$$\therefore E(49X^2+1)=49E(X^2)+1$$
$$=49\times\frac{3}{7}+1=22$$

🔊 **Bible Says** **정삼각형의 높이와 넓이**

한 변의 길이가 a인 정삼각형의 높이를 h, 넓이를 S라 하면

$$h=\frac{\sqrt{3}}{2}a,\ S=\frac{\sqrt{3}}{4}a^2$$

유형 09 이항분포에서의 확률 구하기

확인 문제 (1) $P(X=x)={}_5C_x\left(\frac{1}{2}\right)^5$ $(x=0,1,2,\cdots,5)$

(2) $B\left(5,\frac{1}{2}\right)$

(1) 한 개의 동전을 한 번 던질 때, 앞면이 나올 확률은 $\frac{1}{2}$

한 개의 동전을 5번 던질 때, 앞면이 나오는 동전의 개수가 X이므로 X가 가질 수 있는 값은 0, 1, 2, 3, 4, 5이고 확률질량함수는

$$P(X=x)={}_5C_x\left(\frac{1}{2}\right)^x\left(\frac{1}{2}\right)^{5-x}$$
$$={}_5C_x\left(\frac{1}{2}\right)^5\ (x=0,1,2,\cdots,5)$$

(2) 한 개의 동전을 5번 던질 때, 앞면이 나오는 동전의 개수 X는 이항분포 $B\left(5,\frac{1}{2}\right)$을 따른다.

0584

답 ①

총을 한 번 쏘아 과녁에 명중시킬 확률이 0.4, 즉 $\frac{2}{5}$인 사격 선수가 총을 10번 쏘아 과녁에 명중시키는 횟수가 확률변수 X이므로 X는 이항분포 $\mathrm{B}\left(10, \frac{2}{5}\right)$를 따른다.

즉, X의 확률질량함수는

$$\mathrm{P}(X=x)={}_{10}\mathrm{C}_x\left(\frac{2}{5}\right)^x\left(\frac{3}{5}\right)^{10-x} \ (x=0,\ 1,\ 2,\ \cdots,\ 10)$$

$$\therefore \mathrm{P}(X\geq1)=1-\mathrm{P}(X=0)$$
$$=1-{}_{10}\mathrm{C}_0\left(\frac{2}{5}\right)^0\left(\frac{3}{5}\right)^{10}$$
$$=1-\frac{3^{10}}{5^{10}}$$

0585

답 ③

확률변수 X가 이항분포 $\mathrm{B}\left(4, \frac{1}{2}\right)$을 따르므로 X의 확률질량함수는

$$\mathrm{P}(X=x)={}_4\mathrm{C}_x\left(\frac{1}{2}\right)^x\left(\frac{1}{2}\right)^{4-x}$$
$$={}_4\mathrm{C}_x\left(\frac{1}{2}\right)^4 \ (x=0,\ 1,\ 2,\ 3,\ 4)$$

$$\therefore \mathrm{P}(X\geq3)=\mathrm{P}(X=3)+\mathrm{P}(X=4)$$
$$={}_4\mathrm{C}_3\left(\frac{1}{2}\right)^4+{}_4\mathrm{C}_4\left(\frac{1}{2}\right)^4$$
$$=\frac{5}{16}$$

0586

답 71

확률변수 X가 이항분포 $\mathrm{B}\left(n, \frac{1}{3}\right)$을 따르므로 X의 확률질량함수는

$$\mathrm{P}(X=x)={}_n\mathrm{C}_x\left(\frac{1}{3}\right)^x\left(\frac{2}{3}\right)^{n-x}$$
$$={}_n\mathrm{C}_x\times\frac{2^{n-x}}{3^n} \ (x=0,\ 1,\ 2,\ \cdots,\ n)$$

즉,

$$\mathrm{P}(X=2)={}_n\mathrm{C}_2\times\frac{2^{n-2}}{3^n}$$
$$=\frac{n(n-1)}{2}\times\frac{2^{n-2}}{3^n}$$
$$=\frac{2^{n-3}n(n-1)}{3^n}$$

$$\mathrm{P}(X=1)={}_n\mathrm{C}_1\times\frac{2^{n-1}}{3^n}$$
$$=\frac{2^{n-1}n}{3^n}$$

이고 $2\mathrm{P}(X=2)=35\mathrm{P}(X=1)$이므로

$$2\times\frac{2^{n-3}n(n-1)}{3^n}=35\times\frac{2^{n-1}n}{3^n}$$

이때 n은 자연수이므로

$$\frac{n-1}{2}=35,\ n-1=70$$

$$\therefore n=71$$

0587

답 11

불량률이 20 %인 배터리 8개 중에서 불량품의 개수를 확률변수 X라 하면 X는 이항분포 $\mathrm{B}\left(8, \frac{1}{5}\right)$을 따른다.

❶

즉, X의 확률질량함수는

$$\mathrm{P}(X=x)={}_8\mathrm{C}_x\left(\frac{1}{5}\right)^x\left(\frac{4}{5}\right)^{8-x} \ (x=0,\ 1,\ 2,\ \cdots,\ 8)$$

❷

이때 8개의 배터리 중 불량품이 2개 미만일 확률은

$$\mathrm{P}(X<2)=\mathrm{P}(X=0)+\mathrm{P}(X=1)$$
$$={}_8\mathrm{C}_0\left(\frac{1}{5}\right)^0\left(\frac{4}{5}\right)^8+{}_8\mathrm{C}_1\left(\frac{1}{5}\right)^1\left(\frac{4}{5}\right)^7$$
$$=\frac{4^8}{5^8}+\frac{8\times4^7}{5^8}=\frac{4^8}{5^8}+\frac{2\times4^8}{5^8}$$
$$=(1+2)\times\frac{4^8}{5^8}=3\times\left(\frac{4}{5}\right)^8$$

❸

따라서 $m=3$, $n=8$이므로
$$m+n=3+8=11$$

❹

채점 기준	배점
❶ 확률변수 X를 정하고 X가 따르는 확률분포 구하기	30%
❷ X의 확률질량함수 구하기	20%
❸ 불량품이 2개 미만일 확률 구하기	40%
❹ $m+n$의 값 구하기	10%

0588

답 ④

한 개의 주사위를 15번 던질 때, 홀수인 눈이 나오는 횟수를 확률변수 X라 하자.

한 개의 주사위를 한 번 던질 때, 홀수인 눈, 즉 1, 3, 5가 나올 확률은 $\frac{3}{6}=\frac{1}{2}$이므로 확률변수 X는 이항분포 $\mathrm{B}\left(15, \frac{1}{2}\right)$을 따른다.

즉, X의 확률질량함수는

$$\mathrm{P}(X=x)={}_{15}\mathrm{C}_x\left(\frac{1}{2}\right)^x\left(\frac{1}{2}\right)^{15-x}$$
$$=\frac{{}_{15}\mathrm{C}_x}{2^{15}} \ (x=0,\ 1,\ 2,\ \cdots,\ 15)$$

따라서 홀수인 눈이 8번 이상 나올 확률은

$$\mathrm{P}(X=8)+\mathrm{P}(X=9)+\mathrm{P}(X=10)+\cdots+\mathrm{P}(X=15)$$
$$=\frac{{}_{15}\mathrm{C}_8}{2^{15}}+\frac{{}_{15}\mathrm{C}_9}{2^{15}}+\frac{{}_{15}\mathrm{C}_{10}}{2^{15}}+\cdots+\frac{{}_{15}\mathrm{C}_{15}}{2^{15}}$$
$$=\frac{{}_{15}\mathrm{C}_8+{}_{15}\mathrm{C}_9+{}_{15}\mathrm{C}_{10}+\cdots+{}_{15}\mathrm{C}_{15}}{2^{15}}$$
$$=\frac{2^{14}}{2^{15}}=\frac{1}{2}$$

참고

$${}_{15}\mathrm{C}_8={}_{15}\mathrm{C}_7,\ {}_{15}\mathrm{C}_9={}_{15}\mathrm{C}_6,\ {}_{15}\mathrm{C}_{10}={}_{15}\mathrm{C}_5,\ \cdots,\ {}_{15}\mathrm{C}_{15}={}_{15}\mathrm{C}_0$$이므로

$${}_{15}\mathrm{C}_8+{}_{15}\mathrm{C}_9+{}_{15}\mathrm{C}_{10}+\cdots+{}_{15}\mathrm{C}_{15}=\frac{1}{2}({}_{15}\mathrm{C}_0+{}_{15}\mathrm{C}_1+{}_{15}\mathrm{C}_2+\cdots+{}_{15}\mathrm{C}_{15})$$
$$=\frac{1}{2}\times2^{15}=2^{15-1}=2^{14}$$

0589

답 ⑤

이 호텔의 예약 취소율이 20 %이므로 예약을 취소하지 않고 실제로 투숙하는 비율은 80 %, 즉 0.8이다.

실제로 호텔에 투숙하는 예약자 수를 확률변수 X라 하면 X는 이항분포 $B(30, 0.8)$을 따르므로 X의 확률질량함수는

$P(X=x) = {}_{30}C_x (0.8)^x (0.2)^{30-x}$ $(x=0, 1, 2, \cdots, 30)$

실제로 객실이 부족하려면 $X > 28$이어야 하므로 구하는 확률은

$$\begin{aligned} P(X>28) &= P(X=29) + P(X=30) \\ &= {}_{30}C_{29}(0.8)^{29}(0.2)^1 + {}_{30}C_{30}(0.8)^{30}(0.2)^0 \\ &= 30 \times (0.8)^{29} \times 0.2 + 1 \times (0.8)^{30} \times 1 \\ &= 6 \times (0.8)^{29} + 0.8 \times (0.8)^{29} \\ &= 6.8 \times (0.8)^{29} \\ &= 6.8 \times 0.0015 \\ &= 0.0102 \end{aligned}$$

유형 **10** 이항분포의 평균, 분산, 표준편차
– 이항분포가 주어진 경우

확인 문제 (1) $E(X)=50$, $V(X)=25$, $\sigma(X)=5$
(2) $E(X)=120$, $V(X)=80$, $\sigma(X)=4\sqrt{5}$

(1) 확률변수 X가 이항분포 $B\left(100, \dfrac{1}{2}\right)$을 따르므로

$E(X) = 100 \times \dfrac{1}{2} = 50$

$V(X) = 100 \times \dfrac{1}{2} \times \left(1 - \dfrac{1}{2}\right) = 25$

$\sigma(X) = \sqrt{25} = 5$

(2) 확률변수 X가 이항분포 $B\left(360, \dfrac{1}{3}\right)$을 따르므로

$E(X) = 360 \times \dfrac{1}{3} = 120$

$V(X) = 360 \times \dfrac{1}{3} \times \left(1 - \dfrac{1}{3}\right) = 360 \times \dfrac{1}{3} \times \dfrac{2}{3} = 80$

$\sigma(X) = \sqrt{80} = 4\sqrt{5}$

0590

답 ④

확률변수 X가 이항분포 $B(4, p)$를 따르므로

$E(X) = 4p$

$V(X) = 4p(1-p)$

이때 $V(X) = E(X^2) - \{E(X)\}^2$에서

$$\begin{aligned} E(X^2) &= V(X) + \{E(X)\}^2 \\ &= 4p(1-p) + (4p)^2 = 12p^2 + 4p \end{aligned}$$

$E(X^2) = 5$이므로 $12p^2 + 4p = 5$에서

$12p^2 + 4p - 5 = 0$, $(2p-1)(6p+5) = 0$

$\therefore p = \dfrac{1}{2}$ $(\because 0 < p < 1)$

따라서 확률변수 X는 이항분포 $B\left(4, \dfrac{1}{2}\right)$을 따르므로

$\sigma(X) = \sqrt{4 \times \dfrac{1}{2} \times \dfrac{1}{2}} = 1$

0591

답 60

확률변수 X가 이항분포 $B\left(n, \dfrac{2}{3}\right)$를 따르므로

$V(X) = n \times \dfrac{2}{3} \times \dfrac{1}{3} = \dfrac{2}{9}n$

이때 $V(X) = 20$이므로

$\dfrac{2}{9}n = 20$ $\therefore n = 90$

따라서 확률변수 X는 이항분포 $B\left(90, \dfrac{2}{3}\right)$를 따르므로

$E(X) = 90 \times \dfrac{2}{3} = 60$

0592

답 ④

$E(3X-1) = 17$에서

$3E(X) - 1 = 17$, $3E(X) = 18$ $\therefore E(X) = 6$

한편, 확률변수 X는 이항분포 $B\left(n, \dfrac{1}{3}\right)$을 따르므로

$E(X) = n \times \dfrac{1}{3} = 6$ $\therefore n = 18$

따라서 확률변수 X는 이항분포 $B\left(18, \dfrac{1}{3}\right)$을 따르므로

$V(X) = 18 \times \dfrac{1}{3} \times \dfrac{2}{3} = 4$

0593

답 ③

확률변수 X가 이항분포 $B\left(48, \dfrac{1}{4}\right)$을 따르므로

$E(X) = 48 \times \dfrac{1}{4} = 12$

$V(X) = 48 \times \dfrac{1}{4} \times \dfrac{3}{4} = 9$

$\sigma(X) = \sqrt{V(X)} = \sqrt{9} = 3$

즉, x^2의 계수가 1이고 $E(X)$, $\sigma(X)$를 두 근으로 갖는 이차방정식은

$(x-12)(x-3)=0$　∴ $x^2-15x+36=0$

이 이차방정식이 $x^2+ax+b=0$과 일치하므로

$a=-15$, $b=36$

∴ $a+b=-15+36=21$

0594 답 ④

이항분포 $B(n, p)$를 따르는 확률변수 X에 대하여

평균이 12이므로

$E(X)=np=12$　……… ㉠

분산이 3이므로

$V(X)=np(1-p)=3$　……… ㉡

㉠을 ㉡에 대입하면

$12(1-p)=3$, $1-p=\dfrac{1}{4}$　∴ $p=\dfrac{3}{4}$

$p=\dfrac{3}{4}$을 ㉠에 대입하면

$\dfrac{3}{4}n=12$　∴ $n=16$

0595 답 ①

확률변수 X가 이항분포 $B\left(n, \dfrac{1}{2}\right)$을 따르므로

$E(X)=n\times\dfrac{1}{2}=\dfrac{n}{2}$, $V(X)=n\times\dfrac{1}{2}\times\dfrac{1}{2}=\dfrac{n}{4}$

$V(X)=E(X^2)-\{E(X)\}^2$에서

$E(X^2)=V(X)+\{E(X)\}^2$

$\qquad=\dfrac{n}{4}+\left(\dfrac{n}{2}\right)^2=\dfrac{n^2}{4}+\dfrac{n}{4}$

이때 $E(X^2)=V(X)+25$이므로

$\dfrac{n^2}{4}+\dfrac{n}{4}=\dfrac{n}{4}+25$, $n^2=100$

∴ $n=10$

0596 답 $\dfrac{35}{4}$

$E(X)=12$, $E(X^2)=152$이므로

$V(X)=E(X^2)-\{E(X)\}^2$

$\qquad=152-12^2=8$

이항분포 $B(n, p)$를 따르는 확률변수 X에 대하여

$E(X)=np=12$　……… ㉠

$V(X)=np(1-p)=8$　……… ㉡

㉠을 ㉡에 대입하면

$12(1-p)=8$, $1-p=\dfrac{2}{3}$　∴ $p=\dfrac{1}{3}$

$p=\dfrac{1}{3}$을 ㉠에 대입하면

$\dfrac{1}{3}n=12$　∴ $n=36$　❶

즉, 확률변수 X는 이항분포 $B\left(36, \dfrac{1}{3}\right)$을 따르므로 X의 확률질량함수는

$P(X=x)={}_{36}C_x\left(\dfrac{1}{3}\right)^x\left(\dfrac{2}{3}\right)^{36-x}$ $(x=0, 1, 2, \cdots, 36)$　❷

$P(X=1)={}_{36}C_1\left(\dfrac{1}{3}\right)^1\left(\dfrac{2}{3}\right)^{35}=\dfrac{36\times2^{35}}{3^{36}}$

$P(X=2)={}_{36}C_2\left(\dfrac{1}{3}\right)^2\left(\dfrac{2}{3}\right)^{34}=\dfrac{630\times2^{34}}{3^{36}}$

∴ $\dfrac{P(X=2)}{P(X=1)}=\dfrac{\dfrac{630\times2^{34}}{3^{36}}}{\dfrac{36\times2^{35}}{3^{36}}}=\dfrac{630}{72}=\dfrac{35}{4}$　❸

채점 기준	배점
❶ n, p의 값 구하기	40%
❷ X의 확률질량함수 구하기	20%
❸ $\dfrac{P(X=2)}{P(X=1)}$의 값 구하기	40%

유형 **11** 이항분포의 평균, 분산, 표준편차
　　　 – 확률질량함수가 주어진 경우

0597 답 ④

확률변수 X의 확률질량함수가

$P(X=x)={}_{18}C_x\dfrac{2^x}{3^{18}}={}_{18}C_x\dfrac{2^x}{3^x\times3^{18-x}}$

$\qquad={}_{18}C_x\left(\dfrac{2}{3}\right)^x\left(\dfrac{1}{3}\right)^{18-x}$ $(x=0, 1, 2, \cdots, 18)$

이므로 확률변수 X는 이항분포 $B\left(18, \dfrac{2}{3}\right)$를 따른다.

∴ $E(X)=18\times\dfrac{2}{3}=12$, $V(X)=18\times\dfrac{2}{3}\times\dfrac{1}{3}=4$

따라서 $V(X)=E(X^2)-\{E(X)\}^2$에서

$E(X^2)=V(X)+\{E(X)\}^2=4+12^2=148$

0598 답 ①

확률변수 X의 확률질량함수가

$P(X=x)={}_{50}C_x\left(\dfrac{2}{5}\right)^x\left(\dfrac{3}{5}\right)^{50-x}$ $(x=0, 1, 2, \cdots, 50)$

이므로 확률변수 X는 이항분포 $B\left(50, \dfrac{2}{5}\right)$를 따른다.

따라서 $E(X)=50\times\dfrac{2}{5}=20$, $V(X)=50\times\dfrac{2}{5}\times\dfrac{3}{5}=12$이므로

$E(3X-4)=3E(X)-4=3\times20-4=56$

$V(2X-1)=2^2V(X)=4\times12=48$

∴ $E(3X-4)+V(2X-1)=56+48=104$

0599

답 8

확률변수 X의 확률질량함수가

$$P(X=x)={}_nC_x \times \frac{2^x}{3^n}={}_nC_x \times \frac{2^x}{3^x \times 3^{n-x}}$$

$$={}_nC_x\left(\frac{2}{3}\right)^x\left(\frac{1}{3}\right)^{n-x} (x=0, 1, 2, \cdots, n)$$

이므로 확률변수 X는 이항분포 $B\left(n, \frac{2}{3}\right)$를 따른다.

.... ❶

이때 $E(X)=24$이므로

$$\frac{2}{3}n=24 \qquad \therefore n=36$$

.... ❷

따라서 확률변수 X는 이항분포 $B\left(36, \frac{2}{3}\right)$를 따르므로

$$V(X)=36 \times \frac{2}{3} \times \frac{1}{3}=8$$

.... ❸

채점 기준	배점
❶ 확률질량함수를 변형하여 확률변수 X가 따르는 이항분포 구하기	40%
❷ $E(X)$의 값을 이용하여 n의 값 구하기	30%
❸ $V(X)$의 값 구하기	30%

0600

답 37

확률변수 X의 확률질량함수가

$P(X=x)={}_nC_x p^x (1-p)^{n-x} (x=0, 1, 2, \cdots, n$이고 $0<p<1)$

이므로 확률변수 X는 이항분포 $B(n, p)$를 따른다.

이때 $E(X)=9$이므로

$$E(X)=np=9 \qquad \cdots\cdots \, \bigcirc$$

$V(X)=\frac{9}{4}$이므로

$$V(X)=np(1-p)=\frac{9}{4} \qquad \cdots\cdots \, \bigcirc$$

$\bigcirc$을 $\bigcirc$에 대입하면

$$9(1-p)=\frac{9}{4} \qquad \therefore p=\frac{3}{4}$$

$p=\frac{3}{4}$을 $\bigcirc$에 대입하면

$$\frac{3}{4}n=9 \qquad \therefore n=12$$

따라서 X의 확률질량함수는

$$P(X=x)={}_{12}C_x\left(\frac{3}{4}\right)^x\left(\frac{1}{4}\right)^{12-x} (x=0, 1, 2, \cdots, 12)$$

이므로

$$P(X<2)=P(X=0)+P(X=1)$$

$$={}_{12}C_0\left(\frac{3}{4}\right)^0\left(\frac{1}{4}\right)^{12}+{}_{12}C_1\left(\frac{3}{4}\right)^1\left(\frac{1}{4}\right)^{11}$$

$$=\frac{1}{4^{12}}+\frac{36}{4^{12}}$$

$$=\frac{37}{4^{12}}=\frac{37}{2^{24}}$$

$$\therefore k=37$$

0601

답 25

이항분포 $B\left(100, \frac{1}{4}\right)$을 따르는 확률변수 X의 확률질량함수는

$$P(X=x)={}_{100}C_x\left(\frac{1}{4}\right)^x\left(\frac{3}{4}\right)^{100-x} (x=0, 1, 2, \cdots, 100)$$

이고

$$E(X)=100 \times \frac{1}{4}=25$$

이때 확률변수 X의 평균의 정의에 의하여

$$E(X)=0 \times P(X=0)+1 \times P(X=1)+2 \times P(X=2)$$
$$+\cdots+99 \times P(X=99)+100 \times P(X=100)$$

$$={}_{100}C_1\left(\frac{1}{4}\right)^1\left(\frac{3}{4}\right)^{99}+2 \times {}_{100}C_2\left(\frac{1}{4}\right)^2\left(\frac{3}{4}\right)^{98}$$

$$+\cdots+99 \times {}_{100}C_{99}\left(\frac{1}{4}\right)^{99}\left(\frac{3}{4}\right)^1+100 \times {}_{100}C_{100}\left(\frac{1}{4}\right)^{100}$$

$$=25$$

이므로

$${}_{100}C_1\left(\frac{1}{4}\right)^1\left(\frac{3}{4}\right)^{99}+2 \times {}_{100}C_2\left(\frac{1}{4}\right)^2\left(\frac{3}{4}\right)^{98}+3 \times {}_{100}C_3\left(\frac{1}{4}\right)^3\left(\frac{3}{4}\right)^{97}$$

$$+\cdots+99 \times {}_{100}C_{99}\left(\frac{1}{4}\right)^{99}\left(\frac{3}{4}\right)^1$$

$$=25-100 \times {}_{100}C_{100}\left(\frac{1}{4}\right)^{100}$$

$$=25-\frac{100}{4^{100}}$$

$$=25-\frac{25}{4^{99}}$$

$$\therefore n=25$$

유형 12 이항분포의 평균, 분산, 표준편차
– 확률분포가 주어지지 않은 경우

0602

답 ③

한 개의 주사위를 두 번 던질 때, 나오는 모든 경우의 수는

$6 \times 6=36$

두 눈의 수 a, b에 대하여 $a+b \geq 10$인 사건 A가 일어나는 순서쌍 (a, b)는

$a+b=10$일 때, $(4, 6), (5, 5), (6, 4)$

$a+b=11$일 때, $(5, 6), (6, 5)$

$a+b=12$일 때, $(6, 6)$

이고 그 개수는 $3+2+1=6$이므로

$$P(A)=\frac{6}{36}=\frac{1}{6}$$

따라서 한 개의 주사위를 두 번 던지는 시행을 72번 반복할 때, 사건 A가 일어나는 횟수 X는 이항분포 $B\left(72, \frac{1}{6}\right)$을 따르므로

$$V(X)=72 \times \frac{1}{6} \times \frac{5}{6}=10$$

0603
답 8

이 마트에서 우유를 구매한 고객 한 명이 A회사의 제품을 선택할 확률은

$$\frac{20}{100}=\frac{1}{5}$$

즉, 우유를 구매한 고객 400명 중 A회사의 제품을 선택한 고객의 수 X는 이항분포 $\mathrm{B}\left(400,\ \frac{1}{5}\right)$을 따른다.

$$\therefore \sigma(X)=\sqrt{400\times\frac{1}{5}\times\frac{4}{5}}=\sqrt{64}=8$$

0604
답 ②

흰 공 x개, 검은 공 4개가 들어 있는 주머니에서 임의로 한 개의 공을 꺼낼 때, 흰 공이 나올 확률은 $\frac{x}{x+4}$이므로 확률변수 X는 이항분포 $\mathrm{B}\left(n,\ \frac{x}{x+4}\right)$를 따른다.

이때 X의 평균이 30이므로

$$\mathrm{E}(X)=n\times\frac{x}{x+4}=30 \qquad \cdots\cdots\ \bigcirc$$

X의 분산이 12이므로

$$\mathrm{V}(X)=n\times\frac{x}{x+4}\times\frac{4}{x+4}=12 \qquad \cdots\cdots\ \bigcirc$$

$\bigcirc$을 $\bigcirc$에 대입하면

$$30\times\frac{4}{x+4}=12,\ x+4=10 \qquad \therefore x=6$$

$x=6$을 $\bigcirc$에 대입하면

$$n\times\frac{6}{6+4}=30 \qquad \therefore n=50$$

$$\therefore n+x=50+6=56$$

0605
답 ⑤

두 학생 A, B가 가위바위보를 한 번 할 때, A가 이길 확률은 $\frac{1}{3}$이므로 확률변수 X는 이항분포 $\mathrm{B}\left(n,\ \frac{1}{3}\right)$을 따른다.

X의 분산이 8이므로

$$\mathrm{V}(X)=n\times\frac{1}{3}\times\frac{2}{3}=8 \qquad \therefore n=36$$

$$\therefore \mathrm{E}(X)=36\times\frac{1}{3}=12$$

$\mathrm{V}(X)=\mathrm{E}(X^2)-\{\mathrm{E}(X)\}^2$에서

$$\mathrm{E}(X^2)=\mathrm{V}(X)+\{\mathrm{E}(X)\}^2=8+12^2=152$$

0606
답 ④

한 개의 주사위를 던질 때, 6의 약수의 눈이 나올 확률은 $\frac{2}{3}$이므로 확률변수 X는 이항분포 $\mathrm{B}\left(n,\ \frac{2}{3}\right)$를 따른다.

$$\therefore \mathrm{V}(X)=n\times\frac{2}{3}\times\frac{1}{3}=\frac{2}{9}n$$

두 개의 동전을 동시에 던질 때, 두 동전이 같은 면이 나올 확률은 $\frac{1}{2}$이므로 확률변수 Y는 이항분포 $\mathrm{B}\left(40,\ \frac{1}{2}\right)$을 따른다.

$$\therefore \mathrm{V}(Y)=40\times\frac{1}{2}\times\frac{1}{2}=10$$

부등식 $\mathrm{V}(X)>\mathrm{V}(Y)$에서

$$\frac{2}{9}n>10 \qquad \therefore n>45$$

따라서 자연수 n의 최솟값은 46이다.

> **참고**
>
> 한 개의 주사위를 한 번 던질 때, 6의 약수, 즉 1, 2, 3, 6이 나올 확률은 $\frac{4}{6}=\frac{2}{3}$이다.
>
> 또한 두 개의 동전을 한 번 던질 때, 두 동전이 같은 면이 나오는 경우는 (앞면, 앞면), (뒷면, 뒷면)의 2가지이므로 그 확률은 $\frac{2}{2\times2}=\frac{1}{2}$이다.

0607
답 121

이 공장에서 생산한 비누의 불량률이 $\frac{1}{12}$이므로 비누 하나가 정상 제품일 확률은

$$1-\frac{1}{12}=\frac{11}{12}$$

또한 비누를 포장할 때 사용하는 상자의 불량률이 $\frac{1}{7}$이므로 상자 하나가 정상 제품일 확률은

$$1-\frac{1}{7}=\frac{6}{7}$$

즉, 상품 1개의 비누와 상자가 모두 정상 제품일 확률은

$$\frac{11}{12}\times\frac{6}{7}=\frac{11}{14}$$

❶

따라서 확률변수 X는 이항분포 $\mathrm{B}\left(196,\ \frac{11}{14}\right)$를 따르므로

$$\mathrm{E}(X)=196\times\frac{11}{14}=154$$

$$\mathrm{V}(X)=196\times\frac{11}{14}\times\frac{3}{14}=33$$

❷

$$\therefore \mathrm{E}(X)-\mathrm{V}(X)=154-33=121$$

❸

채점 기준	배점
❶ 상품 1개의 비누와 상자가 모두 정상 제품일 확률 구하기	40%
❷ 확률변수 X가 따르는 이항분포 및 평균, 분산 구하기	50%
❸ $\mathrm{E}(X)-\mathrm{V}(X)$의 값 구하기	10%

0608
답 40

주사위 한 개를 40번 던져 4의 약수의 눈이 나오는 횟수를 확률변수 Y라 하면 4의 약수가 아닌 눈이 나오는 횟수는 $40-Y$이다.

즉, (가), (나)에 의하여 점 P의 최종 위치의 좌표 X는
$$X=2Y+(-1)\times(40-Y)=3Y-40$$
이때 주사위 한 개를 한 번 던져 4의 약수의 눈이 나올 확률은
$\dfrac{3}{6}=\dfrac{1}{2}$이므로 확률변수 Y는 이항분포 $B\left(40, \dfrac{1}{2}\right)$을 따르고

$$E(Y)=40\times\dfrac{1}{2}=20, \quad V(Y)=40\times\dfrac{1}{2}\times\dfrac{1}{2}=10$$

따라서
$$V(X)=V(3Y-40)=3^2V(Y)=9\times10=90$$
이므로
$$V\left(\dfrac{2X-1}{3}\right)=V\left(\dfrac{2}{3}X-\dfrac{1}{3}\right)=\left(\dfrac{2}{3}\right)^2V(X)$$
$$=\dfrac{4}{9}\times90=40$$

PART B 내신 잡는 종합 문제

0609 답 ①

확률변수 X가 이항분포 $B(32, p)$를 따르고 $E(X)=8$이므로
$$32p=8 \qquad \therefore p=\dfrac{1}{4}$$
$$\therefore V(X)=32\times\dfrac{1}{4}\times\dfrac{3}{4}=6$$

0610 답 ④

$\sigma(X)=2$이므로
$$V(X)=\{\sigma(X)\}^2=2^2=4$$
$E(X)=4$이므로 $V(X)=E(X^2)-\{E(X)\}^2$에서
$$4=E(X^2)-4^2$$
$$\therefore E(X^2)=20$$

0611 답 ②

확률변수 X가 갖는 모든 값에 대한 확률의 합은 1이므로
$$a+\dfrac{1}{2}a+\dfrac{3}{2}a=1, \ 3a=1 \qquad \therefore a=\dfrac{1}{3}$$
즉, X의 확률분포를 나타내는 표는 다음과 같다.

X	-1	0	1	합계
$P(X=x)$	$\dfrac{1}{3}$	$\dfrac{1}{6}$	$\dfrac{1}{2}$	1

$$\therefore E(X)=(-1)\times\dfrac{1}{3}+0\times\dfrac{1}{6}+1\times\dfrac{1}{2}=\dfrac{1}{6}$$

0612 답 ③

당첨 제비 4개가 들어 있는 9개의 제비 중에서 임의로 3개의 제비를 동시에 뽑을 때, 나오는 당첨 제비의 개수가 확률변수 X이므로 X가 가질 수 있는 값은 0, 1, 2, 3이다.
$X=0$인 경우는 당첨 제비가 아닌 제비만 3개 나올 때이므로
$$P(X=0)=\dfrac{{}_4C_0\times{}_5C_3}{{}_9C_3}=\dfrac{10}{84}=\dfrac{5}{42}$$
$X=1$인 경우는 당첨 제비가 1개, 당첨 제비가 아닌 제비가 2개 나올 때이므로
$$P(X=1)=\dfrac{{}_4C_1\times{}_5C_2}{{}_9C_3}=\dfrac{40}{84}=\dfrac{10}{21}$$
$$\therefore P(X\le1)=P(X=0)+P(X=1)$$
$$=\dfrac{5}{42}+\dfrac{10}{21}=\dfrac{25}{42}$$

참고

$$P(X=2)=\dfrac{{}_4C_2\times{}_5C_1}{{}_9C_3}=\dfrac{30}{84}=\dfrac{5}{14}$$
$$P(X=3)=\dfrac{{}_4C_3\times{}_5C_0}{{}_9C_3}=\dfrac{4}{84}=\dfrac{1}{21}$$

0613 답 17

확률변수 X의 확률질량함수가
$$P(X=x)=\dfrac{|x-4|}{7} \ (x=1, 2, 3, 4, 5)$$
이므로 X의 확률분포를 나타내는 표는 다음과 같다.

X	1	2	3	4	5	합계
$P(X=x)$	$\dfrac{3}{7}$	$\dfrac{2}{7}$	$\dfrac{1}{7}$	0	$\dfrac{1}{7}$	1

$$E(X)=1\times\dfrac{3}{7}+2\times\dfrac{2}{7}+3\times\dfrac{1}{7}+4\times0+5\times\dfrac{1}{7}=\dfrac{15}{7}$$
$$\therefore E(7X+2)=7E(X)+2=7\times\dfrac{15}{7}+2=17$$

0614 답 ③

확률변수 X가 갖는 모든 값에 대한 확률의 합은 1이므로
$$a+b+\dfrac{2}{5}=1 \qquad \therefore a+b=\dfrac{3}{5} \quad\cdots\cdots \ \text{㉠}$$
$X^2-5X+6\le0$에서
$$(X-2)(X-3)\le0 \qquad \therefore 2\le X\le3$$
즉, $P(X^2-5X+6\le0)=\dfrac{1}{2}$에서
$$P(2\le X\le3)=P(X=2)+P(X=3)=\dfrac{1}{2}$$이므로
$$b+\dfrac{2}{5}=\dfrac{1}{2} \qquad \therefore b=\dfrac{1}{10}$$
$b=\dfrac{1}{10}$을 ㉠에 대입하면
$$a+\dfrac{1}{10}=\dfrac{3}{5} \qquad \therefore a=\dfrac{1}{2}$$
$$\therefore a-b=\dfrac{1}{2}-\dfrac{1}{10}=\dfrac{2}{5}$$

0615

$\mathrm{E}(Y)=3$이므로

$\mathrm{E}(Y)=\mathrm{E}(aX+b)=a\mathrm{E}(X)+b=3$

이때 $\mathrm{E}(X)=1$이므로

$a+b=3$ ...... ㉠

$\mathrm{V}(Y)=16$이므로

$\mathrm{V}(Y)=\mathrm{V}(aX+b)=a^2\mathrm{V}(X)=16$

이때 $\mathrm{V}(X)=4$이므로

$4a^2=16$, $a^2=4$ $\quad\therefore a=-2\ (\because a<0)$

$a=-2$를 ㉠에 대입하면

$-2+b=3$ $\quad\therefore b=5$

$\therefore b-a=5-(-2)=7$

0616

1, 2, 3, 4, 5, 6이 하나씩 적힌 6장의 카드 중에서 임의로 2장의 카드를 동시에 뽑을 때, 카드에 적힌 두 수의 차가 확률변수 X이므로 X가 가질 수 있는 값은 1, 2, 3, 4, 5이다.

모든 경우의 수는 $_6\mathrm{C}_2=15$

$X=1$인 경우는 1, 2 또는 2, 3 또는 3, 4 또는 4, 5 또는 5, 6이 적힌 카드를 뽑을 때이므로

$\mathrm{P}(X=1)=\dfrac{5}{15}=\dfrac{1}{3}$

$X=2$인 경우는 1, 3 또는 2, 4 또는 3, 5 또는 4, 6이 적힌 카드를 뽑을 때이므로

$\mathrm{P}(X=2)=\dfrac{4}{15}$

$X=3$인 경우는 1, 4 또는 2, 5 또는 3, 6이 적힌 카드를 뽑을 때이므로

$\mathrm{P}(X=3)=\dfrac{3}{15}=\dfrac{1}{5}$

$X=4$인 경우는 1, 5 또는 2, 6이 적힌 카드를 뽑을 때이므로

$\mathrm{P}(X=4)=\dfrac{2}{15}$

$X=5$인 경우는 1, 6이 적힌 카드를 뽑을 때이므로

$\mathrm{P}(X=5)=\dfrac{1}{15}$

즉, X의 확률분포를 나타내는 표는 다음과 같다.

X	1	2	3	4	5	합계
$\mathrm{P}(X=x)$	$\dfrac{1}{3}$	$\dfrac{4}{15}$	$\dfrac{1}{5}$	$\dfrac{2}{15}$	$\dfrac{1}{15}$	1

$\mathrm{E}(X)=1\times\dfrac{1}{3}+2\times\dfrac{4}{15}+3\times\dfrac{1}{5}+4\times\dfrac{2}{15}+5\times\dfrac{1}{15}=\dfrac{35}{15}=\dfrac{7}{3}$

이고

$\mathrm{E}(X^2)=1^2\times\dfrac{1}{3}+2^2\times\dfrac{4}{15}+3^2\times\dfrac{1}{5}+4^2\times\dfrac{2}{15}+5^2\times\dfrac{1}{15}$

$=\dfrac{105}{15}=7$

이므로

$\mathrm{V}(X)=\mathrm{E}(X^2)-\{\mathrm{E}(X)\}^2=7-\left(\dfrac{7}{3}\right)^2=\dfrac{14}{9}$

$\therefore \sigma(X)=\sqrt{\mathrm{V}(X)}=\sqrt{\dfrac{14}{9}}=\dfrac{\sqrt{14}}{3}$

0617

1학년 학생 3명, 2학년 학생 4명 중에서 임의로 뽑은 3명 중 1학년 학생 수가 확률변수 X이므로 X가 가질 수 있는 값은 0, 1, 2, 3이고 그 확률은 각각

$\mathrm{P}(X=0)=\dfrac{_3\mathrm{C}_0\times_4\mathrm{C}_3}{_7\mathrm{C}_3}=\dfrac{4}{35}$

$\mathrm{P}(X=1)=\dfrac{_3\mathrm{C}_1\times_4\mathrm{C}_2}{_7\mathrm{C}_3}=\dfrac{18}{35}$

$\mathrm{P}(X=2)=\dfrac{_3\mathrm{C}_2\times_4\mathrm{C}_1}{_7\mathrm{C}_3}=\dfrac{12}{35}$

$\mathrm{P}(X=3)=\dfrac{_3\mathrm{C}_3\times_4\mathrm{C}_0}{_7\mathrm{C}_3}=\dfrac{1}{35}$

즉, X의 확률분포를 나타내는 표는 다음과 같다.

X	0	1	2	3	합계
$\mathrm{P}(X=x)$	$\dfrac{4}{35}$	$\dfrac{18}{35}$	$\dfrac{12}{35}$	$\dfrac{1}{35}$	1

$\mathrm{E}(X)=0\times\dfrac{4}{35}+1\times\dfrac{18}{35}+2\times\dfrac{12}{35}+3\times\dfrac{1}{35}=\dfrac{45}{35}=\dfrac{9}{7}$

$\therefore \mathrm{E}(49X-20)=49\mathrm{E}(X)-20$

$=49\times\dfrac{9}{7}-20=43$

0618

확률변수 X가 가질 수 있는 값은 2, 3, $a\ (a\neq2,\ a\neq3)$이고 각 숫자가 적혀 있는 공의 개수는 순서대로 2, 2, 1이므로 X의 확률분포를 나타내는 표는 다음과 같다.

X	2	3	a	합계
$\mathrm{P}(X=x)$	$\dfrac{2}{5}$	$\dfrac{2}{5}$	$\dfrac{1}{5}$	1

이때 X의 평균이 3이므로

$\mathrm{E}(X)=2\times\dfrac{2}{5}+3\times\dfrac{2}{5}+a\times\dfrac{1}{5}=3$

$\dfrac{1}{5}a+2=3$ $\quad\therefore a=5$

즉, $\mathrm{E}(X^2)=2^2\times\dfrac{2}{5}+3^2\times\dfrac{2}{5}+5^2\times\dfrac{1}{5}=\dfrac{51}{5}$이므로

$\mathrm{V}(X)=\mathrm{E}(X^2)-\{\mathrm{E}(X)\}^2$

$=\dfrac{51}{5}-3^2=\dfrac{6}{5}$

$\therefore \mathrm{V}(5X-2)=5^2\mathrm{V}(X)$

$=25\times\dfrac{6}{5}=30$

0619

각 지점에 연결된 도로의 개수를 표시하면 다음과 같으므로 확률변수 X가 가질 수 있는 값은 2, 3, 4, 5이다.

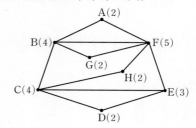

연결된 도로의 개수	지점
2	A, D, G, H
3	E
4	B, C
5	F

즉, X의 확률분포를 표로 나타내면 다음과 같다.

X	2	3	4	5	합계
$P(X=x)$	$\frac{1}{2}$	$\frac{1}{8}$	$\frac{1}{4}$	$\frac{1}{8}$	1

$$E(X)=2\times\frac{1}{2}+3\times\frac{1}{8}+4\times\frac{1}{4}+5\times\frac{1}{8}=\frac{24}{8}=3$$

$$\therefore E(3X+1)=3E(X)+1$$
$$=3\times3+1=10$$

한편, $E(bX+2c)=5$이므로

$bE(X)+2c=5$, $\frac{3}{2}b+2c=5$

$\therefore 3b+4c=10$ ...... ㉠

$V(bX+c)=69$이므로

$b^2V(X)=69$

$b^2\times\frac{23}{12}=69$, $b^2=36$

$\therefore b=6 \ (\because b>0)$

$b=6$을 ㉠에 대입하면

$18+4c=10$ $\therefore c=-2$

$\therefore \dfrac{b-c}{a}=\dfrac{6-(-2)}{\frac{1}{6}}=48$

0620
답 6

발아율이 80 %, 즉 $\frac{4}{5}$인 씨앗 20개 중에서 발아하는 씨앗의 개수를 확률변수 X라 하면 X는 이항분포 $B\left(20, \frac{4}{5}\right)$를 따른다.

즉, X의 확률질량함수는

$$P(X=x)={}_{20}C_x\left(\frac{4}{5}\right)^x\left(\frac{1}{5}\right)^{20-x} \ (x=0, 1, 2, \cdots, 20)$$

이때 발아하는 씨앗이 19개 이상일 확률은

$P(X\geq19)=P(X=19)+P(X=20)$

$$={}_{20}C_{19}\left(\frac{4}{5}\right)^{19}\left(\frac{1}{5}\right)^1+{}_{20}C_{20}\left(\frac{4}{5}\right)^{20}\left(\frac{1}{5}\right)^0$$

$$=\frac{20\times4^{19}}{5^{20}}+\frac{4^{20}}{5^{20}}=\frac{5\times4^{20}}{5^{20}}+\frac{4^{20}}{5^{20}}$$

$$=(5+1)\times\frac{4^{20}}{5^{20}}$$

$$=6\times\frac{4^{20}}{5^{20}}$$

$$\therefore k=6$$

0621
답 48

확률변수 X가 갖는 모든 값에 대한 확률의 합은 1이므로

$$\frac{1}{12}+a+\frac{1}{3}+\frac{5}{12}=1 \quad \therefore a=\frac{1}{6}$$

즉, X의 확률분포를 나타내는 표는 다음과 같다.

X	-1	0	1	3	합계
$P(X=x)$	$\frac{1}{12}$	$\frac{1}{6}$	$\frac{1}{3}$	$\frac{5}{12}$	1

$$E(X)=(-1)\times\frac{1}{12}+0\times\frac{1}{6}+1\times\frac{1}{3}+3\times\frac{5}{12}=\frac{18}{12}=\frac{3}{2}$$

이고

$$E(X^2)=(-1)^2\times\frac{1}{12}+0^2\times\frac{1}{6}+1^2\times\frac{1}{3}+3^2\times\frac{5}{12}=\frac{50}{12}=\frac{25}{6}$$

이므로

$$V(X)=E(X^2)-\{E(X)\}^2$$
$$=\frac{25}{6}-\left(\frac{3}{2}\right)^2=\frac{23}{12}$$

0622
답 ①

확률변수 X의 확률질량함수가

$$P(X=x)={}_{16}C_xp^x(1-p)^{16-x} \ (x=0, 1, 2, \cdots, 16)$$

이므로 확률변수 X는 이항분포 $B(16, p)\left(\frac{1}{2}<p<1\right)$를 따른다.

이때 $V(X)=3$이므로

$V(X)=16p(1-p)=3$

$16p^2-16p+3=0$, $(4p-1)(4p-3)=0$

$$\therefore p=\frac{3}{4} \ \left(\because \frac{1}{2}<p<1\right)$$

따라서 $E(X)=16\times\frac{3}{4}=12$이고

$V(X)=E(X^2)-\{E(X)\}^2$이므로

$E(X^2)=V(X)+\{E(X)\}^2$
$$=3+12^2=147$$

0623
답 ②

주어진 게임을 180번 반복하여 얻을 수 있는 총 점수를 확률변수 X라 하고, 한 개의 주사위를 180번 던져 6의 약수의 눈이 나오는 횟수를 확률변수 Y라 하자.

6의 약수가 아닌 눈이 나오는 횟수는 $180-Y$이므로 주어진 게임을 180번 반복하여 얻을 수 있는 총 점수는

$$X=3Y+(-1)\times(180-Y)=4Y-180$$

이때 한 개의 주사위를 던져 6의 약수의 눈이 나올 확률은 $\frac{4}{6}=\frac{2}{3}$

이므로 확률변수 Y는 이항분포 $B\left(180, \frac{2}{3}\right)$를 따르고

$$E(Y)=180\times\frac{2}{3}=120$$

$\therefore E(X)=E(4Y-180)=4E(Y)-180$
$$=4\times120-180=300$$

따라서 주어진 게임을 180번 반복하여 얻을 수 있는 총 점수의 기댓값은 300점이다.

0624

확률변수 X가 갖는 모든 값에 대한 확률의 합은 1이므로
$$P(X=1)+P(X=2)+P(X=3)+\cdots+P(X=24)=1$$
이때 X의 확률질량함수가
$$\begin{aligned} P(X=x) &= \frac{k}{\sqrt{x}+\sqrt{x+1}} \\ &= \frac{k(\sqrt{x+1}-\sqrt{x})}{(\sqrt{x+1}+\sqrt{x})(\sqrt{x+1}-\sqrt{x})} \\ &= k(\sqrt{x+1}-\sqrt{x}) \ (x=1,\ 2,\ 3,\ \cdots,\ 24) \end{aligned}$$
이므로
$$k(\sqrt{2}-1)+k(\sqrt{3}-\sqrt{2})+k(\sqrt{4}-\sqrt{3})+\cdots+k(\sqrt{25}-\sqrt{24})=1$$
즉, $5k-k=1$에서 $k=\dfrac{1}{4}$이므로 X의 확률질량함수는
$$P(X=x)=\frac{\sqrt{x+1}-\sqrt{x}}{4} \ (x=1,\ 2,\ 3,\ \cdots,\ 24)$$
한편, $|X-14|=10$에서
$X-14=-10$ 또는 $X-14=10$
$\therefore X=4$ 또는 $X=24$
$$\begin{aligned} \therefore P(|X-14|=10) &= P(X=4 \text{ 또는 } X=24) \\ &= P(X=4)+P(X=24) \\ &= \frac{\sqrt{5}-\sqrt{4}}{4}+\frac{\sqrt{25}-\sqrt{24}}{4} \\ &= \frac{3+\sqrt{5}-2\sqrt{6}}{4} \end{aligned}$$
따라서 $a=3$, $b=-2$이므로
$$a-b=3-(-2)=5$$

0625

확률변수 X가 갖는 모든 값에 대한 확률의 합은 1이므로
$3a+b+2a=1$
$\therefore 5a+b=1$ ······ ㉠
확률변수 X의 확률분포를 나타낸 표에서
$E(X)=(-2)\times 3a+0\times b+3\times 2a=0$
$E(X^2)=(-2)^2\times 3a+0^2\times b+3^2\times 2a=30a$
$\begin{aligned} \therefore V(X) &= E(X^2)-\{E(X)\}^2 \\ &= 30a-0^2=30a \end{aligned}$ ······ ㉡
이때 $V(X)=\sigma(X)$이므로 양변을 제곱하면
$\{V(X)\}^2=V(X)$
$\{V(X)\}^2-V(X)=0$
$V(X)\{V(X)-1\}=0$
$\therefore V(X)=1 \ (\because V(X)\neq 0)$
따라서 ㉡에서 $30a=1$이므로
$$a=\frac{1}{30}$$
$a=\dfrac{1}{30}$을 ㉠에 대입하면
$\dfrac{1}{6}+b=1 \quad \therefore b=\dfrac{5}{6}$
$$\therefore \frac{b}{a}=\frac{\dfrac{5}{6}}{\dfrac{1}{30}}=25$$

0626

주사위 두 개를 동시에 던질 때, 나오는 모든 순서쌍 $(a,\ b)$의 개수는
$6\times 6=36$
함수 $y=x^2+ax+b$의 그래프가 x축과 만나려면 이차방정식 $x^2+ax+b=0$이 실근을 가져야 하므로 판별식을 D라 하면 $D\geq 0$이어야 한다.
즉, $D=a^2-4b\geq 0$에서
$a^2\geq 4b$
이를 만족시키는 모든 순서쌍 $(a,\ b)$는
$(2,\ 1)$,
$(3,\ 1),\ (3,\ 2)$,
$(4,\ 1),\ (4,\ 2),\ (4,\ 3),\ (4,\ 4)$,
$(5,\ 1),\ (5,\ 2),\ (5,\ 3),\ (5,\ 4),\ (5,\ 5),\ (5,\ 6)$,
$(6,\ 1),\ (6,\ 2),\ (6,\ 3),\ (6,\ 4),\ (6,\ 5),\ (6,\ 6)$
이므로 그 개수는
$1+2+4+6+6=19$
$$\therefore P(A)=\frac{19}{36}$$
따라서 확률변수 X는 이항분포 $B\left(144,\ \dfrac{19}{36}\right)$를 따르므로
$$V(X)=144\times\frac{19}{36}\times\frac{17}{36}=\frac{323}{9}$$
이때 $V(cX)=323$에서
$$c^2 V(X)=c^2\times\frac{323}{9}=323$$
$c^2=9 \qquad \therefore c=3 \ (\because c>0)$

0627

행운권 1장으로 받을 수 있는 상금을 확률변수 X라 하면 X가 가질 수 있는 값은 600, 1000, 6000이다.
$X=0$인 경우는 상점이 발표하는 3개의 숫자가 아닌 7개의 숫자 중에서 3개를 적어 낼 때이므로
$$P(X=0)=\frac{{}_3C_0\times{}_7C_3}{{}_{10}C_3}=\frac{35}{120}=\frac{7}{24}$$
같은 방법으로 생각하면 각 확률은
$$P(X=600)=\frac{{}_3C_1\times{}_7C_2}{{}_{10}C_3}=\frac{63}{120}=\frac{21}{40}$$
$$P(X=1000)=\frac{{}_3C_2\times{}_7C_1}{{}_{10}C_3}=\frac{21}{120}=\frac{7}{40}$$
$$P(X=6000)=\frac{{}_3C_3\times{}_7C_0}{{}_{10}C_3}=\frac{1}{120}$$
즉, X의 확률분포를 나타내는 표는 다음과 같다.

X	0	600	1000	6000	합계
$P(X=x)$	$\dfrac{7}{24}$	$\dfrac{21}{40}$	$\dfrac{7}{40}$	$\dfrac{1}{120}$	1

$$\begin{aligned} \therefore E(X) &= 0\times\frac{7}{24}+600\times\frac{21}{40}+1000\times\frac{7}{40}+6000\times\frac{1}{120} \\ &= 315+175+50=540 \end{aligned}$$
따라서 행운권 1장을 최소 540원에 팔아야 한다.

0628

답 ②

규칙에 따라 얻은 점수가 확률변수 X이므로 X가 가질 수 있는 값은 0, 1, 2이다.

$X=2$인 경우는 짝수의 눈이 연속하여 세 번 나올 때이므로

$$\mathrm{P}(X=2)=\frac{1}{2}\times\frac{1}{2}\times\frac{1}{2}=\frac{1}{8}$$

$X=1$인 경우는 짝수의 눈이 연속하여 두 번만 나올 때이므로, 즉 (짝, 짝, 홀), (홀, 짝, 짝)인 경우이므로

$$\mathrm{P}(X=1)=\frac{1}{2}\times\frac{1}{2}\times\frac{1}{2}+\frac{1}{2}\times\frac{1}{2}\times\frac{1}{2}=\frac{1}{4}$$

확률변수 X가 갖는 모든 값에 대한 확률의 합은 1이므로

$$\mathrm{P}(X=0)=1-\mathrm{P}(X=2)-\mathrm{P}(X=1)$$
$$=1-\frac{1}{8}-\frac{1}{4}=\frac{5}{8}$$

즉, X의 확률분포를 나타내는 표는 다음과 같다.

X	0	1	2	합계
$\mathrm{P}(X=x)$	$\frac{5}{8}$	$\frac{1}{4}$	$\frac{1}{8}$	1

$$\mathrm{E}(X)=0\times\frac{5}{8}+1\times\frac{1}{4}+2\times\frac{1}{8}=\frac{1}{2}$$

$$\mathrm{E}(X^2)=0^2\times\frac{5}{8}+1^2\times\frac{1}{4}+2^2\times\frac{1}{8}=\frac{3}{4}$$

$$\therefore \mathrm{V}(X)=\mathrm{E}(X^2)-\{\mathrm{E}(X)\}^2$$
$$=\frac{3}{4}-\left(\frac{1}{2}\right)^2=\frac{1}{2}$$

0629

답 1650원

받을 수 있는 상금의 종류는 700원, 1260원, 2100원의 세 가지이므로 상금을 확률변수 X라 하면 X가 가질 수 있는 값은 700, 1260, 2100이다. ❶

흰 공 3개, 검은 공 5개가 들어 있는 주머니에서 임의로 2개의 공을 동시에 꺼낼 때,

$X=700$인 경우는 2개의 공이 모두 흰 공일 때이므로

$$\mathrm{P}(X=700)=\frac{_3\mathrm{C}_2\times_5\mathrm{C}_0}{_8\mathrm{C}_2}=\frac{3}{28}$$

$X=1260$인 경우는 2개의 공이 모두 검은 공일 때이므로

$$\mathrm{P}(X=1260)=\frac{_3\mathrm{C}_0\times_5\mathrm{C}_2}{_8\mathrm{C}_2}=\frac{10}{28}=\frac{5}{14}$$

$X=2100$인 경우는 꺼낸 2개의 공의 색이 서로 다를 때, 즉 1개는 흰 공, 1개는 검은 공일 때이므로

$$\mathrm{P}(X=2100)=\frac{_3\mathrm{C}_1\times_5\mathrm{C}_1}{_8\mathrm{C}_2}=\frac{15}{28}$$

즉, X의 확률분포를 나타내는 표는 다음과 같다.

X	700	1260	2100	합계
$\mathrm{P}(X=x)$	$\frac{3}{28}$	$\frac{5}{14}$	$\frac{15}{28}$	1

❷

$$\mathrm{E}(X)=700\times\frac{3}{28}+1260\times\frac{5}{14}+2100\times\frac{15}{28}$$
$$=75+450+1125=1650$$

따라서 받을 수 있는 상금의 기댓값은 1650원이다.

❸

채점 기준	배점
❶ 상금을 확률변수 X라 하고 X가 가질 수 있는 값 구하기	20%
❷ X의 확률분포 구하기	50%
❸ X의 기댓값 구하기	30%

0630

답 50

확률변수 X의 확률질량함수가

$$\mathrm{P}(X=x)=\frac{_{100}\mathrm{C}_x\times4^x}{5^{100}}$$
$$=_{100}\mathrm{C}_x\frac{4^x}{5^x\times5^{100-x}}$$
$$=_{100}\mathrm{C}_x\left(\frac{4}{5}\right)^x\left(\frac{1}{5}\right)^{100-x}\ (x=0,\ 1,\ 2,\ \cdots,\ 100)$$

이므로 확률변수 X는 이항분포 $\mathrm{B}\left(100,\ \frac{4}{5}\right)$를 따른다.

❶

$$\therefore \mathrm{E}(X)=100\times\frac{4}{5}=80,$$
$$\mathrm{V}(X)=100\times\frac{4}{5}\times\frac{1}{5}=16,$$
$$\sigma(X)=\sqrt{\mathrm{V}(X)}=\sqrt{16}=4$$

❷

$$\mathrm{E}\left(\frac{X-4}{2}\right)=\frac{1}{2}\mathrm{E}(X)-2$$
$$=\frac{1}{2}\times80-2=38$$
$$\sigma(12-3X)=|-3|\sigma(X)$$
$$=3\times4=12$$
$$\therefore \mathrm{E}\left(\frac{X-4}{2}\right)+\sigma(12-3X)=38+12=50$$

❸

채점 기준	배점
❶ 확률질량함수를 변형하여 확률변수 X가 따르는 이항분포 구하기	40%
❷ X의 평균, 표준편차 구하기	30%
❸ $\mathrm{E}\left(\frac{X-4}{2}\right)+\sigma(12-3X)$의 값 구하기	30%

0631

답 ③

동전을 2개 또는 3개 던지고 앞면이 나오는 동전의 개수가 확률변수 X이므로 X가 가질 수 있는 값은 0, 1, 2, 3이다.

이때 $X^2-5X+6\leq0$에서 $(X-2)(X-3)\leq0$

즉, $2\leq X\leq3$이므로

$\mathrm{P}(X^2-5X+6\leq0)=\mathrm{P}(2\leq X\leq3)$
$\qquad\qquad\qquad\qquad=\mathrm{P}(X=2)+\mathrm{P}(X=3)$

(i) $X=2$인 경우

주사위를 던져서 6의 약수의 눈이 나오고 동전 3개를 동시에 던져 2개는 앞면, 1개는 뒷면이 나오는 경우 또는 주사위를 던져서 6의 약수가 아닌 눈이 나오고 동전 2개를 동시에 던져 2개 모두 앞면이 나오는 경우이므로

$\mathrm{P}(X=2)=\dfrac{4}{6}\times\left\{{}_{3}\mathrm{C}_2\times\left(\dfrac{1}{2}\right)^3\right\}+\dfrac{2}{6}\times\left\{{}_{2}\mathrm{C}_2\times\left(\dfrac{1}{2}\right)^2\right\}$
$\qquad\qquad=\dfrac{2}{3}\times\dfrac{3}{8}+\dfrac{1}{3}\times\dfrac{1}{4}=\dfrac{1}{3}$

(ii) $X=3$인 경우

주사위를 던져서 6의 약수의 눈이 나오고 동전 3개를 동시에 던져 3개 모두 앞면이 나오는 경우이므로

$\mathrm{P}(X=3)=\dfrac{4}{6}\times\left\{{}_{3}\mathrm{C}_3\times\left(\dfrac{1}{2}\right)^3\right\}=\dfrac{2}{3}\times\dfrac{1}{8}=\dfrac{1}{12}$

(i), (ii)에서

$\mathrm{P}(X^2-5X+6\leq0)=\mathrm{P}(X=2)+\mathrm{P}(X=3)$
$\qquad\qquad\qquad\qquad=\dfrac{1}{3}+\dfrac{1}{12}=\dfrac{5}{12}$

참고

$\mathrm{P}(X=0)=\dfrac{4}{6}\times\left\{{}_{3}\mathrm{C}_0\times\left(\dfrac{1}{2}\right)^3\right\}+\dfrac{2}{6}\times\left\{{}_{2}\mathrm{C}_0\times\left(\dfrac{1}{2}\right)^2\right\}$
$\qquad\qquad=\dfrac{2}{3}\times\dfrac{1}{8}+\dfrac{1}{3}\times\dfrac{1}{4}=\dfrac{1}{6}$

$\mathrm{P}(X=1)=\dfrac{4}{6}\times\left\{{}_{3}\mathrm{C}_1\times\left(\dfrac{1}{2}\right)^3\right\}+\dfrac{2}{6}\times\left\{{}_{2}\mathrm{C}_1\times\left(\dfrac{1}{2}\right)^2\right\}$
$\qquad\qquad=\dfrac{2}{3}\times\dfrac{3}{8}+\dfrac{1}{3}\times\dfrac{1}{2}=\dfrac{5}{12}$

따라서 X의 확률분포를 나타내는 표는 다음과 같다.

X	0	1	2	3	합계
$\mathrm{P}(X=x)$	$\dfrac{1}{6}$	$\dfrac{5}{12}$	$\dfrac{1}{3}$	$\dfrac{1}{12}$	1

0632

답 ③

ㄱ. 확률변수 X가 갖는 모든 값에 대한 확률의 합은 1이므로

$a+\dfrac{1}{12}+\dfrac{1}{6}+b=1$　　∴ $a+b=\dfrac{3}{4}$ (참)

ㄴ. $\mathrm{P}(X\geq0)=\dfrac{7}{12}$에서

$\mathrm{P}(X=0)+\mathrm{P}(X=1)+\mathrm{P}(X=2)=\dfrac{7}{12}$이므로

$\dfrac{1}{12}+\dfrac{1}{6}+b=\dfrac{7}{12}$　　∴ $b=\dfrac{1}{3}$

$b=\dfrac{1}{3}$을 $a+b=\dfrac{3}{4}$에 대입하면

$a+\dfrac{1}{3}=\dfrac{3}{4}$　　∴ $a=\dfrac{5}{12}$

즉, 확률변수 X의 확률분포를 표로 나타내면 다음과 같다.

X	-2	0	1	2	합계
$\mathrm{P}(X=x)$	$\dfrac{5}{12}$	$\dfrac{1}{12}$	$\dfrac{1}{6}$	$\dfrac{1}{3}$	1

∴ $\mathrm{E}(X)=(-2)\times\dfrac{5}{12}+0\times\dfrac{1}{12}+1\times\dfrac{1}{6}+2\times\dfrac{1}{3}$
$\qquad\quad=0$ (거짓)

ㄷ. X의 확률분포를 나타내는 표에서

$\mathrm{E}(X)=(-2)\times a+0\times\dfrac{1}{12}+1\times\dfrac{1}{6}+2\times b$
$\qquad\quad=-2a+2b+\dfrac{1}{6}$
$\qquad\quad=-2a+2\left(\dfrac{3}{4}-a\right)+\dfrac{1}{6}$ (∵ ㄱ)
$\qquad\quad=-4a+\dfrac{5}{3}$

$\mathrm{E}(X^2)=(-2)^2\times a+0^2\times\dfrac{1}{12}+1^2\times\dfrac{1}{6}+2^2\times b$
$\qquad\quad=4a+4b+\dfrac{1}{6}$
$\qquad\quad=4(a+b)+\dfrac{1}{6}$
$\qquad\quad=\dfrac{19}{6}$ (∵ ㄱ)

∴ $\mathrm{V}(X)=\mathrm{E}(X^2)-\{\mathrm{E}(X)\}^2$
$\qquad\qquad=\dfrac{19}{6}-\left(-4a+\dfrac{5}{3}\right)^2$
$\qquad\qquad=-16\left(a-\dfrac{5}{12}\right)^2+\dfrac{19}{6}$

이때 ㄱ의 $a+b=\dfrac{3}{4}$에서 $0\leq a\leq\dfrac{3}{4}$이므로 $\mathrm{V}(X)$는

$a=\dfrac{5}{12}$일 때 최댓값 $\dfrac{19}{6}$를 갖는다. (참)

따라서 옳은 것은 ㄱ, ㄷ이다.

0633

답 4

확률변수 X가 갖는 모든 값에 대한 확률의 합은 1이므로

$\dfrac{1}{3}+a+\dfrac{1}{5}+b+a=1$

∴ $2a+b=\dfrac{7}{15}$　　…… ㉠

사건 A는 확률변수 X가 12의 약수인 사건, 즉 $X=3$ 또는 $X=4$ 또는 $X=6$인 사건이므로

$\mathrm{P}(A)=\mathrm{P}(X=3)+\mathrm{P}(X=4)+\mathrm{P}(X=6)$
$\qquad\quad=\dfrac{1}{3}+a+b$

사건 B는 확률변수 X가 짝수인 사건, 즉 $X=4$ 또는 $X=6$ 또는 $X=10$인 사건이므로 사건 $A\cap B$는 $X=4$ 또는 $X=6$인 사건이다.

∴ $\mathrm{P}(A\cap B)=\mathrm{P}(X=4)+\mathrm{P}(X=6)$
$\qquad\qquad\quad=a+b$

이때 $\mathrm{P}(B|A)=\dfrac{4}{9}$, 즉 $\dfrac{\mathrm{P}(A\cap B)}{\mathrm{P}(A)}=\dfrac{4}{9}$이므로

$$\dfrac{a+b}{\dfrac{1}{3}+a+b}=\dfrac{4}{9}, \quad 9(a+b)=4\left(\dfrac{1}{3}+a+b\right)$$

$$\therefore a+b=\dfrac{4}{15} \quad \cdots\cdots \text{ⓛ}$$

㉠, ㉡을 연립하여 풀면

$$a=\dfrac{1}{5}, \ b=\dfrac{1}{15}$$

$$\therefore 30(a-b)=30\times\left(\dfrac{1}{5}-\dfrac{1}{15}\right)=30\times\dfrac{2}{15}=4$$

0634 답③

확률변수 X가 이항분포 $\mathrm{B}(2n,\ p)$를 따르므로 확률질량함수는

$$\mathrm{P}(X=x)={}_{2n}\mathrm{C}_x p^x(1-p)^{2n-x}\ (x=0,\ 1,\ 2,\ \cdots,\ 2n)$$

즉,

$$\mathrm{P}(X=n-1)={}_{2n}\mathrm{C}_{n-1}p^{n-1}(1-p)^{2n-(n-1)}$$
$$={}_{2n}\mathrm{C}_{n-1}p^{n-1}(1-p)^{n+1}$$
$$\mathrm{P}(X=n+1)={}_{2n}\mathrm{C}_{n+1}p^{n+1}(1-p)^{2n-(n+1)}$$
$$={}_{2n}\mathrm{C}_{n-1}p^{n+1}(1-p)^{n-1}\ (\because {}_{2n}\mathrm{C}_{n+1}={}_{2n}\mathrm{C}_{n-1})$$

이고, 조건 ㈎에서 $\mathrm{P}(X=n-1)=9\mathrm{P}(X=n+1)$이므로

$${}_{2n}\mathrm{C}_{n-1}p^{n-1}(1-p)^{n+1}=9\times{}_{2n}\mathrm{C}_{n-1}p^{n+1}(1-p)^{n-1}$$

양변을 ${}_{2n}\mathrm{C}_{n-1}p^{n-1}(1-p)^{n-1}$으로 나누면

$$(1-p)^2=9p^2$$
$$8p^2+2p-1=0$$
$$(4p-1)(2p+1)=0$$

$$\therefore p=\dfrac{1}{4}\ (\because 0<p<1)$$

따라서 확률변수 X가 이항분포 $\mathrm{B}\left(2n,\ \dfrac{1}{4}\right)$을 따르고 조건 ㈏에서 $\mathrm{E}(X)=4$이므로

$$2n\times\dfrac{1}{4}=4 \qquad \therefore n=8$$

$$\therefore \sigma(X)=\sqrt{2n\times\dfrac{1}{4}\times\dfrac{3}{4}}$$
$$=\sqrt{16\times\dfrac{1}{4}\times\dfrac{3}{4}}=\sqrt{3}$$

0635 답②

$n=3$일 때를 그림으로 나타내면 다음과 같다.

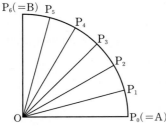

부채꼴 OAB의 넓이는

$$\dfrac{1}{2}\times1^2\times\dfrac{\pi}{2}=\dfrac{\pi}{4}$$

각 부채꼴 $\mathrm{OP}_{k-1}\mathrm{P}_k\ (k=1,\ 2,\ 3,\ \cdots,\ 6)$의 넓이는

$$\dfrac{1}{6}\times\dfrac{\pi}{4}=\dfrac{\pi}{24}$$

부채꼴 OPA의 넓이와 부채꼴 OPB의 넓이의 차가 확률변수 X이므로

(ⅰ) 점 P가 P_1 또는 P_5일 때

$$X=\dfrac{\pi}{24}\times4=\dfrac{\pi}{6}\text{이고 }\mathrm{P}\left(X=\dfrac{\pi}{6}\right)=\dfrac{2}{5}$$

(ⅱ) 점 P가 P_2 또는 P_4일 때

$$X=\dfrac{\pi}{24}\times2=\dfrac{\pi}{12}\text{이고 }\mathrm{P}\left(X=\dfrac{\pi}{12}\right)=\dfrac{2}{5}$$

(ⅲ) 점 P가 P_3일 때

$$X=0\text{이고 }\mathrm{P}(X=0)=\dfrac{1}{5}$$

즉, X의 확률분포를 나타내는 표는 다음과 같다.

X	0	$\dfrac{\pi}{12}$	$\dfrac{\pi}{6}$	합계
$\mathrm{P}(X=x)$	$\dfrac{1}{5}$	$\dfrac{2}{5}$	$\dfrac{2}{5}$	1

$$\therefore \mathrm{E}(X)=0\times\dfrac{1}{5}+\dfrac{\pi}{12}\times\dfrac{2}{5}+\dfrac{\pi}{6}\times\dfrac{2}{5}=\dfrac{\pi}{10}$$

0636 답①

흰 공 2개, 검은 공 2개가 들어 있는 주머니에서 임의로 2개의 공을 동시에 꺼낼 때, 같은 색의 공이 나올 확률은

$$\dfrac{{}_2\mathrm{C}_2+{}_2\mathrm{C}_2}{{}_4\mathrm{C}_2}=\dfrac{1+1}{6}=\dfrac{1}{3}$$

즉, 임의로 2개의 공을 동시에 꺼내는 시행을 9번 반복할 때, 같은 색의 공이 나오는 횟수를 확률변수 Y라 하면 Y는 이항분포 $\mathrm{B}\left(9,\ \dfrac{1}{3}\right)$을 따른다.

$$\therefore \mathrm{E}(Y)=9\times\dfrac{1}{3}=3,$$
$$\mathrm{V}(Y)=9\times\dfrac{1}{3}\times\dfrac{2}{3}=2$$

이때 $\mathrm{V}(Y)=\mathrm{E}(Y^2)-\{\mathrm{E}(Y)\}^2$이므로

$$\mathrm{E}(Y^2)=\mathrm{V}(Y)+\{\mathrm{E}(Y)\}^2=2+3^2=11$$

한편, 9번의 시행 중 서로 다른 색의 공이 나오는 횟수는 $9-Y$이다. 따라서 시행을 9번 반복한 후, 원점에서 출발한 점 P의 x좌표는 $3Y$이고 y좌표는 $1\times(9-Y)=9-Y$이므로

$$X=3Y\times(9-Y)=27Y-3Y^2$$
$$\therefore \mathrm{E}(X)=\mathrm{E}(27Y-3Y^2)$$
$$=27\mathrm{E}(Y)-3\mathrm{E}(Y^2)$$
$$=27\times3-3\times11=48$$

0637 답 28

$n=1$일 때, 원 C와 x축에 동시에 접하면서 반지름의 길이가 1인 원은 다음 그림과 같이 1개 존재한다.

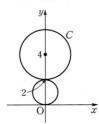

$n=2$일 때, 원 C와 x축에 동시에 접하면서 반지름의 길이가 2인 원은 다음 그림과 같이 2개 존재한다.

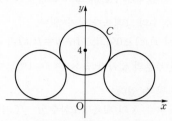

$n=3$일 때, 원 C와 x축에 동시에 접하면서 반지름의 길이가 3인 원은 다음 그림과 같이 3개 존재한다.

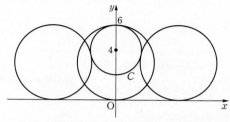

$n=4$, 5, 6일 때, 원 C와 x축에 동시에 접하면서 반지름의 길이가 n인 원은 다음 그림과 같이 4개 존재한다.

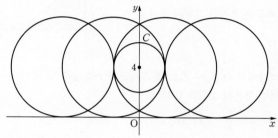

이상에서 확률변수 X가 가질 수 있는 값은 1, 2, 3, 4이고 X의 확률분포를 나타내는 표는 다음과 같다.

X	1	2	3	4	합계
$P(X=x)$	$\frac{1}{6}$	$\frac{1}{6}$	$\frac{1}{6}$	$\frac{1}{2}$	1

$$E(X)=1\times\frac{1}{6}+2\times\frac{1}{6}+3\times\frac{1}{6}+4\times\frac{1}{2}=3$$

$$\therefore E(9X+1)=9E(X)+1$$
$$=9\times3+1=28$$

0638
답 45

시행을 멈출 때까지 꺼낸 공의 개수가 확률변수 X이므로 제일 처음 꺼낸 공에 적힌 수가 홀수일 때, (개)에 따라 시행을 멈추고 $X=1$이다.

이때 홀수는 1, 3, 5의 3개이므로

$$P(X=1)=\frac{3}{5}$$

첫 번째 시행에서 짝수, 두 번째 시행에서 홀수가 적힌 공이 나오면 (내)에 따라 시행을 멈추고 $X=2$이며

$$P(X=2)=\frac{2}{5}\times\frac{3}{4}=\frac{3}{10}$$

첫 번째 시행에서 짝수, 두 번째 시행에서 짝수, 세 번째 시행에서 홀수가 적힌 공이 나오면 (내)에 따라 시행을 멈추고 $X=3$이며

$$P(X=3)=\frac{2}{5}\times\frac{1}{4}\times\frac{3}{3}=\frac{1}{10}$$

즉, X의 확률분포를 나타내는 표는 다음과 같다.

X	1	2	3	합계
$P(X=x)$	$\frac{3}{5}$	$\frac{3}{10}$	$\frac{1}{10}$	1

$$E(X)=1\times\frac{3}{5}+2\times\frac{3}{10}+3\times\frac{1}{10}=\frac{15}{10}=\frac{3}{2}$$이고

$$E(X^2)=1^2\times\frac{3}{5}+2^2\times\frac{3}{10}+3^2\times\frac{1}{10}=\frac{27}{10}$$이므로

$$V(X)=E(X^2)-\{E(X)\}^2$$
$$=\frac{27}{10}-\left(\frac{3}{2}\right)^2=\frac{9}{20}$$

$$\therefore V(10X)=10^2V(X)$$
$$=100\times\frac{9}{20}=45$$

06 연속확률변수의 확률분포

유형 01 확률밀도함수의 성질

확인 문제 $\dfrac{1}{4}$

연속확률변수 X의 확률밀도함수
$f(x)=a\,(0\leq x\leq 4)$의 그래프는 오른쪽 그림과 같다.
$0\leq x\leq 4$에서 함수 $y=f(x)$의 그래프와 x축, y축 및 직선 $x=4$로 둘러싸인 부분의 넓이가 1이므로

$4\times a=1$ $\therefore a=\dfrac{1}{4}$

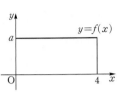

0639
답 ②

연속확률변수 X의 확률밀도함수
$f(x)=2a(x+2)\,(-1\leq x\leq 2)$의 그래프는 오른쪽 그림과 같다.
$-1\leq x\leq 2$에서 함수 $y=f(x)$의 그래프와 x축 및 두 직선 $x=-1$,
$x=2$로 둘러싸인 부분의 넓이가 1이므로

$\dfrac{1}{2}\times(2a+8a)\times 3=1$

$15a=1$ $\therefore a=\dfrac{1}{15}$

0640
답 ③

주어진 확률밀도함수의 그래프와 x축 및 y축으로 둘러싸인 부분의 넓이가 1이므로

$\dfrac{1}{2}\times\left(\dfrac{1}{2}+1\right)\times a=1$

$\dfrac{3}{4}a=1$ $\therefore a=\dfrac{4}{3}$

0641
답 ②

ㄱ. $0\leq x\leq 2$에서 $f(x)\geq 0$이고, 함수 $y=f(x)$의 그래프와 x축 및 직선 $x=2$로 둘러싸인 부분의 넓이가 $\dfrac{1}{2}\times 2\times 1=1$이므로 확률밀도함수의 그래프가 될 수 있다.

ㄴ. $0\leq x<1$에서 $f(x)<0$이므로 확률밀도함수의 그래프가 될 수 없다.

ㄷ. $0\leq x\leq 2$에서 $f(x)\geq 0$이지만 함수 $y=f(x)$의 그래프와 x축 및 y축으로 둘러싸인 부분의 넓이가 $\dfrac{1}{2}\times(1+2)\times 1=\dfrac{3}{2}$이므로 확률밀도함수의 그래프가 될 수 없다.

ㄹ. $0\leq x\leq 2$에서 $f(x)\geq 0$이고, 함수 $y=f(x)$의 그래프와 x축으로 둘러싸인 부분의 넓이가 $\dfrac{1}{2}\times 2\times 1=1$이므로 확률밀도함수의 그래프가 될 수 있다.

따라서 연속확률변수 X의 확률밀도함수 $y=f(x)$의 그래프가 될 수 있는 것은 ㄱ, ㄹ이다.

0642
답 $\dfrac{3}{14}$

함수 $f(x)=\begin{cases} a(3-x) & (0\leq x\leq 3) \\ \dfrac{a}{3}(x-3) & (3<x\leq 4) \end{cases}$ 이 연속확률변수 X의 확률

밀도함수이므로 $0\leq x\leq 4$에서
$f(x)\geq 0$이어야 한다.
즉, $a>0$이어야 하므로 함수 $y=f(x)$
의 그래프는 오른쪽 그림과 같다.

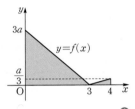

.... ❶

$0\leq x\leq 4$에서 함수 $y=f(x)$의 그래프와 x축, y축 및 직선 $x=4$로 둘러싸인 부분의 넓이가 1이므로

$\dfrac{1}{2}\times 3\times 3a+\dfrac{1}{2}\times 1\times\dfrac{1}{3}a=1$

.... ❷

$\dfrac{9}{2}a+\dfrac{1}{6}a=1,\ \dfrac{14}{3}a=1$

$\therefore a=\dfrac{3}{14}$

.... ❸

채점 기준	배점
❶ 확률밀도함수의 그래프 그리기	40%
❷ 확률밀도함수의 성질을 이용하여 식 세우기	40%
❸ a의 값 구하기	20%

0643
답 ①

함수 $f(x)=\begin{cases} ax+\dfrac{1}{2} & (-2\leq x\leq 0) \\ bx+\dfrac{1}{2} & (0<x\leq 1) \end{cases}$ 이 연속확률변수 X의 확률

밀도함수이므로 $-2\leq x\leq 1$에서 $f(x)\geq 0$이어야 한다.

$f(-2)=-2a+\dfrac{1}{2}\geq 0$에서 $a\leq\dfrac{1}{4}$

$f(1)=b+\dfrac{1}{2}\geq 0$에서 $b\geq-\dfrac{1}{2}$

이때 a, b는 $ab<0$인 상수이므로 $a<0$, $b>0$일 때와

$0<a\leq\dfrac{1}{4}$, $-\dfrac{1}{2}\leq b<0$일 때로 나누어 생각할 수 있고, 각 경우에 함수 $y=f(x)$의 그래프는 다음 그림과 같다.

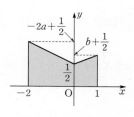

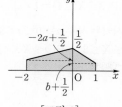

[그림 1]　　　　　　　　[그림 2]

$-2 \leq x \leq 1$에서 함수 $y=f(x)$의 그래프와 x축 및 두 직선 $x=-2$, $x=1$로 둘러싸인 부분의 넓이가 1이므로 $0<a \leq \frac{1}{4}$, $-\frac{1}{2} \leq b<0$ 이고 [그림 2]에서

$$\frac{1}{2} \times \left\{ \left(-2a+\frac{1}{2} \right)+\frac{1}{2} \right\} \times 2+\frac{1}{2} \times \left\{ \left(b+\frac{1}{2} \right)+\frac{1}{2} \right\} \times 1=1$$

$$-2a+1+\frac{1}{2}(b+1)=1$$

$$\therefore 4a-b=1$$

> **참고**
>
> [그림 1]은 $-2 \leq x \leq 1$에서 함수 $y=f(x)$의 그래프와 x축 및 두 직선 $x=-2$, $x=1$로 둘러싸인 부분의 넓이가 1보다 크므로 연속확률변수 X 의 확률밀도함수의 그래프가 될 수 없다.

유형 02 연속확률변수의 확률

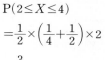 (1) $\frac{1}{2}$　　　　　　(2) $\frac{3}{4}$

(1) $0 \leq x \leq 4$에서 확률밀도함수 $y=f(x)$의 그래프와 x축 및 직선 $x=4$로 둘러싸인 부분의 넓이가 1이므로

$$\frac{1}{2} \times 4 \times a=1 \quad \therefore a=\frac{1}{2}$$

(2) $P(2 \leq X \leq 4)$의 값은 함수 $y=f(x)$의 그래프와 x축 및 두 직선 $x=2$, $x=4$로 둘러싸인 부분의 넓이이므로

$$P(2 \leq X \leq 4)$$
$$=\frac{1}{2} \times \left(\frac{1}{4}+\frac{1}{2} \right) \times 2$$
$$=\frac{3}{4}$$

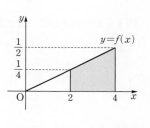

0644

답 ②

함수 $f(x)=\frac{a}{2}|x-2|$ $(0 \leq x \leq 4)$가 연속확률변수 X의 확률밀도함수이므로 $0 \leq x \leq 4$에서 $f(x) \geq 0$이어야 한다.

즉, $a>0$이어야 하므로 함수 $y=f(x)$의 그래프는 오른쪽 그림과 같다.

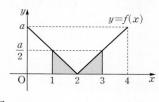

$0 \leq x \leq 4$에서 함수 $y=f(x)$의 그래프와 x축, y축 및 직선 $x=4$로 둘러싸인 부분의 넓이가 1이므로

$$\left(\frac{1}{2} \times 2 \times a \right) \times 2=1 \quad \therefore a=\frac{1}{2}$$

$P(1 \leq X \leq 3)$의 값은 함수 $y=f(x)$의 그래프와 x축 및 두 직선 $x=1$, $x=3$으로 둘러싸인 부분의 넓이이므로

$$P(1 \leq X \leq 3)=\left(\frac{1}{2} \times 1 \times \frac{1}{4} \right) \times 2$$
$$=\frac{1}{4}$$

0645

답 ③

$-1 \leq x \leq 3$에서 함수 $y=f(x)$의 그래프와 x축으로 둘러싸인 부분의 넓이가 1이므로

$$\frac{1}{2} \times (1+4) \times a=1 \quad \therefore a=\frac{2}{5}$$

$P(1 \leq X \leq 3)$의 값은 함수 $y=f(x)$의 그래프와 x축 및 직선 $x=1$로 둘러싸인 부분의 넓이이므로

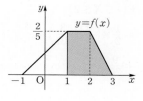

$$P(1 \leq X \leq 3)=\frac{1}{2} \times (1+2) \times \frac{2}{5}$$
$$=\frac{3}{5}$$

0646

답 ①

주어진 확률밀도함수의 그래프와 x축으로 둘러싸인 부분의 넓이가 1이므로

$$\frac{1}{2} \times 10 \times b=1 \quad \therefore b=\frac{1}{5}$$

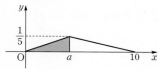

$P(0 \leq X \leq a)=\frac{2}{5}$이므로 확률밀도함수의 그래프와 x축 및 직선 $x=a$로 둘러싸인 부분의 넓이가 $\frac{2}{5}$이다.

즉, $\frac{1}{2} \times a \times \frac{1}{5}=\frac{2}{5}$이므로

$a=4$

$$\therefore a+b=4+\frac{1}{5}=\frac{21}{5}$$

0647

답 $\frac{9}{20}$

$0 \leq x \leq 3$에서 함수 $y=f(x)$의 그래프와 x축 및 y축으로 둘러싸인 부분의 넓이가 1이므로

$$\frac{1}{2} \times (a+3a) \times 1+\frac{1}{2} \times 2 \times 3a=1$$

$$5a=1 \quad \therefore a=\frac{1}{5}$$

❶

이때 두 점 $\left(1, \dfrac{3}{5}\right)$, $(3, 0)$을 지나는 직선의 방정식은

$$y-0=\dfrac{0-\dfrac{3}{5}}{3-1}(x-3)$$

$$\therefore y=-\dfrac{3}{10}x+\dfrac{9}{10}$$

따라서 $1\leq x\leq 3$에서의 X의 확률밀도함수 $f(x)$는

$f(x)=-\dfrac{3}{10}x+\dfrac{9}{10}$이므로

$$f(2)=-\dfrac{3}{10}\times 2+\dfrac{9}{10}=\dfrac{3}{10}$$

......❷

$P(1\leq X\leq 2)$의 값은 함수 $y=f(x)$의 그래프와 x축 및 두 직선 $x=1$, $x=2$로 둘러싸인 부분의 넓이이므로

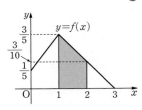

$P(1\leq X\leq 2)$

$=\dfrac{1}{2}\times\left(\dfrac{3}{5}+\dfrac{3}{10}\right)\times 1$

$=\dfrac{9}{20}$

......❸

채점 기준	배점
❶ a의 값 구하기	40%
❷ $f(2)$의 값 구하기	20%
❸ $P(1\leq X\leq 2)$의 값 구하기	40%

0648
답 ④

이 빵집의 바게트 판매 예정 시각과 실제 판매 시작 시각의 차를 나타내는 확률변수 X의 확률밀도함수 $y=f(x)$의 그래프는 다음 그림과 같다.

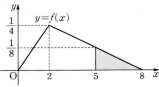

따라서 이 빵집의 바게트 판매 예정 시각과 실제 판매 시작 시각의 차가 5분 이상일 확률은

$$P(X\geq 5)=\dfrac{1}{2}\times 3\times\dfrac{1}{8}=\dfrac{3}{16}$$

0649
답 45

연속확률변수 X의 확률밀도함수 $y=f(x)$의 그래프는 다음 그림과 같다.

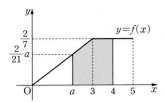

이때 $P(3\leq X\leq 4)=1\times\dfrac{2}{7}=\dfrac{2}{7}<\dfrac{1}{2}$이므로 $P(a\leq X\leq 4)=\dfrac{1}{2}$을 만족시키는 상수 a는 $0<a<3$이고

$P(a\leq X\leq 3)=P(a\leq X\leq 4)-P(3\leq X\leq 4)$

$=\dfrac{1}{2}-\dfrac{2}{7}$

$=\dfrac{3}{14}$

한편, 확률밀도함수 $y=f(x)$의 그래프에서

$P(a\leq X\leq 3)=\dfrac{1}{2}\times\left(\dfrac{2}{21}a+\dfrac{2}{7}\right)\times(3-a)$

$=\dfrac{(3+a)(3-a)}{21}$

$=\dfrac{9-a^2}{21}$

이므로

$\dfrac{9-a^2}{21}=\dfrac{3}{14}$

$a^2=\dfrac{9}{2}$

$\therefore 10a^2=10\times\dfrac{9}{2}=45$

0650
답 31

조건 (가)에서 $0\leq x\leq 5$인 모든 실수 x에 대하여 $f(5-x)=f(5+x)$이므로 함수 $y=f(x)$의 그래프는 직선 $x=5$에 대하여 대칭이다.
이때 연속확률변수 X는 $0\leq X\leq 10$인 모든 실수 값을 가지므로

$P(0\leq X\leq 5)=P(5\leq X\leq 10)=\dfrac{1}{2}$ ......㉠

조건 (나)에서 $P(5\leq X\leq 6)=\dfrac{1}{12}$이므로

$P(4\leq X\leq 5)=P(5\leq X\leq 6)=\dfrac{1}{12}$

$\therefore P(0\leq X\leq 4)=P(0\leq X\leq 5)-P(4\leq X\leq 5)$

$=\dfrac{1}{2}-\dfrac{1}{12}$ $(\because$ ㉠$)$

$=\dfrac{5}{12}$ ......㉡

한편, 조건 (다)에서 $P(3\leq X\leq 5)=3P(0\leq X\leq 3)$이므로

$P(0\leq X\leq 5)=P(0\leq X\leq 3)+P(3\leq X\leq 5)$

$=P(0\leq X\leq 3)+3P(0\leq X\leq 3)$

$=4P(0\leq X\leq 3)$

이때 ㉠에 의하여 $4P(0\leq X\leq 3)=\dfrac{1}{2}$이므로

$P(0\leq X\leq 3)=\dfrac{1}{8}$ ......㉢

따라서 ㉡, ㉢에 의하여

$P(3\leq X\leq 4)=P(0\leq X\leq 4)-P(0\leq X\leq 3)$

$=\dfrac{5}{12}-\dfrac{1}{8}$

$=\dfrac{7}{24}$

이므로 $p=24$, $q=7$

$\therefore p+q=24+7=31$

0651

답 ③

정규분포 $N(m, \sigma^2)$을 따르는 연속확률변수 X의 확률밀도함수를 $f(x)$라 하자.

ㄱ. 함수 $y=f(x)$의 그래프는 직선 $x=m$에 대하여 대칭이므로
$P(X \leq m)=P(X \geq m)=0.5$ (참)

ㄴ. ㄱ에서 $P(X \leq m)=0.5$이므로
$a>m$인 모든 실수 a에 대하여
$P(X \leq a)$
$=P(X \leq m)+P(m \leq X \leq a)$
$=0.5+P(m \leq X \leq a)$ (거짓)

ㄷ. $a<b$일 때, $P(a \leq X \leq b)$의 값은
함수 $y=f(x)$의 그래프와 x축 및
두 직선 $x=a$, $x=b$로 둘러싸인 부
분의 넓이이므로
$P(a \leq X \leq b)$
$=P(X \leq b)-P(X \leq a)$ (참)

따라서 옳은 것은 ㄱ, ㄷ이다.

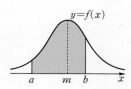

참고

$a<b$이면 다음과 같이 a, b의 위치가 바뀌어도 ㄷ은 항상 참임을 알 수 있다.

0652

답 ②

확률변수 X의 평균을 m이라 하면 정규분포를 따르는 X의 확률밀도함수 $y=f(x)$의 그래프는 직선 $x=m$에 대하여 대칭이다.
이때 모든 실수 x에 대하여 $f(6-x)=f(6+x)$가 성립하면 함수 $y=f(x)$의 그래프가 직선 $x=6$에 대하여 대칭이므로
$m=6$
따라서 X의 평균은 6이다.

0653

답 ②

정규분포를 따르는 세 확률변수 X_1, X_2, X_3의 확률밀도함수 $f(x)$, $g(x)$, $h(x)$에 대하여 함수 $y=f(x)$의 그래프의 대칭축이 두 함수 $y=g(x)$, $y=h(x)$의 그래프의 대칭축보다 왼쪽에 있으므로
$m_1<m_2$, $m_1<m_3$
이때 두 함수 $y=g(x)$, $y=h(x)$의 그래프의 대칭축이 일치하므로
$m_2=m_3$
즉, ㄱ은 거짓이고 ㄷ, ㅁ은 참이다.

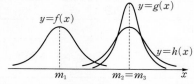

한편, 두 함수 $y=f(x)$, $y=h(x)$의 그래프는 평행이동에 의하여 서로 겹칠 수 있으므로
$\sigma_1=\sigma_3$
이때 대칭축이 일치하는 두 함수 $y=g(x)$, $y=h(x)$에 대하여
$y=g(x)$의 그래프가 $y=h(x)$의 그래프보다 가운데 부분이 높고 옆으로 좁은 모양이므로
$\sigma_2<\sigma_3$
$\therefore \sigma_2<\sigma_1=\sigma_3$
즉, ㄴ, ㄹ, ㅂ은 모두 거짓이다.
따라서 옳은 것은 ㄷ, ㅁ이므로 그 개수는 2이다.

0654

답 8

정규분포 $N(m, 4)$를 따르는 확률변수
X에 대하여
$g(k)=P(k-8 \leq X \leq k)$의 값은
$\dfrac{(k-8)+k}{2}=m$일 때 최대가 된다.
$g(12)=P(4 \leq X \leq 12)$가 $g(k)$의 최댓값이므로
$m=\dfrac{4+12}{2}=8$

🔊 Bible Says 정규분포를 따르는 확률변수의 확률의 최댓값

정규분포 $N(m, \sigma^2)$을 따르는 확률변수 X의 정규분포곡선은 직선 $x=m$에 대하여 대칭이므로 $b-a$의 값이 일정하게 유지될 때 $P(a \leq X \leq b)$의 값이 최대가 되려면 $\dfrac{a+b}{2}=m$이어야 한다.

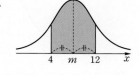

0655

답 49

정규분포 $N(m, \sigma^2)$을 따르는 연속확률변수 X의 확률밀도함수를 $f(x)$라 하면 $y=f(x)$의 그래프는 직선 $x=m$에 대하여 대칭이다.
이때 $P(X \leq 32)=P(X \geq 48)$이므로
$m=\dfrac{32+48}{2}=40$

--- ❶

$V\left(\dfrac{1}{3}X+2\right)=1$이므로
$\left(\dfrac{1}{3}\right)^2 V(X)=1$
$\therefore V(X)=9$
$\therefore \sigma^2=9$

--- ❷

$\therefore m+\sigma^2=40+9=49$

--- ❸

채점 기준	배점
❶ m의 값 구하기	50%
❷ σ^2의 값 구하기	40%
❸ $m+\sigma^2$의 값 구하기	10%

0656
답 50

두 확률변수 X, Y는 평균이 각각 4, 10이고 표준편차가 모두 3인 정규분포를 따르므로 X의 확률밀도함수 $y=f(x)$의 그래프를 x축의 방향으로 6만큼 평행이동하면 Y의 확률밀도함수 $y=g(x)$의 그래프와 일치한다.

또한 $\dfrac{4+10}{2}=7$이므로 두 함수 $y=f(x)$, $y=g(x)$의 그래프는 직선 $x=7$에 대하여 대칭이다.

$\therefore f(1)=f(7)=g(7)=g(13)$

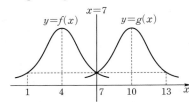

이때 $f(x)=g(13)$을 만족시키는 실수 x는 직선 $y=g(13)$과 곡선 $y=f(x)$가 만나는 점의 x좌표이므로 위의 그림에서

$x=1$ 또는 $x=7$

따라서 조건을 만족시키는 모든 실수 x의 제곱의 합은

$1^2+7^2=50$

0657
답 ⑤

ㄱ. $f(8)=P(6\le X\le 12)$

　　$f(10)=P(8\le X\le 14)$

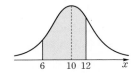 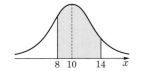

이때 평균이 10인 정규분포를 따르는 확률변수 X의 확률밀도함수의 그래프는 직선 $x=10$에 대하여 대칭이므로

$P(6\le X\le 12)=P(8\le X\le 14)$

$\therefore f(8)=f(10)$ (참)

ㄴ. 확률변수 X가 평균이 10인 정규분포를 따르므로

　$f(n)=P(n-2\le X\le n+4)$의 값은

　$\dfrac{(n-2)+(n+4)}{2}=10$일 때 최대가 된다.

　$2n+2=20$, $2n=18$

　$\therefore n=9$

즉, $f(n)$의 최댓값은 $f(9)$이므로 임의의 실수 a에 대하여

$f(a)\le f(9)$가 성립한다. (참)

ㄷ. $f(a)=P(a-2\le X\le a+4)$

　$f(18-a)=P(16-a\le X\le 22-a)$

(i) $a<6$일 때 　　　　(ii) $a>12$일 때

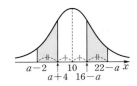 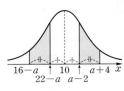

(iii) $6\le a\le 12$일 때

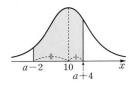 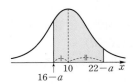

이때

$\dfrac{(a-2)+(22-a)}{2}=10$, $\dfrac{(a+4)+(16-a)}{2}=10$

이므로

$P(a-2\le X\le a+4)=P(16-a\le X\le 22-a)$

$\therefore f(a)=f(18-a)$ (참)

따라서 옳은 것은 ㄱ, ㄴ, ㄷ이다.

유형 04 정규분포에서의 확률

확인 문제 | (1) 0.68 　(2) 0.98 　(3) 0.84 　(4) 0.16

(1) $P(m-\sigma\le X\le m+\sigma)$

　$=P(m-\sigma\le X\le m)$

　　　$+P(m\le X\le m+\sigma)$

　$=2P(m\le X\le m+\sigma)$

　$=2\times 0.34$

　$=0.68$

(2) $P(X\le m+2\sigma)$

　$=P(X\le m)+P(m\le X\le m+2\sigma)$

　$=0.5+P(m\le X\le m+2\sigma)$

　$=0.5+0.48$

　$=0.98$

(3) $P(X\ge m-\sigma)$

　$=P(m-\sigma\le X\le m)+P(X\ge m)$

　$=P(m\le X\le m+\sigma)+0.5$

　$=0.34+0.5$

　$=0.84$

(4) $P(X\ge m+\sigma)$

　$=P(X\ge m)-P(m\le X\le m+\sigma)$

　$=0.5-P(m\le X\le m+\sigma)$

　$=0.5-0.34$

　$=0.16$

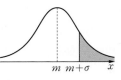

0658

답 ②

확률변수 X가 정규분포 $N(m, \sigma^2)$을
따르므로 주어진 표에 의하여

$P(m+\sigma \leq X \leq m+3\sigma)$

$=P(m \leq X \leq m+3\sigma)$

$\qquad -P(m \leq X \leq m+\sigma)$

$=0.4987-0.3413$

$=0.1574$

0659

답 ①

$P(m-\sigma \leq X \leq m+\sigma)$

$=P(m-\sigma \leq X \leq m)+P(m \leq X \leq m+\sigma)$

$=P(m \leq X \leq m+\sigma)+P(m \leq X \leq m+\sigma)$

$=2P(m \leq X \leq m+\sigma)$

$=a$

이므로 $P(m \leq X \leq m+\sigma)=\dfrac{a}{2}$

$P(m-2\sigma \leq X \leq m+2\sigma)$

$=P(m-2\sigma \leq X \leq m)+P(m \leq X \leq m+2\sigma)$

$=P(m \leq X \leq m+2\sigma)+P(m \leq X \leq m+2\sigma)$

$=2P(m \leq X \leq m+2\sigma)$

$=b$

이므로 $P(m \leq X \leq m+2\sigma)=\dfrac{b}{2}$

$\therefore P(m-\sigma \leq X \leq m+2\sigma)$

$\quad =P(m-\sigma \leq X \leq m)+P(m \leq X \leq m+2\sigma)$

$\quad =P(m \leq X \leq m+\sigma)+P(m \leq X \leq m+2\sigma)$

$\quad =\dfrac{a}{2}+\dfrac{b}{2}=\dfrac{a+b}{2}$

0660

답 0.6826

확률변수 X가 정규분포 $N(m, \sigma^2)$을 따르므로

$P(X \geq m-\sigma)=P(m-\sigma \leq X \leq m)+P(X \geq m)$

$\qquad\qquad\quad =P(m \leq X \leq m+\sigma)+0.5$

$\qquad\qquad\quad =0.8413$

.... **❶**

따라서 $P(m \leq X \leq m+\sigma)=0.3413$이므로

.... **❷**

$P(m-\sigma \leq X \leq m+\sigma)$

$=P(m-\sigma \leq X \leq m)+P(m \leq X \leq m+\sigma)$

$=P(m \leq X \leq m+\sigma)+P(m \leq X \leq m+\sigma)$

$=2P(m \leq X \leq m+\sigma)$

$=2 \times 0.3413$

$=0.6826$

.... **❸**

채점 기준	배점
❶ $P(X \geq m-\sigma)=0.8413$ 변형하기	30%
❷ $P(m \leq X \leq m+\sigma)$의 값 구하기	30%
❸ $P(m-\sigma \leq X \leq m+\sigma)$의 값 구하기	40%

0661

답 5

$P(X \leq k)=0.0062<0.5=P(X \leq m)$이므로

$P(X \leq m)-P(k \leq X \leq m)=0.0062$

$\therefore P(k \leq X \leq m)=P(X \leq m)-0.0062$

$\qquad\qquad\qquad\quad =0.5-0.0062$

$\qquad\qquad\qquad\quad =0.4938$

이때 주어진 표에서 $P(m \leq X \leq m+2.5\sigma)=0.4938$이므로

$P(m-2.5\sigma \leq X \leq m)=0.4938$

따라서 $k=m-2.5\sigma$이고 확률변수 X는 정규분포 $N(10, 2^2)$을 따르므로

$k=10-2.5 \times 2=10-5=5$

0662

답 ④

정규분포 $N(m, \sigma^2)$을 따르는 확률변수 X의 확률밀도함수를
$f(x)$라 하면 $y=f(x)$의 그래프는 직선 $x=m$에 대하여 대칭이다.

이때 조건 ㈎에서

$P(X \geq 64)=P(X \leq 56)$이므로

$m=\dfrac{64+56}{2}=60$

조건 ㈏에서 $E(X^2)=3616$이므로

$V(X)=E(X^2)-\{E(X)\}^2=E(X^2)-m^2$

$\qquad =3616-60^2=16$

$\therefore \sigma=4$

$\therefore P(X \leq 68)=P(X \leq 60+8)$

$\qquad\qquad\quad =P(X \leq 60+2 \times 4)$

$\qquad\qquad\quad =P(X \leq m+2\sigma)$

$\qquad\qquad\quad =P(X \leq m)+P(m \leq X \leq m+2\sigma)$

$\qquad\qquad\quad =0.5+0.4772$

$\qquad\qquad\quad =0.9772$

0663

답 ②

㈎ $P(X \leq m+a)=0.66>0.5=P(X \leq m)$이므로

$\quad P(X \leq m)+P(m \leq X \leq m+a)=0.66$

$\quad 0.5+P(m \leq X \leq m+a)=0.66$

$\quad \therefore P(m \leq X \leq m+a)=0.16$

㈏ $P(X \leq m-b)=0.15$에서

$\quad P(X \geq m+b)=0.15$

$\quad$ 이때 $P(X \geq m+b)=0.15<0.5=P(X \geq m)$이므로

$\quad P(X \geq m)-P(m \leq X \leq m+b)=0.15$

$\quad 0.5-P(m \leq X \leq m+b)=0.15$

$\quad \therefore P(m \leq X \leq m+b)=0.35$

㈐ $P(X \geq m-c)=0.76 > 0.5=P(X \geq m)$이므로

$P(m-c \leq X \leq m)+P(X \geq m)=0.76$

$P(m-c \leq X \leq m)+0.5=0.76$

즉, $P(m-c \leq X \leq m)=0.26$이므로

$P(m \leq X \leq m+c)=0.26$

㈑ $P(m-d \leq X \leq m+d)=0.88$에서

$P(m-d \leq X \leq m)+P(m \leq X \leq m+d)=0.88$

$2P(m \leq X \leq m+d)=0.88$

$\therefore P(m \leq X \leq m+d)=0.44$

이상에서 $0.16 < 0.26 < 0.35 < 0.44$이므로

$a < c < b < d$

> **참고**
>
> 양수 k와 정규분포 $N(m, \sigma^2)$을 따르는 확률변수 X에 대하여 k의 값이 커질수록 $P(m \leq X \leq m+k)$의 값도 커진다.
> 즉, $P(m \leq X \leq m+a) < P(m \leq X \leq m+b)$이면 $a < b$이다.
>
>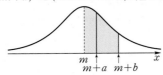

유형 05 정규분포의 표준화

확인 문제 (1) $Z=\dfrac{X-10}{2}$ (2) $Z=\dfrac{X-9}{3}$

(3) $Z=\dfrac{X-100}{10}$ (4) $Z=\dfrac{X-6}{\frac{1}{2}}$

0664
답 6

두 확률변수 X, Y가 각각 정규분포 $N(10, 2^2)$, $N(12, 4^2)$을 따르므로 두 확률변수 $\dfrac{X-10}{2}$, $\dfrac{Y-12}{4}$는 모두 표준정규분포 $N(0, 1)$을 따른다.

표준정규분포를 따르는 확률변수를 Z라 하면

$P(8 \leq X \leq 13)=P\left(\dfrac{8-10}{2} \leq \dfrac{X-10}{2} \leq \dfrac{13-10}{2}\right)$

$=P\left(-1 \leq Z \leq \dfrac{3}{2}\right)$

$P(k \leq Y \leq 16)=P\left(\dfrac{k-12}{4} \leq \dfrac{Y-12}{4} \leq \dfrac{16-12}{4}\right)$

$=P\left(\dfrac{k-12}{4} \leq Z \leq 1\right)$

이때 $P(8 \leq X \leq 13)=P(k \leq Y \leq 16)$이므로

$P\left(-1 \leq Z \leq \dfrac{3}{2}\right)=P\left(\dfrac{k-12}{4} \leq Z \leq 1\right)$

$=P\left(-1 \leq Z \leq -\dfrac{k-12}{4}\right)$

따라서 $-\dfrac{k-12}{4}=\dfrac{3}{2}$이므로

$-k+12=6$ $\therefore k=6$

0665
답 23

확률변수 X가 정규분포 $N(20, \sigma^2)$을 따르므로

$E(X)=20$, $V(X)=\sigma^2$

확률변수 $Z=\dfrac{X-m}{3}$은 표준정규분포 $N(0, 1)$을 따르므로

$E(Z)=E\left(\dfrac{X-m}{3}\right)=\dfrac{1}{3}E(X)-\dfrac{m}{3}$

$=\dfrac{20}{3}-\dfrac{m}{3}=0$

$\therefore m=20$

$V(Z)=V\left(\dfrac{X-m}{3}\right)=\dfrac{1}{3^2}V(X)$

$=\left(\dfrac{\sigma}{3}\right)^2=1$

즉, $\dfrac{\sigma}{3}=1$이므로

$\sigma=3$

$\therefore m+\sigma=20+3=23$

다른 풀이

확률변수 X가 정규분포 $N(20, \sigma^2)$을 따르므로 확률변수 $\dfrac{X-20}{\sigma}$은 표준정규분포 $N(0, 1)$을 따른다.

이때 확률변수 $Z=\dfrac{X-m}{3}$이 표준정규분포 $N(0, 1)$을 따르므로

$\dfrac{X-20}{\sigma}=\dfrac{X-m}{3}$

$\therefore m=20$, $\sigma=3$

$\therefore m+\sigma=20+3=23$

0666
답 ⑤

확률변수 X가 정규분포 $N(100, 5^2)$을 따르므로 X의 확률밀도함수의 그래프는 직선 $x=100$에 대하여 대칭이다.

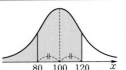

$\therefore P(X \leq 120)=P(X \geq 80)$

이때 $Z=\dfrac{X-100}{5}$으로 놓으면 확률변수 Z는 표준정규분포 $N(0, 1)$을 따르므로

$P(X \leq 120)=P\left(\dfrac{X-100}{5} \leq \dfrac{120-100}{5}\right)$

$=P(Z \leq 4)$

$P(X \geq 80)=P\left(\dfrac{X-100}{5} \geq \dfrac{80-100}{5}\right)$

$=P(Z \geq -4)$

따라서 $a=4$, $b=-4$이므로

$a^2+b^2=4^2+(-4)^2=32$

0667
답 ③

두 확률변수 X, Y가 각각 정규분포 $N(12, 2^2)$, $N(30, 4^2)$을 따르므로 두 확률변수 $\dfrac{X-12}{2}$, $\dfrac{Y-30}{4}$은 모두 표준정규분포 $N(0, 1)$을 따른다.

표준정규분포를 따르는 확률변수를 Z라 하면

$$P(X \leq k) = P\left(\frac{X-12}{2} \leq \frac{k-12}{2}\right)$$
$$= P\left(Z \leq \frac{k-12}{2}\right)$$
$$P(Y \geq k) = P\left(\frac{Y-30}{4} \geq \frac{k-30}{4}\right)$$
$$= P\left(Z \geq \frac{k-30}{4}\right)$$

이때 $P(X \leq k) = P(Y \geq k)$이므로

$$P\left(Z \leq \frac{k-12}{2}\right) = P\left(Z \geq \frac{k-30}{4}\right)$$
$$= P\left(Z \leq -\frac{k-30}{4}\right)$$

따라서 $\frac{k-12}{2} = -\frac{k-30}{4}$이므로

$2(k-12) = -(k-30)$

$2k-24 = -k+30$, $3k = 54$

$\therefore k = 18$

0668
답 14

두 확률변수 X, Y가 각각 정규분포 $N(10, 2^2)$, $N(m, 3^2)$을 따르므로 두 확률변수 $\frac{X-10}{2}$, $\frac{Y-m}{3}$은 모두 표준정규분포 $N(0, 1)$을 따른다.

··· ❶

표준정규분포를 따르는 확률변수를 Z라 하면

$$P(6 \leq X \leq 14) = P\left(\frac{6-10}{2} \leq \frac{X-10}{2} \leq \frac{14-10}{2}\right)$$
$$= P(-2 \leq Z \leq 2)$$
$$P(m \leq Y \leq 2m-8) = P\left(\frac{m-m}{3} \leq \frac{Y-m}{3} \leq \frac{(2m-8)-m}{3}\right)$$
$$= P\left(0 \leq Z \leq \frac{m-8}{3}\right)$$

··· ❷

이때 $P(6 \leq X \leq 14) = 2P(m \leq Y \leq 2m-8)$이므로

$$P(-2 \leq Z \leq 2) = 2P\left(0 \leq Z \leq \frac{m-8}{3}\right)$$

즉, $2P(0 \leq Z \leq 2) = 2P\left(0 \leq Z \leq \frac{m-8}{3}\right)$에서

$\frac{m-8}{3} = 2$ $\therefore m = 14$

··· ❸

채점 기준	배점
❶ X, Y를 각각 표준화하기	20%
❷ X, Y에 대한 확률을 각각 Z에 대한 확률로 나타내기	40%
❸ m의 값 구하기	40%

0669
답 ③

두 확률변수 X, Y가 각각 정규분포 $N(m, 3^2)$, $N(m+12, 4^2)$을 따르므로 두 확률변수 $\frac{X-m}{3}$, $\frac{Y-(m+12)}{4}$는 모두 표준정규분포 $N(0, 1)$을 따른다.

표준정규분포를 따르는 확률변수를 Z라 하면

$$P(X \leq n) = P\left(\frac{X-m}{3} \leq \frac{n-m}{3}\right)$$
$$= P\left(Z \leq \frac{n-m}{3}\right)$$
$$P(Y \geq n+5) = P\left(\frac{Y-(m+12)}{4} \geq \frac{(n+5)-(m+12)}{4}\right)$$
$$= P\left(Z \geq \frac{n-m-7}{4}\right)$$

이때 $P(X \leq n) = P(Y \geq n+5)$이므로

$$P\left(Z \leq \frac{n-m}{3}\right) = P\left(Z \geq \frac{n-m-7}{4}\right)$$
$$= P\left(Z \leq -\frac{n-m-7}{4}\right)$$

따라서 $\frac{n-m}{3} = -\frac{n-m-7}{4}$이므로

$4(n-m) = -3(n-m-7)$

$4n-4m = -3n+3m+21$

$7m-7n = -21$

$\therefore m-n = -3$

0670
답 ⑤

두 확률변수 X, Y가 각각 정규분포 $N(6, 2^2)$, $N(18, \sigma^2)$을 따르므로 두 확률변수 $\frac{X-6}{2}$, $\frac{Y-18}{\sigma}$은 모두 표준정규분포 $N(0, 1)$을 따른다.

표준정규분포를 따르는 확률변수를 Z라 하면

$$P(5 \leq X \leq 7) = P\left(\frac{5-6}{2} \leq \frac{X-6}{2} \leq \frac{7-6}{2}\right)$$
$$= P\left(-\frac{1}{2} \leq Z \leq \frac{1}{2}\right)$$
$$P(16 \leq Y \leq 20) = P\left(\frac{16-18}{\sigma} \leq \frac{Y-18}{\sigma} \leq \frac{20-18}{\sigma}\right)$$
$$= P\left(-\frac{2}{\sigma} \leq Z \leq \frac{2}{\sigma}\right)$$

이때 조건 ㈎에서 $P(5 \leq X \leq 7) = P(16 \leq Y \leq 20)$이므로

$\frac{2}{\sigma} = \frac{1}{2}$ $\therefore \sigma = 4$

또한

$$P(10 \leq X \leq 12) = P\left(\frac{10-6}{2} \leq \frac{X-6}{2} \leq \frac{12-6}{2}\right)$$
$$= P(2 \leq Z \leq 3)$$
$$P(a-4 \leq Y \leq a) = P\left(\frac{(a-4)-18}{4} \leq \frac{Y-18}{4} \leq \frac{a-18}{4}\right)$$
$$= P\left(\frac{a-22}{4} \leq Z \leq \frac{a-18}{4}\right)$$
$$= P\left(-\frac{a-18}{4} \leq Z \leq -\frac{a-22}{4}\right)$$

이고 조건 ㈏에서 $P(10 \leq X \leq 12) = P(a-4 \leq Y \leq a)$이므로

$\frac{a-22}{4} = 2$, $\frac{a-18}{4} = 3$ 또는 $-\frac{a-18}{4} = 2$, $-\frac{a-22}{4} = 3$

$\therefore a = 30$ 또는 $a = 10$

따라서 모든 실수 a의 값의 합은

$30+10 = 40$

확인 문제 (1) 0.3413   (2) 0.1525   (3) 0.9104
(4) 0.9772   (5) 0.0013

(1) $P(-1 \leq Z \leq 0) = P(0 \leq Z \leq 1)$
$= 0.3413$
(2) $P(1 \leq Z \leq 2.5) = P(0 \leq Z \leq 2.5) - P(0 \leq Z \leq 1)$
$= 0.4938 - 0.3413$
$= 0.1525$
(3) $P(-2 \leq Z \leq 1.5) = P(-2 \leq Z \leq 0) + P(0 \leq Z \leq 1.5)$
$= P(0 \leq Z \leq 2) + P(0 \leq Z \leq 1.5)$
$= 0.4772 + 0.4332$
$= 0.9104$
(4) $P(Z \leq 2) = P(Z \leq 0) + P(0 \leq Z \leq 2)$
$= 0.5 + 0.4772$
$= 0.9772$
(5) $P(Z \geq 3) = P(Z \geq 0) - P(0 \leq Z \leq 3)$
$= 0.5 - 0.4987$
$= 0.0013$

0671

답 ②

확률변수 X가 정규분포 $N(50, 4^2)$을 따르므로 $Z = \dfrac{X-50}{4}$으로 놓으면 확률변수 Z는 표준정규분포 $N(0, 1)$을 따른다.

$\therefore P(48 \leq X \leq 58) = P\left(\dfrac{48-50}{4} \leq \dfrac{X-50}{4} \leq \dfrac{58-50}{4}\right)$
$= P(-0.5 \leq Z \leq 2)$
$= P(-0.5 \leq Z \leq 0) + P(0 \leq Z \leq 2)$
$= P(0 \leq Z \leq 0.5) + P(0 \leq Z \leq 2)$
$= 0.1915 + 0.4772$
$= 0.6687$

0672

답 ③

확률변수 X가 정규분포 $N(10, 2^2)$을 따르므로 $Z = \dfrac{X-10}{2}$으로 놓으면 확률변수 Z는 표준정규분포 $N(0, 1)$을 따른다.
① $P(6 \leq X \leq 12) = P\left(\dfrac{6-10}{2} \leq \dfrac{X-10}{2} \leq \dfrac{12-10}{2}\right)$
$= P(-2 \leq Z \leq 1)$
$= P(-2 \leq Z \leq 0) + P(0 \leq Z \leq 1)$
$= P(0 \leq Z \leq 2) + P(0 \leq Z \leq 1)$
$= 0.48 + 0.34$
$= 0.82$

② $P(X \geq 8) = P\left(\dfrac{X-10}{2} \geq \dfrac{8-10}{2}\right)$
$= P(Z \geq -1)$
$= P(-1 \leq Z \leq 0) + P(Z \geq 0)$
$= P(0 \leq Z \leq 1) + P(Z \geq 0)$
$= 0.34 + 0.5$
$= 0.84$
③ $P(8 \leq X \leq 12) = P\left(\dfrac{8-10}{2} \leq \dfrac{X-10}{2} \leq \dfrac{12-10}{2}\right)$
$= P(-1 \leq Z \leq 1)$
$= P(-1 \leq Z \leq 0) + P(0 \leq Z \leq 1)$
$= P(0 \leq Z \leq 1) + P(0 \leq Z \leq 1)$
$= 2P(0 \leq Z \leq 1)$
$= 2 \times 0.34$
$= 0.68$
④ $P(X \leq 14) = P\left(\dfrac{X-10}{2} \leq \dfrac{14-10}{2}\right)$
$= P(Z \leq 2)$
$= P(Z \leq 0) + P(0 \leq Z \leq 2)$
$= 0.5 + 0.48$
$= 0.98$
⑤ $P(6 \leq X \leq 14) = P\left(\dfrac{6-10}{2} \leq \dfrac{X-10}{2} \leq \dfrac{14-10}{2}\right)$
$= P(-2 \leq Z \leq 2)$
$= P(-2 \leq Z \leq 0) + P(0 \leq Z \leq 2)$
$= P(0 \leq Z \leq 2) + P(0 \leq Z \leq 2)$
$= 2P(0 \leq Z \leq 2)$
$= 2 \times 0.48$
$= 0.96$
따라서 그 값이 가장 작은 것은 ③이다.

🔊 **Bible Says** 표준정규분포의 확률의 계산

확률의 계산에서 표준정규분포를 따르는 확률변수 Z에 대하여 다음이 성립함을 이용한다. (단, $0 < a < b$)
(1) $P(0 \leq Z \leq a) = P(-a \leq Z \leq 0)$
(2) $P(a \leq Z \leq b) = P(0 \leq Z \leq b) - P(0 \leq Z \leq a)$
(3) $P(Z \geq a) = P(Z \geq 0) - P(0 \leq Z \leq a)$
$= 0.5 - P(0 \leq Z \leq a)$
(4) $P(Z \leq a) = P(Z \leq 0) + P(0 \leq Z \leq a)$
$= 0.5 + P(0 \leq Z \leq a)$
(5) $P(-a \leq Z \leq b) = P(-a \leq Z \leq 0) + P(0 \leq Z \leq b)$
$= P(0 \leq Z \leq a) + P(0 \leq Z \leq b)$

0673

답 0.2119

확률변수 X가 정규분포 $N(40, 5^2)$을 따르므로 $Z = \dfrac{X-40}{5}$으로 놓으면 확률변수 Z는 표준정규분포 $N(0, 1)$을 따른다.

❶

$P(36 \leq X \leq 44) = 0.5762$에서
$P\left(\dfrac{36-40}{5} \leq \dfrac{X-40}{5} \leq \dfrac{44-40}{5}\right) = 0.5762$
$P(-0.8 \leq Z \leq 0.8) = 0.5762$

$P(-0.8 \leq Z \leq 0) + P(0 \leq Z \leq 0.8) = 0.5762$

즉, $2P(0 \leq Z \leq 0.8) = 0.5762$에서

$P(0 \leq Z \leq 0.8) = 0.2881$

─────────────────────────────────────── ❷

$\therefore P(X \leq 36) = P\left(\dfrac{X-40}{5} \leq \dfrac{36-40}{5}\right)$

$= P(Z \leq -0.8)$

$= P(Z \geq 0.8)$

$= P(Z \geq 0) - P(0 \leq Z \leq 0.8)$

$= 0.5 - 0.2881$

$= 0.2119$

─────────────────────────────────────── ❸

채점 기준	배점
❶ X를 표준화하기	20%
❷ $P(36 \leq X \leq 44) = 0.5762$를 Z에 대한 확률을 나타내는 식으로 변형하기	40%
❸ $P(X \leq 36)$의 값 구하기	40%

0674
답 ③

확률변수 X가 정규분포 $N(16, 5^2)$을 따르므로 확률변수 $Y = 3X + 2$에 대하여

$E(Y) = E(3X+2) = 3E(X) + 2$

$= 3 \times 16 + 2 = 50$

$V(Y) = V(3X+2) = 3^2 V(X)$

$= 3^2 \times 5^2 = 15^2$

따라서 확률변수 Y는 정규분포 $N(50, 15^2)$을 따르므로

$Z = \dfrac{Y-50}{15}$으로 놓으면 확률변수 Z는 표준정규분포 $N(0, 1)$을 따른다.

$\therefore P(41 \leq Y \leq 68) = P\left(\dfrac{41-50}{15} \leq \dfrac{Y-50}{15} \leq \dfrac{68-50}{15}\right)$

$= P(-0.6 \leq Z \leq 1.2)$

$= P(-0.6 \leq Z \leq 0) + P(0 \leq Z \leq 1.2)$

$= P(0 \leq Z \leq 0.6) + P(0 \leq Z \leq 1.2)$

$= 0.2257 + 0.3849$

$= 0.6106$

다른 풀이

확률변수 X가 정규분포 $N(16, 5^2)$을 따르므로 $Z = \dfrac{X-16}{5}$으로 놓으면 확률변수 Z는 표준정규분포 $N(0, 1)$을 따른다.

따라서 확률변수 $Y = 3X + 2$에 대하여

$P(41 \leq Y \leq 68) = P(41 \leq 3X + 2 \leq 68)$

$= P(13 \leq X \leq 22)$

$= P\left(\dfrac{13-16}{5} \leq \dfrac{X-16}{5} \leq \dfrac{22-16}{5}\right)$

$= P(-0.6 \leq Z \leq 1.2)$

$= P(-0.6 \leq Z \leq 0) + P(0 \leq Z \leq 1.2)$

$= P(0 \leq Z \leq 0.6) + P(0 \leq Z \leq 1.2)$

$= 0.2257 + 0.3849$

$= 0.6106$

0675
답 ③

확률변수 X가 정규분포 $N(8, 5^2)$을 따르므로 $Z = \dfrac{X-8}{5}$로 놓으면 확률변수 Z는 표준정규분포 $N(0, 1)$을 따른다.

$\therefore P(X \leq 6) = P\left(\dfrac{X-8}{5} \leq \dfrac{6-8}{5}\right)$

$= P(Z \leq -0.4)$

$= P(Z \geq 0.4)$

같은 방법으로 $P(X \leq 7) = P(Z \geq 0.2)$이고

$P(X \leq 8) = P(Z \leq 0)$

$P(X \leq 9) = P\left(\dfrac{X-8}{5} \leq \dfrac{9-8}{5}\right) = P(Z \leq 0.2)$

같은 방법으로

$P(X \leq 10) = P(Z \leq 0.4)$

$\therefore P(X \leq 6) + P(X \leq 7) + P(X \leq 8) + P(X \leq 9) + P(X \leq 10)$

$= P(Z \geq 0.4) + P(Z \geq 0.2) + P(Z \leq 0) + P(Z \leq 0.2) + P(Z \leq 0.4)$

$= \{P(Z \geq 0.4) + P(Z \leq 0.4)\}$

$\qquad + \{P(Z \geq 0.2) + P(Z \leq 0.2)\} + P(Z \leq 0)$

$= 1 + 1 + 0.5$

$= 2.5$

다른 풀이

정규분포 $N(8, 5^2)$을 따르는 확률변수 X의 확률밀도함수를 $f(x)$라 하면 $y = f(x)$의 그래프는 다음 그림과 같이 직선 $x = 8$에 대하여 대칭이므로

$P(X \leq 6) = P(X \geq 10)$, $P(X \leq 7) = P(X \geq 9)$

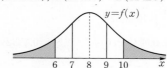

$\therefore P(X \leq 6) + P(X \leq 10) = 1$

$P(X \leq 7) + P(X \leq 9) = 1$

또한 $P(X \leq 8) = P(X \geq 8) = 0.5$이므로

$P(X \leq 6) + P(X \leq 7) + P(X \leq 8) + P(X \leq 9) + P(X \leq 10)$

$= \{P(X \leq 6) + P(X \leq 10)\} + \{P(X \leq 7) + P(X \leq 9)\}$

$\qquad + P(X \leq 8)$

$= 1 + 1 + 0.5$

$= 2.5$

유형 **07** 표준화하여 미지수 구하기

확인 문제   (1) 1   (2) 1.5   (3) 2

(1) $P(Z \leq k) = 0.8413$에서 $0.8413 > 0.5$이므로 $k > 0$이고

$P(Z \leq 0) + P(0 \leq Z \leq k) = 0.8413$

$0.5 + P(0 \leq Z \leq k) = 0.8413$

따라서 $P(0 \leq Z \leq k) = 0.3413$이므로 $k = 1$

(2) $\mathrm{P}(-k\le Z\le k)=0.8664$에서
$\quad\mathrm{P}(-k\le Z\le 0)+\mathrm{P}(0\le Z\le k)=0.8664$
$\quad\mathrm{P}(0\le Z\le k)+\mathrm{P}(0\le Z\le k)=0.8664$
$\quad 2\mathrm{P}(0\le Z\le k)=0.8664$
$\quad$따라서 $\mathrm{P}(0\le Z\le k)=0.4332$이므로 $k=1.5$

(3) $\mathrm{P}(Z\ge k)=0.0228$에서 $0.0228<0.5$이므로 $k>0$이고
$\quad\mathrm{P}(Z\ge 0)-\mathrm{P}(0\le Z\le k)=0.0228$
$\quad 0.5-\mathrm{P}(0\le Z\le k)=0.0228$
$\quad$따라서 $\mathrm{P}(0\le Z\le k)=0.4772$이므로 $k=2$

0676
답 26

확률변수 X가 정규분포 $\mathrm{N}(20,\,4^2)$을 따르므로 $Z=\dfrac{X-20}{4}$으로 놓으면 확률변수 Z는 표준정규분포 $\mathrm{N}(0,\,1)$을 따른다.

$\mathrm{P}(18\le X\le k)=0.6247$에서

$\mathrm{P}\!\left(\dfrac{18-20}{4}\le\dfrac{X-20}{4}\le\dfrac{k-20}{4}\right)=0.6247$

$\mathrm{P}\!\left(-0.5\le Z\le\dfrac{k-20}{4}\right)=0.6247$

$\mathrm{P}(-0.5\le Z\le 0)+\mathrm{P}\!\left(0\le Z\le\dfrac{k-20}{4}\right)=0.6247$

$\mathrm{P}(0\le Z\le 0.5)+\mathrm{P}\!\left(0\le Z\le\dfrac{k-20}{4}\right)=0.6247$

즉, $0.1915+\mathrm{P}\!\left(0\le Z\le\dfrac{k-20}{4}\right)=0.6247$이므로

$\mathrm{P}\!\left(0\le Z\le\dfrac{k-20}{4}\right)=0.4332$

이때 표준정규분포표에서 $\mathrm{P}(0\le Z\le 1.5)=0.4332$이므로

$\dfrac{k-20}{4}=1.5\qquad\therefore k=26$

0677
답 ④

확률변수 X가 정규분포 $\mathrm{N}\!\left(m,\,\left(\dfrac{m}{3}\right)^2\right)$을 따르므로 확률변수

$Z=\dfrac{X-m}{\dfrac{m}{3}}$은 표준정규분포 $\mathrm{N}(0,\,1)$을 따른다.

$\mathrm{P}\!\left(X\le\dfrac{9}{2}\right)=0.9987$에서

$\mathrm{P}\!\left(\dfrac{X-m}{\dfrac{m}{3}}\le\dfrac{\dfrac{9}{2}-m}{\dfrac{m}{3}}\right)=0.9987$

$\mathrm{P}\!\left(Z\le\dfrac{27-6m}{2m}\right)=0.9987$

$0.9987>0.5$이므로 $\dfrac{27-6m}{2m}>0$이고

$\mathrm{P}(Z\le 0)+\mathrm{P}\!\left(0\le Z\le\dfrac{27-6m}{2m}\right)=0.9987$

$0.5+\mathrm{P}\!\left(0\le Z\le\dfrac{27-6m}{2m}\right)=0.9987$

$\therefore \mathrm{P}\!\left(0\le Z\le\dfrac{27-6m}{2m}\right)=0.4987$

이때 표준정규분포표에서 $\mathrm{P}(0\le Z\le 3)=0.4987$이므로

$\dfrac{27-6m}{2m}=3,\ 12m=27\qquad\therefore m=\dfrac{9}{4}$

 Bible Says 표준정규분포의 확률과 미지수의 위치

표준정규분포 $\mathrm{N}(0,\,1)$을 따르는 확률변수 Z에 대하여 확률의 값의 범위를 만족시키는 z_1의 위치는 다음과 같다.

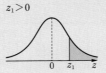

(1) $\mathrm{P}(Z\le z_1)<0.5$이면 $z_1<0$

(2) $\mathrm{P}(Z\le z_1)>0.5$이면 $z_1>0$

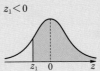

(3) $\mathrm{P}(Z\ge z_1)<0.5$이면 $z_1>0$

(4) $\mathrm{P}(Z\ge z_1)>0.5$이면 $z_1<0$

0678
답 ①

확률변수 X가 정규분포 $\mathrm{N}(65,\,3^2)$을 따르므로 $Z=\dfrac{X-65}{3}$로 놓으면 확률변수 Z는 표준정규분포 $\mathrm{N}(0,\,1)$을 따른다.

$\mathrm{P}(X\le k)=0.0062$에서

$\mathrm{P}\!\left(\dfrac{X-65}{3}\le\dfrac{k-65}{3}\right)=0.0062$

$\mathrm{P}\!\left(Z\le\dfrac{k-65}{3}\right)=0.0062$

$0.0062<0.5$이므로 $\dfrac{k-65}{3}<0$이고

$\mathrm{P}\!\left(Z\ge -\dfrac{k-65}{3}\right)=0.0062$

$\mathrm{P}(Z\ge 0)-\mathrm{P}\!\left(0\le Z\le -\dfrac{k-65}{3}\right)=0.0062$

$0.5-\mathrm{P}\!\left(0\le Z\le -\dfrac{k-65}{3}\right)=0.0062$

$\therefore \mathrm{P}\!\left(0\le Z\le -\dfrac{k-65}{3}\right)=0.4938$

이때 표준정규분포표에서 $\mathrm{P}(0\le Z\le 2.5)=0.4938$이므로

$-\dfrac{k-65}{3}=2.5\qquad\therefore k=57.5$

참고

정규분포 $\mathrm{N}(m,\,\sigma^2)$을 따르는 확률변수 X에 대하여 $\mathrm{P}(X\le a)=p$일 때 $p<0.5$이면

$\mathrm{P}(X\le a)=\mathrm{P}\!\left(Z\le\dfrac{a-m}{\sigma}\right)$

$\qquad\qquad=\mathrm{P}\!\left(Z\ge -\dfrac{a-m}{\sigma}\right)$

$\qquad\qquad=\mathrm{P}(Z\ge 0)-\mathrm{P}\!\left(0\le Z\le -\dfrac{a-m}{\sigma}\right)=p$

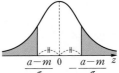

$\therefore \mathrm{P}\!\left(0\le Z\le -\dfrac{a-m}{\sigma}\right)=0.5-p$

0679

답 1.8

확률변수 X가 정규분포 $N(m, \sigma^2)$을 따르므로 $Z=\dfrac{X-m}{\sigma}$으로 놓으면 확률변수 Z는 표준정규분포 $N(0, 1)$을 따른다.

.... ❶

$P(|X-m|\le k\sigma)=0.9282$에서

$P(-k\sigma\le X-m\le k\sigma)=0.9282$

이때 $\sigma>0$이므로

$P\left(-k\le\dfrac{X-m}{\sigma}\le k\right)=0.9282$

즉, $P(-k\le Z\le k)=0.9282$에서

$2P(0\le Z\le k)=0.9282$

$\therefore P(0\le Z\le k)=0.4641$

.... ❷

이때 표준정규분포표에서 $P(0\le Z\le 1.8)=0.4641$이므로

$k=1.8$

.... ❸

채점 기준	배점
❶ X를 표준화하기	20%
❷ $P(\vert X-m\vert\le k\sigma)=0.9282$를 Z에 대한 확률을 나타내는 식으로 변형하기	60%
❸ k의 값 구하기	20%

0680

답 5

확률변수 X가 정규분포 $N(m, \sigma^2)$을 따르므로 $Z=\dfrac{X-m}{\sigma}$으로 놓으면 확률변수 Z는 표준정규분포 $N(0, 1)$을 따른다.
이때

$P(m-10\le X\le m)=P\left(\dfrac{(m-10)-m}{\sigma}\le\dfrac{X-m}{\sigma}\le\dfrac{m-m}{\sigma}\right)$

$\qquad\qquad\qquad\quad=P\left(-\dfrac{10}{\sigma}\le Z\le 0\right)$

$\qquad\qquad\qquad\quad=P\left(0\le Z\le\dfrac{10}{\sigma}\right)$

$P(X\ge m+10)=P\left(\dfrac{X-m}{\sigma}\ge\dfrac{(m+10)-m}{\sigma}\right)$

$\qquad\qquad\quad=P\left(Z\ge\dfrac{10}{\sigma}\right)$

$\qquad\qquad\quad=P(Z\ge 0)-P\left(0\le Z\le\dfrac{10}{\sigma}\right)(\because \sigma>0)$

$\qquad\qquad\quad=0.5-P\left(0\le Z\le\dfrac{10}{\sigma}\right)$

이므로 $P(m-10\le X\le m)-P(X\ge m+10)=0.4544$에서

$P\left(0\le Z\le\dfrac{10}{\sigma}\right)-\left\{0.5-P\left(0\le Z\le\dfrac{10}{\sigma}\right)\right\}=0.4544$

$2P\left(0\le Z\le\dfrac{10}{\sigma}\right)=0.9544$

$\therefore P\left(0\le Z\le\dfrac{10}{\sigma}\right)=0.4772$

이때 표준정규분포표에서 $P(0\le Z\le 2)=0.4772$이므로

$\dfrac{10}{\sigma}=2$ $\quad\therefore \sigma=5$

0681

답 ④

두 확률변수 X, Y가 각각 정규분포 $N(8, 3^2)$, $N(m, \sigma^2)$을 따르므로 두 확률변수 $\dfrac{X-8}{3}$, $\dfrac{Y-m}{\sigma}$은 모두 표준정규분포 $N(0, 1)$을 따른다.
표준정규분포를 따르는 확률변수를 Z라 하면

$P(4\le X\le 8)+P(Y\ge 8)=\dfrac{1}{2}$에서

$P\left(\dfrac{4-8}{3}\le\dfrac{X-8}{3}\le\dfrac{8-8}{3}\right)+P\left(\dfrac{Y-m}{\sigma}\ge\dfrac{8-m}{\sigma}\right)=0.5$

$P\left(-\dfrac{4}{3}\le Z\le 0\right)+P\left(Z\ge\dfrac{8-m}{\sigma}\right)=0.5$

$P\left(0\le Z\le\dfrac{4}{3}\right)+P\left(Z\ge\dfrac{8-m}{\sigma}\right)=0.5$

$P\left(Z\ge\dfrac{8-m}{\sigma}\right)=0.5-P\left(0\le Z\le\dfrac{4}{3}\right)$

이때 $0.5-P\left(0\le Z\le\dfrac{4}{3}\right)=P\left(Z\ge\dfrac{4}{3}\right)$이므로

$\dfrac{8-m}{\sigma}=\dfrac{4}{3}$

$\therefore P\left(Y\le 8+\dfrac{2\sigma}{3}\right)=P\left(\dfrac{Y-m}{\sigma}\le\dfrac{8+\dfrac{2\sigma}{3}-m}{\sigma}\right)$

$\qquad\qquad\qquad\quad=P\left(Z\le\dfrac{8-m}{\sigma}+\dfrac{2}{3}\right)$

$\qquad\qquad\qquad\quad=P(Z\le 2)$

$\qquad\qquad\qquad\quad=P(Z\le 0)+P(0\le Z\le 2)$

$\qquad\qquad\qquad\quad=0.5+0.4772$

$\qquad\qquad\qquad\quad=0.9772$

유형 08 표준화하여 미지수 구하기
– 정규분포곡선의 성질 이용

0682

답 ①

정규분포 $N(m, 2^2)$을 따르는 연속확률변수 X의 확률밀도함수를 $f(x)$라 하면 $y=f(x)$의 그래프는 직선 $x=m$에 대하여 대칭이다.
이때 $P(X\le 8)=P(X\ge 12)$이므로

$m=\dfrac{8+12}{2}=10$

즉, 확률변수 X가 정규분포 $N(10, 2^2)$을 따르므로 $Z=\dfrac{X-10}{2}$으로 놓으면 확률변수 Z는 표준정규분포 $N(0, 1)$을 따른다.

$\therefore P(X\ge 14)=P\left(\dfrac{X-10}{2}\ge\dfrac{14-10}{2}\right)$

$\qquad\qquad\quad=P(Z\ge 2)$

$\qquad\qquad\quad=P(Z\ge 0)-P(0\le Z\le 2)$

$\qquad\qquad\quad=0.5-0.4772$

$\qquad\qquad\quad=0.0228$

0683

답 ④

정규분포 $N(5, 2^2)$을 따르는 연속확률변수 X의 확률밀도함수를 $f(x)$라 하면 $y=f(x)$의 그래프는 직선 $x=5$에 대하여 대칭이다.

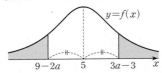

이때 $P(X \leq 9-2a)=P(X \geq 3a-3)$이므로

$$\frac{(9-2a)+(3a-3)}{2}=5 \qquad \therefore a=4$$

$Z=\dfrac{X-5}{2}$로 놓으면 확률변수 Z는 표준정규분포 $N(0, 1)$을 따르므로

$$\begin{aligned}
P(9-2a \leq X \leq 3a-3) &= P(1 \leq X \leq 9) \\
&= P\left(\frac{1-5}{2} \leq \frac{X-5}{2} \leq \frac{9-5}{2}\right) \\
&= P(-2 \leq Z \leq 2) \\
&= 2P(0 \leq Z \leq 2) \\
&= 2 \times 0.4772 \\
&= 0.9544
\end{aligned}$$

0684

답 ①

정규분포 $N(m, \sigma^2)$을 따르는 연속확률변수 X의 확률밀도함수 $f(x)$에 대하여 $y=f(x)$의 그래프는 직선 $x=m$에 대하여 대칭이다. 이때 $f(24+x)=f(24-x)$이므로

$$m=24$$

즉, 확률변수 X가 정규분포 $N(24, \sigma^2)$을 따르므로 $Z=\dfrac{X-24}{\sigma}$로 놓으면 확률변수 Z는 표준정규분포 $N(0, 1)$을 따른다.

$P(X \leq m+2)=0.8413$, 즉 $P(X \leq 26)=0.8413$에서

$$\begin{aligned}
P(X \leq 26) &= P\left(\frac{X-24}{\sigma} \leq \frac{26-24}{\sigma}\right) \\
&= P\left(Z \leq \frac{2}{\sigma}\right) \\
&= P(Z \leq 0)+P\left(0 \leq Z \leq \frac{2}{\sigma}\right) \\
&= 0.5+P\left(0 \leq Z \leq \frac{2}{\sigma}\right) \\
&= 0.8413
\end{aligned}$$

$$\therefore P\left(0 \leq Z \leq \frac{2}{\sigma}\right)=0.3413$$

이때 표준정규분포표에서 $P(0 \leq Z \leq 1)=0.3413$이므로

$$\frac{2}{\sigma}=1 \qquad \therefore \sigma=2$$

$$\begin{aligned}
\therefore P(X \geq 30) &= P\left(\frac{X-24}{2} \geq \frac{30-24}{2}\right) \\
&= P(Z \geq 3) \\
&= P(Z \geq 0)-P(0 \leq Z \leq 3) \\
&= 0.5-0.4987 \\
&= 0.0013
\end{aligned}$$

0685

답 27

두 확률변수 X, Y가 각각 정규분포 $N(20, \sigma^2)$, $N(35, 4\sigma^2)$을 따르므로 두 확률변수 $\dfrac{X-20}{\sigma}$, $\dfrac{Y-35}{2\sigma}$는 모두 표준정규분포 $N(0, 1)$을 따른다.

❶

표준정규분포를 따르는 확률변수를 Z라 하면 $P(X \leq k)=P(Y \geq k)=0.9938$에서

$$P\left(\frac{X-20}{\sigma} \leq \frac{k-20}{\sigma}\right)=P\left(\frac{Y-35}{2\sigma} \geq \frac{k-35}{2\sigma}\right)=0.9938$$

$$\therefore P\left(Z \leq \frac{k-20}{\sigma}\right)=P\left(Z \geq \frac{k-35}{2\sigma}\right)=0.9938$$

이때 $0.9938>0.5$이므로 $\dfrac{k-20}{\sigma}>0$, $\dfrac{k-35}{2\sigma}<0$이고

$$\frac{k-20}{\sigma}=-\frac{k-35}{2\sigma}$$

$$-2k+40=k-35, \ 3k=75$$

$$\therefore k=25$$

❷

즉, $P\left(Z \leq \dfrac{25-20}{\sigma}\right)=0.9938$에서

$$P\left(Z \leq \frac{5}{\sigma}\right)=0.9938$$

$$P(Z \leq 0)+P\left(0 \leq Z \leq \frac{5}{\sigma}\right)=0.9938$$

$$0.5+P\left(0 \leq Z \leq \frac{5}{\sigma}\right)=0.9938$$

$$\therefore P\left(0 \leq Z \leq \frac{5}{\sigma}\right)=0.4938$$

이때 표준정규분포표에서 $P(0 \leq Z \leq 2.5)=0.4938$이므로

$$\frac{5}{\sigma}=2.5 \qquad \therefore \sigma=2$$

❸

$$\therefore k+\sigma=25+2=27$$

❹

채점 기준	배점
❶ X, Y를 표준화하기	20%
❷ 정규분포곡선의 성질을 이용하여 k의 값 구하기	40%
❸ σ의 값 구하기	30%
❹ $k+\sigma$의 값 구하기	10%

0686

답 ③

정규분포 $N(m, 4^2)$을 따르는 연속확률변수 X의 확률밀도함수 $f(x)$에 대하여 $y=f(x)$의 그래프는 직선 $x=m$에 대하여 대칭이고 x의 값이 m에서 멀어질수록 함숫값은 작아진다.

(i) $f(6)<f(16)$이므로 오른쪽 그림과 같이 평균 m이 6보다 16에 더 가깝다.

즉, $m-6>16-m$에서

$$2m>22$$

$$\therefore m>11$$

(ii) $f(16) < f(10)$이므로 오른쪽 그림과 같이 평균 m이 16보다 10에 더 가깝다.

즉, $m-10 < 16-m$에서

$2m < 26$

$\therefore m < 13$

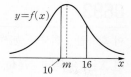

(i), (ii)에서 $11 < m < 13$이고 m은 자연수이므로

$m=12$

즉, 확률변수 X가 정규분포 $N(12, 4^2)$을 따르므로 $Z=\dfrac{X-12}{4}$

로 놓으면 확률변수 Z는 표준정규분포 $N(0, 1)$을 따른다.

$\therefore P(14 \leq X \leq 16) = P\left(\dfrac{14-12}{4} \leq \dfrac{X-12}{4} \leq \dfrac{16-12}{4}\right)$

$\qquad\qquad\qquad\quad = P(0.5 \leq Z \leq 1)$

$\qquad\qquad\qquad\quad = P(0 \leq Z \leq 1) - P(0 \leq Z \leq 0.5)$

$\qquad\qquad\qquad\quad = 0.3413 - 0.1915$

$\qquad\qquad\qquad\quad = 0.1498$

0687

답 312

정규분포 $N(100, 6^2)$을 따르는 연속확률변수 X의 확률밀도함수 $f(x)$에 대하여 $y=f(x)$의 그래프는 직선 $x=100$에 대하여 대칭이다.

즉, 함수 $y=f(x)$의 그래프와 직선 $y=k$의 두 교점 A, B도 직선 $x=100$에 대하여 대칭이다.

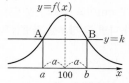

이때 두 점 A, B의 x좌표가 각각 a, b이고 $a<b$이므로

$a=100-\alpha$, $b=100+\alpha$ $(\alpha>0)$

로 놓을 수 있다.

한편, 확률변수 X가 정규분포 $N(100, 6^2)$을 따르므로

$Z=\dfrac{X-100}{6}$으로 놓으면 확률변수 Z는 표준정규분포 $N(0, 1)$을 따른다.

$P(a \leq X \leq b) = 0.9544$, 즉

$P(100-\alpha \leq X \leq 100+\alpha) = 0.9544$에서

$P\left(\dfrac{(100-\alpha)-100}{6} \leq \dfrac{X-100}{6} \leq \dfrac{(100+\alpha)-100}{6}\right) = 0.9544$

$P\left(-\dfrac{\alpha}{6} \leq Z \leq \dfrac{\alpha}{6}\right) = 0.9544$

즉, $2P\left(0 \leq Z \leq \dfrac{\alpha}{6}\right) = 0.9544$이므로

$P\left(0 \leq Z \leq \dfrac{\alpha}{6}\right) = 0.4772$

이때 표준정규분포표에서 $P(0 \leq Z \leq 2) = 0.4772$이므로

$\dfrac{\alpha}{6} = 2$

$\therefore \alpha = 12$

따라서

$a = 100-\alpha = 100-12 = 88$

$b = 100+\alpha = 100+12 = 112$

이므로

$a+2b = 88 + 2 \times 112 = 312$

0688

답 ②

정규분포를 따르는 두 확률변수 X, Y의 표준편차가 같으므로 두 확률밀도함수 $y=f(x)$, $y=g(x)$의 그래프는 대칭축의 위치는 다르지만 모양은 서로 같다.

또한 확률밀도함수 $y=f(x)$의 그래프는 직선 $x=10$에 대하여 대칭이고, 확률밀도함수 $y=g(x)$의 그래프는 직선 $x=m$에 대하여 대칭이다.

확률변수 Y가 정규분포 $N(m, 4^2)$을 따르고, $P(Y \geq 26) \geq 0.5$이므로

$m \geq 26$

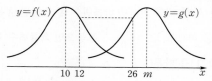

이때 $f(12) = g(26)$이므로 위의 그림에서

$m = 26 + 2 = 28$

따라서 확률변수 Y는 정규분포 $N(28, 4^2)$을 따르므로 확률변수

$Z = \dfrac{Y-28}{4}$은 표준정규분포 $N(0, 1)$을 따른다.

$\therefore P(Y \leq 20) = P\left(\dfrac{Y-28}{4} \leq \dfrac{20-28}{4}\right)$

$\qquad\qquad\quad = P(Z \leq -2)$

$\qquad\qquad\quad = P(Z \geq 2)$

$\qquad\qquad\quad = P(Z \geq 0) - P(0 \leq Z \leq 2)$

$\qquad\qquad\quad = 0.5 - 0.4772$

$\qquad\qquad\quad = 0.0228$

유형 **09** 정규분포의 활용 – 확률 구하기

0689

답 ①

이 공장에서 생산한 비누 한 개의 무게를 확률변수 X라 하면 X는 정규분포 $N(150, 4^2)$을 따르고, $Z=\dfrac{X-150}{4}$으로 놓으면 확률변수 Z는 표준정규분포 $N(0, 1)$을 따른다.

따라서 구하는 확률은

$P(146 \leq X \leq 156) = P\left(\dfrac{146-150}{4} \leq \dfrac{X-150}{4} \leq \dfrac{156-150}{4}\right)$

$\qquad\qquad\qquad\qquad = P(-1 \leq Z \leq 1.5)$

$\qquad\qquad\qquad\qquad = P(0 \leq Z \leq 1) + P(0 \leq Z \leq 1.5)$

$\qquad\qquad\qquad\qquad = 0.3413 + 0.4332$

$\qquad\qquad\qquad\qquad = 0.7745$

0690

답 ⑤

이 농장에서 수확한 파프리카 1개의 무게를 확률변수 X라 하면 X는 정규분포 $N(180, 20^2)$을 따르고, $Z=\dfrac{X-180}{20}$으로 놓으면 확률변수 Z는 표준정규분포 $N(0, 1)$을 따른다.

따라서 구하는 확률은

$$
\begin{aligned}
P(190 \leq X \leq 210) &= P\left(\frac{190-180}{20} \leq \frac{X-180}{20} \leq \frac{210-180}{20}\right) \\
&= P(0.5 \leq Z \leq 1.5) \\
&= P(0 \leq Z \leq 1.5) - P(0 \leq Z \leq 0.5) \\
&= 0.4332 - 0.1915 \\
&= 0.2417
\end{aligned}
$$

0691

답 0.0228

전기 자동차 A 한 대의 연비를 확률변수 X라 하면 X는 정규분포 $N(4, 0.2^2)$을 따르고, $Z=\dfrac{X-4}{0.2}$로 놓으면 확률변수 Z는 표준정규분포 $N(0, 1)$을 따른다. ········· ❶

따라서 구하는 확률은

$$
\begin{aligned}
P(X \geq 4.4) &= P\left(\frac{X-4}{0.2} \geq \frac{4.4-4}{0.2}\right) \\
&= P(Z \geq 2) \\
&= P(Z \geq 0) - P(0 \leq Z \leq 2) \\
&= 0.5 - 0.4772 \\
&= 0.0228
\end{aligned}
$$

········· ❷

채점 기준	배점
❶ 확률변수 X를 정하고 표준화하기	40%
❷ 연비가 4.4 km/kWh 이상일 확률 구하기	60%

0692

답 ③

연수네 학교 학생 중 한 명의 기말고사 성적을 확률변수 X라 하면 X는 정규분포 $N(74, 4^2)$을 따르고, $Z=\dfrac{X-74}{4}$로 놓으면 확률변수 Z는 표준정규분포 $N(0, 1)$을 따른다.

이때 이 학생이 보충수업을 받으려면 점수가 70점 이하이어야 하므로 구하는 확률은

$$
\begin{aligned}
P(X \leq 70) &= P\left(\frac{X-74}{4} \leq \frac{70-74}{4}\right) \\
&= P(Z \leq -1) \\
&= P(Z \geq 1) \\
&= P(Z \geq 0) - P(0 \leq Z \leq 1) \\
&= 0.5 - 0.3413 \\
&= 0.1587
\end{aligned}
$$

0693

답 ②

이 회사원이 회사에 출근하는 데 걸리는 시간을 확률변수 X라 하면 X는 정규분포 $N(40, 5^2)$을 따르고, $Z=\dfrac{X-40}{5}$로 놓으면 확률변수 Z는 표준정규분포 $N(0, 1)$을 따른다.

이때 출근 시각은 오전 9시이고 이 회사원이 집에서 출발한 시각이 오전 8시 25분이므로 이 회사원이 회사에 지각하려면 출근하는 데 걸린 시간이 35분을 초과해야 한다.

따라서 구하는 확률은

$$
\begin{aligned}
P(X > 35) &= P\left(\frac{X-40}{5} > \frac{35-40}{5}\right) \\
&= P(Z > -1) \\
&= P(Z < 1) = P(Z \leq 1) \\
&= P(Z \leq 0) + P(0 \leq Z \leq 1) \\
&= 0.5 + 0.3413 \\
&= 0.8413
\end{aligned}
$$

참고

연속확률변수 X가 특정한 값을 가질 확률은 0이므로
$P(a \leq X \leq b) = P(a \leq X < b) = P(a < X \leq b) = P(a < X < b)$이다.
즉, 이 문제에서 처음부터 $P(X > 35) = P(X \geq 35)$로 놓고 풀어도 된다.

0694

답 ⑤

이 공장에서 생산한 양초 한 개의 길이를 확률변수 X라 하면 X는 정규분포 $N(32.2, 0.4^2)$을 따르고, $Z=\dfrac{X-32.2}{0.4}$로 놓으면 확률변수 Z는 표준정규분포 $N(0, 1)$을 따른다.

양초의 기준 길이는 32 cm이고 양초의 길이가 기준 길이와 비교하여 1 cm 이상 차이가 나면 그 양초를 불량품으로 판정하므로 구하는 확률은

$$
\begin{aligned}
&P(|X-32| \geq 1) \\
&= P(X-32 \geq 1 \text{ 또는 } X-32 \leq -1) \\
&= P(X \geq 33 \text{ 또는 } X \leq 31) \\
&= P(X \geq 33) + P(X \leq 31) \\
&= P\left(\frac{X-32.2}{0.4} \geq \frac{33-32.2}{0.4}\right) + P\left(\frac{X-32.2}{0.4} \leq \frac{31-32.2}{0.4}\right) \\
&= P(Z \geq 2) + P(Z \leq -3) \\
&= P(Z \geq 2) + P(Z \geq 3) \\
&= \{P(Z \leq 0) - P(0 \leq Z \leq 2)\} + \{P(Z \leq 0) - P(0 \leq Z \leq 3)\} \\
&= (0.5 - 0.4772) + (0.5 - 0.4987) \\
&= 0.0241
\end{aligned}
$$

0695

답 57

이 양계장에서 생산한 달걀 한 개의 무게를 확률변수 X라 하면 X는 정규분포 $N(60, 8^2)$을 따르고, $Z=\dfrac{X-60}{8}$으로 놓으면 확률변수 Z는 표준정규분포 $N(0, 1)$을 따른다.

이 양계장에서 생산한 달걀 중에서 임의로 선택한 달걀 한 개가 판매 가능한 상품인 사건을 A, 특상품인 사건을 B라 하면

$$P(A)=P(X\geq44)$$
$$=P\left(\frac{X-60}{8}\geq\frac{44-60}{8}\right)$$
$$=P(Z\geq-2)=P(Z\leq2)$$
$$=P(Z\leq0)+P(0\leq Z\leq2)$$
$$=0.5+0.48=0.98$$
$$P(B)=P(X\geq68)$$
$$=P\left(\frac{X-60}{8}\geq\frac{68-60}{8}\right)$$
$$=P(Z\geq1)$$
$$=P(Z\geq0)-P(0\leq Z\leq1)$$
$$=0.5-0.34=0.16$$

이고 $P(A\cap B)=P(B)$이다.

따라서 구하는 확률은

$$P(B|A)=\frac{P(A\cap B)}{P(A)}=\frac{P(B)}{P(A)}$$
$$=\frac{0.16}{0.98}=\frac{8}{49}$$

즉, $p=49$, $q=8$이므로

$p+q=49+8=57$

유형 10 정규분포의 활용 – 도수 구하기

0696
답 ①

이 전자회사의 식기세척기를 구입한 소비자 한 명의 식기세척기 사용 기간을 확률변수 X라 하면 X는 정규분포 $N(60, 12^2)$을 따르고, $Z=\frac{X-60}{12}$으로 놓으면 확률변수 Z는 표준정규분포 $N(0, 1)$을 따른다.

이때 조사 대상인 소비자 한 명의 식기세척기 사용 기간이 78개월 이상이고 84개월 이하일 확률은

$$P(78\leq X\leq84)=P\left(\frac{78-60}{12}\leq\frac{X-60}{12}\leq\frac{84-60}{12}\right)$$
$$=P(1.5\leq Z\leq2)$$
$$=P(0\leq Z\leq2)-P(0\leq Z\leq1.5)$$
$$=0.48-0.43$$
$$=0.05$$

따라서 조사에 참여한 소비자 1000명 중 식기세척기 사용 기간이 78개월 이상이고 84개월 이하인 소비자의 수는

$1000\times0.05=50$

0697
답 44

이 고등학교 학생 한 명의 키를 확률변수 X라 하면 X는 정규분포 $N(164, 5^2)$을 따르고, $Z=\frac{X-164}{5}$로 놓으면 확률변수 Z는 표준정규분포 $N(0, 1)$을 따른다.

이때 조사 대상인 학생 중 한 명의 키가 172 cm 이상일 확률은

$$P(X\geq172)=P\left(\frac{X-164}{5}\geq\frac{172-164}{5}\right)$$
$$=P(Z\geq1.6)$$
$$=P(Z\geq0)-P(0\leq Z\leq1.6)$$
$$=0.5-0.445$$
$$=0.055$$

따라서 이 고등학교 학생 800명 중 키가 172 cm 이상인 학생 수는

$800\times0.055=44$

0698
답 673

이 도시의 6세 아동 한 명의 몸무게를 확률변수 X라 하면 X는 정규분포 $N(21.4, 0.5^2)$을 따르고, $Z=\frac{X-21.4}{0.5}$로 놓으면 확률변수 Z는 표준정규분포 $N(0, 1)$을 따른다. ···················· ❶

이때 이 도시의 6세 아동 중 한 명의 몸무게가 21 kg 이상이고 22 kg 이하일 확률은

$$P(21\leq X\leq22)=P\left(\frac{21-21.4}{0.5}\leq\frac{X-21.4}{0.5}\leq\frac{22-21.4}{0.5}\right)$$
$$=P(-0.8\leq Z\leq1.2)$$
$$=P(0\leq Z\leq0.8)+P(0\leq Z\leq1.2)$$
$$=0.2881+0.3849$$
$$=0.6730$$

·············· ❷

따라서 이 도시의 6세 아동 1000명 중 몸무게가 21 kg 이상이고 22 kg 이하인 6세 아동의 수는

$1000\times0.6730=673$ ···················· ❸

채점 기준	배점
❶ 확률변수 X를 정하고 표준화하기	30%
❷ 6세 아동 중 한 명의 몸무게가 21 kg 이상이고 22 kg 이하일 확률 구하기	50%
❸ 몸무게가 21 kg 이상이고 22 kg 이하인 6세 아동의 수 구하기	20%

0699
답 ③

이 공장에서 생산한 음료수 한 병의 무게를 확률변수 X라 하면 X는 정규분포 $N(120, 10^2)$을 따르고, $Z=\frac{X-120}{10}$으로 놓으면 확률변수 Z는 표준정규분포 $N(0, 1)$을 따른다.

이때 음료수 한 병의 무게가 105 g 이하이거나 130 g 이상일 확률은

$$P(X\leq105)+P(X\geq130)$$
$$=P\left(\frac{X-120}{10}\leq\frac{105-120}{10}\right)+P\left(\frac{X-120}{10}\geq\frac{130-120}{10}\right)$$
$$=P(Z\leq-1.5)+P(Z\geq1)$$
$$=P(Z\geq1.5)+P(Z\geq1)$$
$$=\{P(Z\geq0)-P(0\leq Z\leq1.5)\}+\{P(Z\geq0)-P(0\leq Z\leq1)\}$$
$$=(0.5-0.4332)+(0.5-0.3413)$$
$$=0.2255$$

따라서 음료수 한 병이 불량품으로 판정될 확률이 0.2255이므로 음료수 10000병 중 불량품의 개수는

$10000 \times 0.2255 = 2255$

0700

답 60

이 농장에서 수확한 수박 한 개의 무게를 확률변수 X라 하면 X는 정규분포 $N(12, 2^2)$을 따르고, $Z = \dfrac{X-12}{2}$로 놓으면 확률변수 Z는 표준정규분포 $N(0, 1)$을 따른다.

이때 수박 한 개의 무게가 10 kg 이하일 확률은

$$\begin{aligned} P(X \leq 10) &= P\left(\frac{X-12}{2} \leq \frac{10-12}{2}\right) \\ &= P(Z \leq -1) \\ &= P(Z \geq 1) \\ &= P(Z \geq 0) - P(0 \leq Z \leq 1) \\ &= 0.5 - 0.34 \\ &= 0.16 \end{aligned}$$

이고 수박의 총 개수가 n, 개당 무게가 10 kg 이하인 수박의 개수가 192이므로

$n \times 0.16 = 192$ $\therefore n = 1200$

또한 수박 한 개의 무게가 15 kg 이상이고 16 kg 이하일 확률은

$$\begin{aligned} P(15 \leq X \leq 16) &= P\left(\frac{15-12}{2} \leq \frac{X-12}{2} \leq \frac{16-12}{2}\right) \\ &= P(1.5 \leq Z \leq 2) \\ &= P(0 \leq Z \leq 2) - P(0 \leq Z \leq 1.5) \\ &= 0.48 - 0.43 \\ &= 0.05 \end{aligned}$$

따라서 이 농장에서 수확한 1200개의 수박 중 무게가 15 kg 이상이고 16 kg 이하인 수박의 개수는

$1200 \times 0.05 = 60$

유형 11 정규분포의 활용 - 미지수 구하기

0701

답 ②

이 농장에서 키우는 닭 한 마리의 무게를 확률변수 X라 하면 X는 정규분포 $N(m, 10^2)$을 따르고, $Z = \dfrac{X-m}{10}$으로 놓으면 확률변수 Z는 표준정규분포 $N(0, 1)$을 따른다.

이때 닭 한 마리의 무게가 1 kg, 즉 1000 g 이상일 확률이 0.1587이므로

$$\begin{aligned} P(X \geq 1000) &= P\left(\frac{X-m}{10} \geq \frac{1000-m}{10}\right) \\ &= P\left(Z \geq \frac{1000-m}{10}\right) \\ &= 0.1587 \end{aligned}$$

$0.1587 < 0.5$이므로 $\dfrac{1000-m}{10} > 0$이고

$$\begin{aligned} P\left(Z \geq \frac{1000-m}{10}\right) &= P(Z \geq 0) - P\left(0 \leq Z \leq \frac{1000-m}{10}\right) \\ &= 0.5 - P\left(0 \leq Z \leq \frac{1000-m}{10}\right) \\ &= 0.1587 \end{aligned}$$

$\therefore P\left(0 \leq Z \leq \dfrac{1000-m}{10}\right) = 0.3413$

이때 표준정규분포표에서 $P(0 \leq Z \leq 1) = 0.3413$이므로

$\dfrac{1000-m}{10} = 1$ $\therefore m = 990$

0702

답 ④

두 제품 A, B 1개의 중량을 각각 확률변수 X, Y라 하면 X, Y가 각각 정규분포 $N(9, 0.4^2)$, $N(20, 1^2)$을 따르므로 두 확률변수 $\dfrac{X-9}{0.4}$, $\dfrac{Y-20}{1}$은 모두 표준정규분포 $N(0, 1)$을 따른다.

표준정규분포를 따르는 확률변수를 Z라 하면 A 제품 중에서 임의로 선택한 1개의 중량이 8.9 이상 9.4 이하일 확률은

$$\begin{aligned} P(8.9 \leq X \leq 9.4) &= P\left(\frac{8.9-9}{0.4} \leq \frac{X-9}{0.4} \leq \frac{9.4-9}{0.4}\right) \\ &= P(-0.25 \leq Z \leq 1) \\ &= P(-1 \leq Z \leq 0.25) \quad \cdots\cdots \text{㉠} \end{aligned}$$

또한 B 제품 중에서 임의로 선택한 1개의 중량이 19 이상 k 이하일 확률은

$$\begin{aligned} P(19 \leq Y \leq k) &= P\left(\frac{19-20}{1} \leq \frac{Y-20}{1} \leq \frac{k-20}{1}\right) \\ &= P(-1 \leq Z \leq k-20) \quad \cdots\cdots \text{㉡} \end{aligned}$$

이때 ㉠, ㉡이 일치해야 하므로

$k-20 = 0.25$ $\therefore k = 20.25$

0703

답 1

이 고등학교 학생 한 명의 하루 물 섭취량을 확률변수 X라 하면 X는 정규분포 $N(2, 0.5^2)$을 따르고, $Z = \dfrac{X-2}{0.5}$로 놓으면 확률변수 Z는 표준정규분포 $N(0, 1)$을 따른다.

이때 하루 물 섭취량이 k L 이상일 확률이 0.9772이므로

$$\begin{aligned} P(X \geq k) &= P\left(\frac{X-2}{0.5} \geq \frac{k-2}{0.5}\right) \\ &= P\left(Z \geq \frac{k-2}{0.5}\right) \\ &= 0.9772 \end{aligned}$$

$0.9772 > 0.5$이므로 $\dfrac{k-2}{0.5} < 0$이고

$$\begin{aligned} P\left(Z \geq \frac{k-2}{0.5}\right) &= P\left(Z \leq -\frac{k-2}{0.5}\right) \\ &= P(Z \leq 0) + P\left(0 \leq Z \leq -\frac{k-2}{0.5}\right) \\ &= 0.5 + P\left(0 \leq Z \leq -\frac{k-2}{0.5}\right) \\ &= 0.9772 \end{aligned}$$

$\therefore P\left(0 \leq Z \leq -\dfrac{k-2}{0.5}\right) = 0.4772$

이때 표준정규분포표에서 $\mathrm{P}(0\le Z\le 2)=0.4772$이므로

$$-\frac{k-2}{0.5}=2 \qquad \therefore k=1$$

0704

답 ③

이 공장에서 생산한 LED 전구 1개의 수명 X는 정규분포 $\mathrm{N}(40000,\ \sigma^2)$을 따르고, $Z=\dfrac{X-40000}{\sigma}$으로 놓으면 확률변수 Z는 표준정규분포 $\mathrm{N}(0,\ 1)$을 따른다.

$\mathrm{P}(X\ge 37000)=0.9332$이므로

$$\begin{aligned}
\mathrm{P}(X\ge 37000)&=\mathrm{P}\!\left(\frac{X-40000}{\sigma}\ge\frac{37000-40000}{\sigma}\right)\\
&=\mathrm{P}\!\left(Z\ge-\frac{3000}{\sigma}\right)\\
&=\mathrm{P}\!\left(Z\le\frac{3000}{\sigma}\right)\ (\because \sigma>0)\\
&=\mathrm{P}(Z\le 0)+\mathrm{P}\!\left(0\le Z\le\frac{3000}{\sigma}\right)\\
&=0.5+\mathrm{P}\!\left(0\le Z\le\frac{3000}{\sigma}\right)\\
&=0.9332
\end{aligned}$$

$$\therefore \mathrm{P}\!\left(0\le Z\le\frac{3000}{\sigma}\right)=0.4332$$

이때 표준정규분포표에서 $\mathrm{P}(0\le Z\le 1.5)=0.4332$이므로

$$\frac{3000}{\sigma}=1.5 \qquad \therefore \sigma=2000$$

따라서 구하는 확률은

$$\begin{aligned}
\mathrm{P}(X\ge 42000)&=\mathrm{P}\!\left(\frac{X-40000}{2000}\ge\frac{42000-40000}{2000}\right)\\
&=\mathrm{P}(Z\ge 1)\\
&=\mathrm{P}(Z\ge 0)-\mathrm{P}(0\le Z\le 1)\\
&=0.5-0.3413\\
&=0.1587
\end{aligned}$$

0705

답 254

이 기계로 생산한 제품 한 개의 무게를 확률변수 X라 하면 X는 정규분포 $\mathrm{N}(25.5,\ 0.2^2)$을 따르고, $Z=\dfrac{X-25.5}{0.2}$로 놓으면 확률변수 Z는 표준정규분포 $\mathrm{N}(0,\ 1)$을 따른다.

제품 한 개가 불량품으로 판단될 확률, 즉 이 제품의 무게가 $a\ \mathrm{kg}$ 이하이거나 $25.9\ \mathrm{kg}$ 이상일 확률은 0.3313이므로

$$\begin{aligned}
&\mathrm{P}(X\le a)+\mathrm{P}(X\ge 25.9)\\
&=\mathrm{P}\!\left(\frac{X-25.5}{0.2}\le\frac{a-25.5}{0.2}\right)+\mathrm{P}\!\left(\frac{X-25.5}{0.2}\ge\frac{25.9-25.5}{0.2}\right)\\
&=\mathrm{P}\!\left(Z\le\frac{a-25.5}{0.2}\right)+\mathrm{P}(Z\ge 2)\\
&=\mathrm{P}\!\left(Z\le\frac{a-25.5}{0.2}\right)+\{\mathrm{P}(Z\ge 0)-\mathrm{P}(0\le Z\le 2)\}\\
&=\mathrm{P}\!\left(Z\le\frac{a-25.5}{0.2}\right)+(0.5-0.4772)\\
&=\mathrm{P}\!\left(Z\le\frac{a-25.5}{0.2}\right)+0.0228\\
&=0.3313
\end{aligned}$$

$$\therefore \mathrm{P}\!\left(Z\le\frac{a-25.5}{0.2}\right)=0.3085$$

$0.3085<0.5$이므로 $\dfrac{a-25.5}{0.2}<0$이고

$$\begin{aligned}
\mathrm{P}\!\left(Z\le\frac{a-25.5}{0.2}\right)&=\mathrm{P}\!\left(Z\ge-\frac{a-25.5}{0.2}\right)\\
&=\mathrm{P}(Z\ge 0)-\mathrm{P}\!\left(0\le Z\le-\frac{a-25.5}{0.2}\right)\\
&=0.5-\mathrm{P}\!\left(0\le Z\le-\frac{a-25.5}{0.2}\right)\\
&=0.3085
\end{aligned}$$

$$\therefore \mathrm{P}\!\left(0\le Z\le-\frac{a-25.5}{0.2}\right)=0.1915$$

이때 표준정규분포표에서 $\mathrm{P}(0\le Z\le 0.5)=0.1915$이므로

$$-\frac{a-25.5}{0.2}=0.5 \qquad \therefore a=25.4$$

$$\therefore 10a=254$$

0706

답 ⑤

A, B 과목 시험 점수를 각각 확률변수 X, Y라 하면 X, Y는 각각 정규분포 $\mathrm{N}(m,\ \sigma^2)$, $\mathrm{N}(m+3,\ \sigma^2)$을 따르므로 확률변수 $\dfrac{X-m}{\sigma}$, $\dfrac{Y-(m+3)}{\sigma}$은 모두 표준정규분포 $\mathrm{N}(0,\ 1)$을 따른다.

표준정규분포를 따르는 확률변수를 Z라 하면 A 과목 시험 점수가 80점 이상인 학생의 비율이 $9\,\%$이므로 $\mathrm{P}(X\ge 80)=0.09$에서

$$\mathrm{P}\!\left(\frac{X-m}{\sigma}\ge\frac{80-m}{\sigma}\right)=\mathrm{P}\!\left(Z\ge\frac{80-m}{\sigma}\right)=0.09$$

$0.09<0.5$이므로 $\dfrac{80-m}{\sigma}>0$이고

$$\begin{aligned}
\mathrm{P}\!\left(Z\ge\frac{80-m}{\sigma}\right)&=\mathrm{P}(Z\ge 0)-\mathrm{P}\!\left(0\le Z\le\frac{80-m}{\sigma}\right)\\
&=0.5-\mathrm{P}\!\left(0\le Z\le\frac{80-m}{\sigma}\right)\\
&=0.09
\end{aligned}$$

$$\therefore \mathrm{P}\!\left(0\le Z\le\frac{80-m}{\sigma}\right)=0.41$$

이때 $\mathrm{P}(0\le Z\le 1.34)=0.41$이므로

$$\frac{80-m}{\sigma}=1.34$$

$$\therefore m+1.34\sigma=80 \qquad \cdots\cdots \text{㉠}$$

또한 B 과목 시험 점수가 80점 이상인 학생의 비율이 $15\,\%$이므로 $\mathrm{P}(Y\ge 80)=0.15$에서

$$\mathrm{P}\!\left(\frac{Y-(m+3)}{\sigma}\ge\frac{80-(m+3)}{\sigma}\right)=\mathrm{P}\!\left(Z\ge\frac{77-m}{\sigma}\right)=0.15$$

$0.15<0.5$이므로 $\dfrac{77-m}{\sigma}>0$이고

$$\begin{aligned}
\mathrm{P}\!\left(Z\ge\frac{77-m}{\sigma}\right)&=\mathrm{P}(Z\ge 0)-\mathrm{P}\!\left(0\le Z\le\frac{77-m}{\sigma}\right)\\
&=0.5-\mathrm{P}\!\left(0\le Z\le\frac{77-m}{\sigma}\right)\\
&=0.15
\end{aligned}$$

$$\therefore \mathrm{P}\!\left(0\le Z\le\frac{77-m}{\sigma}\right)=0.35$$

이때 $\mathrm{P}(0\leq Z\leq1.04)=0.35$이므로

$$\dfrac{77-m}{\sigma}=1.04$$

$$\therefore m+1.04\sigma=77 \quad\quad \cdots\cdots \text{ⓒ}$$

㉠, ㉡을 연립하여 풀면

$m=66.6,\ \sigma=10$

$$\therefore m+\sigma=66.6+10=76.6$$

0707
답 ③

모집 인원이 40명이고 지원자가 500명이므로 이 회사의 입사 시험에 합격하기 위해서는 $\dfrac{40}{500}=0.08$, 즉 상위 8 % 이내에 들어야 한다.

이 회사에 지원한 지원자의 점수를 확률변수 X라 하면 X는 정규분포 $\mathrm{N}(76,\ 10^2)$을 따르고, $Z=\dfrac{X-76}{10}$으로 놓으면 확률변수 Z는 표준정규분포 $\mathrm{N}(0,\ 1)$을 따른다.

이 회사의 입사 시험에 합격하는 최저 점수를 k점이라 하면

$$\begin{aligned}
\mathrm{P}(X\geq k)&=\mathrm{P}\!\left(\dfrac{X-76}{10}\geq\dfrac{k-76}{10}\right)\\
&=\mathrm{P}\!\left(Z\geq\dfrac{k-76}{10}\right)\\
&=0.08
\end{aligned}$$

$0.08<0.5$이므로 $\dfrac{k-76}{10}>0$이고

$$\begin{aligned}
\mathrm{P}\!\left(Z\geq\dfrac{k-76}{10}\right)&=\mathrm{P}(Z\geq0)-\mathrm{P}\!\left(0\leq Z\leq\dfrac{k-76}{10}\right)\\
&=0.5-\mathrm{P}\!\left(0\leq Z\leq\dfrac{k-76}{10}\right)\\
&=0.08
\end{aligned}$$

$$\therefore \mathrm{P}\!\left(0\leq Z\leq\dfrac{k-76}{10}\right)=0.42$$

이때 표준정규분포표에서 $\mathrm{P}(0\leq Z\leq1.4)=0.42$이므로

$$\dfrac{k-76}{10}=1.4 \quad\quad \therefore k=90$$

따라서 이 회사의 입사 시험에 합격하기 위한 최저 점수는 90점이다.

0708
답 83점

이 반 학생의 중간고사 성적을 확률변수 X라 하면 X는 정규분포 $\mathrm{N}(75,\ 5^2)$을 따르고, $Z=\dfrac{X-75}{5}$로 놓으면 확률변수 Z는 표준정규분포 $\mathrm{N}(0,\ 1)$을 따른다.

❶

상위 5 %에 들기 위한 최저 점수를 k점이라 하면
$\mathrm{P}(X\geq k)=0.05$이므로

$$\begin{aligned}
\mathrm{P}(X\geq k)&=\mathrm{P}\!\left(\dfrac{X-75}{5}\geq\dfrac{k-75}{5}\right)\\
&=\mathrm{P}\!\left(Z\geq\dfrac{k-75}{5}\right)\\
&=0.05
\end{aligned}$$

$0.05<0.5$이므로 $\dfrac{k-75}{5}>0$이고

$$\begin{aligned}
\mathrm{P}\!\left(Z\geq\dfrac{k-75}{5}\right)&=\mathrm{P}(Z\geq0)-\mathrm{P}\!\left(0\leq Z\leq\dfrac{k-75}{5}\right)\\
&=0.5-\mathrm{P}\!\left(0\leq Z\leq\dfrac{k-75}{5}\right)\\
&=0.05
\end{aligned}$$

$$\therefore \mathrm{P}\!\left(0\leq Z\leq\dfrac{k-75}{5}\right)=0.45$$

❷

이때 표준정규분포표에서 $\mathrm{P}(0\leq Z\leq1.6)=0.45$이므로

$$\dfrac{k-75}{5}=1.6 \quad\quad \therefore k=83$$

따라서 상위 5 %에 속하는 학생의 최저 점수는 83점이다.

❸

채점 기준	배점
❶ 확률변수 X를 정하고 표준화하기	30%
❷ 상위 5 %에 들기 위한 최저 점수를 k점이라 하고 k에 대한 확률 구하기	50%
❸ 상위 5 %에 들기 위한 최저 점수 구하기	20%

0709
답 ④

해외 연수 모집 인원이 10명이고 모집 인원의 2배를 1차 합격자로 분류하므로 1차 시험에 합격하기 위해서는 상위 20명 안에 들어야 한다. 이때 지원자는 400명이므로 1차 시험에 합격하기 위해서는 $\dfrac{20}{400}=0.05$, 즉 상위 5 % 이내에 들어야 한다.

해외 연수 참가 시험에 지원한 응시자의 점수를 확률변수 X라 하면 X는 정규분포 $\mathrm{N}(88,\ 6^2)$을 따르고, $Z=\dfrac{X-88}{6}$로 놓으면 확률변수 Z는 표준정규분포 $\mathrm{N}(0,\ 1)$을 따른다.

1차 시험에 합격하는 최저 점수를 k점이라 하면

$$\begin{aligned}
\mathrm{P}(X\geq k)&=\mathrm{P}\!\left(\dfrac{X-88}{6}\geq\dfrac{k-88}{6}\right)\\
&=\mathrm{P}\!\left(Z\geq\dfrac{k-88}{6}\right)\\
&=0.05
\end{aligned}$$

$0.05<0.5$이므로 $\dfrac{k-88}{6}>0$이고

$$\begin{aligned}
\mathrm{P}\!\left(Z\geq\dfrac{k-88}{6}\right)&=\mathrm{P}(Z\geq0)-\mathrm{P}\!\left(0\leq Z\leq\dfrac{k-88}{6}\right)\\
&=0.5-\mathrm{P}\!\left(0\leq Z\leq\dfrac{k-88}{6}\right)\\
&=0.05
\end{aligned}$$

$$\therefore \mathrm{P}\!\left(0\leq Z\leq\dfrac{k-88}{6}\right)=0.45$$

이때 $\mathrm{P}(0\leq Z\leq1.65)=0.45$이므로

$$\dfrac{k-88}{6}=1.65 \quad\quad \therefore k=97.9$$

따라서 1차 시험 합격자가 되기 위한 최저 점수는 97.9점이다.

0710

답 ②

선수 100명 중 달리기 기록이 좋은 쪽에서 15번째인 선수가 되려면 $\frac{15}{100}=0.15$, 즉 상위 15 % 이내에 들어야 한다.

이 대학의 육상팀 선수의 달리기 기록을 확률변수 X라 하면 X는 정규분포 $N(13, 1^2)$을 따르고, $Z=\dfrac{X-13}{1}$으로 놓으면 확률변수 Z는 표준정규분포 $N(0, 1)$을 따른다.

달리기 기록이 좋은 쪽에서 15번째인 선수의 기록을 k초라 하면 $P(X \le k)=0.15$이므로

$$P(X \le k)=P\left(\frac{X-13}{1} \le \frac{k-13}{1}\right)$$
$$=P(Z \le k-13)$$
$$=0.15$$

$0.15<0.5$이므로 $k-13<0$이고

$$P(Z \le k-13)=P(Z \ge -(k-13))$$
$$=P(Z \ge 13-k)$$
$$=P(Z \ge 0)-P(0 \le Z \le 13-k)$$
$$=0.5-P(0 \le Z \le 13-k)$$
$$=0.15$$

$$\therefore P(0 \le Z \le 13-k)=0.35$$

이때 표준정규분포표에서 $P(0 \le Z \le 1.04)=0.35$이므로

$13-k=1.04$ $\therefore k=11.96$

따라서 달리기 기록이 좋은 쪽에서 15번째인 선수의 달리기 기록은 11.96초이다.

유형 13 표준화하여 확률 비교하기

0711

답 ④

국어, 수학, 영어 성적을 각각 확률변수 W, X, Y라 하면 W, X, Y는 각각 정규분포 $N(88, 6^2)$, $N(74, 5^2)$, $N(80, 8^2)$을 따르므로 세 확률변수 $\dfrac{W-88}{6}$, $\dfrac{X-74}{5}$, $\dfrac{Y-80}{8}$은 모두 표준정규분포 $N(0, 1)$을 따른다.

표준정규분포를 따르는 확률변수를 Z라 하면 경은이의 성적 이상을 받을 확률은 다음과 같다.

$$P(W \ge 92)=P\left(\frac{W-88}{6} \ge \frac{92-88}{6}\right)$$
$$=P\left(Z \ge \frac{2}{3}\right)$$
$$P(X \ge 94)=P\left(\frac{X-74}{5} \ge \frac{94-74}{5}\right)$$
$$=P(Z \ge 4)$$
$$P(Y \ge 92)=P\left(\frac{Y-80}{8} \ge \frac{92-80}{8}\right)$$
$$=P\left(Z \ge \frac{3}{2}\right)$$

이때 $\dfrac{2}{3}<\dfrac{3}{2}<4$이므로

$$P(Z \ge 4)<P\left(Z \ge \frac{3}{2}\right)<P\left(Z \ge \frac{2}{3}\right)$$

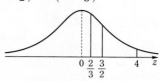

따라서 $P(X \ge 94)<P(Y \ge 92)<P(W \ge 92)$이므로 경은이의 성적이 상대적으로 우수한 과목부터 차례대로 나열하면 수학, 영어, 국어이다.

참고

경은이의 성적 이상을 받을 확률이 작다는 것은 경은이의 성적보다 높은 성적의 학생 수가 적다는 뜻이므로 상대적으로 성적이 더 우수하다고 볼 수 있다.

0712

답 ⑤

세 확률변수 X_a, X_b, X_c가 각각 정규분포 $N(50, a^2)$, $N(60, b^2)$, $N(70, c^2)$ $(0<a<b<c)$을 따르므로 세 확률변수 $\dfrac{X_a-50}{a}$, $\dfrac{X_b-60}{b}$, $\dfrac{X_c-70}{c}$은 모두 표준정규분포 $N(0, 1)$을 따른다.

표준정규분포를 따르는 확률변수를 Z라 하면

$$p=P(X_a \le 55)$$
$$=P\left(\frac{X_a-50}{a} \le \frac{55-50}{a}\right)=P\left(Z \le \frac{5}{a}\right)$$
$$q=P(X_b \le 65)$$
$$=P\left(\frac{X_b-60}{b} \le \frac{65-60}{b}\right)=P\left(Z \le \frac{5}{b}\right)$$
$$r=P(X_c \ge 75)$$
$$=P\left(\frac{X_c-70}{c} \ge \frac{75-70}{c}\right)=P\left(Z \ge \frac{5}{c}\right)$$

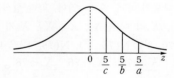

이때 $0<a<b<c$에서 $0<\dfrac{5}{c}<\dfrac{5}{b}<\dfrac{5}{a}$이므로

$$P\left(Z \ge \frac{5}{c}\right)<0.5<P\left(Z \le \frac{5}{b}\right)<P\left(Z \le \frac{5}{a}\right)$$

$$\therefore r<q<p$$

0713

답 A, C

세 종류의 과자 A, B, C 한 봉지의 무게를 각각 확률변수 W, X, Y라 하면 W, X, Y는 각각 정규분포 $N(100, 4^2)$, $N(98, 2^2)$, $N(102, 2^2)$을 따르므로 세 확률변수 $\dfrac{W-100}{4}$, $\dfrac{X-98}{2}$, $\dfrac{Y-102}{2}$는 모두 표준정규분포 $N(0, 1)$을 따른다.

❶

표준정규분포를 따르는 확률변수를 Z라 하고 세 종류의 과자 A, B, C 중에서 각각 임의로 선택한 과자 한 봉지가 판매 불가 상품으로 분류될 확률을 각각 구하면

$$P(W\le 94)=P\left(\frac{W-100}{4}\le \frac{94-100}{4}\right)$$
$$=P\left(Z\le -\frac{3}{2}\right)=P\left(Z\ge \frac{3}{2}\right)$$
$$P(X\le 94)=P\left(\frac{X-98}{2}\le \frac{94-98}{2}\right)$$
$$=P(Z\le -2)=P(Z\ge 2)$$
$$P(Y\le 94)=P\left(\frac{Y-102}{2}\le \frac{94-102}{2}\right)$$
$$=P(Z\le -4)=P(Z\ge 4)$$

.... ❷

이때 $\frac{3}{2}<2<4$이므로

$$P(Z\ge 4)<P(Z\ge 2)<P\left(Z\ge \frac{3}{2}\right)$$

$$\therefore P(Y\le 94)<P(X\le 94)<P(W\le 94)$$

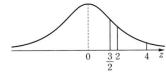

따라서 판매 불가 상품일 확률이 가장 높은 과자 종류는 A, 가장 낮은 과자 종류는 C이다.

.... ❸

채점 기준	배점
❶ 세 확률변수를 정하고 표준화하기	20%
❷ 각 과자 한 봉지가 판매 불가 상품으로 분류될 확률 구하기	50%
❸ 판매 불가 상품일 확률이 가장 높은 과자 종류와 가장 낮은 과자 종류 구하기	30%

0714　　답 ④

범수네 반 전체 학생의 국어, 수학, 영어, 과학 성적을 각각 확률변수 X_1, X_2, X_3, X_4라 하면 X_1, X_2, X_3, X_4가 각각 정규분포 $N(82, 2^2)$, $N(70, 3^2)$, $N(76, 1^2)$, $N(78, 4^2)$을 따르므로 네 확률변수 $\frac{X_1-82}{2}$, $\frac{X_2-70}{3}$, $\frac{X_3-76}{1}$, $\frac{X_4-78}{4}$은 모두 표준정규분포 $N(0, 1)$을 따른다.

표준정규분포를 따르는 확률변수를 Z라 하면 국어, 수학, 영어, 과학 성적이 범수보다 높을 확률은 각각 다음과 같다.

$$P(X_1>86)=P\left(\frac{X_1-82}{2}>\frac{86-82}{2}\right)$$
$$=P(Z>2)$$
$$P(X_2>85)=P\left(\frac{X_2-70}{3}>\frac{85-70}{3}\right)$$
$$=P(Z>5)$$
$$P(X_3>74)=P\left(\frac{X_3-76}{1}>\frac{74-76}{1}\right)$$
$$=P(Z>-2)$$
$$P(X_4>74)=P\left(\frac{X_4-78}{4}>\frac{74-78}{4}\right)$$
$$=P(Z>-1)$$

이때 $-2<-1<2<5$이므로
$$P(Z>-2)>P(Z>-1)>P(Z>2)>P(Z>5)$$
$$\therefore P(X_3>74)>P(X_4>74)>P(X_1>86)>P(X_2>85)$$
...... ㉠

ㄱ. $P(X_3>74)>P(X_4>74)$이므로 영어, 과학 중에서 범수보다 성적이 높은 학생이 많은 과목은 영어이다.
　즉, 과학 성적이 영어 성적보다 상대적으로 좋다. (거짓)

ㄴ. $P(X_1>86)>P(X_2>85)$이므로 국어, 수학 중에서 범수보다 성적이 높은 학생이 많은 과목은 국어이다.
　즉, 국어 성적이 가장 높게 나왔으나 수학 성적이 국어 성적보다는 상대적으로 좋다. (참)

ㄷ. ㉠에서 상대적으로 성적이 가장 좋은 과목부터 순서대로 나열하면 수학, 국어, 과학, 영어이다.
　즉, 수학 성적이 상대적으로 가장 좋고, 영어 성적이 상대적으로 가장 나쁘다. (참)

따라서 옳은 것은 ㄴ, ㄷ이다.

유형 14　이항분포와 정규분포의 관계

확인 문제　(1) $N(50, 5^2)$　(2) $N(36, 3^2)$

(1) $E(X)=100\times \frac{1}{2}=50$

$V(X)=100\times \frac{1}{2}\times \frac{1}{2}=25=5^2$

이때 100은 충분히 큰 수이므로 확률변수 X는 근사적으로 정규분포 $N(50, 5^2)$을 따른다.

(2) $E(X)=48\times \frac{3}{4}=36$

$V(X)=48\times \frac{3}{4}\times \frac{1}{4}=9=3^2$

이때 48은 충분히 큰 수이므로 확률변수 X는 근사적으로 정규분포 $N(36, 3^2)$을 따른다.

0715　　답 ③

확률변수 X가 이항분포 $B\left(72, \frac{1}{3}\right)$을 따르므로

$E(X)=72\times \frac{1}{3}=24$

$V(X)=72\times \frac{1}{3}\times \frac{2}{3}=16=4^2$

이때 72는 충분히 큰 수이므로 확률변수 X는 근사적으로 정규분포 $N(24, 4^2)$을 따르고 $Z=\frac{X-24}{4}$로 놓으면 확률변수 Z는 표준정규분포 $N(0, 1)$을 따른다.

$$\therefore P(20 \le X \le 30) = P\left(\frac{20-24}{4} \le \frac{X-24}{4} \le \frac{30-24}{4}\right)$$
$$= P(-1 \le Z \le 1.5)$$
$$= P(0 \le Z \le 1) + P(0 \le Z \le 1.5)$$
$$= 0.3413 + 0.4332$$
$$= 0.7745$$

0716
답 109

확률변수 X가 이항분포 $B\left(144, \frac{1}{2}\right)$을 따르므로

$$E(X) = 144 \times \frac{1}{2} = 72$$

$$V(X) = 144 \times \frac{1}{2} \times \frac{1}{2} = 36 = 6^2$$

이때 144는 충분히 큰 수이므로 확률변수 X는 근사적으로 정규분포 $N(72, 6^2)$을 따른다.

$\therefore a = 72$, $b = 36$

또한 $Z = \frac{X-72}{6}$로 놓으면 확률변수 Z는 표준정규분포 $N(0, 1)$을 따르므로

$$P(78 \le X \le 90) = P\left(\frac{78-72}{6} \le \frac{X-72}{6} \le \frac{90-72}{6}\right)$$
$$= P(1 \le Z \le 3)$$

$\therefore c = 1$

$\therefore a + b + c = 72 + 36 + 1 = 109$

0717
답 3

확률변수 X가 이항분포 $B(48, p)$를 따르므로
$$V(X) = 48p(1-p)$$
이때 확률변수 X가 근사적으로 정규분포 $N(m, 9)$를 따르므로
$$48p(1-p) = 9$$
$$16p^2 - 16p + 3 = 0, \ (4p-1)(4p-3) = 0$$
$\therefore p = \frac{1}{4}$ 또는 $p = \frac{3}{4}$

이때 $0 < p < \frac{1}{2}$이므로

$p = \frac{1}{4}$

-- ❶

$p = \frac{1}{4}$이면 $E(X) = 48 \times \frac{1}{4} = 12$이므로

$m = 12$

-- ❷

$\therefore m \times p = 12 \times \frac{1}{4} = 3$

-- ❸

채점 기준	배점
❶ p의 값 구하기	50%
❷ m의 값 구하기	30%
❸ $m \times p$의 값 구하기	20%

0718
답 ①

확률변수 X가 이항분포 $B(150, p)$를 따르므로
$$E(X) = 150p$$

이때 $E(X) = 60$이므로 $150p = 60$ $\qquad \therefore p = \frac{2}{5}$

즉, 확률변수 X가 이항분포 $B\left(150, \frac{2}{5}\right)$를 따르므로

$$V(X) = 150 \times \frac{2}{5} \times \frac{3}{5} = 36 = 6^2$$

이때 150은 충분히 큰 수이므로 확률변수 X는 근사적으로 정규분포 $N(60, 6^2)$을 따르고 $Z = \frac{X-60}{6}$으로 놓으면 확률변수 Z는 표준정규분포 $N(0, 1)$을 따른다.

$$\therefore P(51 \le X \le 63) = P\left(\frac{51-60}{6} \le \frac{X-60}{6} \le \frac{63-60}{6}\right)$$
$$= P(-1.5 \le Z \le 0.5)$$
$$= P(0 \le Z \le 1.5) + P(0 \le Z \le 0.5)$$
$$= 0.4332 + 0.1915$$
$$= 0.6247$$

0719
답 ②

확률변수 X의 확률질량함수가
$$P(X = x) = {}_{100}C_x \left(\frac{1}{5}\right)^x \left(\frac{4}{5}\right)^{100-x} \ (x = 0, 1, 2, \cdots, 100)$$

이므로 확률변수 X는 이항분포 $B\left(100, \frac{1}{5}\right)$을 따른다.

$$\therefore E(X) = 100 \times \frac{1}{5} = 20,$$
$$V(X) = 100 \times \frac{1}{5} \times \frac{4}{5} = 16 = 4^2$$

이때 100은 충분히 큰 수이므로 확률변수 X는 근사적으로 정규분포 $N(20, 4^2)$을 따르고 $Z = \frac{X-20}{4}$으로 놓으면 확률변수 Z는 표준정규분포 $N(0, 1)$을 따른다.

$$\therefore P(15 \le X \le 27) = P\left(\frac{15-20}{4} \le \frac{X-20}{4} \le \frac{27-20}{4}\right)$$
$$= P(-1.25 \le Z \le 1.75)$$
$$= P(0 \le Z \le 1.25) + P(0 \le Z \le 1.75)$$
$$= 0.3944 + 0.4599$$
$$= 0.8543$$

0720
답 ③

확률변수 X가 이항분포 $B\left(100, \frac{1}{2}\right)$을 따르므로

$$E(X) = 100 \times \frac{1}{2} = 50$$

$$V(X) = 100 \times \frac{1}{2} \times \frac{1}{2} = 25 = 5^2$$

이때 100은 충분히 큰 수이므로 확률변수 X는 근사적으로 정규분포 $N(50, 5^2)$을 따르고 $Z = \frac{X-50}{5}$으로 놓으면 확률변수 Z는 표준정규분포 $N(0, 1)$을 따른다.

$$P(43 \le X \le 48) = P\left(\frac{43-50}{5} \le \frac{X-50}{5} \le \frac{48-50}{5}\right)$$
$$= P\left(-\frac{7}{5} \le Z \le -\frac{2}{5}\right)$$
$$= P\left(\frac{2}{5} \le Z \le \frac{7}{5}\right)$$
$$P(n \le X \le 57) = P\left(\frac{n-50}{5} \le \frac{X-50}{5} \le \frac{57-50}{5}\right)$$
$$= P\left(\frac{n-50}{5} \le Z \le \frac{7}{5}\right)$$

이때 $P(43 \le X \le 48) < P(n \le X \le 57)$에서
$$P\left(\frac{2}{5} \le Z \le \frac{7}{5}\right) < P\left(\frac{n-50}{5} \le Z \le \frac{7}{5}\right)$$

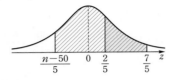

즉, 위의 그림에서
$$\frac{n-50}{5} < \frac{2}{5} \qquad \therefore n < 52$$
따라서 자연수 n의 최댓값은 51이다.

0721

답 450

확률변수 X가 이항분포 $B\left(n, \frac{1}{3}\right)$을 따르므로
$$E(X) = n \times \frac{1}{3} = \frac{1}{3}n$$
$$V(X) = n \times \frac{1}{3} \times \frac{2}{3} = \frac{2}{9}n = \left(\frac{\sqrt{2n}}{3}\right)^2$$

이때 $n > 100$에서 n은 충분히 큰 수이므로 확률변수 X는 근사적으로 정규분포 $N\left(\frac{1}{3}n, \left(\frac{\sqrt{2n}}{3}\right)^2\right)$을 따르고 $Z = \dfrac{X - \frac{1}{3}n}{\frac{\sqrt{2n}}{3}}$으로 놓으면 확률변수 Z는 표준정규분포 $N(0, 1)$을 따른다. ❶

$$\therefore P(X \le 165) = P\left(\frac{X - \frac{1}{3}n}{\frac{\sqrt{2n}}{3}} \le \frac{165 - \frac{1}{3}n}{\frac{\sqrt{2n}}{3}}\right)$$
$$= P\left(Z \le \frac{495-n}{\sqrt{2n}}\right) \quad \cdots\cdots \ \bigcirc$$ ❷

한편, 표준정규분포표에서 $P(0 \le Z \le 1.5) = 0.4332$이므로
$$P(Z \le 1.5) = P(Z \le 0) + P(0 \le Z \le 1.5)$$
$$= 0.5 + 0.4332$$
$$= 0.9332 \quad \cdots\cdots \ \bigcirc\!\!\!\bigcirc$$

$\bigcirc$, $\bigcirc\!\!\!\bigcirc$에서 $\dfrac{495-n}{\sqrt{2n}} = 1.5$
$$990 - 2n = 3\sqrt{2n}, \ 2n + 3\sqrt{2n} - 990 = 0$$
$$(\sqrt{2n})^2 + 3\sqrt{2n} - 990 = 0$$
$$(\sqrt{2n} - 30)(\sqrt{2n} + 33) = 0$$
이때 $\sqrt{2n} > 0$이므로 $\sqrt{2n} = 30$
$$2n = 900 \qquad \therefore n = 450$$ ❸

채점 기준	배점
❶ 확률변수 X가 근사적으로 따르는 정규분포를 구하고 표준화하기	30%
❷ $P(X \le 165)$를 Z에 대한 확률로 나타내기	30%
❸ 자연수 n의 값 구하기	40%

0722

답 ⑤

$P(X=k) = {}_{100}C_k\left(\frac{9}{10}\right)^k\left(\frac{1}{10}\right)^{100-k}$ $(k=0, 1, 2, \cdots, 100)$이라 하면 이 함수는 이항분포 $B\left(100, \frac{9}{10}\right)$를 따르는 확률변수 X의 확률질량함수이고

$$\sum_{k=84}^{96} {}_{100}C_k\left(\frac{9}{10}\right)^k\left(\frac{1}{10}\right)^{100-k}$$
$$= {}_{100}C_{84}\left(\frac{9}{10}\right)^{84}\left(\frac{1}{10}\right)^{100-84} + {}_{100}C_{85}\left(\frac{9}{10}\right)^{85}\left(\frac{1}{10}\right)^{100-85}$$
$$+ \cdots + {}_{100}C_{96}\left(\frac{9}{10}\right)^{96}\left(\frac{1}{10}\right)^{100-96}$$
$$= P(84 \le X \le 96)$$
을 의미한다.

확률변수 X가 이항분포 $B\left(100, \frac{9}{10}\right)$를 따르므로
$$E(X) = 100 \times \frac{9}{10} = 90$$
$$V(X) = 100 \times \frac{9}{10} \times \frac{1}{10} = 9 = 3^2$$

이때 100은 충분히 큰 수이므로 확률변수 X는 근사적으로 정규분포 $N(90, 3^2)$을 따르고 $Z = \dfrac{X-90}{3}$으로 놓으면 확률변수 Z는 표준정규분포 $N(0, 1)$을 따른다.

$$\therefore \sum_{k=84}^{96} {}_{100}C_k\left(\frac{9}{10}\right)^k\left(\frac{1}{10}\right)^{100-k}$$
$$= P(84 \le X \le 96)$$
$$= P\left(\frac{84-90}{3} \le \frac{X-90}{3} \le \frac{96-90}{3}\right)$$
$$= P(-2 \le Z \le 2)$$
$$= 2P(0 \le Z \le 2)$$
$$= 2 \times 0.4772$$
$$= 0.9544$$

유형 15 이항분포와 정규분포의 관계의 활용 – 확률 구하기

0723

답 ③

한 개의 주사위를 던질 때 3의 눈이 나올 확률은 $\frac{1}{6}$이므로 한 개의 주사위를 180번 던질 때, 3의 눈이 나오는 횟수를 확률변수 X라 하면 X는 이항분포 $B\left(180, \frac{1}{6}\right)$을 따른다.

$\therefore \mathrm{E}(X)=180 \times \dfrac{1}{6}=30,$

$\mathrm{V}(X)=180 \times \dfrac{1}{6} \times \dfrac{5}{6}=25=5^2$

이때 180은 충분히 큰 수이므로 확률변수 X는 근사적으로 정규분포 $\mathrm{N}(30,\,5^2)$을 따르고 $Z=\dfrac{X-30}{5}$으로 놓으면 확률변수 Z는 표준정규분포 $\mathrm{N}(0,\,1)$을 따른다.

따라서 구하는 확률은

$\begin{aligned}\mathrm{P}(35 \le X \le 40)&=\mathrm{P}\left(\dfrac{35-30}{5} \le \dfrac{X-30}{5} \le \dfrac{40-30}{5}\right)\\&=\mathrm{P}(1 \le Z \le 2)\\&=\mathrm{P}(0 \le Z \le 2)-\mathrm{P}(0 \le Z \le 1)\\&=0.4772-0.3413\\&=0.1359\end{aligned}$

0724
답 ①

이 대형 마트에서 판매하는 라면 중 A 라면의 비율은 25 %, 즉 $\dfrac{1}{4}$이므로 이 마트에서 판매하는 라면 48봉지를 구입할 때, 이 중 포함되어 있는 A 라면의 개수를 확률변수 X라 하면 X는 이항분포 $\mathrm{B}\left(48,\,\dfrac{1}{4}\right)$을 따른다.

$\therefore \mathrm{E}(X)=48 \times \dfrac{1}{4}=12,$

$\mathrm{V}(X)=48 \times \dfrac{1}{4} \times \dfrac{3}{4}=9=3^2$

이때 48은 충분히 큰 수이므로 확률변수 X는 근사적으로 정규분포 $\mathrm{N}(12,\,3^2)$을 따르고 $Z=\dfrac{X-12}{3}$로 놓으면 확률변수 Z는 표준정규분포 $\mathrm{N}(0,\,1)$을 따른다.

따라서 구하는 확률은

$\begin{aligned}\mathrm{P}(X \ge 18)&=\mathrm{P}\left(\dfrac{X-12}{3} \ge \dfrac{18-12}{3}\right)\\&=\mathrm{P}(Z \ge 2)\\&=\mathrm{P}(Z \ge 0)-\mathrm{P}(0 \le Z \le 2)\\&=0.5-0.4772\\&=0.0228\end{aligned}$

0725
답 ⑤

이 고등학교 학생 중에서 임의로 한 명을 선택할 때, 선택한 학생이 지난 해 읽은 책의 수가 5권 이상인 학생일 확률은 주어진 표에서

$\dfrac{43+17}{100}=\dfrac{3}{5}$

즉, 이 고등학교 학생 중 150명을 임의로 선택하여 지난 해 읽은 책의 수를 조사할 때, 5권 이상 읽은 학생의 수를 확률변수 X라 하면 X는 이항분포 $\mathrm{B}\left(150,\,\dfrac{3}{5}\right)$을 따른다.

$\therefore \mathrm{E}(X)=150 \times \dfrac{3}{5}=90,$

$\mathrm{V}(X)=150 \times \dfrac{3}{5} \times \dfrac{2}{5}=36=6^2$

이때 150은 충분히 큰 수이므로 확률변수 X는 근사적으로 정규분포 $\mathrm{N}(90,\,6^2)$을 따르고 $Z=\dfrac{X-90}{6}$으로 놓으면 확률변수 Z는 표준정규분포 $\mathrm{N}(0,\,1)$을 따른다.

따라서 구하는 확률은

$\begin{aligned}\mathrm{P}(X \ge 72)&=\mathrm{P}\left(\dfrac{X-90}{6} \ge \dfrac{72-90}{6}\right)\\&=\mathrm{P}(Z \ge -3)\\&=\mathrm{P}(Z \le 3)\\&=\mathrm{P}(Z \le 0)+\mathrm{P}(0 \le Z \le 3)\\&=0.5+0.4987\\&=0.9987\end{aligned}$

0726
답 ②

서로 다른 두 개의 주사위를 동시에 던졌을 때, 두 눈의 수의 곱이 홀수이려면 두 눈의 수가 모두 홀수이어야 하므로

$\mathrm{P}(A)=\dfrac{1}{2} \times \dfrac{1}{2}=\dfrac{1}{4}$

이 시행을 192번 하였을 때, 사건 A가 일어나는 횟수를 확률변수 X라 하면 X는 이항분포 $\mathrm{B}\left(192,\,\dfrac{1}{4}\right)$을 따르므로

$\mathrm{E}(X)=192 \times \dfrac{1}{4}=48$

$\mathrm{V}(X)=192 \times \dfrac{1}{4} \times \dfrac{3}{4}=36=6^2$

이때 192는 충분히 큰 수이므로 확률변수 X는 근사적으로 정규분포 $\mathrm{N}(48,\,6^2)$을 따르고 $Z=\dfrac{X-48}{6}$로 놓으면 확률변수 Z는 표준정규분포 $\mathrm{N}(0,\,1)$을 따른다.

따라서 구하는 확률은

$\begin{aligned}\mathrm{P}(X \le 45)&=\mathrm{P}\left(\dfrac{X-48}{6} \le \dfrac{45-48}{6}\right)\\&=\mathrm{P}(Z \le -0.5)\\&=\mathrm{P}(Z \ge 0.5)\\&=\mathrm{P}(Z \ge 0)-\mathrm{P}(0 \le Z \le 0.5)\\&=0.5-0.1915\\&=0.3085\end{aligned}$

0727
답 0.84

이 뮤지컬의 무료 관람권을 받은 사람은 10명 중 8명의 비율로 뮤지컬을 보러 오므로 무료 관람권을 받은 사람이 뮤지컬을 보러 올 확률은

$\dfrac{8}{10}=\dfrac{4}{5}$

즉, 무료 관람권을 받은 100명 중 뮤지컬을 보러 오는 사람의 수를 확률변수 X라 하면 X는 이항분포 $\mathrm{B}\left(100,\,\dfrac{4}{5}\right)$를 따른다.

❶

$\therefore \mathrm{E}(X)=100 \times \dfrac{4}{5}=80,$

$\mathrm{V}(X)=100 \times \dfrac{4}{5} \times \dfrac{1}{5}=16=4^2$

이때 100은 충분히 큰 수이므로 확률변수 X는 근사적으로 정규분포 $N(80, 4^2)$을 따르고 $Z=\dfrac{X-80}{4}$으로 놓으면 확률변수 Z는 표준정규분포 $N(0, 1)$을 따른다.

.... ❷

관람석이 부족하지 않으려면 $X\leq 84$이어야 하므로 구하는 확률은

$$
\begin{aligned}
P(X\leq 84) &= P\left(\dfrac{X-80}{4}\leq \dfrac{84-80}{4}\right) \\
&= P(Z\leq 1) \\
&= P(Z\leq 0)+P(0\leq Z\leq 1) \\
&= 0.5+0.34 \\
&= 0.84
\end{aligned}
$$

.... ❸

채점 기준	배점
❶ 확률변수 X를 정하고 X가 따르는 이항분포 구하기	30%
❷ 확률변수 X가 근사적으로 따르는 정규분포를 구하고 표준화하기	30%
❸ 관람석이 부족하지 않을 확률 구하기	40%

0728
답 ③

동전 3개를 동시에 던질 때, 모든 경우의 수는 $2^3=8$이고 2개만 같은 면이 나오는 경우는
(앞, 앞, 뒤), (앞, 뒤, 앞), (뒤, 앞, 앞),
(뒤, 뒤, 앞), (뒤, 앞, 뒤), (앞, 뒤, 뒤)
의 6가지이므로 이 경우의 확률은 $\dfrac{6}{8}=\dfrac{3}{4}$이다.

즉, 주어진 게임을 한 번 하여 5점을 얻을 확률은 $\dfrac{6}{8}=\dfrac{3}{4}$이므로 이 게임을 432번 반복할 때 5점을 얻는 횟수를 확률변수 X라 하면 X는 이항분포 $B\left(432, \dfrac{3}{4}\right)$을 따른다.

$$
\therefore E(X)=432\times \dfrac{3}{4}=324,
$$

$$
V(X)=432\times \dfrac{3}{4}\times \dfrac{1}{4}=81=9^2
$$

이때 432는 충분히 큰 수이므로 확률변수 X는 근사적으로 정규분포 $N(324, 9^2)$을 따르고 $Z=\dfrac{X-324}{9}$로 놓으면 확률변수 Z는 표준정규분포 $N(0, 1)$을 따른다.

한편, 2점을 잃는 횟수는 $432-X$이므로 게임을 432번 반복한 후의 점수가 1341점 이상이려면

$$
5X-2(432-X)\geq 1341
$$
$$
7X-864\geq 1341
$$
$$
7X\geq 2205
$$
$$
\therefore X\geq 315
$$

따라서 구하는 확률은

$$
\begin{aligned}
P(X\geq 315) &= P\left(\dfrac{X-324}{9}\geq \dfrac{315-324}{9}\right) \\
&= P(Z\geq -1) \\
&= P(Z\leq 1) \\
&= P(Z\leq 0)+P(0\leq Z\leq 1) \\
&= 0.5+0.3413 \\
&= 0.8413
\end{aligned}
$$

0729
답 ⑤

이 공장에서 생산한 음료수 A 한 개의 중량을 확률변수 X라 하면 X는 정규분포 $N(450, 15^2)$을 따르므로 확률변수 $\dfrac{X-450}{15}$은 표준정규분포 $N(0, 1)$을 따른다.
표준정규분포를 따르는 확률변수를 Z라 하면 이 공장에서 생산한 음료수 A 중에서 임의로 선택한 음료수 한 개의 중량이 420 g 이하일 확률은

$$
\begin{aligned}
P(X\leq 420) &= P\left(\dfrac{X-450}{15}\leq \dfrac{420-450}{15}\right) \\
&= P(Z\leq -2) \\
&= P(Z\geq 2) \\
&= P(Z\geq 0)-P(0\leq Z\leq 2) \\
&= 0.5-0.48 \\
&= 0.02
\end{aligned}
$$

따라서 이 공장에서 생산한 음료수 A 중에서 임의로 2500개를 선택할 때, 불량품의 개수를 확률변수 Y라 하면 Y는 이항분포 $B\left(2500, \dfrac{1}{50}\right)$을 따른다.

$$
\therefore E(Y)=2500\times \dfrac{1}{50}=50,
$$

$$
V(Y)=2500\times \dfrac{1}{50}\times \dfrac{49}{50}=49=7^2
$$

이때 2500은 충분히 큰 수이므로 확률변수 Y는 근사적으로 정규분포 $N(50, 7^2)$을 따르고 확률변수 $\dfrac{Y-50}{7}$은 표준정규분포 $N(0, 1)$을 따른다.
따라서 구하는 확률은

$$
\begin{aligned}
P(Y\leq 43) &= P\left(\dfrac{Y-50}{7}\leq \dfrac{43-50}{7}\right) \\
&= P(Z\leq -1) \\
&= P(Z\geq 1) \\
&= P(Z\geq 0)-P(0\leq Z\leq 1) \\
&= 0.5-0.34 \\
&= 0.16
\end{aligned}
$$

유형 16 이항분포와 정규분포의 관계의 활용 - 미지수 구하기

0730
답 ③

정답이 한 개인 오지선다형 문제 400개 중 이 학생이 맞힌 문제의 개수를 확률변수 X라 하면 X는 이항분포 $B\left(400, \dfrac{1}{5}\right)$을 따르므로

$$
E(X)=400\times \dfrac{1}{5}=80
$$

$$
V(X)=400\times \dfrac{1}{5}\times \dfrac{4}{5}=64=8^2
$$

이때 400은 충분히 큰 수이므로 확률변수 X는 근사적으로 정규분포 $N(80, 8^2)$을 따르고 $Z=\dfrac{X-80}{8}$으로 놓으면 확률변수 Z는 표준정규분포 $N(0, 1)$을 따른다.

이 학생이 문제 400개 중 k개 이상을 맞힐 확률이 0.01이므로

$$P(X \geq k) = P\left(\frac{X-80}{8} \geq \frac{k-80}{8}\right)$$

$$= P\left(Z \geq \frac{k-80}{8}\right)$$

$$= 0.01$$

$0.01 < 0.5$이므로 $\frac{k-80}{8} > 0$이고

$$P\left(Z \geq \frac{k-80}{8}\right) = P(Z \geq 0) - P\left(0 \leq Z \leq \frac{k-80}{8}\right)$$

$$= 0.5 - P\left(0 \leq Z \leq \frac{k-80}{8}\right)$$

$$= 0.01$$

$$\therefore P\left(0 \leq Z \leq \frac{k-80}{8}\right) = 0.49$$

이때 표준정규분포표에서 $P(0 \leq Z \leq 2.5) = 0.49$이므로

$$\frac{k-80}{8} = 2.5 \quad \therefore k = 100$$

0731
탭 55

확률변수 X는 이항분포 $B\left(100, \frac{1}{2}\right)$을 따르므로

$$E(X) = 100 \times \frac{1}{2} = 50$$

$$V(X) = 100 \times \frac{1}{2} \times \frac{1}{2} = 25 = 5^2$$

이때 100은 충분히 큰 수이므로 확률변수 X는 근사적으로 정규분포 $N(50, 5^2)$을 따르고 $Z = \frac{X-50}{5}$으로 놓으면 확률변수 Z는 표준정규분포 $N(0, 1)$을 따른다.

$P(X \leq k) = 0.8413$에서

$$P(X \leq k) = P\left(\frac{X-50}{5} \leq \frac{k-50}{5}\right)$$

$$= P\left(Z \leq \frac{k-50}{5}\right)$$

$$= 0.8413$$

$0.8413 > 0.5$이므로 $\frac{k-50}{5} > 0$이고

$$P\left(Z \leq \frac{k-50}{5}\right) = P(Z \leq 0) + P\left(0 \leq Z \leq \frac{k-50}{5}\right)$$

$$= 0.5 + P\left(0 \leq Z \leq \frac{k-50}{5}\right)$$

$$= 0.8413$$

$$\therefore P\left(0 \leq Z \leq \frac{k-50}{5}\right) = 0.3413$$

이때 표준정규분포표에서 $P(0 \leq Z \leq 1) = 0.3413$이므로

$$\frac{k-50}{5} = 1 \quad \therefore k = 55$$

0732
탭 330

3점 슛 성공률이 25 %인 선수가 3점 슛을 1200번 시도하여 성공시키는 횟수가 확률변수 X이므로 X는 이항분포 $B\left(1200, \frac{1}{4}\right)$을 따른다.

$$\therefore E(X) = 1200 \times \frac{1}{4} = 300,$$

$$V(X) = 1200 \times \frac{1}{4} \times \frac{3}{4} = 225 = 15^2$$

이때 1200은 충분히 큰 수이므로 확률변수 X는 근사적으로 정규분포 $N(300, 15^2)$을 따르고 $Z = \frac{X-300}{15}$으로 놓으면 확률변수 Z는 표준정규분포 $N(0, 1)$을 따른다. ❶

$P(285 \leq X \leq a) = 0.8185$이므로

$$P(285 \leq X \leq a) = P\left(\frac{285-300}{15} \leq \frac{X-300}{15} \leq \frac{a-300}{15}\right)$$

$$= P\left(-1 \leq Z \leq \frac{a-300}{15}\right)$$

$$= P(-1 \leq Z \leq 0) + P\left(0 \leq Z \leq \frac{a-300}{15}\right)$$

$$= P(0 \leq Z \leq 1) + P\left(0 \leq Z \leq \frac{a-300}{15}\right)$$

$$= 0.3413 + P\left(0 \leq Z \leq \frac{a-300}{15}\right)$$

$$= 0.8185$$

$$\therefore P\left(0 \leq Z \leq \frac{a-300}{15}\right) = 0.4772$$ ❷

이때 표준정규분포표에서 $P(0 \leq Z \leq 2) = 0.4772$이므로

$$\frac{a-300}{15} = 2 \quad \therefore a = 330$$ ❸

채점 기준	배점
❶ 확률변수 X가 근사적으로 따르는 정규분포를 구하고 표준화하기	30%
❷ $P(285 \leq X \leq a) = 0.8185$를 Z에 대한 확률로 나타내기	50%
❸ a의 값 구하기	20%

0733
탭 ③

이 도시의 자동차 보유자 150명 중 전기 자동차를 가진 사람의 수를 확률변수 X라 하면 X는 이항분포 $B\left(150, \frac{2}{5}\right)$를 따르므로

$$E(X) = 150 \times \frac{2}{5} = 60$$

$$V(X) = 150 \times \frac{2}{5} \times \frac{3}{5} = 36 = 6^2$$

이때 150은 충분히 큰 수이므로 확률변수 X는 근사적으로 정규분포 $N(60, 6^2)$을 따르고 $Z = \frac{X-60}{6}$으로 놓으면 확률변수 Z는 표준정규분포 $N(0, 1)$을 따른다.

150명 중 전기 자동차를 가진 사람이 k명 이하일 확률이 0.9332이므로

$$P(X \leq k) = P\left(\frac{X-60}{6} \leq \frac{k-60}{6}\right)$$

$$= P\left(Z \leq \frac{k-60}{6}\right)$$

$$= 0.9332$$

$0.9332>0.5$이므로 $\dfrac{k-60}{6}>0$이고

$$P\left(Z\le\dfrac{k-60}{6}\right)=P(Z\le 0)+P\left(0\le Z\le\dfrac{k-60}{6}\right)$$
$$=0.5+P\left(0\le Z\le\dfrac{k-60}{6}\right)$$
$$=0.9332$$

$$\therefore\ P\left(0\le Z\le\dfrac{k-60}{6}\right)=0.4332$$

이때 표준정규분포표에서 $P(0\le Z\le 1.5)=0.4332$이므로

$$\dfrac{k-60}{6}=1.5\qquad\therefore\ k=69$$

0734

답 228

불량률이 12.5 %, 즉 $\dfrac{1}{8}$인 제품 n개 중에서 불량품의 개수가 확률변수 X이므로 X는 이항분포 $\mathrm{B}\left(n,\ \dfrac{1}{8}\right)$을 따른다.

$$\therefore\ \mathrm{E}(X)=n\times\dfrac{1}{8}=\dfrac{n}{8},$$
$$\mathrm{V}(X)=n\times\dfrac{1}{8}\times\dfrac{7}{8}=\dfrac{7}{64}n$$

이때 $n\ge 200$에서 n은 충분히 큰 수이므로 확률변수 X는 근사적으로 정규분포 $\mathrm{N}\left(\dfrac{n}{8},\ \dfrac{7}{64}n\right)$, 즉 $\mathrm{N}\left(\dfrac{n}{8},\ \left(\dfrac{\sqrt{7n}}{8}\right)^2\right)$을 따르고

$Z=\dfrac{X-\dfrac{n}{8}}{\dfrac{\sqrt{7n}}{8}}$으로 놓으면 확률변수 Z는 표준정규분포 $\mathrm{N}(0,\ 1)$을 따른다.

$P\left(\left|X-\dfrac{n}{8}\right|\le 5\right)\ge 0.6826$에서

$$P\left(-5\le X-\dfrac{n}{8}\le 5\right)\ge 0.6826$$

$$P\left(-\dfrac{5}{\dfrac{\sqrt{7n}}{8}}\le\dfrac{X-\dfrac{n}{8}}{\dfrac{\sqrt{7n}}{8}}\le\dfrac{5}{\dfrac{\sqrt{7n}}{8}}\right)\ge 0.6826$$

$$P\left(-\dfrac{40}{\sqrt{7n}}\le Z\le\dfrac{40}{\sqrt{7n}}\right)\ge 0.6826$$

$$2P\left(0\le Z\le\dfrac{40}{\sqrt{7n}}\right)\ge 0.6826$$

$$\therefore\ P\left(0\le Z\le\dfrac{40}{\sqrt{7n}}\right)\ge 0.3413$$

이때 표준정규분포표에서 $P(0\le Z\le 1)=0.3413$이므로

$$\dfrac{40}{\sqrt{7n}}\ge 1$$

$$\sqrt{7n}\le 40,\ 7n\le 1600$$

$$\therefore\ n\le\dfrac{1600}{7}=228.5\times\times\times$$

따라서 자연수 n의 최댓값은 228이다.

0735

답 ④

주어진 확률밀도함수의 그래프와 x축으로 둘러싸인 부분의 넓이가 1이므로

$$\dfrac{1}{2}\times\left\{\left(a-\dfrac{1}{3}\right)+2\right\}\times\dfrac{3}{4}=1$$

$$a+\dfrac{5}{3}=\dfrac{8}{3}\qquad\therefore\ a=1$$

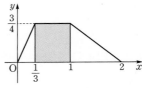

$P\left(\dfrac{1}{3}\le X\le a\right)$, 즉 $P\left(\dfrac{1}{3}\le X\le 1\right)$의 값은 확률밀도함수의 그래프와 x축 및 두 직선 $x=\dfrac{1}{3}$, $x=1$로 둘러싸인 부분의 넓이이므로

$$P\left(\dfrac{1}{3}\le X\le 1\right)=\dfrac{2}{3}\times\dfrac{3}{4}=\dfrac{1}{2}$$

0736

답 ④

$-1\le x\le 1$에서 함수 $y=f(x)$의 그래프는 각각 다음 그림과 같다.

ㄱ.
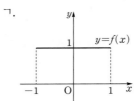

ㄴ.
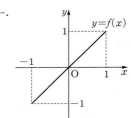

ㄷ.
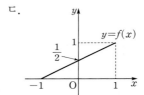

ㄹ.
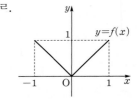

ㄱ. $f(x)=1$일 때, $-1\le x\le 1$에서 $f(x)\ge 0$이지만 함수 $y=f(x)$의 그래프와 x축 및 두 직선 $x=-1$, $x=1$로 둘러싸인 부분의 넓이는 $2\times 1=2$이므로 확률밀도함수가 될 수 없다.

ㄴ. $f(x)=x$일 때, $-1\le x<0$에서는 $f(x)<0$이므로 확률밀도함수가 될 수 없다.

ㄷ. $f(x)=\dfrac{x+1}{2}$일 때, $-1\le x\le 1$에서 $f(x)\ge 0$이고, 함수 $y=f(x)$의 그래프와 x축 및 직선 $x=1$로 둘러싸인 부분의 넓이는 $\dfrac{1}{2}\times 2\times 1=1$이므로 확률밀도함수가 될 수 있다.

ㄹ. $f(x)=|x|$일 때, $-1\le x\le 1$에서 $f(x)\ge 0$이고, 함수 $y=f(x)$의 그래프와 x축 및 두 직선 $x=-1$, $x=1$로 둘러싸인 부분의 넓이는 $\dfrac{1}{2}\times 1\times 1+\dfrac{1}{2}\times 1\times 1=1$이므로 확률밀도함수가 될 수 있다.

따라서 X의 확률밀도함수 $f(x)$가 될 수 있는 것은 ㄷ, ㄹ이다.

0737

답 18

두 확률변수 X, Y가 각각 정규분포 $N(15, 2^2)$, $N(20, 4^2)$을 따르므로 두 확률변수 $\dfrac{X-15}{2}$, $\dfrac{Y-20}{4}$은 모두 표준정규분포 $N(0, 1)$을 따른다.

표준정규분포를 따르는 확률변수를 Z라 하면

$$P(14 \leq X \leq k) = P\left(\frac{14-15}{2} \leq \frac{X-15}{2} \leq \frac{k-15}{2}\right)$$
$$= P\left(-0.5 \leq Z \leq \frac{k-15}{2}\right)$$

$$P(18 \leq Y \leq 26) = P\left(\frac{18-20}{4} \leq \frac{Y-20}{4} \leq \frac{26-20}{4}\right)$$
$$= P(-0.5 \leq Z \leq 1.5)$$

이때 $P(14 \leq X \leq k) = P(18 \leq Y \leq 26)$이므로

$$P\left(-0.5 \leq Z \leq \frac{k-15}{2}\right) = P(-0.5 \leq Z \leq 1.5)$$

따라서 $\dfrac{k-15}{2} = 1.5$이므로

$k = 18$

0738

답 ②

전기 자동차 배터리 1개의 용량을 확률변수 X라 하면 X는 정규분포 $N(64.2, 0.4^2)$을 따르고, $Z = \dfrac{X-64.2}{0.4}$로 놓으면 확률변수 Z는 표준정규분포 $N(0, 1)$을 따른다.

따라서 구하는 확률은

$$P(X \geq 65) = P\left(\frac{X-64.2}{0.4} \geq \frac{65-64.2}{0.4}\right)$$
$$= P(Z \geq 2)$$
$$= P(Z \geq 0) - P(0 \leq Z \leq 2)$$
$$= 0.5 - 0.4772$$
$$= 0.0228$$

0739

답 ⑤

정규분포 $N(m, \sigma^2)$을 따르는 연속확률변수 X의 확률밀도함수를 $f(x)$라 하자.

ㄱ. 함수 $y = f(x)$의 그래프와 x축 사이의 넓이는 1이므로 임의의 실수 a에 대하여
$$P(X \geq a) + P(X \leq a) = 1 \text{ (참)}$$

ㄴ. 함수 $y = f(x)$의 그래프는 직선 $x = m$에 대하여 대칭이므로 임의의 실수 a에 대하여
$$P(X \geq m+a) = P(X \leq m-a)$$
(참)

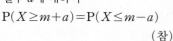

ㄷ. 함수 $y = f(x)$의 그래프는 직선 $x = m$에 대하여 대칭이므로
$$P(X \leq m) = P(X \geq m) = 0.5$$
즉, $a > m$인 모든 실수 a에 대하여
$$P(X \leq a) = P(X \leq m) + P(m \leq X \leq a)$$
$$= 0.5 + P(m \leq X \leq a) \text{ (참)}$$

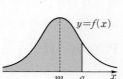

따라서 옳은 것은 ㄱ, ㄴ, ㄷ이다.

0740

답 ②

이 반 학생들의 수학 점수를 확률변수 X라 하면 X는 정규분포 $N(72, 16^2)$을 따르고, $Z = \dfrac{X-72}{16}$로 놓으면 확률변수 Z는 표준정규분포 $N(0, 1)$을 따른다.

이때 한 학생이 수학우등상을 받으려면 점수가 96점 이상이어야 하므로 구하는 확률은

$$P(X \geq 96) = P\left(\frac{X-72}{16} \geq \frac{96-72}{16}\right)$$
$$= P(Z \geq 1.5)$$
$$= P(Z \geq 0) - P(0 \leq Z \leq 1.5)$$
$$= 0.5 - 0.4332$$
$$= 0.0668$$

0741

답 $\dfrac{1}{3}$

좌석버스의 배차 간격은 15분이므로 기다리는 시간을 나타내는 확률변수 X의 확률밀도함수 $f(x) = a$ $(0 \leq x \leq 15)$의 그래프는 다음 그림과 같다.

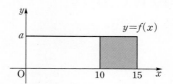

$0 \leq x \leq 15$에서 함수 $y = f(x)$의 그래프와 x축, y축 및 직선 $x = 15$로 둘러싸인 부분의 넓이가 1이므로

$15 \times a = 1$ $\quad \therefore a = \dfrac{1}{15}$

한 사람이 이 버스를 타기 위해 10분 이상 기다릴 확률은 함수 $y = f(x)$의 그래프와 x축 및 두 직선 $x = 10$, $x = 15$로 둘러싸인 부분의 넓이와 같으므로

$$P(X \geq 10) = a \times 5 = \frac{1}{15} \times 5 = \frac{1}{3}$$

0742

답 ③

한 개의 주사위를 던질 때 3의 배수의 눈, 즉 3, 6의 눈이 나올 확률은 $\dfrac{1}{3}$이므로 확률변수 X는 이항분포 $B\left(162, \dfrac{1}{3}\right)$을 따른다.

ㄱ. $E(X) = 162 \times \dfrac{1}{3} = 54$

   $V(X) = 162 \times \dfrac{1}{3} \times \dfrac{2}{3} = 36$ (참)

ㄴ. X의 확률질량함수는

   $$P(X = x) = {}_{162}C_x \left(\frac{1}{3}\right)^x \left(\frac{2}{3}\right)^{162-x} \ (x = 0, 1, 2, \cdots, 162)$$

   이므로

   $$P(X = 0) = {}_{162}C_0 \left(\frac{1}{3}\right)^0 \left(\frac{2}{3}\right)^{162-0} = \left(\frac{2}{3}\right)^{162}$$

   $$P(X = 162) = {}_{162}C_{162} \left(\frac{1}{3}\right)^{162} \left(\frac{2}{3}\right)^{162-162} = \left(\frac{1}{3}\right)^{162}$$

이때 $\left(\dfrac{2}{3}\right)^{162} > \left(\dfrac{1}{3}\right)^{162}$ 이므로

$P(X=0) > P(X=162)$ (거짓)

ㄷ. 이항분포 $B\left(162, \dfrac{1}{3}\right)$을 따르는 확률변수 X에 대하여 162는 충분히 큰 수이므로 X는 근사적으로 정규분포 $N(54, 6^2)$을 따르고, $Z=\dfrac{X-54}{6}$로 놓으면 확률변수 Z는 표준정규분포 $N(0, 1)$을 따른다.

$$\begin{aligned} P(X \leq 60) &= P\left(\dfrac{X-54}{6} \leq \dfrac{60-54}{6}\right) \\ &= P(Z \leq 1) \\ &= P(Z \leq 0) + P(0 \leq Z \leq 1) \\ &= 0.5 + 0.3413 \\ &= 0.8413 \end{aligned}$$

$$\begin{aligned} P(X \geq 45) &= P\left(\dfrac{X-54}{6} \geq \dfrac{45-54}{6}\right) \\ &= P(Z \geq -1.5) \\ &= P(Z \leq 1.5) \\ &= P(Z \leq 0) + P(0 \leq Z \leq 1.5) \\ &= 0.5 + 0.4332 \\ &= 0.9332 \end{aligned}$$

$\therefore P(X \leq 60) < P(X \geq 45)$ (참)

따라서 옳은 것은 ㄱ, ㄷ이다.

0743

국어, 수학, 영어 성적을 각각 확률변수 W, X, Y라 하면 W, X, Y는 각각 정규분포 $N(72, 16^2)$, $N(74, 10^2)$, $N(62, 18^2)$을 따르므로 세 확률변수 $\dfrac{W-72}{16}$, $\dfrac{X-74}{10}$, $\dfrac{Y-62}{18}$는 모두 표준정규분포 $N(0, 1)$을 따른다.

표준정규분포를 따르는 확률변수를 Z라 하면 주희의 성적 이상을 받을 확률은 각각 다음과 같다.

$$\begin{aligned} P(W \geq 80) &= P\left(\dfrac{W-72}{16} \geq \dfrac{80-72}{16}\right) \\ &= P(Z \geq 0.5) \end{aligned}$$

$$\begin{aligned} P(X \geq 80) &= P\left(\dfrac{X-74}{10} \geq \dfrac{80-74}{10}\right) \\ &= P(Z \geq 0.6) \end{aligned}$$

$$\begin{aligned} P(Y \geq 80) &= P\left(\dfrac{Y-62}{18} \geq \dfrac{80-62}{18}\right) \\ &= P(Z \geq 1) \end{aligned}$$

이때 $P(Z \geq 1) < P(Z \geq 0.6) < P(Z \geq 0.5)$이므로

$P(Y \geq 80) < P(X \geq 80) < P(W \geq 80)$

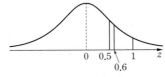

주희보다 높은 성적을 받을 확률이 작을수록 주희의 등수는 올라가므로 주희의 등수가 높은 과목부터 낮은 과목 순으로 나열하면 영어, 수학, 국어이다.

0744

ㄱ. 이산확률변수 X의 확률질량함수가

$$P(X=x) = \dfrac{{}_nC_x}{2^n} = {}_nC_x \left(\dfrac{1}{2}\right)^x \left(\dfrac{1}{2}\right)^{n-x} \quad (x=0, 1, 2, \cdots, n)$$

이므로 X는 이항분포 $B\left(n, \dfrac{1}{2}\right)$을 따른다.

이때 $\sigma(X)=6$에서 $V(X)=6^2=36$이므로

$n \times \dfrac{1}{2} \times \dfrac{1}{2} = 36$

$\therefore n = 144$

즉, 확률변수 X는 이항분포 $B\left(144, \dfrac{1}{2}\right)$을 따른다. (거짓)

ㄴ. $E(X) = 144 \times \dfrac{1}{2} = 72$

$V(X) = 6^2$

이때 144는 충분히 큰 수이므로 확률변수 X는 근사적으로 정규분포 $N(72, 6^2)$을 따른다. (참)

ㄷ. $Z = \dfrac{X-72}{6}$로 놓으면 확률변수 Z는 표준정규분포 $N(0, 1)$을 따르므로

$$\begin{aligned} P(78 \leq X \leq 81) &= P\left(\dfrac{78-72}{6} \leq \dfrac{X-72}{6} \leq \dfrac{81-72}{6}\right) \\ &= P(1 \leq Z \leq 1.5) \\ &= P(0 \leq Z \leq 1.5) - P(0 \leq Z \leq 1) \\ &= 0.43 - 0.34 \\ &= 0.09 \text{ (참)} \end{aligned}$$

따라서 옳은 것은 ㄴ, ㄷ이다.

0745

이 도시 성인 중에서 지난 해에 시립체육관을 이용한 경험이 있는 사람의 비율이 80 %, 즉 $\dfrac{4}{5}$이므로 100명 중 시립체육관을 이용한 경험이 있는 사람의 수를 확률변수 X라 하면 X는 이항분포 $B\left(100, \dfrac{4}{5}\right)$를 따른다.

$\therefore E(X) = 100 \times \dfrac{4}{5} = 80,$

$V(X) = 100 \times \dfrac{4}{5} \times \dfrac{1}{5} = 16 = 4^2$

이때 100은 충분히 큰 수이므로 확률변수 X는 근사적으로 정규분포 $N(80, 4^2)$을 따르고 $Z=\dfrac{X-80}{4}$으로 놓으면 확률변수 Z는 표준정규분포 $N(0, 1)$을 따른다.

이 도시 성인 100명 중 시립체육관을 이용한 경험이 있는 사람이 n명 이하일 확률이 0.3085이므로

$$\begin{aligned} P(X \leq n) &= P\left(\dfrac{X-80}{4} \leq \dfrac{n-80}{4}\right) \\ &= P\left(Z \leq \dfrac{n-80}{4}\right) \\ &= 0.3085 \end{aligned}$$

$0.3085 < 0.5$이므로 $\dfrac{n-80}{4} < 0$이고

$$P\left(Z \le \frac{n-80}{4}\right) = P\left(Z \ge -\frac{n-80}{4}\right)$$
$$= P(Z \ge 0) - P\left(0 \le Z \le -\frac{n-80}{4}\right)$$
$$= 0.5 - P\left(0 \le Z \le -\frac{n-80}{4}\right)$$
$$= 0.3085$$
$$\therefore P\left(0 \le Z \le -\frac{n-80}{4}\right) = 0.1915$$

이때 표준정규분포표에서 $P(0 \le Z \le 0.5) = 0.1915$이므로

$$-\frac{n-80}{4} = 0.5 \qquad \therefore n = 78$$

0746

탑 96

A, B 과수원에서 생산하는 귤의 무게를 각각 확률변수 X, Y라 하면 X, Y는 각각 정규분포 $N(86, 15^2)$, $N(88, 10^2)$을 따르므로 확률변수 $\frac{X-86}{15}$, $\frac{Y-88}{10}$은 모두 표준정규분포 $N(0, 1)$을 따른다.

표준정규분포를 따르는 확률변수를 Z라 하면 A 과수원에서 임의로 선택한 귤의 무게가 98 이하일 확률은

$$P(X \le 98) = P\left(\frac{X-86}{15} \le \frac{98-86}{15}\right)$$
$$= P\left(Z \le \frac{4}{5}\right)$$

B 과수원에서 임의로 선택한 귤의 무게가 a 이하일 확률은

$$P(Y \le a) = P\left(\frac{Y-88}{10} \le \frac{a-88}{10}\right)$$
$$= P\left(Z \le \frac{a-88}{10}\right)$$

이때 $P(X \le 98) = P(Y \le a)$이므로

$$P\left(Z \le \frac{4}{5}\right) = P\left(Z \le \frac{a-88}{10}\right)$$

$$\frac{4}{5} = \frac{a-88}{10}, \; a-88 = 8$$

$$\therefore a = 96$$

0747

답 ③

t에 대한 이차방정식 $t^2 - Xt + X = 0$이 실근을 가지려면 이 이차 방정식의 판별식을 D라 할 때, $D \ge 0$이어야 하므로

$$D = (-X)^2 - 4X \ge 0$$
$$X^2 - 4X \ge 0, \; X(X-4) \ge 0 \qquad \therefore X \le 0 \text{ 또는 } X \ge 4$$

이때 확률변수 X는 정규분포 $N(4, 2^2)$을 따르므로

$$m = 4, \; \sigma = 2$$

따라서 구하는 확률은

$$P(X \le 0 \text{ 또는 } X \ge 4) = 1 - P(0 \le X \le 4)$$
$$= 1 - P(4 - 2 \times 2 \le X \le 4)$$
$$= 1 - P(m - 2\sigma \le X \le m)$$
$$= 1 - P(m \le X \le m + 2\sigma)$$
$$= 1 - 0.4772$$
$$= 0.5228$$

0748

답 ⑤

정규분포 $N(m, \sigma^2)$을 따르는 확률변수 X의 확률밀도함수 $f(x)$에 대하여 $y = f(x)$의 그래프는 직선 $x = m$에 대하여 대칭이다.

이때 $f(8+x) = f(8-x)$이므로

$$m = 8$$

즉, 확률변수 X가 정규분포 $N(8, \sigma^2)$을 따르므로 $Z = \frac{X-8}{\sigma}$로 놓으면 확률변수 Z는 표준정규분포 $N(0, 1)$을 따른다.

$P(X \le m+3) = 0.9332$, 즉 $P(X \le 11) = 0.9332$에서

$$P(X \le 11) = P\left(\frac{X-8}{\sigma} \le \frac{11-8}{\sigma}\right)$$
$$= P\left(Z \le \frac{3}{\sigma}\right)$$
$$= P(Z \le 0) + P\left(0 \le Z \le \frac{3}{\sigma}\right)$$
$$= 0.5 + P\left(0 \le Z \le \frac{3}{\sigma}\right)$$
$$= 0.9332$$

$$\therefore P\left(0 \le Z \le \frac{3}{\sigma}\right) = 0.4332$$

이때 표준정규분포표에서 $P(0 \le Z \le 1.5) = 0.4332$이므로

$$\frac{3}{\sigma} = 1.5 \qquad \therefore \sigma = 2$$

$$\therefore P(X \le 14) = P\left(\frac{X-8}{2} \le \frac{14-8}{2}\right)$$
$$= P(Z \le 3)$$
$$= P(Z \le 0) + P(0 \le Z \le 3)$$
$$= 0.5 + 0.4987$$
$$= 0.9987$$

0749

답 265

이 농장에서 생산한 달걀 한 개의 무게를 확률변수 X라 하면 X는 정규분포 $N(50, 2^2)$을 따르고, $Z = \frac{X-50}{2}$으로 놓으면 확률변수 Z는 표준정규분포 $N(0, 1)$을 따른다.

이때 달걀 한 개의 무게가 47 g 이하일 확률은

$$P(X \le 47) = P\left(\frac{X-50}{2} \le \frac{47-50}{2}\right)$$
$$= P(Z \le -1.5) = P(Z \ge 1.5)$$
$$= P(Z \ge 0) - P(0 \le Z \le 1.5)$$
$$= 0.5 - 0.43$$
$$= 0.07$$

이고 달걀의 총 개수가 n, 개당 무게가 47 g 이하인 달걀의 개수가 35이므로

$$n \times 0.07 = 35 \qquad \therefore n = 500$$

또한 달걀 한 개의 무게가 48 g 이상이고 51 g 이하일 확률은

$$P(48 \le X \le 51) = P\left(\frac{48-50}{2} \le \frac{X-50}{2} \le \frac{51-50}{2}\right)$$
$$= P(-1 \le Z \le 0.5)$$
$$= P(0 \le Z \le 1) + P(0 \le Z \le 0.5)$$
$$= 0.34 + 0.19$$
$$= 0.53$$

따라서 이 농장에서 생산한 500개의 달걀 중 무게가 48 g 이상이고
51 g 이하인 달걀의 개수는

$500 \times 0.53 = 265$

0750

답 ⑤

이 고등학교 3학년 학생의 중간고사 수학 시험 성적을 확률변수 X
라 하면 X는 정규분포 $N(80, 10^2)$을 따르고, $Z = \dfrac{X-80}{10}$으로
놓으면 확률변수 Z는 표준정규분포 $N(0, 1)$을 따른다.
내신 2등급을 받으려면 상위 11 % 이내의 성적을 얻어야 하므로
내신 2등급을 받기 위한 최저 점수를 k점이라 하면

$$P(X \geq k) = P\left(\dfrac{X-80}{10} \geq \dfrac{k-80}{10}\right)$$
$$= P\left(Z \geq \dfrac{k-80}{10}\right)$$
$$= 0.11$$

$0.11 < 0.5$이므로 $\dfrac{k-80}{10} > 0$이고

$$P\left(Z \geq \dfrac{k-80}{10}\right) = P(Z \geq 0) - P\left(0 \leq Z \leq \dfrac{k-80}{10}\right)$$
$$= 0.5 - P\left(0 \leq Z \leq \dfrac{k-80}{10}\right)$$
$$= 0.11$$

$$\therefore P\left(0 \leq Z \leq \dfrac{k-80}{10}\right) = 0.39$$

이때 표준정규분포표에서 $P(0 \leq Z \leq 1.23) = 0.39$이므로

$$\dfrac{k-80}{10} = 1.23$$
$$\therefore k = 92.3$$

따라서 내신 2등급을 받기 위한 최저 점수는 92.3점이다.

0751

답 ⑤

정규분포 $N(m, 4^2)$을 따르는 확률변수 X의 확률밀도함수 $f(x)$
에 대하여 $y = f(x)$의 그래프는 직선 $x = m$에 대하여 대칭이다.
이때 $f(8) > f(14)$이므로

$$m < \dfrac{8+14}{2}$$
$$\therefore m < 11 \quad \cdots\cdots \ \text{㉠}$$

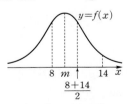

[8<m<14인 경우]   [m<8인 경우]

또한 $f(2) < f(16)$이므로

$$m > \dfrac{2+16}{2}$$
$$\therefore m > 9 \quad \cdots\cdots \ \text{㉡}$$

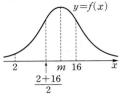
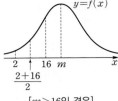

[2<m<16인 경우]   [m>16인 경우]

㉠, ㉡에서 $9 < m < 11$이고 m이 자연수이므로
$m = 10$
즉, 확률변수 X가 정규분포 $N(10, 4^2)$을 따르므로 $Z = \dfrac{X-10}{4}$으
로 놓으면 확률변수 Z는 표준정규분포 $N(0, 1)$을 따른다.

$$\therefore P(X \leq 6) = P\left(\dfrac{X-10}{4} \leq \dfrac{6-10}{4}\right)$$
$$= P(Z \leq -1) = P(Z \geq 1)$$
$$= P(Z \geq 0) - P(0 \leq Z \leq 1)$$
$$= 0.5 - 0.3413$$
$$= 0.1587$$

0752

답 ③

조건 ㈎에 의하여 정규분포를 따르는 확률변수 X의 확률밀도함수
$f(x)$가 $x = 20$일 때 최댓값을 가지므로
$E(X) = 20$
조건 ㈏에 의하여 모든 실수 x에 대하여 $g(x) = f(x+10)$이므로
곡선 $y = g(x)$는 곡선 $y = f(x)$를 x축의 방향으로 -10만큼 평행
이동한 것이다.
즉, $E(Y) = 20 - 10 = 10$이고 $\sigma(X) = \sigma(Y)$이다.
$\sigma(X) = \sigma(Y) = \sigma \ (\sigma > 0)$라 하면 두 확률변수 X, Y는 각각 정규
분포 $N(20, \sigma^2)$, $N(10, \sigma^2)$을 따르고, 두 확률변수 $\dfrac{X-20}{\sigma}$,
$\dfrac{Y-10}{\sigma}$은 모두 표준정규분포 $N(0, 1)$을 따른다.
표준정규분포를 따르는 확률변수를 Z라 하면

$$P(18 \leq X \leq 22) = P\left(\dfrac{18-20}{\sigma} \leq \dfrac{X-20}{\sigma} \leq \dfrac{22-20}{\sigma}\right)$$
$$= P\left(-\dfrac{2}{\sigma} \leq Z \leq \dfrac{2}{\sigma}\right)$$
$$= 2P\left(0 \leq Z \leq \dfrac{2}{\sigma}\right)$$
$$= 0.9544$$

$$\therefore P\left(0 \leq Z \leq \dfrac{2}{\sigma}\right) = 0.4772$$

이때 표준정규분포표에서 $P(0 \leq Z \leq 2) = 0.4772$이므로

$$\dfrac{2}{\sigma} = 2 \quad \therefore \sigma = 1$$

$$\therefore P(9 \leq Y \leq 12) = P\left(\dfrac{9-10}{1} \leq \dfrac{Y-10}{1} \leq \dfrac{12-10}{1}\right)$$
$$= P(-1 \leq Z \leq 2)$$
$$= P(0 \leq Z \leq 1) + P(0 \leq Z \leq 2)$$
$$= 0.3413 + 0.4772$$
$$= 0.8185$$

0753

답 26

정규분포 $N(m, \sigma^2)$을 따르는 확률변수 X의 확률밀도함수를 $f(x)$라 하면 $y=f(x)$의 그래프는 직선 $x=m$에 대하여 대칭이다. 이때 조건 (가)에서 $P(X \le 14)=P(X \ge 26)$이므로

$$m=\frac{14+26}{2}=20$$

❶

조건 (나)에서 $V(2X-3)=144$이므로

$$2^2 V(X)=144$$

$$\therefore V(X)=36=6^2$$

$$\therefore \sigma=6 \ (\because \sigma>0)$$

❷

$$\therefore m+\sigma=20+6=26$$

❸

채점 기준	배점
❶ X의 평균 m의 값 구하기	50%
❷ X의 표준편차 σ의 값 구하기	40%
❸ $m+\sigma$의 값 구하기	10%

0754

답 120

이 제과점에서 만든 팥빵 한 개의 무게를 확률변수 X라 하면 X는 정규분포 $N(m, 4^2)$을 따르고, $Z=\dfrac{X-m}{4}$으로 놓으면 확률변수 Z는 표준정규분포 $N(0, 1)$을 따른다.

❶

이때 팥빵 한 개의 무게가 110 g 이상일 확률이 0.9938이므로

$$P(X \ge 110)=P\left(\frac{X-m}{4} \ge \frac{110-m}{4}\right)$$
$$=P\left(Z \ge \frac{110-m}{4}\right)$$
$$=0.9938$$

$0.9938>0.5$이므로 $\dfrac{110-m}{4}<0$이고

$$P\left(Z \ge \frac{110-m}{4}\right)=P\left(Z \le -\frac{110-m}{4}\right)$$
$$=P(Z \le 0)+P\left(0 \le Z \le -\frac{110-m}{4}\right)$$
$$=0.5+P\left(0 \le Z \le -\frac{110-m}{4}\right)$$
$$=0.9938$$

$$\therefore P\left(0 \le Z \le -\frac{110-m}{4}\right)=0.4938$$

❷

이때 표준정규분포표에서 $P(0 \le Z \le 2.5)=0.4938$이므로

$$-\frac{110-m}{4}=2.5 \qquad \therefore m=120$$

❸

채점 기준	배점
❶ 확률변수 X를 정하고 표준화하기	30%
❷ 주어진 확률을 Z에 대한 확률로 나타내기	50%
❸ m의 값 구하기	20%

0755

답 ③

조건 (나)에서 $0 \le x \le 4a$인 모든 실수 x에 대하여 $f(x)=f(4a-x)$가 성립하므로 함수 $y=f(x)$의 그래프는 직선 $x=2a$에 대하여 대칭이다.

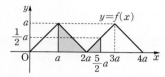

따라서 확률밀도함수 $y=f(x)$의 그래프는 위의 그림과 같고, $0 \le x \le 4a$에서 함수 $y=f(x)$의 그래프와 x축으로 둘러싸인 부분의 넓이가 1이므로

$$\left(\frac{1}{2} \times 2a \times a\right) \times 2=1$$

$$\therefore a^2=\frac{1}{2}$$

$P\left(a \le X \le \dfrac{5}{2}a\right)$의 값은 확률밀도함수 $y=f(x)$의 그래프와 x축 및 두 직선 $x=a$, $x=\dfrac{5}{2}a$로 둘러싸인 부분의 넓이와 같으므로

$$P\left(a \le X \le \frac{5}{2}a\right)=\frac{1}{2} \times a \times a+\frac{1}{2} \times \frac{1}{2}a \times \frac{1}{2}a$$
$$=\frac{5}{8}a^2=\frac{5}{8} \times \frac{1}{2}=\frac{5}{16}$$

0756

답 ③

한 개의 주사위를 던져 나온 눈의 수가 6의 약수이면 동전 3개를 동시에 던지고, 6의 약수가 아니면 동전 2개를 동시에 던지는 시행에서 모든 동전이 같은 면이 나올 확률은

$$\frac{4}{6} \times \frac{2}{8}+\frac{2}{6} \times \frac{2}{4}=\frac{1}{3}$$

즉, 주어진 시행을 72번 반복할 때, 모든 동전이 같은 면이 나오는 횟수를 확률변수 X라 하면 X는 이항분포 $B\left(72, \dfrac{1}{3}\right)$을 따르므로

$$E(X)=72 \times \frac{1}{3}=24$$

$$V(X)=72 \times \frac{1}{3} \times \frac{2}{3}=16=4^2$$

이때 72는 충분히 큰 수이므로 확률변수 X는 근사적으로 정규분포 $N(24, 4^2)$을 따르고 $Z=\dfrac{X-24}{4}$로 놓으면 확률변수 Z는 표준정규분포 $N(0, 1)$을 따른다.
따라서 구하는 확률은

$$P(X \ge 20)=P\left(\frac{X-24}{4} \ge \frac{20-24}{4}\right)$$
$$=P(Z \ge -1)=P(Z \le 1)$$
$$=P(Z \le 0)+P(0 \le Z \le 1)$$
$$=0.5+0.3413$$
$$=0.8413$$

한 개의 주사위를 던져 6의 약수, 즉 1, 2, 3, 6의 눈이 나올 확률은

$\dfrac{4}{6}=\dfrac{2}{3}$

동전 3개를 동시에 던져 모두 같은 면이 나오는 경우는 (앞, 앞, 앞),
(뒤, 뒤, 뒤)의 2가지이므로 이 경우의 확률은

$\dfrac{2}{8}=\dfrac{1}{4}$

즉, 주사위에서 6의 약수의 눈이 나오고 3개의 동전이 모두 같은 면이 나
올 확률은

$\dfrac{2}{3}\times\dfrac{1}{4}=\dfrac{1}{6}$

한편, 동전 2개를 동시에 던져 모두 같은 면이 나오는 경우는 (앞, 앞),
(뒤, 뒤)의 2가지이므로 이 경우의 확률은

$\dfrac{2}{4}=\dfrac{1}{2}$

즉, 주사위에서 6의 약수가 아닌 눈이 나오고 2개의 동전이 모두 같은 면
이 나올 확률은

$\left(1-\dfrac{2}{3}\right)\times\dfrac{1}{2}=\dfrac{1}{6}$

따라서 주어진 시행을 한 번 할 때, 모든 동전이 같은 면이 나올 확률은

$\dfrac{1}{6}+\dfrac{1}{6}=\dfrac{1}{3}$

0757 답 ③

이 시험에 응시한 남성 4000명, 여성 2000명의 점수를 각각 확률
변수 X, Y라 하고 여성 2000명의 점수의 평균을 m점이라 하면
X, Y는 각각 정규분포 N$(80, 10^2)$, N$(m, 5^2)$을 따르고, 두 확률
변수 $\dfrac{X-80}{10}$, $\dfrac{Y-m}{5}$은 모두 표준정규분포 N$(0, 1)$을 따른다.
표준정규분포를 따르는 확률변수를 Z라 하면 남성 응시자의 점수
가 90점 이상일 확률은

$$\begin{aligned}
\text{P}(X\geq90)&=\text{P}\left(\dfrac{X-80}{10}\geq\dfrac{90-80}{10}\right)\\
&=\text{P}(Z\geq1)\\
&=\text{P}(Z\geq0)-\text{P}(0\leq Z\leq1)\\
&=0.5-0.34\\
&=0.16
\end{aligned}$$

남성 응시자가 모두 4000명이므로 이 중 점수가 90점 이상인 응시
자의 수는

$4000\times0.16=640$

이때 점수가 90점 이상인 남성 응시자의 수가 점수가 90점 이상인
여성 응시자의 수의 4배이므로 점수가 90점 이상인 여성 응시자의
수는

$640\times\dfrac{1}{4}=160$

즉, 여성 응시자의 점수가 90점 이상일 확률은 $\dfrac{160}{2000}=0.08$이므로

$$\begin{aligned}
\text{P}(Y\geq90)&=\text{P}\left(\dfrac{Y-m}{5}\geq\dfrac{90-m}{5}\right)\\
&=\text{P}\left(Z\geq\dfrac{90-m}{5}\right)\\
&=0.08
\end{aligned}$$

$0.08<0.5$이므로 $\dfrac{90-m}{5}>0$이고

$$\begin{aligned}
\text{P}\left(Z\geq\dfrac{90-m}{5}\right)&=\text{P}(Z\geq0)-\text{P}\left(0\leq Z\leq\dfrac{90-m}{5}\right)\\
&=0.5-\text{P}\left(0\leq Z\leq\dfrac{90-m}{5}\right)\\
&=0.08
\end{aligned}$$

$\therefore \text{P}\left(0\leq Z\leq\dfrac{90-m}{5}\right)=0.42$

이때 표준정규분포표에서 $\text{P}(0\leq Z\leq1.4)=0.42$이므로

$\dfrac{90-m}{5}=1.4$ $\therefore m=83$

따라서 여성 응시자의 점수의 평균은 83점이다.

0758 답 31

$f(x)$, $g(x)$가 확률밀도함수이므로 $f(x)\geq0$, $g(x)\geq0$이고, 함수
$y=f(x)$의 그래프와 x축 및 두 직선 $x=0$, $x=6$으로 둘러싸인 부
분의 넓이가 1, 함수 $y=g(x)$의 그래프와 x축 및 두 직선 $x=0$,
$x=6$으로 둘러싸인 부분의 넓이가 1이므로 함수 $y=f(x)+g(x)$
의 그래프와 x축 및 두 직선 $x=0$, $x=6$으로 둘러싸인 부분의 넓
이는 $1+1=2$이다.
이때 $0\leq x\leq6$인 모든 x에 대하여 $f(x)+g(x)=k$이므로 함수
$y=f(x)+g(x)$의 그래프와 x축 및 두 직선 $x=0$, $x=6$으로 둘
러싸인 부분은 가로의 길이가 6, 세로의 길이가 k인 직사각형이다.
즉, $6k=2$이므로 $k=\dfrac{1}{3}$

따라서 $f(x)+g(x)=\dfrac{1}{3}$에서 $g(x)=\dfrac{1}{3}-f(x)$이므로 함수
$y=g(x)$의 그래프는 함수 $y=f(x)$의 그래프를 x축에 대하여 대
칭이동한 후 y축의 방향으로 $\dfrac{1}{3}$만큼 평행이동한 것으로, 다음 그림
과 같다.

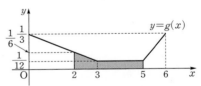

$\text{P}(6k\leq Y\leq15k)$, 즉 $\text{P}(2\leq Y\leq5)$의 값은 함수 $y=g(x)$의 그래
프와 x축 및 두 직선 $x=2$, $x=5$로 둘러싸인 부분의 넓이이므로

$$\begin{aligned}
\text{P}(2\leq Y\leq5)&=\dfrac{1}{2}\times\left(\dfrac{1}{6}+\dfrac{1}{12}\right)\times1+2\times\dfrac{1}{12}\\
&=\dfrac{1}{8}+\dfrac{1}{6}=\dfrac{7}{24}
\end{aligned}$$

따라서 $p=24$, $q=7$이므로

$p+q=24+7=31$

0759 답 ④

두 확률변수 X, Y의 확률밀도함수 $f(x)$, $g(x)$에 대하여
$g(x)=f(x+6)$이므로 함수 $y=g(x)$의 그래프는 함수 $y=f(x)$
의 그래프를 x축의 방향으로 -6만큼 평행이동한 것이다.
즉, 두 함수 $y=f(x)$, $y=g(x)$의 그래프의 대칭축은 다르지만 모
양은 서로 같으므로 확률변수 X가 정규분포 N(m, σ^2)을 따른다
고 하면 확률변수 Y는 정규분포 N$(m-6, \sigma^2)$을 따른다.

이때 두 확률변수 $\dfrac{X-m}{\sigma}$, $\dfrac{Y-(m-6)}{\sigma}$ 은 모두 표준정규분포

N$(0, 1)$을 따르므로 표준정규분포를 따르는 확률변수를 Z라 하면

$$P(X \le 11) = P\left(\dfrac{X-m}{\sigma} \le \dfrac{11-m}{\sigma}\right)$$
$$= P\left(Z \le \dfrac{11-m}{\sigma}\right)$$

$$P(Y \ge 23) = P\left(\dfrac{Y-(m-6)}{\sigma} \ge \dfrac{23-(m-6)}{\sigma}\right)$$
$$= P\left(Z \ge \dfrac{29-m}{\sigma}\right)$$

조건 ㈎에서 $P(X \le 11) = P(Y \ge 23)$이므로

$$P\left(Z \le \dfrac{11-m}{\sigma}\right) = P\left(Z \ge \dfrac{29-m}{\sigma}\right)$$
$$= P\left(Z \le -\dfrac{29-m}{\sigma}\right)$$

즉, $\dfrac{11-m}{\sigma} = -\dfrac{29-m}{\sigma}$ 이므로

$11-m = -29+m$

$2m = 40$

$\therefore m = 20$

한편, 조건 ㈏에서 $P(X \le k) + P(Y \le k) = 1$이므로

$$P\left(\dfrac{X-20}{\sigma} \le \dfrac{k-20}{\sigma}\right) + P\left(\dfrac{Y-14}{\sigma} \le \dfrac{k-14}{\sigma}\right) = 1$$

$$P\left(Z \le \dfrac{k-20}{\sigma}\right) + P\left(Z \le \dfrac{k-14}{\sigma}\right) = 1$$

$$P\left(Z \le \dfrac{k-20}{\sigma}\right) + P\left(Z \ge -\dfrac{k-14}{\sigma}\right) = 1$$

즉, $\dfrac{k-20}{\sigma} = -\dfrac{k-14}{\sigma}$ 이므로

$k-20 = -k+14$

$2k = 34$

$\therefore k = 17$

$\therefore P(X \le k) + P(Y \ge k)$

$\quad = P(X \le 17) + P(Y \ge 17)$

$\quad = P\left(\dfrac{X-20}{\sigma} \le \dfrac{17-20}{\sigma}\right) + P\left(\dfrac{Y-14}{\sigma} \ge \dfrac{17-14}{\sigma}\right)$

$\quad = P\left(Z \le -\dfrac{3}{\sigma}\right) + P\left(Z \ge \dfrac{3}{\sigma}\right)$

$\quad = P\left(Z \ge \dfrac{3}{\sigma}\right) + P\left(Z \ge \dfrac{3}{\sigma}\right)$

$\quad = 2P\left(Z \ge \dfrac{3}{\sigma}\right)$

따라서 $2P\left(Z \ge \dfrac{3}{\sigma}\right) = 0.1336$에서

$P\left(Z \ge \dfrac{3}{\sigma}\right) = 0.0668$

$P(Z \ge 0) - P\left(0 \le Z \le \dfrac{3}{\sigma}\right) = 0.0668$

$0.5 - P\left(0 \le Z \le \dfrac{3}{\sigma}\right) = 0.0668$

$\therefore P\left(0 \le Z \le \dfrac{3}{\sigma}\right) = 0.4332$

이때 표준정규분포표에서 $P(0 \le Z \le 1.5) = 0.4332$이므로

$\dfrac{3}{\sigma} = 1.5$

$\therefore \sigma = 2$

$\therefore E(X) + \sigma(Y) = m + \sigma$

$\qquad\qquad\qquad = 20 + 2 = 22$

0760

답 768

이 회사의 입사 시험에 응시한 지원자의 점수를 확률변수 X라 하면 X는 정규분포 N$(280, 30^2)$을 따르고, $Z = \dfrac{X-280}{30}$으로 놓으면 확률변수 Z는 표준정규분포 N$(0, 1)$을 따른다.

1000명이 응시한 입사 시험에서 합격자는 210명이므로 한 명의 지원자가 이 회사의 입사 시험에 합격할 확률은

$\dfrac{210}{1000} = 0.21$

이 회사의 입사 시험에 합격하는 최저 점수를 k점이라 하면

$$P(X \ge k) = P\left(\dfrac{X-280}{30} \ge \dfrac{k-280}{30}\right)$$
$$= P\left(Z \ge \dfrac{k-280}{30}\right)$$
$$= 0.21$$

$0.21 < 0.5$이므로 $\dfrac{k-280}{30} > 0$이고

$$P\left(Z \ge \dfrac{k-280}{30}\right) = P(Z \ge 0) - P\left(0 \le Z \le \dfrac{k-280}{30}\right)$$
$$= 0.5 - P\left(0 \le Z \le \dfrac{k-280}{30}\right)$$
$$= 0.21$$

$\therefore P\left(0 \le Z \le \dfrac{k-280}{30}\right) = 0.29$

이때 표준정규분포표에서 $P(0 \le Z \le 0.8) = 0.29$이므로

$\dfrac{k-280}{30} = 0.8$

$\therefore k = 304$

즉, 이 회사의 입사 시험에 합격하기 위한 최저 점수는 304점이고 이보다 30점 이상 높은 점수, 즉 $304+30 = 334$(점) 이상을 받은 지원자는 신제품 무료 체험의 기회를 얻을 수 있다.

따라서 1000명의 지원자 중에서 임의로 선택한 1명이 334점 이상을 받아 신제품 무료 체험의 기회를 얻을 확률은

$$P(X \ge 334) = P\left(\dfrac{X-280}{30} \ge \dfrac{334-280}{30}\right)$$
$$= P(Z \ge 1.8)$$
$$= P(Z \ge 0) - P(0 \le Z \le 1.8)$$
$$= 0.5 - 0.46$$
$$= 0.04$$

따라서 이 회사의 입사 시험에 응시한 지원자 중에서 임의로 선택한 2명 중 1명이 신제품 무료 체험의 기회를 얻을 확률은

$_2C_1 \times 0.04 \times (1-0.04) = 0.0768 = \dfrac{768}{10000}$

$\therefore a = 768$

0761

답 ④

다정이가 버스, 지하철, 자가용 중 하나로 등교할 때 걸리는 시간을 각각 확률변수 W, X, Y라 하면 W, X, Y는 각각 정규분포

N$(30, 3^2)$, N$(25, 2^2)$, N$(20, 4^2)$을 따르므로 세 확률변수

$\dfrac{W-30}{3}$, $\dfrac{X-25}{2}$, $\dfrac{Y-20}{4}$ 은 모두 표준정규분포 N$(0, 1)$을 따른다.

표준정규분포를 따르는 확률변수를 Z라 하면 오전 7시 36분에 출발하여 버스로 등교할 때 지각하지 않을 확률은

$$P(W \le 24) = P\left(\frac{W-30}{3} \le \frac{24-30}{3}\right)$$
$$= P(Z \le -2)$$
$$= P(Z \ge 2)$$

오전 7시 40분에 출발하여 지하철로 등교할 때 지각하지 않을 확률은

$$P(X \le 20) = P\left(\frac{X-25}{2} \le \frac{20-25}{2}\right)$$
$$= P(Z \le -2.5)$$
$$= P(Z \ge 2.5)$$

오전 7시 45분에 출발하여 자가용으로 등교할 때 지각하지 않을 확률은

$$P(Y \le 15) = P\left(\frac{Y-20}{4} \le \frac{15-20}{4}\right)$$
$$= P(Z \le -1.25)$$
$$= P(Z \ge 1.25)$$

이때 $1.25 < 2 < 2.5$이므로
$$P(Z \ge 2.5) < P(Z \ge 2) < P(Z \ge 1.25)$$

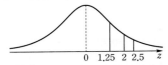

따라서 $P(X \le 20) < P(W \le 24) < P(Y \le 15)$이므로 지각하지 않을 확률이 높은 것부터 차례대로 나열하면 자가용, 버스, 지하철, 즉 ㈐, ㈎, ㈏이다.

0762

④

이 농장에서 생산한 수박 한 통의 무게를 확률변수 X, 당도를 확률변수 Y라 하면 X, Y는 각각 정규분포 $N(9, 0.5^2)$, $N(12, 2^2)$을 따르고, 두 확률변수 $\frac{X-9}{0.5}$, $\frac{Y-12}{2}$는 모두 표준정규분포 $N(0, 1)$을 따른다.
이때 수박 한 통의 무게가 9.5 kg 이상일 확률은

$$P(X \ge 9.5) = P\left(\frac{X-9}{0.5} \ge \frac{9.5-9}{0.5}\right)$$
$$= P(Z \ge 1)$$
$$= P(Z \ge 0) - P(0 \le Z \le 1)$$
$$= 0.5 - 0.3$$
$$= 0.2$$

당도가 13 Brix 이상일 확률은

$$P(Y \ge 13) = P\left(\frac{Y-12}{2} \ge \frac{13-12}{2}\right)$$
$$= P(Z \ge 0.5)$$
$$= P(Z \ge 0) - P(0 \le Z \le 0.5)$$
$$= 0.5 - 0.2$$
$$= 0.3$$

이때 특 등급을 받으려면 무게가 9.5 kg 이상이고 당도가 13 Brix 이상이어야 하므로 수박 한 통이 특 등급을 받을 확률은
$$P(X \ge 9.5) \times P(Y \ge 13) = 0.2 \times 0.3$$
$$= 0.06$$

상 등급을 받으려면 무게가 9.5 kg 이상, 당도가 13 Brix 미만 또는 무게가 9.5 kg 미만, 당도가 13 Brix 이상이어야 하므로 수박 한 통이 상 등급을 받을 확률은
$$P(X \ge 9.5) \times P(Y < 13) + P(X < 9.5) \times P(Y \ge 13)$$
$$= 0.2 \times (1-0.3) + (1-0.2) \times 0.3$$
$$= 0.38$$
또한 보통 등급을 받으려면 무게가 9.5 kg 미만, 당도가 13 Brix 미만이어야 하므로 수박 한 통이 보통 등급을 받을 확률은
$$P(X < 9.5) \times P(Y < 13) = (1-0.2) \times (1-0.3)$$
$$= 0.56$$
즉, 수박 한 통의 판매 가격을 확률변수 W라 하면 W의 확률분포를 나타내는 표는 다음과 같다.

W	15000	12000	10000	합계
$P(W=w)$	0.06	0.38	0.56	1

$$\therefore E(W) = 15000 \times 0.06 + 12000 \times 0.38 + 10000 \times 0.56$$
$$= 900 + 4560 + 5600 = 11060$$
따라서 이 농장에서 생산하는 수박 한 통당 판매 금액의 기댓값은 11060원이다.

유형 01 모평균과 표본평균

확인 문제   (1) $1, \dfrac{3}{2}, 2, \dfrac{5}{2}, 3$ (2) 풀이 참조

(1) 모집단에서 임의추출한 크기가 2인 표본을 (X_1, X_2)라 하면

$\overline{X}=\dfrac{X_1+X_2}{2}$이므로

표본이 $(1, 1)$일 때, $\overline{X}=1$

표본이 $(1, 2), (2, 1)$일 때, $\overline{X}=\dfrac{3}{2}$

표본이 $(1, 3), (2, 2), (3, 1)$일 때, $\overline{X}=2$

표본이 $(2, 3), (3, 2)$일 때, $\overline{X}=\dfrac{5}{2}$

표본이 $(3, 3)$일 때, $\overline{X}=3$

따라서 확률변수 $\overline{X}$의 값으로 가능한 것은

$1, \dfrac{3}{2}, 2, \dfrac{5}{2}, 3$

(2) 1, 2, 3이 하나씩 적힌 3개의 공 중 임의로 꺼낸 한 개의 공에 적힌 수를 확률변수 X라 하고 X의 확률분포를 표로 나타내면 다음과 같다.

X	1	2	3	합계
$\mathrm{P}(X=x)$	$\dfrac{1}{3}$	$\dfrac{1}{3}$	$\dfrac{1}{3}$	1

이때 확률변수 $\overline{X}$의 값으로 가능한 것은 $1, \dfrac{3}{2}, 2, \dfrac{5}{2}, 3$이므로 $\overline{X}$의 확률분포를 표로 나타내면 다음과 같다.

$\overline{X}$	1	$\dfrac{3}{2}$	2	$\dfrac{5}{2}$	3	합계
$\mathrm{P}(\overline{X}=\overline{x})$	$\dfrac{1}{9}$	$\dfrac{2}{9}$	$\dfrac{1}{3}$	$\dfrac{2}{9}$	$\dfrac{1}{9}$	1

0763
답 ④

확률변수 X가 갖는 값이 2, 3, 4이므로 이 모집단에서 크기가 2인 표본을 임의추출하여 구한 표본평균 $\overline{X}$가 갖는 값은 $2, \dfrac{5}{2}, 3, \dfrac{7}{2}, 4$이다.

이 모집단에서 임의추출한 크기가 2인 표본을 (X_1, X_2)라 하면

$\overline{X}=\dfrac{5}{2}$인 경우는 $(2, 3), (3, 2)$일 때이므로

$$\mathrm{P}\left(\overline{X}=\dfrac{5}{2}\right)=\mathrm{P}(X=2)\times\mathrm{P}(X=3)+\mathrm{P}(X=3)\times\mathrm{P}(X=2)$$
$$=\dfrac{1}{2}\times\dfrac{1}{6}+\dfrac{1}{6}\times\dfrac{1}{2}$$
$$=\dfrac{1}{6}$$

$\overline{X}=3$인 경우는 $(2, 4), (3, 3), (4, 2)$일 때이므로

$$\mathrm{P}(\overline{X}=3)=\mathrm{P}(X=2)\times\mathrm{P}(X=4)+\mathrm{P}(X=3)\times\mathrm{P}(X=3)$$
$$+\mathrm{P}(X=4)\times\mathrm{P}(X=2)$$
$$=\dfrac{1}{2}\times\dfrac{1}{3}+\dfrac{1}{6}\times\dfrac{1}{6}+\dfrac{1}{3}\times\dfrac{1}{2}$$
$$=\dfrac{13}{36}$$

$$\therefore \mathrm{P}(2<\overline{X}\le3)=\mathrm{P}\left(\overline{X}=\dfrac{5}{2}\right)+\mathrm{P}(\overline{X}=3)$$
$$=\dfrac{1}{6}+\dfrac{13}{36}$$
$$=\dfrac{19}{36}$$

0764
답 $\dfrac{5}{8}$

확률변수 X가 갖는 모든 값에 대한 확률의 합은 1이므로

$\dfrac{1}{4}+\dfrac{1}{2}+a=1$

$\therefore a=\dfrac{1}{4}$

❶

주어진 모집단에서 임의추출한 크기가 2인 표본을 (X_1, X_2)라 하면
$\overline{X}=1$인 경우는 $(0, 2), (1, 1), (2, 0)$일 때이므로
$$\mathrm{P}(\overline{X}=1)=\mathrm{P}(X=0)\times\mathrm{P}(X=2)+\mathrm{P}(X=1)\times\mathrm{P}(X=1)$$
$$+\mathrm{P}(X=2)\times\mathrm{P}(X=0)$$
$$=\dfrac{1}{4}\times\dfrac{1}{4}+\dfrac{1}{2}\times\dfrac{1}{2}+\dfrac{1}{4}\times\dfrac{1}{4}$$
$$=\dfrac{6}{16}=\dfrac{3}{8}$$

❷

$\therefore a+\mathrm{P}(\overline{X}=1)=\dfrac{1}{4}+\dfrac{3}{8}=\dfrac{5}{8}$

❸

채점 기준	배점
❶ a의 값 구하기	30%
❷ $\mathrm{P}(\overline{X}=1)$의 값 구하기	60%
❸ $a+\mathrm{P}(\overline{X}=1)$의 값 구하기	10%

0765
답 ①

모집단의 확률변수 X의 확률질량함수가

$\mathrm{P}(X=x)=\dfrac{x+1}{16}$ $(x=0, 2, 4, 6)$

이므로 X의 확률분포를 표로 나타내면 다음과 같다.

X	0	2	4	6	합계
$\mathrm{P}(X=x)$	$\dfrac{1}{16}$	$\dfrac{3}{16}$	$\dfrac{5}{16}$	$\dfrac{7}{16}$	1

확률변수 X가 갖는 값이 0, 2, 4, 6이므로 이 모집단에서 크기가 2인 표본을 임의추출하여 구한 표본평균 $\overline{X}$가 갖는 값은 0, 1, 2, 3, 4, 5, 6이다.

이 모집단에서 임의추출한 크기가 2인 표본을 (X_1, X_2)라 하면
$\overline{X}=0$인 경우는 $(0, 0)$일 때이므로

$$P(\overline{X}=0)=P(X=0)\times P(X=0)$$
$$=\frac{1}{16}\times\frac{1}{16}$$
$$=\frac{1}{256}$$

$\overline{X}=1$인 경우는 $(0, 2)$, $(2, 0)$일 때이므로
$$P(\overline{X}=1)=P(X=0)\times P(X=2)+P(X=2)\times P(X=0)$$
$$=\frac{1}{16}\times\frac{3}{16}+\frac{3}{16}\times\frac{1}{16}$$
$$=\frac{6}{256}=\frac{3}{128}$$

$\overline{X}=2$인 경우는 $(0, 4)$, $(2, 2)$, $(4, 0)$일 때이므로
$$P(\overline{X}=2)=P(X=0)\times P(X=4)+P(X=2)\times P(X=2)$$
$$+P(X=4)\times P(X=0)$$
$$=\frac{1}{16}\times\frac{5}{16}+\frac{3}{16}\times\frac{3}{16}+\frac{5}{16}\times\frac{1}{16}$$
$$=\frac{19}{256}$$
$$\therefore P(\overline{X}\leq 2)=P(\overline{X}=0)+P(\overline{X}=1)+P(\overline{X}=2)$$
$$=\frac{1}{256}+\frac{3}{128}+\frac{19}{256}=\frac{13}{128}$$

0766
답 4

확률변수 X가 갖는 모든 값에 대한 확률의 합은 1이므로
$$\frac{1}{4}+a+\frac{1}{8}+b=1 \quad \therefore a+b=\frac{5}{8} \quad \cdots\cdots \ ㉠$$
확률변수 X가 갖는 값이 1, 3, 5, 7이므로 이 모집단에서 크기가 2인 표본을 임의추출하여 구한 표본평균 $\overline{X}$가 갖는 값은 1, 2, 3, 4, 5, 6, 7이다.
이 모집단에서 임의추출한 크기가 2인 표본을 (X_1, X_2)라 하면
$\overline{X}=4$인 경우는 $(1, 7)$, $(3, 5)$, $(5, 3)$, $(7, 1)$일 때이므로
$$P(\overline{X}=4)=P(X=1)\times P(X=7)+P(X=3)\times P(X=5)$$
$$+P(X=5)\times P(X=3)+P(X=7)\times P(X=1)$$
$$=\frac{1}{4}b+\frac{1}{8}a+\frac{1}{8}a+\frac{1}{4}b$$
$$=\frac{1}{4}a+\frac{1}{2}b$$
즉, $\frac{1}{4}a+\frac{1}{2}b=\frac{3}{16}$에서 $a+2b=\frac{3}{4} \quad \cdots\cdots \ ㉡$
㉠, ㉡을 연립하여 풀면
$$a=\frac{1}{2},\ b=\frac{1}{8}$$
$$\therefore \frac{a}{b}=\frac{\frac{1}{2}}{\frac{1}{8}}=4$$

0767
답 ⑤

주머니에서 한 개의 공을 임의로 꺼낼 때, 나온 공에 적힌 수를 확률변수 X라 하고 X의 확률분포를 표로 나타내면 다음과 같다.

X	1	2	3	합계
$P(X=x)$	$\frac{1}{8}$	$\frac{1}{4}$	$\frac{5}{8}$	1

첫 번째 시행에서 꺼낸 공에 적힌 수를 X_1, 두 번째 시행에서 꺼낸 공에 적힌 수를 X_2라 하면 표본평균 $\overline{X}=\frac{X_1+X_2}{2}$가 갖는 값은 1, $\frac{3}{2}$, 2, $\frac{5}{2}$, 3이다.
크기가 2인 표본을 (X_1, X_2)라 하면 $\overline{X}=2$인 경우는
$(1, 3)$, $(2, 2)$, $(3, 1)$일 때이므로
$$P(\overline{X}=2)=P(X=1)\times P(X=3)+P(X=2)\times P(X=2)$$
$$+P(X=3)\times P(X=1)$$
$$=\frac{1}{8}\times\frac{5}{8}+\frac{1}{4}\times\frac{1}{4}+\frac{5}{8}\times\frac{1}{8}$$
$$=\frac{14}{64}=\frac{7}{32}$$

0768
답 6

주머니에서 한 개의 공을 임의로 꺼낼 때, 나온 공에 적힌 수를 확률변수 X라 하고 X의 확률분포를 표로 나타내면 다음과 같다.

X	2	4	합계
$P(X=x)$	$\frac{2}{n+2}$	$\frac{n}{n+2}$	1

첫 번째 시행에서 꺼낸 공에 적힌 수를 X_1, 두 번째 시행에서 꺼낸 공에 적힌 수를 X_2라 하면 표본평균 $\overline{X}=\frac{X_1+X_2}{2}$가 갖는 값은 2, 3, 4이다.
크기가 2인 표본을 (X_1, X_2)라 하면 $\overline{X}=3$인 경우는
$(2, 4)$, $(4, 2)$일 때이므로
$$P(\overline{X}=3)=P(X=2)\times P(X=4)+P(X=4)\times P(X=2)$$
$$=\frac{2}{n+2}\times\frac{n}{n+2}+\frac{n}{n+2}\times\frac{2}{n+2}$$
$$=\frac{4n}{(n+2)^2}$$
즉, $\frac{4n}{(n+2)^2}=\frac{3}{8}$에서 $3n^2-20n+12=0$
$$(3n-2)(n-6)=0$$
$$\therefore n=6 \ (\because n은 \ 자연수)$$

유형 02 표본평균의 평균, 분산, 표준편차
– 모평균, 모표준편차가 주어진 경우

확인 문제 (1) 100 (2) 4 (3) 2

확률변수 $\overline{X}$는 모평균이 100, 모분산이 36, 모표준편차가 6인 모집단에서 크기가 $n=9$인 표본을 임의추출하여 구한 표본평균이므로
(1) $E(\overline{X})=E(X)=100$
(2) $V(\overline{X})=\frac{V(X)}{n}=\frac{36}{9}=4$
(3) $\sigma(\overline{X})=\frac{\sigma(X)}{\sqrt{n}}=\frac{6}{\sqrt{9}}=2$

0769

답 ①

확률변수 $\overline{X}$는 모평균이 60, 모분산이 $12^2=144$인 모집단에서 크기가 16인 표본을 임의추출하여 구한 표본평균이므로

$E(\overline{X})=60$, $V(\overline{X})=\dfrac{144}{16}=9$

따라서 $V(\overline{X})=E(\overline{X}^2)-\{E(\overline{X})\}^2$에서

$E(\overline{X}^2)=V(\overline{X})+\{E(\overline{X})\}^2$
$\qquad\ =9+60^2=3609$

0770

답 ④

확률변수 $\overline{X}$는 모평균이 20, 모표준편차가 5인 모집단에서 크기가 16인 표본을 임의추출하여 구한 표본평균이므로

$E(\overline{X})=20$

$\sigma(\overline{X})=\dfrac{5}{\sqrt{16}}=\dfrac{5}{4}$

$\therefore E(\overline{X})+\sigma(\overline{X})=20+\dfrac{5}{4}=\dfrac{85}{4}$

0771

답 71

확률변수 $\overline{X}$는 모평균이 33, 모표준편차가 6인 모집단에서 크기가 144인 표본을 임의추출하여 구한 표본평균이므로

$E(\overline{X})=33$, $V(\overline{X})=\dfrac{6^2}{144}=\dfrac{1}{4}$

························· ❶

따라서
$E(2\overline{X}+1)=2E(\overline{X})+1=2\times33+1=67$,
$V(4\overline{X}-3)=4^2V(\overline{X})=16\times\dfrac{1}{4}=4$

이므로

························· ❷

$E(2\overline{X}+1)+V(4\overline{X}-3)=67+4=71$

························· ❸

채점 기준	배점
❶ $E(\overline{X})$, $V(\overline{X})$의 값 구하기	50%
❷ $E(2\overline{X}+1)$, $V(4\overline{X}-3)$의 값 구하기	40%
❸ $E(2\overline{X}+1)+V(4\overline{X}-3)$의 값 구하기	10%

0772

답 ②

확률변수 $\overline{X}$는 모평균이 m, 모표준편차가 σ인 모집단에서 크기가 n_1인 표본을 임의추출하여 구한 표본평균이므로

$E(\overline{X})=m$, $V(\overline{X})=\dfrac{\sigma^2}{n_1}$

확률변수 $\overline{Y}$는 모평균이 m, 모표준편차가 σ인 모집단에서 크기가 n_2인 표본을 임의추출하여 구한 표본평균이므로

$E(\overline{Y})=m$, $V(\overline{Y})=\dfrac{\sigma^2}{n_2}$

ㄱ. $E(\overline{X})=E(\overline{Y})=m$ (참)

ㄴ. n_1, n_2는 2 이상의 자연수이므로 $n_1>n_2$이면

$\dfrac{1}{n_1}<\dfrac{1}{n_2}$

$\sigma^2>0$이므로 위의 부등식의 양변에 σ^2을 곱하면

$\dfrac{\sigma^2}{n_1}<\dfrac{\sigma^2}{n_2}$

$\therefore V(\overline{X})<V(\overline{Y})$ (참)

ㄷ. $V(\overline{X})=\dfrac{\sigma^2}{n_1}$에서 $\sigma(\overline{X})=\dfrac{\sigma}{\sqrt{n_1}}$

$V(\overline{Y})=\dfrac{\sigma^2}{n_2}$에서 $\sigma(\overline{Y})=\dfrac{\sigma}{\sqrt{n_2}}$

이때 $n_1=4n_2$이면

$\sigma(\overline{X})=\dfrac{\sigma}{\sqrt{n_1}}=\dfrac{\sigma}{\sqrt{4n_2}}$

$\qquad\ =\dfrac{\sigma}{2\sqrt{n_2}}$

$\qquad\ =\dfrac{1}{2}\times\dfrac{\sigma}{\sqrt{n_2}}$

$\qquad\ =\dfrac{1}{2}\sigma(\overline{Y})$ (거짓)

따라서 옳은 것은 ㄱ, ㄴ이다.

0773

답 4

확률변수 $\overline{X}$는 모표준편차가 12인 모집단에서 크기가 n인 표본을 임의추출하여 구한 표본평균이므로

$V(\overline{X})=\dfrac{12^2}{n}=\dfrac{144}{n}$

$V(\overline{X})\leq36$에서

$\dfrac{144}{n}\leq36$

$\therefore n\geq4$

따라서 n의 최솟값은 4이다.

0774

답 ③

$E(X)=10$, $E(X^2)=136$이므로

$V(X)=E(X^2)-\{E(X)\}^2$
$\qquad\ =136-10^2=36$

확률변수 $\overline{X}$는 모평균이 10, 모분산이 36인 모집단에서 크기가 n인 표본을 임의추출하여 구한 표본평균이므로

$E(\overline{X})=10$, $V(\overline{X})=\dfrac{36}{n}$

즉, $V(\overline{X})=E(\overline{X}^2)-\{E(\overline{X})\}^2$에서

$E(\overline{X}^2)=V(\overline{X})+\{E(\overline{X})\}^2$
$\qquad\ =\dfrac{36}{n}+10^2$

이때 $103<E(\overline{X}^2)<105$에서

$103<\dfrac{36}{n}+10^2<105$

$3<\dfrac{36}{n}<5$

$\therefore \dfrac{36}{5}<n<12$

따라서 자연수 n은 8, 9, 10, 11의 4개이다.

0775
답 5

확률변수 X가 갖는 모든 값에 대한 확률의 합은 1이므로

$a+2a+\dfrac{1}{4}=1$, $3a=\dfrac{3}{4}$

$\therefore a=\dfrac{1}{4}$

즉, X의 확률분포를 나타내는 표는 다음과 같다.

X	2	4	6	합계
$P(X=x)$	$\dfrac{1}{4}$	$\dfrac{1}{2}$	$\dfrac{1}{4}$	1

$E(X)=2\times\dfrac{1}{4}+4\times\dfrac{1}{2}+6\times\dfrac{1}{4}=4$이고

$E(X^2)=2^2\times\dfrac{1}{4}+4^2\times\dfrac{1}{2}+6^2\times\dfrac{1}{4}=18$이므로

$V(X)=E(X^2)-\{E(X)\}^2$
$\quad=18-4^2=2$

이 모집단에서 임의추출한 크기가 2인 표본의 표본평균이 $\overline{X}$이므로

$E(\overline{X})=4$, $V(\overline{X})=\dfrac{2}{2}=1$

$\therefore E(\overline{X})+V(\overline{X})=4+1=5$

0776
답 ③

$E(X)=(-3)\times\dfrac{1}{2}+0\times\dfrac{1}{4}+2\times\dfrac{1}{4}=-1$이고

$E(X^2)=(-3)^2\times\dfrac{1}{2}+0^2\times\dfrac{1}{4}+2^2\times\dfrac{1}{4}=\dfrac{11}{2}$이므로

$V(X)=E(X^2)-\{E(X)\}^2$
$\quad=\dfrac{11}{2}-(-1)^2=\dfrac{9}{2}$

이 모집단에서 임의추출한 크기가 9인 표본의 표본평균이 $\overline{X}$이므로

$E(\overline{X})=-1$, $V(\overline{X})=\dfrac{\dfrac{9}{2}}{9}=\dfrac{1}{2}$

따라서 $V(\overline{X})=E(\overline{X}^2)-\{E(\overline{X})\}^2$에서
$E(\overline{X}^2)=V(\overline{X})+\{E(\overline{X})\}^2$
$\quad=\dfrac{1}{2}+(-1)^2=\dfrac{3}{2}$

0777
답 7

$E(X)=(-1)\times\dfrac{1}{5}+0\times\dfrac{1}{10}+1\times\dfrac{1}{5}+2\times\dfrac{1}{2}=1$이고

$E(X^2)=(-1)^2\times\dfrac{1}{5}+0^2\times\dfrac{1}{10}+1^2\times\dfrac{1}{5}+2^2\times\dfrac{1}{2}=\dfrac{12}{5}$이므로

$V(X)=E(X^2)-\{E(X)\}^2$
$\quad=\dfrac{12}{5}-1^2=\dfrac{7}{5}$

❶

이 모집단에서 임의추출한 크기가 n인 표본의 표본평균이 $\overline{X}$이므로

$E(\overline{X})=1$, $V(\overline{X})=\dfrac{\dfrac{7}{5}}{n}=\dfrac{7}{5n}$

따라서 $\dfrac{E(\overline{X})}{V(\overline{X})}=5$에서 $\dfrac{1}{\dfrac{7}{5n}}=5$이므로

$n=7$

❷

채점 기준	배점
❶ $E(X)$, $V(X)$의 값 구하기	40%
❷ $\dfrac{E(\overline{X})}{V(\overline{X})}=5$를 만족시키는 n의 값 구하기	60%

0778
답 ④

확률변수 X가 갖는 모든 값에 대한 확률의 합은 1이므로

$\dfrac{1}{6}+a+b=1$

$\therefore a+b=\dfrac{5}{6}$ ...... ㉠

$E(X^2)=\dfrac{16}{3}$이므로

$0^2\times\dfrac{1}{6}+2^2\times a+4^2\times b=\dfrac{16}{3}$

$\therefore a+4b=\dfrac{4}{3}$ ...... ㉡

㉠, ㉡을 연립하여 풀면

$a=\dfrac{2}{3}$, $b=\dfrac{1}{6}$

따라서 $E(X)=0\times\dfrac{1}{6}+2\times\dfrac{2}{3}+4\times\dfrac{1}{6}=2$이므로

$V(X)=E(X^2)-\{E(X)\}^2$
$\quad=\dfrac{16}{3}-2^2=\dfrac{4}{3}$

이 모집단에서 임의추출한 크기가 20인 표본의 표본평균이 $\overline{X}$이므로

$V(\overline{X})=\dfrac{V(X)}{20}=\dfrac{\dfrac{4}{3}}{20}=\dfrac{1}{15}$

0779
답 50

확률변수 X의 확률질량함수가

$P(X=x)=\dfrac{x-k}{10}$ $(x=2, 3, 4, 5)$

이고 확률변수 X가 갖는 모든 값에 대한 확률의 합은 1이므로

$\dfrac{2-k}{10}+\dfrac{3-k}{10}+\dfrac{4-k}{10}+\dfrac{5-k}{10}=1$

$\dfrac{14-4k}{10}=1$, $4k=4$

$\therefore k=1$

즉, X의 확률분포를 나타내는 표는 다음과 같다.

X	2	3	4	5	합계
$P(X=x)$	$\dfrac{1}{10}$	$\dfrac{1}{5}$	$\dfrac{3}{10}$	$\dfrac{2}{5}$	1

$E(X)=2\times\dfrac{1}{10}+3\times\dfrac{1}{5}+4\times\dfrac{3}{10}+5\times\dfrac{2}{5}=\dfrac{20}{5}=4$이고

$E(X^2)=2^2\times\dfrac{1}{10}+3^2\times\dfrac{1}{5}+4^2\times\dfrac{3}{10}+5^2\times\dfrac{2}{5}=\dfrac{85}{5}=17$

이므로

$V(X)=E(X^2)-\{E(X)\}^2$

$\qquad=17-4^2=1$

이 모집단에서 임의추출한 크기가 4인 표본의 표본평균이 $\overline{X}$이므로

$\sigma(\overline{X})=\sqrt{\dfrac{1}{4}}=\dfrac{1}{2}$

$\therefore \sigma(100\overline{X})=100\sigma(\overline{X})=100\times\dfrac{1}{2}=50$

0780   답 ④

확률변수 X의 확률질량함수가

$P(X=x)={}_n\mathrm{C}_x\dfrac{2^x}{3^n}={}_n\mathrm{C}_x\dfrac{2^x}{3^x\times3^{n-x}}$

$\qquad\qquad={}_n\mathrm{C}_x\left(\dfrac{2}{3}\right)^x\left(\dfrac{1}{3}\right)^{n-x}$ $(x=0,\ 1,\ 2,\ \cdots,\ n)$

이므로 확률변수 X는 이항분포 $\mathrm{B}\left(n,\ \dfrac{2}{3}\right)$를 따른다.

$\therefore E(X)=\dfrac{2}{3}n,\ V(X)=n\times\dfrac{2}{3}\times\dfrac{1}{3}=\dfrac{2}{9}n$

이 모집단에서 임의추출한 크기가 8인 표본의 표본평균이 $\overline{X}$이므로

$E(\overline{X})=\dfrac{2}{3}n,\ V(\overline{X})=\dfrac{\frac{2}{9}n}{8}=\dfrac{1}{36}n$

따라서 $E(\overline{X})+V(\overline{X})=50$에서

$\dfrac{2}{3}n+\dfrac{1}{36}n=50,\ \dfrac{25}{36}n=50$

$\therefore n=72$

유형 04   **표본평균의 평균, 분산, 표준편차 – 모집단이 주어진 경우**

0781   답 ①

상자에서 한 개의 공을 임의로 꺼낼 때, 나온 공에 적혀 있는 수를 확률변수 X라 하고 X의 확률분포를 표로 나타내면 다음과 같다.

X	1	2	3	합계
$P(X=x)$	$\dfrac{1}{3}$	$\dfrac{1}{2}$	$\dfrac{1}{6}$	1

$E(X)=1\times\dfrac{1}{3}+2\times\dfrac{1}{2}+3\times\dfrac{1}{6}=\dfrac{11}{6}$이고

$E(X^2)=1^2\times\dfrac{1}{3}+2^2\times\dfrac{1}{2}+3^2\times\dfrac{1}{6}=\dfrac{23}{6}$이므로

$V(X)=E(X^2)-\{E(X)\}^2$

$\qquad=\dfrac{23}{6}-\left(\dfrac{11}{6}\right)^2=\dfrac{17}{36}$

이때 $\overline{X}$는 이 상자에서 크기가 2인 표본을 임의추출하여 구한 표본평균이므로

$E(\overline{X})=\dfrac{11}{6},\ V(\overline{X})=\dfrac{\frac{17}{36}}{2}=\dfrac{17}{72}$

$\therefore E(\overline{X})+V(\overline{X})=\dfrac{11}{6}+\dfrac{17}{72}=\dfrac{149}{72}$

0782   답 ②

주머니에서 한 장의 카드를 임의로 꺼낼 때, 나온 카드에 적혀 있는 수를 확률변수 X라 하고 X의 확률분포를 표로 나타내면 다음과 같다.

X	0	1	2	3	합계
$P(X=x)$	$\dfrac{1}{4}$	$\dfrac{1}{4}$	$\dfrac{1}{4}$	$\dfrac{1}{4}$	1

$E(X)=0\times\dfrac{1}{4}+1\times\dfrac{1}{4}+2\times\dfrac{1}{4}+3\times\dfrac{1}{4}=\dfrac{3}{2}$이고

$E(X^2)=0^2\times\dfrac{1}{4}+1^2\times\dfrac{1}{4}+2^2\times\dfrac{1}{4}+3^2\times\dfrac{1}{4}=\dfrac{14}{4}=\dfrac{7}{2}$이므로

$V(X)=E(X^2)-\{E(X)\}^2$

$\qquad=\dfrac{7}{2}-\left(\dfrac{3}{2}\right)^2=\dfrac{5}{4}$

이때 $\overline{X}$는 이 주머니에서 크기가 5인 표본을 임의추출하여 구한 표본평균이므로

$E(\overline{X})=\dfrac{3}{2},\ V(\overline{X})=\dfrac{\frac{5}{4}}{5}=\dfrac{1}{4}$

따라서

$E(6\overline{X}-3)=6E(\overline{X})-3=6\times\dfrac{3}{2}-3=6$,

$V(4\overline{X}-1)=4^2V(\overline{X})=4^2\times\dfrac{1}{4}=4$

이므로

$E(6\overline{X}-3)+V(4\overline{X}-1)=6+4=10$

0783   답 $\dfrac{7}{2}$

상자에서 구슬 한 개를 임의로 꺼낼 때, 나온 구슬에 적혀 있는 수를 확률변수 X라 하고 X의 확률분포를 표로 나타내면 다음과 같다.

X	1	3	5	a	합계
$P(X=x)$	$\dfrac{1}{4}$	$\dfrac{1}{4}$	$\dfrac{1}{4}$	$\dfrac{1}{4}$	1

❶

$E(X)=1\times\dfrac{1}{4}+3\times\dfrac{1}{4}+5\times\dfrac{1}{4}+a\times\dfrac{1}{4}=\dfrac{1}{4}a+\dfrac{9}{4}$

이 상자에서 크기가 4인 표본을 임의추출하여 구한 표본평균이 $\overline{X}$이고 $E(\overline{X})=5$이므로

$E(X)=E(\overline{X})=5$

즉, $\dfrac{1}{4}a+\dfrac{9}{4}=5$에서

$\dfrac{1}{4}a=\dfrac{11}{4}$ $\qquad\therefore a=11$

❷

이때

$$\mathrm{E}(X^2)=1^2\times\frac{1}{4}+3^2\times\frac{1}{4}+5^2\times\frac{1}{4}+11^2\times\frac{1}{4}$$

$$=\frac{156}{4}=39$$

이므로

$$\mathrm{V}(X)=\mathrm{E}(X^2)-\{\mathrm{E}(X)\}^2=39-5^2=14$$

··· ❸

$$\therefore\ \mathrm{V}(\overline{X})=\frac{14}{4}=\frac{7}{2}$$

··· ❹

채점 기준	배점
❶ 구슬 한 개를 임의추출할 때, 구슬에 적힌 수를 확률변수 X라 하고 X의 확률분포 구하기	20%
❷ $\mathrm{E}(\overline{X})=5$를 이용하여 a의 값 구하기	30%
❸ $\mathrm{V}(X)$의 값 구하기	20%
❹ $\mathrm{V}(\overline{X})$의 값 구하기	30%

0784

🔲 22

상자에서 한 개의 공을 임의로 꺼낼 때, 나온 공에 적혀 있는 수를 확률변수 X라 하고 X의 확률분포를 표로 나타내면 다음과 같다.

X	1	2	3	합계
$\mathrm{P}(X=x)$	$\frac{1}{4}$	$\frac{1}{4}$	$\frac{1}{2}$	1

$$\mathrm{E}(X)=1\times\frac{1}{4}+2\times\frac{1}{4}+3\times\frac{1}{2}=\frac{9}{4}$$이고

$$\mathrm{E}(X^2)=1^2\times\frac{1}{4}+2^2\times\frac{1}{4}+3^2\times\frac{1}{2}=\frac{23}{4}$$이므로

$$\mathrm{V}(X)=\mathrm{E}(X^2)-\{\mathrm{E}(X)\}^2=\frac{23}{4}-\left(\frac{9}{4}\right)^2=\frac{11}{16}$$

이때 $\overline{X}$는 이 상자에서 크기가 n인 표본을 임의추출하여 구한 표본평균이므로

$$\mathrm{V}(\overline{X})=\frac{\frac{11}{16}}{n}=\frac{11}{16n}$$

따라서 $\mathrm{V}(\overline{X})=\frac{1}{32}$이 되려면

$$\frac{11}{16n}=\frac{1}{32}\qquad\therefore\ n=22$$

0785

🔲 ②

상자에서 한 장의 카드를 임의로 꺼낼 때, 나온 카드에 적혀 있는 수를 확률변수 X라 하고 X의 확률분포를 표로 나타내면 다음과 같다.

X	1	2	3	합계
$\mathrm{P}(X=x)$	$\frac{n}{n+5}$	$\frac{2}{n+5}$	$\frac{3}{n+5}$	1

$$\mathrm{E}(X)=1\times\frac{n}{n+5}+2\times\frac{2}{n+5}+3\times\frac{3}{n+5}=\frac{n+13}{n+5}$$

이때 $\overline{X}=\frac{a+b+c}{3}$는 이 상자에서 크기가 3인 표본을 임의추출하여 구한 표본평균이므로

$$\mathrm{E}(\overline{X})=\mathrm{E}(X)=\frac{n+13}{n+5}$$

$\overline{X}$의 평균이 2이므로 $\frac{n+13}{n+5}=2$에서

$n+13=2n+10$ $\quad\therefore\ n=3$

즉, X의 확률분포를 표로 나타내면 다음과 같다.

X	1	2	3	합계
$\mathrm{P}(X=x)$	$\frac{3}{8}$	$\frac{1}{4}$	$\frac{3}{8}$	1

$$\mathrm{E}(X^2)=1^2\times\frac{3}{8}+2^2\times\frac{1}{4}+3^2\times\frac{3}{8}=\frac{38}{8}=\frac{19}{4}$$이므로

$$\mathrm{V}(X)=\mathrm{E}(X^2)-\{\mathrm{E}(X)\}^2=\frac{19}{4}-2^2=\frac{3}{4}$$

따라서 $\mathrm{V}(\overline{X})=\frac{\frac{3}{4}}{3}=\frac{1}{4}$이므로

$$\sigma(\overline{X})=\sqrt{\frac{1}{4}}=\frac{1}{2}$$

0786

🔲 26

주머니에서 한 개의 공을 임의로 꺼낼 때, 나온 공에 적혀 있는 수를 확률변수 X라 하고 X의 확률분포를 표로 나타내면 다음과 같다.

X	1	3	합계
$\mathrm{P}(X=x)$	$\frac{1}{n+1}$	$\frac{n}{n+1}$	1

첫 번째 시행에서 꺼낸 공에 적힌 수를 X_1, 두 번째 시행에서 꺼낸 공에 적힌 수를 X_2라 하면 표본평균 $\overline{X}=\frac{X_1+X_2}{2}$가 갖는 값은 1, 2, 3이다.

크기가 2인 표본을 $(X_1,\ X_2)$라 하면 $\overline{X}=1$인 경우는 $(1,\ 1)$일 때이므로

$$\mathrm{P}(\overline{X}=1)=\mathrm{P}(X=1)\times\mathrm{P}(X=1)$$

$$=\frac{1}{n+1}\times\frac{1}{n+1}=\frac{1}{(n+1)^2}$$

$\mathrm{P}(\overline{X}=1)=\frac{1}{49}$이므로 $\frac{1}{(n+1)^2}=\frac{1}{49}$

이때 n은 자연수이므로

$n+1=7$ $\quad\therefore\ n=6$

$$\mathrm{E}(X)=1\times\frac{1}{7}+3\times\frac{6}{7}=\frac{19}{7}$$

$$\therefore\ \mathrm{E}(\overline{X})=\mathrm{E}(X)=\frac{19}{7}$$

따라서 $p=7$, $q=19$이므로

$p+q=7+19=26$

유형 05 표본평균의 확률

확인 문제 (1) $\mathrm{N}(100,\ 4^2)$ (2) 0.84

(1) $\overline{X}$는 정규분포 $\mathrm{N}(100,\ 12^2)$을 따르는 모집단에서 임의추출한 크기가 9인 표본의 표본평균이다.

따라서 $\mathrm{E}(\overline{X})=100$, $\mathrm{V}(\overline{X})=\frac{12^2}{9}=16$이므로 $\overline{X}$는 정규분포 $\mathrm{N}(100,\ 4^2)$을 따른다.

(2) $Z=\dfrac{\overline{X}-100}{4}$으로 놓으면 확률변수 Z는 표준정규분포 N$(0,1)$을 따르므로

$$\begin{aligned}\text{P}(\overline{X}\le104)&=\text{P}\left(\dfrac{\overline{X}-100}{4}\le\dfrac{104-100}{4}\right)\\&=\text{P}(Z\le1)\\&=\text{P}(Z\le0)+\text{P}(0\le Z\le1)\\&=0.5+0.34\\&=0.84\end{aligned}$$

0787　답 ②

이 고등학교 학생 한 명의 키를 확률변수 X라 하면 X는 정규분포 N$(166,6^2)$을 따른다.

이때 크기가 9인 표본의 표본평균을 $\overline{X}$라 하면

$$\text{E}(\overline{X})=166,\ \text{V}(\overline{X})=\dfrac{6^2}{9}=2^2$$

이므로 확률변수 $\overline{X}$는 정규분포 N$(166,2^2)$을 따르고 $Z=\dfrac{\overline{X}-166}{2}$으로 놓으면 확률변수 Z는 표준정규분포 N$(0,1)$을 따른다.

따라서 구하는 확률은

$$\begin{aligned}\text{P}(165\le\overline{X}\le170)&=\text{P}\left(\dfrac{165-166}{2}\le\dfrac{\overline{X}-166}{2}\le\dfrac{170-166}{2}\right)\\&=\text{P}(-0.5\le Z\le2)\\&=\text{P}(-0.5\le Z\le0)+\text{P}(0\le Z\le2)\\&=\text{P}(0\le Z\le0.5)+\text{P}(0\le Z\le2)\\&=0.1915+0.4772\\&=0.6687\end{aligned}$$

0788　답 ②

주어진 모집단의 확률변수를 X라 하면 X는 정규분포 N$(20,4^2)$을 따르므로 크기가 4인 표본의 표본평균 $\overline{X}$에 대하여

$$\text{E}(\overline{X})=20,\ \text{V}(\overline{X})=\dfrac{4^2}{4}=2^2$$

즉, 확률변수 $\overline{X}$는 정규분포 N$(20,2^2)$을 따르고 $Z=\dfrac{\overline{X}-20}{2}$으로 놓으면 확률변수 Z는 표준정규분포 N$(0,1)$을 따른다.

따라서 구하는 확률은

$$\begin{aligned}\text{P}(22\le\overline{X}\le24)&=\text{P}\left(\dfrac{22-20}{2}\le\dfrac{\overline{X}-20}{2}\le\dfrac{24-20}{2}\right)\\&=\text{P}(1\le Z\le2)\\&=\text{P}(0\le Z\le2)-\text{P}(0\le Z\le1)\\&=0.4772-0.3413\\&=0.1359\end{aligned}$$

0789　답 ②

이 지역의 1인 가구의 월 식료품 구입비를 확률변수 X라 하면 X는 정규분포 N$(45,8^2)$을 따른다.

이때 크기가 16인 표본의 표본평균을 $\overline{X}$라 하면

$$\text{E}(\overline{X})=45,\ \text{V}(\overline{X})=\dfrac{8^2}{16}=2^2$$

이므로 확률변수 $\overline{X}$는 정규분포 N$(45,2^2)$을 따르고 $Z=\dfrac{\overline{X}-45}{2}$로 놓으면 확률변수 Z는 표준정규분포 N$(0,1)$을 따른다.

따라서 구하는 확률은

$$\begin{aligned}\text{P}(44\le\overline{X}\le47)&=\text{P}\left(\dfrac{44-45}{2}\le\dfrac{\overline{X}-45}{2}\le\dfrac{47-45}{2}\right)\\&=\text{P}(-0.5\le Z\le1)\\&=\text{P}(-0.5\le Z\le0)+\text{P}(0\le Z\le1)\\&=\text{P}(0\le Z\le0.5)+\text{P}(0\le Z\le1)\\&=0.1915+0.3413\\&=0.5328\end{aligned}$$

0790　답 ①

이 고등학교 학생 한 명의 몸무게를 확률변수 X라 하면 X는 정규분포 N$(58,4^2)$을 따른다.

이때 크기가 16인 표본의 표본평균을 $\overline{X}$라 하면

$$\text{E}(\overline{X})=58,\ \text{V}(\overline{X})=\dfrac{4^2}{16}=1$$

이므로 확률변수 $\overline{X}$는 정규분포 N$(58,1^2)$을 따르고 $Z=\dfrac{\overline{X}-58}{1}$로 놓으면 확률변수 Z는 표준정규분포 N$(0,1)$을 따른다.

따라서 구하는 확률은

$$\begin{aligned}\text{P}(16\overline{X}\ge960)&=\text{P}(\overline{X}\ge60)\\&=\text{P}\left(\dfrac{\overline{X}-58}{1}\ge\dfrac{60-58}{1}\right)\\&=\text{P}(Z\ge2)\\&=\text{P}(Z\ge0)-\text{P}(0\le Z\le2)\\&=0.5-0.4772\\&=0.0228\end{aligned}$$

0791　답 0.9104

주어진 모집단의 확률변수를 X라 하면 X가 이항분포 B$\left(150,\dfrac{2}{5}\right)$를 따르므로

$$\text{E}(X)=150\times\dfrac{2}{5}=60$$

$$\text{V}(X)=150\times\dfrac{2}{5}\times\dfrac{3}{5}=36=6^2$$

❶

$\overline{X}$는 이 모집단에서 임의추출한 크기가 9인 표본의 표본평균이므로

$$\text{E}(\overline{X})=60,\ \text{V}(\overline{X})=\dfrac{6^2}{9}=2^2$$

즉, 확률변수 $\overline{X}$는 정규분포 N$(60,2^2)$을 따르고 $Z=\dfrac{\overline{X}-60}{2}$으로 놓으면 확률변수 Z는 표준정규분포 N$(0,1)$을 따른다.

❷

$\therefore \mathrm{P}(57 \leq \overline{X} \leq 64) = \mathrm{P}\left(\dfrac{57-60}{2} \leq \dfrac{\overline{X}-60}{2} \leq \dfrac{64-60}{2}\right)$

$\qquad\qquad\qquad\quad = \mathrm{P}(-1.5 \leq Z \leq 2)$

$\qquad\qquad\qquad\quad = \mathrm{P}(-1.5 \leq Z \leq 0) + \mathrm{P}(0 \leq Z \leq 2)$

$\qquad\qquad\qquad\quad = \mathrm{P}(0 \leq Z \leq 1.5) + \mathrm{P}(0 \leq Z \leq 2)$

$\qquad\qquad\qquad\quad = 0.4332 + 0.4772$

$\qquad\qquad\qquad\quad = 0.9104$ ········· ❸

채점 기준	배점
❶ 모집단의 확률분포 구하기	30%
❷ $\overline{X}$가 따르는 정규분포를 구하고 표준화하기	40%
❸ $\mathrm{P}(57 \leq \overline{X} \leq 64)$의 값 구하기	30%

0792 답 ③

주어진 모집단의 확률변수를 X라 하면 X는 정규분포 $\mathrm{N}(m,\,10^2)$을 따르므로 크기가 25인 표본의 표본평균 $\overline{X}$에 대하여

$\mathrm{E}(\overline{X}) = m,\ \mathrm{V}(\overline{X}) = \dfrac{10^2}{25} = 2^2$

즉, 확률변수 $\overline{X}$는 정규분포 $\mathrm{N}(m,\,2^2)$을 따르고 $Z = \dfrac{\overline{X}-m}{2}$으로 놓으면 확률변수 Z는 표준정규분포 $\mathrm{N}(0,\,1)$을 따른다.

$\therefore \mathrm{P}(|\overline{X}-m| \geq 1) = \mathrm{P}\left(\dfrac{|\overline{X}-m|}{2} \geq \dfrac{1}{2}\right)$

$\qquad\qquad\qquad\quad = \mathrm{P}(|Z| \geq 0.5)$

$\qquad\qquad\qquad\quad = \mathrm{P}(Z \leq -0.5) + \mathrm{P}(Z \geq 0.5)$

$\qquad\qquad\qquad\quad = 2\mathrm{P}(Z \geq 0.5)$

$\qquad\qquad\qquad\quad = 2\{\mathrm{P}(Z \geq 0) - \mathrm{P}(0 \leq Z \leq 0.5)\}$

$\qquad\qquad\qquad\quad = 2 \times (0.5 - 0.1915)$

$\qquad\qquad\qquad\quad = 2 \times 0.3085$

$\qquad\qquad\qquad\quad = 0.6170$

0793 답 ④

이 공장에서 생산하는 화장품 한 병의 무게를 확률변수 X라 하면 X는 정규분포 $\mathrm{N}(200,\,12^2)$을 따른다.
이때 화장품을 4병씩 한 세트로 판매하므로 크기가 4인 표본의 표본평균을 $\overline{X}$라 하면

$\mathrm{E}(\overline{X}) = 200,\ \mathrm{V}(\overline{X}) = \dfrac{12^2}{4} = 6^2$

즉, 확률변수 $\overline{X}$는 정규분포 $\mathrm{N}(200,\,6^2)$을 따르고 $Z = \dfrac{\overline{X}-200}{6}$으로 놓으면 확률변수 Z는 표준정규분포 $\mathrm{N}(0,\,1)$을 따른다.
따라서 화장품 4병으로 구성된 한 세트가 정상 제품으로 판정받을 확률은

$\mathrm{P}(776 \leq 4\overline{X} \leq 836) = \mathrm{P}(194 \leq \overline{X} \leq 209)$

$\qquad\qquad\qquad\qquad = \mathrm{P}\left(\dfrac{194-200}{6} \leq \dfrac{\overline{X}-200}{6} \leq \dfrac{209-200}{6}\right)$

$\qquad\qquad\qquad\qquad = \mathrm{P}(-1 \leq Z \leq 1.5)$

$\qquad\qquad\qquad\qquad = \mathrm{P}(-1 \leq Z \leq 0) + \mathrm{P}(0 \leq Z \leq 1.5)$

$\qquad\qquad\qquad\qquad = \mathrm{P}(0 \leq Z \leq 1) + \mathrm{P}(0 \leq Z \leq 1.5)$

$\qquad\qquad\qquad\qquad = 0.3413 + 0.4332$

$\qquad\qquad\qquad\qquad = 0.7745$

따라서 2000개의 세트 중 정상 제품으로 판정되는 것의 개수는
$2000 \times 0.7745 = 1549$

유형 06 표본평균의 확률 – 표본의 크기 구하기

0794 답 ③

확률변수 $\overline{X}$가 정규분포 $\mathrm{N}(12,\,4^2)$을 따르는 모집단에서 크기가 n인 표본을 임의추출하여 구한 표본평균이므로

$\mathrm{E}(\overline{X}) = 12,\ \mathrm{V}(\overline{X}) = \dfrac{4^2}{n} = \left(\dfrac{4}{\sqrt{n}}\right)^2$

즉, 확률변수 $\overline{X}$는 정규분포 $\mathrm{N}\left(12,\,\left(\dfrac{4}{\sqrt{n}}\right)^2\right)$을 따르고

$Z = \dfrac{\overline{X}-12}{\dfrac{4}{\sqrt{n}}}$로 놓으면 확률변수 Z는 표준정규분포 $\mathrm{N}(0,\,1)$을 따른다.

$\mathrm{P}(\overline{X} \geq 13) = 0.1587$에서

$\mathrm{P}(\overline{X} \geq 13) = \mathrm{P}\left(\dfrac{\overline{X}-12}{\dfrac{4}{\sqrt{n}}} \geq \dfrac{13-12}{\dfrac{4}{\sqrt{n}}}\right)$

$\qquad\qquad\quad = \mathrm{P}\left(Z \geq \dfrac{\sqrt{n}}{4}\right)$

$\qquad\qquad\quad = \mathrm{P}(Z \geq 0) - \mathrm{P}\left(0 \leq Z \leq \dfrac{\sqrt{n}}{4}\right)$

$\qquad\qquad\quad = 0.5 - \mathrm{P}\left(0 \leq Z \leq \dfrac{\sqrt{n}}{4}\right)$

$\qquad\qquad\quad = 0.1587$

$\therefore \mathrm{P}\left(0 \leq Z \leq \dfrac{\sqrt{n}}{4}\right) = 0.3413$

이때 표준정규분포표에서 $\mathrm{P}(0 \leq Z \leq 1) = 0.3413$이므로

$\dfrac{\sqrt{n}}{4} = 1,\ \sqrt{n} = 4$

$\therefore n = 16$

0795 답 4

확률변수 $\overline{X}$가 정규분포 $\mathrm{N}(60,\,10^2)$을 따르는 모집단에서 크기가 n인 표본을 임의추출하여 구한 표본평균이므로

$\mathrm{E}(\overline{X}) = 60,\ \mathrm{V}(\overline{X}) = \dfrac{10^2}{n} = \left(\dfrac{10}{\sqrt{n}}\right)^2$

즉, 확률변수 $\overline{X}$는 정규분포 $N\left(60,\left(\dfrac{10}{\sqrt{n}}\right)^2\right)$을 따르고

$Z=\dfrac{\overline{X}-60}{\dfrac{10}{\sqrt{n}}}$으로 놓으면 확률변수 Z는 표준정규분포 $N(0,\ 1)$을 따른다. ❶

$P(\overline{X}\le 58)=0.3446$에서

$$P(\overline{X}\le 58)=P\left(\dfrac{\overline{X}-60}{\dfrac{10}{\sqrt{n}}}\le\dfrac{58-60}{\dfrac{10}{\sqrt{n}}}\right)$$
$$=P\left(Z\le-\dfrac{\sqrt{n}}{5}\right)$$
$$=P\left(Z\ge\dfrac{\sqrt{n}}{5}\right)$$
$$=P(Z\ge 0)-P\left(0\le Z\le\dfrac{\sqrt{n}}{5}\right)$$
$$=0.5-P\left(0\le Z\le\dfrac{\sqrt{n}}{5}\right)$$
$$=0.3446$$
$$\therefore P\left(0\le Z\le\dfrac{\sqrt{n}}{5}\right)=0.1554$$ ❷

이때 $P(0\le Z\le 0.4)=0.1554$이므로

$\dfrac{\sqrt{n}}{5}=0.4,\ \sqrt{n}=2$ $\quad\therefore n=4$ ❸

채점 기준	배점
❶ $\overline{X}$가 따르는 정규분포를 구하고 표준화하기	40%
❷ $P(\overline{X}\le 58)=0.3446$을 Z에 대한 확률을 나타내는 식으로 변형하기	40%
❸ n의 값 구하기	20%

0796

답 64

확률변수 $\overline{X}$는 정규분포 $N(245,\ 20^2)$을 따르는 모집단에서 크기가 n인 표본을 임의추출하여 구한 표본평균이므로

$E(\overline{X})=245,\ V(\overline{X})=\dfrac{20^2}{n}=\left(\dfrac{20}{\sqrt{n}}\right)^2$

즉, 확률변수 $\overline{X}$는 정규분포 $N\left(245,\left(\dfrac{20}{\sqrt{n}}\right)^2\right)$을 따르고

$Z=\dfrac{\overline{X}-245}{\dfrac{20}{\sqrt{n}}}$로 놓으면 확률변수 Z는 표준정규분포 $N(0,\ 1)$을 따른다.

$P(240\le\overline{X}\le 250)=0.9544$에서

$$P(240\le\overline{X}\le 250)=P\left(\dfrac{240-245}{\dfrac{20}{\sqrt{n}}}\le\dfrac{\overline{X}-245}{\dfrac{20}{\sqrt{n}}}\le\dfrac{250-245}{\dfrac{20}{\sqrt{n}}}\right)$$
$$=P\left(-\dfrac{\sqrt{n}}{4}\le Z\le\dfrac{\sqrt{n}}{4}\right)$$
$$=P\left(-\dfrac{\sqrt{n}}{4}\le Z\le 0\right)+P\left(0\le Z\le\dfrac{\sqrt{n}}{4}\right)$$
$$=2P\left(0\le Z\le\dfrac{\sqrt{n}}{4}\right)$$
$$=0.9544$$

$\therefore P\left(0\le Z\le\dfrac{\sqrt{n}}{4}\right)=0.4772$

이때 표준정규분포표에서 $P(0\le Z\le 2)=0.4772$이므로

$\dfrac{\sqrt{n}}{4}=2,\ \sqrt{n}=8$

$\therefore n=64$

0797

답 ②

이 도시의 시립도서관을 이용하는 시민 1명의 이용 시간을 확률변수 X라 하면 X는 정규분포 $N(50,\ 9^2)$을 따른다.

확률변수 $\overline{X}$는 이 모집단에서 크기가 n인 표본을 임의추출하여 구한 표본평균이므로

$E(\overline{X})=50,\ V(\overline{X})=\dfrac{9^2}{n}=\left(\dfrac{9}{\sqrt{n}}\right)^2$

즉, 확률변수 $\overline{X}$는 정규분포 $N\left(50,\left(\dfrac{9}{\sqrt{n}}\right)^2\right)$을 따르고

$Z=\dfrac{\overline{X}-50}{\dfrac{9}{\sqrt{n}}}$으로 놓으면 확률변수 Z는 표준정규분포 $N(0,\ 1)$을 따른다.

$P(\overline{X}\ge 56)=0.0228$에서

$$P(\overline{X}\ge 56)=P\left(\dfrac{\overline{X}-50}{\dfrac{9}{\sqrt{n}}}\ge\dfrac{56-50}{\dfrac{9}{\sqrt{n}}}\right)$$
$$=P\left(Z\ge\dfrac{2\sqrt{n}}{3}\right)$$
$$=P(Z\ge 0)-P\left(0\le Z\le\dfrac{2\sqrt{n}}{3}\right)$$
$$=0.5-P\left(0\le Z\le\dfrac{2\sqrt{n}}{3}\right)$$
$$=0.0228$$

$\therefore P\left(0\le Z\le\dfrac{2\sqrt{n}}{3}\right)=0.4772$

이때 표준정규분포표에서 $P(0\le Z\le 2)=0.4772$이므로

$\dfrac{2\sqrt{n}}{3}=2,\ \sqrt{n}=3$

$\therefore n=9$

0798

답 25

이 지역 직장인의 월 교통비를 확률변수 X라 하면 X는 정규분포 $N(8,\ 1.2^2)$을 따른다.

확률변수 $\overline{X}$는 이 모집단에서 크기가 n인 표본을 임의추출하여 구한 표본평균이므로

$E(\overline{X})=8,\ V(\overline{X})=\dfrac{1.2^2}{n}=\left(\dfrac{1.2}{\sqrt{n}}\right)^2$

즉, 확률변수 $\overline{X}$는 정규분포 $N\left(8,\left(\dfrac{1.2}{\sqrt{n}}\right)^2\right)$을 따르고

$Z=\dfrac{\overline{X}-8}{\dfrac{1.2}{\sqrt{n}}}$로 놓으면 확률변수 Z는 표준정규분포 $N(0,\ 1)$을 따른다.

$P(7.76 \leq \overline{X} \leq 8.24) \geq 0.6826$에서

$$P(7.76 \leq \overline{X} \leq 8.24) = P\left(\frac{7.76-8}{\frac{1.2}{\sqrt{n}}} \leq \frac{\overline{X}-8}{\frac{1.2}{\sqrt{n}}} \leq \frac{8.24-8}{\frac{1.2}{\sqrt{n}}}\right)$$

$$= P\left(-\frac{\sqrt{n}}{5} \leq Z \leq \frac{\sqrt{n}}{5}\right)$$

$$= 2P\left(0 \leq Z \leq \frac{\sqrt{n}}{5}\right)$$

$$\geq 0.6826$$

$$\therefore P\left(0 \leq Z \leq \frac{\sqrt{n}}{5}\right) \geq 0.3413$$

이때 표준정규분포표에서 $P(0 \leq Z \leq 1) = 0.3413$이므로

$$\frac{\sqrt{n}}{5} \geq 1, \ \sqrt{n} \geq 5$$

$$\therefore n \geq 25$$

따라서 n의 최솟값은 25이다.

0799

답 3

확률변수 $\overline{X}$는 정규분포 $N(140, 45^2)$을 따르는 모집단에서 크기가 n^2인 표본을 임의추출하여 구한 표본평균이므로

$$E(\overline{X}) = 140, \ V(\overline{X}) = \frac{45^2}{n^2} = \left(\frac{45}{n}\right)^2$$

즉, 확률변수 $\overline{X}$는 정규분포 $N\left(140, \left(\frac{45}{n}\right)^2\right)$을 따르고

$Z = \dfrac{\overline{X}-140}{\frac{45}{n}}$으로 놓으면 확률변수 Z는 표준정규분포 $N(0, 1)$을

따른다.

$P(|\overline{X}-140| \leq n^2+6) = 0.6826$에서

$$P(|\overline{X}-140| \leq n^2+6) = P\left(\left|\frac{\overline{X}-140}{\frac{45}{n}}\right| \leq \frac{n^2+6}{\frac{45}{n}}\right)$$

$$= P\left(|Z| \leq \frac{n^3+6n}{45}\right)$$

$$= 2P\left(0 \leq Z \leq \frac{n^3+6n}{45}\right)$$

$$= 0.6826$$

$$\therefore P\left(0 \leq Z \leq \frac{n^3+6n}{45}\right) = 0.3413$$

이때 표준정규분포표에서 $P(0 \leq Z \leq 1) = 0.3413$이므로

$$\frac{n^3+6n}{45} = 1, \ n^3+6n-45 = 0$$

$$(n-3)(n^2+3n+15) = 0$$

$$\therefore n = 3 \ (\because n \text{은 자연수})$$

유형 07 표본평균의 확률 - 미지수 구하기

0800

답 ⑤

이 고등학교 2학년 학생들의 모의고사 수학 영역 성적을 확률변수 X라 하면 X는 정규분포 $N(66, 12^2)$을 따른다.

확률변수 $\overline{X}$는 이 모집단에서 크기가 36인 표본을 임의추출하여 구한 표본평균이므로

$$E(\overline{X}) = 66, \ V(\overline{X}) = \frac{12^2}{36} = 2^2$$

즉, 확률변수 $\overline{X}$는 정규분포 $N(66, 2^2)$을 따르고 $Z = \dfrac{\overline{X}-66}{2}$으로 놓으면 확률변수 Z는 표준정규분포 $N(0, 1)$을 따른다.

$P(\overline{X} \leq k) = 0.3085$에서

$$P(\overline{X} \leq k) = P\left(\frac{\overline{X}-66}{2} \leq \frac{k-66}{2}\right)$$

$$= P\left(Z \leq \frac{k-66}{2}\right)$$

$$= 0.3085$$

$0.3085 < 0.5$이므로 $\dfrac{k-66}{2} < 0$이고

$$P\left(Z \leq \frac{k-66}{2}\right) = P\left(Z \geq -\frac{k-66}{2}\right)$$

$$= P(Z \geq 0) - P\left(0 \leq Z \leq -\frac{k-66}{2}\right)$$

$$= 0.5 - P\left(0 \leq Z \leq -\frac{k-66}{2}\right)$$

$$= 0.3085$$

$$\therefore P\left(0 \leq Z \leq -\frac{k-66}{2}\right) = 0.1915$$

이때 표준정규분포표에서 $P(0 \leq Z \leq 0.5) = 0.1915$이므로

$$-\frac{k-66}{2} = 0.5$$

$$\therefore k = 65$$

0801

답 ④

확률변수 $\overline{X}$는 정규분포 $N(20, 4^2)$을 따르는 모집단에서 크기가 4인 표본을 임의추출하여 구한 표본평균이므로

$$E(\overline{X}) = 20, \ V(\overline{X}) = \frac{4^2}{4} = 2^2$$

확률변수 $\overline{Y}$는 정규분포 $N(30, 2^2)$을 따르는 모집단에서 크기가 16인 표본을 임의추출하여 구한 표본평균이므로

$$E(\overline{Y}) = 30, \ V(\overline{Y}) = \frac{2^2}{16} = \left(\frac{1}{2}\right)^2$$

즉, 확률변수 $\overline{X}$, $\overline{Y}$는 각각 정규분포 $N(20, 2^2)$, $N\left(30, \left(\frac{1}{2}\right)^2\right)$을 따르고 두 확률변수 $\dfrac{\overline{X}-20}{2}$, $\dfrac{\overline{Y}-30}{\frac{1}{2}}$은 모두 표준정규분포 $N(0, 1)$을 따른다.

이때 표준정규분포를 따르는 확률변수를 Z라 하면

$P(\overline{X} \geq 28) = P(\overline{Y} \leq a)$에서

$$P\left(\frac{\overline{X}-20}{2} \geq \frac{28-20}{2}\right) = P\left(\frac{\overline{Y}-30}{\frac{1}{2}} \leq \frac{a-30}{\frac{1}{2}}\right)$$

따라서 $P(Z \geq 4) = P(Z \leq 2a-60)$이므로

$$2a-60 = -4$$

$$\therefore a = 28$$

0802

답 ②

찹쌀 도넛의 무게를 확률변수 X라 하면 X는 정규분포 $N(70, 2.5^2)$을 따른다.
확률변수 $\overline{X}$는 이 모집단에서 크기가 16인 표본을 임의추출하여 구한 표본평균이므로

$$E(\overline{X})=70,\ V(\overline{X})=\frac{2.5^2}{16}=\left(\frac{5}{8}\right)^2$$

즉, 확률변수 $\overline{X}$는 정규분포 $N\left(70,\left(\frac{5}{8}\right)^2\right)$을 따르고 $Z=\dfrac{\overline{X}-70}{\frac{5}{8}}$

으로 놓으면 확률변수 Z는 표준정규분포 $N(0, 1)$을 따른다.
$P(|\overline{X}-70|\leq a)=0.9544$에서

$$\begin{aligned}
P(|\overline{X}-70|\leq a)&=P(-a\leq\overline{X}-70\leq a)\\
&=P\left(\frac{-a}{\frac{5}{8}}\leq\frac{\overline{X}-70}{\frac{5}{8}}\leq\frac{a}{\frac{5}{8}}\right)\\
&=P(-1.6a\leq Z\leq 1.6a)\\
&=2P(0\leq Z\leq 1.6a)\\
&=0.9544
\end{aligned}$$

$\therefore\ P(0\leq Z\leq 1.6a)=0.4772$
이때 표준정규분포표에서 $P(0\leq Z\leq 2)=0.4772$이므로
$1.6a=2$　$\therefore\ a=1.25$

0803

답 238

이 공장에서 생산하는 오렌지주스 한 병의 용량을 확률변수 X라 하면 X는 정규분포 $N(m, 8^2)$을 따른다.
확률변수 $\overline{X}$는 이 모집단에서 크기가 4인 표본을 임의추출하여 구한 표본평균이므로

$$E(\overline{X})=m,\ V(\overline{X})=\frac{8^2}{4}=4^2$$

즉, 확률변수 $\overline{X}$는 정규분포 $N(m, 4^2)$을 따르고 $Z=\dfrac{\overline{X}-m}{4}$으로
놓으면 확률변수 Z는 표준정규분포 $N(0, 1)$을 따른다.
$P(\overline{X}\geq 234)=0.8413$에서

$$\begin{aligned}
P(\overline{X}\geq 234)&=P\left(\frac{\overline{X}-m}{4}\geq\frac{234-m}{4}\right)\\
&=P\left(Z\geq\frac{234-m}{4}\right)\\
&=0.8413
\end{aligned}$$

$0.8413>0.5$이므로 $\dfrac{234-m}{4}<0$이고

$$\begin{aligned}
P\left(Z\geq\frac{234-m}{4}\right)&=P\left(Z\leq\frac{m-234}{4}\right)\\
&=P(Z\geq 0)+P\left(0\leq Z\leq\frac{m-234}{4}\right)\\
&=0.5+P\left(0\leq Z\leq\frac{m-234}{4}\right)\\
&=0.8413
\end{aligned}$$

$\therefore\ P\left(0\leq Z\leq\dfrac{m-234}{4}\right)=0.3413$
이때 표준정규분포표에서 $P(0\leq Z\leq 1)=0.3413$이므로
$\dfrac{m-234}{4}=1$　$\therefore\ m=238$

0804

답 10

이 고등학교 학생들이 등교하는 데 걸리는 시간을 확률변수 X라 하면 X는 정규분포 $N(40, \sigma^2)$을 따른다.
확률변수 $\overline{X}$는 이 모집단에서 크기가 25인 표본을 임의추출하여 구한 표본평균이므로

$$E(\overline{X})=40,\ V(\overline{X})=\frac{\sigma^2}{25}=\left(\frac{\sigma}{5}\right)^2$$

즉, 확률변수 $\overline{X}$는 정규분포 $N\left(40,\left(\frac{\sigma}{5}\right)^2\right)$을 따르고 $Z=\dfrac{\overline{X}-40}{\frac{\sigma}{5}}$

으로 놓으면 확률변수 Z는 표준정규분포 $N(0, 1)$을 따른다.
$P(37\leq\overline{X}\leq 43)=0.8664$에서

$$\begin{aligned}
P(37\leq\overline{X}\leq 43)&=P\left(\frac{37-40}{\frac{\sigma}{5}}\leq\frac{\overline{X}-40}{\frac{\sigma}{5}}\leq\frac{43-40}{\frac{\sigma}{5}}\right)\\
&=P\left(-\frac{15}{\sigma}\leq Z\leq\frac{15}{\sigma}\right)\\
&=2P\left(0\leq Z\leq\frac{15}{\sigma}\right)\\
&=0.8664
\end{aligned}$$

$\therefore\ P\left(0\leq Z\leq\dfrac{15}{\sigma}\right)=0.4332$
이때 표준정규분포표에서 $P(0\leq Z\leq 1.5)=0.4332$이므로
$\dfrac{15}{\sigma}=1.5$　$\therefore\ \sigma=10$

0805

답 103

확률변수 $\overline{X}$는 정규분포 $N(100, 9^2)$을 따르는 모집단에서 크기가 9인 표본을 임의추출하여 구한 표본평균이므로

$$E(\overline{X})=100,\ V(\overline{X})=\frac{9^2}{9}=3^2$$

즉, 확률변수 $\overline{X}$는 정규분포 $N(100, 3^2)$을 따르고 $Z=\dfrac{\overline{X}-100}{3}$
으로 놓으면 확률변수 Z는 표준정규분포 $N(0, 1)$을 따른다.
❶
$P(\overline{X}\geq k)\leq 0.1587$에서

$$\begin{aligned}
P(\overline{X}\geq k)&=P\left(\frac{\overline{X}-100}{3}\geq\frac{k-100}{3}\right)\\
&=P\left(Z\geq\frac{k-100}{3}\right)\\
&\leq 0.1587
\end{aligned}$$

$0.1587<0.5$이므로 $\dfrac{k-100}{3}>0$이고

$$\begin{aligned}
P\left(Z\geq\frac{k-100}{3}\right)&=P(Z\geq 0)-P\left(0\leq Z\leq\frac{k-100}{3}\right)\\
&=0.5-P\left(0\leq Z\leq\frac{k-100}{3}\right)\\
&\leq 0.1587
\end{aligned}$$

$\therefore\ P\left(0\leq Z\leq\dfrac{k-100}{3}\right)\geq 0.3413$
❷
이때 표준정규분포표에서 $P(0\leq Z\leq 1)=0.3413$이므로
$\dfrac{k-100}{3}\geq 1$　$\therefore\ k\geq 103$
따라서 실수 k의 최솟값은 103이다.
❸

채점 기준	배점
❶ $\overline{X}$가 따르는 정규분포를 구하고 표준화하기	40%
❷ $P(\overline{X} \geq k) \leq 0.1587$을 Z에 대한 확률을 나타내는 식으로 변형하기	40%
❸ k의 최솟값 구하기	20%

0806
답 ③

이 빵집에서 판매하는 통밀식빵 한 봉지의 무게를 확률변수 X라 하면 X는 정규분포 $N(m, 12^2)$을 따른다.

확률변수 $\overline{X}$는 이 모집단에서 크기가 16인 표본을 임의추출하여 구한 표본평균이므로

$$E(\overline{X}) = m, \ V(\overline{X}) = \frac{12^2}{16} = 3^2$$

즉, 확률변수 $\overline{X}$는 정규분포 $N(m, 3^2)$을 따르고 $Z = \dfrac{\overline{X} - m}{3}$으로 놓으면 확률변수 Z는 표준정규분포 $N(0, 1)$을 따른다.

$P(|m - \overline{X}| \geq k)=0.1$에서 $P\left(\left| \dfrac{\overline{X} - m}{3} \right| \geq \dfrac{k}{3} \right) = 0.1$이므로

$$P\left(|Z| \geq \dfrac{k}{3} \right) = 0.1$$

$$P\left(Z \leq -\dfrac{k}{3} \right) + P\left(Z \geq \dfrac{k}{3} \right) = 0.1$$

$$2P\left(Z \geq \dfrac{k}{3} \right) = 0.1$$

$$\therefore P\left(Z \geq \dfrac{k}{3} \right) = 0.05$$

$0.05 < 0.5$이므로 $\dfrac{k}{3} > 0$이고

$$P\left(Z \geq \dfrac{k}{3} \right) = P(Z \geq 0) - P\left(0 \leq Z \leq \dfrac{k}{3} \right)$$
$$= 0.5 - P\left(0 \leq Z \leq \dfrac{k}{3} \right)$$
$$= 0.05$$

$$\therefore P\left(0 \leq Z \leq \dfrac{k}{3} \right) = 0.45$$

이때 표준정규분포표에서 $P(0 \leq Z \leq 1.6)=0.45$이므로

$$\dfrac{k}{3} = 1.6$$

$$\therefore k = 4.8$$

유형 08 모평균의 추정 – 모표준편차가 주어진 경우

확인 문제 (1) $96.08 \leq m \leq 103.92$ (2) $94.84 \leq m \leq 105.16$

표본평균이 $\overline{x} = 100$, 표본의 크기가 $n = 25$이고 모표준편차가 $\sigma = 10$이므로

(1) 모평균 m에 대한 신뢰도 95 %의 신뢰구간은

$$100 - 1.96 \times \frac{10}{\sqrt{25}} \leq m \leq 100 + 1.96 \times \frac{10}{\sqrt{25}}$$

$$\therefore 96.08 \leq m \leq 103.92$$

(2) 모평균 m에 대한 신뢰도 99 %의 신뢰구간은

$$100 - 2.58 \times \frac{10}{\sqrt{25}} \leq m \leq 100 + 2.58 \times \frac{10}{\sqrt{25}}$$

$$\therefore 94.84 \leq m \leq 105.16$$

0807
답 ②

이 회사에서 생산한 고무장갑 중에서 임의추출한 64쌍의 고무장갑의 수명의 표본평균이 630시간이고 모표준편차가 4시간이므로 모평균 m에 대한 신뢰도 95 %의 신뢰구간은

$$630 - 1.96 \times \frac{4}{\sqrt{64}} \leq m \leq 630 + 1.96 \times \frac{4}{\sqrt{64}}$$

$$\therefore 629.02 \leq m \leq 630.98$$

참고

$P(0 \leq Z \leq 1.96) = 0.475$에서
$$P(-1.96 \leq Z \leq 1.96) = 2P(0 \leq Z \leq 1.96)$$
$$= 2 \times 0.475$$
$$= 0.95$$

0808
답 ②

이 마을에서 수확한 수박 중에서 임의추출한 49개의 수박의 무게의 표본평균을 $\overline{x}$ kg이라 하면 모표준편차가 1.4 kg이므로 모평균 m에 대한 신뢰도 95 %의 신뢰구간은

$$\overline{x} - 1.96 \times \frac{1.4}{\sqrt{49}} \leq m \leq \overline{x} + 1.96 \times \frac{1.4}{\sqrt{49}}$$

$$\therefore \overline{x} - 0.392 \leq m \leq \overline{x} + 0.392$$

이 신뢰구간이 $a \leq m \leq 7.992$와 같으므로

$$a = \overline{x} - 0.392 \quad \cdots\cdots \ \bigcirc$$

$$7.992 = \overline{x} + 0.392 \quad \cdots\cdots \ \bigcirc\!\!\bigcirc$$

$\bigcirc\!\!\bigcirc$에서 $\overline{x} = 7.6$

이를 $\bigcirc$에 대입하면

$$a = 7.6 - 0.392 = 7.208$$

0809
답 ③

이 고등학교 1학년 학생 중에서 임의추출한 81명의 교내 도서관 이용 시간의 표본평균을 $\overline{x}$시간이라 하면 모표준편차가 6시간이므로 모평균 m에 대한 신뢰도 99 %의 신뢰구간은

$$\overline{x} - 2.58 \times \frac{6}{\sqrt{81}} \leq m \leq \overline{x} + 2.58 \times \frac{6}{\sqrt{81}}$$

$$\therefore \overline{x} - 1.72 \leq m \leq \overline{x} + 1.72$$

즉, $a = \overline{x} - 1.72$, $b = \overline{x} + 1.72$이므로 $a + b = 36$에서

$$2 \times \overline{x} = 36 \qquad \therefore \overline{x} = 18$$

$$\therefore a = \overline{x} - 1.72$$
$$= 18 - 1.72$$
$$= 16.28$$

0810

이 농장에서 생산한 달걀 중에서 임의추출한 달걀 9개의 무게의 표본평균을 $\bar{x}$ g이라 하면 주어진 표에서

$$\bar{x}=\frac{50\times1+51\times2+52\times2+53\times4}{9}$$

$$=\frac{468}{9}=52$$

──────────────────────────────── ❶

표본의 크기가 9, 모표준편차가 5 g이고 $P(|Z|\leq2)=0.95$이므로 모평균 m에 대한 신뢰도 95 %의 신뢰구간은

$$52-2\times\frac{5}{\sqrt{9}}\leq m\leq52+2\times\frac{5}{\sqrt{9}}$$

$$\therefore \frac{146}{3}\leq m\leq\frac{166}{3}$$

──────────────────────────────── ❷

따라서 신뢰구간에 속하는 정수는 49, 50, 51, …, 55의 7개이다.

──────────────────────────────── ❸

채점 기준	배점
❶ 표본평균 구하기	40%
❷ 신뢰구간 구하기	40%
❸ 신뢰구간에 속하는 정수의 개수 구하기	20%

0811

표본평균을 $\bar{x}$라 하면 표본의 크기가 n, 모표준편차가 σ이므로 모평균 m에 대한 신뢰도 95 %의 신뢰구간은

$$\bar{x}-1.96\times\frac{\sigma}{\sqrt{n}}\leq m\leq\bar{x}+1.96\times\frac{\sigma}{\sqrt{n}}$$

이 신뢰구간이 $133.2\leq m\leq152.8$과 같으므로

$$\bar{x}-1.96\times\frac{\sigma}{\sqrt{n}}=133.2 \quad\cdots\cdots ㉠$$

$$\bar{x}+1.96\times\frac{\sigma}{\sqrt{n}}=152.8 \quad\cdots\cdots ㉡$$

㉠+㉡을 하면 $2\times\bar{x}=286$에서

$$\bar{x}=143 \quad\cdots\cdots ㉢$$

㉡-㉠을 하면 $2\times1.96\times\frac{\sigma}{\sqrt{n}}=19.6$에서

$$\frac{\sigma}{\sqrt{n}}=5 \quad\cdots\cdots ㉣$$

한편, 같은 표본을 이용하여 얻은 모평균 m에 대한 신뢰도 99 %의 신뢰구간은

$$\bar{x}-2.58\times\frac{\sigma}{\sqrt{n}}\leq m\leq\bar{x}+2.58\times\frac{\sigma}{\sqrt{n}}$$

위의 식에 ㉢, ㉣을 대입하면

$$143-2.58\times5\leq m\leq143+2.58\times5$$

$$\therefore 130.1\leq m\leq155.9$$

따라서 구하는 최댓값은 $p=155$, 최솟값은 $q=131$이므로

$$p-q=155-131=24$$

확인 문제 (1) $98.04\leq m\leq101.96$ (2) $97.42\leq m\leq102.58$

표본의 크기 $n=100$이 충분히 크므로 모표준편차 대신 표본표준편차를 사용할 수 있다.

이때 표본평균이 $\bar{x}=100$, 표본표준편차가 $s=10$이므로

(1) 모평균 m에 대한 신뢰도 95 %의 신뢰구간은

$$100-1.96\times\frac{10}{\sqrt{100}}\leq m\leq100+1.96\times\frac{10}{\sqrt{100}}$$

$$\therefore 98.04\leq m\leq101.96$$

(2) 모평균 m에 대한 신뢰도 99 %의 신뢰구간은

$$100-2.58\times\frac{10}{\sqrt{100}}\leq m\leq100+2.58\times\frac{10}{\sqrt{100}}$$

$$\therefore 97.42\leq m\leq102.58$$

0812

이 농장에서 생산한 사과 중에서 임의추출한 사과 100개의 무게의 표본평균이 107 g, 표본표준편차가 10 g이고 표본의 크기 100이 충분히 크므로 모평균 m에 대한 신뢰도 95 %의 신뢰구간은

$$107-1.96\times\frac{10}{\sqrt{100}}\leq m\leq107+1.96\times\frac{10}{\sqrt{100}}$$

$$\therefore 105.04\leq m\leq108.96$$

0813

이 회사에서 생산된 모니터 중에서 임의추출한 100대의 모니터의 수명의 표본평균이 $\bar{x}$, 표본표준편차가 500이고 표본의 크기 100이 충분히 크므로 모평균 m에 대한 신뢰도 95 %의 신뢰구간은

$$\bar{x}-1.96\times\frac{500}{\sqrt{100}}\leq m\leq\bar{x}+1.96\times\frac{500}{\sqrt{100}}$$

이 신뢰구간이 $\bar{x}-c\leq m\leq\bar{x}+c$와 같으므로

$$c=1.96\times\frac{500}{\sqrt{100}}=1.96\times50=98$$

0814

크기가 400인 표본의 표본평균이 283, 표본표준편차가 36이고 표본의 크기 400이 충분히 크므로 모평균 m에 대한 신뢰도 99 %의 신뢰구간은

$$283-2.58\times\frac{36}{\sqrt{400}}\leq m\leq283+2.58\times\frac{36}{\sqrt{400}}$$

$$\therefore 278.356\leq m\leq287.644$$

──────────────────────────────── ❶

따라서 신뢰구간에 속하는 자연수는 279, 280, 281, …, 287의 9개이다.

──────────────────────────────── ❷

채점 기준	배점
❶ 신뢰구간 구하기	60%
❷ 신뢰구간에 속하는 자연수의 개수 구하기	40%

0815

답 ③

이 회사에서 생산한 음료수 중에서 임의추출한 64병의 용량의 표본평균이 240 mL, 표본표준편차가 4 mL이고 표본의 크기 64가 충분히 크므로 모평균 m에 대한 신뢰도 95 %의 신뢰구간은

$$240 - 1.96 \times \frac{4}{\sqrt{64}} \leq m \leq 240 + 1.96 \times \frac{4}{\sqrt{64}}$$

즉, $239.02 \leq m \leq 240.98$이므로

$a = 239.02$, $b = 240.98$

같은 표본에서 모평균 m에 대한 신뢰도 99 %의 신뢰구간은

$$240 - 2.58 \times \frac{4}{\sqrt{64}} \leq m \leq 240 + 2.58 \times \frac{4}{\sqrt{64}}$$

즉, $238.71 \leq m \leq 241.29$이므로

$c = 238.71$, $d = 241.29$

$\therefore d - a = 241.29 - 239.02 = 2.27$

유형 **10** 모평균의 추정 – 표본의 크기 구하기

0816

답 ③

이 운송회사의 배송 직원 중에서 임의추출한 n명의 직원이 하루 동안 처리하는 택배 상자의 개수의 표본평균이 220개, 모표준편차가 15개이므로 모평균 m에 대한 신뢰도 95 %의 신뢰구간은

$$220 - 1.96 \times \frac{15}{\sqrt{n}} \leq m \leq 220 + 1.96 \times \frac{15}{\sqrt{n}}$$

이 신뢰구간이 $210.2 \leq m \leq 229.8$과 같으므로

$$220 - 1.96 \times \frac{15}{\sqrt{n}} = 210.2$$

$$220 + 1.96 \times \frac{15}{\sqrt{n}} = 229.8$$

따라서 $1.96 \times \frac{15}{\sqrt{n}} = 9.8$에서

$\sqrt{n} = 3$

$\therefore n = 9$

0817

답 ④

이 밭에서 수확한 딸기 중에서 임의추출한 n개의 무게의 표본평균이 20 g, 표본표준편차가 5 g이므로 표본의 크기 n이 충분히 크다고 가정하고 모평균 m에 대한 신뢰도 95 %의 신뢰구간을 구하면

$$20 - 1.96 \times \frac{5}{\sqrt{n}} \leq m \leq 20 + 1.96 \times \frac{5}{\sqrt{n}}$$

이 신뢰구간이 $19.02 \leq m \leq a$와 같으므로

$$20 - 1.96 \times \frac{5}{\sqrt{n}} = 19.02 \quad \cdots\cdots \text{㉠}$$

$$20 + 1.96 \times \frac{5}{\sqrt{n}} = a \quad \cdots\cdots \text{㉡}$$

㉠에서 $1.96 \times \frac{5}{\sqrt{n}} = 0.98$이므로

$\sqrt{n} = 10$

$\therefore n = 100$

$n = 100$을 ㉡에 대입하면

$$a = 20 + 1.96 \times \frac{5}{\sqrt{100}} = 20.98$$

$\therefore n + a = 100 + 20.98 = 120.98$

0818

답 222.2

이 마트에서 판매하는 수제 소시지 중에서 임의추출한 n개의 소시지 무게의 표본평균이 $\bar{x}$ g, 모표준편차가 2 g이므로 모평균 m에 대한 신뢰도 99 %의 신뢰구간은

$$\bar{x} - 2.58 \times \frac{2}{\sqrt{n}} \leq m \leq \bar{x} + 2.58 \times \frac{2}{\sqrt{n}}$$

❶

이 신뢰구간이 $77.77 \leq m \leq 78.63$과 같으므로

$$\bar{x} - 2.58 \times \frac{2}{\sqrt{n}} = 77.77 \quad \cdots\cdots \text{㉠}$$

$$\bar{x} + 2.58 \times \frac{2}{\sqrt{n}} = 78.63 \quad \cdots\cdots \text{㉡}$$

㉠+㉡을 하면

$2\bar{x} = 156.4$

$\therefore \bar{x} = 78.2$

❷

$\bar{x} = 78.2$를 ㉠에 대입하면 $78.2 - 2.58 \times \frac{2}{\sqrt{n}} = 77.77$에서

$$2.58 \times \frac{2}{\sqrt{n}} = 0.43$$

$\sqrt{n} = 12$

$\therefore n = 144$

❸

$\therefore \bar{x} + n = 78.2 + 144 = 222.2$

❹

채점 기준	배점
❶ 신뢰구간을 n에 대한 식으로 나타내기	30%
❷ $\bar{x}$의 값 구하기	30%
❸ n의 값 구하기	30%
❹ $\bar{x} + n$의 값 구하기	10%

0819

답 16

모집단에서 임의추출한 크기가 n인 표본의 표본평균을 $\bar{x}$라 하면 모표준편차가 12이므로 모평균 m에 대한 신뢰도 95 %의 신뢰구간은

$$\bar{x} - 1.96 \times \frac{12}{\sqrt{n}} \leq m \leq \bar{x} + 1.96 \times \frac{12}{\sqrt{n}}$$

이 신뢰구간이 $k \leq m \leq k + 11.76$과 같으므로

$$\bar{x} - 1.96 \times \frac{12}{\sqrt{n}} = k \quad \cdots\cdots \text{㉠}$$

$$\bar{x} + 1.96 \times \frac{12}{\sqrt{n}} = k + 11.76 \quad \cdots\cdots \text{㉡}$$

㉡-㉠을 하면 $2 \times 1.96 \times \frac{12}{\sqrt{n}} = 11.76$이므로

$\sqrt{n} = 4$

$\therefore n = 16$

0820

답 ④

모집단에서 임의추출한 크기가 n인 표본의 표본평균이 $\bar{x}$, 모표준편차가 20이므로 모평균 m에 대한 신뢰도 95 %의 신뢰구간은

$$\bar{x}-2\times\frac{20}{\sqrt{n}}\leq m\leq\bar{x}+2\times\frac{20}{\sqrt{n}}$$

$$\therefore \bar{x}-\frac{40}{\sqrt{n}}\leq m\leq\bar{x}+\frac{40}{\sqrt{n}}$$

이 신뢰구간이 $115\leq m\leq\alpha$와 같으므로

$$\bar{x}-\frac{40}{\sqrt{n}}=115 \quad\cdots\cdots\ \text{㉠}$$

$$\bar{x}+\frac{40}{\sqrt{n}}=\alpha \quad\cdots\cdots\ \text{㉡}$$

같은 표본을 이용하여 구한 모평균 m에 대한 신뢰도 99 %의 신뢰구간은

$$\bar{x}-3\times\frac{20}{\sqrt{n}}\leq m\leq\bar{x}+3\times\frac{20}{\sqrt{n}}$$

$$\therefore \bar{x}-\frac{60}{\sqrt{n}}\leq m\leq\bar{x}+\frac{60}{\sqrt{n}}$$

이 신뢰구간이 $\beta\leq m\leq135$와 같으므로

$$\bar{x}-\frac{60}{\sqrt{n}}=\beta \quad\cdots\cdots\ \text{㉢}$$

$$\bar{x}+\frac{60}{\sqrt{n}}=135 \quad\cdots\cdots\ \text{㉣}$$

㉣−㉠을 하면 $\frac{60}{\sqrt{n}}+\frac{40}{\sqrt{n}}=20$이므로

$$\frac{100}{\sqrt{n}}=20,\ \sqrt{n}=5 \quad\therefore n=25$$

$n=25$를 ㉠에 대입하면

$$\bar{x}-\frac{40}{\sqrt{25}}=115 \quad\therefore \bar{x}=123$$

$\bar{x}=123$, $n=25$를 ㉡에 대입하면

$$\alpha=123+\frac{40}{\sqrt{25}}=131$$

$\bar{x}=123$, $n=25$를 ㉢에 대입하면

$$\beta=123-\frac{60}{\sqrt{25}}=111$$

$$\therefore n+\alpha+\beta=25+131+111=267$$

0821

답 ⑤

이 고등학교 2학년 학생 중에서 임의추출한 n명의 중간고사 수학 성적의 표본평균이 66점, 모표준편차가 8점이고

$P(0\leq Z\leq3)=0.495$에서 $P(|Z|\leq3)=0.99$이므로 모평균 m에 대한 신뢰도 99 %의 신뢰구간은

$$66-3\times\frac{8}{\sqrt{n}}\leq m\leq66+3\times\frac{8}{\sqrt{n}}$$

$$\therefore 66-\frac{24}{\sqrt{n}}\leq m\leq66+\frac{24}{\sqrt{n}}$$

이 신뢰구간에 속하는 정수의 개수가 9이려면

$$61<66-\frac{24}{\sqrt{n}}\leq62,\ 70\leq66+\frac{24}{\sqrt{n}}<71$$

즉, $4\leq\frac{24}{\sqrt{n}}<5$이어야 하므로

$$\frac{24}{5}<\sqrt{n}\leq6 \quad\therefore \frac{576}{25}<n\leq36$$

따라서 조건을 만족시키는 자연수 n은 24, 25, 26, $\cdots$, 36의 13개이다.

참고

신뢰구간 $66-\frac{24}{\sqrt{n}}\leq m\leq66+\frac{24}{\sqrt{n}}$는 66을 기준으로 하여 좌우 대칭을 이루는 구간이다.

따라서 이 구간에 속하는 정수의 개수가 9이려면 다음 그림과 같아야 한다.

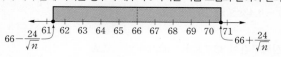

유형 11 모평균의 추정 - 미지수 구하기

0822

답 ⑤

정규분포 $N(m, \sigma^2)$을 따르는 모집단에서 임의추출한 크기가 16인 표본의 표본평균이 $\bar{x}$이므로 모평균 m에 대한 신뢰도 95 %의 신뢰구간은

$$\bar{x}-1.96\times\frac{\sigma}{\sqrt{16}}\leq m\leq\bar{x}+1.96\times\frac{\sigma}{\sqrt{16}}$$

$$\therefore \bar{x}-0.49\sigma\leq m\leq\bar{x}+0.49\sigma$$

이 신뢰구간이 $21.06\leq m\leq26.94$와 같으므로

$$\bar{x}-0.49\sigma=21.06 \quad\cdots\cdots\ \text{㉠}$$

$$\bar{x}+0.49\sigma=26.94 \quad\cdots\cdots\ \text{㉡}$$

㉠+㉡을 하면

$$2\bar{x}=48 \quad\therefore \bar{x}=24$$

$\bar{x}=24$를 ㉠에 대입하면 $24-0.49\sigma=21.06$이므로

$$0.49\sigma=2.94 \quad\therefore \sigma=6$$

$$\therefore \bar{x}+\sigma=24+6=30$$

0823

답 25

모표준편차가 σ인 모집단에서 크기가 49인 표본을 임의추출하여 구한 표본평균의 값이 $\bar{x}$이므로 모평균 m에 대한 신뢰도 95 %의 신뢰구간은

$$\bar{x}-1.96\times\frac{\sigma}{\sqrt{49}}\leq m\leq\bar{x}+1.96\times\frac{\sigma}{\sqrt{49}}$$

$$\therefore \bar{x}-0.28\sigma\leq m\leq\bar{x}+0.28\sigma$$

이 신뢰구간이 $1.73\leq m\leq1.87$과 같으므로

$$\bar{x}-0.28\sigma=1.73 \quad\cdots\cdots\ \text{㉠}$$

$$\bar{x}+0.28\sigma=1.87 \quad\cdots\cdots\ \text{㉡}$$

㉠+㉡을 하면

$$2\bar{x}=3.6 \quad\therefore \bar{x}=1.8$$

$\bar{x}=1.8$을 ㉠에 대입하면 $1.8-0.28\sigma=1.73$이므로

$$0.28\sigma=0.07 \quad\therefore \sigma=0.25$$

따라서 $k=\frac{\sigma}{\bar{x}}=\frac{0.25}{1.8}=\frac{5}{36}$이므로

$$180k=180\times\frac{5}{36}=25$$

0824
답 98

모평균이 m인 정규분포를 따르는 모집단에서 임의추출한 크기가 36인 표본의 표본평균이 $\bar{x}$, 표본표준편차가 s이고 표본의 크기 36이 충분히 크므로 모평균 m에 대한 신뢰도 99 %의 신뢰구간은

$$\bar{x}-2.58\times\frac{s}{\sqrt{36}}\leq m\leq\bar{x}+2.58\times\frac{s}{\sqrt{36}}$$

$$\therefore\ \bar{x}-0.43s\leq m\leq\bar{x}+0.43s$$

──────────────────────────────── ❶

이 신뢰구간이 $83.7\leq m\leq92.3$과 같으므로

$\bar{x}-0.43s=83.7$ ······ ㉠

$\bar{x}+0.43s=92.3$ ······ ㉡

㉠+㉡을 하면 $2\bar{x}=176$ $\therefore\ \bar{x}=88$

──────────────────────────────── ❷

$\bar{x}=88$을 ㉠에 대입하면 $88-0.43s=83.7$이므로

$0.43s=4.3$ $\therefore\ s=10$

──────────────────────────────── ❸

$\therefore\ \bar{x}+s=88+10=98$

──────────────────────────────── ❹

채점 기준	배점
❶ 신뢰구간을 $\bar{x}$, s에 대한 식으로 나타내기	30%
❷ $\bar{x}$의 값 구하기	30%
❸ s의 값 구하기	30%
❹ $\bar{x}+s$의 값 구하기	10%

0825
답 ③

이 회사에서 생산한 1 L짜리 우유 중에서 임의추출한 4팩의 나트륨 함유량의 표본평균이 505 mg, 모표준편차가 σ mg이므로 모평균 m에 대한 신뢰도 95 %의 신뢰구간은

$$505-1.96\times\frac{\sigma}{\sqrt{4}}\leq m\leq505+1.96\times\frac{\sigma}{\sqrt{4}}$$

$$\therefore\ 505-0.98\sigma\leq m\leq505+0.98\sigma$$

이 신뢰구간이 $485.4\leq m\leq k$와 같으므로

$505-0.98\sigma=485.4$ ······ ㉠

$505+0.98\sigma=k$ ······ ㉡

㉠에서 $0.98\sigma=19.6$이므로

$\sigma=20$

$\sigma=20$을 ㉡에 대입하면

$k=505+0.98\times20=524.6$

$\therefore\ k+\sigma=524.6+20=544.6$

0826
답 120

모평균이 m이고 모표준편차가 σ인 정규분포를 따르는 모집단에서 임의추출한 크기가 100인 표본의 표본평균이 $\bar{x}$이고

$P(0\leq Z\leq3)=0.495$에서 $P(|Z|\leq3)=0.99$이므로 모평균 m에 대한 신뢰도 99 %의 신뢰구간은

$$\bar{x}-3\times\frac{\sigma}{\sqrt{100}}\leq m\leq\bar{x}+3\times\frac{\sigma}{\sqrt{100}}$$

$$\therefore\ \bar{x}-0.3\sigma\leq m\leq\bar{x}+0.3\sigma$$

이 신뢰구간이 $a\leq m\leq66$과 같으므로

$\bar{x}-0.3\sigma=a$ ······ ㉠

$\bar{x}+0.3\sigma=66$ ······ ㉡

같은 모집단에서 임의추출한 크기가 25인 표본의 표본평균이 $\bar{x}-2$이므로 모평균 m에 대한 신뢰도 99 %의 신뢰구간은

$$(\bar{x}-2)-3\times\frac{\sigma}{\sqrt{25}}\leq m\leq(\bar{x}-2)+3\times\frac{\sigma}{\sqrt{25}}$$

$$\therefore\ \bar{x}-2-0.6\sigma\leq m\leq\bar{x}-2+0.6\sigma$$

이 신뢰구간이 $b\leq m\leq70$과 같으므로

$\bar{x}-2-0.6\sigma=b$ ······ ㉢

$\bar{x}-2+0.6\sigma=70$ ······ ㉣

㉣-㉡을 하면

$-2+0.3\sigma=4$, $0.3\sigma=6$ $\therefore\ \sigma=20$

$\sigma=20$을 ㉡에 대입하면

$\bar{x}+0.3\times20=66$ $\therefore\ \bar{x}=60$

$\bar{x}=60$, $\sigma=20$을 ㉠, ㉢에 대입하면

$a=60-0.3\times20=54$

$b=60-2-0.6\times20=46$

$\therefore\ \sigma+a+b=20+54+46=120$

유형 12 신뢰구간의 길이

0827
답 ③

이 회사에서 생산하는 제품의 무게의 모표준편차가 15 g이므로 전체 제품 중에서 900개를 임의추출하여 모평균을 신뢰도 95 %로 추정한 신뢰구간의 길이는

$$2\times1.96\times\frac{15}{\sqrt{900}}=1.96$$

0828
답 4

$P(0\leq Z\leq3)=0.495$에서 $P(|Z|\leq3)=0.99$

모평균이 m이고 모표준편차가 4인 정규분포를 따르는 모집단에서 크기가 36인 표본을 임의추출하여 모평균 m을 신뢰도 99 %로 추정한 신뢰구간 $a\leq m\leq b$에 대하여

$$b-a=2\times3\times\frac{4}{\sqrt{36}}=4$$

0829
답 $\frac{3}{2}$

$P(|Z|\leq2)=0.95$이므로 모표준편차가 40인 정규분포를 따르는 모집단에서 크기가 100인 표본을 임의추출하여 모평균 m을 신뢰도 95 %로 추정한 신뢰구간의 길이는

$$l_1=2\times2\times\frac{40}{\sqrt{100}}=16$$

──────────────────────────────── ❶

P($|Z|\le3$)=0.99이므로 같은 표본을 이용하여 모평균 m을 신뢰도 99 %로 추정한 신뢰구간의 길이는

$$l_2=2\times3\times\frac{40}{\sqrt{100}}=24$$

.... ❷

따라서 $l_2=kl_1$에서

$$k=\frac{l_2}{l_1}=\frac{24}{16}=\frac{3}{2}$$

.... ❸

채점 기준	배점
❶ l_1의 값 구하기	40%
❷ l_2의 값 구하기	40%
❸ k의 값 구하기	20%

0830

답 ⑤

이 고등학교 학생들이 등교하는 데 걸리는 시간의 모평균 m에 대한 신뢰도 95 %의 신뢰구간이 $40.04\le m\le43.96$이므로 신뢰구간의 길이는

$$43.96-40.04=3.92 \quad\cdots\cdots\;\bigcirc$$

이 고등학교 학생들이 등교하는 데 걸리는 시간의 모표준편차를 σ분이라 하면 등교하는 데 걸리는 시간의 모평균 m에 대한 신뢰도 95 %의 신뢰구간의 길이는

$$2\times1.96\times\frac{\sigma}{\sqrt{64}}=0.49\sigma \quad\cdots\cdots\;\bigcirc$$

$\bigcirc$, $\bigcirc$이 일치하므로 $0.49\sigma=3.92$ $\therefore \sigma=8$

따라서 이 고등학교 학생 중 16명을 다시 임의추출하여 모평균 m을 신뢰도 99 %로 추정한 신뢰구간의 길이는

$$2\times2.58\times\frac{8}{\sqrt{16}}=10.32$$

0831

답 ③

$f(n,\alpha)$는 모표준편차가 12, 표본의 크기가 n일 때, 신뢰도 α %로 추정한 모평균 m의 신뢰구간의 길이를 의미한다.

표준정규분포표에서 P($0\le Z\le1.65$)=0.450이므로

$$\begin{aligned}\mathrm{P}(|Z|\le1.65)&=\mathrm{P}(-1.65\le Z\le1.65)\\&=\mathrm{P}(-1.65\le Z\le0)+\mathrm{P}(0\le Z\le1.65)\\&=2\mathrm{P}(0\le Z\le1.65)\\&=2\times0.450=0.90\end{aligned}$$

즉, $A=f(16,90)$은 모표준편차가 12인 정규분포를 따르는 모집단에서 크기가 16인 표본을 임의추출하여 모평균 m을 신뢰도 90 %로 추정한 신뢰구간의 길이이므로

$$A=f(16,90)=2\times1.65\times\frac{12}{\sqrt{16}}=9.9$$

같은 방법으로 표준정규분포표에서

P($0\le Z\le1.96$)=0.475, P($0\le Z\le2.58$)=0.495이므로

$$B=f(64,95)=2\times1.96\times\frac{12}{\sqrt{64}}=5.88$$

$$C=f(36,99)=2\times2.58\times\frac{12}{\sqrt{36}}=10.32$$

따라서 세 수 A, B, C 사이의 대소 관계는

$$B<A<C$$

0832

답 ③

모표준편차가 10인 정규분포를 따르는 모집단에서 크기가 n인 표본을 임의추출하여 구한 모평균 m에 대한 신뢰도 95 %의 신뢰구간의 길이가 2보다 작으려면

$$2\times1.96\times\frac{10}{\sqrt{n}}<2$$

즉, $\sqrt{n}>19.6$에서

$$n>384.16$$

따라서 자연수 n의 최솟값은 385이다.

0833

답 ②

이 회사에서 생산하는 과일 맛 음료수에 들어 있는 비타민 C의 양은 모표준편차가 4 mg인 정규분포를 따르므로 n병의 음료수를 임의추출하여 구한 모평균 m에 대한 신뢰도 99 %의 신뢰구간 $a\le m\le b$에 대하여

$$b-a=2\times2.58\times\frac{4}{\sqrt{n}}=\frac{20.64}{\sqrt{n}}$$

이때 $b-a=1.29$에서 $\frac{20.64}{\sqrt{n}}=1.29$

따라서 $\sqrt{n}=16$이므로

$$n=256$$

0834

답 10

이 음식점을 방문한 고객의 주문 대기 시간은 모표준편차가 σ분인 정규분포를 따르므로 방문 고객 64명을 임의추출하여 구한 모평균 m에 대한 신뢰도 95 %의 신뢰구간 $a\le m\le b$에 대하여

$$b-a=2\times1.96\times\frac{\sigma}{\sqrt{64}}=0.49\sigma$$

이때 $b-a=4.9$에서 $0.49\sigma=4.9$

$$\therefore \sigma=10$$

0835

답 400

P($|Z|\le3$)=0.99이므로 모표준편차가 90인 정규분포를 따르는 모집단에서 크기가 900인 표본을 임의추출하여 구한 모평균에 대한 신뢰도 99 %의 신뢰구간의 길이를 l이라 하면

$$l=2\times3\times\frac{90}{\sqrt{900}}=18$$

.... ❶

P($|Z|\le2$)=0.95이므로 같은 모집단에서 크기가 n인 표본을 임의추출하여 구한 모평균에 대한 신뢰도 95 %의 신뢰구간의 길이를 l'이라 하면

$$l'=2\times2\times\frac{90}{\sqrt{n}}=\frac{360}{\sqrt{n}}$$

.... ❷

두 신뢰구간의 길이가 서로 같으므로 $l=l'$에서

$$18=\frac{360}{\sqrt{n}}$$

따라서 $\sqrt{n}=20$이므로

$$n=400 \qquad \qquad \text{❸}$$

채점 기준	배점
❶ 크기가 900인 표본으로 추정한 신뢰구간의 길이 구하기	40%
❷ 크기가 n인 표본으로 추정한 신뢰구간의 길이 구하기	40%
❸ n의 값 구하기	20%

0836 답 ①

신뢰도를 $\alpha\,\%$라 하고 $P(|Z|\le k)=\dfrac{\alpha}{100}\;(k>0)$라 하자.

모표준편차가 σ인 정규분포를 따르는 모집단에서 크기가 324인 표본을 임의추출하여 구한 모평균 m에 대한 신뢰도 $\alpha\,\%$의 신뢰구간이 $a\le m\le b$이므로

$$b-a=2\times k\times\frac{\sigma}{\sqrt{324}}=\frac{k}{9}\times\sigma$$

같은 모집단에서 크기가 n인 표본을 임의추출하여 구한 모평균 m에 대한 동일한 신뢰도 $\alpha\,\%$의 신뢰구간이 $c\le m\le d$이므로

$$d-c=2\times k\times\frac{\sigma}{\sqrt{n}}=\frac{2k}{\sqrt{n}}\times\sigma$$

이때 $d-c=3(b-a)$에서

$$\frac{2k}{\sqrt{n}}\times\sigma=3\times\frac{k}{9}\times\sigma$$

따라서 $\sqrt{n}=6$이므로 $n=36$

유형 14 신뢰구간의 길이 – 신뢰도 구하기

0837 답 ②

신뢰도 $\alpha\,\%$에 대하여 $P(|Z|\le k)=\dfrac{\alpha}{100}\;(k>0)$라 하자.

이 고등학교 2학년 학생들의 중간고사 국어 성적의 모표준편차가 6점이므로 학생 16명을 임의추출하여 추정한 모평균 m에 대한 신뢰도 $\alpha\,\%$의 신뢰구간의 길이는

$$2\times k\times\frac{6}{\sqrt{16}}=3k$$

이때 주어진 신뢰구간의 길이가 $82.16-77.84=4.32$이므로

$$3k=4.32 \qquad \therefore k=1.44$$

따라서 $P(|Z|\le 1.44)=\dfrac{\alpha}{100}$에서

$$2P(0\le Z\le 1.44)=\frac{\alpha}{100}$$

표준정규분포표에서 $P(0\le Z\le 1.44)=0.425$이므로

$$\alpha=200P(0\le Z\le 1.44)$$
$$=200\times0.425=85$$

0838 답 86

신뢰도 $\alpha\,\%$에 대하여 $P(|Z|\le k)=\dfrac{\alpha}{100}\;(k>0)$라 하자.

모표준편차가 8이고 크기가 4인 표본을 임의추출하여 추정한 모평균 m에 대한 신뢰도 $\alpha\,\%$의 신뢰구간의 길이가 12이므로

$$2\times k\times\frac{8}{\sqrt{4}}=12 \qquad \therefore k=1.5$$

즉, $P(|Z|\le 1.5)=\dfrac{\alpha}{100}$에서

$$2P(0\le Z\le 1.5)=\frac{\alpha}{100}$$

표준정규분포표에서 $P(0\le Z\le 1.5)=0.43$이므로

$$\alpha=200P(0\le Z\le 1.5)$$
$$=200\times0.43=86$$

0839 답 ③

신뢰도 $\alpha\,\%$에 대하여 $P(|Z|\le k)=\dfrac{\alpha}{100}\;(k>0)$라 하자.

이 농장에서 생산하는 수박의 당도의 모표준편차가 3이고 수박 144개를 임의추출하여 구한 모평균 m에 대한 신뢰도 $\alpha\,\%$의 신뢰구간의 길이가 0.98이므로

$$2\times k\times\frac{3}{\sqrt{144}}=0.98 \qquad \therefore k=1.96$$

즉, $P(|Z|\le 1.96)=\dfrac{\alpha}{100}$에서

$$2P(0\le Z\le 1.96)=\frac{\alpha}{100}$$

표준정규분포표에서 $P(0\le Z\le 1.96)=0.48$이므로

$$\alpha=200P(0\le Z\le 1.96)$$
$$=200\times0.48=96$$

신뢰도 $\dfrac{1}{2}\alpha\,\%$에 대하여 $P(|Z|\le k')=\dfrac{\frac{1}{2}\alpha}{100}\;(k'>0)$라 하면

$$2P(0\le Z\le k')=\frac{\frac{1}{2}\alpha}{100}=\frac{\frac{1}{2}\times96}{100}=0.48$$에서

$$P(0\le Z\le k')=0.24$$

표준정규분포표에서 $P(0\le Z\le 0.64)=0.24$이므로

$$k'=0.64$$

따라서 같은 표본을 이용하여 구한 모평균 m에 대한 신뢰도 $\dfrac{1}{2}\alpha\,\%$의 신뢰구간의 길이는

$$2\times k'\times\frac{3}{\sqrt{144}}=2\times0.64\times\frac{3}{\sqrt{144}}=0.32$$

0840 답 ④

신뢰도 68 %에 대하여 $P(|Z|\le k)=\dfrac{68}{100}\;(k>0)$이라 하면

$$2P(0\le Z\le k)=\frac{68}{100}$$에서

$$P(0\le Z\le k)=\frac{34}{100}=0.34$$

표준정규분포표에서 $P(0 \le Z \le 1) = 0.34$이므로

$k = 1$

즉, 모표준편차가 σ이고 크기가 n인 표본을 임의추출하여 구한 모평균 m에 대한 신뢰도 68 %의 신뢰구간의 길이가 l이므로

$$l = 2 \times 1 \times \frac{\sigma}{\sqrt{n}} = 2 \times \frac{\sigma}{\sqrt{n}} \quad \cdots\cdots \text{㉠}$$

한편, 신뢰도 α %에 대하여 $P(|Z| \le k') = \frac{\alpha}{100}$ $(k' > 0)$라 하면 같은 표본을 이용하여 구한 모평균 m에 대한 신뢰도 α %의 신뢰구간의 길이가 $\frac{5}{2}l$이므로

$$\frac{5}{2}l = 2 \times k' \times \frac{\sigma}{\sqrt{n}}$$

$$\therefore l = \frac{4}{5} \times k' \times \frac{\sigma}{\sqrt{n}} \quad \cdots\cdots \text{㉡}$$

㉠, ㉡이 서로 일치하므로

$$2 = \frac{4}{5}k' \qquad \therefore k' = 2.5$$

따라서 $P(|Z| \le 2.5) = \frac{\alpha}{100}$에서

$$2P(0 \le Z \le 2.5) = \frac{\alpha}{100}$$

표준정규분포표에서 $P(0 \le Z \le 2.5) = 0.49$이므로

$$\alpha = 200 P(0 \le Z \le 2.5)$$
$$= 200 \times 0.49 = 98$$

0841

답 ⑤

표준정규분포표에서 $P(0 \le Z \le 1.6) = 0.445$이므로

$$P(|Z| \le 1.6) = 2P(0 \le Z \le 1.6)$$
$$= 2 \times 0.445$$
$$= 0.89 = \frac{89}{100}$$

즉, $f(96, 89)$는 모표준편차가 σ인 모집단에서 크기가 96인 표본을 임의추출하여 구한 모평균 m에 대한 신뢰도 89 %의 신뢰구간의 길이이므로

$$f(96, 89) = 2 \times 1.6 \times \frac{\sigma}{\sqrt{96}} = \frac{2\sqrt{6}}{15}\sigma \quad \cdots\cdots \text{㉠}$$

신뢰도 x %에 대하여 $P(|Z| \le k) = \frac{x}{100}$ $(k > 0)$라 하자.

$f(216, x)$는 모표준편차가 σ인 모집단에서 크기가 216인 표본을 임의추출하여 구한 모평균 m에 대한 신뢰도 x %의 신뢰구간의 길이이므로

$$f(216, x) = 2 \times k \times \frac{\sigma}{\sqrt{216}} = \frac{\sqrt{6}k}{18}\sigma \quad \cdots\cdots \text{㉡}$$

㉠, ㉡이 서로 일치하므로

$$\frac{2\sqrt{6}}{15}\sigma = \frac{\sqrt{6}k}{18}\sigma$$

$$\therefore k = 2.4$$

표준정규분포표에서 $P(0 \le Z \le 2.4) = 0.492$이므로

$$P(|Z| \le 2.4) = 2P(0 \le Z \le 2.4)$$
$$= 2 \times 0.492 = 0.984$$
$$= \frac{98.4}{100}$$

$$\therefore x = 98.4$$

0842

답 ④

이 인터넷 중고거래 사이트에 가입된 회원 중에서 임의추출한 회원 n명의 연간 중고거래 횟수의 표본평균이 $\bar{x}$이고 모표준편차가 15회이므로 모평균 m에 대한 신뢰도 95 %의 신뢰구간은

$$\bar{x} - 1.96 \times \frac{15}{\sqrt{n}} \le m \le \bar{x} + 1.96 \times \frac{15}{\sqrt{n}}$$

$$-1.96 \times \frac{15}{\sqrt{n}} \le m - \bar{x} \le 1.96 \times \frac{15}{\sqrt{n}}$$

$$\therefore |m - \bar{x}| \le 1.96 \times \frac{15}{\sqrt{n}}$$

이때 $|m - \bar{x}| \le 1.47$을 만족시키려면

$$|m - \bar{x}| \le 1.96 \times \frac{15}{\sqrt{n}} \le 1.47$$

즉, $\sqrt{n} \ge 20$이므로

$$n \ge 400$$

따라서 n의 최솟값은 400이다.

0843

답 2

이 고등학교 학생 중에서 임의추출한 81명의 교내 매점 이용 횟수의 표본평균을 $\bar{x}$라 하면 모표준편차가 6회이고 $P(|Z| \le 3) = 0.99$이므로 모평균 m에 대한 신뢰도 99 %의 신뢰구간은

$$\bar{x} - 3 \times \frac{6}{\sqrt{81}} \le m \le \bar{x} + 3 \times \frac{6}{\sqrt{81}}$$

즉, $\bar{x} - 2 \le m \le \bar{x} + 2$이므로

$$-2 \le m - \bar{x} \le 2 \qquad \therefore |m - \bar{x}| \le 2$$

따라서 모평균과 표본평균의 차의 최댓값은 2이다.

0844

답 64

정규분포를 따르는 모집단에서 임의추출한 크기가 n인 표본의 표본평균을 $\bar{x}$라 하면 모표준편차가 12이고 $P(0 \le Z \le 2) = 0.475$, 즉 $P(|Z| \le 2) = 0.95$이므로 모평균 m에 대한 신뢰도 95 %의 신뢰구간은

$$\bar{x} - 2 \times \frac{12}{\sqrt{n}} \le m \le \bar{x} + 2 \times \frac{12}{\sqrt{n}}$$

$$\therefore \bar{x} - \frac{24}{\sqrt{n}} \le m \le \bar{x} + \frac{24}{\sqrt{n}}$$

─────────────────────────── **❶**

$$-\frac{24}{\sqrt{n}} \le m - \bar{x} \le \frac{24}{\sqrt{n}}$$

$$\therefore |m - \bar{x}| \le \frac{24}{\sqrt{n}}$$

─────────────────────────── **❷**

이때 모평균과 표본평균의 차가 3 이하가 되려면

$$|m - \bar{x}| \le \frac{24}{\sqrt{n}} \le 3$$

즉, $\sqrt{n} \ge 8$이므로

$$n \ge 64$$

따라서 n의 최솟값은 64이다.

─────────────────────────── **❸**

채점 기준	배점
❶ 신뢰구간 구하기	40%
❷ $\|m-\bar{x}\|$의 범위 구하기	30%
❸ n의 최솟값 구하기	30%

0845

답 ②

이 농장에서 생산하는 포도 한 송이의 무게는 정규분포를 따르므로 모평균을 m g, 모표준편차를 σ g이라 하고 임의추출하여 구한 포도 n송이의 무게의 표본평균을 $\bar{x}$라 하자.

모평균 m에 대한 신뢰도 99 %의 신뢰구간은

$$\bar{x}-2.58\times\frac{\sigma}{\sqrt{n}}\leq m\leq\bar{x}+2.58\times\frac{\sigma}{\sqrt{n}}$$

$$-2.58\times\frac{\sigma}{\sqrt{n}}\leq m-\bar{x}\leq 2.58\times\frac{\sigma}{\sqrt{n}}$$

$$\therefore \;|m-\bar{x}|\leq 2.58\times\frac{\sigma}{\sqrt{n}}$$

이때 모평균과 표본평균의 차가 모표준편차의 $\dfrac{3}{5}$ 이하가 되려면

$$|m-\bar{x}|\leq 2.58\times\frac{\sigma}{\sqrt{n}}\leq\frac{3}{5}\sigma$$

즉, $\sqrt{n}\geq 4.3$이므로

$n\geq 18.49$

따라서 자연수 n의 최솟값은 19이다.

0846

답 39

이 도시에 거주하는 성인 중에서 임의추출한 n명의 하루 운동 시간의 표본평균이 50분이고 모표준편차가 σ분이므로 모평균 m에 대한 신뢰도 95 %의 신뢰구간은

$$50-1.96\times\frac{\sigma}{\sqrt{n}}\leq m\leq 50+1.96\times\frac{\sigma}{\sqrt{n}}$$

이 신뢰구간이 $49.02\leq m\leq 50.98$과 일치하므로

$$50-1.96\times\frac{\sigma}{\sqrt{n}}=49.02,\; 50+1.96\times\frac{\sigma}{\sqrt{n}}=50.98$$

즉, $1.96\times\dfrac{\sigma}{\sqrt{n}}=0.98$에서

$$\frac{\sigma}{\sqrt{n}}=\frac{1}{2} \quad \cdots\cdots \;\bigcirc$$

이 도시에 거주하는 성인 중에서 다시 임의추출한 n^3명의 하루 운동 시간의 표본평균이 $\bar{x}$분이므로 모평균 m에 대한 신뢰도 99 %의 신뢰구간은

$$\bar{x}-2.58\times\frac{\sigma}{\sqrt{n^3}}\leq m\leq\bar{x}+2.58\times\frac{\sigma}{\sqrt{n^3}}$$

$$\therefore \;\bar{x}-2.58\times\frac{\sigma}{n\sqrt{n}}\leq m\leq\bar{x}+2.58\times\frac{\sigma}{n\sqrt{n}}$$

위의 식에 $\bigcirc$을 대입하면

$$\bar{x}-2.58\times\frac{1}{2n}\leq m\leq\bar{x}+2.58\times\frac{1}{2n}$$

$$\bar{x}-\frac{1.29}{n}\leq m\leq\bar{x}+\frac{1.29}{n}$$

$$-\frac{1.29}{n}\leq m-\bar{x}\leq\frac{1.29}{n}$$

$$\therefore \;|m-\bar{x}|\leq\frac{1.29}{n}$$

이때 $|m-\bar{x}|\leq\dfrac{1}{30}$을 만족시키려면

$$|m-\bar{x}|\leq\frac{1.29}{n}\leq\frac{1}{30}$$

$\therefore \;n\geq 38.7$

따라서 자연수 n의 최솟값은 39이다.

0847

답 ②

신뢰도 α %에 대하여 $\mathrm{P}(-k\leq Z\leq k)=\dfrac{\alpha}{100}\;(k>0)$라 하자.

정규분포 $\mathrm{N}(m,\;\sigma^2)$을 따르는 모집단에서 크기가 n인 표본을 임의추출하여 구한 표본평균이 $\bar{x}$이므로 모평균 m에 대한 신뢰도 α %의 신뢰구간은

$$\bar{x}-k\times\frac{\sigma}{\sqrt{n}}\leq m\leq\bar{x}+k\times\frac{\sigma}{\sqrt{n}}$$

이 신뢰구간이 $a\leq m\leq b$와 일치하므로

$$b-a=2\times k\times\frac{\sigma}{\sqrt{n}}$$

ㄱ. α의 값이 커지면 k의 값도 커지므로 n의 값이 일정할 때, α의 값이 커지면 $b-a$의 값도 커진다. (참)

ㄴ. α의 값이 일정하면 k의 값도 일정하므로 α의 값이 일정할 때, n의 값이 커지면 $b-a$의 값은 작아진다. (참)

ㄷ. n, α의 값이 일정하면 $\bar{x}$의 값에 관계없이 $b-a$의 값은 일정하다. (거짓)

따라서 옳은 것은 ㄱ, ㄴ이다.

0848

답 ②

신뢰도를 α %라 하고 $\mathrm{P}(-k\leq Z\leq k)=\dfrac{\alpha}{100}\;(k>0)$라 하자.

정규분포 $\mathrm{N}(m,\;\sigma^2)$을 따르는 모집단에서 크기가 n인 표본을 임의추출하여 구한 모평균 m에 대한 신뢰도 α %의 신뢰구간의 길이는

$$l_n=2\times k\times\frac{\sigma}{\sqrt{n}}$$

모집단에서 크기가 $4n$인 표본을 임의추출하여 구한 모평균 m에 대한 신뢰도 α %의 신뢰구간의 길이는

$$l_{4n}=2\times k\times\frac{\sigma}{\sqrt{4n}}$$

$$=\frac{1}{2}\times\left(2\times k\times\frac{\sigma}{\sqrt{n}}\right)$$

$$=\frac{1}{2}l_n$$

$$\therefore \;\frac{l_{4n}}{l_n}=\frac{1}{2}$$

신뢰도가 일정할 때, 신뢰구간의 길이는 표본의 크기의 제곱근에 반비례하므로 다음이 성립한다.

(1) 표본의 크기가 x배가 되면 신뢰구간의 길이는 $\dfrac{1}{\sqrt{x}}$배가 된다.

(2) 신뢰구간의 길이가 x배가 되면 표본의 크기는 $\dfrac{1}{x^2}$배가 된다.

신뢰구간이 $a \leq m \leq b$일 때, $b-a$의 값은

(i) 신뢰도가 클수록, 표본의 크기가 작을수록 커지고

(ii) 신뢰도가 작을수록, 표본의 크기가 클수록 작아진다.

이를 이용하여 다음과 같은 방법으로 접근할 수 있다.

(1) 먼저 표본의 크기가 같은 것끼리 신뢰도를 비교하여 신뢰구간의 길이의 대소 관계를 파악한다.

(2) 먼저 신뢰도가 같은 것끼리 표본의 크기를 비교하여 신뢰구간의 길이의 대소 관계를 파악한다.

이 문제의 경우, ③과 같이 신뢰도가 같은 대상이 없는 경우가 존재하므로 (1)의 방식으로 접근해야 최종 결론에 도달할 수 있음에 주의한다.

0849　답 ⑤

신뢰도를 α %라 하고 $\mathrm{P}(-k \leq Z \leq k) = \dfrac{\alpha}{100}$ $(k>0)$라 하자.

정규분포 $\mathrm{N}(m, \sigma^2)$을 따르는 모집단에서 크기가 n인 표본을 임의추출하여 구한 모평균 m에 대한 신뢰도 α %의 신뢰구간의 길이는

$$2 \times k \times \frac{\sigma}{\sqrt{n}}$$

ㄱ. α의 값이 일정하면 k의 값도 일정하므로 신뢰도가 일정할 때, 표본의 크기 n이 커지면 신뢰구간의 길이는 짧아진다. (거짓)

ㄴ. α의 값이 작아지면 k의 값도 작아지므로 표본의 크기 n이 커지고 신뢰도가 낮아지면 신뢰구간의 길이는 짧아진다. (참)

ㄷ. $2 \times k \times \dfrac{\sigma}{\sqrt{n}}$의 값이 일정할 때, n의 값이 커지면 k의 값도 커지므로 신뢰구간의 길이가 일정할 때, 표본의 크기 n이 커지면 신뢰도는 높아진다. (참)

따라서 옳은 것은 ㄴ, ㄷ이다.

0850　답 ②

정규분포 $\mathrm{N}(m, \sigma^2)$을 따르는 모집단에서 크기가 n인 표본을 임의추출하여 모평균 m을 신뢰도 α %로 추정한 신뢰구간 $a \leq m \leq b$에 대하여 $b-a$의 값은 각각 다음과 같다.

① $n=100$, $\alpha=95$일 때, $2 \times 1.96 \times \dfrac{\sigma}{\sqrt{100}} = 0.392\sigma$

② $n=100$, $\alpha=99$일 때, $2 \times 2.58 \times \dfrac{\sigma}{\sqrt{100}} = 0.516\sigma$

③ $n=400$, $\alpha=90$일 때, $2 \times 1.65 \times \dfrac{\sigma}{\sqrt{400}} = 0.165\sigma$

④ $n=400$, $\alpha=95$일 때, $2 \times 1.96 \times \dfrac{\sigma}{\sqrt{400}} = 0.196\sigma$

⑤ $n=400$, $\alpha=99$일 때, $2 \times 2.58 \times \dfrac{\sigma}{\sqrt{400}} = 0.258\sigma$

따라서 $b-a$의 값이 가장 큰 것은 ②이다.

다른 풀이

표본의 크기가 같은 것끼리 먼저 비교하면 다음과 같다.

(i) ①, ②는 표본의 크기가 100으로 서로 같으므로 신뢰도가 더 큰 ②의 신뢰구간의 길이가 더 길다.

(ii) ③, ④, ⑤는 표본의 크기가 400으로 서로 같으므로 신뢰도가 가장 큰 ⑤의 신뢰구간의 길이가 가장 길다.

(i), (ii)에 의하여 ②, ⑤의 신뢰구간의 길이만 비교하면 된다.

이때 ②, ⑤는 신뢰도가 99 %로 서로 같으므로 표본의 크기가 더 작은 ②의 신뢰구간의 길이가 더 길다.

따라서 신뢰구간의 길이가 가장 긴 것은 ②이다.

0851　답 ⑤

모표준편차를 σ, 신뢰도를 α %라 하고

$\mathrm{P}(-k \leq Z \leq k) = \dfrac{\alpha}{100}$ $(k>0)$라 하자.

ㄱ. 표본 A의 표준편차는 12, 표본 B의 표준편차는 10으로, 표본 B의 표준편차가 더 작으므로 표본 A보다 표본 B의 분포가 더 고르다. (참)

ㄴ. 크기가 n_1인 표본 A를 이용하여 추정한 모평균 m의 신뢰구간이 $237 \leq m \leq 243$이므로 신뢰구간의 길이는

$$243 - 237 = 6$$

즉, $2 \times k \times \dfrac{\sigma}{\sqrt{n_1}} = 6$에서

$$\sqrt{n_1} = \frac{k\sigma}{3}$$

크기가 n_2인 표본 B를 이용하여 추정한 모평균 m의 신뢰구간이 $228 \leq m \leq 232$이므로 신뢰구간의 길이는

$$232 - 228 = 4$$

즉, $2 \times k \times \dfrac{\sigma}{\sqrt{n_2}} = 4$에서

$$\sqrt{n_2} = \frac{k\sigma}{2}$$

이때 $\dfrac{k\sigma}{3} < \dfrac{k\sigma}{2}$이므로

$$\sqrt{n_1} < \sqrt{n_2}$$

$$\therefore n_1 < n_2$$

즉, 표본 A의 크기가 표본 B의 크기보다 작다. (참)

ㄷ. 신뢰구간의 길이 $2 \times k \times \dfrac{\sigma}{\sqrt{n}}$에서 신뢰도가 α보다 커지면 k의 값도 커지므로 신뢰구간의 길이도 커진다. (참)

따라서 옳은 것은 ㄱ, ㄴ, ㄷ이다.

0852　답 ⑤

신뢰도 α %에 대하여 $\mathrm{P}(-k \leq Z \leq k) = \dfrac{\alpha}{100}$ $(k>0)$라 하자.

정규분포 $\mathrm{N}(m, \sigma^2)$을 따르는 모집단에서 크기가 n인 표본을 임의추출하여 구한 모평균 m에 대한 신뢰도 α %의 신뢰구간이 $a \leq m \leq b$이므로

$$f(n, \alpha) = b - a = 2 \times k \times \frac{\sigma}{\sqrt{n}}$$

ㄱ. $f(100n, \alpha)=2\times k\times \dfrac{\sigma}{\sqrt{100n}}$

$\qquad =\dfrac{1}{10}\times \left(2\times k\times \dfrac{\sigma}{\sqrt{n}}\right)$

$\qquad =\dfrac{1}{10}f(n, \alpha)$ (거짓)

ㄴ. $f(n_1, \alpha)<f(n_2, \alpha)$에서

$\qquad 2\times k\times \dfrac{\sigma}{\sqrt{n_1}}<2\times k\times \dfrac{\sigma}{\sqrt{n_2}}$

$\qquad \dfrac{1}{\sqrt{n_1}}<\dfrac{1}{\sqrt{n_2}},\ \sqrt{n_1}>\sqrt{n_2}$

$\qquad \therefore n_1>n_2$ (참)

ㄷ. $P(-k'\le Z\le k')=\dfrac{\beta}{100}\ (k'>0)$라 하면

$\qquad f(n_2, \beta)=2\times k'\times \dfrac{\sigma}{\sqrt{n_2}}$

즉, $f(n_1, \alpha)=f(n_2, \beta)$에서

$\qquad 2\times k\times \dfrac{\sigma}{\sqrt{n_1}}=2\times k'\times \dfrac{\sigma}{\sqrt{n_2}}$

$\qquad \therefore \dfrac{k}{k'}=\dfrac{\sqrt{n_1}}{\sqrt{n_2}}\qquad \cdots\cdots\ \bigcirc$

이때 $n_1<n_2$이면 $\sqrt{n_1}<\sqrt{n_2}$이므로

$\qquad \dfrac{\sqrt{n_1}}{\sqrt{n_2}}<1$

즉, $\bigcirc$에서 $\dfrac{k}{k'}<1$이므로

$\qquad k<k'$

$\qquad \therefore \alpha<\beta$ (참)

따라서 옳은 것은 ㄴ, ㄷ이다.

(다른 풀이)

ㄱ. 신뢰도가 일정할 때, 신뢰구간의 길이는 표본의 크기의 제곱근에 반비례한다.

즉, $f(n, \alpha)$, $f(100n, \alpha)$는 동일한 신뢰도에서 표본의 크기가 각각 n, $100n$인 표본을 임의추출하여 구한 신뢰구간의 길이이므로

$\qquad f(100n, \alpha)=\dfrac{1}{\sqrt{100}}\times f(n, \alpha)$

$\qquad \qquad =\dfrac{1}{10}f(n, \alpha)$ (거짓)

ㄴ. 신뢰도가 일정할 때, 표본의 크기가 커지면 신뢰구간의 길이는 짧아지고, 표본의 크기가 작아지면 신뢰구간의 길이는 길어진다. 즉, 같은 신뢰도 $\alpha\ \%$에 대하여 신뢰구간의 길이가 긴 쪽의 표본의 크기가 더 작으므로 $f(n_1, \alpha)<f(n_2, \alpha)$이면 $n_1>n_2$이다. (참)

내신 잡는 종합 문제

0853
답 ④

모표준편차가 12인 모집단에서 크기가 n인 표본을 임의추출하여 구한 표본평균이 $\overline{X}$이므로

$\sigma(\overline{X})=\dfrac{12}{\sqrt{n}}=2$에서 $\sqrt{n}=6$

$\therefore n=36$

0854
답 ③

모표준편차가 24인 정규분포를 따르는 모집단에서 크기가 256인 표본을 임의추출하여 구한 표본평균이 117이므로 모평균 m에 대한 신뢰도 95 %의 신뢰구간은

$117-1.96\times \dfrac{24}{\sqrt{256}}\le m\le 117+1.96\times \dfrac{24}{\sqrt{256}}$

$\therefore 114.06\le m\le 119.94$

0855
답 ⑤

$E(X)=0\times \dfrac{1}{3}+1\times a+2\times b=a+2b$

주어진 모집단에서 크기가 4인 표본을 임의추출하여 구한 표본평균이 $\overline{X}$이므로

$E(\overline{X})=E(X)=\dfrac{5}{6}$

$\therefore a+2b=\dfrac{5}{6}$

0856
답 ②

$E(X)=6$, $E(X^2)=85$이므로

$V(X)=E(X^2)-\{E(X)\}^2=85-6^2=49$

즉, 확률변수 $\overline{X}$는 모평균이 6, 모분산이 49인 모집단에서 크기가 n인 표본을 임의추출하여 구한 표본평균이므로

$E(\overline{X})=6$, $V(\overline{X})=\dfrac{49}{n}$

이때 $V(\overline{X})=E(\overline{X}^2)-\{E(\overline{X})\}^2$에서 $E(\overline{X}^2)=43$이므로

$\dfrac{49}{n}=43-6^2=7\qquad \therefore n=7$

0857
답 21

상자에서 한 장의 카드를 임의로 꺼낼 때, 나온 카드에 적혀 있는 수를 확률변수 X라 하고 X의 확률분포를 표로 나타내면 다음과 같다.

X	1	2	3	합계
$P(X=x)$	$\dfrac{1}{6}$	$\dfrac{1}{3}$	$\dfrac{1}{2}$	1

$E(X)=1\times \dfrac{1}{6}+2\times \dfrac{1}{3}+3\times \dfrac{1}{2}=\dfrac{14}{6}=\dfrac{7}{3}$이고

$E(X^2)=1^2 \times \dfrac{1}{6}+2^2 \times \dfrac{1}{3}+3^2 \times \dfrac{1}{2}=\dfrac{36}{6}=6$이므로

$V(X)=E(X^2)-\{E(X)\}^2=6-\left(\dfrac{7}{3}\right)^2=\dfrac{5}{9}$

이때 $\overline{X}$는 이 상자에서 크기가 10인 표본을 임의추출하여 구한 표본평균이므로

$E(\overline{X})=\dfrac{7}{3}$, $V(\overline{X})=\dfrac{\dfrac{5}{9}}{10}=\dfrac{1}{18}$

따라서 $E(6\overline{X}-1)=6E(\overline{X})-1=6 \times \dfrac{7}{3}-1=13$,

$V(12\overline{X}+7)=12^2 V(\overline{X})=12^2 \times \dfrac{1}{18}=8$이므로

$E(6\overline{X}-1)+V(12\overline{X}+7)=13+8=21$

0858 답 1

주머니에서 한 개의 공을 임의로 꺼낼 때, 나온 공에 적힌 수를 확률변수 X라 하고 X의 확률분포를 표로 나타내면 다음과 같다.

X	2	4	6	합계
$P(X=x)$	$\dfrac{1}{4}$	$\dfrac{1}{2}$	$\dfrac{1}{4}$	1

첫 번째 시행에서 꺼낸 공에 적힌 수를 X_1, 두 번째 시행에서 꺼낸 공에 적힌 수를 X_2라 하면 표본평균 $\overline{X}=\dfrac{X_1+X_2}{2}$가 갖는 값은 2, 3, 4, 5, 6이고 $a=P(\overline{X}=4)$, $b=P(\overline{X}=5)$이다.
크기가 2인 표본을 (X_1, X_2)라 하면
$\overline{X}=4$인 경우는 $(2, 6)$, $(4, 4)$, $(6, 2)$일 때이므로
$a=P(\overline{X}=4)$
$\quad=P(X=2) \times P(X=6)+P(X=4) \times P(X=4)$
$\qquad\qquad\qquad\qquad\quad +P(X=6) \times P(X=2)$
$\quad=\dfrac{1}{4} \times \dfrac{1}{4}+\dfrac{1}{2} \times \dfrac{1}{2}+\dfrac{1}{4} \times \dfrac{1}{4}$
$\quad=\dfrac{6}{16}=\dfrac{3}{8}$
$\overline{X}=5$인 경우는 $(4, 6)$, $(6, 4)$일 때이므로
$b=P(\overline{X}=5)$
$\quad=P(X=4) \times P(X=6)+P(X=6) \times P(X=4)$
$\quad=\dfrac{1}{2} \times \dfrac{1}{4}+\dfrac{1}{4} \times \dfrac{1}{2}$
$\quad=\dfrac{2}{8}=\dfrac{1}{4}$
$\therefore 2a+b=2 \times \dfrac{3}{8}+\dfrac{1}{4}=1$

0859 답 ⑤

이 회사에서 생산하는 전구 중에서 임의추출한 64개의 전구의 평균 수명에 대한 표본평균이 $\overline{x}$시간이고 모표준편차가 20시간이므로 모평균 m에 대한 신뢰도 99 %의 신뢰구간은

$\overline{x}-2.58 \times \dfrac{20}{\sqrt{64}} \leq m \leq \overline{x}+2.58 \times \dfrac{20}{\sqrt{64}}$

$\therefore \overline{x}-6.45 \leq m \leq \overline{x}+6.45$

$\therefore c=6.45$

0860 답 ②

이 농장에서 생산한 한라봉 한 개의 무게를 확률변수 X라 하면 X는 정규분포 $N(423, 12^2)$을 따른다.
이때 크기가 9인 표본의 표본평균을 $\overline{X}$라 하면

$E(\overline{X})=423$, $V(\overline{X})=\dfrac{12^2}{9}=4^2$

이므로 확률변수 $\overline{X}$는 정규분포 $N(423, 4^2)$을 따르고

$Z=\dfrac{\overline{X}-423}{4}$으로 놓으면 확률변수 Z는 표준정규분포 $N(0, 1)$을 따른다.

따라서 구하는 확률은

$P(425 \leq \overline{X} \leq 431)=P\left(\dfrac{425-423}{4} \leq \dfrac{\overline{X}-423}{4} \leq \dfrac{431-423}{4}\right)$
$\qquad\qquad\qquad\quad =P(0.5 \leq Z \leq 2)$
$\qquad\qquad\qquad\quad =P(0 \leq Z \leq 2)-P(0 \leq Z \leq 0.5)$
$\qquad\qquad\qquad\quad =0.4772-0.1915$
$\qquad\qquad\qquad\quad =0.2857$

0861 답 81

모표준편차가 3인 정규분포를 따르는 모집단에서 크기가 n인 표본을 임의추출하여 구한 모평균 m에 대한 신뢰도 99 %의 신뢰구간의 길이는

$l=2 \times 2.58 \times \dfrac{3}{\sqrt{n}}=\dfrac{15.48}{\sqrt{n}}$

이때 $25l=43$이므로 $25 \times \dfrac{15.48}{\sqrt{n}}=43$에서

$\sqrt{n}=9$

$\therefore n=81$

0862 답 ③

이 회사에서 일하는 플랫폼 근로자의 일주일 근무 시간을 확률변수 X라 하면 X는 정규분포 $N(m, 5^2)$을 따른다.
이때 크기가 36인 표본의 표본평균을 $\overline{X}$라 하면

$E(\overline{X})=m$, $V(\overline{X})=\dfrac{5^2}{36}=\left(\dfrac{5}{6}\right)^2$

이므로 확률변수 $\overline{X}$는 정규분포 $N\left(m, \left(\dfrac{5}{6}\right)^2\right)$을 따르고 $Z=\dfrac{\overline{X}-m}{\dfrac{5}{6}}$

으로 놓으면 확률변수 Z는 표준정규분포 $N(0, 1)$을 따른다.
$P(\overline{X} \geq 38)=0.9332$에서

$P(\overline{X} \geq 38)=P\left(\dfrac{\overline{X}-m}{\dfrac{5}{6}} \geq \dfrac{38-m}{\dfrac{5}{6}}\right)$
$\qquad\qquad =P\left(Z \geq \dfrac{6(38-m)}{5}\right)$
$\qquad\qquad =0.9332$

$0.9332>0.5$이므로 $\dfrac{6(38-m)}{5}<0$이고

$$\mathrm{P}\!\left(Z \geq \frac{6(38-m)}{5}\right) = \mathrm{P}\!\left(Z \leq \frac{6(m-38)}{5}\right)$$
$$= \mathrm{P}(Z \leq 0) + \mathrm{P}\!\left(0 \leq Z \leq \frac{6(m-38)}{5}\right)$$
$$= 0.5 + \mathrm{P}\!\left(0 \leq Z \leq \frac{6(m-38)}{5}\right)$$
$$= 0.9332$$
$$\therefore \mathrm{P}\!\left(0 \leq Z \leq \frac{6(m-38)}{5}\right) = 0.4332$$

이때 표준정규분포표에서 $\mathrm{P}(0 \leq Z \leq 1.5) = 0.4332$이므로

$$\frac{6(m-38)}{5} = 1.5$$

$$m - 38 = 1.25 \qquad \therefore m = 39.25$$

0863
답 51

이 도시 성인 중에서 임의추출한 100명의 한 달 동안의 운동 횟수의 표본평균이 17회, 표본표준편차가 8회이고 표본의 크기 100이 충분히 크므로 모평균 m에 대한 신뢰도 95 %의 신뢰구간은

$$17 - 1.96 \times \frac{8}{\sqrt{100}} \leq m \leq 17 + 1.96 \times \frac{8}{\sqrt{100}}$$

$$\therefore 15.432 \leq m \leq 18.568$$

따라서 신뢰구간에 속하는 자연수는 16, 17, 18이므로 그 합은

$$16 + 17 + 18 = 51$$

0864
답 97

이 지역 미취학 아동 중에서 임의추출한 n명의 키의 표본평균이 $\bar{x}$ cm이고 모표준편차가 10 cm이므로 모평균 m에 대한 신뢰도 95 %의 신뢰구간은

$$\bar{x} - 1.96 \times \frac{10}{\sqrt{n}} \leq m \leq \bar{x} + 1.96 \times \frac{10}{\sqrt{n}}$$

$$\bar{x} - \frac{19.6}{\sqrt{n}} \leq m \leq \bar{x} + \frac{19.6}{\sqrt{n}}$$

$$-\frac{19.6}{\sqrt{n}} \leq m - \bar{x} \leq \frac{19.6}{\sqrt{n}} \qquad \therefore |m - \bar{x}| \leq \frac{19.6}{\sqrt{n}}$$

이때 $|m - \bar{x}| \leq 2$를 만족시키려면

$$|m - \bar{x}| \leq \frac{19.6}{\sqrt{n}} \leq 2$$

즉, $\sqrt{n} \geq 9.8$이므로

$$n \geq 96.04$$

따라서 자연수 n의 최솟값은 97이다.

0865
답 80

신뢰도 α %에 대하여 $\mathrm{P}(|Z| \leq k) = \dfrac{\alpha}{100}$ $(k > 0)$라 하자.

이 고등학교 3학년 학생들의 학력평가 수학 점수의 모표준편차가 12점이므로 임의추출한 16명의 수학 점수의 표본평균을 이용하여 추정한 모평균 m에 대한 신뢰도 α %의 신뢰구간의 길이는

$$2 \times k \times \frac{12}{\sqrt{16}} = 6k$$

이때 주어진 신뢰구간의 길이가 $74.84 - 67.16 = 7.68$이므로

$$6k = 7.68 \qquad \therefore k = 1.28$$

따라서 $\mathrm{P}(|Z| \leq 1.28) = \dfrac{\alpha}{100}$에서

$$2\mathrm{P}(0 \leq Z \leq 1.28) = \frac{\alpha}{100}$$

표준정규분포표에서 $\mathrm{P}(0 \leq Z \leq 1.28) = 0.400$이므로

$$\alpha = 200\mathrm{P}(0 \leq Z \leq 1.28)$$
$$= 200 \times 0.400 = 80$$

0866
답 ③

신뢰도 α %에 대하여 $\mathrm{P}(-k \leq Z \leq k) = \dfrac{\alpha}{100}$ $(k > 0)$라 하자.

정규분포 $\mathrm{N}(m, \sigma^2)$을 따르는 모집단에서 크기가 n인 표본을 임의추출하여 구한 모평균 m에 대한 신뢰도 α %의 신뢰구간이 $a \leq m \leq b$이므로

$$b - a = 2 \times k \times \frac{\sigma}{\sqrt{n}}$$

ㄱ. α의 값이 작아지면 k의 값도 작아지므로 n의 값이 일정할 때, α의 값이 작아지면 $b - a$의 값도 작아진다. (참)

ㄴ. α의 값이 일정하면 k의 값도 일정하므로 α의 값이 일정할 때, n의 값이 커지면 $b - a$의 값은 작아진다. (거짓)

ㄷ. α의 값이 커지면 k의 값도 커지므로 n의 값이 작아지고 α의 값이 커지면 $b - a$의 값은 커진다. (참)

따라서 옳은 것은 ㄱ, ㄷ이다.

0867
답 ④

모표준편차가 σ인 모집단에서 임의추출하여 구한 크기가 49인 표본의 표본평균이 60이므로 모평균 m에 대한 신뢰도 95 %의 신뢰구간은

$$60 - 1.96 \times \frac{\sigma}{\sqrt{49}} \leq m \leq 60 + 1.96 \times \frac{\sigma}{\sqrt{49}}$$

$$\therefore 60 - 0.28\sigma \leq m \leq 60 + 0.28\sigma$$

이 신뢰구간이 $58.32 \leq m \leq k$와 같으므로

$$60 - 0.28\sigma = 58.32 \qquad \cdots\cdots \ \text{㉠}$$
$$60 + 0.28\sigma = k \qquad \cdots\cdots \ \text{㉡}$$

㉠에서 $0.28\sigma = 1.68$이므로

$$\sigma = 6$$

$\sigma = 6$을 ㉡에 대입하면

$$k = 60 + 0.28 \times 6 = 61.68$$

$$\therefore k + \sigma = 61.68 + 6 = 67.68$$

0868
답 16

이 지역의 반려동물을 키우는 가구의 월 양육비를 확률변수 X라 하면 X는 정규분포 $\mathrm{N}(16, 4^2)$을 따른다.

확률변수 $\overline{X}$는 이 모집단에서 크기가 n인 표본을 임의추출하여 구한 표본평균이므로

$\mathrm{E}(\overline{X})=16$, $\mathrm{V}(\overline{X})=\dfrac{4^2}{n}=\left(\dfrac{4}{\sqrt{n}}\right)^2$

즉, 확률변수 $\overline{X}$는 정규분포 $\mathrm{N}\left(16,\left(\dfrac{4}{\sqrt{n}}\right)^2\right)$을 따르고

$Z=\dfrac{\overline{X}-16}{\dfrac{4}{\sqrt{n}}}$으로 놓으면 확률변수 Z는 표준정규분포 $\mathrm{N}(0,1)$을

따른다.

$\mathrm{P}(14\leq\overline{X}\leq18)\geq0.9544$에서

$$\begin{aligned}\mathrm{P}(14\leq\overline{X}\leq18)&=\mathrm{P}\left(\dfrac{14-16}{\dfrac{4}{\sqrt{n}}}\leq\dfrac{\overline{X}-16}{\dfrac{4}{\sqrt{n}}}\leq\dfrac{18-16}{\dfrac{4}{\sqrt{n}}}\right)\\&=\mathrm{P}\left(-\dfrac{\sqrt{n}}{2}\leq Z\leq\dfrac{\sqrt{n}}{2}\right)\\&=\mathrm{P}\left(-\dfrac{\sqrt{n}}{2}\leq Z\leq0\right)+\mathrm{P}\left(0\leq Z\leq\dfrac{\sqrt{n}}{2}\right)\\&=2\mathrm{P}\left(0\leq Z\leq\dfrac{\sqrt{n}}{2}\right)\\&\geq0.9544\end{aligned}$$

$\therefore \mathrm{P}\left(0\leq Z\leq\dfrac{\sqrt{n}}{2}\right)\geq0.4772$

이때 표준정규분포표에서 $\mathrm{P}(0\leq Z\leq2)=0.4772$이므로

$\dfrac{\sqrt{n}}{2}\geq2$, $\sqrt{n}\geq4$

$\therefore n\geq16$

따라서 n의 최솟값은 16이다.

0869

답 181

$\mathrm{P}(|Z|\leq2)=0.95$이므로 모표준편차가 σ인 정규분포를 따르는 모집단에서 임의추출한 크기가 $(4n^2-1)$인 표본의 표본평균을 이용하여 모평균 m을 신뢰도 95 %로 추정한 신뢰구간의 길이는

$l_n=2\times2\times\dfrac{\sigma}{\sqrt{4n^2-1}}=\dfrac{4\sigma}{\sqrt{4n^2-1}}$

$$\begin{aligned}\therefore l_n{}^2&=\dfrac{16\sigma^2}{4n^2-1}\\&=\dfrac{16\sigma^2}{(2n-1)(2n+1)}\\&=16\sigma^2\times\dfrac{1}{2}\times\left(\dfrac{1}{2n-1}-\dfrac{1}{2n+1}\right)\\&=8\sigma^2\left(\dfrac{1}{2n-1}-\dfrac{1}{2n+1}\right)\end{aligned}$$

따라서

$$\begin{aligned}&l_1{}^2+l_2{}^2+l_3{}^2+\cdots+l_{10}{}^2\\&=8\sigma^2\left(1-\dfrac{1}{3}\right)+8\sigma^2\left(\dfrac{1}{3}-\dfrac{1}{5}\right)+8\sigma^2\left(\dfrac{1}{5}-\dfrac{1}{7}\right)+\cdots+8\sigma^2\left(\dfrac{1}{19}-\dfrac{1}{21}\right)\\&=8\sigma^2\left(1-\dfrac{1}{21}\right)\\&=\dfrac{160}{21}\sigma^2\end{aligned}$$

이므로

$p=21$, $q=160$

$\therefore p+q=21+160=181$

0870

답 ⑤

조건 (나)에 의하여 두 확률변수 X, Y의 표준편차를 각각

σ, $\dfrac{3}{2}\sigma$ $(\sigma>0)$라 하면 조건 (가), (나)에 의하여 확률변수 X는 정규분포 $\mathrm{N}(220,\sigma^2)$을 따르고, 확률변수 Y는 정규분포

$\mathrm{N}\left(240,\left(\dfrac{3}{2}\sigma\right)^2\right)$을 따른다.

지역 A에서 임의추출한 크기가 n인 표본의 표본평균이 $\overline{X}$이므로

$\mathrm{E}(\overline{X})=220$, $\mathrm{V}(\overline{X})=\dfrac{\sigma^2}{n}=\left(\dfrac{\sigma}{\sqrt{n}}\right)^2$

즉, 확률변수 $\overline{X}$는 정규분포 $\mathrm{N}\left(220,\left(\dfrac{\sigma}{\sqrt{n}}\right)^2\right)$을 따르므로 확률변수 $\dfrac{\overline{X}-220}{\dfrac{\sigma}{\sqrt{n}}}$은 표준정규분포 $\mathrm{N}(0,1)$을 따른다.

또한 지역 B에서 임의추출한 크기가 $9n$인 표본의 표본평균이 $\overline{Y}$이므로

$\mathrm{E}(\overline{Y})=240$, $\mathrm{V}(\overline{Y})=\dfrac{\left(\dfrac{3}{2}\sigma\right)^2}{9n}=\left(\dfrac{\sigma}{2\sqrt{n}}\right)^2$

즉, 확률변수 $\overline{Y}$는 정규분포 $\mathrm{N}\left(240,\left(\dfrac{\sigma}{2\sqrt{n}}\right)^2\right)$을 따르므로 확률변수 $\dfrac{\overline{Y}-240}{\dfrac{\sigma}{2\sqrt{n}}}$은 표준정규분포 $\mathrm{N}(0,1)$을 따른다.

이때 표준정규분포를 따르는 확률변수를 Z라 하면

$\mathrm{P}(\overline{X}\leq215)=0.1587$에서

$$\begin{aligned}\mathrm{P}(\overline{X}\leq215)&=\mathrm{P}\left(\dfrac{\overline{X}-220}{\dfrac{\sigma}{\sqrt{n}}}\leq\dfrac{215-220}{\dfrac{\sigma}{\sqrt{n}}}\right)\\&=\mathrm{P}\left(Z\leq-\dfrac{5\sqrt{n}}{\sigma}\right)\\&=\mathrm{P}\left(Z\geq\dfrac{5\sqrt{n}}{\sigma}\right)\\&=\mathrm{P}(Z\geq0)-\mathrm{P}\left(0\leq Z\leq\dfrac{5\sqrt{n}}{\sigma}\right)\\&=0.5-\mathrm{P}\left(0\leq Z\leq\dfrac{5\sqrt{n}}{\sigma}\right)\\&=0.1587\end{aligned}$$

$\therefore \mathrm{P}\left(0\leq Z\leq\dfrac{5\sqrt{n}}{\sigma}\right)=0.3413$

이때 표준정규분포표에서 $\mathrm{P}(0\leq Z\leq1)=0.3413$이므로

$\dfrac{5\sqrt{n}}{\sigma}=1$ ······ ㉠

$$\therefore \mathrm{P}(\overline{Y}\geq 235)=\mathrm{P}\left(\frac{\overline{Y}-240}{\frac{\sigma}{2\sqrt{n}}}\geq \frac{235-240}{\frac{\sigma}{2\sqrt{n}}}\right)$$

$$=\mathrm{P}\left(Z\geq -\frac{10\sqrt{n}}{\sigma}\right)$$

$$=\mathrm{P}(Z\geq -2)\ (\because \text{㉠})$$

$$=\mathrm{P}(Z\leq 2)$$

$$=\mathrm{P}(Z\leq 0)+\mathrm{P}(0\leq Z\leq 2)$$

$$=0.5+0.4772$$

$$=0.9772$$

0871 답 ②

모표준편차가 5인 모집단에서 크기가 25인 표본을 임의추출하여 구한 표본평균이 $\overline{x_1}$이므로 모평균 m에 대한 신뢰도 95 %의 신뢰구간은

$$\overline{x_1}-1.96\times \frac{5}{\sqrt{25}}\leq m\leq \overline{x_1}+1.96\times \frac{5}{\sqrt{25}}$$

$$\therefore \overline{x_1}-1.96\leq m\leq \overline{x_1}+1.96$$

이 신뢰구간이 $80-a\leq m\leq 80+a$와 같으므로

$$\overline{x_1}=80,\ a=1.96$$

동일한 모집단에서 다시 크기가 n인 표본을 임의추출하여 구한 표본평균이 $\overline{x_2}$이므로 모평균 m에 대한 신뢰도 95 %의 신뢰구간은

$$\overline{x_2}-1.96\times \frac{5}{\sqrt{n}}\leq m\leq \overline{x_2}+1.96\times \frac{5}{\sqrt{n}}$$

이 신뢰구간이 $\dfrac{15}{16}\overline{x_1}-\dfrac{5}{7}a\leq m\leq \dfrac{15}{16}\overline{x_1}+\dfrac{5}{7}a$와 같으므로

$$\overline{x_2}=\frac{15}{16}\overline{x_1}=\frac{15}{16}\times 80=75$$

$$1.96\times \frac{5}{\sqrt{n}}=\frac{5}{7}a=\frac{5}{7}\times 1.96$$

$$\sqrt{n}=7 \quad \therefore n=49$$

$$\therefore n+\overline{x_2}=49+75=124$$

0872 답 142

상자에서 한 개의 공을 임의로 꺼낼 때, 나온 공에 적혀 있는 수를 확률변수 X라 하고 X의 확률분포를 표로 나타내면 다음과 같다.

X	0	1	2	3	합계
$\mathrm{P}(X=x)$	$\dfrac{1}{8}$	$\dfrac{1}{4}$	$\dfrac{1}{4}$	$\dfrac{3}{8}$	1

························· ❶

$$\mathrm{E}(X)=0\times \frac{1}{8}+1\times \frac{1}{4}+2\times \frac{1}{4}+3\times \frac{3}{8}=\frac{15}{8}$$이고

$$\mathrm{E}(X^2)=0^2\times \frac{1}{8}+1^2\times \frac{1}{4}+2^2\times \frac{1}{4}+3^2\times \frac{3}{8}=\frac{37}{8}$$이므로

$$\mathrm{V}(X)=\mathrm{E}(X^2)-\{\mathrm{E}(X)\}^2$$

$$=\frac{37}{8}-\left(\frac{15}{8}\right)^2=\frac{71}{64}$$

························· ❷

이때 $\overline{X}$는 이 상자에서 크기가 n인 표본을 임의추출하여 구한 표본평균이므로

$$\mathrm{V}(\overline{X})=\frac{\frac{71}{64}}{n}=\frac{71}{64n}$$

따라서 $\mathrm{V}(\overline{X})=\dfrac{1}{128}$이 되려면

$$\frac{71}{64n}=\frac{1}{128}$$

$$\therefore n=142$$

························· ❸

채점 기준	배점
❶ 공에 적힌 수를 확률변수 X라 하고 X의 확률분포 구하기	20%
❷ $\mathrm{E}(X),\ \mathrm{V}(X)$의 값 구하기	40%
❸ $\mathrm{V}(\overline{X})=\dfrac{1}{128}$을 만족시키는 n의 값 구하기	40%

0873 답 120

$\mathrm{P}(|Z|\leq 2)=0.95$이므로 모표준편차가 18인 정규분포를 따르는 모집단에서 크기가 900인 표본을 임의추출하여 모평균 m을 신뢰도 95 %로 추정한 신뢰구간의 길이는

$$l_1=2\times 2\times \frac{18}{\sqrt{900}}=\frac{12}{5}$$

························· ❶

$\mathrm{P}(|Z|\leq 3)=0.99$이므로 같은 표본을 이용하여 모평균 m을 신뢰도 99 %로 추정한 신뢰구간의 길이는

$$l_2=2\times 3\times \frac{18}{\sqrt{900}}=\frac{18}{5}$$

························· ❷

$$\therefore 100\times |l_1-l_2|=100\times \left|\frac{12}{5}-\frac{18}{5}\right|=120$$

························· ❸

채점 기준	배점
❶ 신뢰도가 95 %일 때의 신뢰구간의 길이 구하기	40%
❷ 신뢰도가 99 %일 때의 신뢰구간의 길이 구하기	40%
❸ $100\times |l_1-l_2|$의 값 구하기	20%

0874

답 46

주머니에서 공 한 개를 꺼낼 때, 나온 공에 적혀 있는 수를 확률변수 X라 하고 X의 확률분포를 표로 나타내면 다음과 같다.

X	1	2	a	b	합계
$\mathrm{P}(X=x)$	$\frac{1}{5}$	$\frac{2}{5}$	$\frac{1}{5}$	$\frac{1}{5}$	1

$$\mathrm{E}(X)=1\times\frac{1}{5}+2\times\frac{2}{5}+a\times\frac{1}{5}+b\times\frac{1}{5}=\frac{a+b+5}{5}$$

이때 $\overline{X}$는 이 주머니에서 크기가 4인 표본을 임의추출하여 구한 표본평균이므로

$$\mathrm{E}(\overline{X})=\mathrm{E}(X)=\frac{a+b+5}{5}$$

$\mathrm{E}(\overline{X})=3$이므로 $\frac{a+b+5}{5}=3$에서

$$a+b=10 \quad \cdots\cdots \text{㉠}$$

$\mathrm{E}(X^2)=1^2\times\frac{1}{5}+2^2\times\frac{2}{5}+a^2\times\frac{1}{5}+b^2\times\frac{1}{5}=\frac{a^2+b^2+9}{5}$이므로

$$\mathrm{V}(X)=\mathrm{E}(X^2)-\{\mathrm{E}(X)\}^2$$
$$=\frac{a^2+b^2+9}{5}-3^2=\frac{a^2+b^2-36}{5}$$

$$\therefore \mathrm{V}(\overline{X})=\frac{\frac{a^2+b^2-36}{5}}{4}=\frac{a^2+b^2-36}{20}$$

한편, $\mathrm{E}(\overline{X})=3$, $\mathrm{E}(\overline{X}^2)=\frac{49}{5}$이므로

$$\mathrm{V}(\overline{X})=\mathrm{E}(\overline{X}^2)-\{\mathrm{E}(\overline{X})\}^2$$
$$=\frac{49}{5}-3^2=\frac{4}{5}$$

즉, $\frac{a^2+b^2-36}{20}=\frac{4}{5}$이므로

$$a^2+b^2=52 \quad \cdots\cdots \text{㉡}$$

㉠, ㉡을 연립하여 풀면

$$a=4,\ b=6\ (\because 2<a<b)$$

$$\therefore 10a+b=10\times4+6=46$$

참고

㉠에서 $b=10-a$를 ㉡에 대입하면
$a^2+(10-a)^2=52$
정리하면 $a^2-10a+24=0$
$(a-4)(a-6)=0$
$\therefore a=4$ 또는 $a=6$
$a=4$이면 $b=10-a=6$
$a=6$이면 $b=10-a=4$
이때 $2<a<b$이므로
$a=4,\ b=6$

0875

답 ③

모집단 A에서 임의추출한 크기가 16인 표본 $x_1,\ x_2,\ x_3,\ \cdots,\ x_{16}$의 표본평균을 $\overline{x}$라 하면 모표준편차가 8이므로 모평균 m_1에 대한 신뢰도 95 %의 신뢰구간은

$$\overline{x}-1.96\times\frac{8}{\sqrt{16}}\leq m_1\leq\overline{x}+1.96\times\frac{8}{\sqrt{16}}$$

$$\therefore \overline{x}-3.92\leq m_1\leq\overline{x}+3.92$$

이 신뢰구간이 $8.56\leq m_1\leq16.40$과 같으므로

$$\overline{x}-3.92=8.56,\ \overline{x}+3.92=16.40$$

$$\therefore \overline{x}=12.48$$

한편, 모집단 B에서 임의추출한 크기가 16인 표본 $y_1,\ y_2,\ y_3,\ \cdots,\ y_{16}$의 표본평균을 $\overline{y}$라 하면

$$5(x_1+x_2+x_3+\cdots+x_{16})=4(y_1+y_2+y_3+\cdots+y_{16})$$에서

$$5\times16\overline{x}=4\times16\overline{y}$$

즉, $5\times16\times12.48=4\times16\overline{y}$에서

$$\overline{y}=15.60$$

따라서 모평균 m_2에 대한 신뢰도 99%의 신뢰구간은

$$15.60-2.58\times\frac{8}{\sqrt{16}}\leq m_2\leq15.60+2.58\times\frac{8}{\sqrt{16}}$$

$$\therefore 10.44\leq m_2\leq20.76$$

0876

답 ③

이 지역 신생아의 출생 시 몸무게 X가 따르는 정규분포를 $\mathrm{N}(m,\ \sigma^2)$이라 하자.

$\mathrm{P}(X\geq3.4)=\frac{1}{2}$이므로

$$m=3.4$$

$\mathrm{P}(X\leq3.9)+\mathrm{P}(Z\leq-1)=1$에서

$$\mathrm{P}(X\leq3.9)=1-\mathrm{P}(Z\leq-1)$$
$$=\mathrm{P}(Z\geq-1)$$
$$=\mathrm{P}(Z\leq1) \quad \cdots\cdots \text{㉠}$$

이때 확률변수 $\frac{X-3.4}{\sigma}$는 표준정규분포 $\mathrm{N}(0,\ 1)$을 따르므로

$$\mathrm{P}(X\leq3.9)=\mathrm{P}\left(\frac{X-3.4}{\sigma}\leq\frac{3.9-3.4}{\sigma}\right)$$
$$=\mathrm{P}\left(Z\leq\frac{0.5}{\sigma}\right)$$

즉, ㉠에서 $\mathrm{P}\left(Z\leq\frac{0.5}{\sigma}\right)=\mathrm{P}(Z\leq1)$이므로

$$\frac{0.5}{\sigma}=1$$

$$\therefore \sigma=0.5$$

한편, 확률변수 $\overline{X}$는 임의추출한 25명의 출생 시 몸무게의 표본평균이므로

$$\mathrm{E}(\overline{X})=m=3.4,\ \mathrm{V}(\overline{X})=\frac{\sigma^2}{25}=\frac{0.5^2}{25}=0.1^2$$

즉, 확률변수 $\overline{X}$는 정규분포 $\mathrm{N}(3.4,\ 0.1^2)$을 따르므로 확률변수 $\frac{\overline{X}-3.4}{0.1}$는 표준정규분포 $\mathrm{N}(0,\ 1)$을 따른다.

$$\therefore \mathrm{P}(\overline{X}\geq3.55)=\mathrm{P}\left(\frac{\overline{X}-3.4}{0.1}\geq\frac{3.55-3.4}{0.1}\right)$$
$$=\mathrm{P}(Z\geq1.5)$$
$$=\mathrm{P}(Z\geq0)-\mathrm{P}(0\leq Z\leq1.5)$$
$$=0.5-0.4332$$
$$=0.0668$$

0877

표준정규분포 $N(0, 1)$을 따르는 확률변수를 Z라 하자.

확률변수 X가 정규분포 $N(60, 5^2)$을 따르므로 확률변수 $\dfrac{X-60}{5}$은 표준정규분포 $N(0, 1)$을 따른다.

과자의 무게가 $50\,g$ 이하인 것을 불량품으로 판정하므로 과자 한 개가 불량품으로 판정될 확률은

$$\begin{aligned}P(X\leq 50)&=P\left(\frac{X-60}{5}\leq\frac{50-60}{5}\right)\\&=P(Z\leq -2)\\&=P(Z\geq 2)\\&=P(Z\geq 0)-P(0\leq Z\leq 2)\\&=0.5-0.48\\&=0.02\end{aligned}$$

2500개의 과자 중 불량품의 개수가 확률변수 Y이므로 Y는 이항분포 $B(2500, 0.02)$를 따르고

$$E(Y)=2500\times 0.02=50$$
$$V(Y)=2500\times 0.02\times 0.98=49$$

이때 2500은 충분히 큰 수이므로 확률변수 Y는 근사적으로 정규분포 $N(50, 7^2)$을 따르고, 확률변수 $\dfrac{Y-50}{7}$은 표준정규분포 $N(0, 1)$을 따른다.

또한 모집단에서 임의추출한 2500개의 과자의 무게의 표본평균이 $\overline{X}$이므로

$$E(\overline{X})=60, \quad V(\overline{X})=\frac{5^2}{2500}=0.1^2$$

즉, 확률변수 $\overline{X}$는 정규분포 $N(60, 0.1^2)$을 따르므로 확률변수 $\dfrac{\overline{X}-60}{0.1}$은 표준정규분포 $N(0, 1)$을 따른다.

$P(Y\leq k)=P(\overline{X}\geq 60.1)$에서

$$P\left(\frac{Y-50}{7}\leq\frac{k-50}{7}\right)=P\left(\frac{\overline{X}-60}{0.1}\geq\frac{60.1-60}{0.1}\right)$$

따라서 $P\left(Z\leq\dfrac{k-50}{7}\right)=P(Z\geq 1)$이므로

$$\frac{k-50}{7}=-1$$
$$\therefore k=43$$

0878

확률변수 $\overline{X}$는 정규분포 $N(m, \sigma^2)$을 따르는 모집단에서 크기가 n^2인 표본을 임의추출하여 구한 표본평균이므로

$$E(\overline{X})=m, \quad V(\overline{X})=\frac{\sigma^2}{n^2}=\left(\frac{\sigma}{n}\right)^2$$

즉, 확률변수 $\overline{X}$는 정규분포 $N\left(m, \left(\dfrac{\sigma}{n}\right)^2\right)$을 따르고 확률변수 $\dfrac{X-m}{\sigma}, \dfrac{\overline{X}-m}{\dfrac{\sigma}{n}}$은 모두 표준정규분포 $N(0, 1)$을 따른다.

표준정규분포를 따르는 확률변수를 Z라 하면

$$\begin{aligned}P(X\geq a)&=P\left(\frac{X-m}{\sigma}\geq\frac{a-m}{\sigma}\right)\\&=P\left(Z\geq\frac{a-m}{\sigma}\right) \qquad \cdots\cdots \ \textcircled{\scriptsize{1}}\end{aligned}$$

$$\begin{aligned}P\left(\overline{X}\geq\frac{30-a}{5}\right)&=P\left(\frac{\overline{X}-m}{\dfrac{\sigma}{n}}\geq\frac{\dfrac{30-a}{5}-m}{\dfrac{\sigma}{n}}\right)\\&=P\left(Z\geq\frac{n(30-a-5m)}{5\sigma}\right) \qquad \cdots\cdots \ \textcircled{\scriptsize{2}}\end{aligned}$$

이때 $P(X\geq a)+P\left(\overline{X}\geq\dfrac{30-a}{5}\right)=1$이 성립하므로 $\textcircled{\scriptsize{1}}$, $\textcircled{\scriptsize{2}}$을 이 식에 대입하면

$$P\left(Z\geq\frac{a-m}{\sigma}\right)+P\left(Z\geq\frac{n(30-a-5m)}{5\sigma}\right)=1$$

즉, $\dfrac{a-m}{\sigma}=-\dfrac{n(30-a-5m)}{5\sigma}$이므로

$$5a-5m=-30n+an+5mn$$
$$\therefore (n-5)a+(5mn+5m-30n)=0$$

이 등식이 모든 실수 a에 대하여 성립하므로

$$n-5=0, \ 5mn+5m-30n=0$$

$n=5$를 $5mn+5m-30n=0$에 대입하면

$$25m+5m-150=0 \qquad \therefore m=5$$
$$\therefore m\times n=5\times 5=25$$

🔊 **Bible Says**   **항등식**

(1) 항등식: 문자를 포함하는 등식에서 그 문자에 어떤 값을 대입해도 항상 성립하는 등식
(2) 항등식의 성질
 ① $ax+b=0$이 x에 대한 항등식이면 $a=0, b=0$
 ② $ax^2+bx+c=0$이 x에 대한 항등식이면 $a=0, b=0, c=0$
 ③ $ax+by+c=0$이 x, y에 대한 항등식이면 $a=0, b=0, c=0$

0879

한 번의 시행에서 공에 적혀 있는 수를 확률변수 X라 하자.

꺼낸 공에 적힌 수가 1, 2일 확률은 각각 $\dfrac{1}{2}\times\dfrac{1}{2}=\dfrac{1}{4}$

꺼낸 공에 적힌 수가 3, 4, 5일 확률은 각각 $\dfrac{1}{2}\times\dfrac{1}{3}=\dfrac{1}{6}$

즉, X의 확률분포를 표로 나타내면 다음과 같다.

X	1	2	3	4	5	합계
$P(X=x)$	$\dfrac{1}{4}$	$\dfrac{1}{4}$	$\dfrac{1}{6}$	$\dfrac{1}{6}$	$\dfrac{1}{6}$	1

이때 $\overline{X}=2$, 즉 세 번 공을 꺼내어 확인한 세 개의 수의 평균이 2가 되려면 세 개의 수의 합이 6이 되어야 한다.

즉, 꺼낸 공에 적힌 수가 4, 1, 1 또는 3, 2, 1 또는 2, 2, 2이어야 한다.

(i) 꺼낸 공에 적힌 수가 4, 1, 1인 경우

    4, 1, 1의 순서를 정하는 경우의 수는

$$\frac{3!}{2!}=3$$

    그러므로 이 경우의 확률은

$$3\times\frac{1}{6}\times\frac{1}{4}\times\frac{1}{4}=\frac{1}{32}$$

(ii) 꺼낸 공에 적힌 수가 3, 2, 1인 경우

    3, 2, 1의 순서를 정하는 경우의 수는

$$3!=6$$

    그러므로 이 경우의 확률은

$$6\times\frac{1}{6}\times\frac{1}{4}\times\frac{1}{4}=\frac{1}{16}$$

(iii) 꺼낸 공에 적힌 수가 2, 2, 2인 경우

2, 2, 2의 순서를 정하는 경우의 수는 1

그러므로 이 경우의 확률은

$$1 \times \frac{1}{4} \times \frac{1}{4} \times \frac{1}{4} = \frac{1}{64}$$

(i)~(iii)에서

$$P(\overline{X}=2) = \frac{1}{32} + \frac{1}{16} + \frac{1}{64} = \frac{7}{64}$$

따라서 $p=64$, $q=7$이므로

$$p+q=64+7=71$$

0880
답 ②

확률변수 $\overline{X}$는 정규분포 $N(m, \sigma^2)$을 따르는 모집단에서 크기가 100인 표본을 임의추출하여 구한 표본평균이므로

$$E(\overline{X})=m, \quad V(\overline{X})=\frac{\sigma^2}{100}=\left(\frac{\sigma}{10}\right)^2$$

즉, 확률변수 $\overline{X}$는 정규분포 $N\left(m, \left(\frac{\sigma}{10}\right)^2\right)$을 따르고

$Z=\dfrac{\overline{X}-m}{\dfrac{\sigma}{10}}$으로 놓으면 확률변수 Z는 표준정규분포 $N(0, 1)$을 따른다.

이때 조건 ㈎의 $0.1587 < P(\overline{X} \ge 54.5) < 0.3085$에서

$$\begin{aligned} 0.1587 &= 0.5 - 0.3413 \\ &= P(Z \ge 0) - P(0 \le Z \le 1) \\ &= P(Z \ge 1) \end{aligned}$$

$$\begin{aligned} 0.3085 &= 0.5 - 0.1915 \\ &= P(Z \ge 0) - P(0 \le Z \le 0.5) \\ &= P(Z \ge 0.5) \end{aligned}$$

$$\begin{aligned} P(\overline{X} \ge 54.5) &= P\left(\frac{\overline{X}-m}{\frac{\sigma}{10}} \ge \frac{54.5-m}{\frac{\sigma}{10}}\right) \\ &= P\left(Z \ge \frac{545-10m}{\sigma}\right) \end{aligned}$$

이므로

$$P(Z \ge 1) < P\left(Z \ge \frac{545-10m}{\sigma}\right) < P(Z \ge 0.5)$$

즉, $0.5 < \dfrac{545-10m}{\sigma} < 1$, $\sigma > 0$이므로

$$0.5\sigma < 545-10m < \sigma \quad \cdots\cdots \text{㉠}$$

조건 ㈏에서 $P(\overline{X} \ge 50) = 0.9332$이므로

$$\begin{aligned} P(\overline{X} \ge 50) &= P\left(\frac{\overline{X}-m}{\frac{\sigma}{10}} \ge \frac{50-m}{\frac{\sigma}{10}}\right) \\ &= P\left(Z \ge \frac{500-10m}{\sigma}\right) \\ &= 0.9332 \end{aligned}$$

$0.9332 > 0.5$이므로 $\dfrac{500-10m}{\sigma} < 0$이고

$$\begin{aligned} P\left(Z \ge \frac{500-10m}{\sigma}\right) &= P\left(Z \le -\frac{500-10m}{\sigma}\right) \\ &= P(Z \le 0) + P\left(0 \le Z \le -\frac{500-10m}{\sigma}\right) \\ &= 0.5 + P\left(0 \le Z \le -\frac{500-10m}{\sigma}\right) \\ &= 0.9332 \end{aligned}$$

$$\therefore P\left(0 \le Z \le -\frac{500-10m}{\sigma}\right) = 0.4332$$

이때 표준정규분포표에서 $P(0 \le Z \le 1.5) = 0.4332$이므로

$$-\frac{500-10m}{\sigma} = 1.5$$

$$\therefore 10m-500 = 1.5\sigma \quad \cdots\cdots \text{㉡}$$

㉠, ㉡에서 $\dfrac{527}{10} < m < \dfrac{427}{8}$이고 m은 자연수이므로 $m=53$

$m=53$을 ㉡에 대입하면

$$30 = 1.5\sigma \quad \therefore \sigma = 20$$

$$\therefore m+\sigma = 53+20 = 73$$

참고

㉡에서 $\sigma = \dfrac{20m-1000}{3}$을 ㉠에 대입하면

$$\frac{10m-500}{3} < 545-10m < \frac{20m-1000}{3}$$

$$\therefore 10m-500 < 1635-30m < 20m-1000$$

$10m-500 < 1635-30m$에서 $m < \dfrac{2135}{40} = \dfrac{427}{8}$

$1635-30m < 20m-1000$에서 $m > \dfrac{2635}{50} = \dfrac{527}{10}$

$$\therefore \frac{527}{10} < m < \frac{427}{8}$$

0881
답 3

크기가 n인 표본 $x_1, x_2, x_3, \cdots, x_n$에 대하여 조건 ㈎에서 $x_1+x_2+x_3+\cdots+x_n=144$이므로 표본평균 $\overline{x}$에 대하여

$$\overline{x} = \frac{x_1+x_2+x_3+\cdots+x_n}{n} = \frac{144}{n} \quad \cdots\cdots \text{㉠}$$

또한 $x_i-\overline{x}$ $(i=1, 2, 3, \cdots, n)$는 편차이므로 표본표준편차를 s라 하면 조건 ㈏에 의하여

$$\begin{aligned} s^2 &= \frac{(x_1-\overline{x})^2+(x_2-\overline{x})^2+(x_3-\overline{x})^2+\cdots+(x_n-\overline{x})^2}{n-1} \\ &= \frac{8n+27}{n-1} \end{aligned}$$

$$\therefore s = \sqrt{\frac{8n+27}{n-1}} \quad \cdots\cdots \text{㉡}$$

30보다 큰 자연수 n에 대하여 크기가 n인 표본의 표본표준편차가 $\sqrt{\dfrac{8n+27}{n-1}}$이고 표본의 크기 n이 충분히 크므로 신뢰도 95%로 추정한 모평균 m의 신뢰구간의 길이는

$$2 \times 2 \times \frac{\sqrt{\dfrac{8n+27}{n-1}}}{\sqrt{n}} = 2$$

즉, $2\sqrt{8n+27} = \sqrt{n(n-1)}$이므로 양변을 제곱하여 정리하면

$$n^2-33n-108=0, \quad (n-36)(n+3)=0$$

$$\therefore n=36$$

$n=36$을 ㉠, ㉡에 각각 대입하면

$$\overline{x}=4, \quad s=3$$

따라서 동일한 표본으로 추정한 모평균 m에 대한 신뢰도 99%의 신뢰구간은

$$4-2.6 \times \frac{3}{\sqrt{36}} \le m \le 4+2.6 \times \frac{3}{\sqrt{36}}$$

$$\therefore 2.7 \le m \le 5.3$$

따라서 신뢰구간에 속하는 정수는 3, 4, 5의 3개이다.

표본분산 s^2을 구할 때,

$$\frac{(x_1-\overline{x})^2+(x_2-\overline{x})^2+(x_3-\overline{x})^2+\cdots+(x_n-\overline{x})^2}{n}$$

으로 계산하지 않도록 주의한다.

모분산을 구할 때와 달리 표본분산을 구할 때는 표본의 크기 n이 아닌 $n-1$로 나누어야 하는데, 이는 표본분산과 모분산의 오차를 줄이기 위해 표본분산을 이와 같이 정의하였기 때문이다.

Bible Says 모평균과 표본평균

(1) 어떤 모집단에서 조사하고자 하는 특성을 나타낸 확률변수를 X라 할 때, X의 평균, 분산, 표준편차를 각각 모평균, 모분산, 모표준편차라 하고, 기호로 각각 m, σ^2, σ와 같이 나타낸다.

(2) 모집단에서 임의추출한 크기가 n인 표본을 X_1, X_2, X_3, $\cdots$, X_n이라 할 때, 이 표본의 평균, 분산, 표준편차를 각각 표본평균, 표본분산, 표본표준편차라 하고, 기호로 각각 $\overline{X}$, S^2, S와 같이 나타낸다.

① 표본평균: $\overline{X}=\dfrac{X_1+X_2+X_3+\cdots+X_n}{n}$

② 표본분산:

$$S^2=\frac{1}{n-1}\{(X_1-\overline{X})^2+(X_2-\overline{X})^2+(X_3-\overline{X})^2$$
$$+\cdots+(X_n-\overline{X})^2\}$$

③ 표본표준편차: $S=\sqrt{S^2}$

수학의 바이블

유형 ON

2 권

정답과 풀이

확률과 통계

경우의 수

유형별 유사문제

 PART A'

01 여러 가지 순열

유형 01 원탁에 둘러앉는 경우의 수

0001
답 ③

서로 다른 6개의 접시 중에서 5개를 선택하는 경우의 수는

$_6C_5 = _6C_1 = 6$

선택한 접시 5개를 원탁에 배열하는 경우의 수는

$(5-1)! = 4! = 24$

따라서 구하는 경우의 수는

$6 \times 24 = 144$

다른 풀이

서로 다른 6개의 접시 중에서 5개를 선택하여 일렬로 나열하는 경우의 수는 $_6P_5$이고, 선택한 접시 5개를 원탁에 배열하면 같은 것이 5가지씩 있으므로 구하는 경우의 수는

$\dfrac{_6P_5}{5} = \dfrac{6 \times 5 \times 4 \times 3 \times 2}{5} = 144$

0002
답 120

해영이를 포함한 7명의 학생 중에서 해영이를 포함하여 4명을 선택하는 경우의 수는 해영이를 제외한 6명의 학생 중에서 3명을 선택하는 경우의 수와 같으므로

$_6C_3 = 20$

4명의 학생을 원탁에 둘러앉히는 경우의 수는

$(4-1)! = 3! = 6$

따라서 구하는 경우의 수는

$20 \times 6 = 120$

0003
답 ⑤

커피 4잔을 원형으로 놓는 경우의 수는

$(4-1)! = 3!$

커피 4잔 사이사이 4개의 자리에 음료수 4잔을 놓는 경우의 수는

$4!$

따라서 구하는 경우의 수는

$3! \times 4! = 6 \times 4!$

0004
답 720

회장의 자리가 결정되면 부회장의 자리는 마주 보는 자리에 고정되므로 구하는 경우의 수는 부회장을 제외한 7명이 원탁에 둘러앉는 경우의 수와 같다.

따라서 구하는 경우의 수는

$(7-1)! = 6! = 720$

다른 풀이

회장과 부회장이 서로 마주 보고 원탁에 앉는 경우의 수는

$(2-1)! = 1! = 1$

남은 6개의 자리에 회원 6명이 앉는 경우의 수는

$6! = 720$

따라서 구하는 경우의 수는

$1 \times 720 = 720$

유형 02 이웃하는(이웃하지 않는) 원순열의 수

0005
답 ③

남학생 2명을 한 사람으로 생각하면 4명이 원탁에 둘러앉는 경우의 수는

$(4-1)! = 3! = 6$

남학생 2명끼리 서로 자리를 바꾸는 경우의 수는

$2! = 2$

따라서 구하는 경우의 수는

$6 \times 2 = 12$

0006
답 ③

한 쌍의 부부 2명을 한 사람으로 생각하면 3명이 원탁에 둘러앉는 경우의 수는

$(3-1)! = 2! = 2$

각 부부끼리 서로 자리를 바꾸는 경우의 수는 각각

$2! = 2$

따라서 구하는 경우의 수는

$2 \times 2 \times 2 \times 2 = 16$

0007
답 48

지민이와 부모님을 한 명으로 생각하면 5명이 원탁에 둘러앉는 경우의 수는

$(5-1)! = 4! = 24$

부모님이 서로 자리를 바꾸는 경우의 수는

$2! = 2$

따라서 구하는 경우의 수는

$24 \times 2 = 48$

0008
답 ④

어른 4명이 원탁에 둘러앉는 경우의 수는

$(4-1)! = 3! = 6$

어른들 사이사이 4개의 자리에 아이 3명을 앉히는 경우의 수는

$_4P_3 = 24$

따라서 구하는 경우의 수는

$6 \times 24 = 144$

0009
답 144

1학년 학생 2명을 한 사람 A로 생각하면 A와 2학년 학생 3명을 원탁에 둘러앉히는 경우의 수는

$(4-1)!=3!=6$

1학년 학생 2명이 서로 자리를 바꾸는 경우의 수는

$2!=2$

A와 2학년 학생 사이사이의 4곳에 3학년 학생 2명을 앉히는 경우의 수는

$_4P_2=12$

따라서 구하는 경우의 수는

$6 \times 2 \times 12=144$

2권

다른 풀이

6가지 색 중에서 색칠할 5가지 색을 선택하는 경우의 수는

$_6C_5=_6C_1=6$

선택한 5가지 색 중에서 하나를 선택하여 가운데 원을 색칠하는 경우의 수는

$_5C_1=5$

남은 4가지의 색으로 가운데 원을 제외한 나머지 4개의 영역을 색칠하는 경우의 수는

$(4-1)!=3!=6$

따라서 구하는 경우의 수는

$6 \times 5 \times 6=180$

유형 03 평면도형을 색칠하는 경우의 수

0010
답 ④

가운데 정사각형을 색칠하는 경우의 수는

$_5C_1=5$

가운데 정사각형에 칠한 색을 제외한 4가지의 색으로 가운데 정사각형을 제외한 나머지 4개의 정사각형을 색칠하는 경우의 수는

$(4-1)!=3!=6$

따라서 구하는 경우의 수는

$5 \times 6=30$

0011
답 ②

가운데 정오각형을 색칠하는 경우의 수는

$_6C_1=6$

가운데 정오각형에 칠한 색을 제외한 5가지의 색으로 5개의 원을 색칠하는 경우의 수는

$(5-1)!=4!=24$

따라서 구하는 경우의 수는

$6 \times 24=144$

0012
답 180

가운데 원을 색칠하는 경우의 수는

$_6C_1=6$

가운데 원을 칠한 색을 제외한 5가지 색 중에서 4가지의 색을 선택하는 경우의 수는

$_5C_4=_5C_1=5$

4가지의 색으로 가운데 원을 제외한 나머지 4개의 영역을 색칠하는 경우의 수는

$(4-1)!=3!=6$

따라서 구하는 경우의 수는

$6 \times 5 \times 6=180$

유형 04 입체도형을 색칠하는 경우의 수

0013
답 ②

삼각뿔의 밑면을 색칠하는 경우의 수는

$_4C_1=4$

밑면에 칠한 색을 제외한 3가지의 색으로 옆면을 색칠하는 경우의 수는

$(3-1)!=2!=2$

따라서 구하는 경우의 수는

$4 \times 2=8$

0014
답 6

정육각뿔대의 윗면을 색칠하는 경우의 수는 $_8C_1=8$, 아랫면을 색칠하는 경우의 수는 $_7C_1=7$이므로 두 밑면을 색칠하는 경우의 수는

$8 \times 7=56$

두 밑면에 칠한 색을 제외한 6가지의 색으로 옆면을 색칠하는 경우의 수는

$(6-1)!=5!$

따라서 구하는 경우의 수는

$56 \times 5!=\dfrac{1}{6} \times 8 \times 7 \times 6 \times 5!=\dfrac{1}{6} \times 8!$

$\therefore n=6$

0015
답 ②

직육면체의 윗면과 아랫면은 합동이므로 두 밑면을 색칠하는 경우의 수는

$_6C_2=15$

두 밑면에 칠한 색을 제외한 4가지의 색으로 옆면을 색칠하는 경우의 수는

$(4-1)!=3!=6$

따라서 구하는 경우의 수는

$15 \times 6=90$

0016

답 ①

정사면체의 밑면을 색칠하는 경우의 수는

$_4C_1=4$

밑면에 칠한 색을 제외한 3가지의 색으로 옆면을 색칠하는 경우의 수는

$(3-1)!=2!=2$

이때 정사면체의 모든 면은 합동이므로 색칠한 각 경우에 대하여 같은 경우가 4가지씩 생긴다.

따라서 구하는 경우의 수는

$4\times2\times\dfrac{1}{4}=2$

유형 05 여러 가지 모양의 탁자에 둘러앉는 경우의 수

0017

답 ①

6명이 원탁에 둘러앉는 경우의 수는

$(6-1)!=5!=120$

그런데 정삼각형 모양의 탁자에서는 원탁에 둘러앉는 한 가지 방법에 대하여 다음 그림과 같이 2가지의 서로 다른 경우가 존재한다.

따라서 구하는 경우의 수는

$120\times2=240$

0018

답 ②

8명이 원탁에 둘러앉는 경우의 수는

$(8-1)!=7!$

그런데 직사각형 모양의 탁자에서는 원탁에 둘러앉는 한 가지 방법에 대하여 다음 그림과 같이 4가지의 서로 다른 경우가 존재한다.

따라서 구하는 경우의 수는

$4\times7!$

$\therefore a=4$

0019

답 120

5명이 원탁에 둘러앉는 경우의 수는

$(5-1)!=4!=24$

그런데 반원 모양의 탁자에서는 원탁에 둘러앉는 한 가지 방법에 대하여 다음 그림과 같이 5가지의 서로 다른 경우가 존재한다.

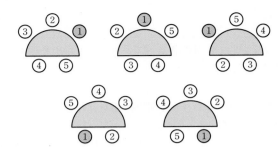

따라서 구하는 경우의 수는

$24\times5=120$

유형 06 중복순열

0020

답 ③

서로 다른 공 4개를 3개의 상자 A, B, C에 남김없이 나누어 넣는 경우의 수는 A, B, C의 3개에서 4개를 택하는 중복순열의 수와 같으므로

$_3\Pi_4=3^4=81$

0021

답 ②

서로 다른 형광펜 5자루 중에서 A에게 2자루의 형광펜을 나누어 주는 경우의 수는

$_5C_2=10$

각 경우에 대하여 나머지 형광펜 3자루를 B, C에게 나누어 주는 경우의 수는 B, C의 2개에서 3개를 택하는 중복순열의 수와 같으므로

$_2\Pi_3=2^3=8$

따라서 구하는 경우의 수는

$10\times8=80$

0022

답 540

5개의 과일 중에서 2개를 뽑아 접시 A, B에 1개씩 나누어 담는 경우의 수는

$_5P_2=20$

각 경우에 대하여 나머지 과일 3개를 접시 C, D, E에 나누어 담는 경우의 수는 C, D, E의 3개에서 3개를 택하는 중복순열의 수와 같으므로

$_3\Pi_3=3^3=27$

따라서 구하는 경우의 수는

$20\times27=540$

0023

답 ⑤

$A\subset B$이므로 집합 U, A, B를 벤다이어그램으로 나타내면 오른쪽 그림과 같다.

이때 전체집합 $U=\{1,\ 2,\ 3,\ 4\}$의 4개의 원소가 세 집합 A, $B-A$, $U-B$ 중 하나에 속해야 한다.

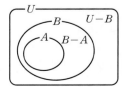

따라서 구하는 순서쌍 (A, B)의 개수는 서로 다른 3개에서 4개를 택하는 중복순열의 수와 같으므로
$$_3\Pi_4 = 3^4 = 81$$

0024
답 ②

조건 ㈎에서 양 끝에 모두 모음 A 또는 E가 나오는 경우의 수는 A, E의 2개에서 2개를 택하는 중복순열의 수와 같으므로
$$_2\Pi_2 = 2^2$$
조건 ㈏에서 문자 B는 한 번만 나와야 하므로 문자 B의 자리를 정하는 경우의 수는
$$_4C_1 = 4$$
남은 3개의 자리에 오는 문자를 정하는 경우의 수는 A, C, D, E의 4개에서 3개를 택하는 중복순열의 수와 같으므로
$$_4\Pi_3 = 4^3 = 2^6$$
따라서 구하는 경우의 수는
$$2^2 \times 4 \times 2^6 = 2^{10} = 1024$$

유형 07 중복순열 - 자연수의 개수

0025
답 ②

홀수가 되려면 일의 자리의 수가 홀수이어야 하므로 일의 자리에 올 수 있는 숫자는 1, 3, 5의 3가지이다.
천의 자리, 백의 자리, 십의 자리 숫자를 택하는 경우의 수는
1, 2, 3, 4, 5의 5개에서 3개를 택하는 중복순열의 수와 같으므로
$$_5\Pi_3 = 5^3 = 125$$
따라서 구하는 홀수의 개수는
$$3 \times 125 = 375$$

0026
답 ①

일의 자리에 올 수 있는 숫자는 0, 5의 2가지이다.
천의 자리에 올 수 있는 숫자는 1, 2, 3, 4, 5의 5가지이다.
백의 자리, 십의 자리 숫자를 택하는 경우의 수는 0, 1, 2, 3, 4, 5의 6개에서 2개를 택하는 중복순열의 수와 같으므로
$$_6\Pi_2 = 6^2 = 36$$
따라서 구하는 5의 배수의 개수는
$$2 \times 5 \times 36 = 360$$

0027
답 175

4400보다 큰 수가 되려면 44□□, 45□□, 5□□□ 꼴이어야 한다.
(i) 44□□ 꼴인 경우
십의 자리, 일의 자리 숫자를 택하는 경우의 수는
1, 2, 3, 4, 5의 5개에서 2개를 택하는 중복순열의 수와 같으므로
$$_5\Pi_2 = 5^2 = 25$$

(ii) 45□□ 꼴인 경우
(i)의 경우와 마찬가지이므로
$$_5\Pi_2 = 5^2 = 25$$
(iii) 5□□□ 꼴인 경우
백의 자리, 십의 자리, 일의 자리 숫자를 택하는 경우의 수는
1, 2, 3, 4, 5의 5개에서 3개를 택하는 중복순열의 수와 같으므로
$$_5\Pi_3 = 5^3 = 125$$
(i)~(iii)에서 구하는 자연수의 개수는
$$25 + 25 + 125 = 175$$

0028
답 50

세 개의 숫자 2, 4, 6 중에서 중복을 허락하여 4개를 택해 만들 수 있는 네 자리 자연수의 개수는
$$_3\Pi_4 = 3^4 = 81$$
이 중에서 2가 포함되어 있지 않은 자연수의 개수는
$$_2\Pi_4 = 2^4 = 16$$
6이 포함되어 있지 않은 자연수의 개수는
$$_2\Pi_4 = 2^4 = 16$$
2와 6이 모두 포함되어 있지 않은 자연수의 개수는
$$_1\Pi_4 = 1^4 = 1$$
즉, 2 또는 6이 포함되어 있지 않은 자연수의 개수는
$$16 + 16 - 1 = 31$$
따라서 2와 6이 모두 포함되어 있는 자연수의 개수는
$$81 - 31 = 50$$

유형 08 중복순열 - 신호의 개수

0029
답 63

6개의 전구를 각각 켜거나 꺼서 만들 수 있는 신호의 개수는
$$_2\Pi_6 = 2^6 = 64$$
이때 전구가 모두 꺼진 경우는 신호에서 제외하므로 구하는 신호의 개수는
$$64 - 1 = 63$$

0030
답 ②

세 깃발을 1번 들어올려서 만들 수 있는 서로 다른 신호의 개수는
$$_3\Pi_1$$
세 깃발을 2번 들어올려서 만들 수 있는 서로 다른 신호의 개수는
$$_3\Pi_2$$
세 깃발을 3번, 4번, 5번 들어올려서 만들 수 있는 서로 다른 신호의 개수는 각각 $_3\Pi_3$, $_3\Pi_4$, $_3\Pi_5$이다.
따라서 구하는 신호의 개수는
$$_3\Pi_1 + {_3\Pi_2} + {_3\Pi_3} + {_3\Pi_4} + {_3\Pi_5} = 3^1 + 3^2 + 3^3 + 3^4 + 3^5$$
$$= 3 + 9 + 27 + 81 + 243$$
$$= 363$$

0031

답 ②

기호 ●과 ―를 n개 사용하여 만들 수 있는 신호의 개수는 서로 다른 2개에서 n개를 택하는 중복순열의 수와 같으므로

$$_2\Pi_n=2^n$$

따라서 기호 ●과 ―를 n개 이하로 사용하여 만들 수 있는 신호의 개수는

$$_2\Pi_1+_2\Pi_2+_2\Pi_3+\cdots+_2\Pi_n=2^1+2^2+2^3+\cdots+2^n$$

$n=7$일 때

$$_2\Pi_1+_2\Pi_2+_2\Pi_3+_2\Pi_4+_2\Pi_5+_2\Pi_6+_2\Pi_7$$
$$=2+4+8+16+32+64+128=254<500$$

$n=8$일 때

$$_2\Pi_1+_2\Pi_2+_2\Pi_3+_2\Pi_4+_2\Pi_5+_2\Pi_6+_2\Pi_7+_2\Pi_8$$
$$=2+4+8+16+32+64+128+256=510>500$$

따라서 기호 ●과 ―를 최소한 8개 사용해야 한다.

> **참고**
>
> 수학 Ⅰ의 등비수열의 합의 공식을 이용하면
> $$_2\Pi_1+_2\Pi_2+_2\Pi_3+\cdots+_2\Pi_n=2^1+2^2+2^3+\cdots+2^n$$
> $$=\frac{2(2^n-1)}{2-1}\geq500$$
> 즉, $2^n-1\geq250$에서 $2^n\geq251$
> 이때 $2^7=128$, $2^8=256$이므로 $2^n\geq251$을 만족시키는 자연수 n의 최솟값은 8 이다.

유형 09 중복순열 - 함수의 개수

0032

답 ④

$f(3)=0$인 함수는 Y의 원소 -1, 0, 1, 2의 4개에서 중복을 허락하여 3개를 택해 X의 원소 1, 2, 4에 대응시키면 된다.

따라서 구하는 함수의 개수는 서로 다른 4개에서 3개를 택하는 중복순열의 수와 같으므로

$$_4\Pi_3=4^3=64$$

0033

답 192

구하는 함수의 개수는 X에서 X로의 함수의 개수에서 $f(2)=4$를 만족시키는 함수의 개수를 빼면 된다.

X에서 X로의 함수는 X의 원소 1, 2, 3, 4의 4개에서 중복을 허락하여 4개를 택해 X의 원소 1, 2, 3, 4에 대응시키면 된다.

즉, X에서 X로의 함수의 개수는 서로 다른 4개에서 4개를 택하는 중복순열의 수와 같으므로

$$_4\Pi_4=4^4=256$$

$f(2)=4$인 함수는 X의 원소 1, 2, 3, 4의 4개에서 중복을 허락하여 3개를 택해 X의 원소 1, 3, 4에 대응시키면 된다.

즉, $f(2)=4$인 함수의 개수는 서로 다른 4개에서 3개를 택하는 중복순열의 수와 같으므로

$$_4\Pi_3=4^3=64$$

따라서 구하는 함수의 개수는

$$256-64=192$$

다른 풀이

$f(2)$의 값이 될 수 있는 것은 1, 2, 3 중 하나이므로 3가지이고, $f(1)$, $f(3)$, $f(4)$의 값을 정하는 경우의 수는 1, 2, 3, 4의 4개에서 3개를 택하는 중복순열의 수와 같으므로

$$_4\Pi_3=4^3=64$$

따라서 구하는 함수의 개수는

$$3\times64=192$$

0034

답 15

$f(1)=1$인 함수는 Y의 원소 -1, 1의 2개에서 중복을 허락하여 4개를 택해 X의 원소 3, 5, 7, 9에 대응시키면 된다.

즉, $f(1)=1$인 함수의 개수는 서로 다른 2개에서 4개를 택하는 중복순열의 수와 같으므로

$$_2\Pi_4=2^4=16$$

이때 치역의 원소가 1개인 경우는 {1}의 1가지이다.

따라서 구하는 함수의 개수는

$$16-1=15$$

0035

답 18

조건 ㈎에서 $f(2)$의 값이 될 수 있는 것은 2, 4이다.

(i) $f(2)=2$인 경우

$f(0)=f(1)=1$

$f(3)$, $f(4)$의 값이 될 수 있는 것은 3, 4, 5 중 하나이므로 $f(3)$, $f(4)$의 값을 정하는 경우의 수는 3, 4, 5의 3개에서 2개를 택하는 중복순열의 수와 같다.

$$\therefore {}_3\Pi_2=3^2=9$$

따라서 이때의 함수 f의 개수는

$$1\times9=9$$

(ii) $f(2)=4$인 경우

$f(0)$, $f(1)$의 값이 될 수 있는 것은 1, 2, 3 중 하나이므로 $f(0)$, $f(1)$의 값을 정하는 경우의 수는 1, 2, 3의 3개에서 2개를 택하는 중복순열의 수와 같다.

$$\therefore {}_3\Pi_2=3^2=9$$

$f(3)=f(4)=5$

따라서 이때의 함수 f의 개수는

$$9\times1=9$$

(i), (ii)에서 구하는 함수 f의 개수는

$$9+9=18$$

유형 10 같은 것이 있는 순열 - 문자의 나열

0036

답 ⑤

a와 d를 한 문자 X로 생각하면 X, t, t, i, t, u, e를 일렬로 나열하는 경우의 수는

$$\frac{7!}{3!}=840$$

이때 a와 d가 서로 자리를 바꾸는 경우의 수는

$2!=2$

따라서 구하는 경우의 수는

$840 \times 2 = 1680$

0037 답 ③

양 끝에 a와 b가 오도록 나열하는 경우는 a가 맨 앞에 오는 경우와 b가 맨 앞에 오는 경우의 2가지이다.

가운데에 f, o, o, t, l, l을 일렬로 나열하는 경우의 수는

$$\frac{6!}{2! \times 2!} = 180$$

따라서 구하는 경우의 수는

$2 \times 180 = 360$

0038 답 ④

구하는 경우의 수는 a, b, b, b, c, c를 일렬로 나열하는 경우의 수에서 양 끝에 서로 같은 문자가 오는 경우의 수를 빼면 된다.

a, b, b, b, c, c를 일렬로 나열하는 경우의 수는

$$\frac{6!}{3! \times 2!} = 60$$

양 끝에 서로 같은 문자가 오는 경우는 다음과 같다.

(ⅰ) 양 끝에 모두 b가 오는 경우

양 끝 사이에 a, b, c, c를 일렬로 나열하는 경우의 수는

$$\frac{4!}{2!} = 12$$

(ⅱ) 양 끝에 모두 c가 오는 경우

양 끝 사이에 a, b, b, b를 일렬로 나열하는 경우의 수는

$$\frac{4!}{3!} = 4$$

(ⅰ), (ⅱ)에서 양 끝에 서로 같은 문자가 오는 경우의 수는

$12 + 4 = 16$

따라서 구하는 경우의 수는

$60 - 16 = 44$

0039 답 12

구하는 경우의 수는 a, a, b, c, c를 일렬로 나열하는 경우의 수에서 같은 문자끼리 이웃하도록 나열하는 경우의 수를 빼면 된다.

a, a, b, c, c를 일렬로 나열하는 경우의 수는

$$\frac{5!}{2! \times 2!} = 30$$

(ⅰ) a끼리 이웃하게 일렬로 나열하는 경우

a를 한 문자 X로 생각하면 X, b, c, c를 일렬로 나열하는 경우의 수와 같으므로

$$\frac{4!}{2!} = 12$$

(ⅱ) c끼리 이웃하게 일렬로 나열하는 경우

c를 한 문자 Y로 생각하면 a, a, b, Y를 일렬로 나열하는 경우의 수와 같으므로

$$\frac{4!}{2!} = 12$$

(ⅲ) a, c를 각각 이웃하게 일렬로 나열하는 경우

X, b, Y를 일렬로 나열하는 경우의 수와 같으므로

$3! = 6$

(ⅰ)~(ⅲ)에서 같은 문자를 이웃하게 일렬로 나열하는 경우의 수는

$12 + 12 - 6 = 18$

따라서 구하는 경우의 수는

$30 - 18 = 12$

유형 11 같은 것이 있는 순열 - 자연수의 개수

0040 답 ②

일의 자리에 올 수 있는 숫자는 1, 3이다.

(ⅰ) 일의 자리의 숫자가 1인 경우

일의 자리를 제외한 나머지 다섯 자리에 1, 2, 2, 2, 3을 일렬로 나열하는 경우의 수는

$$\frac{5!}{3!} = 20$$

(ⅱ) 일의 자리의 숫자가 3인 경우

일의 자리를 제외한 나머지 다섯 자리에 1, 1, 2, 2, 2를 일렬로 나열하는 경우의 수는

$$\frac{5!}{2! \times 3!} = 10$$

(ⅰ), (ⅱ)에서 구하는 홀수의 개수는

$20 + 10 = 30$

0041 답 150

0, 1, 1, 2, 2, 3을 일렬로 나열하는 경우의 수는

$$\frac{6!}{2! \times 2!} = 180$$

이때 맨 앞자리에 0이 오는 경우의 수는 맨 앞자리를 제외한 나머지 다섯 자리에 1, 1, 2, 2, 3을 일렬로 나열하는 경우의 수와 같으므로

$$\frac{5!}{2! \times 2!} = 30$$

따라서 구하는 자연수의 개수는

$180 - 30 = 150$

0042 답 ④

350000보다 작은 수가 되려면

2□□□□□, 32□□□□, 34□□□□ 꼴이어야 한다.

(i) 2□□□□□ 꼴인 경우

남은 다섯 자리의 숫자를 택하는 경우의 수는 3, 4, 4, 5, 5를
일렬로 나열하는 경우의 수와 같으므로

$$\frac{5!}{2! \times 2!} = 30$$

(ii) 32□□□□ 꼴인 경우

남은 네 자리의 숫자를 택하는 경우의 수는 4, 4, 5, 5를 일렬로
나열하는 경우의 수와 같으므로

$$\frac{4!}{2! \times 2!} = 6$$

(iii) 34□□□□ 꼴인 경우

남은 네 자리의 숫자를 택하는 경우의 수는 2, 4, 5, 5를 일렬로
나열하는 경우의 수와 같으므로

$$\frac{4!}{2!} = 12$$

(i)~(iii)에서 구하는 자연수의 개수는

$$30 + 6 + 12 = 48$$

0043
답 90

1, 2, 3 중에서 주어진 조건을 만족시키도록 5개를 선택하는 경우
는 다음과 같다.

$(1, 1, 1, 2, 3), (1, 1, 2, 3, 3), (1, 2, 2, 2, 3), (1, 2, 3, 3, 3)$

(i) 1, 1, 1, 2, 3을 일렬로 나열하는 경우의 수는

$$\frac{5!}{3!} = 20$$

(ii) 1, 1, 2, 3, 3을 일렬로 나열하는 경우의 수는

$$\frac{5!}{2! \times 2!} = 30$$

(iii) 1, 2, 2, 2, 3을 일렬로 나열하는 경우의 수는

$$\frac{5!}{3!} = 20$$

(iv) 1, 2, 3, 3, 3을 일렬로 나열하는 경우의 수는

$$\frac{5!}{3!} = 20$$

(i)~(iv)에서 구하는 자연수의 개수는

$$20 + 30 + 20 + 20 = 90$$

0044
답 ③

e, m, i의 순서가 정해져 있으므로 e, m, i를 모두 같은 문자 V로
생각하여 7개의 문자 V, V, o, t, V, o, n을 일렬로 나열한 후, 첫
번째 V는 e, 두 번째 V는 m, 세 번째 V는 i로 바꾸면 된다.
따라서 구하는 경우의 수는

$$\frac{7!}{3! \times 2!} = 420$$

0045
답 ⑤

4개의 모음 e, i, e, e를 한 문자로 생각하고, 4개의 자음 n, g, n,
r를 또 다른 한 문자로 생각하면 자음이 모음보다 앞에 오는 경우
의 수는 1이다.

4개의 모음 e, i, e, e를 일렬로 나열하는 경우의 수는

$$\frac{4!}{3!} = 4$$

4개의 자음 n, g, n, r를 일렬로 나열하는 경우의 수는

$$\frac{4!}{2!} = 12$$

따라서 구하는 경우의 수는

$$1 \times 4 \times 12 = 48$$

0046
답 ④

r는 l보다 앞에 오므로 r, l을 모두 같은 문자 A로 생각하고, b는 i
보다 앞에 오므로 b, i를 모두 같은 문자 B로 생각하여
B, A, o, c, c, o, A, B를 일렬로 나열한 후, 첫 번째 A는 r, 두 번
째 A는 l로 바꾸고, 첫 번째 B는 b, 두 번째 B는 i로 바꾸면 된다.
따라서 구하는 경우의 수는

$$\frac{8!}{2! \times 2! \times 2! \times 2!} = 2520$$

0047
답 105

4, 6의 순서가 정해져 있으므로 4, 6을 모두 같은 문자 A로 생각하
고, 소수 2, 3, 5, 7의 순서가 정해져 있으므로 2, 3, 5, 7을 모두
같은 문자 B로 생각하여 1, B, B, A, B, A, B를 일렬로 나열한
후, 첫 번째 A는 4, 두 번째 A는 6으로 바꾸고, 첫 번째 B는 2, 두
번째 B는 3, 세 번째 B는 5, 네 번째 B는 7로 바꾸면 된다.
따라서 구하는 경우의 수는

$$\frac{7!}{4! \times 2!} = 105$$

0048
답 ③

양 끝에 각각 검은 바둑돌을 놓고 그 사이에 흰 바둑돌 4개, 검은
바둑돌 2개를 일렬로 나열하면 된다.
따라서 구하는 경우의 수는

$$\frac{6!}{4! \times 2!} = 15$$

다른 풀이

구하는 경우의 수는 바둑돌이 일렬로 놓이는 8개의 자리 중에서 양
끝의 2자리를 제외하고 나머지 6개의 자리 중 흰 바둑돌 4개가 놓
일 자리를 선택하는 경우의 수와 같으므로

$${}_6C_4 = {}_6C_2 = 15$$

0049

$f(a)+f(b)+f(c)=7$을 만족시키는 $f(a)$, $f(b)$, $f(c)$의 값은 다음과 같다.

$(1, 1, 5)$, $(1, 2, 4)$, $(1, 3, 3)$, $(2, 2, 3)$

(i) $(1, 1, 5)$인 경우

함수 f의 개수는 1, 1, 5를 일렬로 나열하는 경우의 수와 같으므로

$$\dfrac{3!}{2!}=3$$

(ii) $(1, 2, 4)$인 경우

함수 f의 개수는 1, 2, 4를 일렬로 나열하는 경우의 수와 같으므로

$$3!=6$$

(iii) $(1, 3, 3)$인 경우

함수 f의 개수는 1, 3, 3을 일렬로 나열하는 경우의 수와 같으므로

$$\dfrac{3!}{2!}=3$$

(iv) $(2, 2, 3)$인 경우

함수 f의 개수는 2, 2, 3을 일렬로 나열하는 경우의 수와 같으므로

$$\dfrac{3!}{2!}=3$$

(i)∼(iv)에서 구하는 함수 f의 개수는

$$3+6+3+3=15$$

0050

구하는 경우의 수는 흰 공 3개, 파란 공 2개, 노란 공 1개를 일렬로 나열하는 경우의 수에서 흰 공이 이웃하지 않는 경우의 수와 흰 공 3개가 모두 이웃하는 경우의 수를 빼면 된다.

흰 공 3개, 파란 공 2개, 노란 공 1개를 일렬로 나열하는 경우의 수는

$$\dfrac{6!}{3!\times 2!}=60$$

(i) 흰 공이 이웃하지 않는 경우

파란 공 2개, 노란 공 1개를 일렬로 나열한 후, 이들 사이사이와 양 끝의 4자리 중 3자리를 택하여 흰 공을 나열하면 되므로 그 경우의 수는

$$\dfrac{3!}{2!}\times {}_4\mathrm{C}_3=3\times 4=12$$

(ii) 흰 공 3개가 모두 이웃하는 경우

흰 공 3개를 한 문자 X로 생각하면 X, 파란 공 2개, 노란 공 1개를 일렬로 나열하는 경우의 수와 같으므로

$$\dfrac{4!}{2!}=12$$

따라서 구하는 경우의 수는

$$60-(12+12)=36$$

다른 풀이

흰 공 2개를 Y로 생각하면 Y, 흰 공 1개, 파란 공 2개, 노란 공 1개를 일렬로 나열하는 경우의 수는

$$\dfrac{5!}{2!}=60$$

Y와 흰 공 1개를 한 문자 Z로 생각하면 Z, 파란 공 2개, 노란 공 1개를 일렬로 나열하는 경우의 수는

$$\dfrac{4!}{2!}=12$$

Y와 흰 공 1개의 자리를 서로 바꾸는 경우의 수는

$$2!=2$$

그러므로 Y와 흰 공 1개가 이웃하도록 나열하는 경우의 수는

$$12\times 2=24$$

따라서 구하는 경우의 수는

$$60-24=36$$

0051

a, b, c, d가 모두 자연수이므로 조건 ㈎를 만족시키는 네 수는 다음과 같다.

$(1, 1, 1, 5)$, $(1, 1, 2, 4)$, $(1, 1, 3, 3)$, $(1, 2, 2, 3)$,
$(2, 2, 2, 2)$

(i) $(1, 1, 1, 5)$인 경우

$1\times 1\times 1\times 5=5$이므로 조건 ㈏를 만족시키지 않는다.

(ii) $(1, 1, 2, 4)$인 경우

$1\times 1\times 2\times 4=8$이므로 조건 ㈏를 만족시킨다.

이때의 경우의 수는 1, 1, 2, 4를 일렬로 나열하는 경우의 수와 같으므로

$$\dfrac{4!}{2!}=12$$

(iii) $(1, 1, 3, 3)$인 경우

$1\times 1\times 3\times 3=9$이므로 조건 ㈏를 만족시키지 않는다.

(iv) $(1, 2, 2, 3)$인 경우

$1\times 2\times 2\times 3=12$이므로 조건 ㈏를 만족시키지 않는다.

(v) $(2, 2, 2, 2)$인 경우

$2\times 2\times 2\times 2=16$이므로 조건 ㈏를 만족시킨다.

이때의 경우의 수는 1이다.

(i)∼(v)에서 구하는 순서쌍 (a, b, c, d)의 개수는

$$12+1=13$$

유형 **14** 최단거리로 가는 경우의 수

0052

구하는 경우의 수는 A지점에서 B지점까지 최단거리로 가는 경우의 수에서 A지점에서 P지점을 거쳐서 B지점까지 최단거리로 가는 경우의 수를 빼면 된다.

A지점에서 B지점까지 최단거리로 가는 경우의 수는

$$\dfrac{7!}{4!\times 3!}=35$$

(i) A지점에서 P지점까지 최단거리로 가는 경우의 수는

$$\dfrac{4!}{2!\times 2!}=6$$

(ii) P지점에서 B지점까지 최단거리로 가는 경우의 수는

$$\frac{3!}{2! \times 1!} = 3$$

(i), (ii)에서 A지점에서 P지점을 거쳐 B지점까지 최단거리로 가는 경우의 수는

$6 \times 3 = 18$

따라서 구하는 경우의 수는

$35 - 18 = 17$

0053
답 18

A지점에서 두 지점 P, Q를 이은 도로 PQ를 거쳐 B지점까지 최단거리로 가려면 A → P → Q → B로 이동해야 한다.

(i) A지점에서 P지점까지 최단거리로 가는 경우의 수는

$$\frac{4!}{2! \times 2!} = 6$$

(ii) P지점에서 Q지점까지 최단거리로 가는 경우의 수는 1이다.

(iii) Q지점에서 B지점까지 최단거리로 가는 경우의 수는

$$\frac{3!}{2! \times 1!} = 3$$

(i)~(iii)에서 구하는 경우의 수는

$6 \times 1 \times 3 = 18$

0054
답 51

(i) A지점에서 P지점까지 최단거리로 가는 경우의 수는

$$\frac{3!}{2! \times 1!} = 3$$

(ii) P지점에서 B지점까지 최단거리로 가는 경우의 수는

$$\frac{7!}{3! \times 4!} = 35$$

P지점에서 Q지점을 지나 B지점까지 최단거리로 가는 경우의 수는

$$\frac{4!}{2! \times 2!} \times \frac{3!}{1! \times 2!} = 6 \times 3 = 18$$

따라서 P지점에서 Q지점을 지나지 않고 B지점까지 최단거리로 가는 경우의 수는

$35 - 18 = 17$

(i), (ii)에서 구하는 경우의 수는

$3 \times 17 = 51$

0055
답 210

꼭짓점 A에서 꼭짓점 B까지 가려면 가로, 세로, 높이의 방향으로 각각 3번, 2번, 2번 이동해야 하므로 최단거리로 가는 경우의 수는

$$\frac{7!}{3! \times 2! \times 2!} = 210$$

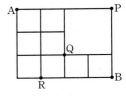

유형 15 최단거리로 가는 경우의 수
— 도로망이 복잡하거나 장애물이 있는 경우

0056
답 ②

오른쪽 그림과 같이 세 지점 P, Q, R를 잡으면 A지점에서 B지점까지 최단거리로 가는 경우는 다음과 같다.

A → P → B, A → Q → B,

A → R → B

(i) A → P → B로 갈 때, 최단거리로 가는 경우의 수는

$1 \times 1 = 1$

(ii) A → Q → B로 갈 때, 최단거리로 가는 경우의 수는

$$\frac{4!}{2! \times 2!} \times \frac{3!}{2! \times 1!} = 6 \times 3 = 18$$

(iii) A → R → B로 갈 때, 최단거리로 가는 경우의 수는

$$\frac{4!}{1! \times 3!} \times 1 = 4 \times 1 = 4$$

(i)~(iii)에서 구하는 경우의 수는

$1 + 18 + 4 = 23$

다른 풀이 ①

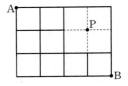

오른쪽 그림과 같이 지나갈 수 없는 길을 점선으로 연결하고 두 점선의 교점을 P라 하면 구하는 경우의 수는 A지점에서 B지점까지 최단거리로 가는 경우의 수에서 A지점에서 P지점을 거쳐 B지점까지 최단거리로 가는 경우의 수를 빼면 된다.

따라서 구하는 경우의 수는

$$\frac{7!}{4! \times 3!} - \frac{4!}{3! \times 1!} \times \frac{3!}{1! \times 2!} = 35 - 4 \times 3 = 23$$

다른 풀이 ②

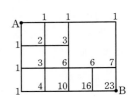

오른쪽 그림과 같이 합의 법칙을 이용하여 최단거리로 가는 경우의 수를 구하면 23이다.

0057
답 60

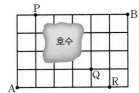

오른쪽 그림과 같이 세 지점 P, Q, R를 잡으면 A지점에서 B지점까지 최단거리로 가는 경우는 다음과 같다.

A → P → B, A → Q → B,

A → R → B

(i) A → P → B로 갈 때, 최단거리로 가는 경우의 수는

$$\frac{5!}{1! \times 4!} \times 1 = 5 \times 1 = 5$$

(ii) A → Q → B로 갈 때, 최단거리로 가는 경우의 수는

$$\frac{5!}{4! \times 1!} \times \frac{5!}{2! \times 3!} = 5 \times 10 = 50$$

(iii) A → R → B로 갈 때, 최단거리로 가는 경우의 수는

$$1 \times \frac{5!}{1! \times 4!} = 1 \times 5 = 5$$

(i)~(iii)에서 구하는 경우의 수는

$5 + 50 + 5 = 60$

다른 풀이

오른쪽 그림과 같이 합의 법칙을 이용하여 최단거리로 가는 경우의 수를 구하면 60이다.

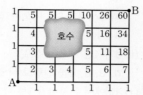

0058

답 ④

오른쪽 그림과 같이 세 지점 P, Q, R를 잡으면 A지점에서 B지점까지 최단거리로 가는 경우는 다음과 같다.

A → P → B, A → Q → B,

A → R → B

(i) A → P → B로 갈 때, 최단거리로 가는 경우의 수는

$1 \times 1 = 1$

(ii) A → Q → B로 갈 때, 최단거리로 가는 경우의 수는

$$\frac{4!}{1! \times 3!} \times \frac{4!}{3! \times 1!} = 4 \times 4 = 16$$

(iii) A → R → B로 갈 때, 최단거리로 가는 경우의 수는

$$\left(\frac{4!}{2! \times 2!} - 1 \right) \times \left(\frac{4!}{2! \times 2!} - 1 \right) = (6-1) \times (6-1) = 25$$

(i)~(iii)에서 구하는 경우의 수는

$1 + 16 + 25 = 42$

다른 풀이

오른쪽 그림과 같이 합의 법칙을 이용하여 최단거리로 가는 경우의 수를 구하면 42이다.

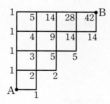

0059

답 ①

만의 자리에 올 수 있는 숫자는 1, 2의 2가지이다.

천의 자리, 백의 자리, 십의 자리의 숫자는 1, 2, 3, 4, 5의 5개에서 중복을 허락하여 3개를 택해 일렬로 나열하면 되므로

${}_5\Pi_3 = 5^3 = 125$

일의 자리에 올 수 있는 숫자는 2, 4의 2가지이다.

따라서 구하는 짝수의 개수는

$2 \times 125 \times 2 = 500$

짝기출

숫자 1, 2, 3, 4, 5 중에서 중복을 허락하여 4개를 택해 일렬로 나열하여 만들 수 있는 네 자리의 자연수 중 4000 이상인 홀수의 개수는?

① 125　　② 150　　③ 175　　④ 200　　⑤ 225

답 ②

0060

답 ①

(i) A지점에서 P지점까지 최단거리로 가는 경우의 수는

$$\frac{5!}{2! \times 3!} = 10$$

(ii) P지점에서 B지점까지 최단거리로 가는 경우의 수는

$$\frac{6!}{3! \times 3!} = 20$$

(i), (ii)에서 구하는 경우의 수는

$10 \times 20 = 200$

0061

답 ⑤

조건 (가)에서 16을 4개의 한 자리 자연수의 곱으로 나타내면

$16 = 1 \times 1 \times 2 \times 8 = 1 \times 1 \times 4 \times 4 = 1 \times 2 \times 2 \times 4 = 2 \times 2 \times 2 \times 2$

이때 조건 (나)에서 네 수의 합이 10보다 크거나 같아야 하므로 네 자연수는 1, 1, 2, 8 또는 1, 1, 4, 4가 되어야 한다.

(i) 1, 1, 2, 8인 경우

순서쌍 (a, b, c, d)의 개수는 네 자연수 1, 1, 2, 8을 일렬로 나열하는 경우의 수와 같으므로

$$\frac{4!}{2!} = 12$$

(ii) 1, 1, 4, 4인 경우

순서쌍 (a, b, c, d)의 개수는 네 자연수 1, 1, 4, 4를 일렬로 나열하는 경우의 수와 같으므로

$$\frac{4!}{2! \times 2!} = 6$$

(i), (ii)에서 구하는 순서쌍 (a, b, c, d)의 개수는

$12 + 6 = 18$

다음 조건을 만족시키는 자연수 a, b, c, d의 모든 순서쌍 (a, b, c, d)의 개수는?

> (가) $a \times b \times c \times d = 8$
> (나) $a + b + c + d < 10$

① 10   ② 12   ③ 14   ④ 16   ⑤ 18

답 ④

0062

답 ④

3개의 문자 A, B, C를 같은 문자 X로 생각하고 6개의 문자를 모두 한 번씩 사용하여 일렬로 나열하는 경우의 수는

$$\frac{6!}{3!} = 120$$

가운데 문자 X를 문자 A로 바꾸고 첫 번째 문자 X와 세 번째 문자 X에 두 문자 B, C를 나열하는 경우의 수는

$$2! = 2$$

따라서 구하는 경우의 수는

$$120 \times 2 = 240$$

0063

답 ④

(i) A, B, B, C, C가 적혀 있는 카드를 택하는 경우

C가 적혀 있는 카드 1장을 두 번째 자리에 나열하고 나머지 C가 적혀 있는 카드 1장과 A가 적혀 있는 카드 1장, B가 적혀 있는 카드 2장을 일렬로 나열해야 하므로 이때의 경우의 수는

$$\frac{4!}{2!} = 12$$

(ii) A, B, C, C, C가 적혀 있는 카드를 택하는 경우

C가 적혀 있는 카드 1장을 두 번째 자리에 나열하고 나머지 C가 적혀 있는 카드 2장과 A가 적혀 있는 카드 1장, B가 적혀 있는 카드 1장을 일렬로 나열해야 하므로 이때의 경우의 수는

$$\frac{4!}{2!} = 12$$

(iii) B, B, C, C, C가 적혀 있는 카드를 택하는 경우

C가 적혀 있는 카드 1장을 두 번째 자리에 나열하고 나머지 C가 적혀 있는 카드 2장과 B가 적혀 있는 카드 2장을 일렬로 나열해야 하므로 이때의 경우의 수는

$$\frac{4!}{2! \times 2!} = 6$$

(i)~(iii)에서 구하는 경우의 수는

$$12 + 12 + 6 = 30$$

0064

답 ④

구하는 경우의 수는 네 문자 a, b, c, d 중에서 중복을 허락하여 4개를 택해 일렬로 나열하는 경우의 수에서 문자 d가 3번 나오거나 4번 나오는 경우의 수를 빼면 된다.

a, b, c, d 중에서 중복을 허락하여 4개를 택해 일렬로 나열하는 경우의 수는

$${}_4\Pi_4 = 4^4 = 256$$

(i) d가 3번 나오는 경우

a, b, c 중에서 1개를 선택하는 경우의 수는

$${}_3C_1 = 3$$

선택된 문자 4개를 일렬로 나열하는 경우의 수는

$$\frac{4!}{3!} = 4$$

따라서 d가 3번 나오는 경우의 수는

$$3 \times 4 = 12$$

(ii) d가 4번 나오는 경우

d, d, d, d를 일렬로 나열하는 경우의 수는 1이다.

(i), (ii)에서 문자 d가 3번 나오거나 4번 나오는 경우의 수는

$$12 + 1 = 13$$

따라서 구하는 경우의 수는

$$256 - 13 = 243$$

다른 풀이

(i) 문자 d가 나오지 않는 경우의 수는 a, b, c 중에서 중복을 허락하여 4개를 택해 일렬로 나열하는 경우의 수와 같으므로

$${}_3\Pi_4 = 3^4 = 81$$

(ii) 문자 d가 1번 나오는 경우는 aaad, bbbd, cccd, aabd, aacd, abbd, accd, bbcd, bccd, abcd이므로 이들을 일렬로 나열하는 경우의 수는

$$\frac{4!}{3!} \times 3 + \frac{4!}{2!} \times 6 + 4! = 4 \times 3 + 12 \times 6 + 24$$
$$= 12 + 72 + 24 = 108$$

(iii) 문자 d가 두 번 나오는 경우는 aadd, bbdd, ccdd, abdd, acdd, bcdd이므로 이들을 일렬로 나열하는 경우의 수는

$$\frac{4!}{2! \times 2!} \times 3 + \frac{4!}{2!} \times 3 = 6 \times 3 + 12 \times 3$$
$$= 18 + 36 = 54$$

(i)~(iii)에서 구하는 경우의 수는

$$81 + 108 + 54 = 243$$

세 문자 a, b, c 중에서 중복을 허락하여 4개를 택해 일렬로 나열할 때, 문자 a가 두 번 이상 나오는 경우의 수를 구하시오.

답 33

0065

답 864

남학생 4명을 2명씩 2개의 조로 나누는 경우의 수는

$${}_4C_2 \times {}_2C_2 \times \frac{1}{2!} = 6 \times 1 \times \frac{1}{2} = 3$$

여학생 4명을 2명씩 2개의 조로 나누는 경우의 수는

$${}_4C_2 \times {}_2C_2 \times \frac{1}{2!} = 6 \times 1 \times \frac{1}{2} = 3$$

2명의 학생과 1개의 빈자리를 묶어서 생각하면 4개의 묶음을 원형으로 배열하는 경우의 수는

$$(4-1)! = 3! = 6$$

같은 조의 학생끼리 서로 자리를 바꾸는 경우의 수는 각각
$2!=2$
따라서 구하는 경우의 수는
$3 \times 3 \times 6 \times 2^4=864$

남학생 4명, 여학생 2명이 그림과 같이 9개의 자리가 있는 원탁에 다음 두 조건에 따라 앉으려고 할 때, 앉을 수 있는 모든 경우의 수를 구하시오.

(단, 회전하여 일치하는 것은 같은 것으로 본다.)

㈎ 남학생, 여학생 모두 같은 성별끼리 2명씩 조를 만든다.
㈏ 서로 다른 두 개의 조 사이에 반드시 한 자리를 비워둔다.

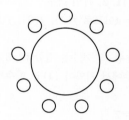

탑 48

0066

탑 115

구하는 자연수의 개수는 0, 1, 2 중에서 중복을 허락하여 5개를 택해 일렬로 나열하여 만든 다섯 자리 자연수의 개수에서 숫자 0과 1을 각각 1개 이상씩 선택하지 않는 경우의 수를 빼면 된다.

숫자 0, 1, 2 중에서 중복을 허락하여 5개를 선택한 후 일렬로 나열하여 다섯 자리 자연수를 만들 때, 만의 자리에 올 수 있는 숫자는 1, 2의 2가지이고, 나머지 네 자리의 숫자를 택하는 경우의 수는 0, 1, 2의 3개에서 4개를 택하는 중복순열의 수와 같다.

따라서 이때의 경우의 수는
$2 \times {}_3\Pi_4 = 2 \times 3^4 = 2 \times 81 = 162$

(i) 숫자 0을 선택하지 않는 경우

숫자 1, 2 중에서 중복을 허락하여 5개를 선택한 후 일렬로 나열하면 되므로 이때의 경우의 수는
$_2\Pi_5 = 2^5 = 32$

(ii) 숫자 1을 선택하지 않는 경우

숫자 0, 2 중에서 중복을 허락하여 5개를 선택한 후 일렬로 나열하면 된다.

이때 만의 자리에 올 수 있는 숫자는 2의 1가지이고, 나머지 네 자리의 숫자를 택하는 경우의 수는 0, 2의 2개에서 4개를 택하는 중복순열의 수와 같다.

따라서 이때의 경우의 수는
$1 \times {}_2\Pi_4 = 1 \times 2^4 = 16$

(iii) 숫자 0과 1을 동시에 선택하지 않는 경우

숫자 2를 중복을 허락하여 5개를 선택한 후 일렬로 나열하면 되므로 이때의 경우의 수는 1이다.

(i)~(iii)에서 구하는 자연수의 개수는
$162-(32+16-1)=115$

0067

탑 144

1학년 학생 4명이 원탁에 둘러앉는 경우의 수는
$(4-1)!=3!=6$

1학년 학생 사이사이에는 1명 이상의 2학년 학생이 앉고 각각의 1학년 학생 사이사이에 앉은 2학년 학생의 수는 모두 다르므로 2학년 학생 10명을 4명, 3명, 2명, 1명으로 나누어 1학년 학생 사이사이에 앉혀야 한다.

이때 2학년 학생 네 그룹을 1학년 학생 사이사이의 4곳에 배열하는 경우의 수는 4!이다.

2학년 학생 10명을 10개의 자리에 배열하는 경우의 수는 10!

따라서 구하는 경우의 수는
$6 \times 4! \times 10! = 144 \times 10!$
$\therefore n=144$

여학생 3명과 남학생 6명이 원탁에 같은 간격으로 둘러앉으려고 한다. 각각의 여학생 사이에는 1명 이상의 남학생이 앉고 각각의 여학생 사이에 앉은 남학생의 수는 모두 다르다. 9명의 학생이 모두 앉는 경우의 수가 $n \times 6!$일 때, 자연수 n의 값은? (단, 회전하여 일치하는 것들은 같은 것으로 본다.)

① 10 　　② 12 　　③ 14 　　④ 16 　　⑤ 18

탑 ②

0068

탑 ④

학생 B가 받는 사탕의 개수에 따라 다음과 같이 나누어 생각할 수 있다.

(i) 학생 B가 받는 사탕의 개수가 0인 경우

사탕 5개를 학생 A, C에게 남김없이 나누어 주는 경우의 수는 A, C의 2개에서 5개를 택하는 중복순열의 수와 같으므로
$_2\Pi_5 = 2^5 = 32$

이때 학생 A가 받는 사탕의 개수가 0인 경우를 제외해야 한다.

따라서 학생 B가 받는 사탕의 개수가 0인 경우의 수는
$32-1=31$

(ii) 학생 B가 받는 사탕의 개수가 1인 경우

학생 B가 받는 사탕을 고르는 경우의 수는 $_5C_1 = 5$

남은 사탕 4개를 학생 A, C에게 남김없이 나누어 주는 경우의 수는 A, C의 2개에서 4개를 택하는 중복순열의 수와 같으므로
$_2\Pi_4 = 2^4 = 16$

학생 A가 받는 사탕의 개수가 0인 경우를 제외하면
$16-1=15$

따라서 학생 B가 받는 사탕의 개수가 1인 경우의 수는

$5 \times 15 = 75$

(iii) 학생 B가 받는 사탕의 개수가 2인 경우

학생 B가 받는 사탕을 고르는 경우의 수는 $_5C_2 = 10$

남은 사탕 3개를 학생 A, C에게 남김없이 나누어 주는 경우의
수는 A, C의 2개에서 3개를 택하는 중복순열의 수와 같으므로

$_2\Pi_3 = 2^3 = 8$

학생 A가 받는 사탕의 개수가 0인 경우를 제외하면

$8 - 1 = 7$

따라서 학생 B가 받는 사탕의 개수가 2인 경우의 수는

$10 \times 7 = 70$

(i)~(iii)에서 구하는 경우의 수는

$31 + 75 + 70 = 176$

0069

답 ③

조건 ㈎, ㈏에 의하여 선택되는 다섯 개의 숫자는 다음과 같다.

(짝수 1개, 홀수 4개), (짝수 3개, 홀수 2개)

(i) 짝수 1개, 홀수 4개를 선택하는 경우

2, 4, 6 중 1개를 선택하는 경우의 수는

$_3C_1 = 3$

3, 5 중 두 번 사용할 홀수 2개를 선택하는 경우의 수는

$_2C_2 = 1$

선택된 숫자 5개를 일렬로 나열하는 경우의 수는

$\dfrac{5!}{2! \times 2!} = 30$

이때 만들 수 있는 자연수의 개수는

$3 \times 1 \times 30 = 90$

(ii) 짝수 3개, 홀수 2개를 선택하는 경우

2, 4, 6 중 서로 다른 3개를 선택하는 경우의 수는

$_3C_3 = 1$

3, 5 중 두 번 사용할 홀수 1개를 선택하는 경우의 수는

$_2C_1 = 2$

선택된 숫자 5개를 일렬로 나열하는 경우의 수는

$\dfrac{5!}{2!} = 60$

이때 만들 수 있는 자연수의 개수는

$1 \times 2 \times 60 = 120$

(i), (ii)에서 구하는 자연수의 개수는

$90 + 120 = 210$

짝기출

숫자 1, 2, 3, 4, 5, 6 중에서 중복을 허락하여 다섯 개를 다음
조건을 만족시키도록 선택한 후, 일렬로 나열하여 만들 수 있
는 모든 다섯 자리의 자연수의 개수는?

㈎ 각각의 홀수는 선택하지 않거나 한 번만 선택한다.
㈏ 각각의 짝수는 선택하지 않거나 두 번만 선택한다.

① 450   ② 445   ③ 440   ④ 435   ⑤ 430

답 ①

0070

답 ①

조건 ㈎에 의하여

$f(1) \geq 1$, $f(2) \geq 2$, $f(3) \geq 2$, $f(4) \geq 2$, $f(5) \geq 3$

조건 ㈏에 의하여 함수 f의 치역으로 가능한 경우는

$\{1, 2, 3\}$, $\{1, 2, 4\}$, $\{1, 3, 4\}$, $\{2, 3, 4\}$

(i) 함수 f의 치역이 $\{1, 2, 3\}$인 경우

$f(1) = 1$, $f(5) = 3$이므로 $f(2)$, $f(3)$, $f(4)$의 값이 될 수 있
는 것은 2, 3이다.

따라서 이때의 함수 f의 개수는 집합 $\{2, 3, 4\}$에서 집합 $\{2, 3\}$
으로의 함수의 개수에서 치역이 $\{3\}$인 함수의 개수를 빼면 되
므로

$_2\Pi_3 - 1 = 2^3 - 1 = 7$

(ii) 함수 f의 치역이 $\{1, 2, 4\}$인 경우

$f(1) = 1$, $f(5) = 4$이므로 $f(2)$, $f(3)$, $f(4)$의 값이 될 수 있
는 것은 2, 4이다.

따라서 이때의 함수 f의 개수는 집합 $\{2, 3, 4\}$에서 집합 $\{2, 4\}$
로의 함수의 개수에서 치역이 $\{4\}$인 함수의 개수를 빼면 되므
로

$_2\Pi_3 - 1 = 2^3 - 1 = 7$

(iii) 함수 f의 치역이 $\{1, 3, 4\}$인 경우

$f(1) = 1$이므로 $f(2)$, $f(3)$, $f(4)$, $f(5)$의 값이 될 수 있는 것
은 3, 4이다.

따라서 이때의 함수 f의 개수는 집합 $\{2, 3, 4, 5\}$에서 집합 $\{3, 4\}$
로의 함수의 개수에서 치역이 $\{3\}$, $\{4\}$인 함수의 개수를 빼면
되므로

$_2\Pi_4 - 2 = 2^4 - 2 = 14$

(iv) 함수 f의 치역이 $\{2, 3, 4\}$인 경우

ⓐ $f(5) = 3$일 때

$f(1)$, $f(2)$, $f(3)$, $f(4)$의 값이 될 수 있는 것은 2, 3, 4이다.
따라서 이때의 함수 f의 개수는 집합 $\{1, 2, 3, 4\}$에서 집합
$\{2, 3, 4\}$로의 함수의 개수에서 치역이 $\{2\}$, $\{3\}$, $\{4\}$,
$\{2, 3\}$, $\{3, 4\}$인 함수의 개수를 빼면 되므로

$_3\Pi_4 - \{3 + (_2\Pi_4 - 2) \times 2\} = 3^4 - \{3 + (2^4 - 2) \times 2\}$
$= 81 - 31 = 50$

ⓑ $f(5) = 4$일 때

$f(1)$, $f(2)$, $f(3)$, $f(4)$의 값이 될 수 있는 것은 2, 3, 4이다.
따라서 이때의 함수 f의 개수는 집합 $\{1, 2, 3, 4\}$에서 집합
$\{2, 3, 4\}$로의 함수의 개수에서 치역이 $\{2\}$, $\{3\}$, $\{4\}$,
$\{2, 4\}$, $\{3, 4\}$인 함수의 개수를 빼면 되므로

$_3\Pi_4 - \{3 + (_2\Pi_4 - 2) \times 2\} = 3^4 - \{3 + (2^4 - 2) \times 2\}$
$= 50$

ⓐ, ⓑ에서 이때의 함수의 개수는

$50 + 50 = 100$

(i)~(iv)에서 구하는 함수의 개수는

$7 + 7 + 14 + 100 = 128$

02 중복조합과 이항정리

유형 01 중복조합의 계산

0071

답 ③

$_2H_7=_{2+7-1}C_7=_8C_7=_8C_1=_nC_r$이므로

$n=8$, $r=1$

$\therefore n+r=8+1=9$

0072

답 ④

$_nH_2=_{n+2-1}C_2=_{n+1}C_2=_8C_6=_8C_2$이므로

$n+1=8$

$\therefore n=7$

[다른 풀이]

$_nH_2=_{n+2-1}C_2=_{n+1}C_2=\dfrac{n(n+1)}{2}$이므로

$\dfrac{n(n+1)}{2}=_8C_6=_8C_2=28$

$n(n+1)=56=7\times8$

$\therefore n=7$

0073

답 ②

$_nH_3=_{n+3-1}C_3=_{n+2}C_3$이므로

$\dfrac{(n+2)(n+1)n}{3\times2\times1}=20$

$n(n+1)(n+2)=4\times5\times6$

$\therefore n=4$

0074

답 70

$_6H_r=_{6+r-1}C_r=_{5+r}C_r=_9C_4$이므로

$r=4$

$\therefore {}_5H_r={}_5H_4=_{5+4-1}C_4$

$\qquad =_8C_4=70$

유형 02 중복조합

0075

답 ②

장미, 튤립, 백합 중에서 6송이의 꽃을 선택하는 경우의 수는 서로 다른 3개에서 6개를 택하는 중복조합의 수와 같으므로

$_3H_6=_8C_6=_8C_2=28$

0076

답 315

볼펜 4자루를 3명의 학생에게 나누어 주는 경우의 수는 서로 다른 3개에서 4개를 택하는 중복조합의 수와 같으므로

$_3H_4=_6C_4=_6C_2=15$

공책 5권을 3명의 학생에게 나누어 주는 경우의 수는 서로 다른 3개에서 5개를 택하는 중복조합의 수와 같으므로

$_3H_5=_7C_5=_7C_2=21$

따라서 구하는 경우의 수는

$15\times21=315$

0077

답 ③

숫자 1이 1개 이하가 되어야 하므로 숫자 1을 선택하지 않거나 1개 선택해야 한다.

(ⅰ) 숫자 1을 선택하지 않는 경우

1을 제외한 나머지 4개의 숫자에서 중복을 허락하여 4개를 선택하면 되므로

$_4H_4=_7C_4=_7C_3=35$

(ⅱ) 숫자 1을 1개 선택하는 경우

1을 제외한 나머지 4개의 숫자에서 중복을 허락하여 3개를 선택하면 되므로

$_4H_3=_6C_3=20$

(ⅰ), (ⅱ)에서 구하는 경우의 수는

$35+20=55$

유형 03 중복조합 – 다항식의 전개식에서 서로 다른 항의 개수

0078

답 ⑤

다항식 $(x+y+z)^6$의 전개식에서 서로 다른 항의 개수는 3개의 문자 x, y, z에서 6개를 택하는 중복조합의 수와 같으므로

$_3H_6=_8C_6=_8C_2=28$

0079

답 ④

$(a+b)^6$과 $(x+y+z+w)^2$에 서로 같은 문자가 없으므로 각각의 전개식의 항을 곱하면 모두 서로 다른 항이 된다.

다항식 $(a+b)^6$의 전개식에서 서로 다른 항의 개수는 2개의 문자 a, b에서 6개를 택하는 중복조합의 수와 같으므로

$_2H_6=_7C_6=_7C_1=7$

다항식 $(x+y+z+w)^2$의 전개식에서 서로 다른 항의 개수는 4개의 문자 x, y, z, w에서 2개를 택하는 중복조합의 수와 같으므로

$_4H_2=_5C_2=10$

따라서 구하는 서로 다른 항의 개수는

$7\times10=70$

0080

답 8

다항식 $(a+b+c)^n$의 전개식에서 서로 다른 항의 개수는 3개의 문자 a, b, c에서 n개를 택하는 중복조합의 수와 같으므로

$_3H_n=45$

$_{3+n-1}C_n=_{2+n}C_n=_{2+n}C_2=\dfrac{(2+n)(1+n)}{2}=45$

$(n+1)(n+2)=90=9\times10$

$\therefore n=8$

유형 04 중복조합 – '적어도'의 조건이 있는 경우

0081

답 36

3명의 학생에게 각각 연필을 1자루씩 먼저 나누어 준 후, 남은 연필 7자루를 중복을 허락하여 3명에게 나누어 주면 된다.

따라서 구하는 경우의 수는 서로 다른 3개에서 7개를 택하는 중복조합의 수와 같으므로

$_3H_7=_9C_7=_9C_2=36$

0082

답 ②

세 종류의 음료수를 각각 1개씩 선택한 후, 세 종류의 음료수 중에서 중복을 허락하여 5개를 선택하면 된다.

따라서 구하는 경우의 수는 서로 다른 3개에서 5개를 택하는 중복조합의 수와 같으므로

$_3H_5=_7C_5=_7C_2=21$

0083

답 ①

2명의 학생에게 케이크와 빵을 각각 1개 이상씩 나누어 주어야 하므로 2명의 학생에게 케이크와 빵을 각각 1개씩 먼저 나누어 준 후, 남은 케이크 4개와 빵 2개를 2명의 학생에게 나누어 주면 된다.

남은 케이크 4개를 2명의 학생에게 나누어 주는 경우의 수는 서로 다른 2개에서 4개를 택하는 중복조합의 수와 같으므로

$_2H_4=_5C_4=_5C_1=5$

남은 빵 2개를 2명의 학생에게 나누어 주는 경우의 수는 서로 다른 2개에서 2개를 택하는 중복조합의 수와 같으므로

$_2H_2=_3C_2=_3C_1=3$

따라서 구하는 경우의 수는

$5\times3=15$

0084

답 ①

4명 중 우유를 받을 2명을 선택하는 경우의 수는

$_4C_2=6$

우유 5개를 선택된 2명에게 나누어 주는 경우의 수는 선택된 2명에게 우유를 각각 1개씩 나누어 주고 남은 3개를 중복을 허락하여 2명에게 나누어 주면 되므로

$_2H_3=_4C_3=_4C_1=4$

따라서 구하는 경우의 수는

$6\times4=24$

0085

답 66

A, B에게 각각 공책을 2권씩 먼저 나누어 준 후, 남은 공책 10권을 중복을 허락하여 3명에게 나누어 주면 된다.

따라서 구하는 경우의 수는 서로 다른 3개에서 10개를 택하는 중복조합의 수와 같으므로

$_3H_{10}=_{12}C_{10}=_{12}C_2=66$

유형 05 중복조합 – 방정식의 해의 개수

0086

답 ②

$x+y+z=10$을 만족시키는 음이 아닌 정수 x, y, z의 모든 순서쌍 (x, y, z)의 개수는 3개의 문자 x, y, z에서 10개를 뽑는 중복조합의 수와 같으므로

$_3H_{10}=_{12}C_{10}=_{12}C_2=66$

0087

답 56

$x=x'+1$, $y=y'+1$, $z=z'+1$, $w=w'+1$로 놓으면

$(x'+1)+(y'+1)+(z'+1)+(w'+1)=9$

(단, x', y', z', w'은 음이 아닌 정수이다.)

$\therefore x'+y'+z'+w'=5$

따라서 $x+y+z+w=9$를 만족시키는 양의 정수 x, y, z, w의 순서쌍 (x, y, z, w)의 개수는 $x'+y'+z'+w'=5$를 만족시키는 음이 아닌 정수 x', y', z', w'의 순서쌍 (x', y', z', w')의 개수와 같으므로

$_4H_5=_8C_5=_8C_3=56$

0088

답 ⑤

x, y, z가 -1 이상의 정수이므로 $x=x'-1$, $y=y'-1$, $z=z'-1$로 놓으면

$(x'-1)+(y'-1)+(z'-1)=8$

(단, x', y', z'은 음이 아닌 정수이다.)

$\therefore x'+y'+z'=11$

따라서 구하는 순서쌍 (x, y, z)의 개수는 $x'+y'+z'=11$을 만족시키는 음이 아닌 정수 x', y', z'의 순서쌍 (x', y', z')의 개수와 같으므로

$$_3H_{11}={}_{13}C_{11}={}_{13}C_2=78$$

0089

답 ③

$x+y+5z+w=13$에서

$x+y+w=13-5z$

양의 정수 x, y, w에 대하여 $x+y+w\geq3$이므로

$13-5z\geq3$

$\therefore z\leq2$

이때 z는 양의 정수이므로

$z=1$ 또는 $z=2$

(i) $z=1$일 때

$x+y+w=8$이므로 $x=x'+1$, $y=y'+1$, $w=w'+1$로 놓으면

$(x'+1)+(y'+1)+(w'+1)=8$

(단, x', y', w'은 음이 아닌 정수이다.)

$\therefore x'+y'+w'=5$

이때 순서쌍 (x, y, w)의 개수는 $x'+y'+w'=5$를 만족시키는 음이 아닌 정수 x', y', w'의 순서쌍 (x', y', w')의 개수와 같으므로

$$_3H_5={}_7C_5={}_7C_2=21$$

(ii) $z=2$일 때

$x+y+w=3$이므로 $x=x'+1$, $y=y'+1$, $w=w'+1$로 놓으면

$(x'+1)+(y'+1)+(w'+1)=3$

(단, x', y', w'은 음이 아닌 정수이다.)

$\therefore x'+y'+w'=0$

이때 순서쌍 (x, y, w)의 개수는 $x'+y'+w'=0$을 만족시키는 음이 아닌 정수 x', y', w'의 순서쌍 (x', y', w')의 개수와 같으므로

$$_3H_0={}_2C_0=1$$

(i), (ii)에서 구하는 순서쌍 (x, y, z, w)의 개수는

$21+1=22$

0090

답 336

조건 ㈎에 의하여 네 자연수 a, b, c, d 중 홀수가 2개이어야 하므로 a, b, c, d 중 홀수가 되는 2개를 선택하는 경우의 수는

$$_4C_2=6$$

a, b, c, d 중 두 홀수를 $2x+1$, $2y+1$, 두 짝수를 $2z+2$, $2w+2$로 놓으면 조건 ㈏에 의하여

$(2x+1)+(2y+1)+(2z+2)+(2w+2)=16$

(단, x, y, z, w는 음이 아닌 정수이다.)

$\therefore x+y+z+w=5$

$x+y+z+w=5$를 만족시키는 순서쌍 (x, y, z, w)의 개수는

$$_4H_5={}_8C_5={}_8C_3=56$$

따라서 구하는 순서쌍 (a, b, c, d)의 개수는

$6\times56=336$

0091

답 ④

부등식 $x+y+z\leq9$를 만족시키는 음이 아닌 정수 x, y, z의 모든 순서쌍 (x, y, z)의 개수는 방정식 $x+y+z+w=9$를 만족시키는 음이 아닌 정수 x, y, z, w의 모든 순서쌍 (x, y, z, w)의 개수와 같다.

따라서 구하는 순서쌍 (x, y, z)의 개수는

$$_4H_9={}_{12}C_9={}_{12}C_3=220$$

0092

답 10

$x=x'+1$, $y=y'+1$, $z=z'+1$로 놓으면

$x+y+z\leq5$에서

$(x'+1)+(y'+1)+(z'+1)\leq5$

(단, x', y', z'은 음이 아닌 정수이다.)

$\therefore x'+y'+z'\leq2$

부등식 $x'+y'+z'\leq2$를 만족시키는 음이 아닌 정수 x', y', z'의 순서쌍 (x', y', z')의 개수는 방정식 $x'+y'+z'+w=2$를 만족시키는 음이 아닌 정수 x', y', z', w의 순서쌍 (x', y', z', w)의 개수와 같다.

따라서 구하는 순서쌍 (x, y, z)의 개수는

$$_4H_2={}_5C_2=10$$

다른 풀이

x, y, z가 양의 정수이므로 $3\leq x+y+z\leq5$

(i) $x+y+z=3$일 때

$x=x'+1$, $y=y'+1$, $z=z'+1$로 놓으면

$(x'+1)+(y'+1)+(z'+1)=3$

(단, x', y', z'은 음이 아닌 정수이다.)

$\therefore x'+y'+z'=0$

이때 순서쌍 (x, y, z)의 개수는 $x'+y'+z'=0$을 만족시키는 음이 아닌 정수 x', y', z'의 순서쌍 (x', y', z')의 개수와 같으므로

$$_3H_0={}_2C_0=1$$

(ii) $x+y+z=4$일 때

$x=x'+1$, $y=y'+1$, $z=z'+1$로 놓으면

$(x'+1)+(y'+1)+(z'+1)=4$

(단, x', y', z'은 음이 아닌 정수이다.)

$\therefore x'+y'+z'=1$

이때 순서쌍 (x, y, z)의 개수는 $x'+y'+z'=1$을 만족시키는 음이 아닌 정수 x', y', z'의 순서쌍 (x', y', z')의 개수와 같으므로

$$_3H_1={}_3C_1=3$$

(iii) $x+y+z=5$일 때

$x=x'+1$, $y=y'+1$, $z=z'+1$로 놓으면

$(x'+1)+(y'+1)+(z'+1)=5$

(단, x', y', z'은 음이 아닌 정수이다.)

$\therefore x'+y'+z'=2$

이때 순서쌍 (x, y, z)의 개수는 $x'+y'+z'=2$를 만족시키는 음이 아닌 정수 x', y', z'의 순서쌍 (x', y', z')의 개수와 같으므로

$_3H_2 = _4C_2 = 6$

(i)~(iii)에서 구하는 순서쌍 (x, y, z)의 개수는

$1+3+6 = 10$

0093

답 ④

부등식 $x+y \le n$을 만족시키는 음이 아닌 정수 x, y의 순서쌍 (x, y)의 개수는 방정식 $x+y+z=n$을 만족시키는 음이 아닌 정수 x, y, z의 순서쌍 (x, y, z)의 개수와 같으므로

$_3H_n = _{2+n}C_n = _{2+n}C_2 = 45$

$\dfrac{(2+n)(1+n)}{2} = 45$

$(n+1)(n+2) = 90 = 9 \times 10$

$\therefore n = 8$

0094

답 ④

조건 (가)에서 $x+y+z=8$을 만족시키는 음이 아닌 정수 x, y, z의 순서쌍 (x, y, z)의 개수는

$_3H_8 = _{10}C_8 = _{10}C_2 = 45$

조건 (나)를 만족시키지 않는 경우는 $x+y \le 0$ 또는 $x+y \ge 8$이므로 $x+y = 0$ 또는 $x+y = 8$일 때이다.

(i) $x+y=0$이고 $z=8$일 때

순서쌍 (x, y, z)의 개수는 $(0, 0, 8)$의 1이다.

(ii) $x+y=8$이고 $z=0$일 때

순서쌍 (x, y, z)의 개수는 $x+y=8$을 만족시키는 음이 아닌 정수 x, y의 순서쌍 (x, y)의 개수와 같으므로

$_2H_8 = _9C_8 = _9C_1 = 9$

(i), (ii)에서 조건 (나)를 만족시키지 않는 순서쌍 (x, y, z)의 개수는

$1+9 = 10$

따라서 구하는 순서쌍 (x, y, z)의 개수는

$45 - 10 = 35$

유형 **07** 중복조합 - 대소가 정해진 경우

0095

답 ②

$3 \le a \le b \le c \le 7$을 만족시키는 자연수 a, b, c의 순서쌍 (a, b, c)는 3부터 7까지의 5개의 자연수 중에서 중복을 허락하여 3개를 택해 작거나 같은 수부터 차례대로 a, b, c의 값으로 정하면 된다.

따라서 구하는 순서쌍 (a, b, c)의 개수는 서로 다른 5개에서 3개를 택하는 중복조합의 수와 같으므로

$_5H_3 = _7C_3 = 35$

0096

답 ③

$1 \le a \le b \le c \le 10$을 만족시키는 홀수 a, b, c의 순서쌍 (a, b, c)는 1, 3, 5, 7, 9의 5개의 자연수 중에서 중복을 허락하여 3개를 택해 작거나 같은 수부터 차례대로 a, b, c의 값으로 정하면 된다.

따라서 구하는 순서쌍 (a, b, c)의 개수는 서로 다른 5개에서 3개를 택하는 중복조합의 수와 같으므로

$_5H_3 = _7C_3 = 35$

0097

답 60

a, b, c, d가 자연수이고 $3 < a \le b \le 6 \le c \le d \le 9$이므로

$4 \le a \le b \le 6 \le c \le d \le 9$

$4 \le a \le b \le 6$을 만족시키는 자연수 a, b의 순서쌍 (a, b)는 4부터 6까지의 3개의 자연수 중에서 중복을 허락하여 2개를 택해 작거나 같은 수부터 차례대로 a, b의 값으로 정하면 된다.

즉, 순서쌍 (a, b)의 개수는 서로 다른 3개에서 2개를 택하는 중복조합의 수와 같으므로

$_3H_2 = _4C_2 = 6$

$6 \le c \le d \le 9$를 만족시키는 자연수 c, d의 순서쌍 (c, d)의 개수는 같은 방법으로

$_4H_2 = _5C_2 = 10$

따라서 구하는 순서쌍 (a, b, c, d)의 개수는

$6 \times 10 = 60$

0098

답 80

$1 \le |a| \le |b| \le |c| \le 3$을 만족시키는 자연수 $|a|$, $|b|$, $|c|$의 순서쌍 $(|a|, |b|, |c|)$는 1, 2, 3에서 중복을 허락하여 3개를 택해 작거나 같은 수부터 차례대로 $|a|$, $|b|$, $|c|$의 값으로 정하면 된다.

즉, 순서쌍 $(|a|, |b|, |c|)$의 개수는 서로 다른 3개에서 3개를 택하는 중복조합의 수와 같으므로

$_3H_3 = _5C_3 = _5C_2 = 10$

이때 0이 아닌 세 정수 a, b, c는 각각 절댓값이 같고 부호가 다른 2개의 값을 가질 수 있다.

따라서 구하는 순서쌍 (a, b, c)의 개수는

$10 \times 2 \times 2 \times 2 = 80$

0099

답 ③

$a_1 \le a_2 \le a_3 < a_4$를 만족시키는 순서쌍 (a_1, a_2, a_3, a_4)의 개수는 $a_1 \le a_2 \le a_3 \le a_4$를 만족시키는 순서쌍 (a_1, a_2, a_3, a_4)의 개수에서 $a_1 \le a_2 \le a_3 = a_4$를 만족시키는 순서쌍 (a_1, a_2, a_3, a_4)의 개수를 빼면 된다.

$a_1 \le a_2 \le a_3 \le a_4$를 만족시키는 순서쌍 (a_1, a_2, a_3, a_4)는 1부터 6까지의 6개의 자연수 중에서 중복을 허락하여 4개를 택해 작거나 같은 수부터 차례대로 a_1, a_2, a_3, a_4의 값으로 정하면 된다.

이때 순서쌍 (a_1, a_2, a_3, a_4)의 개수는 서로 다른 6개에서 4개를 택하는 중복조합의 수와 같으므로

$_6H_4 = _9C_4 = 126$

$a_1 \le a_2 \le a_3 = a_4$를 만족시키는 순서쌍 (a_1, a_2, a_3, a_4)는 1부터 6까지의 6개의 자연수 중에서 중복을 허락하여 3개를 택해 작거나 같은 수부터 차례대로 $a_1, a_2, a_3(=a_4)$의 값으로 정하면 된다.

이때 순서쌍 (a_1, a_2, a_3, a_4)의 개수는 서로 다른 6개에서 3개를 택하는 중복조합의 수와 같으므로

$_6H_3 = _8C_3 = 56$

따라서 구하는 경우의 수는

$126 - 56 = 70$

2권

유형 **08** 중복조합의 활용

0100

답 ①

세 자리 자연수의 각 자리의 수를 각각 a, b, c라 하면 각 자리의 수의 합이 8이므로

$a + b + c = 8$ (단, a, b, c는 자연수이다.)

$a = a' + 1, b = b' + 1, c = c' + 1$로 놓으면

$(a' + 1) + (b' + 1) + (c' + 1) = 8$

(단, a', b', c'은 음이 아닌 정수이다.)

$\therefore a' + b' + c' = 5$

이때 순서쌍 (a, b, c)의 개수는 $a' + b' + c' = 5$를 만족시키는 음이 아닌 정수 a', b', c'의 순서쌍 (a', b', c')의 개수와 같으므로

$_3H_5 = _7C_5 = _7C_2 = 21$

따라서 구하는 자연수의 개수는 21이다.

다른 풀이

각 자리의 수의 합이 8이 되는 경우는 다음과 같다.

$(1, 1, 6), (1, 2, 5), (1, 3, 4), (2, 2, 4), (2, 3, 3)$

$(1, 1, 6)$인 경우의 수 $\Rightarrow \dfrac{3!}{2!} = 3$

$(1, 2, 5)$인 경우의 수 $\Rightarrow 3! = 6$

$(1, 3, 4)$인 경우의 수 $\Rightarrow 3! = 6$

$(2, 2, 4)$인 경우의 수 $\Rightarrow \dfrac{3!}{2!} = 3$

$(2, 3, 3)$인 경우의 수 $\Rightarrow \dfrac{3!}{2!} = 3$

따라서 구하는 자연수의 개수는

$3 + 6 + 6 + 3 + 3 = 21$

0101

답 ②

$abc = 1024$에서 $abc = 2^{10}$

$a = 2^x, b = 2^y, c = 2^z$ (x, y, z는 음이 아닌 정수)으로 놓으면

$abc = 2^x \times 2^y \times 2^z = 2^{x+y+z}$

$abc = 2^{10}$에서 $2^{x+y+z} = 2^{10}$

$\therefore x + y + z = 10$

따라서 순서쌍 (a, b, c)의 개수는 방정식 $x + y + z = 10$을 만족시키는 음이 아닌 정수 x, y, z의 순서쌍 (x, y, z)의 개수와 같으므로

$_3H_{10} = _{12}C_{10} = _{12}C_2 = 66$

0102

답 35

네 자리 자연수의 각 자리의 수를 각각 a, b, c, d라 하면 조건 ㉮에서 각 자리의 수의 합이 12이므로

$a + b + c + d = 12$

조건 ㉯에서 a, b, c, d는 모두 홀수이므로

$a = 2x + 1, b = 2y + 1, c = 2z + 1, d = 2w + 1$로 놓으면

$(2x + 1) + (2y + 1) + (2z + 1) + (2w + 1) = 12$

(단, x, y, z, w는 0 이상 4 이하의 정수이다.)

$\therefore x + y + z + w = 4$

$x + y + z + w = 4$를 만족시키는 음이 아닌 정수 x, y, z, w의 순서쌍 (x, y, z, w)의 개수는

$_4H_4 = _7C_4 = _7C_3 = 35$

따라서 구하는 자연수의 개수는 35이다.

다른 풀이

주어진 조건을 만족시키는 각 자리의 수는 다음과 같다.

$(1, 1, 1, 9), (1, 1, 3, 7), (1, 1, 5, 5), (1, 3, 3, 5),$
$(3, 3, 3, 3)$

$(1, 1, 1, 9)$인 경우의 수 $\Rightarrow \dfrac{4!}{3!} = 4$

$(1, 1, 3, 7)$인 경우의 수 $\Rightarrow \dfrac{4!}{2!} = 12$

$(1, 1, 5, 5)$인 경우의 수 $\Rightarrow \dfrac{4!}{2! \times 2!} = 6$

$(1, 3, 3, 5)$인 경우의 수 $\Rightarrow \dfrac{4!}{2!} = 12$

$(3, 3, 3, 3)$인 경우의 수 $\Rightarrow 1$

따라서 구하는 자연수의 개수는

$4 + 12 + 6 + 12 + 1 = 35$

유형 **09** 중복조합 - 함수의 개수

0103

답 ①

주어진 조건을 만족시키려면 Y의 원소 1, 2, 3, 4의 4개에서 중복을 허락하여 3개를 뽑아 작거나 같은 수부터 차례대로 $f(1), f(2), f(3)$의 값으로 정하면 된다.

따라서 구하는 함수의 개수는 서로 다른 4개에서 3개를 택하는 중복조합의 수와 같으므로

$_4H_3 = _6C_3 = 20$

0104

답 35

주어진 조건을 만족시키려면 Y의 원소 4, 5, 6, 7의 4개에서 중복을 허락하여 4개를 뽑아 크거나 같은 수부터 차례대로 $f(1)$, $f(2)$, $f(3)$, $f(4)$의 값으로 정하면 된다.

따라서 구하는 함수의 개수는 서로 다른 4개에서 4개를 택하는 중복조합의 수와 같으므로

$_4H_4 = {_7}C_4 = {_7}C_3 = 35$

0105

답 ③

$f(a) < f(b) \le f(c) \le f(d)$를 만족시키는 함수의 개수는 $f(a) \le f(b) \le f(c) \le f(d)$를 만족시키는 함수의 개수에서 $f(a) = f(b) \le f(c) \le f(d)$를 만족시키는 함수의 개수를 빼면 된다.

$f(a) \le f(b) \le f(c) \le f(d)$를 만족시키는 함수는 Y의 원소 -2, -1, 0, 1, 2의 5개에서 중복을 허락하여 4개를 뽑아 작거나 같은 수부터 차례대로 $f(a)$, $f(b)$, $f(c)$, $f(d)$의 값으로 정하면 된다.

이때의 함수의 개수는 서로 다른 5개에서 4개를 택하는 중복조합의 수와 같으므로

$_5H_4 = {_8}C_4 = 70$

$f(a) = f(b) \le f(c) \le f(d)$를 만족시키는 함수는 $f(a) = f(b)$이므로 Y의 원소 -2, -1, 0, 1, 2의 5개에서 중복을 허락하여 3개를 뽑아 작거나 같은 수부터 차례대로 $f(a)$, $f(c)$, $f(d)$의 값으로 정하면 된다.

이때의 함수의 개수는 서로 다른 5개에서 3개를 택하는 중복조합의 수와 같으므로

$_5H_3 = {_7}C_3 = 35$

따라서 구하는 함수의 개수는

$70 - 35 = 35$

0106

답 ⑤

조건 (가)에서 $f(2)$는 2의 배수이므로

$f(2) = 2$ 또는 $f(2) = 4$

(i) $f(2) = 2$인 경우

조건 (나)에 의하여 $f(1)$의 값이 될 수 있는 것은 1, 2의 2가지이다.

$f(3)$, $f(4)$, $f(5)$의 값을 정하는 경우의 수는 2, 3, 4, 5의 4개에서 3개를 택하는 중복조합의 수와 같으므로

$_4H_3 = {_6}C_3 = 20$

따라서 이때의 함수의 개수는

$2 \times 20 = 40$

(ii) $f(2) = 4$인 경우

조건 (나)에 의하여 $f(1)$의 값이 될 수 있는 것은 1, 2, 3, 4의 4가지이다.

$f(3)$, $f(4)$, $f(5)$의 값을 정하는 경우의 수는 4, 5의 2개에서 3개를 택하는 중복조합의 수와 같으므로

$_2H_3 = {_4}C_3 = {_4}C_1 = 4$

따라서 이때의 함수의 개수는

$4 \times 4 = 16$

(i), (ii)에서 구하는 함수의 개수는

$40 + 16 = 56$

0107

답 150

조건 (가)에서 함수 f의 치역의 원소의 개수가 4이므로 집합 Y의 원소 4개를 택하는 경우의 수는

$_6C_4 = {_6}C_2 = 15$

치역의 4개의 원소 각각에 대응하는 집합 X의 원소의 개수를 각각 a, b, c, d라 하자.

집합 X의 원소의 개수가 6이므로

$a + b + c + d = 6$

치역의 각 원소에 적어도 하나의 값이 대응되어야 하므로

$a \ge 1$, $b \ge 1$, $c \ge 1$, $d \ge 1$

$a = a' + 1$, $b = b' + 1$, $c = c' + 1$, $d = d' + 1$로 놓으면

$(a' + 1) + (b' + 1) + (c' + 1) + (d' + 1) = 6$

(단, a', b', c', d'은 음이 아닌 정수이다.)

$\therefore a' + b' + c' + d' = 2$

이때 순서쌍 (a, b, c, d)의 개수는 $a' + b' + c' + d' = 2$를 만족시키는 음이 아닌 정수 a', b', c', d'의 순서쌍 (a', b', c', d')의 개수와 같으므로

$_4H_2 = {_5}C_2 = 10$

따라서 구하는 함수의 개수는

$15 \times 10 = 150$

유형 10 $(a+b)^n$의 전개식

0108

답 ⑤

$(2x - 5y)^4$의 전개식의 일반항은

$_4C_r (2x)^{4-r} (-5y)^r = {_4}C_r 2^{4-r} (-5)^r x^{4-r} y^r$ (단, $r = 0, 1, 2, 3, 4$)

$x^3 y$항은 $r = 1$일 때이므로 $x^3 y$의 계수는

$_4C_1 \times 2^3 \times (-5) = -160$

0109

답 ②

$\left(x - \dfrac{3}{x}\right)^6$의 전개식의 일반항은

$_6C_r x^{6-r} \left(-\dfrac{3}{x}\right)^r = {_6}C_r (-3)^r \dfrac{x^{6-r}}{x^r}$ (단, $r = 0, 1, 2, \cdots, 6$)

x^2항은 $(6 - r) - r = 2$일 때이므로 $r = 2$

따라서 x^2의 계수는

$_6C_2 \times (-3)^2 = 135$

0110

답 ③

$\left(x + \dfrac{1}{x^2}\right)^6$의 전개식의 일반항은

$_6C_r x^{6-r} \left(\dfrac{1}{x^2}\right)^r = {_6}C_r \dfrac{x^{6-r}}{x^{2r}}$ (단, $r = 0, 1, 2, \cdots, 6$)

상수항은 $6-r=2r$일 때이므로 $r=2$
따라서 상수항은
$_6C_2=15$

0111

답 ①

$(x+ay)^5$의 전개식의 일반항은
$_5C_rx^{5-r}(ay)^r=_5C_ra^rx^{5-r}y^r$ (단, $r=0, 1, 2, \cdots, 5$)
x^3y^2항은 $r=2$일 때이므로 x^3y^2의 계수는
$_5C_2 \times a^2=10a^2$
이때 x^3y^2의 계수가 40이므로
$10a^2=40$, $a^2=4$
$\therefore a=2$ ($\because a>0$)

0112

답 6

$\left(x+\dfrac{a}{x}\right)^6$의 전개식의 일반항은

$_6C_rx^{6-r}\left(\dfrac{a}{x}\right)^r=_6C_ra^r\dfrac{x^{6-r}}{x^r}$ (단, $r=0, 1, 2, \cdots, 6$)

$\dfrac{1}{x^2}$항은 $r-(6-r)=2$일 때이므로 $r=4$

따라서 $\dfrac{1}{x^2}$의 계수는

$_6C_4 \times a^4=15a^4$

이때 $\dfrac{1}{x^2}$의 계수가 15이므로

$15a^4=15$, $a^4=1$
$\therefore a=1$ ($\because a>0$)
즉, $\left(x+\dfrac{1}{x}\right)^6$의 전개식의 일반항은

$_6C_r\dfrac{x^{6-r}}{x^r}$ (단, $r=0, 1, 2, \cdots, 6$)

x^4항은 $(6-r)-r=4$일 때이므로 $r=1$
따라서 x^4의 계수는
$_6C_1=6$

0113

답 ④

$(a+x)^5$의 전개식의 일반항은
$_5C_ra^{5-r}x^r$ (단, $r=0, 1, 2, \cdots, 5$)
x^3항은 $r=3$일 때이므로 x^3의 계수는
$_5C_3 \times a^2=10a^2$
x^4항은 $r=4$일 때이므로 x^4의 계수는
$_5C_4 \times a=5a$
x^3의 계수와 x^4의 계수가 같으므로
$10a^2=5a$, $a(2a-1)=0$
$\therefore a=\dfrac{1}{2}$ ($\because a>0$)

0114

답 7

$(x^2+1)^n$의 전개식의 일반항은
$_nC_r1^{n-r}(x^2)^r=_nC_rx^{2r}$ (단, $r=0, 1, 2, \cdots, n$)
x^6항은 $r=3$일 때이므로 x^6의 계수는 $_nC_3$
이때 x^6의 계수가 35이므로 $_nC_3=35$에서
$\dfrac{n(n-1)(n-2)}{3 \times 2 \times 1}=35$
$n(n-1)(n-2)=7 \times 6 \times 5$
$\therefore n=7$

0115

답 7

$\left(x^2+\dfrac{3}{x^5}\right)^n$의 전개식의 일반항은

$_nC_r(x^2)^{n-r}\left(\dfrac{3}{x^5}\right)^r=_nC_r3^r\dfrac{x^{2n-2r}}{x^{5r}}$ (단, $r=0, 1, 2, \cdots, n$)

상수항은 $2n-2r=5r$일 때이므로 $r=\dfrac{2}{7}n$

따라서 상수항이 존재하려면 n은 7의 배수이어야 하므로 구하는
자연수 n의 최솟값은 7이다.

유형 11 $(a+b)(c+d)^n$의 전개식

0116

답 ①

$(x+2)^5$의 전개식의 일반항은
$_5C_rx^{5-r}2^r=_5C_r2^rx^{5-r}$ (단, $r=0, 1, 2, \cdots, 5$) ······ ㉠
$(x-3)(x+2)^5=x(x+2)^5-3(x+2)^5$의 전개식에서 x^4항은 x와
$(x+2)^5$에서 x^3항이 곱해질 때, -3과 $(x+2)^5$에서 x^4항이 곱해
질 때 나타난다.
(i) ㉠에서 x^3항은 $5-r=3$일 때이므로 $r=2$
   $(x+2)^5$의 전개식에서 x^3의 계수는
   $_5C_2 \times 2^2=40$
   따라서 이때의 x^4의 계수는
   $1 \times 40=40$
(ii) ㉠에서 x^4항은 $5-r=4$일 때이므로 $r=1$
   $(x+2)^5$의 전개식에서 x^4의 계수는
   $_5C_1 \times 2=10$
   따라서 이때의 x^4의 계수는
   $(-3) \times 10=-30$
(i), (ii)에서 구하는 x^4의 계수는
$40-30=10$

0117

답 ③

$(1+x^2)^6$의 전개식의 일반항은
$_6C_r1^{6-r}(x^2)^r=_6C_rx^{2r}$ (단, $r=0, 1, 2, \cdots, 6$) ······ ㉠

$(1+2x)(1+x^2)^6=(1+x^2)^6+2x(1+x^2)^6$의 전개식에서 x^8항은 1과 $(1+x^2)^6$에서 x^8항이 곱해질 때, $2x$와 $(1+x^2)^6$에서 x^7항이 곱해질 때 나타난다.

(i) ㉠에서 x^8항은 $2r=8$일 때이므로 $r=4$

$(1+x^2)^6$의 전개식에서 x^8의 계수는

$_6C_4=_6C_2=15$

따라서 이때의 x^8의 계수는

$1\times15=15$

(ii) ㉠에서 x^7항은 $2r=7$일 때이므로 $(1+x^2)^6$의 전개식에서 x^7항은 존재하지 않는다.

(i), (ii)에서 구하는 x^8의 계수는 15이다.

0118 답 56

$\left(x+\dfrac{1}{x}\right)^7$의 전개식의 일반항은

$_7C_rx^{7-r}\left(\dfrac{1}{x}\right)^r=_7C_r\dfrac{x^{7-r}}{x^r}$ (단, $r=0, 1, 2, \cdots, 7$) ····· ㉠

$(x^2+1)\left(x+\dfrac{1}{x}\right)^7=x^2\left(x+\dfrac{1}{x}\right)^7+\left(x+\dfrac{1}{x}\right)^7$의 전개식에서 x^3항은 x^2과 $\left(x+\dfrac{1}{x}\right)^7$에서 x항이 곱해질 때, 1과 $\left(x+\dfrac{1}{x}\right)^7$에서 x^3항이 곱해질 때 나타난다.

(i) ㉠에서 x항은 $(7-r)-r=1$일 때이므로

$r=3$

$\left(x+\dfrac{1}{x}\right)^7$의 전개식에서 x의 계수는

$_7C_3=35$

따라서 이때의 x^3의 계수는

$1\times35=35$

(ii) ㉠에서 x^3항은 $(7-r)-r=3$일 때이므로

$r=2$

$\left(x+\dfrac{1}{x}\right)^7$의 전개식에서 x^3의 계수는

$_7C_2=21$

따라서 이때의 x^3의 계수는

$1\times21=21$

(i), (ii)에서 구하는 x^3의 계수는

$35+21=56$

0119 답 ③

$(x+2)^4$의 전개식의 일반항은

$_4C_rx^{4-r}2^r=_4C_r2^rx^{4-r}$ (단, $r=0, 1, 2, 3, 4$) ····· ㉠

$(1+ax^2)(x+2)^4=(x+2)^4+ax^2(x+2)^4$의 전개식에서 x^4항은 1과 $(x+2)^4$에서 x^4항이 곱해질 때, ax^2과 $(x+2)^4$에서 x^2항이 곱해질 때 나타난다.

(i) ㉠에서 x^4항은 $r=0$일 때이므로 $(x+2)^4$의 전개식에서 x^4의 계수는

$_4C_0\times2^0=1$

따라서 이때의 x^4의 계수는

$1\times1=1$

(ii) ㉠에서 x^2항은 $r=2$일 때이므로 $(x+2)^4$의 전개식에서 x^2의 계수는

$_4C_2\times2^2=24$

따라서 이때의 x^4의 계수는

$a\times24=24a$

(i), (ii)에서 x^4의 계수는 $1+24a$

이때 x^4의 계수가 49이므로

$1+24a=49$ $\therefore a=2$

유형 **12** $(a+b)^m(c+d)^n$의 전개식

0120 답 ①

$(1+x)^3$의 전개식의 일반항은

$_3C_rx^r$ (단, $r=0, 1, 2, 3$)

$(2-x)^4$의 전개식의 일반항은

$_4C_s2^{4-s}(-x)^s=_4C_s(-1)^s2^{4-s}x^s$ (단, $s=0, 1, 2, 3, 4$)

따라서 $(1+x)^3(2-x)^4$의 전개식의 일반항은

$_3C_rx^r\times_4C_s(-1)^s2^{4-s}x^s=_3C_r\times_4C_s(-1)^s2^{4-s}x^{r+s}$

x^6항은 $r+s=6$일 때이므로 순서쌍 (r, s)는 $(2, 4)$, $(3, 3)$이다.

(i) $r=2$, $s=4$일 때, x^6의 계수는

$_3C_2\times_4C_4\times(-1)^4\times2^0=3$

(ii) $r=3$, $s=3$일 때, x^6의 계수는

$_3C_3\times_4C_3\times(-1)^3\times2=-8$

(i), (ii)에서 구하는 x^6의 계수는

$3-8=-5$

0121 답 ②

$(1+x)^4$의 전개식의 일반항은

$_4C_rx^r$ (단, $r=0, 1, 2, 3, 4$)

$\left(x^2-\dfrac{2}{x}\right)^5$의 전개식의 일반항은

$_5C_s(x^2)^{5-s}\left(-\dfrac{2}{x}\right)^s=_5C_s(-2)^s\dfrac{x^{10-2s}}{x^s}$ (단, $s=0, 1, 2, \cdots, 5$)

따라서 $(1+x)^4\left(x^2-\dfrac{2}{x}\right)^5$의 전개식의 일반항은

$_4C_rx^r\times_5C_s(-2)^s\dfrac{x^{10-2s}}{x^s}=_4C_r\times_5C_s(-2)^s\dfrac{x^{r+10-2s}}{x^s}$

$\dfrac{1}{x^2}$항은 $s-(r+10-2s)=2$, 즉 $r-3s=-12$일 때이므로 순서쌍 (r, s)는 $(0, 4)$, $(3, 5)$이다.

(i) $r=0$, $s=4$일 때, $\dfrac{1}{x^2}$의 계수는

$_4C_0\times_5C_4\times(-2)^4=80$

(ii) $r=3$, $s=5$일 때, $\dfrac{1}{x^2}$의 계수는

$$_4C_3 \times {}_5C_5 \times (-2)^5 = -128$$

(i), (ii)에서 구하는 $\dfrac{1}{x^2}$의 계수는

$$80-128 = -48$$

0122 <small>답 ①</small>

$(a-x)^4$의 전개식의 일반항은

$$_4C_r a^{4-r}(-x)^r = {}_4C_r(-1)^r a^{4-r}x^r \ (\text{단, } r=0, 1, 2, 3, 4)$$

$(1+2x)^3$의 전개식의 일반항은

$$_3C_s 1^{3-s}(2x)^s = {}_3C_s 2^s x^s \ (\text{단, } s=0, 1, 2, 3)$$

따라서 $(a-x)^4(1+2x)^3$의 전개식의 일반항은

$$_4C_r(-1)^r a^{4-r}x^r \times {}_3C_s 2^s x^s = {}_4C_r \times {}_3C_s(-1)^r a^{4-r} 2^s x^{r+s}$$

x^5항은 $r+s=5$일 때이므로 순서쌍 (r, s)는

$(2, 3)$, $(3, 2)$, $(4, 1)$이다.

(i) $r=2$, $s=3$일 때, x^5의 계수는

$$_4C_2 \times {}_3C_3 \times (-1)^2 \times a^2 \times 2^3 = 48a^2$$

(ii) $r=3$, $s=2$일 때, x^5의 계수는

$$_4C_3 \times {}_3C_2 \times (-1)^3 \times a \times 2^2 = -48a$$

(iii) $r=4$, $s=1$일 때, x^5의 계수는

$$_4C_4 \times {}_3C_1 \times (-1)^4 \times a^0 \times 2 = 6$$

(i)~(iii)에서 x^5의 계수는

$$48a^2 - 48a + 6$$

이때 x^5의 계수가 6이므로

$$48a^2 - 48a + 6 = 6, \ a^2 - a = 0$$
$$a(a-1) = 0$$
$$\therefore a=1 \ (\because a>0)$$

0123 <small>답 ①</small>

$(a+x)^3$의 전개식의 일반항은

$$_3C_r a^{3-r}x^r \ (\text{단, } r=0, 1, 2, 3)$$

$\left(x+\dfrac{1}{x}\right)^5$의 전개식의 일반항은

$$_5C_s x^{5-s}\left(\dfrac{1}{x}\right)^s = {}_5C_s \dfrac{x^{5-s}}{x^s} \ (\text{단, } s=0, 1, 2, \cdots, 5)$$

따라서 $(a+x)^3\left(x+\dfrac{1}{x}\right)^5$의 전개식의 일반항은

$$_3C_r a^{3-r}x^r \times {}_5C_s \dfrac{x^{5-s}}{x^s} = {}_3C_r \times {}_5C_s a^{3-r} \dfrac{x^{r+5-s}}{x^s}$$

상수항은 $r+5-s=s$, 즉 $r-2s=-5$일 때이므로 순서쌍 (r, s)는 $(1, 3)$, $(3, 4)$이다.

(i) $r=1$, $s=3$일 때, 상수항은

$$_3C_1 \times {}_5C_3 \times a^2 = 30a^2$$

(ii) $r=3$, $s=4$일 때, 상수항은

$$_3C_3 \times {}_5C_4 \times a^0 = 5$$

(i), (ii)에서 상수항은

$$30a^2 + 5$$

이때 상수항이 125이므로

$$30a^2 + 5 = 125, \ a^2 = 4$$
$$\therefore a=2 \ (\because a>0)$$

<small>유형 13</small> $(1+x)^n$의 전개식의 활용

0124 <small>답 ③</small>

$(1+x)^n = {}_nC_0 + {}_nC_1 x + {}_nC_2 x^2 + \cdots + {}_nC_n x^n$의 양변에 $x=8$, $n=10$을 대입하면

$$(1+8)^{10} = {}_{10}C_0 + {}_{10}C_1 \times 8 + {}_{10}C_2 \times 8^2 + \cdots + {}_{10}C_{10} \times 8^{10}$$

이므로

$$_{10}C_0 + {}_{10}C_1 \times 8 + {}_{10}C_2 \times 8^2 + \cdots + {}_{10}C_{10} \times 8^{10}$$
$$= 9^{10} = 3^{20}$$

0125 <small>답 ③</small>

$(1+x)^n = {}_nC_0 + {}_nC_1 x + {}_nC_2 x^2 + \cdots + {}_nC_n x^n$의 양변에 $x=2$, $n=8$을 대입하면

$$(1+2)^8 = {}_8C_0 + {}_8C_1 \times 2 + {}_8C_2 \times 2^2 + {}_8C_3 \times 2^3 + \cdots + {}_8C_8 \times 2^8$$

이때 $_nC_r = {}_nC_{n-r} \ (r=0, 1, 2, \cdots, n)$이므로

$$3^8 = {}_8C_8 + {}_8C_7 \times 2 + {}_8C_6 \times 2^2 + {}_8C_5 \times 2^3 + \cdots + {}_8C_0 \times 2^8$$

$$\begin{aligned}
\therefore N &= {}_8C_7 \times 2 + {}_8C_6 \times 2^2 + {}_8C_5 \times 2^3 + \cdots + {}_8C_0 \times 2^8 \\
&= 3^8 - {}_8C_8 \\
&= 3^8 - 1 \\
&= (3^4+1)(3^4-1) \\
&= (3^4+1)(3^2+1)(3^2-1) \\
&= 82 \times 10 \times 8 \\
&= 2^5 \times 5 \times 41
\end{aligned}$$

따라서 구하는 양의 약수의 개수는

$$(5+1)(1+1)(1+1) = 24$$

0126 <small>답 ①</small>

$11^{41} = (1+10)^{41}$이므로

$(1+x)^n = {}_nC_0 + {}_nC_1 x + {}_nC_2 x^2 + \cdots + {}_nC_n x^n$의 양변에 $x=10$, $n=41$을 대입하면

$$\begin{aligned}
11^{41} &= {}_{41}C_0 + {}_{41}C_1 \times 10 + {}_{41}C_2 \times 10^2 + {}_{41}C_3 \times 10^3 + \cdots + {}_{41}C_{41} \times 10^{41} \\
&= {}_{41}C_0 + {}_{41}C_1 \times 10 + 10^2({}_{41}C_2 + {}_{41}C_3 \times 10 + \cdots + {}_{41}C_{41} \times 10^{39})
\end{aligned}$$

따라서 11^{41}을 100으로 나누었을 때의 나머지는 $_{41}C_0 + {}_{41}C_1 \times 10$을 100으로 나누었을 때의 나머지와 같다.

$_{41}C_0 + {}_{41}C_1 \times 10 = 1 + 410 = 411 = 4 \times 100 + 11$이므로 11^{41}을 100으로 나누었을 때의 나머지는 11이다.

0127

답 10

$21^{15}=(1+20)^{15}$이므로

$(1+x)^n={}_nC_0+{}_nC_1x+{}_nC_2x^2+\cdots+{}_nC_nx^n$의 양변에 $x=20$,

$n=15$를 대입하면

$(1+20)^{15}={}_{15}C_0+{}_{15}C_1\times20+{}_{15}C_2\times20^2+\cdots+{}_{15}C_{15}\times20^{15}$
$\qquad\qquad={}_{15}C_0+{}_{15}C_1\times20+{}_{15}C_2\times20^2$
$\qquad\qquad\qquad+20^3({}_{15}C_3+{}_{15}C_4\times20+\cdots+{}_{15}C_{15}\times20^{12})$

$20^3=8000$이므로 네 번째 항 이후부터는 백의 자리, 십의 자리, 일의 자리에 영향을 주지 않는다.

따라서 구하는 백의 자리, 십의 자리, 일의 자리 숫자는 각각

${}_{15}C_0+{}_{15}C_1\times20+{}_{15}C_2\times20^2$의 백의 자리, 십의 자리, 일의 자리의 숫자와 같다.

${}_{15}C_0+{}_{15}C_1\times20+{}_{15}C_2\times20^2=1+300+42000=42301$이므로

$a=3$, $b=0$, $c=1$

$\therefore 3a+2b+c=3\times3+1=10$

유형 14 이항계수의 성질

0128

답 ④

이항계수의 성질에 의하여

${}_nC_0+{}_nC_1+{}_nC_2+{}_nC_3+\cdots+{}_nC_n=2^n$

이므로

${}_{10}C_0+{}_{10}C_1+{}_{10}C_2+\cdots+{}_{10}C_{10}$
$=2^{10}=1024$

0129

답 8

이항계수의 성질에 의하여

${}_nC_0+{}_nC_1+{}_nC_2+{}_nC_3+\cdots+{}_nC_n=2^n$

이므로

$2^n=256=2^8$ $\quad\therefore n=8$

0130

답 ③

이항계수의 성질에 의하여

${}_{15}C_0-{}_{15}C_1+{}_{15}C_2-{}_{15}C_3+\cdots-{}_{15}C_{15}=0$

이때 ${}_{15}C_0=1$, ${}_{15}C_{15}=1$이므로

${}_{15}C_1-{}_{15}C_2+{}_{15}C_3-{}_{15}C_4+\cdots-{}_{15}C_{14}$
$={}_{15}C_0-{}_{15}C_{15}=0$

0131

답 ⑤

${}_nC_r={}_nC_{n-r}$ $(r=0,\ 1,\ 2,\ \cdots,\ n)$이므로

${}_{23}C_{12}+{}_{23}C_{13}+{}_{23}C_{14}+\cdots+{}_{23}C_{23}$
$={}_{23}C_{11}+{}_{23}C_{10}+{}_{23}C_9+\cdots+{}_{23}C_0$

이항계수의 성질에 의하여

${}_{23}C_0+{}_{23}C_1+{}_{23}C_2+\cdots+{}_{23}C_{23}=2^{23}$이므로

${}_{23}C_{12}+{}_{23}C_{13}+{}_{23}C_{14}+\cdots+{}_{23}C_{23}$
$=2^{23}\times\dfrac{1}{2}=2^{22}$

0132

답 ②

이항계수의 성질에 의하여

${}_{15}C_1+{}_{15}C_3+{}_{15}C_5+\cdots+{}_{15}C_{15}=2^{15-1}=2^{14}$

이때 ${}_{15}C_{15}=1$이므로

${}_{15}C_1+{}_{15}C_3+{}_{15}C_5+\cdots+{}_{15}C_{13}=2^{14}-{}_{15}C_{15}$
$\qquad\qquad\qquad\qquad=2^{14}-1$

0133

답 ③

이항계수의 성질에 의하여

${}_nC_0+{}_nC_1+{}_nC_2+{}_nC_3+\cdots+{}_nC_n=2^n$이므로

${}_nC_1+{}_nC_2+{}_nC_3+\cdots+{}_nC_n=2^n-{}_nC_0=2^n-1$

이것을 주어진 식에 대입하면

$200<2^n-1<400$

$\therefore 201<2^n<401$

이때 $2^7=128$, $2^8=256$, $2^9=512$이므로

$n=8$

유형 15 이항계수의 성질의 활용

0134

답 ①

서로 다른 13개의 사탕 중에서 7개 이상의 사탕을 택하는 경우의 수는

${}_{13}C_7+{}_{13}C_8+{}_{13}C_9+\cdots+{}_{13}C_{13}$

이때 ${}_nC_r={}_nC_{n-r}$ $(r=0,\ 1,\ 2,\ \cdots,\ n)$이므로

${}_{13}C_7+{}_{13}C_8+{}_{13}C_9+\cdots+{}_{13}C_{13}={}_{13}C_6+{}_{13}C_5+{}_{13}C_4+\cdots+{}_{13}C_0$

이항계수의 성질에 의하여

${}_{13}C_0+{}_{13}C_1+{}_{13}C_2+\cdots+{}_{13}C_{13}=2^{13}$

이므로

${}_{13}C_7+{}_{13}C_8+{}_{13}C_9+\cdots+{}_{13}C_{13}=2^{13}\times\dfrac{1}{2}=2^{12}$

0135

답 16

원소의 개수가 n인 집합의 부분집합 중 원소의 개수가 홀수인 부분집합의 개수가 $f(n)$이므로

$f(n)={}_nC_1+{}_nC_3+{}_nC_5+\cdots=2^{n-1}$

$f(6)=2^{6-1}=2^5$, $f(10)=2^{10-1}=2^9$이므로

$\dfrac{f(10)}{f(6)}=\dfrac{2^9}{2^5}=2^4=16$

0136 답 ②

집합 $A=\{x\,|\,x$는 15 이하의 자연수$\}=\{1,\ 2,\ 3,\ 4,\ \cdots,\ 15\}$의 부분집합 중 두 원소 1, 2를 모두 포함하고 원소의 개수가 짝수인 부분집합의 개수는 집합 $\{3,\ 4,\ 5,\ \cdots,\ 15\}$의 부분집합 중 원소의 개수가 짝수인 부분집합의 개수와 같다.

따라서 구하는 부분집합의 개수는

$_{13}C_0+_{13}C_2+_{13}C_4+\cdots+_{13}C_{12}=2^{13-1}=2^{12}$

유형 16 **파스칼의 삼각형**

0137 답 ③

$_{n-1}C_{r-1}+_{n-1}C_r=_nC_r\ (r=1,\ 2,\ 3,\ \cdots,\ n-1)$이므로

$_4C_0+_4C_1+_5C_2+_6C_3+\cdots+_9C_6$

$=_5C_1+_5C_2+_6C_3+\cdots+_9C_6$

$=_6C_2+_6C_3+\cdots+_9C_6$

$\ \ \ \ \vdots$

$=_9C_5+_9C_6$

$=_{10}C_6=_{10}C_4$

$=210$

0138 답 ①

$_{n-1}C_{r-1}+_{n-1}C_r=_nC_r\ (r=1,\ 2,\ 3,\ \cdots,\ n-1)$이므로

$_3C_1+_4C_2+_5C_3+_6C_4+_7C_5+_8C_6$

$=(_4C_1+_4C_2+_5C_3+_6C_4+_7C_5+_8C_6)-_4C_1+_3C_1$

$=(_5C_2+_5C_3+_6C_4+_7C_5+_8C_6)-_4C_1+_3C_1$

$=(_6C_3+_6C_4+_7C_5+_8C_6)-_4C_1+_3C_1$

$=(_7C_4+_7C_5+_8C_6)-_4C_1+_3C_1$

$=(_8C_5+_8C_6)-_4C_1+_3C_1$

$=_9C_6-_4C_1+_3C_1$

$=_9C_6-1$

0139 답 ②

$_3C_3=_4C_4$이고, $_{n-1}C_{r-1}+_{n-1}C_r=_nC_r\ (r=1,\ 2,\ 3,\ \cdots,\ n-1)$이므로

$_3C_3+_4C_3+_5C_3+\cdots+_{30}C_3$

$=_4C_4+_4C_3+_5C_3+\cdots+_{30}C_3$

$=_5C_4+_5C_3+_6C_3+\cdots+_{30}C_3$

$=_6C_4+_6C_3+\cdots+_{30}C_3$

$\ \ \ \ \vdots$

$=_{30}C_4+_{30}C_3$

$=_{31}C_4$

따라서 $n=31,\ r=4$이므로

$n+r=31+4=35$

0140 답 ④

$_{n-1}C_{r-1}+_{n-1}C_r=_nC_r\ (r=1,\ 2,\ 3,\ \cdots,\ n-1)$이므로

$(_2C_1+_2C_2)+(_3C_2+_3C_3)+\cdots+(_9C_8+_9C_9)$

$=_3C_2+_4C_3+_5C_4+_6C_5+_7C_6+_8C_7+_9C_8+_{10}C_9$

$=_3C_1+_4C_1+_5C_1+_6C_1+_7C_1+_8C_1+_9C_1+_{10}C_1$

$=3+4+5+6+7+8+9+10$

$=52$

[다른 풀이]

$_2C_2+_3C_3+_4C_4+\cdots+_9C_9=\underbrace{1+1+1+\cdots+1}_{8개}=8$

$_2C_1+_3C_2+_4C_3+\cdots+_9C_8=_2C_1+_3C_1+_4C_1+\cdots+_9C_1$

$\qquad\qquad\qquad\qquad\ =2+3+4+\cdots+9$

$\qquad\qquad\qquad\qquad\ =44$

따라서 색칠한 부분의 모든 수의 합은

$8+44=52$

0141 답 ⑤

$(x+1)^n$의 전개식의 일반항은

$_nC_r\,x^r$ (단, $r=0,\ 1,\ 2,\ \cdots,\ n$)

$2\le n\le 8$인 경우에만 x^2항이 나오므로

$(x+1)^2$의 전개식에서 x^2의 계수는 $_2C_2$

$(x+1)^3$의 전개식에서 x^2의 계수는 $_3C_2$

$(x+1)^4$의 전개식에서 x^2의 계수는 $_4C_2$

$\qquad\qquad \vdots$

$(x+1)^8$의 전개식에서 x^2의 계수는 $_8C_2$

따라서 구하는 x^2의 계수는

$_2C_2+_3C_2+_4C_2+_5C_2+\cdots+_8C_2$

$=_3C_3+_3C_2+_4C_2+_5C_2+\cdots+_8C_2\ (\because\ _2C_2=_3C_3)$

$=_4C_3+_4C_2+_5C_2+\cdots+_8C_2$

$=_5C_3+_5C_2+\cdots+_8C_2$

$\qquad\quad \vdots$

$=_8C_3+_8C_2$

$=_9C_3=84$

유형 17 **수학 Ⅰ 통합 유형**

0142 답 ③

이항계수의 성질에 의하여

$_{19}C_0+_{19}C_1+_{19}C_2+\cdots+_{19}C_{19}=2^{19}$

$\therefore\ \log_2(_{19}C_0+_{19}C_1+_{19}C_2+\cdots+_{19}C_{19})$

$\quad=\log_2 2^{19}=19\log_2 2$

$\quad=19$

0143

답 ④

$_n\mathrm{C}_r = {}_n\mathrm{C}_{n-r}$ $(r=0,\ 1,\ 2,\ \cdots,\ n)$이므로

$_{15}\mathrm{C}_8 + {}_{15}\mathrm{C}_9 + {}_{15}\mathrm{C}_{10} + \cdots + {}_{15}\mathrm{C}_{15} = {}_{15}\mathrm{C}_7 + {}_{15}\mathrm{C}_6 + {}_{15}\mathrm{C}_5 + \cdots + {}_{15}\mathrm{C}_0$

이항계수의 성질에 의하여

$_{15}\mathrm{C}_0 + {}_{15}\mathrm{C}_1 + {}_{15}\mathrm{C}_2 + \cdots + {}_{15}\mathrm{C}_{15} = 2^{15}$이므로

$_{15}\mathrm{C}_8 + {}_{15}\mathrm{C}_9 + {}_{15}\mathrm{C}_{10} + \cdots + {}_{15}\mathrm{C}_{15} = 2^{15} \times \dfrac{1}{2} = 2^{14}$

$\therefore \log_2 ({}_{15}\mathrm{C}_8 + {}_{15}\mathrm{C}_9 + {}_{15}\mathrm{C}_{10} + \cdots + {}_{15}\mathrm{C}_{15})$
$\qquad = \log_2 2^{14} = 14 \log_2 2$
$\qquad = 14$

0144

답 1

$\displaystyle\sum_{k=0}^{180} {}_{180}\mathrm{C}_k \left(\dfrac{1}{6}\right)^{180-k} \left(\dfrac{5}{6}\right)^k$

$= {}_{180}\mathrm{C}_0 \left(\dfrac{1}{6}\right)^{180} + {}_{180}\mathrm{C}_1 \left(\dfrac{1}{6}\right)^{179} \left(\dfrac{5}{6}\right)^1 + {}_{180}\mathrm{C}_2 \left(\dfrac{1}{6}\right)^{178} \left(\dfrac{5}{6}\right)^2$

$\qquad + \cdots + {}_{180}\mathrm{C}_{180} \left(\dfrac{5}{6}\right)^{180}$

$= \left(\dfrac{1}{6} + \dfrac{5}{6}\right)^{180} = 1$

0145

답 ③

$(1+x)^n = {}_n\mathrm{C}_0 + {}_n\mathrm{C}_1 x + {}_n\mathrm{C}_2 x^2 + \cdots + {}_n\mathrm{C}_n x^n$의 양변에 $x=3$을 대입하면

$4^n = {}_n\mathrm{C}_0 + {}_n\mathrm{C}_1 \times 3 + {}_n\mathrm{C}_2 \times 3^2 + \cdots + {}_n\mathrm{C}_n \times 3^n$

이므로 $a_n = 4^n$

$\therefore \log_2 a_{10} = \log_2 4^{10} = \log_2 2^{20}$
$\qquad\qquad = 20 \log_2 2 = 20$

0146

답 341

$f(n) = \displaystyle\sum_{r=0}^{n-1} {}_{2n-1}\mathrm{C}_r$

$\quad = {}_{2n-1}\mathrm{C}_0 + {}_{2n-1}\mathrm{C}_1 + {}_{2n-1}\mathrm{C}_2 + \cdots + {}_{2n-1}\mathrm{C}_{n-2} + {}_{2n-1}\mathrm{C}_{n-1}$

이때

$_{2n-1}\mathrm{C}_0 = {}_{2n-1}\mathrm{C}_{2n-1}$,

$_{2n-1}\mathrm{C}_1 = {}_{2n-1}\mathrm{C}_{2n-2}$,

$_{2n-1}\mathrm{C}_2 = {}_{2n-1}\mathrm{C}_{2n-3}$,

$\qquad\qquad \vdots$

$_{2n-1}\mathrm{C}_{n-2} = {}_{2n-1}\mathrm{C}_{n+1}$,

$_{2n-1}\mathrm{C}_{n-1} = {}_{2n-1}\mathrm{C}_n$

이므로

$f(n) = \dfrac{1}{2}({}_{2n-1}\mathrm{C}_0 + {}_{2n-1}\mathrm{C}_1 + {}_{2n-1}\mathrm{C}_2 + \cdots + {}_{2n-1}\mathrm{C}_{2n-1})$

$\qquad = \dfrac{1}{2} \times 2^{2n-1} = 2^{2n-2}$

$\therefore \displaystyle\sum_{k=1}^{5} f(k) = \sum_{k=1}^{5} 2^{2k-2}$
$\qquad\qquad = 1 + 2^2 + 2^4 + 2^6 + 2^8$
$\qquad\qquad = \dfrac{1 \times (4^5 - 1)}{4-1} = \dfrac{1024-1}{3}$
$\qquad\qquad = 341$

0147

답 80

$(a+2x)^6$의 전개식의 일반항은

$_6\mathrm{C}_r a^{6-r} (2x)^r = {}_6\mathrm{C}_r 2^r a^{6-r} x^r$ (단, $r=0,\ 1,\ 2,\ \cdots,\ 6$)

x항은 $r=1$일 때이므로 x의 계수는

$_6\mathrm{C}_1 \times 2 \times a^5 = 12a^5$

x^2항은 $r=2$일 때이므로 x^2의 계수는

$_6\mathrm{C}_2 \times 2^2 \times a^4 = 60a^4$

x^4항은 $r=4$일 때이므로 x^4의 계수는

$_6\mathrm{C}_4 \times 2^4 \times a^2 = 240a^2$

x, x^2, x^4의 계수가 이 순서대로 등비수열을 이루므로

$(60a^4)^2 = 12a^5 \times 240a^2$, $3600a^8 = 2880a^7$

$a \neq 0$이므로 $100a = 80$

0148

답 ②

$(x+2y)^{n+1}$의 전개식의 일반항은

$_{n+1}\mathrm{C}_r x^{n+1-r} (2y)^r = {}_{n+1}\mathrm{C}_r 2^r x^{n+1-r} y^r$ (단, $r=0,\ 1,\ 2,\ \cdots,\ n+1$)

$x^{n-1}y^2$항은 $r=2$일 때이므로 $x^{n-1}y^2$의 계수는

$_{n+1}\mathrm{C}_2 \times 2^2 = \dfrac{n(n+1)}{2} \times 4 = 2n(n+1)$

$\therefore f(n) = 2n(n+1)$

$\therefore \displaystyle\sum_{k=1}^{10} \dfrac{1}{f(k)}$

$\quad = \displaystyle\sum_{k=1}^{10} \dfrac{1}{2k(k+1)}$

$\quad = \dfrac{1}{2} \displaystyle\sum_{k=1}^{10} \left(\dfrac{1}{k} - \dfrac{1}{k+1}\right)$

$\quad = \dfrac{1}{2}\left\{\left(\dfrac{1}{1} - \dfrac{1}{2}\right) + \left(\dfrac{1}{2} - \dfrac{1}{3}\right) + \left(\dfrac{1}{3} - \dfrac{1}{4}\right) + \cdots + \left(\dfrac{1}{10} - \dfrac{1}{11}\right)\right\}$

$\quad = \dfrac{1}{2}\left(1 - \dfrac{1}{11}\right)$

$\quad = \dfrac{1}{2} \times \dfrac{10}{11} = \dfrac{5}{11}$

0149

답 102

$\displaystyle\sum_{n=1}^{10} \left(x^2 + \dfrac{1}{x}\right)^n = \left(x^2 + \dfrac{1}{x}\right) + \left(x^2 + \dfrac{1}{x}\right)^2 + \left(x^2 + \dfrac{1}{x}\right)^3 + \cdots + \left(x^2 + \dfrac{1}{x}\right)^{10}$

10 이하의 자연수 n에 대하여 $\left(x^2 + \dfrac{1}{x}\right)^n$의 전개식의 일반항은

$_n\mathrm{C}_r (x^2)^{n-r} \left(\dfrac{1}{x}\right)^r = {}_n\mathrm{C}_r \dfrac{x^{2n-2r}}{x^r}$ (단, $r=0,\ 1,\ 2,\ \cdots,\ n$)

상수항은 $2n-2r=r$일 때이므로 $r=\dfrac{2}{3}n$

상수항이 존재하려면 n은 3의 배수이어야 하므로 순서쌍 (n, r)는

$(3, 2)$, $(6, 4)$, $(9, 6)$이다.

따라서 구하는 상수항은

$$_3C_2+_6C_4+_9C_6=_3C_1+_6C_2+_9C_3$$
$$=3+15+84=102$$

0150
답 ③

$$\sum_{n=1}^{10}(1+x)^n=(1+x)+(1+x)^2+(1+x)^3+\cdots+(1+x)^{10}$$

따라서 주어진 식은 첫째항이 $1+x$, 공비가 $1+x$인 등비수열의 첫째항부터 제10항까지의 합이므로

$$\sum_{n=1}^{10}(1+x)^n=\frac{(1+x)\{(1+x)^{10}-1\}}{(1+x)-1}$$
$$=\frac{(1+x)^{11}-(1+x)}{x}\quad\cdots\cdots\text{㉠}$$

이때 x^4의 계수는 ㉠의 $(1+x)^{11}$의 전개식에서 x^5의 계수와 같다.

$(1+x)^{11}$의 전개식의 일반항은

$_{11}C_r x^r$ (단, $r=0, 1, 2, \cdots, 11$)

$(1+x)^{11}$의 전개식에서 x^5항은 $r=5$일 때이므로 x^5의 계수는

$_{11}C_5=462$

따라서 구하는 x^4의 계수는 462이다.

다른 풀이

$(1+x)^n$의 전개식의 일반항은

$_nC_r x^r$ (단, $r=0, 1, 2, \cdots, n$)

$4 \le n \le 10$인 경우에만 x^4항이 나오므로

$(1+x)^4$의 전개식에서 x^4의 계수는 $_4C_4$

$(1+x)^5$의 전개식에서 x^4의 계수는 $_5C_4$

      $\vdots$

$(1+x)^{10}$의 전개식에서 x^4의 계수는 $_{10}C_4$

따라서 구하는 x^4의 계수는

$_4C_4+_5C_4+_6C_4+\cdots+_{10}C_4$

$=_5C_5+_5C_4+_6C_4+\cdots+_{10}C_4$ ($\because {}_4C_4=_5C_5$)

$=_6C_5+_6C_4+\cdots+_{10}C_4$

      $\vdots$

$=_{10}C_5+_{10}C_4$

$=_{11}C_5=462$

0151
답 ②

$\left(x^2+\dfrac{a}{x}\right)^5$의 전개식의 일반항은

$_5C_r(x^2)^{5-r}\left(\dfrac{a}{x}\right)^r=_5C_r a^r \dfrac{x^{10-2r}}{x^r}$ (단, $r=0, 1, 2, \cdots, 5$)

$\dfrac{1}{x^2}$항은 $r-(10-2r)=2$, 즉 $r=4$일 때이므로 $\dfrac{1}{x^2}$의 계수는

$_5C_4 \times a^4=5a^4$

x항은 $(10-2r)-r=1$, 즉 $r=3$일 때이므로 x의 계수는

$_5C_3 \times a^3=10a^3$

$\dfrac{1}{x^2}$의 계수와 x의 계수가 같으므로

$5a^4=10a^3$

$\therefore a=2$ ($\because a>0$)

0152
답 ②

(i) A를 선택하지 않는 경우

    B, C, D를 각각 2개 이상씩 선택해야 하므로 B, C, D를 각각 2개씩 먼저 선택한 후, 남은 세 종류의 빵 중에서 중복을 허락하여 $10-6=4$(개)를 선택하는 경우의 수는

    $_3H_4=_6C_4=_6C_2=15$

(ii) A를 1개 선택하는 경우

    B, C, D를 각각 2개 이상씩 선택해야 하므로 B, C, D를 각각 2개씩 먼저 선택한 후, 남은 세 종류의 빵 중에서 중복을 허락하여 $9-6=3$(개)를 선택하는 경우의 수는

    $_3H_3=_5C_3=_5C_2=10$

(i), (ii)에서 구하는 경우의 수는

$15+10=25$

짝기출

> 사과, 감, 배, 귤 네 종류의 과일 중에서 8개를 선택하려고 한다. 사과는 1개 이하를 선택하고, 감, 배, 귤은 각각 1개 이상을 선택하는 경우의 수를 구하시오.
>
> (단, 각 종류의 과일은 8개 이상씩 있다.)
>
> **답** 36

0153
답 ③

$a+2b+c+d=9$에서 $a+c+d=9-2b$

$0 \le a+c+d \le 4$이므로

$0 \le 9-2b \le 4$ $\therefore \dfrac{5}{2} \le b \le \dfrac{9}{2}$

이때 b는 음이 아닌 정수이므로

$b=3$ 또는 $b=4$

(i) $b=3$일 때

$a+2b+c+d=9$에서

$a+c+d=3$

이를 만족시키는 음이 아닌 정수 a, c, d의 순서쌍 (a, c, d)의 개수는

$_3H_3=_5C_3=_5C_2=10$

(ii) $b=4$일 때

$a+2b+c+d=9$에서

$a+c+d=1$

이를 만족시키는 음이 아닌 정수 a, c, d의 순서쌍 (a, c, d)의 개수는

$_3H_1=_3C_1=3$

(i), (ii)에서 구하는 순서쌍 (a, b, c, d)의 개수는

$10+3=13$

다음 조건을 만족시키는 음이 아닌 정수 a, b, c, d의 모든 순서쌍 (a, b, c, d)의 개수는?

㈎ $a+b+c+3d=10$

㈏ $a+b+c\leq 5$

① 18   ② 20   ③ 22   ④ 24   ⑤ 26

답 ①

0154

답 ③

$(1+x)^n$의 전개식의 일반항은

$_nC_r x^r$ (단, $r=0, 1, 2, \cdots, n$)

$(1+x^2)^6$의 전개식의 일반항은

$_6C_s(x^2)^s=_6C_s x^{2s}$ (단, $s=0, 1, 2, \cdots, 6$)

따라서 $(1+x)^n(1+x^2)^6$의 전개식의 일반항은

$_nC_r x^r \times _6C_s x^{2s}=_nC_r \times _6C_s x^{r+2s}$

x^2항은 $r+2s=2$일 때이므로 순서쌍 (r, s)는 $(0, 1)$, $(2, 0)$이다.

(i) $r=0$, $s=1$일 때, x^2의 계수는

$_nC_0 \times _6C_1=6$

(ii) $r=2$, $s=0$일 때, x^2의 계수는

$_nC_2 \times _6C_0=\dfrac{n(n-1)}{2}$

(i), (ii)에서 주어진 다항식의 x^2의 계수는

$6+\dfrac{n(n-1)}{2}$

이때 x^2의 계수가 16이므로

$6+\dfrac{n(n-1)}{2}=16$

$n(n-1)=20=5\times 4$

$\therefore n=5$

즉, 주어진 다항식 $(1+x)^5(1+x^2)^6$의 전개식의 일반항은

$_5C_r \times _6C_s x^{r+2s}$

x^3항은 $r+2s=3$일 때이므로 순서쌍 (r, s)는 $(1, 1)$, $(3, 0)$이다.

(iii) $r=1$, $s=1$일 때, x^3의 계수는

$_5C_1 \times _6C_1=30$

(iv) $r=3$, $s=0$일 때, x^3의 계수는

$_5C_3 \times _6C_0=10$

(iii), (iv)에서 구하는 x^3의 계수는

$30+10=40$

다항식 $(x^2+1)^4(x^3+1)^n$의 전개식에서 x^5의 계수가 12일 때, x^6의 계수는? (단, n은 자연수이다.)

① 6   ② 7   ③ 8   ④ 9   ⑤ 10

답 ②

0155

답 35

서로 다른 종류의 모자 4개를 같은 종류의 상자 4개에 넣는 경우의 수는 1이다.

서로 다른 종류의 모자가 들어 있는 4개의 상자에 손수건이 1개 이상 들어가야 하므로 상자에 손수건을 1개씩 먼저 넣은 후, 남은 4개의 손수건을 4개의 상자에 넣으면 된다.

따라서 구하는 경우의 수는 서로 다른 4개에서 4개를 택하는 중복조합의 수와 같으므로

$_4H_4=_7C_4=_7C_3=35$

같은 종류의 상자에 서로 다른 종류의 모자를 넣었으므로 모자를 넣은 4개의 상자는 서로 다른 상자가 된다.

서로 다른 종류의 사탕 3개와 같은 종류의 구슬 7개를 같은 종류의 주머니 3개에 남김없이 나누어 넣으려고 한다. 각 주머니에 사탕과 구슬이 각각 1개 이상씩 들어가도록 나누어 넣는 경우의 수는?

① 11   ② 12   ③ 13   ④ 14   ⑤ 15

답 ⑤

0156

답 ③

8권의 책을 3개의 칸으로 이루어진 책장에 남김없이 나누어 꽂는 경우의 수는 서로 다른 3개에서 8개를 택하는 중복조합의 수와 같으므로

$_3H_8=_{10}C_8=_{10}C_2=45$

이때 5권의 책을 꽂을 수 있는 칸에 6권 이상의 책을 꽂는 경우를 제외해야 한다.

(i) 첫 번째 칸에 6권의 책을 꽂는 경우

첫 번째 칸에 6권의 책을 꽂는 경우의 수는 남은 2권의 책을 남은 2개의 칸에 남김없이 나누어 꽂는 경우의 수와 같으므로

$_2H_2=_3C_2=3$

(ii) 첫 번째 칸에 7권의 책을 꽂는 경우

첫 번째 칸에 7권의 책을 꽂는 경우의 수는 남은 1권의 책을 남은 2개의 칸에 남김없이 나누어 꽂는 경우의 수와 같으므로

$_2H_1 = _2C_1 = 2$

(iii) 첫 번째 칸에 8권의 책을 꽂는 경우의 수는 1이다.

(i)~(iii)에서 첫 번째 칸에 6권 이상의 책을 꽂는 경우의 수는

$3+2+1=6$

또한 두 번째 칸에 6권 이상의 책을 꽂는 경우의 수도 6이다.

따라서 구하는 경우의 수는

$45-(6+6)=33$

0157

답 ④

$f(n) = \sum_{r=0}^{n} {_nC_r} 3^r$

$\quad = {_nC_0} + {_nC_1} \times 3 + {_nC_2} \times 3^2 + {_nC_3} \times 3^3 + \cdots + {_nC_n} \times 3^n$

$\quad = (1+3)^n = 4^n$

$\therefore \log f(n) = \log 4^n = \log 2^{2n}$

$\qquad\qquad = 2n \log 2$

$\qquad\qquad = 2n \times 0.3 = 0.6n$

$\log f(n) > 10$에서

$0.6n > 10$

$\therefore n > 16.6 \times \times \times$

따라서 구하는 n의 최솟값은 17이다.

짝기출

자연수 n에 대하여 $f(n) = \sum_{r=0}^{n} {_nC_r} \left(\dfrac{1}{9}\right)^r$일 때, $\log f(n) > 1$을 만족시키는 n의 최솟값은? (단, $\log 3 = 0.4771$로 계산한다.)

① 18   ② 22   ③ 26   ④ 30   ⑤ 34

답 ②

0158

답 25

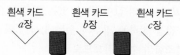

흰색 카드 a장   흰색 카드 b장   흰색 카드 c장

검은색 카드 2장을 먼저 배열한 후, 검은색 카드 사이에 들어가는 흰색 카드의 수를 차례대로 a, b, c라 하면 조건 ㈎, ㈏에 의하여

$a+b+c=8$ (단, a, c는 음이 아닌 정수, b는 $b \geq 2$인 정수이다.)

$\qquad\qquad\qquad\qquad\qquad\qquad\qquad\qquad \cdots\cdots ㉠$

$b \geq 2$이므로 $b=b'+2$로 놓으면

$a+(b'+2)+c=8$ (단, a, b', c는 음이 아닌 정수이다.)

$\therefore a+b'+c=6 \qquad\qquad\qquad\qquad \cdots\cdots ㉡$

방정식 ㉠을 만족시키는 순서쌍 (a, b, c)의 개수는 방정식 ㉡을 만족시키는 순서쌍 (a, b', c)의 개수와 같으므로

$_3H_6 = {_8C_6} = {_8C_2} = 28$

이때 조건 ㈐에 의하여 검은색 카드 사이에는 3의 배수가 적힌 흰색 카드가 1장 이상 놓여 있어야 하므로 ㉠을 만족시키는 순서쌍 (a, b, c) 중에서 $(0, 2, 6)$, $(3, 2, 3)$, $(6, 2, 0)$을 제외해야 한다.

따라서 구하는 경우의 수는

$28-3=25$

0159

답 ②

네 명의 학생 A, B, C, D가 받는 초콜릿의 개수를 각각 a, b, c, d라 하면

$a+b+c+d=8$

이때 조건 ㈎에 의하여 a, b, c, d는 자연수이므로

$a=a'+1$, $b=b'+1$, $c=c'+1$, $d=d'+1$로 놓으면

$(a'+1)+(b'+1)+(c'+1)+(d'+1)=8$

$\qquad\qquad$ (단, a', b', c', d'은 음이 아닌 정수이다.)

$\therefore a'+b'+c'+d'=4 \qquad\qquad \cdots\cdots ㉠$

조건 ㈏에 의하여 $a > b$이므로 $a' > b'$

(i) $b'=0$일 때

$a' \geq 1$이므로 $a'=a''+1$로 놓으면 ㉠에서

$(a''+1)+0+c'+d'=4$ (단, a''은 음이 아닌 정수이다.)

$\therefore a''+c'+d'=3$

이때 순서쌍 (a, b, c, d)의 개수는 $a''+c'+d'=3$을 만족시키는 음이 아닌 정수 a'', c', d'의 순서쌍 (a'', c', d')의 개수와 같으므로

$_3H_3 = {_5C_3} = {_5C_2} = 10$

(ii) $b'=1$일 때

$a' \geq 2$이므로 $a'=a''+2$로 놓으면 ㉠에서

$(a''+2)+1+c'+d'=4$ (단, a''은 음이 아닌 정수이다.)

$\therefore a''+c'+d'=1$

이때 순서쌍 (a, b, c, d)의 개수는 $a''+c'+d'=1$을 만족시키는 음이 아닌 정수 a'', c', d'의 순서쌍 (a'', c', d')의 개수와 같으므로

$_3H_1 = {_3C_1} = 3$

(iii) $b'=2$일 때

$a' \geq 3$이므로 $a'+b' \geq 5$가 되어 ㉠을 만족시키지 않는다.

(i)~(iii)에서 구하는 경우의 수는

$10+3=13$

다른 풀이

초콜릿 8개를 네 명의 학생에게 적어도 하나씩 나누어 주는 경우의 수는 먼저 1개씩 나누어 준 후, 남은 4개의 초콜릿을 네 명의 학생에게 중복을 허락하여 나누어 주면 되므로

$_4H_4 = {_7C_4} = {_7C_3} = 35$

이때 두 학생 A, B가 받는 초콜릿의 개수가 같은 경우는 다음과 같다.

(i) A, B가 모두 1개씩 받을 때

나머지 6개의 초콜릿을 C, D에게 적어도 하나씩 나누어 주는 경우의 수는 C, D에게 초콜릿을 1개씩 먼저 나누어 준 후 남은 4개를 중복을 허락하여 C, D에게 나누어 주면 되므로

$_2H_4 = {_5C_4} = 5$

(ii) A, B가 모두 2개씩 받을 때

나머지 4개의 초콜릿을 C, D에게 적어도 하나씩 나누어 주는 경우의 수는 C, D에게 초콜릿을 1개씩 먼저 나누어 준 후 남은 2개를 중복을 허락하여 C, D에게 나누어 주면 되므로

$_2H_2=_3C_2=3$

(iii) A, B가 모두 3개씩 받을 때

나머지 2개의 초콜릿을 C, D에게 하나씩 나누어 주는 경우의 수는 1이다.

(i)~(iii)에서 두 학생 A, B가 받는 초콜릿의 개수가 같은 경우의 수는

$5+3+1=9$

따라서 A 또는 B 중에 한 명이 더 많은 초콜릿을 받는 경우의 수는 $35-9=26$이고, A가 더 많이 받는 경우와 B가 더 많이 받는 경우가 각각 동일하게 존재하므로 구하는 경우의 수는

$\dfrac{26}{2}=13$

0160 　　　　　　　　　　답 136

조건 ㈎에 의하여 a는 12의 약수이고, $b+c+d+e\geq4$이므로

$a=1$ 또는 $a=2$ 또는 $a=3$

(i) $a=1$일 때

$b+c+d+e=12$이고 조건 ㈏를 만족시키려면 b, c, d, e가 모두 짝수이거나 b, c, d, e 중에서 2개는 짝수, 2개는 홀수이어야 한다.

ⓐ b, c, d, e가 모두 짝수인 경우

$b=2b'+2$, $c=2c'+2$, $d=2d'+2$, $e=2e'+2$로 놓으면

$(2b'+2)+(2c'+2)+(2d'+2)+(2e'+2)=12$

(단, b', c', d', e'은 음이 아닌 정수이다.)

$\therefore$ $b'+c'+d'+e'=2$

이를 만족시키는 음이 아닌 정수 b', c', d', e'의 순서쌍 (b', c', d', e')의 개수는

$_4H_2=_5C_2=10$

ⓑ b, c, d, e 중에서 2개는 짝수, 2개는 홀수인 경우

b, c, d, e 중에서 짝수가 되는 2개를 선택하는 경우의 수는

$_4C_2=6$

짝수 2개를 $2p+2$, $2q+2$, 홀수 2개를 $2r+1$, $2s+1$로 놓으면

$(2p+2)+(2q+2)+(2r+1)+(2s+1)=12$

(단, p, q, r, s는 음이 아닌 정수이다.)

$\therefore$ $p+q+r+s=3$

이를 만족시키는 음이 아닌 정수 p, q, r, s의 순서쌍 (p, q, r, s)의 개수는

$_4H_3=_6C_3=20$

즉, 이때의 경우의 수는

$6\times20=120$

ⓐ, ⓑ에서 자연수 b, c, d, e의 순서쌍 (b, c, d, e)의 개수는

$10+120=130$

(ii) $a=2$일 때

$b+c+d+e=6$이고 조건 ㈏를 만족시키려면 b, c, d, e 중에서 2개는 짝수, 2개는 홀수이어야 한다.

이를 만족시키는 자연수 b, c, d, e의 순서쌍 (b, c, d, e)의 개수는 1, 1, 2, 2를 일렬로 나열하는 경우의 수와 같으므로

$\dfrac{4!}{2!\times2!}=6$

(iii) $a=3$일 때

$b+c+d+e=4$를 만족시키는 자연수 b, c, d, e의 순서쌍 (b, c, d, e)는 $(1, 1, 1, 1)$뿐이므로 조건 ㈏를 만족시킬 수 없다.

(i)~(iii)에서 구하는 순서쌍 (a, b, c, d, e)의 개수는

$130+6=136$

짝기출

다음 조건을 만족시키는 음이 아닌 정수 a, b, c, d의 모든 순서쌍 (a, b, c, d)의 개수를 구하시오.

㈎ $a+b+c+d=6$
㈏ a, b, c, d 중에서 적어도 하나는 0이다.

답 74

0161 　　　　　　　　　　답 55

c가 5 이하의 자연수이므로

$1\leq b\leq4$

(i) $b=1$일 때

$a\leq2\leq c\leq d$에서 a의 값이 될 수 있는 것은 1, 2의 2가지이고, c, d의 값을 정하는 경우의 수는 2, 3, 4, 5의 4개에서 2개를 택하는 중복조합의 수와 같으므로

$_4H_2=_5C_2=10$

따라서 이때의 경우의 수는

$2\times10=20$

(ii) $b=2$일 때

$a\leq3\leq c\leq d$에서 a의 값이 될 수 있는 것은 1, 2, 3의 3가지이고, c, d의 값을 정하는 경우의 수는 3, 4, 5의 3개에서 2개를 택하는 중복조합의 수와 같으므로

$_3H_2=_4C_2=6$

따라서 이때의 경우의 수는

$3\times6=18$

(iii) $b=3$일 때

$a\leq4\leq c\leq d$에서 a의 값이 될 수 있는 것은 1, 2, 3, 4의 4가지이고, c, d의 값을 정하는 경우의 수는 4, 5의 2개에서 2개를 택하는 중복조합의 수와 같으므로

$_2H_2=_3C_2=3$

따라서 이때의 경우의 수는

$4\times3=12$

(iv) $b=4$인 경우

$a \leq 5 \leq c \leq d$에서 a의 값이 될 수 있는 것은 1, 2, 3, 4, 5의 5 가지이고, c, d의 값을 정하는 경우의 수는 1이다.

따라서 이때의 경우의 수는

$5 \times 1 = 5$

(i)~(iv)에서 구하는 순서쌍 (a, b, c, d)의 개수는

$20 + 18 + 12 + 5 = 55$

0162
답 105

조건 ㈏에서 $f(1) \leq 3$을 만족시키는 $f(1)$의 값에 따라 경우를 나누어 조건을 만족시키는 함수 f의 개수를 구하면 된다.

(i) $f(1) = 1$일 때

조건 ㈐에서 $f(3) \leq 5$이므로 조건 ㈎에 의하여

$1 \leq f(2) \leq f(3) \leq f(4) \leq 5$ 또는 $1 \leq f(2) \leq f(3) \leq 5 < f(4)$

ⓐ $1 \leq f(2) \leq f(3) \leq f(4) \leq 5$일 때

$f(2)$, $f(3)$, $f(4)$의 값을 정하는 경우의 수는 1, 2, 3, 4, 5의 5개에서 3개를 택하는 중복조합의 수와 같으므로

$_5H_3 = _7C_3 = 35$

ⓑ $1 \leq f(2) \leq f(3) \leq 5 < f(4)$일 때

$f(2)$, $f(3)$의 값을 정하는 경우의 수는 1, 2, 3, 4, 5의 5개에서 2개를 택하는 중복조합의 수와 같으므로

$_5H_2 = _6C_2 = 15$

$f(4)$의 값이 될 수 있는 것은 6의 1가지이므로 함수 f의 개수는

$15 \times 1 = 15$

ⓐ, ⓑ에서 구하는 함수 f의 개수는

$35 + 15 = 50$

(ii) $f(1) = 2$일 때

조건 ㈐에서 $f(3) \leq 6$이므로 조건 ㈎에 의하여

$2 \leq f(2) \leq f(3) \leq f(4) \leq 6$

$f(2)$, $f(3)$, $f(4)$의 값을 정하는 경우의 수는 2, 3, 4, 5, 6의 5개에서 3개를 택하는 중복조합의 수와 같으므로

$_5H_3 = _7C_3 = 35$

(iii) $f(1) = 3$일 때

조건 ㈐에서 $f(3) \leq 7$이므로 조건 ㈎에 의하여

$3 \leq f(2) \leq f(3) \leq f(4) \leq 6$

$f(2)$, $f(3)$, $f(4)$의 값을 정하는 경우의 수는 3, 4, 5, 6의 4개에서 3개를 택하는 중복조합의 수와 같으므로

$_4H_3 = _6C_3 = 20$

(i)~(iii)에서 구하는 함수 f의 개수는

$50 + 35 + 20 = 105$

다른 풀이

조건을 만족시키는 함수 f의 개수는 조건 ㈎를 만족시키는 함수 f의 개수에서 조건 ㈏와 조건 ㈐를 만족시키지 않는 경우를 제외하면 된다.

조건 ㈎를 만족시키는 함수 f의 개수는

$_6H_4 = _9C_4 = 126$

(i) 조건 ㈏를 만족시키지 않는 경우

$f(1) > 3$이므로

$4 \leq f(1) \leq f(2) \leq f(3) \leq f(4) \leq 6$

$f(1)$, $f(2)$, $f(3)$, $f(4)$의 값을 정하는 경우의 수는 4, 5, 6 의 3개에서 4개를 택하는 중복조합의 수와 같으므로

$_3H_4 = _6C_4 = _6C_2 = 15$

(ii) 조건 ㈐를 만족시키지 않는 경우

$f(3) > f(1) + 4$에서 $f(1) = 1$, $f(3) = 6$이어야 한다.

$f(2)$의 값이 될 수 있는 것은 1, 2, 3, 4, 5, 6의 6가지이고 $f(4)$의 값이 될 수 있는 것은 6의 1가지이므로 함수 f의 개수는

$6 \times 1 = 6$

이때 두 조건 ㈏, ㈐를 동시에 만족시키는 경우는 없으므로

(i), (ii)에서 조건 ㈏와 조건 ㈐를 만족시키지 않는 경우의 수는

$15 + 6 = 21$

따라서 구하는 함수 f의 개수는

$126 - 21 = 105$

유형별 유사문제

PART A' 03 확률의 뜻과 활용

유형 01 시행과 사건

0163
답 ⑤

$S=\{1, 2, 3, 4, 5, 6, 7, 8\}$
① $B=\{1, 2, 5\}$ (참)
② $A=\{1, 2, 4, 8\}$, $C=\{3, 6\}$이므로
  $A \cup C=\{1, 2, 3, 4, 6, 8\}$ (참)
③ $A^C=\{3, 5, 6, 7\}$이므로
  $A^C \cap B=\{5\}$ (참)
④ $B^C=\{3, 4, 6, 7, 8\}$이므로
  $n(S)-n(B^C)=8-5=3$ (참)
⑤ $A^C \cap B^C=\{3, 6, 7\}$이므로
  $n(A^C \cap B^C)=3$ (거짓)
따라서 옳지 않은 것은 ⑤이다.

0164
답 ⑤

ㄱ. $A \cap B=\{8\}$, 즉 $A \cap B \neq \varnothing$이므로 두 사건 A, B는 서로 배반
  사건이 아니다.
ㄴ. $A \cap C=\{9\}$, 즉 $A \cap C \neq \varnothing$이므로 두 사건 A, C는 서로 배반
  사건이 아니다.
ㄷ. $B \cap C=\{10\}$이므로
  $A \cap (B \cap C)=\varnothing$
  즉, 두 사건 A와 $B \cap C$는 서로 배반사건이다.
ㄹ. $A^C \cap C=\{10, 12\}$이므로
  $A \cap (A^C \cap C)=\varnothing$
  즉, 두 사건 A와 $A^C \cap C$는 서로 배반사건이다.
따라서 사건 A와 서로 배반사건인 것은 ㄷ, ㄹ이다.

0165
답 24

사건 A와 배반사건인 사건은 A^C의 부분집합이고, 사건 B와 배반
사건인 사건은 B^C의 부분집합이므로 두 사건 A, B와 모두 배반사
건인 사건 C는 $A^C \cap B^C$의 부분집합이다.
$S=\{1, 2, 3, 4, 5, 6, 7, 8, 9, 10\}$, $A=\{2, 3, 5, 7\}$,
$B=\{1, 4, 7, 9\}$이므로
$A^C=\{1, 4, 6, 8, 9, 10\}$
$B^C=\{2, 3, 5, 6, 8, 10\}$
$\therefore A^C \cap B^C=\{6, 8, 10\}$

즉, 사건 C는 집합 $\{6, 8, 10\}$의 부분집합이므로 사건 C의 모든 원
소의 합이 최대가 되는 경우는 $C=\{6, 8, 10\}$일 때이다.
따라서 사건 C의 모든 원소의 합의 최댓값은
$6+8+10=24$

0166
답 ⑤

나오는 두 눈의 수를 순서쌍으로 나타내면 두 눈의 수의 차가 홀수
인 경우는 두 눈의 수의 차가 1, 3, 5인 경우가 있으므로
$A=\{(1, 2), (2, 1), (2, 3), (3, 2), (3, 4), (4, 3), (4, 5),$
  $(5, 4), (5, 6), (6, 5), (1, 4), (2, 5), (3, 6), (4, 1),$
  $(5, 2), (6, 3), (1, 6), (6, 1)\}$
두 눈의 수의 합이 10 이상인 경우는 두 눈의 수의 합이 10, 11, 12
인 경우가 있으므로
$B=\{(4, 6), (5, 5), (6, 4), (5, 6), (6, 5), (6, 6)\}$
두 눈의 수의 합이 8의 약수인 경우는 두 눈의 수의 합이 2, 4, 8인
경우가 있으므로
$C=\{(1, 1), (1, 3), (2, 2), (3, 1), (2, 6), (3, 5), (4, 4),$
  $(5, 3), (6, 2)\}$
ㄱ. $A \cap B=\{(5, 6), (6, 5)\}$, 즉 $A \cap B \neq \varnothing$이므로 두 사건 A,
  B는 서로 배반사건이 아니다.
ㄴ. $B \cap C=\varnothing$이므로 두 사건 B, C는 서로 배반사건이다.
ㄷ. $C \cap A=\varnothing$이므로 두 사건 C, A는 서로 배반사건이다.
따라서 서로 배반사건인 것은 ㄴ, ㄷ이다.

유형 02 수학적 확률

0167
답 ②

서로 다른 두 개의 주사위를 동시에 던질 때 나오는 모든 경우의 수는
$6 \times 6=36$
나오는 두 눈의 수를 순서쌍으로 나타내면 두 눈의 수의 곱이 5의
배수가 되는 경우는 두 눈의 수의 곱이 5, 10, 15, 20, 25, 30인 경
우가 있으므로
$(1, 5), (5, 1), (2, 5), (5, 2), (3, 5), (5, 3), (4, 5), (5, 4),$
$(5, 5), (5, 6), (6, 5)$
의 11가지이다.
따라서 구하는 확률은 $\dfrac{11}{36}$

0168
답 ③

집합 A의 부분집합의 개수는
$2^5=32$
원소 3과 4를 모두 포함하는 부분집합의 개수는
$2^{5-2}=2^3=8$

따라서 구하는 확률은

$$\frac{8}{32}=\frac{1}{4}$$

0169 답 ④

한 개의 주사위를 두 번 던질 때 나오는 모든 경우의 수는
$6\times6=36$
직선 $y=a$와 이차함수 $y=-x^2+2bx-11$의 그래프가 만나려면
이차방정식 $a=-x^2+2bx-11$, 즉 $x^2-2bx+a+11=0$이 실근을 가져야 한다.
이차방정식 $x^2-2bx+a+11=0$의 판별식을 D라 할 때, $D\geq0$이어야 하므로
$$\frac{D}{4}=(-b)^2-a-11\geq0$$
$$\therefore b^2\geq a+11$$
$b^2\geq a+11$을 만족시키는 경우는 다음과 같다.
(i) $a=1$일 때
  $b^2\geq12$이므로 $b=4, 5, 6$
(ii) $a=2$일 때
  $b^2\geq13$이므로 $b=4, 5, 6$
(iii) $a=3$일 때
  $b^2\geq14$이므로 $b=4, 5, 6$
(iv) $a=4$일 때
  $b^2\geq15$이므로 $b=4, 5, 6$
(v) $a=5$일 때
  $b^2\geq16$이므로 $b=4, 5, 6$
(vi) $a=6$일 때
  $b^2\geq17$이므로 $b=5, 6$
(i)~(vi)에서 $b^2\geq a+11$을 만족시키는 a, b의 순서쌍 (a, b)의 개수는
$3\times5+2=17$
따라서 구하는 확률은 $\dfrac{17}{36}$

0170 답 ④

두 수 a, b를 택하는 모든 경우의 수는
$4\times5=20$
a^2+b^2이 홀수가 되는 경우의 a, b를 순서쌍 (a, b)로 나타내면 다음과 같다.
(i) a^2이 홀수, b^2이 짝수인 경우
  a^2이 홀수이면
  $a=5, 7$
  b^2이 짝수이면
  $b=4, 8$
  즉, $(5, 4), (5, 8), (7, 4), (7, 8)$의 4가지이다.
(ii) a^2이 짝수, b^2이 홀수인 경우
  a^2이 짝수이면
  $a=2, 6$
  b^2이 홀수이면
  $b=1, 3, 9$
  즉, $(2, 1), (2, 3), (2, 9), (6, 1), (6, 3), (6, 9)$의 6가지이다.
(i), (ii)에서 a^2+b^2이 홀수인 경우의 수는
$4+6=10$
따라서 구하는 확률은
$$\frac{10}{20}=\frac{1}{2}$$

0171 답 ②

일어나는 모든 경우의 수는
$8\times8=64$
$|a-5|+|b-5|=2$인 경우의 a, b를 순서쌍 (a, b)로 나타내면 다음과 같다.
(i) $|a-5|=0$, $|b-5|=2$일 때
  $|a-5|=0$에서 $a=5$
  $|b-5|=2$에서 $b=3, 7$
  즉, $(5, 3), (5, 7)$의 2가지이다.
(ii) $|a-5|=1$, $|b-5|=1$일 때
  $|a-5|=1$에서 $a=4, 6$
  $|b-5|=1$에서 $b=4, 6$
  즉, $(4, 4), (4, 6), (6, 4), (6, 6)$의 4가지이다.
(iii) $|a-5|=2$, $|b-5|=0$일 때
  $|a-5|=2$에서 $a=3, 7$
  $|b-5|=0$에서 $b=5$
  즉, $(3, 5), (7, 5)$의 2가지이다.
(i)~(iii)에서 $|a-5|+|b-5|=2$가 성립하는 경우의 수는
$2+4+2=8$
따라서 구하는 확률은
$$\frac{8}{64}=\frac{1}{8}$$

0172

답 ①

7명의 학생을 일렬로 세우는 경우의 수는

7!

홀수 번째인 네 자리 중 세 자리에 여학생 3명을 세우는 경우의 수는

$_4P_3=24$

나머지 빈 네 자리에 남학생 4명을 세우는 경우의 수는

4!

즉, 여학생이 모두 홀수 번째에 서는 경우의 수는

$24\times4!$

따라서 구하는 확률은

$$\frac{24\times4!}{7!}=\frac{24\times4!}{7\times6\times5\times4!}=\frac{4}{35}$$

0173

답 85

8개의 문자를 일렬로 나열하는 경우의 수는

8!

b와 y는 이웃하고 o와 s는 양 끝에 나열하는 경우는 o와 s 사이에 b와 y를 하나로 생각하여 5개의 문자를 나열하면 되므로 그 경우의 수는

5!

b와 y가 서로 자리를 바꾸는 경우의 수는

2!

o와 s가 서로 자리를 바꾸는 경우의 수는

2!

즉, b와 y는 이웃하고 o와 s는 양 끝에 나열하는 경우의 수는

$5!\times2!\times2!$

따라서 구하는 확률은

$$\frac{5!\times2!\times2!}{8!}=\frac{5!\times2\times2}{8\times7\times6\times5!}=\frac{1}{84}$$

즉, $p=84$, $q=1$이므로

$p+q=84+1=85$

0174

답 ②

9권의 책을 일렬로 책꽂이에 꽂는 경우의 수는

9!

시집 3권을 하나로, 추리 소설 4권을 하나로, 역사 소설 2권을 하나로 생각하여 3권을 일렬로 나열하는 경우의 수는

3!

시집끼리, 추리 소설끼리, 역사 소설끼리 자리를 바꾸는 경우의 수는 각각

3!, 4!, 2!

즉, 시집은 시집끼리, 추리 소설은 추리 소설끼리, 역사 소설은 역사 소설끼리 이웃하도록 꽂는 경우의 수는

$3!\times3!\times4!\times2!$

따라서 구하는 확률은

$$\frac{3!\times3!\times4!\times2!}{9!}=\frac{6\times6\times4!\times2}{9\times8\times7\times6\times5\times4!}$$
$$=\frac{1}{210}$$

0175

답 ③

천의 자리에는 0이 올 수 없으므로 숫자 0, 1, 2, 3, 4 중에서 서로 다른 4개의 숫자를 사용하여 만들 수 있는 네 자리 자연수의 개수는

$4\times_4P_3=4\times24=96$

네 자리 자연수가 3의 배수가 되는 경우는 다음과 같다.

(ⅰ) 각 자리의 수의 합이 6이 되는 경우

0+1+2+3=6이므로 0, 1, 2, 3의 4개의 숫자를 사용하여 만든 네 자리 자연수는 3의 배수이다.

천의 자리에는 0이 올 수 없으므로 0, 1, 2, 3으로 만들 수 있는 네 자리 자연수의 개수는

$3\times3!=3\times6=18$

(ⅱ) 각 자리의 수의 합이 9가 되는 경우

0+2+3+4=9이므로 0, 2, 3, 4의 4개의 숫자를 사용하여 만든 네 자리 자연수는 3의 배수이다.

천의 자리에는 0이 올 수 없으므로 0, 2, 3, 4로 만들 수 있는 네 자리 자연수의 개수는

$3\times3!=3\times6=18$

(ⅰ), (ⅱ)에서 3의 배수인 네 자리 자연수의 개수는

18+18=36

따라서 구하는 확률은

$$\frac{36}{96}=\frac{3}{8}$$

참고

(1) 3의 배수 ➡ 각 자리의 수의 합이 3의 배수인 수

(2) 4의 배수 ➡ 마지막 두 자리의 수가 00 또는 4의 배수인 수

(3) 5의 배수 ➡ 일의 자리의 숫자가 0 또는 5인 수

(4) 9의 배수 ➡ 각 자리의 수의 합이 9의 배수인 수

0176

답 ②

7명을 일렬로 세우는 경우의 수는

7!

야구 선수 3명 중에서 2명을 택해 A의 양 옆에 세우는 경우의 수는

$_3P_2=6$

(야구 선수, A, 야구 선수)를 한 명으로 생각하여 5명을 일렬로 세우는 경우의 수는

5!

즉, A의 양 옆에 각각 야구 선수가 서는 경우의 수는

$6\times5!$

따라서 구하는 확률은

$$\frac{6\times5!}{7!}=\frac{6\times5!}{7\times6\times5!}=\frac{1}{7}$$

유형 04 원순열을 이용하는 확률

0177
답 ③

6송이의 꽃들을 원형으로 배열하는 경우의 수는
$(6-1)!=5!$
장미의 자리가 결정되면 수선화의 자리는 그 맞은편으로 고정된다.
즉, 장미와 수선화가 서로 마주 보도록 꽃들을 배열하는 경우의 수는 수선화를 제외한 5송이의 꽃들을 원형으로 배열하는 경우의 수와 같으므로
$(5-1)!=4!$
따라서 구하는 확률은
$\dfrac{4!}{5!}=\dfrac{1}{5}$

0178
답 ①

8장의 카드를 원형으로 배열하는 경우의 수는
$(8-1)!=7!$
소수 2, 3, 5, 7이 적혀 있는 카드를 하나로 보고 5장의 카드를 원형으로 배열하는 경우의 수는
$(5-1)!=4!$
소수가 적혀 있는 카드끼리 서로 자리를 바꾸는 경우의 수는
$4!$
즉, 소수끼리 이웃하게 배열하는 경우의 수는
$4!\times4!$
따라서 구하는 확률은
$\dfrac{4!\times4!}{7!}=\dfrac{24\times4!}{7\times6\times5\times4!}=\dfrac{4}{35}$

0179
답 35

8명이 원탁에 둘러앉는 경우의 수는
$(8-1)!=7!$
남학생 4명이 원탁에 둘러앉는 경우의 수는
$(4-1)!=3!$
남학생 사이사이 4개의 자리에 여학생 4명이 앉는 경우의 수는
$4!$
즉, 남학생과 여학생이 교대로 앉는 경우의 수는
$3!\times4!$
따라서 구하는 확률은
$\dfrac{3!\times4!}{7!}=\dfrac{6\times4!}{7\times6\times5\times4!}=\dfrac{1}{35}$
$\therefore p=35$

0180
답 ②

8가지의 색을 각 영역에 칠하는 경우의 수는
$(8-1)!=7!$

노란색을 칠할 영역을 결정하면 초록색을 칠할 영역은 그 맞은편으로 고정된다.
또한 노란색과 보라색을 이웃하게 칠해야 하므로 노란색과 보라색을 하나로 보고 초록색을 제외한 6가지의 색을 각 영역에 칠하면 된다.
이때 노란색과 보라색이 서로 자리를 바꾸는 경우의 수가 2!이므로 노란색을 칠한 영역의 맞은편에 초록색을 칠하고, 노란색과 보라색을 이웃하게 칠하는 경우의 수는
$(6-1)!\times2!=5!\times2!$
따라서 구하는 확률은
$\dfrac{5!\times2!}{7!}=\dfrac{5!\times2}{7\times6\times5!}=\dfrac{1}{21}$

유형 05 중복순열을 이용하는 확률

0181
답 ①

3명이 6가지 종류의 김밥 중 임의로 한 종류의 김밥을 주문하는 경우의 수는
$_6\Pi_3=6^3$
3명이 서로 같은 종류의 김밥을 주문하는 경우의 수는 6
따라서 구하는 확률은
$\dfrac{6}{6^3}=\dfrac{1}{36}$

0182
답 ②

3개의 숫자 1, 2, 3 중에서 중복을 허락하여 5개를 뽑아 만들 수 있는 다섯 자리 자연수의 개수는
$_3\Pi_5=3^5$
4의 배수가 되는 다섯 자리 자연수는
□□□12, □□□32
꼴이므로 4의 배수인 다섯 자리 자연수의 개수는
$2\times_3\Pi_3=2\times3^3$
따라서 구하는 확률은
$\dfrac{2\times3^3}{3^5}=\dfrac{2}{9}$

0183
답 649

5명의 사원이 5일 중 하루를 택하는 경우의 수는
$_5\Pi_5=5^5$
5명의 사원이 서로 다른 날을 택하는 경우의 수는
$_5P_5=120$
따라서 구하는 확률은
$\dfrac{120}{5^5}=\dfrac{24}{625}$
즉, $p=625$, $q=24$이므로
$p+q=625+24=649$

0184

천의 자리에는 0이 올 수 없으므로 5개의 숫자 0, 1, 2, 3, 4 중에서 중복을 허락하여 4개를 택해 만들 수 있는 네 자리 자연수의 개수는

$4 \times {}_5\Pi_3 = 4 \times 5^3 = 500$

2300보다 작은 네 자리 자연수는

22□□, 21□□, 20□□, 1□□□

꼴이다.

22□□ 꼴의 개수는

${}_5\Pi_2 = 5^2 = 25$

21□□ 꼴의 개수는

${}_5\Pi_2 = 5^2 = 25$

20□□ 꼴의 개수는

${}_5\Pi_2 = 5^2 = 25$

1□□□ 꼴의 개수는

${}_5\Pi_3 = 5^3 = 125$

즉, 2300보다 작은 네 자리 자연수의 개수는

$25 \times 3 + 125 = 200$

따라서 구하는 확률은

$\dfrac{200}{500} = \dfrac{2}{5}$

0185

5개의 숫자 1, 3, 4, 6, 7 중에서 중복을 허락하여 세 수 a, b, c를 택하는 경우의 수는

${}_5\Pi_3 = 5^3 = 125$

5개의 숫자 1, 3, 4, 6, 7 중에서 홀수는 1, 3, 7의 3개, 짝수는 4, 6의 2개이므로 $a^2 + b^2 + c^2$의 값이 짝수가 되는 경우는 다음과 같다.

(i) a^2, b^2, c^2이 모두 짝수인 경우

a, b, c 모두 짝수이므로 이 경우의 수는

${}_2\Pi_3 = 2^3 = 8$

(ii) a^2은 짝수, b^2, c^2은 홀수인 경우

a는 짝수, b, c는 홀수이므로 이 경우의 수는

$2 \times {}_3\Pi_2 = 2 \times 3^2$
$\qquad = 2 \times 9 = 18$

(iii) a^2, c^2은 홀수, b^2은 짝수인 경우

a, c는 홀수, b는 짝수이므로 이 경우의 수는

${}_3\Pi_2 \times 2 = 3^2 \times 2$
$\qquad = 9 \times 2 = 18$

(iv) a^2, b^2은 홀수, c^2은 짝수인 경우

a, b는 홀수, c는 짝수이므로 이 경우의 수는

${}_3\Pi_2 \times 2 = 3^2 \times 2$
$\qquad = 9 \times 2 = 18$

(i)∼(iv)에서 $a^2 + b^2 + c^2$의 값이 짝수가 되는 경우의 수는

$8 + 18 \times 3 = 62$

따라서 구하는 확률은 $\dfrac{62}{125}$

0186

fulfillment에 있는 11개의 문자를 일렬로 나열하는 경우의 수는

$\dfrac{11!}{2! \times 3!} = \dfrac{11 \times 10 \times 9 \times 8 \times 7!}{2 \times 6}$
$\qquad\qquad = 660 \times 7!$

양 끝에 f를 놓고 그 사이에 남은 9개의 문자를 나열하는 경우의 수는

$\dfrac{9!}{3!} = \dfrac{9 \times 8 \times 7!}{6} = 12 \times 7!$

따라서 구하는 확률은

$\dfrac{12 \times 7!}{660 \times 7!} = \dfrac{1}{55}$

0187

4명의 달리기 순서를 정하는 경우의 수는

$4! = 24$

C가 D보다 먼저 달리도록 순서를 정하는 것은 C와 D를 모두 같은 문자 X로 놓고, A, B, X, X를 일렬로 나열한 후 첫 번째 X는 C로, 두 번째 X는 D로 바꾸는 것과 같다.

즉, C가 D보다 먼저 달리도록 순서를 정하는 경우의 수는

$\dfrac{4!}{2!} = 12$

따라서 구하는 확률은

$\dfrac{12}{24} = \dfrac{1}{2}$

0188

8개의 숫자 1, 1, 3, 3, 4, 6, 8, 8을 일렬로 나열하는 경우의 수는

$\dfrac{8!}{2! \times 2! \times 2!} = \dfrac{8 \times 7!}{2 \times 2 \times 2}$
$\qquad\qquad\qquad = 7! = 5040$

짝수 4, 6, 8, 8을 하나로, 홀수 1, 1, 3, 3을 하나로 생각하여 2개의 숫자를 일렬로 나열하는 경우의 수는

$2! = 2$

이때 짝수끼리 자리를 바꾸는 경우의 수는

$\dfrac{4!}{2!} = 12$

이고 홀수끼리 자리를 바꾸는 경우의 수는

$\dfrac{4!}{2! \times 2!} = 6$

이므로 짝수는 짝수끼리, 홀수는 홀수끼리 이웃하게 나열하는 경우의 수는

$2 \times 12 \times 6 = 144$

따라서 구하는 확률은

$\dfrac{144}{5040} = \dfrac{1}{35}$

즉, $p = 35$, $q = 1$이므로

$p + q = 35 + 1 = 36$

0189

답 ④

P지점에서 Q지점까지 최단거리로 가는 경우의 수는

$$\frac{12!}{7! \times 5!} = \frac{12 \times 11 \times 10 \times 9 \times 8 \times 7!}{7! \times 120} = 792$$

P지점에서 A지점과 B지점을 지나 Q지점까지 최단거리로 가는 경우의 수는

$$\frac{4!}{2! \times 2!} \times \frac{4!}{3!} \times \frac{4!}{2! \times 2!} = 6 \times 4 \times 6 = 144$$

따라서 구하는 확률은

$$\frac{144}{792} = \frac{2}{11}$$

0190

답 ①

숫자와 문자가 적혀 있는 10장의 카드를 일렬로 나열하는 경우의 수는

$$\frac{10!}{2! \times 2! \times 2! \times 2!} = \frac{10 \times 9 \times 8 \times 7!}{2 \times 2 \times 2 \times 2} = 45 \times 7!$$

양 끝에 숫자 1이 적혀 있는 카드를 놓고, 그 사이에 A가 적혀 있는 두 장의 카드를 하나로 보고 7장의 카드를 나열하는 경우의 수는

$$\frac{7!}{2! \times 2!} = \frac{7!}{2 \times 2} = \frac{1}{4} \times 7!$$

따라서 구하는 확률은

$$\frac{\frac{1}{4} \times 7!}{45 \times 7!} = \frac{1}{180}$$

유형 07 조합을 이용하는 확률

0191

답 ③

9명 중에서 2명의 대표를 뽑는 경우의 수는

$_9C_2 = 36$

여성 4명 중에서 1명, 남성 5명 중에서 1명을 뽑는 경우의 수는

$_4C_1 \times _5C_1 = 4 \times 5 = 20$

따라서 구하는 확률은

$$\frac{20}{36} = \frac{5}{9}$$

0192

답 ⑤

7개의 공 중에서 3개의 공을 꺼내는 경우의 수는

$_7C_3 = 35$

1부터 7까지의 자연수 중에서 홀수는 1, 3, 5, 7의 4개, 짝수는 2, 4, 6의 3개이므로 7개의 공 중에서 짝수가 적혀 있는 공 1개와 홀수가 적혀 있는 공 2개를 꺼내는 경우의 수는

$_3C_1 \times _4C_2 = 3 \times 6 = 18$

따라서 구하는 확률은 $\dfrac{18}{35}$

0193

답 6

$(n+5)$개의 공 중에서 3개의 공을 꺼내는 경우의 수는

$_{n+5}C_3$

3개 모두 흰 공을 꺼내는 경우의 수는 $_nC_3$이므로 모두 흰 공을 꺼낼 확률은

$$\frac{_nC_3}{_{n+5}C_3}$$

3개 모두 검은 공을 꺼내는 경우의 수는 $_5C_3$이므로 모두 검은 공을 꺼낼 확률은

$$\frac{_5C_3}{_{n+5}C_3}$$

모두 흰 공을 꺼낼 확률이 모두 검은 공을 꺼낼 확률의 2배이므로

$\dfrac{_nC_3}{_{n+5}C_3} = 2 \times \dfrac{_5C_3}{_{n+5}C_3}$에서 $_nC_3 = 2 \times _5C_3$

$$\frac{n(n-1)(n-2)}{3 \times 2 \times 1} = 2 \times 10$$

$n(n-1)(n-2) = 120 = 6 \times 5 \times 4$

$\therefore n = 6$

0194

답 ②

8개의 점 중에서 3개의 점을 택하는 경우의 수는

$_8C_3 = 56$

임의로 택한 3개의 점을 모두 선분으로 이을 때, 삼각형이 되는 경우는 다음과 같다.

(i) 직선 l에서 2개의 점, 직선 m에서 1개의 점을 택하는 경우

이때의 경우의 수는

$_5C_2 \times _3C_1 = 10 \times 3 = 30$

(ii) 직선 l에서 1개의 점, 직선 m에서 2개의 점을 택하는 경우

이때의 경우의 수는

$_5C_1 \times _3C_2 = 5 \times 3 = 15$

(i), (ii)에서 임의로 택한 3개의 점을 모두 선분으로 이을 때, 삼각형이 되는 경우의 수는

$30 + 15 = 45$

따라서 구하는 확률은 $\dfrac{45}{56}$

0195

답 41

집합 A의 부분집합의 개수는 $2^3 = 8$이므로 집합 A의 부분집합 중에서 임의로 서로 다른 두 집합을 택하는 경우의 수는

$_8C_2 = 28$

택한 두 집합이 서로소인 경우는 다음과 같다.

(i) 한 집합이 공집합인 경우

공집합은 모든 집합과 서로소이므로 그 경우의 수는

$8 - 1 = 7$

(ii) 두 집합이 모두 공집합이 아닌 경우

$\{a\}$와 $\{b\}$, $\{a\}$와 $\{c\}$, $\{a\}$와 $\{b, c\}$,

$\{b\}$와 $\{c\}$, $\{b\}$와 $\{a, c\}$, $\{c\}$와 $\{a, b\}$

의 6가지

(i), (ii)에서 서로소인 두 집합을 택하는 경우의 수는

$7+6=13$

따라서 구하는 확률은 $\dfrac{13}{28}$

즉, $p=28$, $q=13$이므로

$p+q=28+13=41$

유형 08 조합을 이용하는 확률 - 묶음으로 나누는 경우

0196

답 ③

9명의 학생을 3명씩 세 개의 조로 나누는 경우의 수는

$$_9C_3 \times {}_6C_3 \times {}_3C_3 \times \dfrac{1}{3!} = 84 \times 20 \times 1 \times \dfrac{1}{6}$$
$$=280$$

세 개의 조가 각각 남학생 2명, 여학생 1명으로 이루어지는 경우는 남학생 6명을 2명씩 세 개의 조로 나눈 후 여학생 3명을 1명씩 세 개의 조에 배정하는 경우와 같으므로 그 경우의 수는

$$\left({}_6C_2 \times {}_4C_2 \times {}_2C_2 \times \dfrac{1}{3!} \right) \times 3! = \left(15 \times 6 \times 1 \times \dfrac{1}{6} \right) \times 6$$
$$=90$$

따라서 구하는 확률은

$$\dfrac{90}{280} = \dfrac{9}{28}$$

0197

답 ④

8개의 과일을 4개씩 똑같은 바구니 2개에 나누어 담는 경우의 수는

$$_8C_4 \times {}_4C_4 \times \dfrac{1}{2!} = 70 \times 1 \times \dfrac{1}{2}$$
$$=35$$

사과와 오렌지는 같은 바구니에, 배와 참외는 다른 바구니에 담기는 경우는 다음과 같다.

(i) (사과, 오렌지, 배, ○), (참외, ○, ○, ○)인 경우
    사과, 오렌지, 배, 참외를 제외한 4개의 과일을 1개, 3개로 나누면 되므로 그 경우의 수는
    $_4C_1 \times {}_3C_3 = 4 \times 1 = 4$

(ii) (사과, 오렌지, 참외, ○), (배, ○, ○, ○)인 경우
    사과, 오렌지, 배, 참외를 제외한 4개의 과일을 1개, 3개로 나누면 되므로 그 경우의 수는
    $_4C_1 \times {}_3C_3 = 4 \times 1 = 4$

(i), (ii)에서 사과와 오렌지는 같은 바구니에, 배와 참외는 다른 바구니에 담기는 경우의 수는

$4+4=8$

따라서 구하는 확률은 $\dfrac{8}{35}$

0198

답 ①

12명을 4명씩 3개의 조로 나누는 경우의 수는

$$_{12}C_4 \times {}_8C_4 \times {}_4C_4 \times \dfrac{1}{3!} = 495 \times 70 \times 1 \times \dfrac{1}{6}$$
$$=5775$$

소방관 4명이 같은 조가 되려면 소방관 4명이 한 조를 이루고 경찰관 8명을 4명씩 2개의 조로 나누면 되므로 그 경우의 수는

$$_8C_4 \times {}_4C_4 \times \dfrac{1}{2!} = 70 \times 1 \times \dfrac{1}{2}$$
$$=35$$

따라서 구하는 확률은

$$\dfrac{35}{5775} = \dfrac{1}{165}$$

유형 09 중복조합을 이용하는 확률

0199

답 ③

10명의 유권자가 3명의 후보에게 무기명으로 투표하는 경우의 수는

$$_3H_{10} = {}_{12}C_{10} = {}_{12}C_2 = 66$$

B 후보자가 한 표도 받지 못하는 경우는 10명의 유권자가 A, C 두 후보자에게 무기명으로 투표하는 경우와 같으므로 그 경우의 수는

$$_2H_{10} = {}_{11}C_{10} = {}_{11}C_1 = 11$$

따라서 구하는 확률은

$$\dfrac{11}{66} = \dfrac{1}{6}$$

0200

답 ①

모든 경우의 수는

$7 \times 7 \times 7 = 7^3$

$a+b+c=9$에서 a, b, c는 1부터 7까지의 자연수이므로

$a=A+1$, $b=B+1$, $c=C+1$로 놓으면

$(A+1)+(B+1)+(C+1)=9$

(단, A, B, C는 음이 아닌 정수이다.)

$\therefore A+B+C=6$

방정식 $a+b+c=9$를 만족시키는 자연수 a, b, c의 순서쌍 (a, b, c)의 개수는 방정식 $A+B+C=6$을 만족시키는 음이 아닌 정수 A, B, C의 순서쌍 (A, B, C)의 개수와 같으므로

$$_3H_6 = {}_8C_6 = {}_8C_2 = 28$$

따라서 구하는 확률은

$$\dfrac{28}{7^3} = \dfrac{4}{49}$$

0201

답 ②

방정식 $x+y+z=7$을 만족시키는 음이 아닌 정수 x, y, z의 순서쌍 (x, y, z)의 개수는

$_3H_7=_9C_7=_9C_2=36$

(i) $z=0$인 경우

$x+y+z=7$에서

$x+y+0=7$

$\therefore x+y=7$

$x+y=7$을 만족시키는 음이 아닌 정수 x, y의 순서쌍 (x, y)의 개수는

$_2H_7=_8C_7=_8C_1=8$

(ii) $z=3$인 경우

$x+y+z=7$에서

$x+y+3=7$

$\therefore x+y=4$

$x+y=4$를 만족시키는 음이 아닌 정수 x, y의 순서쌍 (x, y)의 개수는

$_2H_4=_5C_4=_5C_1=5$

(i), (ii)에서 z의 값이 0 또는 3인 경우의 수는

$8+5=13$

따라서 구하는 확률은 $\dfrac{13}{36}$

유형 10 함수의 개수와 확률

0202

답 ④

집합 X에서 집합 Y로의 함수 f의 개수는

$_4\Pi_3=4^3=64$

집합 X에서 집합 Y로의 일대일함수 f의 개수는

$_4P_3=24$

따라서 구하는 확률은

$\dfrac{24}{64}=\dfrac{3}{8}$

0203

답 ①

집합 X에서 집합 Y로의 함수 f의 개수는

$_3\Pi_4=3^4=81$

치역이 $\{a, c\}$인 함수의 개수는 집합 $X=\{-1, 0, 1, 2\}$에서 집합 $\{a, c\}$로의 함수의 개수에서 치역이 $\{a\}$ 또는 $\{c\}$인 함수의 개수를 빼면 되므로 치역이 $\{a, c\}$인 함수 f의 개수는

$_2\Pi_4-2=2^4-2$

$=16-2=14$

따라서 구하는 확률은 $\dfrac{14}{81}$

0204

답 91

집합 X에서 집합 Y로의 함수 f의 개수는

$_3\Pi_4=3^4=81$

$6=0+2+2+2=1+1+2+2$이므로

$f(1)+f(2)+f(3)+f(4)=6$을 만족시키는 함수 f의 개수는

0, 2, 2, 2 또는 1, 1, 2, 2

를 일렬로 나열하는 경우의 수와 같다.

(i) 0, 2, 2, 2를 일렬로 나열하는 경우의 수는

$\dfrac{4!}{3!}=4$

(ii) 1, 1, 2, 2를 일렬로 나열하는 경우의 수는

$\dfrac{4!}{2!\times2!}=6$

(i), (ii)에서 $f(1)+f(2)+f(3)+f(4)=6$을 만족시키는 함수 f의 개수는

$4+6=10$

따라서 구하는 확률은 $\dfrac{10}{81}$

즉, $p=81$, $q=10$이므로

$p+q=81+10=91$

0205

답 ②

집합 X에서 집합 Y로의 함수 f의 개수는

$_4\Pi_4=4^4$

$f(a)=2$이므로 $f(a)$의 값이 될 수 있는 것은 1가지이고,

$f(d)<f(c)<f(b)$를 만족시키려면 1, 2, 3, 4 중에서 서로 다른 3개를 택하여 큰 수부터 차례대로 $f(b)$, $f(c)$, $f(d)$의 값으로 정하면 된다.

즉, 주어진 조건을 만족시키는 함수 f의 개수는

$1\times_4C_3=1\times4=4$

따라서 구하는 확률은

$\dfrac{4}{4^4}=\dfrac{1}{64}$

0206

답 ①

집합 X에서 집합 Y로의 함수 f의 개수는

$_6\Pi_4=6^4=1296$

조건 ㈎, ㈏에 의하여

$f(1)=1$, $f(4)=6$ 또는 $f(1)=2$, $f(4)=3$

(i) $f(1)=1$, $f(4)=6$인 경우

$1 \le f(2) \le f(3) \le 6$

$f(2)$, $f(3)$의 값을 정하는 경우의 수는 1, 2, 3, 4, 5, 6의 6개에서 2개를 택하는 중복조합의 수와 같으므로

$_6H_2=_7C_2=21$

(ii) $f(1)=2$, $f(4)=3$인 경우

$2 \le f(2) \le f(3) \le 3$

$f(2)$, $f(3)$의 값을 정하는 경우의 수는 2, 3의 2개에서 2개를 택하는 중복조합의 수와 같으므로

$_2H_2=_3C_2=3$

(i), (ii)에서 주어진 조건을 만족시키는 함수 f의 개수는

$21+3=24$

따라서 구하는 확률은

$$\frac{24}{1296}=\frac{1}{54}$$

유형 11 통계적 확률

0207
답 ③

150번의 슛을 시도하여 90번 골인시켰으므로 이 축구 선수가 한 번의 슛을 시도하여 골인시킬 확률은

$$\frac{90}{150}=\frac{3}{5}$$

0208
답 ④

이 고등학교의 전체 학생 수는

$65+120+155+75+50+35=500$

스마트폰 사용 시간이 2시간 미만인 학생 수는

$65+120=185$

따라서 구하는 확률은

$$\frac{185}{500}=\frac{37}{100}$$

0209
답 빨간 공: 11개, 노란 공: 1개

12개의 공 중에서 2개의 공을 꺼내는 경우의 수는

$_{12}C_2$

주머니 속에 들어 있는 빨간 공의 개수를 n이라 하면 n개 중에서 2개를 꺼내는 경우의 수는

$_nC_2$

2개 모두 빨간 공일 확률이 $\frac{5}{6}$이므로

$$\frac{_nC_2}{_{12}C_2}=\frac{5}{6}$$

$$\frac{n(n-1)}{12\times11}=\frac{5}{6}$$

$n(n-1)=11\times10$

$\therefore n=11$

따라서 주머니 속에 빨간 공은 11개, 노란 공은 1개가 들어 있다고 볼 수 있다.

유형 12 기하적 확률

0210
답 ②

원 O의 넓이는

$\pi\times8^2=64\pi$

$2\le\overline{OP}\le5$이려면 점 P가 오른쪽 그림의 색칠한 부분에 있어야 한다.

색칠한 부분의 넓이는

$\pi\times5^2-\pi\times2^2=25\pi-4\pi=21\pi$

따라서 구하는 확률은

$$\frac{21\pi}{64\pi}=\frac{21}{64}$$

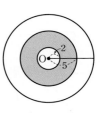

0211
답 ②

$0\le a\le5$이므로 일어날 수 있는 모든 영역의 크기는

$|5-0|=5$

이차방정식 $x^2-2ax+a=0$이 허근을 가지려면 이 이차방정식의 판별식을 D라 할 때, $D<0$이어야 하므로

$$\frac{D}{4}=(-a)^2-a<0$$

$a(a-1)<0$

$\therefore 0<a<1$

오른쪽 그림에서 이차방정식 $x^2-2ax+a=0$이 허근을 가질 때의 영역의 크기는

$|1-0|=1$

따라서 구하는 확률은 $\frac{1}{5}$

참고

기하적 확률에서 특정한 값을 가질 확률은 0이다.
즉, 위의 문제에서 $a=0$일 확률이 0이고 $a=1$일 확률도 0이므로
$0\le a\le1, 0\le a<1, 0<a\le1, 0<a<1$
은 모두 같은 경우로 생각한다.

0212
답 ①

정삼각형 ABC의 넓이는

$$\frac{\sqrt{3}}{4}\times3^2=\frac{9}{4}\sqrt{3}$$

점 P에서 모든 꼭짓점까지의 거리가 $\frac{3}{2}$보다 크려면 점 P가 오른쪽 그림의 색칠한 부분에 있어야 한다.

색칠한 부분의 넓이는

$$\frac{9}{4}\sqrt{3}-3\left\{\pi\times\left(\frac{3}{2}\right)^2\times\frac{60}{360}\right\}$$

$$=\frac{9}{4}\sqrt{3}-3\left(\pi\times\frac{9}{4}\times\frac{1}{6}\right)$$

$$=\frac{9}{4}\sqrt{3}-\frac{9}{8}\pi$$

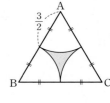

따라서 구하는 확률은

$$\frac{\frac{9}{4}\sqrt{3}-\frac{9}{8}\pi}{\frac{9}{4}\sqrt{3}}=1-\frac{\sqrt{3}}{6}\pi$$

유형 **13** 확률의 기본 성질

0213
답 ④

ㄱ. $A=\varnothing$이므로
$\quad$ $P(A)=0$

ㄴ. $(x+1)(x-3)=0$에서 $x=-1$ 또는 $x=3$
$\quad$ 즉, $B=\{3\}$이므로
$\quad$ $P(B)=\frac{1}{5}$

ㄷ. $(x-1)(x-9)>0$에서 $x<1$ 또는 $x>9$
$\quad$ 즉, $C=\varnothing$이므로
$\quad$ $P(C)=0$

따라서 확률이 0인 사건은 ㄱ, ㄷ이다.

0214
답 ①

ㄱ. $0\le P(A)\le 1$, $0\le P(B)\le 1$이므로
$\quad$ $0\le P(A)+P(B)\le 2$ (참)

ㄴ. [반례] $S=\{0, 1, 2\}$, $A=\{0, 1\}$, $B=\{1, 2\}$이면
$\quad$ $A\cup B=\{0, 1, 2\}$
$\quad$ 즉, $P(A\cup B)=1$, $P(A)=\frac{2}{3}$, $P(B)=\frac{2}{3}$이므로
$\quad$ $P(A\cup B)\ne P(A)+P(B)$ (거짓)

ㄷ. [반례] $S=\{0, 1, 2\}$, $A=\{1\}$, $B=\{2\}$이면
$\quad$ $A\cup B=\{1, 2\}$이므로
$\quad$ $P(A\cup B)=\frac{2}{3}$, $P(A)=\frac{1}{3}$, $P(B)=\frac{1}{3}$
$\quad$ 즉, $P(A\cup B)=P(A)+P(B)$이지만 $P(A)+P(B)\ne 1$이다. (거짓)

따라서 옳은 것은 ㄱ이다.

0215
답 ⑤

ㄱ. [반례] $S=\{0, 1, 2\}$, $A=\{0\}$, $B=\{1, 2\}$이면
$\quad$ $P(A)=\frac{1}{3}$, $P(B)=\frac{2}{3}$이므로 $P(A)<P(B)$이지만
$\quad$ $A\not\subset B$이다. (거짓)

ㄴ. A와 B^C이 서로 배반사건이므로 $A\cap B^C=\varnothing$, 즉 $A\subset B$이다.
$\quad$ $\therefore P(A)\le P(B)$ (참)

ㄷ. $A\cap B=\varnothing$, $C\subset A$이므로 $B\cap C=\varnothing$
$\quad$ 즉, 두 사건 B, C는 서로 배반사건이다. (참)

따라서 옳은 것은 ㄴ, ㄷ이다.

유형 **14** 확률의 덧셈정리와 여사건의 확률의 계산

0216
답 ③

$4P(B)=\frac{5}{6}$에서 $P(B)=\frac{5}{24}$

두 사건 A, B가 서로 배반사건이므로
$P(A\cup B)=P(A)+P(B)$

즉, $\frac{5}{6}=P(A)+\frac{5}{24}$이므로

$P(A)=\frac{5}{8}$

0217
답 ④

$P(A\cup B)=P(A)+P(B)-P(A\cap B)$에서
$P(A\cap B)=P(A)+P(B)-P(A\cup B)$
$\qquad\qquad =0.5+0.4-0.8=0.1$

표본공간을 S라 하면 $A\cap B^C$은 오른쪽 그림의 색칠한 부분과 같으므로

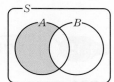

$P(A\cap B^C)=P(A)-P(A\cap B)$
$\qquad\qquad =0.5-0.1=0.4$

0218
답 ③

$P(A\cup B)=\frac{4}{3}P(A)=\frac{8}{5}P(B)=k\ (k\ne 0)$로 놓으면

$P(A)=\frac{3}{4}k$, $P(B)=\frac{5}{8}k$

$P(A\cup B)=P(A)+P(B)-P(A\cap B)$에서
$P(A\cap B)=P(A)+P(B)-P(A\cup B)$
$\qquad\qquad =\frac{3}{4}k+\frac{5}{8}k-k=\frac{3}{8}k$

$\therefore \dfrac{P(A\cap B)}{P(A\cup B)}=\dfrac{\frac{3}{8}k}{k}=\dfrac{3}{8}$

0219
답 ③

$P(A)=P(B)+\frac{1}{2}$, $P(A)P(B)=\frac{1}{9}$에서

$\left\{P(B)+\frac{1}{2}\right\}P(B)=\frac{1}{9}$

$\{P(B)\}^2+\frac{1}{2}P(B)=\frac{1}{9}$

$18\{P(B)\}^2+9P(B)-2=0$

$\{6P(B)-1\}\{3P(B)+2\}=0$

이때 $0\le P(B)\le 1$이므로

$P(B)=\frac{1}{6}$

$\therefore P(A)=P(B)+\frac{1}{2}=\frac{1}{6}+\frac{1}{2}=\frac{2}{3}$

두 사건 A, B가 서로 배반사건이므로
$$P(A \cup B) = P(A) + P(B)$$
$$= \frac{2}{3} + \frac{1}{6} = \frac{5}{6}$$

0220 답 ②

$P(A \cup B) = P(A) + P(B) - P(A \cap B)$이고
$P(A \cap B^C) = P(A) - P(A \cap B)$이므로
$P(A \cup B) = P(B) + P(A \cap B^C)$
즉, $\frac{3}{4} = P(B) + \frac{1}{6}$이므로 $P(B) = \frac{7}{12}$
이때 $P(A^C \cap B) = P(B) - P(A \cap B)$에서 $P(A \cap B) \geq 0$이므로
$P(A^C \cap B)$의 최댓값은 $P(A \cap B) = 0$일 때 $\frac{7}{12}$이다.

유형 15 확률의 덧셈정리 - 배반사건이 아닌 경우

0221 답 ④

임의로 선택한 한 가구가 강아지를 키우고 있는 가구인 사건을 A, 고양이를 키우고 있는 가구인 사건을 B라 하면 구하는 확률은 $P(A \cup B)$이다.
이때
$$P(A) = \frac{30}{50}, \ P(B) = \frac{15}{50}, \ P(A \cap B) = \frac{5}{50}$$
이므로 구하는 확률은
$$P(A \cup B) = P(A) + P(B) - P(A \cap B)$$
$$= \frac{30}{50} + \frac{15}{50} - \frac{5}{50} = \frac{4}{5}$$

0222 답 ④

한 개의 주사위를 두 번 던질 때 나오는 모든 경우의 수는
$6 \times 6 = 36$
두 주사위에서 나오는 눈의 수를 순서쌍으로 나타내고, 두 눈의 수의 합이 홀수인 사건을 A, 5의 배수인 사건을 B라 하면 구하는 확률은 $P(A \cup B)$이다.
두 눈의 수의 합이 홀수인 경우는 (홀수)+(짝수)이거나
(짝수)+(홀수)인 경우이므로 이때의 경우의 수는
$3 \times 3 + 3 \times 3 = 18$
$\therefore P(A) = \frac{18}{36}$
두 눈의 수의 합이 5의 배수가 되는 경우는 두 눈의 수의 합이 5, 10이 되는 경우이므로
$B = \{(1, 4), (2, 3), (3, 2), (4, 1), (4, 6), (5, 5), (6, 4)\}$
$\therefore P(B) = \frac{7}{36}$

두 눈의 수의 합이 홀수이고 5의 배수인 경우는 두 눈의 수의 합이 5인 경우이므로
$A \cap B = \{(1, 4), (2, 3), (3, 2), (4, 1)\}$
$\therefore P(A \cap B) = \frac{4}{36}$
따라서 구하는 확률은
$$P(A \cup B) = P(A) + P(B) - P(A \cap B)$$
$$= \frac{18}{36} + \frac{7}{36} - \frac{4}{36}$$
$$= \frac{21}{36} = \frac{7}{12}$$

0223 답 ②

10명의 학생 중에서 4명의 대표를 뽑는 경우의 수는
$_{10}C_4$
현진이가 뽑히는 사건을 A, 은경이가 뽑히는 사건을 B라 하면 구하는 확률은 $P(A \cup B)$이다.
현진이가 뽑히는 경우는 현진이를 제외한 9명의 학생 중에서 3명을 뽑으면 되고, 은경이가 뽑히는 경우는 은경이를 제외한 9명의 학생 중에서 3명을 뽑으면 되므로
$$P(A) = \frac{_9C_3}{_{10}C_4} = \frac{84}{210}$$
$$P(B) = \frac{_9C_3}{_{10}C_4} = \frac{84}{210}$$
사건 $A \cap B$는 현진이와 은경이가 모두 뽑히는 경우이므로 현진이와 은경이를 제외한 8명의 학생 중에서 2명을 뽑으면 된다.
$$\therefore P(A \cap B) = \frac{_8C_2}{_{10}C_4} = \frac{28}{210}$$
따라서 구하는 확률은
$$P(A \cup B) = P(A) + P(B) - P(A \cap B)$$
$$= \frac{84}{210} + \frac{84}{210} - \frac{28}{210} = \frac{2}{3}$$

[다른 풀이]
여사건의 확률을 이용하여 구할 수도 있다.
10명의 학생 중에서 4명의 대표를 뽑는 경우의 수는
$_{10}C_4$
현진이 또는 은경이가 뽑히는 사건을 A라 하면 A^C은 현진이와 은경이가 모두 뽑히지 않는 사건이다.
현진이와 은경이가 모두 뽑히지 않는 경우는 현진이와 은경이를 제외한 8명의 학생 중에서 4명을 뽑으면 되므로
$$P(A^C) = \frac{_8C_4}{_{10}C_4} = \frac{70}{210} = \frac{1}{3}$$
따라서 구하는 확률은
$$P(A) = 1 - P(A^C)$$
$$= 1 - \frac{1}{3} = \frac{2}{3}$$

0224 답 31

5명의 학생의 발표 수업 순서를 정하는 경우의 수는
5!

수현이가 가장 나중에 발표하는 사건을 A, 경수와 수현이가 연이어서 발표하는 사건을 B라 하면 구하는 확률은 $P(A \cup B)$이다.

수현이가 가장 나중에 발표하는 경우는 수현이를 제외한 남은 4명을 일렬로 세우고 수현이가 맨 뒤에 서는 경우와 같으므로

$$P(A) = \frac{4!}{5!} = \frac{1}{5}$$

경수와 수현이가 연이어서 발표하는 경우는 경수와 수현이를 한 사람으로 생각하여 4명을 일렬로 세우고, 이때 경수와 수현이가 서로 자리를 바꾸는 경우를 생각하면 되므로

$$P(B) = \frac{4! \times 2!}{5!} = \frac{2}{5}$$

사건 $A \cap B$는 경수가 4번째, 수현이가 5번째 발표하는 경우와 같으므로

$$P(A \cap B) = \frac{3!}{5!} = \frac{1}{20}$$

따라서 구하는 확률은

$$P(A \cup B) = P(A) + P(B) - P(A \cap B)$$
$$= \frac{1}{5} + \frac{2}{5} - \frac{1}{20} = \frac{11}{20}$$

즉, $p = 20$, $q = 11$이므로

$p + q = 20 + 11 = 31$

[다른 풀이]

여사건의 확률을 이용하여 구할 수도 있다.

집합 X에서 집합 Y로의 함수 f의 개수는

$_5\Pi_4 = 5^4$

$f(2) \leq f(3)$이거나 $f(2) \geq 0$인 사건을 A라 하면

A^C은 $f(2) > f(3)$이고 $f(2) < 0$인 사건이다.

(i) $f(2) = -2$인 경우

$f(2) > f(3)$을 만족시키는 $f(3)$의 값을 정할 수 없다.

(ii) $f(2) = -1$인 경우

$f(2) > f(3)$을 만족시키는 $f(3)$의 값이 될 수 있는 것은 -2의 1가지이고, $f(1)$, $f(4)$의 값을 정하는 경우의 수는 $_5\Pi_2$이므로

$f(2) > f(3)$이고 $f(2) = -1$인 함수 f의 개수는

$1 \times {}_5\Pi_2 = 1 \times 5^2 = 25$

(i), (ii)에서 $f(2) > f(3)$이고 $f(2) < 0$을 만족시키는 함수 f의 개수는 25이므로

$$P(A^C) = \frac{25}{5^4} = \frac{1}{25}$$

따라서 구하는 확률은

$$P(A) = 1 - P(A^C) = 1 - \frac{1}{25} = \frac{24}{25}$$

0225

답 ①

집합 X에서 집합 Y로의 함수 f의 개수는

$_5\Pi_4 = 5^4$

$f(2) \leq f(3)$인 사건을 A, $f(2) \geq 0$인 사건을 B라 하면 구하는 확률은 $P(A \cup B)$이다.

$f(2) \leq f(3)$이려면 -2, -1, 0, 1, 2 중에서 중복을 허락하여 2개를 택하여 작거나 같은 수부터 차례대로 $f(2)$, $f(3)$의 값으로 정하면 되므로 경우의 수는 $_5H_2$이고, $f(1)$, $f(4)$의 값을 정하는 경우의 수는 $_5\Pi_2$이므로 $f(2) \leq f(3)$인 함수 f의 개수는

$_5H_2 \times {}_5\Pi_2 = {}_6C_2 \times 5^2 = 15 \times 5^2$

$$\therefore P(A) = \frac{15 \times 5^2}{5^4} = \frac{3}{5}$$

$f(2) \geq 0$이려면 $f(2)$의 값이 될 수 있는 것은 0, 1, 2의 3가지이고, $f(1)$, $f(3)$, $f(4)$의 값을 정하는 경우의 수는 $_5\Pi_3$이므로 $f(2) \geq 0$인 함수 f의 개수는

$3 \times {}_5\Pi_3 = 3 \times 5^3$

$$\therefore P(B) = \frac{3 \times 5^3}{5^4} = \frac{3}{5}$$

$f(2) \leq f(3)$이고 $f(2) \geq 0$이려면 0, 1, 2 중에서 중복을 허락하여 2개를 택하여 작거나 같은 수부터 차례대로 $f(2)$, $f(3)$의 값으로 정하면 되므로 경우의 수는 $_3H_2$이고, $f(1)$, $f(4)$의 값을 정하는 경우의 수는 $_5\Pi_2$이므로 $f(2) \leq f(3)$이고 $f(2) \geq 0$인 함수 f의 개수는

$_3H_2 \times {}_5\Pi_2 = {}_4C_2 \times 5^2 = 6 \times 5^2$

$$\therefore P(A \cap B) = \frac{6 \times 5^2}{5^4} = \frac{6}{25}$$

따라서 구하는 확률은

$$P(A \cup B) = P(A) + P(B) - P(A \cap B)$$
$$= \frac{3}{5} + \frac{3}{5} - \frac{6}{25} = \frac{24}{25}$$

유형 16 **확률의 덧셈정리 – 배반사건인 경우**

0226

답 ⑤

서로 다른 두 개의 주사위를 동시에 던질 때 나오는 모든 경우의 수는

$6 \times 6 = 36$

두 눈의 수의 합이 7인 사건을 A, 두 눈의 수의 곱이 홀수인 사건을 B라 하고 두 눈의 수를 순서쌍으로 나타내면

$A = \{(1, 6), (2, 5), (3, 4), (4, 3), (5, 2), (6, 1)\}$

$B = \{(1, 1), (1, 3), (1, 5), (3, 1), (3, 3), (3, 5), (5, 1),$
$\qquad (5, 3), (5, 5)\}$

이므로

$$P(A) = \frac{6}{36}, \quad P(B) = \frac{9}{36}$$

이때 $A \cap B = \varnothing$이므로 두 사건 A, B는 서로 배반사건이다.

따라서 구하는 확률은

$$P(A \cup B) = P(A) + P(B)$$
$$= \frac{6}{36} + \frac{9}{36} = \frac{5}{12}$$

0227

답 ④

9개의 공 중에서 3개의 공을 꺼내는 경우의 수는

$_9C_3$

3개 모두 흰 공이 나오는 사건을 A, 3개 모두 빨간 공이 나오는 사건을 B라 하면

$$P(A) = \frac{{}_5C_3}{{}_9C_3} = \frac{10}{84}, \quad P(B) = \frac{{}_4C_3}{{}_9C_3} = \frac{4}{84}$$

이때 $A \cap B = \varnothing$이므로 두 사건 A, B는 서로 배반사건이다.
따라서 구하는 확률은
$$\begin{aligned} P(A \cup B) &= P(A) + P(B) \\ &= \frac{10}{84} + \frac{4}{84} = \frac{1}{6} \end{aligned}$$

0228 답 ①

9장의 카드 중에서 3장의 카드를 선택하는 경우의 수는
$_9C_3$
같은 모양이 그려진 카드가 2장인 사건을 A, 같은 모양이 그려진 카드가 3장인 사건을 B라 하자.
같은 모양이 그려진 카드가 2장인 경우는 $(\bigcirc, \bigcirc, \triangle)$, $(\bigcirc, \triangle, \triangle)$, $(\triangle, \triangle, \star)$, $(\triangle, \star, \star)$, $(\star, \star, \bigcirc)$, $(\star, \bigcirc, \bigcirc)$의 6가지이므로
$$P(A) = \frac{6 \times _3C_2 \times _3C_1}{_9C_3} = \frac{6 \times 3 \times 3}{84} = \frac{54}{84}$$
같은 모양이 그려진 카드가 3장인 경우는 $(\bigcirc, \bigcirc, \bigcirc)$, $(\triangle, \triangle, \triangle)$, $(\star, \star, \star)$의 3가지이므로
$$P(B) = \frac{3}{_9C_3} = \frac{3}{84}$$
이때 $A \cap B = \varnothing$이므로 두 사건 A, B는 서로 배반사건이다.
따라서 구하는 확률은
$$\begin{aligned} P(A \cup B) &= P(A) + P(B) \\ &= \frac{54}{84} + \frac{3}{84} = \frac{19}{28} \end{aligned}$$

[다른 풀이]

여사건의 확률을 이용하여 구할 수도 있다.
9장의 카드 중에서 3장의 카드를 선택하는 경우의 수는
$_9C_3$
같은 모양이 그려진 카드가 2장 이상 나오는 사건을 A라 하면 A^C은 같은 모양이 그려진 카드가 1장 이하 나오는 사건, 즉 3장 모두 다른 모양이 그려진 카드가 나오는 사건이므로
$$P(A^C) = \frac{_3C_1 \times _3C_1 \times _3C_1}{_9C_3} = \frac{27}{84} = \frac{9}{28}$$
따라서 구하는 확률은
$$\begin{aligned} P(A) &= 1 - P(A^C) \\ &= 1 - \frac{9}{28} = \frac{19}{28} \end{aligned}$$

0229 답 ③

9개의 공 중에서 5개의 공을 꺼내는 경우의 수는
$_9C_5$
1부터 9까지의 자연수 중 홀수는 1, 3, 5, 7, 9의 5개, 짝수는 2, 4, 6, 8의 4개이므로 짝수가 적혀 있는 공이 홀수가 적혀 있는 공보다 더 많이 나오는 경우는 홀수가 적혀 있는 공이 2개, 짝수가 적혀 있는 공이 3개 나오는 경우와 홀수가 적혀 있는 공이 1개, 짝수가 적혀 있는 공이 4개 나오는 경우가 있다.
홀수가 적혀 있는 공이 2개, 짝수가 적혀 있는 공이 3개 나오는 사건을 A, 홀수가 적혀 있는 공이 1개, 짝수가 적혀 있는 공이 4개 나오는 사건을 B라 하면

$$P(A) = \frac{_5C_2 \times _4C_3}{_9C_5} = \frac{10 \times 4}{126} = \frac{40}{126}$$
$$P(B) = \frac{_5C_1 \times _4C_4}{_9C_5} = \frac{5 \times 1}{126} = \frac{5}{126}$$
이때 $A \cap B = \varnothing$이므로 두 사건 A, B는 서로 배반사건이다.
따라서 구하는 확률은
$$\begin{aligned} P(A \cup B) &= P(A) + P(B) \\ &= \frac{40}{126} + \frac{5}{126} = \frac{5}{14} \end{aligned}$$

0230 답 ②

9개의 공 중에서 2개의 공을 꺼내는 경우의 수는
$_9C_2$
꺼낸 공에 적혀 있는 수의 최댓값이 3인 사건을 A, 최댓값이 5인 사건을 B라 하자.
꺼낸 공에 적혀 있는 수의 최댓값이 3인 경우는 3이 적혀 있는 공 2개를 꺼내는 경우와 3이 적혀 있는 공 2개 중에서 1개와 1, 1, 2, 2가 적혀 있는 4개의 공 중에서 1개를 꺼내는 경우가 있으므로
$$P(A) = \frac{_2C_2 + _2C_1 \times _4C_1}{_9C_2} = \frac{1 + 2 \times 4}{36} = \frac{9}{36}$$
꺼낸 공에 적혀 있는 수의 최댓값이 5인 경우는 5가 적혀 있는 공 2개를 꺼내는 경우와 5가 적혀 있는 공 2개 중에서 1개와 1, 1, 2, 2, 3, 3, 4가 적혀 있는 7개의 공 중에서 1개를 꺼내는 경우가 있으므로
$$P(B) = \frac{_2C_2 + _2C_1 \times _7C_1}{_9C_2} = \frac{1 + 2 \times 7}{36} = \frac{15}{36}$$
이때 $A \cap B = \varnothing$이므로 두 사건 A, B는 서로 배반사건이다.
따라서 구하는 확률은
$$\begin{aligned} P(A \cup B) &= P(A) + P(B) \\ &= \frac{9}{36} + \frac{15}{36} = \frac{2}{3} \end{aligned}$$

유형 17 여사건의 확률 - '적어도'의 조건이 있는 경우

0231 답 ②

12개의 제비 중에서 3개의 제비를 꺼내는 경우의 수는
$_{12}C_3$
적어도 한 개가 당첨 제비인 사건을 A라 하면 A^C은 당첨 제비가 하나도 나오지 않는 사건이므로
$$P(A^C) = \frac{_8C_3}{_{12}C_3} = \frac{56}{220} = \frac{14}{55}$$
따라서 구하는 확률은
$$\begin{aligned} P(A) &= 1 - P(A^C) \\ &= 1 - \frac{14}{55} = \frac{41}{55} \end{aligned}$$

0232

답 51

8명의 학생 중에서 3명을 뽑는 경우의 수는

$_8C_3$

수지, 미라, 지현이 중 적어도 한 명이 뽑히는 사건을 A라 하면 A^C 은 수지, 미라, 지현이가 모두 뽑히지 않는 사건이므로

$$P(A^C) = \frac{_5C_3}{_8C_3} = \frac{10}{56} = \frac{5}{28}$$

따라서 수지, 미라, 지현이 중에서 적어도 한 명이 뽑힐 확률은

$$P(A) = 1 - P(A^C)$$
$$= 1 - \frac{5}{28} = \frac{23}{28}$$

즉, $p = 28$, $q = 23$이므로

$p + q = 28 + 23 = 51$

0233

답 ③

9명을 일렬로 세우는 경우의 수는

9!

A, B, C 중에서 적어도 2명이 서로 이웃하는 사건을 A라 하면 A^C 은 A, B, C 모두 이웃하지 않는 사건이다.

A, B, C를 제외한 6명을 일렬로 세운 후 그 사이사이와 양 끝의 일곱 자리 중 세 자리에 A, B, C를 세우면 되므로

$$P(A^C) = \frac{6! \times _7P_3}{9!}$$
$$= \frac{6! \times 7 \times 6 \times 5}{9 \times 8 \times 7 \times 6!} = \frac{5}{12}$$

따라서 구하는 확률은

$$P(A) = 1 - P(A^C)$$
$$= 1 - \frac{5}{12} = \frac{7}{12}$$

0234

답 4자루

12자루의 색연필 중에서 2자루를 꺼내는 경우의 수는

$_{12}C_2$

적어도 한 자루는 빨간색 색연필이 나오는 사건을 A라 하면 A^C 은 2자루 모두 파란색 색연필이 나오는 사건이므로 파란색 색연필이 n자루 있다고 하면

$$P(A^C) = \frac{_nC_2}{_{12}C_2}$$

따라서 적어도 한 자루는 빨간색 색연필이 나올 확률은

$$P(A) = 1 - P(A^C) = 1 - \frac{_nC_2}{_{12}C_2}$$

이므로

$$1 - \frac{_nC_2}{_{12}C_2} = \frac{19}{33}, \frac{_nC_2}{_{12}C_2} = \frac{14}{33}$$

$$\frac{n(n-1)}{12 \times 11} = \frac{14}{33}$$

$n(n-1) = 14 \times 4 = 8 \times 7$

$\therefore n = 8$

즉, 상자 속에 파란색 색연필이 8자루 들어 있으므로 빨간색 색연필은 4자루 들어 있다.

0235

답 ①

네 학생이 5일 중에 하루를 택하는 경우의 수는

$_5\Pi_4 = 5^4$

A, B, C, D의 네 학생 중 적어도 두 학생이 같은 요일에 서점에 가는 사건을 A라 하면 A^C 은 A, B, C, D의 네 학생이 모두 다른 요일에 서점에 가는 사건이므로

$$P(A^C) = \frac{_5P_4}{5^4} = \frac{120}{5^4} = \frac{24}{125}$$

따라서 구하는 확률은

$$P(A) = 1 - P(A^C)$$
$$= 1 - \frac{24}{125} = \frac{101}{125}$$

유형 **18** 여사건의 확률 – '이상', '이하'의 조건이 있는 경우

0236

답 ⑤

한 개의 주사위를 두 번 던질 때 나오는 모든 경우의 수는

$6 \times 6 = 36$

두 눈의 수의 합이 4 이상인 사건을 A라 하면 A^C 은 두 눈의 수의 합이 4 미만, 즉 두 눈의 수의 합이 2 또는 3인 사건이다.

두 눈의 수의 합이 2 또는 3인 경우를 순서쌍으로 나타내면

$(1, 1), (1, 2), (2, 1)$

의 3가지이므로

$$P(A^C) = \frac{3}{36} = \frac{1}{12}$$

따라서 구하는 확률은

$$P(A) = 1 - P(A^C)$$
$$= 1 - \frac{1}{12} = \frac{11}{12}$$

0237

답 ③

1, 2, 3, 4 중에서 서로 다른 세 숫자를 택하여 만들 수 있는 세 자리 자연수의 개수는

$_4P_3 = 24$

만든 세 자리 자연수가 230 이상인 사건을 A라 하면 A^C 은 230 미만인 사건이다.

이때 230 미만인 세 자리 자연수는

$21\square$ 또는 $1\square\square$

꼴이므로

$$P(A^C) = \frac{_2P_1}{24} + \frac{_3P_2}{24}$$
$$= \frac{2}{24} + \frac{6}{24} = \frac{1}{3}$$

따라서 구하는 확률은

$$P(A) = 1 - P(A^C)$$
$$= 1 - \frac{1}{3} = \frac{2}{3}$$

0238
답 ④

12개의 공 중에서 3개의 공을 꺼내는 경우의 수는

$_{12}C_3$

꺼낸 공 중에 같은 색의 공이 2개 이하인 사건을 A라 하면 A^C은 꺼낸 공 중에 같은 색의 공이 2개 초과, 즉 3개 모두 같은 색인 사건이다.

$$\therefore P(A^C) = \frac{_4C_3}{_{12}C_3} + \frac{_4C_3}{_{12}C_3} + \frac{_4C_3}{_{12}C_3}$$
$$= \frac{4}{220} + \frac{4}{220} + \frac{4}{220} = \frac{3}{55}$$

따라서 구하는 확률은

$$P(A) = 1 - P(A^C)$$
$$= 1 - \frac{3}{55} = \frac{52}{55}$$

0239
답 ①

7명의 학생을 일렬로 세우는 경우의 수는

$7!$

남학생이 2명 이상 이웃하여 서는 사건을 A라 하면 A^C은 남학생이 2명 미만 이웃하여 서는 사건이므로 어떤 남학생도 이웃하지 않게 서는 사건과 같다.

어떤 남학생도 이웃하지 않게 세우려면 여학생 3명을 먼저 일렬로 세운 후, 양 끝과 여학생 사이사이의 네 자리에 남학생 4명을 일렬로 세우면 된다.

즉, 어떤 남학생도 이웃하지 않게 서는 경우의 수는 $3! \times 4!$이므로

$$P(A^C) = \frac{3! \times 4!}{7!} = \frac{3 \times 2 \times 4!}{7 \times 6 \times 5 \times 4!} = \frac{1}{35}$$

따라서 구하는 확률은

$$P(A) = 1 - P(A^C)$$
$$= 1 - \frac{1}{35} = \frac{34}{35}$$

0240
답 64

12개의 공 중에서 4개의 공을 꺼내는 경우의 수는

$_{12}C_4$

꺼낸 공에 적혀 있는 네 수의 최솟값이 5 이하이거나 8 이상인 사건을 A라 하면 A^C은 꺼낸 공에 적혀 있는 네 수의 최솟값이 5 초과 8 미만인 사건, 즉 네 수의 최솟값이 6 또는 7인 사건이다.

꺼낸 공에 적혀 있는 네 수의 최솟값이 6인 경우는 6이 적혀 있는 공 1개를 꺼내고, 6보다 큰 수가 적혀 있는 6개의 공 중에서 3개를 꺼내면 되고, 꺼낸 공에 적혀 있는 네 수의 최솟값이 7인 경우는 7이 적혀 있는 공 1개를 꺼내고, 7보다 큰 수가 적혀 있는 5개의 공 중에서 3개를 꺼내면 되므로

$$P(A^C) = \frac{_6C_3}{_{12}C_4} + \frac{_5C_3}{_{12}C_4} = \frac{20}{495} + \frac{10}{495} = \frac{2}{33}$$

따라서 구하는 확률은

$$P(A) = 1 - P(A^C)$$
$$= 1 - \frac{2}{33} = \frac{31}{33}$$

즉, $p=33$, $q=31$이므로

$p+q=33+31=64$

0241
답 ③

정사면체 모양의 주사위를 두 번 던질 때 나오는 모든 경우의 수는

$4 \times 4 = 16$

바닥에 닿은 면에 적혀 있는 두 수가 서로 다른 사건을 A라 하면 A^C은 바닥에 닿은 면에 적혀 있는 두 수가 서로 같은 사건이므로 나오는 경우를 순서쌍으로 나타내면

$A^C = \{(1, 1), (2, 2), (3, 3), (4, 4)\}$

$$\therefore P(A^C) = \frac{4}{16} = \frac{1}{4}$$

따라서 구하는 확률은

$$P(A) = 1 - P(A^C) = 1 - \frac{1}{4} = \frac{3}{4}$$

0242
답 ④

6명의 학생의 신체검사를 받는 순서를 정하는 경우의 수는

$6!$

A, B가 연이어서 신체검사를 받지 않는 사건을 A라 하면 A^C은 A, B가 연이어서 신체검사를 받는 사건이다.

A, B를 한 사람으로 생각하여 5명의 순서를 정하는 경우의 수는

$5!$

A, B가 서로 자리를 바꾸는 경우의 수는

$2!$

즉, A, B가 연이어서 신체검사를 받는 경우의 수는

$5! \times 2!$

$$\therefore P(A^C) = \frac{5! \times 2!}{6!} = \frac{5! \times 2}{6 \times 5!} = \frac{1}{3}$$

따라서 구하는 확률은

$$P(A) = 1 - P(A^C) = 1 - \frac{1}{3} = \frac{2}{3}$$

0243
답 ①

7장의 카드를 일렬로 나열하는 경우의 수는

$7!$

같은 색의 카드끼리 이웃하지 않는 사건을 A라 하면 A^C은 같은 색의 카드끼리 서로 이웃하는 사건이다.

주황색 카드 3장을 하나로, 녹색 카드 2장을 하나로, 하늘색 카드 2장을 하나로 생각하여 3장의 카드를 일렬로 나열하는 경우의 수는

$3!$

주황색 카드끼리, 녹색 카드끼리, 하늘색 카드끼리 서로 자리를 바꾸는 경우의 수는 각각

$3!, 2!, 2!$

즉, 같은 색의 카드끼리 서로 이웃하는 경우의 수는

$3! \times 3! \times 2! \times 2!$

$$\therefore P(A^C) = \frac{3! \times 3! \times 2! \times 2!}{7!} = \frac{3! \times 6 \times 2 \times 2}{7 \times 6 \times 5 \times 4 \times 3!} = \frac{1}{35}$$

따라서 구하는 확률은

$$P(A) = 1 - P(A^C) = 1 - \frac{1}{35} = \frac{34}{35}$$

0244
답 ⑤

한 개의 주사위를 세 번 던질 때 나오는 모든 경우의 수는
$6 \times 6 \times 6 = 6^3$
abc의 값이 짝수인 사건을 A라 하면 A^c은 abc의 값이 홀수인 사건이다.
abc의 값이 홀수이려면 a, b, c 모두 홀수이어야 하고, 1부터 6까지의 자연수 중에서 홀수는 1, 3, 5의 3개이므로
$$P(A^c) = \frac{3 \times 3 \times 3}{6^3} = \frac{1}{8}$$
따라서 구하는 확률은
$$P(A) = 1 - P(A^c)$$
$$= 1 - \frac{1}{8} = \frac{7}{8}$$

0245
답 ①

11명 중에서 3명을 뽑는 경우의 수는
$_{11}C_3$
뽑은 3명 중에서 어떤 두 선수가 같은 종목의 선수인 사건을 A라 하면 A^c은 3명 모두 다른 종목의 선수인 사건이다.
$$\therefore P(A^c) = \frac{_5C_1 \times _3C_1 \times _3C_1}{_{11}C_3} = \frac{45}{165} = \frac{3}{11}$$
따라서 구하는 확률은
$$P(A) = 1 - P(A^c)$$
$$= 1 - \frac{3}{11} = \frac{8}{11}$$

0246
답 ⑤

16개의 점 중에서 서로 다른 두 점을 택하는 모든 경우의 수는
$_{16}C_2 = 120$
두 점을 연결한 선분의 길이가 무리수인 사건을 A라 하면 A^c은 두 점을 연결한 선분의 길이가 유리수인 사건이다.
두 점을 연결한 선분의 길이가 유리수인 경우는 직선 위의 두 점을 택하여 연결한 경우이고 직선은 8개이므로 이때의 경우의 수는
$8 \times _4C_2 = 8 \times 6 = 48$
$$\therefore P(A^c) = \frac{48}{120} = \frac{2}{5}$$
따라서 구하는 확률은
$$P(A) = 1 - P(A^c)$$
$$= 1 - \frac{2}{5} = \frac{3}{5}$$

0247
답 127

나오는 모든 경우의 수는
$8 \times 8 \times 8 = 8^3$
$(a-b)^2 + (b-c)^2 + (c-a)^2 > 0$인 사건을 A라 하면 A^c은
$(a-b)^2 + (b-c)^2 + (c-a)^2 \leq 0$인 사건이다.

이때 (실수)$^2 \geq 0$이므로 A^c은 $(a-b)^2 + (b-c)^2 + (c-a)^2 = 0$,
즉 $a = b$, $b = c$, $c = a$인 사건이다.
$$\therefore P(A^c) = \frac{8}{8^3} = \frac{1}{64}$$
따라서 구하는 확률은
$$P(A) = 1 - P(A^c) = 1 - \frac{1}{64} = \frac{63}{64}$$
즉, $p = 64$, $q = 63$이므로
$p + q = 64 + 63 = 127$

PART **B** 기출 & 기출변형 문제

0248
답 ②

$$P(A) = 1 - P(A^c) = 1 - \frac{2}{3} = \frac{1}{3}$$
$$P(A^c \cap B^c) = P((A \cup B)^c) = 1 - P(A \cup B)$$이므로
$$\frac{1}{4} = 1 - P(A \cup B) \qquad \therefore P(A \cup B) = \frac{3}{4}$$
두 사건 A와 B가 서로 배반사건이므로
$$P(A) + P(B) = P(A \cup B)$$
$$\therefore P(A) + P(B) = \frac{3}{4}$$
즉, $\frac{1}{3} + P(B) = \frac{3}{4}$이므로 $P(B) = \frac{5}{12}$

짝기출

두 사건 A, B에 대하여 A^c과 B는 서로 배반사건이고,
$$P(A) = \frac{1}{2}, \quad P(A \cap B^c) = \frac{2}{7}$$
일 때, $P(B)$의 값은? (단, A^c은 A의 여사건이다.)
① $\frac{5}{28}$ ② $\frac{3}{14}$ ③ $\frac{1}{4}$ ④ $\frac{2}{7}$ ⑤ $\frac{9}{28}$
답 ②

0249
답 46

10장의 카드를 일렬로 나열하는 경우의 수는
10!
문자 A, L, M, O, N, D가 하나씩 적혀 있는 6장의 카드 중 모음이 적혀 있는 카드는 A, O의 2장이므로 A, 2, O를 한 문자 X로 생각하여 문자 X, L, M, N, D와 숫자 1, 3, 4가 하나씩 적혀 있는 8장의 카드를 일렬로 나열하는 경우의 수는
8!
이때 모음끼리 자리를 바꾸는 경우의 수는
2!

따라서 숫자 2가 적혀 있는 카드의 바로 양 옆에 각각 모음이 적혀 있는 카드가 놓이는 경우의 수는

$8! \times 2!$

이므로 구하는 확률은

$$\frac{8! \times 2!}{10!} = \frac{8! \times 2}{10 \times 9 \times 8!} = \frac{1}{45}$$

즉, $p=45$, $q=1$이므로

$p+q=45+1=46$

짝기출

문자 A, B, C, D, E가 하나씩 적혀 있는 5장의 카드와 숫자 1, 2, 3, 4가 하나씩 적혀 있는 4장의 카드가 있다. 이 9장의 카드를 모두 한 번씩 사용하여 일렬로 임의로 나열할 때, 문자 A가 적혀 있는 카드의 바로 양옆에 각각 숫자가 적혀 있는 카드가 놓일 확률은?

① $\frac{5}{12}$ ② $\frac{1}{3}$ ③ $\frac{1}{4}$ ④ $\frac{1}{6}$ ⑤ $\frac{1}{12}$

답 ④

0250
답 ①

한 개의 주사위를 네 번 던질 때 나오는 모든 경우의 수는

$6 \times 6 \times 6 \times 6 = 6^4$

a, b, c, d는 각각 1 이상 6 이하의 자연수이고

$12 = 1 \times 1 \times 2 \times 6 = 1 \times 1 \times 3 \times 4 = 1 \times 2 \times 2 \times 3$

이므로 $a \times b \times c \times d$의 값이 12가 되는 경우는 다음과 같다.

(i) 네 수 1, 1, 2, 6을 일렬로 나열하는 경우의 수는

$$\frac{4!}{2!} = 12$$

(ii) 네 수 1, 1, 3, 4를 일렬로 나열하는 경우의 수는

$$\frac{4!}{2!} = 12$$

(iii) 네 수 1, 2, 2, 3을 일렬로 나열하는 경우의 수는

$$\frac{4!}{2!} = 12$$

(i)∼(iii)에서 $a \times b \times c \times d$의 값이 12가 되는 경우의 수는

$12+12+12=36$

따라서 구하는 확률은

$$\frac{36}{6^4} = \frac{1}{36}$$

0251
답 ②

7명의 학생이 원탁에 둘러앉는 경우의 수는

$(7-1)! = 6!$

A가 B와 이웃하는 사건을 X, A가 C와 이웃하는 사건을 Y라 하면 구하는 확률은 $P(X \cup Y)$이다.

(i) A가 B와 이웃하는 경우

A, B를 한 사람으로 생각하여 6명의 학생이 원탁에 둘러앉는 경우의 수는

$(6-1)! = 5!$

이때 A, B가 서로 자리를 바꾸는 경우의 수는

$2!$

즉, A가 B와 이웃하는 경우의 수는

$5! \times 2!$

$$\therefore P(X) = \frac{5! \times 2!}{6!} = \frac{5! \times 2}{6 \times 5!} = \frac{1}{3}$$

(ii) A가 C와 이웃하는 경우

(i)과 같은 방법으로 하면

$$P(Y) = \frac{5! \times 2!}{6!} = \frac{5! \times 2}{6 \times 5!} = \frac{1}{3}$$

(iii) A가 B, C와 모두 이웃하는 경우, 즉 A의 양 옆에 B, C가 있는 경우

A의 양 옆에 B, C가 있는 경우는

BAC, CAB의 2가지

A가 B, C와 이웃한 것을 한 사람으로 생각하여 5명의 학생이 원탁에 둘러앉는 경우의 수는

$(5-1)! = 4!$

즉, A가 B, C와 모두 이웃하는 경우의 수는

$2 \times 4!$

$$\therefore P(X \cap Y) = \frac{2 \times 4!}{6!} = \frac{2 \times 4!}{6 \times 5 \times 4!} = \frac{1}{15}$$

(i)∼(iii)에서 구하는 확률은

$$P(X \cup Y) = P(X) + P(Y) - P(X \cap Y)$$
$$= \frac{1}{3} + \frac{1}{3} - \frac{1}{15} = \frac{3}{5}$$

0252
답 ③

8개의 공 중에서 2개의 공을 꺼내는 경우의 수는

$_8C_2 = 28$

$f(x) = x^2 - 8x + 12 = (x-2)(x-6)$이므로

$x<2$ 또는 $x>6$에서 $f(x)>0$

$2<x<6$에서 $f(x)<0$

$f(2)=f(6)=0$

이차함수 $f(x)=x^2-8x+12$에 대하여 $f(a)f(b)<0$이 성립하는 경우는 다음과 같다.

(i) $f(a)>0$, $f(b)<0$인 경우

$f(a)>0$에서 $a>6$이므로

a의 값이 될 수 있는 것은 7, 8의 2가지

$f(b)<0$에서 $2<b<6$이므로

b의 값이 될 수 있는 것은 3, 4, 5의 3가지

즉, 이때의 경우의 수는 $2 \times 3 = 6$

(ii) $f(a)<0$, $f(b)>0$인 경우

$f(a)<0$에서 $2<a<6$이므로

a의 값이 될 수 있는 것은 3, 4, 5의 3가지

$f(b)>0$에서 $b<2$이므로

b의 값이 될 수 있는 것은 1의 1가지

즉, 이때의 경우의 수는 $3 \times 1 = 3$

(i), (ii)에서 $f(a)f(b)<0$이 되는 경우의 수는

$6+3=9$

따라서 구하는 확률은 $\dfrac{9}{28}$

> 한 개의 주사위를 두 번 던질 때 나오는 눈의 수를 차례로 a, b라 하자. 이차함수 $f(x)=x^2-7x+10$에 대하여 $f(a)f(b)<0$이 성립할 확률은?
>
> ① $\dfrac{1}{18}$ ② $\dfrac{1}{9}$ ③ $\dfrac{1}{6}$ ④ $\dfrac{2}{9}$ ⑤ $\dfrac{5}{18}$
>
> **답** ④

0253

답 11

갑이 주머니 A에서 두 장의 카드를 꺼내고, 을이 주머니 B에서 두 장의 카드를 꺼내는 경우의 수는

$_4C_2 \times _4C_2 = 6 \times 6 = 36$

갑이 꺼낸 두 장의 카드에 적혀 있는 수의 합과 을이 꺼낸 두 장의 카드에 적혀 있는 수의 합이 같은 경우는 다음과 같다.

(i) 갑과 을이 꺼낸 두 장의 카드에 적혀 있는 숫자가 서로 같은 경우
갑이 2장의 카드를 꺼내는 경우의 수는

$_4C_2 = 6$

이때 을은 갑과 같은 카드를 꺼내야 하므로 그 경우의 수는 1이다. 즉, 갑과 을이 꺼낸 두 장의 카드에 적혀 있는 숫자가 같은 경우의 수는

$6 \times 1 = 6$

(ii) 갑과 을이 꺼낸 두 장의 카드에 적혀 있는 숫자는 다르지만 그 합이 같은 경우
갑이 ⟨1⟩⟨4⟩를 꺼내고, 을이 ⟨2⟩⟨3⟩을 꺼낸 경우와 갑이 ⟨2⟩⟨3⟩을 꺼내고, 을이 ⟨1⟩⟨4⟩를 꺼낸 경우의 2가지가 있다.

(i), (ii)에서 갑이 가진 두 장의 카드에 적혀 있는 수의 합과 을이 가진 두 장의 카드에 적혀 있는 수의 합이 같은 경우의 수는

$6+2=8$

따라서 구하는 확률은

$\dfrac{8}{36} = \dfrac{2}{9}$

즉, $p=9$, $q=2$이므로

$p+q = 9+2 = 11$

0254

답 ④

$x=x'+1$, $y=y'+1$, $z=z'+1$로 놓으면 $x+y+z=12$에서

$(x'+1)+(y'+1)+(z'+1)=12$

(단, x', y', z'은 음이 아닌 정수이다.)

$\therefore x'+y'+z'=9$

방정식 $x+y+z=12$를 만족시키는 자연수 x, y, z의 순서쌍 (x, y, z)의 개수는 방정식 $x'+y'+z'=9$를 만족시키는 음이 아닌 정수 x', y', z'의 순서쌍 (x', y', z')의 개수와 같으므로

$_3H_9 = _{11}C_9 = _{11}C_2 = 55$

$(x+y)(y+z)$의 값이 짝수인 사건을 A라 하면 A^C은 $(x+y)(y+z)$의 값이 홀수인 사건, 즉 $x+y$, $y+z$가 모두 홀수인 사건이다.

이때 $x+y=12-z$, $y+z=12-x$이므로 x는 홀수, y는 짝수, z는 홀수이어야 한다.

$x=2a+1$, $y=2b+2$, $z=2c+1$로 놓으면 $x+y+z=12$에서

$(2a+1)+(2b+2)+(2c+1)=12$

(단, a, b, c는 음이 아닌 정수이다.)

$\therefore a+b+c=4$

방정식 $a+b+c=4$를 만족시키는 음이 아닌 정수 a, b, c의 순서쌍 (a, b, c)의 개수는

$_3H_4 = _6C_4 = _6C_2 = 15$

$\therefore P(A^C) = \dfrac{15}{55} = \dfrac{3}{11}$

따라서 구하는 확률은

$P(A) = 1 - P(A^C) = 1 - \dfrac{3}{11} = \dfrac{8}{11}$

> 방정식 $a+b+c=9$를 만족시키는 음이 아닌 정수 a, b, c의 모든 순서쌍 (a, b, c) 중에서 임의로 한 개를 선택할 때, 선택한 순서쌍 (a, b, c)가
>
> $a<2$ 또는 $b<2$
>
> 를 만족시킬 확률은 $\dfrac{q}{p}$이다. $p+q$의 값을 구하시오.
>
> (단, p와 q는 서로소인 자연수이다.)
>
> **답** 89

0255

답 ⑤

집합 X에서 집합 Y로의 함수 f의 개수는

$_4\Pi_3 = 4^3$

$f(a)+f(b) \neq 3$이거나 치역이 $\{1, 2, 3\}$인 사건을 A라 하면 A^C은 $f(a)+f(b)=3$이고 치역이 $\{1, 2, 3\}$이 아닌 사건이다.

$f(a)+f(b)=3$이면 $f(a)=1$, $f(b)=2$ 또는 $f(a)=2$, $f(b)=1$이므로 치역은 $\{1, 2\}$ 또는 $\{1, 2, 4\}$이다.

(i) 치역이 $\{1, 2\}$인 경우
$f(a)=1$, $f(b)=2$ 또는 $f(a)=2$, $f(b)=1$이고 $f(c)$의 값이 될 수 있는 것은 1, 2이므로 이때의 함수 f의 개수는

$2 \times 2 = 4$

(ii) 치역이 $\{1, 2, 4\}$인 경우
$f(a)=1$, $f(b)=2$ 또는 $f(a)=2$, $f(b)=1$이고 $f(c)=4$이므로 이때의 함수 f의 개수는

$2 \times 1 = 2$

(i), (ii)에서 $f(a)+f(b)=3$이고 치역이 $\{1, 2, 3\}$이 아닌 함수 f의 개수는

$4+2=6$

$$\therefore \mathrm{P}(A^C) = \frac{6}{4^3} = \frac{3}{32}$$

따라서 구하는 확률은

$$\mathrm{P}(A) = 1 - \mathrm{P}(A^C) = 1 - \frac{3}{32} = \frac{29}{32}$$

두 집합 $A = \{1,\ 2,\ 3,\ 4\}$, $B = \{1,\ 2,\ 3\}$에 대하여 A에서 B로의 모든 함수 f 중에서 임의로 하나를 선택할 때, 이 함수가 다음 조건을 만족시킬 확률은?

> $f(1) \geq 2$이거나 함수 f의 치역은 B이다.

① $\dfrac{16}{27}$ ② $\dfrac{2}{3}$ ③ $\dfrac{20}{27}$ ④ $\dfrac{22}{27}$ ⑤ $\dfrac{8}{9}$

답 ④

0256

답 ①

(ⅰ) 1이 적힌 공을 1개 꺼낸 경우

꺼낸 4개의 공에 적힌 수는 1, 2, 3, 4이므로 1, 2, 3, 4가 적힌 공을 일렬로 나열하는 경우의 수는

$$4! = 24$$

(ⅱ) 1이 적힌 공을 2개 꺼낸 경우

이미 1이 적힌 공 2개를 꺼냈으므로 2, 3, 4가 적힌 공 중에서 2개를 꺼내는 경우의 수는

$$_3\mathrm{C}_2 = 3$$

이렇게 꺼낸 2개의 공과 1이 적힌 공 2개를 일렬로 나열하는 경우의 수는

$$\frac{4!}{2!} = 12$$

즉, 이때의 경우의 수는

$$3 \times 12 = 36$$

(ⅰ), (ⅱ)에서 1, 1, 2, 3, 4의 숫자가 하나씩 적힌 5개의 공 중에서 4개의 공을 꺼내어 일렬로 나열하는 경우의 수는

$$24 + 36 = 60$$

이때 $a \leq b \leq c \leq d$인 경우를 순서쌍 $(a,\ b,\ c,\ d)$로 나타내면

$(1,\ 2,\ 3,\ 4)$, $(1,\ 1,\ 2,\ 3)$, $(1,\ 1,\ 2,\ 4)$, $(1,\ 1,\ 3,\ 4)$

이므로 경우의 수는 4이다.

따라서 구하는 확률은

$$\frac{4}{60} = \frac{1}{15}$$

다른 풀이

1, 1, 2, 3, 4의 숫자가 하나씩 적힌 5개의 공 중에서 1이 적힌 두 공을 다른 공이라고 생각하자. 이때 주머니에서 임의로 4개의 공을 꺼내어 일렬로 나열하는 경우의 수는

$$_5\mathrm{P}_4 = 120$$

(ⅰ) 1이 적힌 공을 1개 꺼낸 경우

$a \leq b \leq c \leq d$인 경우는 $a=1$, $b=2$, $c=3$, $d=4$로 한 가지뿐이고, 이때 a에 해당하는 공이 2개이므로 이때의 경우의 수는 2이다.

(ⅱ) 1이 적힌 공을 2개 꺼낸 경우

$a \leq b \leq c \leq d$인 경우를 순서쌍 $(a,\ b,\ c,\ d)$로 나타내면

$(1,\ 1,\ 2,\ 3)$, $(1,\ 1,\ 2,\ 4)$, $(1,\ 1,\ 3,\ 4)$

로 3가지이고, 1이 적힌 두 공은 자리를 바꿀 수 있으므로 이때의 경우의 수는 $3 \times 2 = 6$

(ⅰ), (ⅱ)에서 $a \leq b \leq c \leq d$인 경우의 수는

$$2 + 6 = 8$$

따라서 구하는 확률은

$$\frac{8}{120} = \frac{1}{15}$$

0257

답 ①

집합 $\{x \mid x$는 10 이하의 자연수$\}$의 원소의 개수는 10이므로 집합 $\{x \mid x$는 10 이하의 자연수$\}$의 원소의 개수가 4인 부분집합의 개수는

$$_{10}\mathrm{C}_4 = 210$$

1부터 10까지의 자연수 중에서 3으로 나눈 나머지가 0, 1, 2인 수의 집합을 각각 X_0, X_1, X_2라 하면

$$X_0 = \{3,\ 6,\ 9\},\ X_1 = \{1,\ 4,\ 7,\ 10\},\ X_2 = \{2,\ 5,\ 8\}$$

이때 집합 X의 서로 다른 세 원소의 합이 항상 3의 배수가 아니려면 집합 X는 세 집합 X_0, X_1, X_2 중 두 집합에서 각각 2개의 원소를 택하여 이 4개의 수를 원소로 가져야 한다.

(ⅰ) 두 집합 X_0, X_1의 원소로 이루어진 경우의 수는

$$_3\mathrm{C}_2 \times _4\mathrm{C}_2 = 3 \times 6 = 18$$

(ⅱ) 두 집합 X_1, X_2의 원소로 이루어진 경우의 수는

$$_4\mathrm{C}_2 \times _3\mathrm{C}_2 = 6 \times 3 = 18$$

(ⅲ) 두 집합 X_2, X_0의 원소로 이루어진 경우의 수는

$$_3\mathrm{C}_2 \times _3\mathrm{C}_2 = 3 \times 3 = 9$$

(ⅰ)~(ⅲ)에서 집합 X의 개수는

$$18 + 18 + 9 = 45$$

따라서 구하는 확률은

$$\frac{45}{210} = \frac{3}{14}$$

0258

답 ②

집합 $X = \{1,\ 2,\ 3,\ 4\}$의 공집합이 아닌 부분집합 15개 중 임의로 서로 다른 세 부분집합을 뽑아 일렬로 나열하는 경우의 수는

$$_{15}\mathrm{P}_3$$

한편 서로 다른 세 부분집합 A, B, C에 대하여 $A \subset B \subset C$이려면 $n(A) < n(B) < n(C)$이어야 한다.

(ⅰ) $n(A)=1$, $n(B)=2$, $n(C)=3$일 때

집합 A의 원소를 고르는 경우의 수는 4

집합 B의 두 원소 중 집합 A의 원소가 아닌 나머지 한 원소를 고르는 경우의 수는 3

집합 C의 세 원소 중 집합 B의 원소가 아닌 나머지 한 원소를 고르는 경우의 수는 2

그러므로 이때의 경우의 수는

$$4 \times 3 \times 2 = 24$$

(ii) $n(A)=1$, $n(B)=2$, $n(C)=4$일 때
　　집합 A의 원소를 고르는 경우의 수는 4
　　집합 B의 두 원소 중 집합 A의 원소가 아닌 나머지 한 원소를
　　고르는 경우의 수는 3
　　집합 C는 {1, 2, 3, 4}의 1가지
　　그러므로 이때의 경우의 수는
　　$4\times3\times1=12$

(iii) $n(A)=1$, $n(B)=3$, $n(C)=4$일 때
　　집합 A의 원소를 고르는 경우의 수는 4
　　집합 B의 세 원소 중 집합 A의 원소가 아닌 나머지 두 원소를
　　고르는 경우의 수는 $_3C_2=3$
　　집합 C는 {1, 2, 3, 4}의 1가지
　　그러므로 이때의 경우의 수는
　　$4\times3\times1=12$

(iv) $n(A)=2$, $n(B)=3$, $n(C)=4$일 때
　　집합 A의 두 원소를 고르는 경우의 수는 $_4C_2=6$
　　집합 B의 세 원소 중 집합 A의 원소가 아닌 나머지 한 원소를
　　고르는 경우의 수는 2
　　집합 C는 {1, 2, 3, 4}의 1가지
　　그러므로 이때의 경우의 수는
　　$6\times2\times1=12$

(i)~(iv)에서 $A{\subset}B{\subset}C$인 경우의 수는
$24+12+12+12=60$
따라서 구하는 확률은
$$\frac{60}{_{15}P_3}=\frac{60}{15\times14\times13}=\frac{2}{91}$$

[다른 풀이]

집합 $X=\{1, 2, 3, 4\}$의 공집합이 아닌 부분집합 15개 중 임의로
서로 다른 세 부분집합을 뽑아 일렬로 나열하는 경우의 수는
$_{15}P_3$
$A{\subset}B{\subset}C$를 만족시키는 경우는 오른쪽
그림과 같고,
$A{\neq}\varnothing$, $B-A{\neq}\varnothing$, $C-B{\neq}\varnothing$
이어야 한다.

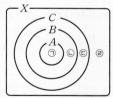

집합 A를 ㉠, 집합 $B-A$를 ㉡, 집합
$C-B$를 ㉢, 집합 $X-C$를 ㉣이라 하면
다음과 같이 경우를 나누어 생각할 수 있다.

(i) ㉣$\neq\varnothing$인 경우
　　㉠, ㉡, ㉢, ㉣에 원소 1, 2, 3, 4를 하나씩 대응시키면
　　$A{\subset}B{\subset}C$를 만족시키므로 경우의 수는
　　$4!=24$

(ii) ㉣$=\varnothing$인 경우
　　㉠, ㉡, ㉢에 원소 1, 2, 3, 4를 개수가 2, 1, 1인 세 조로 나눈
　　후 세 조를 하나씩 대응시키면 $A{\subset}B{\subset}C$를 만족시키므로 경우
　　의 수는
　　$\left(_4C_2\times_2C_1\times_1C_1\times\dfrac{1}{2!}\right)\times3!=6\times2\times1\times\dfrac{1}{2}\times6$
　　　　　　　　　　　　　　　　　　$=36$

(i), (ii)에서 $A{\subset}B{\subset}C$인 경우의 수는
$24+36=60$
따라서 구하는 확률은
$$\frac{60}{_{15}P_3}=\frac{60}{15\times14\times13}=\frac{2}{91}$$

0259 　　　　　　　　　　　　　　[답] 109

14장의 카드에서 3장의 카드를 꺼내는 경우의 수는
$_{14}C_3=364$
카드에 적혀 있는 세 수의 곱이 7의 배수이려면 세 수에 7 또는 14
가 포함되어야 한다.
세 수에 7이 포함되고 세 수의 합이 짝수인 사건을 A, 14가 포함되
고 세 수의 합이 짝수인 사건을 B라 하자.

(i) 세 수에 7이 포함되는 경우
　　7이 홀수이므로 세 수의 합이 짝수가 되려면 나머지 두 수의 합
　　이 홀수가 되어야 한다.
　　이때 1부터 14까지의 자연수 중 홀수는 1, 3, 5, 7, 9, 11, 13의
　　7개, 짝수는 2, 4, 6, 8, 10, 12, 14의 7개이므로 7을 제외한 6개
　　의 홀수 중 1개, 7개의 짝수 중 1개를 택하면 된다.
　　즉, 세 수에 7이 포함되고 그 합이 짝수가 되는 경우의 수는
　　$_6C_1\times_7C_1=6\times7=42$
　　$\therefore P(A)=\dfrac{42}{364}$

(ii) 세 수에 14가 포함되는 경우
　　14가 짝수이므로 세 수의 합이 짝수가 되려면 나머지 두 수의
　　합이 짝수가 되어야 한다.
　　즉, 7개의 홀수 중 2개를 택하거나 14를 제외한 6개의 짝수 중
　　에서 2개를 택하면 되므로 세 수에 14가 포함되고 그 합이 짝수
　　가 되는 경우의 수는
　　$_7C_2+_6C_2=21+15=36$
　　$\therefore P(B)=\dfrac{36}{364}$

(iii) 세 수에 7과 14가 포함되는 경우
　　$7+14=21$이 홀수이므로 세 수의 합이 짝수가 되려면 나머지
　　한 수는 홀수가 되어야 한다.
　　즉, 7을 제외한 6개의 홀수 중 1개를 택하면 되므로 세 수에 7
　　과 14가 포함되고 그 합이 짝수가 되는 경우의 수는
　　$_6C_1=6$
　　$\therefore P(A{\cap}B)=\dfrac{6}{364}$

(i)~(iii)에서 카드에 적혀 있는 세 수의 곱이 7의 배수이고 합은 짝
수일 확률은
$P(A{\cup}B)=P(A)+P(B)-P(A{\cap}B)$
$$=\frac{42}{364}+\frac{36}{364}-\frac{6}{364}$$
$$=\frac{72}{364}=\frac{18}{91}$$
따라서 $p=91$, $q=18$이므로
$p+q=91+18=109$

[짝기출]

1부터 10까지의 자연수 중에서 임의로 서로 다른 3개의 수를
선택한다. 선택된 세 개의 수의 곱이 5의 배수이고 합은 3의
배수일 확률은?

① $\dfrac{3}{20}$　　② $\dfrac{1}{6}$　　③ $\dfrac{11}{60}$　　④ $\dfrac{1}{5}$　　⑤ $\dfrac{13}{60}$

[답] ③

04 조건부확률

유형 01 조건부확률의 계산

0260 답 ③

확률의 덧셈정리에 의하여
$$P(A \cup B) = P(A) + P(B) - P(A \cap B)$$
이므로
$$\frac{2}{3} = \frac{1}{4} + \frac{1}{2} - P(A \cap B) \qquad \therefore P(A \cap B) = \frac{1}{12}$$

$$\therefore P(B|A) = \frac{P(A \cap B)}{P(A)} = \frac{\frac{1}{12}}{\frac{1}{4}} = \frac{1}{3}$$

0261 답 $\frac{5}{9}$

$P(A^c|B) = \frac{1}{2}P(A|B)$ 에서
$$\frac{P(A^c \cap B)}{P(B)} = \frac{1}{2} \times \frac{P(A \cap B)}{P(B)}$$
이때 $P(B) \neq 0$ 이므로
$$P(A^c \cap B) = \frac{1}{2}P(A \cap B)$$
$$\therefore P(A \cap B) = 2P(A^c \cap B) = 2 \times \frac{5}{18} = \frac{5}{9}$$

> **참고**
>
> $P(A^c \cap B) = \frac{5}{18}$ 이므로 $A^c \cap B \neq \varnothing$
>
> 즉, $B \neq \varnothing$ 이므로 $P(B) \neq 0$

0262 답 ①

$P(A|B) = 2P(B|A)$ 에서
$$\frac{P(A \cap B)}{P(B)} = 2 \times \frac{P(A \cap B)}{P(A)}$$
이때 $P(A \cap B) \neq 0$ 이므로
$$P(A) = 2P(B) \qquad \therefore P(B) = \frac{1}{2}P(A)$$
확률의 덧셈정리에 의하여
$$P(A \cup B) = P(A) + P(B) - P(A \cap B)$$
이므로
$$\frac{4}{5} = P(A) + \frac{1}{2}P(A) - \frac{1}{20}$$
$$\frac{3}{2}P(A) = \frac{17}{20} \qquad \therefore P(A) = \frac{17}{30}$$

0263 답 ⑤

$P(B|A) = \frac{P(A \cap B)}{P(A)}$ 이므로
$$P(A \cap B) = P(A)P(B|A) = 0.4 \times 0.3 = 0.12$$

이때
$$P(A|B^c) = \frac{P(A \cap B^c)}{P(B^c)}$$
$$= \frac{P(A) - P(A \cap B)}{1 - P(B)}$$
이므로
$$0.7 = \frac{0.4 - 0.12}{1 - P(B)}, \quad 1 - P(B) = \frac{0.28}{0.7} = 0.4$$
$$\therefore P(B) = 0.6$$

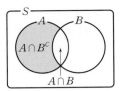

유형 02 조건부확률 – 표가 주어진 경우

0264 답 ④

임의로 선택한 한 명이 2학년인 사건을 A, 여학생인 사건을 B라 하면 구하는 확률은 $P(B|A) = \frac{P(A \cap B)}{P(A)}$ 이다.

이때
$$P(A) = \frac{14}{30} = \frac{7}{15}, \quad P(A \cap B) = \frac{8}{30} = \frac{4}{15}$$
이므로 구하는 확률은
$$P(B|A) = \frac{P(A \cap B)}{P(A)} = \frac{\frac{4}{15}}{\frac{7}{15}} = \frac{4}{7}$$

다른 풀이

임의로 선택한 한 명이 2학년인 사건을 A, 여학생인 사건을 B라 하면
$$n(A) = 14, \quad n(A \cap B) = 8$$
$$\therefore P(B|A) = \frac{n(A \cap B)}{n(A)} = \frac{8}{14} = \frac{4}{7}$$

0265 답 ①

임의로 선택한 한 명이 구내식당에 만족하는 직원인 사건을 A, 남성 직원인 사건을 B라 하면 구하는 확률은 $P(B|A) = \frac{P(A \cap B)}{P(A)}$ 이다.

(단위: 명)

구분	남성	여성	합계
만족	36	32	68
불만족	14	18	32
합계	50	50	100

이때
$$P(A) = \frac{68}{100} = \frac{17}{25}, \quad P(A \cap B) = \frac{36}{100} = \frac{9}{25}$$
이므로 구하는 확률은
$$P(B|A) = \frac{P(A \cap B)}{P(A)} = \frac{\frac{9}{25}}{\frac{17}{25}} = \frac{9}{17}$$

임의로 선택한 한 명이 구내식당에 만족하는 직원인 사건을 A, 남성 직원인 사건을 B라 하면

$n(A)=68$, $n(A \cap B)=36$

$\therefore \mathrm{P}(B|A)=\dfrac{n(A \cap B)}{n(A)}=\dfrac{36}{68}=\dfrac{9}{17}$

0266 답 ③

임의로 선택한 한 명이 남학생인 사건을 A, 놀이공원을 선호하는 학생인 사건을 B라 하면

$\mathrm{P}(B|A)=\dfrac{3}{4}$

(단위: 명)

구분	놀이공원	자연생태공원	합계
남학생	x	30	$x+30$
여학생	65	40	105
합계	$x+65$	70	$x+135$

$\therefore \mathrm{P}(B|A)=\dfrac{\mathrm{P}(A \cap B)}{\mathrm{P}(A)}=\dfrac{\frac{x}{x+135}}{\frac{x+30}{x+135}}=\dfrac{x}{x+30}$

즉, $\dfrac{x}{x+30}=\dfrac{3}{4}$이므로

$4x=3x+90$ $\therefore x=90$

0267 답 102

480명 중에서 30 %는

$480 \times \dfrac{30}{100}=144$(명)

A 기업의 부스를 방문한 480명 중에서 30대가 차지하는 비율이 30 %이므로

$a+(76-b)=144$ $\therefore a-b=68$ ...... ㉠

A 기업의 부스를 방문한 480명 중에서 임의로 선택한 한 명이 남성인 사건을 A, 30대인 사건을 B, 여성인 사건을 C, 40대인 사건을 D라 하면

$\mathrm{P}(B|A)=3\mathrm{P}(D|C)$

이때

$\mathrm{P}(B|A)=\dfrac{\mathrm{P}(A \cap B)}{\mathrm{P}(A)}=\dfrac{\frac{a}{480}}{\frac{300}{480}}=\dfrac{a}{300}$,

$\mathrm{P}(D|C)=\dfrac{\mathrm{P}(C \cap D)}{\mathrm{P}(C)}=\dfrac{\frac{b}{480}}{\frac{180}{480}}=\dfrac{b}{180}$

이므로

$\dfrac{a}{300}=3 \times \dfrac{b}{180}$ $\therefore a=5b$ ...... ㉡

㉠, ㉡을 연립하여 풀면

$a=85$, $b=17$

$\therefore a+b=85+17=102$

0268 답 ④

임의로 선택한 한 명이 쓰레기 처리장 건립에 찬성한 사람인 사건을 A, 여성인 사건을 B라 하면 구하는 확률은 $\mathrm{P}(B|A)=\dfrac{\mathrm{P}(A \cap B)}{\mathrm{P}(A)}$이다.

주어진 상황을 표로 나타내면 다음과 같다.

(단위: 명)

구분	찬성	반대	합계
남성	$1800 \times \frac{1}{3}=600$	$1800 \times \frac{2}{3}=1200$	1800
여성	$2400 \times \frac{1}{5}=480$	$2400 \times \frac{4}{5}=1920$	2400
합계	1080	3120	4200

이때

$\mathrm{P}(A)=\dfrac{1080}{4200}=\dfrac{9}{35}$, $\mathrm{P}(A \cap B)=\dfrac{480}{4200}=\dfrac{4}{35}$

이므로 구하는 확률은

$\mathrm{P}(B|A)=\dfrac{\mathrm{P}(A \cap B)}{\mathrm{P}(A)}=\dfrac{\frac{4}{35}}{\frac{9}{35}}=\dfrac{4}{9}$

0269 답 89

임의로 선택한 한 명이 지하철을 이용하여 등교하는 학생인 사건을 A, 남학생인 사건을 B라 하면 구하는 확률은

$\mathrm{P}(B|A)=\dfrac{\mathrm{P}(A \cap B)}{\mathrm{P}(A)}$이다.

전체 학생 수를 $100a$로 놓으면

전체 학생의 55 %가 남학생이므로 남학생 수는

$100a \times \dfrac{55}{100}=55a$

지하철을 이용하여 등교하는 남학생 수는 전체 학생 수의 40 %이므로

$100a \times \dfrac{40}{100}=40a$

따라서 주어진 상황을 표로 나타내면 다음과 같다.

(단위: 명)

구분	지하철 이용	지하철을 이용하지 않음	합계
남학생	$40a$	$55a-40a=15a$	$55a$
여학생	$45a \times \frac{20}{100}=9a$	$45a-9a=36a$	$100a-55a=45a$
합계	$49a$	$51a$	$100a$

이때

$\mathrm{P}(A)=\dfrac{49a}{100a}=\dfrac{49}{100}$, $\mathrm{P}(A \cap B)=\dfrac{40a}{100a}=\dfrac{2}{5}$

이므로 구하는 확률은

$\mathrm{P}(B|A)=\dfrac{\mathrm{P}(A \cap B)}{\mathrm{P}(A)}=\dfrac{\frac{2}{5}}{\frac{49}{100}}=\dfrac{40}{49}$

따라서 $p=49$, $q=40$이므로

$p+q=49+40=89$

0270

답 ③

두 공장 A, B에서 생산한 청소기 중 임의로 선택한 하나가 불량품인 사건을 E, A 공장에서 생산한 청소기인 사건을 A라 하면 구하는 확률은 $P(A|E) = \dfrac{P(A \cap E)}{P(E)}$ 이다.

두 공장 A, B에서 생산한 전체 청소기의 개수를 $800a$로 놓으면 A 공장과 B 공장에서 생산하는 청소기의 비율이 $3:5$이므로

A 공장에서 생산하는 청소기의 개수는

$800a \times \dfrac{3}{8} = 300a$

B 공장에서 생산하는 청소기의 개수는

$800a \times \dfrac{5}{8} = 500a$

따라서 주어진 상황을 표로 나타내면 다음과 같다.

(단위: 개)

구분	정상 제품	불량품	합계
A 공장	$300a - 6a = 294a$	$300a \times \dfrac{2}{100} = 6a$	$300a$
B 공장	$500a - 25a = 475a$	$500a \times \dfrac{5}{100} = 25a$	$500a$
합계	$769a$	$31a$	$800a$

이때

$P(E) = \dfrac{31a}{800a} = \dfrac{31}{800}$, $P(A \cap E) = \dfrac{6a}{800a} = \dfrac{3}{400}$

이므로 구하는 확률은

$P(A|E) = \dfrac{P(A \cap E)}{P(E)} = \dfrac{\dfrac{3}{400}}{\dfrac{31}{800}} = \dfrac{6}{31}$

0271

답 ③

합창 동아리의 학생 중 임의로 선택한 한 명이 2학년인 사건을 A, 여학생인 사건을 B라 하면 구하는 확률은 $P(B|A) = \dfrac{P(A \cap B)}{P(A)}$ 이다.

합창 동아리의 전체 학생 수는

$20 + 15 = 35$

이 합창단의 60 %가 여학생, 40 %가 남학생이므로

여학생의 수는 $35 \times \dfrac{60}{100} = 21$

남학생의 수는 $35 \times \dfrac{40}{100} = 14$

1학년 남학생의 수를 a라 하면 임의로 선택한 한 명이 1학년 남학생일 확률이 $\dfrac{1}{5}$이므로

$\dfrac{a}{35} = \dfrac{1}{5}$ $\therefore a = 7$

따라서 주어진 상황을 표로 나타내면 다음과 같다.

(단위: 명)

구분	남학생	여학생	합계
1학년	7	$20 - 7 = 13$	20
2학년	$14 - 7 = 7$	$21 - 13 = 8$	15
합계	14	21	35

이때

$P(A) = \dfrac{15}{35} = \dfrac{3}{7}$, $P(A \cap B) = \dfrac{8}{35}$

이므로 구하는 확률은

$P(B|A) = \dfrac{P(A \cap B)}{P(A)} = \dfrac{\dfrac{8}{35}}{\dfrac{3}{7}} = \dfrac{8}{15}$

0272

답 4

이 볼링 동호회의 회원 중 임의로 선택한 한 명이 Q 지역에 사는 회원인 사건을 A, 남성인 사건을 B라 하면 구하는 확률은 $P(B|A) = \dfrac{P(A \cap B)}{P(A)}$ 이다.

P 지역에 사는 회원이 50명이고 이 중 40 %가 여성 회원이므로 P 지역에 사는 여성 회원의 수는

$50 \times \dfrac{40}{100} = 20$

이 볼링 동호회의 여성 회원의 50 %가 Q 지역에 살고 있으므로 P, Q 두 지역에 사는 여성 회원의 수는 20으로 같다.

따라서 주어진 상황을 표로 나타내면 다음과 같다.

(단위: 명)

구분	남성	여성	합계
P 지역	$50 - 20 = 30$	20	50
Q 지역	$30 - 20 = 10$	20	30
합계	40	40	80

이때

$P(A) = \dfrac{30}{80} = \dfrac{3}{8}$, $P(A \cap B) = \dfrac{10}{80} = \dfrac{1}{8}$

이므로 구하는 확률은

$P(B|A) = \dfrac{P(A \cap B)}{P(A)} = \dfrac{\dfrac{1}{8}}{\dfrac{3}{8}} = \dfrac{1}{3}$

따라서 $p = 3$, $q = 1$이므로

$p + q = 3 + 1 = 4$

유형 04 조건부확률 - 경우의 수를 이용하는 경우

0273

답 ②

한 개의 주사위를 던져서 나온 눈의 수가 짝수인 사건을 A, 눈의 수가 3의 배수인 사건을 B라 하면 구하는 확률은

$P(B|A) = \dfrac{P(A \cap B)}{P(A)}$ 이다.

이때 $A = \{2, 4, 6\}$, $B = \{3, 6\}$, $A \cap B = \{6\}$이므로

$P(A) = \dfrac{3}{6} = \dfrac{1}{2}$, $P(A \cap B) = \dfrac{1}{6}$

따라서 구하는 확률은

$P(B|A) = \dfrac{P(A \cap B)}{P(A)} = \dfrac{\dfrac{1}{6}}{\dfrac{1}{2}} = \dfrac{1}{3}$

0274

답 $\dfrac{1}{2}$

임의로 꺼낸 한 장의 카드에 적혀 있는 수가 15의 약수인 사건을 A, 3의 배수인 사건을 B라 하면 구하는 확률은 $\mathrm{P}(B|A)=\dfrac{\mathrm{P}(A\cap B)}{\mathrm{P}(A)}$ 이다.

이때

$A=\{1, 3, 5, 15\}$, $B=\{3, 6, 9, 12, 15\}$, $A\cap B=\{3, 15\}$ 이므로

$\mathrm{P}(A)=\dfrac{4}{15}$, $\mathrm{P}(A\cap B)=\dfrac{2}{15}$

따라서 구하는 확률은

$$\mathrm{P}(B|A)=\dfrac{\mathrm{P}(A\cap B)}{\mathrm{P}(A)}=\dfrac{\frac{2}{15}}{\frac{4}{15}}=\dfrac{1}{2}$$

0275

답 ④

임의로 꺼낸 한 개의 공에 적혀 있는 수가 짝수인 사건을 A, 노란 공인 사건을 B라 하면 구하는 확률은 $\mathrm{P}(B|A)=\dfrac{\mathrm{P}(A\cap B)}{\mathrm{P}(A)}$ 이다.

이때

$A=\{②, ④, ⑥, ⑧, ②, ④, ⑥\}$, $A\cap B=\{②, ④, ⑥\}$ 이므로

$\mathrm{P}(A)=\dfrac{7}{15}$, $\mathrm{P}(A\cap B)=\dfrac{3}{15}=\dfrac{1}{5}$

따라서 구하는 확률은

$$\mathrm{P}(B|A)=\dfrac{\mathrm{P}(A\cap B)}{\mathrm{P}(A)}=\dfrac{\frac{1}{5}}{\frac{7}{15}}=\dfrac{3}{7}$$

0276

답 ②

서로 다른 두 개의 주사위를 동시에 던져서 나온 두 눈의 수의 합이 7 이하인 사건을 A, 두 눈의 수가 모두 짝수인 사건을 B라 하면 구하는 확률은 $\mathrm{P}(B|A)=\dfrac{\mathrm{P}(A\cap B)}{\mathrm{P}(A)}$이다.

서로 다른 두 개의 주사위를 동시에 던질 때 나오는 모든 경우의 수는 $6\times 6=36$

(i) 두 눈의 수의 합이 7 이하인 경우

합이 2, 3, 4, 5, 6, 7인 경우이므로 순서쌍으로 나타내면

$(1, 1)$, $(1, 2)$, $(2, 1)$, $(1, 3)$, $(2, 2)$, $(3, 1)$, $(1, 4)$, $(2, 3)$, $(3, 2)$, $(4, 1)$, $(1, 5)$, $(2, 4)$, $(3, 3)$, $(4, 2)$, $(5, 1)$, $(1, 6)$, $(2, 5)$, $(3, 4)$, $(4, 3)$, $(5, 2)$, $(6, 1)$

의 21가지이다.

$\therefore \mathrm{P}(A)=\dfrac{21}{36}=\dfrac{7}{12}$

(ii) 두 눈의 수의 합이 7 이하이고 두 눈의 수가 모두 짝수인 경우

(i)에서 두 눈의 수가 모두 짝수인 경우이므로 순서쌍으로 나타내면

$(2, 2)$, $(2, 4)$, $(4, 2)$

의 3가지이다.

$\therefore \mathrm{P}(A\cap B)=\dfrac{3}{36}=\dfrac{1}{12}$

(i), (ii)에서 구하는 확률은

$$\mathrm{P}(B|A)=\dfrac{\mathrm{P}(A\cap B)}{\mathrm{P}(A)}=\dfrac{\frac{1}{12}}{\frac{7}{12}}=\dfrac{1}{7}$$

0277

답 ⑤

A가 꺼낸 카드에 적혀 있는 수가 8의 약수인 사건을 X, A가 이기는 사건을 Y라 하면 구하는 확률은 $\mathrm{P}(Y|X)=\dfrac{\mathrm{P}(X\cap Y)}{\mathrm{P}(X)}$이다.

$X=\{1, 2, 4, 8\}$이므로

$\mathrm{P}(X)=\dfrac{4}{8}=\dfrac{1}{2}$

A, B 두 사람이 각각 한 장의 카드를 꺼내는 경우의 수는 $8\times 8=64$

사건 $X\cap Y$는 A가 8의 약수가 적혀 있는 카드를 꺼내고 A가 꺼낸 카드에 적혀 있는 수가 B가 꺼낸 카드에 적혀 있는 수보다 커야 하므로 그 경우는 다음과 같다.

(i) A가 꺼낸 카드에 적혀 있는 수가 1인 경우

B가 꺼내는 카드에 적혀 있는 수의 최솟값이 1이므로 A는 이길 수 없다.

(ii) A가 꺼낸 카드에 적혀 있는 수가 2인 경우

B가 꺼내는 카드에 적혀 있는 수는 1이어야 하므로 그 경우의 수는 1이다.

(iii) A가 꺼낸 카드에 적혀 있는 수가 4인 경우

B가 꺼내는 카드에 적혀 있는 수는 1, 2, 3이어야 하므로 그 경우의 수는 3이다.

(iv) A가 꺼낸 카드에 적혀 있는 수가 8인 경우

B가 꺼내는 카드에 적혀 있는 수는 1, 2, 3, 4, 5, 6, 7이어야 하므로 그 경우의 수는 7이다.

(i)~(iv)에서

$n(X\cap Y)=1+3+7=11$

$\therefore \mathrm{P}(X\cap Y)=\dfrac{11}{64}$

따라서 구하는 확률은

$$\mathrm{P}(Y|X)=\dfrac{\mathrm{P}(X\cap Y)}{\mathrm{P}(X)}=\dfrac{\frac{11}{64}}{\frac{1}{2}}=\dfrac{11}{32}$$

유형 05 조건부확률 – 순열과 조합을 이용하는 경우

0278

답 ③

나경이와 은재가 주문한 것이 서로 다른 사건을 A, 한 사람은 김밥을, 다른 한 사람은 국수를 주문하는 사건을 B라 하면 구하는 확률은 $\mathrm{P}(B|A)=\dfrac{\mathrm{P}(A\cap B)}{\mathrm{P}(A)}$이다.

나경이와 은재가 8가지 메뉴 중 한 가지씩을 주문할 수 있으므로 모든 경우의 수는

$$_8C_1 \times _8C_1 = 64$$

나경이와 은재가 서로 다른 메뉴를 주문하는 경우의 수는

$$_8C_1 \times _7C_1 = 56$$

$$\therefore P(A) = \frac{56}{64} = \frac{7}{8}$$

사건 $A \cap B$는 나경이가 김밥 한 종류를 주문하고 은재가 국수 한 종류를 주문하거나 나경이가 국수 한 종류를 주문하고 은재가 김밥 한 종류를 주문하는 경우이므로 그 경우의 수는

$$_5C_1 \times _3C_1 + _3C_1 \times _5C_1 = 5 \times 3 + 3 \times 5$$
$$= 15 + 15 = 30$$

$$\therefore P(A \cap B) = \frac{30}{64} = \frac{15}{32}$$

따라서 구하는 확률은

$$P(B|A) = \frac{P(A \cap B)}{P(A)} = \frac{\frac{15}{32}}{\frac{7}{8}} = \frac{15}{28}$$

0279

답 5

임의로 뽑은 2개의 제비 중 하나가 당첨 제비인 사건을 A, 1등 당첨 제비를 뽑는 사건을 B라 하면 구하는 확률은

$$P(B|A) = \frac{P(A \cap B)}{P(A)}$$이다.

이때

$$P(A) = \frac{_4C_1 \times _6C_1}{_{10}C_2} = \frac{4 \times 6}{45} = \frac{8}{15},$$

$$P(A \cap B) = \frac{_1C_1 \times _6C_1}{_{10}C_2} = \frac{1 \times 6}{45} = \frac{2}{15}$$

이므로 구하는 확률은

$$P(B|A) = \frac{P(A \cap B)}{P(A)} = \frac{\frac{2}{15}}{\frac{8}{15}} = \frac{1}{4}$$

따라서 $p=4$, $q=1$이므로

$$p+q=4+1=5$$

0280

답 ②

$a>b$인 사건을 A, $b=1$인 사건을 B라 하면 구하는 확률은

$$P(B|A) = \frac{P(A \cap B)}{P(A)}$$이다.

$a>b$인 경우는 $a=3$, $b=0$ 또는 $a=2$, $b=1$이므로

$$P(A) = \frac{_4C_3 + _4C_2 \times _3C_1}{_7C_3} = \frac{4 + 6 \times 3}{35} = \frac{22}{35}$$

$a>b$이고 $b=1$인 경우는 $a=2$, $b=1$이므로

$$P(A \cap B) = \frac{_4C_2 \times _3C_1}{_7C_3} = \frac{6 \times 3}{35} = \frac{18}{35}$$

따라서 구하는 확률은

$$P(B|A) = \frac{P(A \cap B)}{P(A)} = \frac{\frac{18}{35}}{\frac{22}{35}} = \frac{9}{11}$$

0281

답 $\frac{2}{3}$

7명을 일렬로 세울 때, 미수와 진영이가 이웃하는 사건을 A, 현수와 수용이가 이웃하지 않는 사건을 B라 하면 구하는 확률은

$$P(B|A) = \frac{P(A \cap B)}{P(A)}$$이다.

7명을 일렬로 세우는 경우의 수는

$$7!$$

(i) 미수와 진영이가 이웃하는 경우

미수와 진영이를 한 사람으로 생각하여 6명을 일렬로 세우는 경우의 수는

$$6!$$

이때 미수와 진영이가 자리를 바꾸는 경우의 수가 $2!$이므로 미수와 진영이를 이웃하게 세우는 경우의 수는

$$6! \times 2!$$

$$\therefore P(A) = \frac{6! \times 2!}{7!} = \frac{6! \times 2}{7 \times 6!} = \frac{2}{7}$$

(ii) 미수와 진영이가 이웃하고, 현수와 수용이는 이웃하지 않는 경우

미수와 진영이를 한 사람 X로 생각하여 현수와 수용이를 제외한 4명을 일렬로 세우는 경우의 수는

$$4!$$

이 네 사람의 양 끝과 그 사이 사이의 5곳 중 2곳에 현수와 수용이를 세우는 경우의 수는

V X V O V O V O V

$$_5P_2 = 20$$

이때 미수와 진영이가 자리를 바꾸는 경우의 수가 $2!$이므로 미수와 진영이는 이웃하고 현수와 수용이는 이웃하지 않게 세우는 경우의 수는

$$4! \times 20 \times 2!$$

$$\therefore P(A \cap B) = \frac{4! \times 20 \times 2!}{7!} = \frac{4! \times 40}{7 \times 6 \times 5 \times 4!} = \frac{4}{21}$$

(i), (ii)에서 구하는 확률은

$$P(B|A) = \frac{P(A \cap B)}{P(A)} = \frac{\frac{4}{21}}{\frac{2}{7}} = \frac{2}{3}$$

0282

답 ②

네 개의 숫자 1, 2, 3, 4에서 중복을 허락하여 3개를 택해 세 자리 자연수를 만들 때, 각 자리의 수의 곱이 짝수인 사건을 A, 244보다 큰 사건을 B라 하면 구하는 확률은 $P(B|A) = \frac{P(A \cap B)}{P(A)}$이다.

네 개의 숫자 1, 2, 3, 4에서 중복을 허락하여 3개를 택해 만들 수 있는 세 자리 자연수의 개수는

$$_4\Pi_3 = 4^3 = 64$$

(i) 각 자리의 수의 곱이 짝수인 경우

A^c은 각 자리의 수의 곱이 홀수인 사건이므로 홀수 1, 3에서 중복을 허락하여 3개를 택해 만들 수 있는 세 자리 자연수의 개수는

$$_2\Pi_3 = 2^3 = 8$$

즉, $P(A^c) = \frac{8}{64} = \frac{1}{8}$이므로

$$P(A) = 1 - P(A^c) = 1 - \frac{1}{8} = \frac{7}{8}$$

(ii) 각 자리의 수의 곱이 짝수이고 244보다 큰 경우

244보다 큰 세 자리 자연수는 3□□, 4□□ 꼴이 있다.

ⓐ 3□□ 꼴

백의 자리의 숫자가 홀수 3이므로 각 자리의 수의 곱이 짝수가 되려면 1, 2, 3, 4 중 중복을 허락하여 2개를 택하는 경우의 수에서 1, 3 중 중복을 허락하여 2개를 택하는 경우의 수를 빼면 된다.

따라서 그 개수는

$$_4\Pi_2 - {_2\Pi_2} = 4^2 - 2^2 = 16 - 4 = 12$$

ⓑ 4□□ 꼴

백의 자리의 숫자가 짝수 4이므로 뒤의 자리에는 1, 2, 3, 4 중 어떤 수가 와도 각 자리의 수의 곱은 짝수가 된다.

따라서 그 개수는

$$_4\Pi_2 = 4^2 = 16$$

ⓐ, ⓑ에서 $n(A \cap B) = 12 + 16 = 28$이므로

$$P(A \cap B) = \frac{28}{64} = \frac{7}{16}$$

(i), (ii)에서 구하는 확률은

$$P(B|A) = \frac{P(A \cap B)}{P(A)} = \frac{\frac{7}{16}}{\frac{7}{8}} = \frac{1}{2}$$

참고

세 수의 곱이 짝수이려면 세 수 중 적어도 한 수는 짝수이면 되고, 세 수가 모두 홀수이면 그 세 수의 곱은 홀수가 된다.

0283

답 ④

흰 공의 30 %에 짝수가 적혀 있으므로

짝수가 적혀 있는 흰 공의 개수는 $60 \times \frac{30}{100} = 18$

홀수가 적혀 있는 흰 공의 개수는 $60 - 18 = 42$

홀수가 적혀 있는 빨간 공의 개수를 a로 놓고 주어진 상황을 표로 나타내면 다음과 같다.

(단위: 개)

구분	홀수	짝수	합계
흰 공	42	18	60
빨간 공	a	$40-a$	40
합계	$a+42$	$58-a$	100

임의로 꺼낸 한 개의 공에 적혀 있는 수가 홀수인 사건을 A, 빨간색인 사건을 B라 하면

$$P(B|A) = \frac{1}{3}$$

이때

$$P(A) = \frac{a+42}{100},\ P(A \cap B) = \frac{a}{100}$$

이므로

$$P(B|A) = \frac{P(A \cap B)}{P(A)} = \frac{\frac{a}{100}}{\frac{a+42}{100}} = \frac{a}{a+42}$$

즉, $\frac{a}{a+42} = \frac{1}{3}$이므로

$3a = a+42$, $2a = 42$ ∴ $a = 21$

따라서 위의 표를 다시 정리하면 다음과 같다.

(단위: 개)

구분	홀수	짝수	합계
흰 공	42	18	60
빨간 공	21	19	40
합계	63	37	100

임의로 동시에 꺼낸 2개의 공에 적혀 있는 수의 합이 짝수인 사건을 C, 2개의 공이 흰색인 사건을 D라 하면 구하는 확률은

$$P(D|C) = \frac{P(C \cap D)}{P(C)}$$이다.

100개의 공 중에서 2개의 공을 꺼내는 경우의 수는

$$_{100}C_2 = 4950$$

(i) 2개의 공에 적혀 있는 수의 합이 짝수인 경우

두 수의 합이 짝수가 되려면 두 수가 모두 홀수이거나 짝수이어야 하므로 그 경우의 수는

$$_{63}C_2 + {_{37}C_2} = 1953 + 666 = 2619$$

$$\therefore P(C) = \frac{2619}{4950}$$

(ii) 2개의 공에 적혀 있는 수의 합이 짝수이고 흰색인 경우

흰 공 중에서 홀수가 적혀 있는 2개의 공을 꺼내거나 짝수가 적혀 있는 2개의 공을 꺼내면 되므로 그 경우의 수는

$$_{42}C_2 + {_{18}C_2} = 861 + 153 = 1014$$

$$\therefore P(C \cap D) = \frac{1014}{4950}$$

(i), (ii)에서 구하는 확률은

$$P(D|C) = \frac{P(C \cap D)}{P(C)} = \frac{\frac{1014}{4950}}{\frac{2619}{4950}} = \frac{338}{873}$$

유형 06 확률의 곱셈정리

0284

답 ④

주영이가 흰 공을 꺼내는 사건을 A, 승원이가 검은 공을 꺼내는 사건을 B라 하면 구하는 확률은 $P(A \cap B) = P(A)P(B|A)$이다.

이때

$$P(A) = \frac{6}{11},\ P(B|A) = \frac{5}{10} = \frac{1}{2}$$

이므로 구하는 확률은

$$P(A \cap B) = P(A)P(B|A) = \frac{6}{11} \times \frac{1}{2} = \frac{3}{11}$$

0285

답 3

A가 당첨 제비를 뽑는 사건을 A, B가 당첨 제비를 뽑는 사건을 B라 하면

$$P(A \cap B) = \frac{1}{15}$$

이때

$$P(A) = \frac{n}{10}, \ P(B|A) = \frac{n-1}{9}$$

이므로

$$P(A \cap B) = P(A)P(B|A) = \frac{n}{10} \times \frac{n-1}{9} = \frac{n(n-1)}{90}$$

즉, $\dfrac{n(n-1)}{90} = \dfrac{1}{15}$ 이므로

$$n(n-1) = 6, \ n^2 - n - 6 = 0$$
$$(n+2)(n-3) = 0 \qquad \therefore n = 3 \ (\because n \text{은 자연수})$$

0286 답 ①

8번째에서 뽑는 것을 중단하려면 7번째까지는 당첨 제비를 3개 뽑고, 8번째에서 남은 당첨 제비 1개를 뽑아야 한다.

7번째까지 당첨 제비 3개를 뽑는 사건을 A, 8번째에서 당첨 제비를 뽑는 사건을 B라 하면 구하는 확률은
$P(A \cap B) = P(A)P(B|A)$이다.

이때

$$P(A) = \frac{{}_4\mathrm{C}_3 \times {}_{11}\mathrm{C}_4}{{}_{15}\mathrm{C}_7} = \frac{4 \times 330}{6435} = \frac{8}{39},$$

$$P(B|A) = \frac{1}{8}$$

이므로 구하는 확률은

$$P(A \cap B) = P(A)P(B|A) = \frac{8}{39} \times \frac{1}{8} = \frac{1}{39}$$

0287 답 ④

주머니 속에 처음에 들어 있던 빨간 공의 개수를 n이라 하면 파란 공의 개수는 $12-n$이다.

이때 $n < 12-n$이므로

$$2n < 12 \qquad \therefore n < 6$$

수아가 빨간 공을 꺼내는 사건을 A, 도윤이가 파란 공을 꺼내는 사건을 B라 하면

$$P(A \cap B) + P(A^c \cap B^c) = \frac{16}{33}$$

(i) 수아가 빨간 공을 꺼내고, 도윤이가 파란 공을 꺼내는 경우
  그 확률은

$$P(A \cap B) = P(A)P(B|A) = \frac{n}{12} \times \frac{12-n}{11} = \frac{n(12-n)}{132}$$

(ii) 수아가 파란 공을 꺼내고, 도윤이가 빨간 공을 꺼내는 경우
  그 확률은

$$P(A^c \cap B^c) = P(A^c)P(B^c|A^c) = \frac{12-n}{12} \times \frac{n}{11}$$
$$= \frac{n(12-n)}{132}$$

(i), (ii)에서 수아와 도윤이가 서로 다른 색의 공을 꺼낼 확률은

$$P(A \cap B) + P(A^c \cap B^c) = \frac{n(12-n)}{132} + \frac{n(12-n)}{132}$$
$$= \frac{n(12-n)}{66}$$

즉, $\dfrac{n(12-n)}{66} = \dfrac{16}{33}$ 이므로

$$n(12-n) = 32, \ n^2 - 12n + 32 = 0$$
$$(n-4)(n-8) = 0 \qquad \therefore n = 4 \ (\because n < 6)$$

따라서 처음에 주머니 속에 들어 있던 빨간 공의 개수는 4이다.

0288 답 ④

A가 흰 공을 꺼내는 사건을 A, B가 검은 공을 꺼내는 사건을 B라 하면 구하는 확률은 $P(B) = P(A \cap B) + P(A^c \cap B)$이다.

이때

$$P(A \cap B) = P(A)P(B|A) = \frac{4}{10} \times \frac{6}{9} = \frac{4}{15},$$

$$P(A^c \cap B) = P(A^c)P(B|A^c) = \frac{6}{10} \times \frac{5}{9} = \frac{1}{3}$$

이므로 구하는 확률은

$$P(B) = P(A \cap B) + P(A^c \cap B) = \frac{4}{15} + \frac{1}{3} = \frac{3}{5}$$

0289 답 $\frac{9}{16}$

임의로 선택한 한 명이 남학생인 사건을 A, 김밥을 주문한 학생인 사건을 B라 하면 구하는 확률은 $P(B) = P(A \cap B) + P(A^c \cap B)$이다.

이때

$$P(A \cap B) = P(A)P(B|A) = \frac{30}{80} \times \frac{50}{100} = \frac{3}{16},$$

$$P(A^c \cap B) = P(A^c)P(B|A^c) = \frac{50}{80} \times \frac{60}{100} = \frac{3}{8}$$

이므로 구하는 확률은

$$P(B) = P(A \cap B) + P(A^c \cap B) = \frac{3}{16} + \frac{3}{8} = \frac{9}{16}$$

0290 답 259

임의로 선택한 한 제품이 제품 A인 사건을 A, 불량품인 사건을 E라 하면 구하는 확률은 $P(E) = P(A \cap E) + P(A^c \cap E)$이다.

이때

$$P(A \cap E) = P(A)P(E|A) = \frac{70}{100} \times \frac{3}{100} = \frac{21}{1000},$$

$$P(A^c \cap E) = P(A^c)P(E|A^c) = \left(1 - \frac{70}{100}\right) \times \frac{5}{100}$$
$$= \frac{30}{100} \times \frac{5}{100} = \frac{3}{200}$$

이므로 구하는 확률은

$$P(E) = P(A \cap E) + P(A^c \cap E)$$
$$= \frac{21}{1000} + \frac{3}{200} = \frac{9}{250}$$

따라서 $p = 250, \ q = 9$이므로
$p + q = 250 + 9 = 259$

0291

서로 다른 두 개의 주사위를 동시에 던져서 서로 같은 눈의 수가 나오는 사건을 A, 주머니에서 동시에 꺼낸 3개의 바둑돌이 모두 같은 색인 사건을 B라 하면 구하는 확률은
$\mathrm{P}(B)=\mathrm{P}(A\cap B)+\mathrm{P}(A^C\cap B)$이다.

(i) 서로 같은 눈의 수가 나오는 경우

두 개의 주사위를 동시에 던질 때 나오는 모든 경우의 수는

$6\times6=36$

서로 같은 눈의 수가 나오는 경우는 6가지이므로 그 확률은

$\mathrm{P}(A)=\dfrac{6}{36}=\dfrac{1}{6}$

주머니 A에서 3개의 바둑돌을 꺼내는 경우의 수는

$_8C_3=56$

주머니 A에서 임의로 꺼낸 3개의 바둑돌이 모두 같은 색인 경우의 수는

$_3C_3+_5C_3=1+10=11$

$\therefore \mathrm{P}(B|A)=\dfrac{11}{56}$

$\therefore \mathrm{P}(A\cap B)=\mathrm{P}(A)\mathrm{P}(B|A)$

$=\dfrac{1}{6}\times\dfrac{11}{56}=\dfrac{11}{336}$

(ii) 서로 다른 눈의 수가 나오는 경우

두 개의 주사위를 동시에 던질 때, 서로 다른 눈의 수가 나오는 사건은 A^C이므로

$\mathrm{P}(A^C)=1-\mathrm{P}(A)=1-\dfrac{1}{6}=\dfrac{5}{6}$

주머니 B에서 3개의 바둑돌을 꺼내는 경우의 수는

$_{10}C_3=120$

주머니 B에서 임의로 꺼낸 3개의 바둑돌이 모두 같은 색인 경우의 수는

$_4C_3+_6C_3=4+20=24$

$\therefore \mathrm{P}(B|A^C)=\dfrac{24}{120}=\dfrac{1}{5}$

$\therefore \mathrm{P}(A^C\cap B)=\mathrm{P}(A^C)\mathrm{P}(B|A^C)$

$=\dfrac{5}{6}\times\dfrac{1}{5}=\dfrac{1}{6}$

(i), (ii)에서 구하는 확률은

$\mathrm{P}(B)=\mathrm{P}(A\cap B)+\mathrm{P}(A^C\cap B)$

$=\dfrac{11}{336}+\dfrac{1}{6}=\dfrac{67}{336}$

0292

답 5

상자 A에서 홀수가 적혀 있는 공을 꺼내는 사건을 A, 상자 B에서 임의로 2개의 공을 꺼낼 때 두 공에 적혀 있는 수의 합이 짝수인 사건을 B라 하면

$\mathrm{P}(B)=\mathrm{P}(A\cap B)+\mathrm{P}(A^C\cap B)=\dfrac{10}{21}$

처음에 상자 B에 들어 있던 짝수가 적혀 있는 공의 개수를 n이라 하면 홀수가 적혀 있는 공의 개수는 $8-n$이다.

(i) 상자 A에서 홀수가 적혀 있는 공을 꺼내는 경우

상자 B에는 홀수가 적혀 있는 공 $(9-n)$개, 짝수가 적혀 있는 공 n개가 들어 있게 된다.

이때 두 공에 적혀 있는 수의 합이 짝수가 되려면 홀수가 적혀 있는 공 2개를 꺼내거나 짝수가 적혀 있는 공 2개를 꺼내면 되므로

$\mathrm{P}(A\cap B)=\mathrm{P}(A)\mathrm{P}(B|A)=\dfrac{6}{14}\times\dfrac{_{9-n}C_2+_nC_2}{_9C_2}$

$=\dfrac{3}{7}\times\dfrac{\dfrac{(9-n)(8-n)}{2}+\dfrac{n(n-1)}{2}}{36}$

$=\dfrac{n^2-9n+36}{84}$

(ii) 상자 A에서 짝수가 적혀 있는 공을 꺼내는 경우

상자 B에는 홀수가 적혀 있는 공 $(8-n)$개, 짝수가 적혀 있는 공 $(n+1)$개가 들어 있게 된다.

이때 두 공에 적혀 있는 수의 합이 짝수가 되려면 홀수가 적혀 있는 공 2개를 꺼내거나 짝수가 적혀 있는 공 2개를 꺼내면 되므로

$\mathrm{P}(A^C\cap B)=\mathrm{P}(A^C)\mathrm{P}(B|A^C)$

$=\left(1-\dfrac{6}{14}\right)\times\dfrac{_{8-n}C_2+_{n+1}C_2}{_9C_2}$

$=\dfrac{4}{7}\times\dfrac{\dfrac{(8-n)(7-n)}{2}+\dfrac{n(n+1)}{2}}{36}$

$=\dfrac{n^2-7n+28}{63}$

(i), (ii)에서

$\mathrm{P}(B)=\mathrm{P}(A\cap B)+\mathrm{P}(A^C\cap B)$

$=\dfrac{n^2-9n+36}{84}+\dfrac{n^2-7n+28}{63}$

$=\dfrac{7n^2-55n+220}{252}$

즉, $\dfrac{7n^2-55n+220}{252}=\dfrac{10}{21}$이므로

$7n^2-55n+220=120$, $7n^2-55n+100=0$

$(7n-20)(n-5)=0$

$\therefore n=5$ ($\because$ n은 자연수)

따라서 처음에 상자 B에 들어 있던 짝수가 적혀 있는 공의 개수는 5이다.

유형 08 확률의 곱셈정리를 이용한 조건부확률

0293

답 ②

수민이가 당첨 제비를 뽑는 사건을 A, 주영이가 당첨 제비를 뽑는 사건을 B라 하면 구하는 확률은 $\mathrm{P}(A|B)=\dfrac{\mathrm{P}(A\cap B)}{\mathrm{P}(B)}$이다.

수민이가 당첨 제비를 뽑고 주영이도 당첨 제비를 뽑을 확률은

$\mathrm{P}(A\cap B)=\mathrm{P}(A)\mathrm{P}(B|A)=\dfrac{3}{12}\times\dfrac{2}{11}=\dfrac{1}{22}$

수민이는 당첨 제비를 뽑지 않고 주영이는 당첨 제비를 뽑을 확률은

$\mathrm{P}(A^C\cap B)=\mathrm{P}(A^C)\mathrm{P}(B|A^C)=\dfrac{9}{12}\times\dfrac{3}{11}=\dfrac{9}{44}$

따라서 주영이가 당첨 제비를 뽑을 확률은

$P(B)=P(A\cap B)+P(A^c\cap B)=\dfrac{1}{22}+\dfrac{9}{44}=\dfrac{1}{4}$

이므로 구하는 확률은

$$P(A\,|\,B)=\dfrac{P(A\cap B)}{P(B)}=\dfrac{\dfrac{1}{22}}{\dfrac{1}{4}}=\dfrac{2}{11}$$

0294

답 ③

주머니 A에서 꺼내는 사건을 A, 검은 바둑돌을 꺼내는 사건을 B라 하면 구하는 확률은 $P(A^c\,|\,B)=\dfrac{P(A^c\cap B)}{P(B)}$이다.

주머니 A에서 검은 바둑돌을 꺼낼 확률은

$P(A\cap B)=P(A)P(B\,|\,A)=\dfrac{1}{2}\times\dfrac{10}{25}=\dfrac{1}{5}$

주머니 B에서 검은 바둑돌을 꺼낼 확률은

$P(A^c\cap B)=P(A^c)P(B\,|\,A^c)=\dfrac{1}{2}\times\dfrac{13}{25}=\dfrac{13}{50}$

따라서 검은 바둑돌을 꺼낼 확률은

$P(B)=P(A\cap B)+P(A^c\cap B)=\dfrac{1}{5}+\dfrac{13}{50}=\dfrac{23}{50}$

이므로 구하는 확률은

$$P(A^c\,|\,B)=\dfrac{P(A^c\cap B)}{P(B)}=\dfrac{\dfrac{13}{50}}{\dfrac{23}{50}}=\dfrac{13}{23}$$

0295

답 13

지원서를 낸 사람 중 임의로 선택한 한 명이 여성인 사건을 A, 1차 서류 심사에 합격한 사람인 사건을 B라 하면 구하는 확률은

$P(A\,|\,B)=\dfrac{P(A\cap B)}{P(B)}$이다.

지원서를 접수한 남성과 여성의 비율이 $5:3$이므로

$P(A)=\dfrac{3}{5+3}=\dfrac{3}{8}$

$\therefore P(A^c)=1-P(A)=1-\dfrac{3}{8}=\dfrac{5}{8}$

1차 서류 심사에 합격한 여성 지원자를 선택할 확률은

$P(A\cap B)=P(A)P(B\,|\,A)=\dfrac{3}{8}\times\dfrac{50}{100}=\dfrac{3}{16}$

1차 서류 심사에 합격한 남성 지원자를 선택할 확률은

$P(A^c\cap B)=P(A^c)P(B\,|\,A^c)=\dfrac{5}{8}\times\dfrac{70}{100}=\dfrac{7}{16}$

따라서 1차 서류 심사에 합격한 사람을 선택할 확률은

$P(B)=P(A\cap B)+P(A^c\cap B)=\dfrac{3}{16}+\dfrac{7}{16}=\dfrac{5}{8}$

이므로 구하는 확률은

$$P(A\,|\,B)=\dfrac{P(A\cap B)}{P(B)}=\dfrac{\dfrac{3}{16}}{\dfrac{5}{8}}=\dfrac{3}{10}$$

즉, $p=10$, $q=3$이므로

$p+q=10+3=13$

0296

답 ②

임의로 선택한 한 제품이 제품 A인 사건을 A, 제품 B인 사건을 B, 제품 C인 사건을 C, 불량품인 사건을 E라 하면 구하는 확률은

$P(A\,|\,E)=\dfrac{P(A\cap E)}{P(E)}$이다.

이때

$P(A\cap E)=P(A)P(E\,|\,A)=\dfrac{40}{100}\times\dfrac{5}{100}=\dfrac{1}{50}$,

$P(B\cap E)=P(B)P(E\,|\,B)=\dfrac{40}{100}\times\dfrac{3}{100}=\dfrac{3}{250}$,

$P(C\cap E)=P(C)P(E\,|\,C)=\dfrac{20}{100}\times\dfrac{4}{100}=\dfrac{1}{125}$

이므로

$P(E)=P(A\cap E)+P(B\cap E)+P(C\cap E)$

$\quad=\dfrac{1}{50}+\dfrac{3}{250}+\dfrac{1}{125}=\dfrac{1}{25}$

따라서 구하는 확률은

$$P(A\,|\,E)=\dfrac{P(A\cap E)}{P(E)}=\dfrac{\dfrac{1}{50}}{\dfrac{1}{25}}=\dfrac{1}{2}$$

0297

답 ⑤

한 개의 주사위를 던져서 6의 약수의 눈이 나오는 사건을 A, 동전의 앞면이 1개 나오는 사건을 B라 하면 구하는 확률은

$P(A\,|\,B)=\dfrac{P(A\cap B)}{P(B)}$이다.

동전의 앞면을 H, 뒷면을 T로 놓고 가인이가 동전을 던져서 앞면이 1개 나오는 경우를 구하면 다음과 같다.

(i) 세현이가 한 개의 주사위를 던져 6의 약수의 눈이 나온 경우

6의 약수는 1, 2, 3, 6의 4개이므로

$P(A)=\dfrac{4}{6}=\dfrac{2}{3}$

가인이가 2개의 동전을 던지므로 모든 경우의 수는

$2\times2=4$

앞면이 1개 나오는 경우는 (H, T), (T, H)의 2가지이므로

$P(B\,|\,A)=\dfrac{2}{4}=\dfrac{1}{2}$

$\therefore P(A\cap B)=P(A)P(B\,|\,A)=\dfrac{2}{3}\times\dfrac{1}{2}=\dfrac{1}{3}$

(ii) 세현이가 한 개의 주사위를 던져 6의 약수가 아닌 눈이 나온 경우

A^c은 6의 약수가 아닌 눈이 나오는 사건이므로

$P(A^c)=1-P(A)=1-\dfrac{2}{3}=\dfrac{1}{3}$

가인이가 3개의 동전을 던지므로 모든 경우의 수는

$2\times2\times2=8$

앞면이 1개 나오는 경우는 (H, T, T), (T, H, T), (T, T, H)의 3가지이므로

$P(B\,|\,A^c)=\dfrac{3}{8}$

$\therefore P(A^c\cap B)=P(A^c)P(B\,|\,A^c)=\dfrac{1}{3}\times\dfrac{3}{8}=\dfrac{1}{8}$

(i), (ii)에서

$P(B)=P(A\cap B)+P(A^c\cap B)=\dfrac{1}{3}+\dfrac{1}{8}=\dfrac{11}{24}$

따라서 구하는 확률은

$$P(A|B)=\frac{P(A\cap B)}{P(B)}=\frac{\dfrac{1}{3}}{\dfrac{11}{24}}=\frac{8}{11}$$

유형 09 사건의 독립과 종속의 판정

0298

답 ④

$A=\{4,\ 8,\ 12,\ 16,\ 20\}$이므로

$$P(A)=\frac{5}{20}=\frac{1}{4}$$

ㄱ. $B=\{1,\ 2,\ 4,\ 5,\ 10,\ 20\}$이므로

$$P(B)=\frac{6}{20}=\frac{3}{10}$$

이때 $A\cap B=\{4,\ 20\}$이므로

$$P(A\cap B)=\frac{2}{20}=\frac{1}{10}$$

즉, $P(A\cap B)\neq P(A)P(B)$이므로 두 사건 A, B는 서로 종속이다.

ㄴ. $C=\{5,\ 10,\ 15,\ 20\}$이므로

$$P(C)=\frac{4}{20}=\frac{1}{5}$$

이때 $A\cap C=\{20\}$이므로

$$P(A\cap C)=\frac{1}{20}$$

즉, $P(A\cap C)=P(A)P(C)$이므로 두 사건 A, C는 서로 독립이다.

ㄷ. $D=\{2,\ 3,\ 5,\ 7,\ 11,\ 13,\ 17,\ 19\}$이므로

$$P(D)=\frac{8}{20}=\frac{2}{5}$$

이때 $A\cap D=\varnothing$이므로

$$P(A\cap D)=0$$

즉, $P(A\cap D)\neq P(A)P(D)$이므로 두 사건 A, D는 서로 종속이다.

ㄹ. $E=\{1,\ 2,\ 3,\ 4,\ 6,\ 9,\ 12,\ 18\}$이므로

$$P(E)=\frac{8}{20}=\frac{2}{5}$$

이때 $A\cap E=\{4,\ 12\}$이므로

$$P(A\cap E)=\frac{2}{20}=\frac{1}{10}$$

즉, $P(A\cap E)=P(A)P(E)$이므로 두 사건 A, E는 서로 독립이다.

따라서 사건 A와 서로 독립인 것은 ㄴ, ㄹ이다.

0299

답 서로 종속이다.

$P(A^{c})=\dfrac{2}{7}$, $P(B^{c})=\dfrac{1}{3}$이므로

$$P(A)=1-P(A^{c})=1-\frac{2}{7}=\frac{5}{7}$$

$$P(B)=1-P(B^{c})=1-\frac{1}{3}=\frac{2}{3}$$

확률의 덧셈정리에 의하여

$$P(A\cup B)=P(A)+P(B)-P(A\cap B)$$

이므로

$$\begin{aligned}P(A\cap B)&=P(A)+P(B)-P(A\cup B)\\&=\frac{5}{7}+\frac{2}{3}-\frac{6}{7}\\&=\frac{11}{21}\end{aligned}$$

따라서 $P(A\cap B)\neq P(A)P(B)$이므로 두 사건 A, B는 서로 종속이다.

다른 풀이

확률이 0이 아닌 두 사건 A, B가 서로 독립이면 두 사건 A^{c}, B^{c}도 서로 독립이다. 따라서 그 대우인 두 사건 A^{c}, B^{c}이 서로 종속이면 두 사건 A, B도 서로 종속임을 이용할 수도 있다.

$A^{c}\cap B^{c}=(A\cup B)^{c}$이고, $P(A\cup B)=\dfrac{6}{7}$이므로

$$\begin{aligned}P(A^{c}\cap B^{c})&=1-P(A\cup B)\\&=1-\frac{6}{7}\\&=\frac{1}{7}\end{aligned}$$

즉, $P(A^{c}\cap B^{c})\neq P(A^{c})P(B^{c})$이므로 두 사건 A^{c}, B^{c}은 서로 종속이다.

따라서 두 사건 A, B도 서로 종속이다.

◁)) Bible Says 드모르간의 법칙

전체집합 U의 두 부분집합 A, B에 대하여
$$(A\cup B)^{c}=A^{c}\cap B^{c},\ (A\cap B)^{c}=A^{c}\cup B^{c}$$

0300

답 ③

(단위: 명)

구분	소설	에세이	합계
남성	8	2	10
여성	12	3	15
합계	20	5	25

① $P(A)=\dfrac{10}{25}=\dfrac{2}{5}$ (참)

② $P(A|B)=\dfrac{P(A\cap B)}{P(B)}=\dfrac{\dfrac{8}{25}}{\dfrac{20}{25}}=\dfrac{2}{5}$ (참)

③ $P(B|A^{c})=\dfrac{P(A^{c}\cap B)}{P(A^{c})}=\dfrac{\dfrac{12}{25}}{\dfrac{15}{25}}=\dfrac{4}{5}$ (거짓)

④ $P(A)=\dfrac{2}{5}$, $P(B)=\dfrac{20}{25}=\dfrac{4}{5}$, $P(A\cap B)=\dfrac{8}{25}$이므로

$$P(A\cap B)=P(A)P(B)$$

즉, 두 사건 A, B는 서로 독립이다. (참)

⑤ $P(A)=\dfrac{2}{5}$, $P(B^{c})=\dfrac{5}{25}=\dfrac{1}{5}$, $P(A\cap B^{c})=\dfrac{2}{25}$이므로

$$P(A\cap B^{c})=P(A)P(B^{c})$$

즉, 두 사건 A, B^{c}은 서로 독립이다. (참)

따라서 옳지 않은 것은 ③이다.

0301
답 ③

두 사건 A, B가 서로 독립이므로

$P(A \cap B) = \boxed{P(A)P(B)}$

이때 $A^c \cap B^c = (\boxed{A \cup B})^c$이므로

$\begin{aligned} P(A^c \cap B^c) &= P((A \cup B)^c) \\ &= 1 - P(A \cup B) \\ &= 1 - \{P(\boxed{A}) + P(B) - P(A \cap B)\} \\ &= 1 - P(A) - P(B) + P(A)P(B) \\ &= \{1 - P(A)\}\{1 - P(B)\} \\ &= P(A^c)P(B^c) \end{aligned}$

따라서 두 사건 A^c, B^c은 서로 독립이다.

$\therefore$ ㈎ $P(A)P(B)$ ㈏ $A \cup B$ ㈐ A

0302
답 ⑤

ㄱ. 두 사건 A, B가 서로 독립이므로 사건 B가 일어나고 일어나지 않는 것이 사건 A가 일어날 확률에 영향을 주지 않는다.

$\therefore P(A|B) = P(A|B^c) = P(A)$ (참)

ㄴ. 두 사건 A, B가 서로 독립이므로 두 사건 A, B^c도 서로 독립이다.

즉, 사건 A가 일어나는 것이 사건 B^c이 일어날 확률에 영향을 주지 않으므로

$P(B^c|A) = P(B^c) = 1 - P(B)$ (참)

ㄷ. 두 사건 A, B가 서로 독립이므로

$P(A \cap B) = P(A)P(B)$

확률의 덧셈정리에 의하여

$P(A \cup B) = P(A) + P(B) - P(A \cap B)$

이므로

$1 = P(A) + P(B) - P(A)P(B)$

$P(A)P(B) - P(A) - P(B) + 1 = 0$

$\{P(A) - 1\}\{P(B) - 1\} = 0$

$\therefore P(A) = 1$ 또는 $P(B) = 1$ (참)

따라서 옳은 것은 ㄱ, ㄴ, ㄷ이다.

0303
답 ⑤

① $0 < P(A) < 1$, $0 < P(B) < 1$이고 두 사건 A, B가 서로 독립이므로

$P(A \cap B) = P(A)P(B) > 0$

즉, $P(A \cap B) \neq 0$이므로 두 사건 A, B는 서로 배반사건이 아니다. (거짓)

② 두 사건 A, B가 서로 독립이면 두 사건 A^c, B도 서로 독립이다. (거짓)

③ 두 사건 A, B가 서로 독립이므로

$P(A|B) = P(A)$, $P(A^c|B) = P(A^c)$

[반례] $P(A) = \dfrac{1}{3}$이면

$P(A^c) = 1 - P(A) = 1 - \dfrac{1}{3} = \dfrac{2}{3}$

$\therefore P(A|B) \neq P(A^c|B)$ (거짓)

④ 오른쪽 그림에서

$B = (A \cap B) \cup (A^c \cap B)$

이고 두 사건 $A \cap B$와 $A^c \cap B$는 서로 배반사건이므로

$P(B) = P(A \cap B) + P(A^c \cap B)$

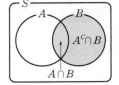

이때 두 사건 A, B가 서로 독립이므로 두 사건 A^c, B도 서로 독립이다. 즉,

$P(A \cap B) = P(A)P(B)$,

$P(A^c \cap B) = P(A^c)P(B)$

이므로

$P(B) = P(A)P(B) + P(A^c)P(B)$ (거짓)

⑤ 두 사건 A, B가 서로 독립이면 두 사건 A, B^c도 서로 독립이다.

$\therefore P(A \cap B^c) = P(A)P(B^c)$

확률의 덧셈정리에 의하여

$\begin{aligned} P(A \cup B^c) &= P(A) + P(B^c) - P(A \cap B^c) \\ &= P(A) + P(B^c) - P(A)P(B^c) \\ &= P(A) + \{1 - P(A)\}P(B^c) \\ &= P(A) + P(A^c)P(B^c) \end{aligned}$ (참)

따라서 항상 옳은 것은 ⑤이다.

0304
답 ③

두 사건 A, B가 서로 독립이면 두 사건 A^c, B^c도 서로 독립이다.

따라서 사건 B^c이 일어나는 것이 사건 A^c이 일어날 확률에 영향을 주지 않으므로

$\begin{aligned} P(A^c|B^c) &= P(A^c) = 1 - P(A) \\ &= 1 - \dfrac{3}{10} = \dfrac{7}{10} \end{aligned}$

다른 풀이

두 사건 A, B가 서로 독립이면 두 사건 A^c, B^c도 서로 독립이다.

이때

$P(A^c) = 1 - P(A) = 1 - \dfrac{3}{10} = \dfrac{7}{10}$,

$P(B^c) = 1 - P(B) = 1 - \dfrac{2}{21} = \dfrac{19}{21}$

이므로

$P(A^c \cap B^c) = P(A^c)P(B^c) = \dfrac{7}{10} \times \dfrac{19}{21} = \dfrac{19}{30}$

$\therefore P(A^c|B^c) = \dfrac{P(A^c \cap B^c)}{P(B^c)} = \dfrac{\frac{19}{30}}{\frac{19}{21}} = \dfrac{7}{10}$

0305

답 ②

두 사건 A, B가 서로 독립이므로
$$P(A \cap B) = P(A)P(B) = 2\{P(B)\}^2$$
확률의 덧셈정리에 의하여
$$P(A \cup B) = P(A) + P(B) - P(A \cap B)$$
이므로
$$\frac{5}{8} = 2P(B) + P(B) - 2\{P(B)\}^2$$
$$16\{P(B)\}^2 - 24P(B) + 5 = 0$$
$$\{4P(B) - 1\}\{4P(B) - 5\} = 0$$
$$\therefore P(B) = \frac{1}{4} \ (\because 0 < P(B) < 1)$$

> **참고**
>
> 확률의 기본 성질에 의하여 $0 \le P(B) \le 1$
> 이때 $P(B) = 0$이면 주어진 조건에 의하여 $P(A) = 0$
> 즉, $A = B = \varnothing$이 되므로 $P(A \cup B) = \frac{5}{8}$에 모순이다.
> 또한 $P(B) = 1$이면 $P(A \cup B) = 1$이 되므로 $P(A \cup B) = \frac{5}{8}$에 모순이다.
> $\therefore 0 < P(B) < 1$

0306

답 ④

두 사건 A, B가 서로 독립이므로 두 사건 A^c, B도 서로 독립이고,
두 사건 A, B^c도 서로 독립이다.
이때 $P(A^c \mid B) = P(B)$이므로
$$P(A^c) = P(B)$$
$$1 - P(A) = P(B)$$
$$\therefore P(A) = 1 - P(B) \quad \cdots\cdots \ \bigcirc$$
또한 $P(A \cap B^c) = \frac{4}{25}$이므로
$$P(A)P(B^c) = \frac{4}{25}$$
$$P(A)\{1 - P(B)\} = \frac{4}{25}$$
$$\{P(A)\}^2 = \frac{4}{25} \ (\because \bigcirc)$$
$$\therefore P(A) = \frac{2}{5} \ (\because 0 < P(A) < 1)$$

0307

답 ④

두 사건 A, B가 서로 독립이면 두 사건 A, B^c도 서로 독립이다.
$P(B^c) = \frac{3}{7}$이므로
$$P(B) = 1 - P(B^c) = 1 - \frac{3}{7} = \frac{4}{7}$$
$P(B) = 14P(A \cap B^c)$에서
$$\frac{4}{7} = 14P(A)P(B^c), \ \frac{4}{7} = 14P(A) \times \frac{3}{7}$$
$$\therefore P(A) = \frac{2}{21}$$
$$\therefore P(A^c) = 1 - P(A) = 1 - \frac{2}{21} = \frac{19}{21}$$

유형 12 독립인 사건의 확률 - 미지수 구하기

0308

답 6

주어진 조건을 벤다이어그램으로 나타내면 오른쪽 그림과 같다. 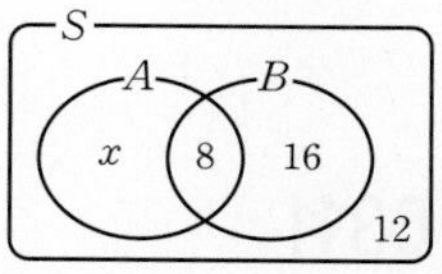
이때
$$n(S) = x + 8 + 16 + 12 = x + 36$$
이므로
$$P(A) = \frac{x + 8}{x + 36}, \ P(B) = \frac{8 + 16}{x + 36} = \frac{24}{x + 36},$$
$$P(A \cap B) = \frac{8}{x + 36}$$
두 사건 A, B가 서로 독립이므로
$$P(A \cap B) = P(A)P(B)$$
즉, $\dfrac{8}{x + 36} = \dfrac{x + 8}{x + 36} \times \dfrac{24}{x + 36}$이므로
$$x + 36 = 3x + 24, \ 2x = 12$$
$$\therefore x = 6$$

0309

답 2

두 사건 A^c, B^c이 서로 독립이므로 두 사건 A, B도 서로 독립이다.
$$\therefore P(A \cap B) = P(A)P(B) \quad \cdots\cdots \ \bigcirc$$
$4P(A) = 7P(B) = k$에서
$$P(A) = \frac{k}{4}, \ P(B) = \frac{k}{7} \quad \cdots\cdots \ \bigcirc$$
$0 < \dfrac{k}{4} < 1$, $0 < \dfrac{k}{7} < 1$이므로 $0 < k < 4$
확률의 덧셈정리에 의하여
$$P(A \cup B) = P(A) + P(B) - P(A \cap B)$$
이므로 $\bigcirc$, $\bigcirc$에 의하여
$$\frac{9}{14} = \frac{k}{4} + \frac{k}{7} - \frac{k}{4} \times \frac{k}{7}$$
$$k^2 - 11k + 18 = 0$$
$$(k - 2)(k - 9) = 0$$
$$\therefore k = 2 \ (\because 0 < k < 4)$$

0310

답 ①

조사 대상 중 임의로 선택한 한 명이 남학생인 사건을 A, B 프로그램을 선호하는 학생인 사건을 B라 하면
$$P(A) = \frac{110}{200} = \frac{11}{20}, \ P(B) = \frac{120}{200} = \frac{3}{5}, \ P(A \cap B) = \frac{b}{200}$$
두 사건 A, B가 서로 독립이므로
$$P(A \cap B) = P(A)P(B)$$
즉, $\dfrac{b}{200} = \dfrac{11}{20} \times \dfrac{3}{5}$이므로 $b = 66$
$a + b = 110$에서
$$a = 110 - b = 110 - 66 = 44$$
$a + c = 80$에서
$$c = 80 - a = 80 - 44 = 36$$

$b+d=120$에서

$d=120-b=120-66=54$

$\therefore (a+d)-(b+c)=(44+54)-(66+36)$
$=98-102=-4$

0311

답 ④

B 디자인을 선택한 여학생의 수를 n으로 놓고 주어진 상황을 정리하면 다음 표와 같다. (단, n은 1 이상의 자연수이다.)

(단위: 명)

구분	A 디자인	B 디자인	합계
여학생	20	n	$n+20$
남학생	28	21	49
합계	48	$n+21$	$n+69$

여학생을 뽑는 사건을 A, A 디자인을 선택한 학생을 뽑는 사건을 B라 하면

$P(A)=\dfrac{n+20}{n+69}$, $P(B)=\dfrac{48}{n+69}$, $P(A\cap B)=\dfrac{20}{n+69}$

두 사건 A, B가 서로 독립이므로

$P(A\cap B)=P(A)P(B)$

즉, $\dfrac{20}{n+69}=\dfrac{n+20}{n+69}\times\dfrac{48}{n+69}$이므로

$5n+345=12n+240$, $7n=105$

$\therefore n=15$

따라서 B 디자인을 선택한 여학생의 수는 15이다.

0312

답 23

$A=\{2, 3, 5, 7\}$이므로

$P(A)=\dfrac{4}{8}=\dfrac{1}{2}$

n의 값에 따른 $P(B)$, $P(A\cap B)$의 값을 구하여 두 사건 A, B가 서로 독립인지 종속인지 확인하면 다음과 같다.

(i) $n=1$일 때

$B=\{1\}$, $A\cap B=\varnothing$이므로

$P(B)=\dfrac{1}{8}$, $P(A\cap B)=0$

즉, $P(A\cap B)\neq P(A)P(B)$이므로 두 사건 A, B는 서로 종속이다.

(ii) $n=2$일 때

$B=\{1, 2\}$, $A\cap B=\{2\}$이므로

$P(B)=\dfrac{2}{8}=\dfrac{1}{4}$, $P(A\cap B)=\dfrac{1}{8}$

즉, $P(A\cap B)=P(A)P(B)$이므로 두 사건 A, B는 서로 독립이다.

(iii) $n=3$일 때

$B=\{1, 3\}$, $A\cap B=\{3\}$이므로

$P(B)=\dfrac{2}{8}=\dfrac{1}{4}$, $P(A\cap B)=\dfrac{1}{8}$

즉, $P(A\cap B)=P(A)P(B)$이므로 두 사건 A, B는 서로 독립이다.

(iv) $n=4$일 때

$B=\{1, 2, 4\}$, $A\cap B=\{2\}$이므로

$P(B)=\dfrac{3}{8}$, $P(A\cap B)=\dfrac{1}{8}$

즉, $P(A\cap B)\neq P(A)P(B)$이므로 두 사건 A, B는 서로 종속이다.

(v) $n=5$일 때

$B=\{1, 5\}$, $A\cap B=\{5\}$이므로

$P(B)=\dfrac{2}{8}=\dfrac{1}{4}$, $P(A\cap B)=\dfrac{1}{8}$

즉, $P(A\cap B)=P(A)P(B)$이므로 두 사건 A, B는 서로 독립이다.

(vi) $n=6$일 때

$B=\{1, 2, 3, 6\}$, $A\cap B=\{2, 3\}$이므로

$P(B)=\dfrac{4}{8}=\dfrac{1}{2}$, $P(A\cap B)=\dfrac{2}{8}=\dfrac{1}{4}$

즉, $P(A\cap B)=P(A)P(B)$이므로 두 사건 A, B는 서로 독립이다.

(vii) $n=7$일 때

$B=\{1, 7\}$, $A\cap B=\{7\}$이므로

$P(B)=\dfrac{2}{8}=\dfrac{1}{4}$, $P(A\cap B)=\dfrac{1}{8}$

즉, $P(A\cap B)=P(A)P(B)$이므로 두 사건 A, B는 서로 독립이다.

(viii) $n=8$일 때

$B=\{1, 2, 4, 8\}$, $A\cap B=\{2\}$이므로

$P(B)=\dfrac{4}{8}=\dfrac{1}{2}$, $P(A\cap B)=\dfrac{1}{8}$

즉, $P(A\cap B)\neq P(A)P(B)$이므로 두 사건 A, B는 서로 종속이다.

(i)~(viii)에서 두 사건 A, B가 서로 독립이 되도록 하는 n의 값은 $n=2, 3, 5, 6, 7$

따라서 모든 n의 값의 합은

$2+3+5+6+7=23$

유형 **13** 독립인 사건의 확률 – 확률 구하기

0313

답 ④

한 개의 주사위를 던질 때 6의 약수의 눈이 나오는 사건을 A, 한 개의 동전을 던질 때 앞면이 나오는 사건을 B라 하면 두 사건 A, B는 서로 독립이다.

6의 약수는 1, 2, 3, 6의 4개이므로

$P(A)=\dfrac{4}{6}=\dfrac{2}{3}$

또한 $P(B)=\dfrac{1}{2}$이므로 구하는 확률은

$P(A\cap B)=P(A)P(B)=\dfrac{2}{3}\times\dfrac{1}{2}=\dfrac{1}{3}$

0314

홀수는 1, 3, 5의 3개이므로 한 개의 주사위를 한 번 던질 때, 홀수의 눈이 나올 확률은

$$\frac{3}{6}=\frac{1}{2}$$

따라서 2개의 주사위를 동시에 던질 때, 2개의 주사위 모두 홀수의 눈이 나올 확률은

$$\frac{1}{2}\times\frac{1}{2}=\frac{1}{4}$$

6회 이내에 진유가 이기는 경우는 다음과 같다.

(i) 진유가 2회에 이기는 경우

1회에는 적어도 한 개의 주사위는 짝수의 눈이 나오고, 2회에는 2개의 주사위 모두 홀수의 눈이 나오면 되므로 그 확률은

$$\left(1-\frac{1}{4}\right)\times\frac{1}{4}=\frac{3}{4}\times\frac{1}{4}=\frac{3}{16}$$

(ii) 진유가 5회에 이기는 경우

1회, 2회, 3회, 4회에는 적어도 한 개의 주사위는 짝수의 눈이 나오고, 5회에는 2개의 주사위 모두 홀수의 눈이 나오면 되므로 그 확률은

$$\left(1-\frac{1}{4}\right)\times\left(1-\frac{1}{4}\right)\times\left(1-\frac{1}{4}\right)\times\left(1-\frac{1}{4}\right)\times\frac{1}{4}$$

$$=\frac{3}{4}\times\frac{3}{4}\times\frac{3}{4}\times\frac{3}{4}\times\frac{1}{4}=\frac{81}{1024}$$

(i), (ii)에서 구하는 확률은

$$\frac{3}{16}+\frac{81}{1024}=\frac{273}{1024}$$

따라서 $p=1024$, $q=273$이므로

$$p-q=1024-273=751$$

0315

두 사람이 각각 같은 색의 공을 꺼내는 경우는 다음과 같다.

(i) 영준이와 규현이가 모두 흰 공 2개를 꺼내는 경우

그 확률은

$$\frac{_4C_2}{_9C_2}\times\frac{_3C_2}{_9C_2}=\frac{6}{36}\times\frac{3}{36}=\frac{1}{72}$$

(ii) 영준이는 흰 공 2개, 규현이는 검은 공 2개를 꺼내는 경우

그 확률은

$$\frac{_4C_2}{_9C_2}\times\frac{_6C_2}{_9C_2}=\frac{6}{36}\times\frac{15}{36}=\frac{5}{72}$$

(iii) 영준이는 검은 공 2개, 규현이는 흰 공 2개를 꺼내는 경우

그 확률은

$$\frac{_5C_2}{_9C_2}\times\frac{_3C_2}{_9C_2}=\frac{10}{36}\times\frac{3}{36}=\frac{5}{216}$$

(iv) 영준이와 규현이가 모두 검은 공 2개를 꺼내는 경우

그 확률은

$$\frac{_5C_2}{_9C_2}\times\frac{_6C_2}{_9C_2}=\frac{10}{36}\times\frac{15}{36}=\frac{25}{216}$$

(i)~(iv)에서 구하는 확률은

$$\frac{1}{72}+\frac{5}{72}+\frac{5}{216}+\frac{25}{216}=\frac{2}{9}$$

0316

5개의 스위치 A, B, C, D, E가 닫히는 사건을 각각 A, B, C, D, E라 하면

$$P(A)=\frac{1}{2},\ P(B)=\frac{2}{3},\ P(C)=\frac{1}{2},\ P(D)=\frac{3}{4},\ P(E)=\frac{1}{3}$$

주어진 회로에 전류가 흐르는 사건은 $A\cap(B\cup C)\cap(D\cup E)$이고 5개의 스위치 A, B, C, D, E가 독립적으로 작동하므로 5개의 사건 A, B, C, D, E는 각각 서로 독립이다.

따라서 세 사건 A, $B\cup C$, $D\cup E$도 각각 서로 독립이므로 구하는 확률은 $P(A\cap(B\cup C)\cap(D\cup E))=P(A)P(B\cup C)P(D\cup E)$이다.

확률의 덧셈정리에 의하여

$$\begin{aligned}P(B\cup C)&=P(B)+P(C)-P(B\cap C)\\&=P(B)+P(C)-P(B)P(C)\\&=\frac{2}{3}+\frac{1}{2}-\frac{2}{3}\times\frac{1}{2}\\&=\frac{5}{6}\end{aligned}$$

$$\begin{aligned}P(D\cup E)&=P(D)+P(E)-P(D\cap E)\\&=P(D)+P(E)-P(D)P(E)\\&=\frac{3}{4}+\frac{1}{3}-\frac{3}{4}\times\frac{1}{3}\\&=\frac{5}{6}\end{aligned}$$

따라서 구하는 확률은

$$\begin{aligned}P(A\cap(B\cup C)\cap(D\cup E))&=P(A)P(B\cup C)P(D\cup E)\\&=\frac{1}{2}\times\frac{5}{6}\times\frac{5}{6}\\&=\frac{25}{72}\end{aligned}$$

0317

$f(a)=0$이 되는 사건을 A라 하고, $f(b)=0$이 되는 사건을 B라 하자.

이차방정식 $f(x)=0$에서

$$x^2-15x+56=0,\ (x-7)(x-8)=0$$

$$\therefore x=7\ 또는\ x=8$$

$$\therefore P(A)=P(B)=\frac{2}{10}=\frac{1}{5}$$

$f(a)f(b)=0$이면 $f(a)=0$ 또는 $f(b)=0$이므로 구하는 확률은 $P(A\cup B)$이다.

확률의 덧셈정리에 의하여

$$P(A\cup B)=P(A)+P(B)-P(A\cap B)$$

이때 두 사건 A와 B는 서로 독립이므로

$$\begin{aligned}P(A\cap B)&=P(A)P(B)\\&=\frac{1}{5}\times\frac{1}{5}=\frac{1}{25}\end{aligned}$$

따라서 구하는 확률은

$$\begin{aligned}P(A\cup B)&=P(A)+P(B)-P(A\cap B)\\&=\frac{1}{5}+\frac{1}{5}-\frac{1}{25}\\&=\frac{9}{25}\end{aligned}$$

0318
답 ③

서로 다른 2개의 주사위를 동시에 던질 때 나오는 모든 경우의 수
는

$6 \times 6 = 36$

두 눈의 수의 합이 12의 약수가 되는 경우는 합이 2, 3, 4, 6, 12가
되는 경우이므로 순서쌍으로 나타내면

$(1, 1), (1, 2), (2, 1), (1, 3), (2, 2), (3, 1), (1, 5), (2, 4),$
$(3, 3), (4, 2), (5, 1), (6, 6)$

의 12가지이다.

즉, 2개의 주사위를 동시에 던질 때 두 눈의 수의 합이 12의 약수가
될 확률은

$\dfrac{12}{36} = \dfrac{1}{3}$

따라서 주어진 시행을 4번 반복할 때, 두 눈의 수의 합이 12의 약수
가 되는 경우가 2번 나올 확률은

$_4C_2 \left(\dfrac{1}{3}\right)^2 \left(\dfrac{2}{3}\right)^2 = 6 \times \dfrac{1}{9} \times \dfrac{4}{9} = \dfrac{8}{27}$

0319
답 ①

한 개의 주사위를 3번 던질 때 나오는 모든 눈의 수의 곱이 5의 배
수인 사건을 A라 하면 A^C은 모든 눈의 수의 곱이 5의 배수가 아닌
사건, 즉 5의 배수의 눈이 한 번도 나오지 않는 사건이다.

이때 5의 배수는 5의 1개이므로 한 개의 주사위를 던질 때 5의 배
수의 눈이 나올 확률은 $\dfrac{1}{6}$이다.

따라서

$P(A^C) = _3C_0 \left(\dfrac{1}{6}\right)^0 \left(\dfrac{5}{6}\right)^3 = \dfrac{125}{216}$

이므로 구하는 확률은

$P(A) = 1 - P(A^C)$

$\qquad = 1 - \dfrac{125}{216} = \dfrac{91}{216}$

0320
답 ⑤

한 개의 동전을 한 번 던질 때, 앞면이 나올 확률은 $\dfrac{1}{2}$이다.

한 개의 동전을 7번 던질 때, 뒷면이 나오는 횟수를 x라 하면 앞면은
뒷면보다 3번 더 많이 나오므로 앞면이 나오는 횟수는 $x+3$이다.

이때 $(x+3) + x = 7$이므로

$2x = 4$

$\therefore x = 2$

즉, 한 개의 동전을 7번 던질 때, 앞면이 뒷면보다 3번 더 많이 나
오는 경우는 앞면 5번, 뒷면 2번 나오는 경우이다.

따라서 구하는 확률은

$_7C_5 \left(\dfrac{1}{2}\right)^5 \left(\dfrac{1}{2}\right)^2 = 21 \times \dfrac{1}{32} \times \dfrac{1}{4} = \dfrac{21}{128}$

0321
답 3

짝수는 2, 4, 6, 8의 4개이므로 한 번의 시행에서 짝수가 적혀 있는
공을 꺼낼 확률은

$\dfrac{4}{8} = \dfrac{1}{2}$

5번의 시행에서 꺼낸 공에 적혀 있는 5개의 수의 합이 짝수가 되는
경우는 다음과 같다.

(i) 5번 모두 짝수가 적혀 있는 공을 꺼내는 경우

그 확률은

$_5C_5 \left(\dfrac{1}{2}\right)^5 \left(\dfrac{1}{2}\right)^0 = \dfrac{1}{32}$

(ii) 3번은 짝수, 2번은 홀수가 적혀 있는 공을 꺼내는 경우

그 확률은

$_5C_3 \left(\dfrac{1}{2}\right)^3 \left(\dfrac{1}{2}\right)^2 = 10 \times \dfrac{1}{8} \times \dfrac{1}{4} = \dfrac{5}{16}$

(iii) 1번은 짝수, 4번은 홀수가 적혀 있는 공을 꺼내는 경우

그 확률은

$_5C_1 \left(\dfrac{1}{2}\right)^1 \left(\dfrac{1}{2}\right)^4 = 5 \times \dfrac{1}{2} \times \dfrac{1}{16} = \dfrac{5}{32}$

(i)~(iii)에서 구하는 확률은

$\dfrac{1}{32} + \dfrac{5}{16} + \dfrac{5}{32} = \dfrac{1}{2}$

따라서 $p = 2, q = 1$이므로

$p + q = 2 + 1 = 3$

0322
답 ②

한 개의 동전을 8번 던질 때 앞면이 나오는 횟수를 a라 하면 뒷면
이 나오는 횟수는 $8-a$이다.

이때 앞면이 나오는 횟수와 뒷면이 나오는 횟수의 곱이 15이므로

$a(8-a) = 15, \ a^2 - 8a + 15 = 0$

$(a-3)(a-5) = 0 \qquad \therefore a = 3 \ \text{또는} \ a = 5$

한 개의 동전을 한 번 던질 때 앞면이 나올 확률은 $\dfrac{1}{2}$이고, 앞면이

나오는 횟수와 뒷면이 나오는 횟수의 곱이 15인 경우는 다음과 같다.

(i) 앞면이 3번, 뒷면이 5번 나오는 경우

그 확률은

$_8C_3 \left(\dfrac{1}{2}\right)^3 \left(\dfrac{1}{2}\right)^5 = 56 \times \dfrac{1}{8} \times \dfrac{1}{32} = \dfrac{7}{32}$

(ii) 앞면이 5번, 뒷면이 3번 나오는 경우

그 확률은

$_8C_5 \left(\dfrac{1}{2}\right)^5 \left(\dfrac{1}{2}\right)^3 = 56 \times \dfrac{1}{32} \times \dfrac{1}{8} = \dfrac{7}{32}$

(i), (ii)에서 구하는 확률은

$\dfrac{7}{32} + \dfrac{7}{32} = \dfrac{7}{16}$

0323
답 ③

6의 약수는 1, 2, 3, 6의 4개이므로 한 개의 주사위를 한 번 던질
때 6의 약수의 눈이 나올 확률은

$\dfrac{4}{6} = \dfrac{2}{3}$

한 개의 주사위를 5번 던지므로

$a+b=5$

$(\sqrt[3]{2})^{|a-b|}=2^{\frac{|a-b|}{3}}$의 값이 유리수가 되려면

$|a-b|=3$

$\therefore a-b=-3$ 또는 $a-b=3$

(i) $a+b=5$, $a-b=-3$일 때

두 식을 연립하여 풀면

$a=1$, $b=4$

즉, 6의 약수의 눈이 1번, 6의 약수가 아닌 눈이 4번 나올 확률은

$$_5\mathrm{C}_1\left(\frac{2}{3}\right)^1\left(\frac{1}{3}\right)^4=5\times\frac{2}{3}\times\frac{1}{81}=\frac{10}{243}$$

(ii) $a+b=5$, $a-b=3$일 때

두 식을 연립하여 풀면

$a=4$, $b=1$

즉, 6의 약수의 눈이 4번, 6의 약수가 아닌 눈이 1번 나올 확률은

$$_5\mathrm{C}_4\left(\frac{2}{3}\right)^4\left(\frac{1}{3}\right)^1=5\times\frac{16}{81}\times\frac{1}{3}=\frac{80}{243}$$

(i), (ii)에서 구하는 확률은

$$\frac{10}{243}+\frac{80}{243}=\frac{10}{27}$$

참고

$(\sqrt[3]{2})^{|a-b|}=2^{\frac{|a-b|}{3}}$의 값이 유리수가 되려면

$\frac{|a-b|}{3}=0$ 또는 $\frac{|a-b|}{3}=1$ 또는 $\frac{|a-b|}{3}=2$ 또는 $\cdots$

$\therefore |a-b|=0$ 또는 $|a-b|=3$ 또는 $|a-b|=6$ 또는 $\cdots$

$|a-b|=0$이면 $a=b$이어야 하는데, 이 경우 $a+b=5$를 만족시키는 음이 아닌 정수 a, b의 값이 존재하지 않는다.

또한 a, b는 각각 0 이상 5 이하의 정수이고 그 합이 5이므로 $|a-b|$의 값은 6 이상이 될 수 없다.

따라서 $(\sqrt[3]{2})^{|a-b|}=2^{\frac{|a-b|}{3}}$의 값이 유리수가 되려면 $|a-b|=3$이어야 한다.

유형 15 독립시행의 확률 – 두 종류의 시행

0324

답①

홀수는 1, 3, 5의 3개이므로 한 개의 주사위를 던질 때, 홀수의 눈이 나올 확률은

$$\frac{3}{6}=\frac{1}{2}$$

한 개의 동전을 한 번 던질 때, 앞면이 나올 확률은

$$\frac{1}{2}$$

동전의 앞면이 1번 나오는 경우는 다음과 같다.

(i) 홀수의 눈이 나오는 경우

한 개의 주사위를 던져 홀수의 눈이 나오면 한 개의 동전을 2번 던진다.

따라서 홀수의 눈이 나오고 앞면이 1번 나올 확률은

$$\frac{1}{2}\times {}_2\mathrm{C}_1\left(\frac{1}{2}\right)^1\left(\frac{1}{2}\right)^1=\frac{1}{2}\times 2\times\frac{1}{2}\times\frac{1}{2}=\frac{1}{4}$$

(ii) 짝수의 눈이 나오는 경우

한 개의 주사위를 던져 짝수의 눈이 나오면 한 개의 동전을 3번 던진다.

따라서 짝수의 눈이 나오고 앞면이 1번 나올 확률은

$$\left(1-\frac{1}{2}\right)\times {}_3\mathrm{C}_1\left(\frac{1}{2}\right)^1\left(\frac{1}{2}\right)^2=\frac{1}{2}\times 3\times\frac{1}{2}\times\frac{1}{4}=\frac{3}{16}$$

(i), (ii)에서 구하는 확률은

$$\frac{1}{4}+\frac{3}{16}=\frac{7}{16}$$

0325

답⑤

흰 공 3개, 검은 공 3개가 들어 있는 주머니에서 임의로 2개의 공을 동시에 꺼낼 때, 같은 색의 공을 꺼낼 확률은

$$\frac{{}_3\mathrm{C}_2+{}_3\mathrm{C}_2}{{}_6\mathrm{C}_2}=\frac{3+3}{15}=\frac{2}{5}$$

다른 색의 공을 꺼낼 확률은

$$\frac{{}_3\mathrm{C}_1\times {}_3\mathrm{C}_1}{{}_6\mathrm{C}_2}=\frac{3\times 3}{15}=\frac{3}{5}$$

같은 색의 공 또는 다른 색의 공을 꺼내는가에 따라 던지는 주사위의 개수가 달라지므로 주사위의 눈의 수의 합이 홀수가 되는 경우는 다음과 같다.

(i) 같은 색의 공을 꺼내는 경우

같은 색의 공을 꺼내면 2개의 주사위를 동시에 던지게 된다.

홀수는 1, 3, 5의 3개이므로 한 개의 주사위를 던질 때 홀수의 눈이 나올 확률은

$$\frac{3}{6}=\frac{1}{2}$$

2개의 주사위를 동시에 던질 때, 두 눈의 수의 합이 홀수가 되려면 홀수의 눈이 1개, 짝수의 눈이 1개 나와야 한다.

따라서 같은 색의 공을 꺼내고, 주사위의 눈의 수의 합이 홀수가 될 확률은

$$\frac{2}{5}\times {}_2\mathrm{C}_1\left(\frac{1}{2}\right)^1\left(\frac{1}{2}\right)^1=\frac{2}{5}\times 2\times\frac{1}{2}\times\frac{1}{2}=\frac{1}{5}$$

(ii) 다른 색의 공을 꺼내는 경우

다른 색의 공을 꺼내면 3개의 주사위를 동시에 던지게 되므로 세 눈의 수의 합이 홀수가 되는 경우는 다음과 같다.

ⓐ 홀수의 눈이 3개, 짝수의 눈이 0개 나오는 경우

그 확률은

$${}_3\mathrm{C}_3\left(\frac{1}{2}\right)^3\left(\frac{1}{2}\right)^0=\frac{1}{8}$$

ⓑ 홀수의 눈이 1개, 짝수의 눈이 2개 나오는 경우

그 확률은

$${}_3\mathrm{C}_1\left(\frac{1}{2}\right)^1\left(\frac{1}{2}\right)^2=3\times\frac{1}{2}\times\frac{1}{4}=\frac{3}{8}$$

ⓐ, ⓑ에서 세 눈의 수의 합이 홀수가 될 확률은

$$\frac{1}{8}+\frac{3}{8}=\frac{1}{2}$$

이므로 다른 색의 공을 꺼내고, 주사위의 눈의 수의 합이 홀수가 될 확률은

$$\frac{3}{5}\times\frac{1}{2}=\frac{3}{10}$$

(i), (ii)에서 구하는 확률은

$$\frac{1}{5}+\frac{3}{10}=\frac{1}{2}$$

0326

답 31

주머니에서 꺼낸 공에 적혀 있는 수가 n ($n=1$, 2, 3, 4, 5)일 확률은

$$\frac{1}{5}$$

한 개의 동전을 던질 때, 앞면이 나올 확률은

$$\frac{1}{2}$$

따라서 주머니에서 꺼낸 공에 적혀 있는 수와 5개의 동전을 동시에 던졌을 때 나온 앞면의 개수가 n ($n=1$, 2, 3, 4, 5)일 확률은

$$\frac{1}{5} \times {}_5C_n \left(\frac{1}{2}\right)^n \left(\frac{1}{2}\right)^{5-n} = \frac{1}{5} \times {}_5C_n \left(\frac{1}{2}\right)^5$$

이므로 구하는 확률은

$$\frac{1}{5} \times {}_5C_1 \left(\frac{1}{2}\right)^5 + \frac{1}{5} \times {}_5C_2 \left(\frac{1}{2}\right)^5 + \frac{1}{5} \times {}_5C_3 \left(\frac{1}{2}\right)^5 + \frac{1}{5} \times {}_5C_4 \left(\frac{1}{2}\right)^5$$
$$+ \frac{1}{5} \times {}_5C_5 \left(\frac{1}{2}\right)^5$$

$$= \frac{1}{5} \times \left(\frac{1}{2}\right)^5 ({}_5C_1 + {}_5C_2 + {}_5C_3 + {}_5C_4 + {}_5C_5)$$

$$= \frac{1}{5} \times \left(\frac{1}{2}\right)^5 (2^5 - {}_5C_0)$$

$$= \frac{1}{5} \times \left(\frac{1}{2}\right)^5 (2^5 - 1)$$

$$= \frac{1}{5} \times \frac{1}{32} \times 31 = \frac{31}{160}$$

즉, $p = \frac{31}{160}$ 이므로 $160p = 160 \times \frac{31}{160} = 31$

🔊 Bible Says 이항계수의 성질

자연수 n에 대하여
(1) ${}_nC_0 + {}_nC_1 + {}_nC_2 + \cdots + {}_nC_n = 2^n$
(2) ${}_nC_0 - {}_nC_1 + {}_nC_2 - {}_nC_3 + \cdots + (-1)^n {}_nC_n = 0$
(3) n이 홀수일 때
　　${}_nC_0 + {}_nC_2 + {}_nC_4 + \cdots + {}_nC_{n-1} = 2^{n-1}$
　　${}_nC_1 + {}_nC_3 + {}_nC_5 + \cdots + {}_nC_n = 2^{n-1}$
　　n이 짝수일 때
　　${}_nC_0 + {}_nC_2 + {}_nC_4 + \cdots + {}_nC_n = 2^{n-1}$
　　${}_nC_1 + {}_nC_3 + {}_nC_5 + \cdots + {}_nC_{n-1} = 2^{n-1}$

0327

답 ①

10의 약수는 1, 2, 5, 10의 4개이므로 주머니에서 임의로 한 개의 공을 꺼낼 때, 10의 약수가 적혀 있는 공을 꺼낼 확률은

$$\frac{4}{10} = \frac{2}{5}$$

한 개의 동전을 한 번 던질 때, 앞면이 나올 확률은

$$\frac{1}{2}$$

$0 \le a \le 4$, $0 \le b \le 5$이므로 $a-b=2$인 경우는 다음과 같다.

(i) $a=4$, $b=2$인 경우

4번의 시행에서 10의 약수가 적혀 있는 공을 4번 꺼내고, 한 개의 동전을 5번 던질 때 앞면이 2번 나올 확률은

$${}_4C_4 \left(\frac{2}{5}\right)^4 \left(\frac{3}{5}\right)^0 \times {}_5C_2 \left(\frac{1}{2}\right)^2 \left(\frac{1}{2}\right)^3 = \frac{16}{625} \times \frac{10}{32}$$
$$= \frac{1}{125}$$

(ii) $a=3$, $b=1$인 경우

4번의 시행에서 10의 약수가 적혀 있는 공을 3번 꺼내고, 한 개의 동전을 5번 던질 때 앞면이 1번 나올 확률은

$${}_4C_3 \left(\frac{2}{5}\right)^3 \left(\frac{3}{5}\right)^1 \times {}_5C_1 \left(\frac{1}{2}\right)^1 \left(\frac{1}{2}\right)^4 = \frac{96}{625} \times \frac{5}{32}$$
$$= \frac{3}{125}$$

(iii) $a=2$, $b=0$인 경우

4번의 시행에서 10의 약수가 적혀 있는 공을 2번 꺼내고, 한 개의 동전을 5번 던질 때 앞면이 0번 나올 확률은

$${}_4C_2 \left(\frac{2}{5}\right)^2 \left(\frac{3}{5}\right)^2 \times {}_5C_0 \left(\frac{1}{2}\right)^0 \left(\frac{1}{2}\right)^5 = \frac{216}{625} \times \frac{1}{32}$$
$$= \frac{27}{2500}$$

(i)~(iii)에서 구하는 확률은

$$\frac{1}{125} + \frac{3}{125} + \frac{27}{2500} = \frac{107}{2500}$$

유형 16 독립시행의 확률 - 점수

0328

답 283

3의 배수는 3, 6의 2개이므로 한 개의 주사위를 한 번 던질 때, 3의 배수의 눈이 나올 확률은

$$\frac{2}{6} = \frac{1}{3}$$

한 개의 주사위를 5번 던질 때 3의 배수의 눈이 a번, 3의 배수가 아닌 눈이 b번 나온다고 하면

$$a + b = 5 \qquad \cdots\cdots\ \unicode{x24B6}$$

또한 700점을 얻으므로

$$300a - 100b = 700$$

$$\therefore 3a - b = 7 \qquad \cdots\cdots\ \unicode{x24B7}$$

$\unicode{x24B6}$, $\unicode{x24B7}$을 연립하여 풀면

$$a = 3, \ b = 2$$

즉, 한 개의 주사위를 5번 던져서 700점을 얻으려면 3의 배수의 눈이 3번, 3의 배수가 아닌 눈이 2번 나와야 하므로 그 확률은

$${}_5C_3 \left(\frac{1}{3}\right)^3 \left(\frac{2}{3}\right)^2 = 10 \times \frac{1}{27} \times \frac{4}{9} = \frac{40}{243}$$

따라서 $p = 243$, $q = 40$이므로

$$p + q = 243 + 40 = 283$$

0329

답 ②

임의로 한 개의 공을 꺼낼 때, 흰 공을 꺼낼 확률은

$$\frac{3}{8}$$

주어진 시행을 4번 반복할 때 흰 공을 a번, 흰 공이 아닌 공을 b번 꺼낸다고 하면

$a+b=4$ ······ ㉠

또한 20점을 얻으므로

$5a+2b=20$ ······ ㉡

㉠, ㉡을 연립하여 풀면

$a=4$, $b=0$

따라서 주어진 시행을 4번 반복하여 20점을 얻으려면 흰 공을 4번, 흰 공이 아닌 공을 0번 꺼내야 하므로 구하는 확률은

$_4C_4\left(\dfrac{3}{8}\right)^4\left(\dfrac{5}{8}\right)^0=\dfrac{81}{4096}$

0330 답 ③

주어진 주사위를 던져서 바닥에 닿은 면에 적혀 있는 수가 1일 확률은 $\dfrac{3}{6}=\dfrac{1}{2}$, 3일 확률은 $\dfrac{3}{6}=\dfrac{1}{2}$이다.

주어진 시행을 6번 반복하여 1이 나오는 횟수를 a, 3이 나오는 횟수를 b라 하면

$a+b=6$ ······ ㉠

또한 10점 이하를 얻으므로

$a+3b\le10$ ······ ㉡

㉠에서 $b=6-a$를 ㉡에 대입하면

$a+3(6-a)\le10$, $2a\ge8$

$\therefore a\ge4$

따라서 6번의 시행에서 10점 이하를 얻으려면 1이 4번, 3이 2번 또는 1이 5번, 3이 1번 또는 1이 6번, 3이 0번 나와야 하므로 구하는 확률은

$_6C_4\left(\dfrac{1}{2}\right)^4\left(\dfrac{1}{2}\right)^2+{_6C_5}\left(\dfrac{1}{2}\right)^5\left(\dfrac{1}{2}\right)^1+{_6C_6}\left(\dfrac{1}{2}\right)^6\left(\dfrac{1}{2}\right)^0$

$=15\times\dfrac{1}{16}\times\dfrac{1}{4}+6\times\dfrac{1}{32}\times\dfrac{1}{2}+1\times\dfrac{1}{64}\times1$

$=\dfrac{11}{32}$

0331 답 22

한 개의 동전을 한 번 던질 때, 앞면이 나올 확률은 $\dfrac{1}{2}$이다.

한 개의 동전을 12번 던질 때, 앞면이 나온 횟수를 x라 하면 뒷면이 나온 횟수는 $12-x$이다.

$a_1+a_2+a_3+\cdots+a_{12}=44$에서

$5x-3(12-x)=44$, $8x=80$

$\therefore x=10$

따라서 $a_1+a_2+a_3+\cdots+a_{12}=44$이려면 한 개의 동전을 12번 던질 때 앞면이 10번 나와야 하므로 그 확률은

$_{12}C_{10}\left(\dfrac{1}{2}\right)^{10}\left(\dfrac{1}{2}\right)^2=66\times\left(\dfrac{1}{2}\right)^{12}=\dfrac{33}{2^{11}}$

즉, $k=33$, $m=11$이므로

$k-m=33-11=22$

0332 답 ③

한 개의 동전을 한 번 던질 때, 앞면이 나올 확률은 $\dfrac{1}{2}$이다.

5번의 시행에서 앞면이 나오는 횟수를 x라 하면 뒷면이 나오는 횟수는 $5-x$이다.

이때 5번째 시행 후 점 P의 좌표가 4 이상이므로

$2x-(5-x)\ge4$, $3x\ge9$

$\therefore x\ge3$

따라서 한 개의 동전을 5번 던질 때 점 P의 좌표가 4 이상이려면 앞면이 3번 또는 4번 또는 5번 나와야 하므로 구하는 확률은

$_5C_3\left(\dfrac{1}{2}\right)^3\left(\dfrac{1}{2}\right)^2+{_5C_4}\left(\dfrac{1}{2}\right)^4\left(\dfrac{1}{2}\right)^1+{_5C_5}\left(\dfrac{1}{2}\right)^5\left(\dfrac{1}{2}\right)^0$

$=10\times\dfrac{1}{32}+5\times\dfrac{1}{32}+\dfrac{1}{32}=\dfrac{1}{2}$

0333 답 39

소수는 2, 3, 5의 3개이므로 한 개의 주사위를 한 번 던질 때, 소수의 눈이 나올 확률은

$\dfrac{3}{6}=\dfrac{1}{2}$

주어진 시행을 8번 반복할 때, 소수의 눈이 나오는 횟수를 a라 하면 소수가 아닌 눈이 나오는 횟수는 $8-a$이므로 점 P의 좌표는

$(2a, 8-a)$

이 점이 직선 $y=2x-7$ 위에 있으므로

$8-a=2\times2a-7$, $5a=15$

$\therefore a=3$

따라서 한 개의 주사위를 8번 던져서 점 P가 직선 $y=2x-7$ 위에 있으려면 소수의 눈이 3번, 소수가 아닌 눈이 5번 나와야 하므로 구하는 확률은

$_8C_3\left(\dfrac{1}{2}\right)^3\left(\dfrac{1}{2}\right)^5=56\times\dfrac{1}{8}\times\dfrac{1}{32}=\dfrac{7}{32}$

즉, $p=32$, $q=7$이므로

$p+q=32+7=39$

0334 답 ②

한 개의 동전을 한 번 던질 때, 앞면이 나올 확률은 $\dfrac{1}{2}$이다.

한 개의 동전을 10번 던질 때, 앞면이 나온 횟수를 a라 하면 뒷면이 나온 횟수는 $10-a$이다.

시계 반대 방향을 $+$, 시계 방향을 $-$로 놓을 때, 점 P가 점 A로 돌아오려면

$2a-(10-a)=4k$ (k는 정수)

이어야 한다.

즉, $3a=4k+10$이고, a는 $0\le a\le10$인 정수이므로

$k=-1$일 때 $a=2$

$k=2$일 때 $a=6$

$k=5$일 때 $a=10$

따라서 한 개의 동전을 10번 던져 점 P가 다시 점 A로 돌아오려면 앞면이 2번 또는 6번 또는 10번 나와야 하므로 구하는 확률은

$$_{10}\mathrm{C}_2\left(\frac{1}{2}\right)^2\left(\frac{1}{2}\right)^8+_{10}\mathrm{C}_6\left(\frac{1}{2}\right)^6\left(\frac{1}{2}\right)^4+_{10}\mathrm{C}_{10}\left(\frac{1}{2}\right)^{10}\left(\frac{1}{2}\right)^0$$

$$=45\times\left(\frac{1}{2}\right)^{10}+210\times\left(\frac{1}{2}\right)^{10}+1\times\left(\frac{1}{2}\right)^{10}$$

$$=(45+210+1)\times\left(\frac{1}{2}\right)^{10}$$

$$=256\times\left(\frac{1}{2}\right)^{10}=\frac{1}{4}$$

유형 18 독립시행을 이용한 조건부확률

0335
답 ④

한 개의 주사위를 5번 던져서 6의 약수의 눈이 3번 나오는 사건을 A, 처음 던진 주사위에서 6의 약수의 눈이 나오는 사건을 B라 하면 구하는 확률은 $\mathrm{P}(B|A)=\dfrac{\mathrm{P}(A\cap B)}{\mathrm{P}(A)}$이다.

6의 약수는 1, 2, 3, 6의 4개이므로 한 개의 주사위를 한 번 던질 때, 6의 약수의 눈이 나올 확률은

$$\frac{4}{6}=\frac{2}{3}$$

이때 한 개의 주사위를 5번 던져서 6의 약수의 눈이 3번 나올 확률은

$$\mathrm{P}(A)=_5\mathrm{C}_3\left(\frac{2}{3}\right)^3\left(\frac{1}{3}\right)^2=10\times\frac{8}{27}\times\frac{1}{9}=\frac{80}{243}$$

처음 던진 주사위에서 6의 약수의 눈이 나오고, 뒤에 주사위를 4번 더 던졌을 때 6의 약수의 눈이 2번 나올 확률은

$$\mathrm{P}(A\cap B)=\frac{2}{3}\times_4\mathrm{C}_2\left(\frac{2}{3}\right)^2\left(\frac{1}{3}\right)^2=\frac{2}{3}\times6\times\frac{4}{9}\times\frac{1}{9}=\frac{16}{81}$$

$$\therefore\ \mathrm{P}(B|A)=\frac{\mathrm{P}(A\cap B)}{\mathrm{P}(A)}=\frac{\frac{16}{81}}{\frac{80}{243}}=\frac{3}{5}$$

0336
답 4

동전의 앞면이 2개 나오는 사건을 A, 주사위의 눈의 수의 합이 4의 배수인 사건을 B라 하면 구하는 확률은 $\mathrm{P}(B|A)=\dfrac{\mathrm{P}(A\cap B)}{\mathrm{P}(A)}$이다.

서로 다른 두 개의 주사위를 동시에 던질 때 나오는 모든 경우의 수는
$6\times6=36$

두 눈의 수의 합이 4의 배수가 되는 경우는 합이 4, 8, 12가 될 때이므로 그 경우를 순서쌍으로 나타내면
$(1,3)$, $(2,2)$, $(3,1)$, $(2,6)$, $(3,5)$, $(4,4)$, $(5,3)$, $(6,2)$, $(6,6)$
의 9가지이다.
즉, 두 눈의 수의 합이 4의 배수가 될 확률은

$$\frac{9}{36}=\frac{1}{4}$$

한 개의 동전을 한 번 던질 때 앞면이 나올 확률은 $\dfrac{1}{2}$이고, 동전의 앞면이 2개가 나오는 경우는 다음과 같다.

(i) 주사위의 두 눈의 수의 합이 4의 배수인 경우
  3개의 동전을 던지므로 주사위의 두 눈의 수의 합이 4의 배수이고 3개의 동전을 던져서 앞면이 2개 나올 확률은

$$\frac{1}{4}\times_3\mathrm{C}_2\left(\frac{1}{2}\right)^2\left(\frac{1}{2}\right)^1=\frac{1}{4}\times\frac{3}{8}=\frac{3}{32}$$

(ii) 주사위의 두 눈의 수의 합이 4의 배수가 아닌 경우
  4개의 동전을 던지므로 주사위의 두 눈의 수의 합이 4의 배수가 아니고 4개의 동전을 던져서 앞면이 2개 나올 확률은

$$\left(1-\frac{1}{4}\right)\times_4\mathrm{C}_2\left(\frac{1}{2}\right)^2\left(\frac{1}{2}\right)^2=\frac{3}{4}\times\frac{6}{16}=\frac{9}{32}$$

(i), (ii)에서

$$\mathrm{P}(A)=\frac{3}{32}+\frac{9}{32}=\frac{3}{8},\ \mathrm{P}(A\cap B)=\frac{3}{32}$$

$$\therefore\ \mathrm{P}(B|A)=\frac{\mathrm{P}(A\cap B)}{\mathrm{P}(A)}=\frac{\frac{3}{32}}{\frac{3}{8}}=\frac{1}{4}$$

$$\therefore\ p=4$$

0337
답 ⑤

태현이가 동전을 던져서 나온 앞면의 개수가 3인 사건을 A, 지안이가 주사위를 던져서 나온 눈의 수가 5 이상인 사건을 B라 하면 구하는 확률은 $\mathrm{P}(B|A)=\dfrac{\mathrm{P}(A\cap B)}{\mathrm{P}(A)}$이다.

지안이가 한 개의 주사위를 던져서 나온 눈의 수에 따라 태현이가 던지는 동전의 개수가 달라지고, 태현이가 동전을 던져서 나온 앞면의 개수가 3이려면 지안이가 한 개의 주사위를 던져서 나오는 눈의 수는 3 이상이어야 한다.

한 개의 동전을 던질 때 앞면이 나올 확률은 $\dfrac{1}{2}$이고, 태현이가 동전을 던져서 나온 앞면의 개수가 3이 되는 경우는 다음과 같다.

(i) 주사위의 눈의 수가 3이 나온 경우
  태현이는 3개의 동전을 던지므로 주사위의 눈의 수가 3이 나오고 3개의 동전을 던져서 앞면이 3개 나올 확률은

$$\frac{1}{6}\times_3\mathrm{C}_3\left(\frac{1}{2}\right)^3\left(\frac{1}{2}\right)^0=\frac{1}{6}\times\frac{1}{8}=\frac{1}{48}$$

(ii) 주사위의 눈의 수가 4가 나온 경우
  태현이는 4개의 동전을 던지므로 주사위의 눈의 수가 4가 나오고 4개의 동전을 던져서 앞면이 3개 나올 확률은

$$\frac{1}{6}\times_4\mathrm{C}_3\left(\frac{1}{2}\right)^3\left(\frac{1}{2}\right)^1=\frac{1}{6}\times\frac{1}{4}=\frac{1}{24}$$

(iii) 주사위의 눈의 수가 5가 나온 경우
  태현이는 5개의 동전을 던지므로 주사위의 눈의 수가 5가 나오고 5개의 동전을 던져서 앞면이 3개 나올 확률은

$$\frac{1}{6}\times_5\mathrm{C}_3\left(\frac{1}{2}\right)^3\left(\frac{1}{2}\right)^2=\frac{1}{6}\times\frac{5}{16}=\frac{5}{96}$$

(iv) 주사위의 눈의 수가 6이 나온 경우
  태현이는 6개의 동전을 던지므로 주사위의 눈의 수가 6이 나오고 6개의 동전을 던져서 앞면이 3개 나올 확률은

$$\frac{1}{6}\times_6\mathrm{C}_3\left(\frac{1}{2}\right)^3\left(\frac{1}{2}\right)^3=\frac{1}{6}\times\frac{5}{16}=\frac{5}{96}$$

(i)~(iv)에서

$$P(A) = \frac{1}{48} + \frac{1}{24} + \frac{5}{96} + \frac{5}{96} = \frac{1}{6}$$

$$P(A \cap B) = \frac{5}{96} + \frac{5}{96} = \frac{5}{48}$$

따라서 구하는 확률은

$$P(B|A) = \frac{P(A \cap B)}{P(A)} = \frac{\frac{5}{48}}{\frac{1}{6}} = \frac{5}{8}$$

유형 19 독립시행의 확률의 활용

0338
답 ③

6번째 경기에서 A팀이 우승하려면 5번째 경기까지는 A팀이 3번 이기고, 6번째 경기에서 이기면 된다.
따라서 구하는 확률은

$$_5C_3\left(\frac{1}{3}\right)^3\left(\frac{2}{3}\right)^2 \times \frac{1}{3} = 10 \times \frac{1}{27} \times \frac{4}{9} \times \frac{1}{3} = \frac{40}{729}$$

0339
답 ⑤

3번의 패스에서 적어도 한 번 성공하는 사건을 A라 하면 A^C은 한 번도 성공하지 못하는 사건이다.

패스 성공률이 80 %, 즉 $\frac{80}{100} = \frac{4}{5}$이므로

$$P(A^C) = {}_3C_0\left(\frac{4}{5}\right)^0\left(\frac{1}{5}\right)^3 = \frac{1}{125}$$

따라서 구하는 확률은

$$P(A) = 1 - P(A^C) = 1 - \frac{1}{125} = \frac{124}{125}$$

0340
답 253

가위바위보를 한 번 하여 유미가 이길 확률은 $\frac{1}{3}$, 비기거나 질 확률은 $\frac{2}{3}$이다.

가위바위보를 5번 하여 유미가 이긴 횟수를 x라 하면 비기거나 진 횟수는 $5-x$이다.
이때 가위바위보를 5번 하여 유미가 일곱 계단을 올라갔으므로
$2x - (5-x) = 7$, $3x = 12$
$\therefore x = 4$
따라서 가위바위보를 5번 하여 4번 이기고, 1번은 비기거나 지면 되므로 가위바위보를 5번 하여 일곱 계단을 올라갈 확률은

$$_5C_4\left(\frac{1}{3}\right)^4\left(\frac{2}{3}\right)^1 = 5 \times \frac{1}{81} \times \frac{2}{3} = \frac{10}{243}$$

즉, $p=243$, $q=10$이므로
$p+q = 243+10 = 253$

0341
답 ①

A가 이기려면 A의 명중시킨 횟수가 B의 명중시킨 횟수보다 3회 많아야 하므로 5번째 시도 직후 A가 이기는 경우는 다음과 같다.

(i) A가 5번 모두 명중시키는 경우
A가 5번의 시도에서 모두 명중시킬 확률은

$$_5C_5\left(\frac{2}{3}\right)^5\left(\frac{1}{3}\right)^0 = \frac{32}{243}$$

B는 4번째 시도까지 2번 명중시키고 2번 실패한 후 5번째 시도에서도 실패해야 하므로 그 확률은

$$_4C_2\left(\frac{1}{2}\right)^2\left(\frac{1}{2}\right)^2 \times \frac{1}{2} = 6 \times \frac{1}{16} \times \frac{1}{2} = \frac{3}{16}$$

따라서 A가 5번 모두 명중시켜 이길 확률은

$$\frac{32}{243} \times \frac{3}{16} = \frac{2}{81}$$

(ii) A가 4번 명중시키는 경우
ⓐ A가 3번째 시도까지 3번 모두 명중시키고 4번째 시도에서 실패한 후 5번째 시도에서 명중시킬 확률은

$$_3C_3\left(\frac{2}{3}\right)^3\left(\frac{1}{3}\right)^0 \times \frac{1}{3} \times \frac{2}{3} = \frac{8}{27} \times \frac{1}{3} \times \frac{2}{3} = \frac{16}{243}$$

B는 3번째 시도까지 1번 명중시키고 2번 실패한 후 4번째, 5번째 시도에서도 실패해야 하므로 그 확률은

$$_3C_1\left(\frac{1}{2}\right)^1\left(\frac{1}{2}\right)^2 \times \frac{1}{2} \times \frac{1}{2} = 3 \times \frac{1}{8} \times \frac{1}{2} \times \frac{1}{2} = \frac{3}{32}$$

따라서 이때의 확률은

$$\frac{16}{243} \times \frac{3}{32} = \frac{1}{162}$$

ⓑ A가 3번째 시도까지 2번 명중시키고 1번 실패한 후 4번째, 5번째 시도에서 명중시킬 확률은

$$_3C_2\left(\frac{2}{3}\right)^2\left(\frac{1}{3}\right)^1 \times \frac{2}{3} \times \frac{2}{3} = 3 \times \frac{4}{27} \times \frac{2}{3} \times \frac{2}{3} = \frac{16}{81}$$

B는 4번째 시도까지 1번 명중시키고 3번 실패한 후 5번째 시도에서도 실패해야 하므로 그 확률은

$$_4C_1\left(\frac{1}{2}\right)^1\left(\frac{1}{2}\right)^3 \times \frac{1}{2} = 4 \times \frac{1}{16} \times \frac{1}{2} = \frac{1}{8}$$

따라서 이때의 확률은

$$\frac{16}{81} \times \frac{1}{8} = \frac{2}{81}$$

ⓐ, ⓑ에서 A가 4번 명중시켜 이길 확률은

$$\frac{1}{162} + \frac{2}{81} = \frac{5}{162}$$

(iii) A가 3번 명중시키는 경우
A가 4번째 시도까지 2번 명중시키고 2번 실패한 후 5번째 시도에서 명중시킬 확률은

$$_4C_2\left(\frac{2}{3}\right)^2\left(\frac{1}{3}\right)^2 \times \frac{2}{3} = 6 \times \frac{4}{81} \times \frac{2}{3} = \frac{16}{81}$$

B는 5번 모두 실패해야 하므로 그 확률은

$$_5C_0\left(\frac{1}{2}\right)^0\left(\frac{1}{2}\right)^5 = \frac{1}{32}$$

따라서 A가 3번 명중시켜 이길 확률은

$$\frac{16}{81} \times \frac{1}{32} = \frac{1}{162}$$

(i)~(iii)에서 구하는 확률은

$$\frac{2}{81} + \frac{5}{162} + \frac{1}{162} = \frac{5}{81}$$

0342 답 ③

두 사건 A, B가 서로 독립이므로 두 사건 A^c, B도 서로 독립이다.

$P(A)=P(B^c)=\frac{1}{3}$에서

$P(A^c)=1-P(A)=1-\frac{1}{3}=\frac{2}{3}$

$P(B)=1-P(B^c)=1-\frac{1}{3}=\frac{2}{3}$

두 사건 A^c, B가 서로 독립이므로

$P(A^c\cap B)=P(A^c)P(B)$

$=\frac{2}{3}\times\frac{2}{3}=\frac{4}{9}$

확률의 덧셈정리에 의하여

$P(A^c\cup B)=P(A^c)+P(B)-P(A^c\cap B)$

$=\frac{2}{3}+\frac{2}{3}-\frac{4}{9}=\frac{8}{9}$

다른 풀이

두 사건 A, B가 서로 독립이므로 두 사건 A, B^c도 서로 독립이다.

$\therefore P(A\cap B^c)=P(A)P(B^c)$

$=\frac{1}{3}\times\frac{1}{3}=\frac{1}{9}$

표본공간을 S라 할 때, $A^c\cup B$는 오른쪽 그림의 색칠한 부분과 같으므로

$P(A^c\cup B)=P(S)-P(A\cap B^c)$

$=1-\frac{1}{9}=\frac{8}{9}$

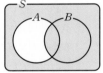

짝기출

두 사건 A와 B는 서로 독립이고

$P(A^c)=P(B)=\frac{2}{5}$

일 때, $P(A\cup B)$의 값은? (단, A^c은 A의 여사건이다.)

① $\frac{16}{25}$ ② $\frac{17}{25}$ ③ $\frac{18}{25}$ ④ $\frac{19}{25}$ ⑤ $\frac{4}{5}$

답 ④

0343 답 ⑤

임의로 선택한 1장이 인공지능 시스템에 의하여 고양이 사진으로 인식된 사진인 사건을 A, 고양이 사진인 사건을 B라 하면 구하는 확률은 $P(B|A)=\frac{P(A\cap B)}{P(A)}$이다.

이때

$P(A)=\frac{36}{80}=\frac{9}{20}$, $P(A\cap B)=\frac{32}{80}=\frac{2}{5}$

이므로 구하는 확률은

$P(B|A)=\frac{P(A\cap B)}{P(A)}=\frac{\frac{2}{5}}{\frac{9}{20}}=\frac{8}{9}$

다른 풀이

임의로 선택한 1장이 인공지능 시스템에 의하여 고양이 사진으로 인식된 사진인 사건을 A, 고양이 사진인 사건을 B라 하면

$n(A)=36$, $n(A\cap B)=32$

따라서 구하는 확률은

$P(B|A)=\frac{n(A\cap B)}{n(A)}=\frac{32}{36}=\frac{8}{9}$

0344 답 ②

$a>b$인 사건을 A, 뽑은 당첨 제비의 개수가 3인 사건을 B라 하면 구하는 확률은 $P(B|A)=\frac{P(A\cap B)}{P(A)}$이다.

$a+b=4$에서 $b=4-a$이므로 $a>b$에 대입하면

$a>4-a$, $2a>4$

$\therefore a>2$

즉, $a+b=4$이고 $a>b$를 만족시키는 경우는 다음과 같다.

(i) $a=3$, $b=1$인 경우

당첨 제비를 3개 뽑는 경우이므로 그 확률은

$\frac{{}_4C_3\times{}_6C_1}{{}_{10}C_4}=\frac{4\times6}{210}=\frac{4}{35}$,

(ii) $a=4$, $b=0$인 경우

당첨 제비를 4개 뽑는 경우이므로 그 확률은

$\frac{{}_4C_4}{{}_{10}C_4}=\frac{1}{210}$

(i), (ii)에서

$P(A)=\frac{4}{35}+\frac{1}{210}=\frac{5}{42}$

$P(A\cap B)=\frac{4}{35}$

이므로 구하는 확률은

$P(B|A)=\frac{P(A\cap B)}{P(A)}=\frac{\frac{4}{35}}{\frac{5}{42}}=\frac{24}{25}$

짝기출

흰 공 3개, 검은 공 4개가 들어 있는 주머니가 있다. 이 주머니에서 임의로 3개의 공을 동시에 꺼내어, 꺼낸 흰 공과 검은 공의 개수를 각각 m, n이라 하자. 이 시행에서 $2m\geq n$일 때, 꺼낸 흰 공의 개수가 2일 확률은 $\frac{q}{p}$이다. $p+q$의 값을 구하시오.

(단, p와 q는 서로소인 자연수이다.)

답 43

0345 답 68

6번째까지 시행을 한 후 시행을 멈추려면 5번째 시행까지 흰 공을 3개, 검은 공을 2개 꺼내고 6번째 시행에서 흰 공을 꺼내면 된다.

흰 공, 흰 공, 흰 공, 검은 공, 검은 공의 순서로 공을 꺼낼 확률은

$\frac{4}{9}\times\frac{3}{8}\times\frac{2}{7}\times\frac{5}{6}\times\frac{4}{5}=\frac{2}{63}$

이때 흰 공, 흰 공, 흰 공, 검은 공, 검은 공이 순서를 바꾸는 경우의 수는

$$\frac{5!}{3! \times 2!} = 10$$

이므로 5번째 시행까지 흰 공을 3개, 검은 공을 2개 꺼낼 확률은

$$10 \times \frac{2}{63} = \frac{20}{63}$$

6번째 시행에서 흰 공을 꺼낼 확률은 $\frac{1}{4}$이므로 6번째까지 시행을 한 후 시행을 멈출 확률은

$$\frac{20}{63} \times \frac{1}{4} = \frac{5}{63}$$

따라서 $p=63$, $q=5$이므로

$$p+q = 63+5 = 68$$

참고

> 흰 공, 흰 공, 흰 공, 검은 공, 검은 공이 순서를 바꾸는 경우의 수를 위의 풀이와 같이 같은 것이 있는 순열의 수를 이용하여
>
> $$\frac{5!}{3! \times 2!} = 10$$
>
> 과 같이 구할 수도 있지만 다섯 자리 중 흰 공이 놓일 세 자리를 선택하는 조합의 수를 이용하여
>
> $$_5C_3 = 10$$
>
> 과 같이 구할 수도 있다.

짝기출

> 1부터 7까지의 자연수가 하나씩 적혀 있는 7개의 공이 들어 있는 상자에서 임의로 1개의 공을 꺼내는 시행을 반복할 때, 짝수가 적혀 있는 공을 모두 꺼내면 시행을 멈춘다. 5번째까지 시행을 한 후 시행을 멈출 확률은?
>
> (단, 꺼낸 공은 다시 넣지 않는다.)
>
> ① $\frac{6}{35}$ ② $\frac{1}{5}$ ③ $\frac{8}{35}$ ④ $\frac{9}{35}$ ⑤ $\frac{2}{7}$
>
> 답 ①

0346

답 24

5의 약수는 1, 5의 2개이므로 한 개의 주사위를 한 번 던질 때 5의 약수의 눈이 나올 확률은

$$\frac{2}{6} = \frac{1}{3}$$

한 개의 주사위를 5번 던질 때, 5의 약수의 눈이 나오는 횟수가 5의 약수가 아닌 눈이 나오는 횟수보다 작은 경우는 다음과 같다.

(i) 5의 약수의 눈이 0번, 5의 약수가 아닌 눈이 5번 나오는 경우

그 확률은

$$_5C_0 \left(\frac{1}{3}\right)^0 \left(\frac{2}{3}\right)^5 = \left(\frac{2}{3}\right)^5$$

(ii) 5의 약수의 눈이 1번, 5의 약수가 아닌 눈이 4번 나오는 경우

그 확률은

$$_5C_1 \left(\frac{1}{3}\right)^1 \left(\frac{2}{3}\right)^4 = \frac{5}{3} \times \left(\frac{2}{3}\right)^4$$

(iii) 5의 약수의 눈이 2번, 5의 약수가 아닌 눈이 3번 나오는 경우

그 확률은

$$_5C_2 \left(\frac{1}{3}\right)^2 \left(\frac{2}{3}\right)^3 = \frac{10}{9} \times \left(\frac{2}{3}\right)^3$$

(i)~(iii)에서 구하는 확률은

$$\left(\frac{2}{3}\right)^5 + \frac{5}{3} \times \left(\frac{2}{3}\right)^4 + \frac{10}{9} \times \left(\frac{2}{3}\right)^3 = \left(\frac{4}{9} + \frac{10}{9} + \frac{10}{9}\right) \times \left(\frac{2}{3}\right)^3$$

$$= \frac{8}{3} \times \left(\frac{2}{3}\right)^3$$

따라서 $a = \frac{8}{3}$이므로

$$9a = 9 \times \frac{8}{3} = 24$$

짝기출

> 한 개의 동전을 6번 던질 때, 앞면이 나오는 횟수가 뒷면이 나오는 횟수보다 클 확률은 $\frac{q}{p}$이다. $p+q$의 값을 구하시오.
>
> (단, p와 q는 서로소인 자연수이다.)
>
> 답 43

0347

답 47

임의로 선택한 한 명이 점심에 한식을 선택한 학생인 사건을 A, 저녁에 양식을 선택한 학생인 사건을 B라 하면 구하는 확률은

$$P(A|B) = \frac{P(A \cap B)}{P(B)}$$이다.

(i) 점심에 한식을 선택하고 저녁에 양식을 선택하는 경우

전체 학생의 60 %가 점심에 한식을 선택하였고 점심에 한식을 선택한 학생의 30 %가 저녁에도 한식을 선택하였으므로 점심에 한식을 선택하고 저녁에 양식을 선택할 확률은

$$P(A \cap B) = \frac{60}{100} \times \left(1 - \frac{30}{100}\right) = \frac{3}{5} \times \frac{7}{10} = \frac{21}{50}$$

(ii) 점심에 양식을 선택하고 저녁에 양식을 선택하는 경우

전체 학생의 60 %가 점심에 한식을 선택하였고 점심에 양식을 선택한 학생의 25 %가 저녁에도 양식을 선택하였으므로 점심에 양식을 선택하고 저녁에도 양식을 선택할 확률은

$$P(A^c \cap B) = \left(1 - \frac{60}{100}\right) \times \frac{25}{100} = \frac{2}{5} \times \frac{1}{4} = \frac{1}{10}$$

(i), (ii)에서 저녁에 양식을 선택할 확률은

$$P(B) = P(A \cap B) + P(A^c \cap B) = \frac{21}{50} + \frac{1}{10} = \frac{13}{25}$$

$$\therefore P(A|B) = \frac{P(A \cap B)}{P(B)} = \frac{\dfrac{21}{50}}{\dfrac{13}{25}} = \frac{21}{26}$$

따라서 $p=26$, $q=21$이므로

$$p+q = 26+21 = 47$$

다른 풀이

전체 학생 수를 100으로 놓고 주어진 상황을 표로 정리하면 다음과 같다.

(단위: 명)

구분	점심	구분	저녁
한식	$100 \times \dfrac{60}{100} = 60$	한식	$60 \times \dfrac{30}{100} = 18$
		양식	$60 - 18 = 42$
양식	$100 - 60 = 40$	한식	$40 - 10 = 30$
		양식	$40 \times \dfrac{25}{100} = 10$

따라서 임의로 선택한 한 명이 점심에 한식을 선택한 학생인 사건을 A, 저녁에 양식을 선택한 학생인 사건을 B라 하면

$$P(A|B)=\frac{n(A\cap B)}{n(B)}=\frac{42}{42+10}=\frac{21}{26}$$

따라서 $p=26$, $q=21$이므로

$$p+q=26+21=47$$

0348 〔답〕⑤

갑이 꺼낸 흰 공의 개수가 을이 꺼낸 흰 공의 개수보다 많은 사건을 A, 을이 꺼낸 공이 모두 검은 공인 사건을 B라 하면 구하는 확률은 $P(B|A)=\dfrac{P(A\cap B)}{P(A)}$이다.

갑이 꺼낸 흰 공의 개수가 을이 꺼낸 흰 공의 개수보다 많은 경우는 다음과 같다.

(i) 갑이 꺼낸 흰 공이 2개, 을이 꺼낸 흰 공이 1개인 경우

갑이 흰 공 2개를 꺼내고, 남은 흰 공 1개, 검은 공 2개 중에서 을이 흰 공 1개, 검은 공 1개를 꺼내면 된다.

따라서 갑이 꺼낸 흰 공이 2개, 을이 꺼낸 흰 공이 1개일 확률은

$$\frac{{}_3C_2}{{}_5C_2}\times\frac{{}_1C_1\times{}_2C_1}{{}_3C_2}=\frac{3}{10}\times\frac{2}{3}=\frac{1}{5}$$

(ii) 갑이 꺼낸 흰 공이 2개, 을이 꺼낸 흰 공이 없는 경우

갑이 흰 공 2개를 꺼내고, 남은 흰 공 1개, 검은 공 2개 중에서 을이 검은 공 2개를 꺼내면 된다.

따라서 갑이 꺼낸 흰 공이 2개, 을이 꺼낸 흰 공이 없을 확률은

$$\frac{{}_3C_2}{{}_5C_2}\times\frac{{}_2C_2}{{}_3C_2}=\frac{3}{10}\times\frac{1}{3}=\frac{1}{10}$$

(i), (ii)에서

$$P(A)=\frac{1}{5}+\frac{1}{10}=\frac{3}{10},\ P(A\cap B)=\frac{1}{10}$$

이므로 구하는 확률은

$$P(B|A)=\frac{P(A\cap B)}{P(A)}=\frac{\dfrac{1}{10}}{\dfrac{3}{10}}=\frac{1}{3}$$

0349 〔답〕②

A와 B가 같은 구역의 자리를 배정받는 사건을 X, E와 F가 다른 구역의 같은 열에 있는 자리를 배정받는 사건을 Y라 하면 구하는 확률은 $P(Y|X)=\dfrac{P(X\cap Y)}{P(X)}$이다.

6명이 6자리를 배정받는 경우의 수는

6!

(i) A와 B가 같은 구역의 자리를 배정받는 경우

㈎ 구역의 네 자리 또는 ㈏ 구역의 두 자리 중 두 자리를 골라 A, B에게 배정하고 나머지 4명에게는 남은 네 자리를 배정하면 된다. 이때 A, B가 서로 자리를 바꾸는 경우의 수가 2!이므로 그 확률은

$$P(X)=\frac{({}_4C_2+{}_2C_2)\times4!\times2!}{6!}$$
$$=\frac{(6+1)\times4!\times2}{6\times5\times4!}=\frac{7}{15}$$

(ii) A와 B가 같은 구역의 자리에 배정받고 E와 F가 다른 구역의 같은 열의 자리를 배정받는 경우

E, F에게는 ㈎ 구역 5열의 두 자리 중 한 자리와 ㈏ 구역 5열의 두 자리 중 한 자리를 골라 배정하고 A, B에게는 ㈎ 구역의 남은 세 자리 중 두 자리를 골라 배정하고 남은 2명에게 남은 두 자리를 배정하면 된다.

이때 A, B가 서로 자리를 바꾸는 경우의 수가 2!, E, F가 자리를 바꾸는 경우의 수가 2!이므로 그 확률은

$$P(X\cap Y)=\frac{({}_2C_1+{}_2C_1)\times{}_3C_2\times2!\times2!\times2!}{6!}$$
$$=\frac{(2+2)\times3\times2\times2\times2}{720}=\frac{2}{15}$$

(i), (ii)에서 구하는 확률은

$$P(Y|X)=\frac{P(X\cap Y)}{P(X)}=\frac{\dfrac{2}{15}}{\dfrac{7}{15}}=\frac{2}{7}$$

〔짝기출〕

5명의 학생 A, B, C, D, E가 같은 영화를 보기 위해 함께 상영관에 갔다. 상영관에는 그림과 같이 총 5개의 좌석만 남아 있었다. ㈎ 구역에는 1열에 2개의 좌석이 남아 있었고, ㈏ 구역에는 1열에 1개와 2열에 2개의 좌석이 남아 있었다. 5명의 학생 모두가 남아 있는 5개의 좌석을 임의로 배정받기로 하였다. 학생 A와 B가 서로 다른 구역의 좌석을 배정받았을 때, 학생 C와 D가 같은 구역에 있는 같은 열의 좌석을 배정받을 확률은?

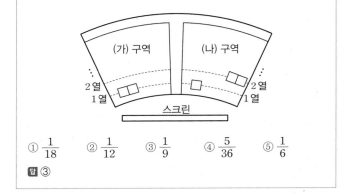

① $\dfrac{1}{18}$ ② $\dfrac{1}{12}$ ③ $\dfrac{1}{9}$ ④ $\dfrac{5}{36}$ ⑤ $\dfrac{1}{6}$

〔답〕③

0350 〔답〕43

4의 약수는 1, 2, 4의 3개이므로 한 개의 주사위를 한 번 던질 때 4의 약수의 눈이 나올 확률은

$$\frac{3}{6}=\frac{1}{2}$$

주어진 시행을 6번 반복할 때, 4의 약수의 눈이 a번 나오면 4의 약수가 아닌 눈은 $(6-a)$번 나오므로 이때의 점 P의 좌표는

$(2a,\ 6-a)$

점 P의 x좌표가 y좌표보다 작거나 같으면

$2a\le6-a$, $3a\le6$

$\therefore a\le2$

따라서 점 P의 x좌표가 y좌표보다 작거나 같은 경우는 다음과 같다.

(i) $a=0$인 경우

4의 약수의 눈이 0번, 4의 약수가 아닌 눈이 6번 나와야 하므로 그 확률은

$$_6C_0\left(\frac{1}{2}\right)^0\left(\frac{1}{2}\right)^6=\frac{1}{64}$$

(ii) $a=1$인 경우

4의 약수의 눈이 1번, 4의 약수가 아닌 눈이 5번 나와야 하므로 그 확률은

$$_6C_1\left(\frac{1}{2}\right)^1\left(\frac{1}{2}\right)^5=\frac{3}{32}$$

(iii) $a=2$인 경우

4의 약수의 눈이 2번, 4의 약수가 아닌 눈이 4번 나와야 하므로 그 확률은

$$_6C_2\left(\frac{1}{2}\right)^2\left(\frac{1}{2}\right)^4=\frac{15}{64}$$

(i)~(iii)에서 구하는 확률은

$$\frac{1}{64}+\frac{3}{32}+\frac{15}{64}=\frac{11}{32}$$

따라서 $p=32$, $q=11$이므로

$p+q=32+11=43$

짝기출

> 좌표평면의 원점에 점 A가 있다. 한 개의 동전을 사용하여 다음 시행을 한다.
>
> > 동전을 한 번 던져
> > 앞면이 나오면 점 A를 x축의 양의 방향으로 1만큼,
> > 뒷면이 나오면 점 A를 y축의 양의 방향으로 1만큼
> > 이동시킨다.
>
> 위의 시행을 반복하여 점 A의 x좌표 또는 y좌표가 처음으로 3이 되면 이 시행을 멈춘다. 점 A의 y좌표가 처음으로 3이 되었을 때, 점 A의 x좌표가 1일 확률은?
>
> ① $\frac{1}{4}$ ② $\frac{5}{16}$ ③ $\frac{3}{8}$ ④ $\frac{7}{16}$ ⑤ $\frac{1}{2}$
>
> 답 ③

0351

답 ④

ab의 값과 주머니에서 나오는 흰 공의 개수가 같은 경우는 다음과 같다.

(i) 흰 공이 1개 나오는 경우

$ab=1$이므로 순서쌍 (a, b)로 가능한 것은

$(1, 1)$

의 1가지이다.

따라서 ab의 값과 주머니에서 나오는 흰 공의 개수가 1로 같을 확률은

$$\frac{1}{4\times4}\times\frac{_4C_1\times_4C_3}{_8C_4}=\frac{1}{70}$$

(ii) 흰 공이 2개 나오는 경우

$ab=2$이므로 순서쌍 (a, b)로 가능한 것은

$(1, 2)$, $(2, 1)$

의 2가지이다.

따라서 ab의 값과 주머니에서 나오는 흰 공의 개수가 2로 같을 확률은

$$\frac{2}{4\times4}\times\frac{_4C_2\times_4C_2}{_8C_4}=\frac{9}{140}$$

(iii) 흰 공이 3개 나오는 경우

$ab=3$이므로 순서쌍 (a, b)로 가능한 것은

$(1, 3)$, $(3, 1)$

의 2가지이다.

따라서 ab의 값과 주머니에서 나오는 흰 공의 개수가 3으로 같을 확률은

$$\frac{2}{4\times4}\times\frac{_4C_3\times_4C_1}{_8C_4}=\frac{1}{35}$$

(iv) 흰 공이 4개 나오는 경우

$ab=4$이므로 순서쌍 (a, b)로 가능한 것은

$(1, 4)$, $(2, 2)$, $(4, 1)$

의 3가지이다.

따라서 ab의 값과 주머니에서 나오는 흰 공의 개수가 4로 같을 확률은

$$\frac{3}{4\times4}\times\frac{_4C_4}{_8C_4}=\frac{3}{1120}$$

(i)~(iv)에서 구하는 확률은

$$\frac{1}{70}+\frac{9}{140}+\frac{1}{35}+\frac{3}{1120}=\frac{123}{1120}$$

짝기출

> 주사위 2개와 동전 4개를 동시에 던질 때, 나오는 주사위의 눈의 수의 곱과 앞면이 나오는 동전의 개수가 같을 확률은?
>
> ① $\frac{3}{64}$ ② $\frac{5}{96}$ ③ $\frac{11}{192}$ ④ $\frac{1}{16}$ ⑤ $\frac{13}{192}$
>
> 답 ①

0352

답 ①

한 개의 동전을 한 번 던질 때, 앞면이 나올 확률은 $\frac{1}{2}$이다.

동전의 앞면을 H, 뒷면을 T로 놓으면 한 개의 동전을 7번 던질 때, 앞면이 3번 이상 나오고, 앞면이 연속해서 나오는 경우는 다음과 같다.

(i) 앞면이 3번 나오는 경우

한 개의 동전을 7번 던질 때, 앞면이 3번 나오면 뒷면은 4번 나온다.

3개의 H와 4개의 T를 일렬로 나열하는 경우의 수는

$$\frac{7!}{3!\times4!}=35$$

앞면이 연속해서 나오지 않는 경우는 4개의 T를 일렬로 나열한 후 그 양 끝과 사이사이의 다섯 자리 중 세 자리를 골라 H를 놓는 경우이므로 앞면이 3번 나올 때 앞면이 연속해서 나오는 경우의 수는

$35-_5C_3=35-10=25$

따라서 앞면이 3번 나오고 앞면이 연속해서 나오는 경우가 있을 확률은

$$25 \times \left(\frac{1}{2}\right)^3 \left(\frac{1}{2}\right)^4 = \frac{25}{128}$$

(ii) 앞면이 4번 나오는 경우

한 개의 동전을 7번 던질 때, 앞면이 4번 나오면 뒷면은 3번 나온다.

4개의 H와 3개의 T를 일렬로 나열하는 경우의 수는

$$\frac{7!}{4! \times 3!} = 35$$

앞면이 연속해서 나오지 않는 경우는

HTHTHTH

의 한 가지 경우뿐이므로 앞면이 4번 나올 때 앞면이 연속해서 나오는 경우의 수는

$$35 - 1 = 34$$

따라서 앞면이 4번 나오고 앞면이 연속해서 나오는 경우가 있을 확률은

$$34 \times \left(\frac{1}{2}\right)^4 \left(\frac{1}{2}\right)^3 = \frac{17}{64}$$

(iii) 앞면이 5번 이상 나오는 경우

한 개의 동전을 7번 던질 때, 앞면이 5번 이상 나오면 앞면이 연속해서 나오지 않는 경우는 없다.

따라서 앞면이 5번 이상 나오고 앞면이 연속해서 나오는 경우가 있을 확률은

$$_7C_5 \left(\frac{1}{2}\right)^5 \left(\frac{1}{2}\right)^2 + _7C_6 \left(\frac{1}{2}\right)^6 \left(\frac{1}{2}\right)^1 + _7C_7 \left(\frac{1}{2}\right)^7 \left(\frac{1}{2}\right)^0$$

$$= \frac{21}{128} + \frac{7}{128} + \frac{1}{128} = \frac{29}{128}$$

(i)~(iii)에서 구하는 확률은

$$\frac{25}{128} + \frac{17}{64} + \frac{29}{128} = \frac{11}{16}$$

0353

답 ②

선택한 함수 f가 4 이하의 모든 자연수 n에 대하여 $f(2n-1) < f(2n)$인 사건을 A, $f(1) = f(5)$인 사건을 B라 하면 구하는 확률은 $P(B|A) = \dfrac{P(A \cap B)}{P(A)}$이다.

집합 X의 원소의 개수는 8이므로 X에서 X로의 함수 f의 개수는

$$_8\Pi_8 = 8^8 = (2^3)^8 = 2^{24}$$

4 이하의 모든 자연수 n에 대하여 $f(2n-1) < f(2n)$이 성립하면

$$f(1) < f(2), \ f(3) < f(4), \ f(5) < f(6), \ f(7) < f(8)$$

$f(1) < f(2)$가 성립하도록 $f(1)$, $f(2)$를 정하는 경우는 8 이하의 자연수 중에서 서로 다른 2개를 택하여 작은 수를 $f(1)$에, 큰 수를 $f(2)$에 대응시키면 되므로 그 경우의 수는

$$_8C_2 = 28$$

마찬가지로 $f(3) < f(4)$, $f(5) < f(6)$, $f(7) < f(8)$을 만족시키는 $f(3)$과 $f(4)$를 정하는 경우의 수와 $f(5)$와 $f(6)$을 정하는 경우의 수, $f(7)$과 $f(8)$을 정하는 경우의 수도 각각 28이므로 4 이하의 모든 자연수 n에 대하여 $f(2n-1) < f(2n)$인 경우의 수는

$$28 \times 28 \times 28 \times 28 = 28^4 = (2^2 \times 7)^4 = 2^8 \times 7^4$$

$$\therefore P(A) = \frac{2^8 \times 7^4}{2^{24}} = \frac{7^4}{2^{16}}$$

4 이하의 모든 자연수 n에 대하여 $f(2n-1) < f(2n)$, 즉

$f(1) < f(2)$, $f(3) < f(4)$, $f(5) < f(6)$, $f(7) < f(8)$이면서

$f(1) = f(5)$인 경우는 다음과 같다.

(i) $f(1) = f(5)$이고 $f(2) = f(6)$인 경우

$f(1) = f(5) < f(2) = f(6)$이므로 $f(1)$, $f(2)$의 값을 정하면 $f(5)$, $f(6)$의 값도 하나로 정해진다.

그러므로 $f(1)$, $f(2)$, $f(5)$, $f(6)$을 정하는 경우의 수는

$$_8C_2 = 28$$

$f(3) < f(4)$, $f(7) < f(8)$을 만족시키는 $f(3)$과 $f(4)$를 정하는 경우의 수와 $f(7)$과 $f(8)$을 정하는 경우의 수도 각각 28이므로 $f(1) = f(5)$이고 $f(2) = f(6)$인 경우의 수는

$$28^3 = (2^2 \times 7)^3 = 2^6 \times 7^3$$

따라서 그 확률은

$$\frac{2^6 \times 7^3}{2^{24}} = \frac{7^3}{2^{18}}$$

(ii) $f(1) = f(5)$이고 $f(2) \ne f(6)$인 경우

$f(1) = f(5) < f(2) < f(6)$ 또는 $f(1) = f(5) < f(6) < f(2)$이므로 $f(1)$, $f(2)$, $f(5)$, $f(6)$을 정하는 경우의 수는

$$2 \times _8C_3 = 2 \times 56 = 112$$

$f(3) < f(4)$, $f(7) < f(8)$을 만족시키는 $f(3)$과 $f(4)$를 정하는 경우의 수와 $f(7)$과 $f(8)$을 정하는 경우의 수는 각각 28이므로 $f(1) = f(5)$이고 $f(2) \ne f(6)$인 경우의 수는

$$112 \times 28^2 = (2^4 \times 7) \times (2^2 \times 7)^2 = 2^8 \times 7^3$$

따라서 그 확률은

$$\frac{2^8 \times 7^3}{2^{24}} = \frac{7^3}{2^{16}}$$

(i), (ii)에서

$$P(A \cap B) = \frac{7^3}{2^{18}} + \frac{7^3}{2^{16}} = \frac{5 \times 7^3}{2^{18}}$$

따라서 구하는 확률은

$$P(B|A) = \frac{P(A \cap B)}{P(A)} = \frac{\dfrac{5 \times 7^3}{2^{18}}}{\dfrac{7^4}{2^{16}}} = \frac{5}{28}$$

유형 01 이산확률변수의 확률 – 확률분포가 주어진 경우

0354
답 $\dfrac{1}{18}$

확률변수 X가 갖는 모든 값에 대한 확률의 합은 1이므로
$$P(X=0)+P(X=1)+P(X=2)+P(X=3)=1$$
이때 X의 확률질량함수가
$$P(X=x)=k(x^2+1)$$
이므로
$$k+2k+5k+10k=1, \ 18k=1$$
$$\therefore k=\dfrac{1}{18}$$

0355
답 $\dfrac{1}{3}$

확률변수 X가 갖는 모든 값에 대한 확률의 합은 1이므로
$$\dfrac{2}{3}a+\dfrac{2}{3}+a^2=1$$
$$3a^2+2a-1=0$$
$$(3a-1)(a+1)=0$$
$$\therefore a=\dfrac{1}{3} \ \text{또는} \ a=-1$$
이때 $\dfrac{2}{3}a=P(X=1)\geq 0$에서 $a\geq 0$이므로
$$a=\dfrac{1}{3}$$

0356
답 ②

확률변수 X가 갖는 모든 값에 대한 확률의 합은 1이므로
$$2a+3a+a+a=1, \ 7a=1$$
$$\therefore a=\dfrac{1}{7}$$
즉, X의 확률분포를 나타내는 표는 다음과 같다.

X	-1	0	1	2	합계
$P(X=x)$	$\dfrac{2}{7}$	$\dfrac{3}{7}$	$\dfrac{1}{7}$	$\dfrac{1}{7}$	1

이때 $X^2=1$에서 $X=-1$ 또는 $X=1$이므로
$$P(X^2=1)=P(X=-1 \ \text{또는} \ X=1)$$
$$=P(X=-1)+P(X=1)$$
$$=\dfrac{2}{7}+\dfrac{1}{7}$$
$$=\dfrac{3}{7}$$

0357
답 ④

확률변수 X가 갖는 모든 값에 대한 확률의 합은 1이므로
$$a+5a+b=1 \qquad \therefore 6a+b=1 \quad \cdots\cdots \ \text{㉠}$$
$$P(X=1)=\dfrac{1}{2}P(X=3)$$이므로
$$a=\dfrac{1}{2}b \qquad \therefore 2a-b=0 \quad \cdots\cdots \ \text{㉡}$$
㉠, ㉡을 연립하여 풀면
$$a=\dfrac{1}{8}, \ b=\dfrac{1}{4}$$
즉, X의 확률분포를 나타내는 표는 다음과 같다.

X	1	2	3	합계
$P(X=x)$	$\dfrac{1}{8}$	$\dfrac{5}{8}$	$\dfrac{1}{4}$	1

$$\therefore P(X>1)=P(X=2)+P(X=3)$$
$$=\dfrac{5}{8}+\dfrac{1}{4}=\dfrac{7}{8}$$

[다른 풀이]

확률변수 X가 갖는 값이 1, 2, 3이므로
$$P(X>1)=1-P(X=1)$$
$$=1-\dfrac{1}{8}=\dfrac{7}{8}$$

0358
답 ⑤

확률변수 X가 갖는 모든 값에 대한 확률의 합은 1이므로
$$P(X=1)+P(X=2)+P(X=3)+\cdots+P(X=24)=1$$
이때 확률변수 X의 확률질량함수가
$$P(X=x)=\dfrac{k}{x(x+1)}=k\left(\dfrac{1}{x}-\dfrac{1}{x+1}\right)$$이므로
$$k\left(1-\dfrac{1}{2}\right)+k\left(\dfrac{1}{2}-\dfrac{1}{3}\right)+k\left(\dfrac{1}{3}-\dfrac{1}{4}\right)+\cdots+k\left(\dfrac{1}{24}-\dfrac{1}{25}\right)=1$$
$$k-\dfrac{k}{25}=1, \ \dfrac{24}{25}k=1 \qquad \therefore k=\dfrac{25}{24}$$
$$\therefore P\left(X=\dfrac{25}{k}\right)=P(X=24)=\dfrac{\dfrac{25}{24}}{24\times 25}=\dfrac{1}{576}$$

🔊 **Bible Says** **부분분수로의 변형**

분모가 두 개 이상의 다항식의 곱으로 되어 있을 때, 다음과 같이 부분분수
로 변형한다.
$$\dfrac{1}{AB}=\dfrac{1}{B-A}\left(\dfrac{1}{A}-\dfrac{1}{B}\right) \ (\text{단}, A\neq B)$$

유형 02 이산확률변수의 확률
– 확률분포가 주어지지 않은 경우

0359
답 ①

남성 3명, 여성 5명 중에서 임의로 3명의 대표를 뽑을 때, 선출된
여성 대표의 수가 확률변수 X이므로 X가 가질 수 있는 값은 0, 1,
2, 3이다.

$X=2$인 경우는 남성 1명, 여성 2명이 뽑히는 경우이므로

$$P(X=2)=\frac{{}_3C_1\times{}_5C_2}{{}_8C_3}=\frac{30}{56}=\frac{15}{28}$$

$X=3$인 경우는 여성만 3명 뽑히는 경우이므로

$$P(X=3)=\frac{{}_3C_0\times{}_5C_3}{{}_8C_3}=\frac{10}{56}=\frac{5}{28}$$

$$\therefore P(X\geq2)=P(X=2)+P(X=3)$$
$$=\frac{15}{28}+\frac{5}{28}=\frac{20}{28}=\frac{5}{7}$$

참고

$$P(X=0)=\frac{{}_3C_3\times{}_5C_0}{{}_8C_3}=\frac{1}{56},\ P(X=1)=\frac{{}_3C_2\times{}_5C_1}{{}_8C_3}=\frac{15}{56}$$

따라서 X의 확률분포를 나타내는 표는 다음과 같다.

X	0	1	2	3	합계
$P(X=x)$	$\frac{1}{56}$	$\frac{15}{56}$	$\frac{15}{28}$	$\frac{5}{28}$	1

0360   답②

각 면에 1, 2, 3, 4가 하나씩 적힌 정사면체를 두 번 던질 때, 나오는 모든 경우의 수는

$4\times4=16$

바닥에 놓인 면에 적힌 두 수를 각각 a, b라 하면

$X=a+b$

a, b의 순서쌍 (a, b)에 대하여

$X=3$일 때, $(1, 2)$, $(2, 1)$의 2가지이므로

$$P(X=3)=\frac{2}{16}=\frac{1}{8}$$

$X=6$일 때, $(2, 4)$, $(3, 3)$, $(4, 2)$의 3가지이므로

$$P(X=6)=\frac{3}{16}$$

$$\therefore P(X=3\ \text{또는}\ X=6)=P(X=3)+P(X=6)$$
$$=\frac{1}{8}+\frac{3}{16}=\frac{5}{16}$$

0361   답 40

빨간 공 2개, 파란 공 2개, 노란 공 3개가 들어 있는 주머니에서 임의로 2개의 공을 동시에 꺼낼 때, 나오는 빨간 공의 개수가 확률변수 X이므로 X가 가질 수 있는 값은 0, 1, 2이다.

$X=0$인 경우는 파란 공 또는 노란 공 중에서 2개가 나올 때이므로

$$P(X=0)=\frac{{}_2C_0\times{}_5C_2}{{}_7C_2}=\frac{10}{21}$$

$X=1$인 경우는 빨간 공이 1개, 파란 공 또는 노란 공 중에서 1개가 나올 때이므로

$$P(X=1)=\frac{{}_2C_1\times{}_5C_1}{{}_7C_2}=\frac{10}{21}$$

$X=2$인 경우는 빨간 공만 2개가 나올 때이므로

$$P(X=2)=\frac{{}_2C_2\times{}_5C_0}{{}_7C_2}=\frac{1}{21}$$

즉, X의 확률분포를 표로 나타내면 다음과 같다.

X	0	1	2	합계
$P(X=x)$	$\frac{10}{21}$	$\frac{10}{21}$	$\frac{1}{21}$	1

$a=\dfrac{10}{21}$, $b=\dfrac{10}{21}$, $c=\dfrac{1}{21}$이므로

$$a+b-c=\frac{10}{21}+\frac{10}{21}-\frac{1}{21}=\frac{19}{21}$$

따라서 $p=21$, $q=19$이므로

$p+q=21+19=40$

0362   답⑤

1, 2, 3, 4, 5, 6이 하나씩 적힌 6장의 카드 중에서 임의로 2장의 카드를 동시에 뽑을 때, 카드에 적힌 두 수의 차가 확률변수 X이므로 X가 가질 수 있는 값은 1, 2, 3, 4, 5이다.

이때 $|X-2|\leq2$에서

$-2\leq X-2\leq2$ $\therefore 0\leq X\leq4$

$$\therefore P(|X-2|\leq2)=P(0\leq X\leq4)=P(1\leq X\leq4)$$
$$=1-P(X=5)$$

6장의 카드 중에서 임의로 2장의 카드를 동시에 뽑을 때, 나오는 모든 경우의 수는

${}_6C_2=15$

$X=5$인 경우는 1, 6이 적힌 카드 2장을 뽑는 1가지이므로

$$P(X=5)=\frac{1}{15}$$

$$\therefore P(|X-2|\leq2)=1-P(X=5)$$
$$=1-\frac{1}{15}=\frac{14}{15}$$

0363   답 2

연필 3자루와 볼펜 5자루가 들어 있는 필통에서 임의로 4자루의 필기구를 동시에 꺼낼 때, 나오는 연필의 개수가 확률변수 X이므로 X가 가질 수 있는 값은 0, 1, 2, 3이다.

$X=0$인 경우는 볼펜만 4자루를 꺼낼 때이므로

$$P(X=0)=\frac{{}_3C_0\times{}_5C_4}{{}_8C_4}=\frac{5}{70}=\frac{1}{14}$$

$X=1$인 경우는 연필 1자루, 볼펜 3자루를 꺼낼 때이므로

$$P(X=1)=\frac{{}_3C_1\times{}_5C_3}{{}_8C_4}=\frac{30}{70}=\frac{3}{7}$$

$X=2$인 경우는 연필 2자루, 볼펜 2자루를 꺼낼 때이므로

$$P(X=2)=\frac{{}_3C_2\times{}_5C_2}{{}_8C_4}=\frac{30}{70}=\frac{3}{7}$$

$X=3$인 경우는 연필 3자루, 볼펜 1자루를 꺼낼 때이므로

$$P(X=3)=\frac{{}_3C_3\times{}_5C_1}{{}_8C_4}=\frac{5}{70}=\frac{1}{14}$$

즉, X의 확률분포를 나타내는 표는 다음과 같다.

X	0	1	2	3	합계
$P(X=x)$	$\frac{1}{14}$	$\frac{3}{7}$	$\frac{3}{7}$	$\frac{1}{14}$	1

이 표에서 $P(X\geq2)=\dfrac{1}{2}$이므로

$a=2$

0364
답 ①

확률변수 X의 확률질량함수가

$$P(X=x)=\frac{x+2}{18}\ (x=1,\ 2,\ 3,\ 4)$$

이므로 X의 확률분포를 나타내는 표는 다음과 같다.

X	1	2	3	4	합계
$P(X=x)$	$\frac{1}{6}$	$\frac{2}{9}$	$\frac{5}{18}$	$\frac{1}{3}$	1

$$E(X)=1\times\frac{1}{6}+2\times\frac{2}{9}+3\times\frac{5}{18}+4\times\frac{1}{3}=\frac{50}{18}=\frac{25}{9}\text{이고}$$

$$E(X^2)=1^2\times\frac{1}{6}+2^2\times\frac{2}{9}+3^2\times\frac{5}{18}+4^2\times\frac{1}{3}=\frac{160}{18}=\frac{80}{9}\text{이므로}$$

$$V(X)=E(X^2)-\{E(X)\}^2$$
$$=\frac{80}{9}-\left(\frac{25}{9}\right)^2=\frac{95}{81}$$

0365
답 ③

확률변수 X가 갖는 모든 값에 대한 확률의 합은 1이므로

$$\frac{1}{4}+\frac{1}{3}+a+\frac{1}{3}=1\quad\therefore a=\frac{1}{12}$$

즉, X의 확률분포를 나타내는 표는 다음과 같다.

X	1	2	3	4	합계
$P(X=x)$	$\frac{1}{4}$	$\frac{1}{3}$	$\frac{1}{12}$	$\frac{1}{3}$	1

$$E(X)=1\times\frac{1}{4}+2\times\frac{1}{3}+3\times\frac{1}{12}+4\times\frac{1}{3}=\frac{5}{2}\text{이고}$$

$$E(X^2)=1^2\times\frac{1}{4}+2^2\times\frac{1}{3}+3^2\times\frac{1}{12}+4^2\times\frac{1}{3}=\frac{23}{3}\text{이므로}$$

$$V(X)=E(X^2)-\{E(X)\}^2$$
$$=\frac{23}{3}-\left(\frac{5}{2}\right)^2=\frac{17}{12}$$

0366
답 ⑤

확률변수 X가 갖는 값이 -1, 0, 1, 2이고 $P(X\geq0)=\frac{5}{6}$이므로

$$b+\frac{1}{3}+\frac{1}{6}=\frac{5}{6}\qquad\therefore b=\frac{1}{3}$$

확률변수 X가 갖는 모든 값에 대한 확률의 합은 1이므로

$$a=P(X=-1)=1-P(X\geq0)$$
$$=1-\frac{5}{6}=\frac{1}{6}$$

즉, X의 확률분포를 나타내는 표는 다음과 같다.

X	-1	0	1	2	합계
$P(X=x)$	$\frac{1}{6}$	$\frac{1}{3}$	$\frac{1}{3}$	$\frac{1}{6}$	1

$$\therefore E(X)=(-1)\times\frac{1}{6}+0\times\frac{1}{3}+1\times\frac{1}{3}+2\times\frac{1}{6}=\frac{1}{2}$$

0367
답 ④

확률변수 X가 갖는 모든 값에 대한 확률의 합은 1이므로

$$a+a+\frac{1}{8}+b=1$$

$$\therefore 2a+b=\frac{7}{8}\qquad\cdots\cdots\ \bigcirc$$

X의 평균이 $\frac{13}{8}$이므로

$$0\times a+1\times a+2\times\frac{1}{8}+3\times b=\frac{13}{8}$$

$$\therefore a+3b=\frac{11}{8}\qquad\cdots\cdots\ \bigcirc\!\!\!\!L$$

$\bigcirc$, $\bigcirc\!\!\!\!L$을 연립하여 풀면

$$a=\frac{1}{4},\ b=\frac{3}{8}$$

즉, X의 확률분포를 나타내는 표는 다음과 같다.

X	0	1	2	3	합계
$P(X=x)$	$\frac{1}{4}$	$\frac{1}{4}$	$\frac{1}{8}$	$\frac{3}{8}$	1

$$E(X^2)=0^2\times\frac{1}{4}+1^2\times\frac{1}{4}+2^2\times\frac{1}{8}+3^2\times\frac{3}{8}=\frac{33}{8}\text{이므로}$$

$$V(X)=E(X^2)-\{E(X)\}^2$$
$$=\frac{33}{8}-\left(\frac{13}{8}\right)^2=\frac{95}{64}$$

$$\therefore \sigma(X)=\sqrt{V(X)}=\sqrt{\frac{95}{64}}=\frac{\sqrt{95}}{8}$$

0368
답 3

확률변수 X가 갖는 모든 값에 대한 확률의 합은 1이므로

$$a+b+c=1\qquad\cdots\cdots\ \bigcirc$$

$$E(X)=\frac{3}{2}\text{이므로}$$

$$(-2)\times a+0\times b+3\times c=\frac{3}{2}$$

$$\therefore -2a+3c=\frac{3}{2}\qquad\cdots\cdots\ \bigcirc\!\!\!\!L$$

$$V(X)=E(X^2)-\{E(X)\}^2\text{에서}$$

$$E(X^2)=(-2)^2\times a+0^2\times b+3^2\times c=4a+9c$$

이고 $E(X)=\frac{3}{2}$, $V(X)=\frac{13}{4}$이므로

$$4a+9c-\left(\frac{3}{2}\right)^2=\frac{13}{4}$$

$$\therefore 4a+9c=\frac{11}{2}\qquad\cdots\cdots\ \bigcirc\!\!\!\!\!C$$

$\bigcirc\!\!\!\!L$, $\bigcirc\!\!\!\!\!C$을 연립하여 풀면

$$a=\frac{1}{10},\ c=\frac{17}{30}$$

이를 $\bigcirc$에 대입하면

$$\frac{1}{10}+b+\frac{17}{30}=1\qquad\therefore b=\frac{1}{3}$$

따라서 $a-b+c=\frac{1}{10}-\frac{1}{3}+\frac{17}{30}=\frac{1}{3}$이므로

$$\frac{1}{a-b+c}=3$$

0369

답 ④

3개의 당첨 제비가 들어 있는 6개의 제비 중에서 임의로 3개의 제비를 동시에 뽑을 때, 나오는 당첨 제비의 개수가 확률변수 X이므로 X가 가질 수 있는 값은 0, 1, 2, 3이다.

$X=0$인 경우는 당첨 제비가 아닌 제비만 3개 뽑을 때이므로

$$P(X=0)=\frac{{}_3C_0\times{}_3C_3}{{}_6C_3}=\frac{1}{20}$$

$X=1$인 경우는 당첨 제비 1개, 당첨 제비가 아닌 제비 2개를 뽑을 때이므로

$$P(X=1)=\frac{{}_3C_1\times{}_3C_2}{{}_6C_3}=\frac{9}{20}$$

$X=2$인 경우는 당첨 제비 2개, 당첨 제비가 아닌 제비 1개를 뽑을 때이므로

$$P(X=2)=\frac{{}_3C_2\times{}_3C_1}{{}_6C_3}=\frac{9}{20}$$

$X=3$인 경우는 당첨 제비만 3개 뽑을 때이므로

$$P(X=3)=\frac{{}_3C_3\times{}_3C_0}{{}_6C_3}=\frac{1}{20}$$

즉, X의 확률분포를 나타내는 표는 다음과 같다.

X	0	1	2	3	합계
$P(X=x)$	$\frac{1}{20}$	$\frac{9}{20}$	$\frac{9}{20}$	$\frac{1}{20}$	1

$E(X)=0\times\frac{1}{20}+1\times\frac{9}{20}+2\times\frac{9}{20}+3\times\frac{1}{20}=\frac{30}{20}=\frac{3}{2}$ 이고

$E(X^2)=0^2\times\frac{1}{20}+1^2\times\frac{9}{20}+2^2\times\frac{9}{20}+3^2\times\frac{1}{20}=\frac{54}{20}=\frac{27}{10}$ 이므로

$$V(X)=E(X^2)-\{E(X)\}^2$$
$$=\frac{27}{10}-\left(\frac{3}{2}\right)^2=\frac{9}{20}$$

0370

답 ④

0, 1, 2, 3이 하나씩 적혀 있는 4장의 카드가 들어 있는 주머니에서 꺼낸 2장의 카드에 적혀 있는 두 수 중 큰 수가 확률변수 X이므로 X가 가질 수 있는 값은 1, 2, 3이다.

$X=1$인 경우는 0, 1이 적힌 카드를 뽑을 때이므로

$$P(X=1)=\frac{1}{{}_4C_2}=\frac{1}{6}$$

$X=2$인 경우는 2가 적힌 카드와 0, 1이 적힌 카드 중 한 장을 뽑을 때이므로

$$P(X=2)=\frac{1\times2}{{}_4C_2}=\frac{2}{6}=\frac{1}{3}$$

$X=3$인 경우는 3이 적힌 카드와 0, 1, 2가 적힌 카드 중 한 장을 뽑을 때이므로

$$P(X=3)=\frac{1\times3}{{}_4C_2}=\frac{3}{6}=\frac{1}{2}$$

즉, X의 확률분포를 나타내는 표는 다음과 같다.

X	1	2	3	합계
$P(X=x)$	$\frac{1}{6}$	$\frac{1}{3}$	$\frac{1}{2}$	1

$\therefore E(X)=1\times\frac{1}{6}+2\times\frac{1}{3}+3\times\frac{1}{2}=\frac{14}{6}=\frac{7}{3}$

0371

답 53

서로 다른 두 개의 주사위를 동시에 던질 때, 나오는 모든 경우의 수는

$6\times6=36$

주사위의 두 눈의 수의 차가 확률변수 X이므로 X가 가질 수 있는 값은 0, 1, 2, 3, 4, 5이고 주사위의 두 눈의 수를 a, b라 할 때, X의 값에 따른 순서쌍 (a, b)와 확률은 다음과 같다.

$X=0$일 때, $(1, 1)$, $(2, 2)$, $(3, 3)$, $(4, 4)$, $(5, 5)$, $(6, 6)$의 6가지이므로

$$P(X=0)=\frac{6}{36}=\frac{1}{6}$$

$X=1$일 때, $(1, 2)$, $(2, 1)$, $(2, 3)$, $(3, 2)$, $(3, 4)$, $(4, 3)$, $(4, 5)$, $(5, 4)$, $(5, 6)$, $(6, 5)$의 10가지이므로

$$P(X=1)=\frac{10}{36}=\frac{5}{18}$$

$X=2$일 때, $(1, 3)$, $(2, 4)$, $(3, 1)$, $(3, 5)$, $(4, 2)$, $(4, 6)$, $(5, 3)$, $(6, 4)$의 8가지이므로

$$P(X=2)=\frac{8}{36}=\frac{2}{9}$$

$X=3$일 때, $(1, 4)$, $(2, 5)$, $(3, 6)$, $(4, 1)$, $(5, 2)$, $(6, 3)$의 6가지이므로

$$P(X=3)=\frac{6}{36}=\frac{1}{6}$$

$X=4$일 때, $(1, 5)$, $(2, 6)$, $(5, 1)$, $(6, 2)$의 4가지이므로

$$P(X=4)=\frac{4}{36}=\frac{1}{9}$$

$X=5$일 때, $(1, 6)$, $(6, 1)$의 2가지이므로

$$P(X=5)=\frac{2}{36}=\frac{1}{18}$$

즉, X의 확률분포를 나타내는 표는 다음과 같다.

X	0	1	2	3	4	5	합계
$P(X=x)$	$\frac{1}{6}$	$\frac{5}{18}$	$\frac{2}{9}$	$\frac{1}{6}$	$\frac{1}{9}$	$\frac{1}{18}$	1

$E(X)=0\times\frac{1}{6}+1\times\frac{5}{18}+2\times\frac{2}{9}+3\times\frac{1}{6}+4\times\frac{1}{9}+5\times\frac{1}{18}$

$$=\frac{35}{18}$$

따라서 $p=18$, $q=35$이므로

$p+q=18+35=53$

0372

답 2

1부터 7까지의 자연수가 하나씩 적혀 있는 7개의 공이 들어 있는 주머니에서 임의로 하나씩 공을 꺼낼 때, 7이 적혀 있는 공은 처음에 나올 수도 있고 마지막에 나올 수도 있다.

7이 적혀 있는 공이 나올 때까지 꺼내야 하는 공의 개수가 확률변수 X이므로 X가 가질 수 있는 값은 1, 2, 3, 4, 5, 6, 7이고 그 확률은 각각

$P(X=1)=\dfrac{1}{7}$

$P(X=2)=\dfrac{6}{7}\times\dfrac{1}{6}=\dfrac{1}{7}$

$P(X=3)=\dfrac{6}{7}\times\dfrac{5}{6}\times\dfrac{1}{5}=\dfrac{1}{7}$

$P(X=4)=\dfrac{6}{7}\times\dfrac{5}{6}\times\dfrac{4}{5}\times\dfrac{1}{4}=\dfrac{1}{7}$

$P(X=5)=\dfrac{6}{7}\times\dfrac{5}{6}\times\dfrac{4}{5}\times\dfrac{3}{4}\times\dfrac{1}{3}=\dfrac{1}{7}$

$P(X=6)=\dfrac{6}{7}\times\dfrac{5}{6}\times\dfrac{4}{5}\times\dfrac{3}{4}\times\dfrac{2}{3}\times\dfrac{1}{2}=\dfrac{1}{7}$

$P(X=7)=\dfrac{6}{7}\times\dfrac{5}{6}\times\dfrac{4}{5}\times\dfrac{3}{4}\times\dfrac{2}{3}\times\dfrac{1}{2}\times\dfrac{1}{1}=\dfrac{1}{7}$

즉, X의 확률분포를 나타내는 표는 다음과 같다.

X	1	2	3	4	5	6	7	합계
$P(X=x)$	$\dfrac{1}{7}$	$\dfrac{1}{7}$	$\dfrac{1}{7}$	$\dfrac{1}{7}$	$\dfrac{1}{7}$	$\dfrac{1}{7}$	$\dfrac{1}{7}$	1

$E(X)=1\times\dfrac{1}{7}+2\times\dfrac{1}{7}+3\times\dfrac{1}{7}+4\times\dfrac{1}{7}+5\times\dfrac{1}{7}+6\times\dfrac{1}{7}+7\times\dfrac{1}{7}$

$\qquad=\dfrac{28}{7}=4$

이고

$E(X^2)=1^2\times\dfrac{1}{7}+2^2\times\dfrac{1}{7}+3^2\times\dfrac{1}{7}+4^2\times\dfrac{1}{7}+5^2\times\dfrac{1}{7}$

$\qquad\qquad\qquad\qquad\qquad+6^2\times\dfrac{1}{7}+7^2\times\dfrac{1}{7}$

$\qquad=\dfrac{140}{7}=20$

이므로

$V(X)=E(X^2)-\{E(X)\}^2$

$\qquad=20-4^2=4$

$\therefore\ \sigma(X)=\sqrt{V(X)}=\sqrt{4}=2$

0373 답 ①

세 주머니 A, B, C에 흰 공과 검은 공이 모두 들어 있고 세 주머니에서 각각 임의로 1개씩 꺼낸 공 중 흰 공의 개수가 확률변수 X이므로 X가 가질 수 있는 값은 0, 1, 2, 3이다.

$X=0$인 경우는 A, B, C 세 주머니에서 모두 검은 공이 나올 때이므로

$P(X=0)=\dfrac{3}{4}\times\dfrac{1}{2}\times\dfrac{1}{4}$

$\qquad=\dfrac{3}{32}$

$X=1$인 경우는 A, B, C 중 하나의 주머니에서는 흰 공, 나머지 두 개의 주머니에서는 검은 공이 나올 때이므로

$P(X=1)=\dfrac{1}{4}\times\dfrac{1}{2}\times\dfrac{1}{4}+\dfrac{3}{4}\times\dfrac{1}{2}\times\dfrac{1}{4}+\dfrac{3}{4}\times\dfrac{1}{2}\times\dfrac{3}{4}$

$\qquad=\dfrac{13}{32}$

$X=2$인 경우는 A, B, C 중 두 개의 주머니에서는 흰 공, 나머지 하나의 주머니에서는 검은 공이 나올 때이므로

$P(X=2)=\dfrac{1}{4}\times\dfrac{1}{2}\times\dfrac{1}{4}+\dfrac{1}{4}\times\dfrac{1}{2}\times\dfrac{3}{4}+\dfrac{3}{4}\times\dfrac{1}{2}\times\dfrac{3}{4}$

$\qquad=\dfrac{13}{32}$

$X=3$인 경우는 A, B, C 세 주머니에서 모두 흰 공이 나올 때이므로

$P(X=3)=\dfrac{1}{4}\times\dfrac{1}{2}\times\dfrac{3}{4}$

$\qquad=\dfrac{3}{32}$

즉, X의 확률분포를 나타내는 표는 다음과 같다.

X	0	1	2	3	합계
$P(X=x)$	$\dfrac{3}{32}$	$\dfrac{13}{32}$	$\dfrac{13}{32}$	$\dfrac{3}{32}$	1

$\therefore\ E(X)=0\times\dfrac{3}{32}+1\times\dfrac{13}{32}+2\times\dfrac{13}{32}+3\times\dfrac{3}{32}$

$\qquad\quad=\dfrac{48}{32}=\dfrac{3}{2}$

참고

각 주머니에서 공을 1개 꺼낼 때

A: 흰 공이 나올 확률 $\dfrac{1}{4}$, 검은 공이 나올 확률 $\dfrac{3}{4}$

B: 흰 공이 나올 확률 $\dfrac{1}{2}$, 검은 공이 나올 확률 $\dfrac{1}{2}$

C: 흰 공이 나올 확률 $\dfrac{3}{4}$, 검은 공이 나올 확률 $\dfrac{1}{4}$

유형 05 기댓값

0374 답 ②

제비의 총 개수는

$1+10+89=100$

제비 1개를 뽑아서 받을 수 있는 상금을 확률변수 X라 하면 X가 가질 수 있는 값은 0, 2000, 10000이고 그 확률은 각각

$P(X=0)=\dfrac{89}{100}$

$P(X=2000)=\dfrac{10}{100}=\dfrac{1}{10}$

$P(X=10000)=\dfrac{1}{100}$

즉, X의 확률분포를 나타내는 표는 다음과 같다.

X	0	2000	10000	합계
$P(X=x)$	$\dfrac{89}{100}$	$\dfrac{1}{10}$	$\dfrac{1}{100}$	1

$\therefore\ E(X)=0\times\dfrac{89}{100}+2000\times\dfrac{1}{10}+10000\times\dfrac{1}{100}=300$

따라서 받을 수 있는 상금의 기댓값은 300원이다.

0375 답 ④

100원짜리 동전 2개, 500원짜리 동전 1개를 동시에 던질 때 나오는 결과를 표로 나타내면 다음과 같다.

100원	100원	500원	받는 금액
앞	앞	앞	700원
앞	앞	뒤	200원
앞	뒤	앞	600원
앞	뒤	뒤	100원
뒤	앞	앞	600원
뒤	앞	뒤	100원
뒤	뒤	앞	500원
뒤	뒤	뒤	0원

즉, 동전을 한 번 던져 받을 수 있는 금액을 확률변수 X라 하면 X가 가질 수 있는 값은 0, 100, 200, 500, 600, 700이고 그 확률은 각각

$P(X=0)=\dfrac{1}{8}$, $P(X=100)=\dfrac{2}{8}=\dfrac{1}{4}$,

$P(X=200)=\dfrac{1}{8}$, $P(X=500)=\dfrac{1}{8}$,

$P(X=600)=\dfrac{2}{8}=\dfrac{1}{4}$, $P(X=700)=\dfrac{1}{8}$

이므로 X의 확률분포를 나타내는 표는 다음과 같다.

X	0	100	200	500	600	700	합계
$P(X=x)$	$\dfrac{1}{8}$	$\dfrac{1}{4}$	$\dfrac{1}{8}$	$\dfrac{1}{8}$	$\dfrac{1}{4}$	$\dfrac{1}{8}$	1

$\therefore E(X)=0\times\dfrac{1}{8}+100\times\dfrac{1}{4}+200\times\dfrac{1}{8}+500\times\dfrac{1}{8}$

$\qquad\qquad +600\times\dfrac{1}{4}+700\times\dfrac{1}{8}$

$\qquad =\dfrac{2800}{8}=350$

따라서 받을 수 있는 금액의 기댓값은 350원이다.

0376 　답 ⑤

1이 적힌 카드가 1장, 2가 적힌 카드가 2장, 3이 적힌 카드가 3장, 4가 적힌 카드가 4장, 5가 적힌 카드가 5장 들어 있는 주머니에서 임의로 한 장의 카드를 꺼낼 때, 꺼낸 카드에 적힌 수를 확률변수 X라 하면 X가 가질 수 있는 값은 1, 2, 3, 4, 5이다.

이때 카드의 총 장수는 $1+2+3+4+5=15$이므로 X가 갖는 각 값에 대한 확률은

$P(X=1)=\dfrac{1}{15}$, $P(X=2)=\dfrac{2}{15}$, $P(X=3)=\dfrac{3}{15}=\dfrac{1}{5}$,

$P(X=4)=\dfrac{4}{15}$, $P(X=5)=\dfrac{5}{15}=\dfrac{1}{3}$

즉, X의 확률분포를 나타내는 표는 다음과 같다.

X	1	2	3	4	5	합계
$P(X=x)$	$\dfrac{1}{15}$	$\dfrac{2}{15}$	$\dfrac{1}{5}$	$\dfrac{4}{15}$	$\dfrac{1}{3}$	1

$\therefore E(X)=1\times\dfrac{1}{15}+2\times\dfrac{2}{15}+3\times\dfrac{1}{5}+4\times\dfrac{4}{15}+5\times\dfrac{1}{3}$

$\qquad =\dfrac{55}{15}=\dfrac{11}{3}$

따라서 꺼낸 카드에 적힌 수의 기댓값은 $\dfrac{11}{3}$이다.

0377 　답 ③

흰 공 4개, 빨간 공 3개, 검은 공 n개가 들어 있는 상자에서 임의로 1개의 공을 꺼내는 게임을 한 번 하여 받을 수 있는 금액을 확률변수 X라 하면 X가 가질 수 있는 값은 -200, 100, 500이다.

이때 공의 총 개수는 $4+3+n=n+7$이므로 X가 갖는 각 값에 대한 확률은

$P(X=-200)=\dfrac{n}{n+7}$

$P(X=100)=\dfrac{3}{n+7}$

$P(X=500)=\dfrac{4}{n+7}$

즉, X의 확률분포를 나타내는 표는 다음과 같다.

X	-200	100	500	합계
$P(X=x)$	$\dfrac{n}{n+7}$	$\dfrac{3}{n+7}$	$\dfrac{4}{n+7}$	1

$E(X)=(-200)\times\dfrac{n}{n+7}+100\times\dfrac{3}{n+7}+500\times\dfrac{4}{n+7}$

$\qquad =\dfrac{2300-200n}{n+7}$

게임을 한 번 하여 받을 수 있는 금액의 기댓값이 170원이므로

$\dfrac{2300-200n}{n+7}=170$

$2300-200n=170n+1190$, $370n=1110$

$\therefore n=3$

유형 **06** 확률변수 $aX+b$의 평균, 분산, 표준편차
　　　　ー 평균, 분산이 주어진 경우

0378 　답 ④

$E(Y)=15$, 즉 $E\left(\dfrac{2}{3}X+7\right)=15$에서

$\dfrac{2}{3}E(X)+7=15$, $\dfrac{2}{3}E(X)=8$

$\therefore E(X)=12$

0379 　답 ②

$E(Y)=8$, 즉 $E(3X+2)=8$에서

$3E(X)+2=8$ $\quad\therefore E(X)=2$

$E(Y)=8$, $E(Y^2)=100$이므로

$V(Y)=E(Y^2)-\{E(Y)\}^2=100-8^2=36$

즉, $V(3X+2)=36$에서 $3^2V(X)=36$이므로

$V(X)=4$ $\quad\therefore \sigma(X)=\sqrt{V(X)}=\sqrt{4}=2$

$\therefore E(X)+\sigma(X)=2+2=4$

0380 　답 ⑤

$E(X)=4$, $E(X^2)=20$이므로

$V(X)=E(X^2)-\{E(X)\}^2=20-4^2=4$

$Y=aX+b$이므로

$\mathrm{E}(Y)=\mathrm{E}(aX+b)=a\mathrm{E}(X)+b=4a+b$

이고 $\mathrm{E}(Y)=10$이므로

$4a+b=10$ ······ ㉠

또한 $\mathrm{V}(Y)=\mathrm{V}(aX+b)=a^2\mathrm{V}(X)=4a^2$이고

$\mathrm{V}(Y)=36$이므로

$4a^2=36,\ a^2=9$ $\therefore a=3\ (\because a>0)$

이를 ㉠에 대입하면

$12+b=10$ $\therefore b=-2$

$\therefore a-b=3-(-2)=5$

0381

답 90

$\mathrm{E}(X)=m,\ \sigma(X)=\sigma$이고

$T=a\times\dfrac{X-m}{\sigma}+b=\dfrac{a}{\sigma}X-\dfrac{am}{\sigma}+b$

$\mathrm{E}(T)=80$에서 $\mathrm{E}\left(\dfrac{a}{\sigma}X-\dfrac{am}{\sigma}+b\right)=80$

즉, $\dfrac{a}{\sigma}\mathrm{E}(X)-\dfrac{am}{\sigma}+b=80$이므로

$\dfrac{a}{\sigma}\times m-\dfrac{am}{\sigma}+b=80$ $\therefore b=80$

또한 $\sigma(T)=10$에서 $\sigma\left(\dfrac{a}{\sigma}X-\dfrac{am}{\sigma}+b\right)=10$

즉, $\dfrac{a}{\sigma}\times\sigma(X)=10$이므로

$\dfrac{a}{\sigma}\times\sigma=10$ $\therefore a=10$

$\therefore a+b=10+80=90$

다른 풀이

$T=a\times\dfrac{X-m}{\sigma}+b$에서 $Y=\dfrac{X-m}{\sigma}$으로 놓으면 $\mathrm{E}(X)=m,$

$\sigma(X)=\sigma$이므로

$\mathrm{E}(Y)=\mathrm{E}\left(\dfrac{X-m}{\sigma}\right)=\dfrac{1}{\sigma}\mathrm{E}(X)-\dfrac{m}{\sigma}=\dfrac{m}{\sigma}-\dfrac{m}{\sigma}=0$

$\sigma(Y)=\sigma\left(\dfrac{X-m}{\sigma}\right)=\dfrac{1}{\sigma}\times\sigma(X)=\dfrac{1}{\sigma}\times\sigma=1$

$T=aY+b$이고 $\mathrm{E}(T)=80,\ \sigma(T)=10$이므로

$\mathrm{E}(T)=\mathrm{E}(aY+b)=a\mathrm{E}(Y)+b=b=80$

$\sigma(T)=\sigma(aY+b)=a\sigma(Y)=a=10$

$\therefore a+b=10+80=90$

유형 07 확률변수 $aX+b$의 평균, 분산, 표준편차 - 확률분포가 주어진 경우

0382

답 ①

$\mathrm{E}(X)=(-1)\times\dfrac{1}{4}+0\times\dfrac{3}{8}+3\times\dfrac{3}{8}=\dfrac{7}{8}$

$\therefore \mathrm{E}(16X+1)=16\mathrm{E}(X)+1=16\times\dfrac{7}{8}+1=15$

0383

답 ③

확률변수 X의 확률질량함수가

$\mathrm{P}(X=x)=\dfrac{ax+3}{20}\ (x=-1,\ 0,\ 2,\ 3)$

이고 확률변수 X가 갖는 모든 값에 대한 확률의 합은 1이므로

$\dfrac{-a+3}{20}+\dfrac{0\times a+3}{20}+\dfrac{2a+3}{20}+\dfrac{3a+3}{20}=1$

$\dfrac{4a+12}{20}=1,\ 4a=8$

$\therefore a=2$

즉, X의 확률분포를 나타내는 표는 다음과 같다.

X	-1	0	2	3	합계
$\mathrm{P}(X=x)$	$\dfrac{1}{20}$	$\dfrac{3}{20}$	$\dfrac{7}{20}$	$\dfrac{9}{20}$	1

$\mathrm{E}(X)=(-1)\times\dfrac{1}{20}+0\times\dfrac{3}{20}+2\times\dfrac{7}{20}+3\times\dfrac{9}{20}$

$=\dfrac{40}{20}=2$

이고

$\mathrm{E}(X^2)=(-1)^2\times\dfrac{1}{20}+0^2\times\dfrac{3}{20}+2^2\times\dfrac{7}{20}+3^2\times\dfrac{9}{20}$

$=\dfrac{110}{20}=\dfrac{11}{2}$

이므로

$\mathrm{V}(X)=\mathrm{E}(X^2)-\{\mathrm{E}(X)\}^2$

$=\dfrac{11}{2}-2^2=\dfrac{3}{2}$

$\therefore \mathrm{V}(1-2X)=(-2)^2\mathrm{V}(X)$

$=4\times\dfrac{3}{2}=6$

0384

답 122

확률변수 X가 갖는 모든 값에 대한 확률의 합은 1이므로

$4a^2+a+\dfrac{1}{2}=1$

$8a^2+2a-1=0,\ (4a-1)(2a+1)=0$

$\therefore a=\dfrac{1}{4}$ 또는 $a=-\dfrac{1}{2}$

이때 $a=\mathrm{P}(X=20)\geq0$이므로

$a=\dfrac{1}{4}$

즉, X의 확률분포를 나타내는 표는 다음과 같다.

X	10	20	40	합계
$\mathrm{P}(X=x)$	$\dfrac{1}{4}$	$\dfrac{1}{4}$	$\dfrac{1}{2}$	1

$\mathrm{E}(X)=10\times\dfrac{1}{4}+20\times\dfrac{1}{4}+40\times\dfrac{1}{2}=\dfrac{55}{2}$

$\therefore \mathrm{E}\left(\dfrac{X+3}{a}\right)=\mathrm{E}\left(\dfrac{X+3}{\frac{1}{4}}\right)=\mathrm{E}(4X+12)$

$=4\mathrm{E}(X)+12$

$=4\times\dfrac{55}{2}+12=122$

0385

답 42

확률변수 X가 갖는 모든 값에 대한 확률의 합은 1이므로

$\frac{3}{7}+a+b=1$ $\therefore a+b=\frac{4}{7}$ …… ㉠

$E(3X+1)=7$에서

$3E(X)+1=7$ $\therefore E(X)=2$

이때 주어진 표에서

$E(X)=1\times\frac{3}{7}+2a+3b=2$ $\therefore 2a+3b=\frac{11}{7}$ …… ㉡

㉠, ㉡을 연립하여 풀면 $a=\frac{1}{7}$, $b=\frac{3}{7}$

즉, X의 확률분포를 나타내는 표는 다음과 같다.

X	1	2	3	합계
$P(X=x)$	$\frac{3}{7}$	$\frac{1}{7}$	$\frac{3}{7}$	1

$E(X^2)=1^2\times\frac{3}{7}+2^2\times\frac{1}{7}+3^2\times\frac{3}{7}=\frac{34}{7}$이므로

$V(X)=E(X^2)-\{E(X)\}^2=\frac{34}{7}-2^2=\frac{6}{7}$

$\therefore V(3-7X)=(-7)^2V(X)=49\times\frac{6}{7}=42$

0386

답 ②

$E(X)=0\times\frac{1}{4}+1\times\frac{1}{6}+2\times\frac{1}{12}+3\times\frac{1}{2}=\frac{11}{6}$이고

$E(X^2)=0^2\times\frac{1}{4}+1^2\times\frac{1}{6}+2^2\times\frac{1}{12}+3^2\times\frac{1}{2}=\frac{30}{6}=5$이므로

$V(X)=E(X^2)-\{E(X)\}^2=5-\left(\frac{11}{6}\right)^2=\frac{59}{36}$

$E(Y)=E(aX+b)=aE(X)+b=\frac{11}{6}a+b$이고 $E(Y)=10$이

므로

$\frac{11}{6}a+b=10$ …… ㉠

$V(Y)=V(aX+b)=a^2V(X)=\frac{59}{36}a^2$이고 $V(Y)=59$이므로

$\frac{59}{36}a^2=59$, $a^2=36$ $\therefore a=6$ ($\because a>0$)

이를 ㉠에 대입하면

$11+b=10$ $\therefore b=-1$

$\therefore ab=6\times(-1)=-6$

유형 **08** 확률변수 $aX+b$의 평균, 분산, 표준편차
– 확률분포가 주어지지 않은 경우

0387

답 ⑤

한 개의 주사위를 한 번 던져서 나오는 눈의 수가 확률변수 X이므로 X가 가질 수 있는 값은 1, 2, 3, 4, 5, 6이고 그 확률은 각각 $\frac{1}{6}$이다.

즉, X의 확률분포를 나타내는 표는 다음과 같다.

X	1	2	3	4	5	6	합계
$P(X=x)$	$\frac{1}{6}$	$\frac{1}{6}$	$\frac{1}{6}$	$\frac{1}{6}$	$\frac{1}{6}$	$\frac{1}{6}$	1

$E(X)=1\times\frac{1}{6}+2\times\frac{1}{6}+3\times\frac{1}{6}+4\times\frac{1}{6}+5\times\frac{1}{6}+6\times\frac{1}{6}$

$=\frac{21}{6}=\frac{7}{2}$

$\therefore E(4X-1)=4E(X)-1=4\times\frac{7}{2}-1=13$

한편, 나오는 눈의 수의 10배를 상금으로 받고, 받는 상금이 확률변수 Y이므로

$Y=10X$

즉, $3Y+2=30X+2$이므로

$E(3Y+2)=E(30X+2)=30E(X)+2$

$=30\times\frac{7}{2}+2=107$

$\therefore E(4X-1)+E(3Y+2)=13+107=120$

0388

답 20

각 면에 1, 2, 2, 3, 3, 3이 하나씩 적힌 정육면체 모양의 상자를 던져 바닥에 닿는 면에 적힌 수가 확률변수 X이므로 X가 가질 수 있는 값은 1, 2, 3이고 그 확률은 각각

$P(X=1)=\frac{1}{6}$, $P(X=2)=\frac{2}{6}=\frac{1}{3}$, $P(X=3)=\frac{3}{6}=\frac{1}{2}$

즉, X의 확률분포를 나타내는 표는 다음과 같다.

X	1	2	3	합계
$P(X=x)$	$\frac{1}{6}$	$\frac{1}{3}$	$\frac{1}{2}$	1

$E(X)=1\times\frac{1}{6}+2\times\frac{1}{3}+3\times\frac{1}{2}=\frac{14}{6}=\frac{7}{3}$이고

$E(X^2)=1^2\times\frac{1}{6}+2^2\times\frac{1}{3}+3^2\times\frac{1}{2}=\frac{36}{6}=6$이므로

$V(X)=E(X^2)-\{E(X)\}^2=6-\left(\frac{7}{3}\right)^2=\frac{5}{9}$

$\therefore V(6X-5)=6^2V(X)=36\times\frac{5}{9}=20$

0389

답 ④

파란 공 2개, 노란 공 2개가 들어 있는 주머니에서 임의로 꺼낸 2개의 공 중에서 파란 공의 개수가 확률변수 X이므로 X가 가질 수 있는 값은 0, 1, 2이고 그 확률은 각각

$P(X=0)=\frac{{}_2C_0\times{}_2C_2}{{}_4C_2}=\frac{1}{6}$

$P(X=1)=\frac{{}_2C_1\times{}_2C_1}{{}_4C_2}=\frac{4}{6}=\frac{2}{3}$

$P(X=2)=\frac{{}_2C_2\times{}_2C_0}{{}_4C_2}=\frac{1}{6}$

즉, X의 확률분포를 나타내는 표는 다음과 같다.

X	0	1	2	합계
$P(X=x)$	$\frac{1}{6}$	$\frac{2}{3}$	$\frac{1}{6}$	1

$\mathrm{E}(X)=0\times\dfrac{1}{6}+1\times\dfrac{2}{3}+2\times\dfrac{1}{6}=1$이고

$\mathrm{E}(X^2)=0^2\times\dfrac{1}{6}+1^2\times\dfrac{2}{3}+2^2\times\dfrac{1}{6}=\dfrac{4}{3}$이므로

$\mathrm{V}(X)=\mathrm{E}(X^2)-\{\mathrm{E}(X)\}^2=\dfrac{4}{3}-1^2=\dfrac{1}{3}$

$\therefore \sigma(X)=\sqrt{\dfrac{1}{3}}$

$m=\mathrm{E}(9X+3)=9\mathrm{E}(X)+3=9\times1+3=12$

$\sigma=\sigma(9X+3)=|9|\sigma(X)=9\times\sqrt{\dfrac{1}{3}}=3\sqrt{3}$

$\therefore m\times\sigma=12\times3\sqrt{3}=36\sqrt{3}$

0390
답 ①

서로 다른 4장의 카드 중 임의로 동시에 2장의 카드를 꺼낼 때, 나오는 모든 경우의 수는

$_4\mathrm{C}_2=6$

2장의 카드에 적힌 두 수의 평균은 두 수가

(i) 1, 2일 때, $\dfrac{3}{2}$ (ii) 1, 3일 때, 2

(iii) 1, 4일 때, $\dfrac{5}{2}$ (iv) 2, 3일 때, $\dfrac{5}{2}$

(v) 2, 4일 때, 3 (vi) 3, 4일 때, $\dfrac{7}{2}$

즉, 꺼낸 카드에 적혀 있는 두 수의 평균 X가 갖는 값은 $\dfrac{3}{2}$, 2, $\dfrac{5}{2}$, 3, $\dfrac{7}{2}$이고 X의 확률분포를 나타내는 표는 다음과 같다.

X	$\dfrac{3}{2}$	2	$\dfrac{5}{2}$	3	$\dfrac{7}{2}$	합계
$\mathrm{P}(X=x)$	$\dfrac{1}{6}$	$\dfrac{1}{6}$	$\dfrac{1}{3}$	$\dfrac{1}{6}$	$\dfrac{1}{6}$	1

$\mathrm{E}(X)=\dfrac{3}{2}\times\dfrac{1}{6}+2\times\dfrac{1}{6}+\dfrac{5}{2}\times\dfrac{1}{3}+3\times\dfrac{1}{6}+\dfrac{7}{2}\times\dfrac{1}{6}$

$\qquad=\dfrac{30}{12}=\dfrac{5}{2}$

이고

$\mathrm{E}(X^2)=\left(\dfrac{3}{2}\right)^2\times\dfrac{1}{6}+2^2\times\dfrac{1}{6}+\left(\dfrac{5}{2}\right)^2\times\dfrac{1}{3}+3^2\times\dfrac{1}{6}+\left(\dfrac{7}{2}\right)^2\times\dfrac{1}{6}$

$\qquad=\dfrac{160}{24}=\dfrac{20}{3}$

이므로

$\mathrm{V}(X)=\mathrm{E}(X^2)-\{\mathrm{E}(X)\}^2=\dfrac{20}{3}-\left(\dfrac{5}{2}\right)^2=\dfrac{5}{12}$

$\therefore \mathrm{V}(6X-5)=6^2\mathrm{V}(X)=36\times\dfrac{5}{12}=15$

0391
답 20

흰 공 2개, 검은 공 3개가 들어 있는 주머니에서 공을 한 개씩 꺼내어 흰 공 2개가 나올 때까지의 시행 횟수가 X이므로 흰 공만 2개 꺼내고 끝날 때 X의 최솟값은 2이고 모든 공을 다 꺼내고 끝날 때 X의 최댓값은 5이다.

즉, X가 가질 수 있는 값은 2, 3, 4, 5이다.

이때 흰 공을 ○, 검은 공을 ●라 하면 각 확률은 다음과 같다.

(i) $X=2$인 경우

○○의 순서로 뽑을 확률은 $\dfrac{2}{5}\times\dfrac{1}{4}=\dfrac{1}{10}$

$\therefore \mathrm{P}(X=2)=\dfrac{1}{10}$

(ii) $X=3$인 경우

○●○의 순서로 뽑을 확률은 $\dfrac{2}{5}\times\dfrac{3}{4}\times\dfrac{1}{3}=\dfrac{1}{10}$

●○○의 순서로 뽑을 확률은 $\dfrac{3}{5}\times\dfrac{2}{4}\times\dfrac{1}{3}=\dfrac{1}{10}$

$\therefore \mathrm{P}(X=3)=\dfrac{1}{10}+\dfrac{1}{10}=\dfrac{1}{5}$

(iii) $X=4$인 경우

○●●○의 순서로 뽑을 확률은 $\dfrac{2}{5}\times\dfrac{3}{4}\times\dfrac{2}{3}\times\dfrac{1}{2}=\dfrac{1}{10}$

●○●○의 순서로 뽑을 확률은 $\dfrac{3}{5}\times\dfrac{2}{4}\times\dfrac{2}{3}\times\dfrac{1}{2}=\dfrac{1}{10}$

●●○○의 순서로 뽑을 확률은 $\dfrac{3}{5}\times\dfrac{2}{4}\times\dfrac{2}{3}\times\dfrac{1}{2}=\dfrac{1}{10}$

$\therefore \mathrm{P}(X=4)=\dfrac{1}{10}+\dfrac{1}{10}+\dfrac{1}{10}=\dfrac{3}{10}$

(iv) $X=5$인 경우

○●●●○의 순서로 뽑을 확률은 $\dfrac{2}{5}\times\dfrac{3}{4}\times\dfrac{2}{3}\times\dfrac{1}{2}\times\dfrac{1}{1}=\dfrac{1}{10}$

●○●●○의 순서로 뽑을 확률은 $\dfrac{3}{5}\times\dfrac{2}{4}\times\dfrac{2}{3}\times\dfrac{1}{2}\times\dfrac{1}{1}=\dfrac{1}{10}$

●●○●○의 순서로 뽑을 확률은 $\dfrac{3}{5}\times\dfrac{2}{4}\times\dfrac{2}{3}\times\dfrac{1}{2}\times\dfrac{1}{1}=\dfrac{1}{10}$

●●●○○의 순서로 뽑을 확률은 $\dfrac{3}{5}\times\dfrac{2}{4}\times\dfrac{1}{3}\times\dfrac{2}{2}\times\dfrac{1}{1}=\dfrac{1}{10}$

$\therefore \mathrm{P}(X=5)=\dfrac{1}{10}+\dfrac{1}{10}+\dfrac{1}{10}+\dfrac{1}{10}=\dfrac{2}{5}$

(i)~(iv)에서 X의 확률분포를 나타내는 표는 다음과 같다.

X	2	3	4	5	합계
$\mathrm{P}(X=x)$	$\dfrac{1}{10}$	$\dfrac{1}{5}$	$\dfrac{3}{10}$	$\dfrac{2}{5}$	1

$\mathrm{E}(X)=2\times\dfrac{1}{10}+3\times\dfrac{1}{5}+4\times\dfrac{3}{10}+5\times\dfrac{2}{5}=4$

$\therefore \mathrm{E}(5X)=5\mathrm{E}(X)=5\times4=20$

0392
답 93

정육각형의 꼭짓점 중 서로 다른 두 점을 양 끝 점으로 하는 선분의 개수는

$_6\mathrm{C}_2=15$

이와 같은 선분 중 그 길이가 서로 다른 경우는 다음 그림과 같은 세 종류이다.

(i) (ii) (iii)

정육각형의 한 변의 길이는 2이고 서로 다른 두 점을 양 끝 점으로 하는 선분의 길이 l에 대하여 l^2의 값이 확률변수 X이므로

(ⅰ) 서로 이웃한 두 점을 택하는 경우

    이와 같은 선분은 정육각형의 6개의 변과 일치하므로

    $l=2$

    즉, $X=2^2=4$일 때이고 그 개수는 6이다.

    $\therefore \mathrm{P}(X=4)=\dfrac{6}{15}=\dfrac{2}{5}$

(ⅱ) 한 꼭짓점을 건너뛰어 두 점을 택하는 경우

    $l=2\times\sqrt{3}=2\sqrt{3}$일 때이므로

    $X=(2\sqrt{3})^2=12$

    이와 같은 선분은 정육각형의 6개의 꼭짓점마다 2개씩 존재하고, 이 중 같은 것이 2개씩 있으므로 선분의 개수는

    $\dfrac{6\times2}{2}=6$

    $\therefore \mathrm{P}(X=12)=\dfrac{6}{15}=\dfrac{2}{5}$

(ⅲ) 서로 마주보는 두 점을 택하는 경우

    $l=2\times2=4$일 때이므로

    $X=4^2=16$

    이와 같은 선분은 정육각형의 가장 긴 대각선일 때이므로 그 개수는 3이다.

    $\therefore \mathrm{P}(X=16)=\dfrac{3}{15}=\dfrac{1}{5}$

(ⅰ)~(ⅲ)에서 X의 확률분포를 나타내는 표는 다음과 같다.

X	4	12	16	합계
$\mathrm{P}(X=x)$	$\dfrac{2}{5}$	$\dfrac{2}{5}$	$\dfrac{1}{5}$	1

$\mathrm{E}(X)=4\times\dfrac{2}{5}+12\times\dfrac{2}{5}+16\times\dfrac{1}{5}=\dfrac{48}{5}$

$\therefore \mathrm{E}(10X-3)=10\mathrm{E}(X)-3$

$\qquad\qquad\qquad\quad =10\times\dfrac{48}{5}-3=93$

유형 **09** 이항분포에서의 확률 구하기

0393

답 ③

확률변수 X가 이항분포 $\mathrm{B}\left(20, \dfrac{1}{2}\right)$을 따르므로 X의 확률질량함수는

$\mathrm{P}(X=x)={}_{20}\mathrm{C}_x\left(\dfrac{1}{2}\right)^x\left(\dfrac{1}{2}\right)^{20-x}$

$\qquad\qquad ={}_{20}\mathrm{C}_x\left(\dfrac{1}{2}\right)^{20}\ (x=0,\ 1,\ 2,\ \cdots,\ 20)$

$\therefore \mathrm{P}(X>18)=\mathrm{P}(X=19)+\mathrm{P}(X=20)$

$\qquad\qquad\quad ={}_{20}\mathrm{C}_{19}\left(\dfrac{1}{2}\right)^{20}+{}_{20}\mathrm{C}_{20}\left(\dfrac{1}{2}\right)^{20}$

$\qquad\qquad\quad =\dfrac{21}{2^{20}}$

0394

답 9

확률변수 X가 이항분포 $\mathrm{B}\left(8, \dfrac{1}{4}\right)$을 따르므로 X의 확률질량함수는

$\mathrm{P}(X=x)={}_{8}\mathrm{C}_x\left(\dfrac{1}{4}\right)^x\left(\dfrac{3}{4}\right)^{8-x}\ (x=0,\ 1,\ 2,\ \cdots,\ 8)$

즉,

$\mathrm{P}(X=3)={}_{8}\mathrm{C}_3\left(\dfrac{1}{4}\right)^3\left(\dfrac{3}{4}\right)^5=\dfrac{56\times3^5}{4^8}$,

$\mathrm{P}(X=5)={}_{8}\mathrm{C}_5\left(\dfrac{1}{4}\right)^5\left(\dfrac{3}{4}\right)^3=\dfrac{56\times3^3}{4^8}$

이고 $\mathrm{P}(X=3)=k\times\mathrm{P}(X=5)$이므로

$\dfrac{56\times3^5}{4^8}=k\times\dfrac{56\times3^3}{4^8}$

$\therefore k=3^2=9$

0395

답 76

불량률이 30 %인 제품 10개 중에서 불량품의 개수가 확률변수 X이므로 X는 이항분포 $\mathrm{B}\left(10, \dfrac{3}{10}\right)$을 따른다.

즉, X의 확률질량함수는

$\mathrm{P}(X=x)={}_{10}\mathrm{C}_x\left(\dfrac{3}{10}\right)^x\left(\dfrac{7}{10}\right)^{10-x}\ (x=0,\ 1,\ 2,\ \cdots,\ 10)$

이므로

$\mathrm{P}(X\geq9)=\mathrm{P}(X=9)+\mathrm{P}(X=10)$

$\qquad\quad ={}_{10}\mathrm{C}_9\left(\dfrac{3}{10}\right)^9\left(\dfrac{7}{10}\right)^1+{}_{10}\mathrm{C}_{10}\left(\dfrac{3}{10}\right)^{10}\left(\dfrac{7}{10}\right)^0$

$\qquad\quad =\dfrac{70\times3^9}{10^{10}}+\dfrac{3^{10}}{10^{10}}$

$\qquad\quad =\dfrac{70}{3}\times\dfrac{3^{10}}{10^{10}}+\dfrac{3^{10}}{10^{10}}$

$\qquad\quad =\left(\dfrac{70}{3}+1\right)\times\dfrac{3^{10}}{10^{10}}$

$\qquad\quad =\dfrac{73}{3}\times\left(\dfrac{3}{10}\right)^{10}$

따라서 $p=3$, $q=73$이므로

$p+q=3+73=76$

0396

답 ③

한 개의 주사위를 한 번 던질 때, 4의 약수의 눈, 즉 1, 2, 4가 나올 확률은 $\dfrac{3}{6}=\dfrac{1}{2}$이므로 확률변수 X는 이항분포 $\mathrm{B}\left(9, \dfrac{1}{2}\right)$을 따른다. 즉, X의 확률질량함수는

$\mathrm{P}(X=x)={}_{9}\mathrm{C}_x\left(\dfrac{1}{2}\right)^x\left(\dfrac{1}{2}\right)^{9-x}$

$\qquad\qquad =\dfrac{{}_{9}\mathrm{C}_x}{2^9}\ (x=0,\ 1,\ 2,\ \cdots,\ 9)$

$\therefore \mathrm{P}(X\geq5)$

$\quad =\mathrm{P}(X=5)+\mathrm{P}(X=6)+\mathrm{P}(X=7)+\mathrm{P}(X=8)+\mathrm{P}(X=9)$

$\quad =\dfrac{{}_{9}\mathrm{C}_5}{2^9}+\dfrac{{}_{9}\mathrm{C}_6}{2^9}+\dfrac{{}_{9}\mathrm{C}_7}{2^9}+\dfrac{{}_{9}\mathrm{C}_8}{2^9}+\dfrac{{}_{9}\mathrm{C}_9}{2^9}$

$\quad =\dfrac{{}_{9}\mathrm{C}_5+{}_{9}\mathrm{C}_6+{}_{9}\mathrm{C}_7+{}_{9}\mathrm{C}_8+{}_{9}\mathrm{C}_9}{2^9}$

$\quad =\dfrac{2^8}{2^9}=\dfrac{1}{2}$

$_9C_5=_9C_4, _9C_6=_9C_3, _9C_7=_9C_2, _9C_8=_9C_1, _9C_9=_9C_0$이므로

$_9C_5+_9C_6+_9C_7+_9C_8+_9C_9=\dfrac{1}{2}(_9C_0+_9C_1+_9C_2+\cdots+_9C_9)$

$\qquad\qquad\qquad\qquad\qquad=\dfrac{1}{2}\times2^9=2^{9-1}=2^8$

0397 답 ⑤

경비행기를 예약한 사람 중 실제로 탑승하는 사람의 비율이 90 %,
즉 0.9이므로 예약한 32명 중 실제로 탑승하는 사람의 수를 확률변
수 X라 하면 X는 이항분포 B(32, 0.9)를 따른다.

즉, X의 확률질량함수는

$P(X=x)=_{32}C_x(0.9)^x(0.1)^{32-x}$ $(x=0, 1, 2, \cdots, 32)$

경비행기를 타지 못하는 사람이 생기려면 $X>30$이어야 하므로 구
하는 확률은

$P(X>30)=P(X=31)+P(X=32)$

$\qquad\qquad=_{32}C_{31}\times(0.9)^{31}\times(0.1)^1+_{32}C_{32}\times(0.9)^{32}\times(0.1)^0$

$\qquad\qquad=32\times(0.9)^{31}\times0.1+1\times(0.9)^{32}\times1$

$\qquad\qquad=3.2\times0.038+0.9\times0.038$

$\qquad\qquad=0.1216+0.0342$

$\qquad\qquad=0.1558$

유형 10 이항분포의 평균, 분산, 표준편차
– 이항분포가 주어진 경우

0398 답 ①

확률변수 X가 이항분포 B(25, p)를 따르므로

$E(X)=25p$

이때 $E(X)=10$이므로

$25p=10$ $\qquad\therefore p=\dfrac{2}{5}$

즉, 확률변수 X는 이항분포 $B\left(25, \dfrac{2}{5}\right)$를 따르므로

$V(X)=25\times\dfrac{2}{5}\times\dfrac{3}{5}=6$

따라서 $V(X)=E(X^2)-\{E(X)\}^2$에서

$E(X^2)=V(X)+\{E(X)\}^2$

$\qquad\quad=6+10^2=106$

0399 답 ⑤

$E(2X-5)=19$에서

$2E(X)-5=19, 2E(X)=24$ $\qquad\therefore E(X)=12$

한편, 확률변수 X는 이항분포 $B\left(n, \dfrac{1}{3}\right)$을 따르므로

$E(X)=n\times\dfrac{1}{3}=12$ $\qquad\therefore n=36$

따라서 확률변수 X는 이항분포 $B\left(36, \dfrac{1}{3}\right)$을 따르므로

$V(X)=36\times\dfrac{1}{3}\times\dfrac{2}{3}=8$

$\therefore V(3-2X)=(-2)^2V(X)=4\times8=32$

0400 답 150

이항분포 B(n, p)를 따르는 확률변수 X에 대하여

평균이 60이므로

$E(X)=np=60$ $\qquad\qquad\cdots\cdots$ ㉠

표준편차가 6이므로

$V(X)=np(1-p)=6^2=36$ $\qquad\cdots\cdots$ ㉡

㉠을 ㉡에 대입하면

$60(1-p)=36, 1-p=\dfrac{3}{5}$ $\qquad\therefore p=\dfrac{2}{5}$

$p=\dfrac{2}{5}$를 ㉠에 대입하면

$\dfrac{2}{5}n=60$ $\qquad\therefore n=150$

0401 답 ②

확률변수 X가 이항분포 B(4, p)를 따르므로

$E(X)=4p, V(X)=4p(1-p)$

이때 $V(X)=E(X^2)-\{E(X)\}^2$에서

$E(X^2)=V(X)+\{E(X)\}^2$

$\qquad\quad=4p(1-p)+(4p)^2$

그런데 $E(X^2)=2\times\{E(X)\}^2$이므로

$4p(1-p)+(4p)^2=2\times(4p)^2$

$20p^2-4p=0, 4p(5p-1)=0$

$\therefore p=\dfrac{1}{5}$ $(\because 0<p<1)$

0402 답 500

확률변수 X가 이항분포 B(100, p)를 따르므로 X의 확률질량함
수는

$P(X=x)=_{100}C_xp^x(1-p)^{100-x}$ $(x=0, 1, 2, \cdots, 100)$

$P(X=99)=_{100}C_{99}p^{99}(1-p)^1$

$\qquad\qquad=_{100}C_1p^{99}(1-p)=100p^{99}(1-p)$

$P(X=100)=_{100}C_{100}p^{100}(1-p)^0=p^{100}$

이때 $P(X=99)=100P(X=100)$이므로

$100p^{99}(1-p)=100p^{100}$

이때 $0<p<1$이므로

$1-p=p$ $\qquad\therefore p=\dfrac{1}{2}$

따라서 확률변수 X는 이항분포 $B\left(100, \dfrac{1}{2}\right)$을 따르므로

$E(X)=100\times\dfrac{1}{2}=50$

$\therefore E(10X)=10E(X)=10\times50=500$

0403

답 ③

이항분포 $B(16, p)$를 따르는 확률변수 X에 대하여
분산이 3이므로

$V(X)=16p(1-p)=3$

$16p^2-16p+3=0$, $(4p-1)(4p-3)=0$

이때 $0<p<\dfrac{1}{2}$이므로 $p=\dfrac{1}{4}$

즉, 확률변수 X는 이항분포 $B\left(16, \dfrac{1}{4}\right)$을 따르므로 X의 확률질량
함수는

$P(X=x)={}_{16}C_x\left(\dfrac{1}{4}\right)^x\left(\dfrac{3}{4}\right)^{16-x}$ $(x=0, 1, 2, \cdots, 16)$

따라서

$P(X=1)={}_{16}C_1\left(\dfrac{1}{4}\right)^1\left(\dfrac{3}{4}\right)^{15}=\dfrac{16\times3^{15}}{4^{16}}$

$P(X=2)={}_{16}C_2\left(\dfrac{1}{4}\right)^2\left(\dfrac{3}{4}\right)^{14}=\dfrac{120\times3^{14}}{4^{16}}$

이므로

$\dfrac{P(X=2)}{P(X=1)}=\dfrac{\dfrac{120\times3^{14}}{4^{16}}}{\dfrac{16\times3^{15}}{4^{16}}}=\dfrac{120}{16\times3}=\dfrac{5}{2}$

유형 11 이항분포의 평균, 분산, 표준편차
– 확률질량함수가 주어진 경우

0404

답 ④

확률변수 X의 확률질량함수가

$P(X=x)=\dfrac{{}_{20}C_x}{2^{20}}={}_{20}C_x\times\dfrac{1}{2^{20}}$

$={}_{20}C_x\left(\dfrac{1}{2}\right)^x\left(\dfrac{1}{2}\right)^{20-x}$ $(x=0, 1, 2, \cdots, 20)$

이므로 확률변수 X는 이항분포 $B\left(20, \dfrac{1}{2}\right)$을 따른다.

$\therefore E(X)=20\times\dfrac{1}{2}=10$, $V(X)=20\times\dfrac{1}{2}\times\dfrac{1}{2}=5$

$\therefore E(X)\times V(X)=10\times5=50$

0405

답 112

확률변수 X의 확률질량함수가

$P(X=x)={}_{100}C_x\left(\dfrac{3}{4}\right)^x\left(\dfrac{1}{4}\right)^{100-x}$ $(x=0, 1, 2, \cdots, 100)$

이므로 확률변수 X는 이항분포 $B\left(100, \dfrac{3}{4}\right)$을 따른다.

따라서

$E(X)=100\times\dfrac{3}{4}=75$, $V(X)=100\times\dfrac{3}{4}\times\dfrac{1}{4}=\dfrac{75}{4}$

이므로

$E\left(\dfrac{X-1}{2}\right)=\dfrac{1}{2}E(X)-\dfrac{1}{2}=\dfrac{1}{2}\times75-\dfrac{1}{2}=37$

$V(2X+3)=2^2V(X)=4\times\dfrac{75}{4}=75$

$\therefore E\left(\dfrac{X-1}{2}\right)+V(2X+3)=37+75=112$

0406

답 ④

확률변수 X의 확률질량함수가

$P(X=x)={}_{72}C_x\dfrac{5^x(k-5)^{72-x}}{k^{72}}={}_{72}C_x\dfrac{5^x(k-5)^{72-x}}{k^x k^{72-x}}$

$={}_{72}C_x\left(\dfrac{5}{k}\right)^x\left(\dfrac{k-5}{k}\right)^{72-x}$ $(x=0, 1, 2, \cdots, 72)$

이므로 확률변수 X는 이항분포 $B\left(72, \dfrac{5}{k}\right)$를 따른다.

이때 X의 분산이 10이므로

$72\times\dfrac{5}{k}\times\dfrac{k-5}{k}=10$

$k^2-36k+180=0$, $(k-6)(k-30)=0$

$\therefore k=6$ 또는 $k=30$

따라서 확률변수 X는 이항분포 $B\left(72, \dfrac{5}{6}\right)$ 또는 $B\left(72, \dfrac{1}{6}\right)$을 따
르므로

$E(X)=72\times\dfrac{5}{6}=60$ 또는 $E(X)=72\times\dfrac{1}{6}=12$

0407

답 ②

확률변수 X의 확률질량함수가

$P(X=x)={}_{n}C_x p^x(1-p)^{n-x}$ $(x=0, 1, 2, \cdots, n$이고 $0<p<1)$

이므로 확률변수 X는 이항분포 $B(n, p)$를 따른다.

이때 $E(X)=12$이므로

$E(X)=np=12$ ······ ㉠

$V(X)=8$이므로

$V(X)=np(1-p)=8$ ······ ㉡

㉠을 ㉡에 대입하면

$12(1-p)=8$, $1-p=\dfrac{2}{3}$ $\therefore p=\dfrac{1}{3}$

$p=\dfrac{1}{3}$을 ㉠에 대입하면

$\dfrac{1}{3}n=12$ $\therefore n=36$

따라서 확률변수 X는 이항분포 $B\left(36, \dfrac{1}{3}\right)$을 따르고 X의 확률질
량함수는

$P(X=x)={}_{36}C_x\left(\dfrac{1}{3}\right)^x\left(\dfrac{2}{3}\right)^{36-x}$ (단, $x=0, 1, 2, \cdots, 36)$

$\therefore P(X\geq35)=P(X=35)+P(X=36)$

$={}_{36}C_{35}\left(\dfrac{1}{3}\right)^{35}\left(\dfrac{2}{3}\right)^1+{}_{36}C_{36}\left(\dfrac{1}{3}\right)^{36}\left(\dfrac{2}{3}\right)^0$

$=\dfrac{36\times2}{3^{36}}+\dfrac{1}{3^{36}}$

$=\dfrac{73}{3^{36}}$

0408
답 ③

동전 3개를 동시에 던질 때, 앞면이 1개, 뒷면이 2개 나올 확률은

$${}_3\mathrm{C}_1\left(\frac{1}{2}\right)^1\left(\frac{1}{2}\right)^2=\frac{3}{8}$$

이므로 확률변수 X는 이항분포 $\mathrm{B}\left(40,\frac{3}{8}\right)$을 따른다.

$$\therefore \mathrm{E}(X)=40\times\frac{3}{8}=15$$

0409
답 6

흰 공 3개, 검은 공 3개가 들어 있는 주머니에서 임의로 2개의 공을 동시에 꺼낼 때, 꺼낸 2개의 공의 색이 서로 다른 경우는 흰 공 1개, 검은 공 1개를 꺼낼 때이고 이 경우의 확률은

$$\frac{{}_3\mathrm{C}_1\times{}_3\mathrm{C}_1}{{}_6\mathrm{C}_2}=\frac{9}{15}=\frac{3}{5}$$

따라서 확률변수 X는 이항분포 $\mathrm{B}\left(25,\frac{3}{5}\right)$을 따르므로

$$\mathrm{V}(X)=25\times\frac{3}{5}\times\frac{2}{5}=6$$

0410
답 912

이 학원의 과학탐구 영역의 선택 과목 I 특강에 수강 신청한 학생 150명 중에서 물리학 또는 지구과학을 신청한 학생 수는

$$43+47=90$$

즉, 특강에 신청한 학생 중 임의로 한 명을 선택할 때, 이 학생이 신청한 과목이 물리학 또는 지구과학인 학생일 확률은

$$\frac{90}{150}=\frac{3}{5}$$

이므로 확률변수 X는 이항분포 $\mathrm{B}\left(50,\frac{3}{5}\right)$을 따른다.

$$\therefore \mathrm{E}(X)=50\times\frac{3}{5}=30,\ \mathrm{V}(X)=50\times\frac{3}{5}\times\frac{2}{5}=12$$

이때 $\mathrm{V}(X)=\mathrm{E}(X^2)-\{\mathrm{E}(X)\}^2$에서

$$\mathrm{E}(X^2)=\mathrm{V}(X)+\{\mathrm{E}(X)\}^2$$
$$=12+30^2=912$$

0411
답 ①

이 편의점에서 판매된 음료 중에서 캔 음료의 비율은 80 %, 즉 $\frac{4}{5}$ 이고, 판매된 캔 음료 중 분리수거 된 캔 음료의 비율은 40 %, 즉 $\frac{2}{5}$이므로 이 편의점에서 판매된 음료 중 한 개가 분리수거 된 캔 음료일 확률은

$$\frac{4}{5}\times\frac{2}{5}=\frac{8}{25}$$

따라서 확률변수 X는 이항분포 $\mathrm{B}\left(2500,\frac{8}{25}\right)$을 따르므로

$$\mathrm{V}(X)=2500\times\frac{8}{25}\times\frac{17}{25}=544$$

0412
답 23

두 개의 동전을 동시에 던지는 시행을 8번 반복하여 같은 면이 나오는 횟수를 확률변수 Y라 하면 서로 다른 면이 나오는 횟수는 $8-Y$이다.

즉, 이동된 점 P의 좌표 X는

$$X=2Y+(-3)\times(8-Y)=5Y-24$$

이때 두 개의 동전을 동시에 던져서 같은 면이 나올 확률은 $\frac{2}{4}=\frac{1}{2}$이므로 확률변수 Y는 이항분포 $\mathrm{B}\left(8,\frac{1}{2}\right)$을 따르고

$$\mathrm{E}(Y)=8\times\frac{1}{2}=4$$

따라서

$$\mathrm{E}(X)=\mathrm{E}(5Y-24)=5\mathrm{E}(Y)-24$$
$$=5\times4-24=-4$$

이므로

$$\mathrm{E}(3X+35)=3\mathrm{E}(X)+35$$
$$=3\times(-4)+35=23$$

PART B 기출&기출변형 문제

0413
답 2

확률변수 X가 이항분포 $\mathrm{B}\left(n,\frac{1}{3}\right)$을 따르고 $\mathrm{E}(X)=6$이므로

$$\mathrm{E}(X)=n\times\frac{1}{3}=6 \qquad \therefore n=18$$

따라서 $\mathrm{V}(X)=18\times\frac{1}{3}\times\frac{2}{3}=4$이므로

$$\sigma(X)=\sqrt{4}=2$$

$\mathrm{E}(aX-8)=\sigma(aX-8)$에서 $a\mathrm{E}(X)-8=|a|\sigma(X)$이므로

$$6a-8=2|a|$$

(i) $a>0$일 때

$\quad 6a-8=2a,\ 4a=8 \qquad \therefore a=2$

(ii) $a<0$일 때

$\quad 6a-8=-2a,\ 8a=8 \qquad \therefore a=1$

$\quad$ 그런데 $a<0$을 만족시키지 않는다.

(i), (ii)에서 $a=2$

확률변수 X가 이항분포 $\mathrm{B}\left(36, \dfrac{2}{3}\right)$를 따른다.

$\mathrm{E}(2X-a)=\mathrm{V}(2X-a)$를 만족시키는 상수 a의 값을 구하시오.

답 16

0414

답 ⑤

$Y=10X-2.21$이라 하자. 확률변수 Y의 확률분포를 표로 나타내면 다음과 같다.

Y	-1	0	1	합계
$\mathrm{P}(Y=y)$	a	b	$\dfrac{2}{3}$	1

위의 표에서

$\mathrm{E}(Y)=(-1)\times a+0\times b+1\times\dfrac{2}{3}=-a+\dfrac{2}{3}$

$\mathrm{E}(Y)=\mathrm{E}(10X-2.21)=10\mathrm{E}(X)-2.21=0.5$이므로

$-a+\dfrac{2}{3}=0.5$ $\therefore a=\boxed{\dfrac{1}{6}}$

확률변수 X가 갖는 모든 값에 대한 확률의 합은 1이므로

$a+b+\dfrac{2}{3}=1,\ \dfrac{1}{6}+b+\dfrac{2}{3}=1$ $\therefore b=\boxed{\dfrac{1}{6}}$

$\therefore \mathrm{V}(Y)=\mathrm{E}(Y^2)-\{\mathrm{E}(Y)\}^2$

$\qquad =(-1)^2\times\dfrac{1}{6}+0^2\times\dfrac{1}{6}+1^2\times\dfrac{2}{3}-\left(\dfrac{1}{2}\right)^2$

$\qquad =\dfrac{5}{6}-\dfrac{1}{4}=\dfrac{7}{12}$

한편, $Y=10X-2.21$이므로 $\mathrm{V}(Y)=\boxed{100}\times\mathrm{V}(X)$이다.

따라서 $\mathrm{V}(X)=\dfrac{1}{\boxed{100}}\times\dfrac{7}{12}$이다.

이상에서 $p=\dfrac{1}{6},\ q=\dfrac{1}{6},\ r=100$이므로

$pqr=\dfrac{1}{6}\times\dfrac{1}{6}\times100=\dfrac{25}{9}$

0415

답 ②

$\mathrm{E}(5X-3)=27$에서

$5\mathrm{E}(X)-3=27,\ 5\mathrm{E}(X)=30$

$\therefore \mathrm{E}(X)=6$

$\mathrm{E}(X^2)=41$이므로

$\mathrm{V}(X)=\mathrm{E}(X^2)-\{\mathrm{E}(X)\}^2=41-6^2=5$

이때 이항분포 $\mathrm{B}(n,\ p)$를 따르는 확률변수 X에 대하여

$\mathrm{E}(X)=np=6$ $\cdots\cdots$ ㉠

$\mathrm{V}(X)=np(1-p)=5$ $\cdots\cdots$ ㉡

㉠을 ㉡에 대입하면

$6(1-p)=5,\ 1-p=\dfrac{5}{6}$

$\therefore p=\dfrac{1}{6}$

$p=\dfrac{1}{6}$을 ㉠에 대입하면

$\dfrac{1}{6}n=6$ $\therefore n=36$

즉, 확률변수 X는 이항분포 $\mathrm{B}\left(36, \dfrac{1}{6}\right)$을 따르므로 X의 확률질량함수는

$\mathrm{P}(X=x)={}_{36}\mathrm{C}_x\left(\dfrac{1}{6}\right)^x\left(\dfrac{5}{6}\right)^{36-x}\ (x=0,\ 1,\ 2,\ \cdots,\ 36)$

따라서

$\mathrm{P}(X=1)={}_{36}\mathrm{C}_1\left(\dfrac{1}{6}\right)^1\left(\dfrac{5}{6}\right)^{35}=\dfrac{36\times5^{35}}{6^{36}}$

$\mathrm{P}(X=2)={}_{36}\mathrm{C}_2\left(\dfrac{1}{6}\right)^2\left(\dfrac{5}{6}\right)^{34}=\dfrac{630\times5^{34}}{6^{36}}$

이므로

$\dfrac{\mathrm{P}(X=2)}{\mathrm{P}(X=1)}=\dfrac{\dfrac{630\times5^{34}}{6^{36}}}{\dfrac{36\times5^{35}}{6^{36}}}=\dfrac{630}{180}=\dfrac{7}{2}$

확률변수 X가 이항분포 $\mathrm{B}(n,\ p)$를 따르고 $\mathrm{E}(3X)=18$, $\mathrm{E}(3X^2)=120$일 때, n의 값을 구하시오.

답 18

0416

답 78

주어진 표에서

$\mathrm{E}(X)=a+3b+5c+7b+9a$

$\qquad =10a+10b+5c$

$\mathrm{E}(X^2)=a+3^2b+5^2c+7^2b+9^2a$

$\qquad =82a+58b+25c$

$\mathrm{E}(Y)=\left(a+\dfrac{1}{20}\right)+3b+5\left(c-\dfrac{1}{10}\right)+7b+9\left(a+\dfrac{1}{20}\right)$

$\qquad =10a+10b+5c$

$\mathrm{E}(Y^2)=\left(a+\dfrac{1}{20}\right)+3^2b+5^2\left(c-\dfrac{1}{10}\right)+7^2b+9^2\left(a+\dfrac{1}{20}\right)$

$\qquad =82a+58b+25c+\dfrac{8}{5}$

따라서 $\mathrm{E}(Y)=\mathrm{E}(X)$, $\mathrm{E}(Y^2)=\mathrm{E}(X^2)+\dfrac{8}{5}$이므로

$\mathrm{V}(Y)=\mathrm{E}(Y^2)-\{\mathrm{E}(Y)\}^2$

$\qquad =\mathrm{E}(X^2)+\dfrac{8}{5}-\{\mathrm{E}(X)\}^2$

$\qquad =\mathrm{V}(X)+\dfrac{8}{5}$

$\qquad =\dfrac{31}{5}+\dfrac{8}{5}=\dfrac{39}{5}$

$\therefore 10\times\mathrm{V}(Y)=10\times\dfrac{39}{5}=78$

확률변수 X의 분포가 $X=5$에 대하여 대칭이므로 $\mathrm{E}(X)=5$

확률변수 Y도 마찬가지이므로 $\mathrm{E}(Y)=5$

$\therefore \mathrm{E}(X)=\mathrm{E}(Y)$

확률변수 X가 갖는 모든 값에 대한 확률의 합은 1이므로

$a+b+c+b+a=1$

$\therefore 2a+2b+c=1$ ...... ㉠

주어진 표에서

$$E(X)=a+3b+5c+7b+9a$$
$$=10a+10b+5c$$
$$=5(2a+2b+c)$$
$$=5\times1 \ (\because \text{㉠})$$
$$=5$$

$$V(X)=(1-5)^2a+(3-5)^2b+(5-5)^2c+(7-5)^2b+(9-5)^2a$$
$$=32a+8b$$
$$=\frac{31}{5}$$

$$E(Y)=\left(a+\frac{1}{20}\right)+3b+5\left(c-\frac{1}{10}\right)+7b+9\left(a+\frac{1}{20}\right)$$
$$=10a+10b+5c$$
$$=5$$

$$V(Y)=(1-5)^2\left(a+\frac{1}{20}\right)+(3-5)^2b+(5-5)^2\left(c-\frac{1}{10}\right)$$
$$\qquad +(7-5)^2b+(9-5)^2\left(a+\frac{1}{20}\right)$$
$$=32a+8b+\frac{8}{5}$$
$$=\frac{31}{5}+\frac{8}{5}$$
$$=\frac{39}{5}$$

$\therefore 10\times V(Y)=10\times\dfrac{39}{5}=78$

0417

답 ②

점프를 반복하여 점 $(0, 0)$에서 점 $(4, 3)$까지 이동하는 모든 경우의 수를 N이라 하자.

점 (x, y)에서 점 $(x+1, y)$로는 오른쪽으로 한 번 이동,

점 (x, y)에서 점 $(x, y+1)$로는 위쪽으로 한 번 이동,

점 (x, y)에서 점 $(x+1, y+1)$로는 대각선 위쪽으로 한 번 이동한다.

점 $(0, 0)$에서 점 $(4, 3)$까지 이동하는 횟수가 최소이려면

대각선 위쪽으로 3번, 오른쪽으로 1번 이동해야 하므로 $k=\boxed{4}$이고, 최대이려면 오른쪽으로 4번, 위쪽으로 3번 이동해야 하므로 $k+3=7$이다.

점 (x, y)에서 세 점 $(x+1, y)$, $(x, y+1)$, $(x+1, y+1)$로 이동하는 것을 각각 →, ↑, ↗로 나타낼 때 각 확률은 다음과 같다.

(i) $X=k=4$일 때

점 $(0, 0)$에서 점 $(4, 3)$까지 이동하는 경우의 수는

↗, ↗, ↗, →를 일렬로 나열하는 경우의 수와 같으므로

$\dfrac{4!}{3!}$

$\therefore P(X=k)=P(X=4)$
$$=\frac{1}{N}\times\frac{4!}{3!}=\frac{4}{N}$$

(ii) $X=k+1=5$일 때

점 $(0, 0)$에서 점 $(4, 3)$까지 이동하는 경우의 수는

↗, ↗, →, →, ↑를 일렬로 나열하는 경우의 수와 같으므로

$\dfrac{5!}{2!\times2!}$

$\therefore P(X=k+1)=P(X=5)$
$$=\frac{1}{N}\times\frac{5!}{2!\times2!}=\frac{30}{N}$$

(iii) $X=k+2=6$일 때

점 $(0, 0)$에서 점 $(4, 3)$까지 이동하는 경우의 수는

↗, →, →, →, ↑, ↑를 일렬로 나열하는 경우의 수와 같으므로

$\dfrac{6!}{2!\times3!}$

$\therefore P(X=k+2)=P(X=6)$
$$=\frac{1}{N}\times\frac{6!}{2!\times3!}=\frac{1}{N}\times\boxed{60}$$

(iv) $X=k+3=7$일 때

점 $(0, 0)$에서 점 $(4, 3)$까지 이동하는 경우의 수는

→, →, →, →, ↑, ↑, ↑를 일렬로 나열하는 경우의 수와 같으므로

$\dfrac{7!}{3!\times4!}$

$\therefore P(X=k+3)=P(X=7)$
$$=\frac{1}{N}\times\frac{7!}{3!\times4!}=\frac{35}{N}$$

(i)~(iv)에서 X의 확률분포를 나타내는 표는 다음과 같다.

X	4	5	6	7	합계
$P(X=x)$	$\dfrac{4}{N}$	$\dfrac{30}{N}$	$\dfrac{60}{N}$	$\dfrac{35}{N}$	1

$$\sum_{i=k}^{k+3}P(X=i)=\frac{4}{N}+\frac{30}{N}+\frac{60}{N}+\frac{35}{N}$$
$$=\frac{129}{N}=1$$

이므로 $N=\boxed{129}$

따라서 확률변수 X의 평균 $E(X)$는

$$E(X)=\sum_{i=k}^{k+3}\{i\times P(X=i)\}$$
$$=4\times\frac{4}{129}+5\times\frac{30}{129}+6\times\frac{60}{129}+7\times\frac{35}{129}$$
$$=\frac{771}{129}=\frac{257}{43}$$

이상에서 $a=4$, $b=60$, $c=129$이므로

$a+b+c=4+60+129=193$

0418

답 9

주어진 주사위를 한 번 던져 나올 수 있는 눈의 수는 1, 3, 5이고 주사위 한 개를 2번 던져 나오는 눈의 수의 평균이 확률변수 X이므로 X가 가질 수 있는 값은 1, 2, 3, 4, 5이다.

(i) $X=1$인 경우

순서쌍 (a, b)로 가능한 것은 $(1, 1)$이고 이 경우의 확률은

$$P(X=1)=\frac{1}{6}\times\frac{1}{6}=\frac{1}{36}$$

(ii) $X=2$인 경우

순서쌍 (a, b)로 가능한 것은 $(1, 3)$, $(3, 1)$이고 이 경우의 확률은

$$\mathrm{P}(X=2)=\frac{1}{6}\times\frac{3}{6}+\frac{3}{6}\times\frac{1}{6}=\frac{6}{36}=\frac{1}{6}$$

(iii) $X=3$인 경우

순서쌍 (a, b)로 가능한 것은 $(1, 5)$, $(3, 3)$, $(5, 1)$이고 이 경우의 확률은

$$\mathrm{P}(X=3)=\frac{1}{6}\times\frac{2}{6}+\frac{3}{6}\times\frac{3}{6}+\frac{2}{6}\times\frac{1}{6}=\frac{13}{36}$$

(iv) $X=4$인 경우

순서쌍 (a, b)로 가능한 것은 $(3, 5)$, $(5, 3)$이고 이 경우의 확률은

$$\mathrm{P}(X=4)=\frac{3}{6}\times\frac{2}{6}+\frac{2}{6}\times\frac{3}{6}=\frac{12}{36}=\frac{1}{3}$$

(v) $X=5$인 경우

순서쌍 (a, b)로 가능한 것은 $(5, 5)$이고 이 경우의 확률은

$$\mathrm{P}(X=5)=\frac{2}{6}\times\frac{2}{6}=\frac{4}{36}=\frac{1}{9}$$

(i)~(v)에서 X의 확률분포를 나타내는 표는 다음과 같다.

X	1	2	3	4	5	합계
$\mathrm{P}(X=x)$	$\frac{1}{36}$	$\frac{1}{6}$	$\frac{13}{36}$	$\frac{1}{3}$	$\frac{1}{9}$	1

$$\mathrm{E}(X)=1\times\frac{1}{36}+2\times\frac{1}{6}+3\times\frac{13}{36}+4\times\frac{1}{3}+5\times\frac{1}{9}$$

$$=\frac{120}{36}=\frac{10}{3}$$

$$\therefore \mathrm{E}(3X-1)=3\mathrm{E}(X)-1$$

$$=3\times\frac{10}{3}-1=9$$

짝기출

주머니 속에 숫자 1, 2, 3, 4가 각각 하나씩 적혀 있는 4개의 공이 들어 있다. 이 주머니에서 임의로 1개의 공을 꺼내어 공에 적혀 있는 수를 확인한 후 다시 넣는다. 이 과정을 2번 반복할 때, 꺼낸 공에 적혀 있는 수를 차례로 a, b라 하자.
$a-b$의 값을 확률변수 X라 할 때, 확률변수 $Y=2X+1$의 분산 $\mathrm{V}(Y)$의 값을 구하시오.

답 10

0419 **답** ③

주사위를 한 번 던져 2 이하의 눈이 나올 확률은

$$\frac{2}{6}=\frac{1}{3}$$

주사위를 15번 던져 2 이하의 눈이 나오는 횟수를 확률변수 Y라 하면 Y는 이항분포 $\mathrm{B}\left(15, \frac{1}{3}\right)$을 따른다.

$$\therefore \mathrm{E}(Y)=15\times\frac{1}{3}=5$$

한편, 주사위를 15번 던져 눈의 수가 2 이하가 나온 횟수가 Y이면 눈의 수가 3 이상이 나온 횟수는 $15-Y$이다.

따라서 점 P는 원점에서 x축의 양의 방향으로 $3Y$만큼, y축의 양의 방향으로 $15-Y$만큼 이동하므로 시행을 15번 반복하여 이동된 점 P의 좌표는 $(3Y, 15-Y)$이다.

점 $\mathrm{P}(3Y, 15-Y)$와 직선 $3x+4y=0$ 사이의 거리 X는

$$X=\frac{|3\times3Y+4\times(15-Y)|}{\sqrt{3^2+4^2}}$$

$$=\frac{|5Y+60|}{5}=Y+12$$

$$\therefore \mathrm{E}(X)=\mathrm{E}(Y+12)=\mathrm{E}(Y)+12$$

$$=5+12=17$$

🔊 **Bible Says**   **점과 직선 사이의 거리**

좌표평면 위의 점 (x_1, y_1)과 직선 $ax+by+c=0$ $(a, b, c$는 상수$)$ 사이의 거리 d는

$$d=\frac{|ax_1+by_1+c|}{\sqrt{a^2+b^2}}$$

06 연속확률변수의 확률분포

PART A'

유형 01 확률밀도함수의 성질

0420 `답 ④`

$-1 \leq x \leq 3$에서 함수 $y=f(x)$의 그래프와 x축 및 직선 $x=3$으로 둘러싸인 부분의 넓이가 1이므로

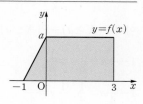

$\dfrac{1}{2} \times (3+4) \times a = 1$

$\therefore a = \dfrac{2}{7}$

0421 `답 ⑤`

연속확률변수 X의 확률밀도함수 $f(x)=3a(x-1)$ $(1 \leq x \leq 5)$의 그래프는 오른쪽 그림과 같다.
$1 \leq x \leq 5$에서 함수 $y=f(x)$의 그래프와 x축 및 직선 $x=5$로 둘러싸인 부분의 넓이가 1이므로

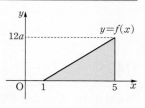

$\dfrac{1}{2} \times 4 \times 12a = 1$

$\therefore a = \dfrac{1}{24}$

0422 `답 ④`

$0 \leq x \leq 1$에서 함수 $y=f(x)$의 그래프는 각각 다음 그림과 같다.

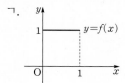
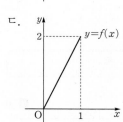
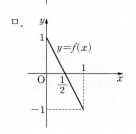
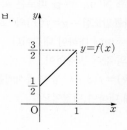

ㄱ. $f(x)=1$일 때, $0 \leq x \leq 1$에서 $f(x) \geq 0$이고, 함수 $y=f(x)$의 그래프와 x축, y축 및 직선 $x=1$로 둘러싸인 부분의 넓이가 $1 \times 1 = 1$이므로 확률밀도함수가 될 수 있다.

ㄴ. $f(x)=x$일 때, $0 \leq x \leq 1$에서 $f(x) \geq 0$이지만 함수 $y=f(x)$의 그래프와 x축 및 직선 $x=1$로 둘러싸인 부분의 넓이는 $\dfrac{1}{2} \times 1 \times 1 = \dfrac{1}{2}$이므로 확률밀도함수가 될 수 없다.

ㄷ. $f(x)=2x$일 때, $0 \leq x \leq 1$에서 $f(x) \geq 0$이고, 함수 $y=f(x)$의 그래프와 x축 및 직선 $x=1$로 둘러싸인 부분의 넓이가 $\dfrac{1}{2} \times 1 \times 2 = 1$이므로 확률밀도함수가 될 수 있다.

ㄹ. $f(x)=x+1$일 때, $0 \leq x \leq 1$에서 $f(x) \geq 0$이지만 함수 $y=f(x)$의 그래프와 x축, y축 및 직선 $x=1$로 둘러싸인 부분의 넓이는 $\dfrac{1}{2} \times (1+2) \times 1 = \dfrac{3}{2}$이므로 확률밀도함수가 될 수 없다.

ㅁ. $f(x)=-2x+1$일 때, $\dfrac{1}{2} < x \leq 1$에서 $f(x) < 0$이므로 확률밀도함수가 될 수 없다.

ㅂ. $f(x)=x+\dfrac{1}{2}$일 때, $0 \leq x \leq 1$에서 $f(x) \geq 0$이고, 함수 $y=f(x)$의 그래프와 x축, y축 및 직선 $x=1$로 둘러싸인 부분의 넓이가 $\dfrac{1}{2} \times \left(\dfrac{1}{2}+\dfrac{3}{2}\right) \times 1 = 1$이므로 확률밀도함수가 될 수 있다.

따라서 X의 확률밀도함수 $f(x)$가 될 수 있는 것은 ㄱ, ㄷ, ㅂ이다.

0423 `답 ①`

함수 $f(x) = \begin{cases} 2a-ax & (1 \leq x \leq 2) \\ 3a(x-2) & (2 < x \leq 4) \end{cases}$가 연속확률변수 X의 확률밀도함수이므로 $1 \leq x \leq 4$에서 $f(x) \geq 0$이어야 한다.
즉, $a > 0$이어야 하므로 함수 $y=f(x)$의 그래프는 오른쪽 그림과 같다.
$1 \leq x \leq 4$에서 함수 $y=f(x)$의 그래프와 x축 및 두 직선 $x=1$, $x=4$로 둘러싸인 부분의 넓이가 1이므로

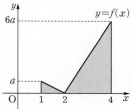

$\dfrac{1}{2} \times 1 \times a + \dfrac{1}{2} \times 2 \times 6a = 1$

$\dfrac{13}{2} a = 1$ $\therefore a = \dfrac{2}{13}$

유형 02 연속확률변수의 확률

0424 `답 $\dfrac{3}{5}$`

$0 \leq x \leq 5$에서 함수 $y=f(x)$의 그래프와 x축으로 둘러싸인 부분의 넓이가 1이므로

$\dfrac{1}{2} \times 5 \times a = 1$ $\therefore a = \dfrac{2}{5}$

Ⅲ. 통계 **303**

$P(0 \le X \le 1)$의 값은 함수 $y=f(x)$
의 그래프와 x축 및 직선 $x=1$로 둘
러싸인 부분의 넓이이므로

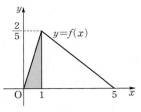

$P(0 \le X \le 1) = \frac{1}{2} \times 1 \times \frac{2}{5} = \frac{1}{5}$

$\therefore a + P(0 \le X \le 1) = \frac{2}{5} + \frac{1}{5} = \frac{3}{5}$

0425

답 ⑤

함수 $f(x) = a(1-x)$ $(1 \le x \le 4)$가 연속확률변수 X의 확률밀도
함수이므로 $1 \le x \le 4$에서 $f(x) \ge 0$이어야 한다.

즉, $a < 0$이어야 하므로 함수
$y=f(x)$의 그래프는 오른쪽 그림
과 같다.

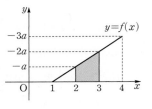

$1 \le x \le 4$에서 함수 $y=f(x)$의 그
래프와 x축 및 직선 $x=4$로 둘러싸
인 부분의 넓이가 1이므로

$\frac{1}{2} \times 3 \times (-3a) = 1$ $\therefore a = -\frac{2}{9}$

$P(2 \le X \le 3)$의 값은 함수 $y=f(x)$의 그래프와 x축 및 두 직선
$x=2$, $x=3$으로 둘러싸인 부분의 넓이이므로

$P(2 \le X \le 3) = \frac{1}{2} \times \left(\frac{2}{9} + \frac{4}{9} \right) \times 1 = \frac{1}{3}$

0426

답 3

연속확률변수 X의 확률밀도함수 $y=f(x)$의 그래프는 다음 그림
과 같다.

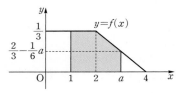

이때 $P(1 \le X \le 2) = 1 \times \frac{1}{3} = \frac{1}{3} < \frac{7}{12}$이므로

$P(1 \le X \le a) = \frac{7}{12}$을 만족시키는 상수 a는 $2 < a < 4$이고

$P(2 \le X \le a) = P(1 \le X \le a) - P(1 \le X \le 2)$

$= \frac{7}{12} - \frac{1}{3} = \frac{1}{4}$

한편, 확률밀도함수 $y=f(x)$의 그래프에서

$P(2 \le X \le a) = \frac{1}{2} \times \left\{ \frac{1}{3} + \left(\frac{2}{3} - \frac{1}{6}a \right) \right\} \times (a-2)$

$= \frac{(6-a)(a-2)}{12}$

이므로

$\frac{(6-a)(a-2)}{12} = \frac{1}{4}$

$a^2 - 8a + 15 = 0$, $(a-3)(a-5) = 0$

$\therefore a = 3$ $(\because 2 < a < 4)$

0427

답 ⑤

$0 \le x \le 8$에서 주어진 확률밀도함수의 그래프와 x축으로 둘러싸인
부분의 넓이가 1이므로

$\frac{1}{2} \times 8 \times b = 1$ $\therefore b = \frac{1}{4}$

$\therefore P(X \le a) = \frac{1}{2} \times a \times \frac{1}{4} = \frac{1}{8}a$,

$P(X \ge a) = \frac{1}{2} \times (8-a) \times \frac{1}{4} = 1 - \frac{1}{8}a$

이때 $P(X \ge a) - P(X \le a) = \frac{1}{4}$이므로

$1 - \frac{1}{8}a - \frac{1}{8}a = \frac{1}{4}$

$1 - \frac{1}{4}a = \frac{1}{4}$, $\frac{1}{4}a = \frac{3}{4}$ $\therefore a = 3$

$\therefore a + b = 3 + \frac{1}{4} = \frac{13}{4}$

> **참고**
>
> 확률의 총합은 1이므로 $P(X \ge a) = 1 - P(X \le a) = 1 - \frac{1}{8}a$로 구할 수
> 도 있다.

0428

답 ①

연속확률변수 X의 확률밀도함수가 $f(x)$이고 $0 \le x \le 4$인 모든 실
수 x에 대하여 $f(4-x) = f(4+x)$이므로 함수 $y=f(x)$의 그래
프는 직선 $x=4$에 대하여 대칭이다.

$\therefore P(3 \le X \le 4) = P(4 \le X \le 5)$

이때 연속확률변수 X는 $0 \le X \le 8$인 모든 실수 값을 가지므로

$P(0 \le X \le 4) = P(4 \le X \le 8) = \frac{1}{2}$

$P(5 \le X \le 8) = \frac{3}{8}$이므로

$P(4 \le X \le 5) = P(4 \le X \le 8) - P(5 \le X \le 8)$

$= \frac{1}{2} - \frac{3}{8} = \frac{1}{8}$

$\therefore P(3 \le X \le 4) = P(4 \le X \le 5) = \frac{1}{8}$

유형 03 정규분포곡선의 성질

0429

답 ③

정규분포 $N(m, \sigma^2)$을 따르는 확률변수
X의 확률밀도함수 $y=f(x)$의 그래프는
직선 $x=m$에 대하여 대칭이다.

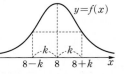

실수 k의 값에 관계없이
$f(8-k) = f(8+k)$를 만족시키는 함수 $y=f(x)$의 그래프는 직선
$x=8$에 대하여 대칭이므로

$m=8$

0430

답 ③

ㄱ. 함수 $y=f(x)$의 그래프가 함수 $y=g(x)$의 그래프보다 가운데
   부분이 낮고 옆으로 퍼져 있으므로
   $V(X_1)>V(X_2)$ (참)

ㄴ. 확률변수 X_1의 확률밀도함수 $y=f(x)$의 그래프는 직선
   $x=m_1$에 대하여 대칭이므로
   $P(X_1 \geq m_1)=0.5$
   또한 확률변수 X_2의 확률밀도함수 $y=g(x)$의 그래프는 직선
   $x=m_2$에 대하여 대칭이므로
   $P(X_2 \geq m_2)=0.5$
   $\therefore P(X_1 \geq m_1)+P(X_2 \geq m_2)=1$ (참)

ㄷ. $m_1<0<m_2$이므로 $P(m_1 \leq X_1 \leq m_2)>0$
   $\therefore P(X_1 \geq m_2)=P(X_1 \geq m_1)-P(m_1 \leq X_1 \leq m_2)$
   $\qquad\qquad\quad =0.5-P(m_1 \leq X_1 \leq m_2)$
   $\qquad\qquad\quad <0.5$
   또한 $P(m_1 \leq X_2 \leq m_2)>0$이므로
   $P(X_2 \geq m_1)=P(m_1 \leq X_2 \leq m_2)+P(X_2 \geq m_2)$
   $\qquad\qquad\quad =P(m_1 \leq X_2 \leq m_2)+0.5$
   $\qquad\qquad\quad >0.5$
   $\therefore P(X_1 \geq m_2)<P(X_2 \geq m_1)$ (거짓)

따라서 옳은 것은 ㄱ, ㄴ이다.

0431

답 ②

정규분포 $N(14, 3^2)$을 따르는 확률변수 X에 대하여
$P(3a-3 \leq X \leq 3a+7)$의 값은
$$\frac{(3a-3)+(3a+7)}{2}=14$$
일 때 최대가 된다.
따라서 $6a+4=28$에서 $a=4$

0432

답 ③

정규분포 $N(12, 3^2)$을 따르는 확률변수 X의 확률밀도함수를
$f(x)$라 하면 $y=f(x)$의 그래프는 직선 $x=12$에 대하여 대칭이므
로 $P(X \leq 6)=P(X \geq k)$에서
$\dfrac{6+k}{2}=12$, $k+6=24$ $\quad \therefore k=18$
$\therefore k \times P\left(X \geq \dfrac{k}{2}+3\right)=18 \times P\left(X \geq \dfrac{18}{2}+3\right)$
$\qquad\qquad\qquad\qquad\quad =18 \times P(X \geq 12)$
$\qquad\qquad\qquad\qquad\quad =18 \times 0.5=9$

0433

답 ④

① 정규분포 $N(m, \sigma^2)$을 따르는 확률변수 X의 확률밀도함수
   $y=f(x)$의 그래프는 직선 $x=m$에 대하여 대칭이므로
   $P(X \leq m)=P(X \geq m)=0.5$ (참)

② 정규분포를 따르는 확률변수 X의 평균이 m이므로 $x=m$일 때,
   $f(x)$는 최댓값을 갖는다. (참)

③ $m<a<b$일 때, $P(a \leq X \leq b)$의 값
   은 함수 $y=f(x)$의 그래프와 x축
   및 두 직선 $x=a$, $x=b$로 둘러싸인
   부분의 넓이이므로
   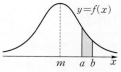
   $P(a \leq X \leq b)=P(m \leq X \leq b)-P(m \leq X \leq a)$ (참)

④ $a<m$일 때, $P(X \geq a)$의 값은 함수
   $y=f(x)$의 그래프와 x축 및 직선
   $x=a$로 둘러싸인 부분의 넓이이므
   로
   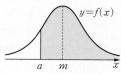
   $P(X \geq a)=P(a \leq X \leq m)+P(X \geq m)$
   $\qquad\qquad\;\; =P(a \leq X \leq m)+0.5$
   $\qquad\qquad\;\; \neq 0.5-P(a \leq X \leq m)$ (거짓)

⑤ 확률변수 X의 확률밀도함수 $y=f(x)$의 그래프는 직선 $x=m$
   에 대하여 대칭이므로
   $P(X \leq a-m)=P(X \geq -(a-m))$
   $\qquad\qquad\qquad =P(X \geq m-a)$
   즉, $a>0$일 때,
   $P(X \leq a+m)+P(X \leq a-m)$
   $=P(X \leq m+a)+P(X \geq m-a)$
   $=\{P(X \leq m)+P(m \leq X \leq m+a)\}$
   $\qquad\qquad\qquad +\{P(m-a \leq X \leq m)+P(X \geq m)\}$
   $=\{P(X \leq m)+P(X \geq m)\}$
   $\qquad\qquad\qquad +\{P(m-a \leq X \leq m)+P(m \leq X \leq m+a)\}$
   $=1+P(m-a \leq X \leq m+a)$
   이때 $P(m-a \leq X \leq m+a)>0$이므로 $a>0$일 때,
   $P(X \leq a+m)+P(X \leq a-m)=1$을 만족시키는 실수 a는 존
   재하지 않는다. (참)

따라서 옳지 않은 것은 ④이다.

0434

답 ④

두 확률변수 X, Y는 평균이 각각 4, 8이고 표준편차가 모두 2인
정규분포를 따르므로 X의 확률밀도함수 $y=f(x)$의 그래프를 x축
의 방향으로 4만큼 평행이동하면 Y의 확률밀도함수 $y=g(x)$의 그
래프와 일치한다.

또한 $\dfrac{4+8}{2}=6$이므로 두 함수 $y=f(x)$, $y=g(x)$의 그래프는 직
선 $x=6$에 대하여 대칭이다.
$\therefore f(6)=g(6)$

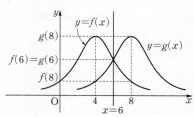

따라서 위의 그림에서 $0<f(8)<g(8)$, $f(6)=g(6)$이므로 $c=0$
이고 $c<a<b$이다.

0435

답 ③

확률변수 X가 정규분포 $N(m, \sigma^2)$을 따르므로 주어진 표에 의하여

$P(m-0.5\sigma \le X \le m+2\sigma)$
$=P(m-0.5\sigma \le X \le m)$
$\qquad +P(m \le X \le m+2\sigma)$
$=P(m \le X \le m+0.5\sigma)+P(m \le X \le m+2\sigma)$
$=0.1915+0.4772$
$=0.6687$

0436

답 ②

$P(m-\sigma \le X \le m+\sigma)$
$=P(m-\sigma \le X \le m)+P(m \le X \le m+\sigma)$
$=P(m \le X \le m+\sigma)+P(m \le X \le m+\sigma)$
$=2P(m \le X \le m+\sigma)$
$=a$

이므로 $P(m \le X \le m+\sigma)=\dfrac{a}{2}$

$P(m-2\sigma \le X \le m+2\sigma)$
$=P(m-2\sigma \le X \le m)+P(m \le X \le m+2\sigma)$
$=P(m \le X \le m+2\sigma)+P(m \le X \le m+2\sigma)$
$=2P(m \le X \le m+2\sigma)$
$=b$

이므로 $P(m \le X \le m+2\sigma)=\dfrac{b}{2}$

$\therefore P(m+\sigma \le X \le m+2\sigma)$
$\quad =P(m \le X \le m+2\sigma)-P(m \le X \le m+\sigma)$
$\quad =\dfrac{b}{2}-\dfrac{a}{2}=\dfrac{b-a}{2}$

0437

답 ③

확률변수 X가 정규분포 $N(m, \sigma^2)$을 따르므로
$P(X \ge m+\sigma)=P(X \ge m)-P(m \le X \le m+\sigma)$
$\qquad\qquad\quad =0.5-P(m \le X \le m+\sigma)$
$\qquad\qquad\quad =0.1587$
따라서 $P(m \le X \le m+\sigma)=0.3413$이므로
$P(X \ge m-\sigma)=P(m-\sigma \le X \le m)+P(X \ge m)$
$\qquad\qquad\quad =P(m \le X \le m+\sigma)+P(X \ge m)$
$\qquad\qquad\quad =0.3413+0.5$
$\qquad\qquad\quad =0.8413$

0438

답 27

$P(k \le X \le 39)=0.84$에서 $0.84 > 0.5$이므로 $k < m$이고
$P(k \le X \le m)+P(m \le X \le 39)=0.84$ ⋯⋯ ㉠
이때 확률변수 X가 정규분포 $N(30, 3^2)$을 따르므로
$m=30$, $\sigma=3$
즉, 주어진 표에서
$P(m \le X \le 39)=P(m \le X \le 30+3 \times 3)$
$\qquad\qquad\qquad =P(m \le X \le m+3\sigma)$
$\qquad\qquad\qquad =0.4987$
이를 ㉠에 대입하면
$P(k \le X \le m)+0.4987=0.84$
$\therefore P(k \le X \le m)=0.3413$ ⋯⋯ ㉡
주어진 표에서 $P(m \le X \le m+\sigma)=0.3413$이므로
$P(m-\sigma \le X \le m)=0.3413$ ⋯⋯ ㉢
㉡, ㉢에서
$k=m-\sigma=30-3=27$

0439

답 ④

정규분포 $N(m, \sigma^2)$을 따르는 확률변수 X의 확률밀도함수를 $f(x)$라 하면 $y=f(x)$의 그래프는 직선 $x=m$에 대하여 대칭이다.
이때 $P(X \le 18)=P(X \ge 22)$이므로
$m=\dfrac{18+22}{2}=20$
$V(3X-1)=36$이므로
$3^2 V(X)=36$, $V(X)=4$ $\quad \therefore \sigma=2$
$\therefore P(18 \le X \le 24)$
$\quad =P(18 \le X \le 20)+P(20 \le X \le 24)$
$\quad =P(20-2 \le X \le 20)+P(20 \le X \le 20+2 \times 2)$
$\quad =P(m-\sigma \le X \le m)+P(m \le X \le m+2\sigma)$
$\quad =P(m \le X \le m+\sigma)+P(m \le X \le m+2\sigma)$
$\quad =0.3413+0.4772$
$\quad =0.8185$

0440

답 ③

확률변수 X가 정규분포 $N(m, 2^2)$을 따르므로
$E(X)=m$, $V(X)=2^2$
또한 확률변수 $Z=\dfrac{X+12}{\sigma}$는 표준정규분포 $N(0, 1)$을 따르므로
$E(Z)=E\left(\dfrac{X+12}{\sigma}\right)=\dfrac{1}{\sigma}E(X)+\dfrac{12}{\sigma}=\dfrac{m}{\sigma}+\dfrac{12}{\sigma}=0$
$\therefore m=-12$
$V(Z)=V\left(\dfrac{X+12}{\sigma}\right)=\dfrac{1}{\sigma^2}V(X)=\left(\dfrac{2}{\sigma}\right)^2=1$
$\therefore \sigma=2$
$\therefore \sigma-m=2-(-12)=14$

확률변수 X가 정규분포 $N(m, 2^2)$을 따르므로 확률변수

$\dfrac{X-m}{2}$은 표준정규분포 $N(0, 1)$을 따른다.

이때 확률변수 $Z=\dfrac{X+12}{\sigma}$가 표준정규분포 $N(0, 1)$을 따르므로

$\dfrac{X-m}{2}=\dfrac{X+12}{\sigma}$

$\therefore m=-12,\ \sigma=2$

$\therefore \sigma-m=2-(-12)=14$

0441

답 ②

두 확률변수 X, Y가 각각 정규분포 $N(5, 2^2)$, $N(9, 3^2)$을 따르므로 두 확률변수 $\dfrac{X-5}{2}$, $\dfrac{Y-9}{3}$는 모두 표준정규분포 $N(0, 1)$을 따른다.

표준정규분포를 따르는 확률변수를 Z라 하면

$P(X\leq 6)=P\left(\dfrac{X-5}{2}\leq \dfrac{6-5}{2}\right)$

$\qquad\quad=P\left(Z\leq \dfrac{1}{2}\right)$

$P(Y\geq k)=P\left(\dfrac{Y-9}{3}\geq \dfrac{k-9}{3}\right)$

$\qquad\quad=P\left(Z\geq \dfrac{k-9}{3}\right)$

이때 $P(X\leq 6)=P(Y\geq k)$이므로

$P\left(Z\geq \dfrac{k-9}{3}\right)=P\left(Z\leq \dfrac{1}{2}\right)=P\left(Z\geq -\dfrac{1}{2}\right)$

따라서 $\dfrac{k-9}{3}=-\dfrac{1}{2}$이므로

$k=\dfrac{15}{2}$

0442

답 8

두 확률변수 X, Y가 각각 정규분포 $N(12, \sigma^2)$, $N(16, 2^2)$을 따르므로 두 확률변수 $\dfrac{X-12}{\sigma}$, $\dfrac{Y-16}{2}$은 모두 표준정규분포 $N(0, 1)$을 따른다.

표준정규분포를 따르는 확률변수를 Z라 하면

$P(X\leq 20)=P\left(\dfrac{X-12}{\sigma}\leq \dfrac{20-12}{\sigma}\right)$

$\qquad\qquad=P\left(Z\leq \dfrac{8}{\sigma}\right)$

$P(Y\leq 18)=P\left(\dfrac{Y-16}{2}\leq \dfrac{18-16}{2}\right)$

$\qquad\qquad=P(Z\leq 1)$

이때 $P(X\leq 20)=P(Y\leq 18)$이므로

$P\left(Z\leq \dfrac{8}{\sigma}\right)=P(Z\leq 1)$

따라서 $\dfrac{8}{\sigma}=1$이므로

$\sigma=8$

0443

답 8

두 확률변수 X, Y가 각각 정규분포 $N(m, 2^2)$, $N(5, 1^2)$을 따르므로 두 확률변수 $\dfrac{X-m}{2}$, $\dfrac{Y-5}{1}$는 모두 표준정규분포 $N(0, 1)$을 따른다.

표준정규분포를 따르는 확률변수를 Z라 하면

$P(4\leq X\leq 2m-4)=P\left(\dfrac{4-m}{2}\leq \dfrac{X-m}{2}\leq \dfrac{(2m-4)-m}{2}\right)$

$\qquad\qquad\qquad=P\left(\dfrac{4-m}{2}\leq Z\leq \dfrac{m-4}{2}\right)$

$\qquad\qquad\qquad=P\left(-\dfrac{m-4}{2}\leq Z\leq \dfrac{m-4}{2}\right)$

$\qquad\qquad\qquad=2P\left(0\leq Z\leq \dfrac{m-4}{2}\right)$

$P(5\leq Y\leq 7)=P\left(\dfrac{5-5}{1}\leq \dfrac{Y-5}{1}\leq \dfrac{7-5}{1}\right)$

$\qquad\qquad\quad=P(0\leq Z\leq 2)$

이때 $P(4\leq X\leq 2m-4)=2P(5\leq Y\leq 7)$이므로

$2P\left(0\leq Z\leq \dfrac{m-4}{2}\right)=2P(0\leq Z\leq 2)$

따라서 $\dfrac{m-4}{2}=2$이므로 $m=8$

0444

답 ②

확률변수 X가 정규분포 $N(m, 3^2)$을 따르므로 X의 확률밀도함수 $y=f(x)$의 그래프는 직선 $x=m$에 대하여 대칭이다.

이때 조건 ㈎에서 임의의 실수 k에 대하여

$f(10-k)=f(10+k)$이므로

$m=10$

즉, 확률변수 X는 정규분포 $N(10, 3^2)$을 따르므로 $Z=\dfrac{X-10}{3}$으로 놓으면 확률변수 Z는 표준정규분포 $N(0, 1)$을 따른다.

이때

$P(m-3\leq X\leq m)+P(m+3\leq X\leq m+6)$

$=P(10-3\leq X\leq 10)+P(10+3\leq X\leq 10+6)$

$=P(7\leq X\leq 10)+P(13\leq X\leq 16)$

$=P\left(\dfrac{7-10}{3}\leq \dfrac{X-10}{3}\leq \dfrac{10-10}{3}\right)$

$\qquad\qquad\qquad+P\left(\dfrac{13-10}{3}\leq \dfrac{X-10}{3}\leq \dfrac{16-10}{3}\right)$

$=P(-1\leq Z\leq 0)+P(1\leq Z\leq 2)$

$=P(0\leq Z\leq 1)+P(1\leq Z\leq 2)$

$=P(0\leq Z\leq 2)$

또한

$P(10\leq X\leq a)=P\left(\dfrac{10-10}{3}\leq \dfrac{X-10}{3}\leq \dfrac{a-10}{3}\right)$

$\qquad\qquad\quad=P\left(0\leq Z\leq \dfrac{a-10}{3}\right)$

이므로 조건 ㈏에 의하여

$P\left(0\leq Z\leq \dfrac{a-10}{3}\right)=P(0\leq Z\leq 2)$

즉, $\dfrac{a-10}{3}=2$이므로 $a=16$

$\therefore m+a=10+16=26$

0445

답 ②

확률변수 X가 정규분포 $N(40, 8^2)$을 따르므로 $Z=\dfrac{X-40}{8}$으로

놓으면 확률변수 Z는 표준정규분포 $N(0, 1)$을 따른다.

$$\begin{aligned}
\therefore P(X \ge 36) &= P\left(\frac{X-40}{8} \ge \frac{36-40}{8}\right)\\
&= P(Z \ge -0.5)\\
&= P(Z \le 0.5)\\
&= P(Z \le 0) + P(0 \le Z \le 0.5)\\
&= 0.5 + 0.1915\\
&= 0.6915
\end{aligned}$$

0446

답 ④

확률변수 X가 정규분포 $N(24, 3^2)$을 따르므로 $Z=\dfrac{X-24}{3}$로 놓

으면 확률변수 Z는 표준정규분포 $N(0, 1)$을 따른다.

① $\begin{aligned}[t] P(18 \le X \le 21) &= P\left(\frac{18-24}{3} \le \frac{X-24}{3} \le \frac{21-24}{3}\right)\\
&= P(-2 \le Z \le -1)\\
&= P(1 \le Z \le 2)\\
&= P(0 \le Z \le 2) - P(0 \le Z \le 1)\\
&= 0.4772 - 0.3413\\
&= 0.1359
\end{aligned}$

② $\begin{aligned}[t] P(X \le 21) &= P\left(\frac{X-24}{3} \le \frac{21-24}{3}\right)\\
&= P(Z \le -1) = P(Z \ge 1)\\
&= P(Z \ge 0) - P(0 \le Z \le 1)\\
&= 0.5 - 0.3413\\
&= 0.1587
\end{aligned}$

③ $\begin{aligned}[t] P(21 \le X \le 30) &= P\left(\frac{21-24}{3} \le \frac{X-24}{3} \le \frac{30-24}{3}\right)\\
&= P(-1 \le Z \le 2)\\
&= P(-1 \le Z \le 0) + P(0 \le Z \le 2)\\
&= P(0 \le Z \le 1) + P(0 \le Z \le 2)\\
&= 0.3413 + 0.4772\\
&= 0.8185
\end{aligned}$

④ $\begin{aligned}[t] P(X \le 27) &= P\left(\frac{X-24}{3} \le \frac{27-24}{3}\right)\\
&= P(Z \le 1)\\
&= P(Z \le 0) + P(0 \le Z \le 1)\\
&= 0.5 + 0.3413\\
&= 0.8413
\end{aligned}$

⑤ $\begin{aligned}[t] P(24 \le X \le 30) &= P\left(\frac{24-24}{3} \le \frac{X-24}{3} \le \frac{30-24}{3}\right)\\
&= P(0 \le Z \le 2)\\
&= 0.4772
\end{aligned}$

따라서 그 값이 가장 큰 것은 ④이다.

0447

답 ④

확률변수 X가 정규분포 $N(20, 5^2)$을 따르므로 $Z=\dfrac{X-20}{5}$으로

놓으면 확률변수 Z는 표준정규분포 $N(0, 1)$을 따른다.

$P(X \le 23) = 0.7257$에서

$P\left(\dfrac{X-20}{5} \le \dfrac{23-20}{5}\right) = 0.7257$

$P(Z \le 0.6) = 0.7257$

$P(Z \le 0) + P(0 \le Z \le 0.6) = 0.7257$

즉, $0.5 + P(0 \le Z \le 0.6) = 0.7257$에서

$P(0 \le Z \le 0.6) = 0.2257$

$$\begin{aligned}
\therefore P(X \le 17) &= P\left(\frac{X-20}{5} \le \frac{17-20}{5}\right)\\
&= P(Z \le -0.6) = P(Z \ge 0.6)\\
&= P(Z \ge 0) - P(0 \le Z \le 0.6)\\
&= 0.5 - 0.2257\\
&= 0.2743
\end{aligned}$$

0448

답 ③

확률변수 X가 정규분포 $N(15, 3^2)$을 따르므로 확률변수

$Y=2X+1$에 대하여

$\begin{aligned} E(Y) &= E(2X+1) = 2E(X) + 1\\ &= 2 \times 15 + 1 = 31 \end{aligned}$

$\begin{aligned} V(Y) &= V(2X+1) = 2^2 V(X)\\ &= 2^2 \times 3^2 = 6^2 \end{aligned}$

따라서 확률변수 Y는 정규분포 $N(31, 6^2)$을 따르므로

$Z=\dfrac{Y-31}{6}$로 놓으면 확률변수 Z는 표준정규분포 $N(0, 1)$을 따

른다.

$$\begin{aligned}
\therefore P(25 \le Y \le 43) &= P\left(\frac{25-31}{6} \le \frac{Y-31}{6} \le \frac{43-31}{6}\right)\\
&= P(-1 \le Z \le 2)\\
&= P(-1 \le Z \le 0) + P(0 \le Z \le 2)\\
&= P(0 \le Z \le 1) + P(0 \le Z \le 2)\\
&= 0.3413 + 0.4772\\
&= 0.8185
\end{aligned}$$

다른 풀이

확률변수 X가 정규분포 $N(15, 3^2)$을 따르므로 $Z=\dfrac{X-15}{3}$로 놓

으면 확률변수 Z는 표준정규분포 $N(0, 1)$을 따른다.

따라서 확률변수 $Y=2X+1$에 대하여

$$\begin{aligned}
P(25 \le Y \le 43) &= P(25 \le 2X+1 \le 43)\\
&= P(12 \le X \le 21)\\
&= P\left(\frac{12-15}{3} \le \frac{X-15}{3} \le \frac{21-15}{3}\right)\\
&= P(-1 \le Z \le 2)\\
&= P(-1 \le Z \le 0) + P(0 \le Z \le 2)\\
&= P(0 \le Z \le 1) + P(0 \le Z \le 2)\\
&= 0.3413 + 0.4772\\
&= 0.8185
\end{aligned}$$

0449
답 ①

확률변수 X가 정규분포 $N(55, 5^2)$을 따르므로 $Z=\dfrac{X-55}{5}$로 놓

으면 확률변수 Z는 표준정규분포 $N(0, 1)$을 따른다.

$P(40 \leq X \leq k)=0.9759$에서

$P\left(\dfrac{40-55}{5} \leq \dfrac{X-55}{5} \leq \dfrac{k-55}{5}\right)=0.9759$

$P\left(-3 \leq Z \leq \dfrac{k-55}{5}\right)=0.9759$

$P(-3 \leq Z \leq 0)+P\left(0 \leq Z \leq \dfrac{k-55}{5}\right)=0.9759$

$P(0 \leq Z \leq 3)+P\left(0 \leq Z \leq \dfrac{k-55}{5}\right)=0.9759$

즉, $0.4987+P\left(0 \leq Z \leq \dfrac{k-55}{5}\right)=0.9759$이므로

$P\left(0 \leq Z \leq \dfrac{k-55}{5}\right)=0.4772$

이때 표준정규분포표에서 $P(0 \leq Z \leq 2)=0.4772$이므로

$\dfrac{k-55}{5}=2$

$\therefore k=65$

0450
답 24

확률변수 X가 정규분포 $N(m, 4^2)$을 따르므로 $Z=\dfrac{X-m}{4}$으로

놓으면 확률변수 Z는 표준정규분포 $N(0, 1)$을 따른다.

$P(X \leq 30)=0.9332$에서

$P\left(\dfrac{X-m}{4} \leq \dfrac{30-m}{4}\right)=0.9332$

$P\left(Z \leq \dfrac{30-m}{4}\right)=0.9332$

$0.9332 > 0.5$이므로 $\dfrac{30-m}{4}>0$이고

$P(Z \leq 0)+P\left(0 \leq Z \leq \dfrac{30-m}{4}\right)=0.9332$

$0.5+P\left(0 \leq Z \leq \dfrac{30-m}{4}\right)=0.9332$

$\therefore P\left(0 \leq Z \leq \dfrac{30-m}{4}\right)=0.4332$

이때 표준정규분포표에서 $P(0 \leq Z \leq 1.5)=0.4332$이므로

$\dfrac{30-m}{4}=1.5$

$\therefore m=24$

0451
답 50

확률변수 X가 정규분포 $N(64, 7^2)$을 따르므로 $Z=\dfrac{X-64}{7}$로 놓

으면 확률변수 Z는 표준정규분포 $N(0, 1)$을 따른다.

$P(X \leq a)=0.0228$에서

$P\left(\dfrac{X-64}{7} \leq \dfrac{a-64}{7}\right)=0.0228$

$P\left(Z \leq \dfrac{a-64}{7}\right)=0.0228$

$0.0228 < 0.5$이므로 $\dfrac{a-64}{7}<0$이고

$P\left(Z \geq -\dfrac{a-64}{7}\right)=0.0228$

$P(Z \geq 0)-P\left(0 \leq Z \leq -\dfrac{a-64}{7}\right)=0.0228$

$0.5-P\left(0 \leq Z \leq -\dfrac{a-64}{7}\right)=0.0228$

$\therefore P\left(0 \leq Z \leq -\dfrac{a-64}{7}\right)=0.4772$

이때 표준정규분포표에서 $P(0 \leq Z \leq 2)=0.4772$이므로

$-\dfrac{a-64}{7}=2$

$\therefore a=50$

0452
답 80

확률변수 X가 정규분포 $N(m, \sigma^2)$을 따르므로 $Z=\dfrac{X-m}{\sigma}$으로

놓으면 확률변수 Z는 표준정규분포 $N(0, 1)$을 따른다.

$P(m-k\sigma \leq X \leq m+k\sigma)=0.5762$에서

$P(-k\sigma \leq X-m \leq k\sigma)=0.5762$

이때 $\sigma > 0$이므로

$P\left(-k \leq \dfrac{X-m}{\sigma} \leq k\right)=0.5762$

즉, $P(-k \leq Z \leq k)=0.5762$에서

$2P(0 \leq Z \leq k)=0.5762$

$\therefore P(0 \leq Z \leq k)=0.2881$

이때 표준정규분포표에서 $P(0 \leq Z \leq 0.8)=0.2881$이므로

$k=0.8$

$\therefore 100k=80$

0453
답 ③

확률변수 X가 정규분포 $N(m, \sigma^2)$을 따르므로 $Z=\dfrac{X-m}{\sigma}$으로

놓으면 확률변수 Z는 표준정규분포 $N(0, 1)$을 따른다.

이때

$P(m \leq X \leq m+3)=P\left(\dfrac{m-m}{\sigma} \leq \dfrac{X-m}{\sigma} \leq \dfrac{(m+3)-m}{\sigma}\right)$

$=P\left(0 \leq Z \leq \dfrac{3}{\sigma}\right)$

$P(X \leq m-3)=P\left(\dfrac{X-m}{\sigma} \leq \dfrac{(m-3)-m}{\sigma}\right)$

$=P\left(Z \leq -\dfrac{3}{\sigma}\right)$

$=P\left(Z \geq \dfrac{3}{\sigma}\right)$

$=P(Z \geq 0)-P\left(0 \leq Z \leq \dfrac{3}{\sigma}\right) \ (\because \sigma > 0)$

$=0.5-\left(0 \leq Z \leq \dfrac{3}{\sigma}\right)$

이므로 $P(m \leq X \leq m+3)-P(X \leq m-3)=0.1826$에서

$$P\left(0\le Z\le\frac{3}{\sigma}\right)-\left\{0.5-P\left(0\le Z\le\frac{3}{\sigma}\right)\right\}=0.1826$$

$$2P\left(0\le Z\le\frac{3}{\sigma}\right)=0.6826$$

$$\therefore\ P\left(0\le Z\le\frac{3}{\sigma}\right)=0.3413$$

이때 표준정규분포표에서 $P(0\le Z\le1)=0.3413$이므로

$$\frac{3}{\sigma}=1\qquad\therefore\ \sigma=3$$

유형 08 표준화하여 미지수 구하기
– 정규분포곡선의 성질 이용

0454 답 ⑤

정규분포 $N(m,\ 3^2)$을 따르는 확률변수 X의 확률밀도함수를 $f(x)$라 하면 $y=f(x)$의 그래프는 직선 $x=m$에 대하여 대칭이다.
이때 $P(X\ge m-3)=P(X\le11)$이므로

$$m=\frac{(m-3)+11}{2}$$

$$2m=m+8\qquad\therefore\ m=8$$

즉, 확률변수 X가 정규분포 $N(8,\ 3^2)$을 따르므로 $Z=\dfrac{X-8}{3}$로 놓으면 확률변수 Z는 표준정규분포 $N(0,\ 1)$을 따른다.

$$\begin{aligned}\therefore\ P(X\ge2)&=P\left(\frac{X-8}{3}\ge\frac{2-8}{3}\right)\\&=P(Z\ge-2)\\&=P(Z\le2)\\&=P(Z\le0)+P(0\le Z\le2)\\&=0.5+0.4772\\&=0.9772\end{aligned}$$

0455 답 ①

정규분포 $N(14,\ 2^2)$을 따르는 확률변수 X의 확률밀도함수를 $f(x)$라 하면 $y=f(x)$의 그래프는 직선 $x=14$에 대하여 대칭이다.
이때 $P(X\le3a+7)=P(X\ge19-2a)$이므로

$$\frac{(3a+7)+(19-2a)}{2}=14$$

$$a+26=28\qquad\therefore\ a=2$$

$Z=\dfrac{X-14}{2}$로 놓으면 확률변수 Z는 표준정규분포 $N(0,\ 1)$을 따르므로

$$\begin{aligned}P(3a+7\le X\le19-2a)&=P(13\le X\le15)\\&=P\left(\frac{13-14}{2}\le\frac{X-14}{2}\le\frac{15-14}{2}\right)\\&=P(-0.5\le Z\le0.5)\\&=2P(0\le Z\le0.5)\\&=2\times0.1915\\&=0.3830\end{aligned}$$

0456 답 ⑤

정규분포 $N(m,\ \sigma^2)$을 따르는 확률변수 X의 확률밀도함수 $f(x)$에 대하여 $y=f(x)$의 그래프는 직선 $x=m$에 대하여 대칭이다.
이때 $f(100-x)=f(x)$의 양변에 x 대신 $50-x$를 대입하면

$$f(100-(50-x))=f(50-x)$$

즉, $f(50+x)=f(50-x)$이므로

$$m=50$$

즉, 확률변수 X가 정규분포 $N(50,\ \sigma^2)$을 따르므로 $Z=\dfrac{X-50}{\sigma}$으로 놓으면 확률변수 Z는 표준정규분포 $N(0,\ 1)$을 따른다.
$P(m\le X\le m+10)=0.4772$, 즉 $P(50\le X\le60)=0.4772$에서

$$\begin{aligned}P(50\le X\le60)&=P\left(\frac{50-50}{\sigma}\le\frac{X-50}{\sigma}\le\frac{60-50}{\sigma}\right)\\&=P\left(0\le Z\le\frac{10}{\sigma}\right)\\&=0.4772\end{aligned}$$

이때 표준정규분포표에서 $P(0\le Z\le2)=0.4772$이므로

$$\frac{10}{\sigma}=2\qquad\therefore\ \sigma=5$$

$$\begin{aligned}\therefore\ P(X\le65)&=P\left(\frac{X-50}{5}\le\frac{65-50}{5}\right)\\&=P(Z\le3)\\&=P(Z\le0)+P(0\le Z\le3)\\&=0.5+0.4987\\&=0.9987\end{aligned}$$

0457 답 ②

정규분포 $N(m,\ 2^2)$을 따르는 확률변수 X의 확률밀도함수 $f(x)$에 대하여 $y=f(x)$의 그래프는 직선 $x=m$에 대하여 대칭이고 x의 값이 m에서 멀어질수록 함숫값은 작아진다.
조건 ㈎에서 $f(8)>f(14)$이므로 오른쪽 그림과 같이 평균 m이 14보다 8에 더 가깝다.

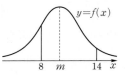

즉, $|m-8|<|14-m|$에서

$$m-8<14-m$$

$$2m<22$$

$$\therefore\ m<11\qquad\cdots\cdots\ ㉠$$

조건 ㈏에서 $f(6)<f(12)$이므로 오른쪽 그림과 같이 평균 m이 6보다 12에 더 가깝다.
즉, $|m-6|>|12-m|$에서

$$m-6>12-m$$

$$2m>18$$

$$\therefore\ m>9\qquad\cdots\cdots\ ㉡$$

㉠, ㉡에서 $9<m<11$이고 m은 자연수이므로

$$m=10$$

즉, 확률변수 X가 정규분포 $N(10,\ 2^2)$을 따르므로 $Z=\dfrac{X-10}{2}$으로 놓으면 확률변수 Z는 표준정규분포 $N(0,\ 1)$을 따른다.

$$\therefore P(12 \le X \le 16) = P\left(\frac{12-10}{2} \le \frac{X-10}{2} \le \frac{16-10}{2}\right)$$
$$= P(1 \le Z \le 3)$$
$$= P(0 \le Z \le 3) - P(0 \le Z \le 1)$$
$$= 0.4987 - 0.3413$$
$$= 0.1574$$

0458
답 ③

각각 정규분포 $N(24, 6^2)$, $N(36, 6^2)$을 따르는 두 확률변수 X, Y의 표준편차가 6으로 서로 같으므로 두 확률밀도함수 $y=f(x)$, $y=g(x)$의 그래프는 대칭축의 위치는 다르지만 모양이 서로 같다.
이때 Y의 평균이 X의 평균보다 12만큼 크므로 함수 $y=f(x)$의 그래프를 x축의 방향으로 12만큼 평행이동하면 함수 $y=g(x)$의 그래프와 일치한다.
$$\therefore g(x)=f(x-12)$$
이때 두 함수 $y=f(x)$, $y=g(x)$의 그래프가 만나는 점의 x좌표가 a이므로
$$f(a)=g(a)=f(a-12)$$
함수 $y=f(x)$의 그래프는 직선 $x=24$에 대하여 대칭이고
$f(a)=f(a-12)$이므로
$$\frac{a+(a-12)}{2}=24$$
$$2a-12=48 \qquad \therefore a=30$$

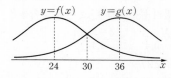

$Z=\dfrac{X-24}{6}$로 놓으면 확률변수 Z는 표준정규분포 $N(0, 1)$을 따르므로
$$P(a \le X \le 36) = P(30 \le X \le 36)$$
$$= P\left(\frac{30-24}{6} \le \frac{X-24}{6} \le \frac{36-24}{6}\right)$$
$$= P(1 \le Z \le 2)$$
$$= P(0 \le Z \le 2) - P(0 \le Z \le 1)$$
$$= 0.4772 - 0.3413$$
$$= 0.1359$$

유형 09 정규분포의 활용 - 확률 구하기

0459
답 ⑤

이 생수 회사에서 판매하는 1 L 생수 한 병에 들어 있는 나트륨의 양을 확률변수 X라 하면 X는 정규분포 $N(6.5, 1^2)$을 따르고, $Z=\dfrac{X-6.5}{1}$로 놓으면 확률변수 Z는 표준정규분포 $N(0, 1)$을 따른다.

따라서 구하는 확률은
$$P(X \ge 7) = P\left(\frac{X-6.5}{1} \ge \frac{7-6.5}{1}\right)$$
$$= P(Z \ge 0.5)$$
$$= P(Z \ge 0) - P(0 \le Z \le 0.5)$$
$$= 0.5 - 0.1915$$
$$= 0.3085$$

0460
답 ②

이 농장에서 수확한 오렌지 한 개의 무게를 확률변수 X라 하면 X는 정규분포 $N(150, 10^2)$을 따르고, $Z=\dfrac{X-150}{10}$으로 놓으면 확률변수 Z는 표준정규분포 $N(0, 1)$을 따른다.
따라서 구하는 확률은
$$P(145 \le X \le 170) = P\left(\frac{145-150}{10} \le \frac{X-150}{10} \le \frac{170-150}{10}\right)$$
$$= P(-0.5 \le Z \le 2)$$
$$= P(0 \le Z \le 0.5) + P(0 \le Z \le 2)$$
$$= 0.1915 + 0.4772$$
$$= 0.6687$$

0461
답 ③

이 고등학교 학생들의 일주일 독서 시간을 확률변수 X라 하면 X는 정규분포 $N(7, 2^2)$을 따르고, $Z=\dfrac{X-7}{2}$로 놓으면 확률변수 Z는 표준정규분포 $N(0, 1)$을 따른다.
이때 이 고등학교 학생이 도서상품권을 받으려면 독서 시간이 11시간 이상이어야 하므로 구하는 확률은
$$P(X \ge 11) = P\left(\frac{X-7}{2} \ge \frac{11-7}{2}\right)$$
$$= P(Z \ge 2)$$
$$= P(Z \ge 0) - P(0 \le Z \le 2)$$
$$= 0.5 - 0.4772$$
$$= 0.0228$$

0462
답 ③

지웅이가 등교하는 데 걸리는 시간을 확률변수 X라 하면 X는 정규분포 $N(36, 4^2)$을 따르고, $Z=\dfrac{X-36}{4}$으로 놓으면 확률변수 Z는 표준정규분포 $N(0, 1)$을 따른다.
이때 등교 시각은 오전 8시 30분이고 지웅이가 집에서 출발하는 시각이 오전 7시 48분이므로 지웅이가 학교에 지각하지 않으려면 등교하는 데 걸리는 시간이 42분 이하이어야 한다.
따라서 구하는 확률은
$$P(X \le 42) = P\left(\frac{X-36}{4} \le \frac{42-36}{4}\right)$$
$$= P(Z \le 1.5)$$
$$= P(Z \le 0) + P(0 \le Z \le 1.5)$$
$$= 0.5 + 0.4332$$
$$= 0.9332$$

0463 　답 ③

이 공장에서 생산한 탁구공 한 개의 무게를 확률변수 X라 하면 X는 정규분포 $\mathrm{N}(26.8,\ 0.4^2)$을 따르고, $Z = \dfrac{X-26.8}{0.4}$로 놓으면 확률변수 Z는 표준정규분포 $\mathrm{N}(0,\ 1)$을 따른다.

탁구공의 기준 무게는 27 g이고 탁구공의 무게가 기준 무게와 비교하여 0.4 g 이상 차이가 나면 그 탁구공을 불량품으로 판정하므로 구하는 확률은

$\mathrm{P}(|X-27| \ge 0.4)$
$= \mathrm{P}(X-27 \ge 0.4 \text{ 또는 } X-27 \le -0.4)$
$= \mathrm{P}(X \ge 27.4 \text{ 또는 } X \le 26.6)$
$= \mathrm{P}(X \ge 27.4) + \mathrm{P}(X \le 26.6)$
$= \mathrm{P}\left(\dfrac{X-26.8}{0.4} \ge \dfrac{27.4-26.8}{0.4}\right) + \mathrm{P}\left(\dfrac{X-26.8}{0.4} \le \dfrac{26.6-26.8}{0.4}\right)$
$= \mathrm{P}(Z \ge 1.5) + \mathrm{P}(Z \le -0.5)$
$= \mathrm{P}(Z \ge 1.5) + \mathrm{P}(Z \ge 0.5)$
$= \{\mathrm{P}(Z \ge 0) - \mathrm{P}(0 \le Z \le 1.5)\} + \{\mathrm{P}(Z \ge 0) - \mathrm{P}(0 \le Z \le 0.5)\}$
$= (0.5 - 0.4332) + (0.5 - 0.1915)$
$= 0.3753$

유형 10　정규분포의 활용 - 도수 구하기

0464 　답 ⑤

이 고등학교 학생 한 명이 등교하는 데 걸리는 시간을 확률변수 X라 하면 X는 정규분포 $\mathrm{N}(20,\ 5^2)$을 따르고, $Z = \dfrac{X-20}{5}$으로 놓으면 확률변수 Z는 표준정규분포 $\mathrm{N}(0,\ 1)$을 따른다.

이때 조사 대상인 고등학교 학생 중 한 명이 등교하는 데 걸리는 시간이 28분 이하일 확률은

$\mathrm{P}(X \le 28) = \mathrm{P}\left(\dfrac{X-20}{5} \le \dfrac{28-20}{5}\right)$
$\qquad = \mathrm{P}(Z \le 1.6)$
$\qquad = \mathrm{P}(Z \le 0) + \mathrm{P}(0 \le Z \le 1.6)$
$\qquad = 0.5 + 0.445$
$\qquad = 0.945$

따라서 이 고등학교 학생 600명 중 등교하는 데 걸리는 시간이 28분 이하인 학생의 수는

$600 \times 0.945 = 567$

0465 　답 ②

이 농장에서 생산한 사과 한 개의 당도를 확률변수 X라 하면 X는 정규분포 $\mathrm{N}(18,\ 2^2)$을 따르고, $Z = \dfrac{X-18}{2}$로 놓으면 확률변수 Z는 표준정규분포 $\mathrm{N}(0,\ 1)$을 따른다.

이때 조사 대상인 사과 한 개의 당도가 16 Brix 이상이고 19 Brix 이하일 확률은

$\mathrm{P}(16 \le X \le 19) = \mathrm{P}\left(\dfrac{16-18}{2} \le \dfrac{X-18}{2} \le \dfrac{19-18}{2}\right)$
$\qquad = \mathrm{P}(-1 \le Z \le 0.5)$
$\qquad = \mathrm{P}(0 \le Z \le 1) + \mathrm{P}(0 \le Z \le 0.5)$
$\qquad = 0.3413 + 0.1915$
$\qquad = 0.5328$

따라서 이 농장에서 생산한 사과 10만 개 중 당도가 16 Brix 이상이고 19 Brix 이하인 사과의 개수는

$100000 \times 0.5328 = 53280$

0466 　답 114

이 지역에서 작년에 태어난 신생아 한 명의 몸무게를 확률변수 X라 하면 X는 정규분포 $\mathrm{N}(3.2,\ 0.4^2)$을 따르고, $Z = \dfrac{X-3.2}{0.4}$로 놓으면 확률변수 Z는 표준정규분포 $\mathrm{N}(0,\ 1)$을 따른다.

이때 신생아 한 명의 몸무게가 4 kg 이상일 확률은

$\mathrm{P}(X \ge 4) = \mathrm{P}\left(\dfrac{X-3.2}{0.4} \ge \dfrac{4-3.2}{0.4}\right)$
$\qquad = \mathrm{P}(Z \ge 2)$
$\qquad = \mathrm{P}(Z \ge 0) - \mathrm{P}(0 \le Z \le 2)$
$\qquad = 0.5 - 0.4772$
$\qquad = 0.0228$

따라서 신생아 한 명이 우량아로 분류될 확률이 0.0228이므로 이 지역에서 작년에 태어난 신생아 5000명 중 우량아의 수는

$5000 \times 0.0228 = 114$

0467 　답 250

이 시험의 응시생 한 명의 점수를 확률변수 X라 하면 X는 정규분포 $\mathrm{N}(88,\ 8^2)$을 따르고, $Z = \dfrac{X-88}{8}$로 놓으면 확률변수 Z는 표준정규분포 $\mathrm{N}(0,\ 1)$을 따른다.

이때 이 시험에서 96점 이상을 받을 확률은

$\mathrm{P}(X \ge 96) = \mathrm{P}\left(\dfrac{X-88}{8} \ge \dfrac{96-88}{8}\right)$
$\qquad = \mathrm{P}(Z \ge 1)$
$\qquad = \mathrm{P}(Z \ge 0) - \mathrm{P}(0 \le Z \le 1)$
$\qquad = 0.5 - 0.34$
$\qquad = 0.16$

이 시험에 응시한 n명 중 96점 이상을 받은 응시생이 40명이므로

$n \times 0.16 = 40$　　$\therefore n = 250$

0468

답 78

이 자격증 시험에 응시한 응시생의 점수를 확률변수 X라 하면 X는 정규분포 $N(m, 8^2)$을 따르고, $Z=\dfrac{X-m}{8}$으로 놓으면 확률변수 Z는 표준정규분포 $N(0, 1)$을 따른다.

이때 응시생 중 임의로 선택한 한 명의 점수가 90점 이상일 확률이 0.0668이므로

$$\begin{aligned} P(X \geq 90) &= P\left(\dfrac{X-m}{8} \geq \dfrac{90-m}{8}\right) \\ &= P\left(Z \geq \dfrac{90-m}{8}\right) \\ &= 0.0668 \end{aligned}$$

$0.0668 < 0.5$이므로 $\dfrac{90-m}{8} > 0$이고

$$\begin{aligned} P\left(Z \geq \dfrac{90-m}{8}\right) &= P(Z \geq 0) - P\left(0 \leq Z \leq \dfrac{90-m}{8}\right) \\ &= 0.5 - P\left(0 \leq Z \leq \dfrac{90-m}{8}\right) \\ &= 0.0668 \end{aligned}$$

$$\therefore P\left(0 \leq Z \leq \dfrac{90-m}{8}\right) = 0.4332$$

이때 표준정규분포표에서 $P(0 \leq Z \leq 1.5) = 0.4332$이므로

$$\dfrac{90-m}{8} = 1.5$$

$$\therefore m = 78$$

0469

답 598

옥수수 식빵 1팩과 밤 식빵 1팩의 무게를 각각 확률변수 X, Y라 하면 X, Y가 각각 정규분포 $N(500, 16^2)$, $N(600, 4^2)$을 따르므로 두 확률변수 $\dfrac{X-500}{16}$, $\dfrac{Y-600}{4}$은 모두 표준정규분포 $N(0, 1)$을 따른다.

표준정규분포를 따르는 확률변수를 Z라 하면 옥수수 식빵 중에서 임의로 선택한 1팩의 무게가 508 g 이상 516 g 이하일 확률은

$$\begin{aligned} P(508 \leq X \leq 516) &= P\left(\dfrac{508-500}{16} \leq \dfrac{X-500}{16} \leq \dfrac{516-500}{16}\right) \\ &= P(0.5 \leq Z \leq 1) \\ &= P(-1 \leq Z \leq -0.5) \quad \cdots\cdots \text{㉠} \end{aligned}$$

또한 밤 식빵 중에서 임의로 선택한 1팩의 무게가 596 g 이상 a g 이하일 확률은

$$\begin{aligned} P(596 \leq Y \leq a) &= P\left(\dfrac{596-600}{4} \leq \dfrac{Y-600}{4} \leq \dfrac{a-600}{4}\right) \\ &= P\left(-1 \leq Z \leq \dfrac{a-600}{4}\right) \quad \cdots\cdots \text{㉡} \end{aligned}$$

이때 ㉠, ㉡이 일치해야 하므로

$$\dfrac{a-600}{4} = -0.5$$

$$\therefore a = 598$$

0470

답 ④

이 고등학교 학생 한 명의 SNS 하루 이용 시간을 확률변수 X라 하면 X는 정규분포 $N(70, \sigma^2)$을 따르고, $Z=\dfrac{X-70}{\sigma}$으로 놓으면 확률변수 Z는 표준정규분포 $N(0, 1)$을 따른다.

이 고등학교 학생 중 임의로 선택한 한 명의 SNS 하루 이용 시간이 67분 이상이고 73분 이하일 확률이 0.6826이므로

$$\begin{aligned} P(67 \leq X \leq 73) &= P\left(\dfrac{67-70}{\sigma} \leq \dfrac{X-70}{\sigma} \leq \dfrac{73-70}{\sigma}\right) \\ &= P\left(-\dfrac{3}{\sigma} \leq Z \leq \dfrac{3}{\sigma}\right) \\ &= 2P\left(0 \leq Z \leq \dfrac{3}{\sigma}\right) \\ &= 0.6826 \end{aligned}$$

$$\therefore P\left(0 \leq Z \leq \dfrac{3}{\sigma}\right) = 0.3413$$

이때 표준정규분포표에서 $P(0 \leq Z \leq 1) = 0.3413$이므로

$$\dfrac{3}{\sigma} = 1 \quad \therefore \sigma = 3$$

0471

답 26

두 전자회사 A, B에서 판매하는 무선청소기의 1회 최대 사용 시간을 각각 확률변수 X, Y라 하면 X, Y가 각각 정규분포 $N(30, 6^2)$, $N(24, 3^2)$을 따르므로 두 확률변수 $\dfrac{X-30}{6}$, $\dfrac{Y-24}{3}$는 모두 표준정규분포 $N(0, 1)$을 따른다.

표준정규분포를 따르는 확률변수를 Z라 하면 A 전자회사의 무선청소기 중에서 임의로 선택한 한 대의 1회 최대 사용 시간이 a분 이하일 확률은

$$\begin{aligned} P(X \leq a) &= P\left(\dfrac{X-30}{6} \leq \dfrac{a-30}{6}\right) \\ &= P\left(Z \leq \dfrac{a-30}{6}\right) \quad \cdots\cdots \text{㉠} \end{aligned}$$

또한 B 전자회사의 무선청소기 중에서 임의로 선택한 한 대의 1회 최대 사용 시간이 a분 이상일 확률은

$$\begin{aligned} P(Y \geq a) &= P\left(\dfrac{Y-24}{3} \geq \dfrac{a-24}{3}\right) \\ &= P\left(Z \geq \dfrac{a-24}{3}\right) \\ &= P\left(Z \leq -\dfrac{a-24}{3}\right) \quad \cdots\cdots \text{㉡} \end{aligned}$$

이때 ㉠, ㉡이 일치해야 하므로

$$\dfrac{a-30}{6} = -\dfrac{a-24}{3}$$

$$a-30 = -2(a-24), \quad a-30 = -2a+48$$

$$3a = 78 \quad \therefore a = 26$$

0472

답 ①

두 과수원 A, B에서 수확한 배 1개의 무게를 각각 확률변수 X, Y라 하면 X, Y가 각각 정규분포 $N(m, \sigma^2)$, $N(m+15, 4\sigma^2)$을 따르므로 두 확률변수 $\dfrac{X-m}{\sigma}$, $\dfrac{Y-(m+15)}{2\sigma}$는 모두 표준정규분포 $N(0, 1)$을 따른다.

표준정규분포를 따르는 확률변수를 Z라 하면 과수원 A에서 수확한 배 1개의 무게가 $(m-10)\,\mathrm{g}$ 이하일 확률이 0.3085이므로

$$\begin{aligned}
\mathrm{P}(X \le m-10) &= \mathrm{P}\left(\frac{X-m}{\sigma} \le \frac{(m-10)-m}{\sigma}\right) \\
&= \mathrm{P}\left(Z \le -\frac{10}{\sigma}\right) = \mathrm{P}\left(Z \ge \frac{10}{\sigma}\right) \\
&= \mathrm{P}(Z \ge 0) - \mathrm{P}\left(0 \le Z \le \frac{10}{\sigma}\right) \\
&= 0.5 - \mathrm{P}\left(0 \le Z \le \frac{10}{\sigma}\right) \\
&= 0.3085
\end{aligned}$$

$$\therefore \mathrm{P}\left(0 \le Z \le \frac{10}{\sigma}\right) = 0.1915$$

이때 표준정규분포표에서 $\mathrm{P}(0 \le Z \le 0.5) = 0.1915$이므로

$$\frac{10}{\sigma} = 0.5 \qquad \therefore \sigma = 20$$

따라서 과수원 B에서 수확한 배 1개의 무게가 $(m+25)\,\mathrm{g}$ 이하일 확률은

$$\begin{aligned}
\mathrm{P}(Y \le m+25) &= \mathrm{P}\left(\frac{Y-(m+15)}{40} \le \frac{(m+25)-(m+15)}{40}\right) \\
&= \mathrm{P}(Z \le 0.25) \\
&= \mathrm{P}(Z \le 0) + \mathrm{P}(0 \le Z \le 0.25) \\
&= 0.5 + 0.0987 \\
&= 0.5987
\end{aligned}$$

유형 12 정규분포의 활용 - 최솟값 구하기

0473 답 ①

모집 정원이 210명인 시험에 3000명이 응시하였으므로 이 기능사 선발 시험에 합격하기 위해서는 $\frac{210}{3000} = 0.07$, 즉 상위 7 % 이내에 들어야 한다.

이 기능사 선발 시험 응시자의 점수를 확률변수 X라 하면 X는 정규분포 $\mathrm{N}(60,\,10^2)$을 따르고, $Z = \dfrac{X-60}{10}$으로 놓으면 확률변수 Z는 표준정규분포 $\mathrm{N}(0,\,1)$을 따른다.

시험에 합격하는 최저 점수를 k점이라 하면

$$\begin{aligned}
\mathrm{P}(X \ge k) &= \mathrm{P}\left(\frac{X-60}{10} \ge \frac{k-60}{10}\right) \\
&= \mathrm{P}\left(Z \ge \frac{k-60}{10}\right) \\
&= 0.07
\end{aligned}$$

$0.07 < 0.5$이므로 $\dfrac{k-60}{10} > 0$이고

$$\begin{aligned}
\mathrm{P}\left(Z \ge \frac{k-60}{10}\right) &= \mathrm{P}(Z \ge 0) - \mathrm{P}\left(0 \le Z \le \frac{k-60}{10}\right) \\
&= 0.5 - \mathrm{P}\left(0 \le Z \le \frac{k-60}{10}\right) \\
&= 0.07
\end{aligned}$$

$$\therefore \mathrm{P}\left(0 \le Z \le \frac{k-60}{10}\right) = 0.43$$

이때 표준정규분포표에서 $\mathrm{P}(0 \le Z \le 1.48) = 0.43$이므로

$$\frac{k-60}{10} = 1.48$$

$$\therefore k = 74.8$$

따라서 이 기능사 시험에 합격하기 위한 최저 점수는 74.8점이다.

0474 답 ④

이 고등학교 3학년 학생의 중간고사 수학 성적을 확률변수 X라 하면 X는 정규분포 $\mathrm{N}(82,\,8^2)$을 따르고, $Z = \dfrac{X-82}{8}$로 놓으면 확률변수 Z는 표준정규분포 $\mathrm{N}(0,\,1)$을 따른다.

내신 1등급을 받으려면 상위 4 % 이내의 성적을 얻어야 하므로 수학 내신 1등급을 받기 위한 최저 점수를 k점이라 하면

$$\begin{aligned}
\mathrm{P}(X \ge k) &= \mathrm{P}\left(\frac{X-82}{8} \ge \frac{k-82}{8}\right) \\
&= \mathrm{P}\left(Z \ge \frac{k-82}{8}\right) \\
&= 0.04
\end{aligned}$$

$0.04 < 0.5$이므로 $\dfrac{k-82}{8} > 0$이고

$$\begin{aligned}
\mathrm{P}\left(Z \ge \frac{k-82}{8}\right) &= \mathrm{P}(Z \ge 0) - \mathrm{P}\left(0 \le Z \le \frac{k-82}{8}\right) \\
&= 0.5 - \mathrm{P}\left(0 \le Z \le \frac{k-82}{8}\right) \\
&= 0.04
\end{aligned}$$

$$\therefore \mathrm{P}\left(0 \le Z \le \frac{k-82}{8}\right) = 0.46$$

이때 표준정규분포표에서 $\mathrm{P}(0 \le Z \le 1.75) = 0.46$이므로

$$\frac{k-82}{8} = 1.75$$

$$\therefore k = 96$$

따라서 수학 내신 1등급을 받기 위한 최저 점수는 96점이다.

0475 답 36회

회원 50명 중 윗몸일으키기 기록이 좋은 회원부터 차례로 8명을 뽑아 문화상품권을 지급하므로 문화상품권을 받으려면 $\dfrac{8}{50} = 0.16$, 즉 상위 16 % 이내에 들어야 한다.

이 체육관 회원 1명의 윗몸일으키기 기록을 확률변수 X라 하면 X는 정규분포 $\mathrm{N}(34,\,2^2)$을 따르고, $Z = \dfrac{X-34}{2}$로 놓으면 확률변수 Z는 표준정규분포 $\mathrm{N}(0,\,1)$을 따른다.

문화상품권을 받은 8명의 회원 중 기록이 가장 낮은 회원의 기록을 k회라 하면

$$\begin{aligned}
\mathrm{P}(X \ge k) &= \mathrm{P}\left(\frac{X-34}{2} \ge \frac{k-34}{2}\right) \\
&= \mathrm{P}\left(Z \ge \frac{k-34}{2}\right) \\
&= 0.16
\end{aligned}$$

$0.16 < 0.5$이므로 $\dfrac{k-34}{2} > 0$이고

$$P\left(Z \geq \dfrac{k-34}{2}\right) = P(Z \geq 0) - P\left(0 \leq Z \leq \dfrac{k-34}{2}\right)$$
$$= 0.5 - P\left(0 \leq Z \leq \dfrac{k-34}{2}\right)$$
$$= 0.16$$

$$\therefore P\left(0 \leq Z \leq \dfrac{k-34}{2}\right) = 0.34$$

이때 표준정규분포표에서 $P(0 \leq Z \leq 1) = 0.34$이므로

$$\dfrac{k-34}{2} = 1 \qquad \therefore k = 36$$

따라서 문화상품권을 받은 8명의 회원 중 기록이 가장 낮은 회원의 기록은 36회이다.

유형 13 표준화하여 확률 비교하기

0476
답 ①

세 확률변수 X_1, X_2, X_3이 각각 정규분포 $N(20, 2^2)$, $N(25, 4^2)$, $N(30, 7^2)$을 따르므로 세 확률변수 $\dfrac{X_1-20}{2}$, $\dfrac{X_2-25}{4}$, $\dfrac{X_3-30}{7}$은 모두 표준정규분포 $N(0, 1)$을 따른다.

이때 $p_n = P(X_n \geq 23)$이므로 표준정규분포를 따르는 확률변수를 Z라 하면

$$p_1 = P(X_1 \geq 23)$$
$$= P\left(\dfrac{X_1-20}{2} \geq \dfrac{23-20}{2}\right) = P(Z \geq 1.5)$$

$$p_2 = P(X_2 \geq 23)$$
$$= P\left(\dfrac{X_2-25}{4} \geq \dfrac{23-25}{4}\right) = P(Z \geq -0.5)$$

$$p_3 = P(X_3 \geq 23)$$
$$= P\left(\dfrac{X_3-30}{7} \geq \dfrac{23-30}{7}\right) = P(Z \geq -1)$$

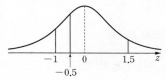

따라서 $-1 < -0.5 < 1.5$에서
$P(Z \geq 1.5) < P(Z \geq -0.5) < P(Z \geq -1)$이므로
$p_1 < p_2 < p_3$

0477
답 ③

국어, 수학, 영어의 성적을 각각 확률변수 W, X, Y라 하면 W, X, Y는 각각 정규분포 $N(88, 4^2)$, $N(82, 8^2)$, $N(88, 8^2)$을 따르므로 세 확률변수 $\dfrac{W-88}{4}$, $\dfrac{X-82}{8}$, $\dfrac{Y-88}{8}$은 모두 표준정규분포 $N(0, 1)$을 따른다.

표준정규분포를 따르는 확률변수를 Z라 하면 이 기말고사에서 은주는 세 과목 모두 90점을 받았으므로 은주의 성적 이상을 받을 확률은 다음과 같다.

$$P(W \geq 90) = P\left(\dfrac{W-88}{4} \geq \dfrac{90-88}{4}\right)$$
$$= P(Z \geq 0.5)$$

$$P(X \geq 90) = P\left(\dfrac{X-82}{8} \geq \dfrac{90-82}{8}\right)$$
$$= P(Z \geq 1)$$

$$P(Y \geq 90) = P\left(\dfrac{Y-88}{8} \geq \dfrac{90-88}{8}\right)$$
$$= P(Z \geq 0.25)$$

이때 $0.25 < 0.5 < 1$이므로
$P(Z \geq 1) < P(Z \geq 0.5) < P(Z \geq 0.25)$

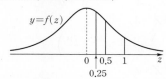

따라서 $P(X \geq 90) < P(W \geq 90) < P(Y \geq 90)$이므로 은주의 성적이 상대적으로 우수한 과목부터 차례대로 나열하면 수학, 국어, 영어이다.

0478
답 ①

세 과수원 A, B, C에서 수확한 사과 한 개의 무게를 각각 확률변수 W, X, Y라 하면 W, X, Y는 각각 정규분포 $N(210, 10^2)$, $N(212, 6^2)$, $N(220, 4^2)$을 따르므로 세 확률변수 $\dfrac{W-210}{10}$, $\dfrac{X-212}{6}$, $\dfrac{Y-220}{4}$은 모두 표준정규분포 $N(0, 1)$을 따른다.

표준정규분포를 따르는 확률변수를 Z라 하고 세 과수원 A, B, C에서 수확한 사과 중에서 각각 임의로 선택한 사과 한 개가 특상품으로 분류될 확률을 각각 구하면

$$P(W \geq 230) = P\left(\dfrac{W-210}{10} \geq \dfrac{230-210}{10}\right)$$
$$= P(Z \geq 2)$$

$$P(X \geq 230) = P\left(\dfrac{X-212}{6} \geq \dfrac{230-212}{6}\right)$$
$$= P(Z \geq 3)$$

$$P(Y \geq 230) = P\left(\dfrac{Y-220}{4} \geq \dfrac{230-220}{4}\right)$$
$$= P(Z \geq 2.5)$$

이때 $2 < 2.5 < 3$이므로
$P(Z \geq 3) < P(Z \geq 2.5) < P(Z \geq 2)$
$\therefore P(X \geq 230) < P(Y \geq 230) < P(W \geq 230)$

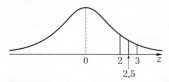

따라서 특상품일 확률이 가장 높은 과수원은 A, 가장 낮은 과수원은 B이다.

0479

하영이네 반 전체 학생의 국어, 수학, 영어 성적을 각각 확률변수 X_1, X_2, X_3이라 하면 X_1, X_2, X_3이 각각 정규분포 $N(80, 4^2)$, $N(72, 3^2)$, $N(78, 2^2)$을 따르므로 세 확률변수 $\dfrac{X_1-80}{4}$, $\dfrac{X_2-72}{3}$, $\dfrac{X_3-78}{2}$은 모두 표준정규분포 $N(0, 1)$을 따른다.

표준정규분포를 따르는 확률변수를 Z라 하면 하영이보다 국어, 수학, 영어 성적이 높을 확률은 각각 다음과 같다.

$$P(X_1>84)=P\left(\dfrac{X_1-80}{4}>\dfrac{84-80}{4}\right)$$
$$=P(Z>1)$$
$$P(X_2>81)=P\left(\dfrac{X_2-72}{3}>\dfrac{81-72}{3}\right)$$
$$=P(Z>3)$$
$$P(X_3>82)=P\left(\dfrac{X_3-78}{2}>\dfrac{82-78}{2}\right)$$
$$=P(Z>2)$$

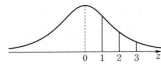

이때 $1<2<3$이므로
$$P(Z>1)>P(Z>2)>P(Z>3)$$
$$\therefore P(X_1>84)>P(X_3>82)>P(X_2>81)$$

따라서 상대적으로 성적이 가장 좋은 과목부터 차례대로 나열하면 수학, 영어, 국어이다.

ㄱ. 영어 성적이 국어 성적보다 상대적으로 좋다. (참)

ㄴ. 수학 성적이 가장 낮게 나왔으나 세 과목 중에서 수학 성적이 상대적으로 가장 좋다. (참)

ㄷ. 국어 성적이 가장 높게 나왔으나 세 과목 중에서 국어 성적이 상대적으로 가장 나쁘다. (참)

따라서 옳은 것은 ㄱ, ㄴ, ㄷ이다.

유형 14 이항분포와 정규분포의 관계

0480

확률변수 X가 이항분포 $B\left(100, \dfrac{1}{2}\right)$을 따르므로

$$E(X)=100\times\dfrac{1}{2}=50$$

$$V(X)=100\times\dfrac{1}{2}\times\dfrac{1}{2}=25=5^2$$

이때 100은 충분히 큰 수이므로 확률변수 X는 근사적으로 정규분포 $N(50, 5^2)$을 따른다.

$\therefore a=50$, $b=25$

또한 $Z=\dfrac{X-50}{5}$으로 놓으면 확률변수 Z는 표준정규분포 $N(0, 1)$을 따르므로

$$P(X\le 56)=P\left(\dfrac{X-50}{5}\le\dfrac{56-50}{5}\right)$$
$$=P\left(Z\le\dfrac{6}{5}\right)$$

$$\therefore c=\dfrac{6}{5}$$

$$\therefore (a+b)\times c=(50+25)\times\dfrac{6}{5}=90$$

0481

확률변수 X가 이항분포 $B\left(150, \dfrac{3}{5}\right)$을 따르므로

$$E(X)=150\times\dfrac{3}{5}=90$$

$$V(X)=150\times\dfrac{3}{5}\times\dfrac{2}{5}=36=6^2$$

이때 150은 충분히 큰 수이므로 확률변수 X는 근사적으로 정규분포 $N(90, 6^2)$을 따르고 $Z=\dfrac{X-90}{6}$으로 놓으면 확률변수 Z는 표준정규분포 $N(0, 1)$을 따른다.

$$\therefore P(78\le X\le 93)=P\left(\dfrac{78-90}{6}\le\dfrac{X-90}{6}\le\dfrac{93-90}{6}\right)$$
$$=P(-2\le Z\le 0.5)$$
$$=P(0\le Z\le 2)+P(0\le Z\le 0.5)$$
$$=0.4772+0.1915$$
$$=0.6687$$

0482

확률변수 X가 이항분포 $B(72, p)$를 따르므로
$$V(X)=72p(1-p)$$
또한 $V(2X-5)=64$에서
$$2^2V(X)=64 \quad \therefore V(X)=16$$
즉, $V(X)=72p(1-p)=16$에서
$$9p^2-9p+2=0, (3p-1)(3p-2)=0$$
$$\therefore p=\dfrac{1}{3} \text{ 또는 } p=\dfrac{2}{3}$$

이때 $\dfrac{1}{2}<p<1$이므로 $p=\dfrac{2}{3}$

즉, 확률변수 X는 이항분포 $B\left(72, \dfrac{2}{3}\right)$를 따르므로

$$E(X)=72\times\dfrac{2}{3}=48$$

이때 72는 충분히 큰 수이므로 확률변수 X는 근사적으로 정규분포 $N(48, 4^2)$을 따르고 $Z=\dfrac{X-48}{4}$로 놓으면 확률변수 Z는 표준정규분포 $N(0, 1)$을 따른다.

$$\therefore P(X\ge 40)=P\left(\dfrac{X-48}{4}\ge\dfrac{40-48}{4}\right)$$
$$=P(Z\ge -2)$$
$$=P(Z\le 2)$$
$$=P(Z\le 0)+P(0\le Z\le 2)$$
$$=0.5+0.4772$$
$$=0.9772$$

0483

확률변수 X의 확률질량함수가

$$\mathrm{P}(X=x)={}_{450}\mathrm{C}_x\left(\frac{1}{3}\right)^x\left(\frac{2}{3}\right)^{450-x} \ (x=0,\ 1,\ 2,\ \cdots,\ 450)$$

이므로 확률변수 X는 이항분포 $\mathrm{B}\left(450,\ \frac{1}{3}\right)$을 따른다.

$$\therefore \mathrm{E}(X)=450\times\frac{1}{3}=150,$$

$$\mathrm{V}(X)=450\times\frac{1}{3}\times\frac{2}{3}=100=10^2$$

이때 450은 충분히 큰 수이므로 확률변수 X는 근사적으로 정규분포 $\mathrm{N}(150,\ 10^2)$을 따르고 $Z=\dfrac{X-150}{10}$으로 놓으면 확률변수 Z는 표준정규분포 $\mathrm{N}(0,\ 1)$을 따른다.

$$\begin{aligned}\therefore \mathrm{P}(120\le X\le 140)&=\mathrm{P}\left(\frac{120-150}{10}\le\frac{X-150}{10}\le\frac{140-150}{10}\right)\\&=\mathrm{P}(-3\le Z\le -1)\\&=\mathrm{P}(1\le Z\le 3)\\&=\mathrm{P}(0\le Z\le 3)-\mathrm{P}(0\le Z\le 1)\\&=0.4987-0.3413\\&=0.1574\end{aligned}$$

0484

확률변수 X가 이항분포 $\mathrm{B}\left(n,\ \frac{1}{2}\right)$을 따르므로

$$\mathrm{E}(X)=n\times\frac{1}{2}=\frac{n}{2}$$

$$\mathrm{V}(X)=n\times\frac{1}{2}\times\frac{1}{2}=\frac{n}{4}=\left(\frac{\sqrt{n}}{2}\right)^2$$

이때 $n>100$에서 n은 충분히 큰 수이므로 확률변수 X는 근사적으로 정규분포 $\mathrm{N}\left(\dfrac{n}{2},\ \left(\dfrac{\sqrt{n}}{2}\right)^2\right)$을 따르고 $Z=\dfrac{X-\frac{n}{2}}{\frac{\sqrt{n}}{2}}$으로 놓으면 확률변수 Z는 표준정규분포 $\mathrm{N}(0,\ 1)$을 따른다.

$$\begin{aligned}\therefore \mathrm{P}(X\le 66)&=\mathrm{P}\left(\frac{X-\frac{n}{2}}{\frac{\sqrt{n}}{2}}\le\frac{66-\frac{n}{2}}{\frac{\sqrt{n}}{2}}\right)\\&=\mathrm{P}\left(Z\le\frac{132-n}{\sqrt{n}}\right)\\&=0.1587\end{aligned}$$

$0.1587<0.5$이므로 $\dfrac{132-n}{\sqrt{n}}<0$이고

$$\begin{aligned}\mathrm{P}\left(Z\le\frac{132-n}{\sqrt{n}}\right)&=\mathrm{P}\left(Z\ge-\frac{132-n}{\sqrt{n}}\right)\\&=\mathrm{P}(Z\ge 0)-\mathrm{P}\left(0\le Z\le-\frac{132-n}{\sqrt{n}}\right)\\&=0.5-\mathrm{P}\left(0\le Z\le-\frac{132-n}{\sqrt{n}}\right)\\&=0.1587\end{aligned}$$

$$\therefore \mathrm{P}\left(0\le Z\le-\frac{132-n}{\sqrt{n}}\right)=0.3413$$

이때 표준정규분포표에서 $\mathrm{P}(0\le Z\le 1)=0.3413$이므로

$$-\frac{132-n}{\sqrt{n}}=1$$

$$132-n=-\sqrt{n},\ n-\sqrt{n}-132=0$$

$$(\sqrt{n})^2-\sqrt{n}-132=0,\ (\sqrt{n}+11)(\sqrt{n}-12)=0$$

이때 $\sqrt{n}>0$이므로 $\sqrt{n}=12$

$$\therefore n=144$$

0485

$$\begin{aligned}a_n&=\frac{{}_{100}\mathrm{C}_n\times 4^n}{5^{100}}={}_{100}\mathrm{C}_n\times\frac{4^n}{5^n\times 5^{100-n}}\\&={}_{100}\mathrm{C}_n\left(\frac{4}{5}\right)^n\left(\frac{1}{5}\right)^{100-n}\end{aligned}$$

즉, $\mathrm{P}(X=x)={}_{100}\mathrm{C}_x\left(\dfrac{4}{5}\right)^x\left(\dfrac{1}{5}\right)^{100-x} \ (x=0,\ 1,\ 2,\ \cdots,\ 100)$이라 하면 이 함수는 이항분포 $\mathrm{B}\left(100,\ \dfrac{4}{5}\right)$를 따르는 확률변수 X의 확률질량함수이고

$$a_{70}+a_{71}+a_{72}+\cdots+a_{90}=\mathrm{P}(70\le X\le 90)$$

을 의미한다.

확률변수 X가 이항분포 $\mathrm{B}\left(100,\ \dfrac{4}{5}\right)$를 따르므로

$$\mathrm{E}(X)=100\times\frac{4}{5}=80$$

$$\mathrm{V}(X)=100\times\frac{4}{5}\times\frac{1}{5}=16=4^2$$

이때 100은 충분히 큰 수이므로 확률변수 X는 근사적으로 정규분포 $\mathrm{N}(80,\ 4^2)$을 따르고 $Z=\dfrac{X-80}{4}$으로 놓으면 확률변수 Z는 표준정규분포 $\mathrm{N}(0,\ 1)$을 따른다.

$$\begin{aligned}\therefore a_{70}+a_{71}+a_{72}+\cdots+a_{90}&=\mathrm{P}(70\le X\le 90)\\&=\mathrm{P}\left(\frac{70-80}{4}\le\frac{X-80}{4}\le\frac{90-80}{4}\right)\\&=\mathrm{P}(-2.5\le Z\le 2.5)\\&=2\mathrm{P}(0\le Z\le 2.5)\\&=2\times 0.4938\\&=0.9876\end{aligned}$$

유형 15 이항분포와 정규분포의 관계의 활용 – 확률 구하기

0486

이 회사에서 구내식당을 이용하는 직원이 전체 직원의 90 %, 즉 $\dfrac{9}{10}$이므로 이 회사 직원 100명 중 구내식당을 이용하는 직원의 수를 확률변수 X라 하면 X는 이항분포 $\mathrm{B}\left(100,\ \dfrac{9}{10}\right)$를 따른다.

$$\therefore \mathrm{E}(X)=100\times\frac{9}{10}=90,$$

$$\mathrm{V}(X)=100\times\frac{9}{10}\times\frac{1}{10}=9=3^2$$

이때 100은 충분히 큰 수이므로 확률변수 X는 근사적으로 정규분포 $\mathrm{N}(90,\ 3^2)$을 따르고 $Z=\dfrac{X-90}{3}$으로 놓으면 확률변수 Z는 표준정규분포 $\mathrm{N}(0,\ 1)$을 따른다.

따라서 구하는 확률은

$$\begin{aligned}
\mathrm{P}(X\geq96)&=\mathrm{P}\left(\dfrac{X-90}{3}\geq\dfrac{96-90}{3}\right)\\
&=\mathrm{P}(Z\geq2)\\
&=\mathrm{P}(Z\geq0)-\mathrm{P}(0\leq Z\leq2)\\
&=0.5-0.4772\\
&=0.0228
\end{aligned}$$

0487   답 ③

세 영화 A, B, C를 관람한 영화 동호회 회원 중 A 영화를 관람한 회원의 비율은

$$\dfrac{30}{100}=\dfrac{3}{10}$$

즉, 세 영화 A, B, C를 관람한 영화 동호회 회원 2100명 중 A 영화를 관람한 회원의 수를 확률변수 X라 하면 X는 이항분포 $\mathrm{B}\left(2100,\ \dfrac{3}{10}\right)$을 따른다.

$$\therefore \mathrm{E}(X)=2100\times\dfrac{3}{10}=630,$$

$$\mathrm{V}(X)=2100\times\dfrac{3}{10}\times\dfrac{7}{10}=21^2$$

이때 2100은 충분히 큰 수이므로 확률변수 X는 근사적으로 정규분포 $\mathrm{N}(630,\ 21^2)$을 따르고 $Z=\dfrac{X-630}{21}$으로 놓으면 확률변수 Z는 표준정규분포 $\mathrm{N}(0,\ 1)$을 따른다.

따라서 구하는 확률은

$$\begin{aligned}
\mathrm{P}(X\geq609)&=\mathrm{P}\left(\dfrac{X-630}{21}\geq\dfrac{609-630}{21}\right)\\
&=\mathrm{P}(Z\geq-1)\\
&=\mathrm{P}(Z\leq1)\\
&=\mathrm{P}(Z\leq0)+\mathrm{P}(0\leq Z\leq1)\\
&=0.5+0.3413\\
&=0.8413
\end{aligned}$$

0488   답 ①

한 개의 주사위를 던질 때 6의 약수의 눈, 즉 1, 2, 3, 6의 눈이 나올 확률은 $\dfrac{4}{6}=\dfrac{2}{3}$이므로 한 개의 주사위를 288번 던질 때 6의 약수의 눈이 나오는 횟수를 확률변수 X라 하면 X는 이항분포 $\mathrm{B}\left(288,\ \dfrac{2}{3}\right)$를 따른다.

$$\therefore \mathrm{E}(X)=288\times\dfrac{2}{3}=192,$$

$$\mathrm{V}(X)=288\times\dfrac{2}{3}\times\dfrac{1}{3}=64=8^2$$

이때 288은 충분히 큰 수이므로 확률변수 X는 근사적으로 정규분포 $\mathrm{N}(192,\ 8^2)$을 따르고 $Z=\dfrac{X-192}{8}$로 놓으면 확률변수 Z는 표준정규분포 $\mathrm{N}(0,\ 1)$을 따른다.

따라서 구하는 확률은

$$\begin{aligned}
\mathrm{P}(188\leq X\leq200)&=\mathrm{P}\left(\dfrac{188-192}{8}\leq\dfrac{X-192}{8}\leq\dfrac{200-192}{8}\right)\\
&=\mathrm{P}(-0.5\leq Z\leq1)\\
&=\mathrm{P}(0\leq Z\leq0.5)+\mathrm{P}(0\leq Z\leq1)\\
&=0.1915+0.3413\\
&=0.5328
\end{aligned}$$

0489   답 ⑤

서로 다른 두 개의 주사위를 동시에 던졌을 때, 두 눈의 수의 합이 짝수이려면 (짝수)+(짝수) 또는 (홀수)+(홀수)이어야 하므로

$$\mathrm{P}(A)=\dfrac{1}{2}\times\dfrac{1}{2}+\dfrac{1}{2}\times\dfrac{1}{2}=\dfrac{1}{2}$$

이 시행을 100번 하였을 때, 사건 A가 일어나는 횟수를 확률변수 X라 하면 X는 이항분포 $\mathrm{B}\left(100,\ \dfrac{1}{2}\right)$을 따르므로

$$\mathrm{E}(X)=100\times\dfrac{1}{2}=50$$

$$\mathrm{V}(X)=100\times\dfrac{1}{2}\times\dfrac{1}{2}=25=5^2$$

이때 100은 충분히 큰 수이므로 확률변수 X는 근사적으로 정규분포 $\mathrm{N}(50,\ 5^2)$을 따르고 $Z=\dfrac{X-50}{5}$으로 놓으면 확률변수 Z는 표준정규분포 $\mathrm{N}(0,\ 1)$을 따른다.

따라서 구하는 확률은

$$\begin{aligned}
\mathrm{P}(40\leq X\leq60)&=\mathrm{P}\left(\dfrac{40-50}{5}\leq\dfrac{X-50}{5}\leq\dfrac{60-50}{5}\right)\\
&=\mathrm{P}(-2\leq Z\leq2)\\
&=2\mathrm{P}(0\leq Z\leq2)\\
&=2\times0.4772\\
&=0.9544
\end{aligned}$$

0490   답 ①

주어진 게임을 192번 할 때 7점을 얻는 횟수를 확률변수 X라 하면 X는 이항분포 $\mathrm{B}\left(192,\ \dfrac{1}{4}\right)$을 따른다.

$$\therefore \mathrm{E}(X)=192\times\dfrac{1}{4}=48,$$

$$\mathrm{V}(X)=192\times\dfrac{1}{4}\times\dfrac{3}{4}=36=6^2$$

이때 192는 충분히 큰 수이므로 확률변수 X는 근사적으로 정규분포 $\mathrm{N}(48,\ 6^2)$을 따르고 $Z=\dfrac{X-48}{6}$로 놓으면 확률변수 Z는 표준정규분포 $\mathrm{N}(0,\ 1)$을 따른다.

한편, 3점을 잃는 횟수는 $192-X$이므로 게임을 192번 한 후의 점수가 24점 이상이려면

$7X-3(192-X) \geq 24$

$10X-576 \geq 24$

$10X \geq 600$

$\therefore X \geq 60$

따라서 구하는 확률은

$$\begin{aligned} P(X \geq 60) &= P\left(\frac{X-48}{6} \geq \frac{60-48}{6}\right) \\ &= P(Z \geq 2) \\ &= P(Z \geq 0) - P(0 \leq Z \leq 2) \\ &= 0.5 - 0.4772 \\ &= 0.0228 \end{aligned}$$

0491
답 ①

이 공장에서 생산한 과자 한 개의 중량을 확률변수 X라 하면 X는 정규분포 $N(150, 5^2)$을 따르므로 확률변수 $\frac{X-150}{5}$은 표준정규분포 $N(0, 1)$을 따른다.

표준정규분포를 따르는 확률변수를 Z라 하면 이 공장에서 생산한 과자 중에서 임의로 선택한 과자 한 개의 중량이 154.2 g 이상일 확률은

$$\begin{aligned} P(X \geq 154.2) &= P\left(\frac{X-150}{5} \geq \frac{154.2-150}{5}\right) \\ &= P(Z \geq 0.84) \\ &= P(Z \geq 0) - P(0 \leq Z \leq 0.84) \\ &= 0.5 - 0.3 \\ &= 0.2 \end{aligned}$$

따라서 이 공장에서 생산한 과자 중에서 임의로 100개를 선택할 때, 중량이 154.2 g 이상인 과자의 개수를 확률변수 Y라 하면 Y는 이항분포 $B\left(100, \frac{1}{5}\right)$을 따른다.

$\therefore E(Y) = 100 \times \frac{1}{5} = 20$,

$V(Y) = 100 \times \frac{1}{5} \times \frac{4}{5} = 16 = 4^2$

이때 100은 충분히 큰 수이므로 확률변수 Y는 근사적으로 정규분포 $N(20, 4^2)$을 따르고 확률변수 $\frac{Y-20}{4}$은 표준정규분포 $N(0, 1)$을 따른다.

따라서 구하는 확률은

$$\begin{aligned} P(Y \geq 24) &= P\left(\frac{Y-20}{4} \geq \frac{24-20}{4}\right) \\ &= P(Z \geq 1) \\ &= P(Z \geq 0) - P(0 \leq Z \leq 1) \\ &= 0.5 - 0.34 \\ &= 0.16 \end{aligned}$$

0492
답 ④

정답이 한 개인 오지선다형 문제 25개 중 이 학생이 틀린 문제의 개수를 확률변수 X라 하면 X는 이항분포 $B\left(25, \frac{4}{5}\right)$를 따르므로

$E(X) = 25 \times \frac{4}{5} = 20$

$V(X) = 25 \times \frac{4}{5} \times \frac{1}{5} = 4 = 2^2$

이때 25는 충분히 큰 수이므로 확률변수 X는 근사적으로 정규분포 $N(20, 2^2)$을 따르고 $Z = \frac{X-20}{2}$으로 놓으면 확률변수 Z는 표준정규분포 $N(0, 1)$을 따른다.

이 학생이 문제 25개 중 k개 이상의 문제를 틀릴 확률이 0.6915이므로

$$\begin{aligned} P(X \geq k) &= P\left(\frac{X-20}{2} \geq \frac{k-20}{2}\right) \\ &= P\left(Z \geq \frac{k-20}{2}\right) \\ &= 0.6915 \end{aligned}$$

$0.6915 > 0.5$이므로 $\frac{k-20}{2} < 0$이고

$$\begin{aligned} P\left(Z \geq \frac{k-20}{2}\right) &= P\left(Z \leq -\frac{k-20}{2}\right) \\ &= P(Z \leq 0) + P\left(0 \leq Z \leq -\frac{k-20}{2}\right) \\ &= 0.5 + P\left(0 \leq Z \leq -\frac{k-20}{2}\right) \\ &= 0.6915 \end{aligned}$$

$\therefore P\left(0 \leq Z \leq -\frac{k-20}{2}\right) = 0.1915$

이때 표준정규분포표에서 $P(0 \leq Z \leq 0.5) = 0.1915$이므로

$-\frac{k-20}{2} = 0.5$

$\therefore k = 19$

0493
답 ②

한 개의 주사위를 던져 5의 약수, 즉 1, 5의 눈이 나올 확률은

$\frac{2}{6} = \frac{1}{3}$

한 개의 주사위를 162번 던질 때, 5의 약수의 눈이 나오는 횟수가 확률변수 X이므로 X는 이항분포 $B\left(162, \frac{1}{3}\right)$을 따른다.

$\therefore E(X) = 162 \times \frac{1}{3} = 54$,

$V(X) = 162 \times \frac{1}{3} \times \frac{2}{3} = 36 = 6^2$

이때 162는 충분히 큰 수이므로 확률변수 X는 근사적으로 정규분포 $N(54, 6^2)$을 따르고 $Z = \frac{X-54}{6}$로 놓으면 확률변수 Z는 표준정규분포 $N(0, 1)$을 따른다.

$P(X \le k) = 0.8413$이므로

$$P(X \le k) = P\left(\frac{X-54}{6} \le \frac{k-54}{6}\right)$$
$$= P\left(Z \le \frac{k-54}{6}\right)$$
$$= 0.8413$$

$0.8413 > 0.5$이므로 $\dfrac{k-54}{6} > 0$이고

$$P\left(Z \le \frac{k-54}{6}\right) = P(Z \le 0) + P\left(0 \le Z \le \frac{k-54}{6}\right)$$
$$= 0.5 + P\left(0 \le Z \le \frac{k-54}{6}\right)$$
$$= 0.8413$$

$$\therefore P\left(0 \le Z \le \frac{k-54}{6}\right) = 0.3413$$

이때 표준정규분포표에서 $P(0 \le Z \le 1) = 0.3413$이므로

$$\frac{k-54}{6} = 1$$

$$\therefore k = 60$$

0494

답 16

이 고등학교 학생 중 등교할 때 자전거를 이용하는 학생의 비율이 20 %, 즉 $\dfrac{1}{5}$이므로 이 고등학교 학생 100명 중 등교할 때 자전거를 이용하는 학생의 수를 확률변수 X라 하면 X는 이항분포 $B\left(100, \dfrac{1}{5}\right)$을 따른다.

$$\therefore E(X) = 100 \times \frac{1}{5} = 20,$$
$$V(X) = 100 \times \frac{1}{5} \times \frac{4}{5} = 16 = 4^2$$

이때 100은 충분히 큰 수이므로 확률변수 X는 근사적으로 정규분포 $N(20, 4^2)$을 따르고 $Z = \dfrac{X-20}{4}$으로 놓으면 확률변수 Z는 표준정규분포 $N(0, 1)$을 따른다.

등교할 때 자전거를 이용하는 학생의 수가 n명 이상 32명 이하일 확률이 0.84이므로

$$P(n \le X \le 32) = P\left(\frac{n-20}{4} \le \frac{X-20}{4} \le \frac{32-20}{4}\right)$$
$$= P\left(\frac{n-20}{4} \le Z \le 3\right)$$
$$= P\left(\frac{n-20}{4} \le Z \le 0\right) + P(0 \le Z \le 3)$$
$$= P\left(0 \le Z \le -\frac{n-20}{4}\right) + P(0 \le Z \le 3)$$
$$= P\left(0 \le Z \le -\frac{n-20}{4}\right) + 0.4987$$
$$= 0.84$$

$$\therefore P\left(0 \le Z \le -\frac{n-20}{4}\right) = 0.3413$$

이때 표준정규분포표에서 $P(0 \le Z \le 1) = 0.3413$이므로

$$-\frac{n-20}{4} = 1$$

$$\therefore n = 16$$

0495

답 156

왕란이 10 %의 비율로 생산되는 이 농장의 계란 n개 중에서 왕란의 개수가 확률변수 X이므로 X는 이항분포 $B\left(n, \dfrac{1}{10}\right)$을 따른다.

$$\therefore E(X) = n \times \frac{1}{10} = \frac{1}{10}n,$$
$$V(X) = n \times \frac{1}{10} \times \frac{9}{10} = \frac{9}{100}n$$

이때 $n \ge 100$에서 n은 충분히 큰 수이므로 확률변수 X는 근사적으로 정규분포 $N\left(\dfrac{1}{10}n, \dfrac{9}{100}n\right)$, 즉 $N\left(\dfrac{1}{10}n, \left(\dfrac{3\sqrt{n}}{10}\right)^2\right)$을 따르고 $Z = \dfrac{X - \dfrac{1}{10}n}{\dfrac{3\sqrt{n}}{10}}$으로 놓으면 확률변수 Z는 표준정규분포 $N(0, 1)$을 따른다.

$P(|10X-n| \le 75) \ge 0.9544$에서

$$P(-75 \le 10X-n \le 75) \ge 0.9544$$

$$P\left(-7.5 \le X - \frac{1}{10}n \le 7.5\right) \ge 0.9544$$

$$P\left(\frac{-7.5}{\frac{3\sqrt{n}}{10}} \le \frac{X-\frac{1}{10}n}{\frac{3\sqrt{n}}{10}} \le \frac{7.5}{\frac{3\sqrt{n}}{10}}\right) \ge 0.9544$$

$$P\left(-\frac{25}{\sqrt{n}} \le Z \le \frac{25}{\sqrt{n}}\right) \ge 0.9544$$

$$2P\left(0 \le Z \le \frac{25}{\sqrt{n}}\right) \ge 0.9544$$

$$\therefore P\left(0 \le Z \le \frac{25}{\sqrt{n}}\right) \ge 0.4772$$

이때 표준정규분포표에서 $P(0 \le Z \le 2) = 0.4772$이므로

$$\frac{25}{\sqrt{n}} \ge 2$$

$$\sqrt{n} \le 12.5$$

$$\therefore n \le 156.25$$

따라서 자연수 n의 최댓값은 156이다.

기출&기출변형 문제

0496

답 ③

확률변수 X는 정규분포 $N(m, \sigma^2)$을 따르고
$P(X \leq a+10) = P(X \geq 5-b)$이므로
$$m = \frac{(a+10)+(5-b)}{2} = \frac{a-b+15}{2} \quad \cdots\cdots ㉠$$

확률변수 $Y = \dfrac{X+20}{2}$이 정규분포 $N(60, 2^2)$을 따르므로

$$E(Y) = E\left(\frac{X+20}{2}\right) = \frac{1}{2}E(X)+10 = \frac{1}{2} \times m + 10 = 60$$

$$\therefore m = 100 \quad \cdots\cdots ㉡$$

㉠, ㉡에서

$$\frac{a-b+15}{2} = 100$$

$$\therefore a-b = 185$$

한편, $V(Y) = V\left(\dfrac{X+20}{2}\right) = \dfrac{1}{2^2}V(X) = 2^2$이므로

$$V(X) = 16$$

$$\therefore \sigma^2 = 16$$

$$\therefore a-b+\sigma^2 = 185+16 = 201$$

참고

연속확률변수 X의 확률밀도함수를 $f(x)$라 할 때,
$P(X \leq a+10) = P(X \geq 5-b)$가 성립하면 다음 그림에서 색칠한 부분과 빗금친 부분의 넓이가 서로 같으므로
$$|m-(a+10)| = |m-(5-b)|$$
가 성립한다.

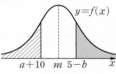 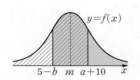

짝기출

확률변수 X가 정규분포 $N(m, \sigma^2)$을 따를 때, 실수 a, b에 대하여
$$P(X < a-3) = P(X > b+2)$$
가 성립한다. $Y = \dfrac{1}{3}X + 1$일 때, 확률변수 Y의 평균은 51, 분산은 $\dfrac{4}{9}$이다. 이때 $a+b+\sigma$의 값은?

① 299 ② 300 ③ 301 ④ 302 ⑤ 303

답 ⑤

0497

답 5

$f(x) = b$이므로 함수 $y = f(x)$의 그래프는 오른쪽 그림과 같다.

$0 \leq x \leq a$에서 함수 $y = f(x)$의 그래프와 x축, y축 및 직선 $x = a$로 둘러싸인 부분의 넓이가 1이므로

$$ab = 1 \quad \cdots\cdots ㉠$$

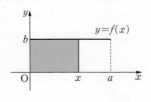

$P(0 \leq X \leq x)$의 값은 함수 $y = f(x)$의 그래프와 x축, y축 및 x좌표가 x인 점을 지나고 x축에 수직인 직선으로 둘러싸인 부분의 넓이이므로

$$g(x) = P(0 \leq X \leq x) = bx \ (0 \leq x \leq a)$$

즉, 함수 $y = g(x)$의 그래프는 오른쪽 그림과 같고, $0 \leq x \leq a$에서 함수 $y = g(x)$의 그래프와 x축 및 직선 $x = a$로 둘러싸인 부분의 넓이가 1이므로

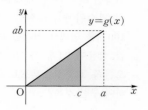

$$\frac{1}{2} \times a \times ab = 1 \quad \cdots\cdots ㉡$$

㉠, ㉡을 연립하여 풀면 $a = 2$, $b = \dfrac{1}{2}$

따라서 $g(x) = \dfrac{1}{2}x$이므로 $P(0 \leq Y \leq c) = \dfrac{1}{2}$에서

$$P(0 \leq Y \leq c) = \frac{1}{2} \times c \times \frac{c}{2} = \frac{c^2}{4} = \frac{1}{2}$$

$$\therefore c^2 = 2$$

$$\therefore (a+b) \times c^2 = \left(2+\frac{1}{2}\right) \times 2 = 5$$

0498

답 ⑤

이 공장에서 생산하는 휴대전화 배터리 1개의 지속 시간을 확률변수 X라 하면 X는 정규분포 $N(40, 5^2)$을 따르므로 확률변수 $\dfrac{X-40}{5}$은 표준정규분포 $N(0, 1)$을 따른다.

표준정규분포를 따르는 확률변수를 Z라 하면 이 공장에서 생산한 휴대전화 배터리 중 임의로 선택한 배터리 1개의 지속 시간이 30시간 이하일 확률은

$$\begin{aligned} P(X \leq 30) &= P\left(\frac{X-40}{5} \leq \frac{30-40}{5}\right) \\ &= P(Z \leq -2) \\ &= P(Z \geq 2) \\ &= P(Z \geq 0) - P(0 \leq Z \leq 2) \\ &= 0.5 - 0.48 \\ &= 0.02 \end{aligned}$$

즉, 이 공장에서 생산한 휴대전화 배터리 10000개 중 지속 시간이 30시간 이하인 배터리의 수를 확률변수 Y라 하면 Y는 이항분포 $B(10000, 0.02)$를 따른다.

$$\therefore E(Y) = 10000 \times 0.02 = 200,$$
$$V(Y) = 10000 \times 0.02 \times 0.98 = 196 = 14^2$$

이때 10000은 충분히 큰 수이므로 확률변수 Y는 근사적으로 정규분포 $N(200, 14^2)$을 따르고 확률변수 $\dfrac{Y-200}{14}$은 표준정규분포 $N(0, 1)$을 따른다.

따라서 구하는 확률은

$$\begin{aligned} P(Y < 179) &= P\left(\frac{Y-200}{14} < \frac{179-200}{14}\right) \\ &= P(Z < -1.5) \\ &= P(Z > 1.5) \\ &= P(Z \geq 0) - P(0 \leq Z \leq 1.5) \\ &= 0.5 - 0.43 \\ &= 0.07 \end{aligned}$$

어느 과수원에서 수확한 사과의 무게는 평균 400 g, 표준편차 50 g인 정규분포를 따른다고 한다. 이 사과 중 무게가 442 g 이상인 것을 1등급 상품으로 정한다.

이 과수원에서 수확한 사과 중 100개를 임의로 선택할 때, 1등급 상품이 24개 이상일 확률을 오른쪽 표준정규분포표를 이용하여 구한 것은?

z	$P(0 \leq Z \leq z)$
0.64	0.24
0.84	0.30
1.00	0.34
1.28	0.40

① 0.10 ② 0.16 ③ 0.20 ④ 0.26 ⑤ 0.34

답 ②

0499

답 62

정규분포 $N(m, 5^2)$을 따르는 확률변수 X의 확률밀도함수 $y=f(x)$의 그래프는 직선 $x=m$에 대하여 대칭이고 조건 ㈎에서 $f(10)>f(20)$이므로

$$m < \frac{10+20}{2}$$

$$\therefore m < 15 \quad \cdots\cdots \ \bigcirc$$

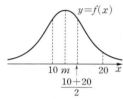 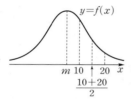

[10<m<20인 경우]   [m<10인 경우]

또한 조건 ㈏에서 $f(4)<f(22)$이므로

$$m > \frac{4+22}{2}$$

$$\therefore m > 13 \quad \cdots\cdots \ \bigcirc$$

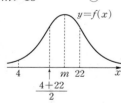 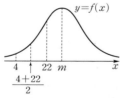

[4<m<22인 경우]   [m>22인 경우]

㉠, ㉡에서 $13<m<15$이고 m이 자연수이므로

$$m=14$$

$Z=\dfrac{X-14}{5}$로 놓으면 확률변수 Z는 표준정규분포 $N(0, 1)$을 따르므로

$$P(17 \leq X \leq 18) = P\left(\frac{17-14}{5} \leq \frac{X-14}{5} \leq \frac{18-14}{5}\right)$$
$$= P(0.6 \leq Z \leq 0.8)$$
$$= P(0 \leq Z \leq 0.8) - P(0 \leq Z \leq 0.6)$$
$$= 0.288 - 0.226$$
$$= 0.062$$

따라서 $a=0.062$이므로

$$1000a = 62$$

0500

답 160

이 고등학교 3학년 학생의 국어, 영어 시험 점수를 각각 확률변수 X, Y라 하면 X, Y가 각각 정규분포 $N(m, \sigma^2)$, $N(m+12, (2\sigma)^2)$을 따르므로 두 확률변수 $\dfrac{X-m}{\sigma}$, $\dfrac{Y-(m+12)}{2\sigma}$는 모두 표준정규분포 $N(0, 1)$을 따른다.

표준정규분포를 따르는 확률변수를 Z라 하면 이 고등학교 3학년 학생 중에서 임의로 선택한 한 명의 학생의 국어 성적이 84점 이상일 확률은

$$P(X \geq 84) = P\left(\frac{X-m}{\sigma} \geq \frac{84-m}{\sigma}\right)$$
$$= P\left(Z \geq \frac{84-m}{\sigma}\right) \quad \cdots\cdots \ \bigcirc$$

영어 성적이 84점 이하일 확률은

$$P(Y \leq 84) = P\left(\frac{Y-(m+12)}{2\sigma} \leq \frac{84-(m+12)}{2\sigma}\right)$$
$$= P\left(Z \leq \frac{72-m}{2\sigma}\right) \quad \cdots\cdots \ \bigcirc$$

㉠, ㉡에서

$$P\left(Z \geq \frac{84-m}{\sigma}\right) = P\left(Z \leq \frac{72-m}{2\sigma}\right) = 0.0228$$

이때 $P\left(Z \leq \dfrac{72-m}{2\sigma}\right) = P\left(Z \geq -\dfrac{72-m}{2\sigma}\right)$이므로

$$\frac{84-m}{\sigma} = -\frac{72-m}{2\sigma}$$

$$2(84-m) = -(72-m), \ 3m=240 \quad \therefore m=80$$

$$P\left(Z \geq \frac{84-m}{\sigma}\right) = P\left(Z \geq \frac{84-80}{\sigma}\right)$$
$$= P\left(Z \geq \frac{4}{\sigma}\right)$$
$$= P(Z \geq 0) - P\left(0 \leq Z \leq \frac{4}{\sigma}\right)$$
$$= 0.5 - P\left(0 \leq Z \leq \frac{4}{\sigma}\right) = 0.0228$$

이므로

$$P\left(0 \leq Z \leq \frac{4}{\sigma}\right) = 0.4772$$

이때 표준정규분포표에서 $P(0 \leq Z \leq 2) = 0.4772$이므로

$$\frac{4}{\sigma} = 2 \quad \therefore \sigma=2$$

$$\therefore m \times \sigma = 80 \times 2 = 160$$

어느 뼈 화석이 두 동물 A와 B 중에서 어느 동물의 것인지 판단하는 방법 가운데 한 가지는 특정 부위의 길이를 이용하는 것이다. 동물 A의 이 부위의 길이는 정규분포 $N(10, 0.4^2)$을 따르고, 동물 B의 이 부위의 길이는 정규분포 $N(12, 0.6^2)$을 따른다. 이 부위의 길이가 d 미만이면 동물 A의 화석으로 판단하고, d 이상이면 동물 B의 화석으로 판단한다. 동물 A의 화석을 동물 A의 화석으로 판단할 확률과 동물 B의 화석을 동물 B의 화석으로 판단할 확률이 같아지는 d의 값은? (단, 길이의 단위는 cm이다.)

① 10.4 ② 10.5 ③ 10.6 ④ 10.7 ⑤ 10.8

답 ⑤

0501

확률변수 X는 정규분포 $N(m, \sigma^2)$을 따르므로 확률변수

$Z = \dfrac{X-m}{\sigma}$은 표준정규분포 $N(0, 1)$을 따른다.

$F(x) = P(X \le x) = P\left(\dfrac{X-m}{\sigma} \le \dfrac{x-m}{\sigma}\right) = P\left(Z \le \dfrac{x-m}{\sigma}\right)$

$F\left(\dfrac{13}{2}\right) = 0.8413$에서

$P\left(Z \le \dfrac{\frac{13}{2}-m}{\sigma}\right) = 0.8413$

$0.8413 > 0.5$이므로 $\dfrac{\frac{13}{2}-m}{\sigma} > 0$이고

$0.5 + P\left(0 \le Z \le \dfrac{\frac{13}{2}-m}{\sigma}\right) = 0.8413$

$\therefore P\left(0 \le Z \le \dfrac{\frac{13}{2}-m}{\sigma}\right) = 0.3413$

표준정규분포표에서 $P(0 \le Z \le 1) = 0.3413$이므로

$\dfrac{\frac{13}{2}-m}{\sigma} = 1$

$\therefore \sigma = \dfrac{13}{2} - m$ ...... ㉠

$0.5 \le F\left(\dfrac{11}{2}\right) \le 0.6915$에서

$0.5 \le P\left(Z \le \dfrac{\frac{11}{2}-m}{\sigma}\right) \le 0.6915$

$0.5 \le 0.5 + P\left(0 \le Z \le \dfrac{\frac{11}{2}-m}{\sigma}\right) \le 0.6915$

$\therefore 0 \le P\left(0 \le Z \le \dfrac{\frac{11}{2}-m}{\sigma}\right) \le 0.1915$

표준정규분포표에서 $P(0 \le Z \le 0.5) = 0.1915$이므로

$0 \le \dfrac{\frac{11}{2}-m}{\sigma} \le 0.5$

$\therefore 0 \le \dfrac{11}{2} - m \le \dfrac{1}{2}\sigma$ ...... ㉡

㉠을 ㉡에 대입하면

$0 \le \dfrac{11}{2} - m \le \dfrac{1}{2}\left(\dfrac{13}{2} - m\right)$

$0 \le \dfrac{11}{2} - m$에서 $m \le \dfrac{11}{2}$

$\dfrac{11}{2} - m \le \dfrac{1}{2}\left(\dfrac{13}{2} - m\right)$에서 $m \ge \dfrac{9}{2}$

$\therefore \dfrac{9}{2} \le m \le \dfrac{11}{2}$

이때 m이 자연수이므로

$m = 5$

$m = 5$를 ㉠에 대입하면

$\sigma = \dfrac{13}{2} - 5 = \dfrac{3}{2}$

따라서 $F(k) = 0.9772$에서

$P\left(Z \le \dfrac{k-5}{\frac{3}{2}}\right) = 0.9772$

$0.9772 > 0.5$이므로 $\dfrac{k-5}{\frac{3}{2}} > 0$이고

$0.5 + P\left(0 \le Z \le \dfrac{k-5}{\frac{3}{2}}\right) = 0.9772$

$\therefore P\left(0 \le Z \le \dfrac{k-5}{\frac{3}{2}}\right) = 0.4772$

표준정규분포표에서 $P(0 \le Z \le 2) = 0.4772$이므로

$\dfrac{k-5}{\frac{3}{2}} = 2$

$\therefore k = 8$

0502

이 회사 직원들의 어느 날의 출근 시간을 확률변수 X라 하면 X는 정규분포 $N(66.4, 15^2)$을 따르므로 $Z = \dfrac{X-66.4}{15}$로 놓으면 확률변수 Z는 표준정규분포 $N(0, 1)$을 따른다.

임의로 선택한 직원 1명의 출근 시간이 73분 이상일 확률은

$\begin{aligned} P(X \ge 73) &= P\left(\dfrac{X-66.4}{15} \ge \dfrac{73-66.4}{15}\right) \\ &= P(Z \ge 0.44) \\ &= P(Z \ge 0) - P(0 \le Z \le 0.44) \\ &= 0.5 - 0.17 \\ &= 0.33 \end{aligned}$

따라서 출근 시간이 73분 미만일 확률은

$\begin{aligned} P(X < 73) &= 1 - P(X \ge 73) \\ &= 0.67 \end{aligned}$

한편, 임의로 선택한 직원의 어느 날의 출근 시간이 73분 이상인 사건을 A, 지하철을 이용하여 출근하는 사건을 B라 하자.

출근 시간이 73분 이상이고 지하철을 이용할 확률은

$\begin{aligned} P(A \cap B) &= P(A) \times P(B \mid A) \\ &= 0.33 \times 0.4 \\ &= 0.132 \end{aligned}$

출근 시간이 73분 미만이고 지하철을 이용할 확률은

$\begin{aligned} P(A^c \cap B) &= P(A^c) \times P(B \mid A^c) \\ &= 0.67 \times 0.2 \\ &= 0.134 \end{aligned}$

따라서 구하는 확률은

$\begin{aligned} P(B) &= P(A \cap B) + P(A^c \cap B) \\ &= 0.132 + 0.134 \\ &= 0.266 \end{aligned}$

Bible Says **확률의 곱셈정리**

(1) 두 사건 A, B에 대하여 두 사건 A, B가 동시에 일어날 확률은

$\begin{aligned} P(A \cap B) &= P(A)P(B \mid A) \ (단, P(A) > 0) \\ &= P(B)P(A \mid B) \ (단, P(B) > 0) \end{aligned}$

(2) 두 사건 A, E에 대하여 사건 E가 일어날 확률은 사건 A가 일어나는 경우와 일어나지 않는 경우로 나누어 구할 수 있다. 즉,

$\begin{aligned} P(E) &= P(A \cap E) + P(A^c \cap E) \\ &= P(A)P(E \mid A) + P(A^c)P(E \mid A^c) \end{aligned}$

0503

답 ③

정규분포를 따르는 두 확률변수 X, Y의 표준편차가 σ로 같으므로 두 확률밀도함수 $y=f(x)$, $y=g(x)$의 그래프는 대칭축의 위치는 다르지만 모양이 서로 같다.

또한 확률밀도함수 $y=f(x)$의 그래프는 직선 $x=m$에 대하여 대칭이고, 확률밀도함수 $y=g(x)$의 그래프는 직선 $x=n$에 대하여 대칭이다. 이때 조건 (가)에서 $f(12)=g(14)$이고 조건 (나)에서 $m<12<14<n$이므로 두 확률밀도함수 $y=f(x)$, $y=g(x)$의 그래프는 다음 그림과 같다.

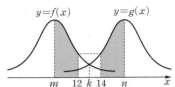

한편, 두 확률변수 X, Y는 각각 정규분포 $N(m, \sigma^2)$, $N(n, \sigma^2)$을 따르므로 두 확률변수 $\dfrac{X-m}{\sigma}$, $\dfrac{Y-n}{\sigma}$은 모두 표준정규분포 $N(0, 1)$을 따른다.

표준정규분포를 따르는 확률변수를 Z라 하면 조건 (나)에서

$$P(m\le X\le 12)=P\left(\frac{m-m}{\sigma}\le\frac{X-m}{\sigma}\le\frac{12-m}{\sigma}\right)$$
$$=P\left(0\le Z\le\frac{12-m}{\sigma}\right)$$
$$=0.4772$$

$$P(14\le Y\le n)=P\left(\frac{14-n}{\sigma}\le\frac{Y-n}{\sigma}\le\frac{n-n}{\sigma}\right)$$
$$=P\left(\frac{14-n}{\sigma}\le Z\le 0\right)$$
$$=P\left(0\le Z\le\frac{n-14}{\sigma}\right)$$
$$=0.4772$$

이때 표준정규분포표에서 $P(0\le Z\le 2)=0.4772$이므로

$$\frac{12-m}{\sigma}=2,\ \frac{n-14}{\sigma}=2$$

$$\therefore\ 12-m=n-14=2\sigma \quad\cdots\cdots\ \bigcirc$$

또한 조건 (다)의 $P(X\le 12)+P(X\le 8)=1$에서

$$m=\frac{12+8}{2}=10$$

이를 $\bigcirc$에 대입하면

$n=16$, $\sigma=1$

따라서 함수 $y=g(x)$의 그래프는 함수 $y=f(x)$의 그래프를 x축의 방향으로 6만큼 평행이동한 것이므로 두 함수 $y=f(x)$, $y=g(x)$의 그래프의 교점의 x좌표는

$$k=\frac{10+16}{2}=13$$

$$\therefore\ P(m\le X\le k)=P(10\le X\le 13)$$
$$=P\left(\frac{10-10}{1}\le\frac{X-10}{1}\le\frac{13-10}{1}\right)$$
$$=P(0\le Z\le 3)$$
$$=0.4987$$

짝기출

확률변수 X는 정규분포 $N(8, 2^2)$, 확률변수 Y는 정규분포 $N(12, 2^2)$을 따르고, 확률변수 X와 Y의 확률밀도함수는 각각 $f(x)$와 $g(x)$이다.

두 함수 $y=f(x)$, $y=g(x)$의 그래프가 만나는 점의 x좌표를 a라 할 때, $P(8\le Y\le a)$의 값을 오른쪽 표준정규분포표를 이용하여 구한 것은?

z	$P(0\le Z\le z)$
0.5	0.1915
1.0	0.3413
1.5	0.4332
2.0	0.4772

① 0.1359 ② 0.1587 ③ 0.2417
④ 0.2857 ⑤ 0.3085

답 ①

PART A' 07 통계적 추정

유형 01 모평균과 표본평균

0504
답 ①

확률변수 X가 갖는 값이 1, 3, 5이므로 이 모집단에서 크기가 2인 표본을 임의추출하여 구한 표본평균 $\overline{X}$가 갖는 값은 1, 2, 3, 4, 5 이다.

이 모집단에서 임의추출한 크기가 2인 표본을 (X_1, X_2)라 하면
$\overline{X}=3$인 경우는 (1, 5), (3, 3), (5, 1)일 때이므로
$$P(\overline{X}=3)=P(X=1)\times P(X=5)+P(X=3)\times P(X=3)$$
$$\qquad\qquad\quad +P(X=5)\times P(X=1)$$
$$=\frac{1}{4}\times\frac{1}{8}+\frac{5}{8}\times\frac{5}{8}+\frac{1}{8}\times\frac{1}{4}$$
$$=\frac{29}{64}$$

$\overline{X}=4$인 경우는 (3, 5), (5, 3)일 때이므로
$$P(\overline{X}=4)=P(X=3)\times P(X=5)+P(X=5)\times P(X=3)$$
$$=\frac{5}{8}\times\frac{1}{8}+\frac{1}{8}\times\frac{5}{8}$$
$$=\frac{10}{64}=\frac{5}{32}$$
$$\therefore P(3\leq\overline{X}\leq4)=P(\overline{X}=3)+P(\overline{X}=4)$$
$$=\frac{29}{64}+\frac{5}{32}$$
$$=\frac{39}{64}$$

0505
답 ②

모집단의 확률변수 X의 확률질량함수가
$$P(X=x)=a(x-1) \ (x=2, 4, 6)$$
이고 확률변수 X가 갖는 모든 값에 대한 확률의 합은 1이므로
$a+3a+5a=1$, $9a=1$
$$\therefore a=\frac{1}{9}$$
즉, X의 확률분포를 표로 나타내면 다음과 같다.

X	2	4	6	합계
$P(X=x)$	$\frac{1}{9}$	$\frac{1}{3}$	$\frac{5}{9}$	1

확률변수 X가 갖는 값이 2, 4, 6이므로 이 모집단에서 크기가 2인 표본을 임의추출하여 구한 표본평균 $\overline{X}$가 갖는 값은 2, 3, 4, 5, 6 이다.

이 모집단에서 임의추출한 크기가 2인 표본을 (X_1, X_2)라 하면
$\overline{X}=5$인 경우는 (4, 6), (6, 4)일 때이므로
$$P(\overline{X}=5)=P(X=4)\times P(X=6)+P(X=6)\times P(X=4)$$
$$=\frac{1}{3}\times\frac{5}{9}+\frac{5}{9}\times\frac{1}{3}$$
$$=\frac{10}{27}$$

$\overline{X}=6$인 경우는 (6, 6)일 때이므로
$$P(\overline{X}=6)=P(X=6)\times P(X=6)$$
$$=\frac{5}{9}\times\frac{5}{9}$$
$$=\frac{25}{81}$$
$$\therefore P(\overline{X}>4)=P(\overline{X}=5)+P(\overline{X}=6)$$
$$=\frac{10}{27}+\frac{25}{81}$$
$$=\frac{55}{81}$$
$$\therefore a+P(\overline{X}>4)=\frac{1}{9}+\frac{55}{81}=\frac{64}{81}$$

0506
답 ④

확률변수 X가 갖는 모든 값에 대한 확률의 합은 1이므로
$a+2a+b=1$ $\therefore 3a+b=1$ ······ ㉠
확률변수 X가 갖는 값이 1, 2, 3이므로 이 모집단에서 크기가 2인 표본을 임의추출하여 구한 표본평균 $\overline{X}$가 갖는 값은 1, $\frac{3}{2}$, 2, $\frac{5}{2}$, 3이다.
$$\therefore P\left(1<\overline{X}<2\right)=P\left(\overline{X}=\frac{3}{2}\right)$$
이 모집단에서 임의추출한 크기가 2인 표본을 (X_1, X_2)라 하면
$\overline{X}=\frac{3}{2}$인 경우는 (1, 2), (2, 1)일 때이므로
$$P\left(\overline{X}=\frac{3}{2}\right)=P(X=1)\times P(X=2)+P(X=2)\times P(X=1)$$
$$=a\times 2a+2a\times a$$
$$=4a^2$$
즉, $4a^2=\frac{1}{9}$에서 $a^2=\frac{1}{36}$
$$\therefore a=\frac{1}{6} \ (\because a>0)$$
이를 ㉠에 대입하면
$$\frac{1}{2}+b=1 \qquad \therefore b=\frac{1}{2}$$
$$\therefore a+b=\frac{1}{6}+\frac{1}{2}=\frac{2}{3}$$

0507
답 ③

주머니에서 한 장의 카드를 임의로 꺼낼 때, 꺼낸 카드에 적힌 수를 확률변수 X라 하고 X의 확률분포를 표로 나타내면 다음과 같다.

X	1	2	3	4	합계
$P(X=x)$	$\frac{1}{6}$	$\frac{1}{3}$	$\frac{1}{6}$	$\frac{1}{3}$	1

첫 번째 시행에서 꺼낸 카드에 적힌 수를 X_1, 두 번째 시행에서 꺼낸 카드에 적힌 수를 X_2라 하면 표본평균 $\overline{X}=\dfrac{X_1+X_2}{2}$가 갖는 값은 1, $\frac{3}{2}$, 2, $\frac{5}{2}$, 3, $\frac{7}{2}$, 4이다.

크기가 2인 표본을 (X_1, X_2)라 하면 $\overline{X}=3$인 경우는
$(2, 4), (3, 3), (4, 2)$일 때이므로
$$\mathrm{P}(\overline{X}=3)=\mathrm{P}(X=2)\times\mathrm{P}(X=4)+\mathrm{P}(X=3)\times\mathrm{P}(X=3)$$
$$+\mathrm{P}(X=4)\times\mathrm{P}(X=2)$$
$$=\frac{1}{3}\times\frac{1}{3}+\frac{1}{6}\times\frac{1}{6}+\frac{1}{3}\times\frac{1}{3}$$
$$=\frac{9}{36}=\frac{1}{4}$$

유형 02 표본평균의 평균, 분산, 표준편차 – 모평균, 모표준편차가 주어진 경우

0508 답 ②

확률변수 $\overline{X}$는 모평균이 50, 모분산이 36인 모집단에서 크기가 9인 표본을 임의추출하여 구한 표본평균이므로

$\mathrm{E}(\overline{X})=50$, $\mathrm{V}(\overline{X})=\dfrac{36}{9}=4$

$\therefore \mathrm{E}(\overline{X})\times\mathrm{V}(\overline{X})=50\times4=200$

0509 답 404

확률변수 $\overline{X}$는 모평균이 20, 모분산이 $16^2=256$인 모집단에서 크기가 64인 표본을 임의추출하여 구한 표본평균이므로

$\mathrm{E}(\overline{X})=20$, $\mathrm{V}(\overline{X})=\dfrac{256}{64}=4$

따라서 $\mathrm{V}(\overline{X})=\mathrm{E}(\overline{X}^2)-\{\mathrm{E}(\overline{X})\}^2$에서

$\mathrm{E}(\overline{X}^2)=\mathrm{V}(\overline{X})+\{\mathrm{E}(\overline{X})\}^2$
$\qquad\quad=4+20^2=404$

0510 답 ⑤

확률변수 $\overline{X}$는 모평균이 60, 모표준편차가 7인 모집단에서 크기가 4인 표본을 임의추출하여 구한 표본평균이므로

$\mathrm{E}(\overline{X})=60$, $\mathrm{V}(\overline{X})=\dfrac{7^2}{4}=\dfrac{49}{4}$

따라서

$\mathrm{E}(2\overline{X}-1)=2\mathrm{E}(\overline{X})-1=2\times60-1=119$,

$\mathrm{V}(2\overline{X}+1)=2^2\mathrm{V}(\overline{X})=4\times\dfrac{49}{4}=49$

이므로

$\mathrm{E}(2\overline{X}-1)+\mathrm{V}(2\overline{X}+1)=119+49=168$

0511 답 ④

확률변수 $\overline{X}$는 모평균이 m, 모표준편차가 σ인 모집단에서 크기가 n_1인 표본을 임의추출하여 구한 표본평균이므로

$\mathrm{E}(\overline{X})=m$, $\mathrm{V}(\overline{X})=\dfrac{\sigma^2}{n_1}$, $\sigma(\overline{X})=\dfrac{\sigma}{\sqrt{n_1}}$

확률변수 $\overline{Y}$는 모평균이 m, 모표준편차가 σ인 모집단에서 크기가 n_2인 표본을 임의추출하여 구한 표본평균이므로

$\mathrm{E}(\overline{Y})=m$, $\mathrm{V}(\overline{Y})=\dfrac{\sigma^2}{n_2}$, $\sigma(\overline{Y})=\dfrac{\sigma}{\sqrt{n_2}}$

이때 $n_2=9n_1$이면 $n_1=\dfrac{n_2}{9}$이므로

$\sigma(\overline{X})=\dfrac{\sigma}{\sqrt{n_1}}=\dfrac{\sigma}{\sqrt{\dfrac{n_2}{9}}}=\dfrac{\sigma}{\dfrac{\sqrt{n_2}}{3}}$

$\qquad\quad=\dfrac{3\sigma}{\sqrt{n_2}}=3\times\sigma(\overline{Y})$

$\therefore k=3$

0512 답 ②

확률변수 $\overline{X}$는 모평균이 8, 모표준편차가 4인 모집단에서 크기가 n인 표본을 임의추출하여 구한 표본평균이므로

$\mathrm{E}(\overline{X})=8$, $\mathrm{V}(\overline{X})=\dfrac{4^2}{n}=\dfrac{16}{n}$

$\mathrm{V}(\overline{X})=\mathrm{E}(\overline{X}^2)-\{\mathrm{E}(\overline{X})\}^2$에서

$\mathrm{E}(\overline{X}^2)=\mathrm{V}(\overline{X})+\{\mathrm{E}(\overline{X})\}^2$
$\qquad\quad=\dfrac{16}{n}+8^2$

이때 $\mathrm{E}(\overline{X}^2)\geq67$에서

$\dfrac{16}{n}+8^2\geq67$

$\dfrac{16}{n}\geq3 \qquad \therefore n\leq\dfrac{16}{3}$

따라서 2 이상의 자연수 n의 값은 2, 3, 4, 5이므로 그 합은
$2+3+4+5=14$

유형 03 표본평균의 평균, 분산, 표준편차 – 모집단의 확률분포가 주어진 경우

0513 답 ⑤

$\mathrm{E}(X)=2\times\dfrac{1}{4}+3\times\dfrac{1}{3}+4\times\dfrac{1}{4}+6\times\dfrac{1}{6}=\dfrac{7}{2}$이고

$\mathrm{E}(X^2)=2^2\times\dfrac{1}{4}+3^2\times\dfrac{1}{3}+4^2\times\dfrac{1}{4}+6^2\times\dfrac{1}{6}=14$이므로

$\mathrm{V}(X)=\mathrm{E}(X^2)-\{\mathrm{E}(X)\}^2$
$\qquad\quad=14-\left(\dfrac{7}{2}\right)^2=\dfrac{7}{4}$

이 모집단에서 임의추출한 크기가 7인 표본의 표본평균이 $\overline{X}$이므로

$\mathrm{E}(\overline{X})=\dfrac{7}{2}$, $\mathrm{V}(\overline{X})=\dfrac{\dfrac{7}{4}}{7}=\dfrac{1}{4}$

따라서 $\mathrm{V}(\overline{X})=\mathrm{E}(\overline{X}^2)-\{\mathrm{E}(\overline{X})\}^2$에서
$\mathrm{E}(\overline{X}^2)=\mathrm{V}(\overline{X})+\{\mathrm{E}(\overline{X})\}^2$
$\qquad\quad=\dfrac{1}{4}+\left(\dfrac{7}{2}\right)^2=\dfrac{25}{2}$

0514

답 25

확률변수 X가 갖는 모든 값에 대한 확률의 합은 1이므로

$a+\dfrac{1}{5}+\dfrac{3}{10}+4a=1$, $5a=\dfrac{1}{2}$

$\therefore a=\dfrac{1}{10}$

즉, X의 확률분포를 나타내는 표는 다음과 같다.

X	1	2	3	4	합계
$P(X=x)$	$\dfrac{1}{10}$	$\dfrac{1}{5}$	$\dfrac{3}{10}$	$\dfrac{2}{5}$	1

$E(X)=1\times\dfrac{1}{10}+2\times\dfrac{1}{5}+3\times\dfrac{3}{10}+4\times\dfrac{2}{5}=\dfrac{30}{10}=3$이고

$E(X^2)=1^2\times\dfrac{1}{10}+2^2\times\dfrac{1}{5}+3^2\times\dfrac{3}{10}+4^2\times\dfrac{2}{5}=\dfrac{100}{10}=10$이므로

$V(X)=E(X^2)-\{E(X)\}^2=10-3^2=1$

이때 표본의 크기가 4이므로

$V(\overline{X})=\dfrac{1}{4}$

$\therefore V\left(\dfrac{\overline{X}}{a}\right)=V\left(\dfrac{\overline{X}}{\frac{1}{10}}\right)=V(10\overline{X})=10^2 V(\overline{X})$

$\qquad\qquad =100\times\dfrac{1}{4}=25$

0515

답 1

확률변수 X가 갖는 모든 값에 대한 확률의 합은 1이므로

$\dfrac{1}{4}+b+\dfrac{1}{2}=1$ $\therefore b=\dfrac{1}{4}$

이때 $E(X^2)=36$이므로

$E(X^2)=0^2\times\dfrac{1}{4}+4^2\times\dfrac{1}{4}+a^2\times\dfrac{1}{2}=36$에서

$\dfrac{a^2}{2}=32$, $a^2=64$ $\therefore a=8$ ($\because a>4$)

즉, X의 확률분포를 나타내는 표는 다음과 같다.

X	0	4	8	합계
$P(X=x)$	$\dfrac{1}{4}$	$\dfrac{1}{4}$	$\dfrac{1}{2}$	1

$E(X)=0\times\dfrac{1}{4}+4\times\dfrac{1}{4}+8\times\dfrac{1}{2}=5$이고 $E(X^2)=36$이므로

$V(X)=E(X^2)-\{E(X)\}^2=36-5^2=11$

이 모집단에서 임의추출한 크기가 11인 표본의 표본평균이 $\overline{X}$이므로

$V(\overline{X})=\dfrac{11}{11}=1$

0516

답 36

확률변수 X의 확률질량함수가

$P(X=x)=\dfrac{5-x}{k}$ ($x=0,\ 1,\ 2,\ 3$)

이고 확률변수 X가 갖는 모든 값에 대한 확률의 합은 1이므로

$\dfrac{5}{k}+\dfrac{4}{k}+\dfrac{3}{k}+\dfrac{2}{k}=1$, $\dfrac{14}{k}=1$

$\therefore k=14$

즉, X의 확률분포를 나타내는 표는 다음과 같다.

X	0	1	2	3	합계
$P(X=x)$	$\dfrac{5}{14}$	$\dfrac{2}{7}$	$\dfrac{3}{14}$	$\dfrac{1}{7}$	1

$E(X)=0\times\dfrac{5}{14}+1\times\dfrac{2}{7}+2\times\dfrac{3}{14}+3\times\dfrac{1}{7}=\dfrac{8}{7}$이고

$E(X^2)=0^2\times\dfrac{5}{14}+1^2\times\dfrac{2}{7}+2^2\times\dfrac{3}{14}+3^2\times\dfrac{1}{7}=\dfrac{17}{7}$이므로

$V(X)=E(X^2)-\{E(X)\}^2=\dfrac{17}{7}-\left(\dfrac{8}{7}\right)^2=\dfrac{55}{49}$

이 모집단에서 임의추출한 크기가 n인 표본의 표본평균이 $\overline{X}$이므로

$V(\overline{X})=\dfrac{\frac{55}{49}}{n}=\dfrac{55}{49n}$

따라서 $k\times V(\overline{X})=\dfrac{5}{7}$에서

$14\times\dfrac{55}{49n}=\dfrac{5}{7}$ $\therefore n=22$

$\therefore n+k=22+14=36$

0517

답 ⑤

확률변수 X의 확률질량함수가

$P(X=x)={}_{100}C_x\, p^x(1-p)^{100-x}$

$\qquad\qquad\qquad$ ($x=0,\ 1,\ 2,\ \cdots,\ 100$이고 $0<p<1$)

이므로 확률변수 X는 이항분포 $B(100,\ p)$를 따른다.

$\therefore E(X)=100p$, $V(X)=100p(1-p)$

이 모집단에서 임의추출한 크기가 5인 표본의 표본평균이 $\overline{X}$이므로

$V(\overline{X})=\dfrac{100p(1-p)}{5}=20p(1-p)$

$V(\overline{X})=5$에서 $20p(1-p)=5$이므로

$4p^2-4p+1=0$, $(2p-1)^2=0$ $\therefore p=\dfrac{1}{2}$

$\therefore E(\overline{X})=E(X)=100\times\dfrac{1}{2}=50$

유형 04 **표본평균의 평균, 분산, 표준편차 – 모집단이 주어진 경우**

0518

답 ④

주머니에서 한 장의 카드를 임의로 꺼낼 때, 나온 카드에 적혀 있는 수를 확률변수 X라 하고 X의 확률분포를 표로 나타내면 다음과 같다.

X	1	2	3	합계
$P(X=x)$	$\dfrac{3}{7}$	$\dfrac{1}{7}$	$\dfrac{3}{7}$	1

$E(X)=1\times\dfrac{3}{7}+2\times\dfrac{1}{7}+3\times\dfrac{3}{7}=\dfrac{14}{7}=2$이고

$E(X^2)=1^2\times\dfrac{3}{7}+2^2\times\dfrac{1}{7}+3^2\times\dfrac{3}{7}=\dfrac{34}{7}$이므로

$V(X)=E(X^2)-\{E(X)\}^2=\dfrac{34}{7}-2^2=\dfrac{6}{7}$

이때 $\overline{X}$는 이 주머니에서 크기가 3인 표본을 임의추출하여 구한 표본평균이므로

$$\mathrm{E}(\overline{X})=2, \quad \mathrm{V}(\overline{X})=\frac{6}{3}=\frac{2}{7}$$

$$\therefore \frac{\mathrm{E}(\overline{X})}{\mathrm{V}(\overline{X})}=\frac{2}{\frac{2}{7}}=7$$

0519

답 ②

상자에서 한 개의 구슬을 임의로 꺼낼 때, 나온 구슬에 적혀 있는 수를 확률변수 X라 하고 X의 확률분포를 표로 나타내면 다음과 같다.

X	1	2	3	합계
$\mathrm{P}(X=x)$	$\frac{1}{2}$	$\frac{1}{4}$	$\frac{1}{4}$	1

$\mathrm{E}(X)=1\times\frac{1}{2}+2\times\frac{1}{4}+3\times\frac{1}{4}=\frac{7}{4}$이고

$\mathrm{E}(X^2)=1^2\times\frac{1}{2}+2^2\times\frac{1}{4}+3^2\times\frac{1}{4}=\frac{15}{4}$이므로

$\mathrm{V}(X)=\mathrm{E}(X^2)-\{\mathrm{E}(X)\}^2=\frac{15}{4}-\left(\frac{7}{4}\right)^2=\frac{11}{16}$

이때 $\overline{X}$는 이 상자에서 크기가 2인 표본을 임의추출하여 구한 표본평균이므로

$$\mathrm{E}(\overline{X})=\frac{7}{4}, \quad \mathrm{V}(\overline{X})=\frac{\frac{11}{16}}{2}=\frac{11}{32}$$

따라서 $\mathrm{E}(9-4\overline{X})=9-4\mathrm{E}(\overline{X})=9-4\times\frac{7}{4}=2$,

$\mathrm{V}(8\overline{X}+5)=8^2\mathrm{V}(\overline{X})=8^2\times\frac{11}{32}=22$이므로

$\mathrm{E}(9-4\overline{X})+\mathrm{V}(8\overline{X}+5)=2+22=24$

0520

답 10

주머니에서 한 장의 카드를 임의로 꺼낼 때, 나온 카드에 적혀 있는 수를 확률변수 X라 하고 X의 확률분포를 표로 나타내면 다음과 같다.

X	1	2	3	4	합계
$\mathrm{P}(X=x)$	$\frac{1}{4}$	$\frac{1}{4}$	$\frac{1}{4}$	$\frac{1}{4}$	1

$\mathrm{E}(X)=1\times\frac{1}{4}+2\times\frac{1}{4}+3\times\frac{1}{4}+4\times\frac{1}{4}=\frac{5}{2}$이고

$\mathrm{E}(X^2)=1^2\times\frac{1}{4}+2^2\times\frac{1}{4}+3^2\times\frac{1}{4}+4^2\times\frac{1}{4}=\frac{30}{4}=\frac{15}{2}$이므로

$\mathrm{V}(X)=\mathrm{E}(X^2)-\{\mathrm{E}(X)\}^2=\frac{15}{2}-\left(\frac{5}{2}\right)^2=\frac{5}{4}$

이때 $\overline{X}$는 이 주머니에서 크기가 n인 표본을 임의추출하여 구한 표본평균이므로

$$\mathrm{V}(\overline{X})=\frac{\frac{5}{4}}{n}=\frac{5}{4n}$$

따라서 $\mathrm{V}(\overline{X})=\frac{1}{8}$이 되려면

$$\frac{5}{4n}=\frac{1}{8} \quad \therefore n=10$$

0521

답 ④

상자에서 한 개의 공을 임의로 꺼낼 때, 나온 공에 적혀 있는 수를 확률변수 X라 하고 X의 확률분포를 표로 나타내면 다음과 같다.

X	1	3	5	합계
$\mathrm{P}(X=x)$	$\frac{n}{n+3}$	$\frac{2}{n+3}$	$\frac{1}{n+3}$	1

$\mathrm{E}(X)=1\times\frac{n}{n+3}+3\times\frac{2}{n+3}+5\times\frac{1}{n+3}=\frac{n+11}{n+3}$

이때 $\overline{X}$는 이 상자에서 크기가 4인 표본을 임의추출하여 구한 표본평균이므로

$$\mathrm{E}(\overline{X})=\mathrm{E}(X)=\frac{n+11}{n+3}$$

$\mathrm{E}(\overline{X})=2$이므로 $\frac{n+11}{n+3}=2$에서

$n+11=2n+6 \quad \therefore n=5$

즉, X의 확률분포를 나타내는 표는 다음과 같다.

X	1	3	5	합계
$\mathrm{P}(X=x)$	$\frac{5}{8}$	$\frac{1}{4}$	$\frac{1}{8}$	1

이때

$\mathrm{E}(X)=\mathrm{E}(\overline{X})=2$,

$\mathrm{E}(X^2)=1^2\times\frac{5}{8}+3^2\times\frac{1}{4}+5^2\times\frac{1}{8}=\frac{48}{8}=6$

이므로

$\mathrm{V}(X)=\mathrm{E}(X^2)-\{\mathrm{E}(X)\}^2$
$\qquad =6-2^2=2$

$\therefore \mathrm{V}(\overline{X})=\frac{2}{4}=\frac{1}{2}$

0522

답 53

주머니에서 한 개의 공을 임의로 꺼낼 때, 나온 공에 적혀 있는 수를 확률변수 X라 하고 X의 확률분포를 표로 나타내면 다음과 같다.

X	2	3	4	합계
$\mathrm{P}(X=x)$	$\frac{2}{n+3}$	$\frac{1}{n+3}$	$\frac{n}{n+3}$	1

첫 번째 시행에서 꺼낸 공에 적힌 수를 X_1, 두 번째 시행에서 꺼낸 공에 적힌 수를 X_2라 하면 표본평균 $\overline{X}=\frac{X_1+X_2}{2}$가 갖는 값은 2, $\frac{5}{2}$, 3, $\frac{7}{2}$, 4이다.

크기가 2인 표본을 (X_1, X_2)라 하면 $\overline{X}=3$인 경우는 $(2, 4)$, $(3, 3)$, $(4, 2)$일 때이므로

$\mathrm{P}(\overline{X}=3)=\mathrm{P}(X=2)\times\mathrm{P}(X=4)+\mathrm{P}(X=3)\times\mathrm{P}(X=3)$
$\qquad\qquad\qquad +\mathrm{P}(X=4)\times\mathrm{P}(X=2)$

$\qquad =\frac{2}{n+3}\times\frac{n}{n+3}+\frac{1}{n+3}\times\frac{1}{n+3}+\frac{n}{n+3}\times\frac{2}{n+3}$

$\qquad =\frac{4n+1}{(n+3)^2}$

이때 $\mathrm{P}(\overline{X}=3)=\frac{21}{64}$이므로

$\frac{4n+1}{(n+3)^2}=\frac{21}{64}$, $21n^2-130n+125=0$

$(n-5)(21n-25)=0$

$\therefore n=5$ ($\because n$은 자연수)

즉, X의 확률분포를 나타내는 표는 다음과 같다.

X	2	3	4	합계
$\mathrm{P}(X=x)$	$\frac{1}{4}$	$\frac{1}{8}$	$\frac{5}{8}$	1

$$\mathrm{E}(X)=2\times\frac{1}{4}+3\times\frac{1}{8}+4\times\frac{5}{8}=\frac{27}{8}$$

이고 $\overline{X}$는 이 주머니에서 크기가 2인 표본을 임의추출하여 구한 표본평균이므로

$$\mathrm{E}(\overline{X})=\mathrm{E}(X)=\frac{27}{8}$$

$$\therefore \mathrm{E}(16\overline{X}-1)=16\mathrm{E}(\overline{X})-1=16\times\frac{27}{8}-1=53$$

유형 05 표본평균의 확률

0523
답 ②

주어진 모집단의 확률변수를 X라 하면 X는 정규분포 $\mathrm{N}(30,\ 10^2)$을 따르므로 크기가 25인 표본의 표본평균 $\overline{X}$에 대하여

$$\mathrm{E}(\overline{X})=30,\ \mathrm{V}(\overline{X})=\frac{10^2}{25}=2^2$$

즉, 확률변수 $\overline{X}$는 정규분포 $\mathrm{N}(30,\ 2^2)$을 따르고 $Z=\dfrac{\overline{X}-30}{2}$으로 놓으면 확률변수 Z는 표준정규분포 $\mathrm{N}(0,\ 1)$을 따른다.

$$\begin{aligned}\therefore \mathrm{P}(\overline{X}\geq 33)&=\mathrm{P}\Big(\frac{\overline{X}-30}{2}\geq\frac{33-30}{2}\Big)\\&=\mathrm{P}(Z\geq 1.5)\\&=\mathrm{P}(Z\geq 0)-\mathrm{P}(0\leq Z\leq 1.5)\\&=0.5-0.4332\\&=0.0668\end{aligned}$$

0524
답 ①

이 세차장에서 세차한 중형 자동차 한 대의 세차 시간을 확률변수 X라 하면 X는 정규분포 $\mathrm{N}(40,\ 8^2)$을 따른다.
이때 크기가 4인 표본의 표본평균을 $\overline{X}$라 하면

$$\mathrm{E}(\overline{X})=40,\ \mathrm{V}(\overline{X})=\frac{8^2}{4}=4^2$$

이므로 확률변수 $\overline{X}$는 정규분포 $\mathrm{N}(40,\ 4^2)$을 따르고 $Z=\dfrac{\overline{X}-40}{4}$으로 놓으면 확률변수 Z는 표준정규분포 $\mathrm{N}(0,\ 1)$을 따른다.
따라서 구하는 확률은

$$\begin{aligned}\mathrm{P}(38\leq\overline{X}\leq 42)&=\mathrm{P}\Big(\frac{38-40}{4}\leq\frac{\overline{X}-40}{4}\leq\frac{42-40}{4}\Big)\\&=\mathrm{P}(-0.5\leq Z\leq 0.5)\\&=\mathrm{P}(-0.5\leq Z\leq 0)+\mathrm{P}(0\leq Z\leq 0.5)\\&=2\mathrm{P}(0\leq Z\leq 0.5)\\&=2\times 0.1915\\&=0.3830\end{aligned}$$

0525
답 ⑤

이 제과점에서 생산한 도넛 한 개의 무게를 확률변수 X라 하면 X는 정규분포 $\mathrm{N}(38,\ 6^2)$을 따른다.
이때 크기가 9인 표본의 표본평균을 $\overline{X}$라 하면

$$\mathrm{E}(\overline{X})=38,\ \mathrm{V}(\overline{X})=\frac{6^2}{9}=2^2$$

이므로 확률변수 $\overline{X}$는 정규분포 $\mathrm{N}(38,\ 2^2)$을 따르고 $Z=\dfrac{\overline{X}-38}{2}$로 놓으면 확률변수 Z는 표준정규분포 $\mathrm{N}(0,\ 1)$을 따른다.
따라서 구하는 확률은

$$\begin{aligned}\mathrm{P}(9\overline{X}\geq 360)&=\mathrm{P}(\overline{X}\geq 40)\\&=\mathrm{P}\Big(\frac{\overline{X}-38}{2}\geq\frac{40-38}{2}\Big)\\&=\mathrm{P}(Z\geq 1)\\&=\mathrm{P}(Z\geq 0)-\mathrm{P}(0\leq Z\leq 1)\\&=0.5-0.3413\\&=0.1587\end{aligned}$$

0526
답 ⑤

주어진 모집단의 확률변수를 X라 하면 X는 정규분포 $\mathrm{N}(m,\ 15^2)$을 따르므로 크기가 25인 표본의 표본평균 $\overline{X}$에 대하여

$$\mathrm{E}(\overline{X})=m,\ \mathrm{V}(\overline{X})=\frac{15^2}{25}=3^2$$

즉, 확률변수 $\overline{X}$는 정규분포 $\mathrm{N}(m,\ 3^2)$을 따르고 $Z=\dfrac{\overline{X}-m}{3}$으로 놓으면 확률변수 Z는 표준정규분포 $\mathrm{N}(0,\ 1)$을 따른다.

$$\begin{aligned}\therefore \mathrm{P}(|\overline{X}-m|\leq 9)&=\mathrm{P}\Big(\Big|\frac{\overline{X}-m}{3}\Big|\leq 3\Big)\\&=\mathrm{P}(|Z|\leq 3)\\&=\mathrm{P}(-3\leq Z\leq 3)\\&=2\mathrm{P}(0\leq Z\leq 3)\\&=2\times 0.4987\\&=0.9974\end{aligned}$$

0527
답 ②

X는 정규분포 $\mathrm{N}(40,\ 8^2)$을 따르는 모집단에서 크기가 4인 표본을 임의추출하여 구한 표본평균이므로

$$\mathrm{E}(\overline{X})=40,\ \mathrm{V}(\overline{X})=\frac{8^2}{4}=4^2$$

$\overline{Y}$는 정규분포 $\mathrm{N}(36,\ 10^2)$을 따르는 모집단에서 크기가 25인 표본을 임의추출하여 구한 표본평균이므로

$$\mathrm{E}(\overline{Y})=36,\ \mathrm{V}(\overline{Y})=\frac{10^2}{25}=2^2$$

즉, 확률변수 $\overline{X},\ \overline{Y}$는 각각 정규분포 $\mathrm{N}(40,\ 4^2)$, $\mathrm{N}(36,\ 2^2)$을 따르므로 확률변수 $\dfrac{\overline{X}-40}{4},\ \dfrac{\overline{Y}-36}{2}$은 모두 표준정규분포 $\mathrm{N}(0,\ 1)$을 따른다.

표준정규분포를 따르는 확률변수를 Z라 하면

$$\begin{aligned} \mathrm{P}(\overline{X}\ge 34) &= \mathrm{P}\left(\frac{\overline{X}-40}{4} \ge \frac{34-40}{4}\right) \\ &= \mathrm{P}(Z\ge -1.5) = \mathrm{P}(Z\le 1.5) \\ &= \mathrm{P}(Z\le 0) + \mathrm{P}(0\le Z\le 1.5) \\ &= 0.5 + 0.4332 \\ &= 0.9332 \end{aligned}$$

$$\begin{aligned} \mathrm{P}(\overline{Y}\ge 34) &= \mathrm{P}\left(\frac{\overline{Y}-36}{2} \ge \frac{34-36}{2}\right) \\ &= \mathrm{P}(Z\ge -1) = \mathrm{P}(Z\le 1) \\ &= \mathrm{P}(Z\le 0) + \mathrm{P}(0\le Z\le 1) \\ &= 0.5 + 0.3413 \\ &= 0.8413 \end{aligned}$$

$$\begin{aligned} \therefore \mathrm{P}(\overline{X}\ge 34) - \mathrm{P}(\overline{Y}\ge 34) &= 0.9332 - 0.8413 \\ &= 0.0919 \end{aligned}$$

0528

답 11

이 농장에서 생산하는 사과 한 개의 무게를 확률변수 X라 하면 X는 정규분포 $\mathrm{N}(130, 12^2)$을 따른다.

이때 사과를 9개씩 한 세트로 판매하므로 크기가 9인 표본의 표본평균을 $\overline{X}$라 하면

$$\mathrm{E}(\overline{X})=130, \quad \mathrm{V}(\overline{X})=\frac{12^2}{9}=4^2$$

즉, 확률변수 $\overline{X}$는 정규분포 $\mathrm{N}(130, 4^2)$을 따르고 $Z=\dfrac{\overline{X}-130}{4}$으로 놓으면 확률변수 Z는 표준정규분포 $\mathrm{N}(0, 1)$을 따른다.

따라서 사과 9개로 구성된 한 세트를 특상품으로 판매할 수 있을 확률은

$$\begin{aligned} \mathrm{P}(1224\le 9\overline{X}\le 1242) &= \mathrm{P}(136\le \overline{X}\le 138) \\ &= \mathrm{P}\left(\frac{136-130}{4} \le \frac{\overline{X}-130}{4} \le \frac{138-130}{4}\right) \\ &= \mathrm{P}(1.5\le Z\le 2) \\ &= \mathrm{P}(0\le Z\le 2) - \mathrm{P}(0\le Z\le 1.5) \\ &= 0.4772 - 0.4332 \\ &= 0.0440 \end{aligned}$$

이때 생산한 사과는 모두 2250개이므로 만들 수 있는 세트의 수는

$$\frac{2250}{9}=250$$

따라서 250개의 세트 중 특상품으로 판매할 수 있는 세트의 개수는

$$250 \times 0.0440 = 11$$

유형 06 표본평균의 확률 - 표본의 크기 구하기

0529

답 ②

확률변수 $\overline{X}$는 정규분포 $\mathrm{N}(246, 18^2)$을 따르는 모집단에서 크기가 n인 표본을 임의추출하여 구한 표본평균이므로

$$\mathrm{E}(\overline{X})=246, \quad \mathrm{V}(\overline{X})=\frac{18^2}{n}=\left(\frac{18}{\sqrt{n}}\right)^2$$

즉, 확률변수 $\overline{X}$는 정규분포 $\mathrm{N}\left(246, \left(\dfrac{18}{\sqrt{n}}\right)^2\right)$을 따르고 $Z=\dfrac{\overline{X}-246}{\frac{18}{\sqrt{n}}}$으로 놓으면 확률변수 Z는 표준정규분포 $\mathrm{N}(0, 1)$을 따른다.

$\mathrm{P}(\overline{X}\le 240)=0.0228$에서

$$\begin{aligned} \mathrm{P}(\overline{X}\le 240) &= \mathrm{P}\left(\frac{\overline{X}-246}{\frac{18}{\sqrt{n}}} \le \frac{240-246}{\frac{18}{\sqrt{n}}}\right) \\ &= \mathrm{P}\left(Z\le -\frac{\sqrt{n}}{3}\right) \\ &= \mathrm{P}\left(Z\ge \frac{\sqrt{n}}{3}\right) \\ &= \mathrm{P}(Z\ge 0) - \mathrm{P}\left(0\le Z\le \frac{\sqrt{n}}{3}\right) \\ &= 0.5 - \mathrm{P}\left(0\le Z\le \frac{\sqrt{n}}{3}\right) \\ &= 0.0228 \end{aligned}$$

$$\therefore \mathrm{P}\left(0\le Z\le \frac{\sqrt{n}}{3}\right)=0.4772$$

이때 표준정규분포표에서 $\mathrm{P}(0\le Z\le 2)=0.4772$이므로

$$\frac{\sqrt{n}}{3}=2, \ \sqrt{n}=6 \qquad \therefore n=36$$

0530

답 25

이 공장에서 생산하는 제품 1개의 무게를 확률변수 X라 하면 X는 정규분포 $\mathrm{N}(900, 20^2)$을 따른다.

확률변수 $\overline{X}$는 이 모집단에서 크기가 n인 표본을 임의추출하여 구한 표본평균이므로

$$\mathrm{E}(\overline{X})=900, \quad \mathrm{V}(\overline{X})=\frac{20^2}{n}=\left(\frac{20}{\sqrt{n}}\right)^2$$

즉, 확률변수 $\overline{X}$는 정규분포 $\mathrm{N}\left(900, \left(\dfrac{20}{\sqrt{n}}\right)^2\right)$을 따르고 $Z=\dfrac{\overline{X}-900}{\frac{20}{\sqrt{n}}}$으로 놓으면 확률변수 Z는 표준정규분포 $\mathrm{N}(0, 1)$을 따른다.

$\mathrm{P}(\overline{X}\ge 890)=0.9938$에서

$$\begin{aligned} \mathrm{P}(\overline{X}\ge 890) &= \mathrm{P}\left(\frac{\overline{X}-900}{\frac{20}{\sqrt{n}}} \ge \frac{890-900}{\frac{20}{\sqrt{n}}}\right) \\ &= \mathrm{P}\left(Z\ge -\frac{\sqrt{n}}{2}\right) \\ &= \mathrm{P}\left(Z\le \frac{\sqrt{n}}{2}\right) \\ &= \mathrm{P}(Z\le 0) + \mathrm{P}\left(0\le Z\le \frac{\sqrt{n}}{2}\right) \\ &= 0.5 + \mathrm{P}\left(0\le Z\le \frac{\sqrt{n}}{2}\right) \\ &= 0.9938 \end{aligned}$$

$$\therefore \mathrm{P}\left(0\le Z\le \frac{\sqrt{n}}{2}\right)=0.4938$$

이때 표준정규분포표에서 $\mathrm{P}(0\le Z\le 2.5)=0.4938$이므로

$$\frac{\sqrt{n}}{2}=2.5, \ \sqrt{n}=5 \qquad \therefore n=25$$

0531

답 ⑤

확률변수 $\overline{X}$가 정규분포 $N(45, 6^2)$을 따르는 모집단에서 크기가 n인 표본을 임의추출하여 구한 표본평균이므로

$E(\overline{X})=45$, $V(\overline{X})=\dfrac{6^2}{n}=\left(\dfrac{6}{\sqrt{n}}\right)^2$

즉, 확률변수 $\overline{X}$는 정규분포 $N\left(45, \left(\dfrac{6}{\sqrt{n}}\right)^2\right)$을 따르고

$Z=\dfrac{\overline{X}-45}{\dfrac{6}{\sqrt{n}}}$로 놓으면 확률변수 Z는 표준정규분포 $N(0, 1)$을 따른다.

$P(44\leq\overline{X}\leq46)\leq0.86$에서

$P(44\leq\overline{X}\leq46)=P\left(\dfrac{44-45}{\dfrac{6}{\sqrt{n}}}\leq\dfrac{\overline{X}-45}{\dfrac{6}{\sqrt{n}}}\leq\dfrac{46-45}{\dfrac{6}{\sqrt{n}}}\right)$

$\qquad\qquad\qquad\quad=P\left(-\dfrac{\sqrt{n}}{6}\leq Z\leq\dfrac{\sqrt{n}}{6}\right)$

$\qquad\qquad\qquad\quad=2P\left(0\leq Z\leq\dfrac{\sqrt{n}}{6}\right)$

$\qquad\qquad\qquad\quad\leq0.86$

$\therefore P\left(0\leq Z\leq\dfrac{\sqrt{n}}{6}\right)\leq0.43$

이때 표준정규분포표에서 $P(0\leq Z\leq1.5)=0.43$이므로

$\dfrac{\sqrt{n}}{6}\leq1.5$, $\sqrt{n}\leq9$

$\therefore n\leq81$

따라서 n의 최댓값은 81이다.

0532

답 ③

확률변수 $\overline{X}$는 정규분포 $N(63, 8^2)$을 따르는 모집단에서 크기가 n^2인 표본을 임의추출하여 구한 표본평균이므로

$E(\overline{X})=63$, $V(\overline{X})=\dfrac{8^2}{n^2}=\left(\dfrac{8}{n}\right)^2$

즉, 확률변수 $\overline{X}$는 정규분포 $N\left(63, \left(\dfrac{8}{n}\right)^2\right)$을 따르고 $Z=\dfrac{\overline{X}-63}{\dfrac{8}{n}}$

으로 놓으면 확률변수 Z는 표준정규분포 $N(0, 1)$을 따른다.

$P\left(\overline{X}\leq\dfrac{128}{\sqrt{n}}\right)=0.6915$에서

$P\left(\overline{X}\leq\dfrac{128}{\sqrt{n}}\right)=P\left(\dfrac{\overline{X}-63}{\dfrac{8}{n}}\leq\dfrac{\dfrac{128}{\sqrt{n}}-63}{\dfrac{8}{n}}\right)$

$\qquad\qquad\qquad=P\left(Z\leq\dfrac{128\sqrt{n}-63n}{8}\right)$

$\qquad\qquad\qquad=0.6915$

$0.6915>0.5$이므로 $\dfrac{128\sqrt{n}-63n}{8}>0$이고

$P\left(Z\leq\dfrac{128\sqrt{n}-63n}{8}\right)=P(Z\leq0)+P\left(0\leq Z\leq\dfrac{128\sqrt{n}-63n}{8}\right)$

$\qquad\qquad\qquad\qquad=0.5+P\left(0\leq Z\leq\dfrac{128\sqrt{n}-63n}{8}\right)$

$\qquad\qquad\qquad\qquad=0.6915$

$\therefore P\left(0\leq Z\leq\dfrac{128\sqrt{n}-63n}{8}\right)=0.1915$

이때 표준정규분포표에서 $P(0\leq Z\leq0.5)=0.1915$이므로

$\dfrac{128\sqrt{n}-63n}{8}=0.5$

$63n-128\sqrt{n}+4=0$

$63(\sqrt{n})^2-128\sqrt{n}+4=0$

$(\sqrt{n}-2)(63\sqrt{n}-2)=0$

자연수 n에 대하여 $\sqrt{n}=2$이므로

$n=4$

유형 07 표본평균의 확률 – 미지수 구하기

0533

답 ①

확률변수 $\overline{X}$는 정규분포 $N(40, 8^2)$을 따르는 모집단에서 크기가 16인 표본을 임의추출하여 구한 표본평균이므로

$E(\overline{X})=40$, $V(\overline{X})=\dfrac{8^2}{16}=2^2$

즉, 확률변수 $\overline{X}$는 정규분포 $N(40, 2^2)$을 따르고 $Z=\dfrac{\overline{X}-40}{2}$으로 놓으면 확률변수 Z는 표준정규분포 $N(0, 1)$을 따른다.

$P(\overline{X}\leq k)=0.1587$에서

$P(\overline{X}\leq k)=P\left(\dfrac{\overline{X}-40}{2}\leq\dfrac{k-40}{2}\right)$

$\qquad\qquad=P\left(Z\leq\dfrac{k-40}{2}\right)$

$\qquad\qquad=0.1587$

$0.1587<0.5$이므로 $\dfrac{k-40}{2}<0$이고

$P\left(Z\leq\dfrac{k-40}{2}\right)=P\left(Z\geq-\dfrac{k-40}{2}\right)$

$\qquad\qquad\qquad=P(Z\geq0)-P\left(0\leq Z\leq-\dfrac{k-40}{2}\right)$

$\qquad\qquad\qquad=0.5-P\left(0\leq Z\leq-\dfrac{k-40}{2}\right)$

$\qquad\qquad\qquad=0.1587$

$\therefore P\left(0\leq Z\leq-\dfrac{k-40}{2}\right)=0.3413$

이때 $P(0\leq Z\leq1)=0.3413$이므로

$-\dfrac{k-40}{2}=1$

$\therefore k=38$

0534

답 6

이 공장에서 생산하는 연필 한 자루의 길이를 확률변수 X라 하면 X는 정규분포 $N(175, 8^2)$을 따른다.

확률변수 $\overline{X}$는 이 모집단에서 크기가 4인 표본을 임의추출하여 구한 표본평균이므로

$E(\overline{X})=175$, $V(\overline{X})=\dfrac{8^2}{4}=4^2$

즉, 확률변수 $\overline{X}$는 정규분포 $\mathrm{N}(175,\,4^2)$을 따르고 $Z=\dfrac{\overline{X}-175}{4}$

로 놓으면 확률변수 Z는 표준정규분포 $\mathrm{N}(0,\,1)$을 따른다.

$\mathrm{P}(|\overline{X}-175|\le a)=0.8664$에서

$$\begin{aligned}\mathrm{P}(|\overline{X}-175|\le a)&=\mathrm{P}\left(\left|\frac{\overline{X}-175}{4}\right|\le\frac{a}{4}\right)\\&=\mathrm{P}\left(|Z|\le\frac{a}{4}\right)\\&=\mathrm{P}\left(-\frac{a}{4}\le Z\le\frac{a}{4}\right)\\&=2\mathrm{P}\left(0\le Z\le\frac{a}{4}\right)\\&=0.8664\end{aligned}$$

$\therefore\ \mathrm{P}\left(0\le Z\le\dfrac{a}{4}\right)=0.4332$

이때 표준정규분포표에서 $\mathrm{P}(0\le Z\le 1.5)=0.4332$이므로

$\dfrac{a}{4}=1.5$ $\therefore\ a=6$

0535

답 995

확률변수 X는 정규분포 $\mathrm{N}(m,\,10^2)$을 따르는 모집단에서 크기가 25인 표본을 임의추출하여 구한 표본평균이므로

$\mathrm{E}(\overline{X})=m,\ \mathrm{V}(\overline{X})=\dfrac{10^2}{25}=2^2$

즉, 확률변수 $\overline{X}$는 정규분포 $\mathrm{N}(m,\,2^2)$을 따르고 $Z=\dfrac{\overline{X}-m}{2}$으로

놓으면 확률변수 Z는 표준정규분포 $\mathrm{N}(0,\,1)$을 따른다.

$\mathrm{P}(\overline{X}\ge 1000)=0.0062$에서

$$\begin{aligned}\mathrm{P}(\overline{X}\ge 1000)&=\mathrm{P}\left(\frac{\overline{X}-m}{2}\ge\frac{1000-m}{2}\right)\\&=\mathrm{P}\left(Z\ge\frac{1000-m}{2}\right)\\&=0.0062\end{aligned}$$

$0.0062<0.5$이므로 $\dfrac{1000-m}{2}>0$이고

$$\begin{aligned}\mathrm{P}\left(Z\ge\frac{1000-m}{2}\right)&=\mathrm{P}(Z\ge 0)-\mathrm{P}\left(0\le Z\le\frac{1000-m}{2}\right)\\&=0.5-\mathrm{P}\left(0\le Z\le\frac{1000-m}{2}\right)\\&=0.0062\end{aligned}$$

$\therefore\ \mathrm{P}\left(0\le Z\le\dfrac{1000-m}{2}\right)=0.4938$

이때 표준정규분포표에서 $\mathrm{P}(0\le Z\le 2.5)=0.4938$이므로

$\dfrac{1000-m}{2}=2.5$ $\therefore\ m=995$

0536

답 ④

이 대학교 학생들이 하루 동안 SNS 서비스를 이용하는 시간을 확률변수 X라 하면 X는 정규분포 $\mathrm{N}(155,\,\sigma^2)$을 따른다.

확률변수 $\overline{X}$는 이 모집단에서 크기가 9인 표본을 임의추출하여 구한 표본평균이므로

$\mathrm{E}(\overline{X})=155,\ \mathrm{V}(\overline{X})=\dfrac{\sigma^2}{9}=\left(\dfrac{\sigma}{3}\right)^2$

즉, 확률변수 $\overline{X}$는 정규분포 $\mathrm{N}\left(155,\,\left(\dfrac{\sigma}{3}\right)^2\right)$을 따르고

$Z=\dfrac{\overline{X}-155}{\dfrac{\sigma}{3}}$로 놓으면 확률변수 Z는 표준정규분포 $\mathrm{N}(0,\,1)$을 따른다.

$\mathrm{P}(144\le\overline{X}\le 166)=0.9$에서

$$\begin{aligned}\mathrm{P}(144\le\overline{X}\le 166)&=\mathrm{P}\left(\frac{144-155}{\dfrac{\sigma}{3}}\le\frac{\overline{X}-155}{\dfrac{\sigma}{3}}\le\frac{166-155}{\dfrac{\sigma}{3}}\right)\\&=\mathrm{P}\left(-\frac{33}{\sigma}\le Z\le\frac{33}{\sigma}\right)\\&=2\mathrm{P}\left(0\le Z\le\frac{33}{\sigma}\right)\\&=0.9\end{aligned}$$

$\therefore\ \mathrm{P}\left(0\le Z\le\dfrac{33}{\sigma}\right)=0.450$

이때 표준정규분포표에서 $\mathrm{P}(0\le Z\le 1.65)=0.450$이므로

$\dfrac{33}{\sigma}=1.65$

$\therefore\ \sigma=20$

0537

답 117

이 농장에서 생산하는 키위 한 개의 무게 X가 정규분포 $\mathrm{N}(m,\,\sigma^2)$을 따른다고 하자.

$\mathrm{P}(X\le 100)=\mathrm{P}(X\ge 140)$에서

$m=\dfrac{100+140}{2}=120$

즉, 확률변수 $\dfrac{X-120}{\sigma}$은 표준정규분포 $\mathrm{N}(0,\,1)$을 따르므로 표준정규분포를 따르는 확률변수를 Z라 하면

$\mathrm{P}(100\le X\le 140)=0.6826$에서

$$\begin{aligned}\mathrm{P}(100\le X\le 140)&=\mathrm{P}\left(\frac{100-120}{\sigma}\le\frac{X-120}{\sigma}\le\frac{140-120}{\sigma}\right)\\&=\mathrm{P}\left(-\frac{20}{\sigma}\le Z\le\frac{20}{\sigma}\right)\\&=2\mathrm{P}\left(0\le Z\le\frac{20}{\sigma}\right)\\&=0.6826\end{aligned}$$

$\therefore\ \mathrm{P}\left(0\le Z\le\dfrac{20}{\sigma}\right)=0.3413$

이때 표준정규분포표에서 $\mathrm{P}(0\le Z\le 1)=0.3413$이므로

$\dfrac{20}{\sigma}=1$

$\therefore\ \sigma=20$

따라서 확률변수 X는 정규분포 $\mathrm{N}(120,\,20^2)$을 따른다.

이 모집단에서 크기가 100인 표본을 임의추출하여 구한 표본평균을 $\overline{X}$라 하면

$\mathrm{E}(\overline{X})=120,\ \mathrm{V}(\overline{X})=\dfrac{20^2}{100}=2^2$

즉, 확률변수 $\overline{X}$는 정규분포 $\mathrm{N}(120,\,2^2)$을 따르고 확률변수

$\dfrac{\overline{X}-120}{2}$은 표준정규분포 $\mathrm{N}(0,\,1)$을 따른다.

$\mathrm{P}(\overline{X}\ge k)=0.9332$에서

$$P(\overline{X} \geq k) = P\left(\frac{\overline{X}-120}{2} \geq \frac{k-120}{2}\right)$$
$$= P\left(Z \geq \frac{k-120}{2}\right)$$
$$= 0.9332$$

$0.9332 > 0.5$이므로 $\dfrac{k-120}{2} < 0$이고

$$P\left(Z \geq \frac{k-120}{2}\right) = P\left(Z \leq -\frac{k-120}{2}\right)$$
$$= P(Z \leq 0) + P\left(0 \leq Z \leq -\frac{k-120}{2}\right)$$
$$= 0.5 + P\left(0 \leq Z \leq -\frac{k-120}{2}\right)$$
$$= 0.9332$$

$$\therefore P\left(0 \leq Z \leq -\frac{k-120}{2}\right) = 0.4332$$

이때 표준정규분포표에서 $P(0 \leq Z \leq 1.5) = 0.4332$이므로

$$-\frac{k-120}{2} = 1.5 \qquad \therefore k = 117$$

유형 08 모평균의 추정 – 모표준편차가 주어진 경우

0538
답 ⑤

이 농장에서 재배하는 단감 중에서 임의추출한 100개의 단감의 무게의 표본평균이 98 g이고 모표준편차가 30 g이므로 모평균 m에 대한 신뢰도 99 %의 신뢰구간은

$$98 - 2.58 \times \frac{30}{\sqrt{100}} \leq m \leq 98 + 2.58 \times \frac{30}{\sqrt{100}}$$
$$\therefore 90.26 \leq m \leq 105.74$$

0539
답 ④

표본평균이 40, 표본의 크기가 25, 모표준편차가 10이므로 모평균 m에 대한 신뢰도 95 %의 신뢰구간은

$$40 - 1.96 \times \frac{10}{\sqrt{25}} \leq m \leq 40 + 1.96 \times \frac{10}{\sqrt{25}}$$
$$\therefore 36.08 \leq m \leq 43.92$$

이 신뢰구간이 $36+a \leq m \leq 36+b$와 같으므로

$36+a = 36.08$, $36+b = 43.92$

따라서 $a = 0.08$, $b = 7.92$이므로

$$a + 2b = 0.08 + 2 \times 7.92 = 15.92$$

0540
답 ④

표본평균을 $\overline{x}$ cm라 하면 표본의 크기가 4, 모표준편차가 8 cm이므로 모평균 m에 대한 신뢰도 99 %의 신뢰구간은

$$\overline{x} - 2.58 \times \frac{8}{\sqrt{4}} \leq m \leq \overline{x} + 2.58 \times \frac{8}{\sqrt{4}}$$
$$\therefore \overline{x} - 10.32 \leq m \leq \overline{x} + 10.32$$

이 신뢰구간이 $a \leq m \leq b$와 같으므로

$a = \overline{x} - 10.32$, $b = \overline{x} + 10.32$

같은 표본을 이용하여 얻은 모평균 m에 대한 신뢰도 95 %의 신뢰구간은

$$\overline{x} - 1.96 \times \frac{8}{\sqrt{4}} \leq m \leq \overline{x} + 1.96 \times \frac{8}{\sqrt{4}}$$
$$\therefore \overline{x} - 7.84 \leq m \leq \overline{x} + 7.84$$

이 신뢰구간이 $c \leq m \leq d$와 같으므로

$c = \overline{x} - 7.84$, $d = \overline{x} + 7.84$

$$\therefore b - c = (\overline{x} + 10.32) - (\overline{x} - 7.84)$$
$$= 18.16$$

0541
답 23

표본평균을 $\overline{x}$라 하면 표본의 크기가 n, 모표준편차가 σ이므로 모평균 m에 대한 신뢰도 99 %의 신뢰구간은

$$\overline{x} - 2.58 \times \frac{\sigma}{\sqrt{n}} \leq m \leq \overline{x} + 2.58 \times \frac{\sigma}{\sqrt{n}}$$

이 신뢰구간이 $194.52 \leq m \leq 225.48$과 같으므로

$$\overline{x} - 2.58 \times \frac{\sigma}{\sqrt{n}} = 194.52 \qquad \cdots\cdots ㉠$$
$$\overline{x} + 2.58 \times \frac{\sigma}{\sqrt{n}} = 225.48 \qquad \cdots\cdots ㉡$$

㉠+㉡을 하면 $2 \times \overline{x} = 420$에서

$$\overline{x} = 210 \qquad \cdots\cdots ㉢$$

㉡−㉠을 하면 $2 \times 2.58 \times \dfrac{\sigma}{\sqrt{n}} = 30.96$에서

$$\frac{\sigma}{\sqrt{n}} = 6 \qquad \cdots\cdots ㉣$$

한편, 같은 표본을 이용하여 얻은 모평균 m에 대한 신뢰도 95 %의 신뢰구간은

$$\overline{x} - 1.96 \times \frac{\sigma}{\sqrt{n}} \leq m \leq \overline{x} + 1.96 \times \frac{\sigma}{\sqrt{n}}$$

위의 식에 ㉢, ㉣을 대입하면

$$210 - 1.96 \times 6 \leq m \leq 210 + 1.96 \times 6$$
$$\therefore 198.24 \leq m \leq 221.76$$

따라서 신뢰도 95 %의 신뢰구간에 속하는 정수는 199, 200, 201, $\cdots$, 221의 23개이다.

유형 09 모평균의 추정 – 표본표준편차가 주어진 경우

0542
답 ②

이 공장에서 생산한 과자 중에서 임의추출한 81봉지의 무게의 표본평균이 155 g, 표본표준편차가 18 g이고 표본의 크기 81이 충분히 크므로 모평균 m에 대한 신뢰도 95 %의 신뢰구간은

$$155 - 1.96 \times \frac{18}{\sqrt{81}} \leq m \leq 155 + 1.96 \times \frac{18}{\sqrt{81}}$$
$$\therefore 151.08 \leq m \leq 158.92$$

0543
답 129

이 모의고사에 응시한 학생 중에서 임의추출한 100명의 수학 영역 점수의 표본평균이 $\bar{x}$점, 표본표준편차가 5점이고 표본의 크기 100이 충분히 크므로 모평균 m에 대한 신뢰도 99 %의 신뢰구간은

$$\bar{x}-2.58\times\frac{5}{\sqrt{100}}\leq m\leq\bar{x}+2.58\times\frac{5}{\sqrt{100}}$$

$$\therefore \bar{x}-1.29\leq m\leq\bar{x}+1.29$$

이 신뢰구간이 $\bar{x}-c\leq m\leq\bar{x}+c$와 같으므로

$$c=1.29$$

$$\therefore 100c=129$$

0544
답 ②

이 높이뛰기 대회 참가자 중에서 임의추출한 144명의 기록의 표본평균이 212 cm, 표본표준편차가 8 cm이고 표본의 크기 144가 충분히 크므로 모평균 m에 대한 신뢰도 95 %의 신뢰구간은

$$212-1.96\times\frac{8}{\sqrt{144}}\leq m\leq 212+1.96\times\frac{8}{\sqrt{144}}$$

$$\therefore 212-\frac{98}{75}\leq m\leq 212+\frac{98}{75}$$

따라서 신뢰구간에 속하는 자연수는 211, 212, 213이므로 그 합은

$$211+212+213=636$$

0545
답 100

이 농장에서 생산한 파인애플 중에서 임의추출한 400개의 무게의 표본평균이 1480 g, 표본표준편차가 40 g이고 표본의 크기 400이 충분히 크므로 모평균 m에 대한 신뢰도 95 %의 신뢰구간은

$$1480-2\times\frac{40}{\sqrt{400}}\leq m\leq 1480+2\times\frac{40}{\sqrt{400}}$$

즉, $1476\leq m\leq 1484$이므로

$a=1476$, $b=1484$

같은 표본을 이용하여 얻은 모평균 m에 대한 신뢰도 99 %의 신뢰구간은

$$1480-3\times\frac{40}{\sqrt{400}}\leq m\leq 1480+3\times\frac{40}{\sqrt{400}}$$

즉, $1474\leq m\leq 1486$이므로

$c=1474$, $d=1486$

$$\therefore 10(b-c)=10\times(1484-1474)=100$$

유형 10 모평균의 추정 - 표본의 크기 구하기

0546
답 ③

이 제과회사에서 판매하는 사탕 중에서 임의추출한 n개의 사탕의 열량의 표본평균이 42 cal, 모표준편차가 5 cal이고 $P(|Z|\leq 3)=0.99$이므로 모평균 m에 대한 신뢰도 99 %의 신뢰구간은

$$42-3\times\frac{5}{\sqrt{n}}\leq m\leq 42+3\times\frac{5}{\sqrt{n}}$$

이 신뢰구간이 $39\leq m\leq 45$와 같으므로

$$42-3\times\frac{5}{\sqrt{n}}=39,\ 42+3\times\frac{5}{\sqrt{n}}=45$$

즉, $3\times\frac{5}{\sqrt{n}}=3$에서 $\sqrt{n}=5$

$$\therefore n=25$$

0547
답 ③

이 고등학교 학생 중에서 임의추출한 n명의 기말고사 수학 성적의 표본평균이 $\bar{x}$점, 모표준편차가 σ점이고 $P(|Z|\leq 3)=0.99$이므로 모평균 m에 대한 신뢰도 99 %의 신뢰구간은

$$\bar{x}-3\times\frac{\sigma}{\sqrt{n}}\leq m\leq\bar{x}+3\times\frac{\sigma}{\sqrt{n}}$$

이 신뢰구간이 $\bar{x}-\frac{\sigma}{4}\leq m\leq\bar{x}+\frac{\sigma}{4}$와 같으므로

$$3\times\frac{\sigma}{\sqrt{n}}=\frac{\sigma}{4}\text{에서 }\sqrt{n}=12$$

$$\therefore n=144$$

0548
답 ①

이 농장에서 수확한 사과 중에서 임의추출한 n개의 무게의 표본평균이 115 g, 표본표준편차가 15 g이므로 표본의 크기 n이 충분히 크다고 가정하고 모평균 m에 대한 신뢰도 99 %의 신뢰구간을 구하면

$$115-2.58\times\frac{15}{\sqrt{n}}\leq m\leq 115+2.58\times\frac{15}{\sqrt{n}}$$

이 신뢰구간이 $a\leq m\leq a+12.9$와 같으므로

$$115-2.58\times\frac{15}{\sqrt{n}}=a \quad\quad \cdots\cdots\text{㉠}$$

$$115+2.58\times\frac{15}{\sqrt{n}}=a+12.9 \quad\quad \cdots\cdots\text{㉡}$$

㉡-㉠을 하면 $2\times 2.58\times\frac{15}{\sqrt{n}}=12.9$이므로

$\sqrt{n}=6$ $\therefore n=36$

$n=36$을 ㉠에 대입하면

$$a=115-2.58\times\frac{15}{\sqrt{36}}=108.55$$

$$\therefore n+a=36+108.55=144.55$$

0549
답 ②

모집단에서 임의추출한 크기가 n인 표본의 표본평균이 $\bar{x}$, 모표준편차가 4이고 $P(0\leq Z\leq 2)=0.475$에서 $P(|Z|\leq 2)=0.95$이므로 모평균 m에 대한 신뢰도 95 %의 신뢰구간은

$$\bar{x}-2\times\frac{4}{\sqrt{n}}\leq m\leq\bar{x}+2\times\frac{4}{\sqrt{n}}$$

이 신뢰구간이 $92 \leq m \leq 93$과 같으므로

$\bar{x} - 2 \times \dfrac{4}{\sqrt{n}} = 92$ ...... ㉠

$\bar{x} + 2 \times \dfrac{4}{\sqrt{n}} = 93$ ...... ㉡

㉠+㉡을 하면 $2\bar{x} = 185$ ∴ $\bar{x} = 92.5$

$\bar{x} = 92.5$를 ㉠에 대입하면 $92.5 - 2 \times \dfrac{4}{\sqrt{n}} = 92$에서

$\dfrac{8}{\sqrt{n}} = 0.5$, $\sqrt{n} = 16$ ∴ $n = 256$

∴ $\bar{x} + n = 92.5 + 256 = 348.5$

0550
답 20

이 온라인 게임 회사의 가입자 중에서 임의추출한 n명의 가입자가 하루 동안 이 회사의 게임을 하는 시간의 표본평균이 40분, 모표준 편차가 6분이고 $P(|Z| \leq 2) = 0.95$이므로 모평균 m에 대한 신뢰 도 95 %의 신뢰구간은

$40 - 2 \times \dfrac{6}{\sqrt{n}} \leq m \leq 40 + 2 \times \dfrac{6}{\sqrt{n}}$

∴ $40 - \dfrac{12}{\sqrt{n}} \leq m \leq 40 + \dfrac{12}{\sqrt{n}}$

이 신뢰구간에 속하는 자연수의 개수가 5이려면

$37 < 40 - \dfrac{12}{\sqrt{n}} \leq 38$, $42 \leq 40 + \dfrac{12}{\sqrt{n}} < 43$

즉, $2 \leq \dfrac{12}{\sqrt{n}} < 3$이어야 하므로

$4 < \sqrt{n} \leq 6$

∴ $16 < n \leq 36$

따라서 조건을 만족시키는 자연수 n은 17, 18, 19, …, 36의 20개 이다.

> **참고**
>
> 신뢰구간 $40 - \dfrac{12}{\sqrt{n}} \leq m \leq 40 + \dfrac{12}{\sqrt{n}}$는 40을 기준으로 하여 좌우 대칭을 이루는 구간이다.
> 따라서 이 구간에 속하는 정수의 개수가 5이려면 다음 그림과 같아야 한다.
>
>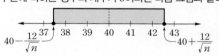

유형 11 모평균의 추정 - 미지수 구하기

0551
답 ②

모평균이 m이고 모표준편차가 σ인 정규분포를 따르는 모집단에서 임의추출한 크기가 49인 표본의 표본평균이 250이므로 모평균 m에 대한 신뢰도 95 %의 신뢰구간은

$250 - 1.96 \times \dfrac{\sigma}{\sqrt{49}} \leq m \leq 250 + 1.96 \times \dfrac{\sigma}{\sqrt{49}}$

∴ $250 - 0.28\sigma \leq m \leq 250 + 0.28\sigma$

이 신뢰구간이 $243 \leq m \leq 257$과 같으므로

$250 - 0.28\sigma = 243$, $250 + 0.28\sigma = 257$

즉, $0.28\sigma = 7$이므로

$\sigma = 25$

0552
답 ①

정규분포 $N(m, \sigma^2)$을 따르는 모집단에서 임의추출한 크기가 36인 표본의 표본평균이 $\bar{x}$이므로 모평균 m에 대한 신뢰도 99 %의 신뢰 구간은

$\bar{x} - 2.58 \times \dfrac{\sigma}{\sqrt{36}} \leq m \leq \bar{x} + 2.58 \times \dfrac{\sigma}{\sqrt{36}}$

∴ $\bar{x} - 0.43\sigma \leq m \leq \bar{x} + 0.43\sigma$

이 신뢰구간이 $32.34 \leq m \leq 42.66$과 같으므로

$\bar{x} - 0.43\sigma = 32.34$ ...... ㉠

$\bar{x} + 0.43\sigma = 42.66$ ...... ㉡

㉠+㉡을 하면

$2\bar{x} = 75$ ∴ $\bar{x} = 37.5$

$\bar{x} = 37.5$를 ㉠에 대입하면 $37.5 - 0.43\sigma = 32.34$이므로

$0.43\sigma = 5.16$ ∴ $\sigma = 12$

∴ $\bar{x} + \sigma = 37.5 + 12 = 49.5$

0553
답 ⑤

이 제과점에서 생산하는 초코칩 쿠키 중에서 임의추출한 100개의 무게의 표본평균이 52 g, 표본표준편차가 s g이고 표본의 크기 100 이 충분히 크므로 모평균 m에 대한 신뢰도 95 %의 신뢰구간은

$52 - 1.96 \times \dfrac{s}{\sqrt{100}} \leq m \leq 52 + 1.96 \times \dfrac{s}{\sqrt{100}}$

∴ $52 - 0.196s \leq m \leq 52 + 0.196s$

이 신뢰구간이 $k \leq m \leq 53.96$과 같으므로

$52 - 0.196s = k$ ...... ㉠

$52 + 0.196s = 53.96$ ...... ㉡

㉡에서 $0.196s = 1.96$이므로 $s = 10$

$s = 10$을 ㉠에 대입하면

$k = 52 - 0.196 \times 10 = 50.04$

∴ $k + s = 50.04 + 10 = 60.04$

유형 12 신뢰구간의 길이

0554
답 ②

이 과일가게에서 판매하는 복숭아의 무게의 모표준편차가 20 g이 므로 전체 복숭아 중에서 16개를 임의추출하여 모평균을 신뢰도 95 %로 추정한 신뢰구간의 길이는

$2 \times 1.96 \times \dfrac{20}{\sqrt{16}} = 19.6$

0555

답 ④

이 도시에서 운행되는 택시 한 대의 연간 주행 거리의 모표준편차가 10 km이므로 100대의 택시를 임의추출하여 모평균 m을 신뢰도 99 %로 추정한 신뢰구간 $a \leq m \leq b$에 대하여

$$b - a = 2 \times 2.58 \times \frac{10}{\sqrt{100}} = 5.16$$

0556

답 6

$P(|Z| \leq 2) = 0.95$이므로 모표준편차가 15인 정규분포를 따르는 모집단에서 크기가 25인 표본을 임의추출하여 모평균 m을 신뢰도 95 %로 추정한 신뢰구간의 길이는

$$l_1 = 2 \times 2 \times \frac{15}{\sqrt{25}} = 12$$

$P(|Z| \leq 3) = 0.99$이므로 같은 표본을 이용하여 모평균 m을 신뢰도 99 %로 추정한 신뢰구간의 길이는

$$l_2 = 2 \times 3 \times \frac{15}{\sqrt{25}} = 18$$

$$\therefore |l_2 - l_1| = |18 - 12| = 6$$

0557

답 ④

모표준편차가 σ cm이고 $P(|Z| \leq 3) = 0.99$이므로 이 고등학교 남학생 중에서 16명을 임의추출하여 모평균 m을 신뢰도 99 %로 추정한 신뢰구간의 길이는

$$l = 2 \times 3 \times \frac{\sigma}{\sqrt{16}} = \frac{3}{2}\sigma$$

$P(|Z| \leq 2) = 0.95$이므로 이 고등학교 남학생 중에서 다시 25명을 임의추출하여 모평균 m을 신뢰도 95 %로 추정한 신뢰구간의 길이는

$$2 \times 2 \times \frac{\sigma}{\sqrt{25}} = \frac{4}{5}\sigma = \frac{8}{15} \times \frac{3}{2}\sigma = \frac{8}{15}l$$

유형 13 신뢰구간의 길이 - 표본의 크기 또는 미지수 구하기

0558

답 ④

이 빵집에서 만든 단팥빵 한 개의 무게는 모표준편차가 5 g인 정규분포를 따르므로 단팥빵 n개를 임의추출하여 구한 모평균 m에 대한 신뢰도 95 %의 신뢰구간의 길이가 2보다 작으려면

$$2 \times 1.96 \times \frac{5}{\sqrt{n}} < 2$$

즉, $\sqrt{n} > 9.8$에서

$$n > 96.04$$

따라서 자연수 n의 최솟값은 97이다.

0559

답 ③

모표준편차가 3인 정규분포를 따르는 모집단에서 크기가 n인 표본을 임의추출하여 구한 모평균 m에 대한 신뢰도 99 %의 신뢰구간 $a \leq m \leq b$에 대하여

$$b - a = 2 \times 2.58 \times \frac{3}{\sqrt{n}} = \frac{15.48}{\sqrt{n}}$$

이때 $b - a = 0.86$에서 $\frac{15.48}{\sqrt{n}} = 0.86$

따라서 $\sqrt{n} = 18$이므로

$$n = 324$$

0560

답 ②

이 고등학교 2학년 학생들의 학력평가 성적은 모표준편차가 σ점인 정규분포를 따르므로 학생 144명을 임의추출하여 구한 모평균 m에 대한 신뢰도 99 %의 신뢰구간 $a \leq m \leq b$에 대하여

$$b - a = 2 \times 2.58 \times \frac{\sigma}{\sqrt{144}} = 0.43\sigma$$

이때 $b - a = 4.3$에서 $0.43\sigma = 4.3$

$$\therefore \sigma = 10$$

0561

답 13

$P(|Z| \leq 2) = 0.95$이므로 모표준편차가 σ개인 정규분포를 따르는 모집단에서 크기가 9인 표본을 임의추출하여 구한 모평균 m에 대한 신뢰도 95 %의 신뢰구간의 길이를 l이라 하면

$$l = 2 \times 2 \times \frac{\sigma}{\sqrt{9}} = \frac{4}{3}\sigma$$

$l = 12$이므로 $\frac{4}{3}\sigma = 12$에서 $\sigma = 9$

$P(|Z| \leq 3) = 0.99$이므로 같은 모집단에서 크기가 n인 표본을 임의추출하여 구한 모평균 m에 대한 신뢰도 99 %의 신뢰구간의 길이를 l'이라 하면

$$l' = 2 \times 3 \times \frac{9}{\sqrt{n}} = \frac{54}{\sqrt{n}}$$

$l' = 27$이므로 $\frac{54}{\sqrt{n}} = 27$에서

$$\sqrt{n} = 2 \quad \therefore n = 4$$

$$\therefore n + \sigma = 4 + 9 = 13$$

유형 14 신뢰구간의 길이 - 신뢰도 구하기

0562

답 90

신뢰도 α %에 대하여 $P(|Z| \leq k) = \frac{\alpha}{100}$ $(k > 0)$라 하자.

이 공장에서 생산하는 중성펜의 수명의 모표준편차가 40시간이므로 100자루의 중성펜을 임의추출하여 추정한 모평균 m에 대한 신뢰도 α %의 신뢰구간의 길이는

$$2 \times k \times \frac{40}{\sqrt{100}} = 8k$$

이때 주어진 신뢰구간의 길이가 $341.6 - 328.4 = 13.2$이므로

$$8k = 13.2$$

$$\therefore k = 1.65$$

즉, $P(|Z| \leq 1.65) = \frac{\alpha}{100}$에서

$$2P(0 \leq Z \leq 1.65) = \frac{\alpha}{100}$$

표준정규분포표에서 $P(0 \leq Z \leq 1.65) = 0.450$이므로

$$\alpha = 200P(0 \leq Z \leq 1.65)$$
$$= 200 \times 0.450 = 90$$

0563

답 ③

신뢰도 α %에 대하여 $P(|Z| \leq k) = \frac{\alpha}{100} \ (k > 0)$라 하자.

모표준편차가 15이고 크기가 100인 표본을 임의추출하여 추정한 모평균 m에 대한 신뢰도 α %의 신뢰구간의 길이가 1.5이므로

$$2 \times k \times \frac{15}{\sqrt{100}} = 1.5$$

$$3k = 1.5$$

$$\therefore k = 0.5$$

즉, $P(|Z| \leq 0.5) = \frac{\alpha}{100}$에서

$$2P(0 \leq Z \leq 0.5) = \frac{\alpha}{100}$$

표준정규분포표에서 $P(0 \leq Z \leq 0.5) = 0.19$이므로

$$\alpha = 200P(0 \leq Z \leq 0.5)$$
$$= 200 \times 0.19 = 38$$

신뢰도 2α %에 대하여 $P(|Z| \leq k') = \frac{2\alpha}{100} \ (k' > 0)$라 하면

$$2P(0 \leq Z \leq k') = \frac{2\alpha}{100} = \frac{2 \times 38}{100} = 0.76$$에서

$$P(0 \leq Z \leq k') = 0.38$$

이때 표준정규분포표에서 $P(0 \leq Z \leq 1.2) = 0.38$이므로

$$k' = 1.2$$

따라서 같은 표본을 이용하여 추정한 모평균 m에 대한 신뢰도 2α %의 신뢰구간의 길이는

$$2 \times k' \times \frac{15}{\sqrt{100}} = 2 \times 1.2 \times \frac{15}{\sqrt{100}} = 3.6$$

0564

답 ④

신뢰도 70 %에 대하여 $P(|Z| \leq k) = \frac{70}{100} \ (k > 0)$이라 하면

$$2P(0 \leq Z \leq k) = \frac{70}{100}$$에서

$$P(0 \leq Z \leq k) = \frac{35}{100} = 0.35$$

표준정규분포표에서 $P(0 \leq Z \leq 1.02) = 0.35$이므로

$$k = 1.02$$

즉, 모표준편차가 σ이고 크기가 n인 표본을 임의추출하여 추정한 모평균 m에 대한 신뢰도 70 %의 신뢰구간의 길이가 l이므로

$$l = 2 \times 1.02 \times \frac{\sigma}{\sqrt{n}} = 2.04 \times \frac{\sigma}{\sqrt{n}} \quad \cdots\cdots \ \bigcirc$$

한편, 신뢰도 α %에 대하여 $P(|Z| \leq k') = \frac{\alpha}{100} \ (k' > 0)$라 하면 같은 표본을 이용하여 추정한 모평균 m에 대한 신뢰도 α %의 신뢰구간의 길이는 l'이므로

$$l' = 2 \times k' \times \frac{\sigma}{\sqrt{n}} \quad \cdots\cdots \ \bigcirc$$

이때 $l' = 2l$이므로 이 식에 $\bigcirc$, $\bigcirc$을 대입하면

$$2 \times k' \times \frac{\sigma}{\sqrt{n}} = 2 \times \left(2.04 \times \frac{\sigma}{\sqrt{n}} \right)$$

$$\therefore k' = 2.04$$

따라서 $P(|Z| \leq 2.04) = \frac{\alpha}{100}$에서

$$2P(0 \leq Z \leq 2.04) = \frac{\alpha}{100}$$

표준정규분포표에서 $P(0 \leq Z \leq 2.04) = 0.48$이므로

$$\alpha = 200P(0 \leq Z \leq 2.04)$$
$$= 200 \times 0.48 = 96$$

0565

답 96

표준정규분포표에서 $P(0 \leq Z \leq 1) = 0.34$이므로

$$P(|Z| \leq 1) = 2P(0 \leq Z \leq 1)$$
$$= 2 \times 0.34$$
$$= 0.68 = \frac{68}{100}$$

즉, 이 지역 고등학생의 몸무게의 모표준편차가 σ kg이므로 학생 100명을 임의추출하여 추정한 모평균 m에 대한 신뢰도 68 %의 신뢰구간의 길이는

$$2 \times 1 \times \frac{\sigma}{\sqrt{100}} = \frac{1}{5}\sigma \quad \cdots\cdots \ \bigcirc$$

신뢰도 α %에 대하여 $P(|Z| \leq k) = \frac{\alpha}{100} \ (k > 0)$라 하면 이 지역 고등학생 중 다시 학생 400명을 임의추출하여 추정한 모평균 m에 대한 신뢰도 α %의 신뢰구간의 길이는

$$2 \times k \times \frac{\sigma}{\sqrt{400}} = \frac{k}{10}\sigma \quad \cdots\cdots \ \bigcirc$$

$\bigcirc$, $\bigcirc$이 서로 일치하므로

$$\frac{1}{5}\sigma = \frac{k}{10}\sigma$$

$$\therefore k = 2$$

표준정규분포표에서 $P(0 \leq Z \leq 2) = 0.48$이므로

$$P(|Z| \leq 2) = 2P(0 \leq Z \leq 2)$$
$$= 2 \times 0.48$$
$$= 0.96 = \frac{96}{100}$$

$$\therefore \alpha = 96$$

유형 15 모평균과 표본평균의 차

0566
답 25

이 지역 고등학생 중에서 임의추출한 n명의 키의 표본평균이 $\bar{x}$ cm 이고 모표준편차가 8 cm이므로 모평균 m에 대한 신뢰도 95 %의 신뢰구간은

$$\bar{x}-1.96\times\frac{8}{\sqrt{n}}\leq m\leq\bar{x}+1.96\times\frac{8}{\sqrt{n}}$$

$$-1.96\times\frac{8}{\sqrt{n}}\leq m-\bar{x}\leq1.96\times\frac{8}{\sqrt{n}}$$

$$\therefore\ |m-\bar{x}|\leq1.96\times\frac{8}{\sqrt{n}}$$

이때 $|m-\bar{x}|\leq3.2$를 만족시키려면

$$|m-\bar{x}|\leq1.96\times\frac{8}{\sqrt{n}}\leq3.2$$

즉, $\sqrt{n}\geq4.9$이므로

$$n\geq24.01$$

따라서 자연수 n의 최솟값은 25이다.

0567
답 ①

정규분포를 따르는 모집단에서 임의추출한 크기가 n인 표본의 표본평균을 $\bar{x}$라 하면 모표준편차가 15이고 $P(|Z|\leq3)=0.99$이므로 모평균 m에 대한 신뢰도 99 %의 신뢰구간은

$$\bar{x}-3\times\frac{15}{\sqrt{n}}\leq m\leq\bar{x}+3\times\frac{15}{\sqrt{n}}$$

즉, $\bar{x}-\dfrac{45}{\sqrt{n}}\leq m\leq\bar{x}+\dfrac{45}{\sqrt{n}}$이므로

$$-\frac{45}{\sqrt{n}}\leq m-\bar{x}\leq\frac{45}{\sqrt{n}}$$

$$\therefore\ |m-\bar{x}|\leq\frac{45}{\sqrt{n}}$$

이때 모평균과 표본평균의 차가 5 이하가 되려면

$$|m-\bar{x}|\leq\frac{45}{\sqrt{n}}\leq5$$

즉, $\sqrt{n}\geq9$이므로

$$n\geq81$$

따라서 n의 최솟값은 81이다.

0568
답 144

이 공장에서 생산하는 음료수의 용량은 정규분포를 따르므로 모평균을 m mL, 모표준편차를 σ mL라 하고 임의추출한 음료수 n병의 용량의 표본평균을 $\bar{x}$ mL라 하자.
$P(0\leq Z\leq2)=0.475$에서 $P(|Z|\leq2)=0.95$이므로 모평균 m에 대한 신뢰도 95 %의 신뢰구간은

$$\bar{x}-2\times\frac{\sigma}{\sqrt{n}}\leq m\leq\bar{x}+2\times\frac{\sigma}{\sqrt{n}}$$

$$-\frac{2\sigma}{\sqrt{n}}\leq m-\bar{x}\leq\frac{2\sigma}{\sqrt{n}}$$

$$\therefore\ |m-\bar{x}|\leq\frac{2\sigma}{\sqrt{n}}$$

이때 모평균과 표본평균의 차가 모표준편차의 $\dfrac{1}{6}$ 이하가 되려면

$$|m-\bar{x}|\leq\frac{2\sigma}{\sqrt{n}}\leq\frac{1}{6}\sigma$$

즉, $\sqrt{n}\geq12$이므로

$$n\geq144$$

따라서 n의 최솟값은 144이다.

유형 16 신뢰구간의 성질

0569
답 ①

신뢰도 α %에 대하여 $P(-k\leq Z\leq k)=\dfrac{\alpha}{100}$ $(k>0)$라 하자.

정규분포 $N(m,\sigma^2)$을 따르는 모집단에서 크기가 n인 표본을 임의추출하여 구한 모평균 m에 대한 신뢰도 α %의 신뢰구간의 길이는

$$l_n=2\times k\times\frac{\sigma}{\sqrt{n}}$$

같은 모집단에서 크기가 n'인 표본을 임의추출하여 구한 모평균 m에 대한 신뢰도 α %의 신뢰구간의 길이는

$$l_n'=2\times k\times\frac{\sigma}{\sqrt{n'}}$$

이때 $\dfrac{l_n'}{l_n}=2$에서

$$\frac{\sqrt{n}}{\sqrt{n'}}=2,\ \frac{\sqrt{n'}}{\sqrt{n}}=\frac{1}{2}$$

$$\therefore\ \frac{n'}{n}=\frac{1}{4}$$

🔊 **Bible Says**　**신뢰구간의 성질**

신뢰도가 일정할 때, 신뢰구간의 길이는 표본의 크기의 제곱근에 반비례하므로 다음이 성립한다.
(1) 표본의 크기가 x배가 되면 신뢰구간의 길이는 $\dfrac{1}{\sqrt{x}}$배가 된다.
(2) 신뢰구간의 길이가 x배가 되면 표본의 크기는 $\dfrac{1}{x^2}$배가 된다.

0570
답 ③

신뢰도 α %에 대하여 $P(-k\leq Z\leq k)=\dfrac{\alpha}{100}$ $(k>0)$라 하자.

정규분포 $N(m,\sigma^2)$을 따르는 모집단에서 크기가 n인 표본을 임의추출하여 구한 모평균 m에 대한 신뢰도 α %의 신뢰구간이 $a\leq m\leq b$이므로

$$b-a=2\times k\times\frac{\sigma}{\sqrt{n}}$$

ㄱ. $b-a$의 값은 n의 제곱근에 반비례한다. (거짓)
ㄴ. α의 값이 커지면 k의 값도 커지므로 n의 값이 일정할 때, α의 값이 커지면 $b-a$의 값도 커진다. (거짓)

ㄷ. a의 값이 일정하면 k의 값도 일정하므로 a의 값이 일정할 때, n의 값이 작아지면 $b-a$의 값은 커진다. (참)

ㄹ. a의 값이 작아지면 k의 값도 작아지므로 n의 값이 커지고 a의 값이 작아지면 $b-a$의 값은 작아진다. (참)

따라서 옳은 것은 ㄷ, ㄹ이다.

0571　답 ③

정규분포 $N(m, \sigma^2)$을 따르는 모집단에서 크기가 n인 표본을 임의추출하여 모평균 m을 신뢰도 a %로 추정한 신뢰구간 $a \leq m \leq b$에 대하여 $f(n, a) = b - a$이므로

$f(100, 95) = 2 \times 2 \times \dfrac{\sigma}{\sqrt{100}} = \dfrac{2}{5}\sigma$

$f(100, 99) = 2 \times 3 \times \dfrac{\sigma}{\sqrt{100}} = \dfrac{3}{5}\sigma$

$f(400, 95) = 2 \times 2 \times \dfrac{\sigma}{\sqrt{400}} = \dfrac{1}{5}\sigma$

$f(400, 99) = 2 \times 3 \times \dfrac{\sigma}{\sqrt{400}} = \dfrac{3}{10}\sigma$

$\therefore f(400, 95) < f(400, 99) < f(100, 95) < f(100, 99)$

따라서 옳은 것은 ③이다.

다른 풀이

①, ⑤ 표본의 크기가 같으면 신뢰도가 큰 쪽의 신뢰구간의 길이가 더 길므로

$f(100, 95) < f(100, 99)$

$f(400, 95) < f(400, 99)$

②, ④ 신뢰도가 같으면 표본의 크기가 작은 쪽의 신뢰구간의 길이가 더 길므로

$f(100, 95) > f(400, 95)$

$f(100, 99) > f(400, 99)$

③ $f(100, 95) = 2 \times 2 \times \dfrac{\sigma}{\sqrt{100}} = \dfrac{2}{5}\sigma$

$f(400, 99) = 2 \times 3 \times \dfrac{\sigma}{\sqrt{400}} = \dfrac{3}{10}\sigma$

$\therefore f(100, 95) > f(400, 99)$

따라서 옳은 것은 ③이다.

0572　답 ②

ㄱ. 표본 A의 표준편차는 6, 표본 B의 표준편차는 8로, 표본 A의 표준편차가 더 작으므로 표본 A가 표본 B보다 분포가 더 고르다. (참)

ㄴ. 모표준편차를 σ, $P(-k \leq Z \leq k) = \dfrac{a}{100}$ $(k > 0)$라 하면 모집단에서 크기가 n인 표본을 임의추출하여 구한 모평균 m에 대한 신뢰도 a %의 신뢰구간의 길이는

$2 \times k \times \dfrac{\sigma}{\sqrt{n}} = \dfrac{2k\sigma}{\sqrt{n}}$

$P(-k_1 \leq Z \leq k_1) = \dfrac{a_1}{100}$ $(k_1 > 0)$이라 하면 표본 A를 이용하여 추정한 모평균 m의 신뢰구간이 $48 \leq m \leq 56$이므로 신뢰구간의 길이는

$56 - 48 = 8$

$\therefore \dfrac{2k_1\sigma}{\sqrt{n_1}} = 8$　……　㉠

또한 $P(-k_2 \leq Z \leq k_2) = \dfrac{a_2}{100}$ $(k_2 > 0)$라 하면 표본 B를 이용하여 추정한 모평균 m의 신뢰구간이 $56 \leq m \leq 60$이므로 신뢰구간의 길이는

$60 - 56 = 4$

$\therefore \dfrac{2k_2\sigma}{\sqrt{n_2}} = 4$　……　㉡

㉠에서 $k_1 = \dfrac{4\sqrt{n_1}}{\sigma}$, ㉡에서 $k_2 = \dfrac{2\sqrt{n_2}}{\sigma}$이므로

$n_1 = n_2$이면 $k_1 > k_2$

$\therefore a_1 > a_2$ (참)

ㄷ. ㉠에서 $\sqrt{n_1} = \dfrac{k_1\sigma}{4}$

㉡에서 $\sqrt{n_2} = \dfrac{k_2\sigma}{2}$

이때 $a_1 = a_2$이면 $k_1 = k_2$이므로

$\sqrt{n_1} < \sqrt{n_2}$

$\therefore n_1 < n_2$ (거짓)

따라서 옳은 것은 ㄱ, ㄴ이다.

기출 & 기출변형 문제

0573　답 ⑤

이 공장에서 생산하는 화장품 1개의 내용량을 확률변수 X라 하면 X는 정규분포 $N(201.5, 1.8^2)$을 따른다.

이때 크기가 9인 표본의 표본평균을 $\overline{X}$라 하면

$E(\overline{X}) = 201.5$, $V(\overline{X}) = \dfrac{1.8^2}{9} = 0.6^2$

이므로 확률변수 $\overline{X}$는 정규분포 $N(201.5, 0.6^2)$을 따르고

$Z = \dfrac{\overline{X} - 201.5}{0.6}$로 놓으면 확률변수 Z는 표준정규분포 $N(0, 1)$을 따른다.

따라서 구하는 확률은

$P(\overline{X} \geq 200) = P\left(\dfrac{\overline{X} - 201.5}{0.6} \geq \dfrac{200 - 201.5}{0.6}\right)$

$= P(Z \geq -2.5) = P(Z \leq 2.5)$

$= P(Z \leq 0) + P(0 \leq Z \leq 2.5)$

$= 0.5 + 0.4938$

$= 0.9938$

0574

답 ①

확률변수 $\overline{X}$는 정규분포 $N(50, 8^2)$을 따르는 모집단에서 크기가 16인 표본을 임의추출하여 구한 표본평균이므로

$E(\overline{X})=50$, $V(\overline{X})=\dfrac{8^2}{16}=2^2$

확률변수 $\overline{Y}$는 정규분포 $N(75, \sigma^2)$을 따르는 모집단에서 크기가 25인 표본을 임의추출하여 구한 표본평균이므로

$E(\overline{Y})=75$, $V(\overline{Y})=\dfrac{\sigma^2}{25}=\left(\dfrac{\sigma}{5}\right)^2$

즉, 확률변수 $\overline{X}$, $\overline{Y}$는 각각 정규분포 $N(50, 2^2)$, $N\left(75, \left(\dfrac{\sigma}{5}\right)^2\right)$을 따르고 확률변수 $\dfrac{\overline{X}-50}{2}$, $\dfrac{\overline{Y}-75}{\frac{\sigma}{5}}$는 모두 표준정규분포 $N(0, 1)$을 따른다.

이때 표준정규분포를 따르는 확률변수를 Z라 하면

$P(\overline{X}\le53)+P(\overline{Y}\le69)=1$에서

$P\left(\dfrac{\overline{X}-50}{2}\le\dfrac{53-50}{2}\right)+P\left(\dfrac{\overline{Y}-75}{\frac{\sigma}{5}}\le\dfrac{69-75}{\frac{\sigma}{5}}\right)=1$

$P(Z\le1.5)+P\left(Z\le-\dfrac{30}{\sigma}\right)=1$

$P(Z\le1.5)+P\left(Z\ge\dfrac{30}{\sigma}\right)=1$

즉, $1.5=\dfrac{30}{\sigma}$이므로

$\sigma=20$

따라서 확률변수 $\overline{Y}$는 정규분포 $N(75, 4^2)$을 따르므로

$P(\overline{Y}\ge71)=P\left(\dfrac{\overline{Y}-75}{4}\ge\dfrac{71-75}{4}\right)$

$=P(Z\ge-1)=P(Z\le1)$

$=P(Z\le0)+P(0\le Z\le1)$

$=0.5+0.3413$

$=0.8413$

0575

답 ④

이 고등학교 학생들의 체육 실기 시험 성적 X가 정규분포 $N(m, 6^2)$을 따르므로 확률변수 $\dfrac{X-m}{6}$은 표준정규분포 $N(0, 1)$을 따른다.

표준정규분포를 따르는 확률변수를 Z라 하면

$P(m\le X\le a)=0.1915$에서

$P(m\le X\le a)=P\left(\dfrac{m-m}{6}\le\dfrac{X-m}{6}\le\dfrac{a-m}{6}\right)$

$=P\left(0\le Z\le\dfrac{a-m}{6}\right)$

$=0.1915$

이때 표준정규분포표에서 $P(0\le Z\le0.5)=0.1915$이므로

$\dfrac{a-m}{6}=0.5$

$\therefore m=a-3$ ...... ㉠

한편, 확률변수 $\overline{X}$는 이 고등학교 학생 중 임의추출한 9명의 체육 실기 시험 성적의 표본평균이므로

$E(\overline{X})=m$, $V(\overline{X})=\dfrac{6^2}{9}=2^2$

즉, 확률변수 $\overline{X}$는 정규분포 $N(m, 2^2)$을 따르므로 확률변수 $\dfrac{\overline{X}-m}{2}$은 표준정규분포 $N(0, 1)$을 따른다.

$P(\overline{X}\ge b)=0.1587$에서

$P(\overline{X}\ge b)=P\left(\dfrac{\overline{X}-m}{2}\ge\dfrac{b-m}{2}\right)$

$=P\left(Z\ge\dfrac{b-m}{2}\right)$

$=0.1587$

$0.1587<0.5$이므로 $\dfrac{b-m}{2}>0$이고

$P\left(Z\ge\dfrac{b-m}{2}\right)=P(Z\ge0)-P\left(0\le Z\le\dfrac{b-m}{2}\right)$

$=0.5-P\left(0\le Z\le\dfrac{b-m}{2}\right)$

$=0.1587$

$\therefore P\left(0\le Z\le\dfrac{b-m}{2}\right)=0.3413$

이때 표준정규분포표에서 $P(0\le Z\le1)=0.3413$이므로

$\dfrac{b-m}{2}=1$

$\therefore m=b-2$ ...... ㉡

㉠, ㉡에서 $m=a-3=b-2$

$\therefore a=b+1$

짝기출

어느 공장에서 생산되는 제품의 길이 X는 평균이 m이고, 표준편차가 4인 정규분포를 따른다고 한다.
$P(m\le X\le a)=0.3413$일 때, 이 공장에서 생산된 제품 중에서 임의추출한 제품 16개의 길이의 표본평균이 $a-2$ 이상일 확률을 오른쪽 표준정규분포표를 이용하여 구한 것은? (단, a는 상수이고, 길이의 단위는 cm이다.)

z	$P(0\le Z\le z)$
1.0	0.3413
1.5	0.4332
2.0	0.4772

① 0.0228   ② 0.0668   ③ 0.0919
④ 0.1359   ⑤ 0.1587

답 ①

0576

답 ②

모표준편차가 σ인 모집단에서 크기가 16인 표본을 임의추출하여 구한 표본평균의 값을 $\overline{x_1}$이라 하면 모평균 m에 대한 신뢰도 95 %의 신뢰구간은

$\overline{x_1}-1.96\times\dfrac{\sigma}{\sqrt{16}}\le m\le\overline{x_1}+1.96\times\dfrac{\sigma}{\sqrt{16}}$

이 신뢰구간이 $746.1\le m\le755.9$와 같으므로

$\overline{x_1}-1.96\times\dfrac{\sigma}{\sqrt{16}}=746.1$ ...... ㉠

$\overline{x_1}+1.96\times\dfrac{\sigma}{\sqrt{16}}=755.9$ ...... ㉡

㉡-㉠을 하면

$2\times1.96\times\dfrac{\sigma}{4}=9.8$

$\therefore \sigma=10$

모표준편차가 10인 모집단에서 크기가 n인 표본을 임의추출하여 구한 표본평균의 값을 $\overline{x_2}$라 하면 모평균 m에 대한 신뢰도 99 %의 신뢰구간은

$$\overline{x_2}-2.58\times\frac{10}{\sqrt{n}}\leq m\leq\overline{x_2}+2.58\times\frac{10}{\sqrt{n}}$$

이 신뢰구간이 $a\leq m\leq b$와 같으므로

$$b-a=2\times2.58\times\frac{10}{\sqrt{n}}$$

$b-a$의 값이 6 이하가 되려면

$$2\times2.58\times\frac{10}{\sqrt{n}}\leq6,\ \sqrt{n}\geq8.6\qquad\therefore\ n\geq73.96$$

따라서 자연수 n의 최솟값은 74이다.

0577

답 80

이 회사에서 생산하는 제품 중 임의추출한 제품 49^2개의 표본평균이 139 cm, 모표준편차가 σ cm이므로 모평균 m에 대한 신뢰도 95 %의 신뢰구간은

$$139-1.96\times\frac{\sigma}{\sqrt{49^2}}\leq m\leq139+1.96\times\frac{\sigma}{\sqrt{49^2}}$$

$$\therefore\ 139-0.04\sigma\leq m\leq139+0.04\sigma$$

이 신뢰구간이 $a\leq m\leq b$와 같으므로

$$a=139-0.04\sigma\qquad\cdots\cdots\ \textcircled{\scriptsize $\neg$}$$
$$b=139+0.04\sigma\qquad\cdots\cdots\ \textcircled{\scriptsize $\llcorner$}$$

같은 모집단에서 임의추출한 제품 43^2개의 표본평균이 141 cm이므로 모평균 m에 대한 신뢰도 99 %의 신뢰구간은

$$141-2.58\times\frac{\sigma}{\sqrt{43^2}}\leq m\leq141+2.58\times\frac{\sigma}{\sqrt{43^2}}$$

$$\therefore\ 141-0.06\sigma\leq m\leq141+0.06\sigma$$

이 신뢰구간이 $c\leq m\leq d$와 같으므로

$$c=141-0.06\sigma\qquad\cdots\cdots\ \textcircled{\scriptsize $\sqsubset$}$$
$$d=141+0.06\sigma\qquad\cdots\cdots\ \textcircled{\scriptsize $\equiv$}$$

이때 $b=c$이므로 $\textcircled{\scriptsize $\llcorner$}$, $\textcircled{\scriptsize $\sqsubset$}$에서

$$139+0.04\sigma=141-0.06\sigma$$
$$0.1\sigma=2\qquad\therefore\ \sigma=20$$

$\sigma=20$을 $\textcircled{\scriptsize $\neg$}$에 대입하면 $a=139-0.04\times20=138.2$

$\sigma=20$을 $\textcircled{\scriptsize $\equiv$}$에 대입하면 $d=141+0.06\times20=142.2$

$$\therefore\ \sigma\times(d-a)=20\times(142.2-138.2)=80$$

> **짝기출**
>
> 어느 지역 주민들의 하루 여가 활동 시간은 평균이 m분, 표준편차가 σ분인 정규분포를 따른다고 한다. 이 지역 주민 중 16명을 임의추출하여 구한 하루 여가 활동 시간의 표본평균이 75분일 때, 모평균 m에 대한 신뢰도 95 %의 신뢰구간이 $a\leq m\leq b$이다. 이 지역 주민 중 16명을 다시 임의추출하여 구한 하루 여가 활동 시간의 표본평균이 77분일 때, 모평균 m에 대한 신뢰도 99 %의 신뢰구간이 $c\leq m\leq d$이다. $d-b=3.86$을 만족시키는 σ의 값을 구하시오. (단, Z가 표준정규분포를 따르는 확률변수일 때, $P(|Z|\leq1.96)=0.95$, $P(|Z|\leq2.58)=0.99$로 계산한다.)
>
> **답** 12

0578

답 ①

확률변수 X가 갖는 모든 값에 대한 확률의 합은 1이므로

$$\frac{1}{8}+a+\frac{1}{8}+b=1\qquad\therefore\ a+b=\frac{3}{4}\qquad\cdots\cdots\ \textcircled{\scriptsize $\neg$}$$

$E(X)=E(\overline{X})=4$이므로

$$1\times\frac{1}{8}+3a+5\times\frac{1}{8}+7b=4$$

$$\therefore\ 3a+7b=\frac{13}{4}\qquad\cdots\cdots\ \textcircled{\scriptsize $\llcorner$}$$

$\textcircled{\scriptsize $\neg$}$, $\textcircled{\scriptsize $\llcorner$}$을 연립하여 풀면

$$a=\frac{1}{2},\ b=\frac{1}{4}$$

즉, X의 확률분포를 나타내는 표는 다음과 같다.

X	1	3	5	7	합계
$P(X=x)$	$\frac{1}{8}$	$\frac{1}{2}$	$\frac{1}{8}$	$\frac{1}{4}$	1

확률변수 X가 갖는 값이 1, 3, 5, 7이므로 이 모집단에서 크기가 2인 표본을 임의추출하여 구한 표본평균 $\overline{X}$가 갖는 값은 1, 2, 3, 4, 5, 6, 7이다.

이 모집단에서 임의추출한 크기가 2인 표본을 (X_1, X_2)라 하면 $\overline{X}=3$인 경우는 $(1, 5)$, $(3, 3)$, $(5, 1)$일 때이므로

$$P(\overline{X}=3)=P(X=1)\times P(X=5)+P(X=3)\times P(X=3)$$
$$\qquad\qquad\qquad +P(X=5)\times P(X=1)$$
$$=\frac{1}{8}\times\frac{1}{8}+\frac{1}{2}\times\frac{1}{2}+\frac{1}{8}\times\frac{1}{8}$$
$$=\frac{9}{32}$$

$\overline{X}=6$인 경우는 $(5, 7)$, $(7, 5)$일 때이므로

$$P(\overline{X}=6)=P(X=5)\times P(X=7)+P(X=7)\times P(X=5)$$
$$=\frac{1}{8}\times\frac{1}{4}+\frac{1}{4}\times\frac{1}{8}$$
$$=\frac{1}{16}$$

$$\therefore\ P(\overline{X}=3)+P(\overline{X}=6)=\frac{9}{32}+\frac{1}{16}=\frac{11}{32}$$

> **짝기출**
>
> 다음은 어떤 모집단의 확률분포표이다.
>
> | X | 10 | 20 | 30 | 합계 |
> |---|---|---|---|---|
> | $P(X=x)$ | $\frac{1}{2}$ | a | $\frac{1}{2}-a$ | 1 |
>
> 이 모집단에서 크기가 2인 표본을 복원추출하여 구한 표본평균을 $\overline{X}$라 하자. $\overline{X}$의 평균이 18일 때, $P(\overline{X}=20)$의 값은?
>
> ① $\frac{2}{5}$　　② $\frac{19}{50}$　　③ $\frac{9}{25}$　　④ $\frac{17}{50}$　　⑤ $\frac{8}{25}$
>
> **답** ④

0579

답 7

모평균이 m이고 모표준편차가 σ인 정규분포를 따르는 모집단에서 임의추출한 크기가 4인 표본의 표본평균이 $\overline{x}$이고 $P(|Z|\leq2)=0.95$이므로 모평균 m에 대한 신뢰도 95 %의 신뢰구간은

$$\bar{x} - 2 \times \frac{\sigma}{\sqrt{4}} \leq m \leq \bar{x} + 2 \times \frac{\sigma}{\sqrt{4}}$$

$$\therefore \bar{x} - \sigma \leq m \leq \bar{x} + \sigma$$

이 신뢰구간이 $3 \leq m \leq a$와 같으므로

$$\bar{x} - \sigma = 3 \quad \cdots\cdots \text{㉠}$$

$$\bar{x} + \sigma = a$$

같은 모집단에서 다시 임의추출한 크기가 9인 표본의 표본평균이 $\bar{x} + 2$이고 $P(|Z| \leq 3) = 0.99$이므로 모평균 m에 대한 신뢰도 99 %의 신뢰구간은

$$(\bar{x} + 2) - 3 \times \frac{\sigma}{\sqrt{9}} \leq m \leq (\bar{x} + 2) + 3 \times \frac{\sigma}{\sqrt{9}}$$

$$\therefore \bar{x} + 2 - \sigma \leq m \leq \bar{x} + 2 + \sigma$$

이 신뢰구간이 $b \leq m \leq 9$와 같으므로

$$\bar{x} + 2 - \sigma = b$$

$$\bar{x} + 2 + \sigma = 9 \quad \cdots\cdots \text{㉡}$$

㉠, ㉡을 연립하여 풀면

$$\bar{x} = 5, \ \sigma = 2$$

따라서 $\bar{x} = 5$, $\sigma = 2$가 이차방정식 $x^2 - kx + k + 3 = 0$의 두 근이므로 이차방정식의 근과 계수의 관계에 의하여

$$5 + 2 = -(-k), \ 5 \times 2 = k + 3$$

$$\therefore k = 7$$

🔊 **Bible Says** 이차방정식의 근과 계수의 관계

이차방정식 $ax^2 + bx + c = 0$의 두 근이 α, β일 때

$$\alpha + \beta = -\frac{b}{a}, \ \alpha\beta = \frac{c}{a}$$

짝기출

어느 공장에서 생산되는 제품의 길이는 모표준편차가 $\dfrac{1}{1.96}$인 정규분포를 따른다고 한다. 이 공장에서 생산되는 제품 중에서 임의추출한 10개 제품의 길이를 측정하여 표본평균을 구하였다. 이 표본평균을 이용하여 구한 제품의 길이의 모평균 m에 대한 신뢰도 95 %의 신뢰구간을 $\alpha \leq m \leq \beta$라 하자. α와 β가 이차방정식

$$10x^2 - 100x + k = 0$$

의 두 근일 때, k의 값을 구하시오. (단, 표준정규분포를 따르는 확률변수 Z에 대하여 $P(0 \leq Z \leq 1.96) = 0.4750$이다.)

📘 답 249

0580

📘 답 175

주머니에서 임의로 한 장의 카드를 꺼내어 카드에 적힌 수를 확인하는 시행을 4번 반복할 때, 나오는 모든 경우의 수는

$$_6\Pi_4 = 6^4$$

꺼낸 카드에 적힌 수를 순서대로 a, b, c, d (a, b, c, d는 1 이상 6 이하의 자연수)라 하자.

네 개의 수의 평균이 $\dfrac{11}{4}$이 되려면 네 개의 수의 합이 11이어야 하므로

$$a + b + c + d = 11 \quad \cdots\cdots \text{㉠}$$

이때 $a = a' + 1$, $b = b' + 1$, $c = c' + 1$, $d = d' + 1$로 놓으면

$$a' + b' + c' + d' = 7$$

(단, a', b', c', d'은 5 이하의 음이 아닌 정수이다.)

이를 만족시키는 모든 순서쌍 (a', b', c', d')의 개수는 $a' + b' + c' + d' = 7$을 만족시키는 음이 아닌 정수 a', b', c', d'의 순서쌍 (a', b', c', d')의 개수에서 a', b', c', d' 중 6 이상인 수가 포함된 순서쌍의 개수를 뺀 것과 같다.

$a' + b' + c' + d' = 7$을 만족시키는 음이 아닌 정수 a', b', c', d'의 순서쌍 (a', b', c', d')의 개수는

$$_4\mathrm{H}_7 = {}_{10}\mathrm{C}_7 = {}_{10}\mathrm{C}_3 = 120$$

이때 a', b', c', d'이

(i) 7, 0, 0, 0으로 이루어진 순서쌍 (a', b', c', d')의 개수는

$$\frac{4!}{3!} = 4$$

(ii) 6, 1, 0, 0으로 이루어진 순서쌍 (a', b', c', d')의 개수는

$$\frac{4!}{2!} = 12$$

따라서 ㉠을 만족시키는 순서쌍 (a, b, c, d)의 개수는

$$120 - 4 - 12 = 104$$

즉, $P\left(\overline{X} = \dfrac{11}{4}\right) = \dfrac{104}{6^4} = \dfrac{13}{162}$이므로

$$p = 162, \ q = 13$$

$$\therefore p + q = 162 + 13 = 175$$